McMinn
Hutchings
Rohen

Photographischer Atlas der Anatomie des Menschen

Photographischer Atlas der Anatomie des Menschen für Studierende und Ärzte

R. M. H. McMinn
Sir William Collins Professor of Anatomy
Institute of Basic Medical Sciences
Royal College of Surgeons of England

R. T. Hutchings
Senior Technician-in-Charge
Department of Anatomy
Royal College of Surgeons of England

Deutsche Ausgabe
herausgegeben von

J. W. Rohen
Dr. med., Dr. med. h. c.,
o. ö. Professor für Anatomie
Vorstand des Anatomischen Institutes
der Universität Erlangen-Nürnberg

1983

F. K. Schattauer Verlag
Stuttgart – New York

Titel der Originalausgabe:
A COLOUR ATLAS OF HUMAN ANATOMY
Wolfe Medical Publications Ltd., London 1977

3. unveränderter Nachdruck 1983

CIP-Kurztitelaufnahme der Deutschen Bibliothek

MacMinn, Robert M. H.
Photographischer Atlas der Anatomie des Menschen für Studierende u. Ärzte / R. M. H. McMinn ; R. T. Hutchings. Dt. Ausg. hrsg. von J. W. Rohen. - 1. Aufl. - Stuttgart, New York : Schattauer, 1977.
Einheitssacht.: A colour atlas of human anatomy ‹dt.›
ISBN 3-7945-0562-X
NE: Hutchings, R. T.:

Layout and Design by Melvyn Kyte

Printed by Spottiswoode Ballantyne Ltd, Colchester, England

Satz: Reprosatz GmbH, Stuttgart

ISBN 3 7945 0562 X

Vorwort zur deutschen Ausgabe

Die makroskopische und topographische Anatomie des menschlichen Körpers kann man nicht nur durch schematische Zeichnungen oder idealisierte farbige Abbildungen, wie sie die meisten anatomischen Atlanten enthalten, sondern letztlich nur durch das Studium der Original-Präparate selbst verstehen lernen. Die individuellen Präparationen lassen sich aber häufig nur sehr schwer mit den „schönen" Atlasbildern in Einklang bringen, wie sie die herkömmlichen Atlanten bieten. Hier kann die Photographie weiterhelfen, denn das photographierte anatomische Präparat gibt dieselbe Realität wieder, der man im Präpariersaal begegnet und die die Grundlage für das Verständnis des lebenden Körpers darstellt.

Professor McMinn gebührt das Verdienst, erstmalig die zum Teil hervorragenden Präparate aus der Sammlung des Londoner Royal College of Surgery in Zusammenarbeit mit dem Photographen, Herrn Hutchings, durch diesen Atlas der Allgemeinheit zugänglich gemacht und damit den anatomischen Unterricht um ein wesentliches Werk bereichert zu haben. Ich bin überzeugt, daß dieser Atlas dem Studierenden der Medizin die Arbeit im Präpariersaal wesentlich erleichtern kann, zumal alle Präparate hier in natürlicher Größe wiedergegeben sind und die Zusammenstellung des Bildmaterials nach topographischen Gesichtspunkten erfolgt ist. Photos der wichtigsten Hautregionen mit Hinweisen auf Projektionen von Knochenpunkten und Organabschnitten sollen zum Studium der „Anatomie am Lebenden" anregen und daran erinnern, daß die „Leichenanatomie" immer nur als Hilfsmittel zu betrachten ist und ihren Sinn letztlich nur vom Lebenden erhalten kann, daher auch immer auf den lebenden Körper bezogen werden muß. In diesem Sinne erscheint auch die Eingliederung von Röntgenaufnahmen notwendig und nützlich.

Ich habe mich der Aufgabe, dieses Atlaswerk ins Deutsche zu übersetzen und für den deutschsprachigen Raum herauszugeben, gerne unterzogen; denn trotz mancher Mängel weist das Unternehmen in eine Richtung, die Zukunft hat und wegen ihrer didaktischen Bedeutung gefördert werden sollte.

Allen Mitarbeitern, die mir geholfen haben, diese Aufgabe zu bewältigen, vor allem Frau Dr. L. Schack, Frau E. Thies und Fräulein J. Golla sowie dem Schattauer Verlag, sei herzlich gedankt.

Erlangen, August 1977 J. W. Rohen

Vorwort zur englischen Auflage

Der vorliegende Atlas soll den Medizinern und Ärzten beim Studium der Anatomie des menschlichen Körpers helfen. Selbstverständlich fehlt es nicht an guten Lehrbüchern und anatomischen Atlanten, die eine weite Verbreitung gefunden haben und brauchbare Lernhilfen darstellen, besonders, wenn beispielsweise die Arterien rot, die Nerven gelb dargestellt sind und damit die Auffassung erleichtert wird. Das Innere des menschlichen Körpers sieht jedoch, besonders für den Anfänger, nur zu oft ganz anders aus als die schönen Zeichnungen dieser Bücher. Wir sind daher der Meinung, daß es hilfreich und nützlich sein kann, die anatomischen Strukturen auch einmal so abzubilden, wie sie der Studierende an seinen Präparaten im Sektionssaal oder bei den praktischen Prüfungen realiter vorfindet. Wir hoffen damit, eine Lücke zwischen den üblichen Atlaswerken und der praktischen Wirklichkeit geschlossen zu haben.

Gleichgültig, ob der Studierende eine Region präpariert oder im Examen erläutern soll, ob der Chirurg operiert, oder der Arzt einen Patienten untersucht, immer haben sie nur kleine Regionen vor sich. Um sich leichter zu orientieren, haben wir daher das Format dieses Atlasses so gewählt, daß die Abbildungen annähernd Lebensgröße haben. Natürlich variiert die Körpergröße individuell stark, und die Abbildungen werden von Fall zu Fall größer oder kleiner als die jeweiligen Präparate, die der Studierende im Präpariersaal vor sich hat, erscheinen. Gelegentlich mag auch die zwangsläufig monokulare Aufnahmetechnik bei der Photographie Anlaß zu Verzerrungen, die bei einer Zeichnung leicht vermieden werden können, gegeben haben. Aber im großen und ganzen glauben wir doch, die Lageverhältnisse richtig wiedergegeben zu haben. Es ist natürlich leicht, in eine Zeichnung Dinge, die man unbedingt abbilden möchte, einzufügen und andere wieder, die man weglassen möchte, auszuschließen. Das „Auge des Photoapparates" läßt sich jedoch nicht täuschen, daher ist die Wahl des Aufnahmewinkels von besonderer Wichtigkeit, wenn man die wirklichen Proportionen und Lageverhältnisse anatomischer Präparate korrekt wiedergeben will. Bei der photographischen Abbildung anatomischer Präparate in natürlicher Größe besteht außerdem die Möglichkeit, die jeweiligen Strukturen mit Nummern zu kennzeichnen, so daß man auf störende Hinweislinien verzichten kann. Eine Ausnahme wurde nur bei den sehr kleinen und eng zusammenliegenden Gebilden gemacht. Der Student kann auch seine Kenntnisse kontrollieren, indem er die Nummern der Bildlegenden abdeckt und sich so selbst abfragt. Im allgemeinen wurden die gleichen Strukturen in aufeinanderfolgenden Präparaten bewußt nicht mit den gleichen Nummern bezeichnet, so daß der Lernende nicht in Versuchung kommt, sich lediglich nur die Nummern zu merken, um danach die jeweiligen Strukturen zu identifizieren, sondern gezwungen ist, sich nur auf sein Urteil zu verlassen (nur bei den Knochen wurde aus Raumgründen ein einheitlicher Bezeichnungsschlüssel verwendet).

Die kurzen Erläuterungen unter den Bildlegenden stellen lediglich Hinweise auf einige Besonderheiten der abgebildeten Präparate dar oder weisen auf allgemeinere Gesichtspunkte hin. Sie haben keinesfalls den Sinn, eine lehrbuchartige Beschreibung der Topographie der jeweiligen Region zu geben. Unsere Aufgabe kann es vielmehr nur sein, die Lehrbuchtexte zu ergänzen, nicht aber sie zu ersetzen.

Um einen Atlasband mit einem vertretbaren Umfang und Preis zu schaffen, mußte das uns zur Verfügung stehende Bildmaterial sorgfältig ausgewählt werden. Es allen recht zu machen ist selbstverständlich unmöglich; für einige wird der Atlas sicher zu viel, für andere zu wenig Details enthalten. Dennoch glauben wir, daß der Atlas letztlich weitgehend alles, was für den Humanmediziner von Wichtigkeit ist, beinhaltet. Obwohl die genaueren Einzelheiten über Muskelursprünge und Ansätze am Knochen für die meisten Mediziner unwichtig sind, wurden die Knochen doch im Hinblick auf die heute bestehenden Schwierigkeiten der Materialbeschaffung in vielen Instituten eingehender dargestellt.

Wir würden uns freuen, wenn das vorliegende Atlaswerk schließlich noch etwas mehr würde, als nur eine Lernhilfe für die akademischen Studien oder Examina. In der Tat ist der menschliche Körper in „ehrfurchtgebietender und wunderbarer Weise" konstruiert. Wir hoffen, daß unser Versuch, das Innere des menschlichen Körpers durch die photographische Kunst zur Darstellung zu bringen, gelungen ist, und der Leser dadurch zur Einsicht gelangt, daß die Schönheiten des Gestaltlichen nicht nur auf die Außenwelt beschränkt sind.

London, Oktober 1976

R. M. H. McMinn
und
R. T. Hutchings

Inhalt

Abkürzungen

A. = Arteria
Lig. = Ligamentum
M. = Musculus
Mm. = Musculi
N. = Nervus
Nn. = Nervi
V. = Vena

Acknowledgements

We are indebted to all those who over the years have contributed specimens to the Anatomy Museum of the Royal College of Surgeons of England, and especially to Dr D. H. Tompsett who also prepared the corrosion casts. (Full details of the methods used can be found in his book 'Anatomical Techniques', 2nd edition, 1970, Livingstone.) We are also grateful to Dr J. L. Cordingley of King's College London, Professor T. W. Glenister of Charing Cross Hospital Medical School, and Professor F. R. Johnson of the London Hospital Medical College for the loan of osteological material; to Dr Oscar Craig of St Mary's Hospital and King's College London for some of the radiographs; to Mr V. H. Oswal, consultant ENT surgeon at the North Riding Infirmary, Middlesbrough, for the coloured dissections of the ear; to those who acted as models; and to Mrs Gina Howes for typing the manuscript Dr D. H. Bosman of the Royal College of Surgeons, Dr B. A. Wood of the Middlesex Hospital Medical School, and Professor J. W. Rohen of the University of Erlangen, West Germany, helped to check the key numbers.

The illustrations of Museum specimens are reproduced by courtesy of the President and Council of the Royal College of Surgeons of England, to whom we express our thanks.

R. M. H. McMinn
R. T. Hutchings

Kopf, Hals und Gehirn

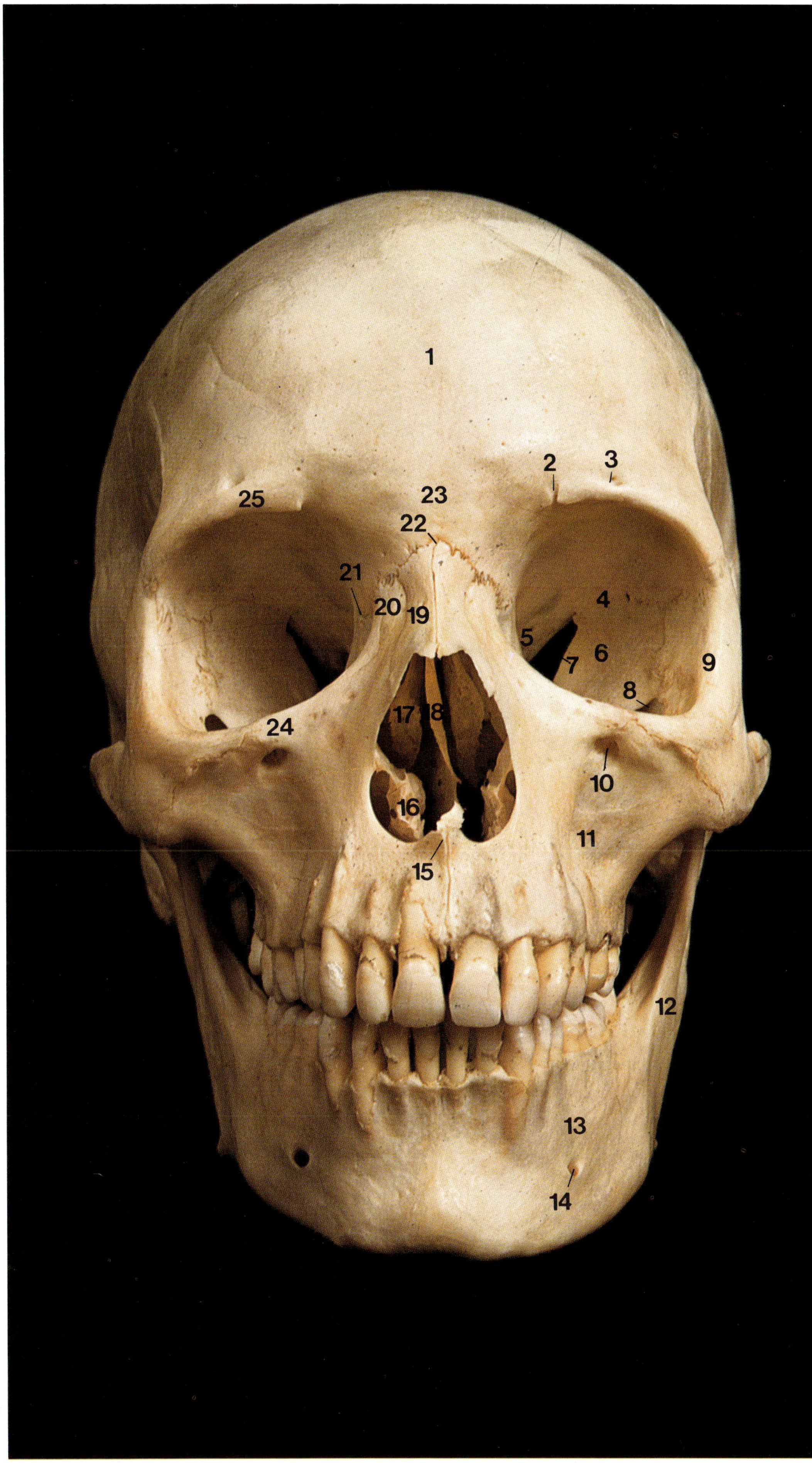

Knöcherner Schädel, Vorderansicht

1 Os frontale
2 Incisura frontalis
3 Foramen supraorbitale
4 Augenhöhle (Orbita)
5 Ala minor ossis sphenoidalis
6 Ala major ossis sphenoidalis
7 Fissura orbitalis superior
8 Fissura orbitalis inferior
9 Os zygomaticum
10 Foramen infraorbitale
11 Maxilla
12 Ramus mandibulae
13 Corpus mandibulae
14 Foramen mentale
15 Spina nasalis anterior
16 Concha nasalis inferior
17 Concha nasalis media
18 Septum nasi
19 Os nasale
20 Processus frontalis maxillae
21 Os lacrimale
22 Nasion
23 Glabella
24 Margo infraorbitalis
25 Margo supraorbitalis

- Weitere Details über die einzelnen Schädelknochen werden auf den S. 23–32, über die Knochen der Augen- und Nasenhöhle auf S. 18 und über die Zähne auf S. 20 beschrieben.
- Man beachte, daß das Foramen supraorbitale, das Foramen infraorbitale und mentale etwa in derselben Vertikalen übereinander liegen.
- Streng genommen, schließt der Begriff Schädel immer die Mandibula mit ein. Unter Calvaria versteht man das knöcherne Schädeldach, das das Gehirn umschließt.

Knöcherner Schädel, Vorderansicht mit Muskelansatzflächen

1 M. temporalis
2 M. masseter
3 M. orbicularis oculi
4 M. procerus
5 M. levator labii superioris alaeque nasi
6 M. levator labii superioris
7 M. zygomaticus minor
8 M. zygomaticus major
9 M. levator anguli oris
10 M. nasalis
11 M. buccinator
12 M. depressor labii inferioris
13 M. depressor anguli oris
14 Platysma
15 M. mentalis

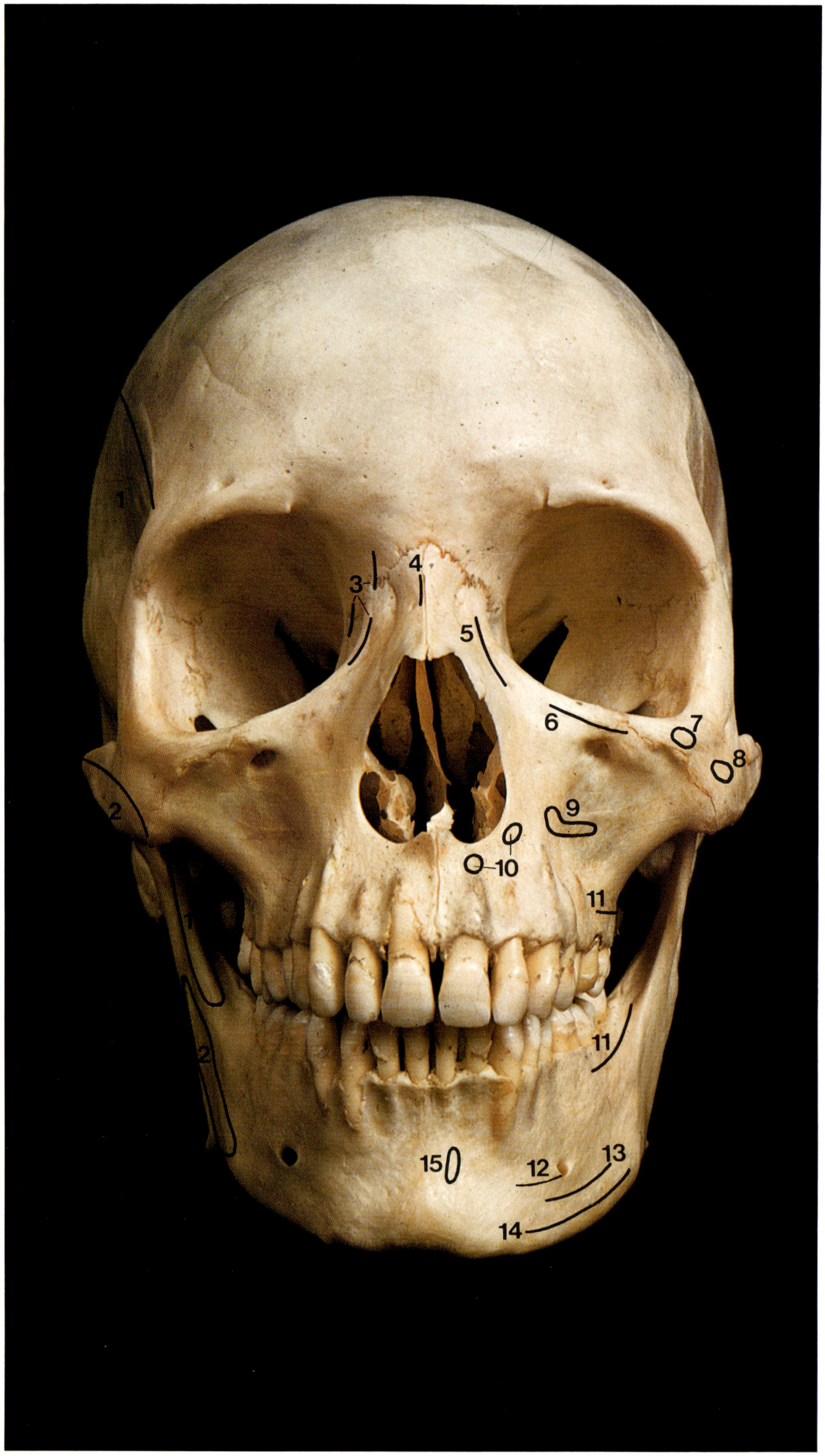

Knöcherner Schädel, rechte Seitenansicht

1 Os parietale
2 Sutura coronalis
3 Os frontale
4 Glabella
5 Nasion
6 Os nasale
7 Processus frontalis maxillae
8 Crista lacrimalis anterior
9 Fossa sacci lacrimalis
10 Crista lacrimalis posterior
11 Os lacrimale
12 Lamina orbitalis ossis ethmoidalis
13 Sutura frontozygomatica
14 Os zygomaticum
15 Maxilla
16 Spina nasalis anterior
17 Corpus mandibulae
18 Ramus mandibulae
19 Processus coronoideus mandibulae
20 Processus condylaris mandibulae
21 Protuberantia mentalis
22 Foramen mentale
23 Processus styloideus
24 Pars tympanica
25 Processus mastoideus ⎫
26 Meatus acusticus externus ⎬ ossis temporalis
27 Processus zygomaticus ⎪
28 Pars squamosa ⎭
29 Arcus zygomaticus
30 Ala major ossis sphenoidalis
31 Pterion
32 Linea temporalis inferior
33 Linea temporalis superior
34 Sutura lambdoidea
35 Os occipitale
36 Protuberantia occipitalis externa (Inion)

● Das »Pterion« ist nicht ein einzelner Punkt, sondern diejenige Fläche, in deren Bereich das Os frontale, das Os parietale, die Pars squamosa des Schläfenbeins sowie die Ala major des Keilbeins aneinandergrenzen. Es ist ein wichtiger Orientierungspunkt zur Bestimmung der Lage des vorderen Astes der A. meningea media, die hier an der Innenseite des Schädels hochzieht.

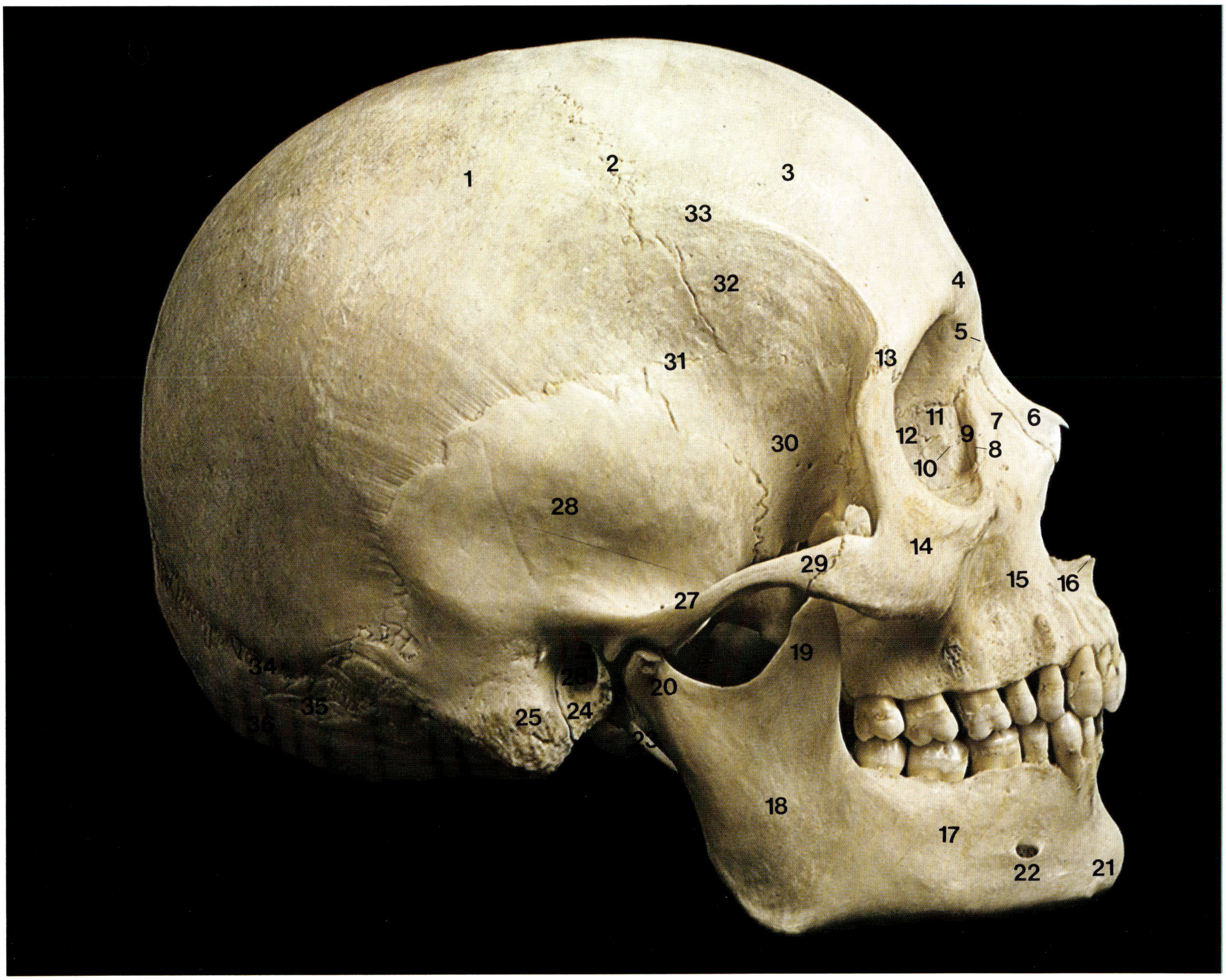

Knöcherner Schädel, rechte Seitenansicht mit Muskelansatzflächen

1 Venter occipitalis m. occipitofrontalis
2 M. sternocleidomastoideus
3 M. temporalis
4 M. masseter
5 M. zygomaticus major
6 M. zygomaticus minor
7 M. orbicularis oculi
8 M. procerus
9 M. levator labii superioris alaeque nasi
10 M. levator labii superioris
11 M. nasalis
12 M. levator anguli oris
13 M. buccinator
14 M. depressor labii inferioris
15 M. depressor anguli oris
16 Platysma

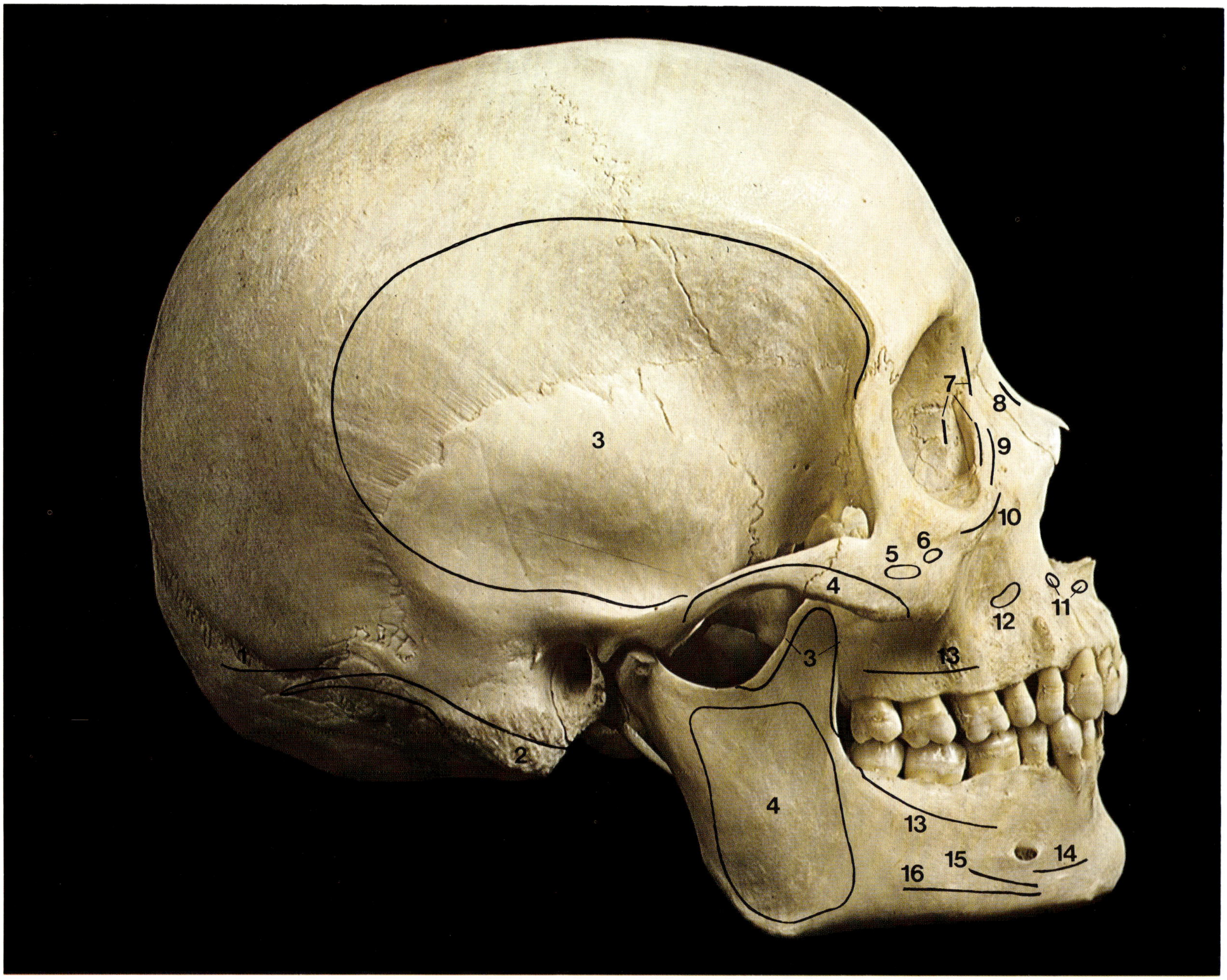

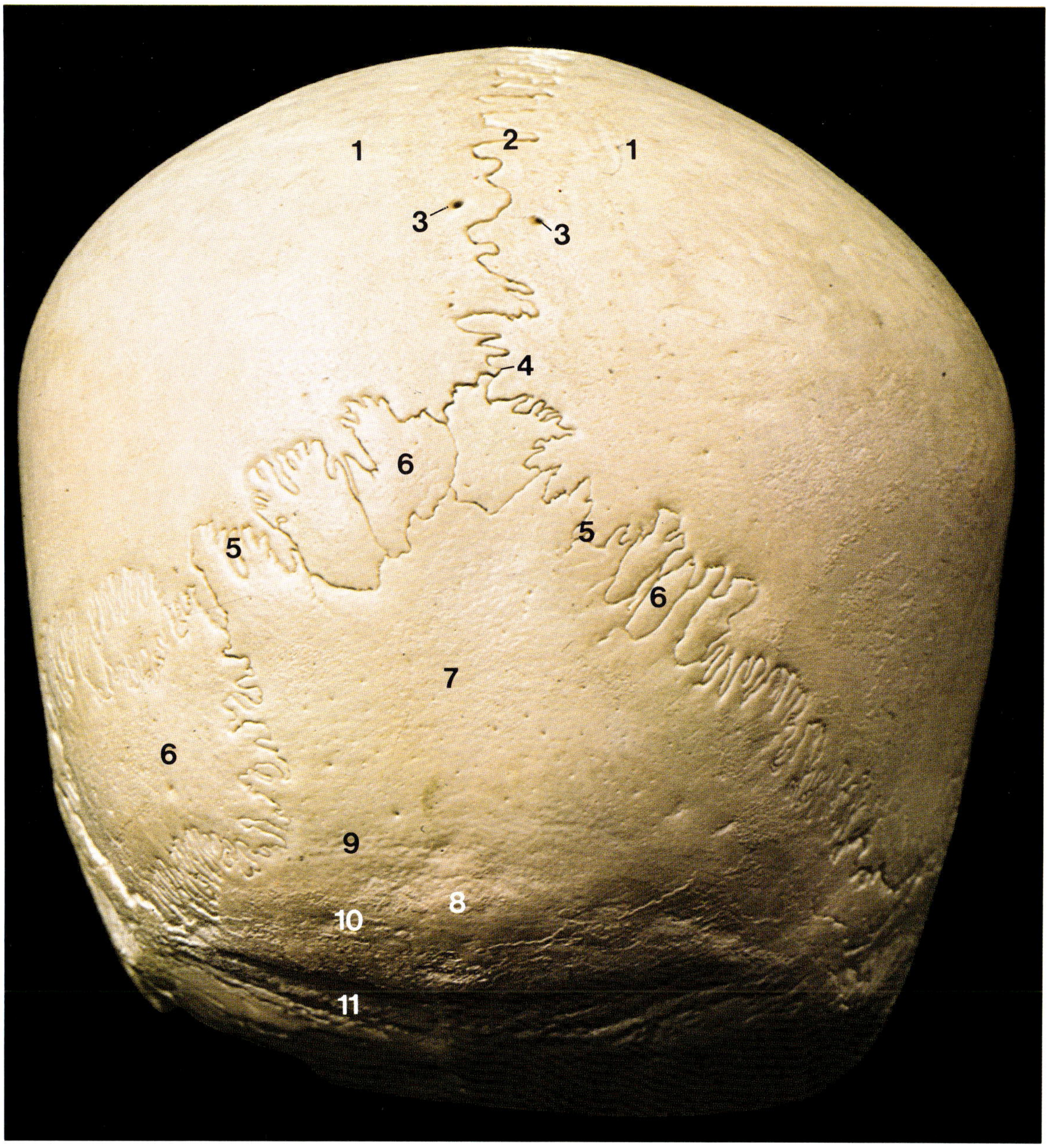

Knöcherner Schädel, Rückansicht

1 Os parietale
2 Sutura sagittalis
3 Foramen parietale
4 Übergang der Sutura sagittalis in die Sutura lambdoidea
5 Sutura lambdoidea
6 Ossa suturarum
7 Os occipitale
8 Protuberantia occipitalis externa (Inion)
9 Linea nuchae suprema
10 Linea nuchae superior
11 Linea nuchae inferior

● An diesem Schädel finden sich mehrere Nahtknochen (Ossa suturarum) innerhalb der Sutura lambdoidea, von denen einer (links) ungewöhnlich groß ist.

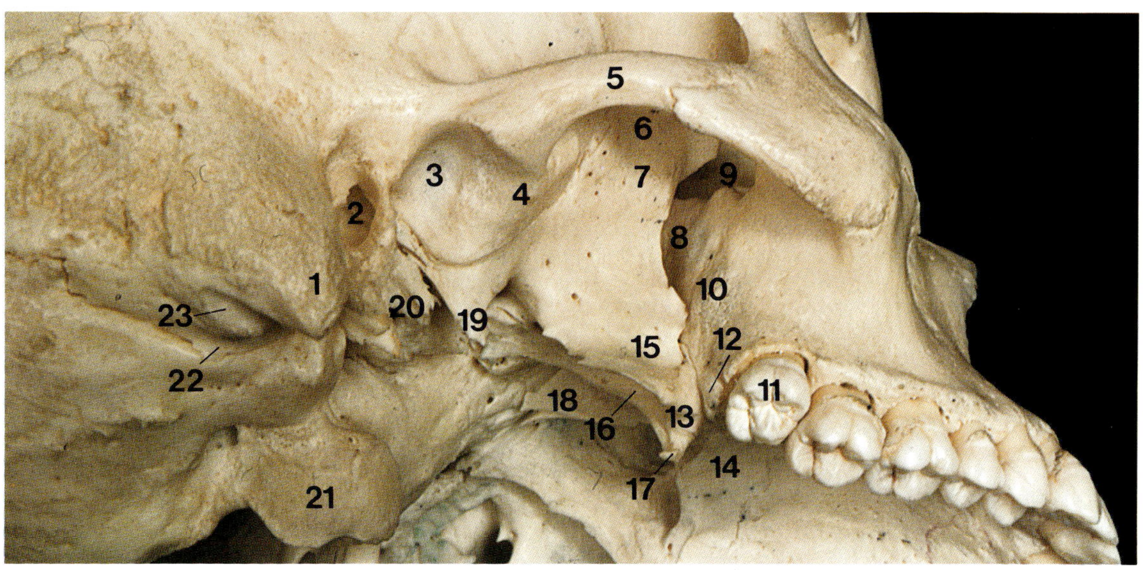

Knöcherner Schädel, Regio infratemporalis rechts, etwas schräg von hinten – unten gesehen

1 Processus mastoideus
2 Meatus acusticus externus
3 Fossa mandibularis
4 Tuberculum articulare
5 Arcus zygomaticus
6 Crista infratemporalis
7 Facies temporalis der Ala major ossis sphenoidalis
8 Fissura pterygomaxillaris und Fossa pterygopalatina
9 Fissura orbitalis inferior
10 Facies infratemporalis maxillae
11 Dritter Molar
12 Tuber maxillae
13 Processus pyramidalis ossis palatini
14 Lamina horizontalis ossis palatini
15 Lamina lateralis processus pterygoidei
16 Lamina medialis processus pterygoidei
17 Hamulus pterygoideus
18 Vomer
19 Spina ossis sphenoidalis
20 Processus styloideus und Vagina processus styloidei
21 Condylus occipitalis
22 Sulcus a. occipitalis
23 Incisura mastoidea

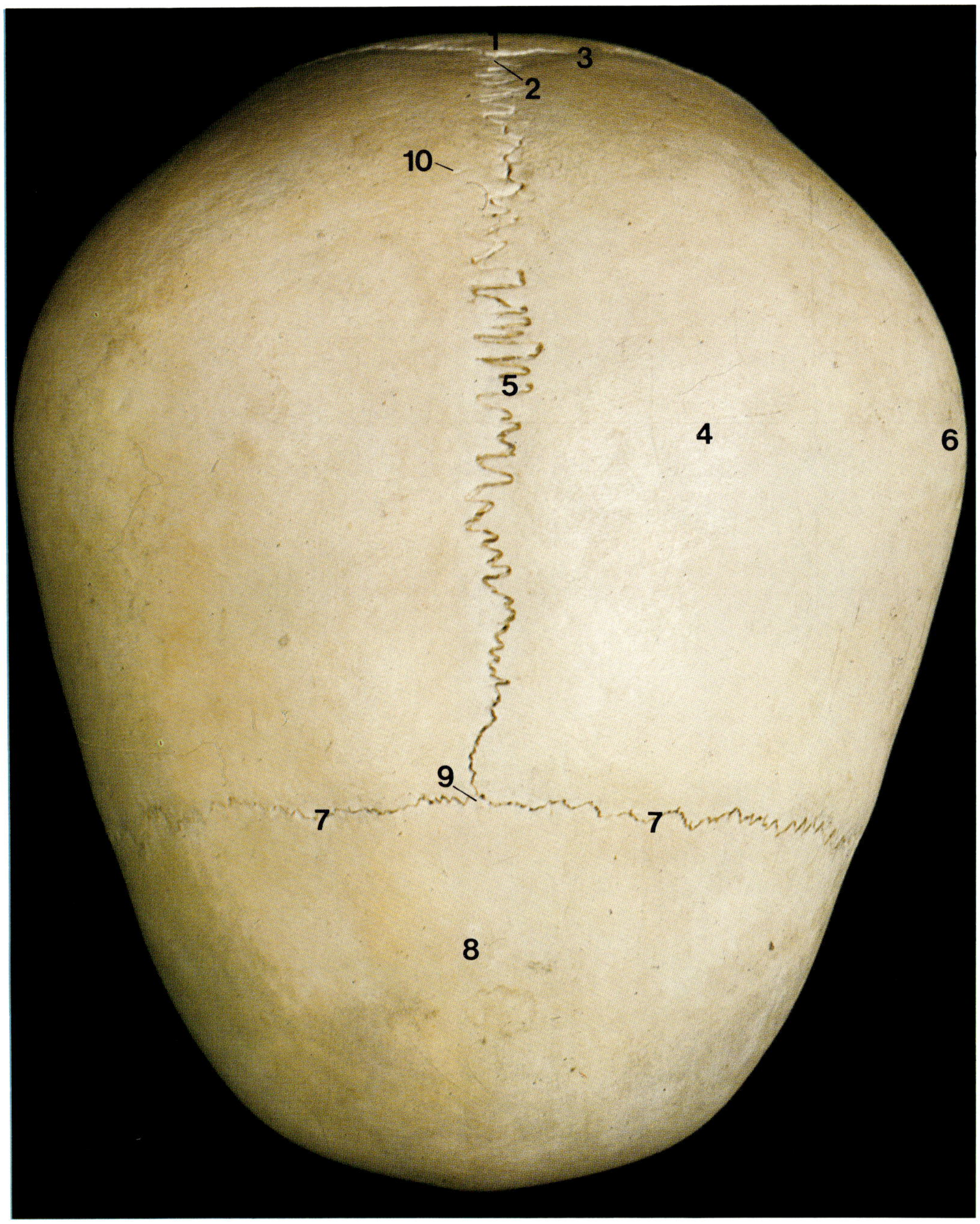

Knöcherner Schädel, Ansicht von oben

1 Os occipitale
2 Übergang der Sutura sagittalis in die Sutura lambdoidea
3 Sutura lambdoidea
4 Os parietale
5 Sutura sagittalis
6 Tuber parietale
7 Sutura coronalis
8 Os frontale
9 Bregma
10 Foramen parietale

● An diesem Schädel erscheinen die Tubera parietalia besonders prominent.

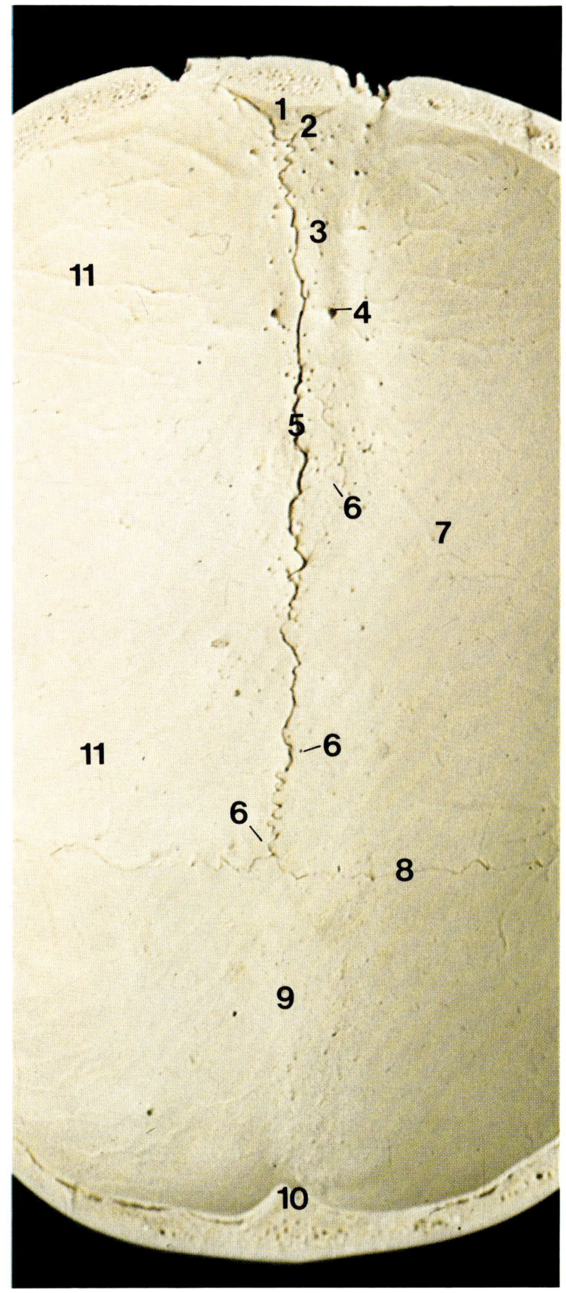

Innenfläche des Schädels, mittlere Region

1 Os occipitale
2 Sutura lambdoidea
3 Sulcus sinus sagittalis superioris
4 Foramen parietale
5 Sutura sagittalis
6 Vertiefungen für die Granulationes arachnoideales (Foveolae granulares)
7 Os parietale
8 Sutura coronalis
9 Os frontale
10 Crista frontalis
11 Knochenrinnen für die Vasa meningea media (Sulci arteriosi et venosi)

● Die Pacchionischen Granulationen (Granulationes arachnoideales), durch die der Liquor cerebrospinalis externus in den Sinus sagittalis superior oder in die Schädelvenen abfließt, erzeugen in der Nachbarschaft des Sinus sagittalis superior an der Innenseite des Os frontale und des Os parietale Vertiefungen unterschiedlicher Form und Größe.

Schädelbasis, Ansicht von unten und etwas von hinten

1 Fossa incisiva
2 Processus palatinus maxillae
3 Lamina horizontalis ossis palatinae
4 Foramen palatinum majus
5 Foramina palatina minora
6 Tuber maxillae
7 Lamina medialis processus pterygoidei
8 Hamulus pterygoideus
9 Processus pyramidalis ossis palatinae
10 Lamina lateralis processus pterygoidei
11 Fissura orbitalis inferior
12 Crista infratemporalis der Ala major ossis sphenoidalis
13 Arcus zygomaticus
14 Pars squamosa ossis temporalis
15 Tuberculum articulare
16 Fossa mandibularis
17 Fissura petrosquamosa
18 Kante des Tegmen tympani (Proc. inf. tegmentis tympani)
19 Fissura petrotympanica
20 Fissura tympanosquamosa
21 Pars tympanica ossis temporalis
22 Processus styloideus
23 Foramen stylomastoideum
24 Meatus acusticus externus
25 Processus mastoideus
26 Incisura mastoidea
27 Sulcus arteriae occipitalis
28 Foramen mastoideum
29 Linea nuchae superior
30 Protuberantia occipitalis externa
31 Linea nuchae inferior
32 Crista occipitalis externa
33 Foramen occipitale magnum
34 Canalis condylaris
35 Condylus occipitalis
36 Canalis hypoglossi
37 Foramen jugulare
38 Canalis caroticus
39 Spina ossis sphenoidalis
40 Foramen spinosum
41 Foramen ovale
42 Foramen lacerum
43 Tuberculum pharyngeum
44 Fossa scaphoidea
45 Canalis palatovaginalis
46 Canalis vomerovaginalis
47 Hinterer Rand des Vomer
48 Spina nasalis posterior

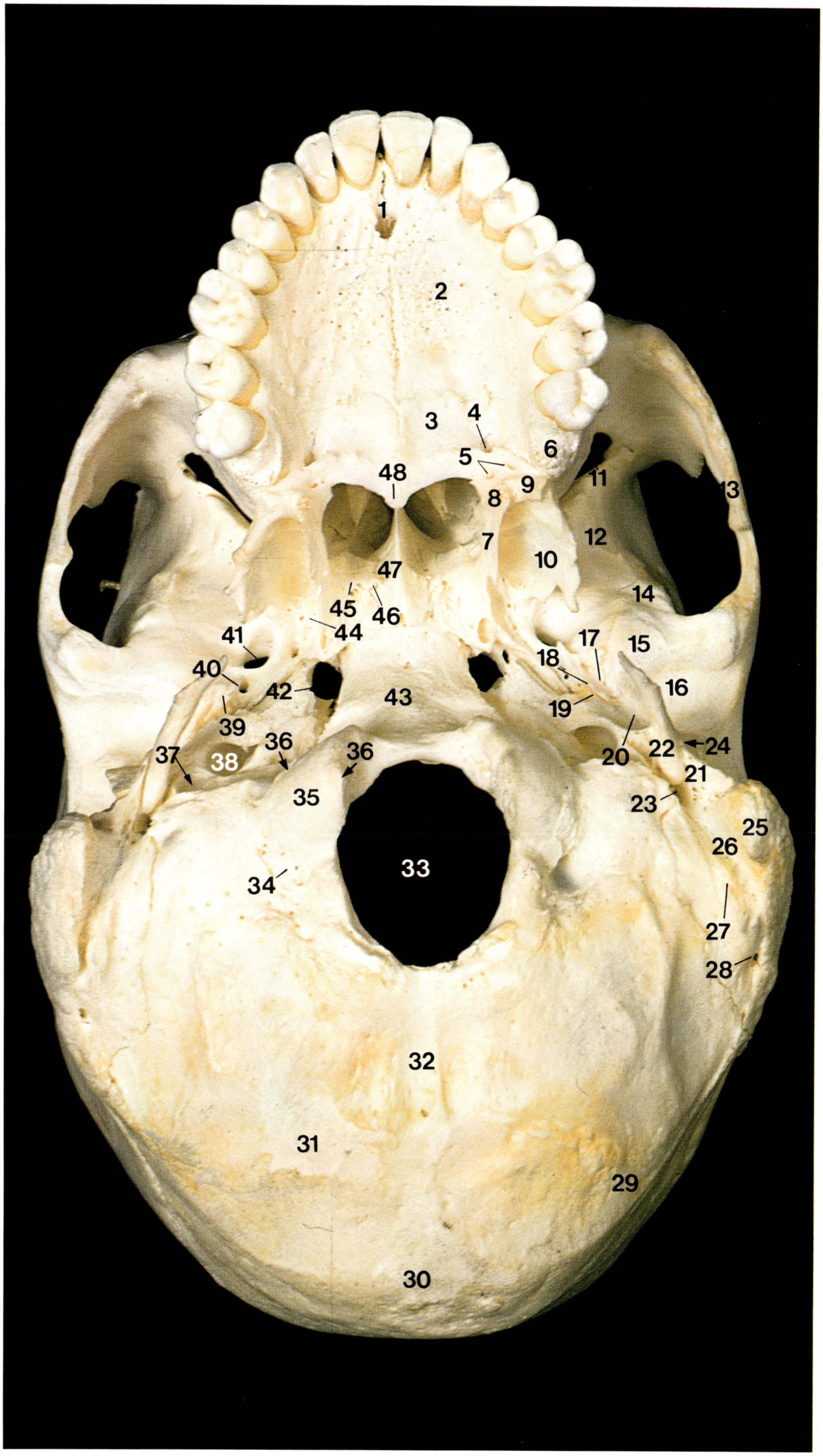

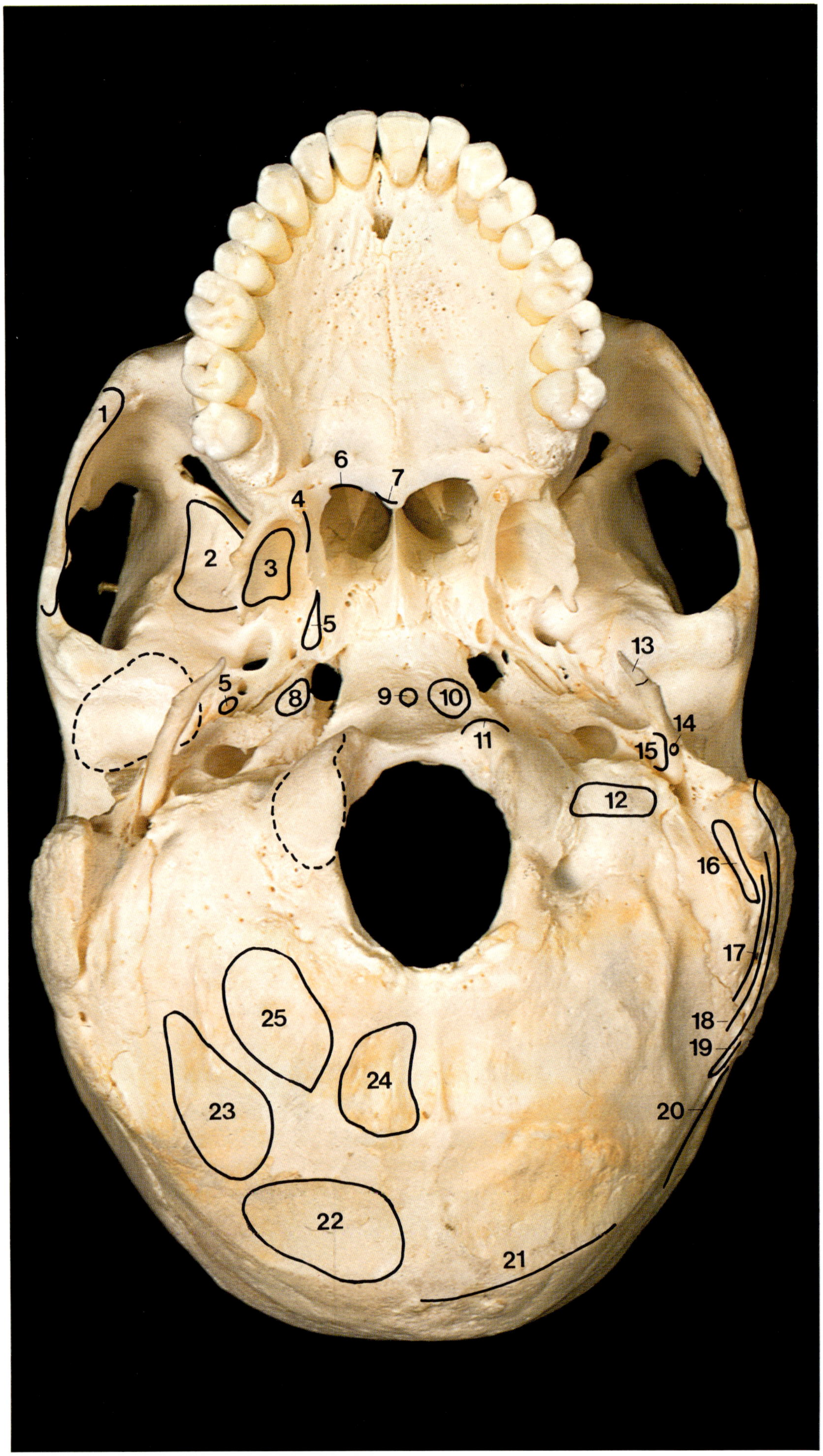

Schädelbasis, Ansicht von unten mit Muskelansatzflächen

(Gestrichelte Linie: Ansatz der Gelenkkapseln)

1 M. masseter
2 Oberer Kopf des M. pterygoideus lateralis
3 Tiefer Kopf des M. pterygoideus medialis
4 M. constrictor pharyngis superior
5 M. tensor veli palatini
6 M. palatopharyngeus
7 M. uvulae
8 M. levator veli palatini
9 Raphe pharyngis
10 M. longus capitis
11 M. rectus capitis anterior
12 M. rectus capitis lateralis
13 M. styloglossus
14 M. stylohyoideus
15 M. stylopharyngeus
16 Venter posterior m. digastrici
17 M. longissimus capitis
18 M. splenius capitis
19 M. sternocleidomasteoideus
20 Venter occipitalis m. occipitofrontalis
21 M. trapezius
22 M. semispinalis capitis
23 M. obliquus capitis superior
24 M. rectus capitis posterior minor
25 M. rectus capitis posterior major

Schädelbasis, Innenansicht, Fossae cranii

1 Diploe
2 Sinus frontalis
3 Crista frontalis
4 Foramen caecum
5 Crista galli
6 Lamina cribrosa ossis ethmoidalis
7 Sulcus für den N. ethmoidalis anterior und die Vasa ethmoidalia anteriora
8 Pars orbitalis ossis frontalis
9 Ala minor ossis sphenoidalis
10 Jugum sphenoidale
11 Sulcus chiasmatis
12 Canalis opticus
13 Sella turcica (Fossa hypophyseos)
14 Processus clinoideus anterior
15 Foramen rotundum
16 Ala major ossis sphenoidalis
17 Foramen ovale
18 Foramen spinosum
19 Sulcus arteriosus für A. und V. meningea media
20 Pars squamosa ossis temporalis
21 Tegmen tympani
22 Pars petrosa ossis temporalis
23 Sulcus sinus petrosi superioris
24 Eminentia arcuata
25 Sulcus sinus sigmoidei
26 Sulcus sinus transversi
27 Sulcus sinus sagittalis superioris
28 Protuberantia occipitalis interna
29 Os parietale
30 Os occipitale
31 Foramen (occipitale) magnum
32 Canalis hypoglossi
33 Foramen jugulare
34 Sulcus sinus petrosi inferioris
35 Meatus acusticus internus
36 Clivus
37 Dorsum sellae
38 Processus clinoideus posterior
39 Sulcus caroticus
40 Foramen lacerum
41 Impressio trigemini
42 Hiatus canalis und Sulcus nervi petrosi majoris
43 Hiatus canalis und Sulcus nervi petrosi minoris

● Die vordere Schädelgrube (Fossa cranii anterior) reicht bis zum Hinterrand des kleinen Keilbeinflügels (Ala minor ossis sphenoidalis) und zum Sulcus chiasmatis.

● Der Sulcus sinus petrosi superioris bildet die Grenze zwischen der mittleren und der hinteren Schädelgrube (Fossa cranii media und posterior).

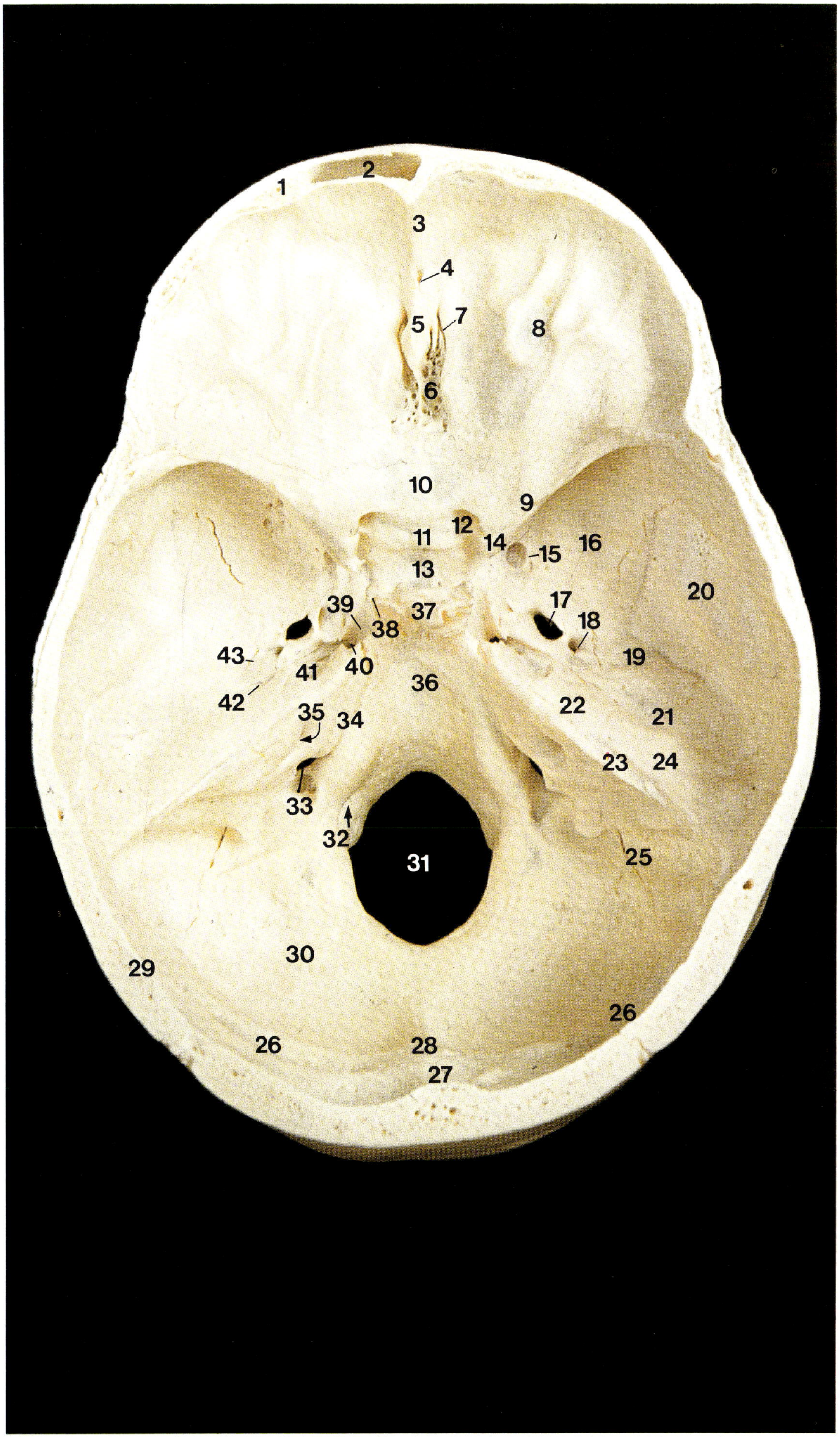

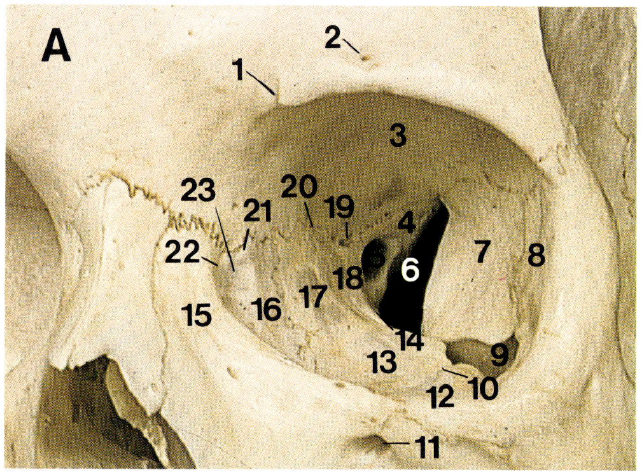

A Knöcherne Orbita, linke Seitenansicht

1 Incisura frontalis
2 Foramen supraorbitale
3 Pars orbitalis ossis frontalis
4 Ala minor ossis sphenoidalis
(3–4: bilden das Dach der Orbita)
5 Canalis opticus
6 Fissura orbitalis superior
7 Ala major ossis sphenoidalis
8 Os zygomaticum
(7–8: bilden die laterale Wand der Orbita)
9 Fissura orbitalis inferior
10 Sulcus infraorbitalis
11 Foramen infraorbitale
12 Os zygomaticum
13 Maxilla
14 Processus orbitalis ossis palatini
(12–14: bilden den Boden der Orbita)
15 Processus frontalis ossis palatini
16 Os lacrimale
17 Lamina orbitalis ossis ethmoidalis
18 Corpus ossis sphenoidalis
(15–18: bilden die mediale Wand der Orbita)
19 Foramen ethmoidale posterius
20 Foramen ethmoidale anterius
21 Crista lacrimalis posterior
22 Crista lacrimalis anterior
23 Sulcus nasolacrimalis

B Laterale Wand der Nasenhöhle, Medianschnitt, linke Kopfhälfte
(Die Concha nasalis media wurde entfernt, um die Bulla ethmoidalis zu zeigen)

1 Condylus occipitalis
2 Canalis hypoglossi
3 Sulcus sinus petrosi inferioris
4 Meatus acusticus internus
5 Clivus
6 Dorsum sellae
7 Sella turcica (Fossa hypophyseos)
8 Sinus sphenoidalis
9 Sinus ethmoidalis
10 Concha nasalis superior
11 Bulla ethmoidalis
12 Processus uncinatus
13 Sinus frontalis
14 Concha nasalis inferior
15 Canalis incisivus
16 Palatum durum
17 Sinus maxillaris
18 Lamina perpendicularis ossis palatini
19 Foramen sphenopalatinum
20 Lamina medialis processus pterygoidei
21 Hamulus pterygoideus

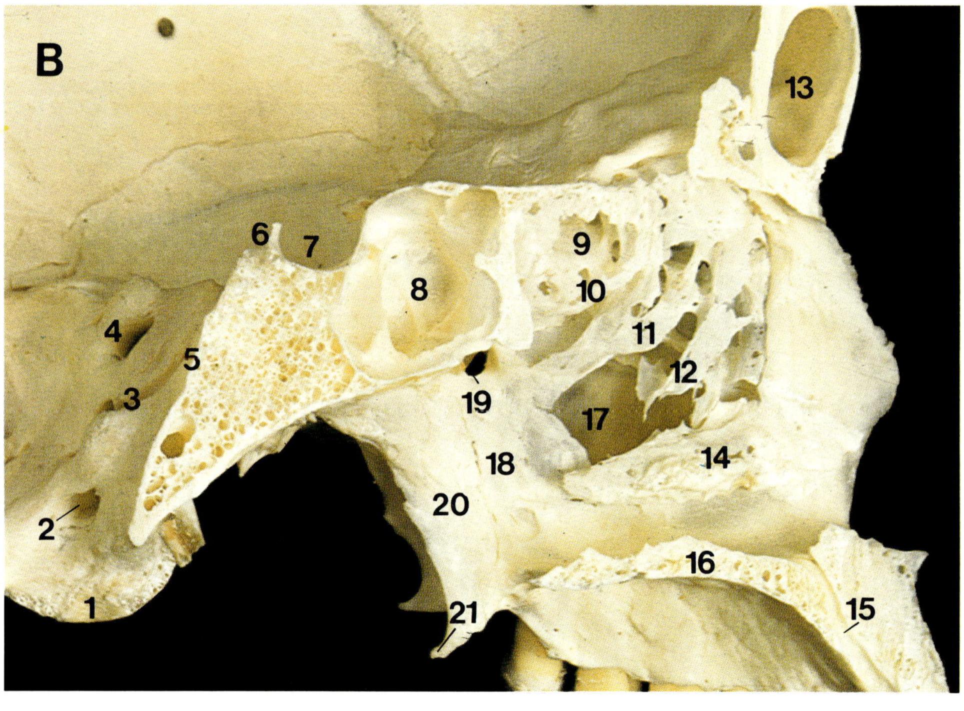

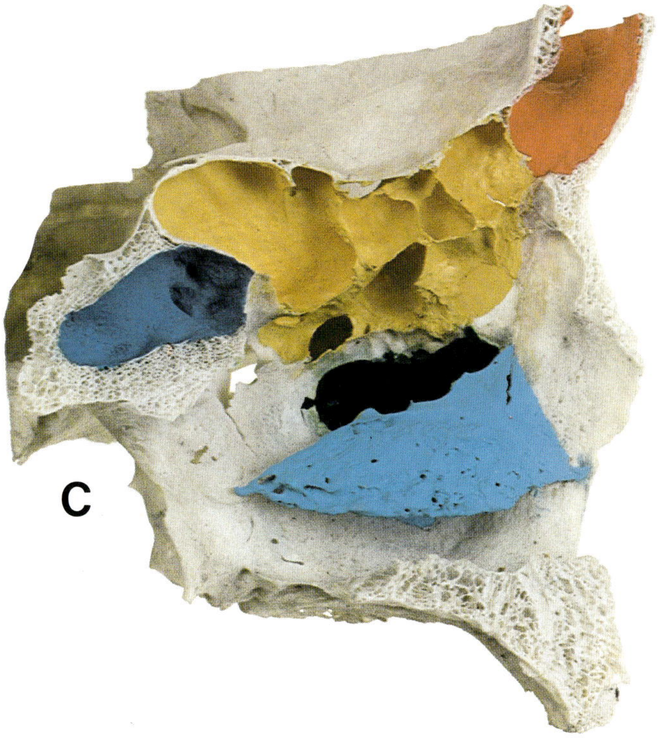

C Sinus paranasales, Medianschnitt durch den Schädel, linke Seite
(Die Concha nasalis media und superior wurden entfernt)

Dunkelblau = Sinus sphenoidalis
Gelb = Sinus und Cellulae ethmoidales
Rot = Sinus frontalis
Grün = Sinus maxillaris
Hellblau = Concha nasalis inferior

● Der Gesichtsschädel besitzt vier paarig angelegte Nebenhöhlen der Nase (Sinus paranasales), und zwar: Sinus sphenoidalis, Sinus ethmoidalis, Sinus frontalis und Sinus maxillaris. Der Sinus ethmoidalis besteht beiderseits aus einer Anzahl lufthaltiger Räume, den Siebbeinzellen oder Cellulae ethmoidales.

● In diesem Fall dehnt sich die hintere Siebbeinzelle ungewöhnlich weit nach hinten aus und verdrängt dadurch den angrenzenden Sinus sphenoidalis.

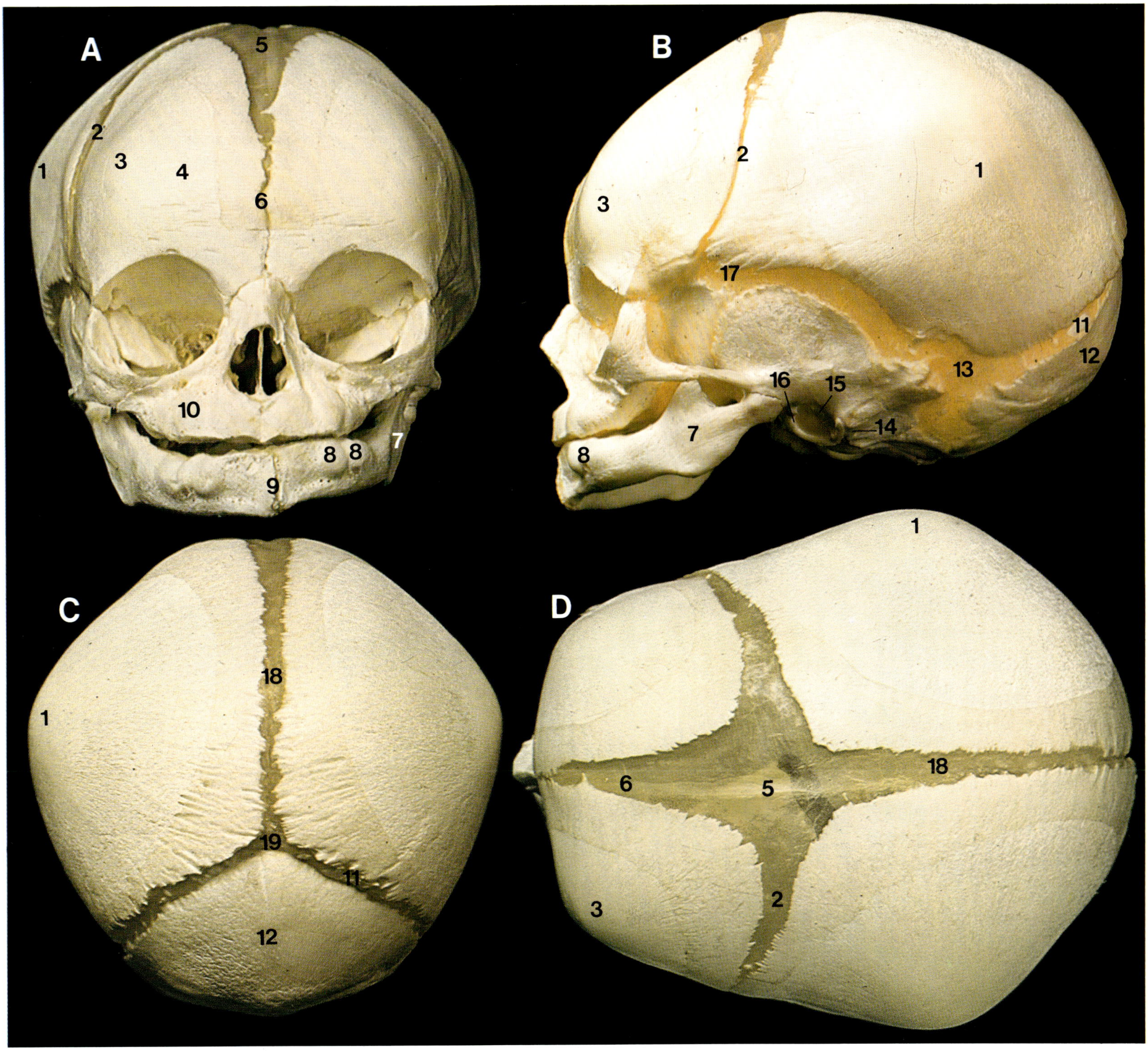

Schädel eines neun Monate alten Fetus, A von vorne, B von links-unten, C von hinten und D von oben gesehen

1 Tuber parietale
2 Sutura coronalis
3 Tuber frontale
4 Rechte Hälfte des Os frontale
5 Fonticulus anterior
6 Sutura frontalis
7 Ramus mandibulae
8 Anlagen der Milchzähne im Corpus mandibulae
9 Symphysis mentalis
10 Maxilla
11 Sutura lambdoidea
12 Os occipitale
13 Fonticulus mastoideus
14 Foramen stylomastoideum
15 Meatus acusticus externus
16 Anulus tympanicus
17 Fonticulus sphenoidalis
18 Sutura sagittalis
19 Fonticulus posterior

● Der Gesichtsschädel des Neugeborenen ist wesentlich kleiner als der des Erwachsenen. Er umfaßt etwa 1/8 des Kopfes (beim Erwachsenen 1/2). Dieser Proportionsunterschied beruht hauptsächlich auf der geringen Entwicklung der Nasenhöhle und der Sinus maxillares sowie auf dem Fehlen des Gebisses (die Milchzähne sind noch nicht durchgebrochen).

● Die hintere Fontanelle schließt sich ungefähr 2 Monate nach der Geburt, die vordere erst im Laufe des 2. Lebensjahres.

● Wegen des fehlenden Processus mastoideus, der sich erst im 2. Lebensjahr ausbildet, liegen beim Neugeborenen das Foramen stylomastoideum und der dort austretende N. facialis noch sehr oberflächlich und ungeschützt.

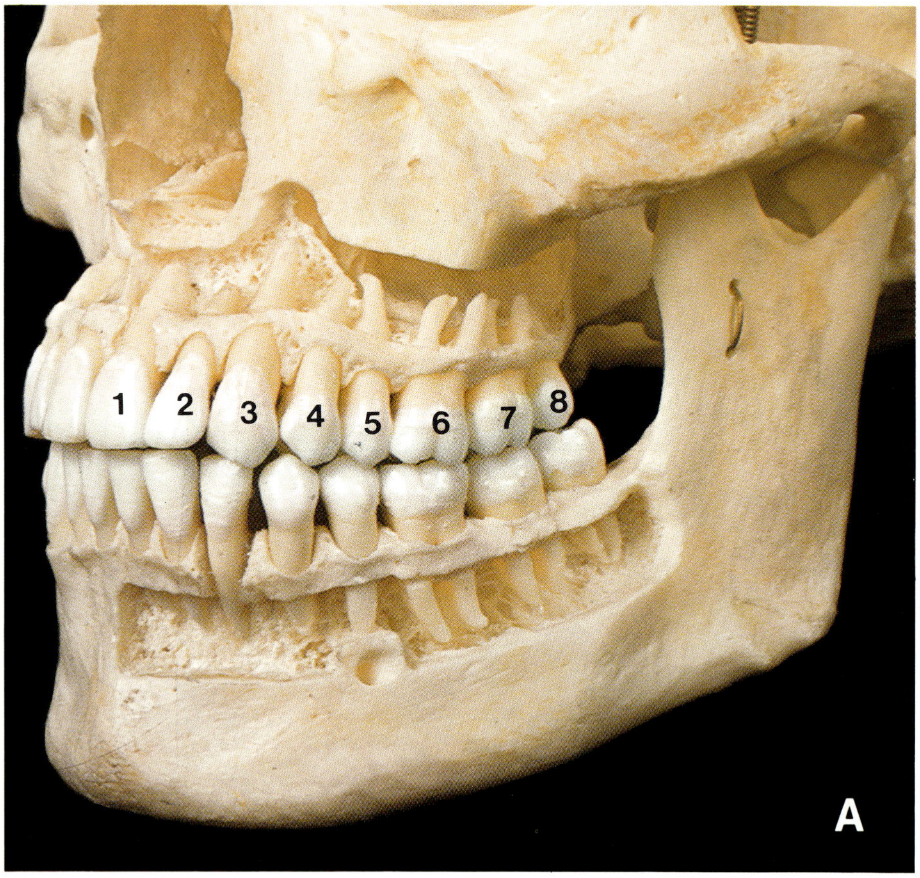

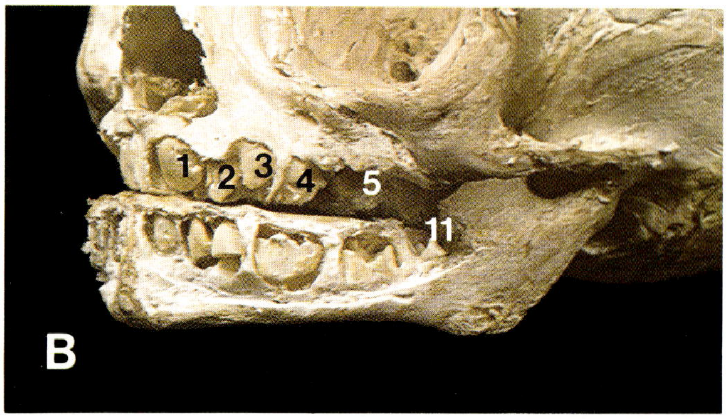

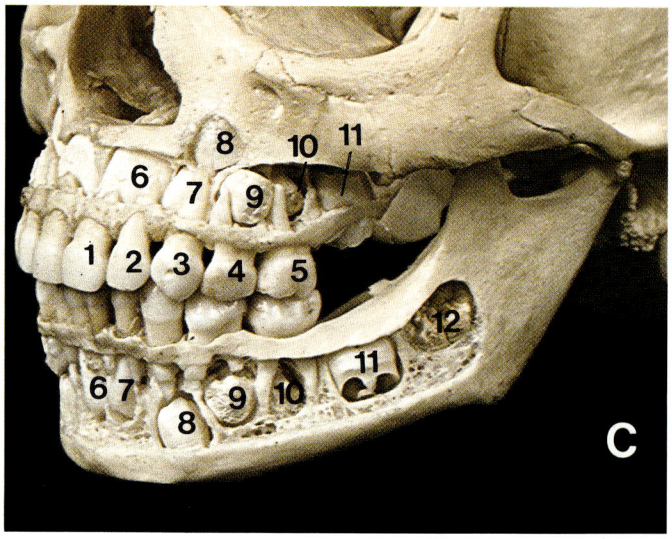

A Gebiß eines Erwachsenen, Ansicht von links-vorne
(Der Knochen des Alveolarfortsatzes wurde zum Teil entfernt, um die Wurzeln der Zähne darzustellen)
1 Erster Schneidezahn (Dens incisivus I)
2 Zweiter Schneidezahn (Dens incisivus II)
3 Eckzahn (Dens caninus)
4 Erster Backenzahn (Dens praemolaris I)
5 Zweiter Backenzahn (Dens praemolaris II)
6 Erster Mahlzahn (Dens molaris I)
7 Zweiter Mahlzahn (Dens molaris II)
8 Dritter Mahlzahn (Dens molaris III)

● Die entsprechenden Zähne des Ober- und Unterkiefers tragen die gleichen Bezeichnungen. In der Klinik werden die Zähne meist nur mit Zahlen bezeichnet, ohne daß die deutschen oder lateinischen Fachausdrücke gebraucht werden. Der dritte Molar wird auch als Weisheitszahn (Dens serotinus) bezeichnet.

B und C kindlicher Ober- und Unterkiefer, Ansicht von links-vorne; B Neugeborenes *(Noch nicht durchgebrochene Milchzähne)*
C 4 Jahre altes Kind *(Nach Abschluß der ersten Dentition. Bleibende Zähne noch nicht durchgebrochen)*

1 Erster Inzisivus
2 Zweiter Inzisivus
3 Kaninus
4 Erster Molar
5 Zweiter Molar
(1–5: des Milchgebisses (Dentes decidui))

6 Erster Inzisivus
7 Zweiter Inzisivus
8 Kaninus
9 Erster Prämolar
10 Zweiter Prämolar
11 Erster Molar
12 Zweiter Molar
(6–12: des bleibenden Gebisses (Dentes permanentes))

● Die Milchmolaren liegen an der Stelle der späteren Prämolaren des Erwachsenengebisses.

D Zahnloser Unterkiefer eines Greises, linke Seitenansicht

● Nach Verlust der Zähne wird der Processus alveolaris mandibulae resorbiert, so daß dadurch das Foramen mentale und der Canalis mandibulae in der Nähe des oberen Knochenrandes liegen.

● Der Winkel zwischen Ramus und Corpus mandibulae wird stumpfer und ähnelt so mehr dem des kindlichen Unterkiefers.

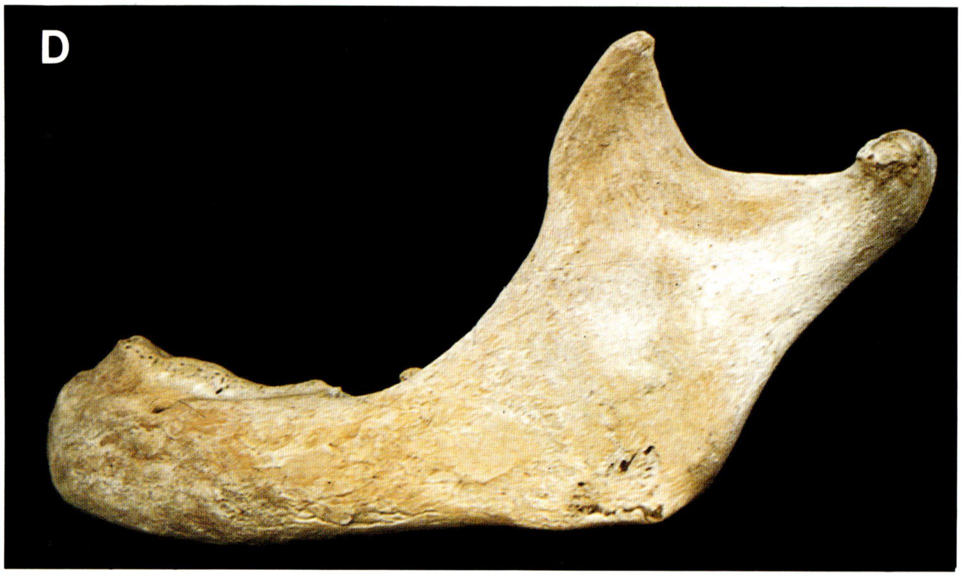

Aufgehellter Schädel, Vorderansicht

1 Sinus frontalis
2 Crista frontalis
3 Crista galli
4 Ala minor ossis sphenoidalis
5 Canalis opticus
6 Fissura orbitalis superior
7 Ala major ossis sphenoidalis
8 Sinus maxillaris
9 Arcus zygomaticus
10 Processus mastoideus
11 Ramus mandibulae
12 Corpus mandibulae
13 Septum nasi
14 Concha nasalis inferior
15 Margo infraorbitalis
16 Margo supraorbitalis

● Vergleiche diese Abbildung mit dem knöchernen Schädel auf S. 9 sowie mit dem Röntgenbild des Kopfes auf S. 73.

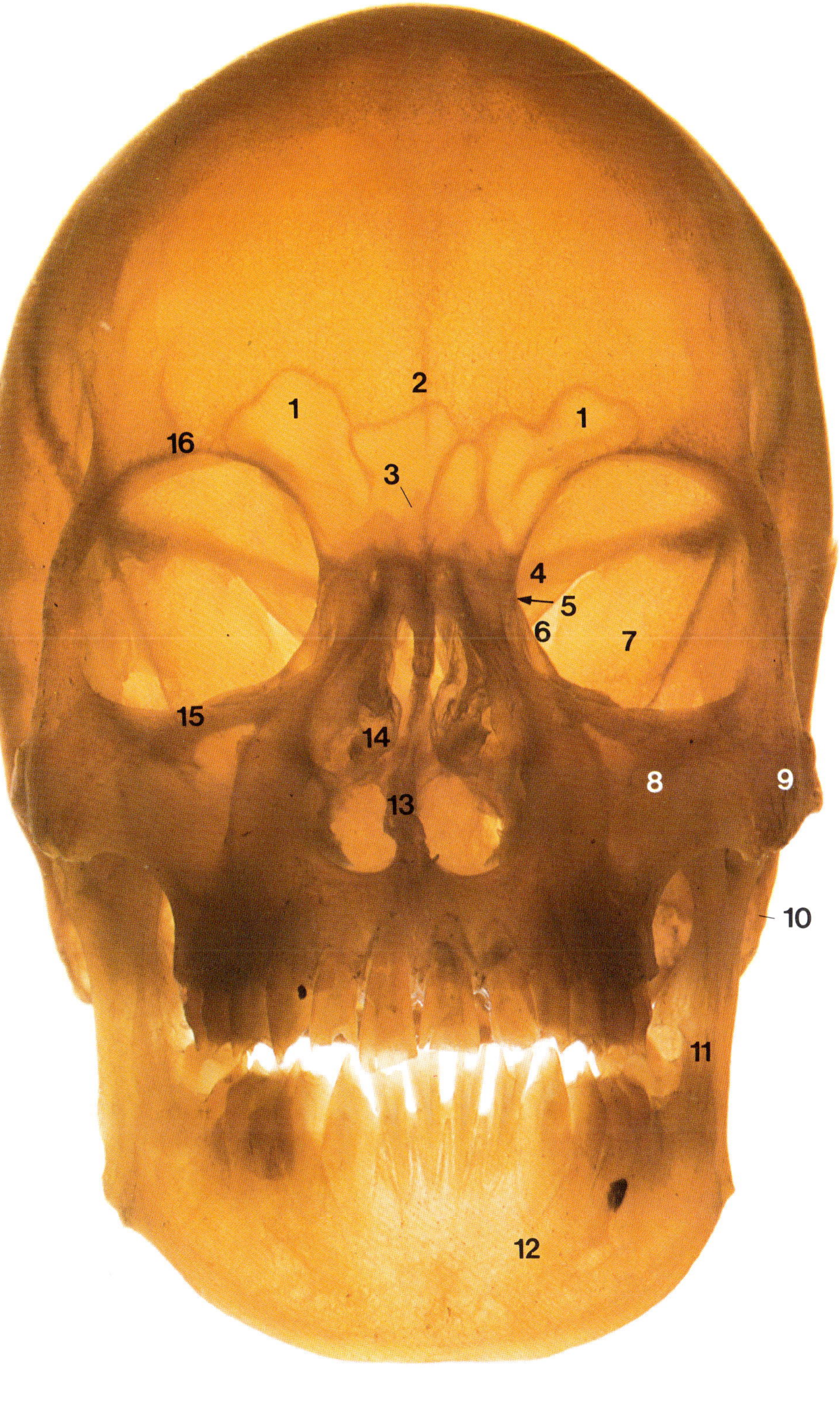

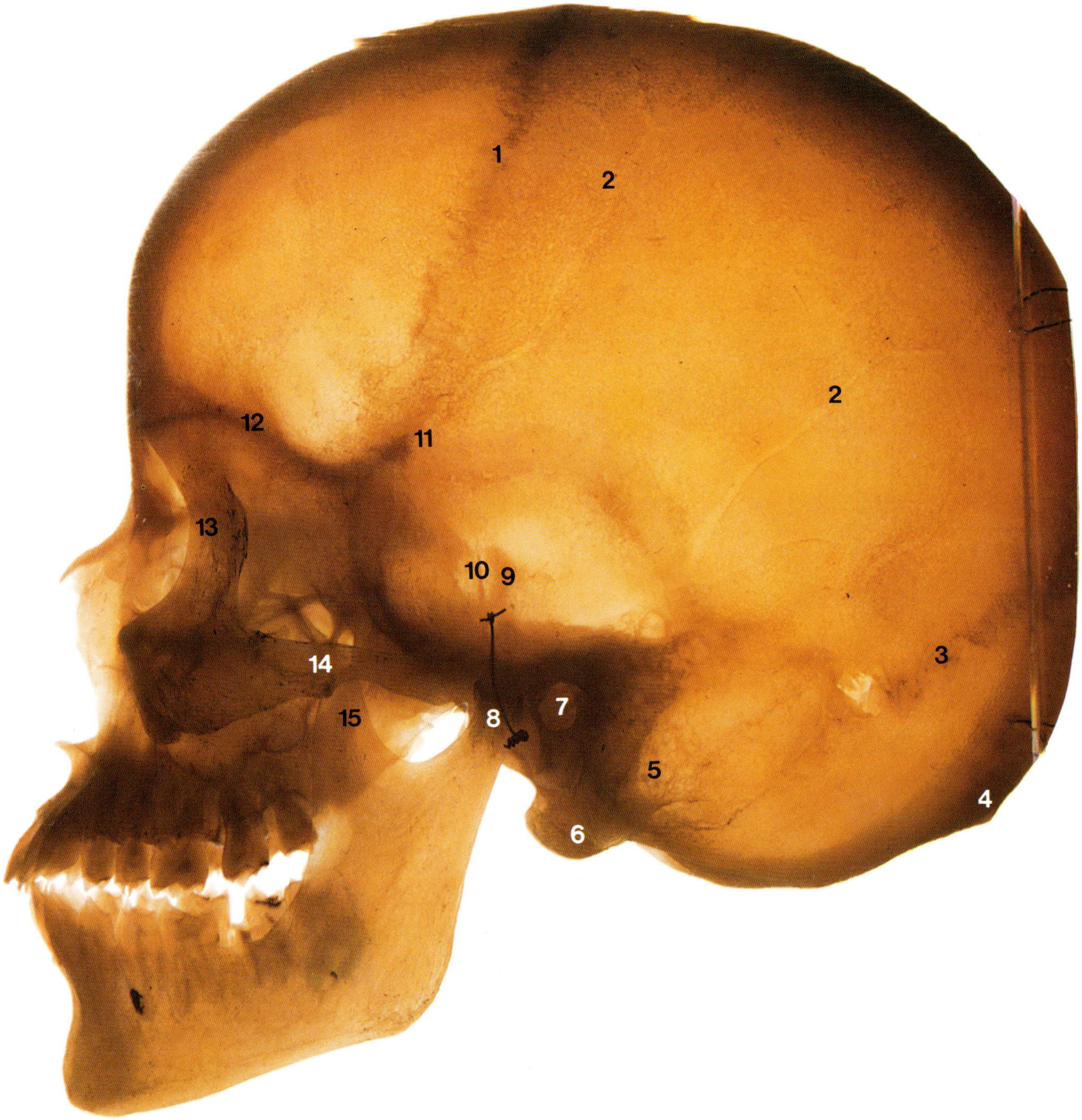

Aufgehellter Schädel, linke Seitenansicht

1 Sutura coronalis
2 Sulci für die Vasa meningea media
3 Sutura lambdoidea
4 Protuberantia occipitalis externa
5 Cellulae mastoideae
6 Processus mastoideus
7 Meatus acusticus externus
8 Processus condylaris mandibulae
9 Dorsum sellae
10 Sella turcica (Fossa hypophyseos)
11 Pterion
12 Dach der Orbita
13 Oberer Orbitarand
14 Arcus zygomaticus
15 Processus coronoideus mandibulae

Unterkiefer (Mandibula), A von vorne, B von hinten-oben, C von links-vorne gesehen

1 Caput mandibulae
2 Collum mandibulae
3 Fovea pterygoidea
4 Processus coronoideus
5 Vorderer Rand des Ramus mandibulae
6 Linea obliqua
7 Angulus mandibulae
8 Processus alveolaris
9 Corpus mandibulae
10 Foramen mentale
11 Tuberculum mentale
12 Protuberantia mentalis
13 Basis der Mandibula
14 Hinterer Rand des Ramus mandibulae
15 Foramen mandibulae
16 Fovea mylohyoidea
17 Lingula mandibulae
18 Linea mylohyoidea
19 Fovea submandibularis
20 Fovea sublingualis
21 Spina mentalis superior et inferior
22 Incisura mandibulae
23 Fossa digastrica
24 Ramus mandibulae
25 Unterer Rand des Ramus mandibulae

- Caput und Collum mandibulae, einschließlich der Fovea pterygoidea bilden zusammen den Processus condylaris mandibulae.
- Der Processus alveolaris bildet die knöchernen Alveolen für die Zahnwurzeln.
- Die Unterkieferbasis umfaßt den unteren Rand des Corpus mandibulae bis zum Ramus mandibulae.
- Im vorliegenden Präparat ist der 3. Molar noch nicht durchgebrochen.

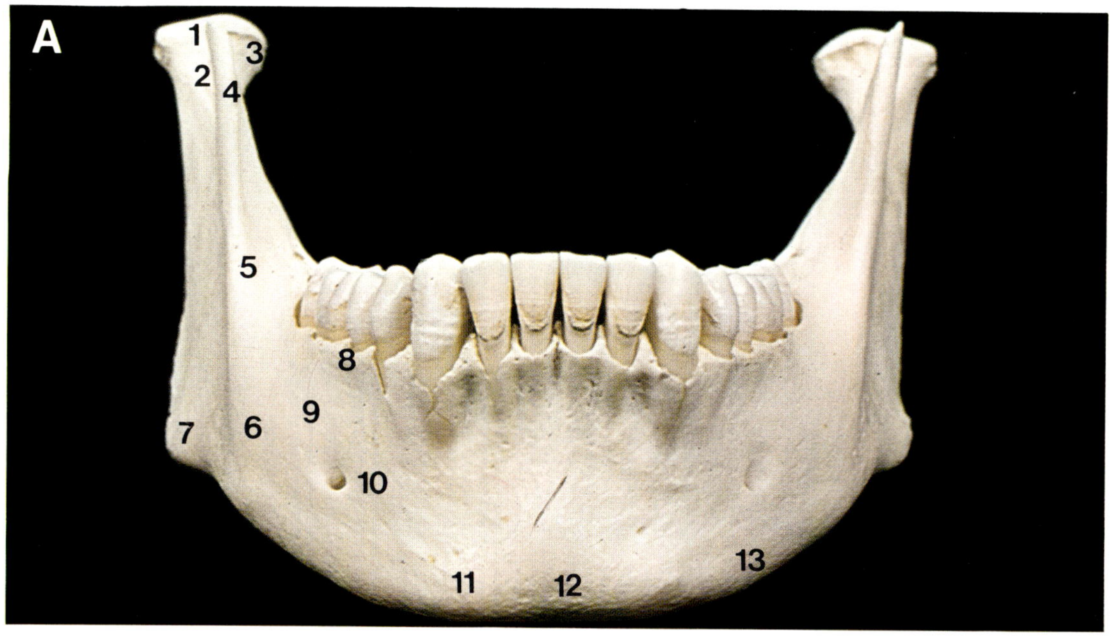

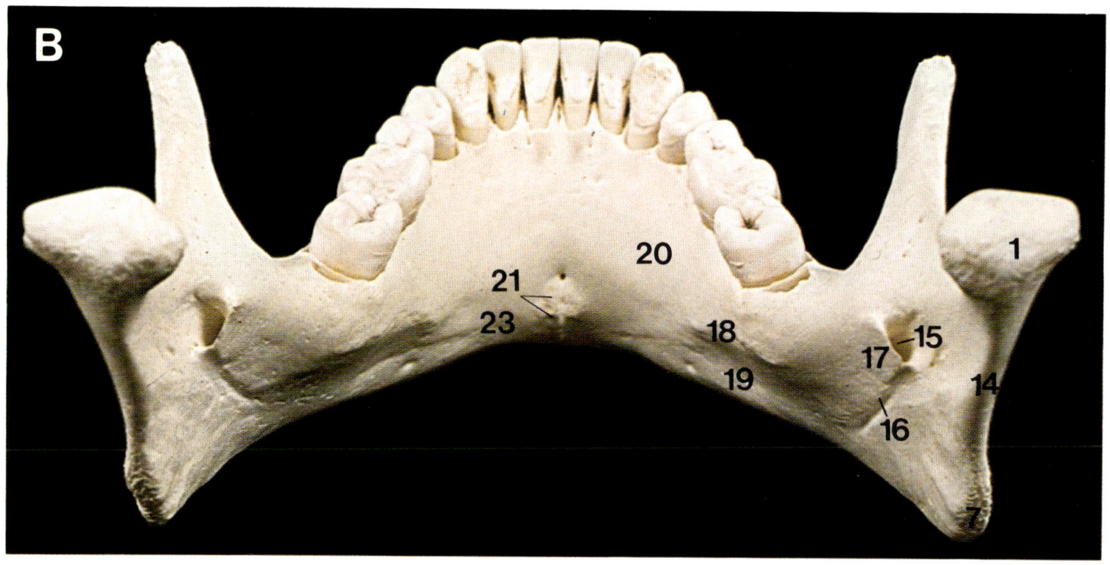

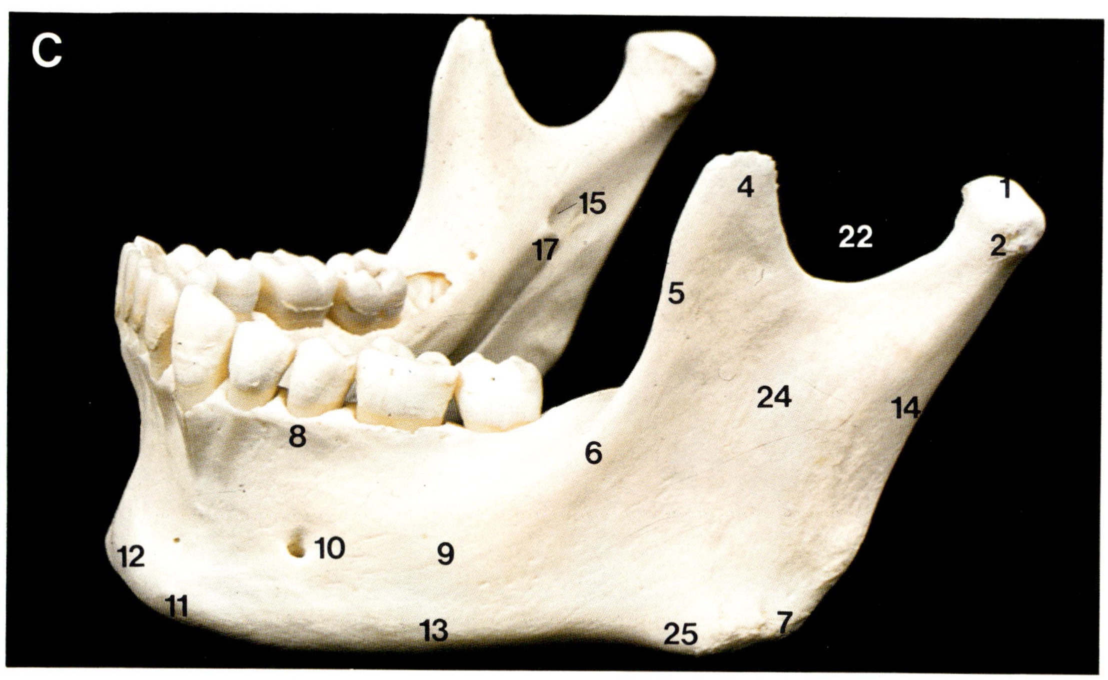

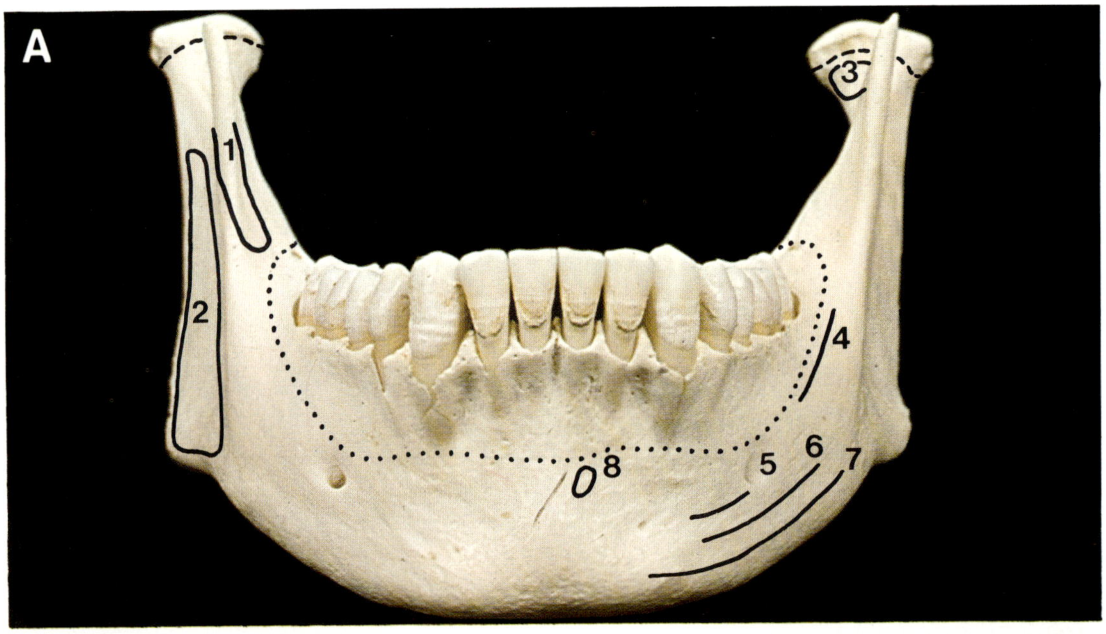

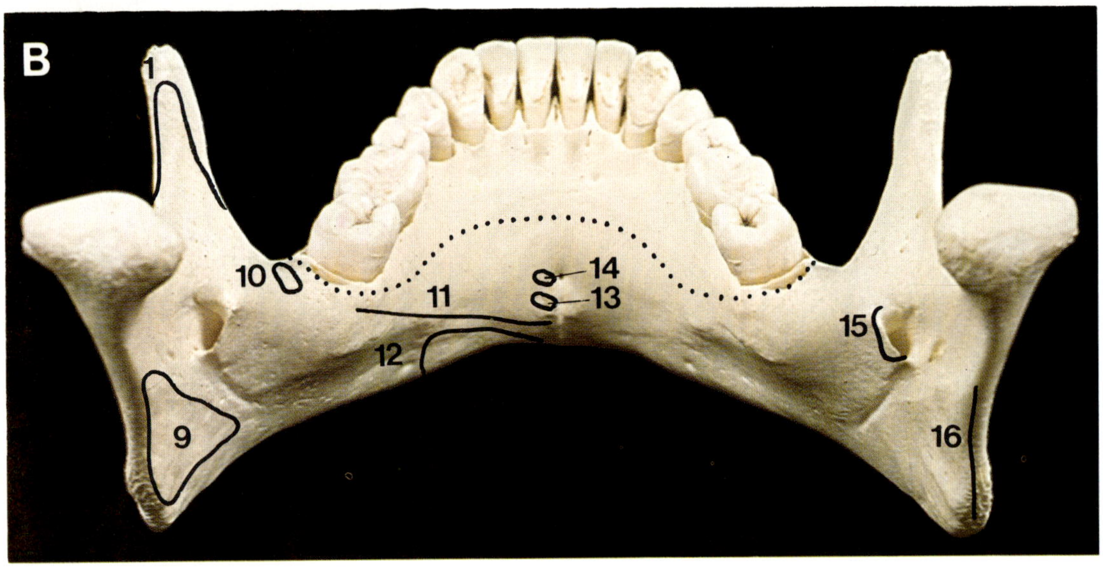

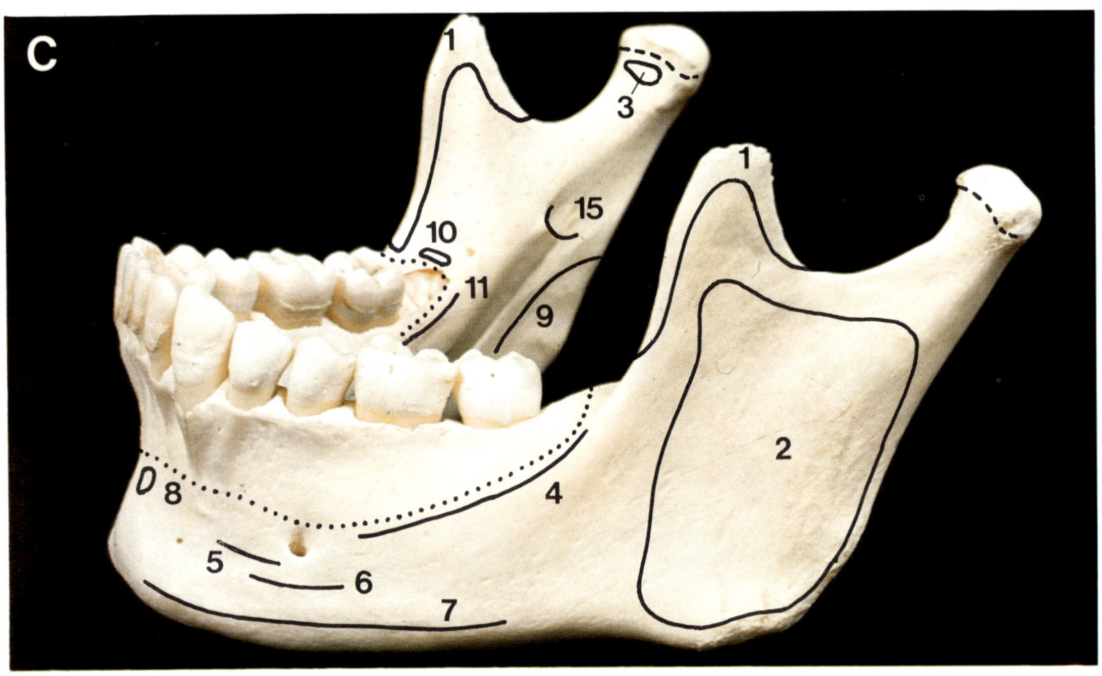

Unterkiefer (Mandibula) A von vorne, B von hinten-oben, C von links-vorne gesehen, mit Muskelansatzstellen
(Unterbrochene Linie: Ansatz der Kiefergelenkkapsel. Punktierte Linie: Grenze der Anheftungslinie der Mundschleimhaut)

1 M. temporalis
2 M. masseter
3 M. pterygoideus lateralis
4 M. buccinator
5 M. depressor labii inferioris
6 M. depressor anguli oris
7 Platysma
8 M. mentalis
9 M. pterygoideus medialis
10 Raphe pterygomandibularis und M. constrictor pharyngis superior
11 M. mylohyoideus
12 Venter anterior m. digastrici
13 M. geniohyoideus
14 M. genioglossus
15 Lig. sphenomandibulare
16 Lig. stylomandibulare

● Der M. buccinator setzt am Processus alveolaris von Ober- und Unterkiefer, etwa im Bereich der 3 Molaren, an. Man beachte, daß in diesem Fall der 3. Molar noch nicht durchgebrochen ist.

Os frontale, A von vorne, B von lateral, C von unten, D von innen gesehen *(In D ist nur die linke Hälfte abgebildet)*

1 Tuber frontale
2 Processus zygomaticus
3 Margo supraorbitalis
4 Incisura supraorbitalis oder Foramen supraorbitale
5 Arcus superciliaris
6 Lage der Incisura frontalis bzw. des Foramen frontale (fehlt hier)
7 Glabella
8 Spina nasalis
9 Linea temporalis superior
10 Linea temporalis inferior
11 Pars orbitalis
12 Dach der Cellulae ethmoidales
13 Apertura sinus frontalis
14 Incisura ethmoidalis
15 Foramen ethmoidale posterius
16 Foramen ethmoidale anterius
17 Fovea trochlearis
18 Fossa glandulae lacrimalis
19 Sulcus sinus sagittalis superioris
20 Crista frontalis
21 Foramen caecum

● Die Incisura frontalis bzw. das Foramen frontale sind in diesem Präparat nicht abgebildet.

● Die Foramina ethmoidalia und das Foramen caecum werden erst durch die Anlagerung des Os ethmoidale zu geschlossenen Kanälen.

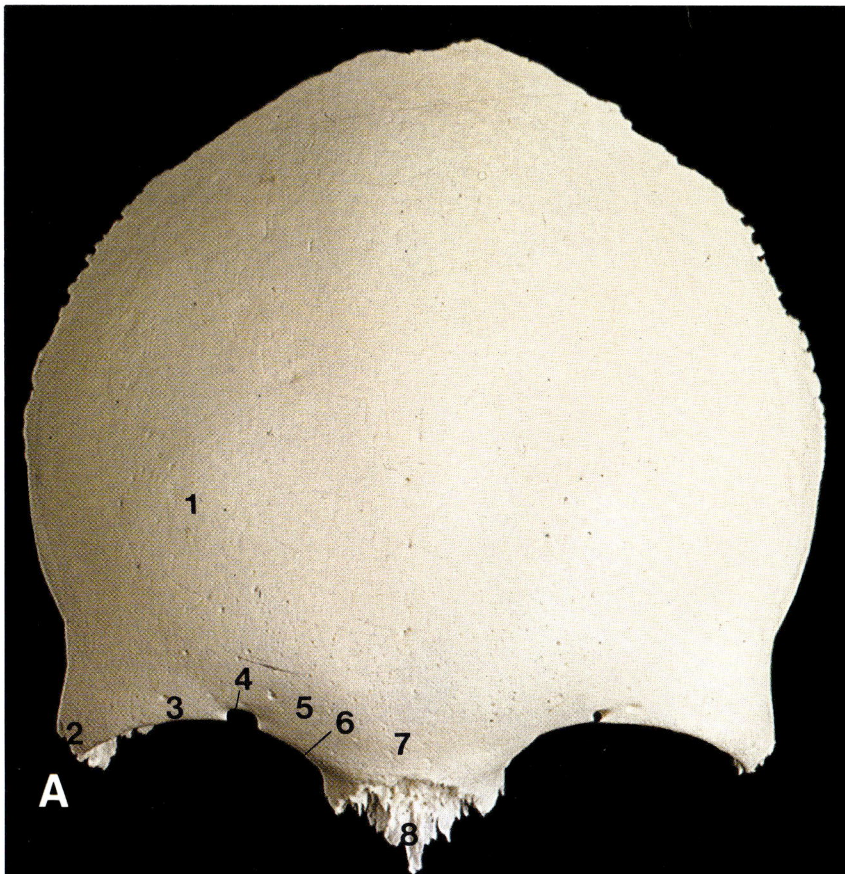

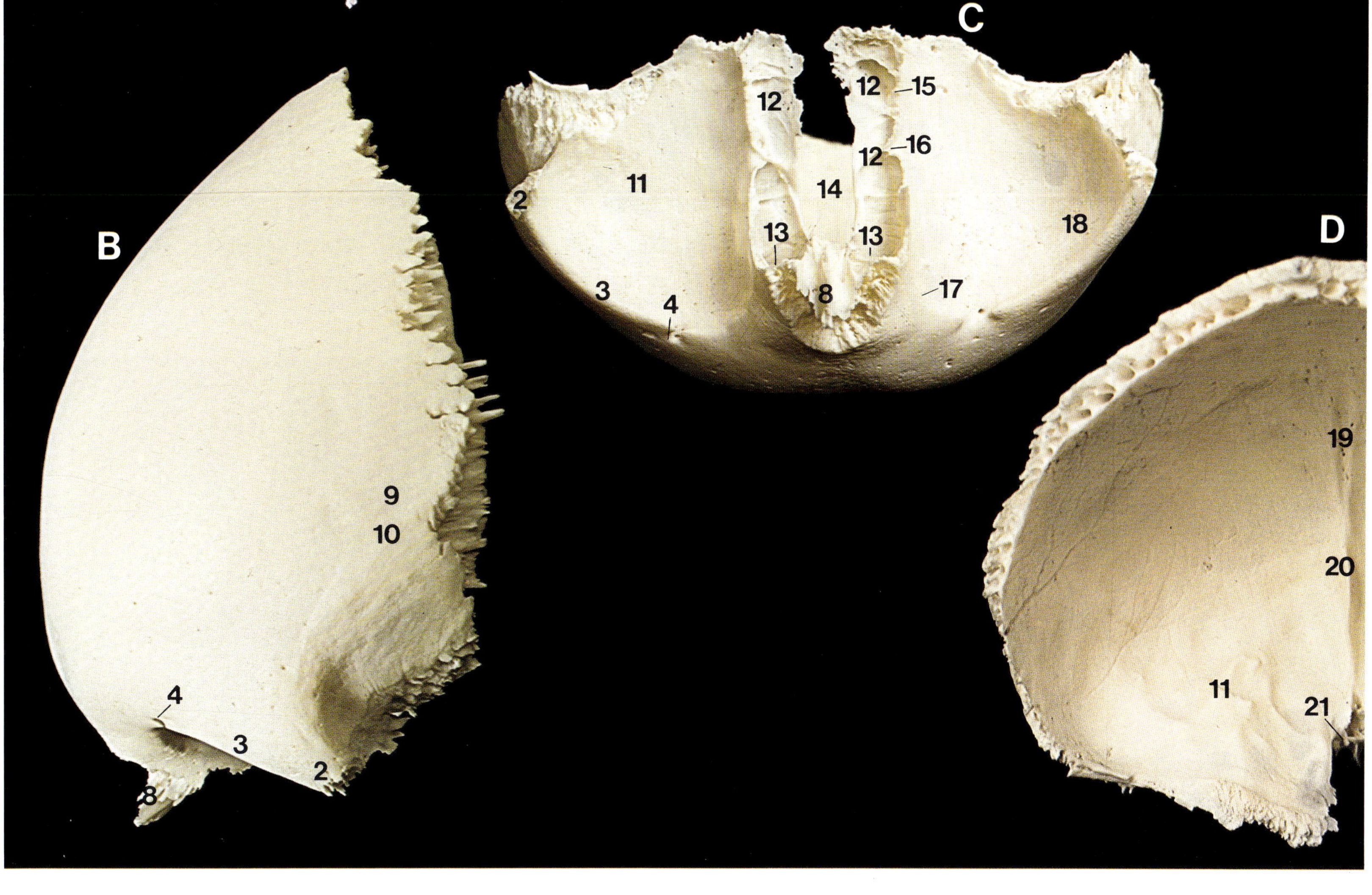

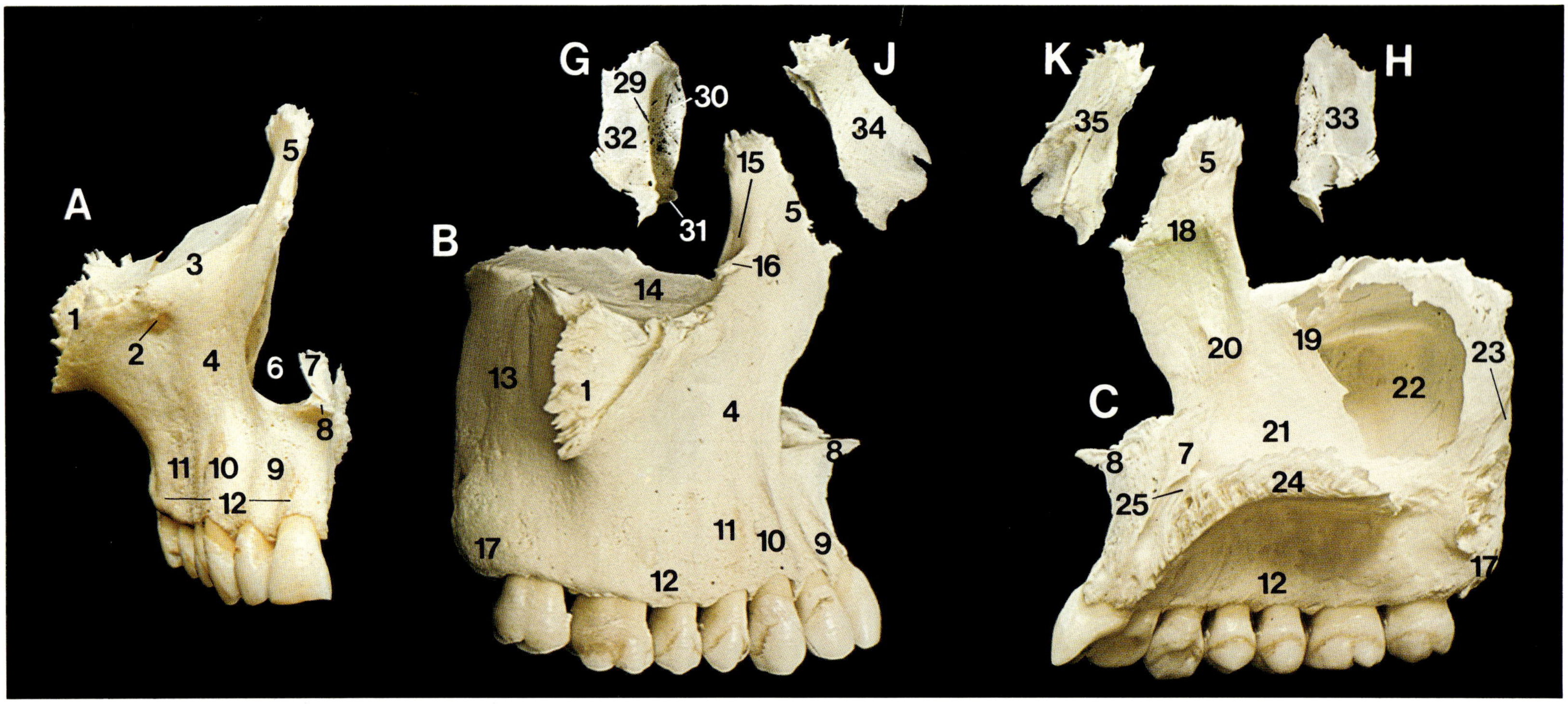

A–F Rechte Maxilla, A von vorne, B von lateral, C von medial, D von unten, E von oben und F von hinten gesehen

1 Processus zygomaticus
2 Foramen infraorbitale
3 Margo infraorbitalis
4 Facies anterior
5 Processus frontalis
6 Incisura nasalis
7 Crista nasalis
8 Spina nasalis anterior
9 Fossa incisiva
10 Eminentia canina
11 Fossa canina
12 Processus alveolaris
13 Facies infratemporalis
14 Facies orbitalis
15 Sulcus lacrimalis
16 Crista lacrimalis anterior
17 Tuber maxillae
18 Crista ethmoidalis
19 Meatus nasi medius
20 Crista conchalis
21 Meatus nasi inferior
22 Hiatus sinus maxillaris
23 Canalis palatinus major
24 Processus palatinus
25 Canalis incisivus
26 Noch nicht durchgebrochener dritter Molar
27 Sulcus infraorbitalis
28 Canalis infraorbitalis

G und H Rechtes Os lacrimale, G von lateral, H von medial gesehen

29 Crista lacrimalis posterior
30 Fossa sacci lacrimalis
31 Hamulus lacrimalis
32 Facies orbitalis
33 Facies nasalis

J und K Rechtes Os nasale, J von lateral, K von medial gesehen

34 Facies lateralis mit kleinen Foramen für Gefäße
35 Facies interna mit einem Sulcus für den N. ethmoidalis anterior

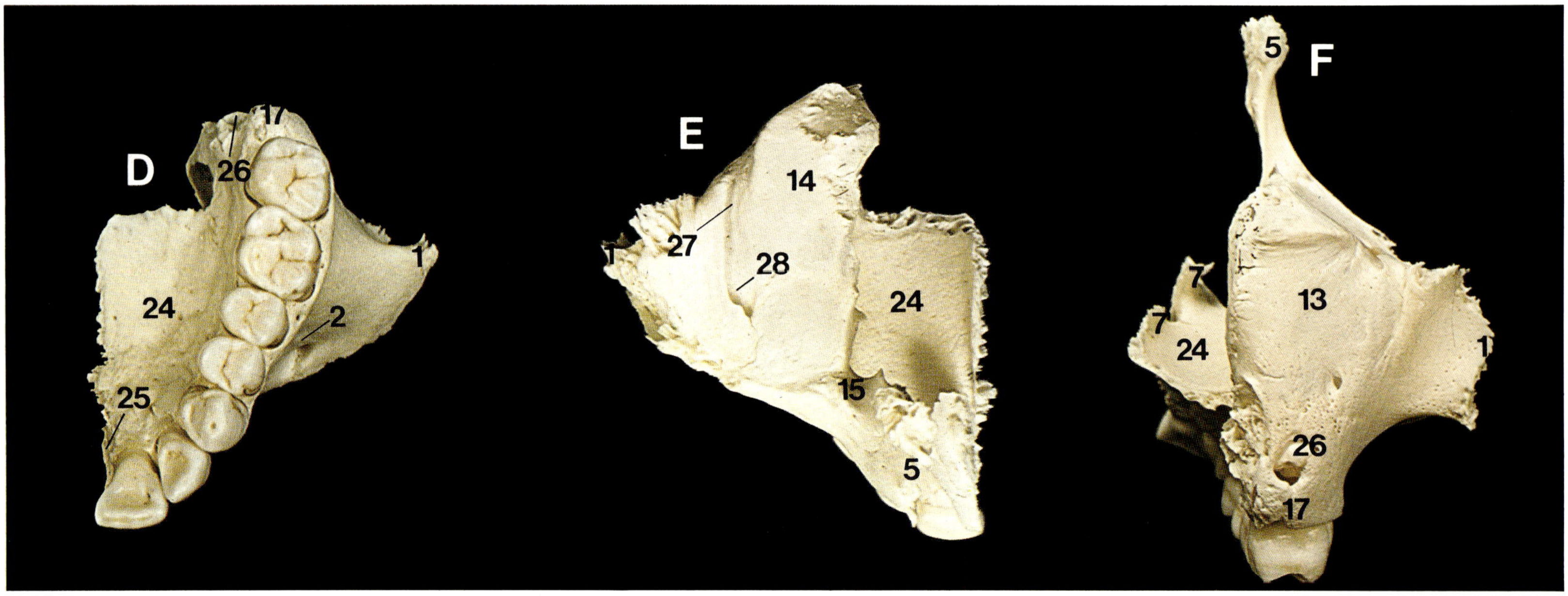

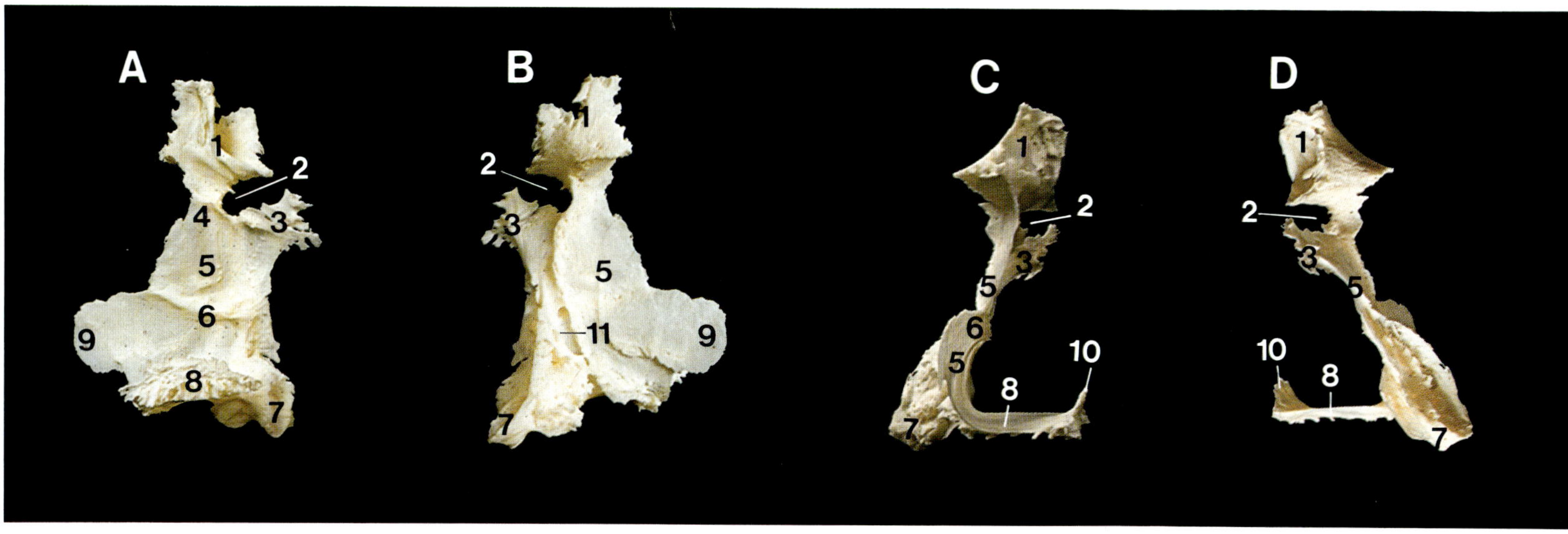

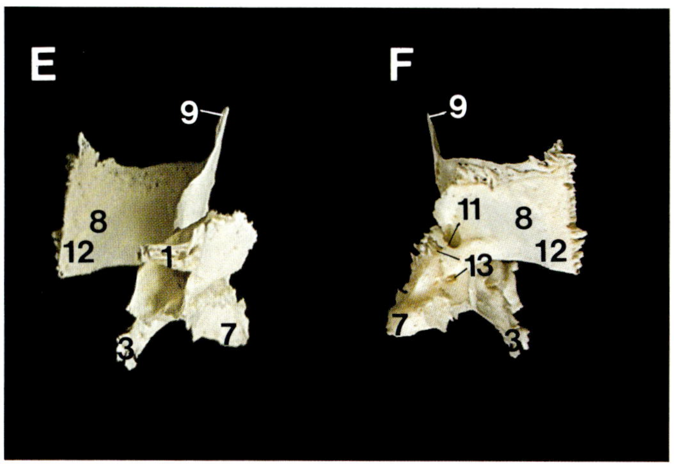

A–F Rechtes Os palantinum, A von medial, B von lateral, C von vorne, D von hinten, E von oben, F von unten gesehen

1 Processus orbitalis
2 Incisura spenopalatina
3 Processus sphenoidalis
4 Crista ethmoidalis
5 Lamina perpendicularis
6 Crista conchalis
7 Processus pyramidalis
8 Lamina horizontalis
9 Processus maxillaris
10 Crista nasalis
11 Sulcus palatinus major
12 Spina nasalis posterior
13 Canales palatini minores

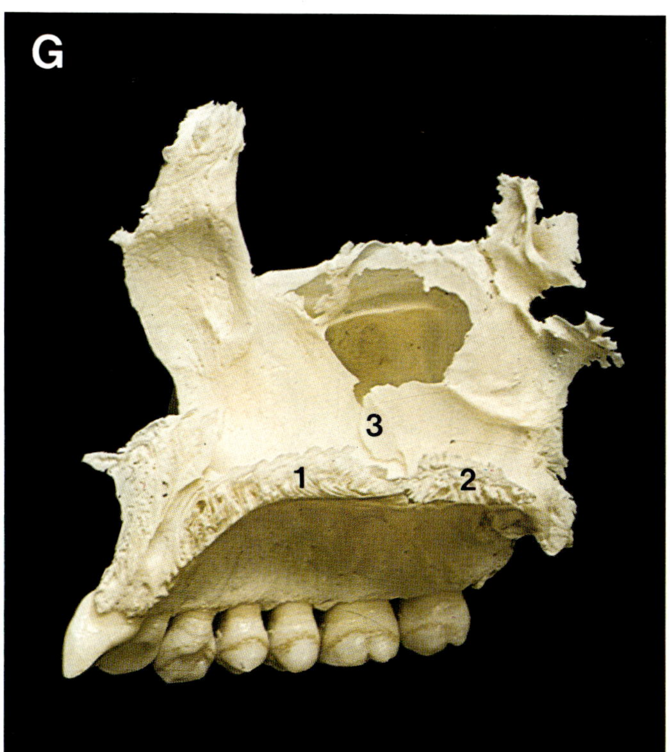

G Rechte Maxilla und Os palatinum, von medial gesehen

1 Processus palatinus maxillae
2 Lamina horizontalis ossis palatini
3 Processus maxillaris ossis palatini

● Vergleiche mit Abb. C auf S. 26.

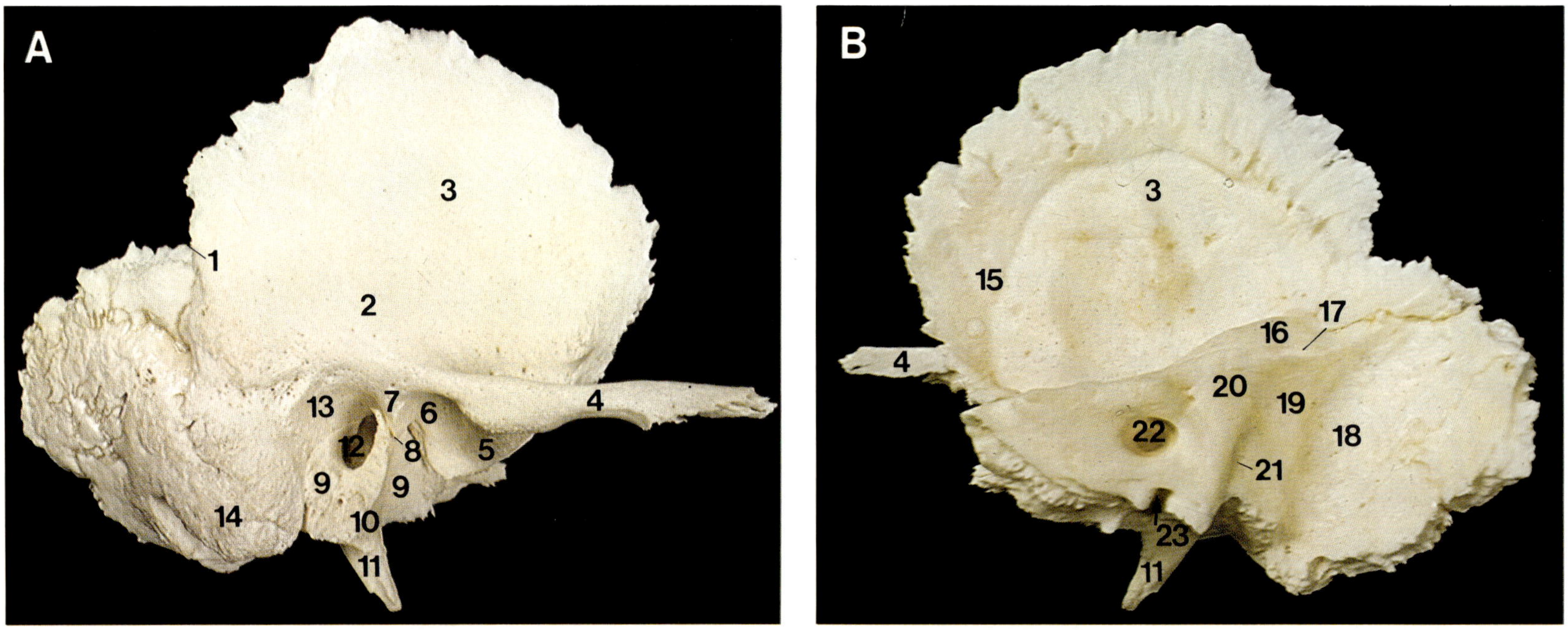

Rechtes Os temporale, A von lateral, B von innen, C von oben, D von unten, E von vorne gesehen

1 Incisura parietalis
2 Sulcus für die A. temporalis media
3 Pars squamosa
4 Processus zygomaticus
5 Tuberculum articulare
6 Fossa mandibularis
7 Tuberculum postglenoidale
8 Fissura tympanosquamosa
9 Pars tympanica
10 Vagina processus styloidei
11 Processus styloideus
12 Meatus acusticus externus
13 Spina supra meatum
14 Processus mastoideus
15 Sulci für die Vasa meningea media
16 Eminentia arcuata
17 Sulcus sinus petrosi superioris
18 Sulcus sinus sigmoidei
19 Fossa subarcuata
20 Pars petrosa
21 Aquaeductus vestibuli
22 Meatus acusticus internus
23 Canaliculus cochleae
24 Fissura petrosquamosa (von oben)
25 Tegmen tympani
26 Hiatus und Sulcus n. petrosi minoris
27 Hiatus und Sulcus n. petrosi majoris
28 Impressio trigemini an der Spitze der Felsenbeinpyramide
29 Sulcus arteriae occipitalis (Apertura externa)
30 Incisura mastoidea
31 Foramen stylomastoideum
32 Fissura petrotympanica
33 Processus inferior tegmentis tympani
34 Fissura petrosquamosa
35 Canalis caroticus
36 Fossula petrosa mit Canaliculus tympanicus
37 Fossa jugularis
38 Canaliculus mastoideus
39 Facies inferior partis petrosae
40 Semicanalis m. tensoris tympani
41 Semicanalis tubae auditivae

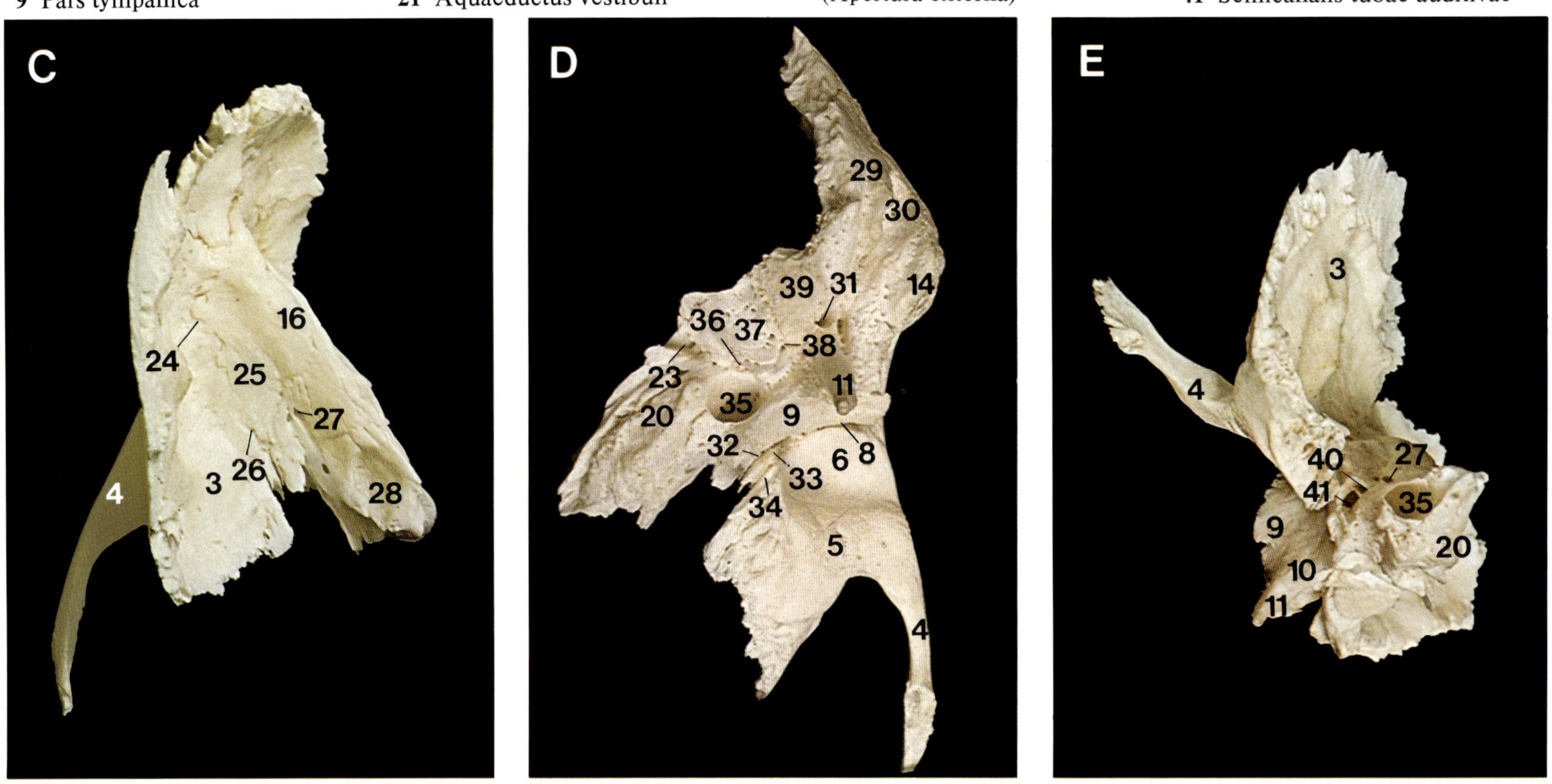

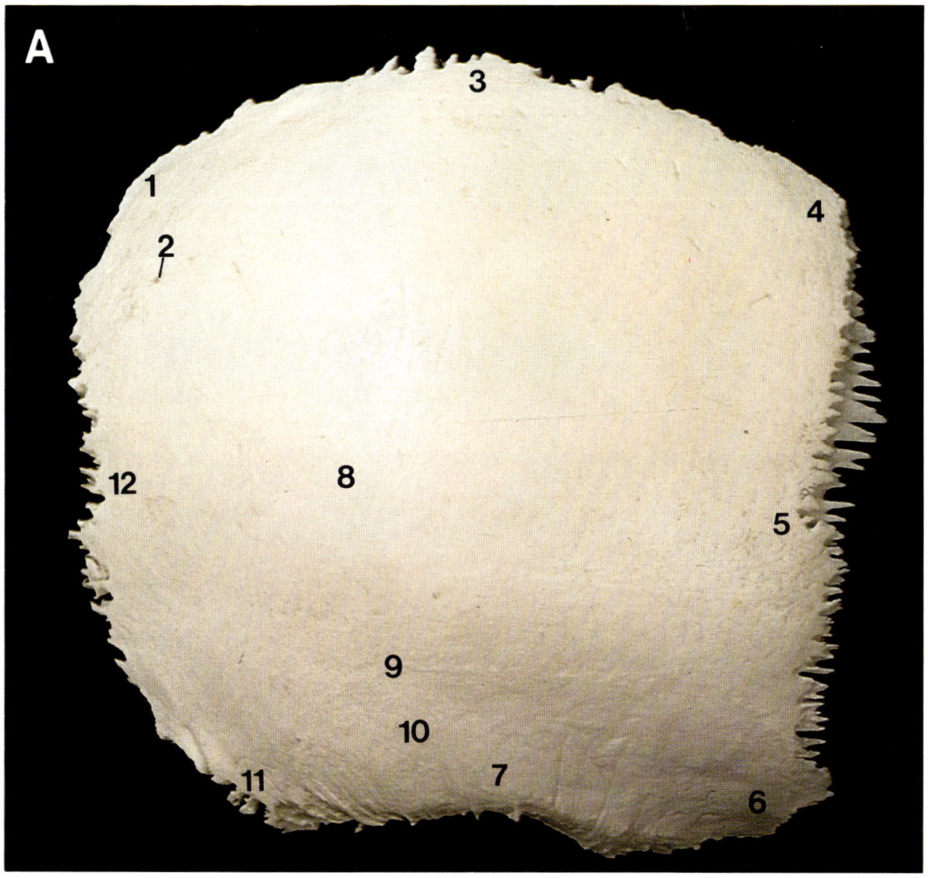

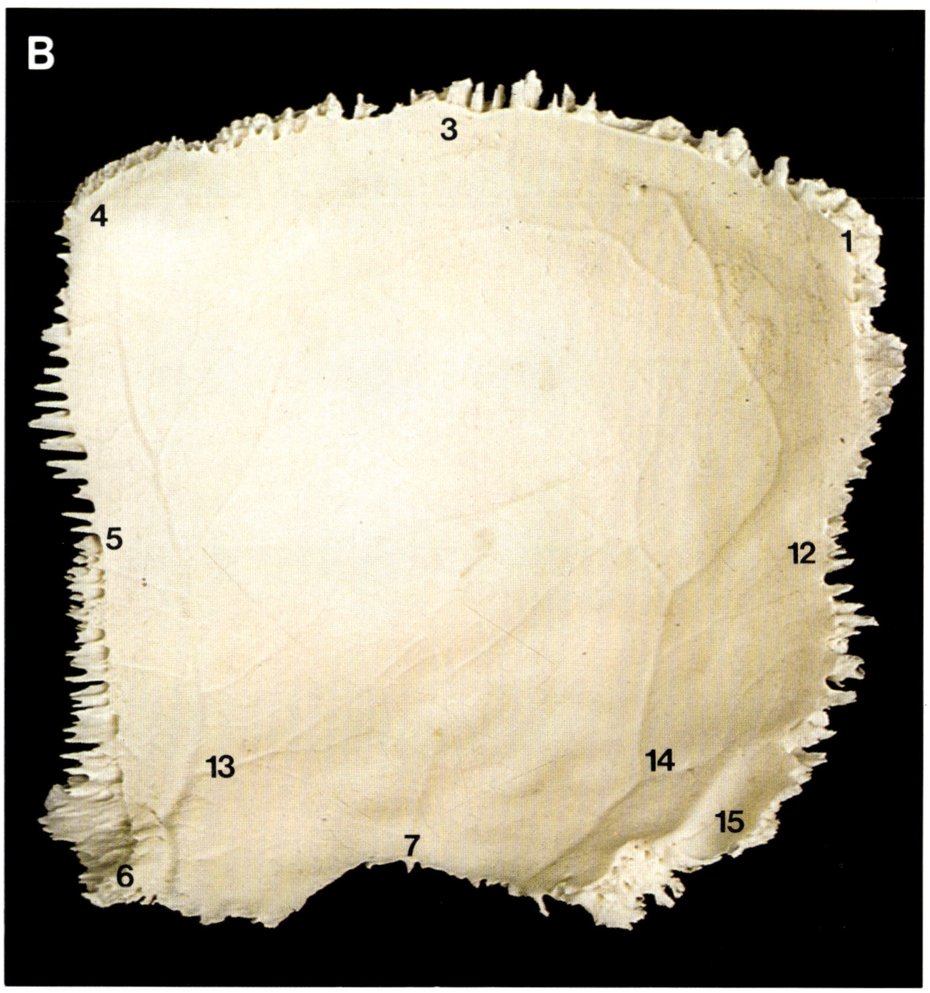

A und B Rechtes Os parietale, A Außenfläche, B Innenfläche
1 Angulus occipitalis
2 Foramen parietale
3 Margo sagittalis
4 Angulus frontalis
5 Margo frontalis
6 Angulus sphenoidalis
7 Margo squamosa
8 Tuber parietale
9 Linea temporalis superior
10 Linea temporalis inferior
11 Angulus mastoideus
12 Margo occipitalis
13 Sulci für die vorderen Äste der A. meningea media
14 Sulci für die hinteren Äste der A. meningea media
15 Sulcus sinus sigmoidei am Angulus mastoideus

C–E Rechtes Os zygomaticum, C von lateral, D von medial, E von hinten gesehen
1 Processus frontalis
2 Margo orbitalis
3 Foramen zygomaticofaciale
4 Margo maxillaris
5 Processus temporalis
6 Margo temporalis
7 Facies orbitalis
8 Foramen zygomaticoorbitale
9 Facies temporalis
10 Foramen zygomaticotemporale

● Der Processus zygomaticus des Os temporale und der Processus temporalis des Os zygomaticum bilden zusammen den Jochbogen (Arcus zygomaticus).

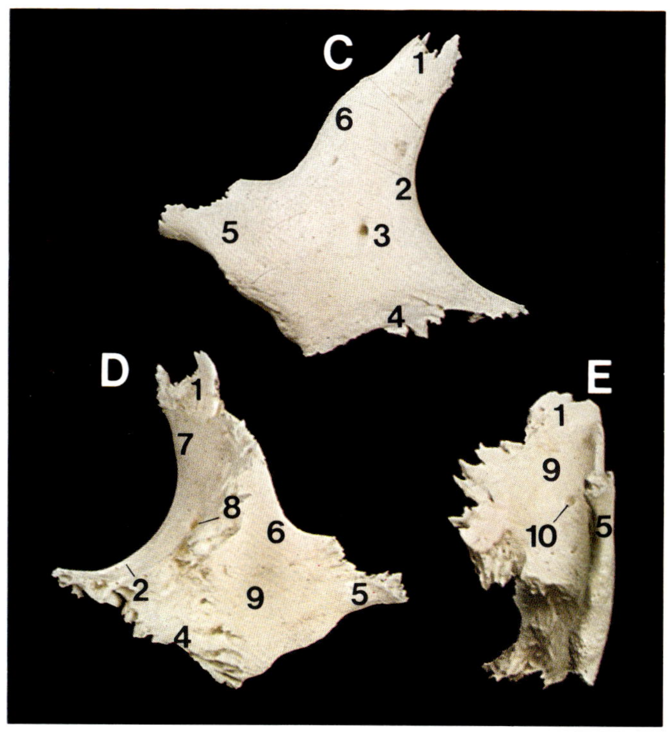

A–E Os sphenoidale, A von vorne, B von hinten, C von oben, D von unten, E von lateral (links) gesehen

1 Facies temporalis ┐
2 Crista infratemporalis ├ alae majoris
3 Facies orbitalis ┘
4 Fissura orbitalis superior
5 Ala minor ossis sphenoidalis
6 Corpus mit dem Eingang zum Sinus sphenoidalis
7 Rostrum ossis sphenoidalis
8 Processus vaginalis
9 Canalis pterygoideus
10 Foramen rotundum
11 Processus pterygoideus
12 Lamina medialis processus pterygoidei
13 Hamulus pterygoideus
14 Incisura pterygoidea
15 Lamina lateralis processus pterygoidei
16 Spina ossis sphenoidalis
17 Facies cerebralis alae majoris
18 Processus clinoideus anterior
19 Processus clinoideus posterior
20 Dorsum sellae
21 Fossa scaphoidea
22 Crista sphenoidalis
23 Jugum sphenoidale
24 Sulcus chiasmatis
25 Canalis opticus
26 Tuberculum sellae
27 Sella turcica (Fossa hypophyseos)
28 Foramen ovale
29 Foramen spinosum
30 Sulcus caroticus
31 Facies infratemporalis alae majoris

F und G Vomer, F von rechts, G von hinten gesehen

32 Ala vomeris
33 Hinterrand des Vomer
34 Sulcus für den N. nasopalatinus (Scarpae) und die Vasa nasopalatina

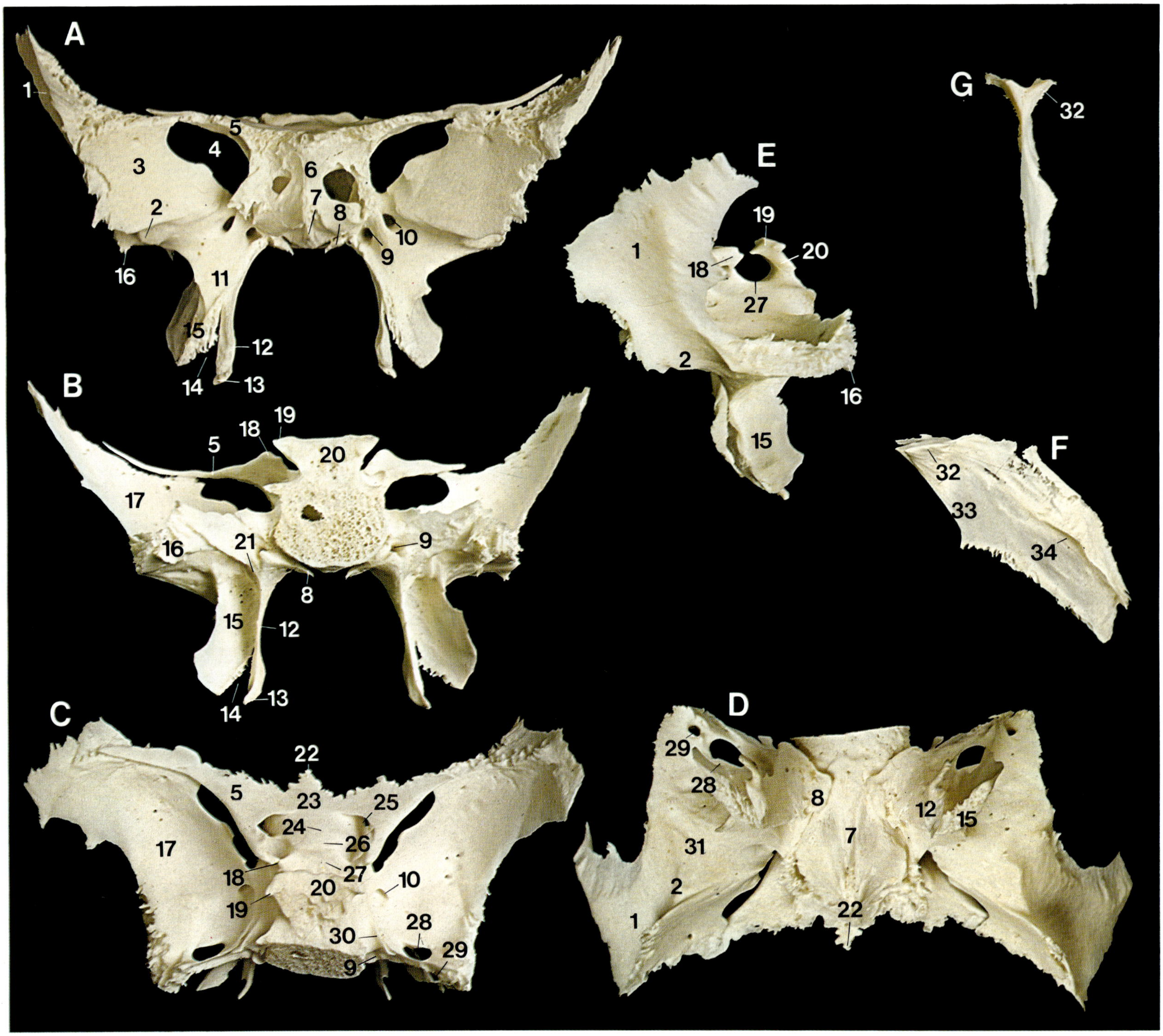

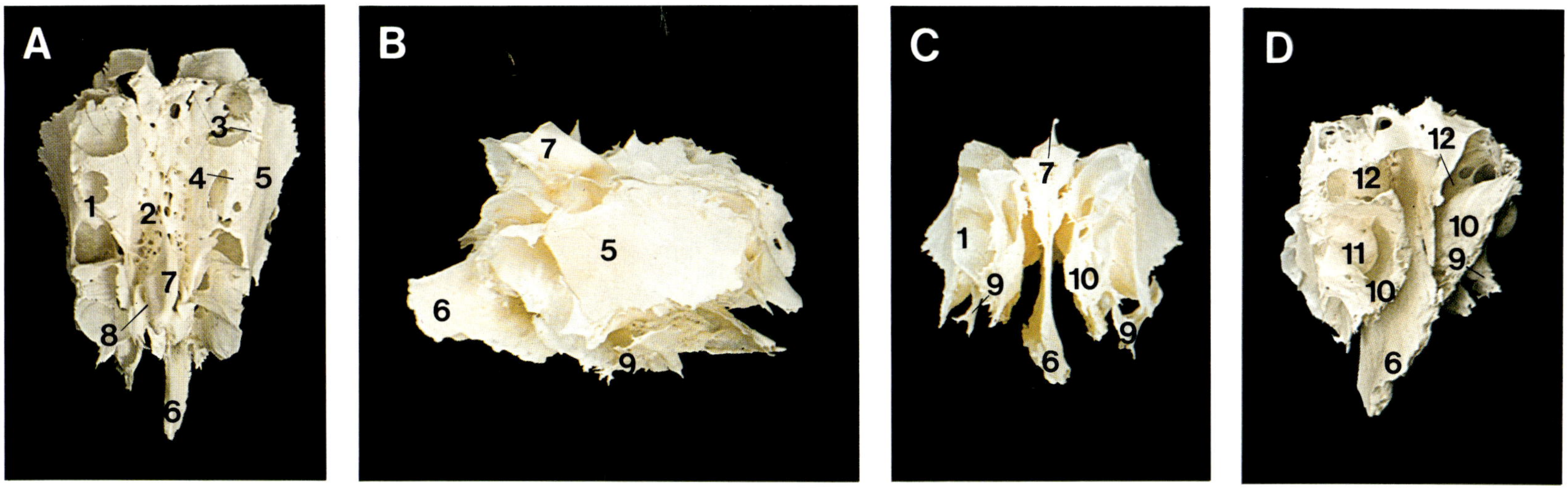

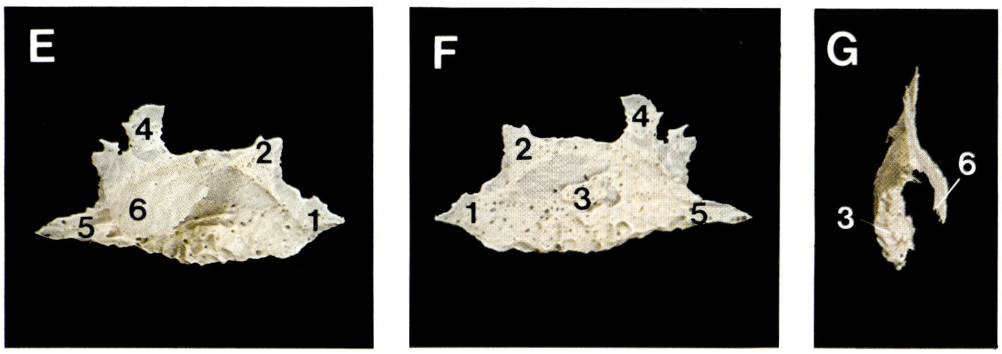

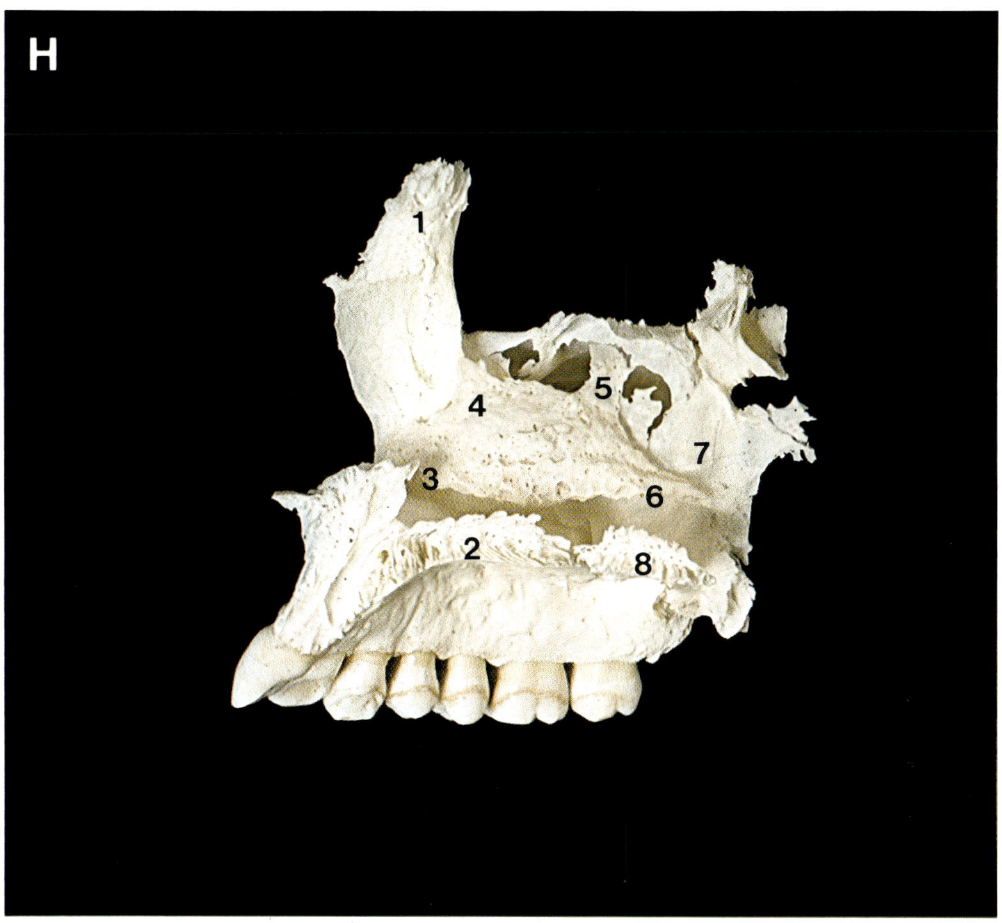

A–D Os ethmoidale, A von oben, B von links, C von vorne, D von links-unten-hinten gesehen

1 Labyrinthus ethmoidalis
2 Lamina cribrosa
3 Sulcus ethmoidalis posterior
4 Sulcus ethmoidalis anterior
5 Lamina orbitalis
6 Lamina perpendicularis
7 Crista galli
8 Ala cristae galli
9 Processus uncinatus
10 Concha nasalis media
11 Bulla ethmoidalis
12 Concha nasalis superior

E–G Rechte Concha nasalis inferior, E von lateral, F von medial, G von vorne gesehen

1 Vorderes Ende
2 Processus lacrimalis
3 Facies medialis
4 Processus ethmoidalis
5 Hinteres Ende
6 Processus maxillaris

H Rechter Oberkiefer mit Os palatinum und Concha nasalis inferior, von medial gesehen

1 Processus frontalis maxillae
2 Processus palatinus maxillae
3 Vorderes Ende ⎤
4 Processus lacrimalis ⎥ der Concha
5 Processus ethmoidalis ⎥ nasalis inferior
6 Hinteres Ende ⎦
7 Lamina perpendicularis ossis palatini
8 Processus horizontalis ossis palatini

● Vergleiche mit Abb. G auf S. 27.

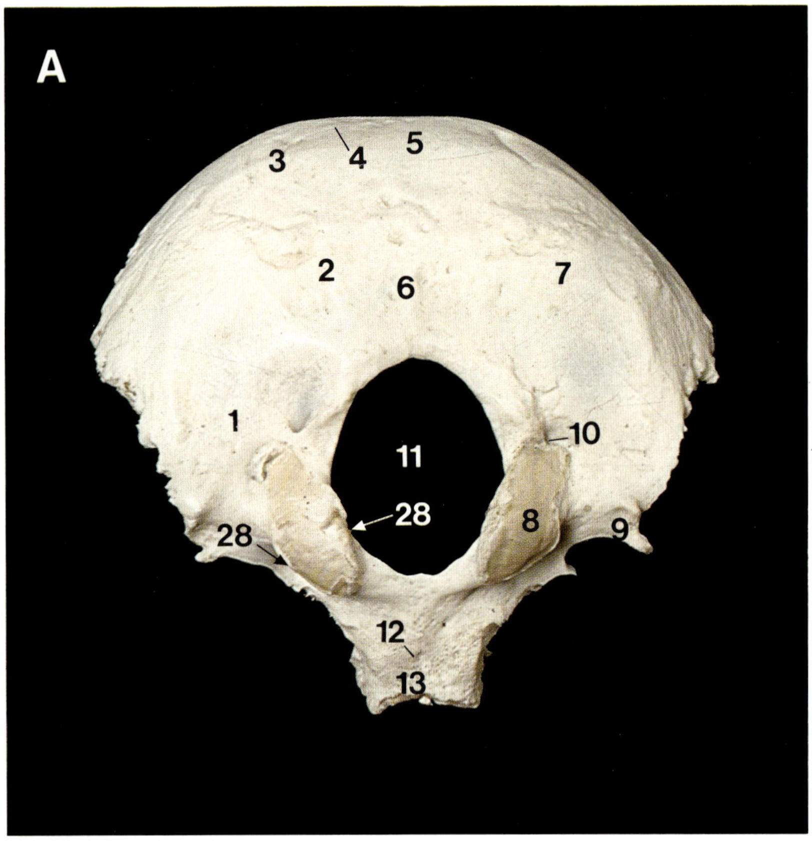

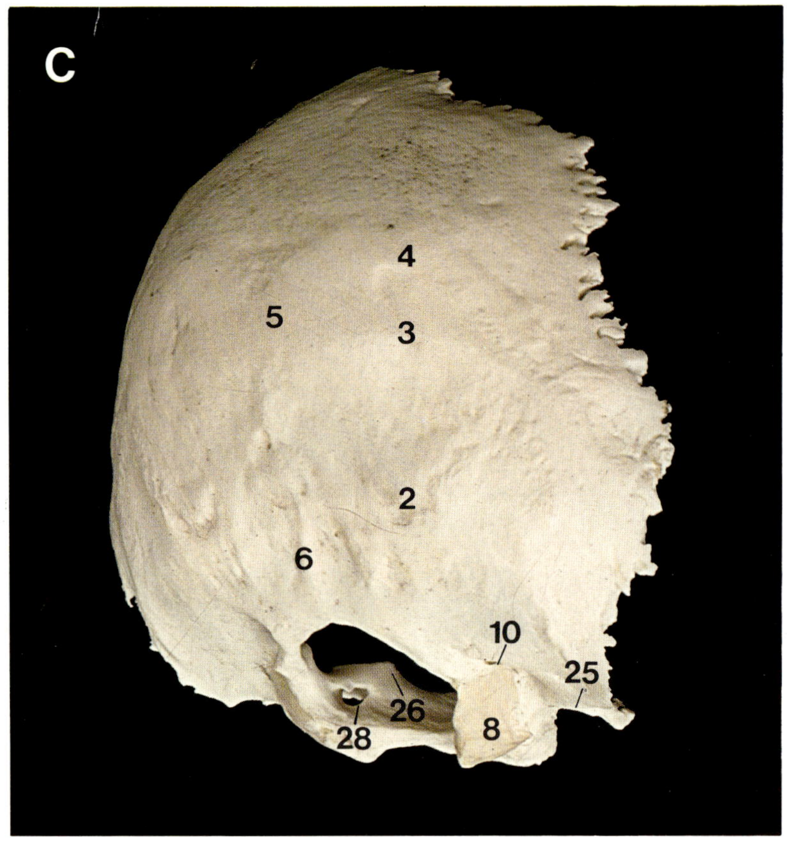

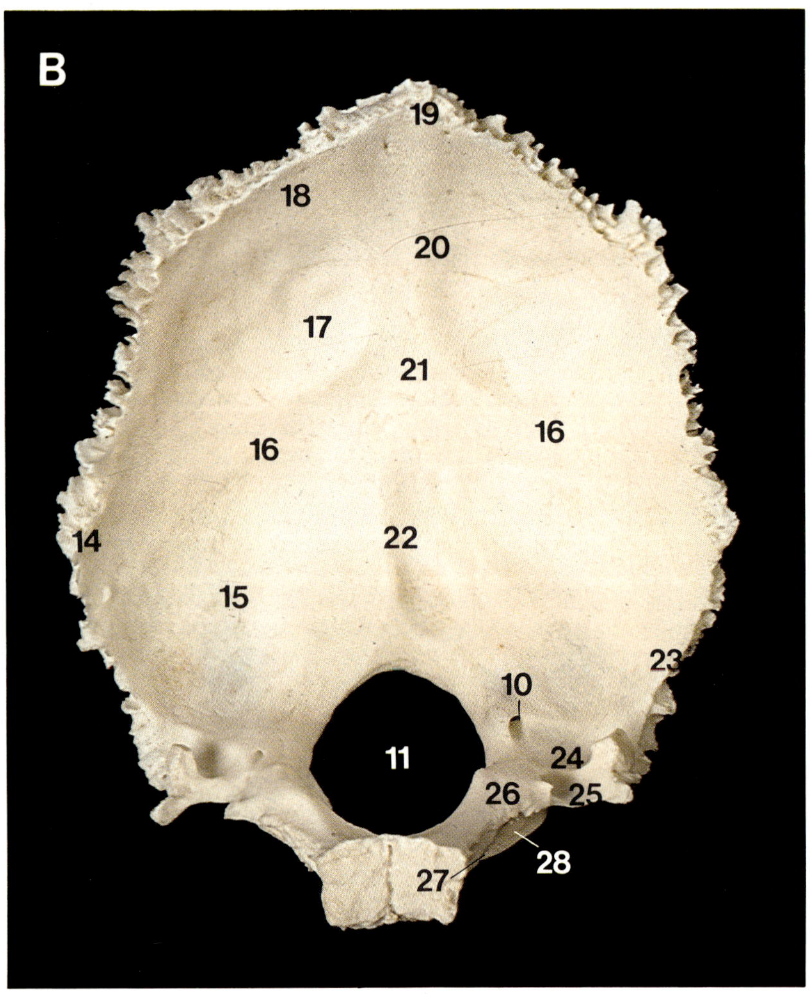

Os occipitale, A Außenfläche von unten, B Innenfläche, C Außenfläche von rechts-unten gesehen

1 Pars lateralis
2 Linea nuchae inferior
3 Linea nuchae superior
4 Linea nuchae suprema
5 Protuberantia occipitalis externa
6 Crista occipitalis externa
7 Squama occipitalis
8 Condylus occipitalis
9 Processus jugularis
10 Fossa condylaris (Bild A) und Canalis condylaris (Bild B und C)
11 Foramen (occipitale) magnum
12 Tuberculum pharyngeum
13 Pars basilaris
14 Angulus lateralis
15 Fossa cerebellaris
16 Sulcus sinus transversi
17 Fossa cerebralis
18 Margo lambdoidea
19 Angulus superior
20 Sulcus sinus sagittalis superioris
21 Protuberantia occipitalis interna
22 Crista occipitalis interna
23 Margo mastoideus
24 Sulcus sinus sigmoidei
25 Incisura jugularis
26 Tuberculum jugulare
27 Sulcus sinus petrosi inferioris
28 Canalis hypoglossi

Hals, rechte Seitenansicht,
(Gestrichelte Linie: Verlauf der V. jugularis externa; punktierte Linie: Verlauf des N. accessorius)

1 Vorderrand des M. trapezius
2 M. sternocleidomastoideus
3 Gabelungsstelle der A. carotis communis
4 N. hypoglossus
5 Projektion der Spitze des großen Zungenbeinhornes (Cornu majus)
6 Lage des Ramus internus n. laryngei superioris
7 Corpus ossis hyoidei
8 Prominentia laryngea (Adamsapfel)
9 Lig. vocale
10 Projektion des Unterrandes der Lamina cartilaginis thyreoideae
11 Arcus cartilaginis cricoideae
12 Isthmus glandulae thyreoideae
13 Incisura jugularis sterni
14 Caput sternale m. sternocleidomastoidei
15 Articulatio sternoclavicularis (in dieser Höhe liegt die Vereinigung der V. jugularis interna mit der V. subclavia zur V. brachiocephalica)
16 Projektion des Truncus superior vom Plexus brachialis

● Während seines Verlaufes durch das laterale Halsdreieck bekommt der N. accessorius eine Bindegewebsscheide von der tiefen Halsfaszie, die zugleich das Dach des lateralen Halsdreiecks bildet. In den folgenden Präparaten wurden dieser Teil der Faszie zusammen mit anderen Abschnitten der Halsfaszien (Lamina praevertebralis und praetrachealis fasciae cervicalis) sowie die Gefäßnervenscheide des Halses zum größten Teil entfernt.

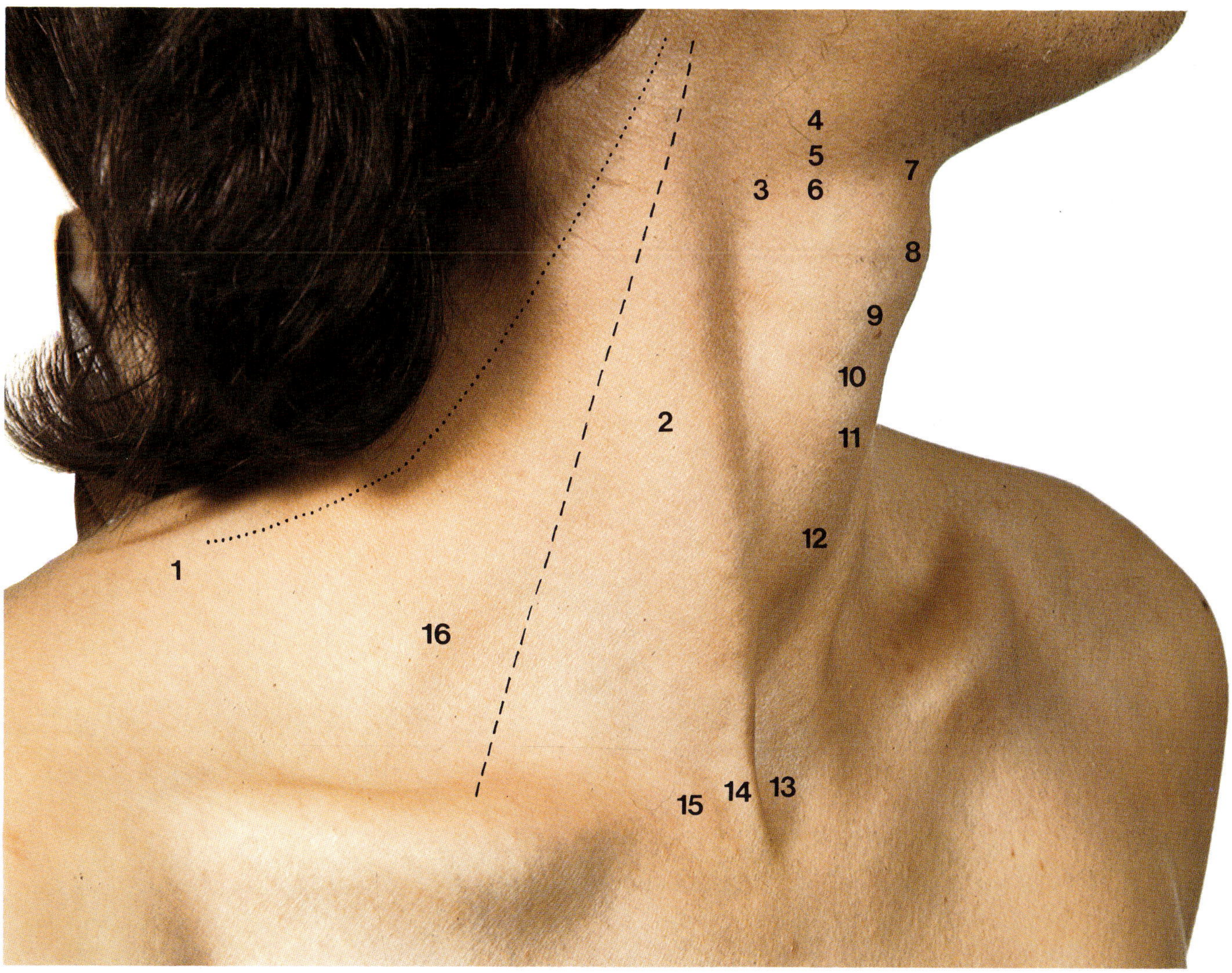

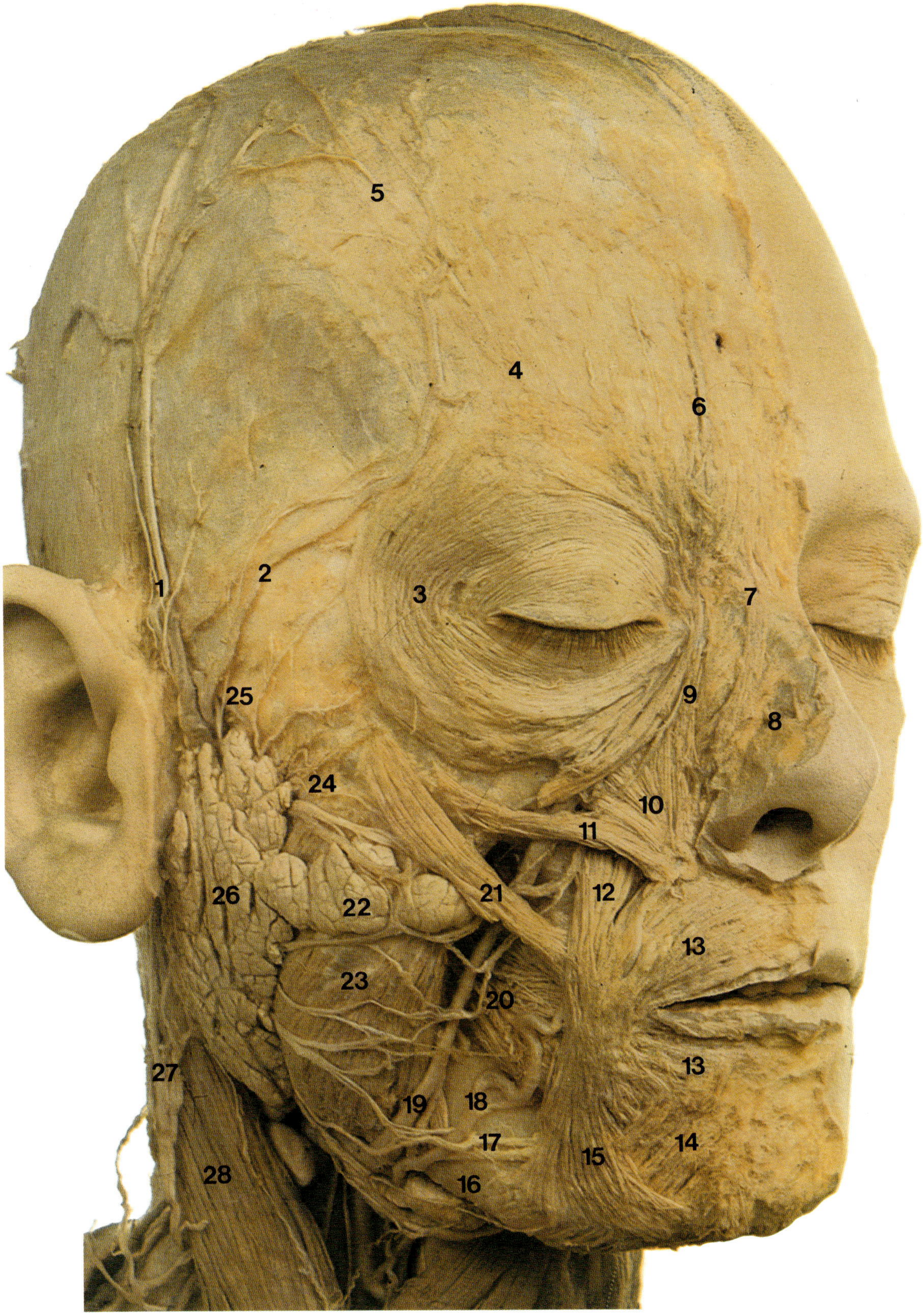

Oberflächliche Gesichtsregion, Regio faciei superficialis, rechte Seitenansicht

1 N. auriculotemporalis und Vasa temporalia superficialia
2 Ramus frontalis a. temporalis superficialis
3 M. orbicularis oculi
4 Venter frontalis m. occipitofrontalis
5 N. supraorbitalis
6 N. supratrochlearis
7 M. procerus
8 M. nasalis
9 M. levator labii superioris alaeque nasi
10 M. levator labii superioris
11 M. zygomaticus minor
12 M. levator anguli oris
13 M. orbicularis oris
14 M. depressor labii inferioris
15 M. depressor anguli oris
16 Corpus mandibulae
17 Ramus marginalis mandibulae n. facialis
18 A. facialis
19 V. facialis
20 M. buccinator und Rami buccales n. facialis
21 M. zygomaticus major
22 Glandula parotis accessoria oberhalb des Ductus parotideus
23 M. masseter
24 Rami zygomatici n. facialis
25 Rami temporales n. facialis
26 Glandula parotis
27 N. auricularis magnus
28 M. sternocleidomastoideus

● Die A. facialis ist immer stark gewunden. Sie liegt vor der V. facialis, die mehr gestreckt verläuft. Beide Gefäße überkreuzen die beiden Mm. zygomatici.

● Die mimische Muskulatur einschließlich des M. buccinator wird vom N. facialis versorgt. Die Kaumuskeln (M. temporalis, M. masseter, M. pterygoideus medialis und lateralis) werden vom N. mandibularis innerviert.

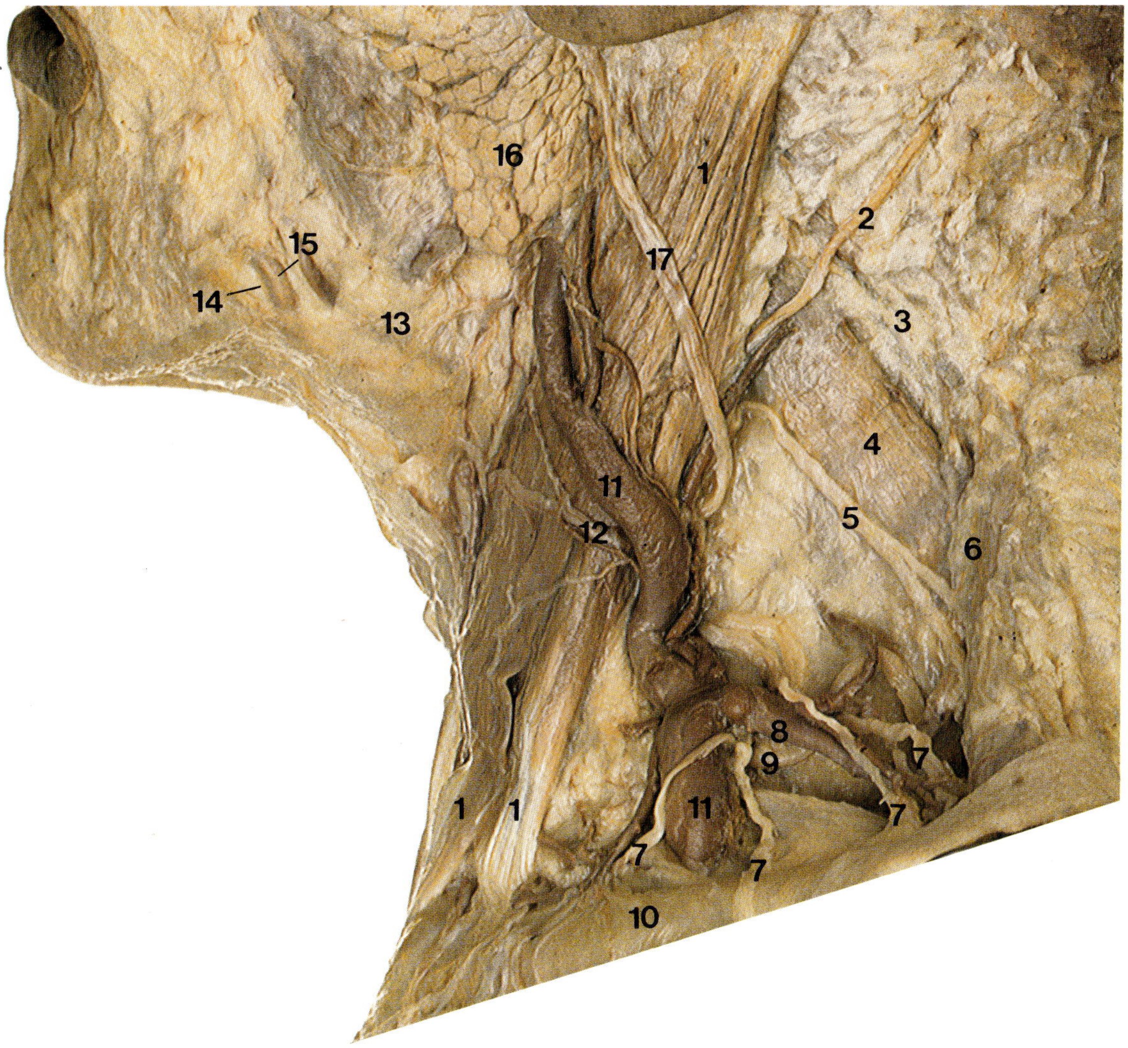

Oberflächliche Halsregion, linke Seite

1 M. sternocleidomastoideus
2 N. occipitalis minor
3 Tiefe Halsfaszie
4 M. levator scapulae
5 N. accessorius (Ramus externus)
6 Vorderrand des M. trapezius
7 Nn. supraclaviculares
8 V. cervicalis superficialis
9 A. cervicalis superficialis
10 Clavicula
11 V. jugularis externa
12 N. transversus colli
13 Glandula submandibularis
14 A. facialis
15 V. facialis
16 Glandula parotis
17 N. auricularis magnus

● Diejenigen Abschnitte der tiefen Halsfaszie, die den N. accessorius und den M. levator scapulae umgeben, wurden entfernt. Im übrigen sind die Faszien im Bereich des lateralen Halsdreieckes noch erhalten.

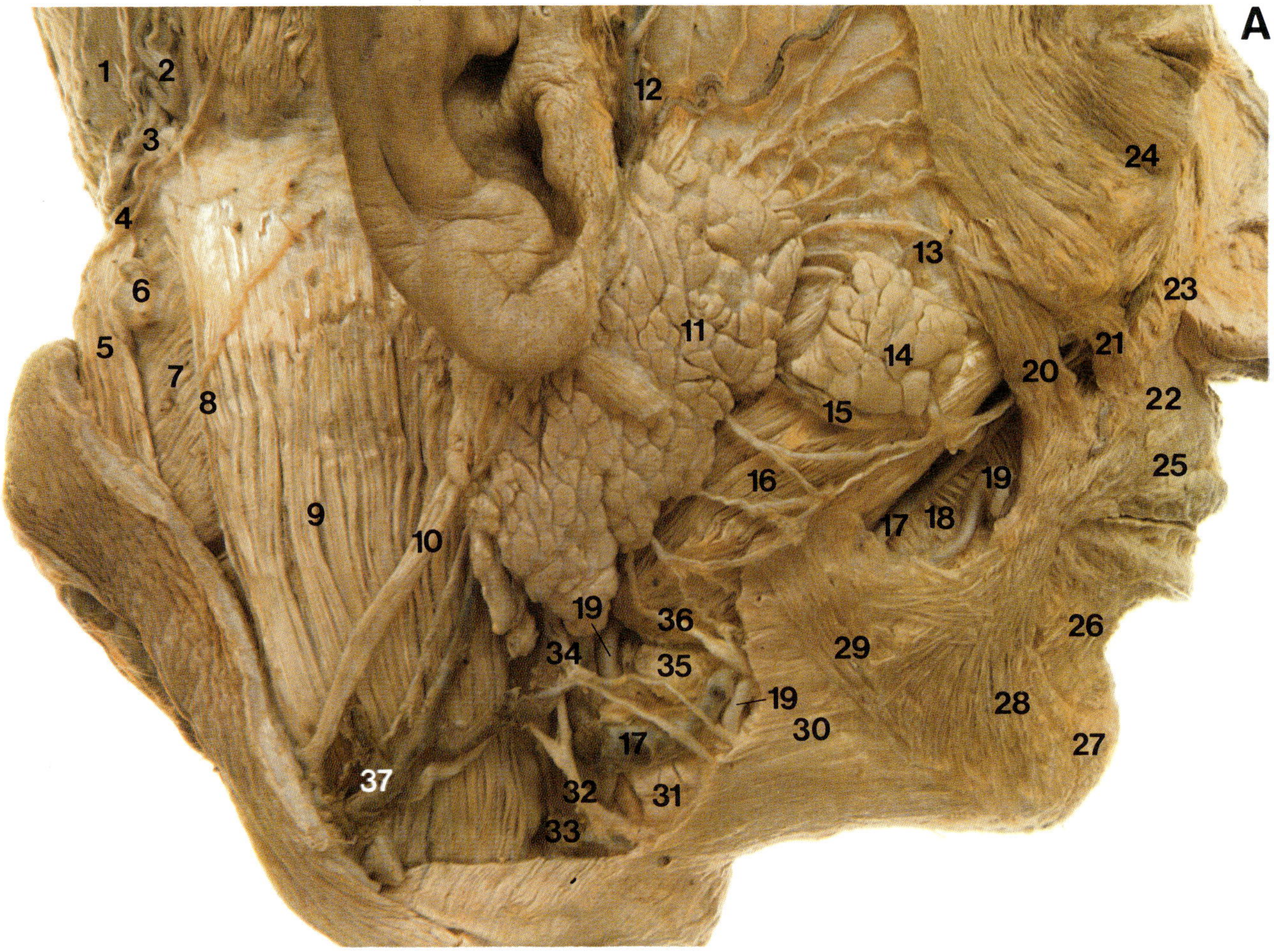

A **A Oberflächliche Gesichts- und Halsregionen** *(Das Platysma wurde teilweise entfernt)*

1 Venter occipitalis m. occipitofrontalis
2 A. occipitalis
3 N. occipitalis major
4 N. occipitalis tertius
5 M. trapezius
6 Okzipitaler Lymphknoten
7 M. splenius capitis
8 N. occipitalis minor
9 M. sternocleidomastoideus
10 N. auricularis magnus
11 Glandula parotis mit Ästen des N. facialis
12 Vasa temporalia superficialia und N. auriculotemporalis
13 Vasa transversa faciei
14 Glandula parotidea accessoria
15 Ductus parotideus
16 M. masseter
17 V. facialis
18 M. buccinator
19 A. facialis
20 M. zygomaticus major
21 M. zygomaticus minor
22 M. levator labii superioris

● Der M. risorius ist ein reiner Hautmuskel ohne Fixationspunkte am Knochen. Normalerweise entspringt er von der Fascia parotidea und verläuft zur Haut des Mundwinkels. In diesem Falle ist er jedoch etwas weiter unten lokalisiert.

● Die fünf Hauptäste (oder Astgruppen) des N. facialis für das Gesicht kommen fächerförmig am Vorderrand der Glandula parotis zum Vorschein und verlaufen in radiärer Richtung zur mimischen Muskulatur.

● Innerhalb des Parotisgewebes liegen der N. facialis sowie die V. retromandibularis (vgl. S. 38), die A. carotis externa mit ihren beiden Endästen [A. maxillaris und A. temporalis superficialis (vgl. S. 40)], der N. auriculotemporalis, dessen Äste die sekretorischen Fasern vom Ganglion oticum zur Parotis bringen (vgl. S. 49), und schließlich auch zahlreiche Lymphknoten.

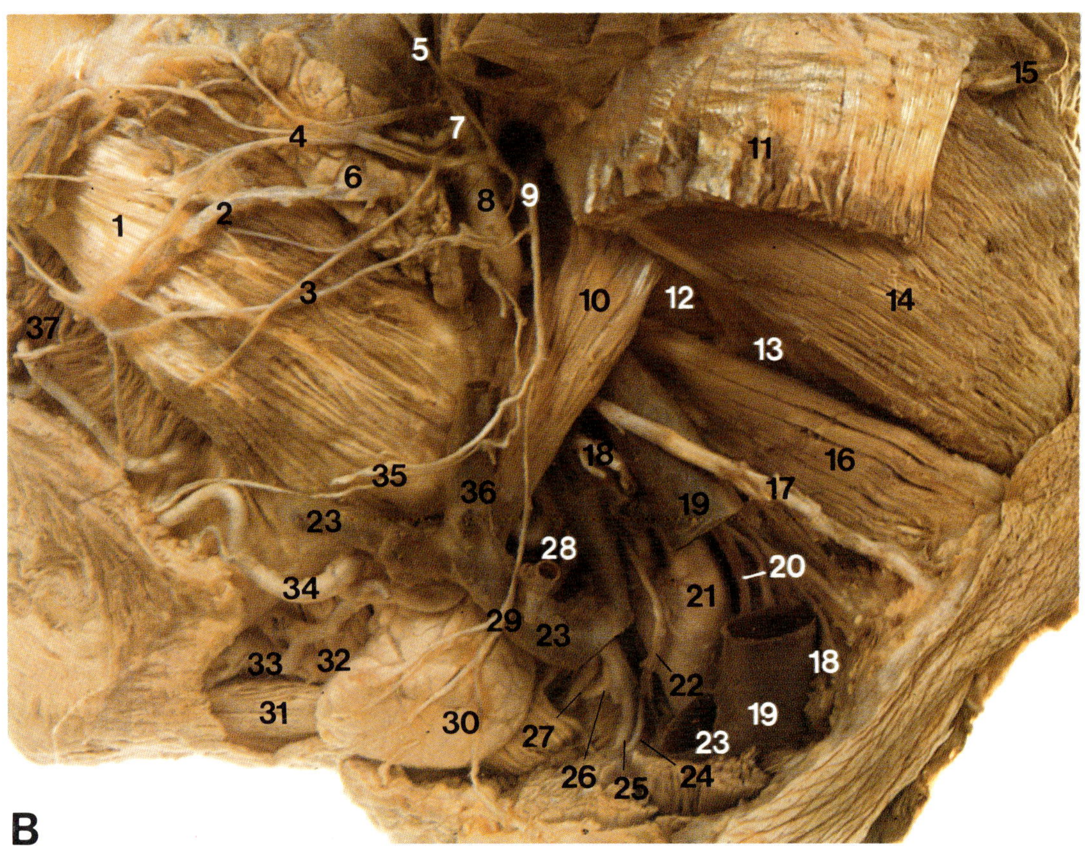

B

23 M. levator labii superioris alaeque nasi
24 M. orbicularis oculi
25 M. orbicularis oris
26 M. depressor labii inferioris
27 M. mentalis
28 M. depressor anguli oris
29 M. risorius (Variante)
30 Platysma
31 Glandula submandibularis
32 N. transversus colli
33 V. jugularis interna
34 Ramus colli n. facialis
35 Submandibulärer Lymphknoten
36 Ramus marginalis mandibulae n. facialis
37 V. jugularis externa

B Parotisloge und obere Halsregionen, linke Seitenansicht *(Die Glandula parotis wurde weitgehend entfernt)*

1 M. masseter
2 Ductus parotideus
3 Rami buccales ⎤
4 Rami zygomatici ⎬ nervi facialis
5 Rami temporales ⎦
6 Tiefer Teil der Glandula parotis
7 A. temporalis superficialis
8 A. carotis externa
9 N. facialis
10 Venter posterior m. digastrici
11 M. sternocleidomastoideus
12 M. obliquus capitis inferior
13 M. longissimus capitis
14 M. splenius capitis
15 A. occipitalis
16 M. levator scapulae
17 N. accessorius
18 Äste des Plexus cervicalis
19 V. jugularis interna
20 N. vagus
21 Sinus caroticus an der Teilungsstelle der A. caroticus communis
22 Radix superior der Ansa cervicalis (Ramus descendens n. hypoglossi)
23 V. facialis
24 Ramus externus n. laryngei superioris
25 A. thyreoidea superior
26 Ramus internus n. laryngei superioris
27 A. laryngea superior
28 Truncus linguofacialis (gemeinsamer Ursprung von A. lingualis und A. facialis)
29 Ramus colli n. facialis
30 Glandula submandibularis
31 Venter anterior m. digastrici
32 M. mylohyoideus
33 A. submentalis
34 A. facialis
35 Ramus marginalis mandibulae n. facialis
36 Ramus anterior v. retromandibularis
37 M. buccinator

C Hals, Vorderansicht, oberflächliche Präparation
(Links wurde der M. omohyoideus nach oben gezogen und der M. sternocleidomastoideus entfernt)

1 N. auricularis magnus
2 M. sternocleidomastoideus
3 N. transversus colli
4 V. jugularis interna
5 Radix superior ansae cervicalis
6 Nerv für den Venter superior m. omohyoidei
7 A. carotis externa
8 A. thyreoidea superior
9 A. laryngea superior
10 Venter superior m. omohyoidei
11 M. sternothyreoideus
12 M. sternohyoideus
13 Glandula thyreoidea accessoria
14 Prominentia laryngea
15 Radix inferior ansae cervicalis
16 M. levator scapulae
17 M. scalenus medius
18 N. suprascapularis
19 Plexus brachialis
20 M. scalenus anterior
21 N. subclavius
22 N. phrenicus
23 Clavicula
24 M. subclavius
25 V. jugularis anterior
26 Manubrium sterni
27 Arcus venosus juguli
28 V. thyreoidea ima
29 Lobus dexter glandulae thyreoideae
30 Cartilago cricoidea

● Das vorliegende Präparat wurde auch auf der nächsten Seite abgebildet.

C

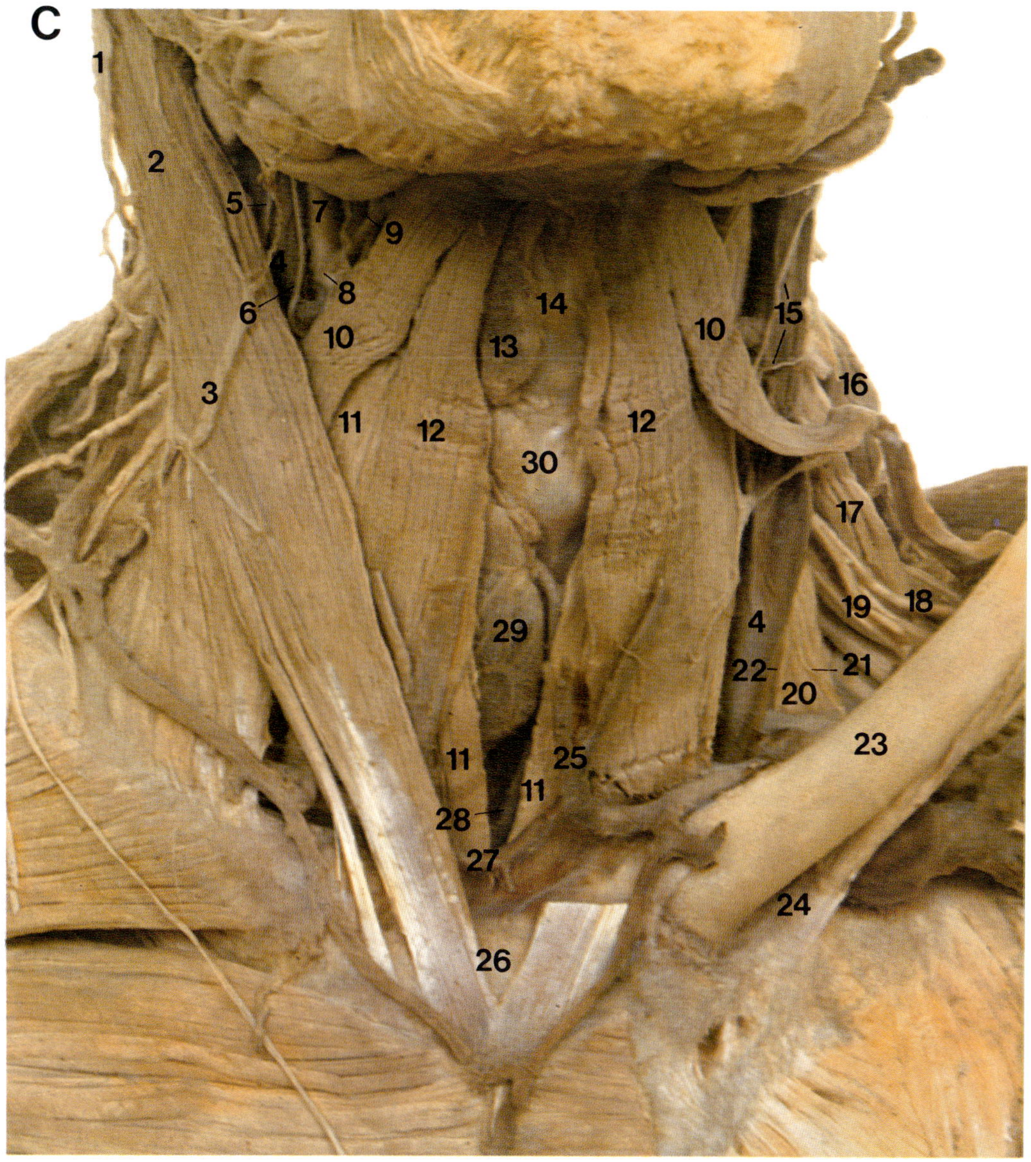

Regio infratemporalis und seitliche Halsregion
(Nach Entfernung des größten Teiles des Arcus zygomaticus, M. temporalis, M. sternocleidomastoideus, Ramus mandibulae und der Glandula parotis)

1 M. temporalis
2 N. maxillaris
3 A. maxillaris
4 Oberer Kopf des M. pterygoideus lateralis (teilweise entfernt)
5 N. temporalis profundus
6 N. buccalis
7 Unterer Kopf des M. pterygoideus lateralis
8 Lig. laterale (temporomandibulare)
9 N. auriculotemporalis
10 A. temporalis superficialis
11 N. facialis
12 V. retromandibularis
13 Glandula parotis
14 M. splenius capitis
15 Tiefe zervikale Lymphknoten (Nodi lymphatici cervicales profundi)
16 M. levator scapulae
17 N. accessorius
18 Plexus cervicalis
19 M. scalenus medius
20 N. thoracicus longus
21 Venter inferior m. omohyoidei (nach oben gezogen)
22 N. subclavius und N. phrenicus
23 V. jugularis interna
24 Ansa cervicalis
25 M. sternothyreoideus
26 M. sternohyoideus
27 Venter superior m. omohyoidei
28 Radix superior ansae cervicalis
29 A. thyreoidea superior
30 V. thyreoidea superior
31 Ramus externus n. laryngei superioris
32 Radix inferior ansae cervicalis
33 A. carotis externa
34 M. constrictor pharyngis inferior
35 Glandula submandibularis
36 Nodi lymphatici submandibulares
37 V. facialis
38 A. facialis
39 N. mylohyoideus
40 N. und A. alveolaris inferior
41 M. pterygoideus medialis
42 N. lingualis
43 Ramus lingualis a. alveolaris inferioris
44 M. buccinator
45 Ductus parotideus

● N. alveolaris inferior und N. lingualis verlaufen in der Regio infratemporalis zwischen den zwei Mm. pterygoidei hindurch, wobei der N. lingualis etwa 1 cm vor dem N. alveolaris inferior abwärts zieht.

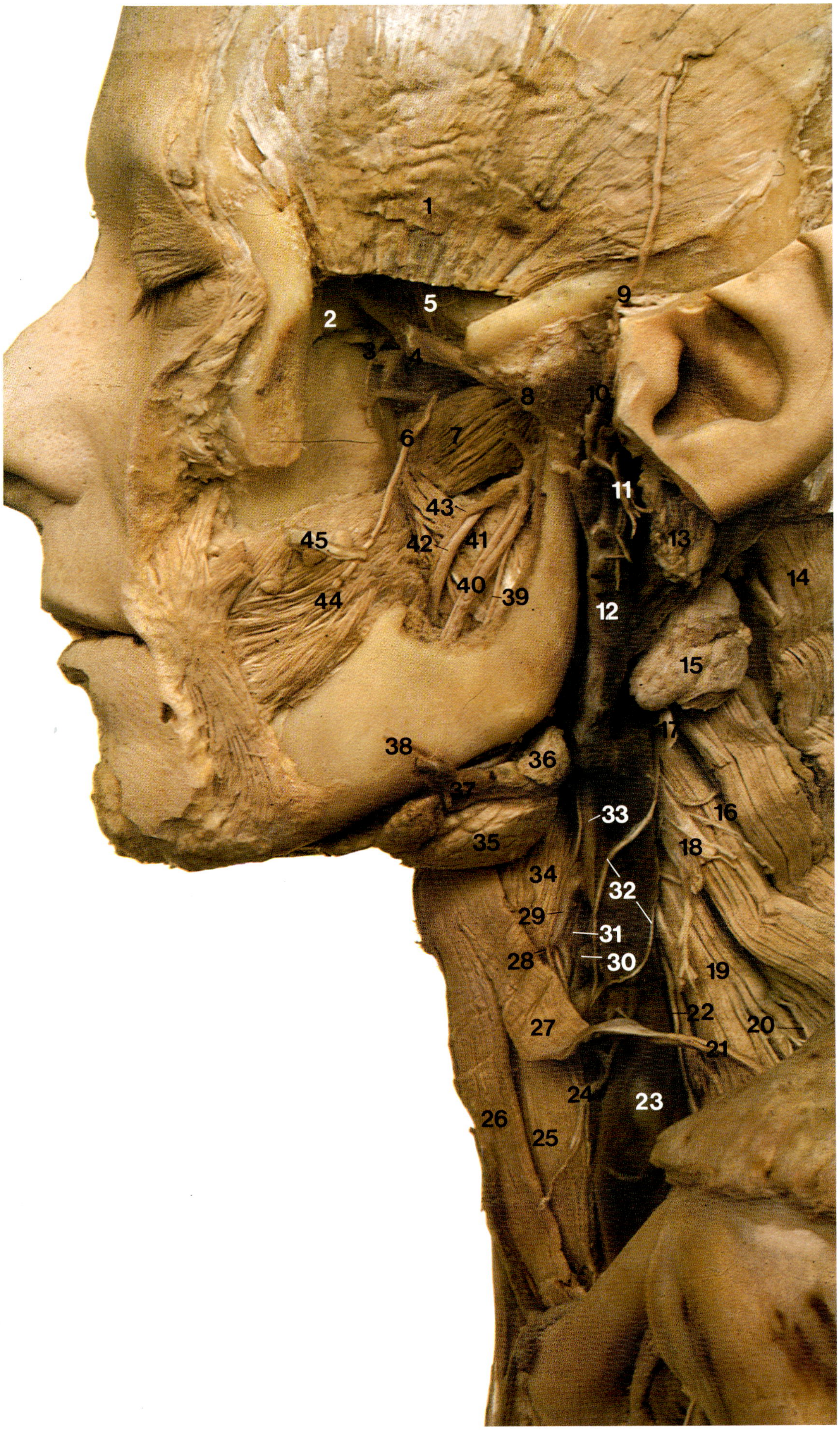

Hals und Thorax

(Claviculae, Sternum und zugehörige Rippenknorpel, oberflächliche Muskeln sowie einige große Gefäße wurden entfernt)

1 Mandibula
2 Venter anterior m. digastrici
3 M. mylohyoideus
4 M. geniohyoideus
5 N. lingualis
6 N. hypoglossus
7 M. hyoglossus
8 Ramus internus n. laryngei superioris
9 Ramus externus n. laryngei superioris
10 Truncus sympathicus
11 N. vagus
12 N. phrenicus
13 M. scalenus anterior
14 Ramus ventralis des fünften zervikalen Spinalnerven
15 Ramus ventralis des sechsten zervikalen Spinalnerven
16 Ramus ventralis des siebten zervikalen Spinalnerven
17 Ramus ventralis des achten zervikalen Spinalnerven
18 Erste Rippe
19 Ganglion cervicothoracicum (Ganglion stellatum)
20 Apex pulmonis
21 A. thoracica interna
22 A. subclavia und Ansa subclavia
23 N. laryngeus recurrens
24 A. carotis communis
25 Trachea
26 V. brachiocephalica
27 A. thyreoidea ima
28 Truncus brachiocephalicus
29 Isthmus glandulae thyreoideae
30 Lobus sinister glandulae thyreoideae
31 Lobus pyramidalis glandulae thyreoideae
32 A. suprascapularis
33 A. cervicalis superficialis
34 M. cricothyreoideus
35 M. thyreohyoideus
36 M. levator glandulae thyreoideae
37 Prominentia laryngea
38 Corpus ossis hyoidei
39 M. sternohyoideus
40 A. thyreoidea superior
41 A. carotis externa
42 A. lingualis
43 A. facialis

● Häufig geht, wie in diesem Präparat, ein Lobus pyramidalis vom Oberrand der Schilddrüse aus. Die gelegentlich vorkommende A. thyreoidea ima ist in diesem Falle ungewöhnlich groß.

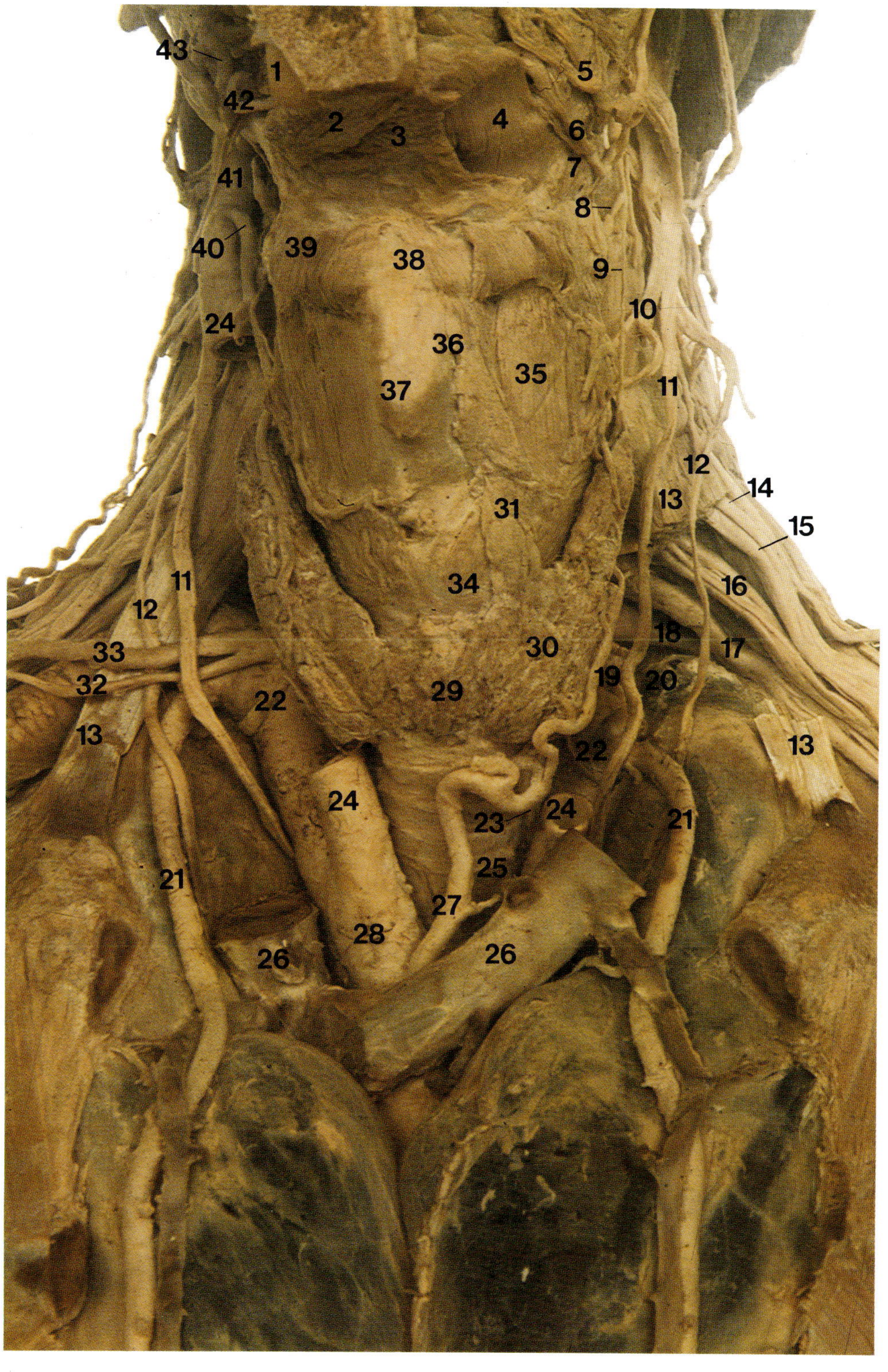

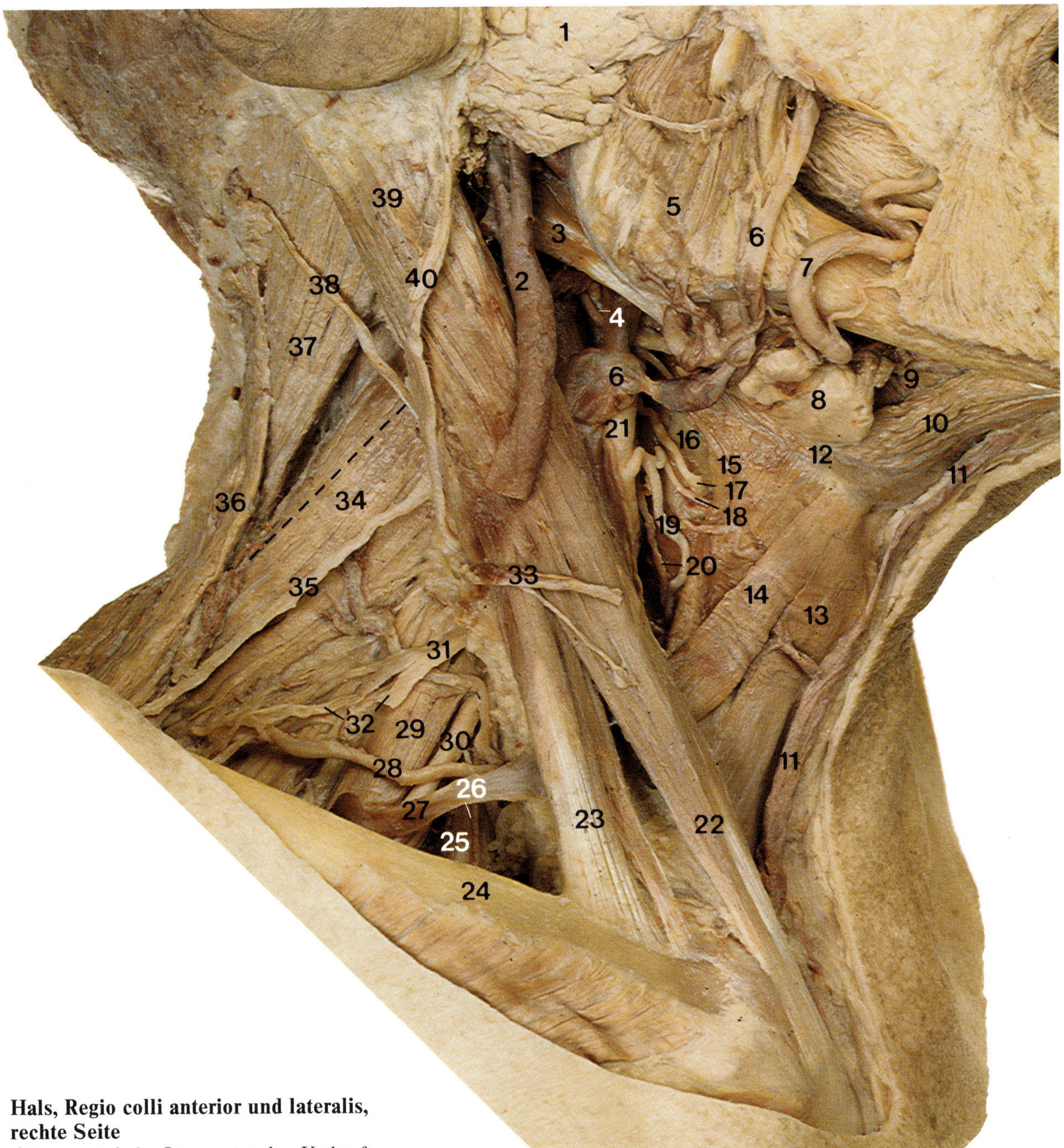

Hals, Regio colli anterior und lateralis, rechte Seite

(Die gestrichelte Linie zeigt den Verlauf des N. accessorius an. Die oberflächlichen Hautnerven sowie die V. jugularis externa wurden teilweise entfernt)

1 Glandula parotis
2 V. jugularis externa
3 Venter posterior m. digastrici
4 N. hypoglossus
5 M. masseter
6 V. facialis
7 A. facialis
8 Glandula submandibularis
9 M. mylohyoideus
10 Venter anterior m. digastrici
11 V. jugularis anterior
12 Cornu majus ossis hyoidei
13 M. sternohyoideus
14 Venter superior m. omohyoidei
15 M. und N. thyreohyoideus
16 Membrana thyreohyoidea
17 Ramus internus n. laryngei superioris
18 A. laryngea superior
19 A. thyreoidea superior
20 Ramus externus n. laryngei superioris
21 A. carotis externa
22 M. sternocleidomastoideus (sternaler Ursprung)
23 M. sternocleidomastoideus (klavikulärer Ursprung)
24 Clavicula
25 M. scalenus anterior
26 Ast des 5. zervikalen Spinalnerven für den N. phrenicus
27 Venter inferior m. omohyoidei
28 A. cervicalis superficialis
29 M. scalenus medius
30 Ramus ventralis von C_5 ⎤ Plexus
31 Ramus ventralis von C_4 ⎦ cervicalis
32 Nn. supraclaviculares
33 N. transversus colli
34 M. levator scapulae
35 Ast des Plexus cervicalis zum M. trapezius
36 M. trapezius
37 M. splenius capitis
38 N. occipitalis minor
39 M. sternocleidomastoideus
40 N. auricularis magnus

● Der N. accessorius (Ramus externus), der normalerweise durch das laterale Halsdreieck zum M. trapezius zieht, wurde zusammen mit der einhüllenden Faszie entfernt. Seine Lage auf dem M. levator scapulae wurde durch die gestrichelte Linie angedeutet.

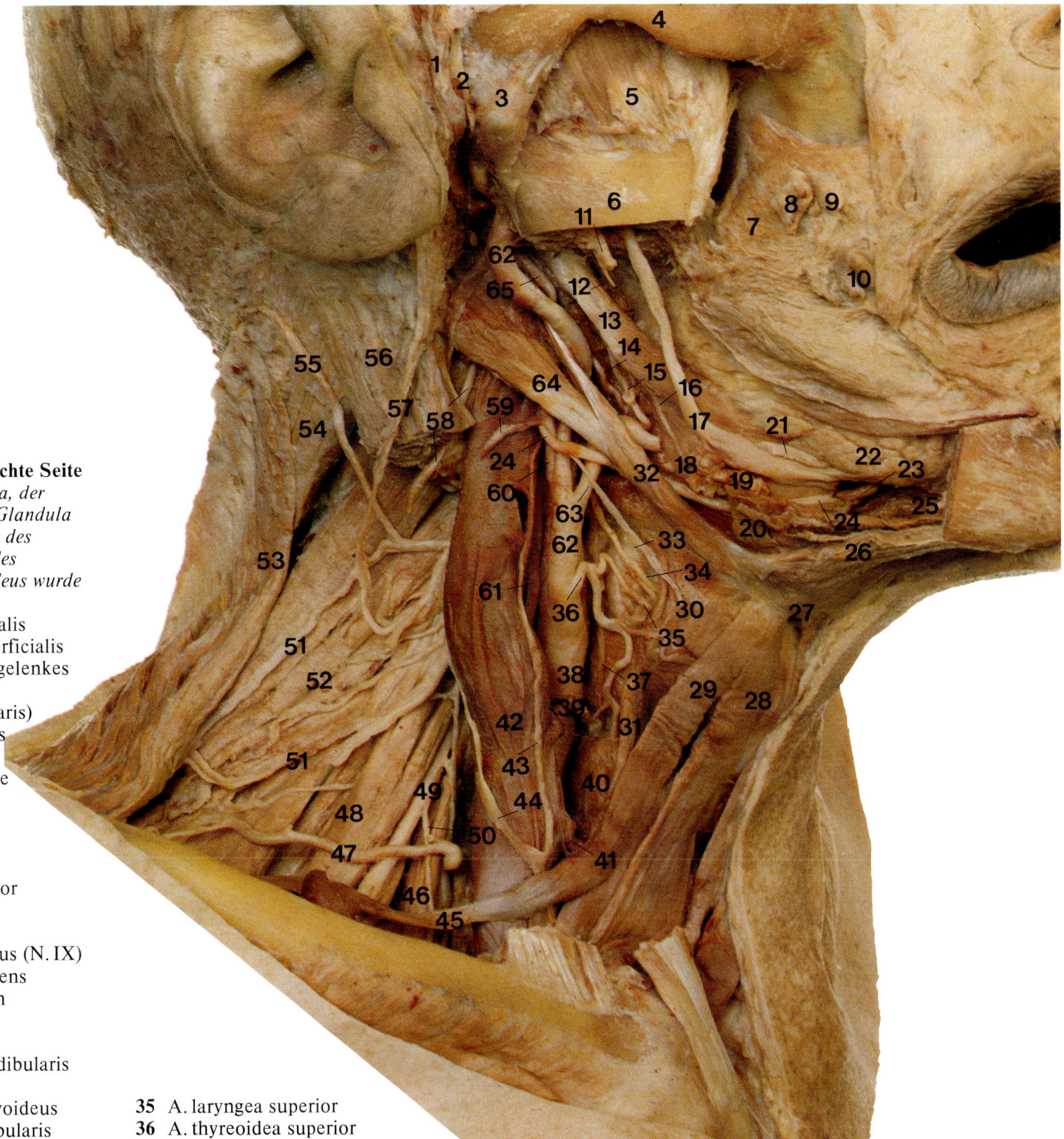

Tiefe Halsregionen, rechte Seite
(Ein Teil der Mandibula, der Glandula parotis, der Glandula submandibularis sowie des M. mylohyoideus und des M. sternocleidomastoideus wurde entfernt)

1 N. auriculotemporalis
2 A. temporalis superficialis
3 Kapsel des Kiefergelenkes (Articulatio temporomandibularis)
4 Arcus zygomaticus
5 M. temporalis
6 Ramus mandibulae
7 M. buccinator
8 Wangendrüsen
9 Ductus parotideus
10 A. facialis
11 N. alveolaris inferior
12 N. mylohyoideus
13 M. styloglossus
14 N. glossopharyngeus (N. IX)
15 A. palatina ascendens
16 Lig. stylohyoideum
17 N. lingualis
18 M. hyoglossus
19 Glandula submandibularis (tiefe Portion)
20 M. und N. mylohyoideus
21 Ductus submandibularis
22 Glandula sublingualis
23 A. profunda linguae
24 N. hypoglossus (N. XII)
25 M. geniohyoideus
26 Venter anterior m. digastrici und zugehöriger Nerv
27 Os hyoideum
28 M. sternohyoideus
29 Venter superior m. omohyoidei
30 M. thyreohyoideus und Ramus thyreohyoideus n. hypoglossi
31 M. sternothyreoideus
32 M. stylohyoideus
33 Membrana thyreohyoidea
34 Ramus internus n. laryngei superioris
35 A. laryngea superior
36 A. thyreoidea superior
37 Ramus externus n. laryngei superioris
38 A. carotis communis
39 V. thyreoidea superior
40 Lobus dexter glandulae thyreoideae
41 V. thyreoidea media
42 V. jugularis interna
43 Radix superior ansae cervicalis
44 Radix inferior ansae cervicalis
45 Venter inferior m. omohyoidei
46 M. scalenus anterior
47 A. cervicalis superficialis
48 M. scalenus medius
49 Ramus ventralis von C_5 (Plexus cervicalis)
50 Wurzel für den N. phrenicus
51 Äste aus dem Plexus cervicalis für den M. trapezius
52 M. levator scapulae
53 M. trapezius
54 M. splenius capitis
55 N. occipitalis minor
56 M. sternocleidomastoideus
57 N. auricularis magnus
58 N. accessorius (Ramus externus) (N. XI)
59 Ramus sternocleidomastoideus a. occipitalis
60 A. occipitalis
61 N. vagus (N. X)
62 A. carotis externa
63 Truncus linguofacialis
64 Venter posterior m. digastrici
65 A. auricularis posterior

● Die Membrana thyreohyoidea wird vom Ramus int. des N. laryngeus sup. und von der A. laryngea sup. durchbohrt.

● Außer zur Zungenmuskulatur gibt der N. hypoglossus über die Ansa cervicalis auch Äste zur infrahyalen Muskulatur sowie Zweige zum M. geniohyoideus und M. thyreohyoideus ab. Diese Äste enthalten jedoch keine Nervenfasern aus dem Hypoglossuskern, sondern nur solche aus den oberen Zervikalsegmenten (C_1–C_3).

A Injektionspräparat der Kopf- und Halsgefäße, Vorderansicht

1 V. facialis
2 Orbitavenen
3 V. supraorbitalis
4 A. maxillaris und Plexus venosus pterygoideus
5 A. facialis
6 V. jugularis externa
7 V. jugularis interna
8 Vasa thyreoidea superiora
9 V. jugularis anterior
10 Gefäße zum Isthmus glandulae thyreoideae
11 V. thyreoidea inferior
12 A. carotis communis sinistra
13 V. brachiocephalica sinistra
14 Truncus brachiocephalicus
15 A. carotis communis dextra
16 A. subclavia dextra
17 V. brachiocephalica dextra
18 Gefäße zum Lobus dexter glandulae thyreoideae

B Injektionspräparat der Kopf- und Halsgefäße, Seitenansicht

1 V. jugularis posterior externa
2 Vasa occipitalia
3 Plexus venosus vertebralis externus
4 Vasa auricularia posteriora
5 V. retromandibularis
6 A. transversa faciei (Ast der A. temporalis superficialis)
7 Plexus pterygoideus
8 V. facialis
9 A. facialis
10 A. submentalis
11 V. jugularis anterior
12 Vasa thyreoidea superiora
13 V. jugularis interna
14 V. jugularis externa
15 V. subclavia
16 V. brachiocephalica
17 A. subclavia
18 Erste Rippe
19 A. thoracica interna

C Injektionspräparat der Kopf- und Halsgefäße von einem Neugeborenen, Seitenansicht

● Man beachte die dichten Gefäßnetze der Zunge und Schilddrüse, die deutlich zu erkennen sind.

B
1
2
3
4
5
6
7
8
9
10
11
12
13
14
3
15
16
17
18
19

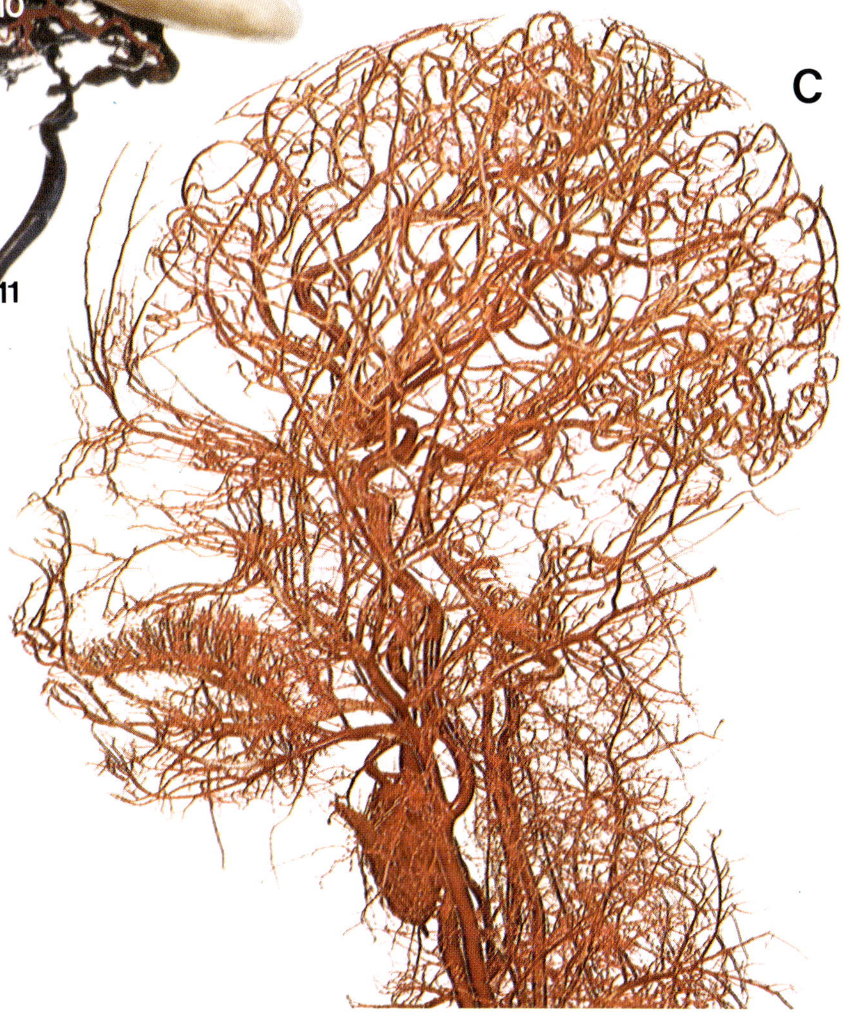
C

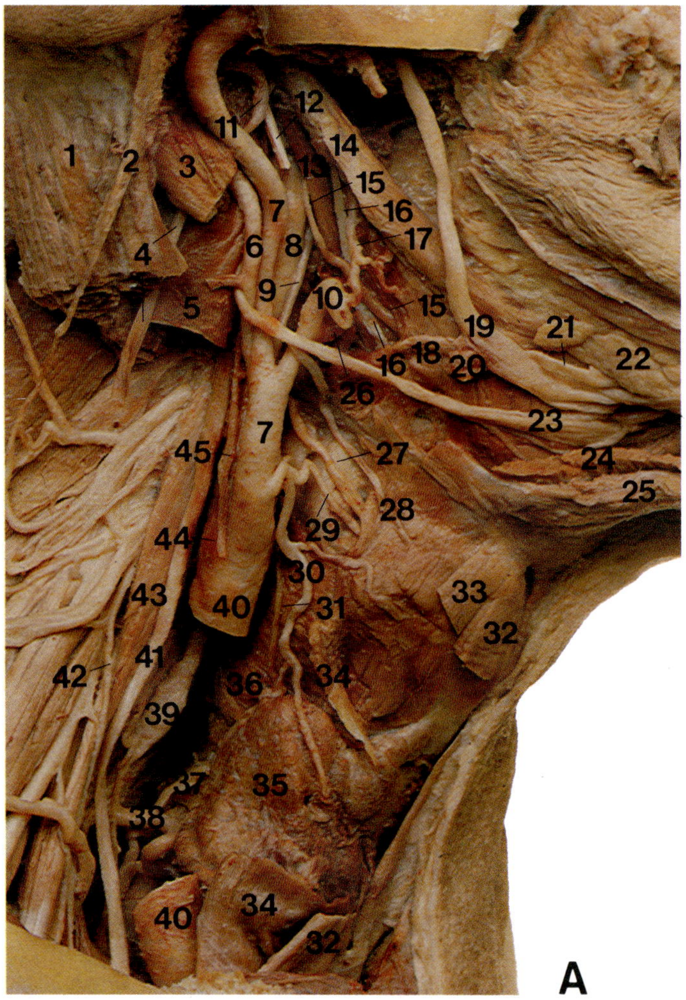

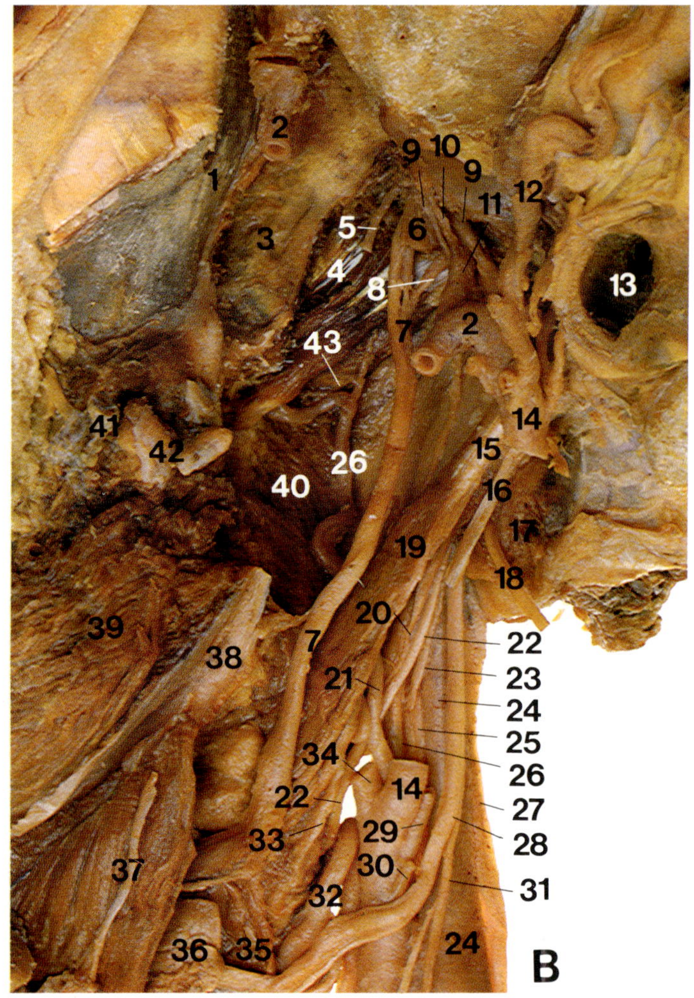

A Tiefe Halsregionen, rechte Seite

1 M. sternocleidomastoideus
2 N. auricularis magnus
3 Venter posterior m. digastrici
4 N. accessorius (Ramus externus)
5 V. jugularis interna
6 A. occipitalis
7 A. carotis externa
8 A. carotis interna
9 A. pharyngea ascendens
10 A. facialis
11 A. auricularis posterior
12 M. stylohyoideus (abgeschnitten, Sehne nach medial geklappt)
13 M. stylopharyngeus
14 M. styloglossus
15 N. glossopharyngeus (N. IX)
16 Lig. stylohyoideum
17 A. palatina ascendens
18 M. hyoglossus
19 N. lingualis
20 Ganglion submandibulare
21 Ductus submandibularis
22 Glandula sublingualis
23 N. hypoglossus (N. XII)
24 M. mylohyoideus
25 Venter anterior m. digastrici
26 A. lingualis
27 Ramus internus n. laryngei superioris
28 M. thyreohyoideus und Ramus thyreohyoideus n. XII
29 A. laryngea superior
30 A. thyreoidea superior
31 Ramus externus n. laryngei superioris
32 M. sternothyreoideus
33 Venter superior m. omohyoidei
34 M. sternohyoideus
35 Lobus dexter glandulae thyreoideae
36 M. constrictor pharyngis inferior
37 N. laryngeus recurrens
38 A. thyreoidea inferior
39 Ganglion medium trunci sympathici
49 A. carotis communis
41 N. vagus (N. X)
42 N. phrenicus
43 M. scalenus anterior
44 Sinus caroticus
45 Radix inferior ansae cervicalis

B Regio infratemporalis und Spatium parapharyngeum
(Mandibula, Proc. pterygoideus sowie verschiedene Muskeln dieser Region wurden entfernt)

1 Hinterwand des Oberkiefers (Tuber maxillae)
2 A. maxillaris
3 Lamina lateralis processus pterygoidei
4 M. tensor veli palatini
5 Nerv für den M. pterygoideus medialis
6 N. mandibularis (N. V_3)
7 N. lingualis
8 Chorda tympani
9 N. auriculotemporalis
10 A. meningea accessoria
11 A. meningea media
12 A. temporalis superficialis
13 Meatus acusticus externus
14 A. carotis externa
15 Processus styloideus
16 M. stylohyoideus
17 V. jugularis interna
18 N. accessorius (Ramus externus) (N. XI)
19 N. styloglossus
20 M. stylopharnygeus
21 A. palatina ascendens
22 N. glossopharyngeus (N. IX)
23 Ramus pharyngeus des N. IX
24 A. carotis interna
25 N. laryngeus superior
26 A. pharyngea ascendens
27 N. vagus (N. X)
28 N. hypoglossus (N. XII)
29 A. occipitalis
30 A. sternocleidomastoidea
31 Radix superior ansae cervicalis
32 A. lingualis
33 Lig. stylohyoideum
34 A. facialis
35 M. hyoglossus
36 Glandula submandibularis (tiefe Portion)
37 M. und N. mylohyoideus
38 Periost des Unterkiefers
39 M. buccinator
40 M. constrictor pharyngis superior
41 Ductus parotideus
42 Wangendrüsen
43 M. levator veli palatini

- Der N. auriculotemporalis bildet unter der Schädelbasis eine Schlinge um die A. meningea media herum.
- In diesem Fall entspringt die A. palatina ascendens statt aus der A. facialis aus der A. carotis ext. und ist ungewöhnlich groß. Außerdem zweigt der Ramus sternocleidomastoideus zum gleichnamigen Muskel auch nicht aus der A. occipitalis, sondern direkt aus der A. carotis ext. ab.

Kopf, Versorgungsgebiete des Nervus trigeminus, von medial gesehen

1 Septum nasi
2 Concha nasalis inferior
3 Concha nasalis media
4 Concha nasalis superior
5 Concha nasalis suprema
6 N. opticus (N. II)
7 A. carotis interna
8 N. oculomotorius (N. III)
9 N. trochlearis (N. IV)
10 N. abducens (N. VI)
11 N. ophthalmicus (N. V_1)
12 N. maxillaris (N. V_2).
13 N. mandibularis (N. V_3)
14 Radix motoria n. trigemini
15 Ganglion trigeminale (Gasseri)
16 Pars petrosa ossis temporalis
17 N. trigeminus (N. V)
18 Pons (Hirnstamm)
19 Bulbus venae jugularis superioris
20 Venter posterior m. digastrici
21 Glandula parotis
22 A. carotis externa
23 Lig. sphenomandibulare und A. maxillaris
24 N. auriculotemporalis (Schlinge um die A. meningea media)
25 Chorda tympani
26 A. meningea media
27 Markierung in der Tuba auditiva
28 N. pterygoideus medialis
29 M. tensor veli palatini
30 M. pterygoideus medialis
31 N. lingualis
32 N. alveolaris inferior
33 N. mylohoideus
34 Ganglion submandibulare
35 Glandula submandibularis
36 Lig. stylohyoideum
37 A. lingualis
38 M. hyoglossus
39 Corpus ossis hyoidei
40 M. mylohyoideus
41 M. geniohyoideus
42 M. genioglossus
43 Glandula sublingualis
44 Ductus submandibularis
45 N. hypoglossus

● Im vorliegenden Präparat wurde der größte Teil des rechten Felsenbeins und des Sinus cavernosus entfernt, so daß man die normalerweise im Bereich des Sinus cavernosus gelegenen Nerven, wie z. B. den N. ophthalmicus, N. maxillaris, N. oculomotorius, N. trochlearis und N. abducens sehen kann.

● Eine oberste Muschel (Concha nasalis suprema), wie sie das abgebildete Präparat zeigt, kommt nur gelegentlich vor.

● Die Chorda tympani verläßt den Schädel durch die Fissura petrotympanica und vereinigt sich etwa 2 cm unterhalb der Schädelbasis mit dem N. lingualis.

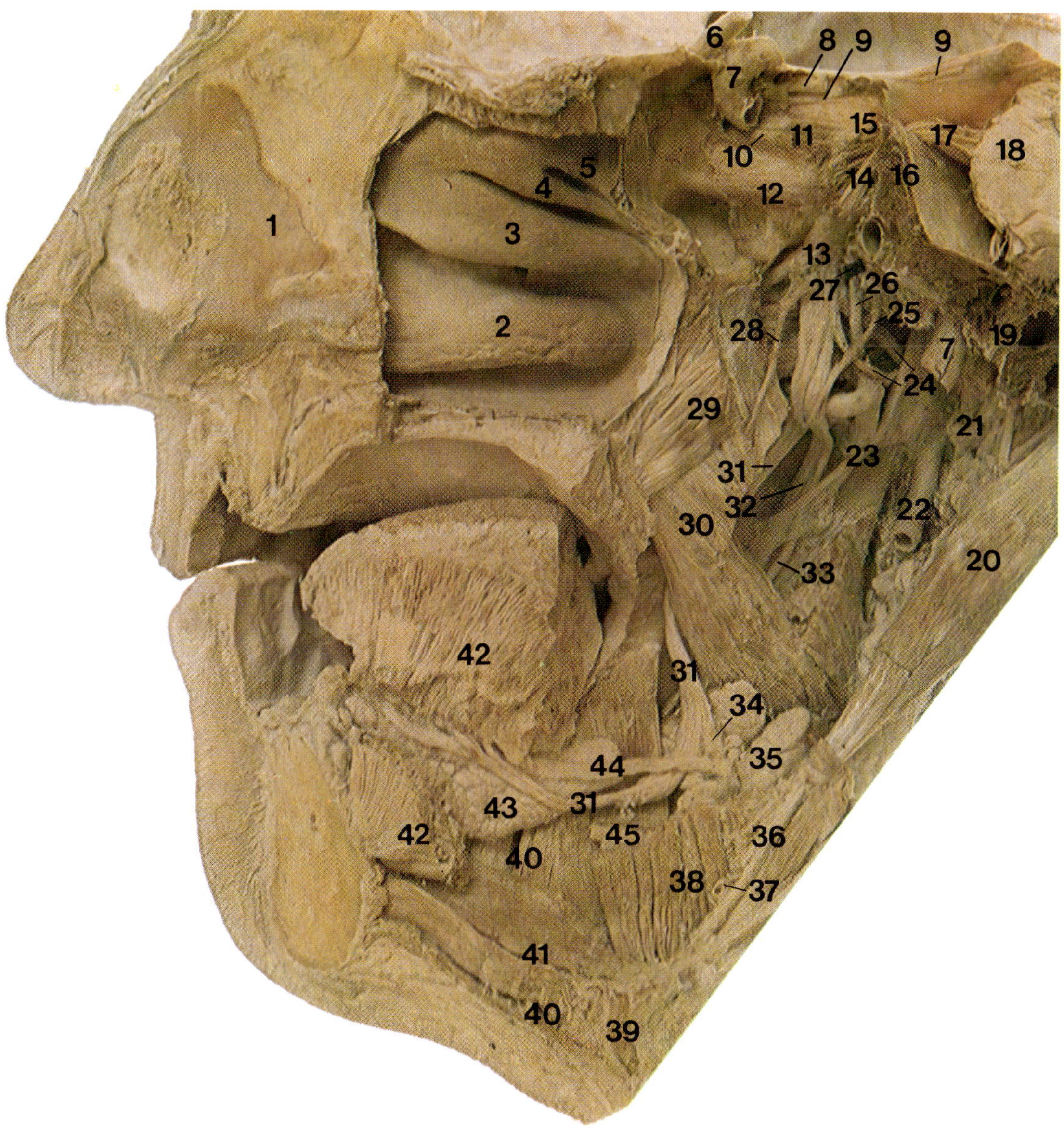

Sagittalschnitt durch den Kopf (Paramedianschnitt) – *(Kopf in leichter Streckstellung fixiert)*

1 Sinus frontalis (links)
2 Cellulae ethmoidales (links)
3 Falx cerebri
4 Rechte Großhirnhemisphäre (Lobus frontalis)
5 A. cerebri anterior
6 Corpus callosum (Balken)
7 Granulationes arachnoideales
8 Sinus sagittalis superior
9 Tentorium cerebelli
10 Sinus rectus
11 Cerebellum (Kleinhirn)
12 V. cerebri magna
13 Mesencepalon (Mittelhirn)
14 Pons
15 Vierter Ventrikel
16 Medulla oblongata
17 Rand des Foramen (occipitale) magnum

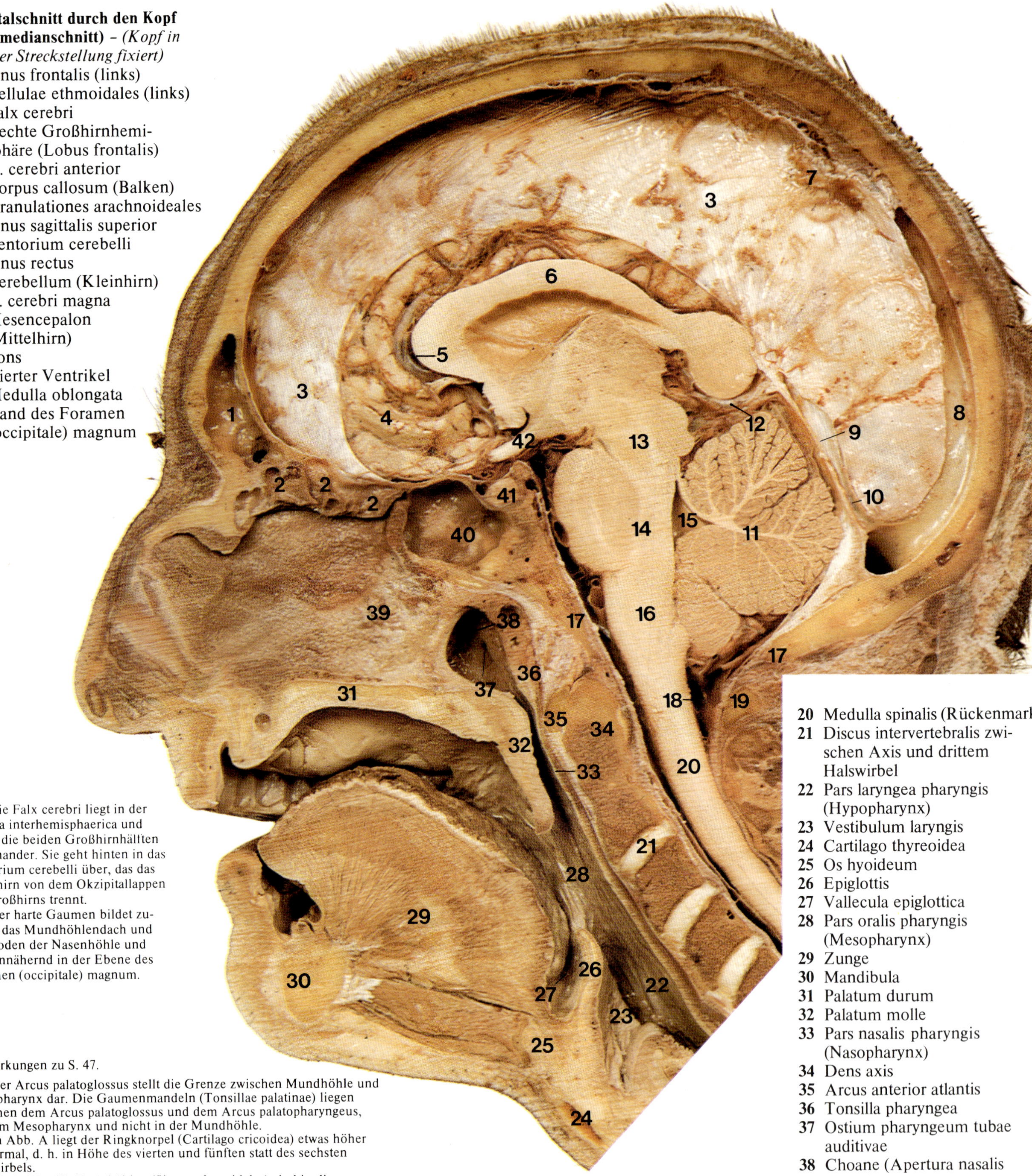

18 Cisterna cerebellomedullaris (Cisterna magna)
19 Arcus posterior atlantis
20 Medulla spinalis (Rückenmark)
21 Discus intervertebralis zwischen Axis und drittem Halswirbel
22 Pars laryngea pharyngis (Hypopharynx)
23 Vestibulum laryngis
24 Cartilago thyreoidea
25 Os hyoideum
26 Epiglottis
27 Vallecula epiglottica
28 Pars oralis pharyngis (Mesopharynx)
29 Zunge
30 Mandibula
31 Palatum durum
32 Palatum molle
33 Pars nasalis pharyngis (Nasopharynx)
34 Dens axis
35 Arcus anterior atlantis
36 Tonsilla pharyngea
37 Ostium pharyngeum tubae auditivae
38 Choane (Apertura nasalis posterior)
39 Septum nasi
40 Sinus sphenoidalis
41 Hypophyse
42 Chiasma opticum

● Die Falx cerebri liegt in der Fissura interhemisphaerica und trennt die beiden Großhirnhälften voneinander. Sie geht hinten in das Tentorium cerebelli über, das das Kleinhirn von dem Okzipitallappen des Großhirns trennt.
● Der harte Gaumen bildet zugleich das Mundhöhlendach und den Boden der Nasenhöhle und liegt annähernd in der Ebene des Foramen (occipitale) magnum.

Anmerkungen zu S. 47.

● Der Arcus palatoglossus stellt die Grenze zwischen Mundhöhle und Mesopharynx dar. Die Gaumenmandeln (Tonsillae palatinae) liegen zwischen dem Arcus palatoglossus und dem Arcus palatopharyngeus, d. h. im Mesopharynx und nicht in der Mundhöhle.
● In Abb. A liegt der Ringknorpel (Cartilago cricoidea) etwas höher als normal, d. h. in Höhe des vierten und fünften statt des sechsten Halswirbels.
● Die beiden Keilbeinhöhlen (Sinus sphenoidales) sind in diesem Präparat relativ groß, so daß sie sich über die Mittellinie hinaus ausgedehnt haben (Abb. B).
● Die A. sphenopalatina (Endast der A. maxillaris) versorgt die laterale Wand der Nasenhöhle und das Septum nasi. Sie betritt die Nasenhöhle durch das Foramen sphenopalatinum (vgl. S. 18), das im hinteren Teil des Meatus nasi superior lokalisiert ist.

A

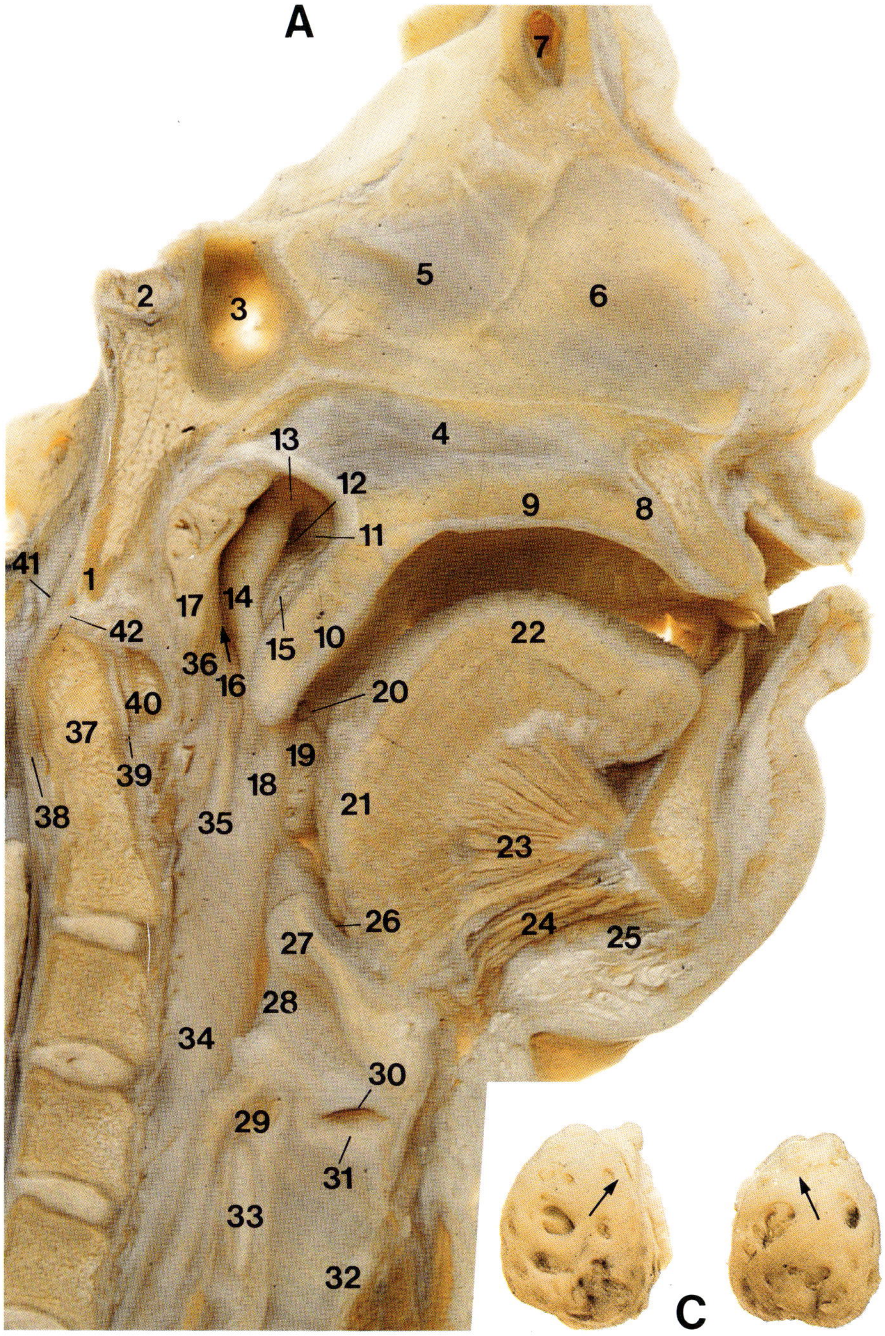

C

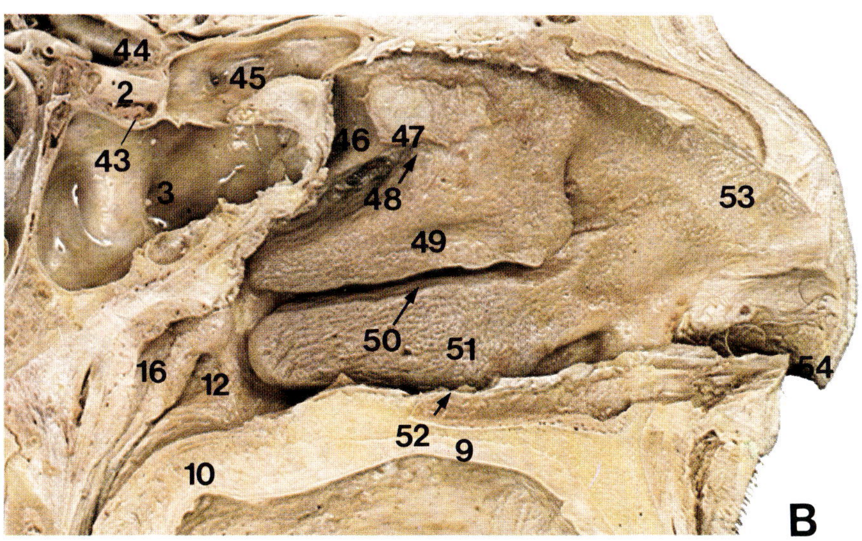

B

A und B Medianschnitt durch Kopf und Hals, A Medianschnitt mit Septum nasi, B linke Nasenhöhle nach Entfernung des Septum nasi

1 Vorderrand des Foramen (occipitale) magnum
2 Hypophyse
3 Sinus sphenoidalis sinister
4 Vomer
5 Lamina perpendicularis ossis ethmoidalis
6 Cartilago septi nasi
7 Sinus frontalis
8 Canalis incisivus
9 Palatum durum
10 Palatum molle
11 Plica salpingopalatina
12 Ostium pharyngeum tubae auditivae
13 Torus tubarius
14 Plica salpingopharyngea
15 Torus levatorius
16 Recessus pharyngeus (Rosenmüller)
17 Tonsilla pharyngea
18 Arcus palatopharyngeus
19 Tonsilla palatina
20 Arcus palatoglossus
21 Radix linguae
22 Dorsum linguae
23 M. genioglossus
24 M. geniohyoideus
25 M. mylohyoideus
26 Vallecula epiglottica
27 Epiglottis
28 Plica aryepiglottica
29 Cartilago arytaenoidea
30 Plica vestibularis
31 Plica vocalis
32 Arcus cartilaginis cricoidei
33 Lamina cartilaginis cricoidei
34 Pars laryngea pharyngis (Hypopharynx)
35 Pars oralis pharyngis (Mesopharynx)
36 Pars nasalis pharyngis (Nasopharynx)
37 Dens axis
38 Lig. transversum atlantis
39 Articulatio atlantoaxialis mediana
40 Arcus anterior atlantis
41 Membrana tectoria
42 Lig. apicis dentis
43 Sinus intercavernosus
44 N. opticus
45 Sinus sphenoidalis dexter
46 Recessus sphenoethmoidalis
47 Concha nasalis superior
48 Meatus nasi superior
49 Concha nasalis media
50 Meatus nasi medius
51 Concha nasalis inferior
52 Meatus nasi inferior
53 Atrium meatus medii
54 Vestibulum nasi

C Tonsillae palatinae, Operationspräparat von einem 14jährigen Kind, von medial gesehen

● Die kleinen Öffnungen an der Oberfläche der Tonsillen stellen Krypten dar. Der Pfeil zeigt auf die Tonsillarbucht (Rest der 2. embryonalen Schlundtasche).

● Die Tonsillae palatinae (meist nur kurz „Mandeln" genannt) bestehen weitgehend aus lymphatischem Gewebe, das beim Kind stärker entwickelt ist und sich im Laufe des Lebens zurückbildet. Die Gaumenmandeln bilden zusammen mit den entsprechenden Organen der Zunge (Tonsilla lingualis) und des Nasopharynx (Tonsilla pharyngea) den lymphatischen oder Waldeyerschen Rachenring am Beginn des Verdauungs- und Respirationstraktes.

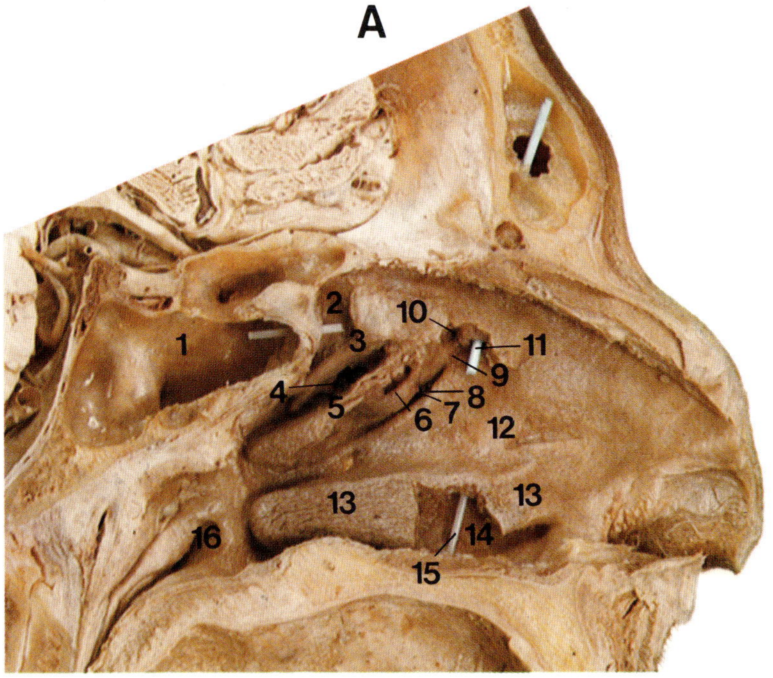

A Laterale Wand der Nasenhöhle, Medianschnitt durch den Kopf, Zugänge zu den Sinus paranasales
(Die Concha nasalis media wurde entfernt, die Concha nasalis inferior gefenstert)

1 Sinus sphenoidalis sinister
2 Recessus sphenoethmoidalis
3 Concha nasalis superior
4 Meatus nasi superior
5 Schnittkante der Concha nasalis media
6 Bulla ethmoidalis und Cellulae ethmoidales mediae
7 Hiatus semilunaris
8 Markierung in der Öffnung des Sinus maxillaris
9 Infundibulum ethmoidale
10 Öffnungen der Cellulae ethmoidales anteriores
11 Stab im Ductus nasofrontalis (Zugang zum Sinus frontalis)
12 Meatus nasi medius
13 Concha nasalis inferior
14 Meatus nasi inferior
15 Stab im Ductus nasolacrimalis
16 Ostium pharyngeum tubae auditivae

● Der Zugang zum Sinus sphenoidalis liegt hinter der oberen Muschel im Recessus sphenoethmoidalis. Die hinteren Siebbeinzellen öffnen sich im Meatus nasi superior, die mittleren oberhalb der Bulla ethmoidalis und die vorderen in das Infundibulum ethmoidale oder in den Ductus nasofrontalis.
● Der Sinus frontalis steht mit dem Meatus nasi medius oder mit dem Infundibulum ethmoidale, das den Hiatus semilunaris nach vorne oben hin fortsetzt, in Verbindung.
● Der Sinus maxillaris öffnet sich durch den Hiatus semilunaris in den mittleren Nasengang. Gelegentlich kommen auch zwei Öffnungen vor, von denen die eine unterhalb des Hiatus semilunaris gelegen sein kann (vgl. das auf der gegenüberliegenden Seite abgebildete Präparat).
● Der Ductus nasolacrimalis mündet in den Meatus nasi inferior unterhalb der unteren Muschel.

● Die Regio olfactoria umfaßt in der Hauptsache die Schleimhaut oberhalb der Concha nasalis superior sowie die benachbarten Abschnitte des Septum nasi und des Nasenhöhlendaches.
● Der N. canalis pterygoidei (Vidiani) entsteht durch die Vereinigung des N. petrosus major (aus dem N. intermedius) mit dem N. petrosus profundus (aus dem sympathischen Nervengeflecht um die A. carotis interna herum).

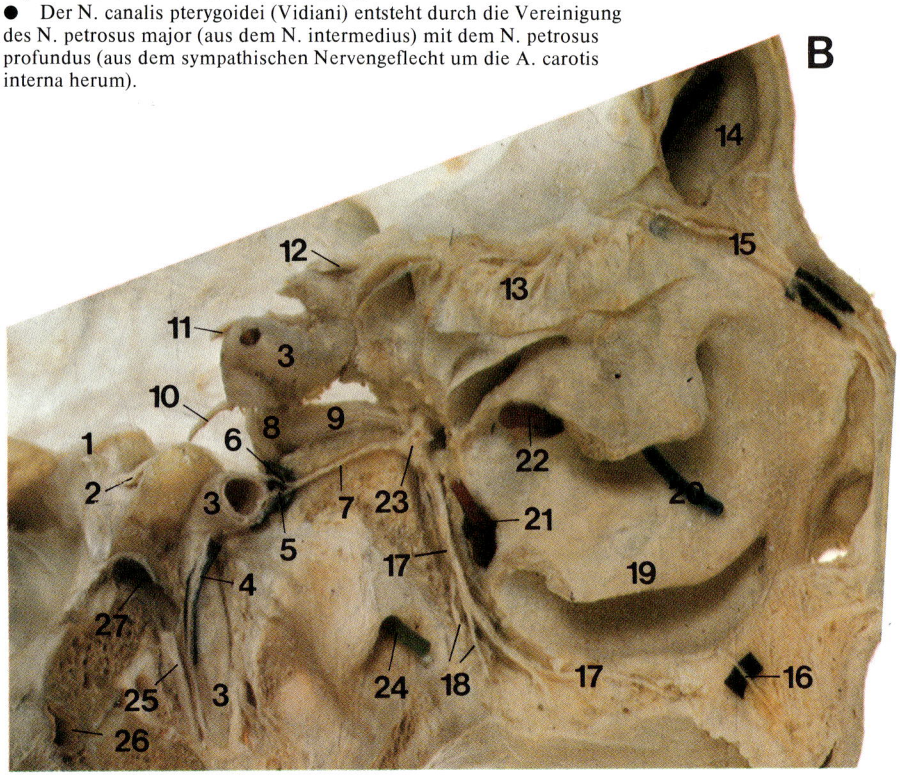

B Linke Nasenhöhle und Ganglion pterygopalatinum

1 Eminentia arcuata
2 Meatus acusticus internus und N. facialis
3 A. carotis interna
4 Plexus caroticus internus (sympathisches Nervengeflecht)
5 N. petrosus profundus
6 N. petrosus major
7 N. canalis pterygoidei (Vidiani)
8 Ganglion trigeminale (Gasseri)
9 N. maxillaris (N. V_2)
10 N. abducens (N. VI)
11 N. oculomotorius (N. III)
12 N. opticus (N. II)
13 Fila olfactoria
14 Sinus frontalis
15 N. ethmoidalis anterior
16 N. nasopalatinus
17 N. palatinus major
18 Nn. palatini minores
19 Concha nasalis inferior
20 Stab im Ductus nasofrontalis
21 Artifizielle Öffnung des Sinus maxillaris mit Markierung
22 Öffnung des Sinus maxillaris
23 Ganglion pterygopalatinum
24 Ostium pharyngeum tubae auditivae mit Markierung
25 Ganglion inferius n. vagi
26 A. vertebralis
27 V. jugularis interna

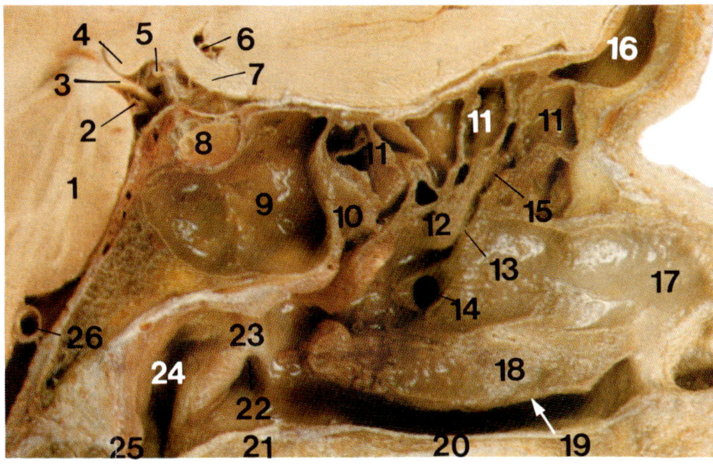

C

C Laterale Wand der linken Nasenhöhle, Cellulae ethmoidales und Bulla ethmoidalis, Sagittalschnitt
(Concha nasalis superior und media wurden entfernt)

1 Pons
2 A. cerebellaris superior
3 N. oculomotorius (N. III)
4 Corpus mamillare
5 A. cerebri posterior
6 A. cerebri anterior
7 N. opticus (N. II)
8 Hypophyse (Glandula pituitaria)
9 Sinus sphenoidalis
10 Recessus sphenoethmoidalis
11 Cellulae ethmoidales
12 Bulla ethmoidalis
13 Hiatus semilunaris
14 Öffnung des Sinus maxillaris (ungewöhnlich tief)
15 Infundibulum ethmoidale
16 Sinus frontalis
17 Atrium meatus medii
18 Concha nasalis inferior
19 Meatus nasi inferior
20 Palatum durum
21 Palatum molle
22 Ostium pharyngeum tubae auditivae
23 Torus tubarius
24 Recessus pharyngeus
25 Tonsilla pharyngea
26 A. basilaris (stark gewunden)

● Wenn sich das lymphatsiche Gewebe der Tonsilla pharyngea stark vergrößert, entstehen adenoide Wucherungen.
● Die Mündung der Tuba auditiva liegt etwa 1 cm hinter der unteren Muschel.

● Der N. petrosus major ist ein Ast des parasympathischen N. intermedius, der den N. facialis begleitet. Der ebenfalls parasympathische N. petrosus minor ist jedoch kein Ast des N. facialis, auch wenn dies in Abb. D so erscheint. Er entspringt vielmehr aus dem Plexus tympanicus des Mittelohres, der seine Zuflüsse aus dem Ramus tympanicus des N. glossopharyngeus erhält. Die mediale Wand des Cavum tympani wurde bei dem Präparat der Abb. D entfernt.

● In dem auf S. 48 abgebildeten Sagittalschnitt wurden verschiedene Teile der linken Kopfhälfte entfernt, um den Canalis pterygoideus und das Ganglion pterygopalatinum sichtbar zu machen. Im vorliegenden Präparat wurde der größte Teil des rechten Gesichtsschädels von lateral entfernt, nur die mediale Wand der Orbita und der Sinus maxillaris blieben erhalten, so daß der rechte N. trigeminus mit seinen 3 Ästen und das Ganglion pterygopalatinum dargestellt werden konnten.

D

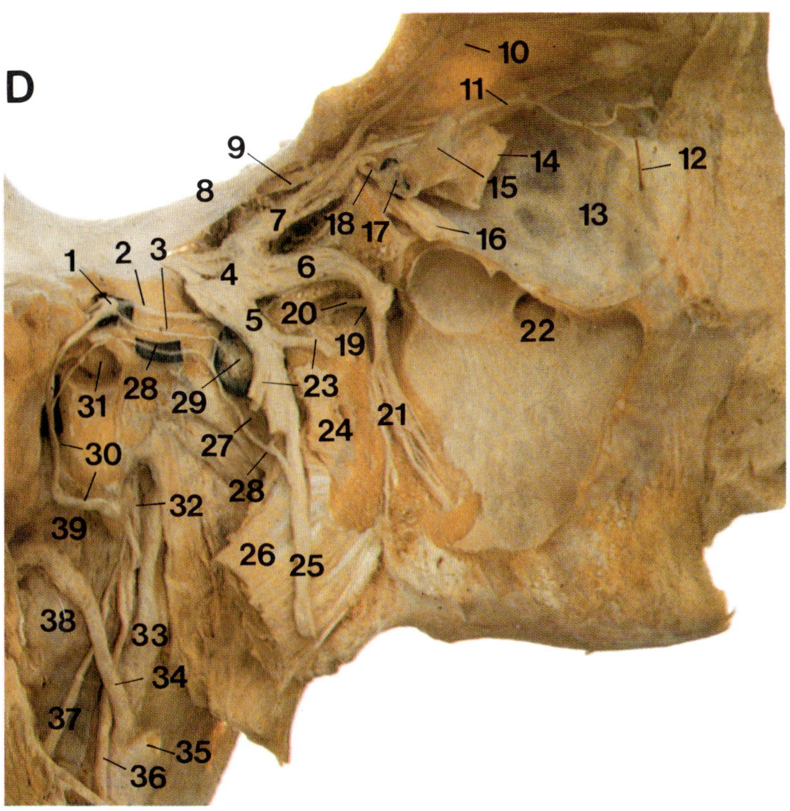

D Nervus trigeminus, Nervi petrosi und zugehörige Ganglien
(Erläuterungen zur Präparation s. Anmerkung)

1 Ganglion geniculi n. facialis
2 N. petrosus major
3 N. petrosus minor
4 Ganglion trigeminale (Gasseri)
5 N. mandibularis (N. V_3)
6 N. maxillaris (N. V_2)
7 N. ophthalmicus (N. V_1)
8 Freier Rand des Tentorium cerebelli
9 N. oculomotorius (N. III)
10 N. frontalis
11 N. nasociliaris
12 Borste im Canaliculus lacrimalis
13 Mediale Wand der Orbita
14 M. rectus bulbi medialis
15 N. opticus (N. II)
16 M. rectus bulbi inferior
17 Ganglion ciliare
18 N. lacrimalis
19 Ganglion pterygopalatinum
20 N. canalis pterygoidei (Vidiani)
21 Nn. palatini major et minores
22 Mediale Wand des Sinus maxillaris und zugehörige Öffnung
23 Rami musculares n. mandibularis (N. V_3)
24 M. pterygoideus lateralis und Lamina lateralis processus pterygoidei
25 N. lingualis
26 M. pterygoideus medialis
27 M. tensor veli palatini
28 Chorda tympani
29 Ganglion oticum
30 N. facialis (N. VII)
31 Membrana tympani
32 N. glossopharyngeus (N. IX)
33 A. carotis interna
34 A. occipitalis
35 A. carotis externa
36 N. hypoglossus (N. XII)
37 V. jugularis interna und N. accessorius
38 Processus transversus atlantis
39 M. rectus capitis lateralis

A Pharynx, Ansicht von dorsal
(Der hintere Abschnitt des Schädels wurde entfernt)

1 Meatus acusticus internus mit N. facialis und N. vestibulocochlearis
2 N. trigeminus (N. V)
3 N. abducens (N. VI)
4 N. trochlearis (N. III)
5 N. opticus (N. II)
6 N. oculomotorius (N. III)
7 Dura mater im Bereich des Clivus
8 Fascia pharyngobasilaris
9 N. glossopharyngeus (N. IX)
10 Processus styloideus und M. stylopharyngeus
11 Hinterer Rand des Ramus mandibulae
12 M. masseter
13 M. pterygoideus medialis
14 Pars thyreopharyngea des M. constrictor pharyngis inferior
15 Pars cricopharyngea des M. constrictor pharyngis inferior
16 Oesophagus
17 M. constrictor pharyngis medius
18 M. constrictor pharyngis superior
19 Raphe pharyngis

● Seitenansicht des Pharynx s. die Abbildungen auf S. 41 und S. 44.

● Der Pharynx erstreckt sich von der Schädelbasis bis in Höhe des sechsten Halswirbels. Sein nasaler Abschnitt (Nasopharynx), der bis zum weichen Gaumen reicht, enthält die paryngeale Öffnung der Tuba auditiva und die Tonsilla pharyngea. Er geht nach vorne in die Nasenhöhle über. Der orale Abschnitt des Pharynx (Mesopharynx) liegt zwischen weichem Gaumen und oberem Rand der Epiglottis und enthält hauptsächlich die Tonsilla palatina. Er steht mit der Mundhöhle in Verbindung. Der laryngeale Abschnitt des Pharynx (Hypopharynx) liegt unterhalb und hinter der Epiglottis und enthält den Recessus piriformis. Vorne geht er in den Larynx, hinten in den Ösophagus über.

A

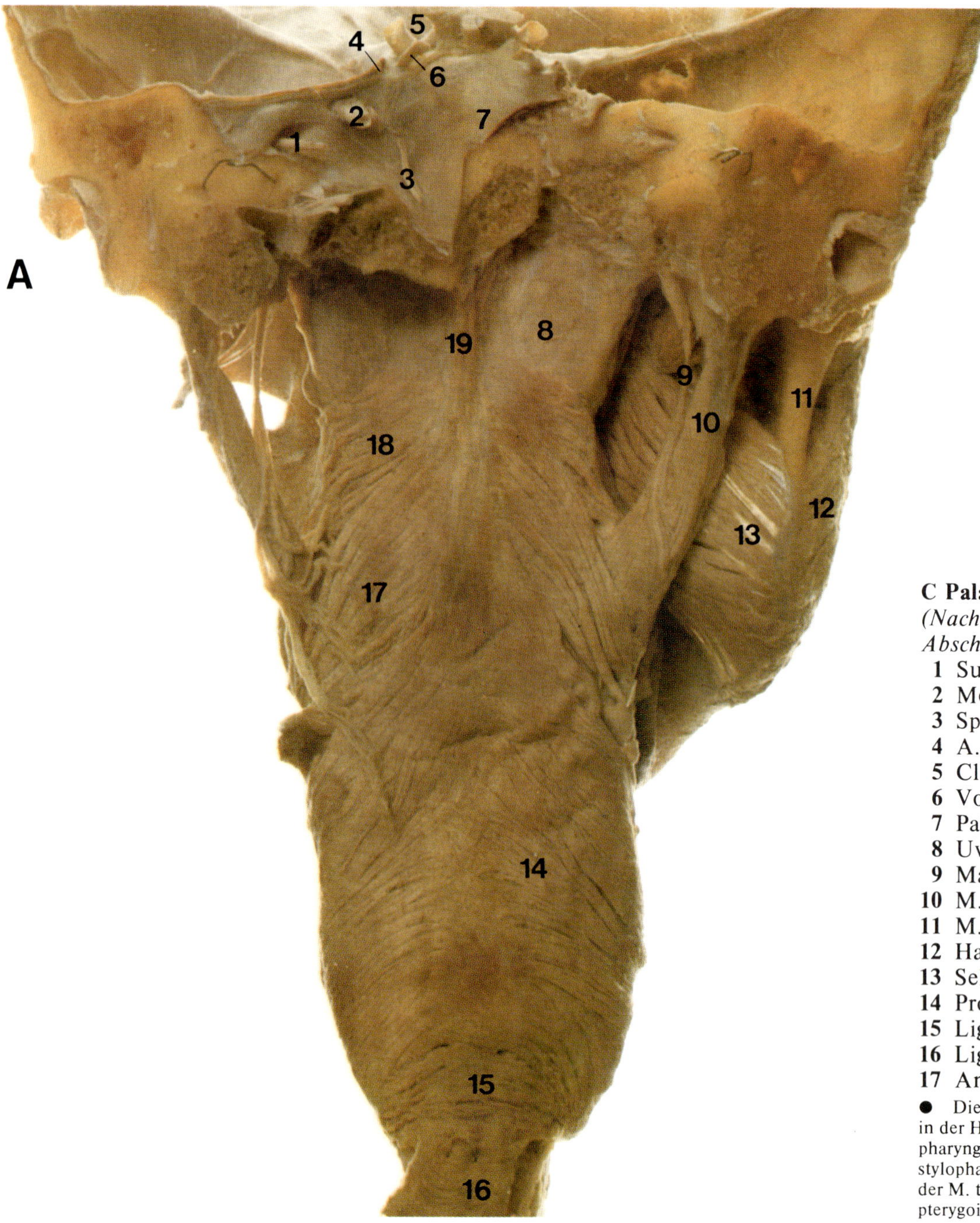

C Palatum molle, Ansicht von hinten-oben
(Nach Entfernung des Pharynx und der hinteren Abschnitte der Schädelbasis)

1 Sulcus sinus sigmoidei
2 Membrana tympanica
3 Spitze der Pars petrosa ossis temporalis
4 A. carotis interna
5 Clivus
6 Vomer (Septum nasi)
7 Palatum molle
8 Uvula
9 Markierung in der Tubenöffnung
10 M. levator veli palatini
11 M. tensor veli palatini
12 Hamulus processus pterygoidei
13 Sehne des M. tensor veli palatini
14 Processus styloideus
15 Lig. stylomandibulare
16 Lig. sphenomandibulare
17 Angulus mandibulae

● Die Muskeln des Pharynx und des weichen Gaumens werden in der Hauptsache von Ästen des N. vagus, der sich am Plexus pharyngeus beteiligt, versorgt. Eine Ausnahme machen der M. stylopharyngeus, der vom N. glossopharyngeus versorgt wird, und der M. tensor veli palatini, der zusammen mit dem M. pterygoideus medialis einen Ast vom N. mandibularis erhält.

B

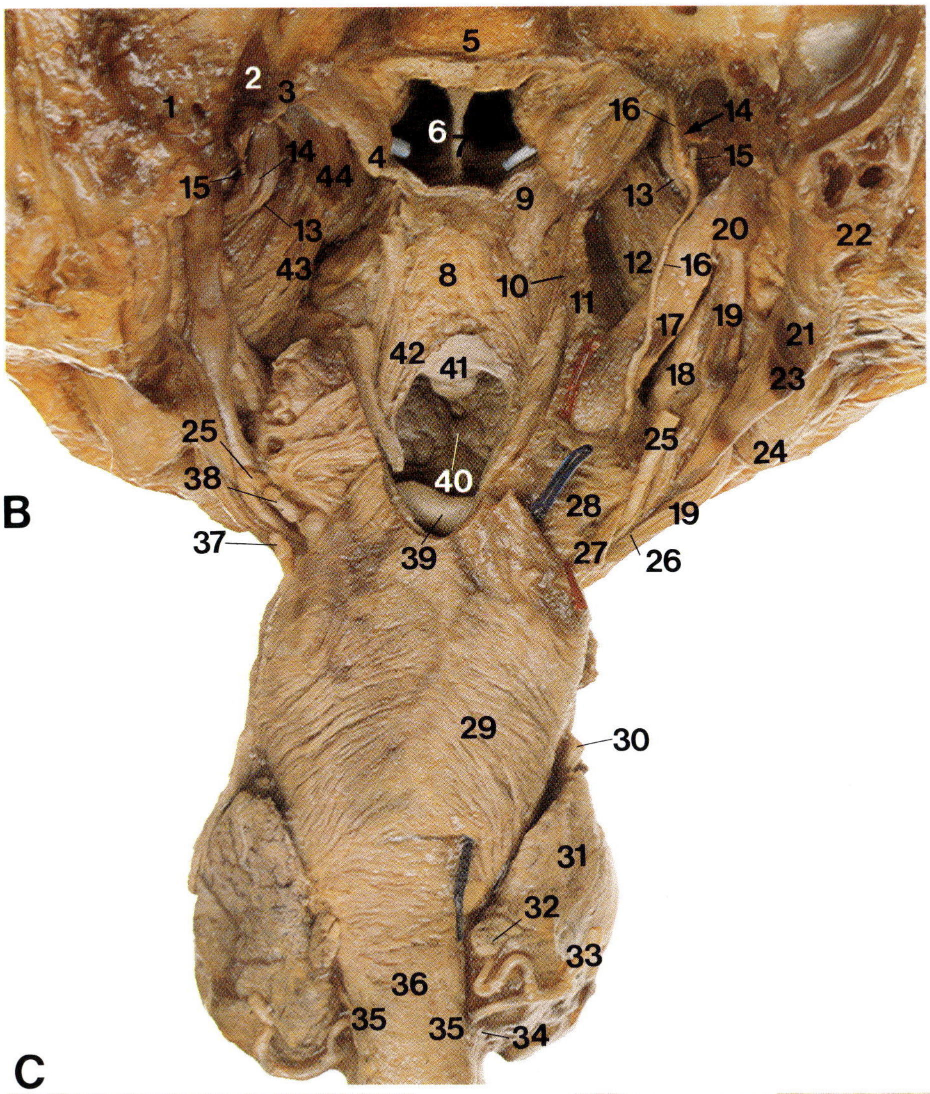

C

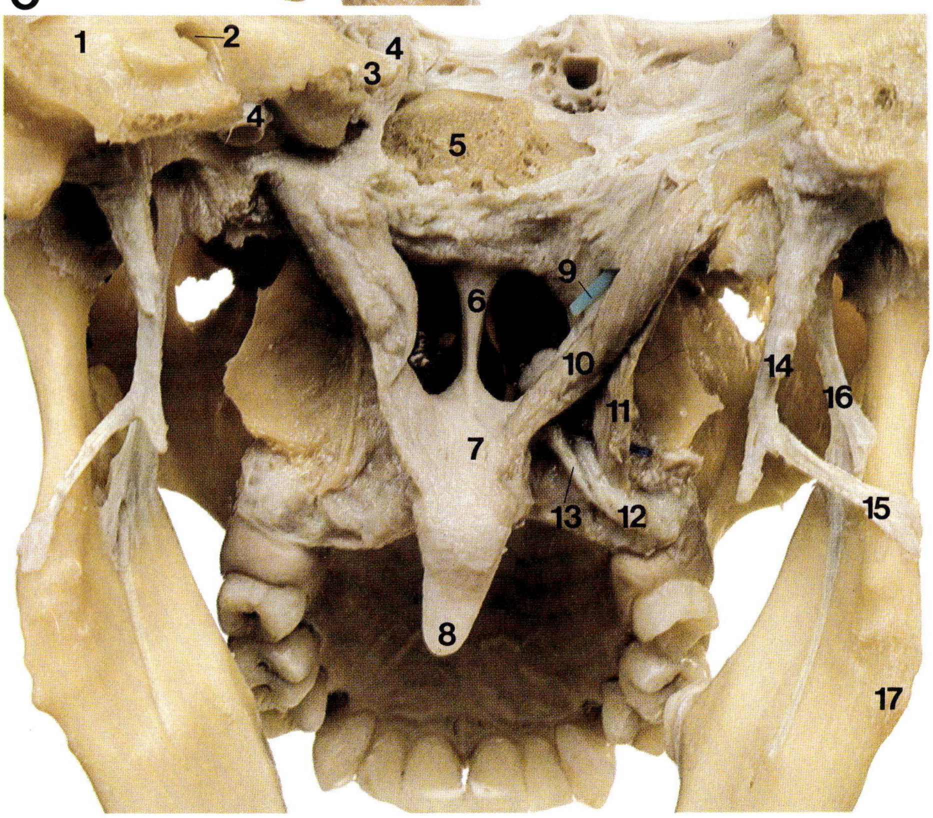

B Pharynx, Ansicht von dorsal
(Der größte Teil des M. constrictor pharyngis superior und medius wurde entfernt)

1 Sinus sigmoideus
2 Bulbus venae jugularis superior
3 A. carotis interna
4 Pars cartilaginea tubae auditivae (Markierung zeigt auf die pharyngeale Öffnung der Tube)
5 Clivus
6 Apertura nasalis posterior (Choana)
7 Septum nasi (Vomer)
8 Palatum molle
9 M. levator veli palatini
10 M. salpingopharyngeus
11 M. constrictor pharyngis superior (Schnittrand)
12 M. pterygoideus medialis
13 N. lingualis
14 N. alveolaris inferior
15 Chorda tympani
16 N. glossopharyngeus (N. IX)
17 M. stylopharyngeus
18 M. styloglossus
19 M. stylohyoideus
20 Processus styloideus
21 Venter posterior m. digastrici
22 Glandula parotis
23 M. masseter
24 Angulus mandibulae
25 N. hypoglossus (N. XII)
26 Ramus thyreohyoideus n. hypoglossi
27 Spitze des Cornu majus ossis hyoidei
28 M. constrictor pharyngis medius (verläuft oberhalb der roten Markierung)
29 M. constrictor pharyngis inferior (verläuft oberhalb der blauen Markierung)
30 A. thyreoidea superior
31 Lobus dexter glandulae thyreoideae
32 Glandula parathyreoidea
33 A. thyreoidea inferior
34 N. laryngeus recurrens
35 Longitudinale Muskelschicht des Oesophagus
36 Zirkuläre Muskelschicht des Oesophagus
37 Ramus internus n. laryngei superioris
38 A. lingualis
39 Epiglottis
40 Dorsum linguae (Foramen caecum)
41 Uvula
42 M. palatopharyngeus
43 Hamulus pterygoideus
44 M. tensor veli palatini

● M. palatopharyngeus und M. salpingopharyngeus ziehen nach unten-innen zum M. constrictor pharyngis superior. Der M. stylopharyngeus verläuft abwärts und durchbricht die äußere Muskelschicht zwischen dem M. constrictor pharyngis superior und medius.

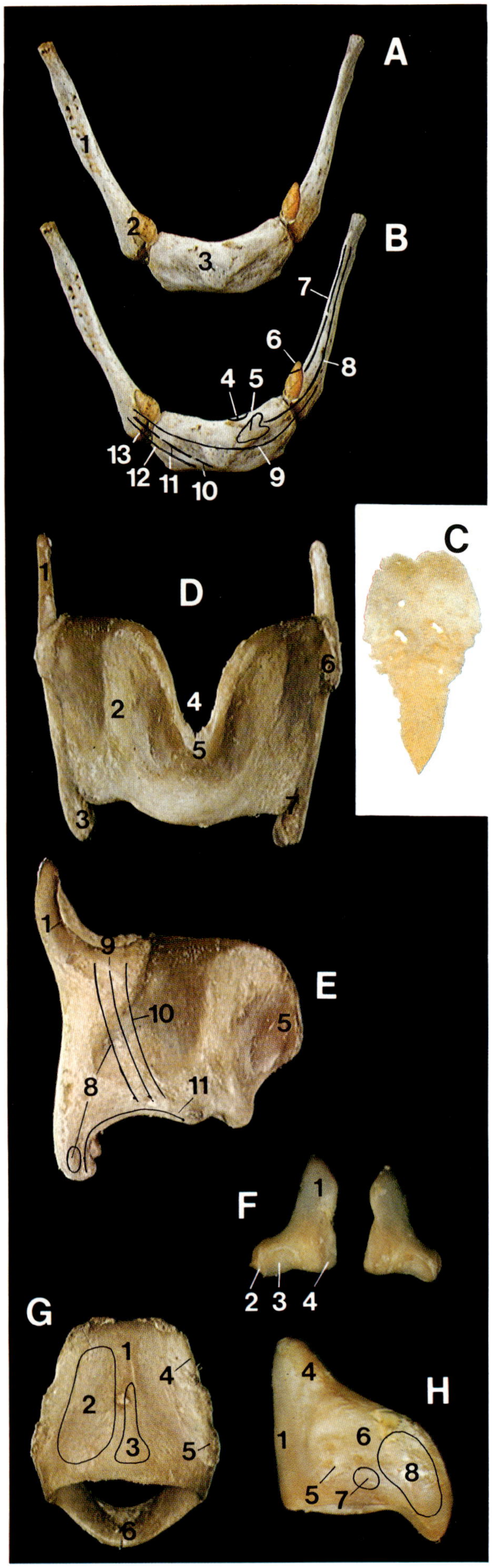

Os hyoideum, A von vorne-oben gesehen, B Muskelansatzflächen

1 Cornu majus ossis hyoidei
2 Cornu minus ossis hyoidei
3 Corpus ossis hyoidei
4 M. genioglossus
5 M. geniohyoideus
6 Lig. stylohyoideum
7 M. constrictor pharyngis medius (Pars ceratopharyngea)
8 M. hyoglossus
9 M. mylohyoideus
10 M. sternohyoideus
11 M. omohyoideus
12 M. thyreohyoideus
13 M. stylohyoideus

C Epiglottis, Vorderansicht, D Cartilago thyreoidea, Vorderansicht, E Cartilago thyreoidea, Seitenansicht mit Muskelansatzlinien

1 Cornu superius cartilaginis thyreoideae
2 Lamina thyreoidea
3 Cornu inferius cartilaginis thyreoideae
4 Incisura thyreoidea
5 Prominentia laryngea (Adamsapfel)
6 Tuberculum thyreoideum superius
7 Tuberculum thyreoideum inferius
8 M. constrictor pharyngis inferior
9 M. sternothyreoideus
10 M. thyreohyoideus
11 M. cricothyreoideus

F Cartilagines arytaenoideae, Rückansicht

1 Apex
2 Processus muscularis
3 Facies articularis für den Ringknorpel
4 Processus vocalis

G und H Cartilago cricoidea, G Rückansicht, H Seitenansicht

1 Lamina cartilaginis cricoidea
2 M. cricoarytaenoideus posterior
3 Ansatz des Oesophagus
4 Facies articularis für den Aryknorpel
5 Facies articularis thyreoidea (für den Schildknorpel)
6 Arcus cartilaginis cricoideae
7 M. constrictor pharyngis inferior
8 M. cricothyreoideus

J Larynx, Rückansicht
(Der größte Teil der hinteren Pharynxwand wurde entfernt und die linke Schildknorpelplatte nach vorne geklappt. Der Pharynx wird durch einen Glasstab offen gehalten)

1 Epiglottis
2 Hintere Pharynxwand
3 Tuberculum cuneiforme in der Plica aryepiglottica
4 Tuberculum corniculatum in der Plica aryepiglottica
5 M. arytaenoideus transversus
6 Ramus internus n. laryngei superioris
7 Äste des N. laryngeus inferior
8 Ansatz des Oesophagus am Ringknorpel (Lig. cricopharyngeum)
9 Zirkuläre Fasern des Oesophagus
10 Anastomose zwischen Ästen des N. laryngeus superior und inferior
11 M. cricothyreoideus (die Schildknorpelplatte ist nach vorne geklappt)

K Zunge und Kehlkopfeingang, von oben gesehen

1 Hinterwand des Pharynx
2 Tuberculum corniculatum in der Plica aryepiglottica
3 Tuberculum cuneiforme in der Plica aryepiglottica
4 Epiglottis
5 Plica glossoepiglottica mediana
6 Vallecula epiglottica
7 Plica glossoepiglottica lateralis
8 Radix linguae
9 Foramen caecum
10 Sulcus terminalis
11 Papilla vallata
12 Papilla fungiformis
13 Plica vestibularis
14 Plica vocalis

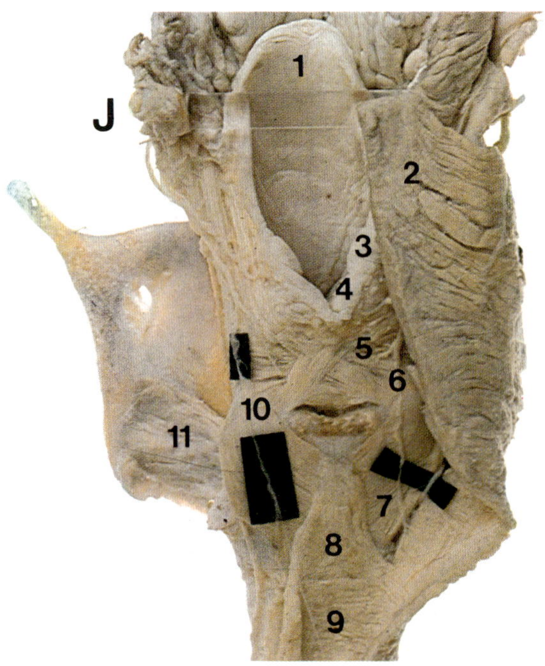

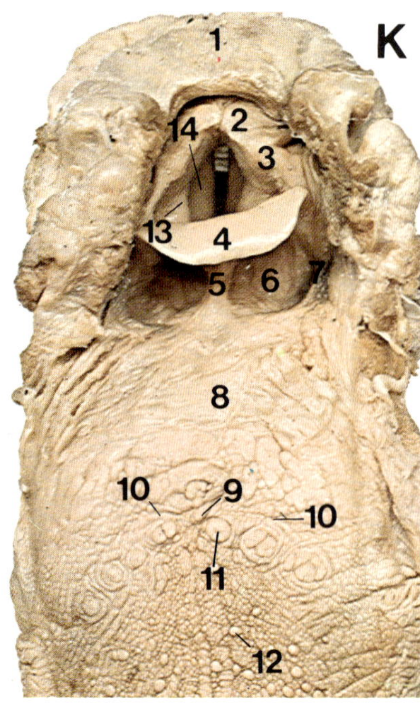

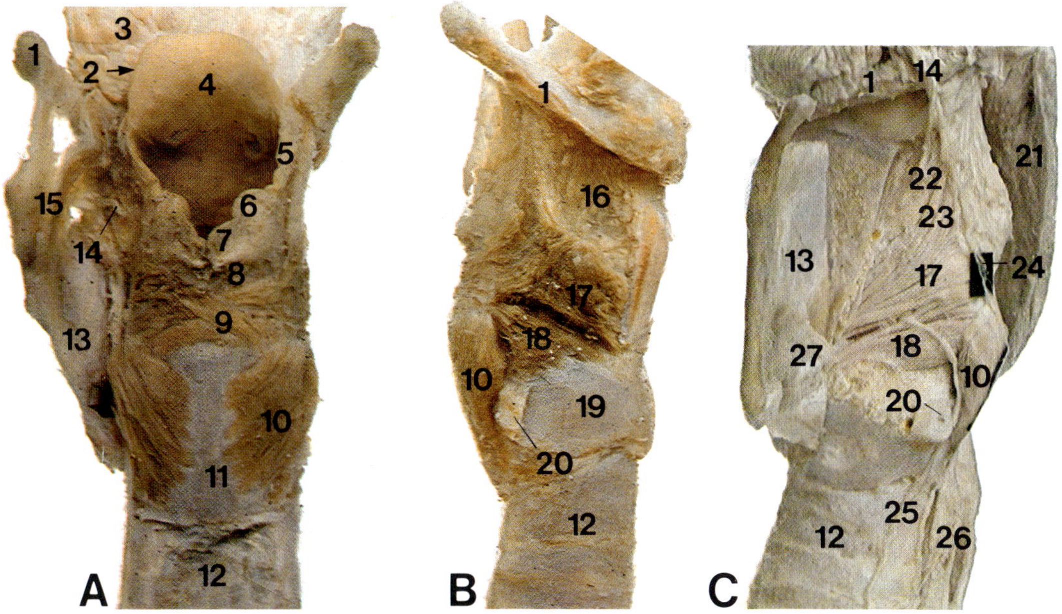

A–C Kehlkopfmuskulatur, A Dorsalansicht, B Rechte Seitenansicht *(Rechter Teil der Schildknorpelplatte entfernt)*, **C linke Seitenansicht** *(Schildknorpelplatte teilweise nach vorne geklappt)*

1 Cornu majus ossis hyoidei
2 Vallecula epiglottica
3 Dorsum linguae
4 Epiglottis
5 Plica aryepiglottica
6 Cartilago cuneiformis
7 Cartilago corniculata
8 M. arytaenoideus transversus
9 M. arytaenoideus obliquus
10 M. cricoarytaenoideus posterior
11 Anheftungsstelle des Oesophagus an der Lamina cartilaginis cricoideae
12 Trachea
13 Lamina thyreoidea
14 Ramus internus n. laryngei superioris
15 Membrana thyreohyoidea
16 Membrana quadrangularis
17 M. thyreoarytaenoideus
18 M. cricoarytaenoideus lateralis
19 Arcus cartilaginis cricoideae
20 Articulatio cricothyreoidea
21 Hinterwand des Pharynx
22 M. aryepiglotticus
23 M. thyreoepiglotticus
24 Anastomose zwischen Ästen des N. laryngeus superior und inferior
25 N. laryngeus inferior, Endast des N. laryngeus recurrens
26 Oesophagus
27 M. cricothyreoideus (von seinen Ansatzflächen am Ringknorpel abpräpariert)

Anmerkung zu Abb. K auf S. 52.
- Der V-förmige Sulcus terminalis hinter den Papillae vallatae ist in diesem Präparat nicht gut zu erkennen.
- In Höhe der Spalte zwischen den beiden Plicae vestibulares, der sog. Rima vestibuli, endet das Vestibulum laryngis. Die Spalte zwischen den beiden Plicae vocales stellt die Rima glottidis dar.
- Die Plicae vestibulares werden gelegentlich auch als Taschenfalten oder falsche Stimmbänder bezeichnet.

- Der Raum zwischen der Plica vestibularis und Plica vocalis wird als Sinus oder Ventriculus laryngis bezeichnet. Er steht meist mit einer kleinen blindsackförmigen Ausstülpung von wenigen Millimetern Länge in Zusammenhang, die zwischen der Plica vestibularis und dem M. thyreoepiglotticus lokalisiert ist (Sacculus ventriculi).

D Larynx, Medianschnitt, von rechts gesehen

1 Pharynx
2 Plica aryepiglottica mediana und Kehlkopfeingang
3 Epiglottis
4 Vallecula epiglottica
5 Zunge
6 Corpus ossis hyoidei
7 Lamina cartilaginis thyreoideae
8 Plica vestibularis
9 Recessus laryngis
10 Plica vocalis
11 Arcus cartilaginis cricoideae
12 Isthmus glandulae thyreoideae
13 Trachea
14 Lamina cartilaginis cricoideae
15 Äste des N. laryngeus recurrens
16 M. arytaenoideus transversus
17 Äste des N. laryngeus superior (Ramus internus) – anastomosiert mit dem N. laryngeus inferior
18 Cartilago corniculata und Apex cartilaginis arytaenoideae
19 Äste des Ramus internus n. laryngei superioris im Recessus piriformis
20 Vestibulum laryngis

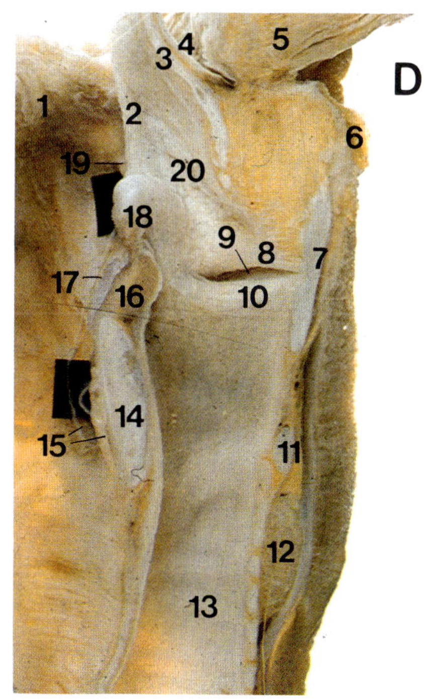

E Bandapparat des Kehlkopfes, von innen und links gesehen
(Die linke Kehlkopfhälfte wurde weitgehend entfernt, jedoch der Ringknorpel stehen gelassen)

1 Os hyoideum
2 Lig. hyoepiglotticum
3 Epiglottis
4 Membrana quadrangularis
5 Apex } cartilaginis arytaenoideae
6 Processus vocalis } cartilaginis arytaenoideae
7 Lamina } cartilaginis cricoideae
8 Arcus } cartilaginis cricoideae
9 Conus elasticus
10 Lamina cartilaginis thyreoideae
11 Lig. thyreoepiglotticum

- Die inneren Kehlkopfmuskeln werden vom N. laryngeus inferior, einem Ast des N. laryngeus recurrens, versorgt. Nur der M. cricothyreoideus wird vom N. laryngeus superior innerviert.
- Die Kehlkopfschleimhaut erhält ihre sensible Versorgung im Bereich oberhalb der Stimmritze vom N. laryngeus superior, unterhalb davon vom N. laryngeus recurrens.
- Der N. laryngeus inferior gelangt in das Kehlkopfinnere, in dem er unmittelbar unter dem M. constrictor pharyngis inferior und hinter dem Krikothyreoidgelenk vorbeizieht.
- Die Stimmfalte mit dem Lig. vocale wird vom Oberrand des etwa dreiseitigen Conus elasticus gebildet.
- Die Taschenfalte (Plica vestibularis) wird dagegen vom unteren Abschnitt der Membrana quadrangularis gebildet. Der obere Rand dieser Membran bildet die Plica aryepiglottica.
- Der zentrale (vordere) Abschnitt der Membrana cricothyreoidea wird schon zum Conus elasticus gerechnet.

A Dura mater cerebri, Außenfläche *(Nach Entfernung des Schädeldaches)*

● Die vorderen Äste der Vasa meningea media sind an der Außenfläche der Dura zu sehen. Sie liegen zwischen Dura mater und Schädel, d. h. im Spatium extradurale. Diese Gefäße versorgen nicht das Gehirn, sondern nur den Schädel und die Dura.

A

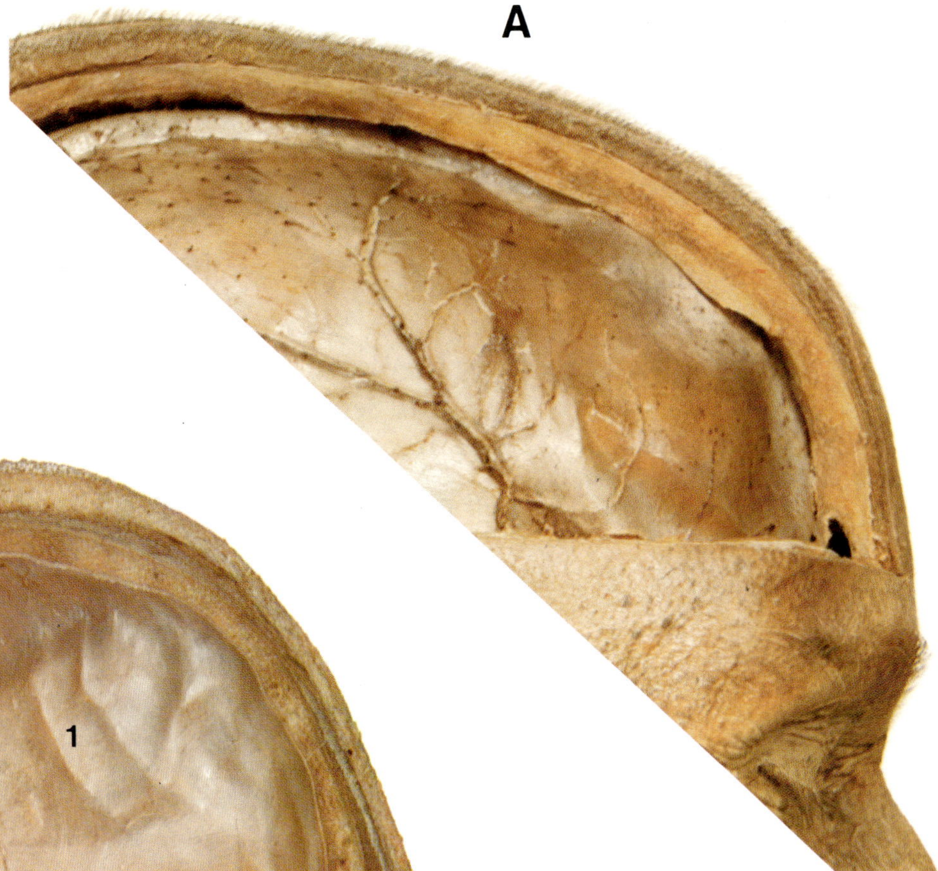

B

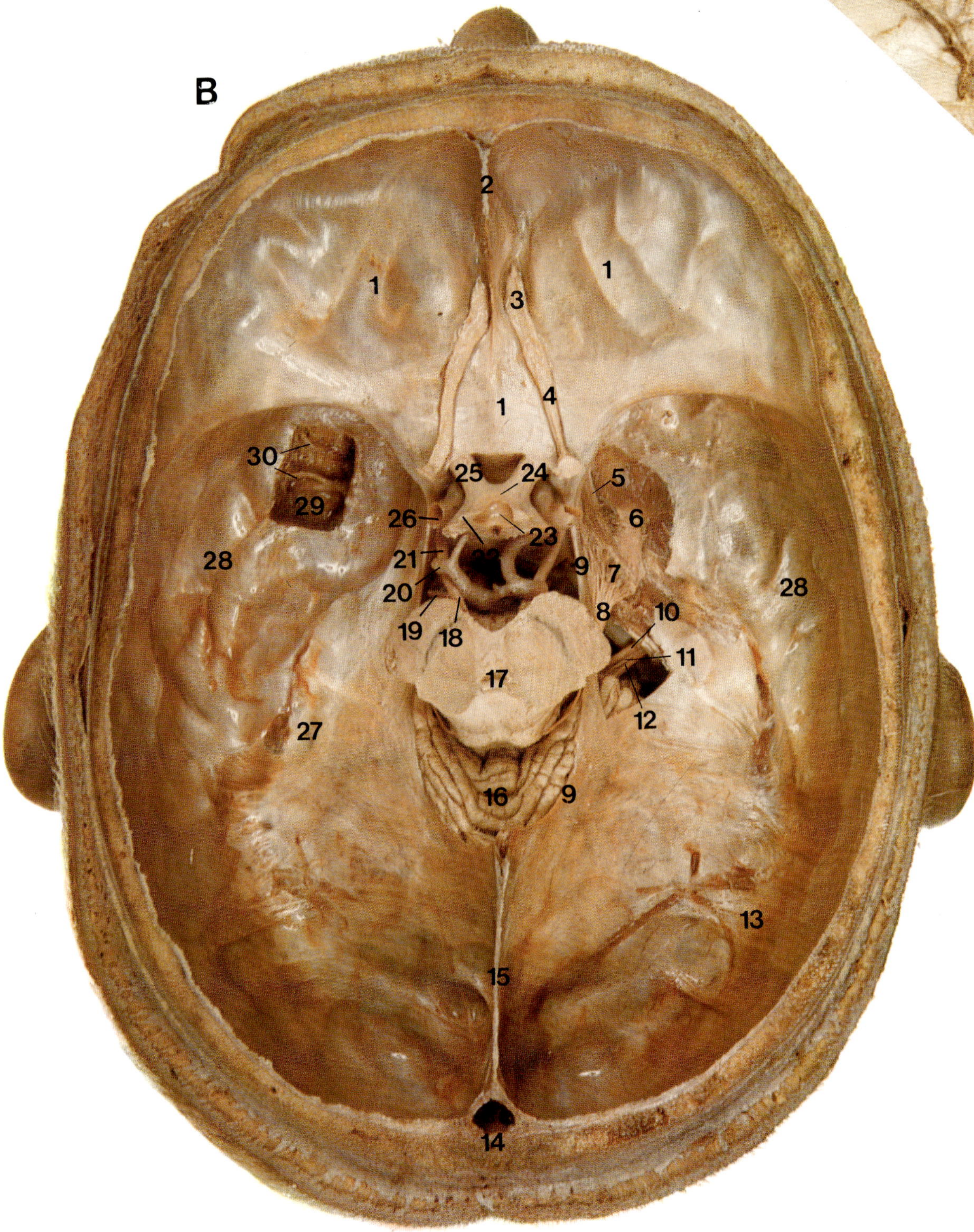

● Die Fossa cranii media ist schmetterlingsförmig und besitzt einen medianen Abschnitt, in dem die Hypophyse in einer entsprechenden Ausnehmung unterhalb des Chiasma opticum liegt, und laterale Abschnitte, in denen die Temporallappen des Großhirns untergebracht sind.
● Die Fossa cranii posterior liegt unterhalb des Tentorium cerebelli und enthält Kleinhirn, Pons und Medulla oblongata.

C Dura mater cerebri, Falx cerebri, Tentorium cerebelli und Hirnnerven, Sagittalschnitt, schräg von hinten-oben gesehen
(Das Gehirn wurde vollständig entfernt; hinten wurde ein Fenster in die Falx cerebri geschnitten)

1 Falx cerebri
2 Sinus sphenoparietalis
3 Sinus sagittalis inferior
4 Granulationes arachnoideales
5 Sinus sagittalis superior
6 Sinus transversus
7 Tentorium cerebelli
8 Sinus rectus
9 Rand des Foramen (occipitale) magnum
10 Arcus posterior atlantis
11 Rückenmark
12 Dens axis
13 Medulla oblongata
14 Wurzeln des N. hypoglossus (N. XII)
15 Spinale Wurzel des N. accessorius (N.XI)
16 N. glossopharyngeus, N. vagus und N. accessorius (N. IX, N. X, N. XI)
17 N. vestibulocochlearis (N. VIII)
18 N. intermedius (N. XIII)
19 N. facialis (N. VII)
20 N. abducens (N. VI)
21 N. trigeminus (N. V)
22 Freier Rand des Tentorium cerebelli
23 N. trochlearis (N. IV)
24 N. oculomotorius (N. III)
25 A. carotis interna
26 N. opticus (N. II)
27 Tractus olfactorius
28 Hypophyse (Glandula pituitaria)
29 Sinus sphenoidalis
30 Choane (Apertura nasalis posterior)
31 Septum nasi

B Fossae cranii und Dura mater
(Rechts wurde die Dura teilweise entfernt, links ein Fenster in die Schädelbasis geschnitten. Der Hirnstamm wurde in Höhe des Mittelhirns quer durchtrennt)

1 Fossa cranii anterior
2 Falx cerebri
3 Bulbus olfactorius
4 Tractus olfactorius
5 N. maxillaris (N. V_2)
6 N. mandibularis (N. V_3)
7 Ganglion trigeminale
8 N. trigeminus (N. V.)
9 Freier Rand des Tentorium cerebelli (Incisura tentorii)
10 N. facialis (N. VII)
11 N. intermedius (N. XIII)
12 N. vestibulocochlearis (N. VIII)
13 Befestigung des Tentorium cerebelli im Bereich des Sinus transversus
14 Sinus sagittalis superior
15 Übergang der Falx cerebri in das Tentorium cerebelli mit Sinus rectus
16 Cerebellum
17 Mittelhirn
18 N. oculomotorius (N. III)
19 A. cerebelli superior
20 A. cerebelli posterior
21 A. communicans posterior
22 Tractus opticus
23 Infundibulum und Hypophysenstiel
24 Chiasma opticum
25 N. opticus (N. II)
26 A. cerebri media
27 Anheftung des Tentorium cerebelli an der Felsenbeinpyramide mit dem Sinus petrosus superior
28 Fossa cranii media
29 Processus pterygoideus lateralis (oberer Abschnitt)
30 Nn. temporales profundi und Vasa temporalia profunda

C

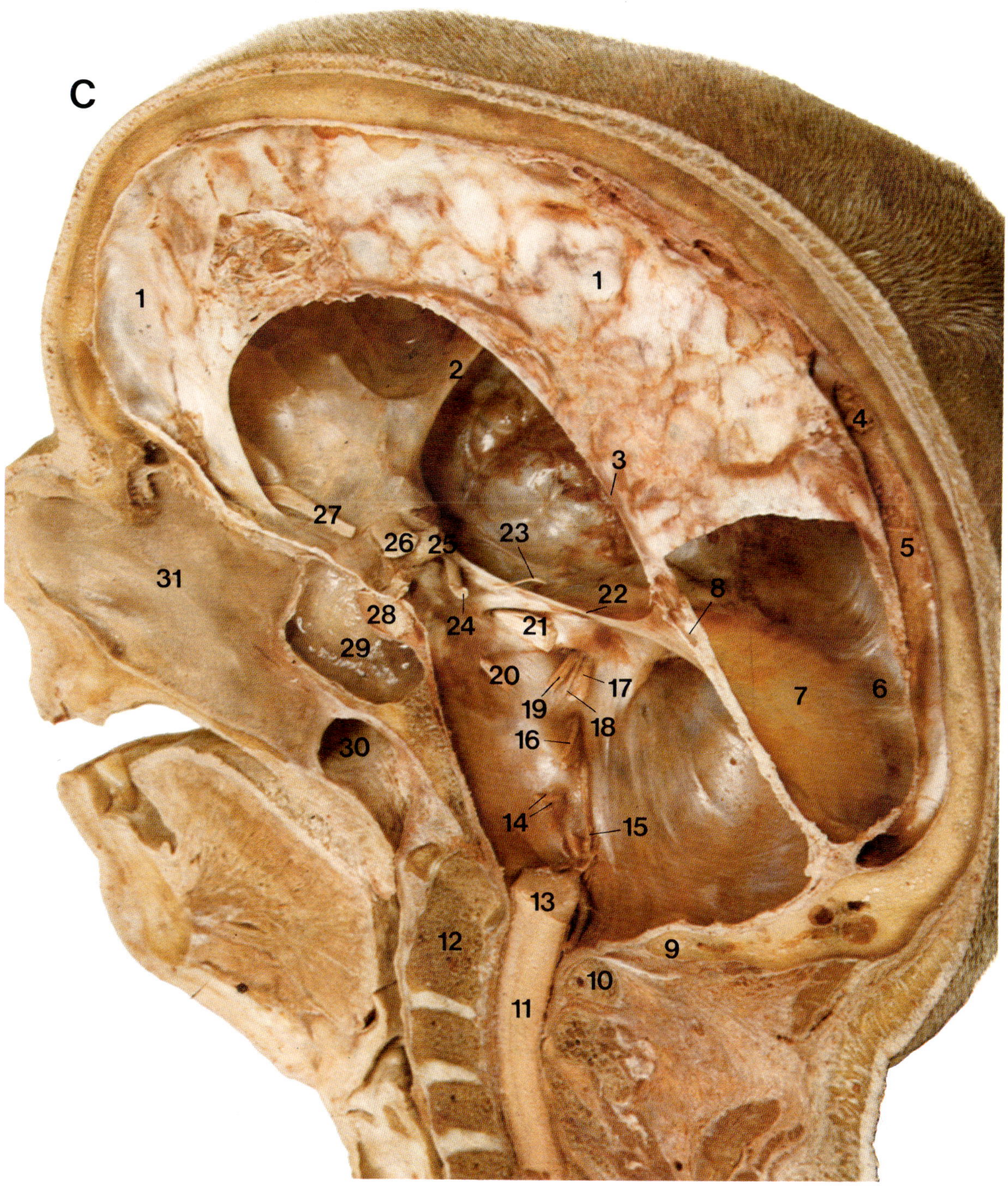

A

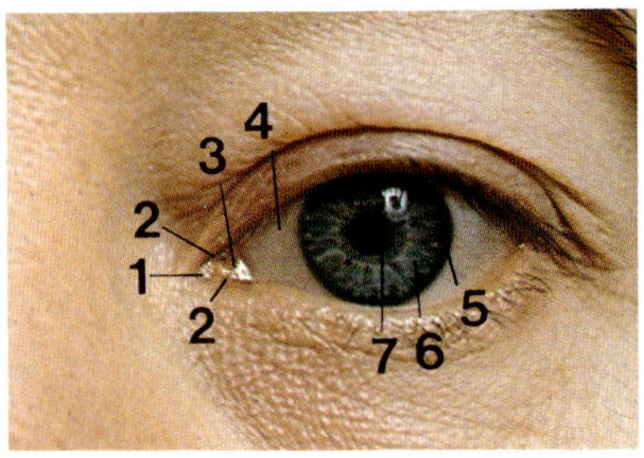

A Linkes Auge
1 Caruncula lacrimalis
2 Papilla lacrimalis
3 Plica semilunaris conjunctivae
4 Sclera
5 Limbus corneae
6 Iris
7 Pupille

● Der vordere Abschnitt der äußeren Augenhaut, die Cornea, ist transparent und geht am Limbus corneae in die Sclera über. Dadurch wird die Iris sichtbar.
● Die Iris stellt ein pigmentiertes, farbiges Häutchen dar, das der Linse vorgelagert ist und eine zentral gelegene Öffnung besitzt, die Pupille.
● Auf der Papilla lacrimalis liegt eine feine Öffnung (Punctum lacrimale), mit der der Canaliculus lacrimalis beginnt; dieser verläuft nach medial und geht in den unterhalb des Lig. palpebrale mediale gelegenen Saccus lacrimalis über. Der Tränensack setzt sich nach kaudal in den Ductus nasolacrimalis fort.

B

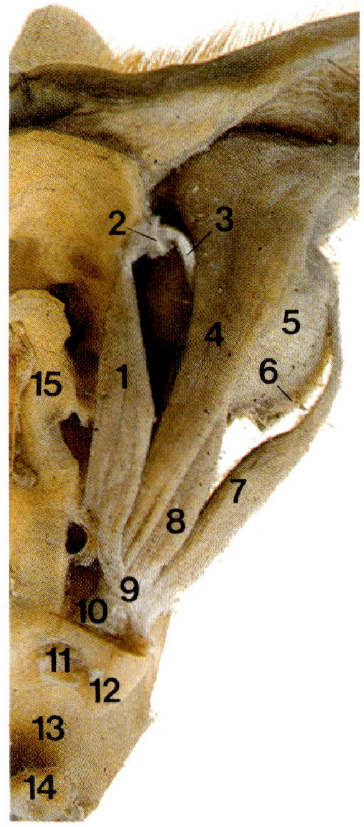

C

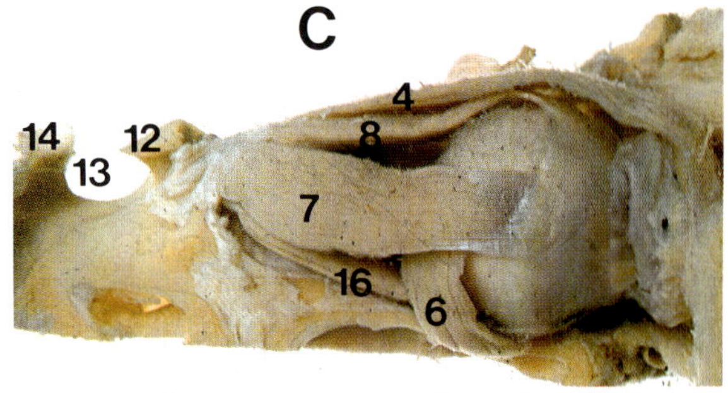

B und C Äußere Augenmuskeln, rechte Orbita, B von oben, C von lateral gesehen
1 M. obliquus bulbi superior
2 Trochlea
3 Sehne des M. obliquus bulbi superior
4 M. levator palpebrae superioris
5 Bulbus oculi
6 M. obliquus bulbi inferior
7 M. rectus bulbi lateralis
8 M. rectus bulbi superior
9 Anulus tendineus (Zinii)
10 N. opticus (N. II)
11 Canalis opticus
12 Processus clinoideus anterior
13 Sella turcica (Fossa hypophyseos)
14 Processus clinoideus posterior
15 Cellulae ethmoidales
16 M. rectus bulbi inferior

● Von den äußeren Augenmuskeln werden der M. rectus bulbi lateralis vom N. abducens, der M. obliquus bulbi superior vom N. trochlearis und alle anderen Muskeln (M. rectus bulbi medialis, superior und inferior sowie der M. obliquus bulbi inferior) vom N. oculomotorius versorgt. Der M. levator palpebrae superioris wird ebenfalls durch den N. oculomotorius versorgt.

D

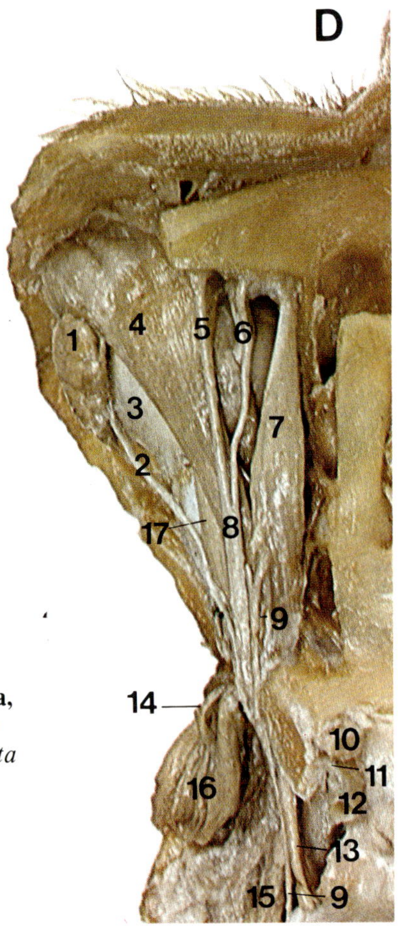

1 Glandula lacrimalis
2 N. lacrimalis
3 Bulbus oculi
4 M. levator palpebrae superioris
5 N. supraorbitalis
6 N. supratrochlearis
7 M. obliquus bulbi superior
8 N. frontalis
9 N. trochlearis
10 N. opticus (N. II)
11 A. ophthalmica
12 A. carotis interna
13 N. oculomotorius (N. III)
14 N. abducens (N. VI)
15 Ganglion trigeminale
16 M. rectus bulbi lateralis (nach rückwärts geklappt)
17 M. rectus bulbi superior
18 N. ophthalmicus (N. V_1)
19 Ganglion ciliare
20 Nn. ciliares breves (oberhalb der Markierung)
21 Okulomotoriusast für den M. rectus bulbi medialis
22 M. rectus bulbi inferior
23 Okulomotoriusast für den M. obliquus bulbi inferior
24 M. obliquus bulbi inferior
25 M. rectus bulbi lateralis

E

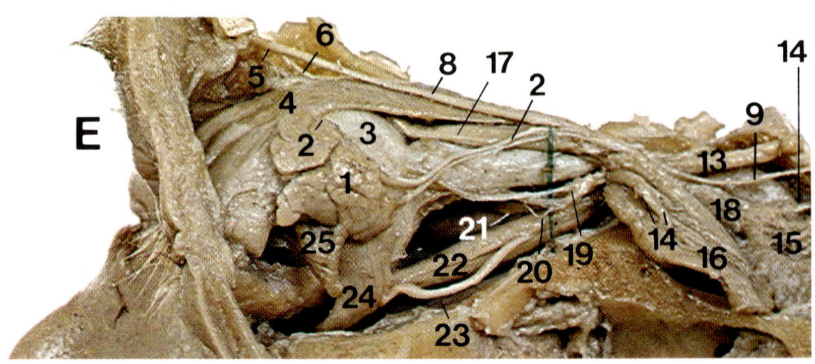

D und E Nerven der linken Orbita, D von oben, E von lateral gesehen
(Dach und laterale Wand der Orbita wurden entfernt; der Sinus cavernosus wurde eröffnet und der M. rectus bulbi lateralis in der Nähe des Auges abgetrennt)

● Das Präparat der Abb. E zeigt einen doppelten N. lacrimalis.

A Orbita, von kranial eröffnet
(Teilweise wurden Muskeln und zugehörige Leitungsbahnen entfernt)

1 Glandula lacrimalis
2 M. levator palpebrae superioris
3 M. rectus bulbi superior
4 A. supraorbitalis
5 N. supraorbitalis
6 N. supratrochlearis
7 Bulbus oculi
8 M. rectus medialis
9 N. nasociliaris
10 M. obliquus bulbi superior
11 A. ophthalmica
12 N. trochlearis (N. IV)
13 N. frontalis
14 N. lacrimalis
15 M. rectus bulbi lateralis
16 N. opticus (N. II) (in der linken Orbita sind am Sehnerven auch die Nn. ciliares post. breves zu erkennen)
17 A. carotis interna
18 A. cerebri media
19 A. cerebri anterior
20 Chiasma opticum
21 A. communicans anterior
22 Lamina cribrosa ossis ethmoidalis
23 A. lacrimalis
24 A. ciliaris posterior longa
25 N. infratrochlearis und A. ophthalmica
26 A. und N. ethmoidalis anterior

● Ein wichtiger Ast der A. ophthalmica, nämlich die A. centralis retinae, liegt versteckt unter dem Sehnerven. Sie verläuft zunächst in der Durascheide des Sehnerven und durchbohrt ihn dann unten-innen etwa 1,25 cm hinter dem Bulbus, um schließlich im Inneren des Sehnerven nach vorne bis zur Papille und zur Retina zu verlaufen. Die retinalen Äste lassen sich ophthalmoskopisch am Lebenden beobachten.

● In diesem Präparat fehlt rechts die A. supraorbitalis, links ist sie ungewöhnlich klein.

B Rechte Orbita, von vorne gesehen
(Das Auge wurde entfernt, die äußeren Augenmuskeln und der N. opticus sind erhalten)

1 N. supraorbitalis
2 N. supratrochlearis
3 Trochlea
4 Sehne des M. obliquus bulbi superior
5 M. obliquus bulbi superior
6 N. ethmoidalis anterior
7 N. infratrochlearis
8 M. rectus medialis
9 Ansatz des Lig. palpebrale mediale
10 M. obliquus bulbi inferior
11 M. rectus bulbi inferior
12 N. opticus (N. II)
13 M. rectus bulbi lateralis
14 Teil des Septum orbitale
15 Glandula lacrimalis
16 M. rectus bulbi superior
17 M. levator palpebrae superioris

● Die zwei Mm. obliqui (M. obliquus superior und inferior) ziehen jeweils unterhalb der entsprechenden Mm. recti hindurch.

● Das Lig. palpebrale laterale, das mit den Tarsalplatten beider Augenlider in Verbindung steht, befestigt sich an einem kleinen Knochenvorsprung des Os zygomaticum unmittelbar vor dem Septum orbitale, das in diesem Präparat teilweise noch erhalten ist. Das Lig. palpebrale mediale heftet sich dagegen an der Crista lacrimalis anterior des Processus frontalis maxillae an und liegt deshalb vor dem Saccus lacrimalis.

● Das Septum orbitale kann als die Fortsetzung des Orbita-Periostes (Periorbita) in den Bereich der Augenlider angesehen werden.

C Tränenwege, rechte Seite
(Die Puncta lacrimalia der Tränenkanälchen sind durch Sonden markiert)

1 Canaliculus lacrimalis (oberes Tränenkanälchen)
2 A. dorsalis nasi
3 Lig. palpebrale mediale (oberhalb des Saccus lacrimalis)
4 Ductus nasolacrimalis
5 N. infraorbitalis
6 Canaliculus lacrimalis (unteres Tränenkanälchen)

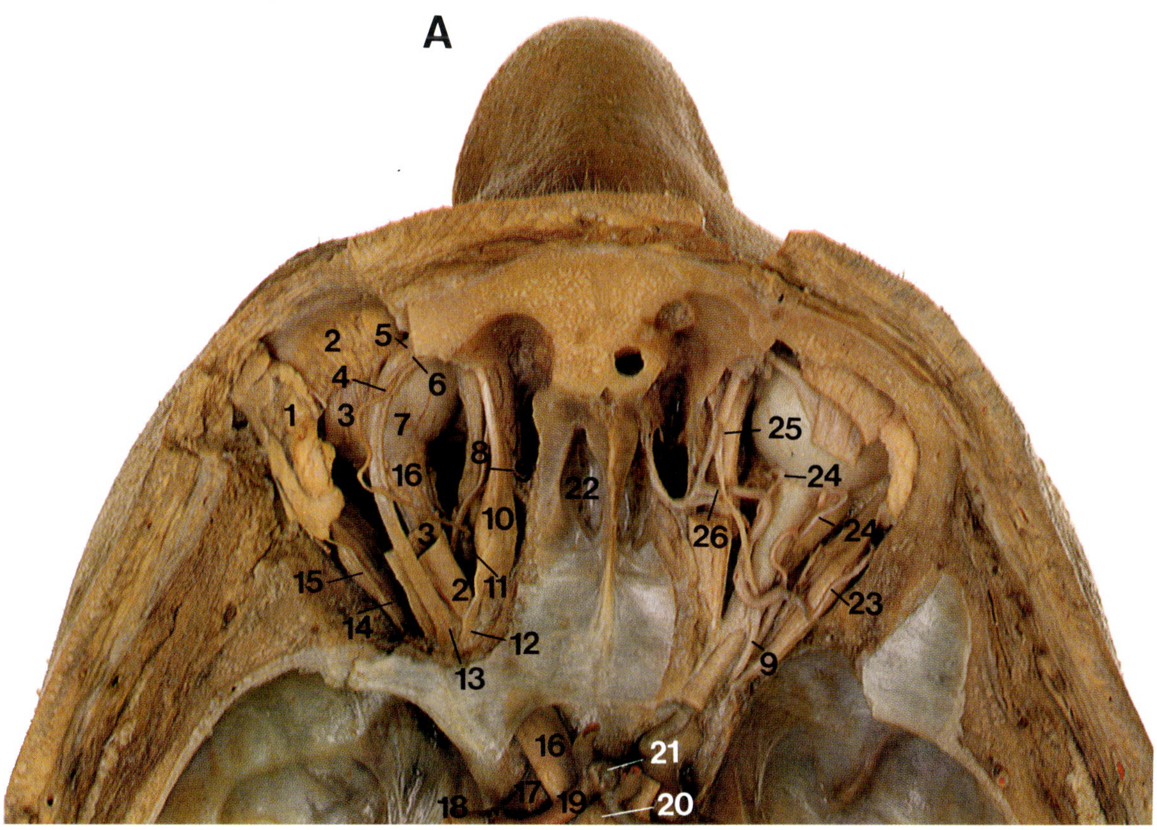

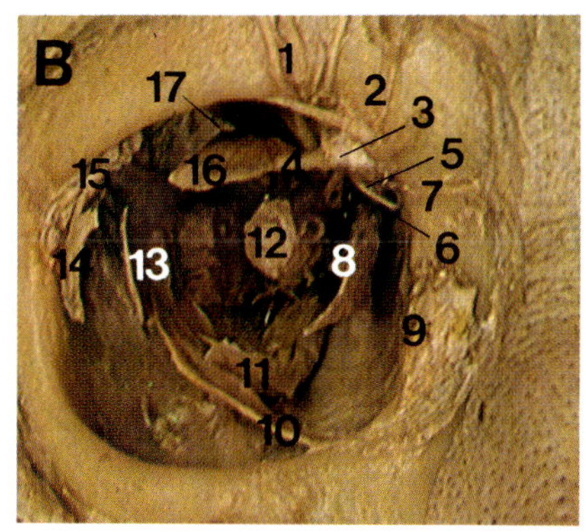

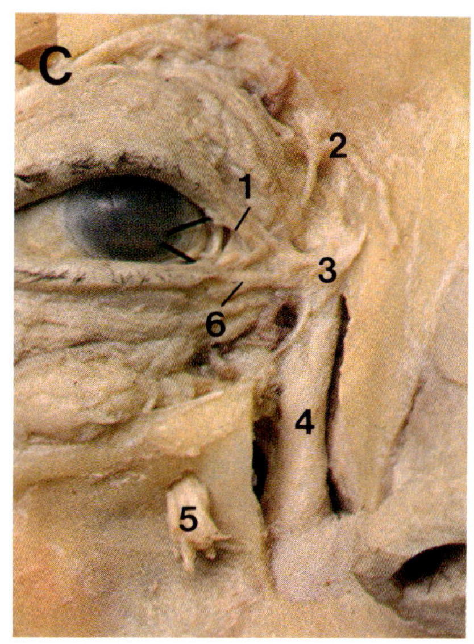

A

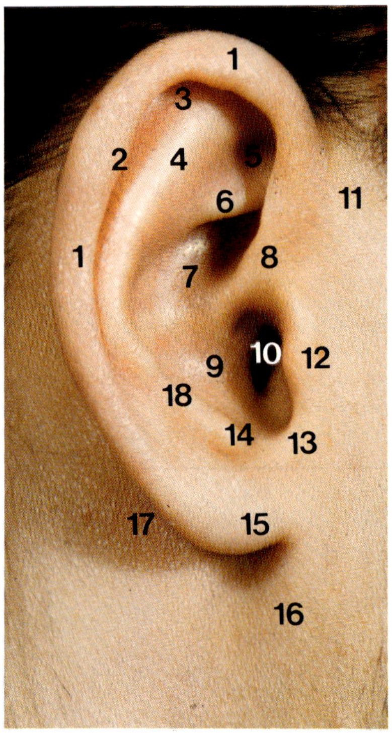

B

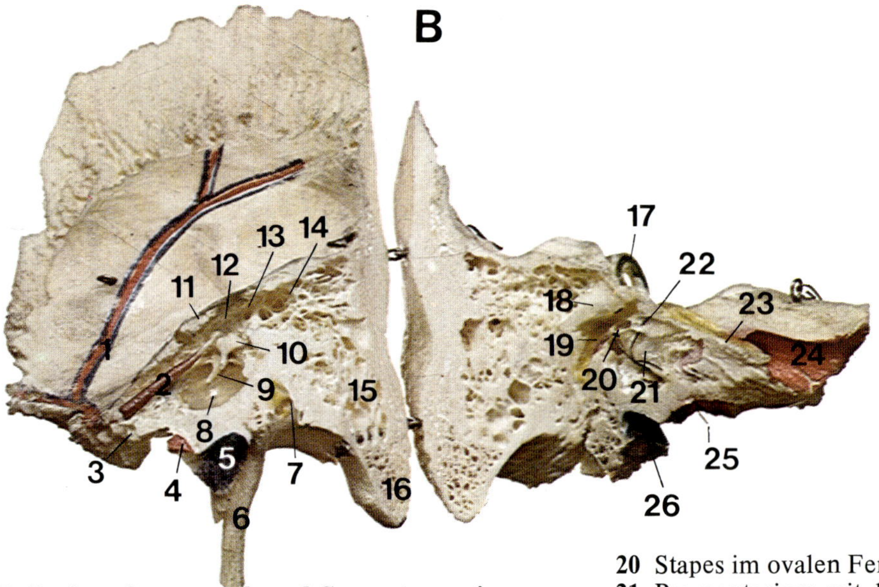

A Rechtes äußeres Ohr

1 Helix
2 Tuberculum auriculae (Darwin)
3 Fossa scaphoidea (Scapha)
4 Crus superius anthelicis
5 Fossa triangularis
6 Crus inferius anthelicis
7 Oberer Teil der Concha (Cymba conchae)
8 Crus helicis
9 Unterer Teil der Concha (Cavum conchae)
10 Meatus acusticus externus
11 Vasa temporalia superficialia und N. auriculotemporalis
12 Tragus
13 Incisura intertragica
14 Antitragus
15 Lobulus auriculae
16 Processus transversus atlantis
17 Processus mastoideus
18 Anthelix

● Das äußere Ohr besteht aus der Auricula (Pinna) und dem Meatus acusticus externus.

● Die Concha ist der tiefste Teil des äußeren Ohres. Der untere Abschnitt der Concha führt in den Meatus acusticus externus. Die Spina supra meatum und das Antrum mastoideum liegen hinter dem oberen Abschnitt der Concha.

B Rechtes Os temporale und Cavum tympani
(Der Knochen wurde durchschnitten und der obere Teil der Pars petrosa ossis temporalis entfernt. Durch den Schnitt wurde das Mittelohr (Cavum tympani) eröffnet. Auf der linken Seite des Bildes sieht man die laterale Wand des Mittelohres mit der Membrana tympani, während rechts die wichtigsten, anatomischen Details der medialen Wand der Paukenhöhle zu erkennen sind.)

1 Sulcus für die Vasa meningea media
2 M. tensor tympani innerhalb des Semicanalis m. tensoris tympani
3 Pars ossea tubae auditivae
4 Eingang zum Canalis caroticus (rot)
5 Bulbus venae jugularis superior (blau)
6 Processus styloideus
7 Foramen stylomastoideum
8 Membrana tympani
9 Malleus
10 Incus
11 Tegmen tympani
12 Recessus epitympanicus
13 Aditus ad antrum mastoideum
14 Antrum mastoideum
15 Cellulae mastoideae
16 Processus mastoideus
17 Canalis semicircularis anterior
18 Canalis semicircularis lateralis
19 Canalis facialis (gelb)
20 Stapes im ovalen Fenster und M. stapedius
21 Promontorium mit dem Plexus tympanicus
22 N. petrosus minor
23 Sulcus für den N. petrosus major (gelb)
24 Canalis caroticus (rot)
25 N. tympanicus n. glossopharyngei im Canaliculus tympanicus
26 Bulbus venae jugularis superior (blau)

● Das Mitttelohr (Cavum tympani) ist ein unregelmäßiger, schmaler Raum innerhalb der Pars petrosa ossis temporalis, der die Gehörknöchelchen beherbergt und vom Nasopharynx über die Tube auditiva pneumatisiert wird.

● Die Recessus epitympanicus ist derjenige Teil des Cavum tympani, der oberhalb des Trommelfells liegt und das Caput mallei sowie das Corpus incudis enthält. Er führt rückwärts über den Aditus ad antrum in das Antrum mastoideum, eine vergrößerte Warzenfortsatzzelle.

● An der medialen Wand des Mittelohres findet man (von unten nach oben) das Promontorium (eine Vorwölbung der Basalwindung der Schnecke), den Canalis facialis, die Prominentia canalis semicircularis lateralis sowie unterhalb und hinter dem Promontorium (etwas versteckt) das runde Fenster (Fenestra cochleae), das durch die Membrana tympani secundaria verschlossen ist, und oberhalb und etwas weiter hinten das ovale Fenster (Fenestra vestibuli), in dem die Fußplatte des Stapes untergebracht ist.

● Das Dach des Mittelohres wird als Tegmen tympani bezeichnet. Der Bulbus venae jugularis superior liegt am Boden und der Canalis caroticus in der vorderen Wand der Paukenhöhle.

C Aufgehelltes Ausgußpräparat der Cellulae mastoideae, rechtes Os temporale

● Dieses Präparat wird von einem im äußeren Gehörgang liegenden Stab gestützt. Der Processus styloideus projiziert sich nach unten unmittelbar unter den Meatus acusticus externus, während der Processus mastoideus kurz dahinter liegt.

C

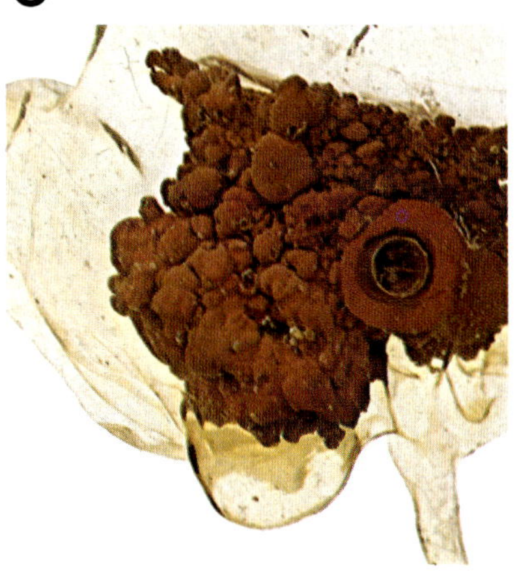

D

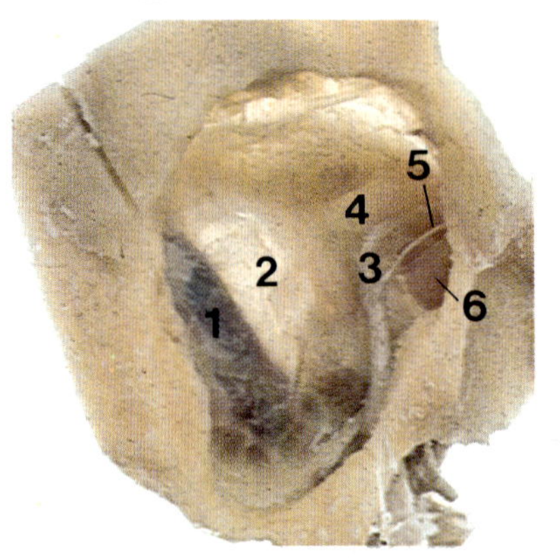

D Rechtes Schläfenbein nach Entfernung der Cellulae mastoideae, von rechts gesehen
(Der Fazialiskanal wurde von oben eröffnet)

1 Sinus sigmoideus
2 Dura mater der Fossa cranii posterior
3 N. facialis (N. VII)
4 Canalis semicircularis lateralis
5 Chorda tympani
6 Membrana tympani (oberer Teil entfernt)

● Die Cellulae mastoideae besitzen medial hinten eine topographische Nachbarschaft zum Sinus sigmoideus und zur Fossa cranii posterior. Oben befindet sich die Fossa cranii media mit dem Temporallappen des Großhirns. Antrum mastoideum und Cellulae mastoideae sind chirurgisch zugänglich, indem der Schläfenbeinknochen hinter der Spina supra meatum aufgemeißelt wird.

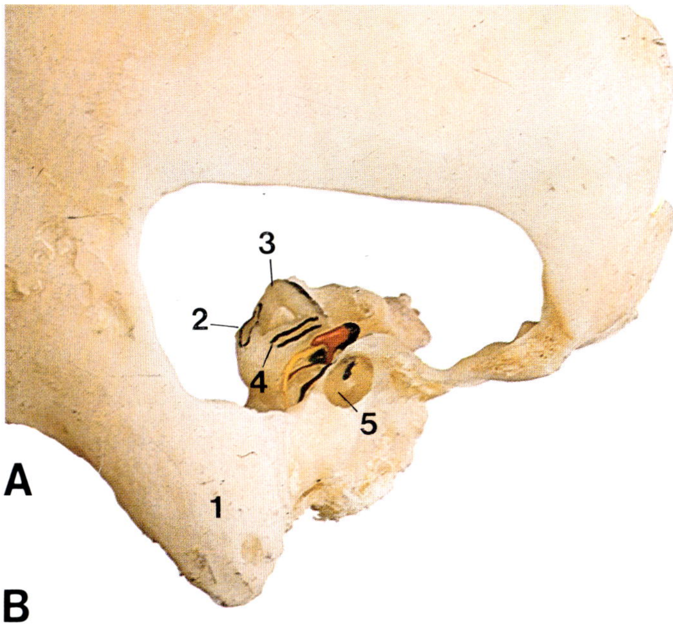

A

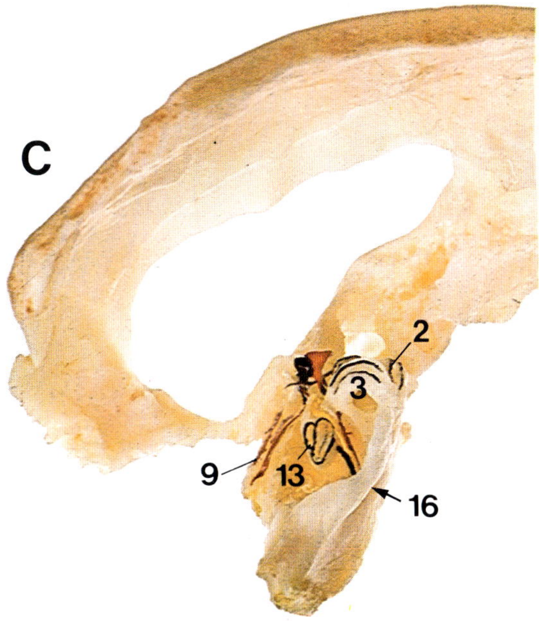

B

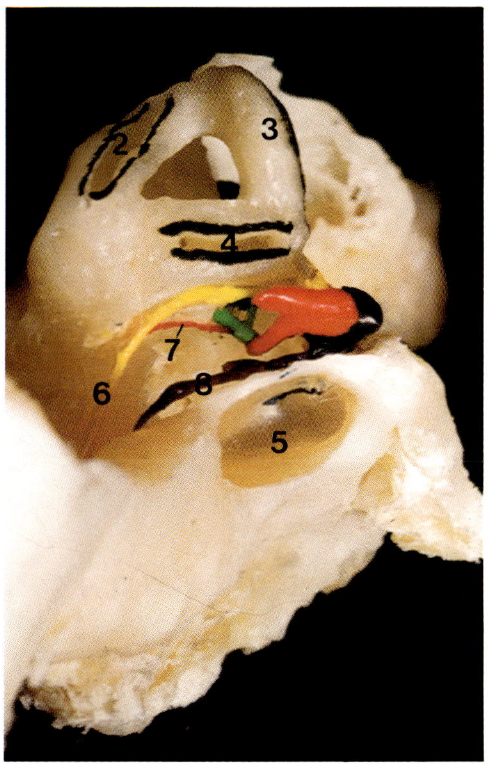

D

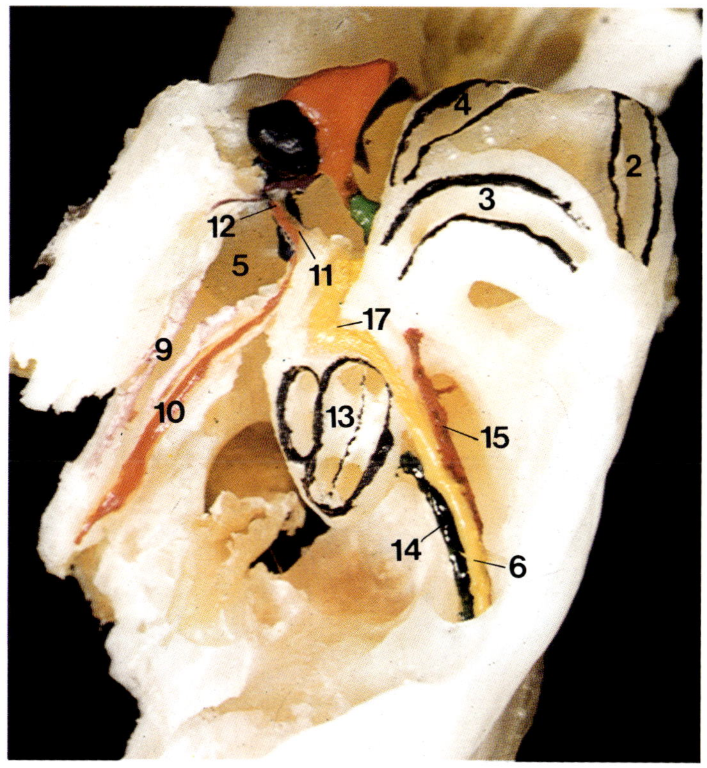

A Rechtes Schläfenbein, aufgeschnitten, um Einzelheiten des inneren, mittleren und äußeren Ohres zu zeigen. A von lateral (natürliche Größe), B von rechts, oben und hinten (4fach vergr.), C und D von vorne-oben (C: natürliche Größe, D: 4fach vergr.)
(Malleus: dunkelblau; Incus: rot; Stapes: grün; Ränder der aufgemeißelten Bogengänge und der Schnecke: schwarz)

1 Processus mastoideus
2 Canalis semicircularis posterior
3 Canalis semicircularis anterior
4 Canalis semicircularis lateralis
5 Membrana tympani (dunkelblau: Manubrium mallei)
6 N. facialis (gelb)
7 M. stapedius
8 Chorda tympani (violett)
9 Ränder der Tuba auditiva (rosa)
10 M. tensor tympani
11 Processus cochleariformis
12 Sehne des M. tensor tympani
13 Cochlea
14 Pars cochlearis } n. vestibulocochlearis (N. VIII)
15 Pars vestibularis }
16 Meatus acusticus internus
17 Ganglion geniculi

● Um die Orientierung in den Abbildungen A und C zu erleichtern, wurden die Randgebiete des Schläfenbeins stehen gelassen. Man beachte besonders die tiefe Lage des Mittelohrs im Verhältnis zur Lage des Warzenfortsatzes.
● Das Manubrium mallei ist an der Membrana tympani fixiert.
● Die Chorda tympani verläuft oberhalb des Trommelfells zwischen dessen kollagener Faserschicht und der Schleimhaut hindurch am Manubrium mallei vorbei.
● Der N. facialis verläuft in einem knöchernen Kanal vom Ganglion geniculi schräg nach rückwärts oberhalb des Promontoriums und dann weiter an der medialen Wand des Aditus ad antrum bis zum Foramen stylomastoideum.

A

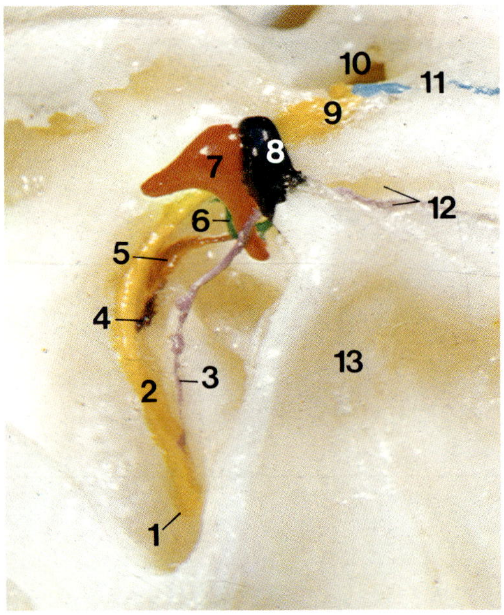

B

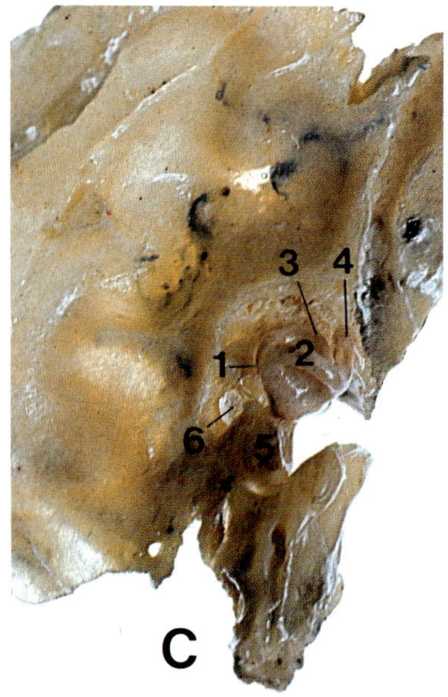

C

C Rechtes Os temporale
(Von oben präpariert, um das Innenohr zu zeigen)
1 Vestibulum mit dem im ovalen Fenster fixierten Stapes
2 Canalis semicircularis anterior
3 Canalis semicircularis lateralis
4 Canalis semicircularis posterior
5 Cochlea
6 Membrana tympani

● Das Innenohr besteht aus dem knöchernen und dem häutigen Labyrinth. Das knöcherne Labyrinth besteht aus dem Vestibulum, den drei Bogengängen und der Schnecke.
● Das häutige Labyrinth liegt innerhalb des knöchernen Labyrinths und umfaßt den Ventriculus und Sacculus, im Bereich des Vestibulum gelegen, die 3 Ductus semicirculares, jeweils in den entsprechenden Canales semicirculares gelegen, und den Ductus cochlearis, innerhalb der Cochlea lokalisiert.
● Das häutige Labyrinth enthält Endolymphe und wird vom knöchernen Labyrinth durch die Perilymphe getrennt. Diese beiden Flüssigkeiten kommunizieren nirgends miteinander, jedoch anastomosiert die Perilymphe wahrscheinlich mit dem Subarachnoidalraum vermittels des Canaliculus cochleae (vgl. S. 28).

A und B Rechtes Os temporale (Cavum tympani), A Natürliche Größe, B Nachvergrößerung (4fach)
(Das Mittelohr wurde von lateral eröffnet, um den N. facialis und dessen Äste zu zeigen)
1 Canalis facialis bis zum Foramen stylomastoideum
2 N. facialis (N. VII)
3 Chorda tympani
4 N. stapedius
5 M. stapedius
6 Stapes
7 Incus
8 Malleus
9 Ganglion geniculi
10 Meatus acusticus internus
11 N. petrosus major
12 Rand der Tuba auditiva
13 Paraffin zur Abstützung (überdeckt die Membrana tympani)

● Die obere Wand des Canalis facialis wurde eröffnet. Chorda tympani und N. stapedius zweigen innerhalb des Fazialiskanals vom N. facialis bzw. N. intermedius ab. Der N. petrosus major geht vom Ganglion geniculi aus.
● Die Sehne des M. stapedius tritt aus einem kleinen, konisch gestalteten Knochenvorsprung an der Hinterwand der Paukenhöhle heraus, der sog. Eminentia pyramidalis, die hier wegpräpariert worden ist.

D

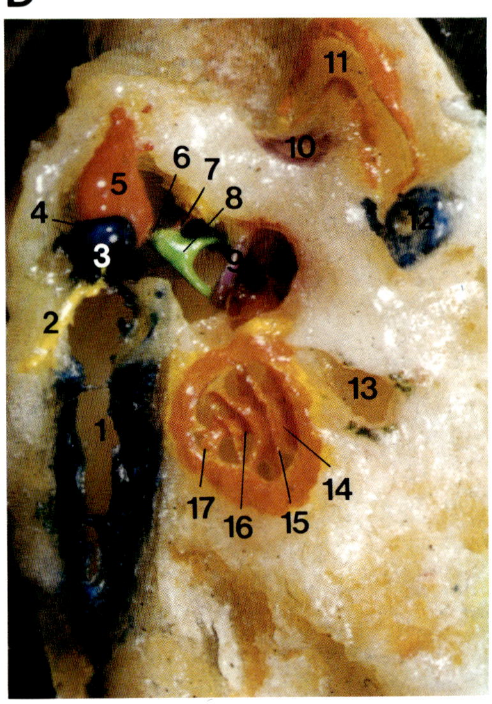

D Rechtes Os temporale
(Von oben präpariert, 4fach vergr.)
1 Tuba auditiva
2 Chorda tympani
3 Malleus
4 Articulatio incudomalleolaris
5 Incus
6 Articulatio incudostapedia
7 M. stapedius
8 Stapes
9 Fußplatte des Stapes im ovalen Fenster
10 Canalis semicircularis lateralis
11 Canalis semicircularis posterior
12 Canalis semicircularis anterior
13 Meatus acusticus internus
14 Knöcherner Kanal } cochleae
15 Lamina spiralis ossea } cochleae
16 Modiolus } cochleae
17 Cupula } cochleae

● Das Organon spirale (Cortisches Organ) liegt auf der Basilarmembran, die sich zwischen dem freien Ende der Lamina spiralis ossea und dem Knochen ausspannt.
● Der Modiolus stellt die Achse der Schnecke, die Cupula ihre Spitze dar.

E Korrosionspräparat der Hirngefäße, linke Seitenansicht
● Die großen Gefäße, die an der lateralen Seite der Großhirnhemisphären zu erkennen sind, stellen Äste der A. cerebri media dar.

F Injektionspräparat der Hirnvenen und Sinus durae matris, schräg von hinten-oben gesehen
(Die linke Hälfte des Schädeldaches wurde entfernt)
1 Foramen caecum, Verbindungen mit den Venen der Nasenhöhle
2 Sinus sagittalis superior
3 V. cerebri superior
4 V. meningea media
5 Sinus sagittalis inferior
6 V. cerebri interna
7 V. cerebri magna (Galeni)
8 Sinus rectus
9 Sinus transversus
10 V. cerebri inferior
11 Sinus petrosus inferior (rechts)
12 Sinus petrosus superior (links)
13 V. petrosquamosa
14 Plexus basilaris
15 Sinus cavernosus
16 Sinus sphenoparietalis
17 A. carotis interna
18 A. cerebri media
19 A. cerebri anterior

● Der Sinus sagittalis superior verläuft in der Regel in Höhe der Protuberantia occipitalis interna nach rechts, wo er dann in den Sinus transversus übergeht.
● Der Sinus sagittalis inferior verläuft nach rückwärts im freien, unteren Rand der Falx cerebri, um sich hinten mit dem Sinus rectus zu vereinigen. Dieser ist am Übergang zwischen der Falx cerebri und dem Tentorium cerebelli gelegen. Er wendet sich meist nach links und geht in den Sinus transversus über. Beide Sinus transversi anastomosieren jedoch immer im Confluens sinuum miteinander.

E

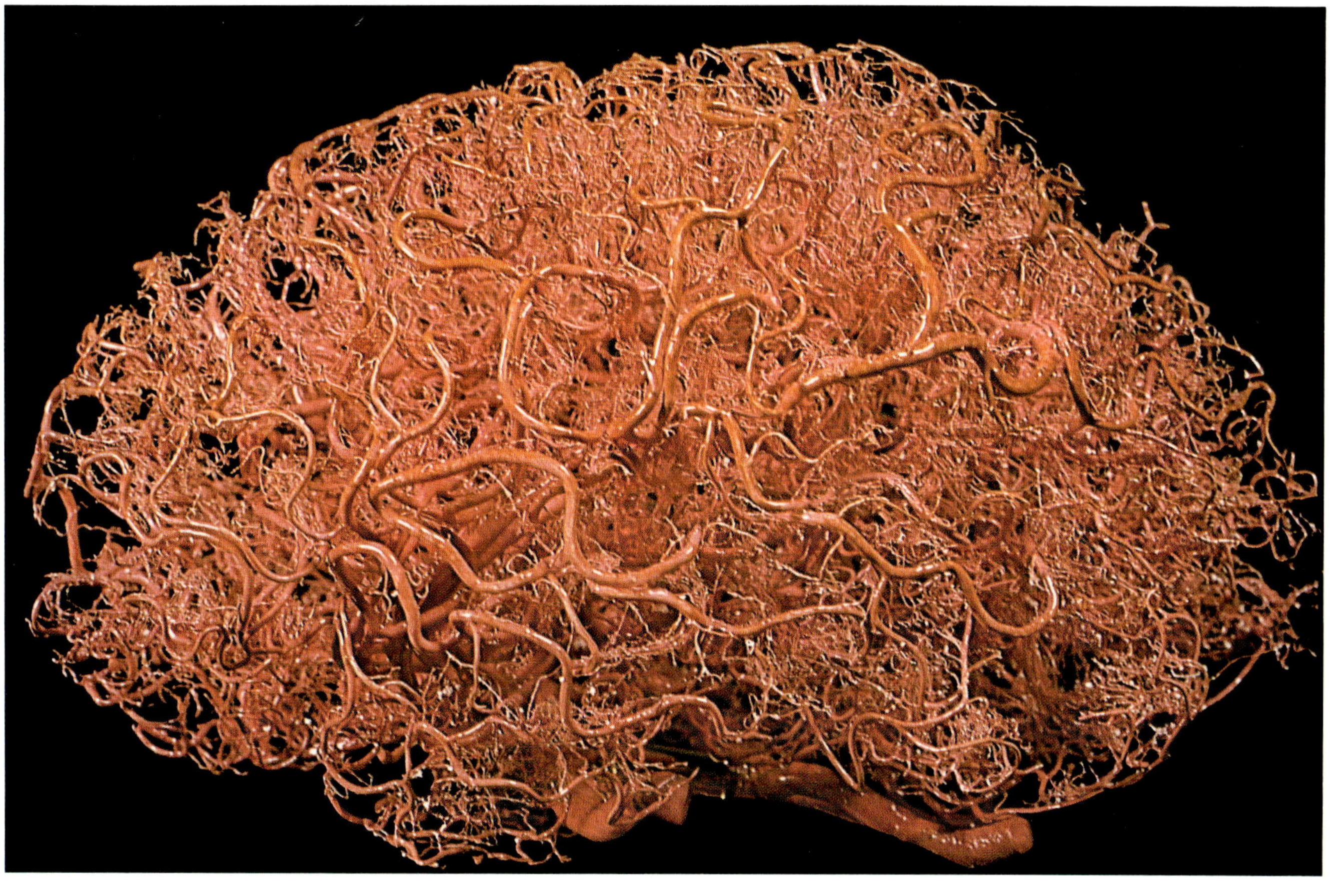

F

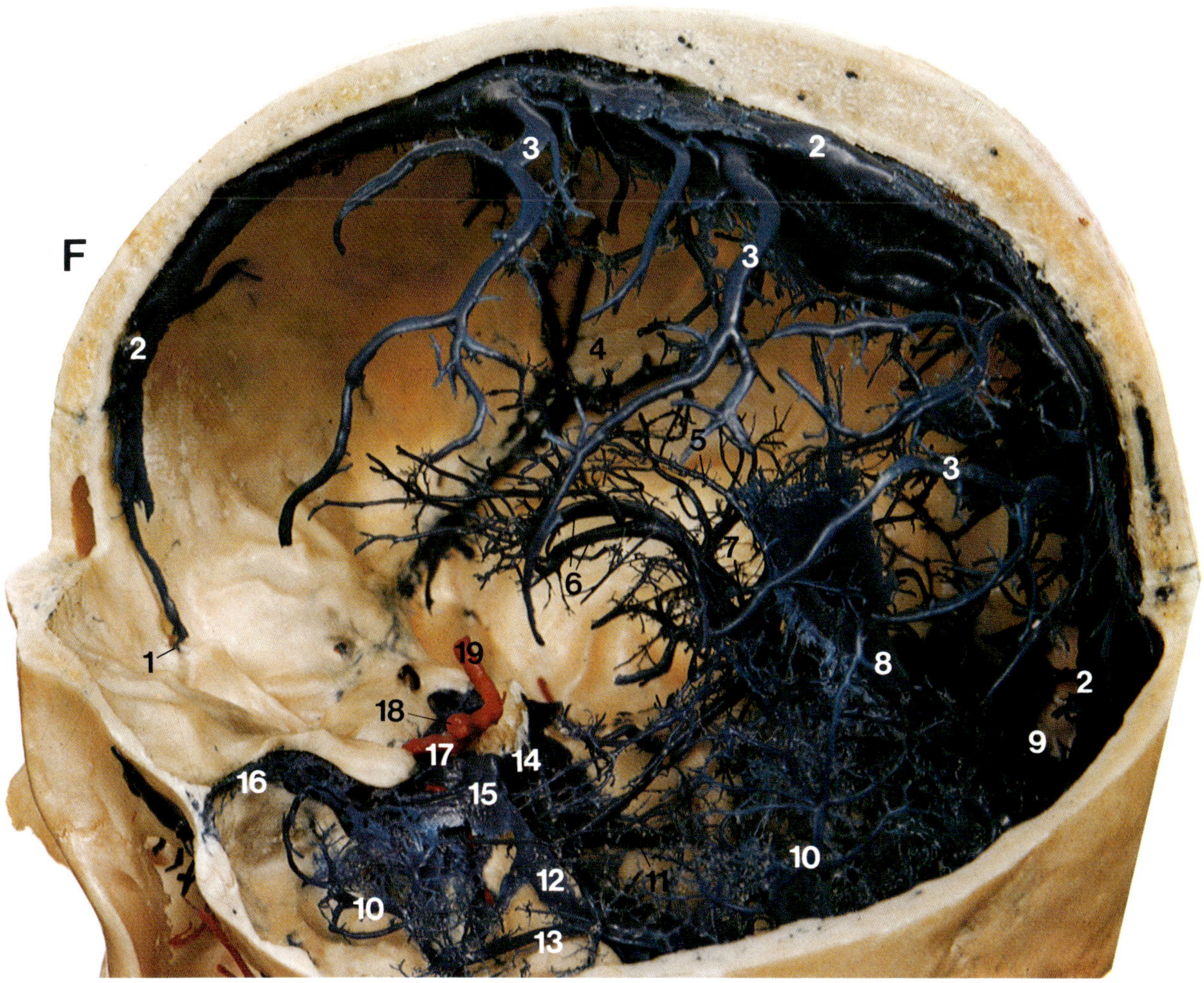

A Großhirn mit Arachnoidea und Pia mater, von oben gesehen
(Links wurde ein Fenster in die Hirnhäute geschnitten)
1 Fissura longitudinalis cerebri
2 Polus frontalis
3 Facies superolateralis
4 Polus occipitalis
5 Granulationes arachnoideales

● Wenn man das Gehirn aus der Schädelhöhle herausnimmt, bleibt der Überzug der weichen Hirnhaut (Pia und Arachnoidea), der jedoch meist im Bereich der Gyri kollabiert, in der Regel erhalten. In vivo bleibt die Arachnoidea durch den Druck der Zerebrospinalflüssigkeit, die im Subarachnoidalraum zirkuliert, gespannt.
● Die größeren Aa. und Vv. cerebri, die man an der Oberfläche des Gehirns liegen sieht, verlaufen meist im Subarachnoidalraum oder in der Pia mater.

B Rechte Großhirnhemisphäre, von oben gesehen
(Arachnoidea und Pia mater wurden entfernt, um die Gyri und Sulci der Hirnoberfläche darzustellen)
1 Gyrus frontalis superior
2 Sulcus praecentralis
3 Gyrus centralis
4 Sulcus centralis
5 Gyrus postcentralis
6 Sulcus postcentralis
7 Sulcus parietooccipitalis

C Gehirn mit Hirnhäuten, rechte Seitenansicht
1 Polus occipitalis des Großhirns
2 Obere, laterale Fläche der rechten Hemisphäre
3 Venae cerebri superiores
4 Polus frontalis ⎤ des Großhirns
5 Polus temporalis ⎦
6 V. cerebri media superficialis (im Sulcus lateralis)
7 V. cerebri inferior
8 Pons und A. basilaris
9 Medulla oblongata und A. vertebralis
10 Rechte Kleinhirnhemisphäre (Cerebellum)

A

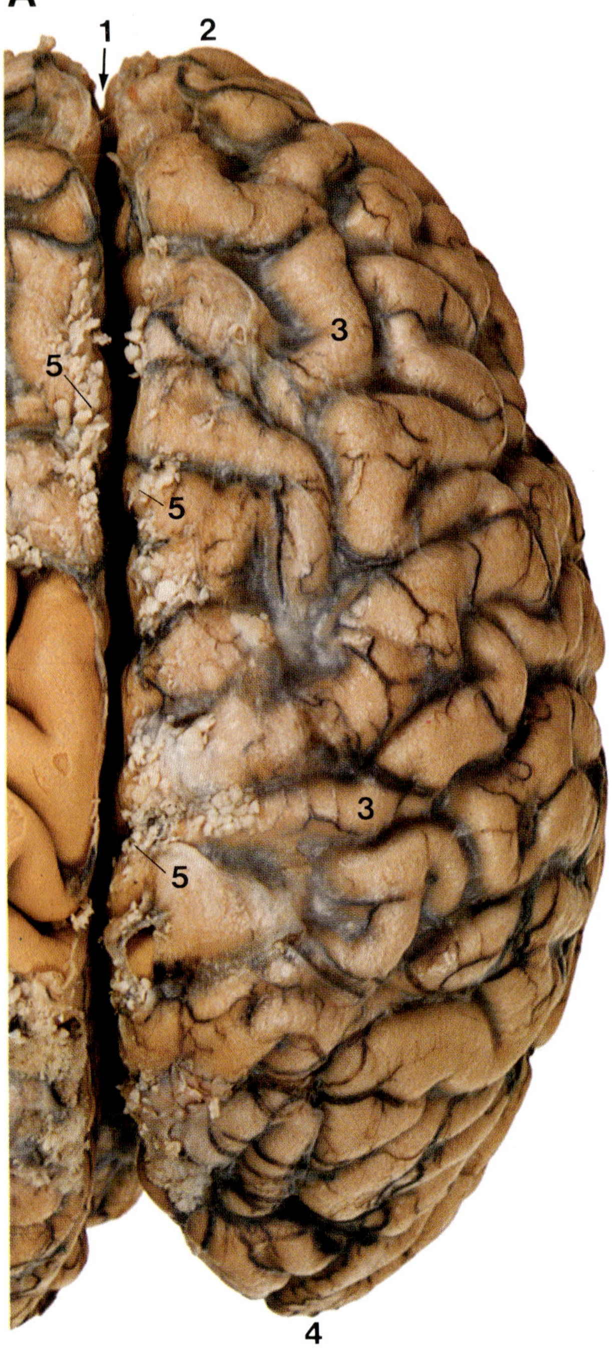

B

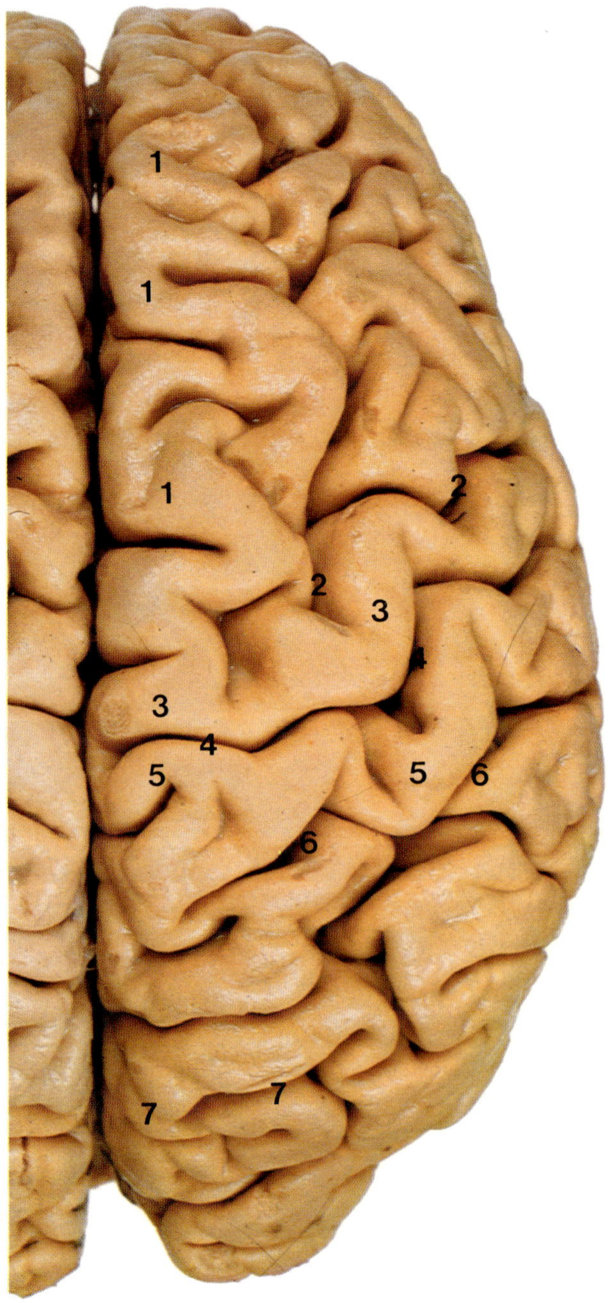

D Rechte Großhirnhemisphäre (Gyri und Sulci), Seitenansicht
1 Sulcus lunatus
2 Sulcus parietooccipitalis
3 Incisura praeoccipitalis (Grenze zwischen Lobus occipitalis u. Lobus temporalis)
4 Gyrus temporalis inferior
5 Gyrus temporalis medius
6 Gyrus temporalis superior
7 Sulcus temporalis inferior
8 Sulcus temporalis superior
9 Gyrus supramarginalis
10 Ramus posterior des Sulcus lateralis
11 Sulcus postcentralis
12 Gyrus postcentralis
13 Sulcus centralis
14 Gyrus praecentralis
15 Sulcus praecentralis
16 Gyrus frontalis superior
17 Gyrus frontalis medius
18 Gyrus frontalis inferior
19 Ramus ascendens des Sulcus lateralis
20 Ramus anterior des Sulcus lateralis
21 Pars triangularis gyri frontalis inferioris

● Das zentrale Nervensystem (ZNS) besteht aus den beiden Großhirnhemisphären, dem Mittelhirn und dem Rautenhirn, das die Medulla oblongata, die Brücke und das Kleinhirn umfaßt.
● Mittelhirn, Pons und Medulla oblongata bilden zusammen mit den Stammganglien des Vorderhirns den Hirnstamm.

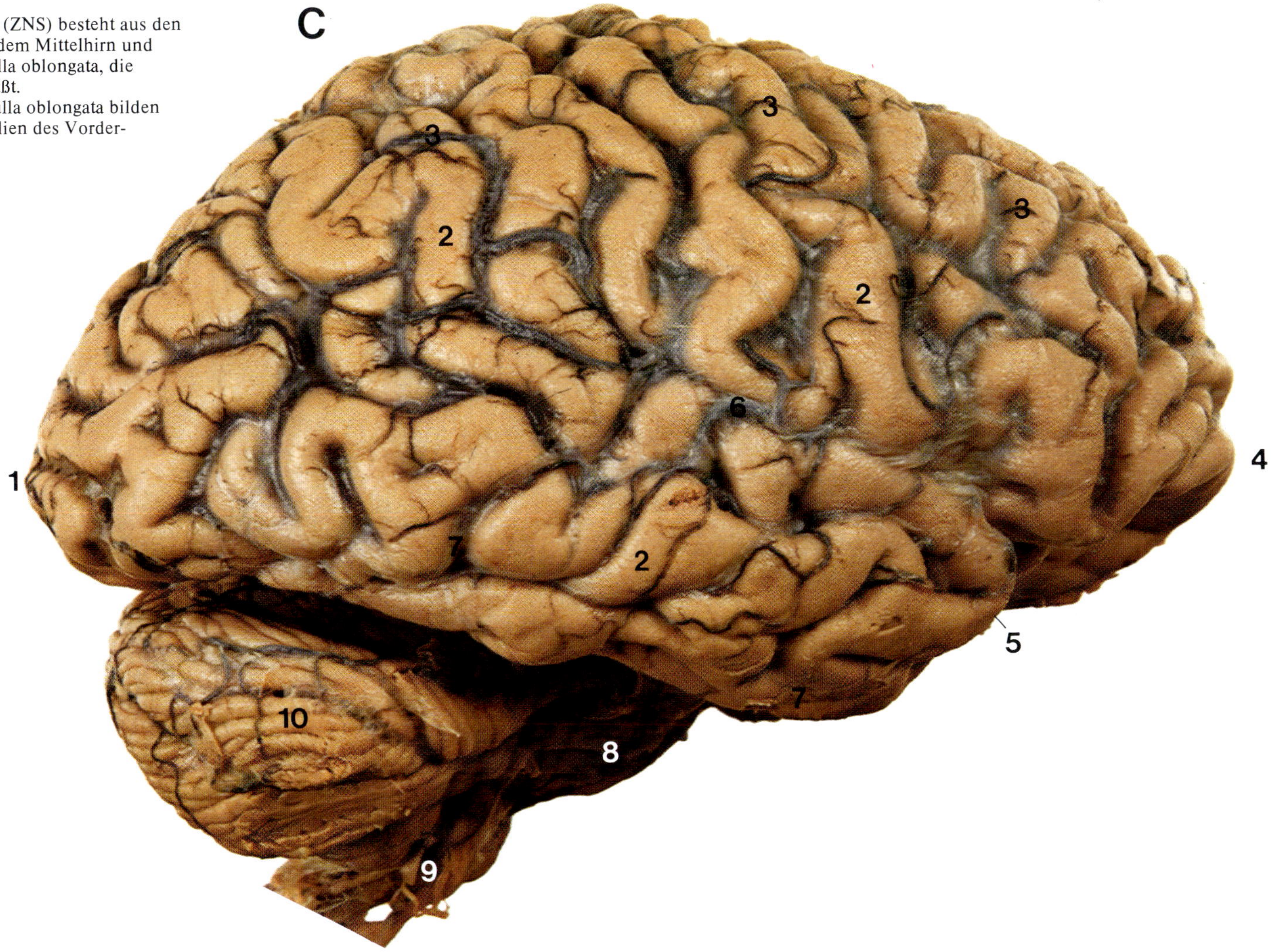

● Der Sulcus centralis stellt die Grenze zwischen dem Lobus frontalis und Lobus parietalis dar.
● Eine gedachte Linie von der Incisura praeoccipitalis bis zum Sulcus parietooccipitalis bildet die Grenze zwischen dem Lobus parietalis und Lobus occipitalis. Derjenige Abschnitt der Hemisphäre, der vor dieser Linie sowie unterhalb des Sulcus lateralis (genau genommen, des Ramus posterior des Sulcus lateralis) liegt, bildet den Lobus temporalis.
● Der Gyrus praecentralis umfaßt die motorischen, der Gyrus postcentralis die sensorischen Regionen der Hirnrinde.
● Das motorische Sprachzentrum (Broca) liegt zwischen dem Ramus ascendens und dem Ramus anterior des Sulcus lateralis in der Pars triangularis des Stirnlappens.
● Das primäre Hörzentrum ist innen an der der Insel zugekehrten Fläche des Lobus temporalis, und zwar in den Gyri temporales transversi, lokalisiert.

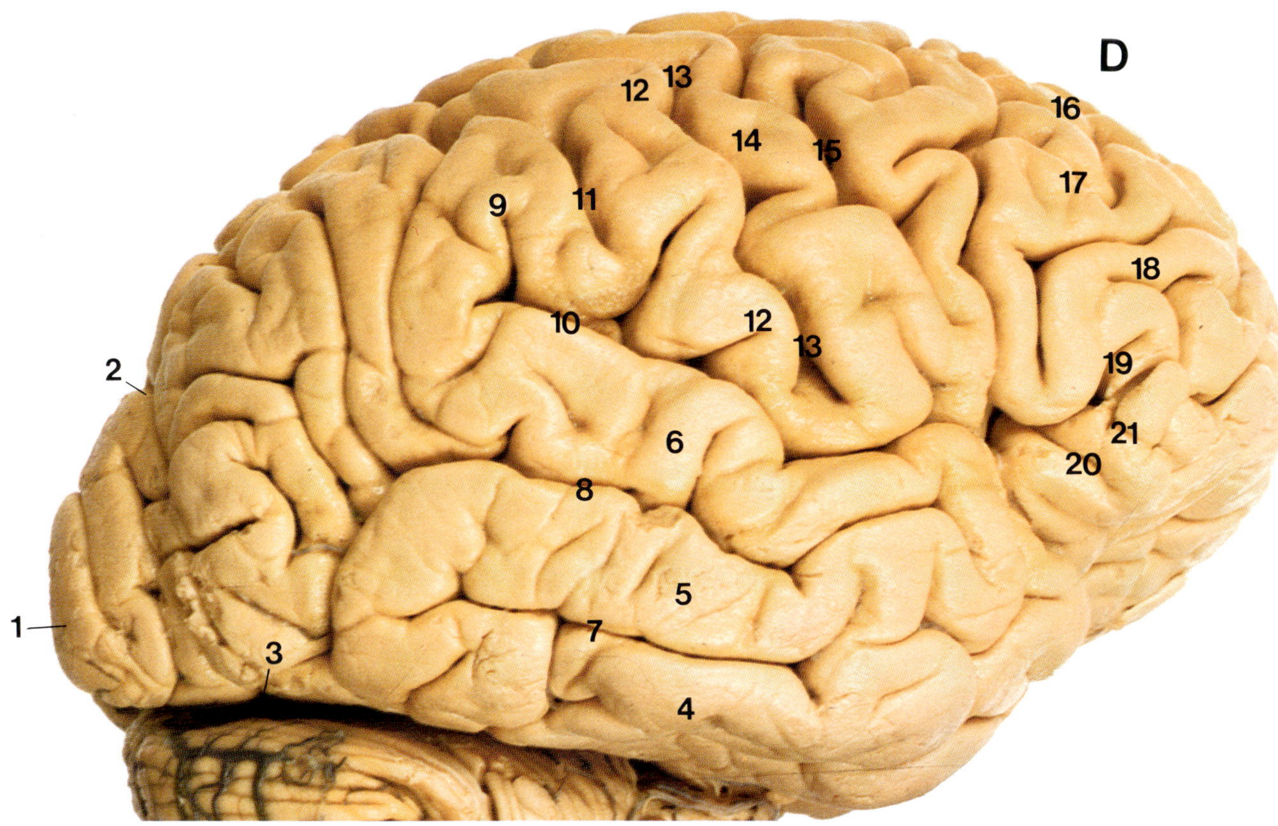

A Gehirn, von unten gesehen
(Die Arachnoidea ist größtenteils noch intakt und erscheint etwa so wie am frisch entnommenen Gehirn)

1 Facies inferior lobi frontalis
2 Polus frontalis
3 Fissura longitudinalis cerebri
4 Gyrus rectus
5 Bulbus olfactorius
6 Tractus olfactorius
7 Substantia perforata anterior
8 N. opticus (N. II)
9 Chiasma opticum
10 Infundibulum und Hypophysenstiel
11 A. carotis interna
12 A. communicans posterior
13 N. oculomotorius (N. III)
14 Crus cerebri
15 A. basilaris
16 Pons
17 N. trigeminus (N. V)
18 N. abducens (N. VI)
19 N. facialis (N. VII)
20 N. vestibulocochlearis (N. VIII)
21 A. vertebralis
22 Medulla oblongata
23 N. accessorius (N. XI)
24 Kleinhirnhemisphäre
25 Facies inferior lobi temporalis
26 Uncus hippocampi
27 Arachnoidea im Bereich der Corpora mamillaria
28 Polus temporalis

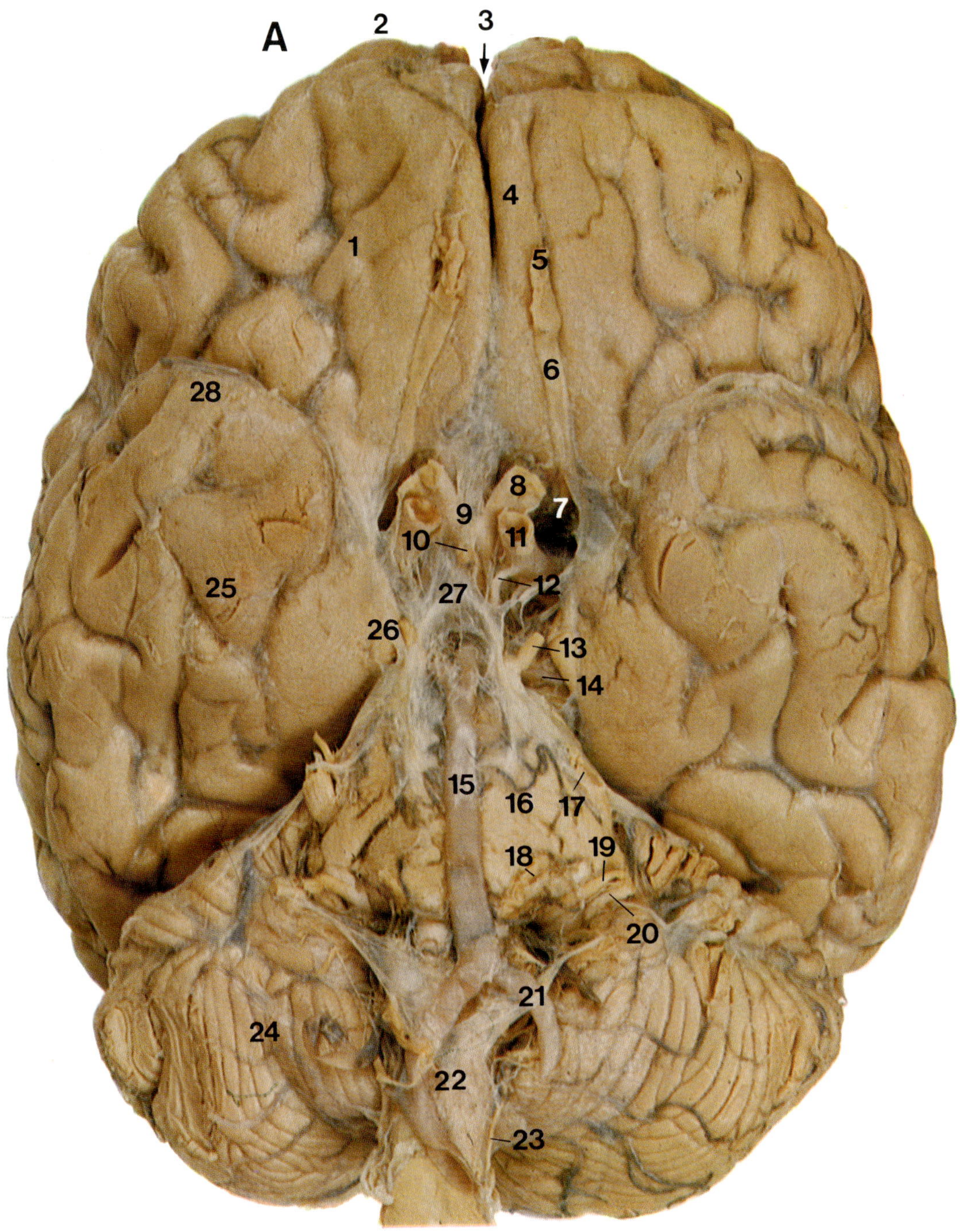

B Hirnstamm, Tractus opticus und Corpora geniculata, von unten gesehen
(Mittelhirn quer durchtrennt)

1 Tractus olfactorius
2 Substantia perforata anterior
3 N. opticus (N. II)
4 Chiasma opticum
5 Infundibulum (Hypophysenstiel)
6 Tuber cinereum
7 Corpus mamillare
8 Substantia perforata posterior
9 Tractus opticus
10 Crus cerebri
11 Substantia nigra
12 Tegmentum
13 Lamina tecti
14 Aquaeductus cerebri (Sylvii)

(10–14: des Mittelhirns)

15 Corpus geniculatum laterale
16 Corpus geniculatum mediale
17 Pulvinar thalami
18 Splenium corporis callosi

● Das Corpus geniculatum laterale gehört zum Sehapparat, das Corpus geniculatum mediale zum Hörapparat.

C

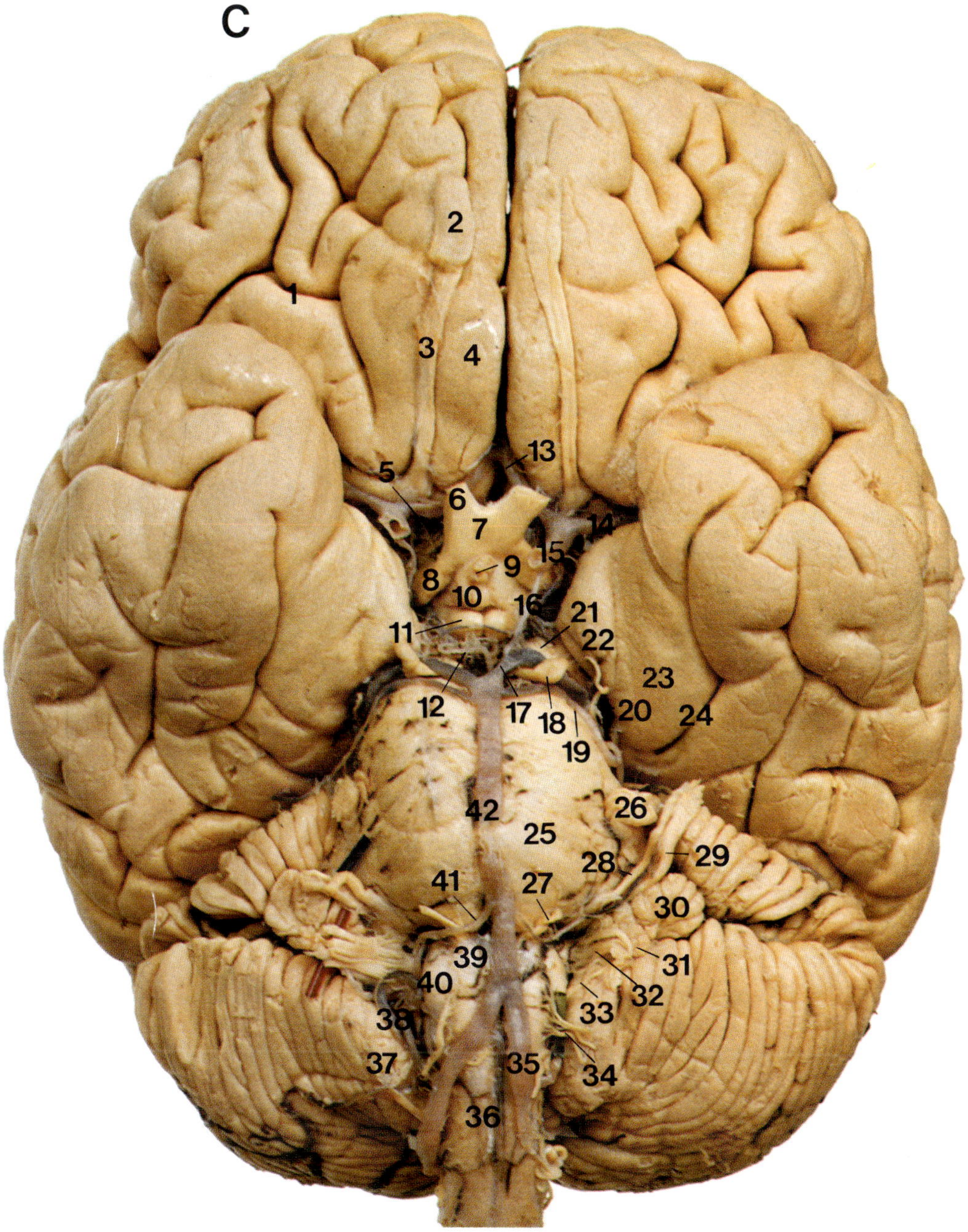

C Basalansicht des Gehirns
(Hirnhäute und kleinere Blutgefäße wurden entfernt)

1 Sulcus orbitalis
2 Bulbus olfactorius
3 Tractus olfactorius
4 Gyrus rectus
5 Substantia perforata anterior
6 N. opticus (N. II)
7 Chiasma opticum
8 Tractus opticus
9 Infundibulum (Hypophysenstiel)
10 Tuber cinereum
11 Corpus mamillare
12 Substantia perforata posterior
13 A. cerebri anterior
14 A. cerebri media
15 A. carotis interna
16 A. communicans posterior
17 A. cerebri posterior
18 N. oculomotorius (N. III)
19 A. cerebelli superior
20 N. trochlearis (N. IV)
21 Crus cerebri
22 Uncus hippocampi
23 Gyrus parahippocampalis
24 Sulcus collateralis
25 Pons
26 N. trigeminus (N. V)
27 N. abducens (N. VI)
28 N. facialis (N. VII)
29 N. vestibulocochlearis (N. VIII)
30 Flocculus cerebelli
31 Plexus chorioideus im Recessus lateralis des IV. Ventrikels
32 N. glossopharyngeus (N. IX), N. vagus (N. X) und N. accessorius (N. XI)
33 Radices spinales n. accessorii (N. XI)
34 Fila radicularia n. hypoglossi (oberhalb der Markierung) (N. XII)
35 A. vertebralis
36 Medulla oblongata
37 Tonsilla cerebelli
38 A. cerebelli inferior posterior
39 Pyramis medullae oblongatae
40 Oliva inferior medullae oblongatae
41 A. cerebelli inferior anterior
42 A. basilaris

● Hinter der rechten Kleinhirnflocke, etwas oberhalb vom N. facialis und N. vestibulocochlearis, liegt ein blaues Markierungsstäbchen.

● Rechts wurden die Wurzeln des N. glossopharyngeus, N. vagus und N. accessorius durch ein rotes Stäbchen unterlegt.

B

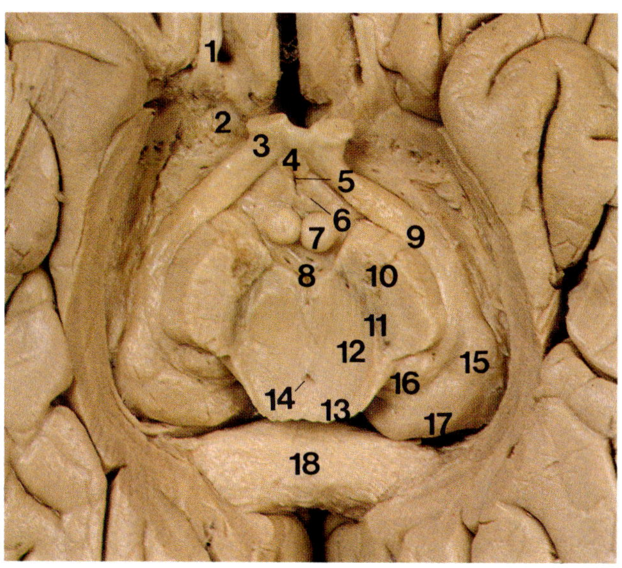

Medianschnitt durch das Gehirn

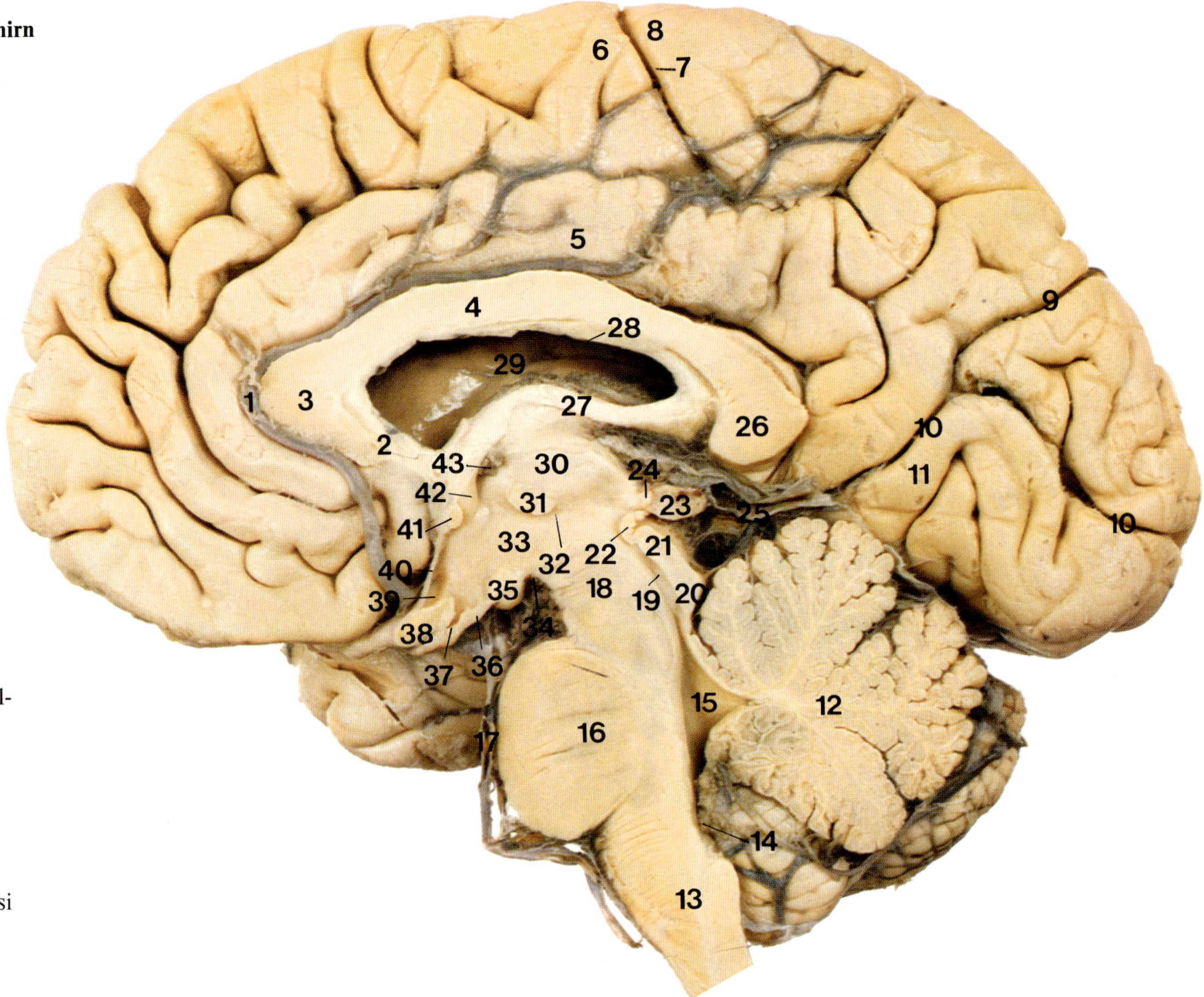

1 A. cerebri anterior
2 Rostrum corporis callosi
3 Genu corporis callosi
4 Corpus callosum
5 Gyrus cinguli
6 Gyrus praecentralis (Lobulus paracentralis)
7 Sulcus centralis
8 Gyrus postcentralis (Lobulus paracentralis)
9 Sulcus parietooccipitalis
10 Sulcus calcarinus
11 Gyrus lingualis (okzipitale Fortsetzung des Gyrus parahippocampalis)
12 Cerebellum
13 Medulla oblongata
14 Apertura mediana ventriculi IV
15 Vierter Ventrikel
16 Pons
17 A. basilaris
18 Tegmentum
19 Aquaeductus cerebri
20 Colliculus inferior
21 Colliculus superior
(18–21: des Mittelhirns)
22 Commisura posterior
23 Corpus pineale
24 Recessus suprapinealis
25 V. cerebri magna
26 Splenium corporis callosi
27 Fornix
28 Schnittrand des Septum pellucidum
29 Pars centralis des Seitenventrikels
30 Thalamus
31 Adhaesio interthalamica
32 Sulcus hypothalamicus
33 Hypothalamus
34 Substantia perforata posterior
35 Corpus mamillare
36 Tuber cinereum
37 Recessus infundibuli
38 Chiasma opticum
39 Recessus opticus
40 Lamina terminalis
41 Commissura anterior
42 Columna fornicis
43 Foramen interventriculare und Plexus chorioideus

● Das Foramen interventriculare (Monroi) stellt die Verbindung zwischen dem dritten Ventrikel und dem Seitenventrikel her. Es wird vorne begrenzt durch die Columna fornicis und hinten durch den Thalamus.

● Der im Mittelhirn gelegene Aquaeductus cerebri verbindet den dritten und vierten Ventrikel miteinander. Derjenige Mittelhirnabschnitt, der dorsal vom Aquaeductus liegt und im wesentlichen aus dem Colliculus superior und inferior besteht, wird Tectum, der ventral davon gelegene Abschnitt Tegmentum genannt.

Kleinhirn und Cisterna cerebellomedullaris, Rückansicht
1 Kleinhirnhemisphären
2 Arachnoidea

● Die Cisterna cerebellomedullaris (auch Cisterna magna genannt) stellt eine Erweiterung des Subarachnoidalraumes dar und füllt den Raum zwischen Medulla oblongata und Unterfläche des Kleinhirns vollständig aus (vgl. auch Abb. S. 46, auf der die Zisterne im Sagittalschnitt zu erkennen ist).

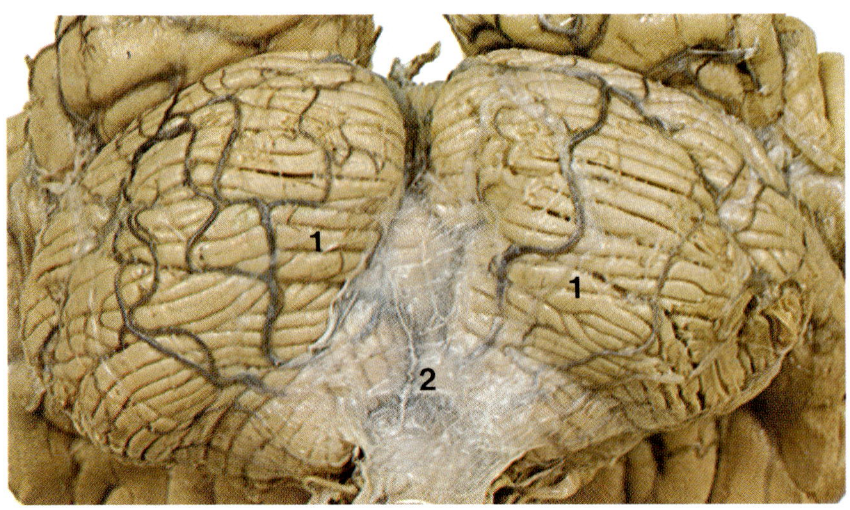

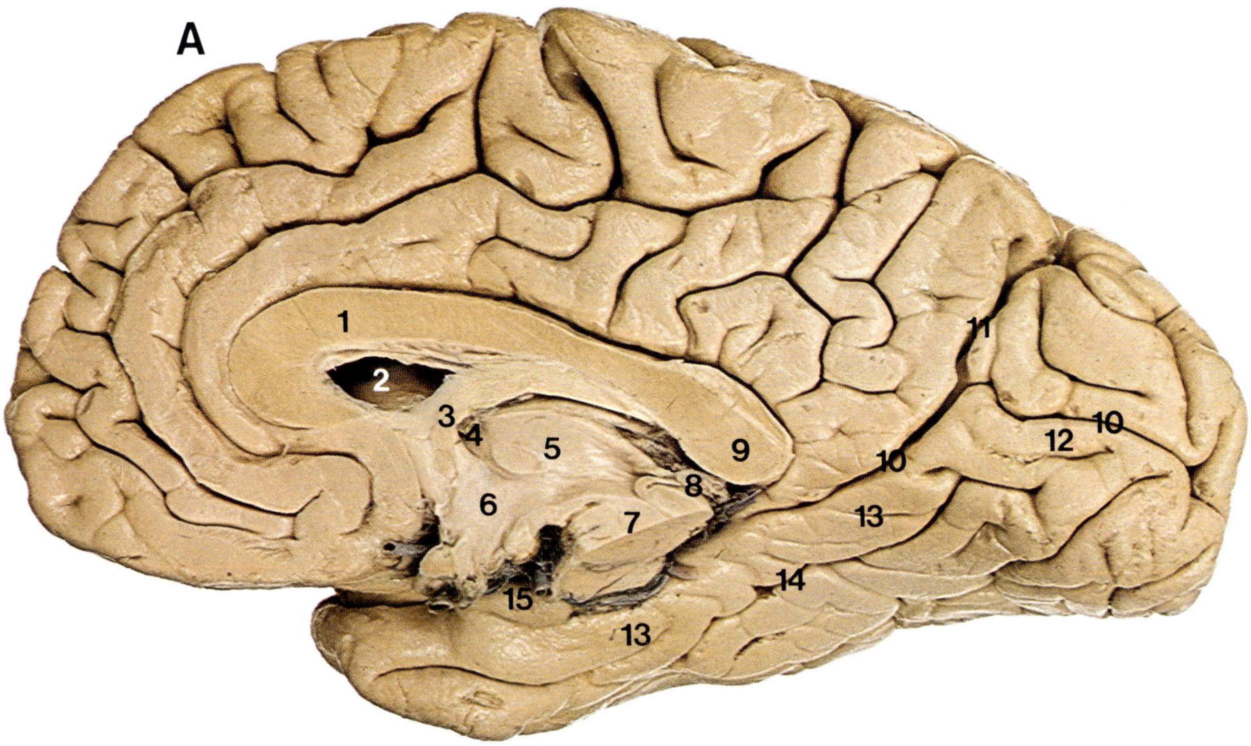

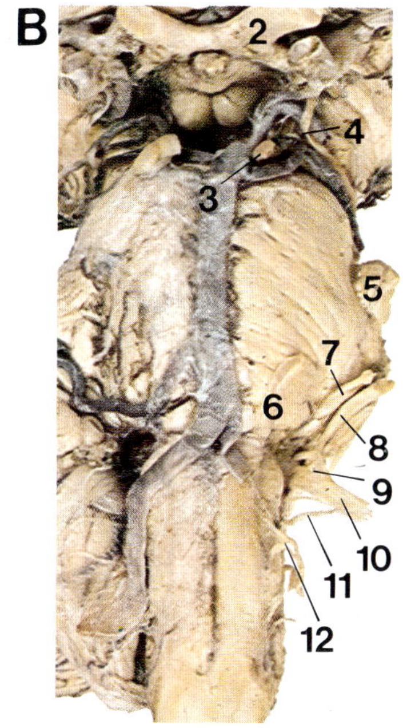

A Rechte Großhirnhälfte von medial gesehen *(Der Hirnstamm wurde im Bereich des Mittelhirns durchtrennt und entfernt)*

1 Corpus callosum
2 Cornu anterius des rechten Seitenventrikels
3 Columna fornicis
4 Foramen interventriculare
5 Thalamus ⎤ an der lateralen Wand
6 Hypothalamus ⎦ des III. Ventrikels
7 Mittelhirn (Rest)
8 Corpus pineale
9 Splenium corporis callosi
10 Sulcus calcarinus
11 Sulcus parietooccipitalis
12 Gyrus lingualis
13 Gyrus parahippocampalis
14 Sulcus collateralis
15 Uncus hippocampi

● Der Gyrus parahippocampalis geht vorne in den hakenförmigen Uncus und hinten in den Gyrus lingualis über.

● Die kortikalen Sehzentren liegen in der Area striata oberhalb und unterhalb des Sulcus calcarinus bis zu dessen Verbindung mit dem Sulcus parietooccipitalis.

B Hirnstamm und Hirnnerven, von unten gesehen
(Die linke Kleinhirnhemisphäre wurde entfernt. Die Fila olfactoria kommen aus dem Bulbus olfactorius und haben keine Beziehung zum Hirnstamm)

2 N. opticus (N. II)
3 N. oculomotorius (N. III)
4 N. trochlearis (N. IV)
5 N. trigeminus (N. V)
6 N. abducens (N. VI)
7 N. facialis (N. VII)
8 N. vestibulocochlearis (N. VIII)
9 N. glossopharyngeus (N. IX)
10 N. vagus (N. X)
11 N. accessorius (N. XI)
12 N. hypoglossus (N. XII)

● Weitere Einzelheiten über die Hirnnervenaustritte aus dem Hirnstamm s. S. 68.

C Hirnstamm mit Kleinhirn, von links gesehen
(Die linke Kleinhirnhemisphäre wurde an den Kleinhirnstielen abgetrennt und entfernt)

1 Pons
2 N. trigeminus (N. V)
3 A. cerebelli superior
4 N. trochlearis (N. IV)
5 V. basilaris cerebri
6 Crus cerebri
7 A. cerebelli inferior posterior
8 Colliculus inferior
9 Pedunculus cerebellaris superior
10 Pedunculus cerebellaris medius
11 Pedunculus cerebellaris inferior
12 Velum medullare superius
13 Lingula cerebelli
14 Lobus anterior cerebelli
15 Fissura prima
16 Fissura praepyramidalis
17 Pyramis vermis
18 Fissura postpyramidalis
19 Uvula vermis
20 Nodulus
21 Tonsilla cerebelli
22 IV. Ventrikel
23 Plexus chorioideus im Recessus lateralis
24 Medulla oblongata
25 N. glossopharyngeus (N. IX), N. vagus (N. X), N. accessorius (N. XI)
26 Oliva inferior
27 Wurzelfäden des N. hypoglossus (N. XII)
28 Pyramis medullae oblongatae
29 N. abducens (N. VI)
30 N. facialis (N. VII) und N. vestibulocochlearis (N. VIII)

● In der Mitte des Kleinhirns liegt der Wurm (Vermis cerebelli), an den sich beiderseits die Kleinhirnhemisphären anschließen.

● Die Folia cerebelli sind erheblich kleiner und schmäler als die Gyri der Großhirnrinde.

● Der größte subkortikale Kern der Kleinhirnhemisphäre ist der Nucleus dentatus, dessen Axone durch den oberen Kleinhirnstiel zum Mittelhirn ziehen. Es handelt sich um die wichtigste efferente Kleinhirnbahn.

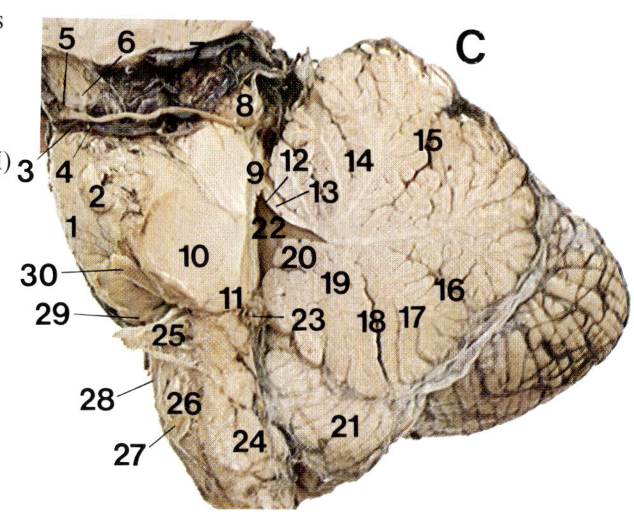

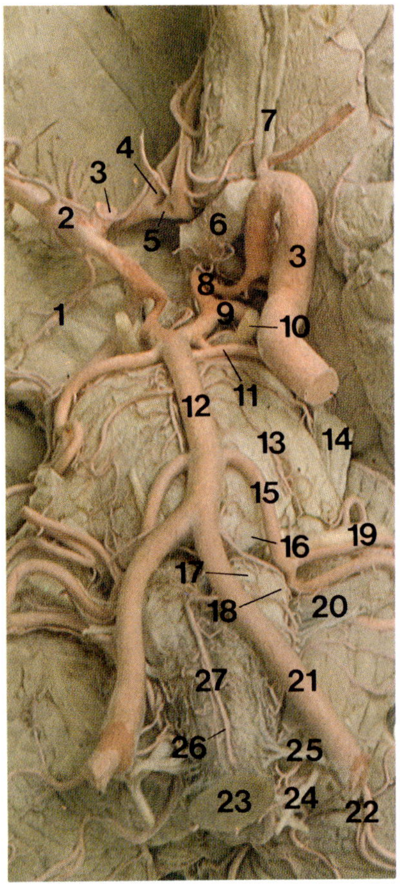

Injektionspräparat von den Arterien der Hirnbasis

1 A. chorioidea anterior
2 A. cerebri media
3 A. carotis interna
4 A. cerebri anterior
5 A. communicans anterior
6 N. opticus (N. II)
7 Tractus olfactorius
8 A. communicans posterior
9 A. cerebri posterior
10 N. oculomotorius (N. III)
11 A. cerebelli superior
12 A. basilaris mit aa. pontis
13 Pons
14 N. trigeminus (N. V)
15 A. cerebelli inferior anterior
16 N. abducens (N. VI)
17 Pyramis
18 Oliva inferior
19 N. facialis (N. VII) und N. vestibulocochlearis (N. VIII)
20 N. glossopharyngeus (N. IX), N. vagus (N. X) und N. accessorius (N. XI)
21 A. vertebralis
22 A. cerebelli inferior posterior
23 Rückenmark (Medulla spinalis)
24 Radix spinalis n. accessorii (R. externus)
25 Fila radicularia des ersten Zervikalnerven
26 A. spinalis anterior
27 Medulla oblongata

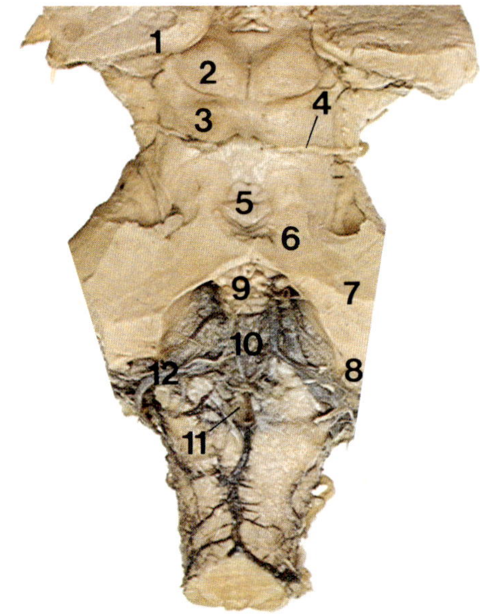

Dorsalansicht des Hirnstamms
(Kleinhirn an den Kleinhirnstielen abgetrennt)

1 Pulvinar thalami
2 Colliculus superior
3 Colliculus inferior
4 N. trochlearis (N. IV)
5 Velum medullare superius und Lingula cerebelli
6 Pedunculus cerebellaris superior
7 Pedunculus cerebellaris medius
8 Pedunculus cerebellaris inferior
9 Nodulus cerebelli
10 Dach des vierten Ventrikels (Tela chorioidea)
11 Apertura mediana ventriculi IV
12 Recessus lateralis ventriculi IV

● Die Apertura mediana (Magendii) im hinteren Teil des vierten Ventrikels sowie die beiden Aperturae laterales (Luschkae) am Ende der Recessus laterales sind die einzigen Stellen, an denen das Ventrikelsystem mit dem Subrarachnoidalraum in Verbindung steht.

● Der N. trochlearis (N. IV) ist der einzige Hirnnerv, der an der Dorsalseite des Hirnstamms austritt, und zwar hinter dem Colliculus inferior der Lamina tecti.
● Der N. oculomotorius (N. III) verläßt das Gehirn vor der Brücke an der medialen Seite der Crura cerebri, während der N. trochlearis (N. IV) sich um die Crura herumwindet. Beide Nerven verlaufen zwischen der A. cerebri posterior und der A. cerebelli superior hindurch.
● Der N. trigeminus (N. V) durchbricht die Hirnstiele an ihrer lateralen Seite oberhalb der Pons.
● Der N. abducens (N. VI) verläßt das Gehirn hinter der Brücke, und zwar basal zwischen Pons und Pyramide.
● N. facialis (N. VII) und N. vestibulocochlearis (N. VIII) entspringen lateral im Kleinhirnbrückenwinkel.
● N. glossopharyngeus (N. IX), N. vagus (N. X) und die Radix cranialis des N. accessorius (N. XI) entspringen aus der Medulla oblongata lateral von der unteren Oliva. Die spinale Wurzel des N. accessorius (R. externus) kommt von den oberen 5–6 zervikalen Segmenten des Rückenmarks und liegt dorsal vom Lig. denticulatum.

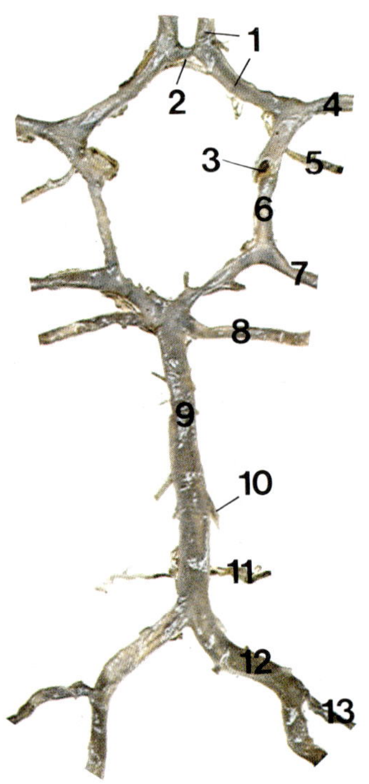

Circulus arteriosus und A. basilaris
(Isoliertes Gefäßpräparat)

1 A. cerebri anterior
2 A. communicans anterior
3 A. carotis interna
4 A. cerebri media
5 A. chorioidea anterior
6 A. communicans posterior
7 A. cerebri posterior
8 A. cerebelli superior
9 A. basilaris
10 A. labyrinthi
11 A. cerebelli inferior anterior
12 A. vertebralis
13 A. cerebelli inferior posterior

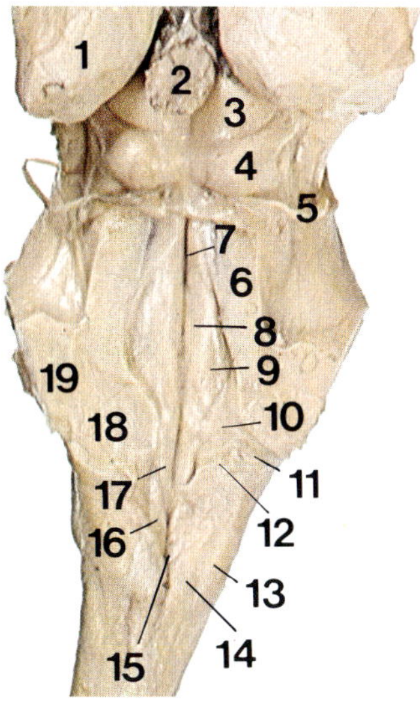

Hirnstamm mit Rautengrube
1 Pulvinar thalami
2 Corpus pineale
3 Colliculus superior ┐ des
4 Colliculus inferior ┘ Mittelhirns
5 N. trochlearis (N. IV)
6 Pedunculus cerebellaris superior
7 Sulcus medianus
8 Eminentia medialis
9 Colliculus facialis
10 Area vestibularis
11 Recessus lateralis ventriculi IV
12 Striae medullares ventriculi IV
13 Tuberculum nuclei cuneati
14 Tuberculum nuclei gracilis
15 Obex
16 Trigonum n. vagi
17 Trigonum n. hypoglossi
18 Pedunculus cerebellaris inferior
19 Pedunculus cerebellaris medius

Hirnstamm, Medulla oblongata und Rückenmark in situ, von dorsal gesehen *(Kleinhirn, Hinterhauptsbein und Wirbelbogen wurden entfernt)*
1 Pars petrosa ossis temporalis
2 Tentorium cerebelli
3 Pedunculus cerebellaris inferior
4 Pedunculus cerebellaris medius
5 Pedunculus cerebellaris superior
6 Velum medullare anterius
7 N. trochlearis (N. IV)
8 Colliculus inferior
9 Colliculus superior
10 Sinus rectus
11 Eminentia medialis
12 Colliculus facialis
13 Striae medullares ventriculi IV
14 N. facialis (N. VII), N. vestibulocochlearis (N. VIII) und Meatus acusticus internus
15 N. glossopharyngeus (N. IX), N. vagus (N. X) und N. accessorius (N. XI) am Foramen jugulare
16 Radix spinalis n. accessorii
17 N. hypoglossus (N. XII) und Canalis hypoglossi
18 Rand des Foramen (occipitale) magnum
19 A. vertebralis
20 Massa lateralis atlantis
21 Ramus ventralis des ersten Zervikalnerven
22 Fila radicularia dorsalia ┐
23 Ganglion spinale ├ des zweiten Zervikalnerven
24 Ramus ventralis │
25 Ramus dorsalis ┘
26 Venter posterior m. digastrici
27 V. jugularis interna
28 Zwischenwirbelgelenk
29 Rückenmark
30 Lig. denticulatum
31 Dura mater
32 Truncus sympathicus
33 A. carotis communis
34 N. vagus (N. X)
35 A. carotis interna
36 Ganglion cervicale superius trunci sympathici
37 N. hypoglossus (N. XII)

● Gelegentlich fehlen, wie das in diesem Präparat der Fall ist, die dorsalen Wurzeln des ersten Zervikalnerven. Der Ramus dorsalis dieses Spinalnerven wurde entfernt; der Ramus ventralis verläuft hier zwischen der A. vertebralis und dem Arcus posterior des Atlas.

● Nachdem die A. vertebralis das Foramen transversum im Querfortsatz des 1. Halswirbels passiert hat, wendet sie sich nach rückwärts über den hinteren Atlasbogen hinweg zur Membrana atlanto-occipitalis posterior. Sie durchbohrt die Membran zusammen mit der Dura und Arachnoidea, um so in das Innere des Schädels zu gelangen.

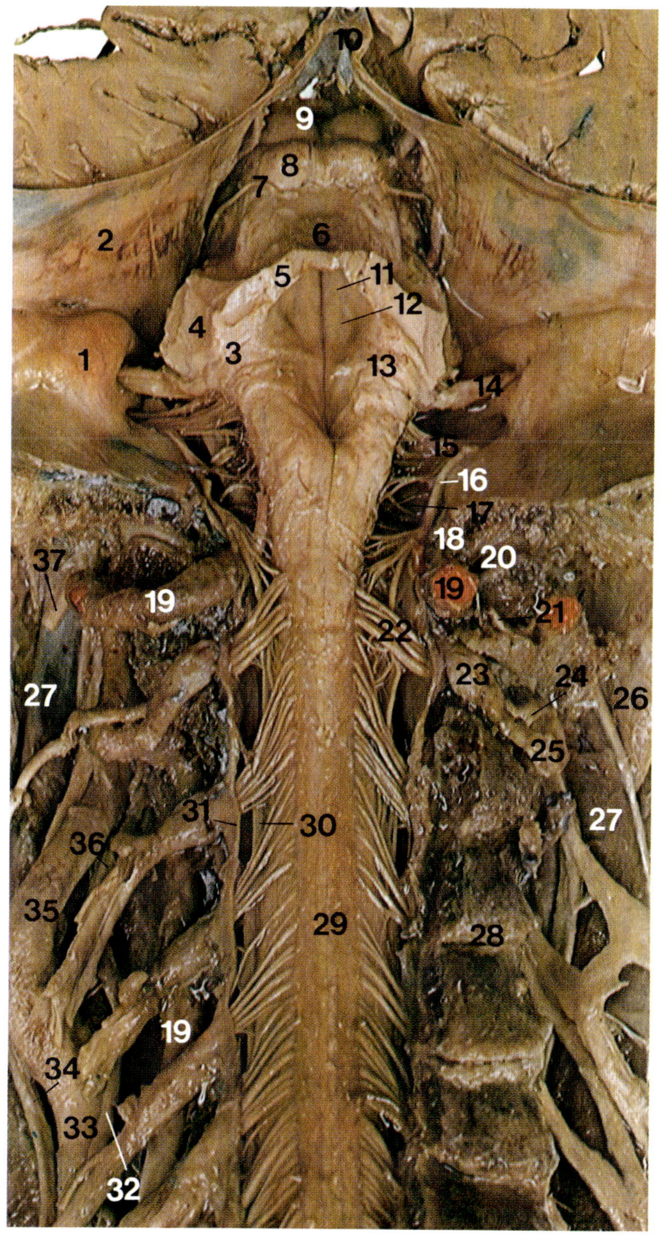

Horizontalschnitt durch das Großhirn
(Die linke Hemisphäre ist in Höhe des Foramen interventriculare, die rechte etwa 1 cm tiefer horizontal durchschnitten)

1 Inselrinde im Bereich des Sulcus lateralis (Sylvii)
2 Claustrum
3 Putamen
4 Globus pallidus } = Nucleus lentiformis
5 Caput nuclei caudati
6 Vorderer Schenkel
7 Knie
8 Hinterer Schenkel } der Capsula interna
9 Thalamus
10 III. Ventrikel
11 Foramen interventriculare (Monroi)
12 Columna fornicis
13 Cornu anterius des Seitenventrikels
14 Forceps minor
15 V. thalamostriata
16 Plexus chorioideus
17 Forceps major
18 Cornu inferius
19 Cornu posterius } des Seitenventrikels
20 Area striata der Großhirnrinde
21 Sulcus lunatus
22 Radiatio optica
23 Tapetum
24 Trigonum collaterale
25 Calcar avis
26 Bulbus cornus posterioris
27 Hippocampus
28 Fimbria hippocampi
29 Cauda nuclei caudati
30 Retrolentiformer Abschnitt der Capsula interna

● Die für die Körpermotorik wichtigen Fasern der Tractus corticonucleares und corticospinales ziehen durch den hinteren Schenkel der Capsula interna. Die Aa. striatae, Äste der A. cerebri anterior und media, versorgen speziell diese Region, zu der sie von unten durch die Substantia perforata anterior hindurch gelangen (vgl. S. 65). Eine dieser Arterien wird auch „Arterie der Hirnhaemorrhagie" genannt.

● Der Plexus chorioideus des dritten Ventrikels hängt am Foramen interventriculare mit dem Plexus chorioideus des Seitenventrikels zusammen. Im Cornu anterius und posterius der Seitenventrikel befindet sich kein Plexus chorioideus.

● Die Radiatio optica (Gratioletsche Sehstrahlung) wird auch als Tractus geniculocalcarinus bezeichnet. Sie verläuft vom Corpus geniculatum laterale zur Area calcarina des Okzipitallappens.

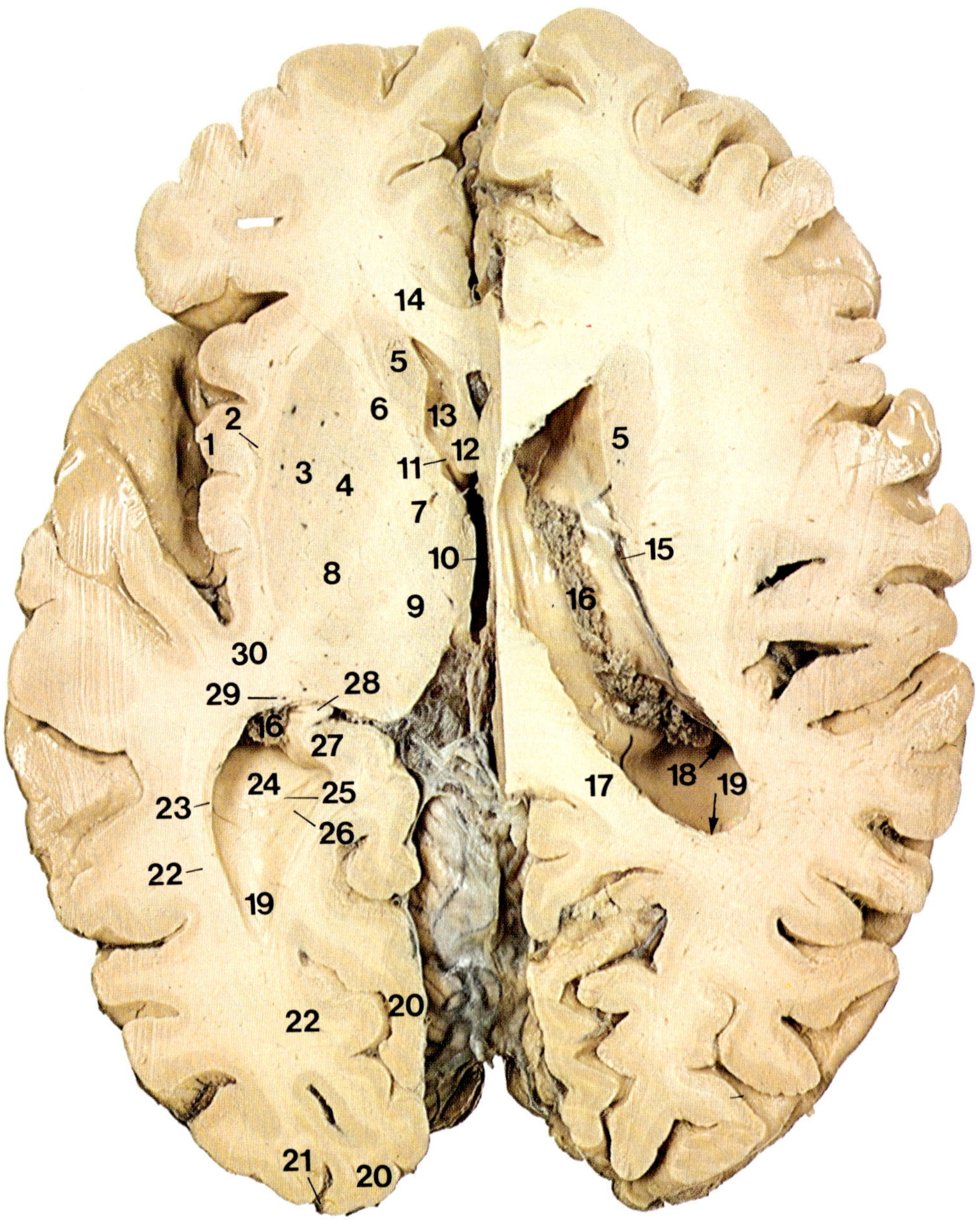

A Schräger Frontalschnitt durch das Gehirn, von vorne gesehen
(Der Schnitt liegt in Höhe der Foramina interventricularia und der Brücke)

1 Insula
2 Putamen ⎤
3 Globus pallidus ⎦ = Nucleus lentiformis
4 Capsula interna
5 Nucleus caudatus
6 Corpus callosum
7 Seitenventrikel
8 Septum pellucidum
9 Fornix
10 Foramen interventriculare (Monroi)
11 Plexus chorioideus
12 V. thalamostriata
13 Thalamus
14 III. Ventrikel
15 Fissura chorioidea
16 Cornu inferius des Seitenventrikels
17 Hippocampus
18 Pons
19 Pyramis medullae oblongatae
20 Oliva inferior
21 Substantia nigra
22 Nucleus ruber
23 Tractus opticus

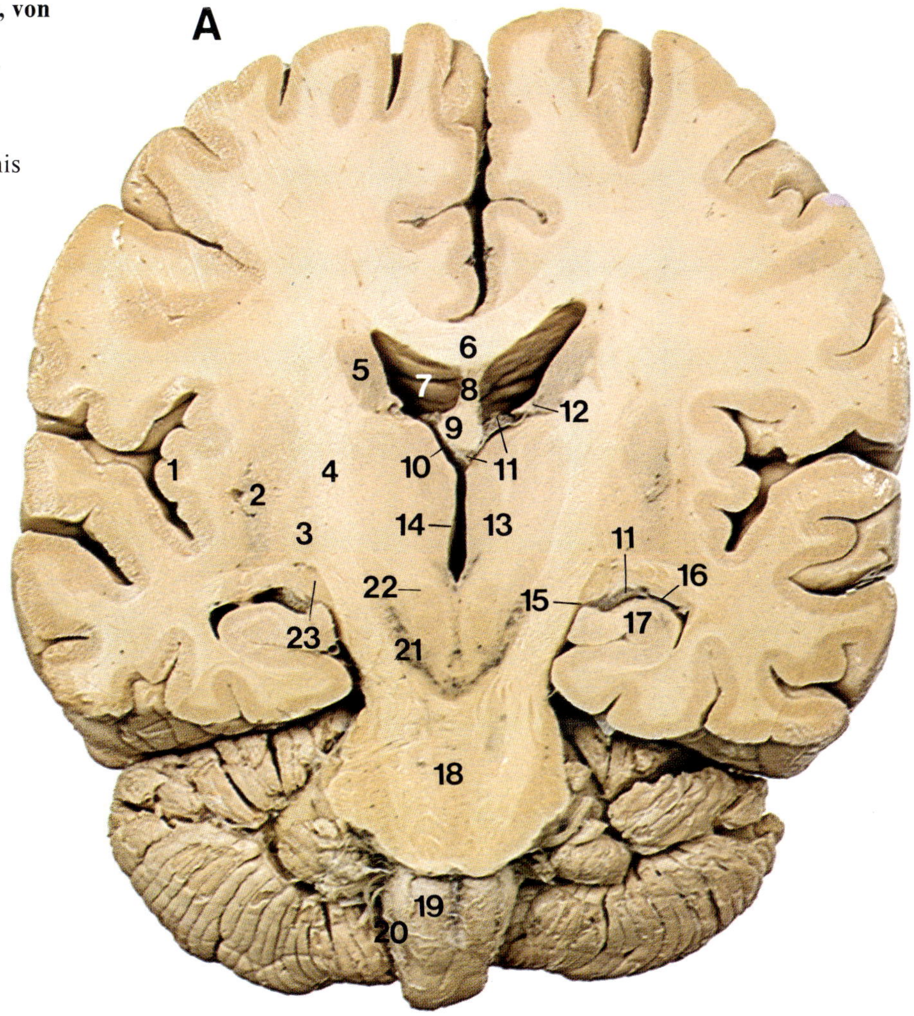

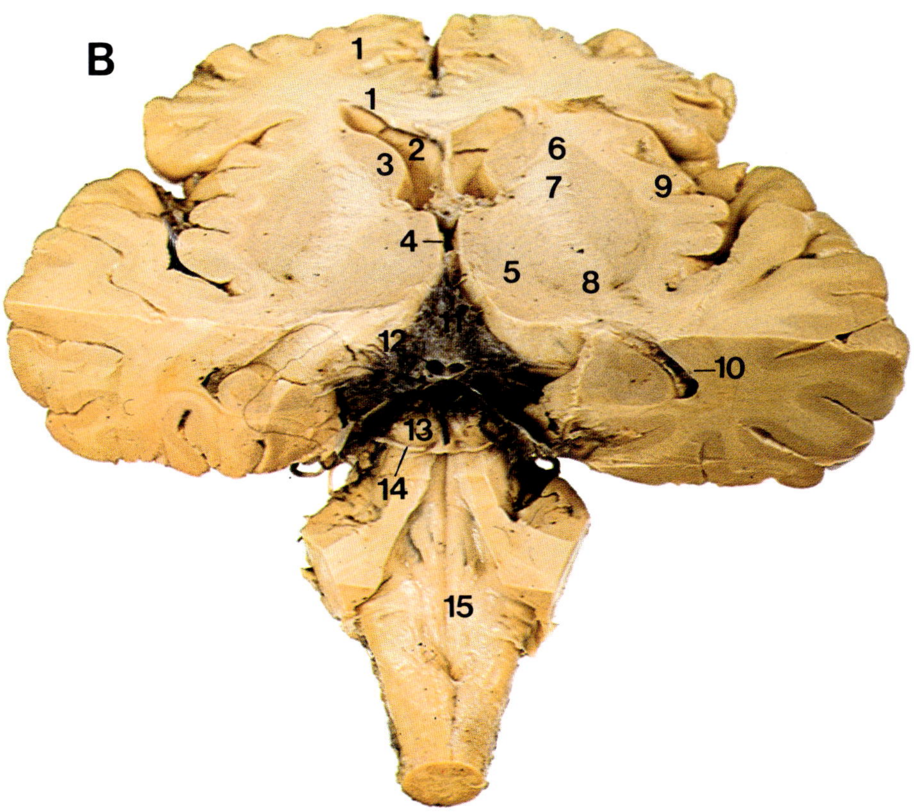

B Horizontalschnitt durch das Gehirn, von hinten-oben gesehen
(Der hintere Abschnitt der Hemisphären und das ganze Kleinhirn wurden entfernt)

1 Forceps minor
2 Cornu anterius des Seitenventrikels
3 Caput nuclei caudati
4 III. Ventrikel
5 Thalamus
6 Vorderer Schenkel ⎤
7 Knie ⎬ der Capsula interna
8 Hinterer Schenkel ⎦
9 Insula
10 Plexus chorioideus (Übergang des Cornu posterius in das Cornu inferius des Seitenventrikels)
11 Tela chorioidea im Dach des III. Ventrikels
12 V. cerebri interna
13 Colliculus inferior
14 N. trochlearis (N. IV)
15 Boden des IV. Ventrikels

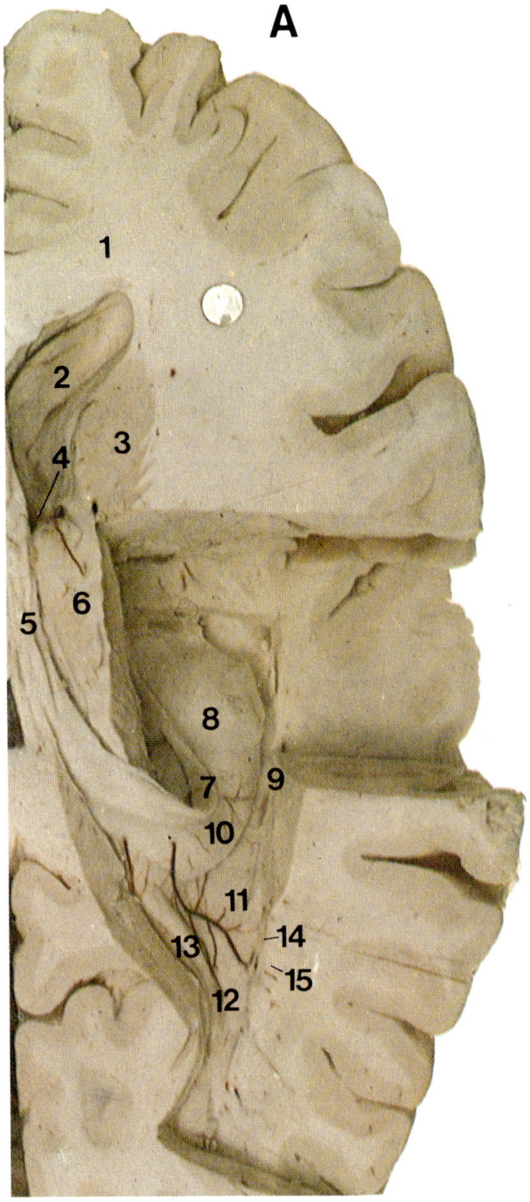

B Sehstrahlung, Nucleus caudatus und Nucleus lentiformis, von oben gesehen
(Rechte Hirnhälfte; Kerne am Horizontalschnitt präpariert)
1 Forceps minor
2 Nucleus caudatus
3 Capsula interna
4 Nucleus lentiformis
5 Thalamus
6 Splenium corporis callosi
7 Hippocampus
8 Radiatio optica
9 Trigonum collaterale
10 Cornu inferius des Seitenventrikels
11 Calcar avis
12 Bulbus cornus posterioris
13 Forceps major

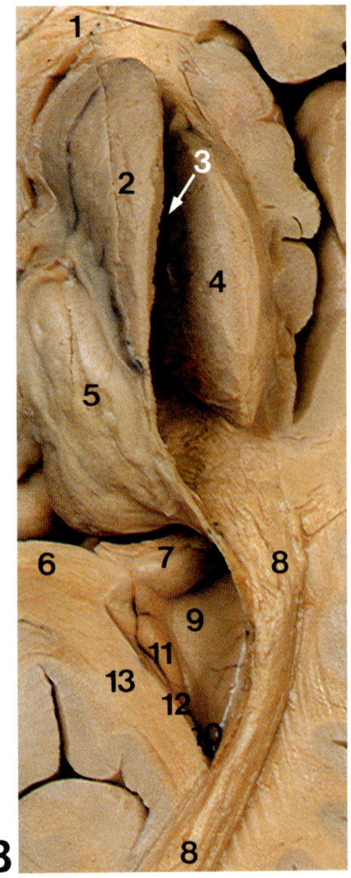

A Fornix, Hippocampus und Unterhorn des Seitenventrikels (rechts), von oben gesehen
1 Forceps minor
2 Cornu anterius des Seitenventrikels
3 Caput nuclei caudati
4 Foramen interventriculare (Monroi)
5 Fornix
6 Thalamus (bildet den Boden des Seitenventrikels)
7 Fimbria fornicis
8 Pes hippocampi ⎤ am Boden des Unterhorns (Seitenventrikel)
9 Eminentia collateralis ⎦
10 Hippokampusformation
11 Trigonum collaterale
12 Cornu inferius des Seitenventrikels
13 Calcar avis
14 Tapetum
15 Radiatio optica

C Ausgußpräparat des Ventrikelsystems, Seitenansicht
1 Cornu anterius ⎤
2 Pars centralis ⎥ des Seitenventrikels
3 Cornu posterius ⎥
4 Cornu inferius ⎦
5 Foramen interventriculare (Monroi)
6 III. Ventrikel (Das Loch kommt durch die Adhaesio interthalamica zustande)
7 Recessus opticus ⎤
8 Recessus infundibuli ⎥ des III. Ventrikels
9 Recessus suprapinealis ⎦
10 Aquaeductus cerebri
11 IV. Ventrikel
12 Recessus lateralis des IV. Ventrikels

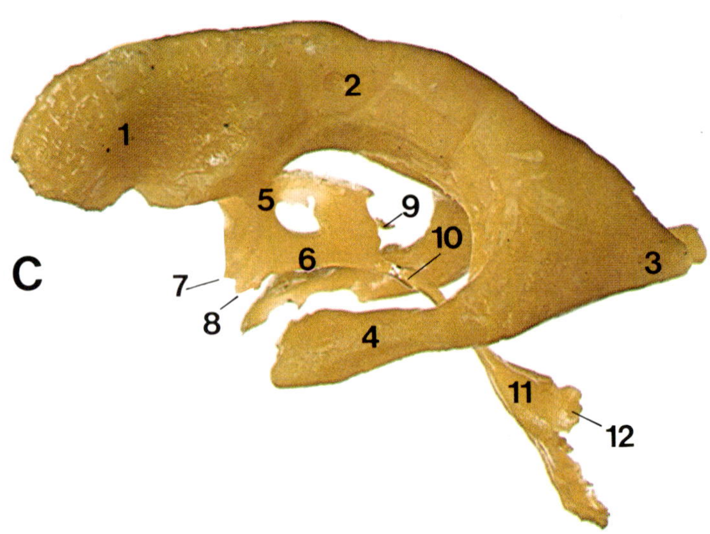

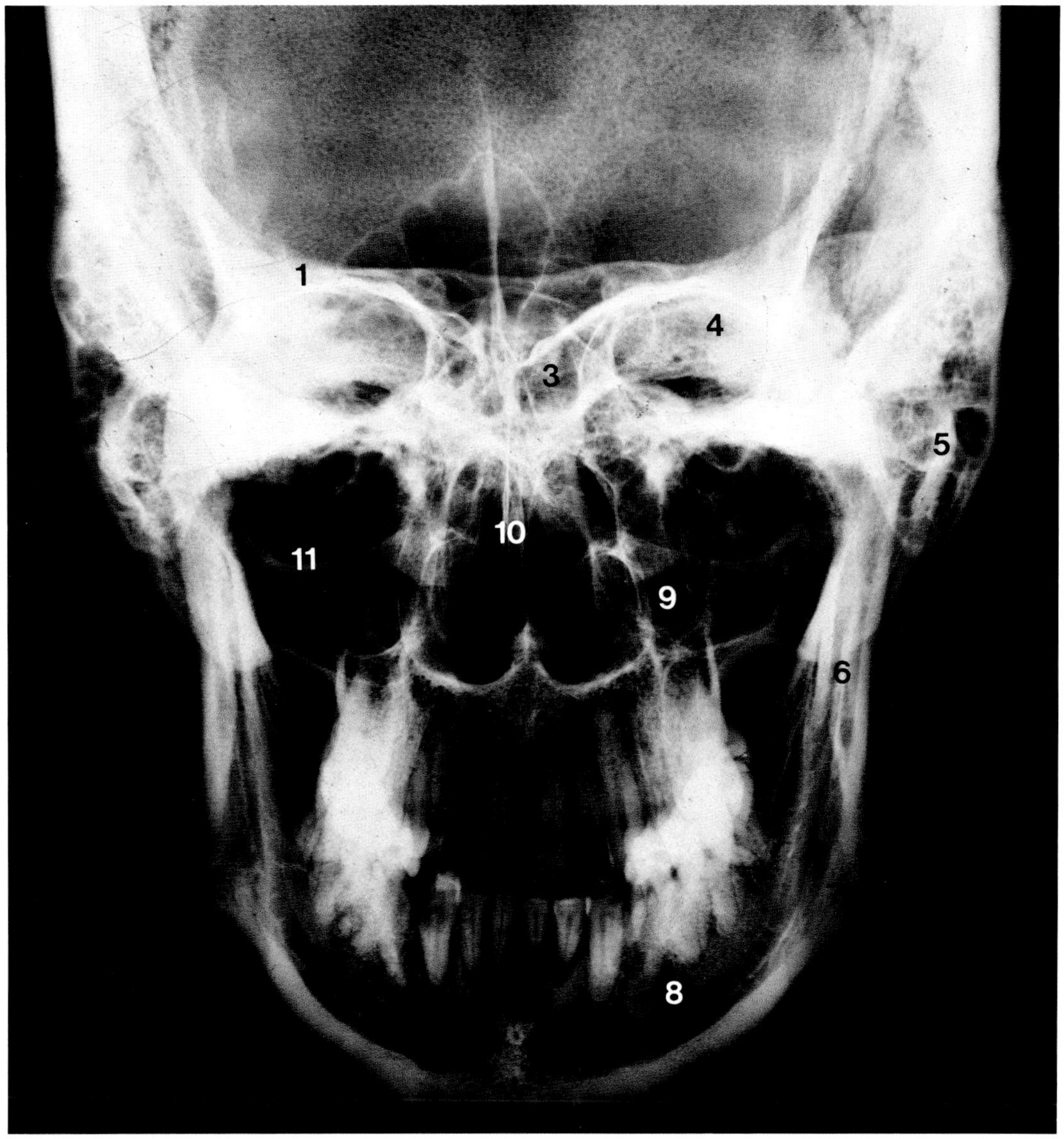

A

B

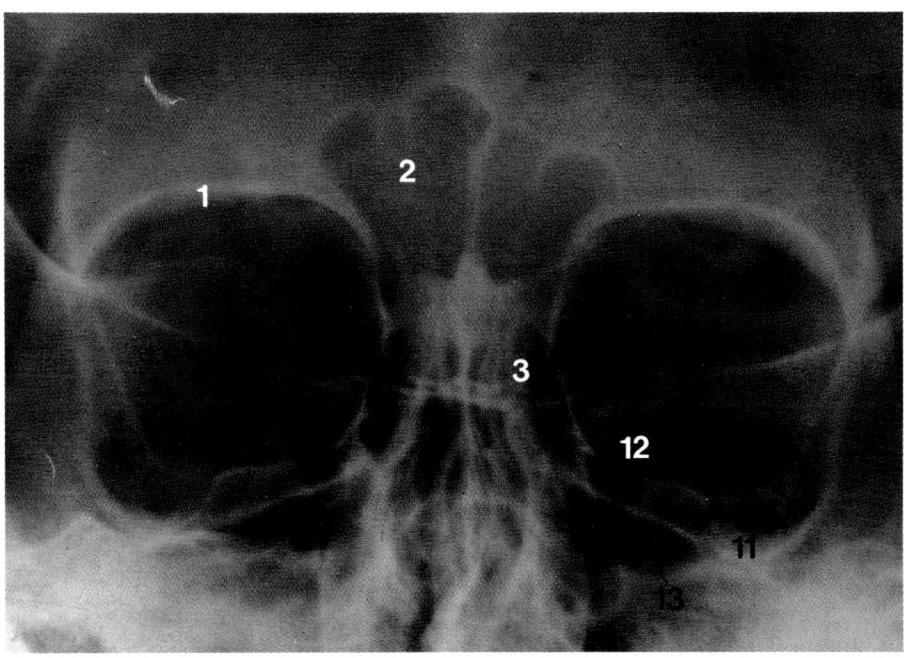

Röntgenaufnahmen vom Kopf, A Übersichtsaufnahme, B Orbitaregion

1 Margo supraorbitalis
2 Sinus frontalis
3 Sinus ethmoidalis
4 Pars petrosa ossis temporalis
5 Processus mastoideus und Cellulae mastoideae
6 Ramus ⎤
7 Angulus ⎬ mandibulae
8 Corpus ⎦
9 Sinus maxillaris
10 Septum nasi
11 Margo infraorbitalis
12 Fissura orbitalis superior
13 Foramen rotundum

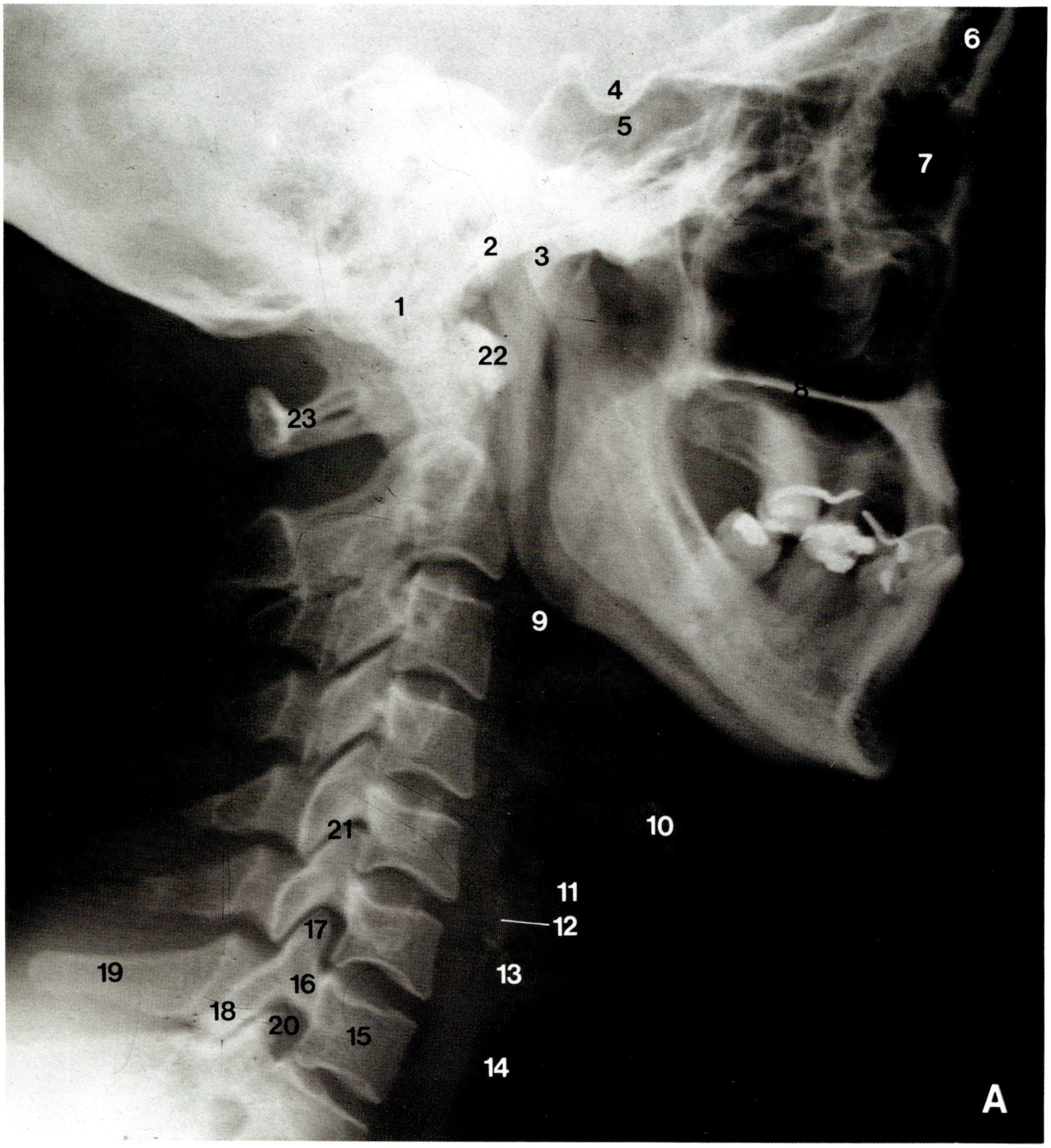

B Tomographische Aufnahme vom Larynx, Frontalebene

1 Recessus piriformis
2 Plica vestibularis
3 Ventriculus laryngis
4 Plica vocalis
5 Trachea

● Unter Tomographie versteht man eine Art der Röntgendarstellung, bei der die Röntgenstrahlen alle in einer bestimmten Schichtebene fokusiert werden, so daß die durch darüber- oder darunterliegende Organabschnitte bedingten Unschärfen beträchtlich verringert werden.

● Die Stimmritze (Rima glottis) liegt zwischen den beiden Plicae vocales des Kehlkopfes.

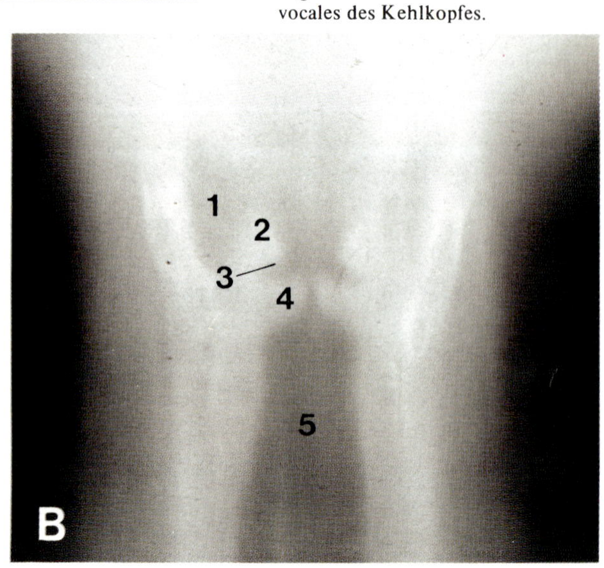

A Röntgenaufnahme von Kopf und Hals, Seitenansicht

1 Processus mastoideus und Cellulae mastoideae
2 Meatus acusticus externus
3 Processus condylaris
4 Sella turcica (Fossa hypophyseos)
5 Sinus sphenoidalis
6 Sinus frontalis
7 Orbita
8 Palatum durum
9 Pharynx
10 Os hyoideum
11 Lamina cartilaginis thyreoideae
12 Cartilago arytaenoidea
13 Lamina cartilaginis cricoideae
14 Trachea
15 Wirbelkörper
16 Pediculus (arcus vertebrae)
17 Processus articularis superior
18 Processus articularis inferior
19 Processus spinosus

(15–19: des siebten Halswirbels)

20 Foramen intervertebrale
21 Intervertebralgelenk
22 Arcus anterior atlantis
23 Arcus posterior atlantis

● Der Processus spinosus des siebten Halswirbels ragt etwas weiter nach hinten vor als der der übrigen Halswirbel (Vertebra prominens).

● Ebenso wie bei den Nebenhöhlen der Nase zeichnen sich auch die Konturen des Pharynx, des Larynx und der Trachea wegen der in ihnen enthaltenen Luft deutlich im Röntgenbild ab.

Wirbelsäule und Rückenmark

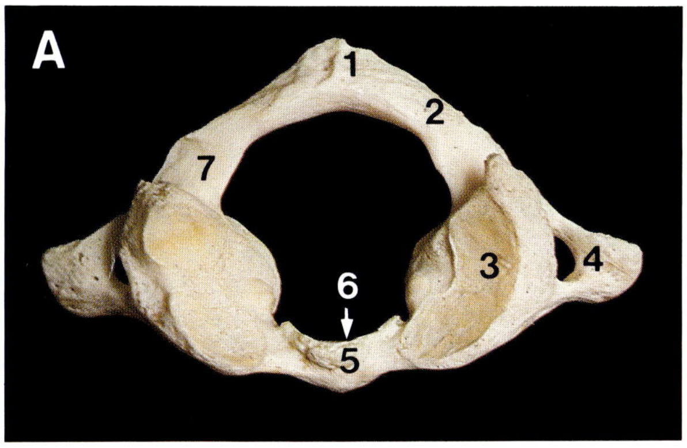

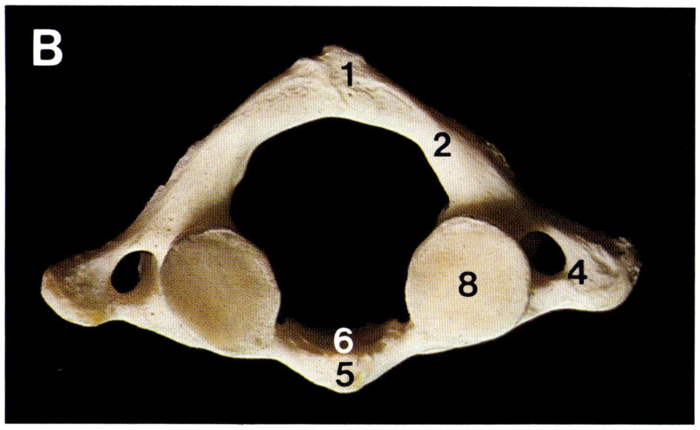

A und B Atlas (erster Halswirbel), A von oben, B von unten gesehen

1 Tuberculum posterius
2 Arcus posterior
3 Massa lateralis mit Fovea articularis superior
4 Processus transversus und Foramen transversarium
5 Arcus anterior und Tuberculum anterius
6 Fovea dentis (für den Dens axis)
7 Sulcus a. vertebralis
8 Massa lateralis mit Fovea articularis inferior

● Die beiden Foveae articulares superiores sind konkav und etwas nierenförmig gestaltet. Die Foveae articulares inferiores sind dagegen mehr rund und fast plan.

● Der vordere Atlasbogen (Arcus anterior) ist mehr gerade und kürzer als der hintere (Arcus posterior) und besitzt an seiner Hinterfläche eine Gelenkfläche für den Dens axis.

● Der Atlas ist der einzige Wirbel, der keinen Wirbelkörper besitzt.

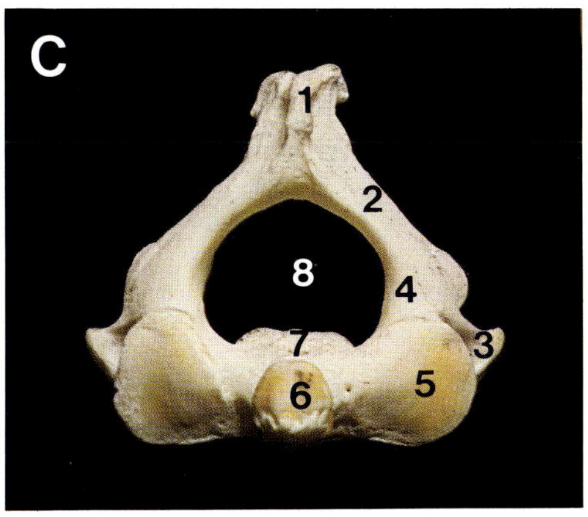

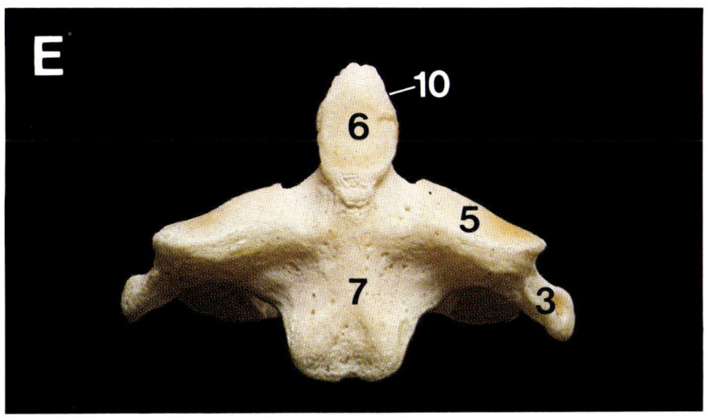

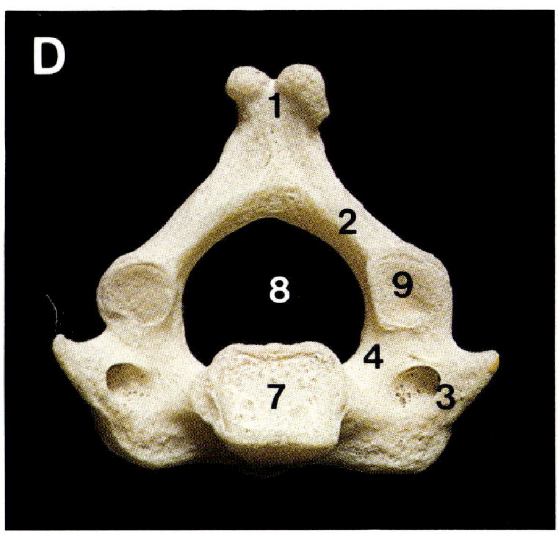

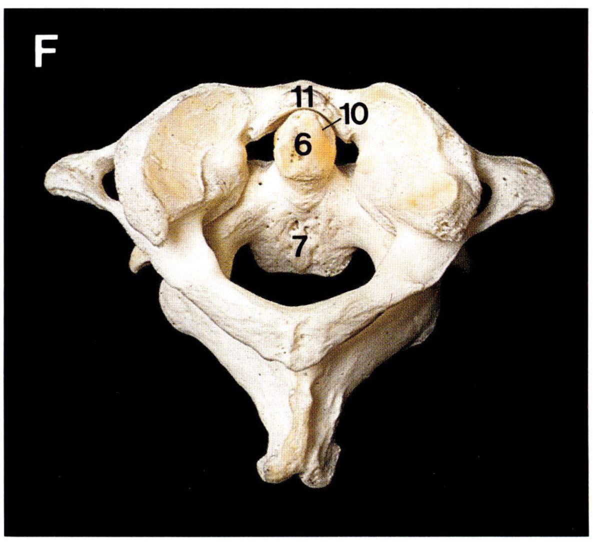

C–F Axis (zweiter Halswirbel), C von oben, D von unten, E von vorne, F Articulatio atlantoaxialis von hinten-oben gesehen

1 Processus spinosus (bifidus)
2 Lamina (Arcus vertebrae)
3 Processus transversus und Foramen transversarium
4 Pediculus (Arcus vertebrae)
5 Facies articularis superior
6 Dens axis
7 Corpus axis
8 Foramen vertebrale
9 Processus articularis inferior
10 Vertiefung für das Lig. alare
11 Arcus anterior atlantis

● Ein besonderes Charakteristikum der Axis ist der Zahn, der vom Wirbelkörper nach oben geht und eigentlich das Corpus atlantis darstellt.

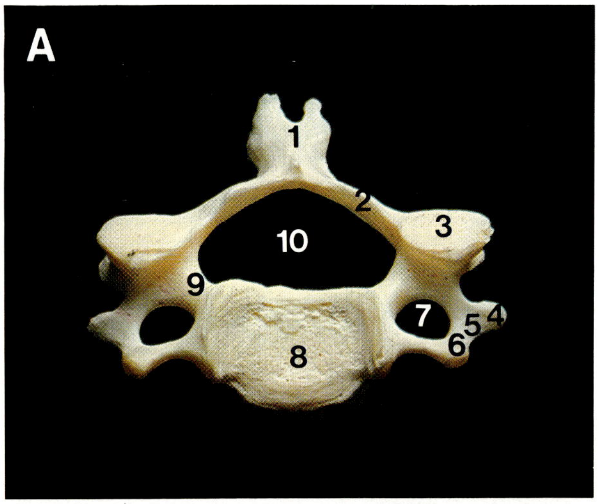

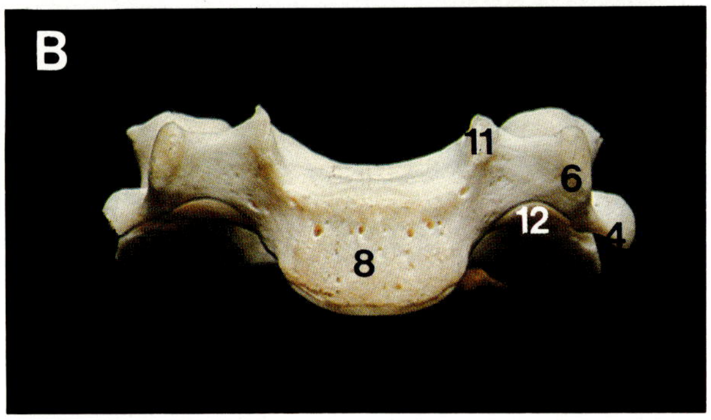

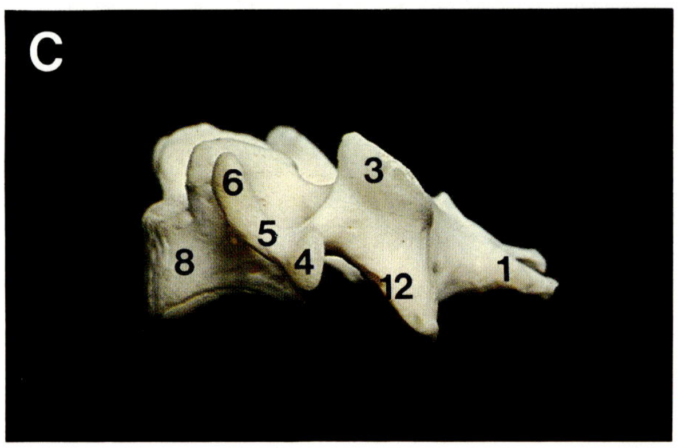

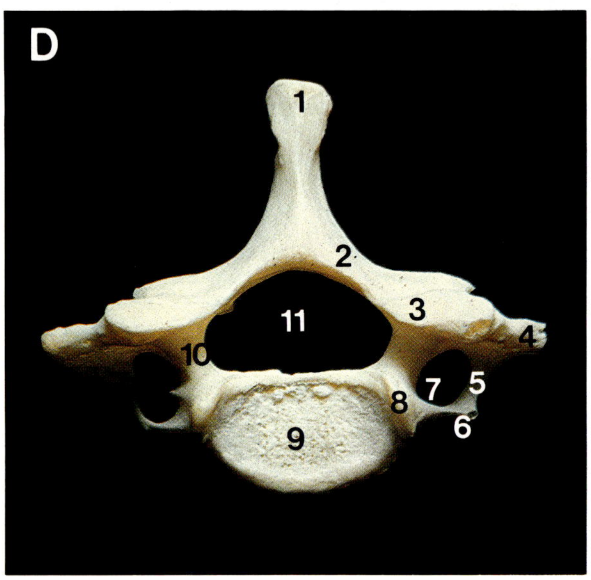

A–C Fünfter Halswirbel (typischer Halswirbel), A von oben, B von vorne, C von links gesehen

1 Processus spinosus (bifidus)
2 Lamina (arcus vertebrae)
3 Processus articularis superior
4 Tuberculum posterius ⎤
5 Sulcus n. spinalis ⎥ processus
6 Tuberculum anterius ⎥ transversi
7 Foramen transversarium ⎦
8 Corpus vertebrae
9 Pediculus (arcus vertebrae)
10 Foramen intervertebrale
11 Uncus corporis
12 Processus articularis inferior

D Siebenter Halswirbel (Vertebra prominens), von oben gesehen

1 Processus spinosus mit Tuberculum
2 Lamina (arcus vertebrae)
3 Processus articularis superior
4 Tuberculum posterius ⎤
5 Sulcus n. spinalis ⎥ processus
6 Tuberculum anterius ⎥ transversi
7 Foramen transversarium ⎦
8 Uncus corporis
9 Corpus vertebrae
10 Pediculus (arcus vertebrae)
11 Foramen vertebrale

- Alle Halswirbel (1–7) besitzen im Querfortsatz ein Loch (Foramen transversarium).
- Die typischen Halswirbel (3–6) besitzen einen Processus articularis superior, der nach hinten-oben gerichtet ist, eine posterolaterale Knochenleiste an der Oberseite des Wirbelkörpers, ein dreieckiges Foramen vertebrale und einen gespaltenen Dornfortsatz.
- Das Tuberculum anterius des Querfortsatzes ist beim sechsten Halswirbel besonders groß; es wird auch als Tuberculum caroticum bezeichnet.
- Der siebente Halswirbel (Vertebra prominens) besitzt einen Dornfortsatz, der nicht gespalten, sondern am Ende etwas verdickt ist.
- Der vordere Teil des Querfortsatzes mit dem Tuberculum anterius und dem Sulcus n. spinalis repräsentiert den Rippenrest der Halswirbel.

E–G Typischer Brustwirbel (7. Brustwirbel), E von oben, F von links, G von hinten gesehen

1 Processus spinosus
2 Lamina (arcus vertebrae)
3 Processus articularis superior
4 Processus transversus
5 Pediculus (arcus vertebrae)
6 Corpus vertebrae
7 Foramen vertebrale
8 Fovea costalis superior
9 Incisura vertebralis superior
10 Fovea costalis transversalis
11 Processus articularis inferior
12 Incisura vertebralis inferior
13 Fovea costalis inferior

- Die typischen Brustwirbel (2–9) sind durch Gelenkflächen an den Wirbelkörpern und Querfortsätzen (für die Rippen) durch ein fast rundes Foramen, einen Processus spinosus, der nach abwärts und rückwärts gerichtet ist sowie schließlich durch flache, obere Gelenkfortsätze charakterisiert, die fast senkrecht stehen und etwas nach lateral-hinten gerichtet sind.

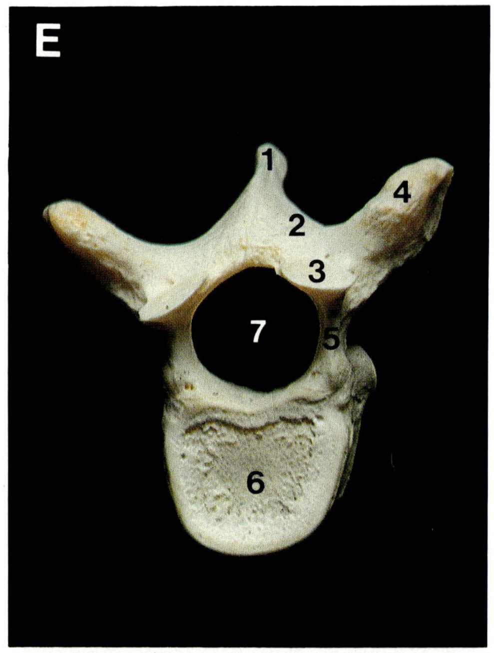

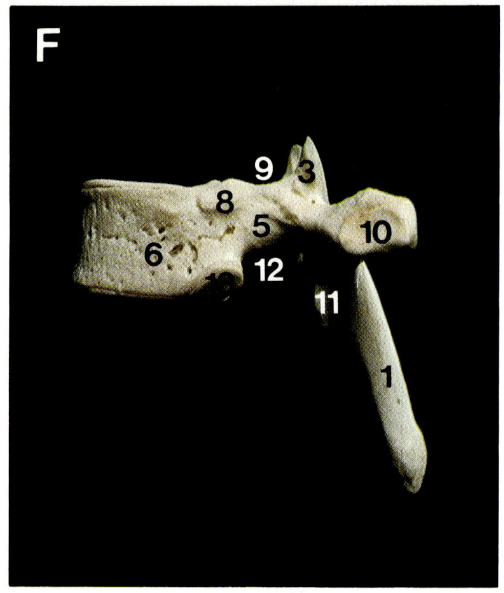

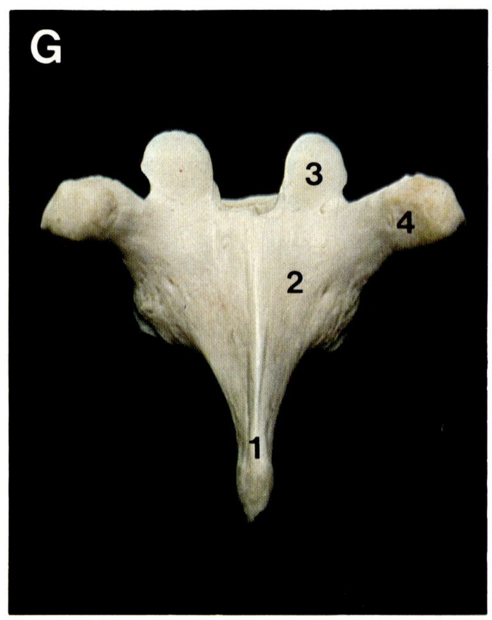

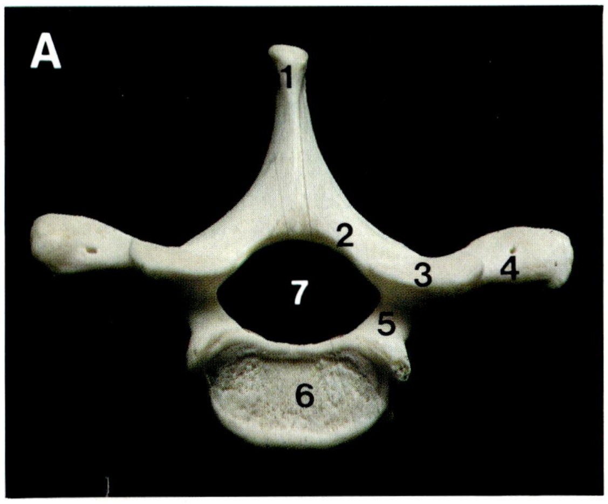

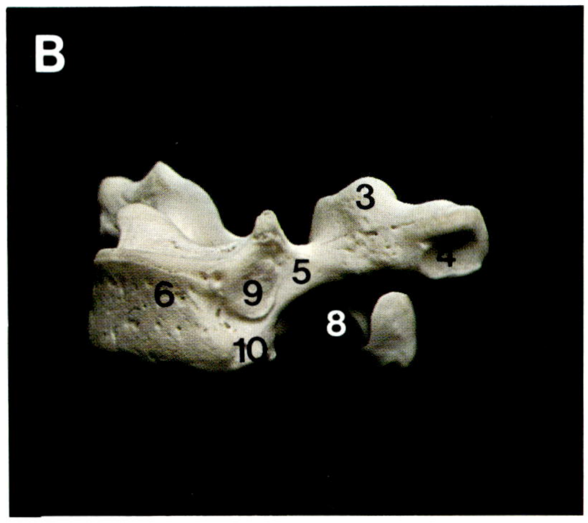

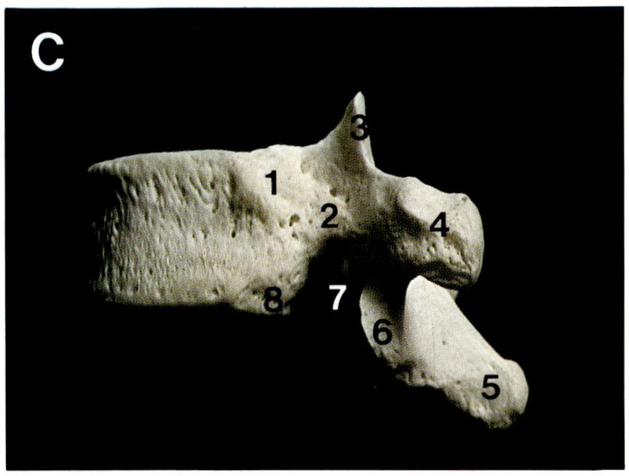

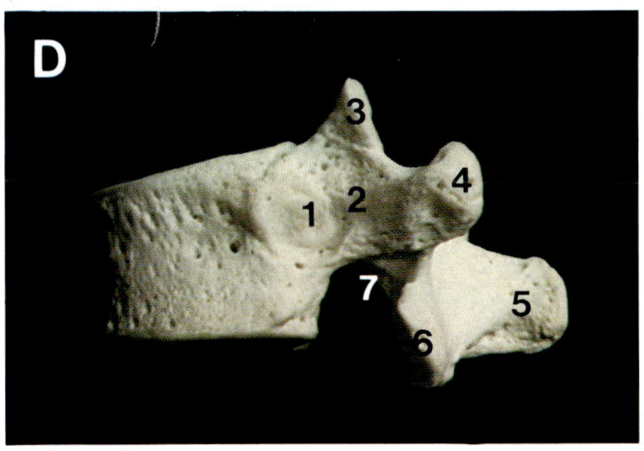

A und B Erster Brustwirbel, A von oben, B von links-vorne gesehen
1 Processus spinosus
2 Lamina (arcus vertebrae)
3 Processus articularis superior
4 Processus transversus mit Fovea costalis
5 Pediculus (arcus vertebrae)
6 Corpus vertebrae
7 Foramen vertebrale
8 Processus articularis inferior
9 Fovea costalis superior
10 Fovea costalis inferior

C Zehnter Brustwirbel, D elfter Brustwirbel, Seitenansicht
1 Fovea costalis superior
2 Pediculus (arcus vertebrae)
3 Processus articularis superior
4 Processus transversus
5 Processus spinosus
6 Processus articularis inferior
7 Incisura vertebralis inferior
8 Fovea costalis inferior (in der Regel fehlt diese Gelenkfläche am 11. Brustwirbel)

E–G Zwölfter Brustwirbel, E von links, F von oben, G von hinten gesehen
1 Corpus vertebrae
2 Fovea costalis
3 Pediculus (arcus vertebrae)
4 Processus articularis superior
5 Tuberculum superius ⎤ processus
6 Tuberculum inferius ⎦ transversi
7 Processus spinosus
8 Processus articularis inferior
9 Tuberculum laterale processus transversi

● Der erste, zehnte, elfte und zwölfte Brustwirbel sind atypisch.

● Der erste Brustwirbel besitzt eine posterolaterale Knochenlippe am Wirbelkörper und ein dreieckiges Foramen vertebrale (Strukturen, die für die Halswirbel charakteristisch sind) sowie eine komplette (runde) Gelenkfläche am Wirbelkörper für die erste Rippe.

● Zehnter, elfter und zwölfter Brustwirbel sind dadurch charakterisiert, daß sie an jeder Seite des Wirbelkörpers eine komplette Gelenkfläche besitzen, die sich kaudalwärts zunehmend am Wirbelkörper nach unten verlagert. Außerdem fehlt die Fovea articularis am Querfortsatz.

● Beim zwölften Brustwirbel wird der Processus transversus durch 3 Tubercula ersetzt: das obere Tuberculum entspricht dem Processus mamillaris der Lendenwirbel, das laterale dem Querfortsatz und das untere dem Processus accessorius der Lendenwirbel.

● Die Processus articulares inferiores des zwölften Brustwirbels sind etwas nach unten gerichtet und gebogen, um mit den entsprechenden Fortsätzen des ersten Lendenwirbels artikulieren zu können.

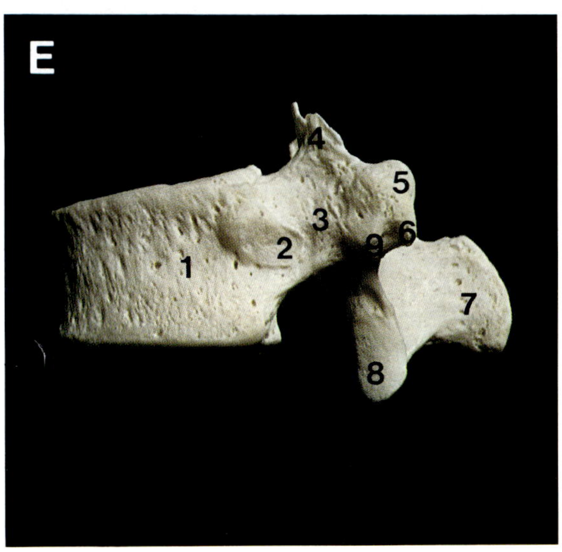

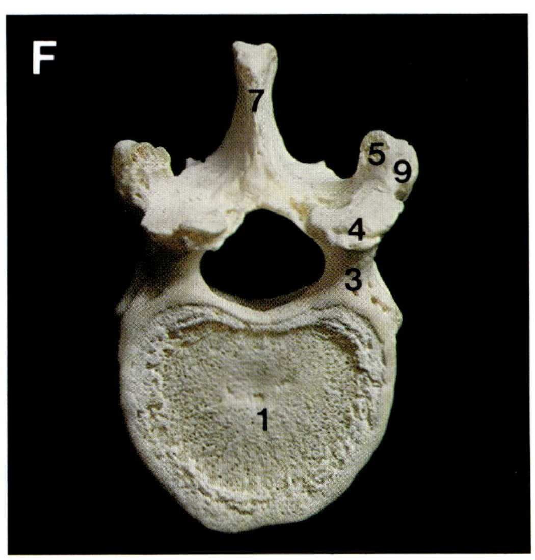

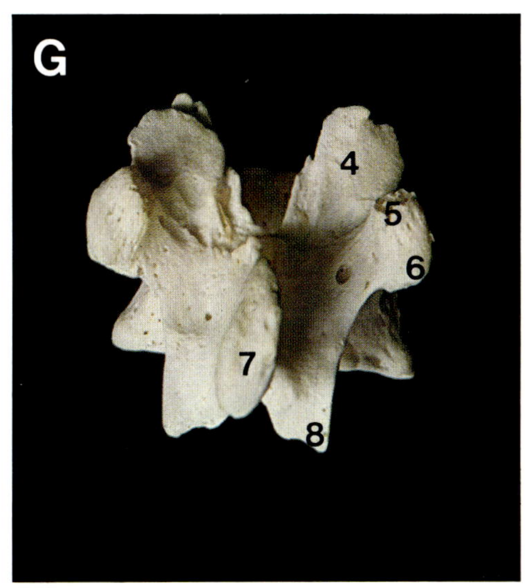

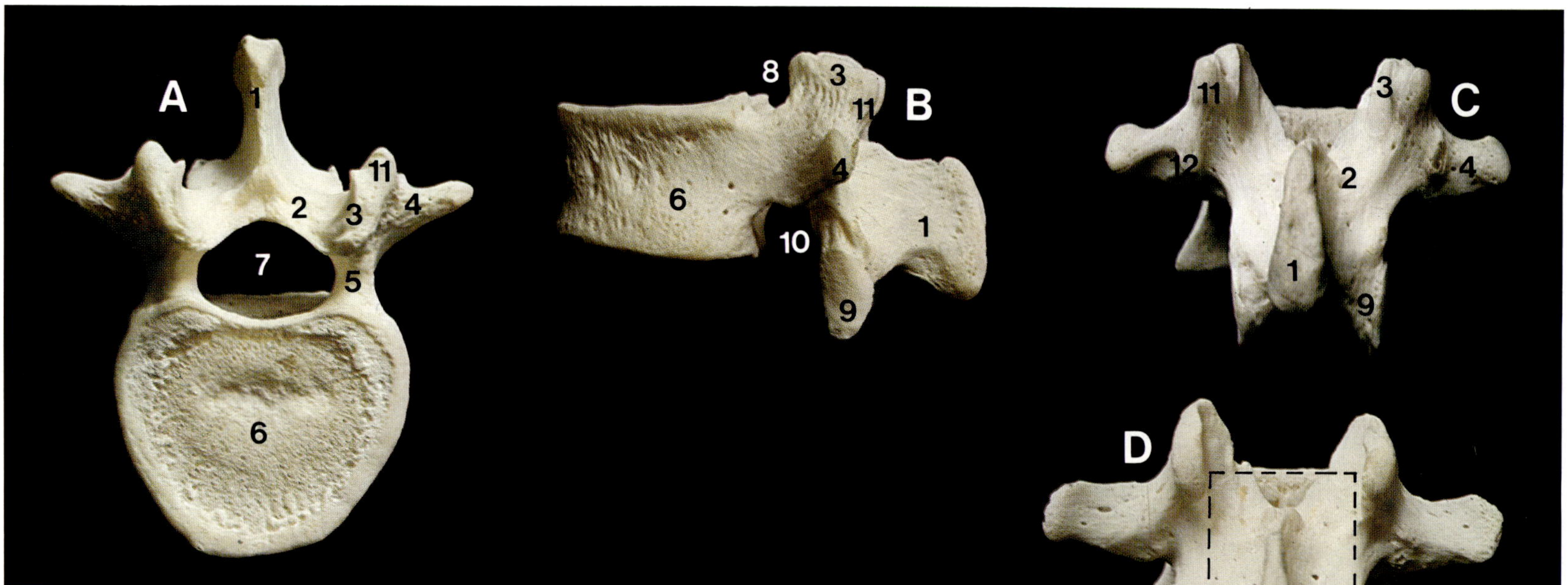

A–C Erster Lendenwirbel, A von oben, B von links, C von hinten gesehen

1 Processus spinosus
2 Lamina (arcus vertebrae)
3 Processus articularis superior
4 Processus transversus
5 Pediculus (arcus vertebrae)
6 Corpus vertebrae
7 Foramen vertebrale
8 Incisura vertebralis superior
9 Processus articularis inferior
10 Incisura vertebralis inferior
11 Processus mamillaris
12 Processus accessorius

● Die wichtigsten Charakteristika der Lendenwirbel sind: Große, plumpe Wirbelkörper, Fehlen von Gelenkflächen für die Rippen, dreieckige Foramina vertebralia, Dornfortsätze, die nach rückwärts zeigen und viereckig oder beilförmig gestaltet sind, Processus articulares superiores, die vertikal gestellt sind und deren Gelenkflächen nach medial-hinten zeigen, sowie zusätzliche Processus mamillares.

● Der Processus costarius der Lendenwirbel stellt das Rippenrudiment dar.

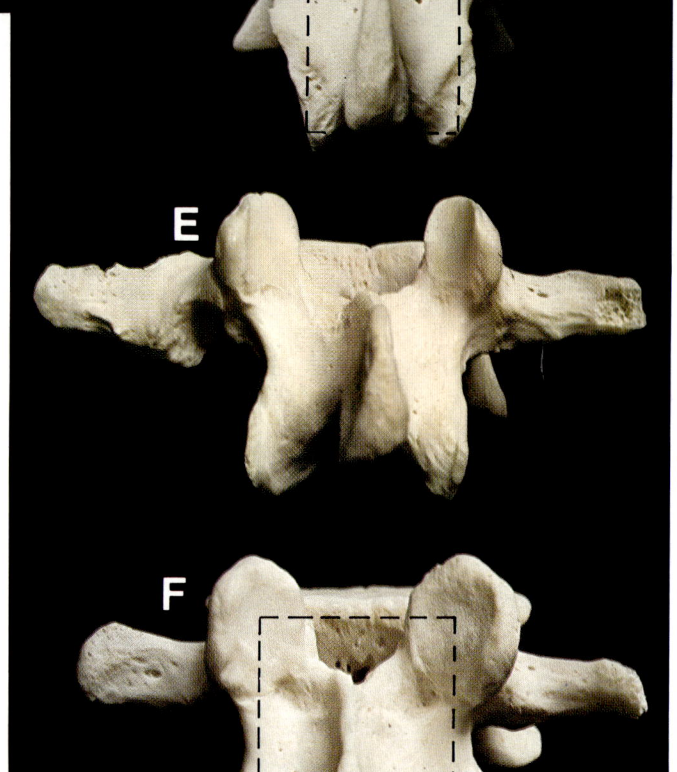

D–G D Zweiter Lendenwirbel (von hinten), E dritter Lendenwirbel (von hinten), F vierter Lendenwirbel (von links), G fünfter Lendenwirbel (von hinten)

● Von hinten gesehen, bilden die 4 Gelenkfortsätze des ersten und zweiten Lendenwirbels ein vertikales Rechteck (durch die unterbrochene Linie gekennzeichnet), diejenigen des dritten und vierten Lendenwirbels dagegen ein Quadrat und diejenigen des fünften Lendenwirbels ein horizontales Rechteck.

H Fünfter Lendenwirbel, von oben gesehen

1 Processus spinosus
2 Lamina (arcus vertebrae)
3 Processus articularis superior
4 Processus transversus
5 Corpus vertebrae
6 Foramen vertebrale

● Der fünfte Lendenwirbel zeichnet sich dadurch aus, daß der Processus transversus sich breit mit dem Wirbelkörper sowie auch mit dem Arcus vertebrae verbindet.

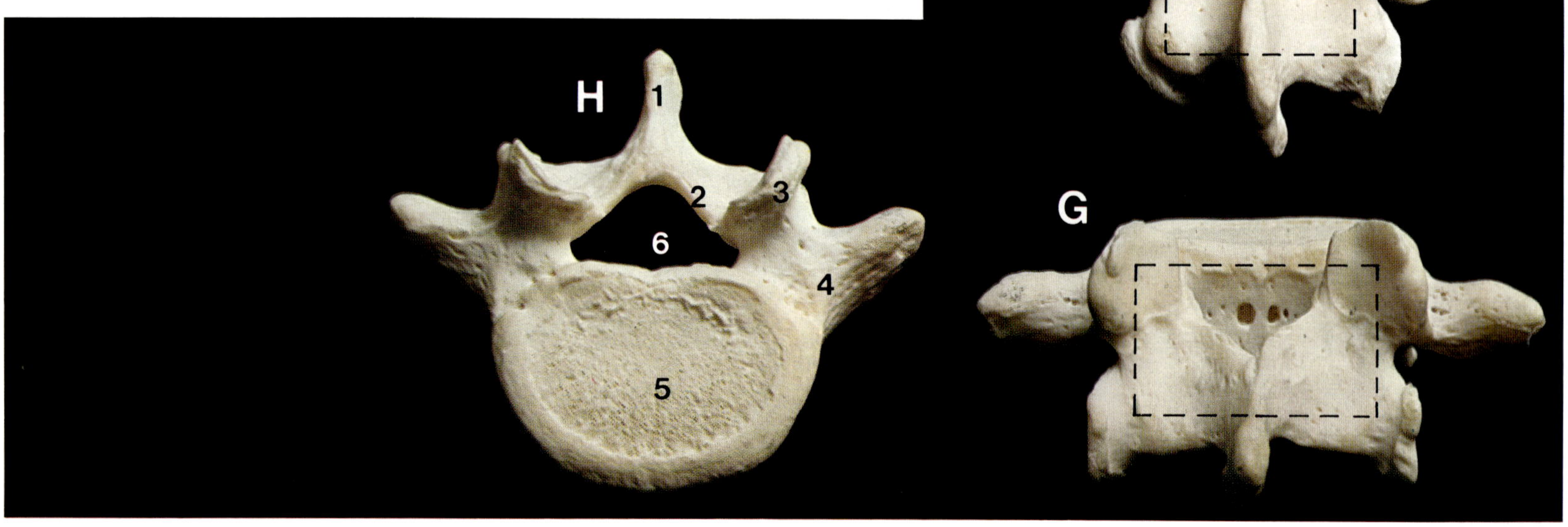

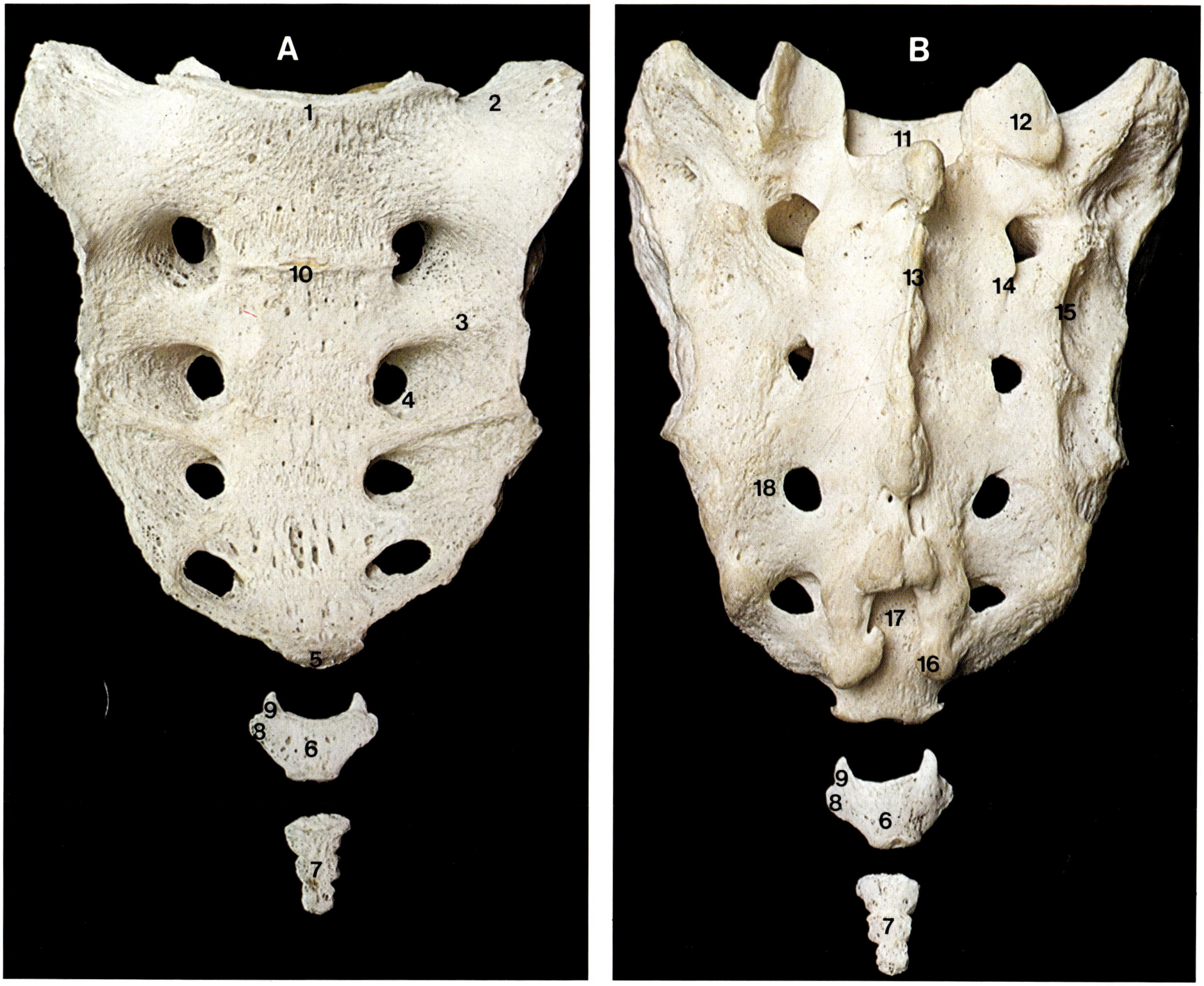

Os sacrum und Os coccygis, A Facies pelvina, B Facies dorsalis

1 Promontorium
2 Obere Fläche des lateralen Abschnittes
3 Pars lateralis
4 Foramen sacrale pelvinum II
5 Gelenkfläche für das Os coccygis (Apex ossis sacri)
6 Ester Steißwirbel
7 Miteinander verschmolzene Kokzygealwirbel
8 Processus transversus
9 Cornu coccygeum
10 Grenze zwischen 1. und 2. Sakralwirbel (Linea transversa)
11 Canalis sacralis
12 Processus articularis superior
13 Crista sacralis mediana
14 Crista sacralis intermedia
15 Crista sacralis lateralis
16 Cornu sacrale
17 Hiatus sacralis
18 Foramen sacrale dorsale III

● Das Os sacrum bildet sich durch Verschmelzung von 5 Sakralwirbeln. Die Crista sacralis mediana stellt die miteinander verschmolzenen Dornfortsätze dar, die Crista sacralis intermedia entspricht den Gelenkfortsätzen und die Crista sacralis lateralis den Querfortsätzen.
● Der Hiatus sacralis ist das untere Ende des Wirbelkanals.
● Das Os coccygis entsteht normalerweise durch die Verschmelzung von 4 rudimentären Schwanzwirbeln, jedoch variiert diese Zahl zwischen 3 und 5. Im vorliegenden Fall ist der erste Steißwirbel nicht mit den folgenden Wirbeln verschmolzen.

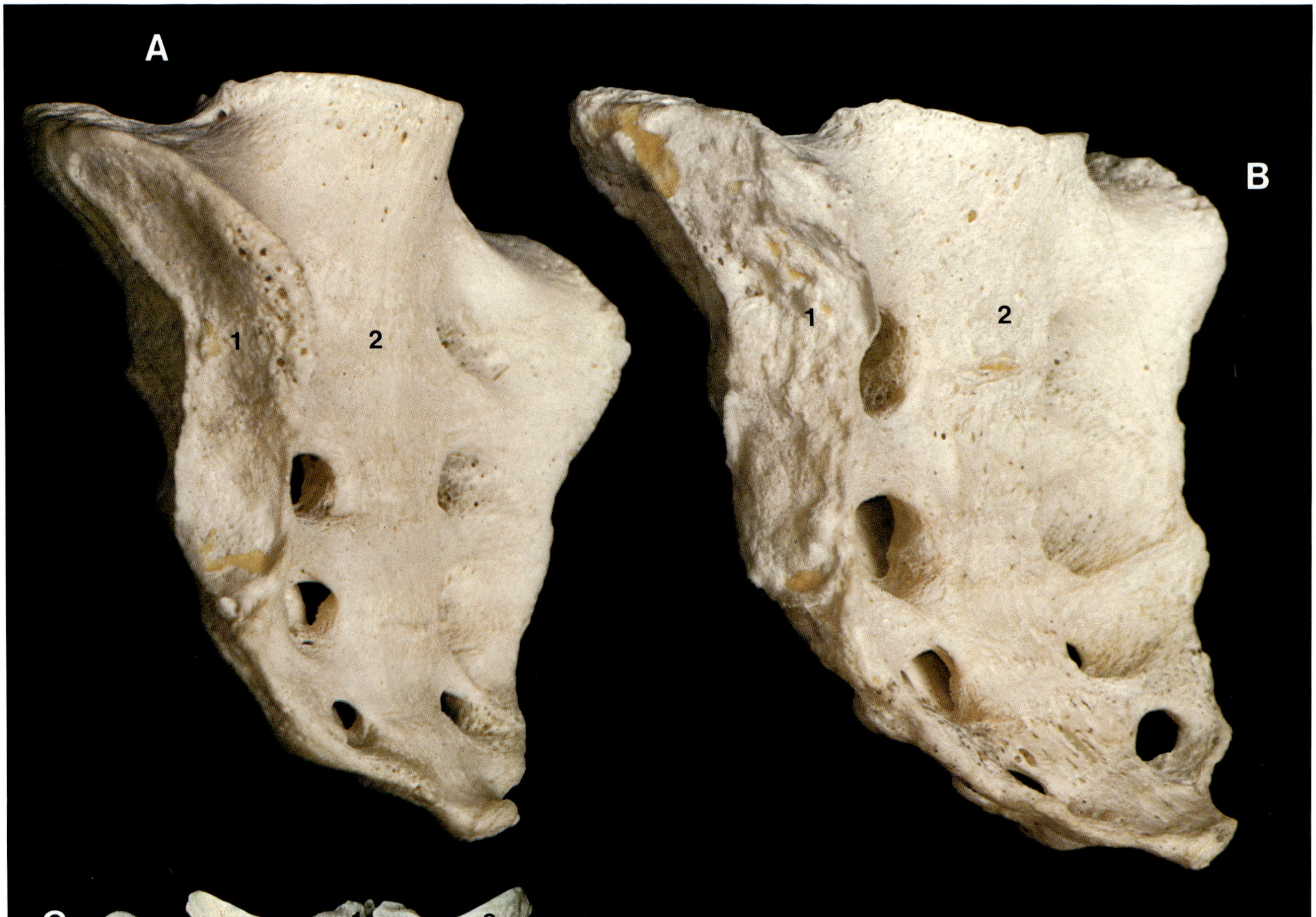

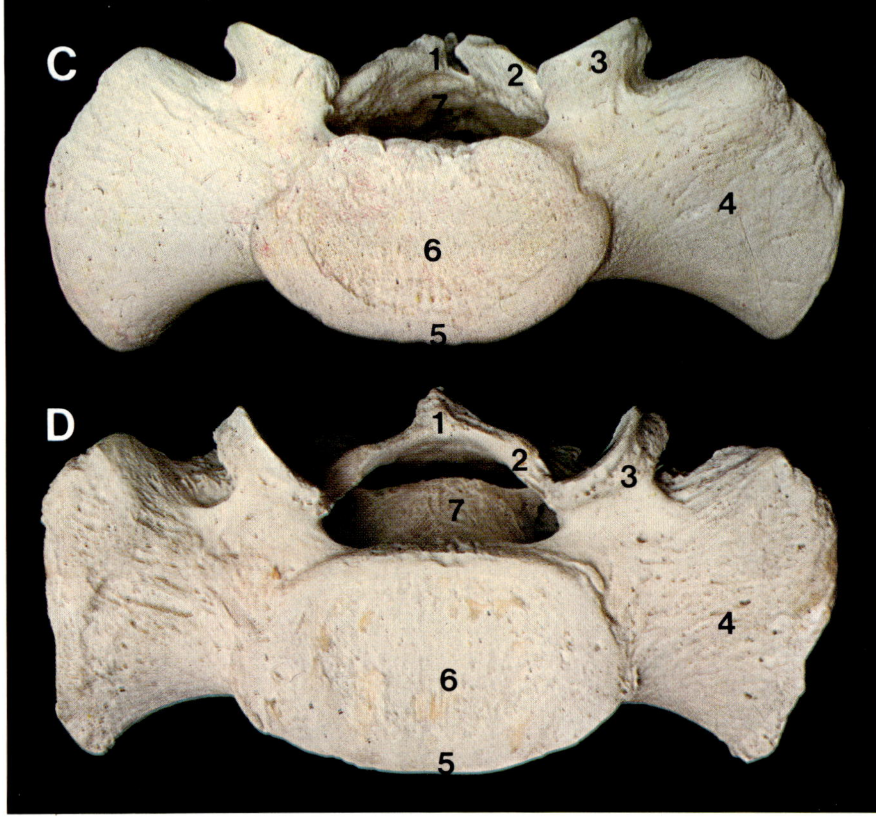

A und B Os sacrum, von rechts gesehen, A weibliches, B männliches Becken

1 Facies auricularis
2 Facies pelvina

● Bei der Frau ist die Facies pelvina des Kreuzbeines im Bereich der ersten 3 Sakralwirbel relativ flach, während sie sich kaudal stärker krümmt. Beim Mann zeigt die Facies pelvina eine mehr gleichmäßige Krümmung.

● Die Kapsel des Sakroiliakalgelenks befestigt sich am Rand der Facies auricularis oder articularis.

Basis ossis sacri (kraniale Fläche), C weiblich, D männlich

1 Tuberculum spinosum der Crista sacralis mediana
2 Lamina (arcus vertebrae)
3 Processus articularis superior
4 Pars lateralis
5 Promontorium
6 Wirbelkörper des ersten Sakralwirbels
7 Canalis sacralis

● Beim Manne hat der erste Sakralwirbel, dessen Größe sich anhand der Linea transversa beurteilen läßt, einen größeren Anteil an der Kreuzbeinbasis als bei der Frau.

● Bei der Sakralisation des fünften Lendenwirbels verschmilzt dieser Wirbel mit dem Os sacrum (meist unvollständig). Bei der selteneren Lumbalisation des ersten Sakralwirbels (nicht abgebildet) verschmilzt das obere Segment des Kreuzbeins (meist unvollständig) mit der Wirbelsäule.

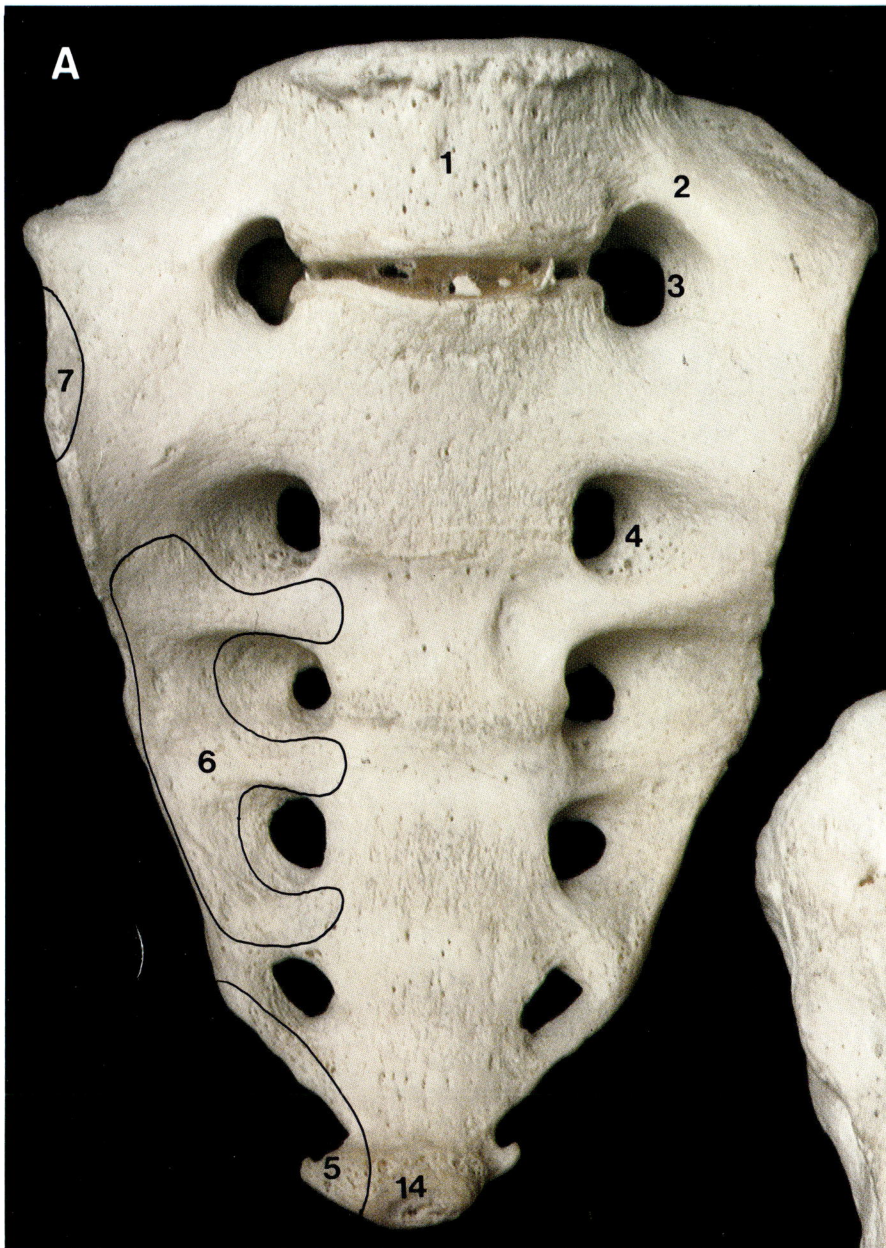

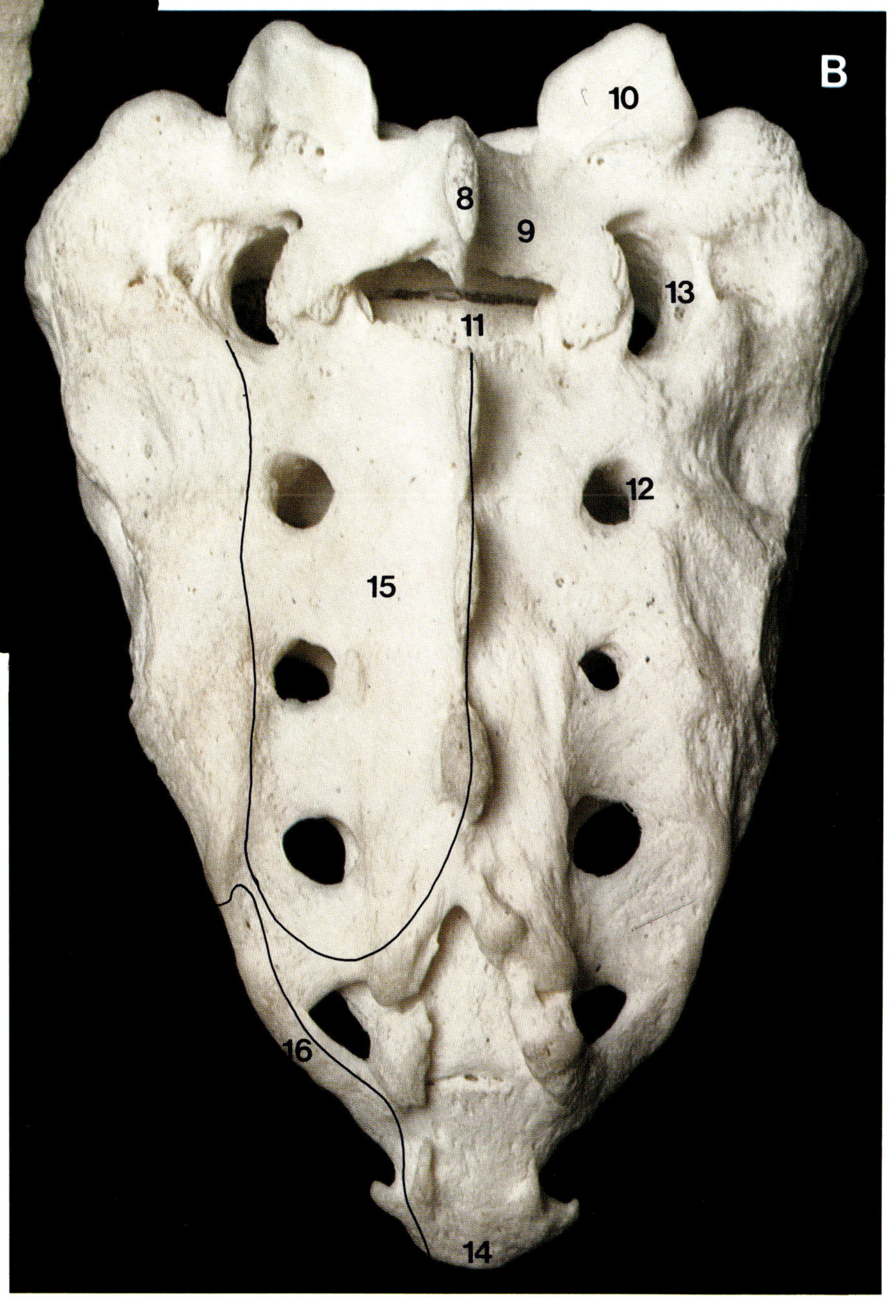

Os sacrum mit Sakralisation des fünften Lendenwirbels, A Facies pelvina, B Facies dorsalis (mit Ansatzflächen der Muskulatur)

1 Fünfter Lendenwirbelkörper
2 Verschmelzung des Processus transversus mit dem lateralen Teil des Os sacrum
3 Foramen für den Ramus ventralis des fünften Lumbalnerven
4 Foramen sacrale pelvinum I
5 M. coccygeus
6 M. piriformis
7 M. iliacus
8 Processus spinosus des fünften Lendenwirbels
9 Lamina (arcus vertebrae)
10 Processus articularis superior des fünften Lumbalwirbels
11 Canalis sacralis
12 Foramen sacrale dorsale I
13 Foramen für den Ramus dorsalis des fünften Lumbalnerven
14 Erster Steißwirbel (mit dem Os sacrum verschmolzen)
15 M. erector spinae
16 M. glutaeus maximus

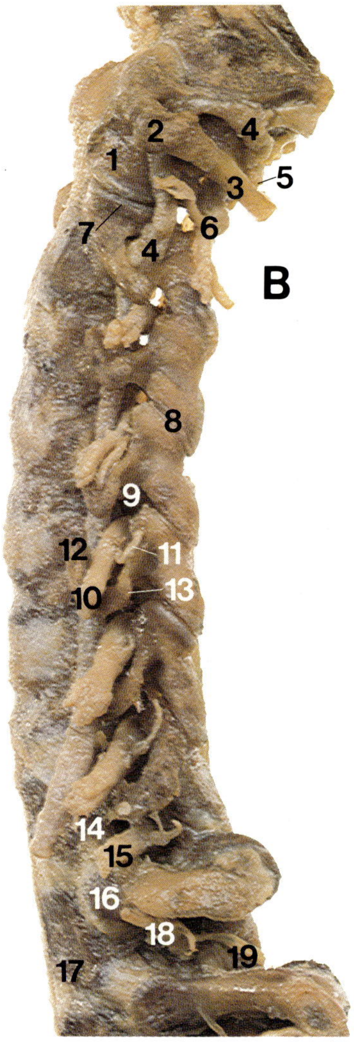

A Halswirbelsäule, von vorne gesehen
(Rechts wurden die Processus transversi teilweise entfernt)

1 Massa lateralis atlantis
2 Processus transversus atlantis
3 A. vertebralis
4 Axis
5 Lig. longitudinale anterius
6 Tuberculum anterius ⎤ processus transversi
7 Suclus n. spinalis ⎤ processus transversi
8 Tuberculum posterius ⎦
9 Ramus ventralis des fünften Zervikalnerven
10 Corpus des siebten Halswirbels
11 Ramus ventralis des achten Zervikalnerven
12 Caput der ersten Rippe
13 Ramus ventralis des ersten Thorakalnerven

B Hals- und obere Brustwirbelsäule (mit Spinalnervenwurzeln), von lateral (links) gesehen

1 Massa lateralis ⎤
2 Processus transversus ⎬ atlantis
3 Arcus posterior ⎦
4 A. vertebralis
5 N. cervicalis I
6 Dorsale Wurzel des zweiten Zervikalnerven und zugehöriges Spinalganglion
7 Articulatio atlantoaxialis lateralis
8 Intervertebralgelenk
9 Foramen intervertebrale
10 Ramus ventralis ⎤ des fünften
11 Ramus dorsalis ⎦ Zervikalnerv
12 Tuberculum anterius ⎤ processus transversi
13 Tuberculum posterius ⎦ des fünften Halswirbels
14 Wirbelkörper des siebten Halswirbels
15 Ramus ventralis des achten Zervikalnerven
16 Caput costae (1. Rippe)
17 Corpus des ersten Brustwirbels
18 Ramus ventralis ⎤ des ersten
19 Ramus dorsalis ⎦ Thorakalnerven

● Der erste Zervikalnerv tritt oberhalb, der zweite unterhalb des Arcus posterior atlantis aus.
● Im ersten Abschnitt der A. subclavia geht die A. vertebralis nach kranial ab und tritt in das Foramen transversum des sechsten Halswirbels ein.
● Bezüglich der Rippengelenke vgl. auch S. 196 und 197.

C Halswirbelsäule (Foramina intervertebralia), von lateral (links) gesehen

1 Dritter Halswirbel (Corpus vertebrae)
2 Discus intervertebralis
3 Pediculus (arcus vertebrae)
4 Foramen intervertebrale
5 Intervertebralgelenk
6 Tuberculum posterius ⎤
7 Sulcus n. spinalis ⎬ processus transversi des fünften Halswirbels
8 Tuberculum anterius ⎦

● Das Foramen intervertebrale wird vorne vom Wirbelkörper, oben vom Discus intervertebralis, unten von den Pedikeln und hinten vom Intervertebralgelenk begrenzt.

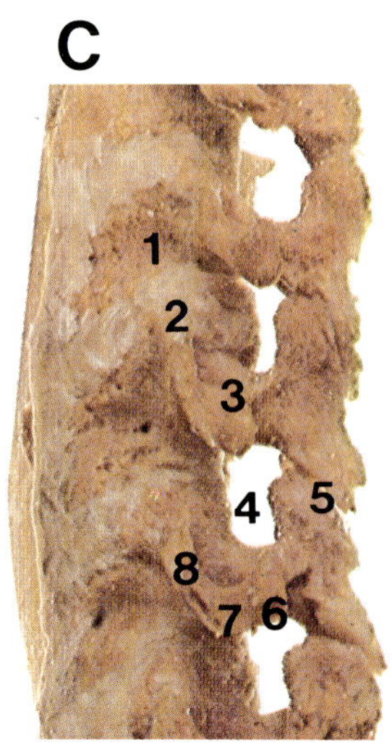

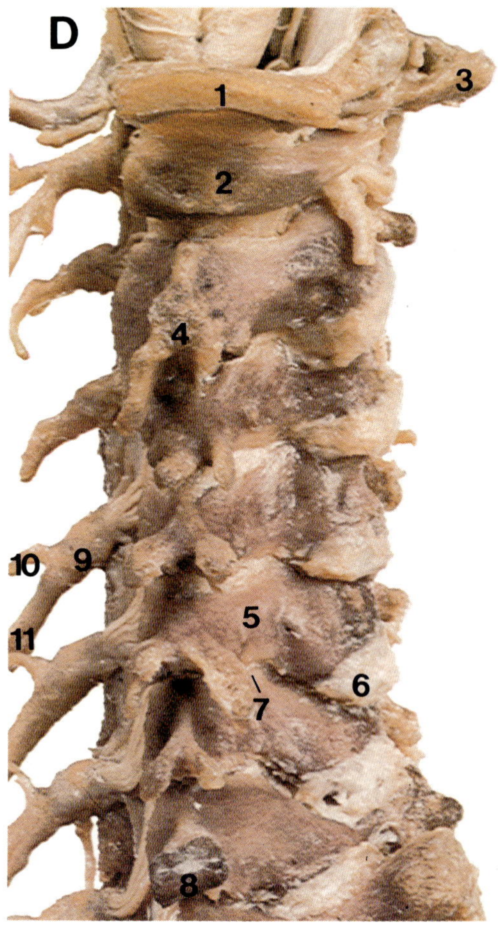

D Halswirbelsäule, etwas von rechts und hinten gesehen *(Die Wirbelbögen wurden teilweise entfernt)*

1 Teil des Os occipitale
2 Arcus posterior ⎤ atlantis
3 Processus transversus ⎦
4 Processus spinosus axis
5 Lamina (arcus vertebrae) des fünften Halswirbels
6 Intervertebralgelenk
7 Lig. flavum
8 Processus spinosus des siebten Halswirbels
9 Spinalganglion ⎤
10 Ramus dorsalis ⎬ des fünften Zervikalnerven
11 Ramus ventralis ⎦

● Die Ligamenta flava verlaufen zwischen den Wirbelbögen benachbarter Wirbel. Sie sind im Lendenbereich größer und dicker als in der übrigen Wirbelsäule (s. a. S. 86).

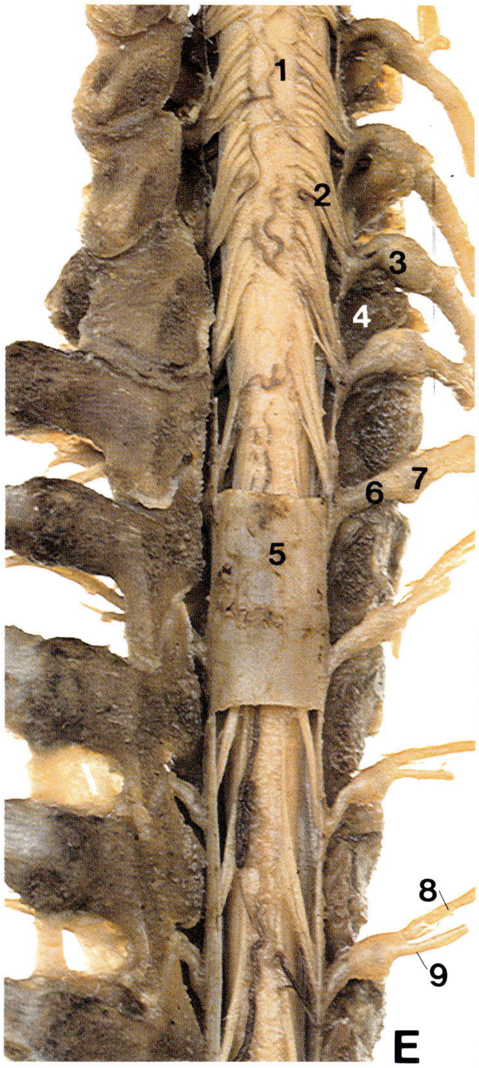

E Unterer Hals- und oberer Brustabschnitt des Rückenmarks, von hinten gesehen *(Wirbelbögen und Rückenmarkshäute wurden entfernt)*

1 Medulla spinalis und Vasa spinalia posteriora
2 Fila radicularia dorsalia ⎤ des achten
3 Spinalganglion ⎦ Zervikalnerven
4 Pediculus (arcus vertebrae) des ersten Brustwirbels
5 Dura mater
6 Durascheide ⎤ des zweiten
7 Spinalganglion ⎦ Thorakalnerven
8 Ramus ventralis ⎤ des fünften
9 Ramus dorsalis ⎦ Thorakalnerven

● Jede der beiden Spinalnervenwurzeln entsteht durch die Vereinigung mehrerer Wurzelfäden (Fila radicularia).
● Der N. spinalis entsteht durch die Verbindung der Radix anterior mit der Radix posterior unmittelbar distal vom Spinalganglion, das im Foramen intervertebrale lokalisiert ist. Im Anschluß daran teilt sich der Spinalnerv in einen ventralen und dorsalen Ast (primäre Äste). Der eigentliche Spinalnerv ist daher nur wenige Millimeter lang.
● Die unteren zervikalen und die oberen thorakalen Spinalnerven werden beim Eintritt in die Durascheiden der Foramina intervertebralia scharf abgeknickt.
● Weitere Details über das obere Halsmark und den Hirnstamm s. S. 69.

F Wirbelsäule und Rückenmark im Hals- und oberen Brustbereich, von lateral gesehen *(Teile der Wirbelbögen und Hirnhäute wurden teilweise entfernt)*

1 Spinale Wurzel des N. accessorius
2 Medulla oblongata
3 Foramen (occipitale) magnum
4 Os occipitale
5 Arcus posterior atlantis
6 Processus spinosus axis (hier abnorm groß)
7 Medulla spinalis
8 Dura mater
9 Lig. denticulatum
10 Fila radicularia ventralia ⎤
11 Fila radicularia dorsalia ⎥ des fünf-
12 Ganglion spinale ⎥ ten Zer-
13 Ramus dorsalis ⎥ vikalnerven
14 Ramus ventralis ⎦
15 Processus spinosus des siebten Halswirbels
16 Spinalganglion des achten Zervikalnerven
17 Corpus vertebrae (erster Brustwirbel)
18 Arachnoidea
19 Truncus sympathicus

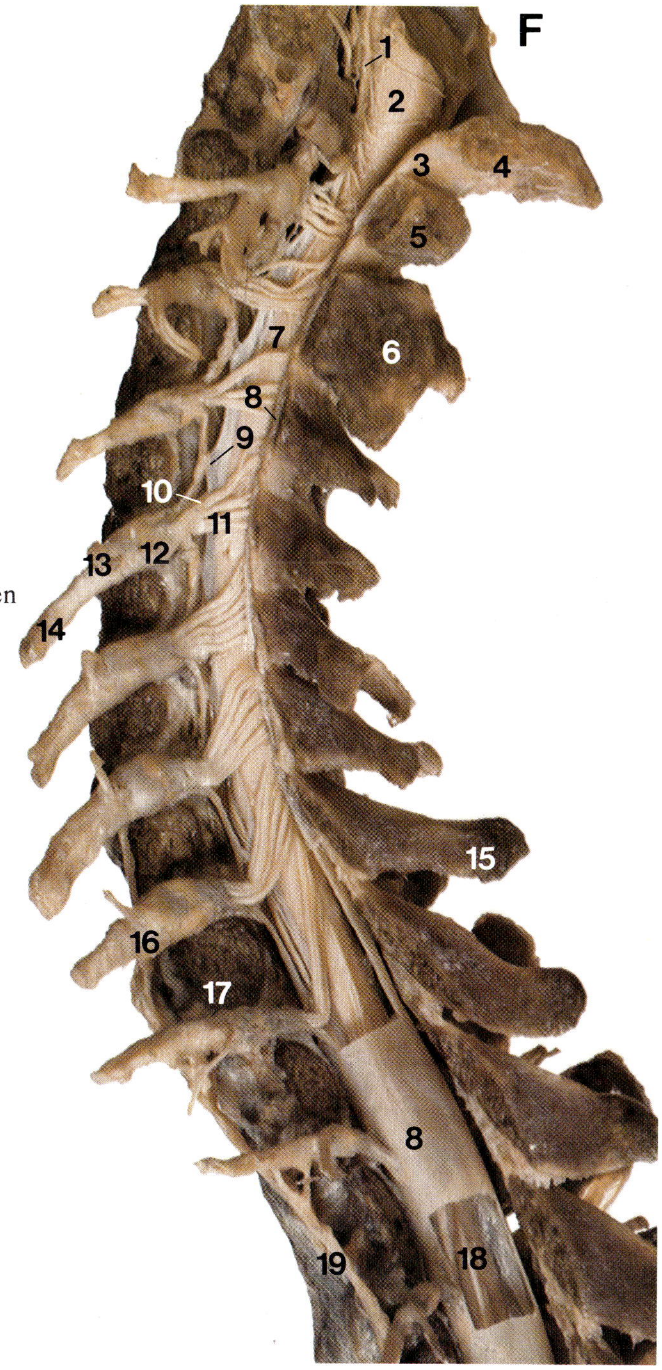

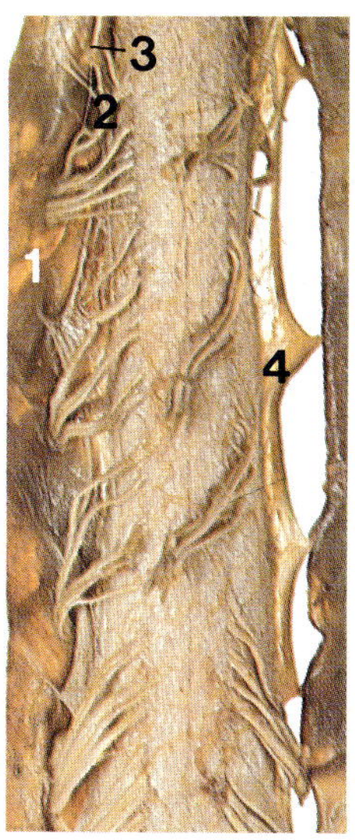

G Halsmark (Ausschnitt), Dura mater und Ligamentum denticulatum, von hinten gesehen

1 Dura mater und Arachnoidea
2 Fila radicularia dorsalia des ersten Zervikalnerven
3 Spinale Wurzel des N. accessorius
4 Lig. denticulatum

● Das Lig. denticulatum wird von der Pia mater gebildet.
● Auf der rechten Seite wurden die Fila radicularia dorsalia durchschnitten und etwas nach medial gezogen und die Fila radicularia ventralia entfernt (sie liegen vor dem Lig. denticulatum).

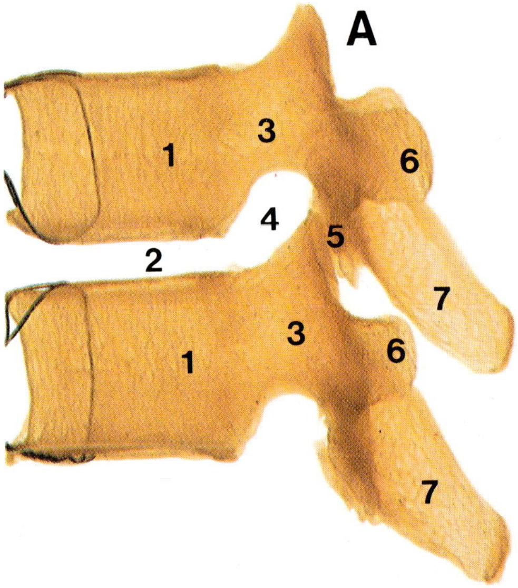

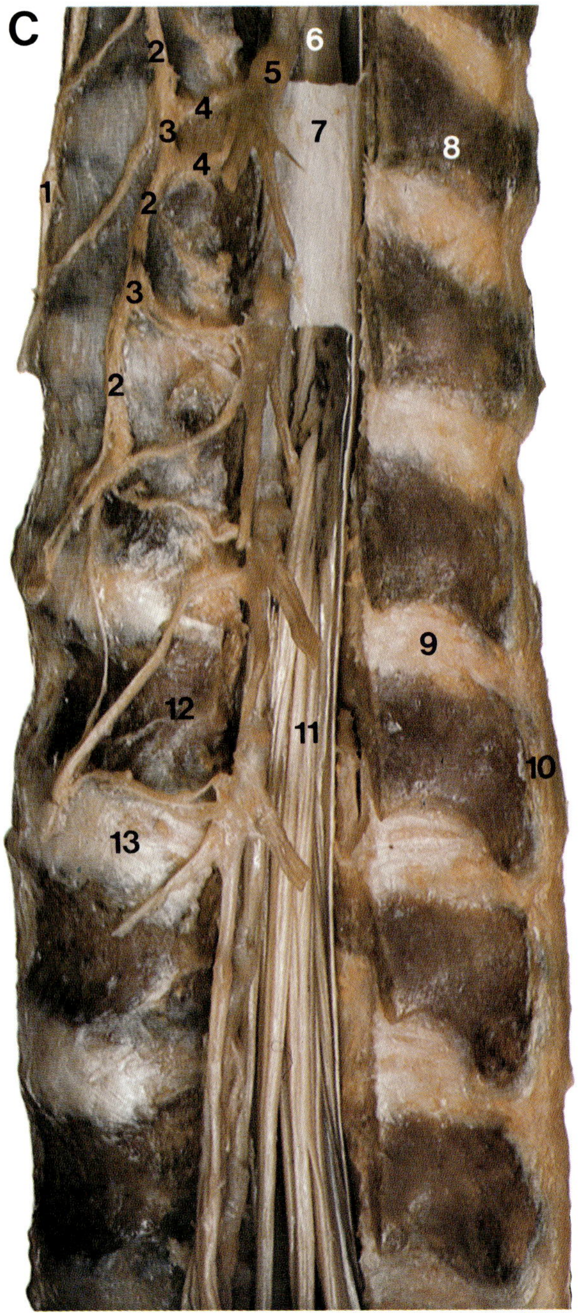

A Aufgehelltes Präparat zweier Brustwirbel, von lateral gesehen

1 Corpus vertebrae
2 Raum für den Discus intervertebralis
3 Pediculus (arcus vertebrae)
4 Foramen intervertebrale
5 Intervertebralgelenk
6 Processus transversus
7 Processus spinosus

● Das Foramen intervertebrale wird vorne durch den Wirbelkörper bzw. Discus intervertebralis, oben und unten von den Pedikeln der Wirbelbögen und hinten von den Intervertebralgelenken begrenzt.

B Wirbelsäule, Lumbal- und Sakralregion *(Rückenmarkshäute und Cauda equina von dorsal gesehen. Wirbelbögen wurden entfernt)*

1 Conus medullaris
2 Cauda equina
3 Dura mater
4 Processus articularis superior des dritten Lendenwirbels
5 Filum terminale
6 Fila radicularia des fünften Lumbalnerven
7 Discus intervertebralis des vierten Lumbalsegmentes
8 Pedikel des fünften Lendenwirbels (arcus vertebrae)
9 Spinalganglion des fünften Lumbalnerven
10 Discus intervertebralis des fünften Lumbalsegments (Discus lumbosacralis)
11 Durascheide des ersten Sakralnerven
12 Pars lateralis ossis sacri
13 Zweiter Sakralwirbel

● Das Rückenmark endet in Höhe des ersten Lendenwirbels mit dem Conus medullaris.
● Der Subarachnoidalraum hört in Höhe des zweiten Sakralwirbels auf.
● Ein ähnliches Präparat dieser wichtigen Region ist auf S. 86 abgebildet.

C Wirbelsäule und Rückenmark im unteren thorakalen und oberen lumbalen Bereich, von lateral gesehen *(Wirbelbögen und Hirnhäute wurden teilweise entfernt)*

1 N. splanchnicus major
2 Truncus sympathicus
3 Grenzstrangganglion
4 Rami communicantes
5 Spinalganglion des zehnten Thorakalnerven
6 Medulla spinalis
7 Dura mater
8 Processus spinosus des zehnten Brustwirbels
9 Lig. interspinale
10 Lig. supraspinale
11 Cauda equina
12 Corpus vertebrae des ersten Lendenwirbels
13 Discus intervertebralis des ersten Lendenwirbels

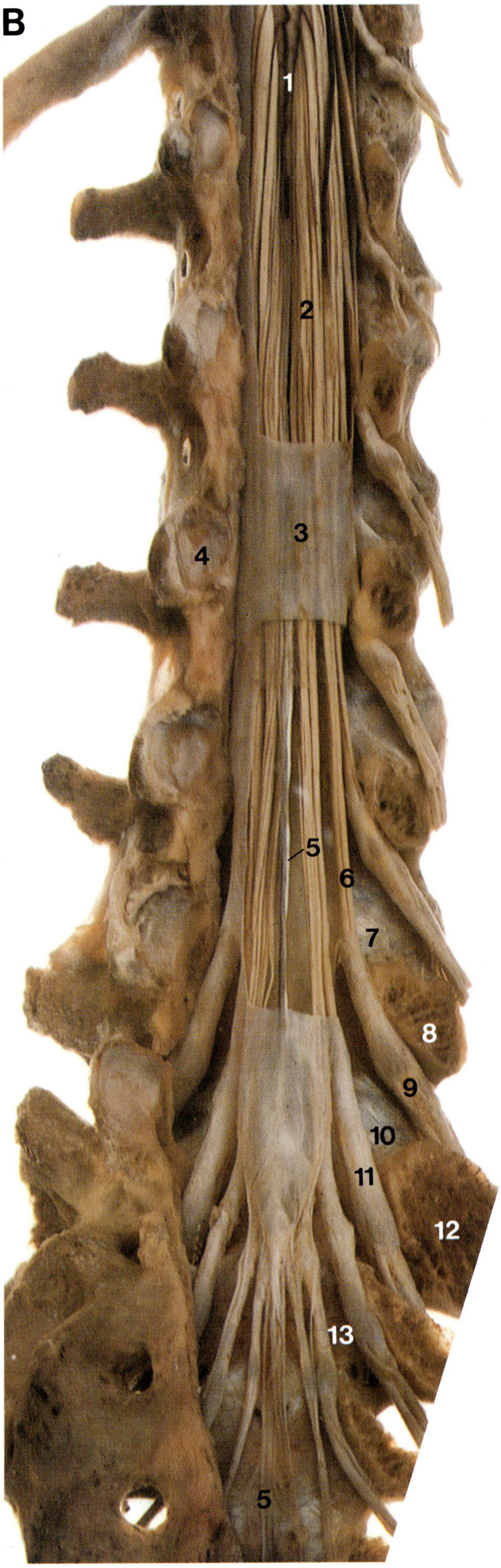

D

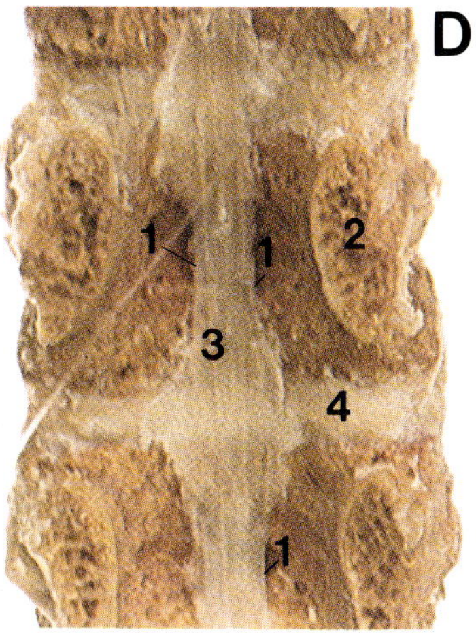

D Untere Brustwirbelsäule, von dorsal gesehen
(Die Wirbelbögen wurden entfernt, um das Lig. longitudinale posterius zu zeigen)

1 Foramina nutricia an der Hinterfläche des Wirbelkörpers
2 Pediculus (arcus vertebrae)
3 Lig. longitudinale posterius
4 Discus intervertebrale

● Das Lig. longitudinale posterius verbreitert sich an den Stellen, an denen es sich mit dem Discus intervertebralis verbindet, wird jedoch in Höhe der Wirbelkörper sehr schmal und geht dort keine Verbindungen mit dem Knochen ein, damit die Gefäße noch in den Wirbelkörper eintreten können.

E

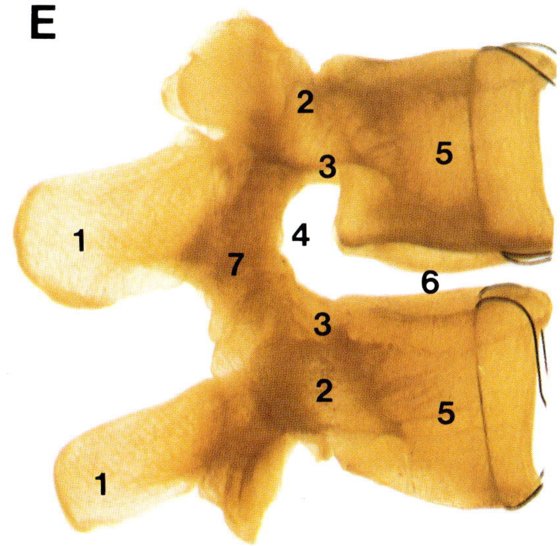

E Aufgehelltes Präparat zweier Lendenwirbel, von lateral gesehen

1 Processus spinosus
2 Processus transversus
3 Pediculus (arcus vertebrae)
4 Foramen intervertebrale
5 Corpus vertebrae
6 Raum für den Discus intervertebralis
7 Intervertebralgelenk

● Die Begrenzung der Foramina intervertebralia in der Lendenwirbelsäule unterscheidet sich nicht von der in der Hals- und Brustwirbelsäule (vgl. S. 83 u. 84).

F Untere Lendenwirbelsäule, Ligamentum longitudinale anterius, von vorne gesehen

1 Lig. longitudinale anterius (vor der Markierung)
2 Corpus vertebrae (vierter Lumbalwirbel)
3 Discus intervertebralis
4 Corpus vertebrae (fünfter Lumbalwirbel)
5 Ramus anterior des fünften Lumbalnerven
6 Pars lateralis ossis sacri

F

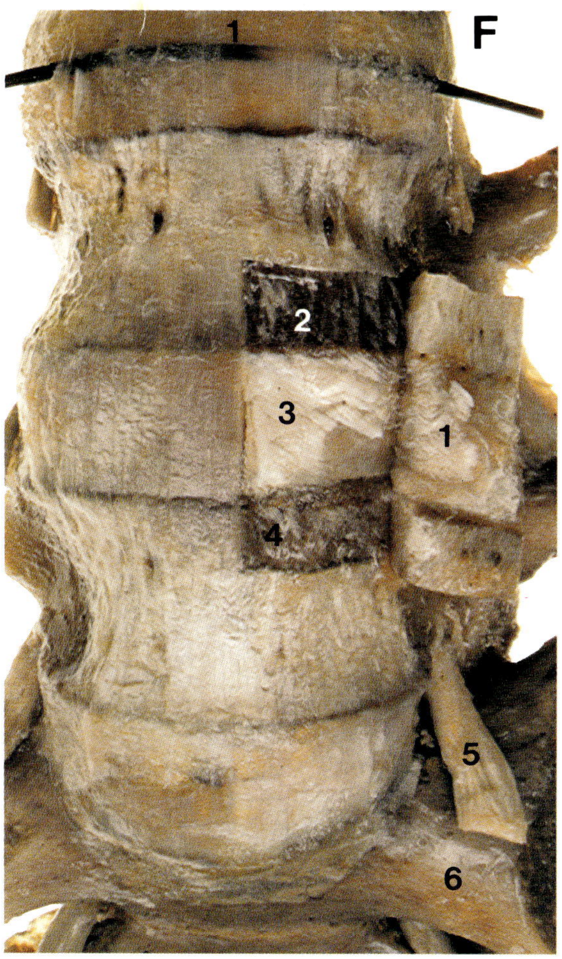

G Obere Lendenwirbelsäule, Foramina intervertebralia und Spinalnerven, von rechts gesehen

1 Zwölfte Rippe
2 Grenzstrangganglion
3 Lig. longitudinale anterius
4 Erster Lendenwirbel
5 Rami communicantes
6 Erster Lumbalnerv beim Austritt aus dem Foramen intervertebrale
7 Ramus ventralis } des ersten Lumbalnerven
8 Ramus dorsalis } des ersten Lumbalnerven
9 Discus intervertebralis des ersten Lumbalwirbels
10 Ramus ventralis } des zweiten Lumbalnerven
11 Ramus dorsalis } des zweiten Lumbalnerven
12 Intervertebralgelenk
13 Processus spinosus des zweiten Lendenwirbels
14 Lig. interspinale
15 Lig. supraspinale

G

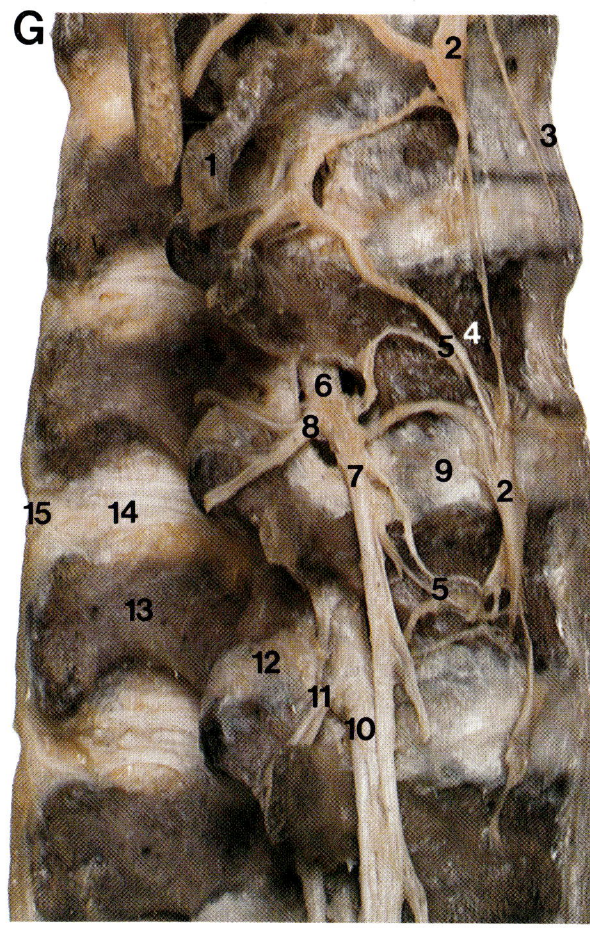

Spinalnervenwurzeln und Rückenmarkshäute im Lenden- und Sakralbereich, von hinten gesehen *(Wirbelbögen entfernt)*

1 Dura mater
2 Pediculus (arcus vertebrae) des fünften Lendenwirbels
3 Durascheide, die die Wurzeln der Spinalnerven und das im Foramen intervertebrale gelegene Spinalganglion des fünften Lumbalnerven umhüllt
4 Fünfter Lumbalnerv
5 Discus intervertebralis des fünften Lumbalsegmentes
6 Filum terminale
7 Durascheide, die die Wurzeln des ersten Sakralnerven und das zugehörige Spinalganglion einschließt
8 Zweiter Sakralwirbel

● Wenn die Zwischenwirbelscheibe des fünften Lumbalsegmentes nach dorsal herausgedrängt wird (»Bandscheibenprolaps«), können die Wurzeln des ersten Sakralnerven irritiert werden. Im allgemeinen gilt die Regel, daß ein Bandscheibenvorfall die Wurzeln der jeweils unterhalb des Discus gelegenen Spinalnerven reizen kann. Man beachte zum Beispiel, daß die Spinalnervenwurzeln des fünften Lumbalsegmentes mit ihrer Durascheide lateral unter dem Pedikel des fünften Lendenwirbels liegen und auf diese Weise nicht *hinter* der Zwischenwirbelscheibe lokalisiert sind wie etwa die Wurzeln des ersten Sakralsegmentes.

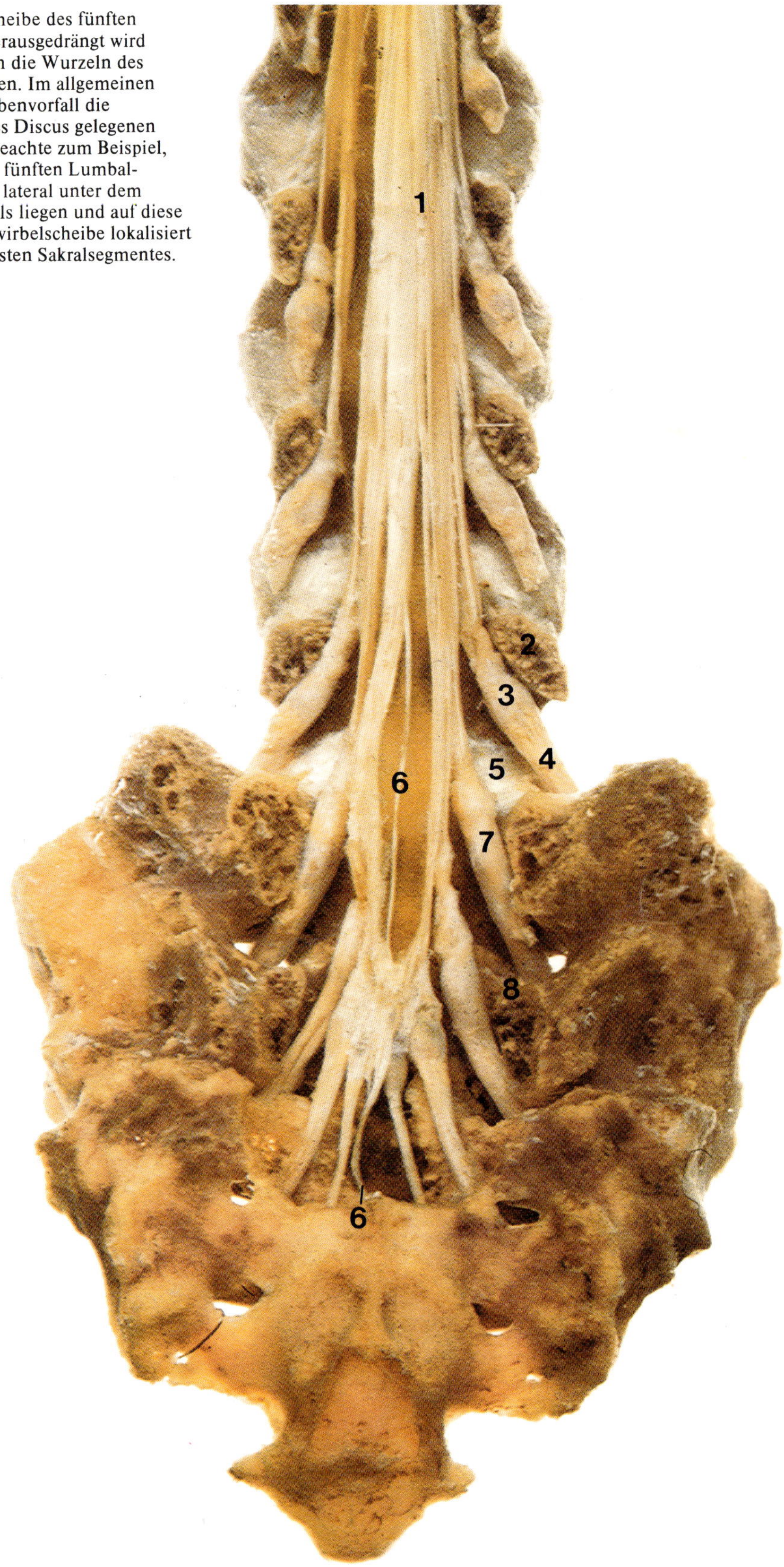

Lendenwirbelsäule, Ligamenta flava, von rechts-hinten gesehen

1 Lig. supraspinale
2 Processus spinosus } des zweiten Lendenwirbels
3 Lamina (arcus vertebrae) } des zweiten Lendenwirbels
4 Lig. interspinale
5 Lig. flavum
6 Intervertebralgelenk
7 Processus transversus dritten Lendenwirbels

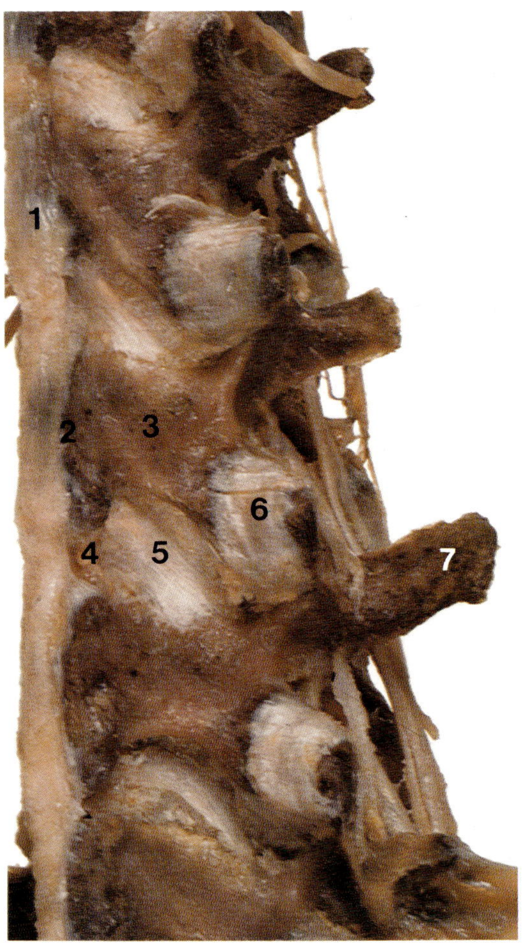

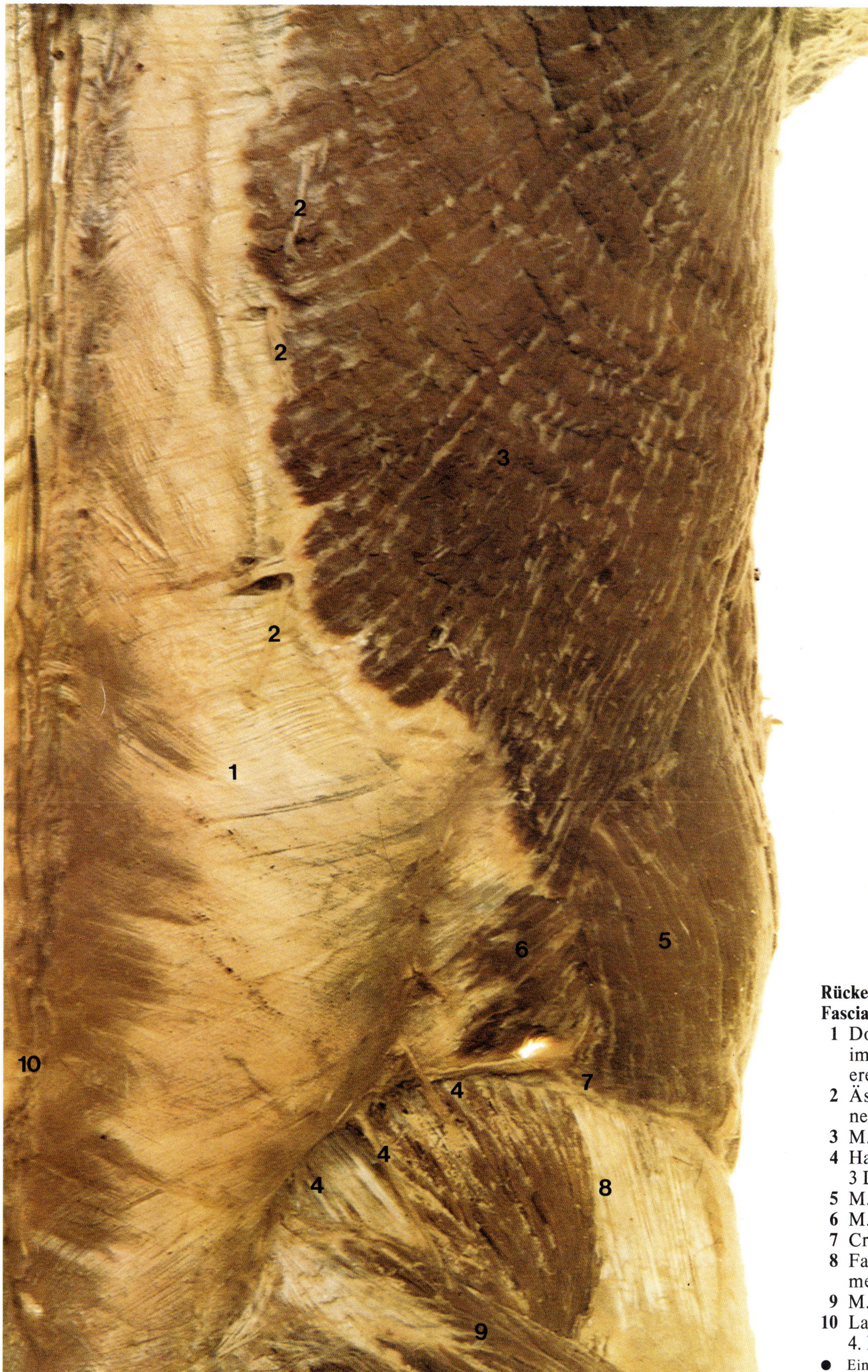

Rückenmuskeln – M. erector spinae und Fascia thoracolumbalis

1 Dorsales Blatt der Fascia thoracolumbalis im Lendenbereich oberhalb des M. erector spinae
2 Äste der Rami dorsales der Thorakalnerven
3 M. latissimus dorsi
4 Hautäste der Rami dorsales der ersten 3 Lendennerven
5 M. obliquus abdominis externus
6 M. obliquus abdominis internus
7 Crista iliaca
8 Fascia glutaea oberhalb des M. glutaeus medius (teilweise entfernt)
9 M. glutaeus maximus
10 Lage des Processus spinosus des 4. Lendenwirbels

● Einzelheiten über den M. erector spinae s. S. 88 und 157.

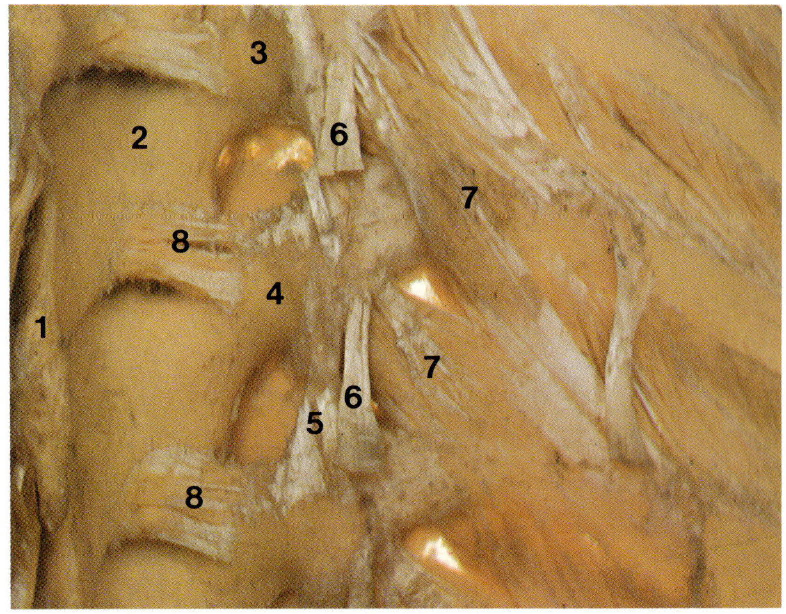

Tiefe Rückenmuskeln (mittlerer Brustbereich), Mm. rotatores und Mm. intertransversarii

1 Processus spinosus
2 Lamina (arcus vertebrae) – des vierten Brustwirbels
3 Processus transversus
4 Processus transversus des fünften Brustwirbels
5 M. intertransversarius und Lig. intertransversarium
6 Sehnen des M. longissimus dorsi
7 M. levator costae (longus)
8 M. rotator brevis

● Die Mm. rotatores, die nur im Brustbereich vorhanden sind, verlaufen vom Querfortsatz des einen Wirbels zur Wurzel des Dornfortsatzes bzw. zur Lamina des oder der nächsthöheren Wirbel (Transversospinales System).

Rückenmuskulatur (Thorakolumbalbereich), M. erector spinae (linke Körperhälfte)

1 M. iliocostalis
2 Mm. levatores costarum (longi et breves)
3 M. spinalis
4 Dornfortsatz des achten Brustwirbels
5 M. erector spinae

● Im oberflächlichen Lendenbereich teilt sich der M. erector spinae in drei Muskelstränge auf: lateral der M. iliocostalis, in der Mitte der M. longissimus (hier entfernt) und medial der M. spinalis. Einzelheiten über die Gliederung dieser Muskelgruppen, Ursprünge und Ansätze sind nicht wichtig.

● Die Mm. levatores costarum werden zu den Thoraxmuskeln gerechnet (vgl. S. 155). Sie gehören nicht zur Rückenmuskulatur, wurden aber hier darstellbar, weil der M. longissimus dorsi abgetrennt worden ist.

Röntgenaufnahme der oberen Halswirbelsäule *(a.-p.-Aufnahme bei geöffnetem Mund)*
1 Dens axis
2 Massa lateralis atlantis
3 Articulatio atlantoaxialis lateralis
4 Corpus axis
5 Dritter Halswirbel

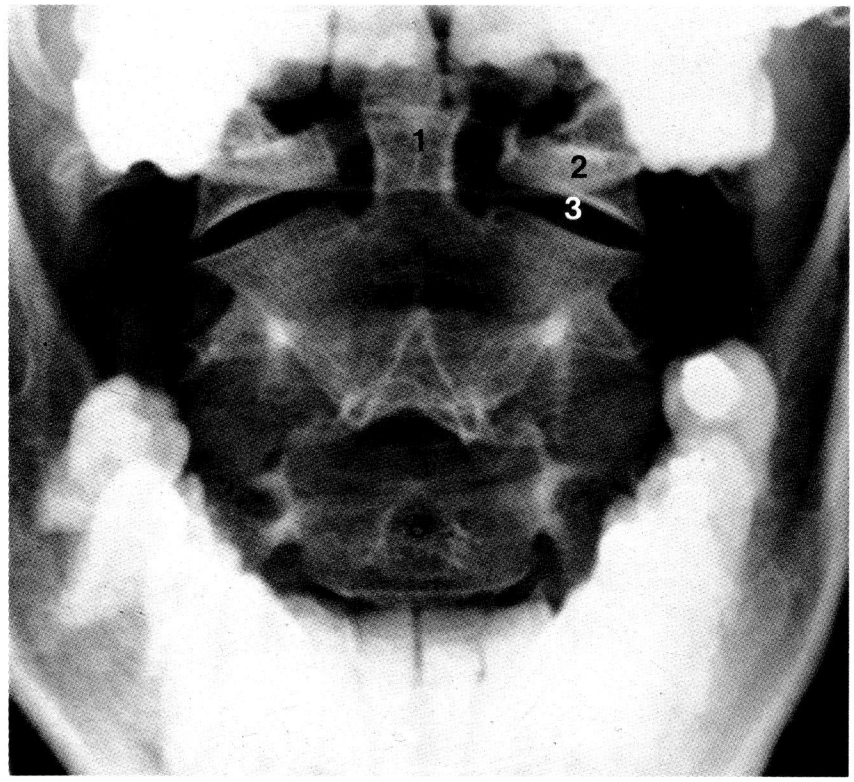

Röntgenaufnahme der unteren Hals- und oberen Brustwirbelsäule *(im sagittalen Strahlengang)*
1 Corpus vertebrae des sechsten Halswirbels
2 Rand des Luftröhrenschattens
3 Corpus vertebrae – des ersten Brustwirbels
4 Processus transversus – des ersten Brustwirbels
5 Capitulum – der ersten Rippe
6 Collum – der ersten Rippe
7 Tuberculum – der ersten Rippe
8 Corpus – der ersten Rippe
9 Corpus – der zweiten Rippe
10 Collum – der zweiten Rippe
11 Tuberculum – der zweiten Rippe

● Ein Röntgenbild der Halswirbelsäule im seitlichen Strahlengang findet sich auf S. 74 und eine Thoraxaufnahme auf S. 202.

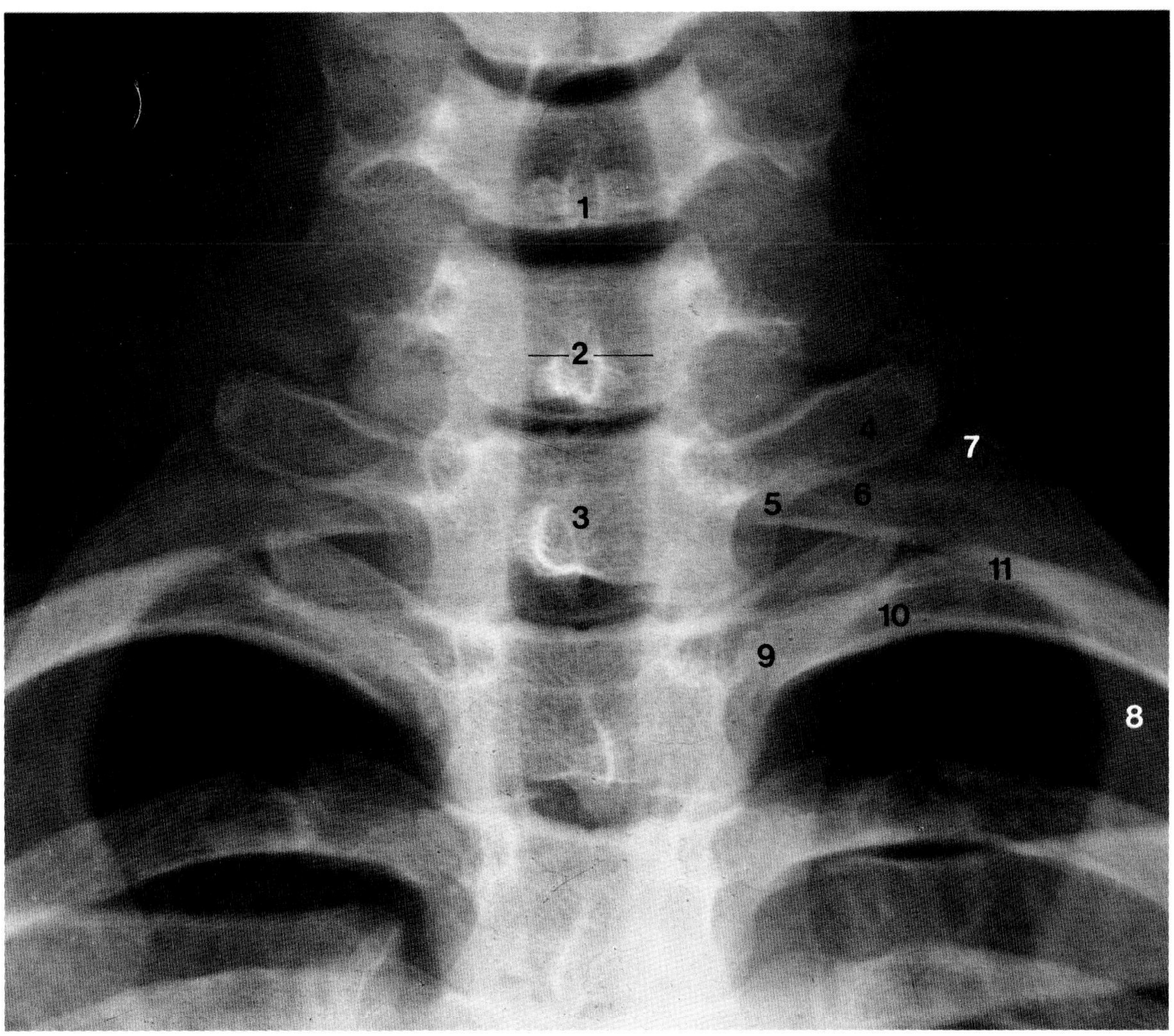

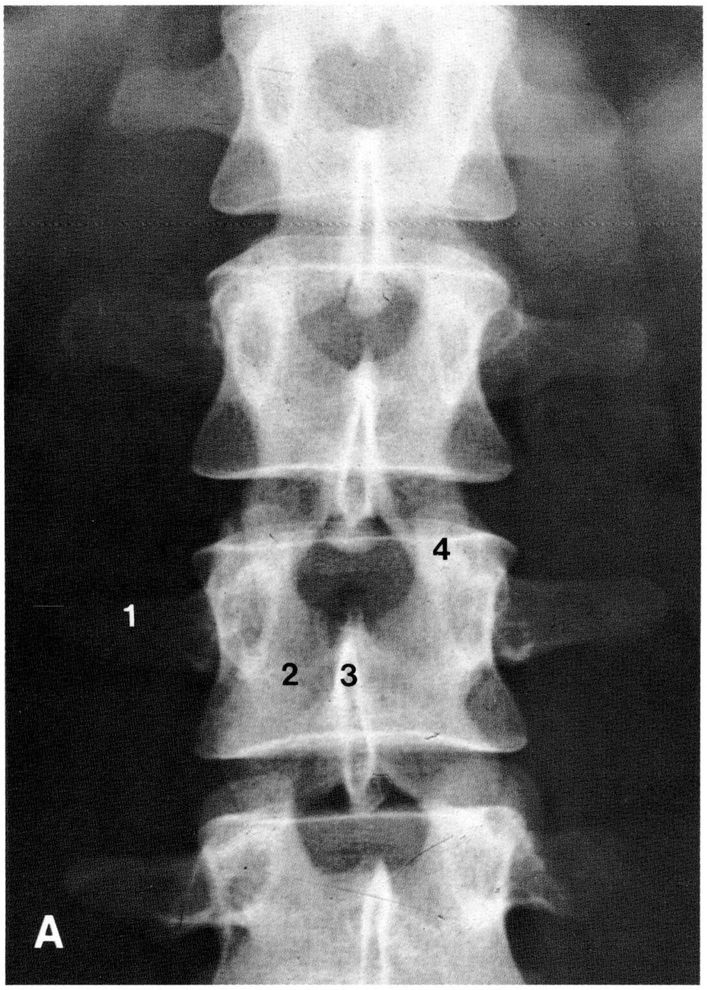

A und B Röntgenaufnahmen der Lendenwirbelsäule, A von dorsal, B von lateral

1 Processus costarius
2 Corpus vertebrae
3 Processus spinosus
4 Processus articularis superior
5 Pediculus (arcus vertebrae)

} des dritten Lendenwirbels

6 Foramen intervertebrale
7 Discus intervertebralis

● Vergleiche die Röntgenaufnahmen mit den Aufhellungspräparaten der Wirbel auf S. 85.

C Myelogramm der Lumbosakralregion (nach Injektion eines Kontrastmittels in den Subarachnoidalraum)
(p.-a.-Aufnahme)

1 Spatium subarachnoideale
2 Dritter Lendenwirbel
3 Injektionsnadel
4 Vierter Lendenwirbel
5 Durascheide mit den Wurzeln des vierten Lumbalnerven
6 Durascheide mit den Wurzeln des ersten Sakralnerven

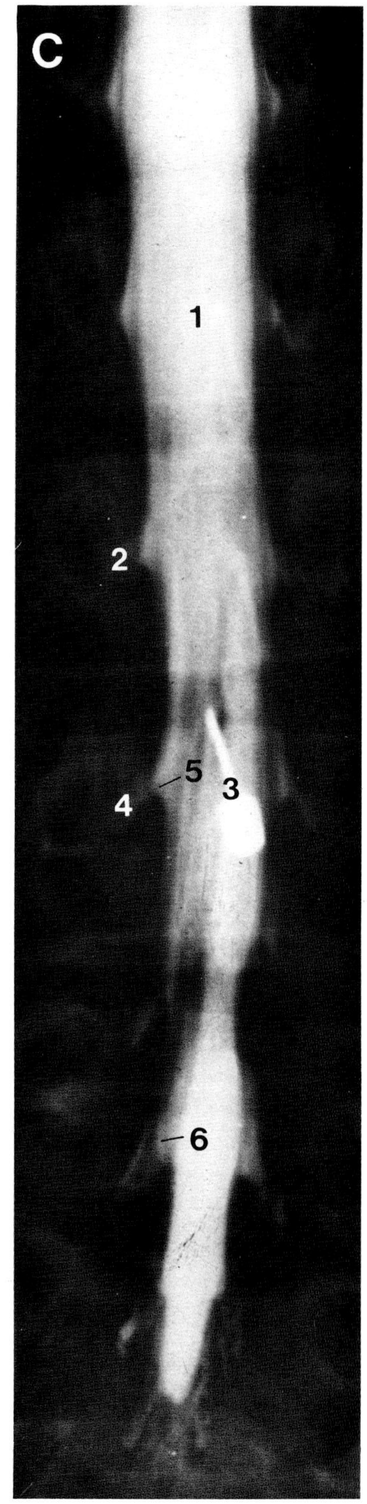

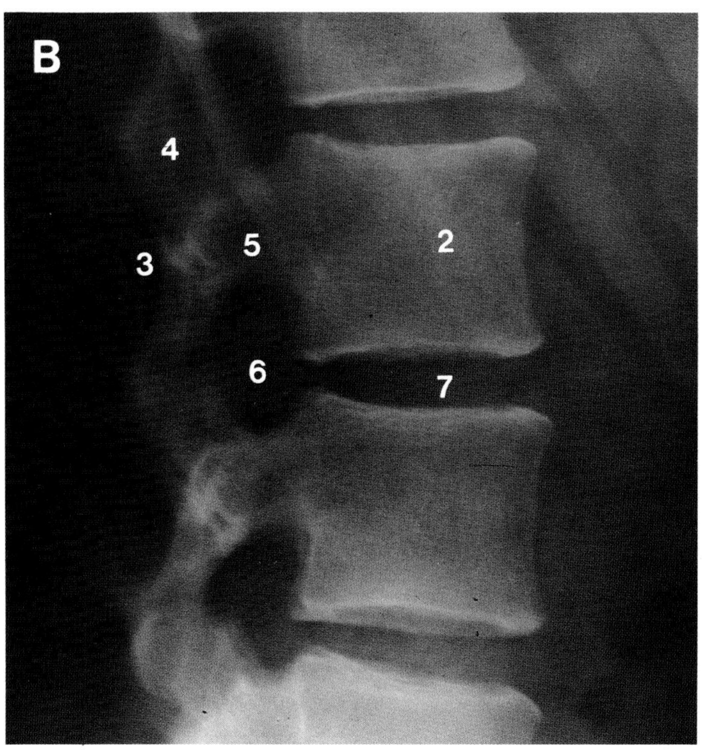

Obere Extremität

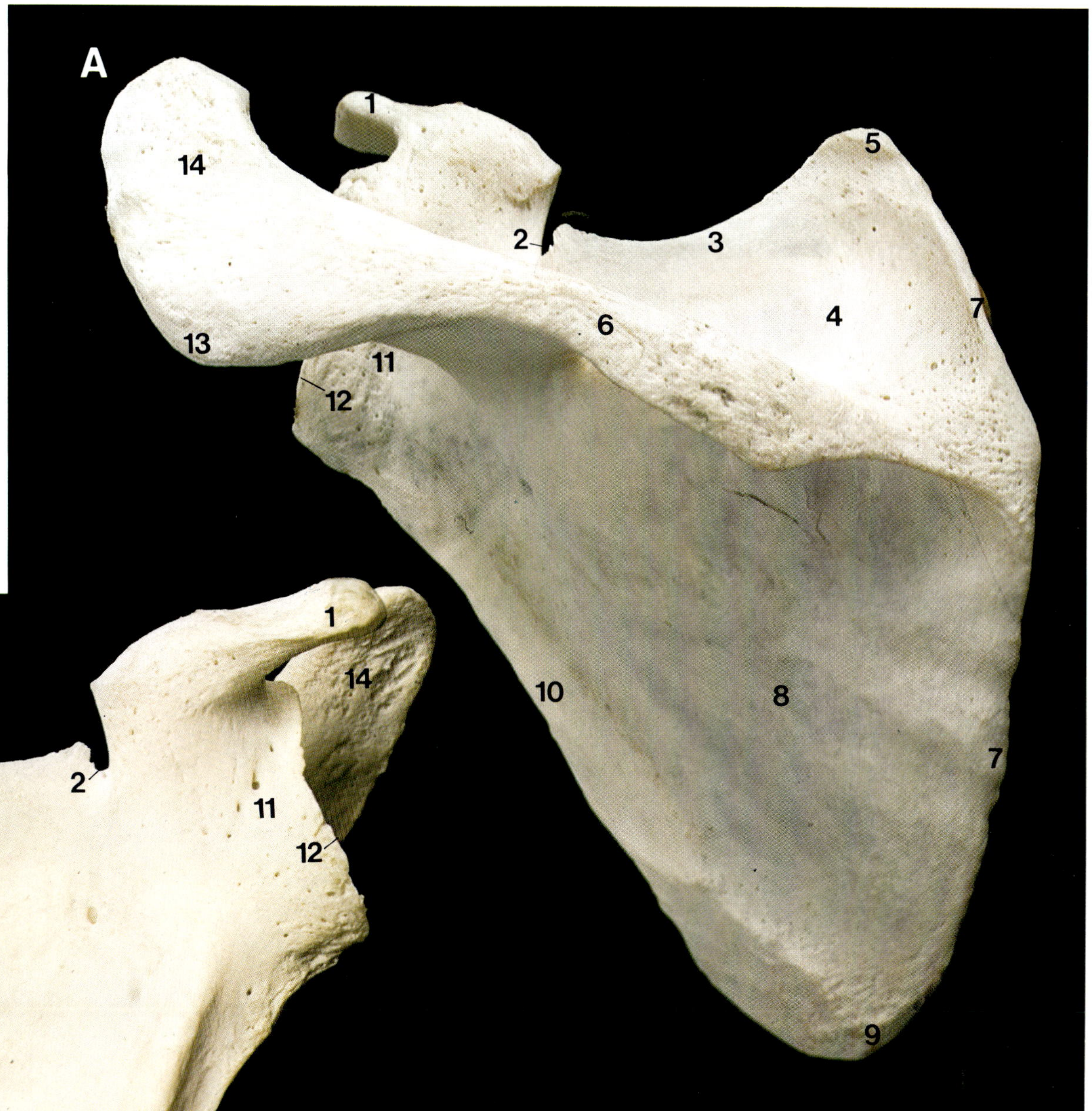

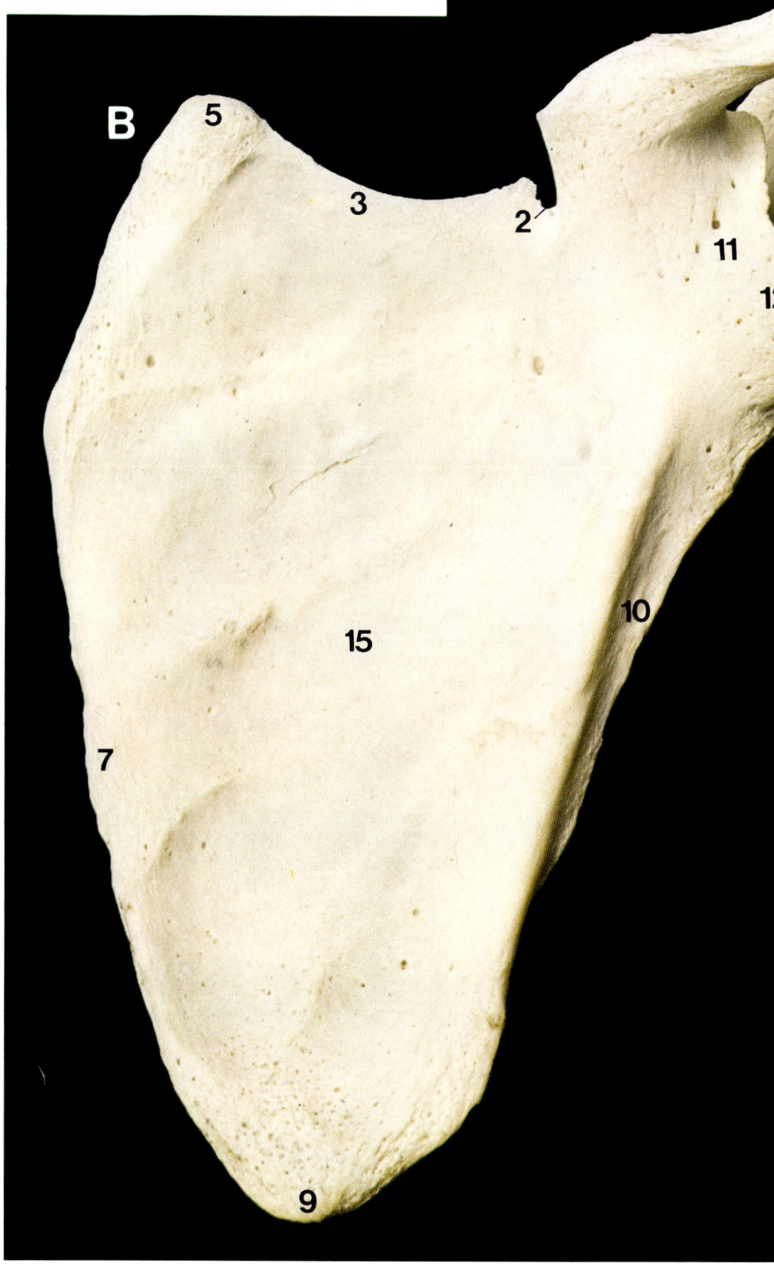

Linkes Schulterblatt (Scapula), A Facies dorsalis, B Facies costalis

1 Processus coracoideus
2 Incisura scapulae
3 Margo superior
4 Fossa supraspinata
5 Angulus superior
6 Spina scapulae
7 Margo medialis
8 Fossa infraspinata
9 Angulus inferior
10 Margo lateralis
11 Collum scapulae
12 Cavitas glenoidalis
13 Angulus acromialis
14 Acromion
15 Fossa subscapularis

● Die Spina scapulae entspringt an der Dorsalfläche des Schulterblattes und läuft lateralwärts in das Acromion aus.

● Die Cavitas glenoidalis, die Gelenkfläche für das Schultergelenk, liegt am oberen Ende des lateralen Skapularandes. Sie artikuliert mit dem Kopf des Humerus.

● Die Incisura scapulae wird durch das Lig. transversum scapulae (sup.) überbrückt (vgl. S. 114).
● Das Lig. conoideum und trapezoideum bilden zusammen das Lig. coracoclaviculare.
● Das Lig. coracoclaviculare verbindet die Clavicula mit dem Processus coracoideus scapulae. Das Lig. coracohumerale verstärkt den oberen Teil der Kapsel des Schultergelenks. Das Lig. coracoacromiale verbindet den Processus coracoideus mit dem Acromion und bildet auf diese Weise zusammen mit den genannten Knochenvorsprüngen eine Art Dach für das Schultergelenk (Fornix humeri).

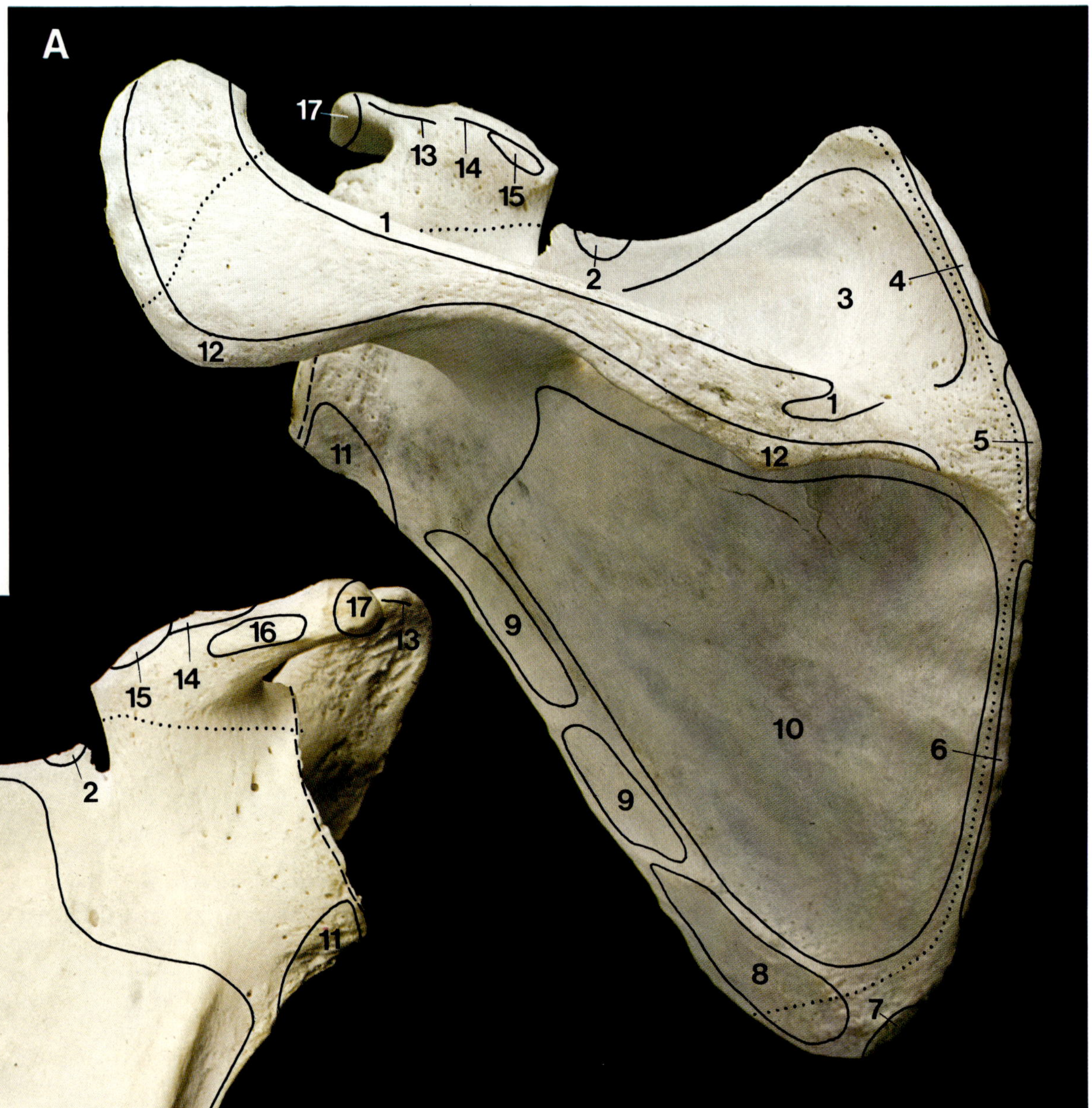

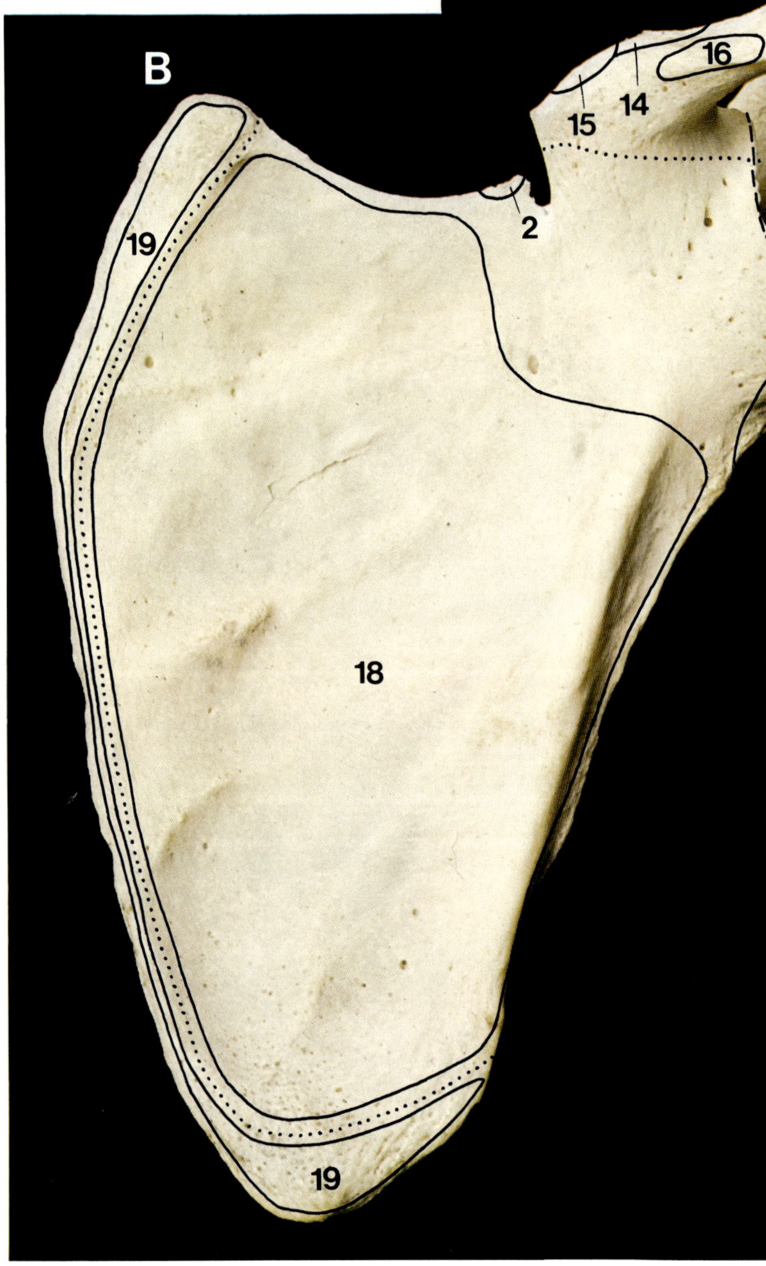

Linkes Schulterblatt, A Facies dorsalis, B Facies costalis, mit Muskelansatzflächen
(Punktierte Linie: Epiphysenfuge; gestrichelte Linie: Gelenkkapselansatz)

1 M. trapezius
2 Venter inferior m. omohyoidei
3 M. supraspinatus
4 M. levator scapulae
5 M. rhomboideus minor
6 M. rhomboideus major
7 M. latissimus dorsi
8 M. teres major
9 M. teres minor mit der Achselmuskellücke für die A. circumflexa scapulae
10 M. infraspinatus
11 Caput longum m. tricipitis brachii
12 M. deltoideus
13 Lig. coracoacromiale
14 Lig. trapezoideum ⎤ Lig. coracoclaviculare
15 Lig. conoideum ⎦
16 M. pectoralis minor
17 M. coracobrachialis und Caput breve m. bicipitis brachii
18 M. subscapularis
19 M. serratus anterior

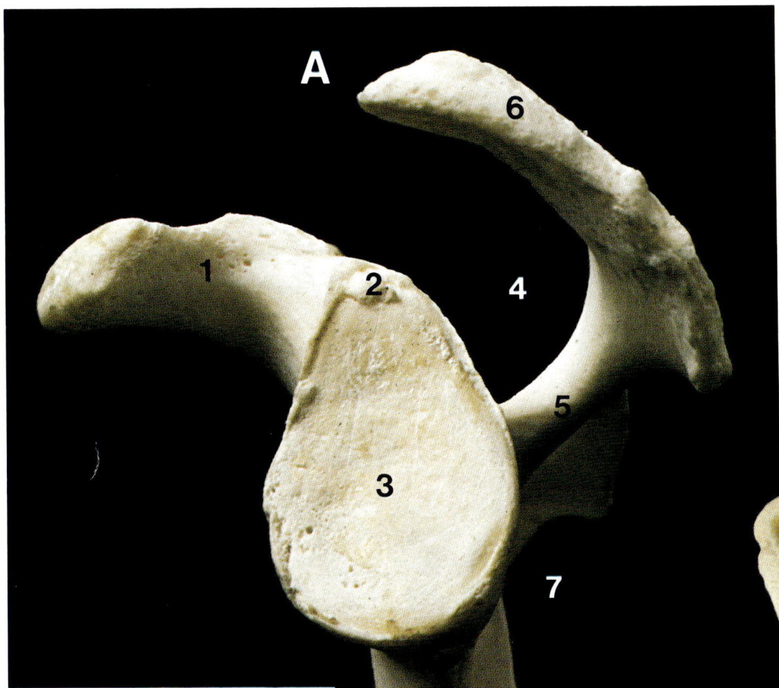

A Linkes Schulterblatt, von lateral gesehen
1 Processus coracoideus
2 Tuberculum supraglenoidale
3 Cavitas glenoidalis
4 Fossa supraspinata
5 Spina scapulae
6 Acromion
7 Fossa infraspinata
8 Angulus inferior
9 Margo lateralis
10 Tuberculum infraglenoidale

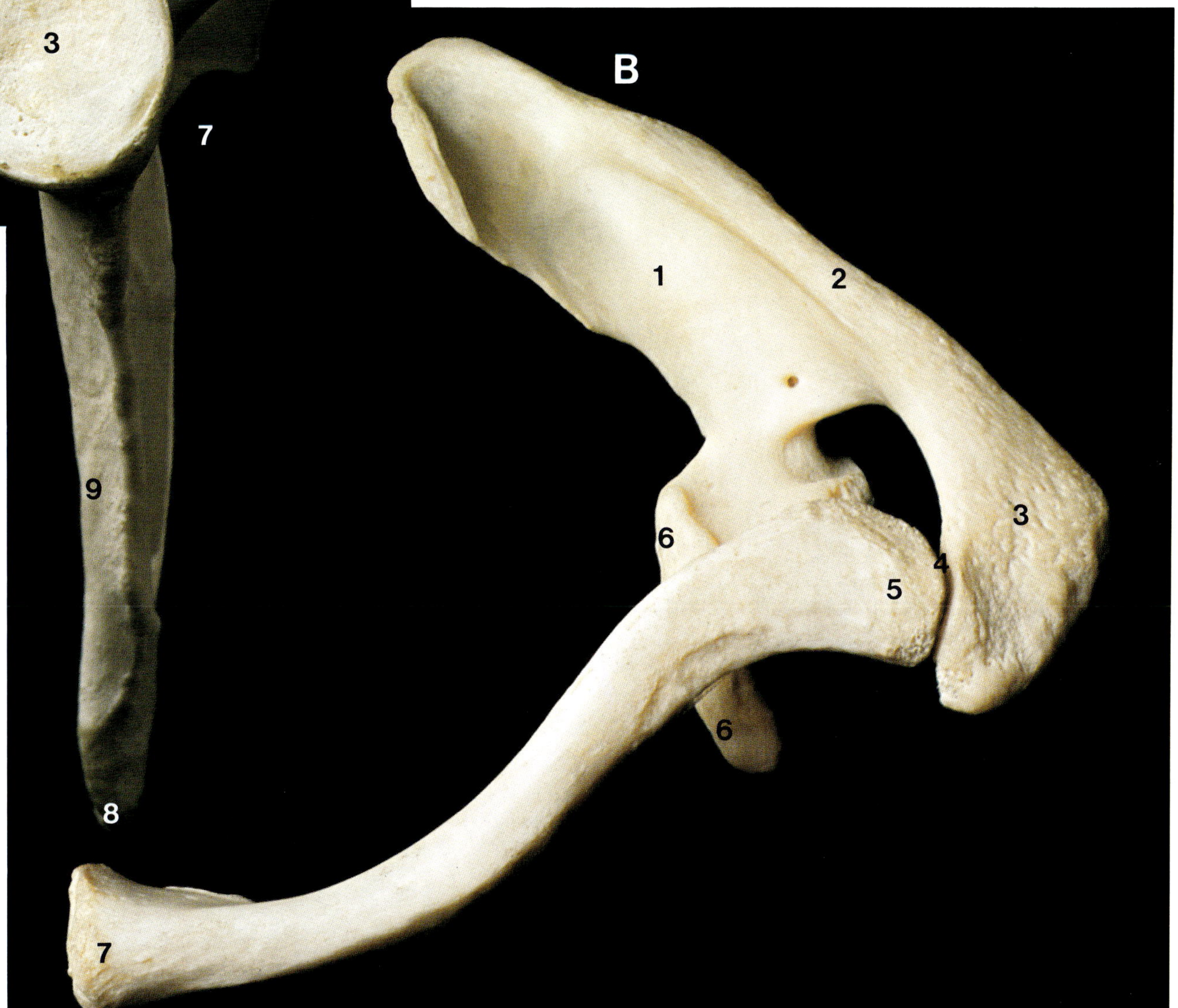

B Schultergürtel, äußeres Schlüsselbeingelenk (Articulatio acromioclavicularis), von oben gesehen
1 Fossa supraspinata
2 Spina scapulae
3 Acromion
4 Articulatio acromioclavicularis
5 Extremitas acromialis claviculae
6 Processus coracoideus
7 Extremitas sternalis claviculae

● Das sternale Ende der Clavicula erscheint leicht verdickt, während das akromiale Ende mehr abgeflacht ist. Die medialen zwei Drittel der Clavicula sind, von vorne gesehen, konvex. Die Ausnehmung für den M. subclavius liegt an der Unterseite des Schlüsselbeins.

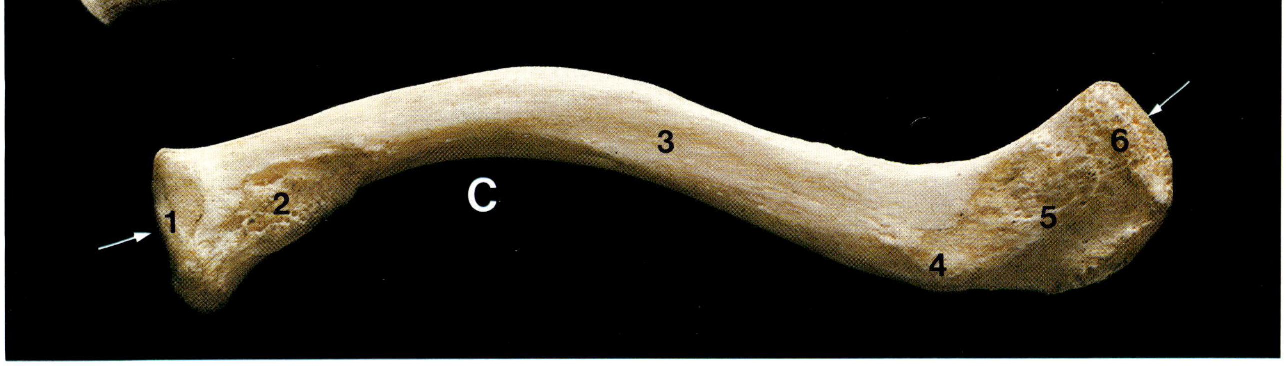

C Linke Clavicula, von unten gesehen
1 Extremitas sternalis mit Gelenkfläche (Pfeil)
2 Impressio lig. costoclavicularis
3 Vertiefung für den M. subclavius
4 Tuberculum conoideum
5 Linea trapezoidea (Ansatzlinie des Lig. trapezoideum)
6 Extremitas acromialis mit Gelenkfläche (Pfeil)

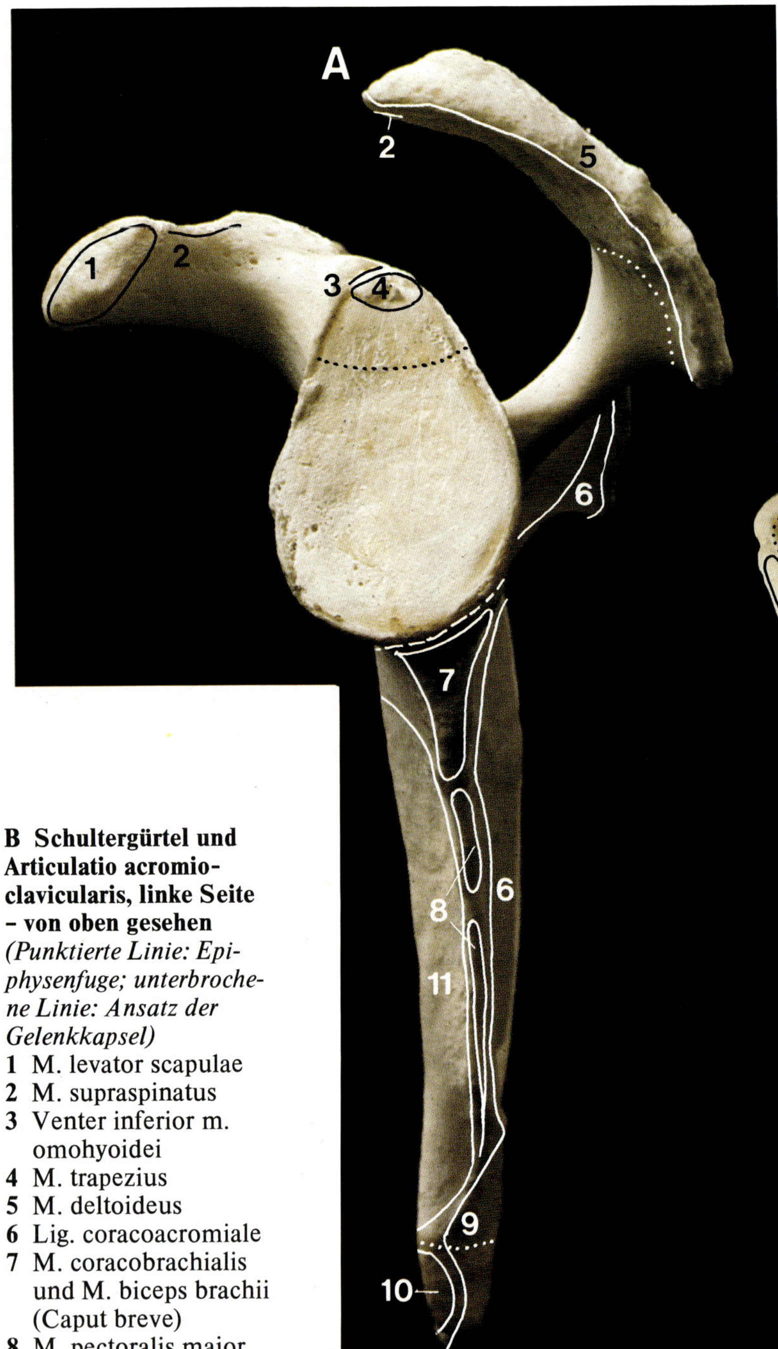

A Linkes Schulterblatt, von lateral gesehen, Muskelansatzflächen
(Punktierte Linie: Epiphysenfuge; unterbrochene Linie: Ansatz der Gelenkkapsel)
1 M. coracobrachialis und Caput breve m. bicipitis brachii
2 Lig. coracoacromiale
3 Lig. coracohumerale
4 Caput longum m. bicipitis brachii
5 M. deltoideus
6 M. infraspinatus
7 Caput longum m. tricipitis brachii
8 M. teres minor mit Achselmuskellücke für die A. circumflexa scapulae
9 M. teres major
10 M. serratus anterior
11 M. subscapularis

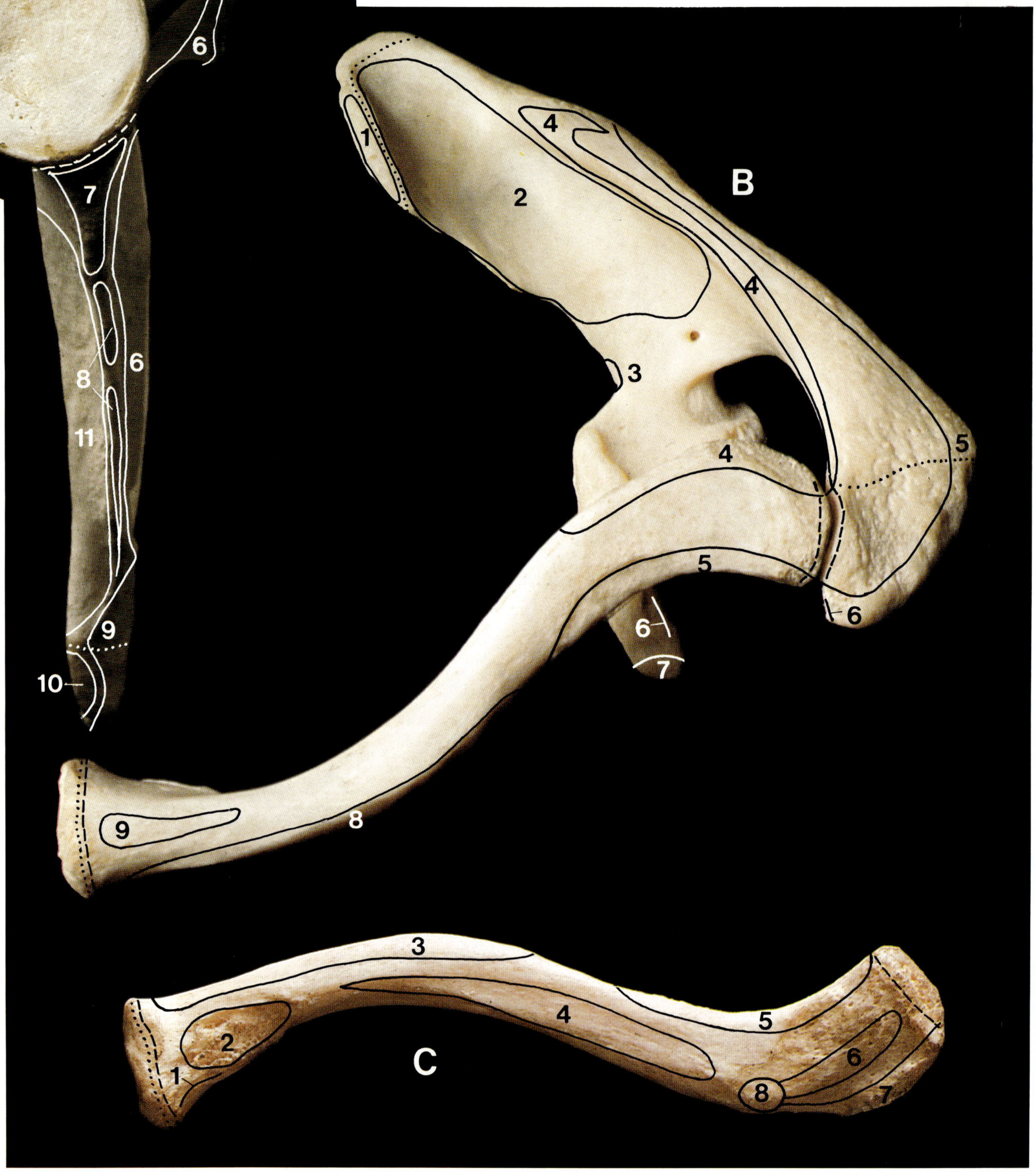

B Schultergürtel und Articulatio acromioclavicularis, linke Seite – von oben gesehen
(Punktierte Linie: Epiphysenfuge; unterbrochene Linie: Ansatz der Gelenkkapsel)
1 M. levator scapulae
2 M. supraspinatus
3 Venter inferior m. omohyoidei
4 M. trapezius
5 M. deltoideus
6 Lig. coracoacromiale
7 M. coracobrachialis und M. biceps brachii (Caput breve)
8 M. pectoralis major
9 M. sternocleidomastoideus

C Linke Clavicula, von unten gesehen – Muskelansatzflächen
(Punktierte Linie: Epiphysenfuge; unterbrochene Linie: Gelenkkapselansatz)
1 M. sternohyoideus
2 Lig. costoclaviculare
3 M. pectoralis major
4 M. subclavius und Fascia clavipectoralis
5 M. deltoideus
6 Lig. trapezoideum
7 M. trapezius
8 Lig. conoideum

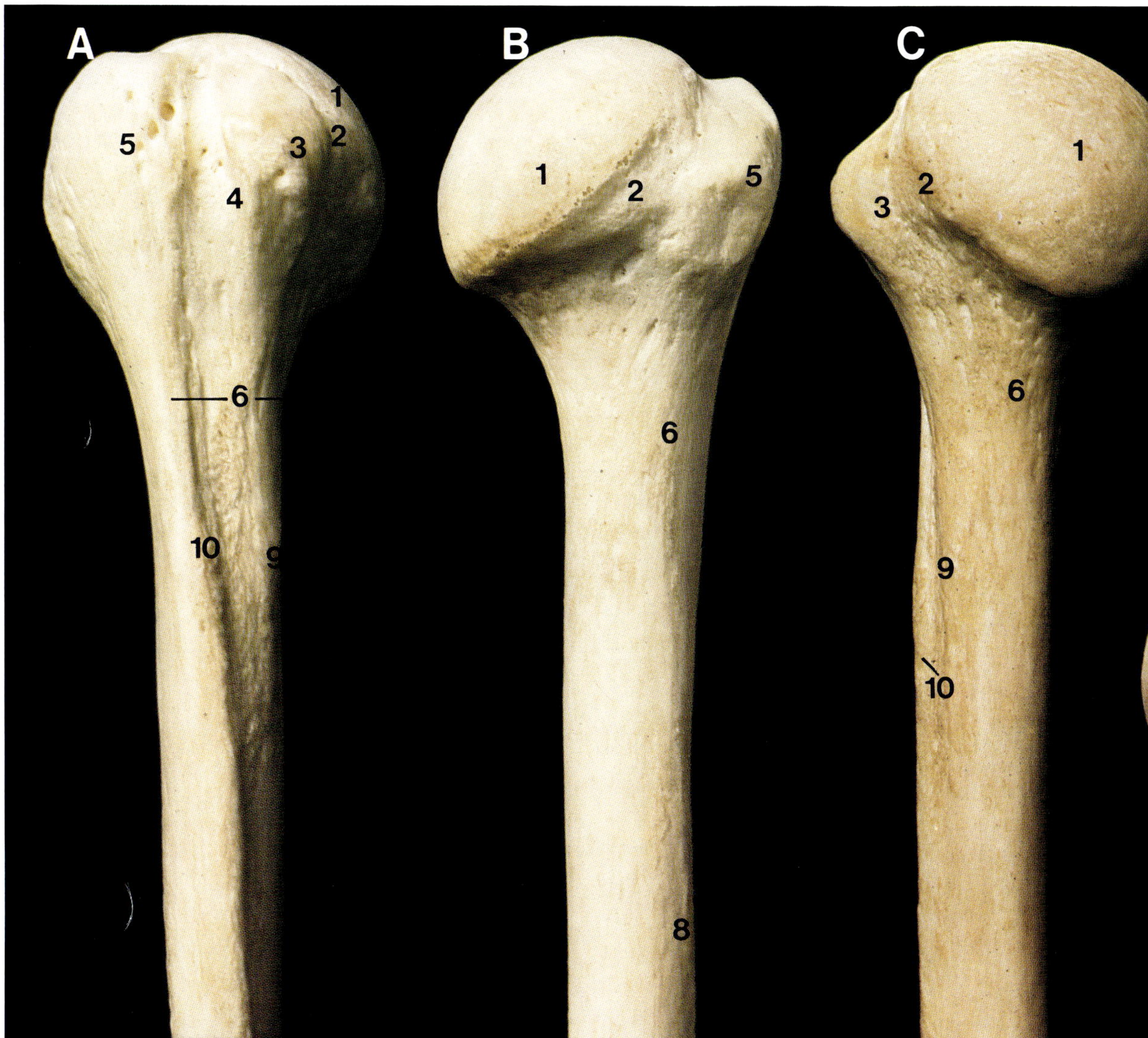

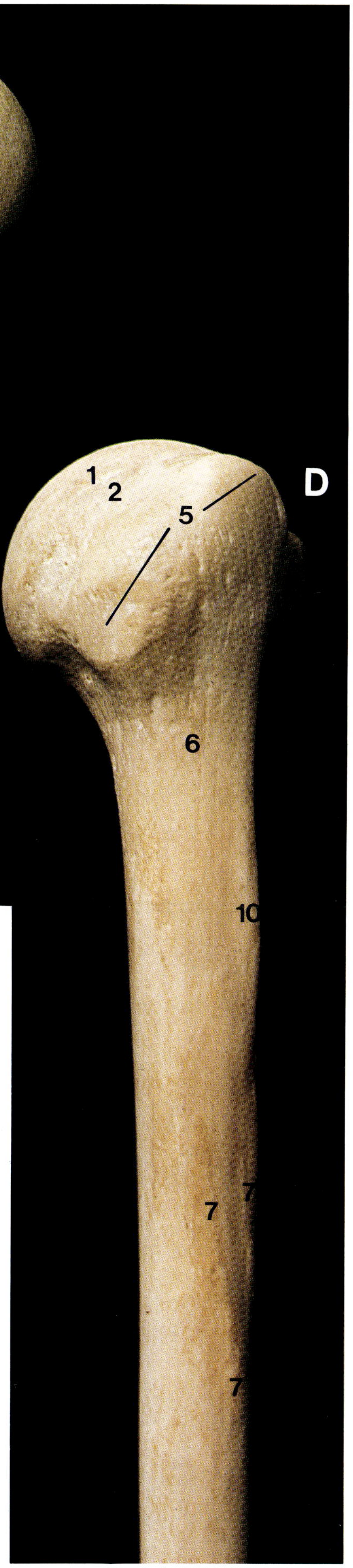

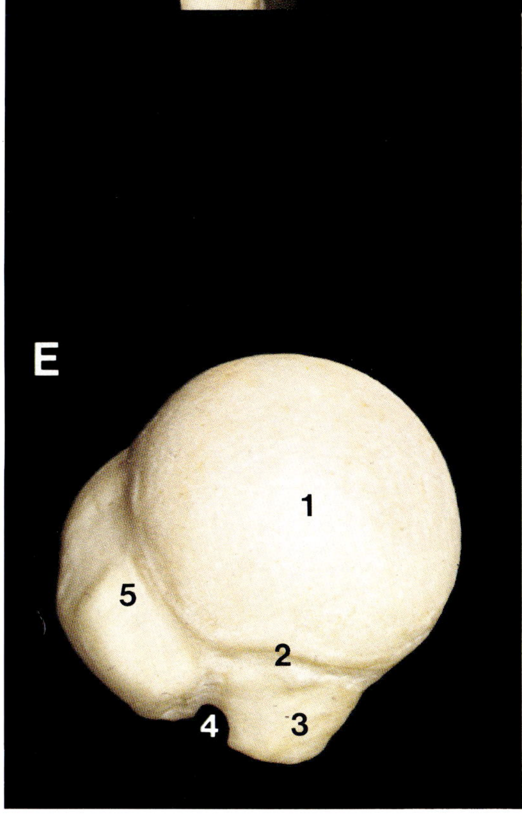

A–C Rechter Humerus, kraniales Ende, A von vorne, B von hinten, C von medial, D von lateral, E von oben gesehen

1 Caput humeri
2 Collum anatomicum humeri
3 Tuberculum minus
4 Sulcus intertubercularis
5 Tuberculum majus
6 Collum chirurgicum
7 Tuberositas deltoidea
8 Sulcus nervi radialis
9 Crista tuberculi minoris
10 Crista tuberculi majoris

- Der Sulcus intertubercularis, in dem die Sehne des langen Bizepskopfes verläuft, liegt am oberen Ende des Humerus.
- Das Caput humeri schaut nach medial aufwärts und rückwärts, wo es mit der Cavitas glenoidalis scapulae artikuliert.
- Die Tuberositas deltoidea ist V-förmig.

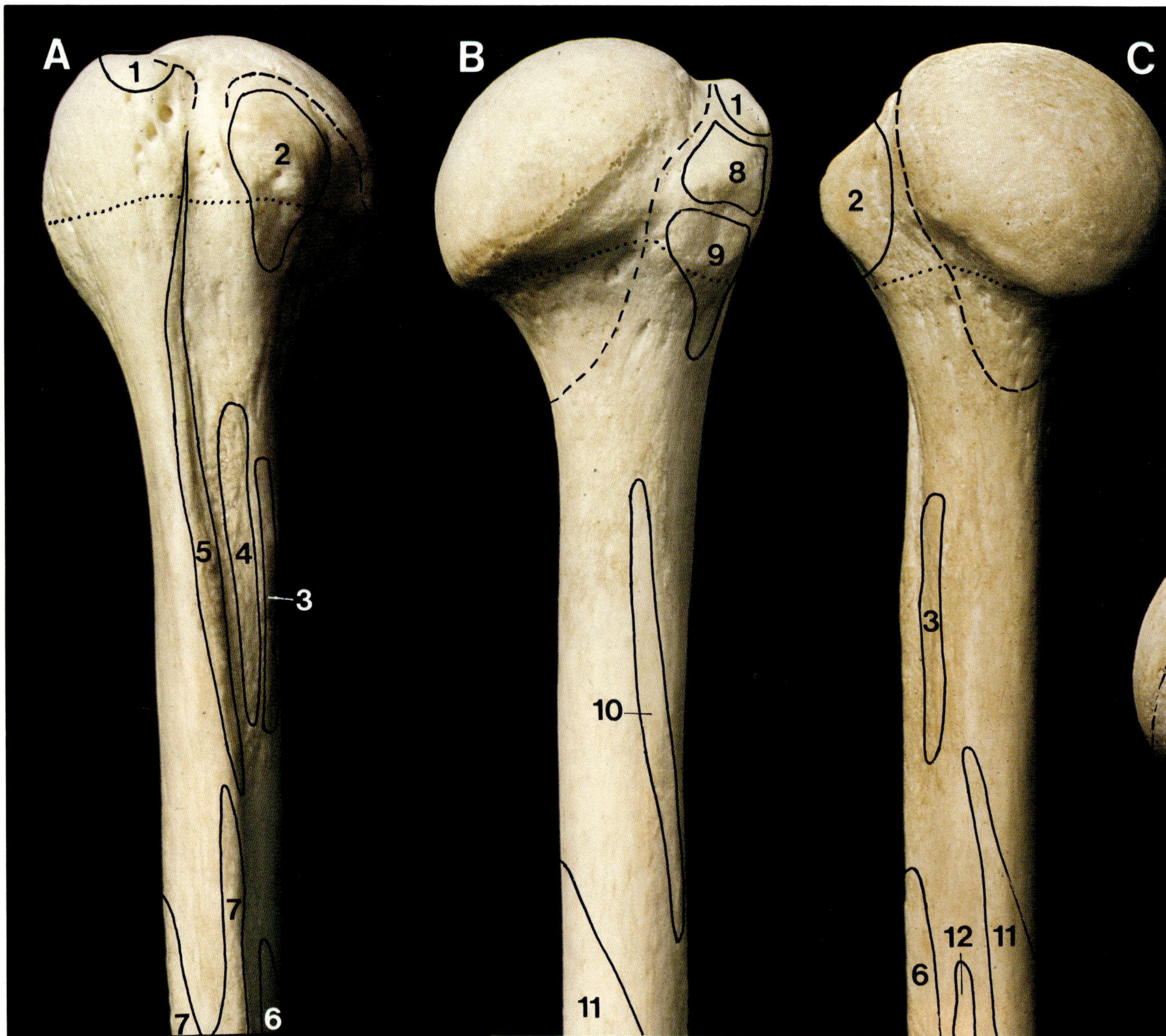

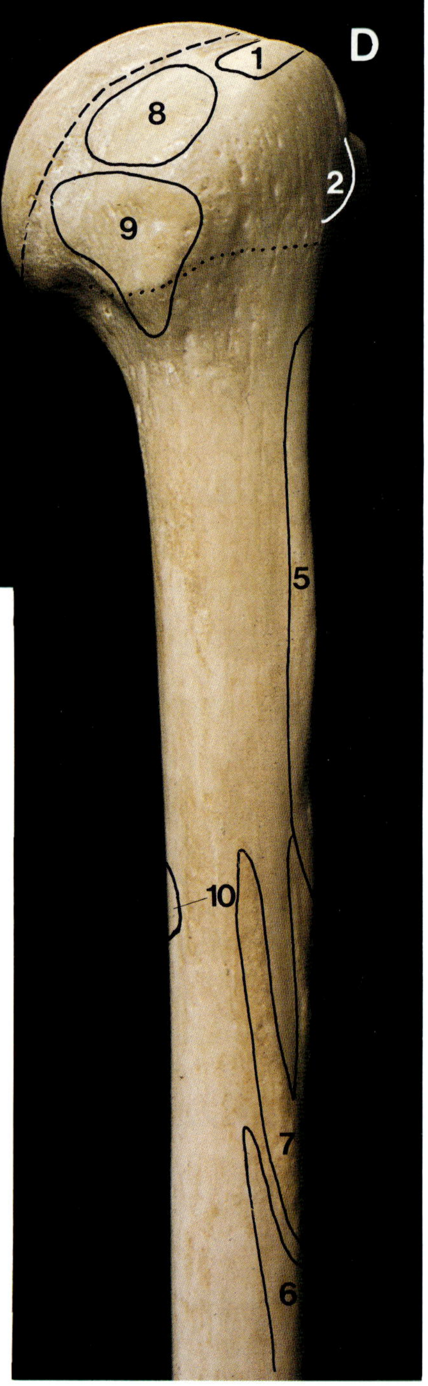

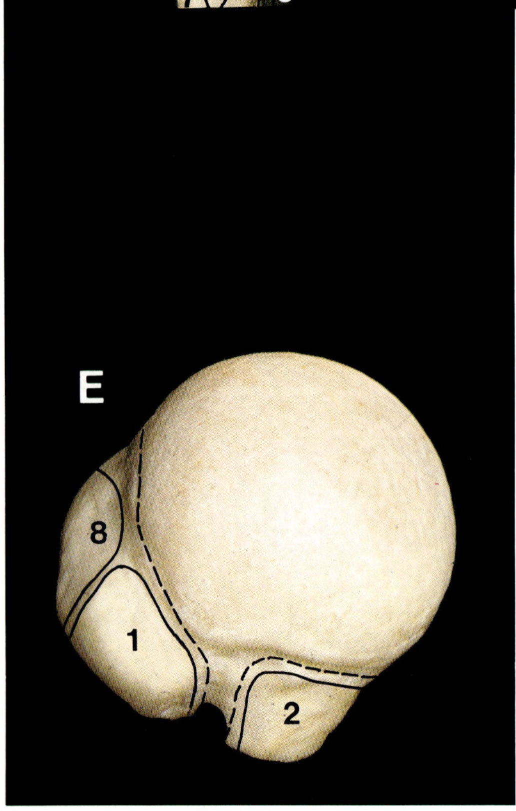

Rechter Humerus, proximaler Abschnitt, A von vorne, B von hinten, C von medial, D von lateral, E von oben gesehen – Muskelansatzflächen
(Punktierte Linie: Epiphysenfuge; gestrichelte Linie: Ansatz der Gelenkkapsel)

1 M. supraspinatus
2 M. subscapularis
3 M. teres major
4 M. latissimus dorsi
5 M. pectoralis major
6 M. brachialis
7 M. deltoideus
8 M. infraspinatus
9 M. teres minor
10 Caput laterale } m. tricipitis brachii
11 Caput mediale }
12 M. coracobrachialis

● Der M. deltoideus befestigt sich an der V-förmigen Tuberositas deltoidea, die an der lateralen Fläche des Humerusschaftes etwa in der Mitte lokalisiert ist.

● Gegenüber von der Tuberositas deltoidea setzt der M. coracobrachialis an, d. h. an der medialen Fläche des Humerusschaftes, auch etwa in der Mitte des Humerus.

Rechter Humerus, distaler Abschnitt, A von vorne, B von hinten, C von unten, D von medial, E von lateral gesehen

1 Margo lateralis humeri
2 Epicondylus lateralis
3 Capitulum humeri
4 Fossa radialis
5 Trochlea
6 Fossa coronoidea
7 Epicondylus medialis
8 Margo medialis humeri
9 Facies anterior
10 Facies posterior
11 Fossa olecrani
12 Medialfläche der Trochlea humeri
13 Lateraler Abschnitt des Capitulum humeri

● Der mediale Epicondylus springt stärker vor als der laterale.

● Die Fossa olecrani, die an der Hinterfläche des Humerus liegt, ist tiefer als die Fossa coronoidea und die Fossa radialis, die vorne liegen.

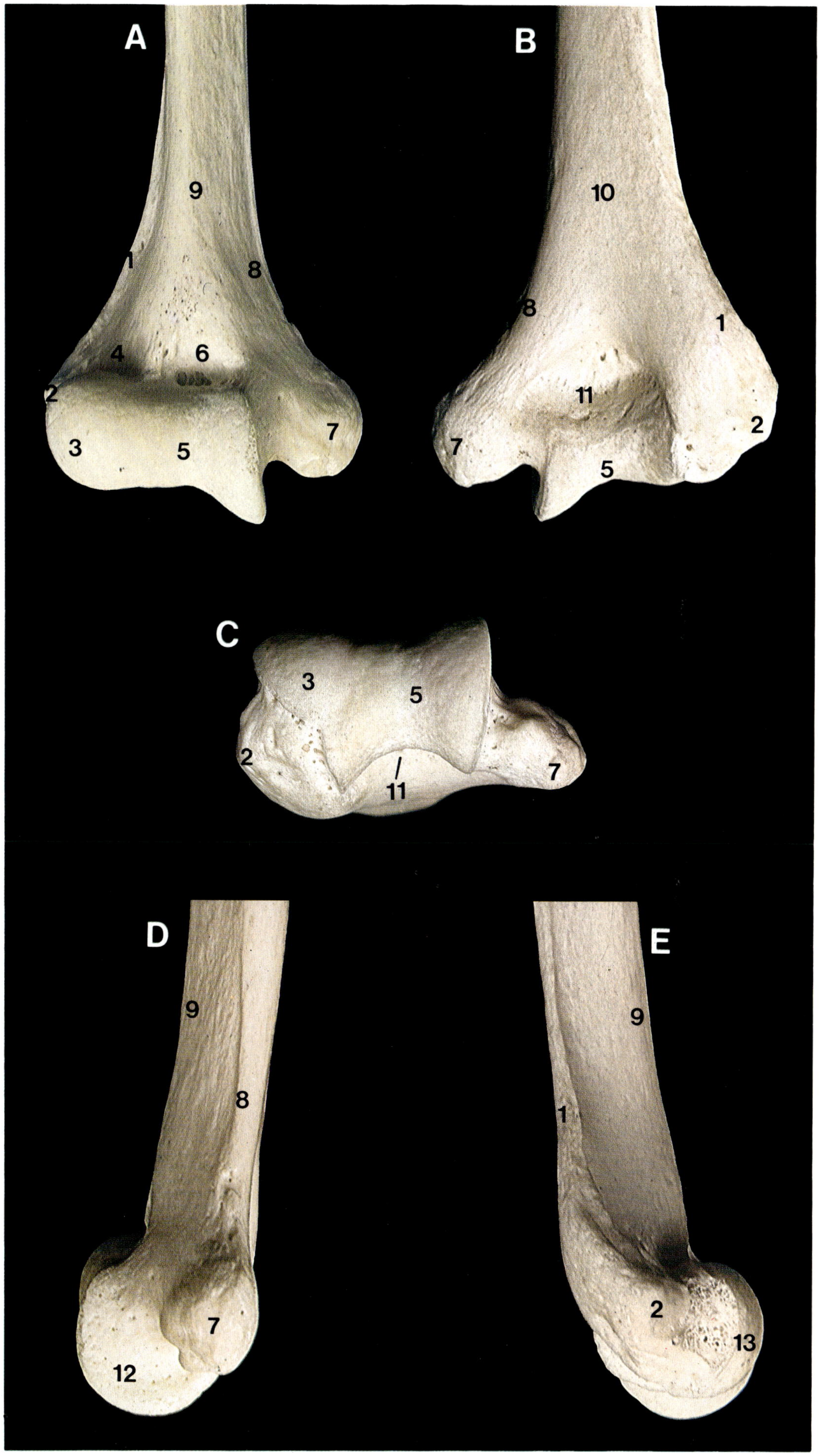

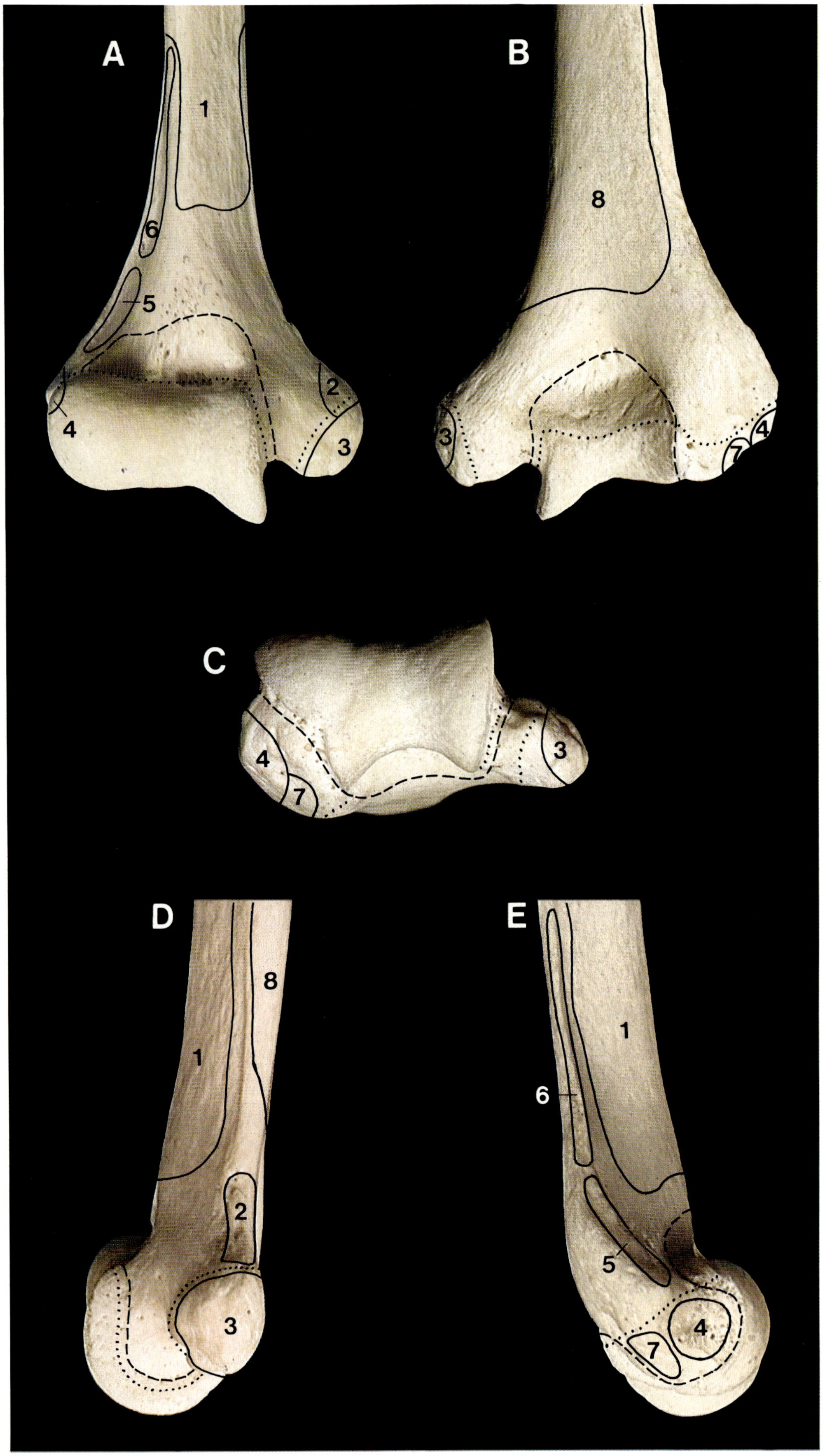

Rechter Humerus, distaler Abschnitt, A von vorne, B von hinten, C von unten, D von medial, E von lateral gesehen - Muskelansatzflächen
(Punktierte Linie: Epiphysenfuge; gestrichelte Linie: Gelenkkapselansatz)

1 M. brachialis
2 M. pronator teres (Caput humerale)
3 Gemeinsamer Ursprung der Flexoren
4 Gemeinsamer Ursprung der Extensoren
5 M. extensor carpi radialis longus
6 M. brachioradialis
7 M. anconaeus
8 Caput mediale m. tricipitis brachii

● Die Seitenbänder des Ellenbogengelenkes (Lig. collaterale mediale und laterale) entspringen vom Epicondylus medialis bzw. lateralis, jeweils unterhalb der Ursprungsorte der Flexoren bzw. Extensoren.

Rechter Radius, proximaler Abschnitt, A von vorne, B von hinten, C von medial, D von lateral gesehen

1 Caput radii
2 Collum radii
3 Tuberositas radii
4 Linea obliqua anterior
5 Margo interosseus
6 Facies anterior
7 Margo anterior
8 Facies lateralis
9 Margo posterior
10 Facies posterior
11 Rauhigkeit für den Ansatz des M. pronator teres

● Das Caput radii liegt am proximalen Ende, das Caput ulnae am distalen Ende des Radius (vgl. S. 100).
● Die Tuberositas radii zeigt hinten eine Rauhigkeit, die durch den Ansatz der Bizepssehne entsteht, und vorne eine glatte Oberfläche, die durch die Anlagerung der Bursa bicipitoradialis hervorgerufen wird.
● Im Querschnitt ist der Schaft des Radius dreieckig, so daß sich jeweils eine anteriore, posteriore und laterale Fläche unterscheiden lassen, die durch Knochenleisten (Margo interosseus, Margo anterior und posterior) abgegrenzt werden (vgl. die entsprechenden Verhältnisse an der Ulna, S. 100).

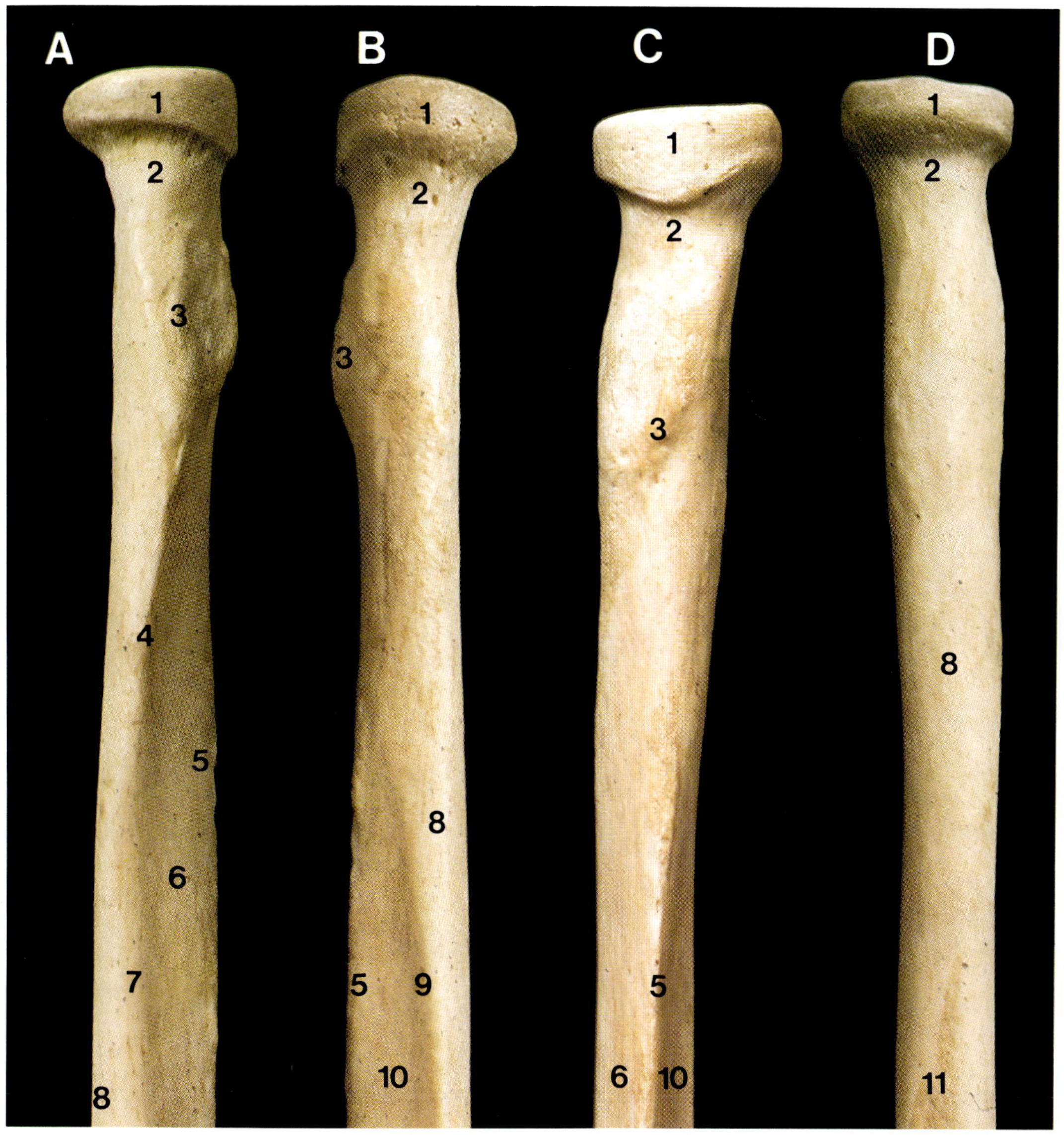

Rechter Radius, distales Ende, E von vorne, F von hinten, G von medial, H von lateral gesehen

1 Facies anterior
2 Margo interosseus
3 Incisura ulnaris
4 Processus styloideus
5 Facies lateralis
6 Facies posterior
7 Vertiefungen für den Ansatz des M. extensor digitorum und M. extensor indicis
8 Vertiefung für den M. extensor pollicis longus
9 Knochenleiste (Tuberculum dorsale)
10 Knochenrinne für die Sehne des M. extensor carpi radialis brevis
11 Knochenrinne für den M. extensor carpi radialis longus
12 Knochenrinne für den M. extensor pollicis brevis
13 Knochenrinne für den M. abductor pollicis longus

● Das distale Ende des Radius ist nach vorne konkav und besitzt medial eine Gelenkfläche für die Ulna (Incisura ulnaris), während die Hinterfläche etwas vorspringt (Tuberculum dorsale) und starke Rinnen für die Muskelsehnen aufweist.

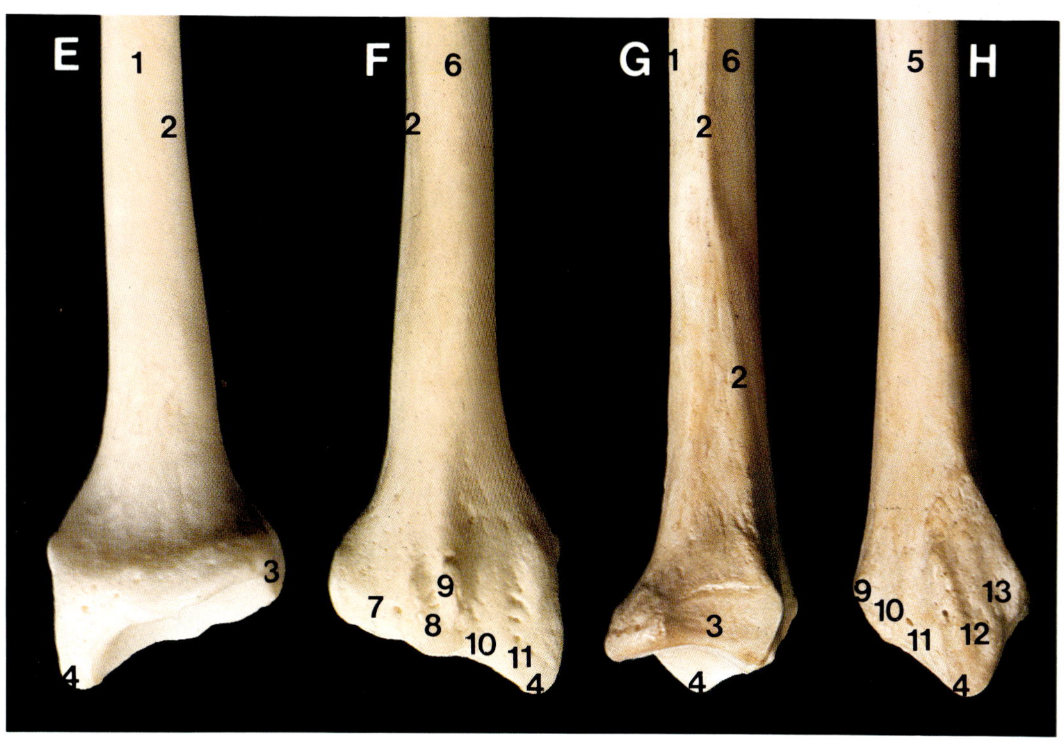

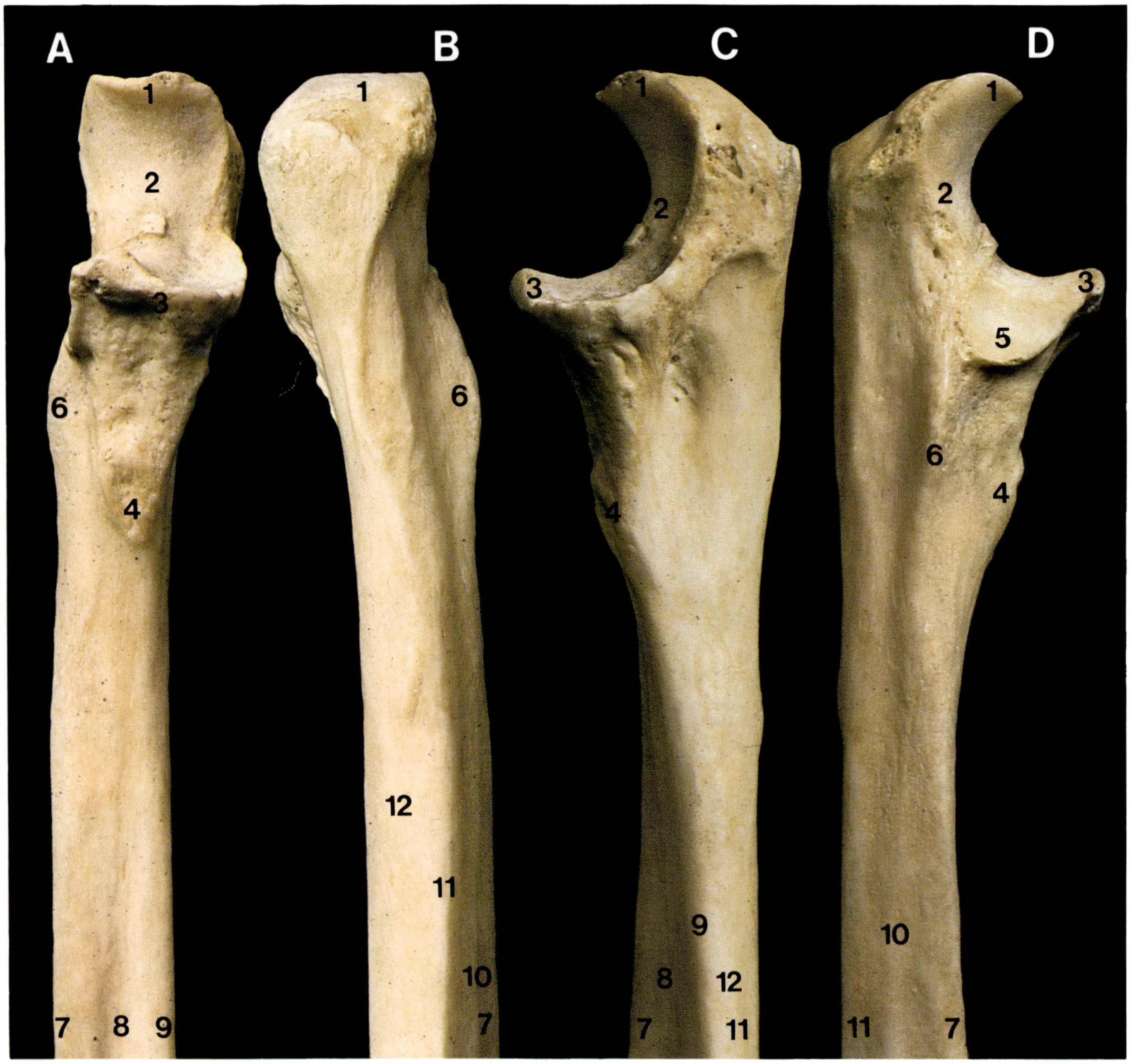

Rechte Ulna, proximaler Abschnitt, A von vorne, B von hinten, C von medial, D von lateral gesehen

1 Olecranon
2 Incisura trochlearis
3 Processus coronoideus
4 Tuberositas ulnae
5 Incisura radialis
6 Crista m. supinatoris
7 Margo interosseus
8 Facies anterior
9 Margo anterior
10 Facies posterior
11 Margo posterior
12 Facies medialis

● Die Incisura trochlearis zeigt nach vorne-oben und geht lateral in die Incisura radialis über.

● Das proximale Ende der Ulna ist im Querschnitt dreieckig, während das distale Viertel fast zylindrisch erscheint. Die Diaphyse der Ulna zeigt daher drei Flächen (Facies anterior, Facies posterior und medialis), die jeweils von einer Knochenleiste (Margo interosseus, anterior und posterior) begrenzt werden (vgl. mit den entsprechenden Verhältnissen am Radius, S. 99).

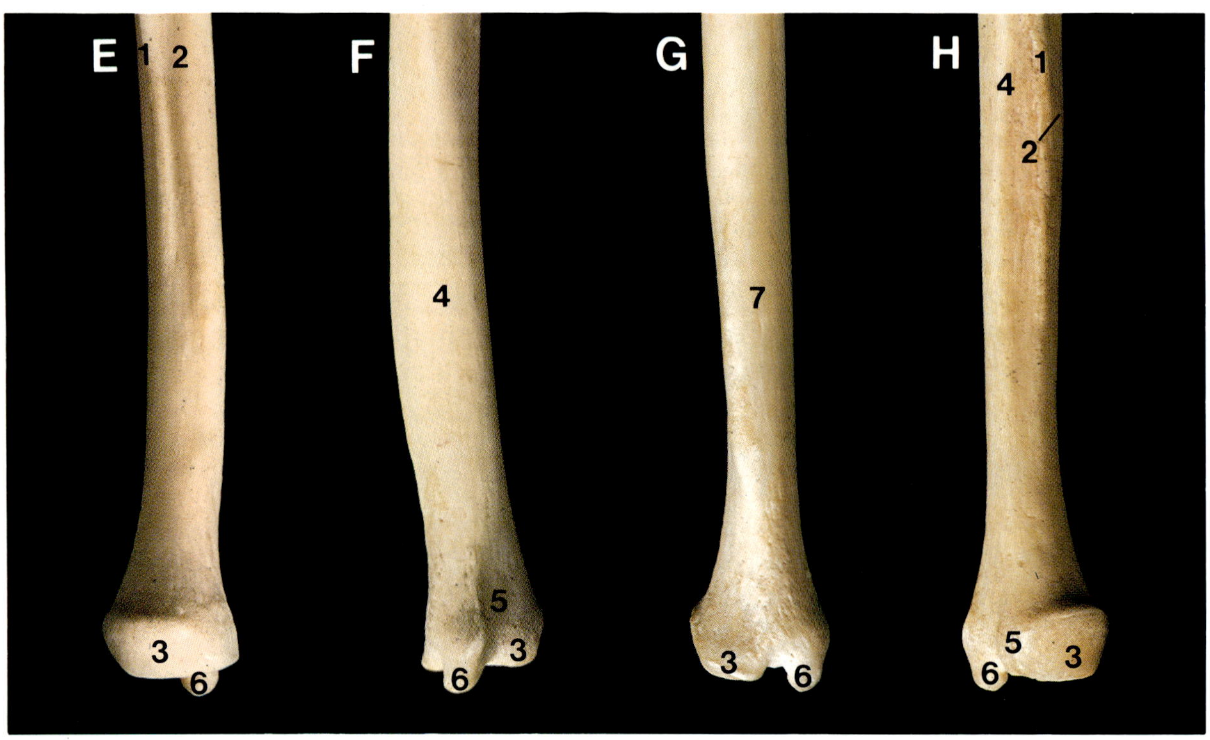

Rechte Ulna, distaler Abschnitt, E von vorne, F von hinten, G von medial, H von lateral gesehen

1 Margo interosseus
2 Facies anterior
3 Caput ulnae
4 Facies posterior
5 Knochenrinne für die Sehne des M. extensor carpi ulnaris
6 Processus styloideus
7 Facies medialis

● Das Caput ulnae liegt am distalen Ende der Ulna und besitzt einen nach dorsomedial gerichteten Processus styloideus.

A Radius und Ulna (rechts), proximales Ende, von oben und vorne gesehen
1 Olecranon
2 Incisura trochlearis
3 Processus coronoideus
4 Tuberositas ulnae
5 Tuberositas radii
6 Collum radii
7 Caput radii

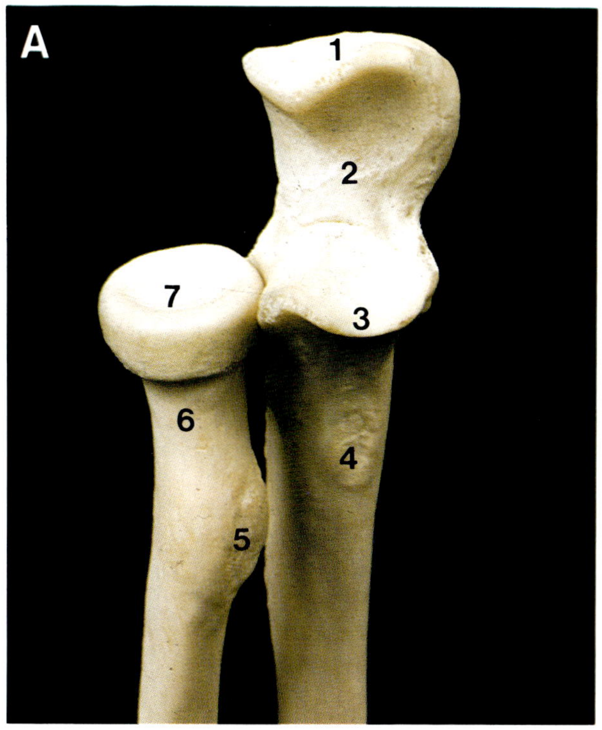

B Radius und Ulna (rechts), distales Ende, von unten gesehen
1 Processus styloideus radii
2 Gelenkfläche für das Os scaphoideum
3 Gelenkfläche für das Os lunatum
4 Ansatzfläche für den Discus articularis
5 Gelenkfläche für den Discus articularis
6 Processus styloideus ulnae
7 Sulcus für die Sehne des M. extensor carpi ulnaris
8 Sulcus für die Sehne des M. extensor digitorum und M. extensor indicis
9 Sulcus für die Sehne des M. extensor pollicis longus
10 Knochenvorsprung (Tuberculum dorsale)
11 Sulcus für die Sehne des M. extensor carpi radialis brevis
12 Sulcus für die Sehne des M. extensor carpi radialis longus

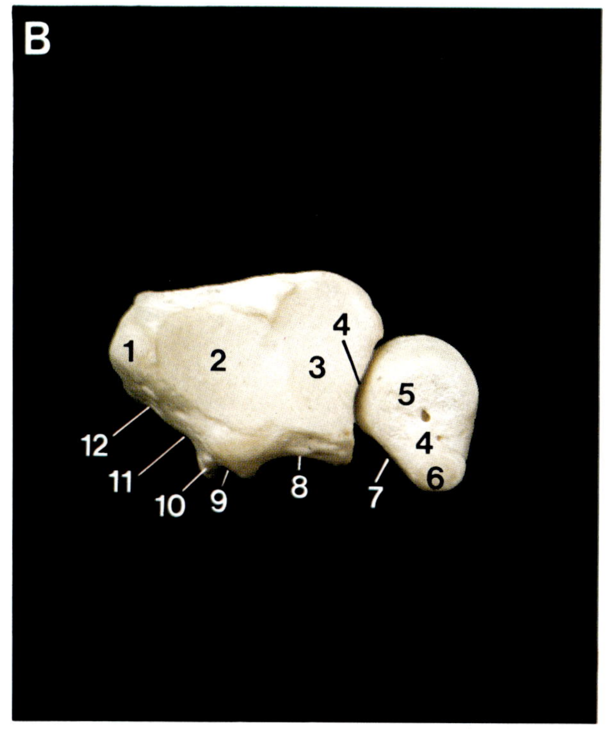

C und D Gelenkige Verbindungen von Humerus, Radius und Ulna (rechts), C von vorne, D von hinten gesehen
1 Epicondylus lateralis ⎤
2 Capitulum ⎥ humeri
3 Trochlea ⎥
4 Epicondylus medialis ⎦
5 Processus coronoideus ulnae
6 Caput radii
7 Olecranon

- Das Ellenbogengelenk stellt eine gelenkige Verbindung von Humerus, Radius und Ulna dar, wobei das Capitulum humeri mit dem Radiusköpfchen und die Trochlea humeri mit der Incisura trochlearis ulnae artikulieren.
- Das Caput radii artikuliert außerdem mit der Incisura radialis ulnae (Articulatio radioulnaris proximalis).
- Die Articulatio humeroradialis, humeroulnaris und radioulnaris proximalis werden von einer gemeinsamen Gelenkkapsel umschlossen und liegen daher im selben Kapselraum.

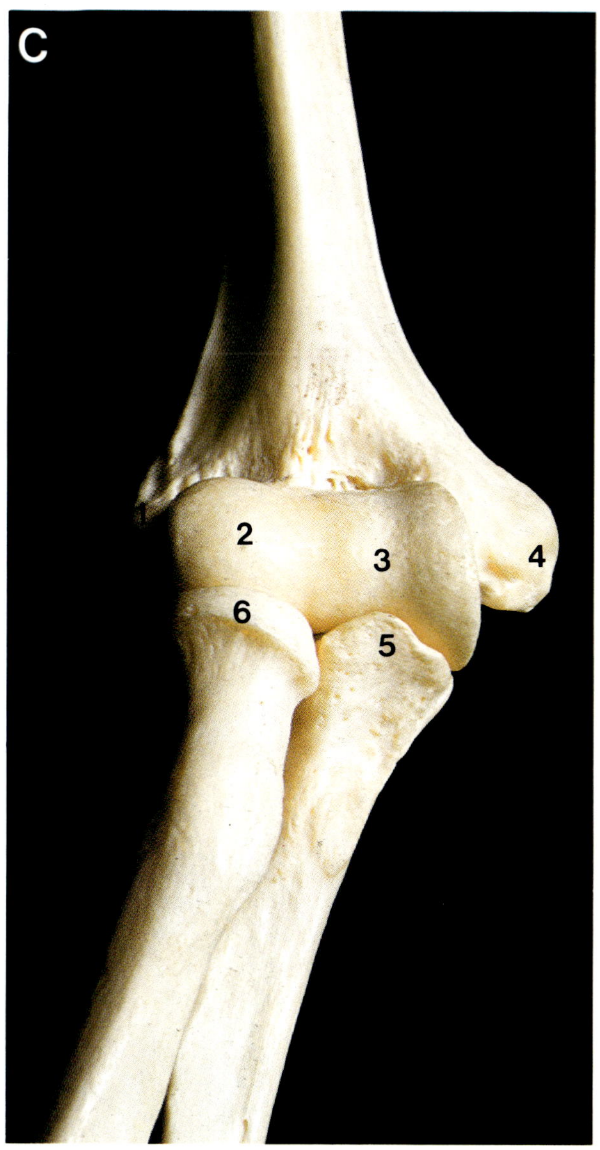

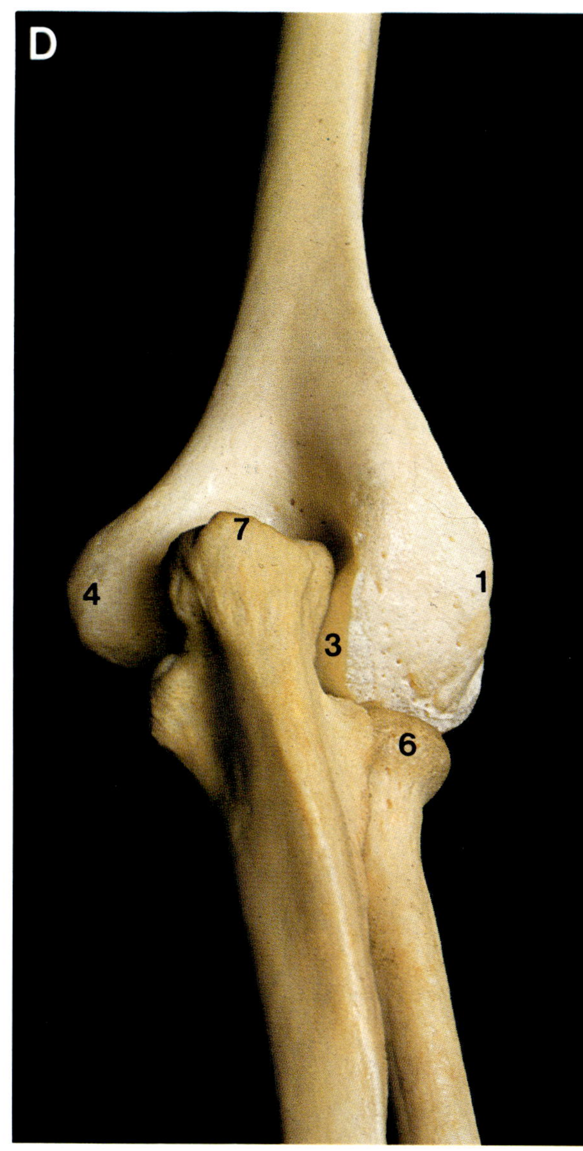

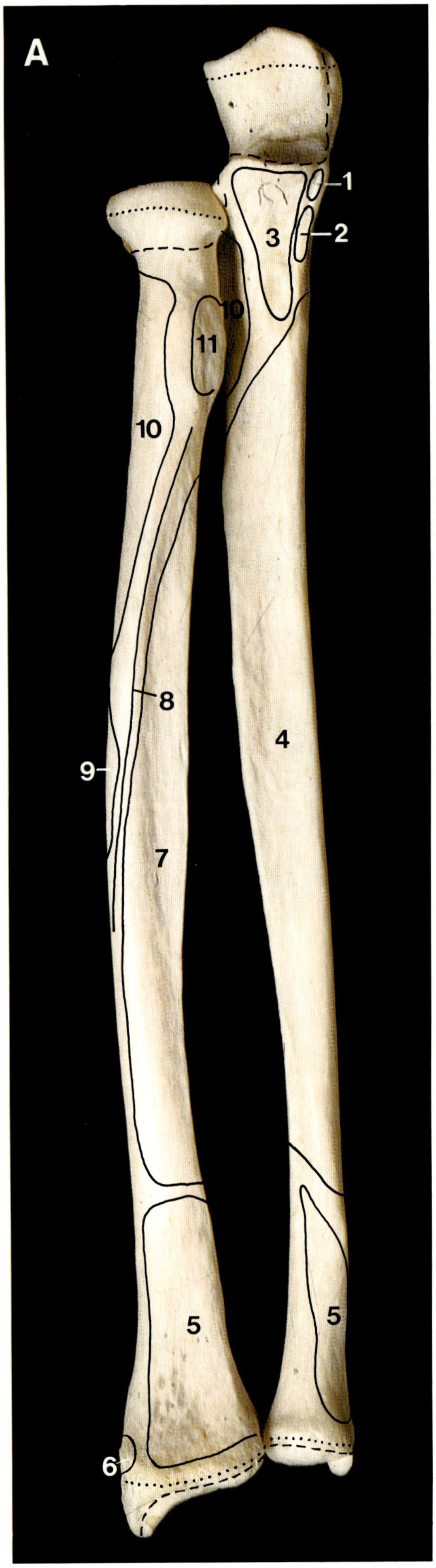

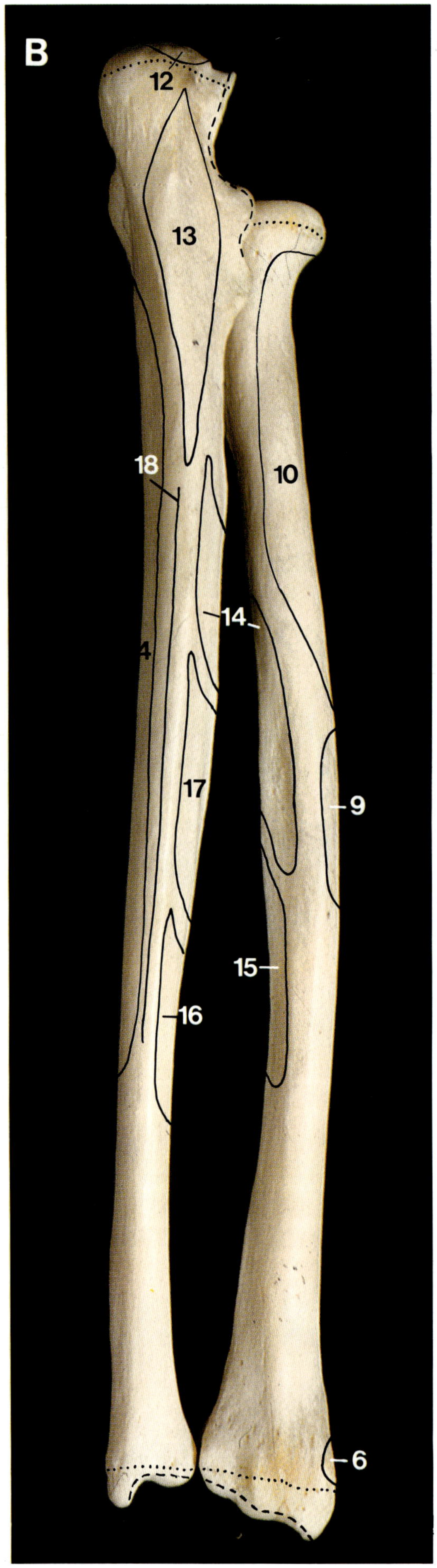

Radius und Ulna (rechts), A von vorne, B von hinten gesehen, mit Muskelansatzflächen
(Punktierte Linie: Epiphysenfuge; gestrichelte Linie: Gelenkkapselansatz)

1 M. flexor digitorum superficialis, Caput humeroulnare
2 M. pronator teres (Caput ulnare)
3 M. brachialis
4 M. flexor digitorum profundus
5 M. pronator quadratus
6 M. brachioradialis
7 M. flexor pollicis longus
8 M. flexor digitorum superficialis (Caput radiale)
9 M. pronator teres
10 M. supinator
11 M. biceps brachii
12 M. triceps brachii
13 M. anconaeus
14 M. abductor pollicis longus
15 M. extensor pollicis brevis
16 M. extensor indicis
17 M. extensor pollicis longus
18 Ansatzlinie der gemeinsamen Aponeurose für den M. flexor digitorum profundus, M. flexor carpi ulnaris und M. extensor carpi ulnaris

● Der M. flexor pollicis longus zeigt gelegentlich einen kleinen, zusätzlichen Ursprungskopf an der lateralen (selten auch medialen) Seite des Processus coronoideus ulnae neben dem Ansatz des M. brachialis.

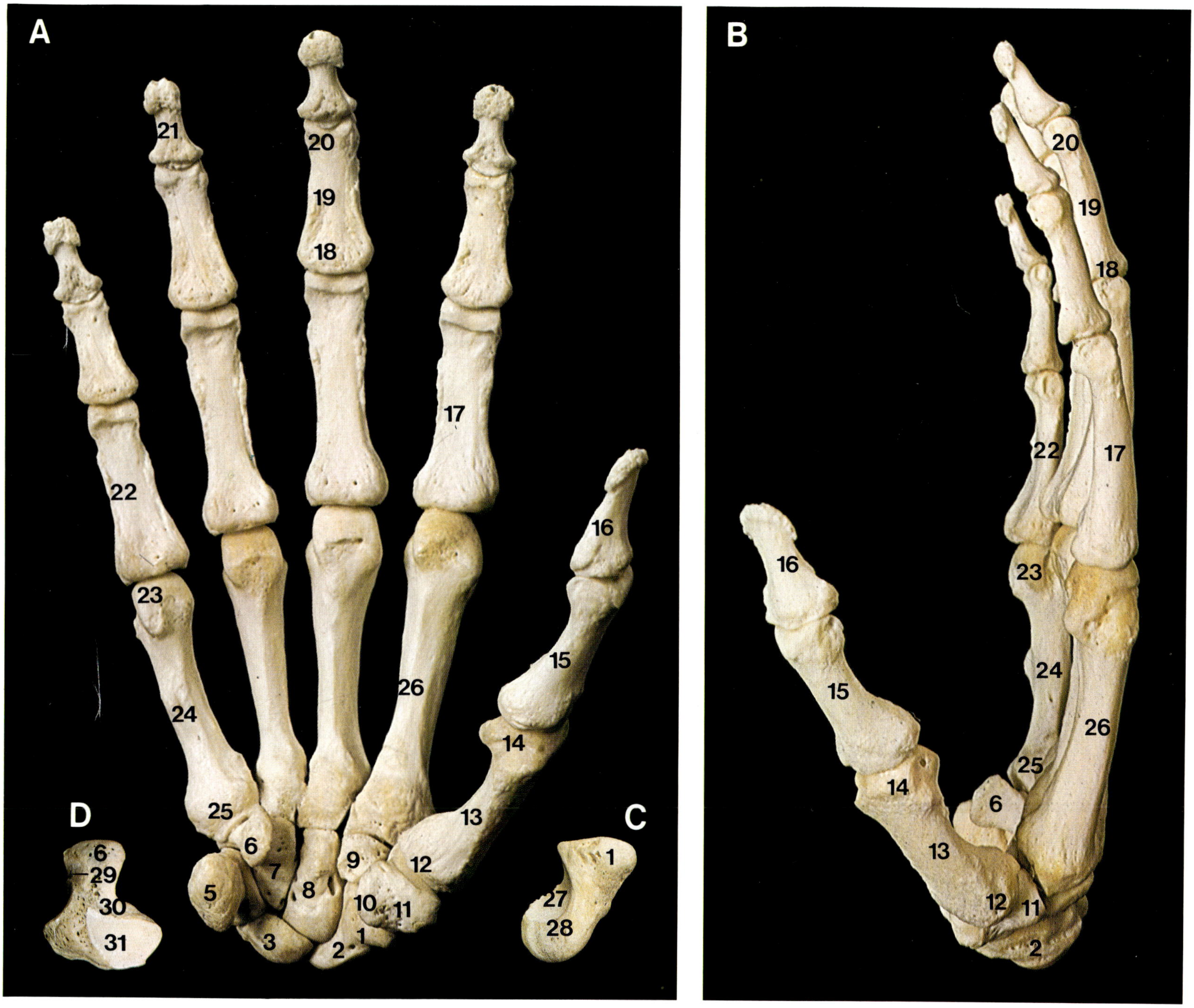

Knochen der rechten Hand, A Palmarfläche, B Seitenansicht, C Os scaphoideum (Volarfläche), D Os hamatum (von medial gesehen)

1 Tuberculum ossis scaphoidei
2 Os scaphoideum
3 Os lunatum
4 Os triquetrum
5 Os pisiforme
6 Hamulus ossis hamati
7 Os hamatum
8 Os capitatum
9 Os trapezoideum
10 Tuberculum ossis trapezei
11 Os trapezium
12 Basis ⎤
13 Corpus ⎬ ossis metacarpalis I
14 Caput ⎦
15 Phalanx proximalis ⎤ des Daumens
16 Phalanx distalis ⎦
17 Phalanx proximalis des Zeigefingers
18 Basis ⎤
19 Corpus ⎬ der Phalanx media des Mittelfingers
20 Caput ⎦
21 Phalanx distalis des Ringfingers
22 Phalanx proximalis des kleinen Fingers
23 Caput ⎤
24 Corpus ⎬ ossis metacarpalis V
25 Basis ⎦
26 Os metacarpale II
27 Gelenkfläche für das Os capitatum ⎤ am Os scaphoideum
28 Gelenkfläche für das Os lunatum ⎦
29 Rinne für den Ramus profundus des N. ulnaris ⎤
30 Palmare Fläche ⎬ am Os hamatum
31 Gelenkfläche für das Os triquetrum ⎦

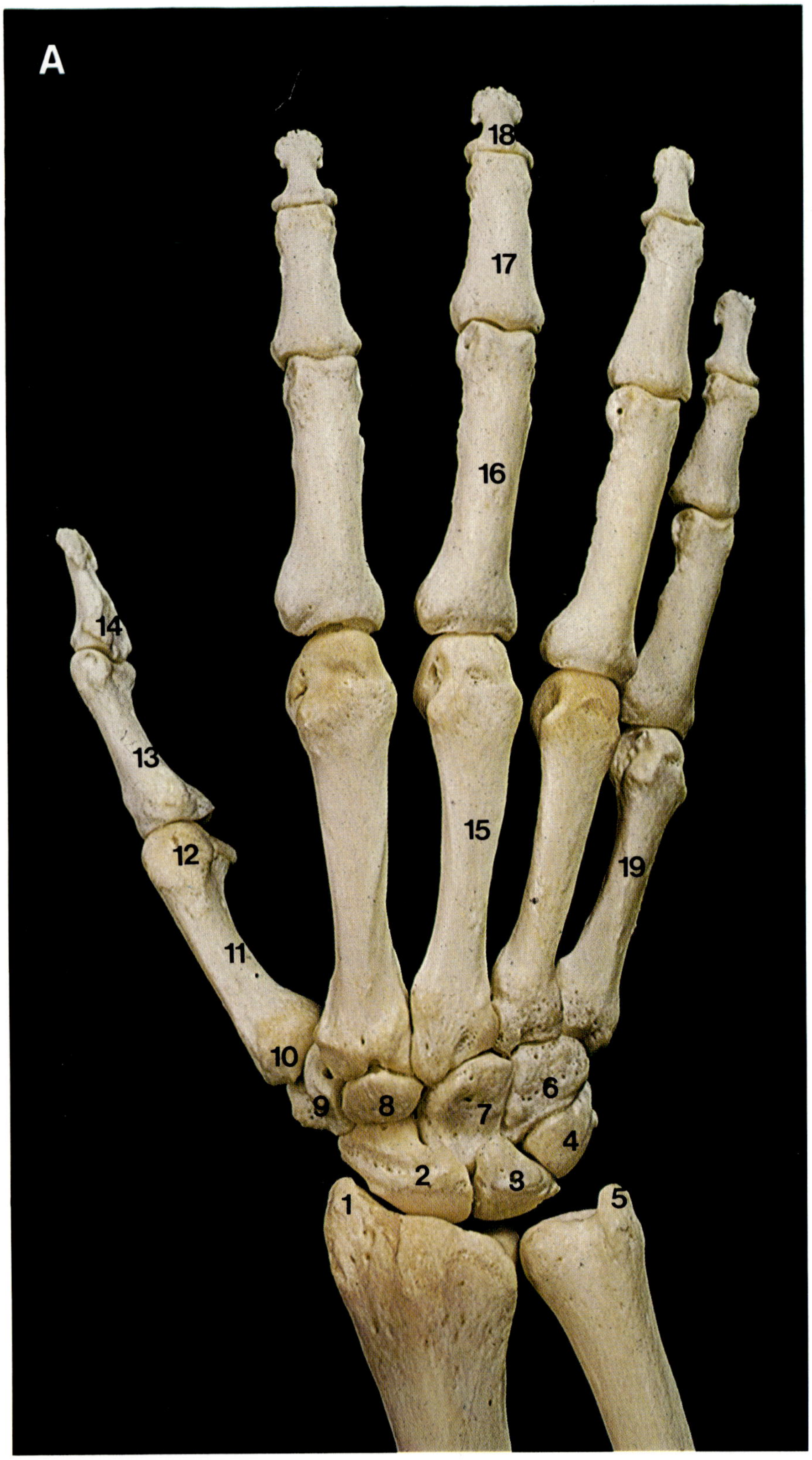

Knochen der rechten Hand, A Facies dorsalis

1 Processus styloideus radii
2 Os scaphoideum
3 Os lunatum
4 Os triquetrum
5 Processus styloideus ulnae
6 Os hamatum
7 Os capitatum
8 Os trapezoideum
9 Os trapezium
10 Basis, 11 Corpus, 12 Caput – ossis metacarpalis I
13 Phalanx proximalis, 14 Phalanx distalis – pollicis
15 Os metacarpale III
16 Phalanx proximalis, 17 Phalanx media, 18 Phalanx distalis – des Mittelfingers
19 Os metacarpale V

Knochen der rechten Hand, B von palmar, C von dorsal gesehen, mit Muskelansatzflächen

1 M. flexor carpi ulnaris
2 M. abductor digiti minimi
3 Lig. pisohamatum
4 Lig. pisometacarpeum
5 M. flexor digiti minimi brevis
6 M. opponens digiti minimi
7 M. interosseus palmaris IV
8 M. interosseus palmaris III
9 M. interosseus palmaris II
10 M. interosseus palmaris I
11 M. interosseus dorsalis I
12 M. interosseus dorsalis II
13 M. interosseus dorsalis III
14 M. interosseus dorsalis IV
15 Caput transversum m. adductoris pollicis
16 Caput obliquum m. adductoris pollicis
17 M. flexor carpi radialis
18 M. flexor pollicis brevis
19 M. opponens pollicis
20 M. abductor pollicis brevis
21 M. abductor pollicis longus
22 M. extensor pollicis brevis
23 M. extensor pollicis longus
24 M. flexor digitorum superficialis
25 M. flexor digitorum profundus
26 M. flexor pollicis longus
27 Dorsalaponeurose der Finger (Ansatz der Fingerstrecker)
28 M. extensor carpi ulnaris
29 M. extensor carpi radialis brevis
30 M. extensor carpi radialis longus

● Das Os pisiforme ist ein Sesambein, das in die Sehne des M. flexor carpi ulnaris eingelagert und durch das Lig. pisohamatum und pisometacarpeum verankert ist.

● In der offiziellen anatomischen Nomenklatur wird derjenige Kopf des M. flexor pollicis brevis, der am Os trapezium (bzw. Retinaculum flexorum) entspringt, als Caput superficiale und derjenige Kopf (häufig klein oder fehlend), der am Os trapezoideum und Os capitatum entspringt, als Caput profundum bezeichnet. Dieser muß vom M. interosseus palmaris I unterschieden werden, obwohl beide Bezeichnungen gelegentlich auch synonym gebraucht werden.

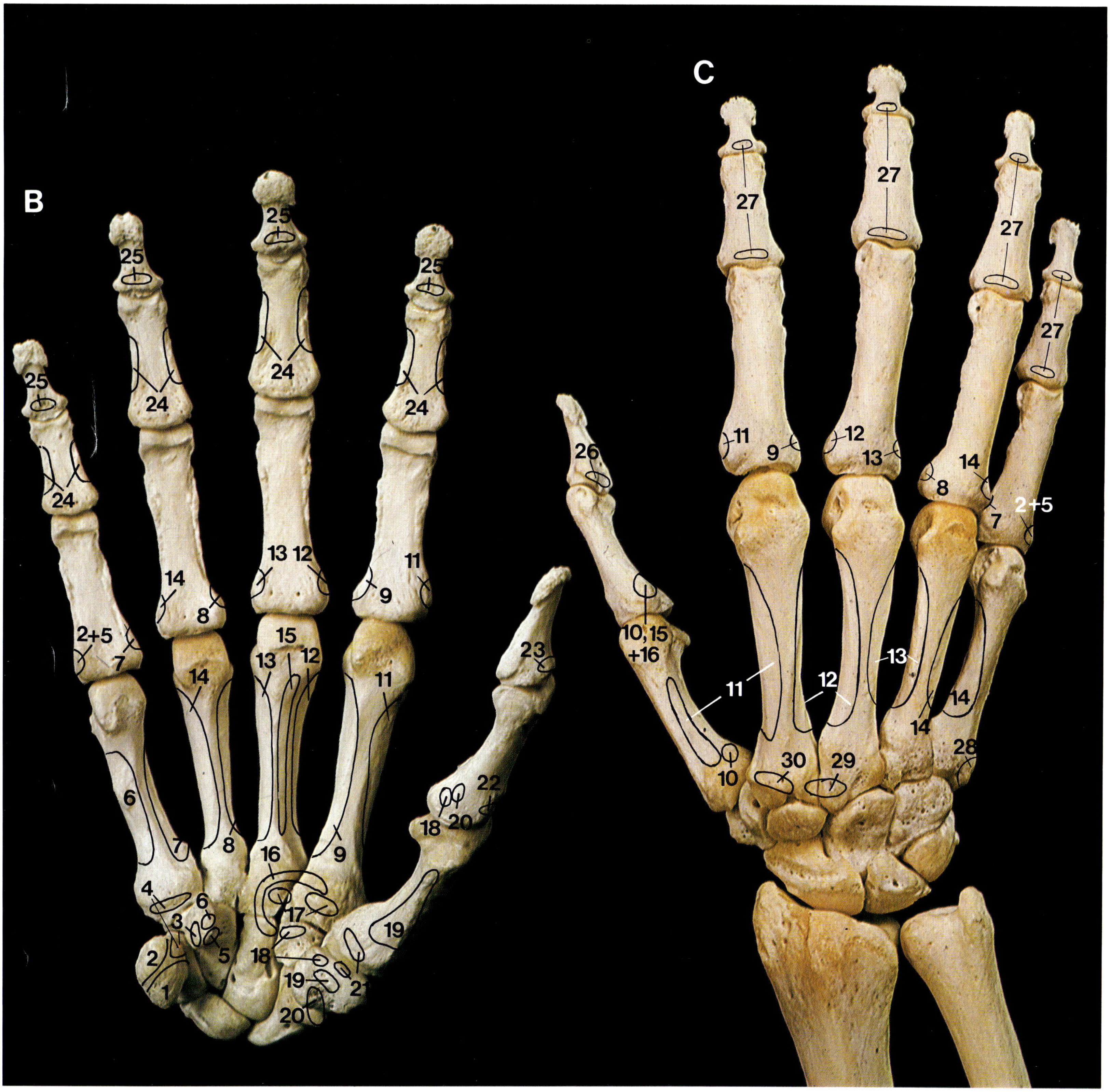

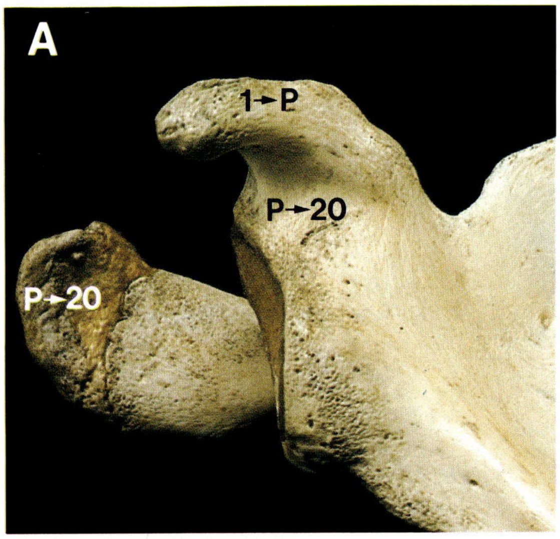

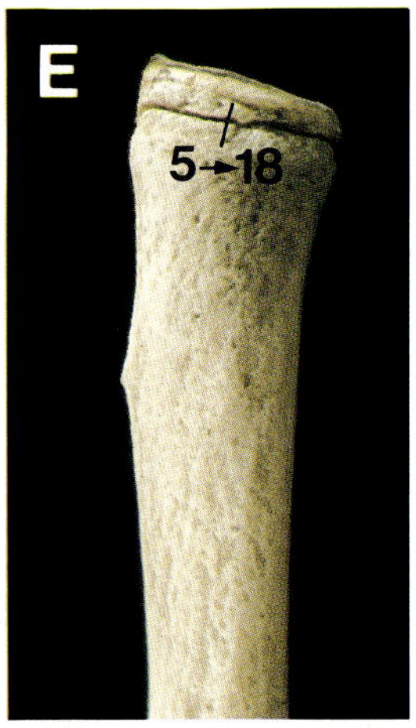

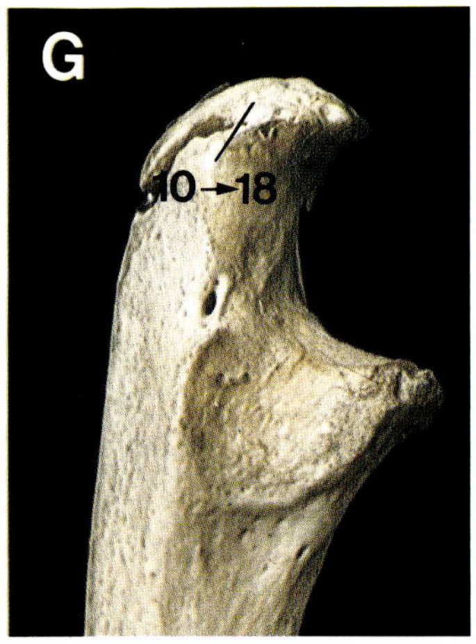

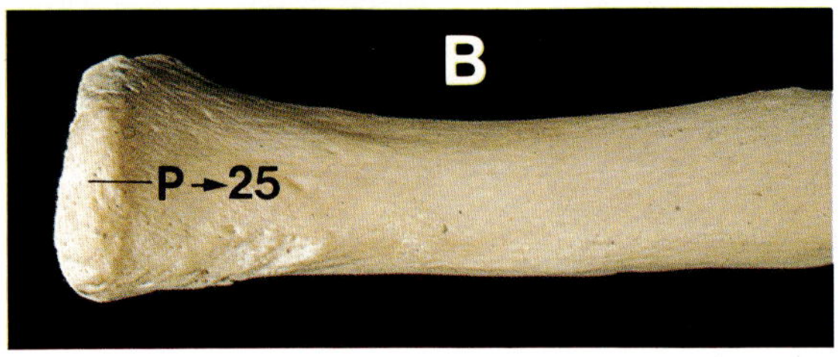

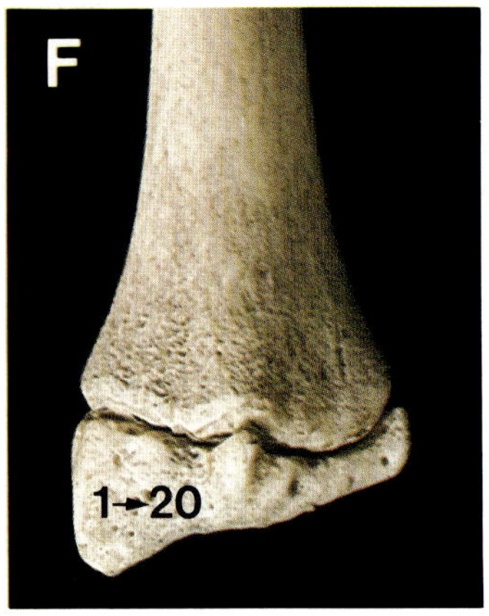

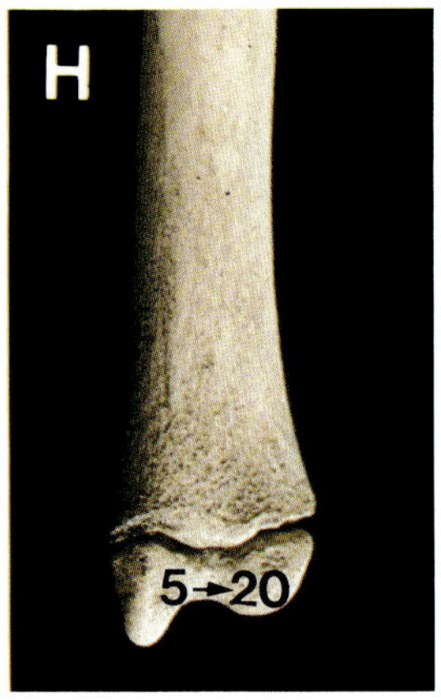

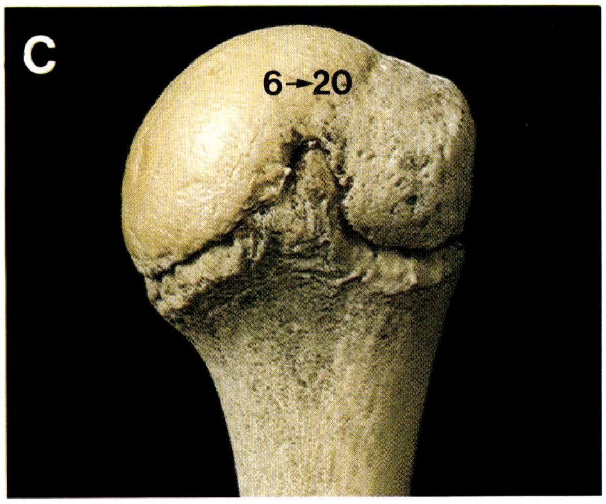

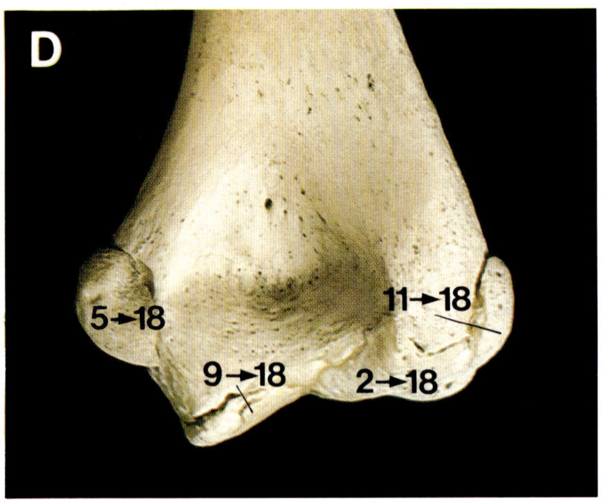

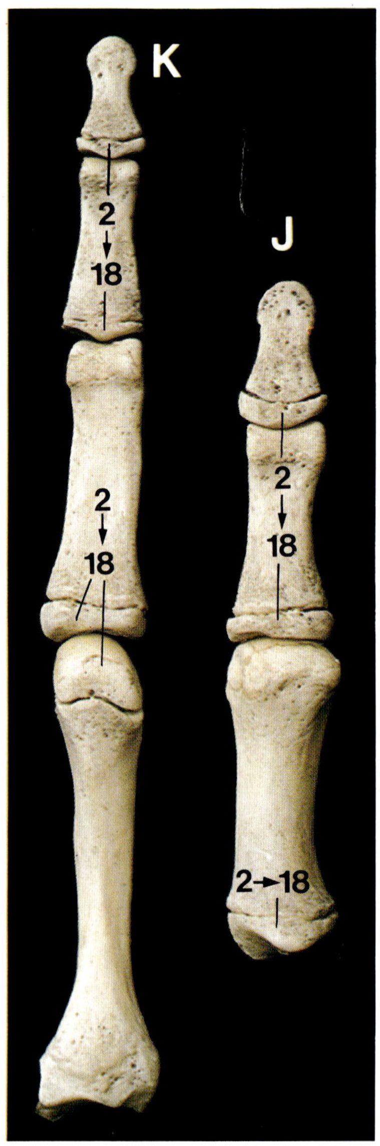

Sekundäre Ossifikationszentren an der rechten oberen Extremität.

A Oberer lateraler Teil der Scapula, B sternales Ende der Clavicula, C proximales Ende, D distales Ende des Humerus, E proximales, F distales Ende des Radius, G proximales, H distales Ende der Ulna, J erster Metakarpalknochen und Phalangen des Daumens, K zweiter Metakarpalknochen und Phalangen des Zeigefingers

(Die Zahlen bedeuten Jahre. Beginn der Ossifikation→ Verschmelzung; P = Pubertät)

- Der Einfachheit halber sind nur die Durchschnittswerte angegeben (diejenigen der unteren Extremität s. S. 290 und 291). Man behalte jedoch die beträchtlichen individuellen Variationen im Auge.
- Neben den abgebildeten akromialen, korakoiden und subkorakoiden Ossifikationszentren besitzt die Scapula in der Regel noch weitere Verknöcherungszentren, und zwar am Angulus inferior, Margo medialis sowie am Unterrand der Gelenkfläche (Zeitpunkt überall P → 20).
- Das abgebildete Ossifikationszentrum am proximalen Ende des Humerus entsteht durch die im sechsten Lebensjahr auftretende Vereinigung der Verknöcherungszentren des Kopfes (1. Lebensjahr) mit denen des Tuberculum majus (3. Lebensjahr) und des Tuberculum minus (5. Lebensjahr).
- Am distalen Ende des Humerus verschmelzen die Ossifikationszentren des Capitulum humeri, der Trochlea humeri und des Epicondylus lateralis miteinander, bevor sie sich mit dem Humerusschaft vereinigen.
- Alle Handwurzelknochen sind bei der Geburt noch knorpelig. Sekundäre Ossifikationszentren sind noch nicht vorhanden.
- Alle Fingerknochen sowie das Os metacarpale I bilden ein sekundäres Ossifikationszentrum jeweils am proximalen Ende des Knochenelementes, während die übrigen ein entsprechendes Verknöcherungszentrum am distalen Ende ausbilden.

Rechte Schulter und Brust, Vorderansicht
(Der Arm ist leicht abduziert)

1 Schulterkuppe (hier überdeckt der M. deltoideus den Humeruskopf)
2 Articulatio acromioclavicularis
3 Vorderrand des M. deltoideus
4 Fossa infraclavicularis
5 Pars clavicularis m. pectoralis majoris
6 Clavicula
7 Fossa supraclavicularis
8 Vorderrand des M. trapezius
9 Caput laterale (claviculare) des m. sternocleidomastoidei
10 Caput mediale (sternale) m. sternocleidomastoidei
11 Pars sternalis m. pectoralis majoris
12 Areola mammae
13 Brustwarze (Papilla mammae)
14 M. serratus anterior
15 Unterrand des M. pectoralis major
16 Sulcus deltoideopectoralis und V. cephalica
17 M. biceps brachii

● Beim Mann liegt die Brustwarze normalerweise in Höhe des vierten Interkostalraumes.

● Der untere Abschnitt des M. pectoralis major bildet die vordere Achselfalte.

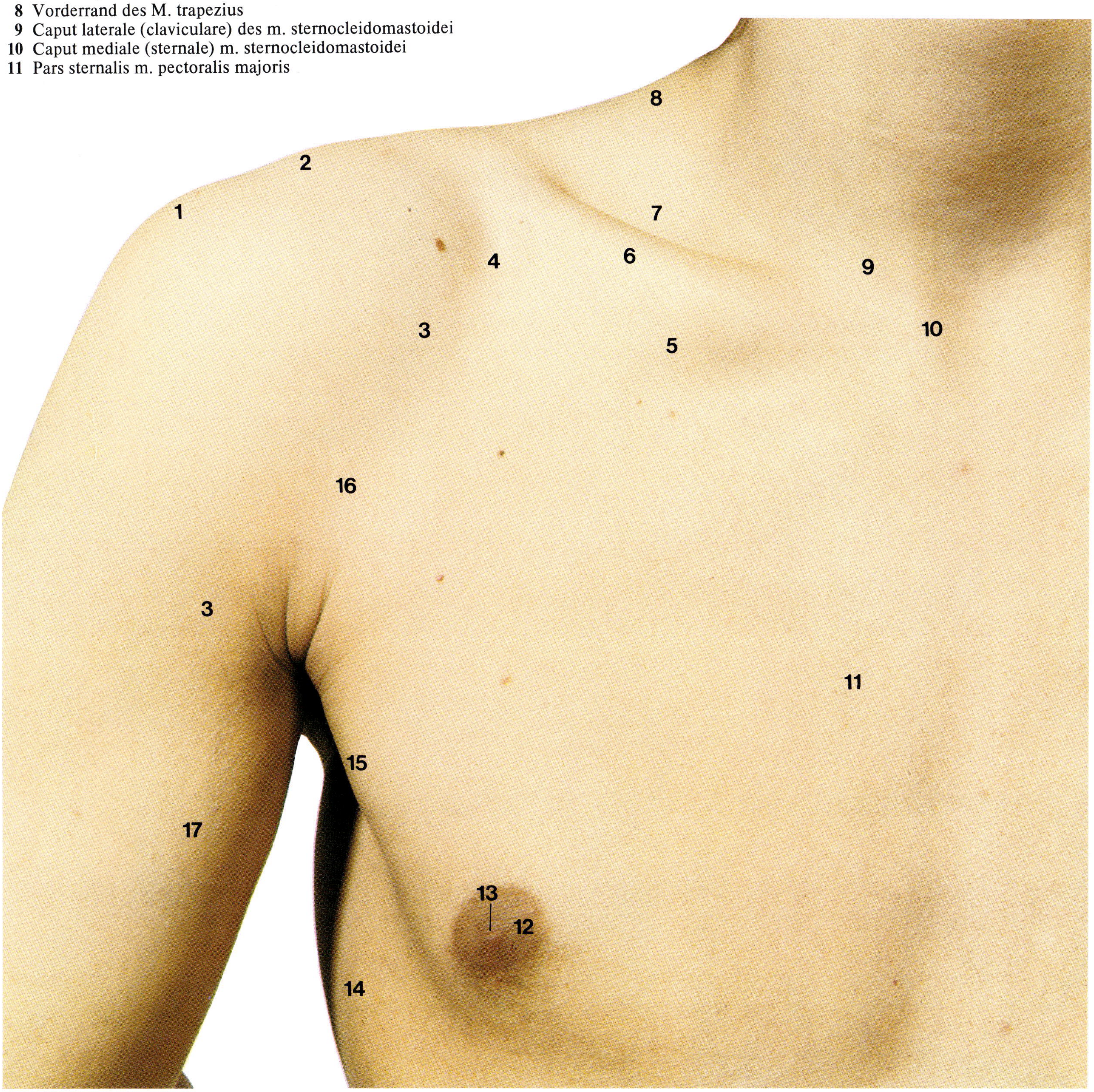

Rechte Schulter- und Halsregionen, oberflächliche Schicht, Vorderansicht

1 M. deltoideus
2 Nn. supraclaviculares
3 M. trapezius
4 Äste des Plexus cervicalis zum M. trapezius
5 N. accessorius
6 N. occipitalis minor
7 N. auricularis magnus
8 M. sternocleidomastoideus
9 N. transversus colli
10 Venter superior m. omohyoidei
11 M. thyreohyoideus
12 M. sternohyoideus
13 M. sternothyreoideus
14 M. pectoralis major
15 V. cephalica (überlagert die Vasa thoracoacromialia)
16 Fascia clavipectoralis in der Fossa infraclavicularis
17 Plexus venosus oberhalb des Venter inferior m. omohyoidei

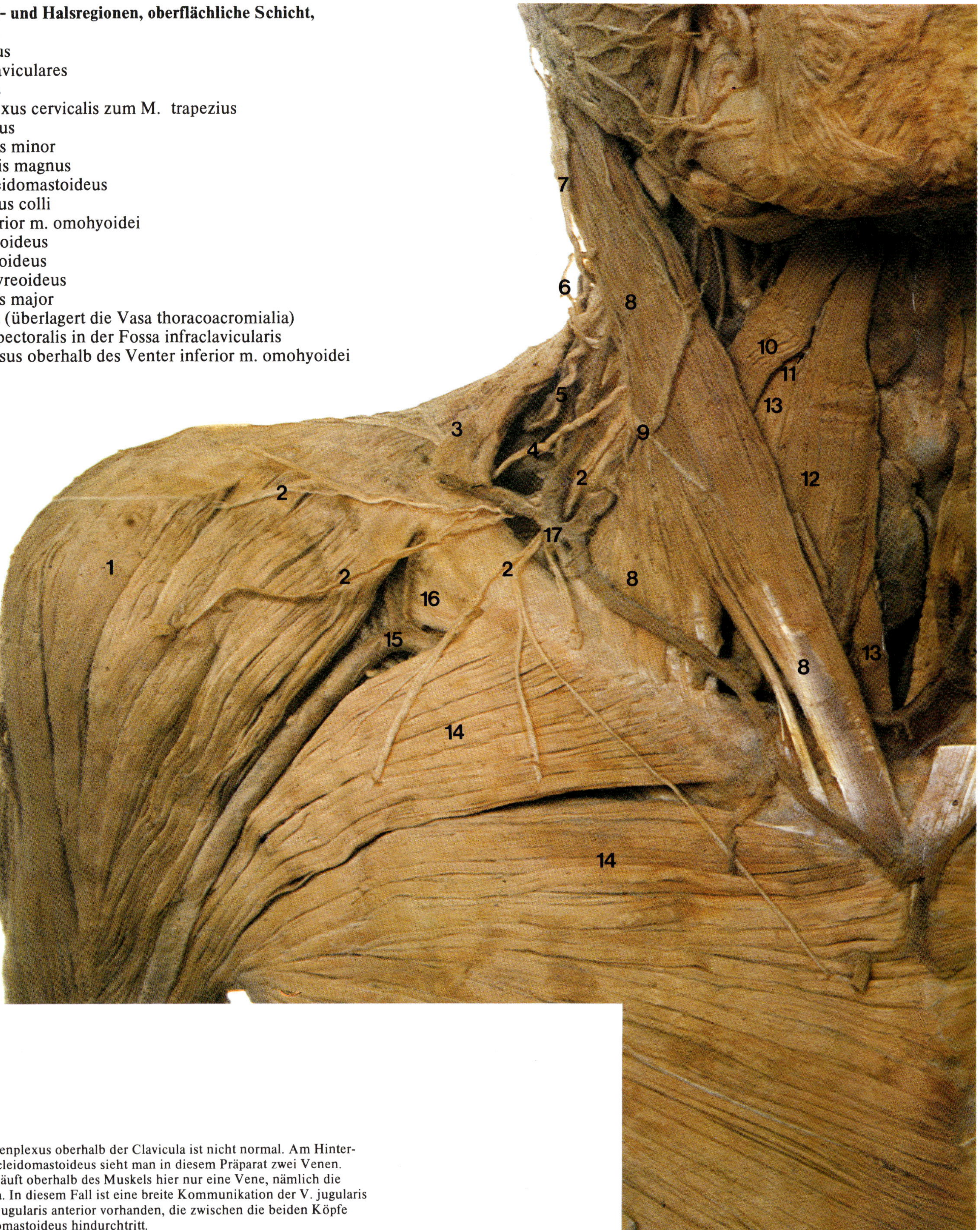

● Der starke Venenplexus oberhalb der Clavicula ist nicht normal. Am Hinterrand des M. sternocleidomastoideus sieht man in diesem Präparat zwei Venen. Normalerweise verläuft oberhalb des Muskels hier nur eine Vene, nämlich die V. jugularis externa. In diesem Fall ist eine breite Kommunikation der V. jugularis externa mit der V. jugularis anterior vorhanden, die zwischen die beiden Köpfe des M. sternocleidomastoideus hindurchtritt.
● Der N. transversus colli besitzt hier einen ungewöhnlich großen Ast, der auf dem M. sternocleidomastoideus nach oben zieht.
● Weitere Einzelheiten über dieses Präparat s. S. 35 und 37.

Schulter- und Halsregionen, Vorderansicht,
(M. deltoideus, M. pectoralis major und Fascia clavipectoralis wurden entfernt)

1 M. sternohyoideus
2 M. sternothyreoideus
3 V. jugularis interna
4 N. phrenicus auf dem M. scalenus anterior
5 N. subclavius
6 Plexus brachialis
7 N. suprascapularis
8 M. scalenus medius
9 N. thoracicus longus (zum M. serratus anterior
10 Venter inferior m. omohyoidei (nach oben gezogen)
11 M. trapezius
12 M. deltoideus
13 Processus coracoideus und Ramus acromialis a. thoracoacromialis
14 M. coracobrachialis
15 Caput breve m. bicipitis brachii
16 M. subscapularis
17 Sehne des Caput longum m. bicipitis brachii
18 M. pectoralis major
19 V. cephalica
20 N. intercostobrachialis
21 N. medianus
22 Axilläre Lymphknoten
23 A. thoracica lateralis
24 Ast des N. pectoralis medialis
25 M. pectoralis minor
26 A. circumflexa humeri anterior und N. musculocutaneus
27 Äste des N. pectoralis lateralis
28 Ramus pectoralis a. thoracoacromialis
29 V. axillaris
30 V. subclavia
31 Erste Rippe
32 M. subclavius

● Weitere Einzelheiten zu diesem Präparat s. S. 35 und 37.

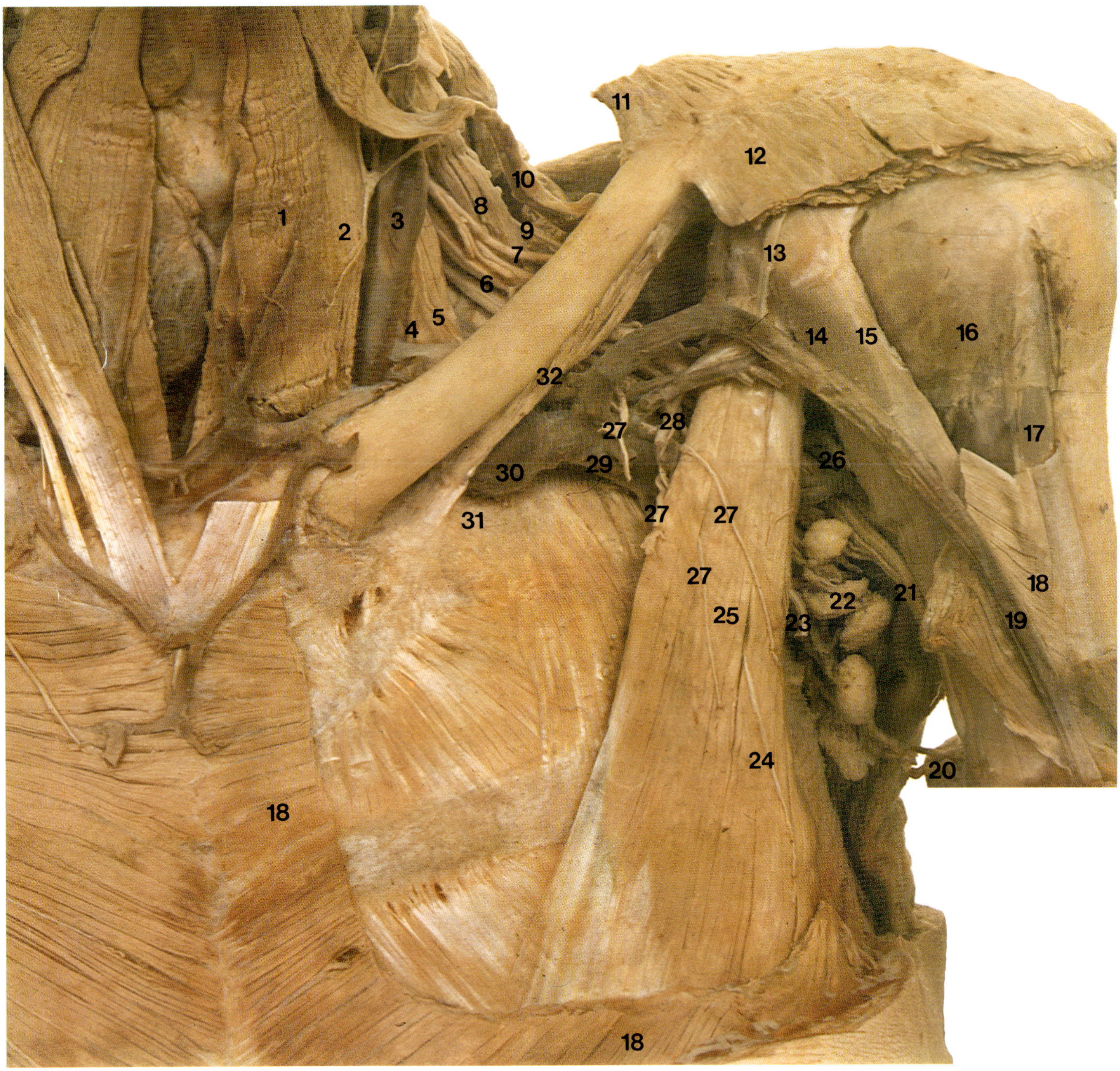

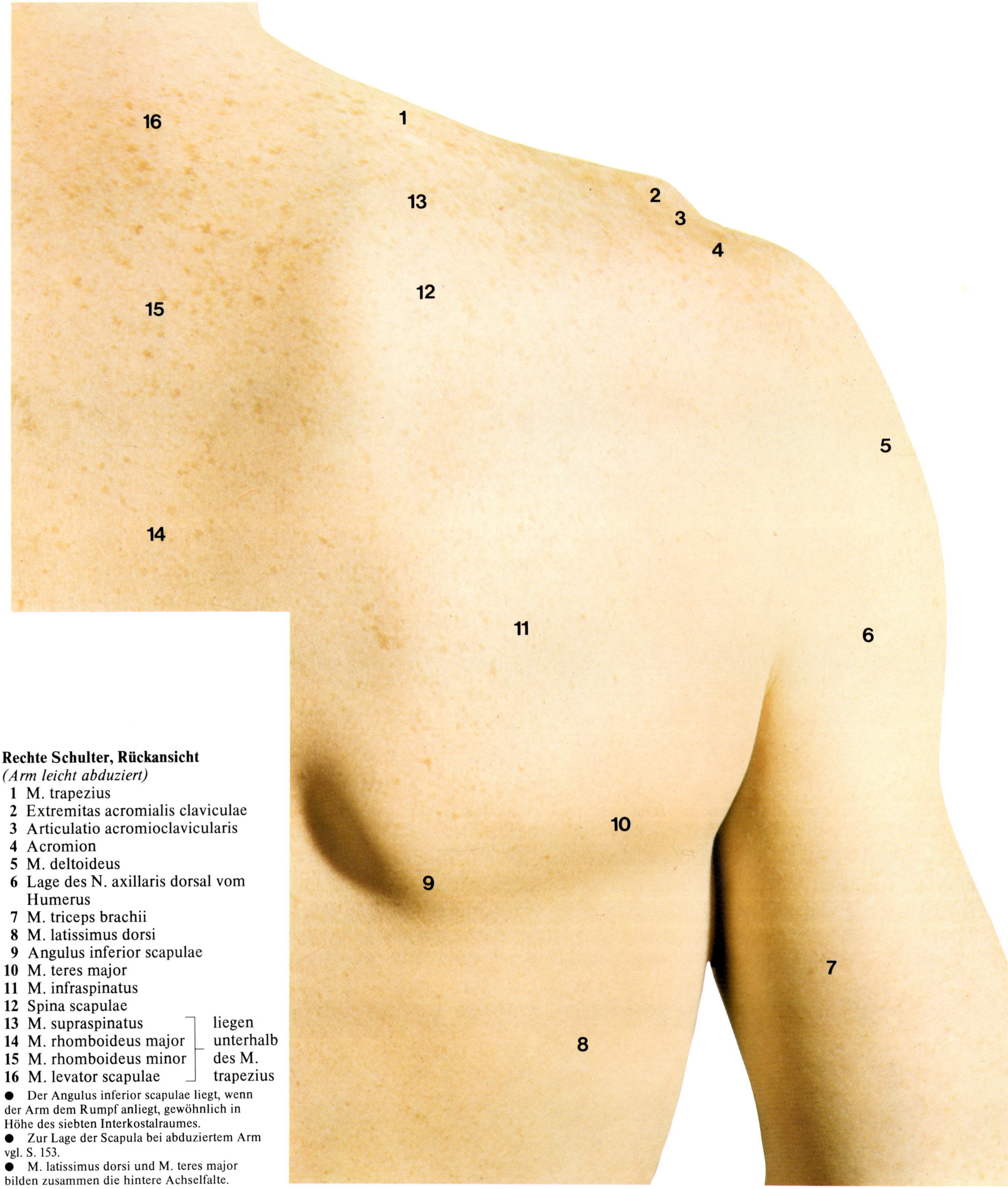

Rechte Schulter, Rückansicht
(Arm leicht abduziert)

1 M. trapezius
2 Extremitas acromialis claviculae
3 Articulatio acromioclavicularis
4 Acromion
5 M. deltoideus
6 Lage des N. axillaris dorsal vom Humerus
7 M. triceps brachii
8 M. latissimus dorsi
9 Angulus inferior scapulae
10 M. teres major
11 M. infraspinatus
12 Spina scapulae
13 M. supraspinatus
14 M. rhomboideus major
15 M. rhomboideus minor
16 M. levator scapulae

(13–16: liegen unterhalb des M. trapezius)

● Der Angulus inferior scapulae liegt, wenn der Arm dem Rumpf anliegt, gewöhnlich in Höhe des siebten Interkostalraumes.
● Zur Lage der Scapula bei abduziertem Arm vgl. S. 153.
● M. latissimus dorsi und M. teres major bilden zusammen die hintere Achselfalte.

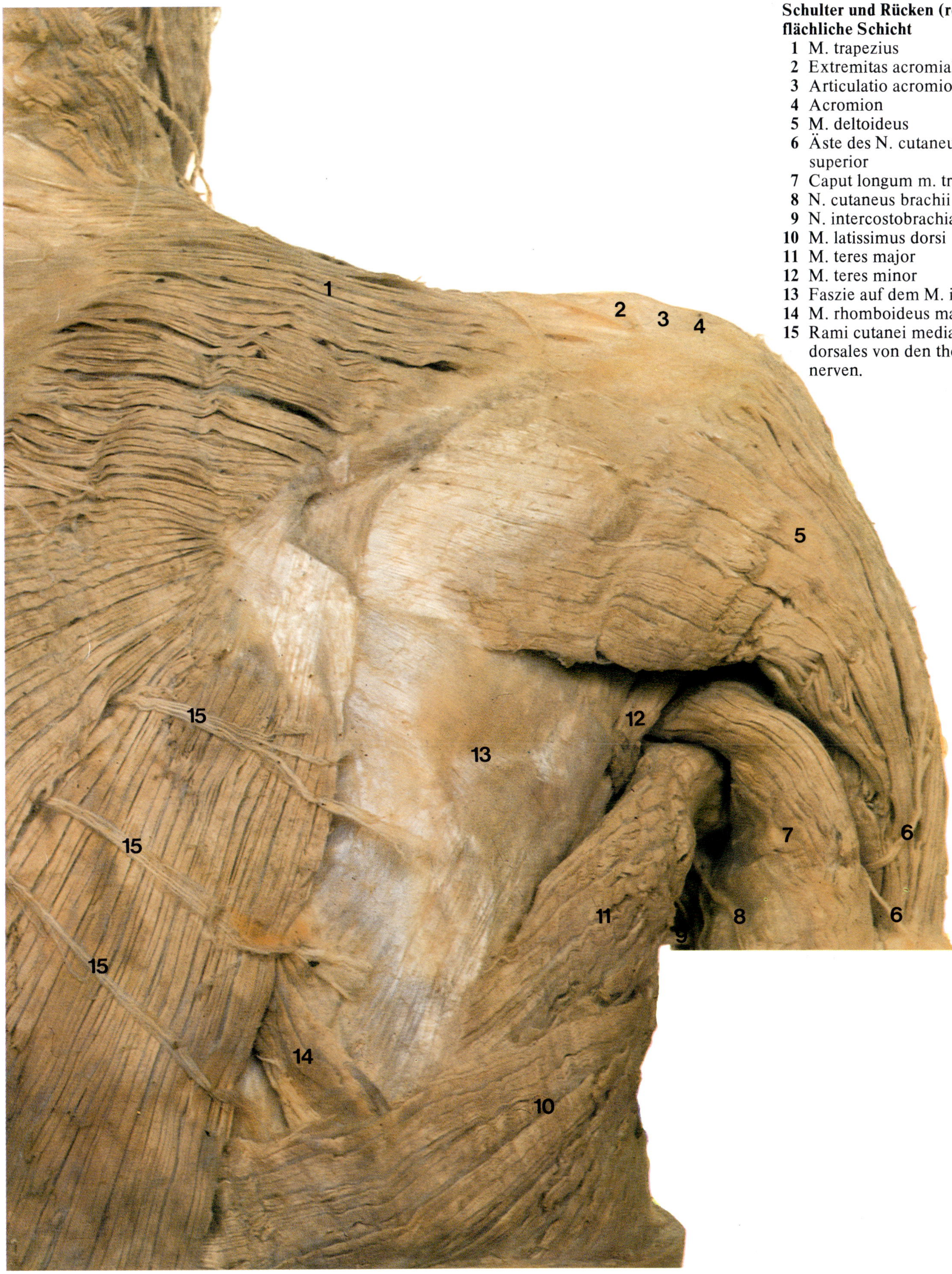

Schulter und Rücken (rechts), oberflächliche Schicht

1 M. trapezius
2 Extremitas acromialis claviculae
3 Articulatio acromioclavicularis
4 Acromion
5 M. deltoideus
6 Äste des N. cutaneus brachii lateralis superior
7 Caput longum m. tricipitis brachii
8 N. cutaneus brachii posterior
9 N. intercostobrachialis
10 M. latissimus dorsi
11 M. teres major
12 M. teres minor
13 Faszie auf dem M. infraspinatus
14 M. rhomboideus major
15 Rami cutanei mediales der Rami dorsales von den thorakalen Spinalnerven.

Linke Schulterregion, mittlere Schicht, von dorsal gesehen
(M. trapezius und M. deltoideus wurden größtenteils entfernt)

1 M. deltoideus
2 Acromion
3 Articulatio acromioclavicularis
4 Extremitas acromialis scapulae
5 M. trapezius
6 M. supraspinatus
7 M. levator scapulae
8 M. rhomboideus minor
9 M. rhomboideus major
10 Äste von Rami dorsales thorakaler Spinalnerven
11 M. erector spinae
12 Fascia thoracolumbalis
13 M. latissimus dorsi
14 M. teres major
15 Caput longum m. tricipitis brachii
16 Vasa circumflexa humeri posteriora und N. axillaris
17 M. teres minor
18 M. infraspinatus
19 Spina scapulae

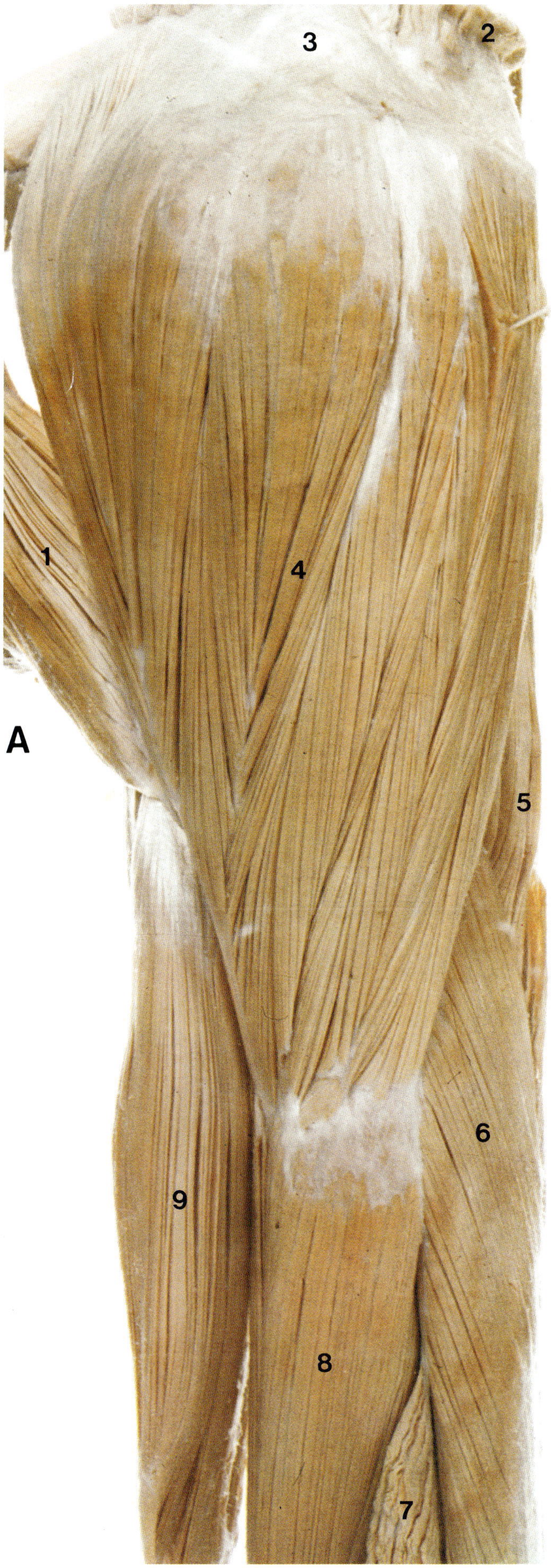

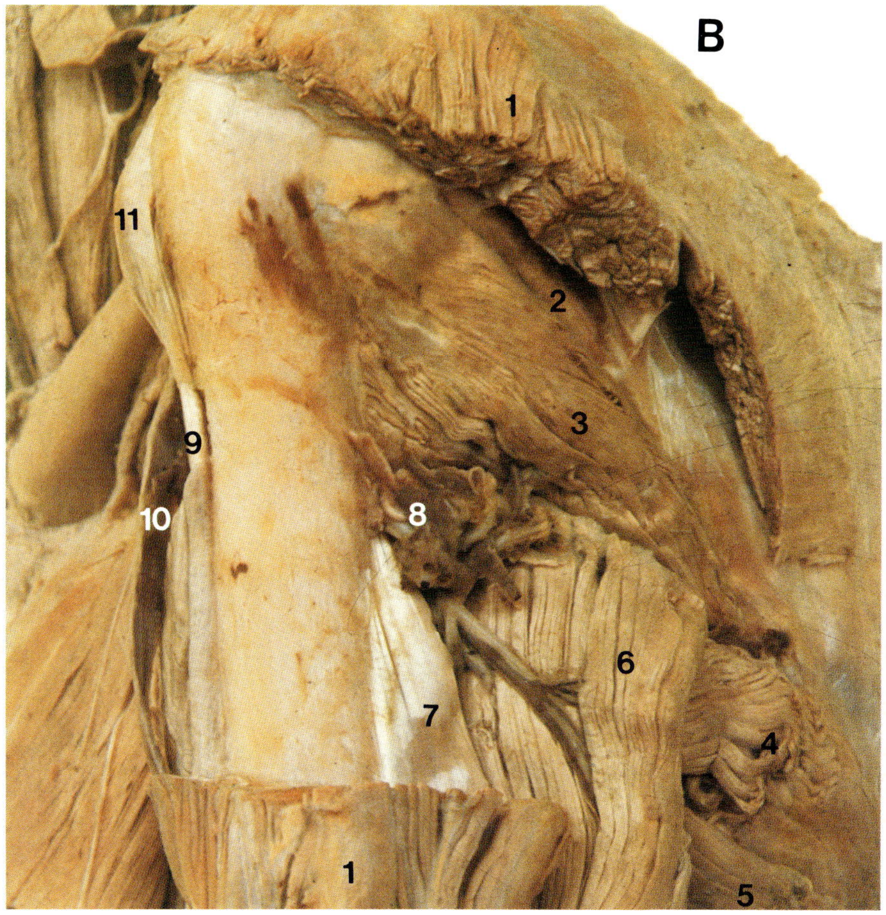

B Linke Schulterregion, Seitenansicht (nach Entfernung des M. deltoideus)

1 M. deltoideus
2 M. infraspinatus
3 M. teres minor
4 M. teres major
5 M. latissimus dorsi
6 Caput longum m. tricipitis brachii
7 Caput laterale m. tricipitis brachii
8 Vasa circumflexa humeri posteriora und N. axillaris
9 Sehne des Caput longum m. bicipitis brachii
10 V. cephalica
11 Tuberculum minus humeri

● Der M. deltoideus überdeckt die Schulterregion von vorne, von der Seite und von hinten. Der lateral am weitesten vorragende Teil des M. deltoideus, der das Tuberculum majus humeri überdeckt, bildet die Kuppe der Schulter.

A Linke Schulterregion, Seitenansicht, oberflächliche Schicht

1 M. pectoralis major
2 M. trapezius
3 Acromion
4 M. deltoideus
5 Caput longum m. tricipitis brachii
6 Caput laterale m. tricipitis brachii
7 M. brachioradialis
8 M. brachialis
9 M. biceps brachii

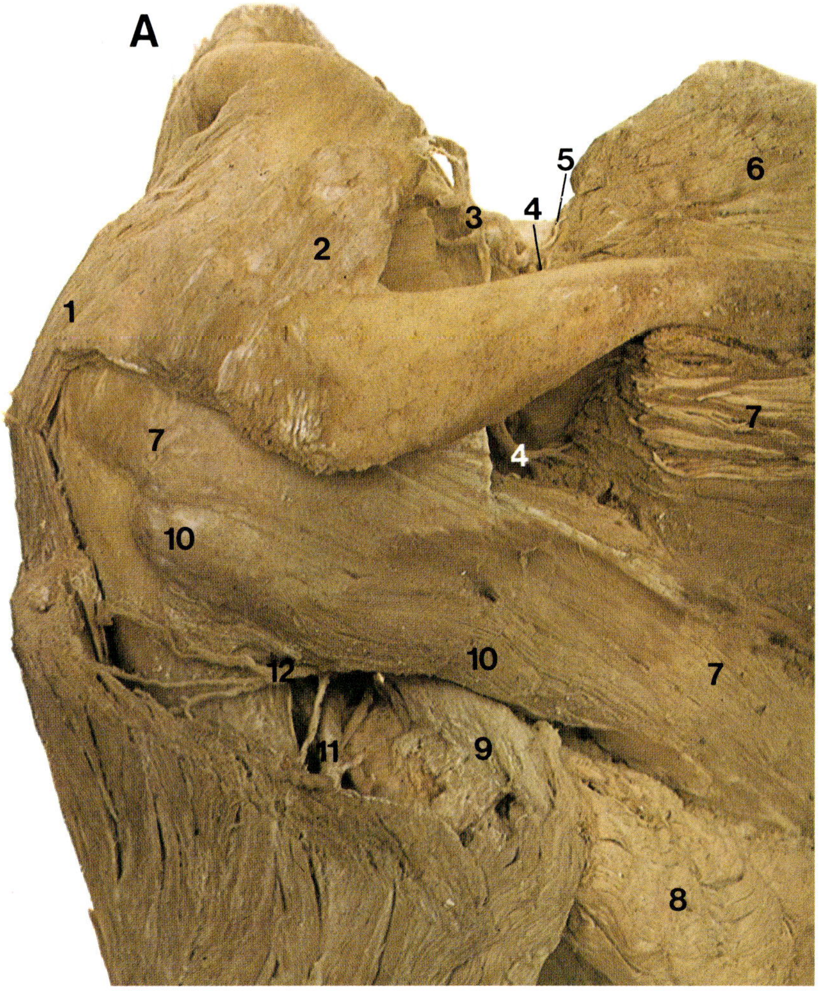

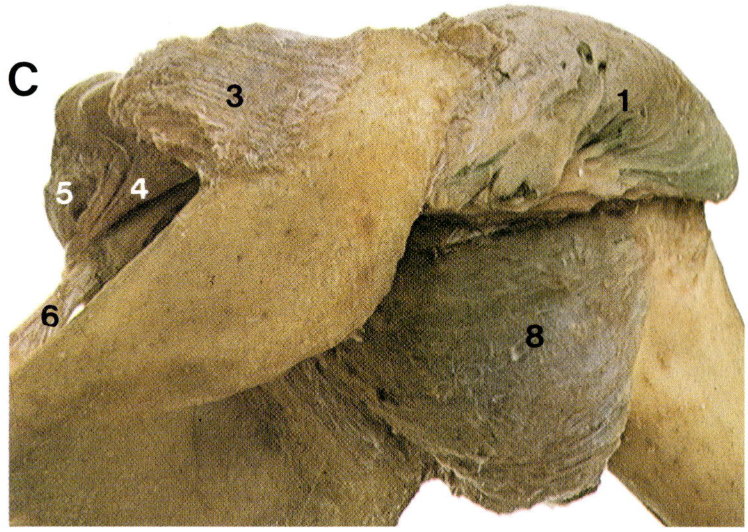

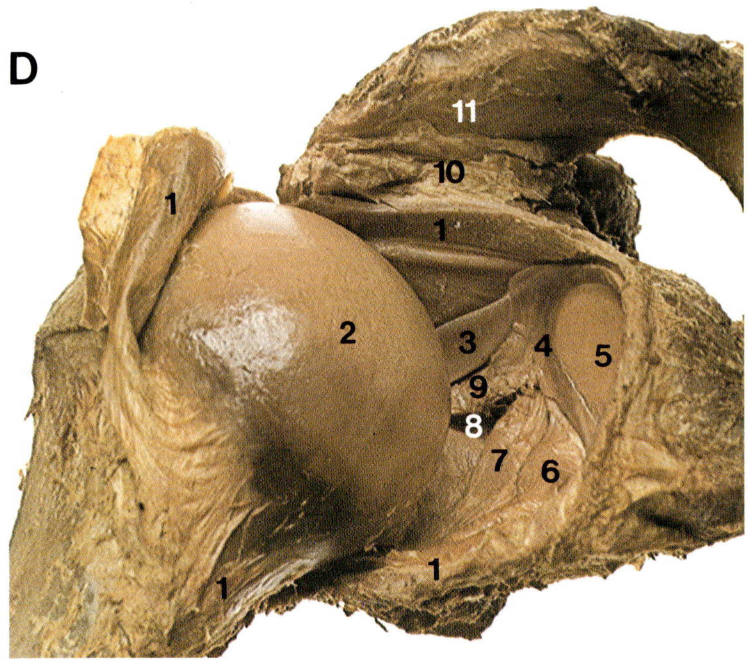

A Linke Schulterregion – Nervi suprascapulares und Nervus axillaris, von hinten gesehen

1 M. deltoideus
2 Articulatio acromioclavicularis
3 A. suprascapularis
4 N. suprascapularis
5 Lig. transversum scapulae superius
6 M. supraspinatus
7 M. infraspinatus
8 M. teres major
9 Caput longum m. tricipitis brachii
10 M. teres minor
11 A. circumflexa humeri posterior
12 N. axillaris

● Die A. suprascapularis zieht oberhalb des Lig. transversum scapulae zur Fossa supraspinata, während der N. suprascapularis unter dem Lig. transversum hindurchzieht.
● Der N. axillaris und die Vasa circumflexa humeri posteria ziehen nach rückwärts durch die laterale Achselmuskellücke, die (von hinten gesehen) oben durch den M. teres minor, unten durch den M. teres major, medial durch den langen Kopf des M. triceps und lateral durch den Humerus begrenzt wird [von vorne gesehen, liegt die laterale Achselmuskellücke immer subskapular (vgl. a. S. 118)].
● Da der N. axillaris wenig unterhalb der Schultergelenkkapsel vorbeiläuft, kann er bei Schultergelenkluxationen leicht verletzt werden.

B und C Rechtes Schultergelenk, B von vorne, C von hinten gesehen
(Gelenkkapsel und Bursa subacromialis wurden mit grünlichem Kunststoff injiziert)

1 Bursa subacromialis
2 Lig. coracoacromiale
3 Articulatio acromioclavicularis
4 Lig. trapezoideum
5 Lig. conoideum
6 Lig. transversum scapulae superius
7 Bursa subtendinea m. subscapularis
8 Schultergelenkkapsel
9 Sehne des Caput longum m. bicipitis brachii

● Die Bursa subtendinea m. subscapularis anastomosiert normalerweise mit dem Kapselraum des Schultergelenks.

● Die Bursa subacromialis kommuniziert normalerweise *nicht* mit dem Schultergelenk. Meist wird sie durch die Sehne des M. supraspinatus vom Gelenkraum getrennt. Wenn jedoch die Sehne gerissen ist, können beide Räume miteinander in Verbindung treten.

D Linkes Schultergelenk
(Gelenk von unten-hinten eröffnet, Kapsel größtenteils entfernt)

1 Gelenkkapsel
2 Caput humeri
3 Caput longum m. bicipitis brachii
4 Labrum glenoidale
5 Cavitas glenoidalis
6 Lig. glenohumerale inferius
7 Lig. glenohumerale mediale
8 Öffnung in der Bursa subtendinea m. subscapularis
9 Lig. glenohumerale superius
10 M. supraspinatus
11 Acromion

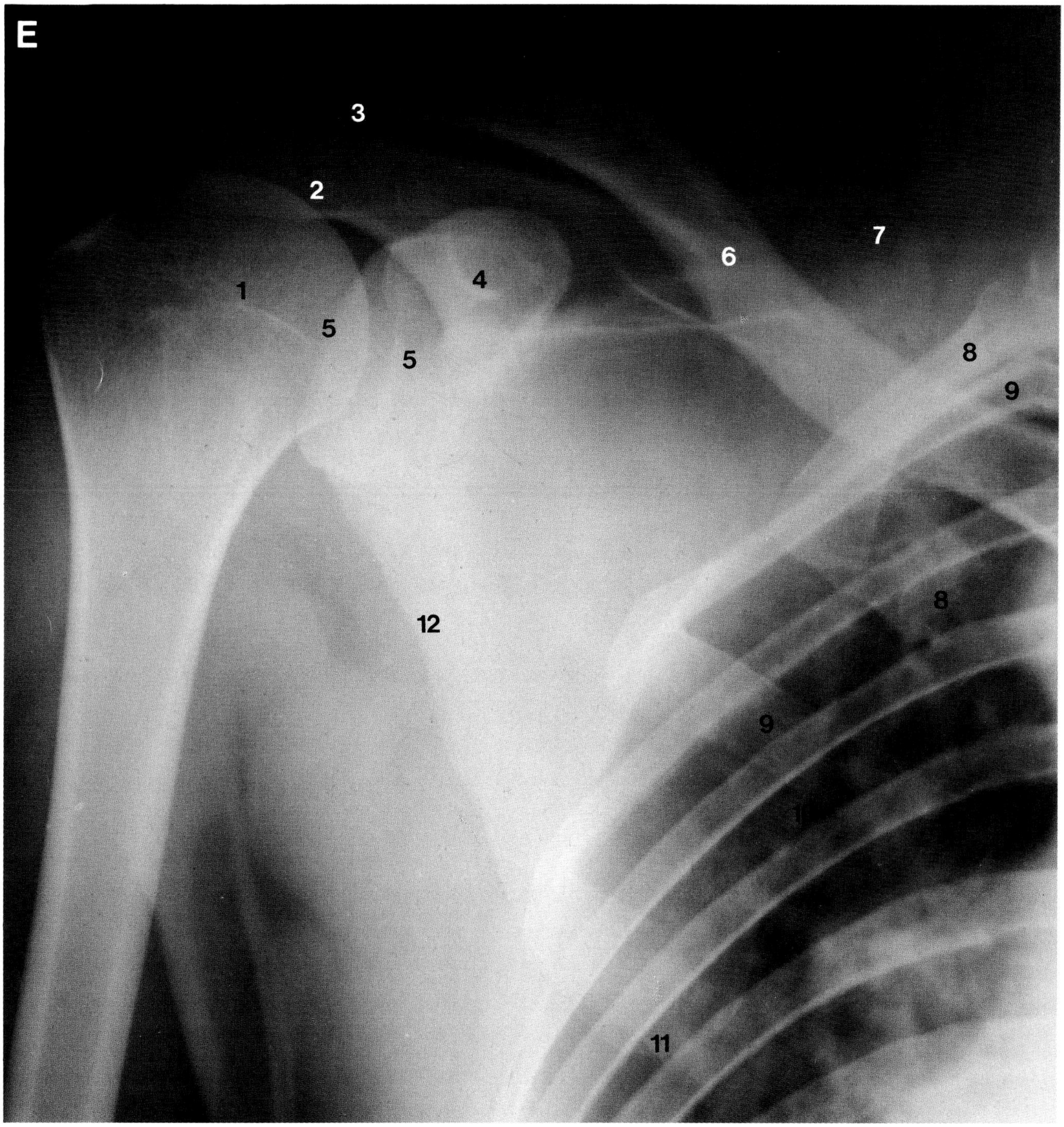

Röntgenaufnahme vom linken Schultergelenk
(a.-p.-Aufnahme)

1 Caput humeri
2 Acromion
3 Articulatio acromioclavicularis
4 Processus coracoideus
5 Cavitas glenoidalis
6 Clavicula
7 Angulus superior scapulae
8 Erste Rippe
9 Zweite Rippe
10 Margo medialis scapulae
11 Angulus inferior scapulae
12 Margo lateralis scapulae

Regio axillaris (links),
Vorderwand der Achselhöhle
(Der M. pectoralis major wurde zur Seite geklappt)

1 M. pectoralis major
2 Clavicula
3 M. subclavius
4 V. cephalica
5 A. und V. thoracoacromialis, N. pectoralis lateralis
6 M. pectoralis minor
7 Äste des N. pectoralis medialis
8 Erste Rippe
9 V. subclavia

● Der N. pectoralis lat. zieht mehr am medialen (oberen) Rand des M. pectoralis minor, der N. pectoralis med. dagegen mehr am lateralen (unteren) Rand dieses Muskels entlang. Beide Nerven versorgen die Brustmuskulatur (M. pectoralis major et minor).

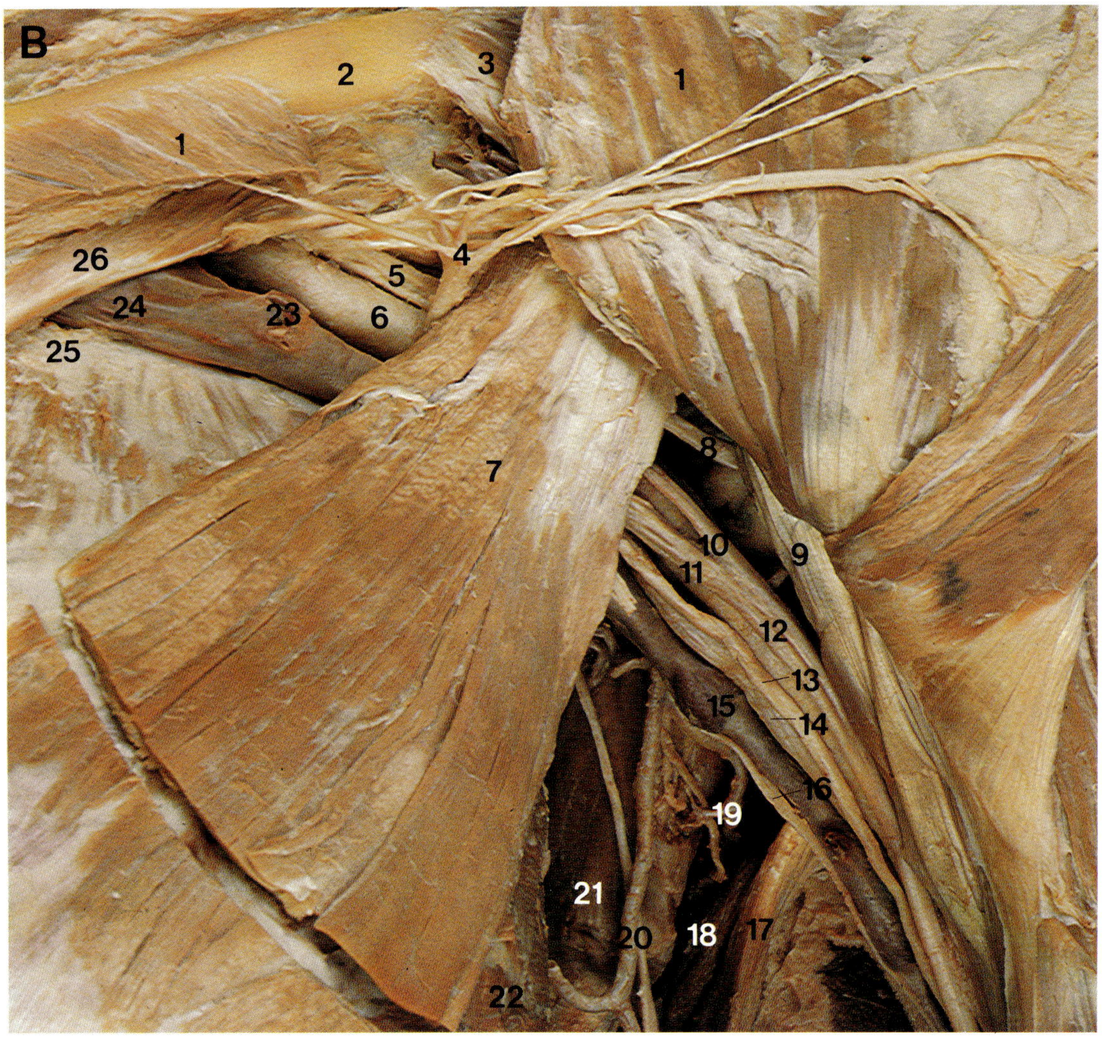

Regio axillaris (links)
mit Plexus brachialis
(Der M. pectoralis major ist zur Seite geklappt)

1 M. pectoralis major
2 Clavicula
3 M. deltoideus
4 A. und V. thoracoacromialis, N. pectoralis lateralis
5 Fasciculus lateralis des Plexus brachialis
6 A. axillaris
7 M. pectoralis minor
8 N. musculocutaneus
9 M. coracobrachialis
10 Radix lateralis n. mediani — Medianusschlinge
11 Radix medialis n. mediani — Medianusschlinge
12 N. medianus
13 N. ulnaris
14 N. cutaneus antebrachii medialis
15 V. axillaris
16 N. cutaneus brachii medialis
17 N. latissimus dorsi
18 M. teres major
19 A. circumflexa scapulae
20 A. und N. thoracodorsalis
21 M. subscapularis
22 M. serratus anterior
23 Einmündung der V. cephalica in die V. subclavia
24 V. subclavia
25 Erste Rippe
26 M. subclavius

Regio axillaris und Plexus brachialis (links)

(Der Arm wurde leicht abduziert; die Mm. pectorales major et minor wurden zur Seite geklappt und die axillären Venen entfernt)

1 Clavicula
2 M. pectoralis major
3 M. subclavius
4 N. pectoralis lateralis
5 Fasciculus lateralis des Plexus brachialis
6 A. axillaris
7 A. thoracoacromialis
8 Anastomose zwischen den Nn. pectorales medialis und lateralis
9 M. pectoralis minor
10 N. musculocutaneus
11 Radix lateralis } n. mediani
12 Radix medialis } n. mediani
13 N. medianus
14 N. radialis
15 N. axillaris
16 A. circumflexa humeri anterior
17 M. coracobrachialis und Caput breve m. bicipitis
18 Caput longum m. bicipitis
19 M. deltoideus
20 N. ulnaris
21 N. cutaneus antebrachii medialis
22 N. cutaneus brachii medialis
23 M. latissimus dorsi
24 M. teres major
25 N. subscapularis
26 A. circumflexa scapulae
27 A. thoracodorsalis
28 N. thoracodorsalis
29 M. subscapularis
30 M. serratus anterior
31 N. thoracicus longus
32 N. intercostobrachialis (abgeschnitten)
33 Anastomose zwischen 22 und 32
34 Ast des 1. Interkostalnerven mit dem N. intercostobrachialis
35 A. thoracica lateralis
36 V. axillaris
37 Einmündung d. V. cephalica in die V. subclavia
38 V. subclavia
39 Erste Rippe

● Als A. thoracodorsalis bezeichnet man den Endabschnitt der A. subscapularis nach dem Abgang der A. circumflexa scapulae.

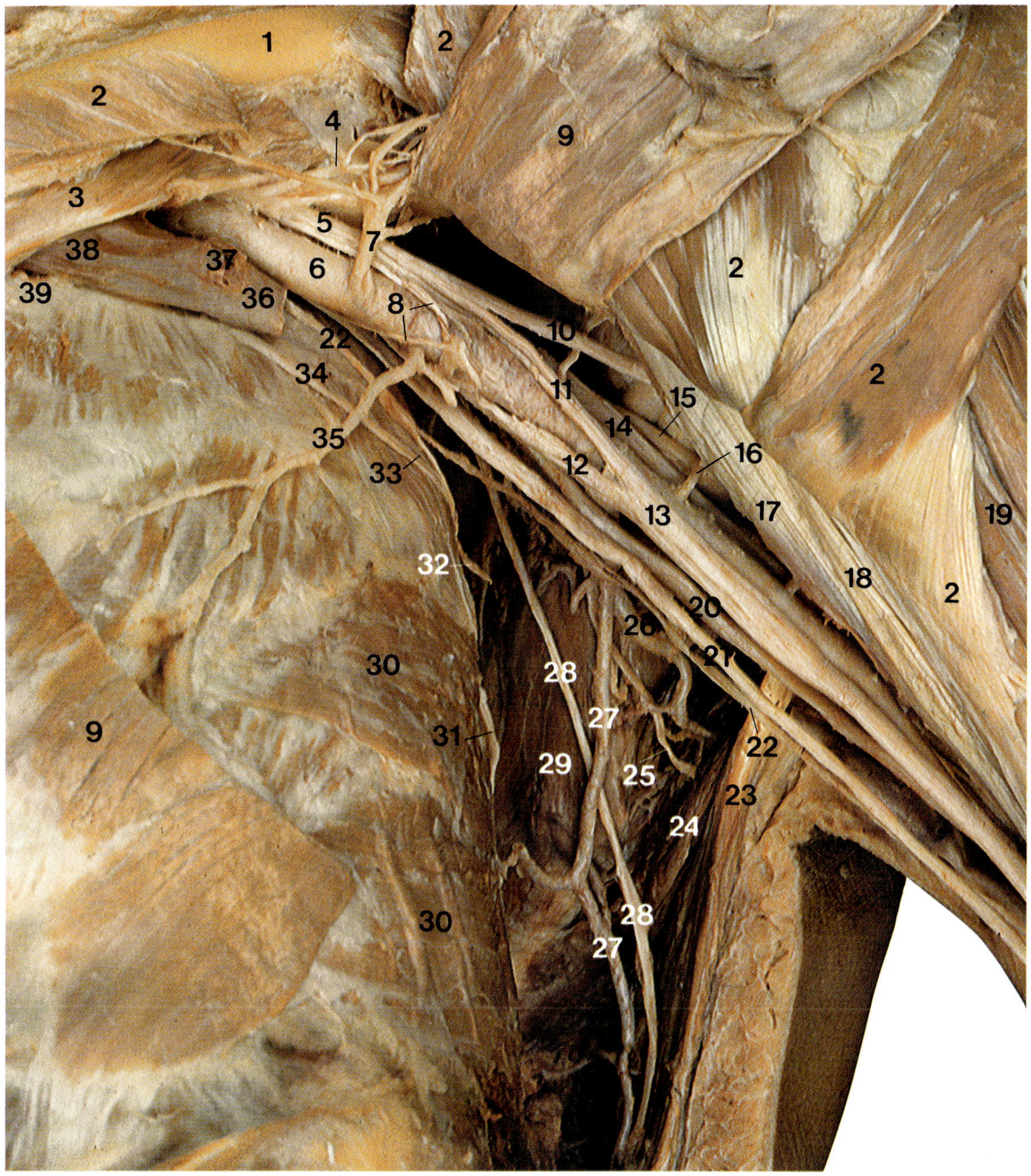

● Die drei Faszikel des Plexus brachialis gruppieren sich rings um die A. axillaris herum, woran sich die Nomenklatur orientiert: Fasciculus medialis, lateralis und posterior.

● Um die Hauptfaszikel des Plexus brachialis leichter zu identifizieren, kann man sich merken, daß diese etwa die Form eines großen »M« haben. Den Mittelteil dieses »M« nimmt die vor der A. axillaris gelegene Medianusschlinge ein. Verfolgt man die laterale Medianuswurzel nach oben bis zum Fasciculus lateralis, so findet man den Ursprung des N. musculocutaneus, der in den M. coracobrachialis eintritt (lateraler Balken des »M«); verfolgt man die mediale Wurzel der Medianusschlinge nach oben, so kommt man zum Fasciculus medialis, dessen größten Ast der N. ulnaris darstellt (medialer Balken des »M«).

● Der N. radialis (einer der zwei Endäste des Fasciculus posterior und zugleich der kräftigste Ast des Plexus brachialis) ist leicht zu finden, da er direkt hinter der A. axillaris und vor der Sehne des M. latissimus dorsi gelegen ist. Weiter oben findet man den N. axillaris, den anderen Endast des Fasciculus posterior, der durch die laterale Achselmuskellücke hindurch nach dorsal und lateral zur Schulterregion zieht.

Plexus brachialis (rechts), von vorne und medial gesehen

(Alle Blutgefäße wurden entfernt und die Faszikel des Plexus brachialis etwas auseinandergezogen, um deren Äste deutlicher zu zeigen)

1 Fasciculus lateralis
2 Fasciculus posterior
3 Fasciculus medialis
(1–3: des Plexus brachialis)
4 M. pectoralis minor und N. pectoralis lateralis
5 N. musculocutaneus
6 N. axillaris
7 Laterale Wurzel des N. medianus
8 N. radialis
9 Mediale Wurzel des N. medianus
10 Nn. subscapulares
11 N. thoracodorsalis
12 Nn. subscapulares
13 N. cutaneus brachii medialis
14 N. ulnaris
15 N. cutaneus antebrachii medialis
16 N. intercostobrachialis
17 M. subscapularis
18 M. teres major
19 M. latissimus dorsi
20 Caput longum
21 Caput laterale
22 Caput mediale
(20–22: m. tricipitis brachii)
23 Radialisäste zum M. triceps brachii
24 N. medianus
25 M. coracobrachialis
26 M. biceps brachii
27 M. deltoideus

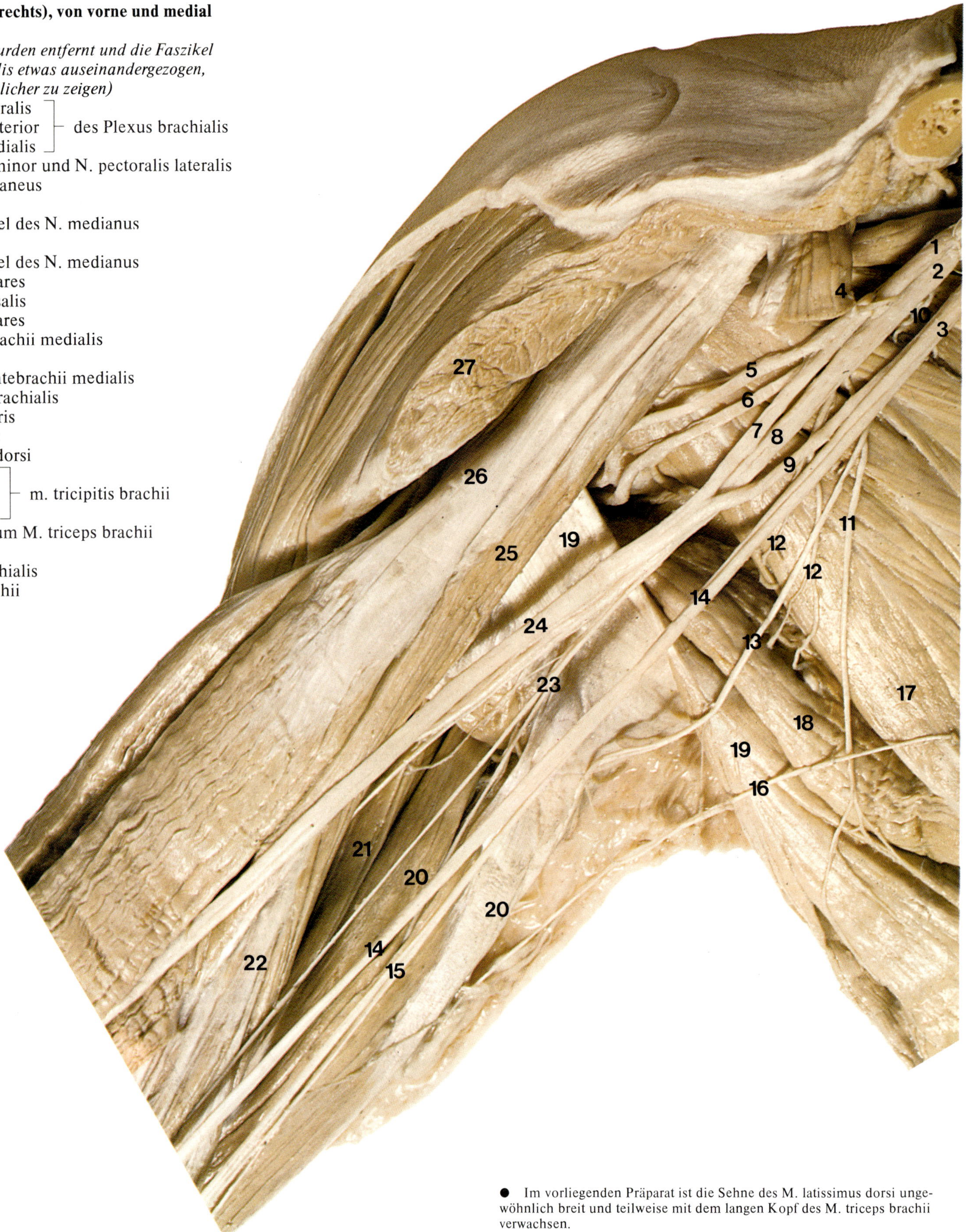

- Im vorliegenden Präparat ist die Sehne des M. latissimus dorsi ungewöhnlich breit und teilweise mit dem langen Kopf des M. triceps brachii verwachsen.
- Obgleich der M. triceps brachii nur 3 Köpfe hat, wird er von 4 Hauptnerven versorgt, wobei der mediale Kopf zwei, der lange und laterale Kopf jeweils einen innervierenden Nerven erhalten. Alle sogenannten Äste zweigen oberhalb der Mitte des Humerus proximal vom Radialskanal vom N. radialis ab.

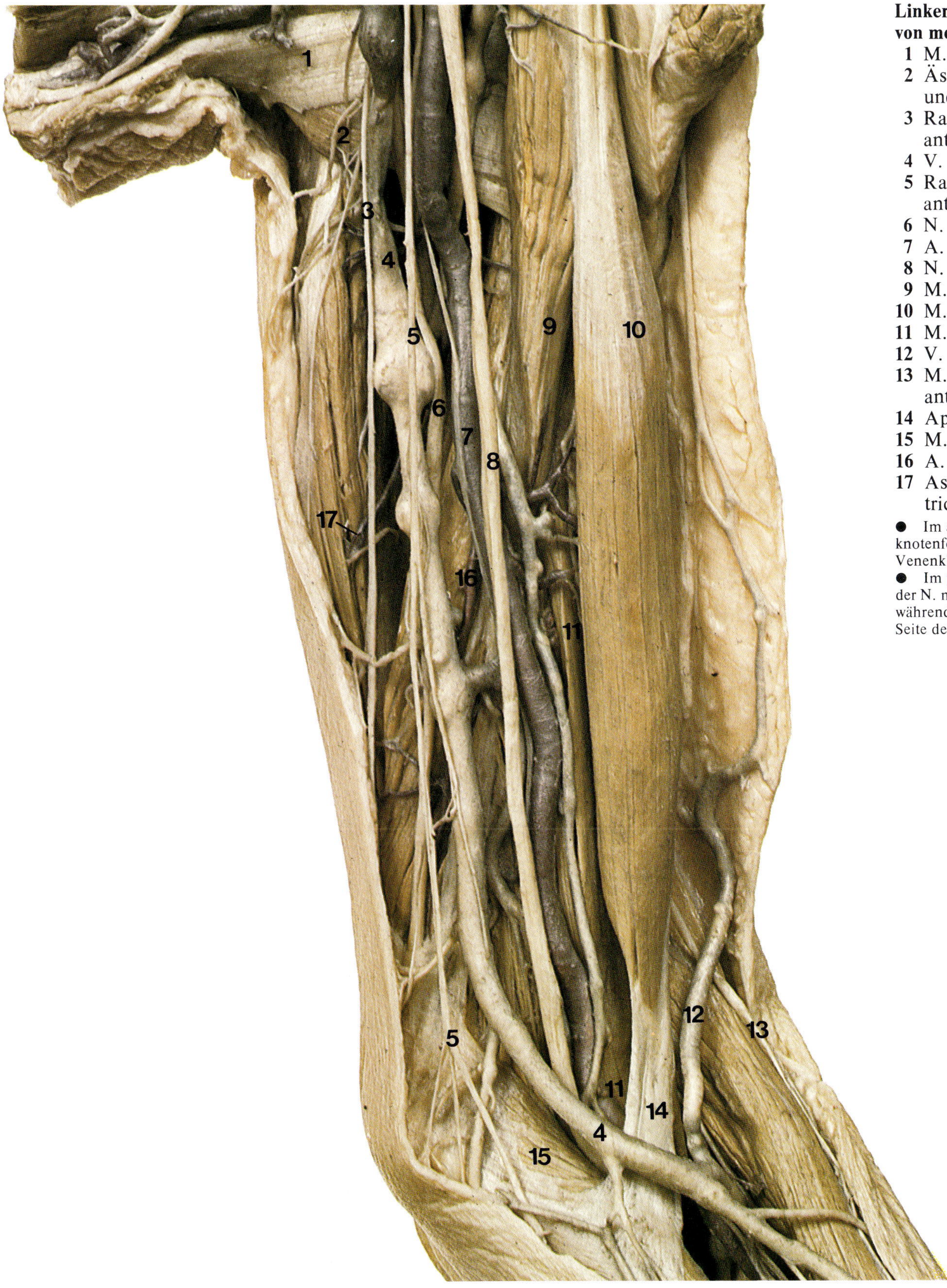

Linker Oberarm – Gefäße und Nerven, von medial gesehen

1 M. latissimus dorsi
2 Äste des N. cutaneus brachii medialis und posterior
3 Ramus posterior n. cutanei antebrachii medialis
4 V. basilica
5 Ramus anterior n. cutanei antebrachii medialis
6 N. ulnaris
7 A. brachialis und Venae comitantes
8 N. medianus
9 M. coracobrachialis
10 M. biceps brachii
11 M. brachialis
12 V. cephalica
13 M. brachioradialis und N. cutaneus antebrachii lateralis
14 Aponeurosis m. bicipitis
15 M. pronator teres
16 A. collateralis ulnaris superior
17 Ast der A. profunda brachii zum M. triceps brachii

- Im abgebildeten Präparat zeigt die V. basilica knotenförmige Erweiterungen im Bereich von Venenklappen.
- Im proximalen Abschnitt des Oberarmes liegt der N. medianus lateral von der A. brachialis, während er in der Regio cubiti an der medialen Seite der Arterie lokalisiert ist.

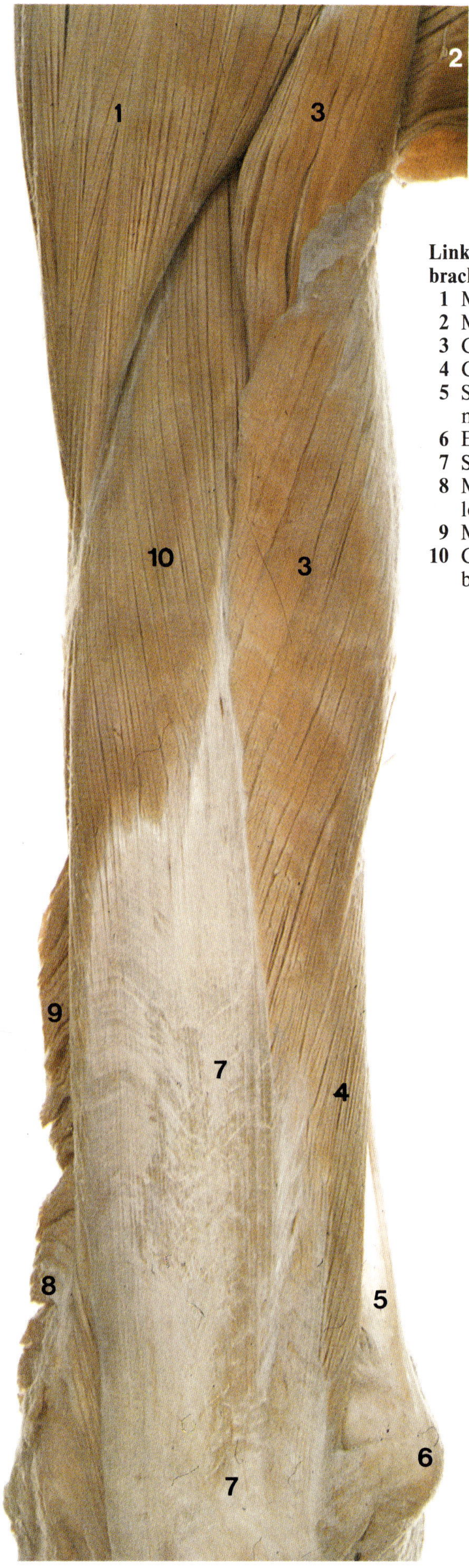

Linker Oberarm – M. triceps brachii, von hinten gesehen

1 M. deltoideus
2 M. teres major
3 Caput longum } m. tricipitis brachii
4 Caput mediale } m. tricipitis brachii
5 Septum intermusculare mediale
6 Epicondylus medialis
7 Sehne des M. triceps brachii
8 M. extensor carpi radialis longus
9 M. brachioradialis
10 Caput laterale m. tricipitis brachii

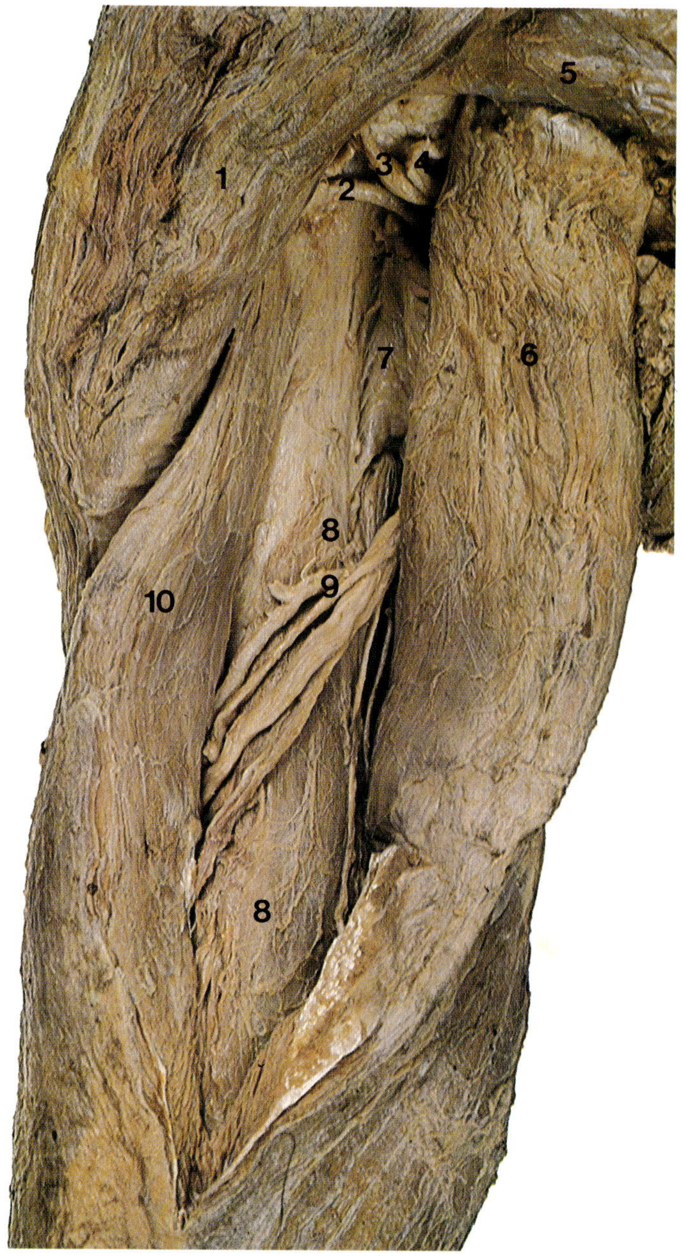

Linker Oberarm – M. triceps brachii und N. radialis, von hinten gesehen

1 M. deltoideus
2 A. circumflexa humeri posterior
3 N. axillaris
4 Ast des N. axillaris zum M. teres minor
5 M. teres minor
6 Caput longum m. tricipitis brachii
7 M. teres major
8 Caput mediale m. tricipitis brachii
9 A. profunda brachii und N. radialis mit Ästen zum M. triceps brachii
10 Caput laterale m. tricipitis brachii

- Caput laterale und Caput longum des M. triceps brachii wurden etwas auseinandergezogen, um das in der Tiefe gelegene Caput mediale zu zeigen.
- Der N. radialis kreuzt mit seinen Begleitgefäßen den obersten Abschnitt des medialen Tripezkopfes, bevor er in den spiraligen Radialiskanal eintritt.
- Der N. radialis wird am häufigsten bei Frakturen des Humerusschaftes im Bereich des Sulcus radialis verletzt.

Linke Ellenbogenregion, von hinten gesehen
1 M. triceps brachii
2 Epicondylus medialis
3 N. ulnaris
4 Olecranon
5 Margo posterior ulnae
6 M. flexor carpi ulnaris
7 Mm. extensores
8 Articulatio radioulnaris proximalis und Caput radii
9 Epicondylus lateralis

● Bevor der N. ulnaris zwischen den beiden Köpfen des M. flexor ulnaris hindurch zum Unterarm zieht, liegt er am Epicondylus medialis ganz oberflächlich, so daß er hier leicht palpiert, aber auch verletzt werden kann.
● Das Caput radii kann leicht in der Vertiefung neben dem Epicondylus lateralis getastet werden.

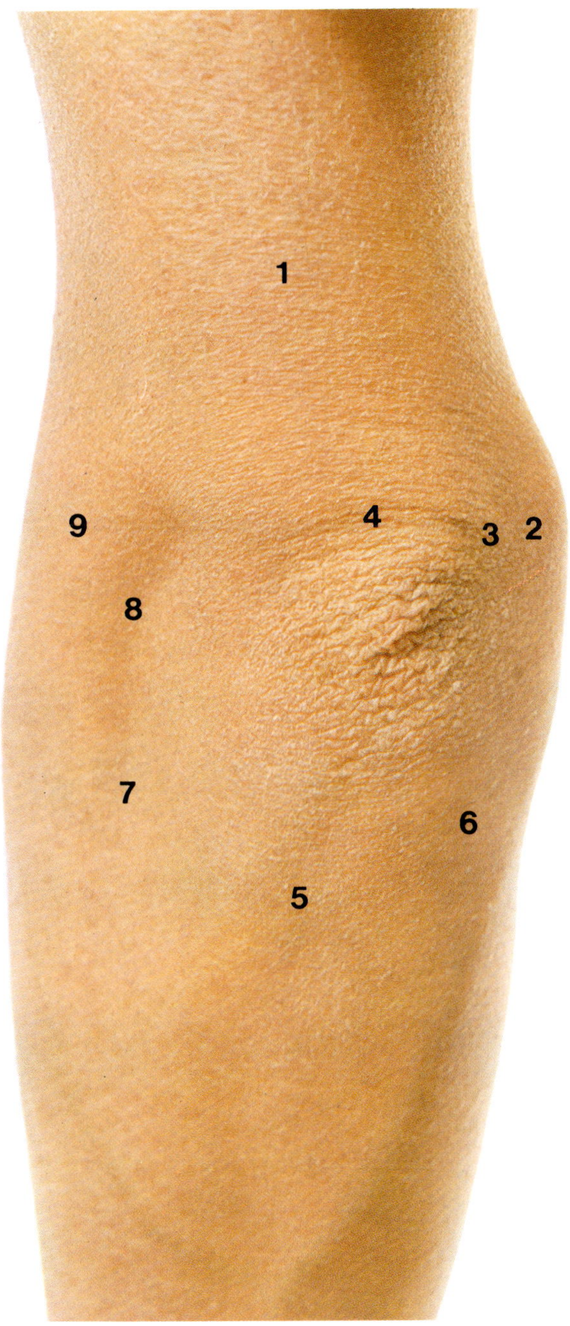

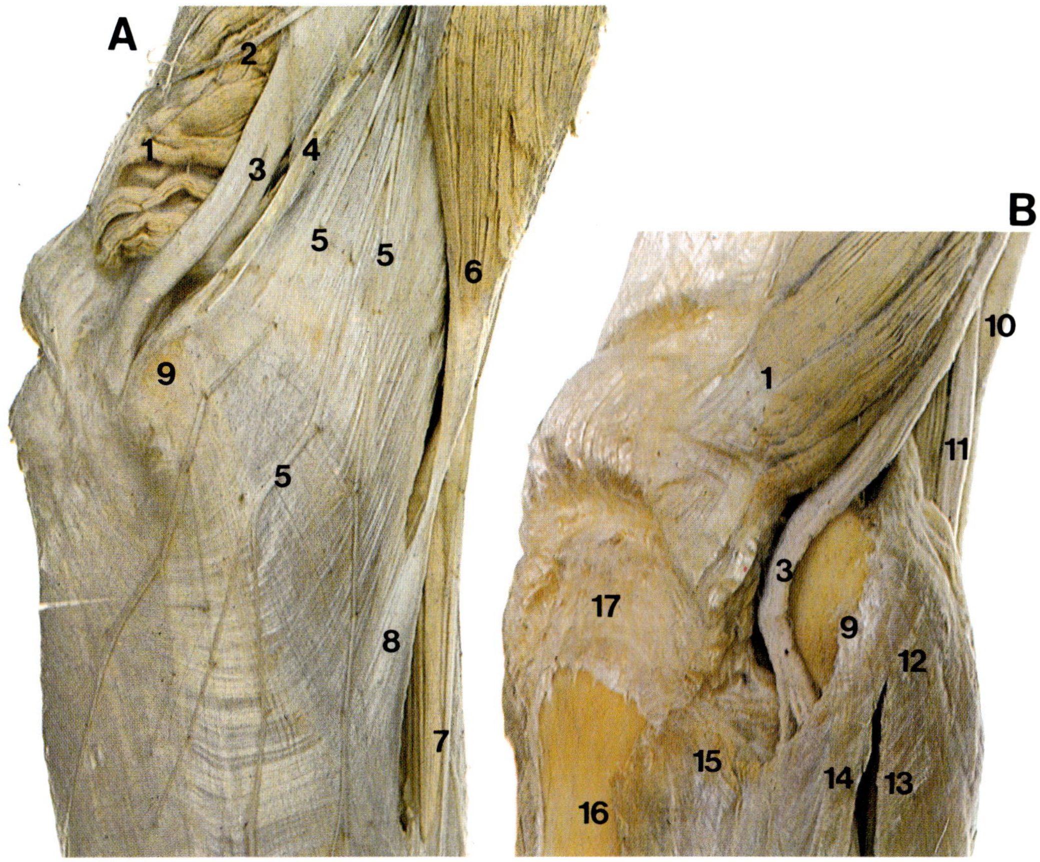

Linke Ellenbogenregion, A von medial, B von medial-hinten gesehen
1 M. triceps brachii
2 N. cutaneus brachii medialis
3 N. ulnaris
4 Septum intermusculare mediale
5 Äste des N. cutaneus antebrachii medialis (Ramus anterior und ulnaris)
6 M. biceps brachii
7 M. brachioradialis und N. cutaneus antebrachii lateralis
8 Aponeurosis m. bicipitis und Faszie des M. pronator teres
9 Epicondylus medialis
10 A. brachialis
11 N. medianus
12 Gemeinsamer Ursprung der Unterarmflexoren
13 M. palmaris longus
14 Caput humerale ┐ m. flexoris
15 Caput ulnare ┘ carpi ulnaris
16 Margo posterior ulnae
17 Olecranon

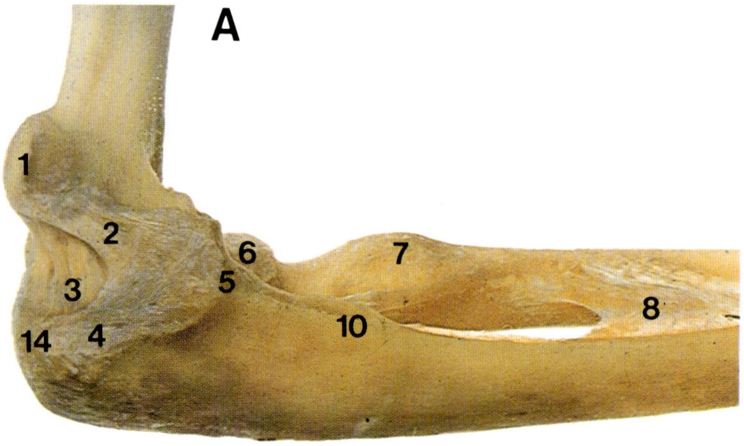

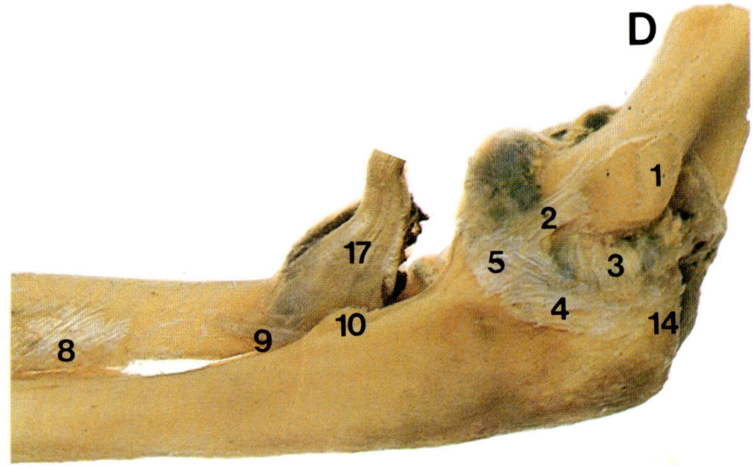

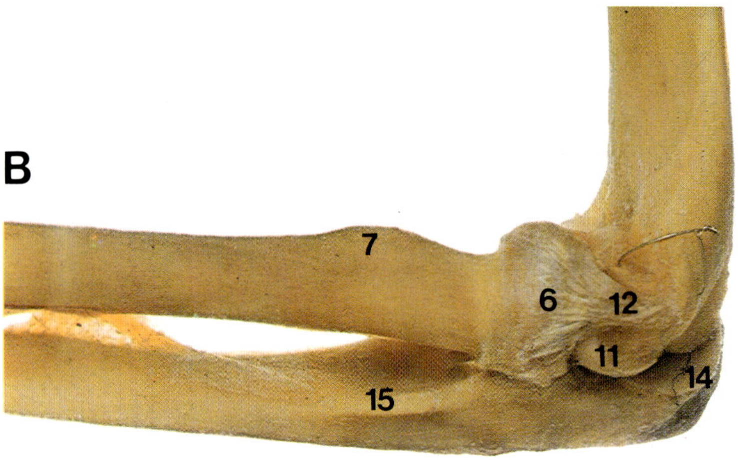

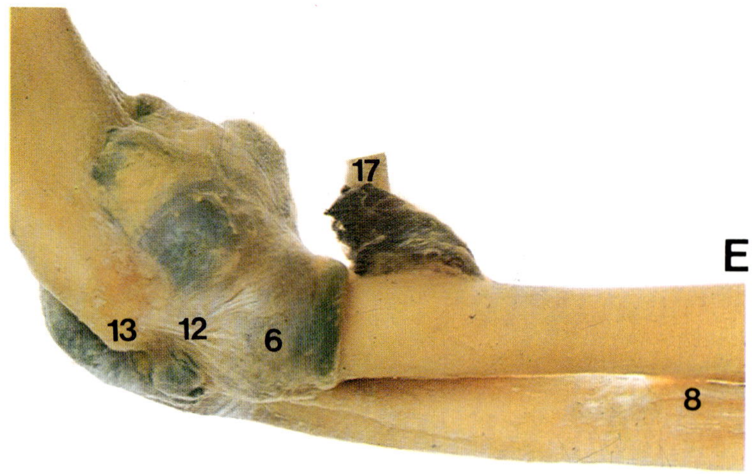

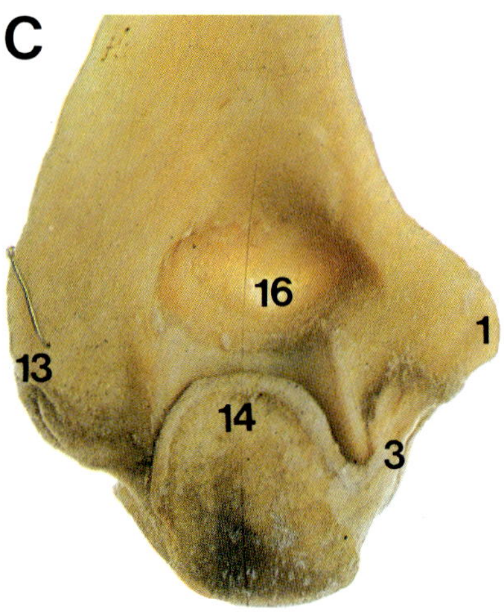

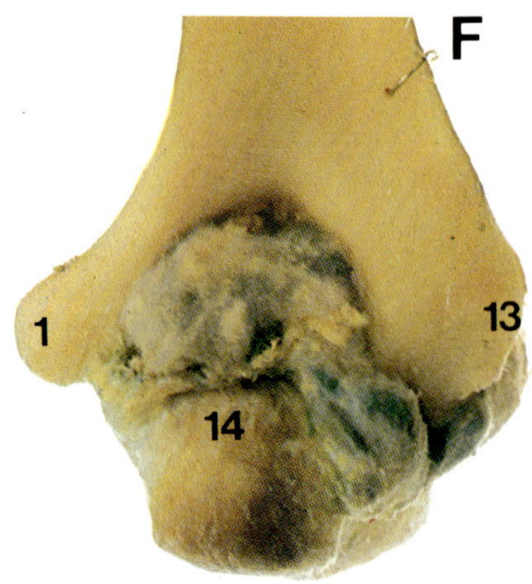

A–C Linkes Ellenbogengelenk, A von medial, B von lateral, C von hinten gesehen
(Unterarm rechtwinklig gebeugt)
1 Epicondylus medialis humeri
2 Pars anterior
3 Pars posterior — Lig. collateralis ulnaris
4 Pars transversa
5 Processus coronoideus ulnae
6 Caput radii (vom Lig. anulare radii überdeckt)
7 Tuberositas radii
8 Membrana interossea
9 Chorda obliqua
10 Tuberositas ulnae
11 Capitulum humeri
12 Lig. collaterale radiale
13 Epicondylus lateralis
14 Olecranon
15 Crista m. supinatoris ulnae
16 Fossa olecrani
17 Sehne des M. biceps brachii mit der darunterliegenden Bursa bicipitoradialis

D–F Rechtes Ellenbogengelenk, D von medial, E von lateral, F von hinten gesehen
(Unterarm leicht gebeugt; Bezeichnung wie in den Abbildungen A–C)

● Die Gelenkhöhle der Articulatio radioulnaris proximalis hängt mit der des Ellenbogengelenks zusammen, im Gegensatz zur Articulatio radioulnaris distalis, deren Gelenkraum nicht mit dem des Handgelenkes kommuniziert.
● Hinten befestigt sich die Kapsel des Ellenbogengelenkes am Rand der Fossa olecrani, ohne jedoch den oberen Rand der Fossa ganz zu erreichen.

A

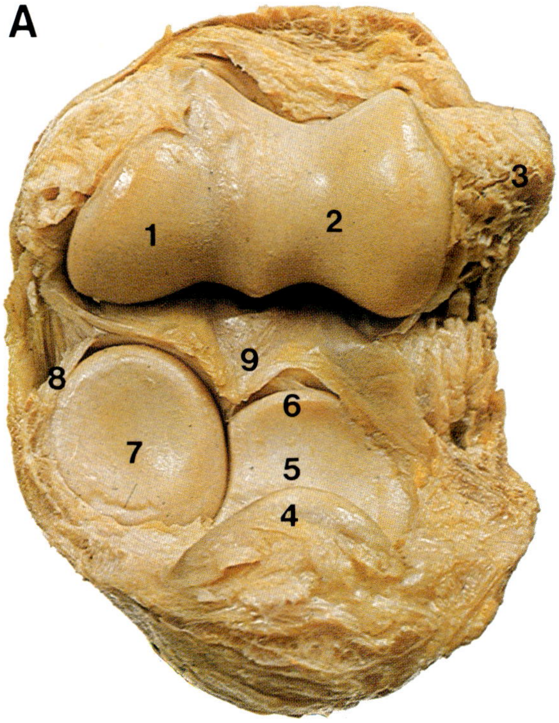

A Ellenbogengelenk
(Von hinten eröffnet, Unterarm stark gebeugt)
1 Capitulum humeri
2 Trochlea humeri
3 Epicondylus medialis humeri
4 Olecranon ulnae
5 Incisura trochlearis
6 Processus coronoideus ulnae
7 Caput radii
8 Lig. anulare radii
9 Vorderer Abschnitt der Gelenkkapsel

B und C Röntgenaufnahmen vom linken Ellenbogengelenk, B in Streckstellung (a.-p.-Aufnahme), C in leichter Beugestellung (seitlicher Strahlengang)
1 Epicondylus lateralis humeri
2 Capitulum humeri
3 Fossa olecrani
4 Olecranon
5 Epicondylus medialis humeri
6 Margo medialis der Trochlea humeri
7 Processus coronoideus ulnae
8 Caput radii (projiziert sich in Bild C auf den Processus coronoideus)
9 Margo medialis humeri

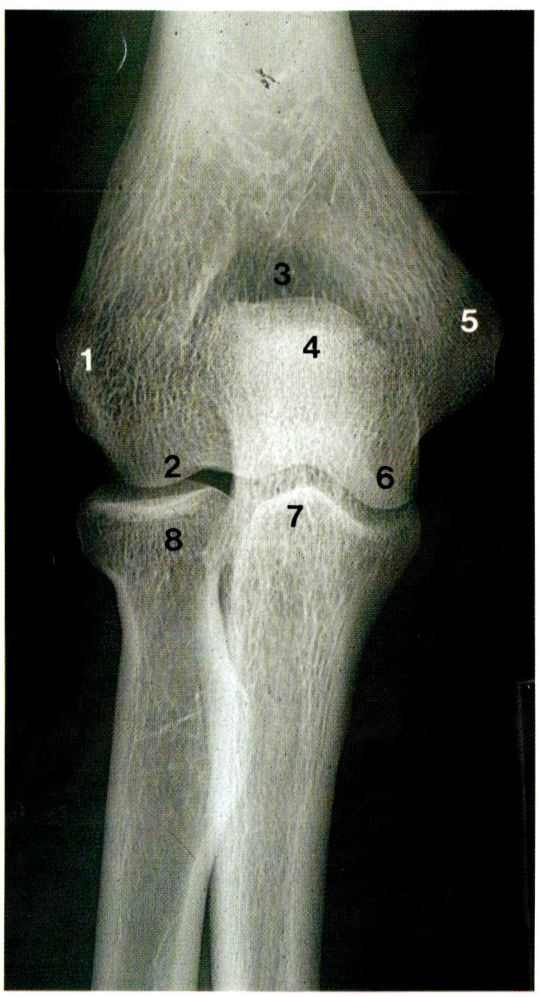

B

C

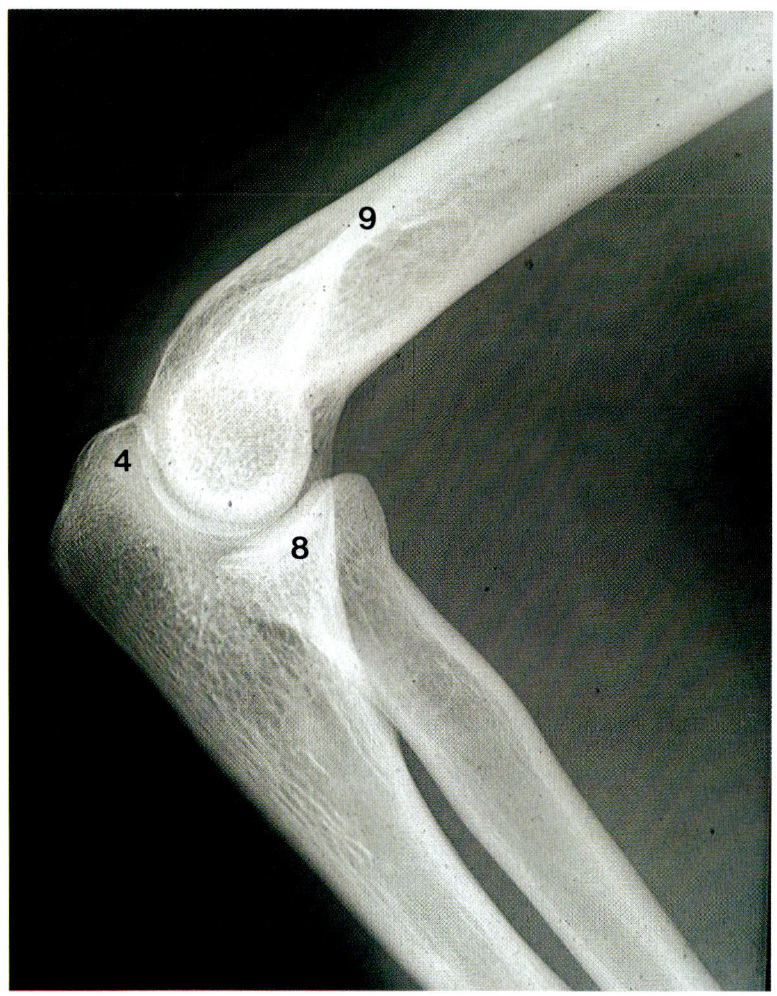

A Regio cubiti (links), oberflächliche Venen und Nerven

1 Ramus ulnaris n. cutanei antebrachii medialis
2 Ramus anterior n. cutanei antebrachii medialis
3 V. basilica
4 V. mediana basilica (Doppelbildung)
5 Ramus anterior n. cutanei antebrachii lateralis
6 V. mediana cephalica
7 V. mediana antebrachii
8 V. cephalica
9 N. cutaneus antebrachii lateralis

● Die Anordnung der Venen in der Regio cubiti ist sehr variabel. Die Hauptvenen sind die V. cephalica (lateral) und die V. basilica (medial). Beide sind durch eine oder mehrere Anastomosen miteinander verbunden. Oft existiert noch eine mittlere Vene, die im Zentrum des Unterarms verläuft und in verschiedener Weise mit den genannten Venen anastomosiert.
● Die gut sichtbaren Venen in der Ellenbeuge und am Handrücken werden allgemein für intravenöse Injektionen und Infusionen benützt.
● Der Ramus anterior des N. cutaneus antebrachii medialis unterkreuzt in der Regel die V. mediana cubiti und liegt meist nicht so oberflächlich wie in diesem Präparat.
● Der Ramus posterior des N. cutaneus antebrachii medialis verläuft in der Regel vor dem Epicondylus medialis und nicht dahinter, wie das in diesem Präparat der Fall ist.

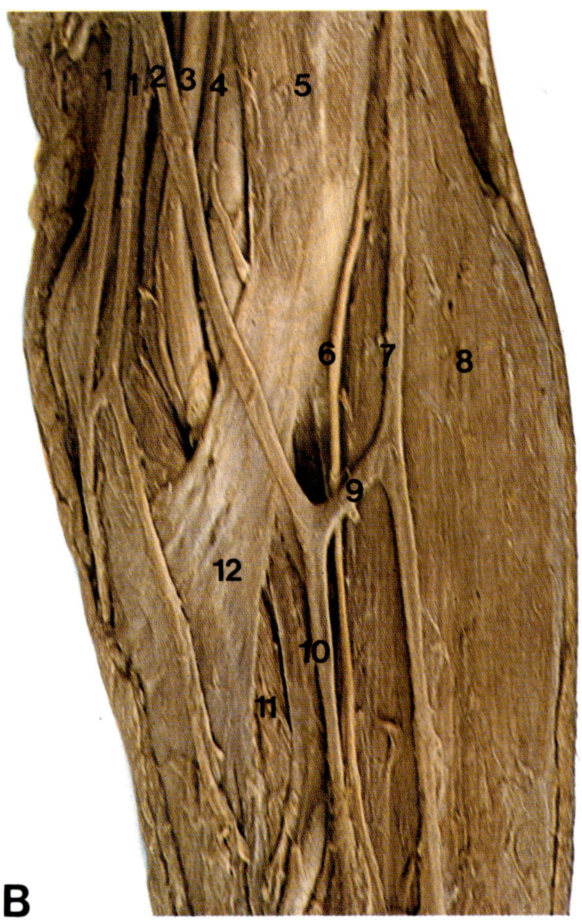

B Regio cubiti (links), oberflächliche Schicht

1 V. basilica (Doppelbildung)
2 V. mediana basilica
3 N. medianus
4 A. brachialis und Vv. brachiales (Begleitvenen)
5 M. biceps brachii
6 N. cutaneus antebrachii lateralis
7 V. cephalica
8 M. brachioradialis
9 V. mediana cephalica
10 V. mediana antebrachii
11 M. pronator teres
12 Aponeurosis m. bicipitis brachii (Lacertus fibrosus)

C Linker Unterarm, oberflächliche Muskelschicht, von vorne gesehen
(Mittlere Pronationsstellung)

1 M. flexor carpi ulnaris
2 M. flexor digitorum superficialis
3 M. palmaris longus
4 M. flexor carpi radialis
5 M. pronator teres
6 M. brachioradialis
7 M. extensor carpi radialis longus
8 M. flexor pollicis longus
9 M. pronator quadratus
10 M. abductor pollicis longus (doppelte Sehne)
11 M. extensor pollicis brevis
12 M. extensor pollicis longus

B Regio cubiti und antebrachii (rechts) – Arterien und Nerven
(M. pronator teres und M. flexor carpi radialis wurden teilweise entfernt)

1 N. cutaneus antebrachii lateralis
2 M. brachialis
3 M. biceps brachii
4 A. brachialis
5 N. medianus
6 Caput humerale des M. pronator teres
7 Gemeinsamer Ursprung der Unterarmflexoren
8 Caput humeroulnare des M. flexor digitorum superficialis
9 M. flexor carpi ulnaris (etwas nach medial gezogen)
10 N. ulnaris und A. ulnaris
11 A. radialis
12 Ramus superficialis n. radialis oberhalb des M. extensor carpi radialis longus
13 Caput radiale des M. flexor digitorum superficialis
14 N. interosseus antebrachii anterior
15 Caput ulnare des M. pronator teres
16 A. ulnaris
17 Muskelast des N. medianus
18 A. recurrens radialis
19 M. brachioradialis (etwas nach lateral gezogen)

A

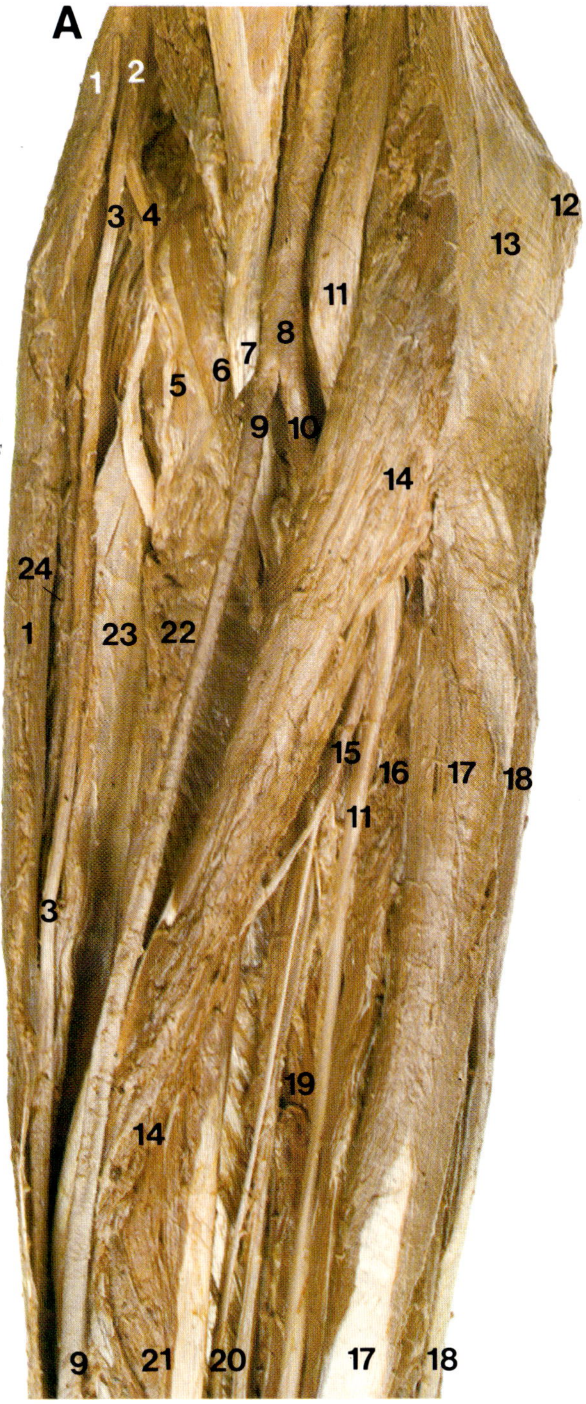

A Regio cubiti und antebrachii (rechts) – Arterien und Nerven
(Der radiale Kopf des M. flexor digitorum superficialis sowie der M. palmaris longus wurden entfernt)

1 M. brachioradialis (etwas nach lateral gezogen)
2 N. radialis
3 Ramus superficialis n. radialis
4 N. interosseus antebrachii posterior (tiefer Endast des N. radialis)
5 Ramus profundus n. radialis (durchbohrt den M. supinator)
6 M. brachialis
7 M. biceps brachii
8 A. brachialis
9 A. radialis
10 A. ulnaris
11 N. medianus
12 Epicondylus medialis humeri
13 Gemeinsamer Ursprung der Unterarmflexoren
14 Caput humerale des M. pronator teres
15 N. interosseus antebrachii anterior
16 Caput humeroulnare des M. flexor digitorum superficialis
17 M. flexor carpi radialis (nach medial geklappt)
18 M. flexor carpi ulnaris
19 M. flexor digitorum profundus
20 N. interosseus antebrachii anterior und A. interossea anterior oberhalb der Membrana interossea
21 M. flexor pollicis longus
22 M. supinator
23 M. extensor carpi radialis brevis
24 M. extensor carpi radialis longus

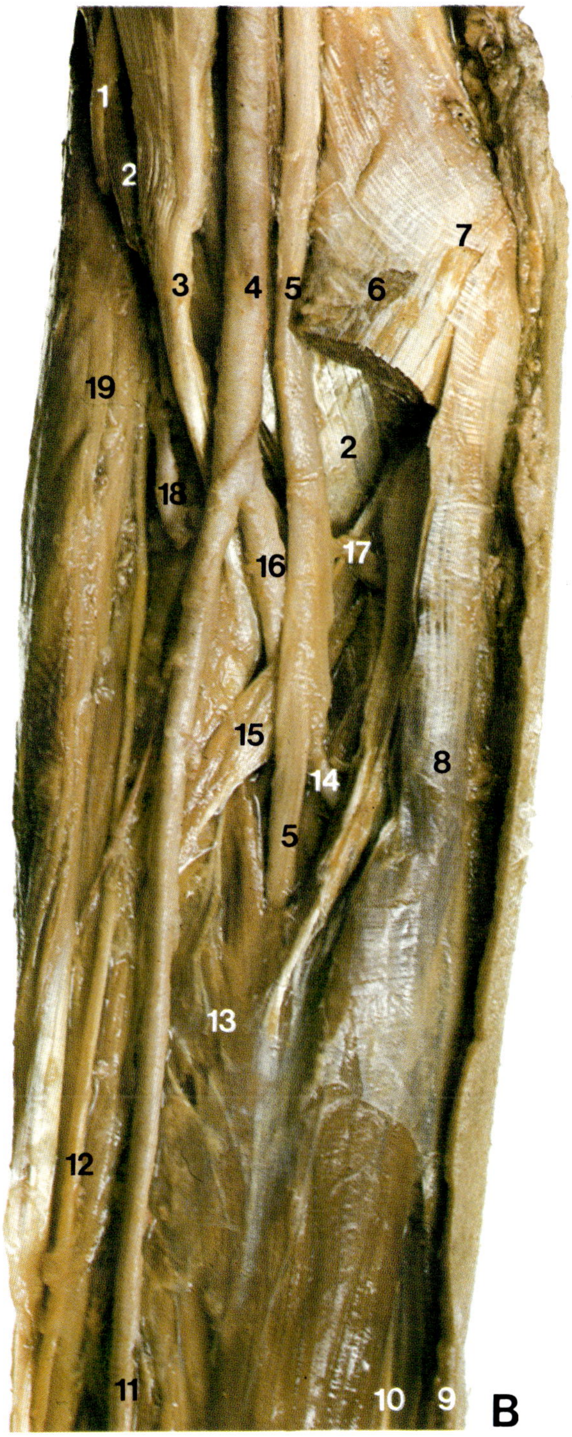

B

- Der N. medianus zieht zwischen dem oberflächlich gelegenen Caput humerale und dem in der Tiefe befindlichen Caput ulnare des M. pronator teres hindurch. Die A. ulnaris verläuft unterhalb des Caput ulnare. In Präparat B wurde das Caput humerale entfernt, um die Lage des Caput ulnare zwischen dem N. medianus und der A. ulnaris zu zeigen.
- Der M. flexor carpi ulnaris wurde im distalen Abschnitt der Abb. B etwas nach medial verlagert, um die darunterliegenden Leitungsbahnen (N. ulnaris und A. ulnaris) zu zeigen.
- Unter dem M. brachioradialis, etwa in Höhe des Epicondylus lateralis, teilt sich der N. radialis in seine beiden Endäste auf, und zwar in den Ramus superficialis und den Ramus profundus. Ein Endast des Ramus profundus wird auch als N. interosseus antebrachii posterior bezeichnet.

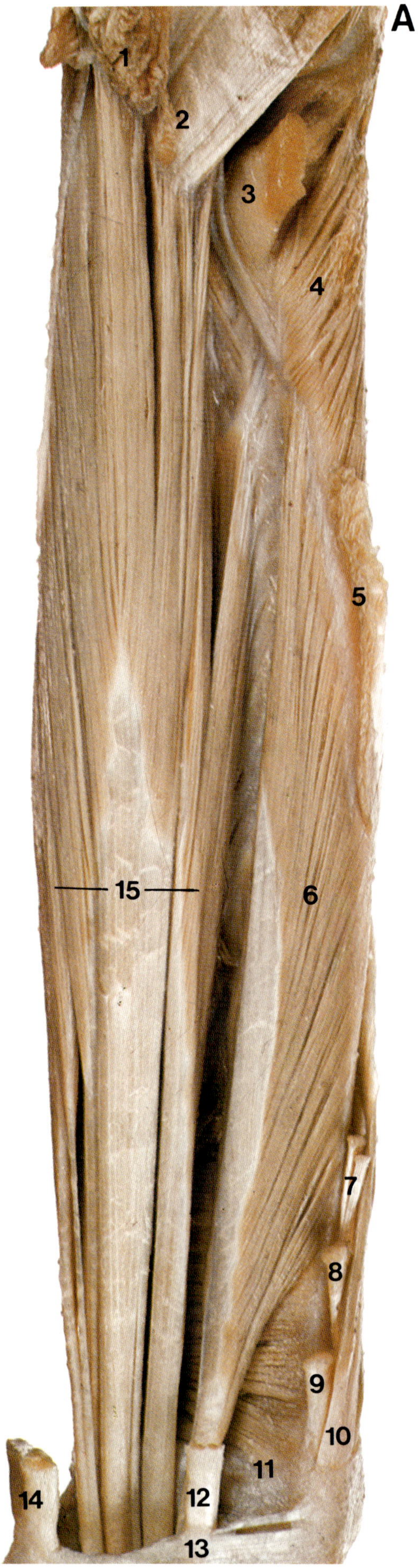

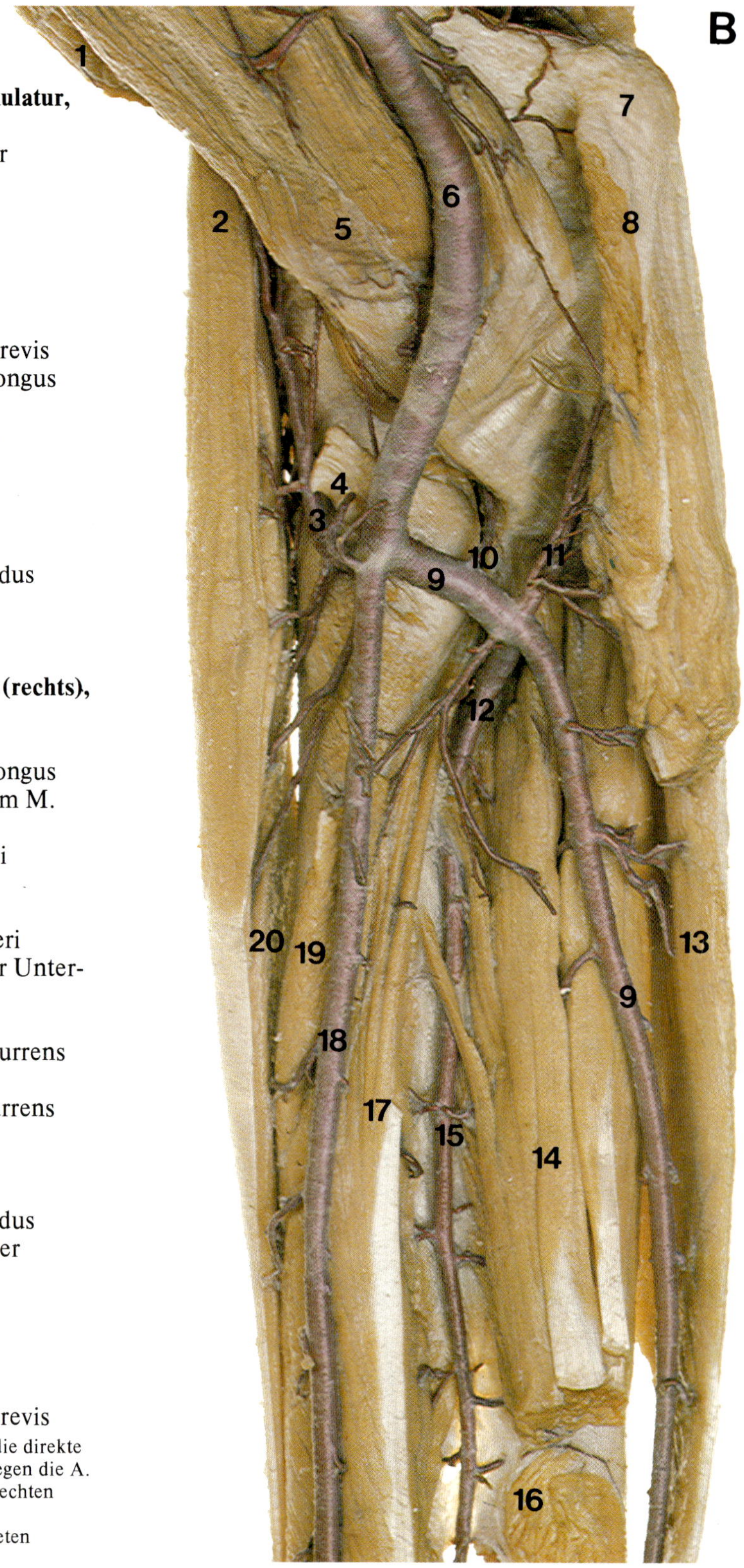

A Linker Unterarm, tiefe Muskulatur, von vorne gesehen

1 Gemeinsamer Ursprung der Flexorengruppe
2 M. brachialis
3 M. biceps brachii
4 M. supinator
5 M. pronator teres
6 M. flexor pollicis longus
7 M. extensor carpi radialis brevis
8 M. extensor carpi radialis longus
9 M. brachioradialis
10 M. abductor pollicis longus
11 M. pronator quadratus
12 M. flexor carpi radialis
13 Retinaculum flexorum
14 M. flexor carpi ulnaris
15 M. flexor digitorum profundus

B Regio cubiti und antebrachii (rechts), Arterien

1 M. brachioradialis
2 M. extensor carpi radialis longus
3 A. recurrens radialis auf dem M. supinator
4 Sehne des M. biceps brachii
5 M. brachialis
6 A. brachialis
7 Epicondylus medialis humeri
8 Gemeinsamer Ursprung der Unterarmflexoren
9 A. ulnaris
10 Ramus posterior der A. recurrens ulnaris
11 Ramus anterior der A. recurrens ulnaris
12 A. interossea communis
13 M. flexor carpi ulnaris
14 M. flexor digitorum profundus
15 A. interossea anterior auf der Membrana interossea
16 M. pronator quadratus
17 M. flexor pollicis longus
18 A. radialis
19 M. pronator teres
20 M. extensor carpi radialis brevis

● Die A. radialis stellt in der Regel die direkte Fortsetzung der A. brachialis dar, wogegen die A. ulnaris vom Hauptgefäßstrang fast im rechten Winkel abzweigt.

● Die kleinen nicht eigens bezeichneten Gefäße stellen Muskeläste dar.

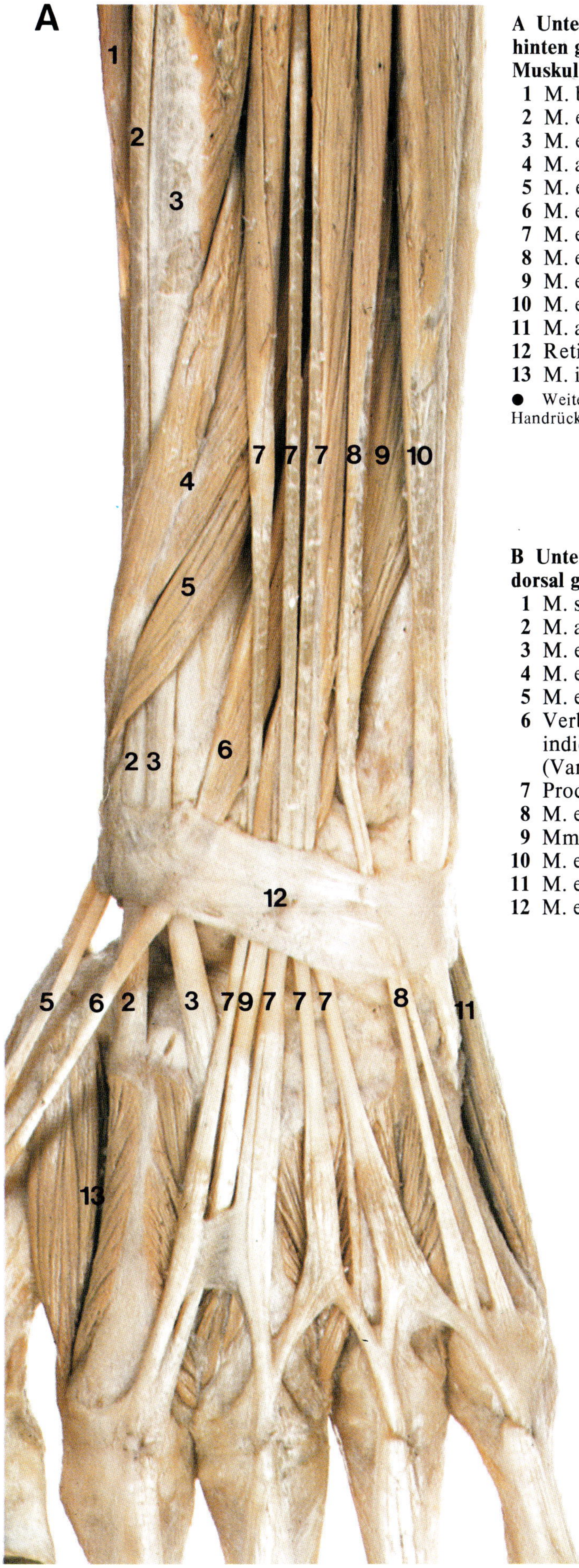

A Unterarm und Hand (links), von hinten gesehen, oberflächliche Muskulatur

1 M. brachioradialis
2 M. extensor carpi radialis longus
3 M. extensor carpi radialis brevis
4 M. abductor pollicis longus
5 M. extensor pollicis brevis
6 M. extensor pollicis longus
7 M. extensor digitorum
8 M. extensor digiti minimi
9 M. extensor indicis
10 M. extensor carpi ulnaris
11 M. abductor digiti minimi
12 Retinaculum extensorum
13 M. interosseus dorsalis I

● Weitere Einzelheiten über die Sehnen am Handrücken s. S. 141.

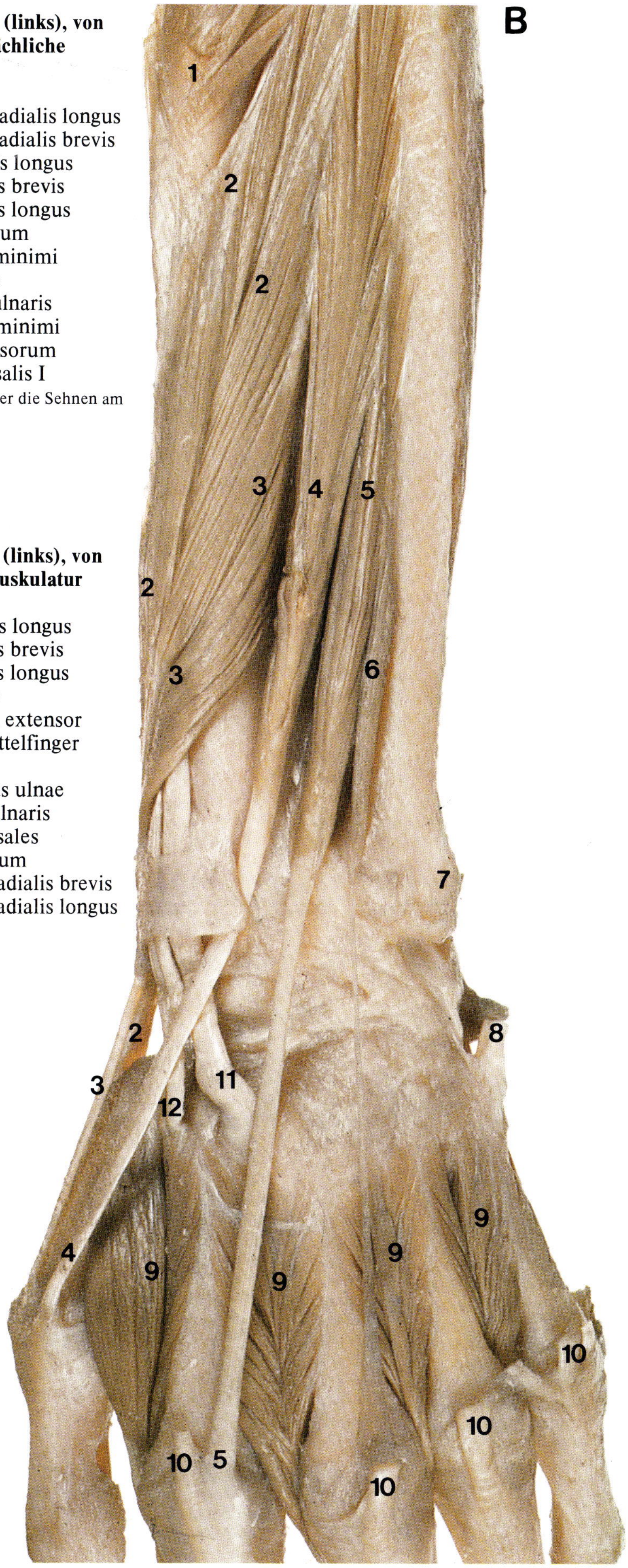

B Unterarm und Hand (links), von dorsal gesehen, tiefe Muskulatur

1 M. supinator
2 M. abductor pollicis longus
3 M. extensor pollicis brevis
4 M. extensor pollicis longus
5 M. extensor indicis
6 Verbindung des M. extensor indicis mit dem Mittelfinger (Varietät)
7 Processus styloideus ulnae
8 M. extensor carpi ulnaris
9 Mm. interossei dorsales
10 M. extensor digitorum
11 M. extensor carpi radialis brevis
12 M. extensor carpi radialis longus

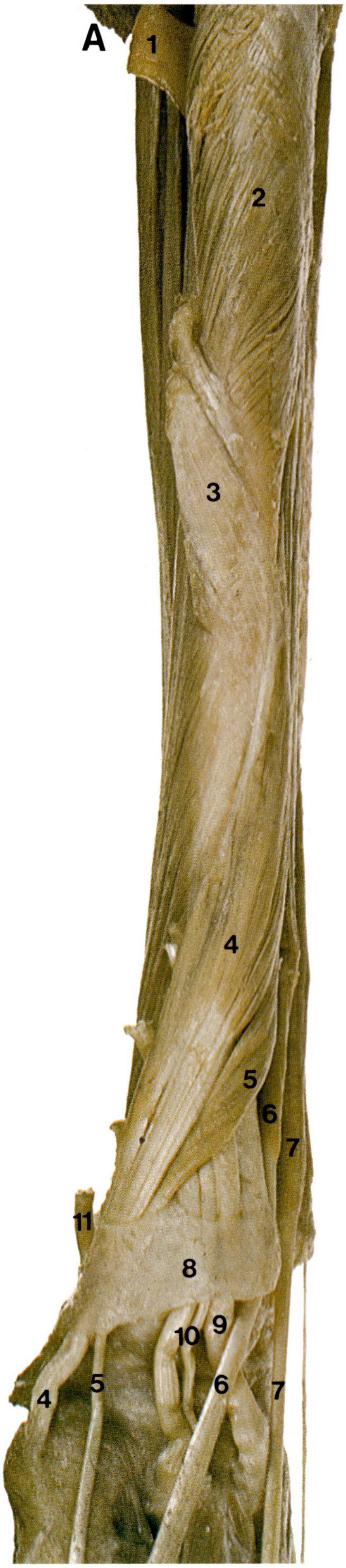

A Linker Unterarm, von lateral gesehen, Muskulatur

1 M. biceps brachii
2 M. supinator
3 M. pronator teres
4 M. abductor pollicis longus
5 M. extensor pollicis brevis
6 M. extensor pollicis longus
7 M. extensor indicis
8 Retinaculum extensorum
9 M. extensor carpi radialis brevis
10 M. extensor carpi radialis longus (mit doppelter Sehne)
11 M. flexor pollicis longus

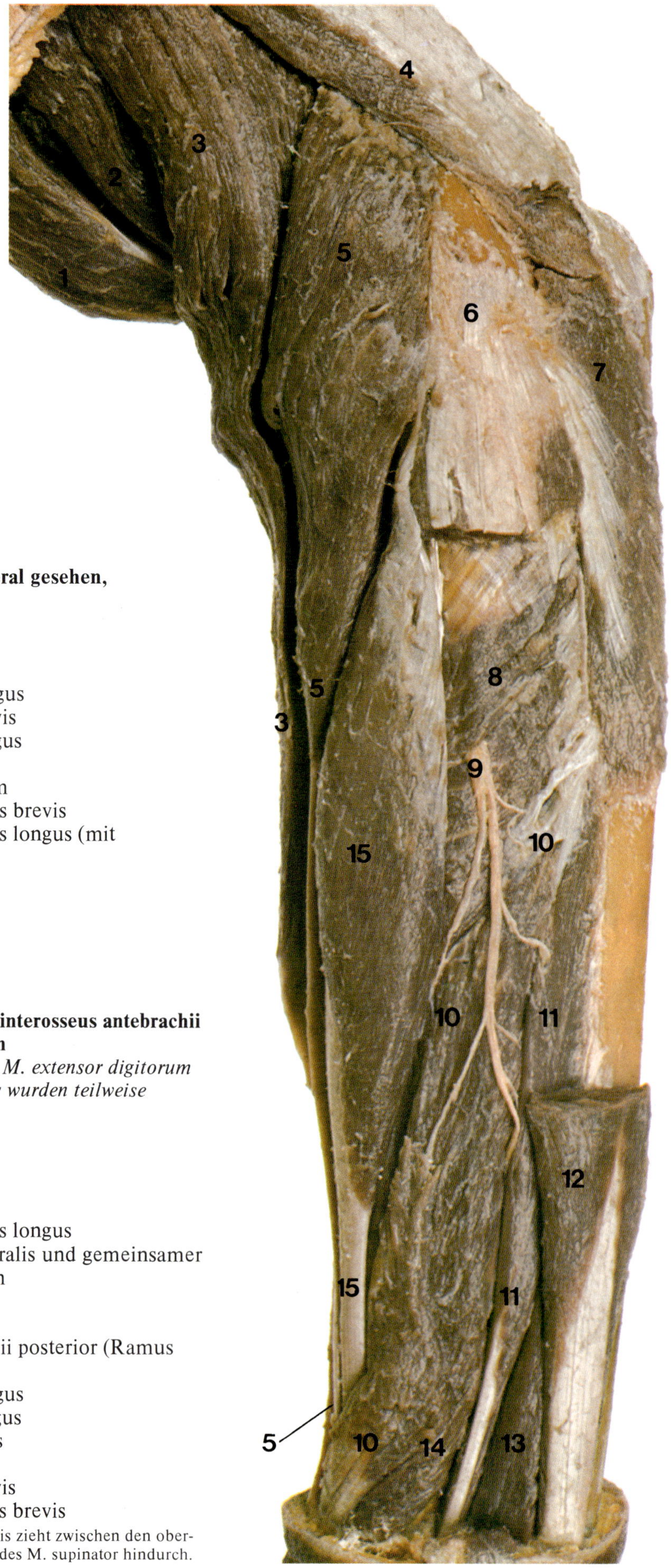

B Linker Unterarm, Nervus interosseus antebrachii posterior, von lateral gesehen

(Mittlere Pronationsstellung; M. extensor digitorum und M. extensor carpi ulnaris wurden teilweise entfernt)

1 M. biceps brachii
2 M. brachialis
3 M. brachioradialis
4 M. triceps brachii
5 M. extensor carpi radialis longus
6 Epicondylus humeri lateralis und gemeinsamer Ursprung der Extensoren
7 M. anconaeus
8 M. supinator
9 N. interosseus antebrachii posterior (Ramus profundus n. radialis)
10 M. abductor pollicis longus
11 M. extensor pollicis longus
12 M. extensor carpi ulnaris
13 M. extensor indicis
14 M. extensor pollicis brevis
15 M. extensor carpi radialis brevis

● Der Ramus profundus n. radialis zieht zwischen den oberflächlichen und tiefen Abschnitten des M. supinator hindurch.

Ellenbogengelenk und Unterarm (links) in mittlerer Pronationsstellung, A von medial, B von vorne, C von lateral gesehen – Membrana interossea und M. supinator

1 Epicondylus medialis humeri
2 Trochlea humeri
3 Pars anterior des Lig. collaterale ulnare
4 Processus coronoideus ulnae
5 Tuberositas radii
6 Ramus profundus n. radialis
7 M. supinator
8 Membrana interossea
9 M. pronator quadratus
10 Capitulum humeri
11 Epicondylus lateralis
12 Lig. collaterale radiale
13 Lig. anulare radii

● Die Vasa interossea posteriora ziehen durch eine Lücke oberhalb der Membrana interossea nach dorsal in die Streckerlage.

● Die Fasern der Membrana interossea verlaufen schräg medial-distalwärts vom Margo interosseus des Radius zu dem der Ulna, so daß sie die mechanischen Belastungen von Hand und Radius auf die Ulna übertragen können.

● Die Chorda obliqua (vgl. a. S. 122) ist ein funktionell unwichtiger und inkonstanter Faserzug, dessen Fasern im rechten Winkel zu denen der Membrana interossea verlaufen, d. h. von der Tuberositas ulnae zum Radius unterhalb der Tuberositas radii.

● Der M. supinator entspringt vom Epicondylus lateralis humeri, vom Lig. collaterale radiale und Lig. anulare, von der Crista m. supinatoris ulnae und der angrenzenden Knochenfläche sowie schließlich auch von der Faszie, die den Muskel überzieht. Die Muskelfasern wickeln sich um das obere Ende des Radius und befestigen sich schließlich an der lateralen Fläche des Radius oberhalb des Ansatzes vom M. pronator teres, wobei sich der Ansatz vorne und hinten bis zur Tuberositas radii ausdehnt.

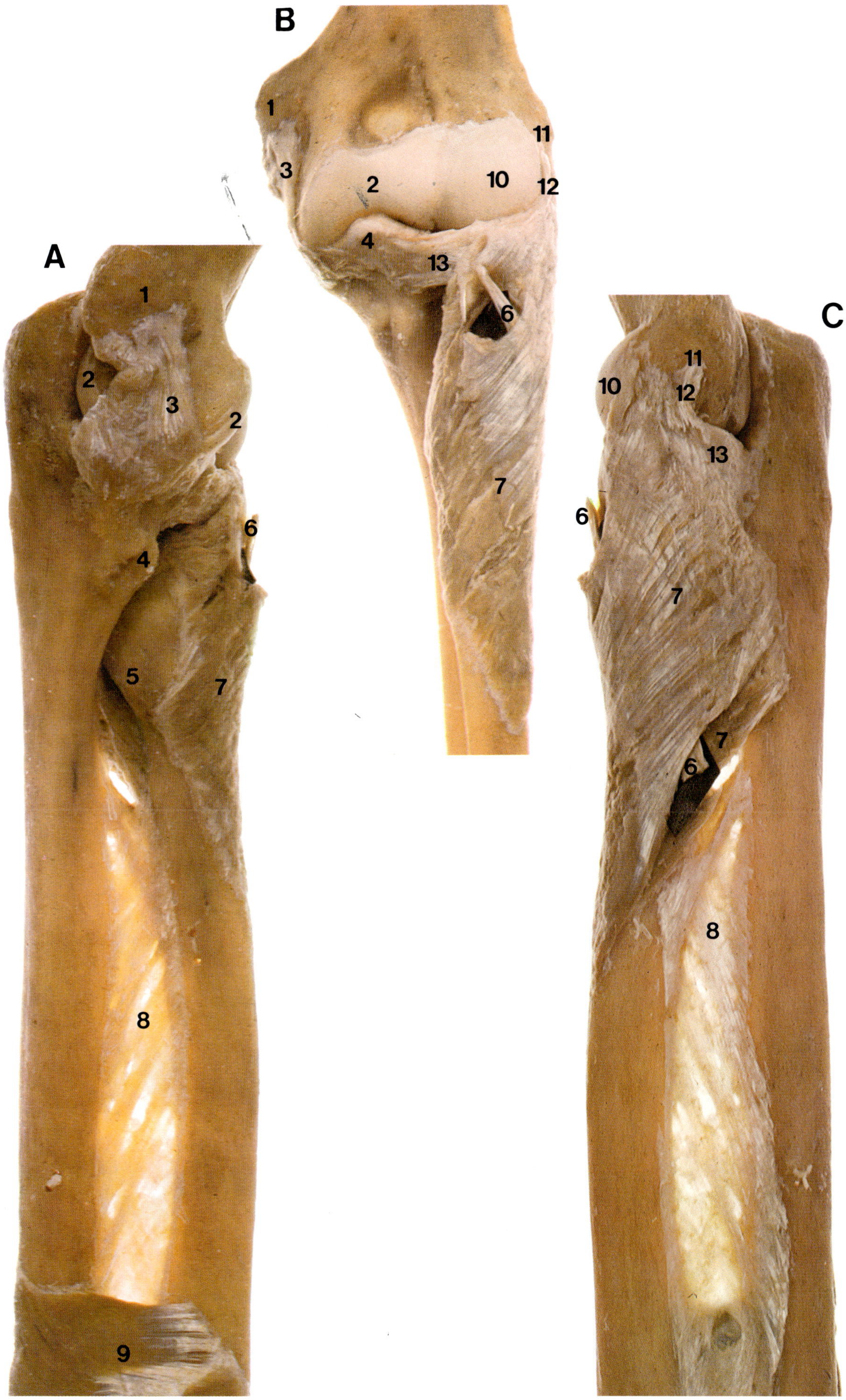

- Die eingezeichneten Kurven an der Wurzeln der Finger liegen in Höhe der Köpfchen der Metakarpalknochen, d. h. in Höhe der Articulationes metacarpophalangeae.
- Die Querfalten der Finger liegen jeweils in Höhe der Interphalangealgelenke.

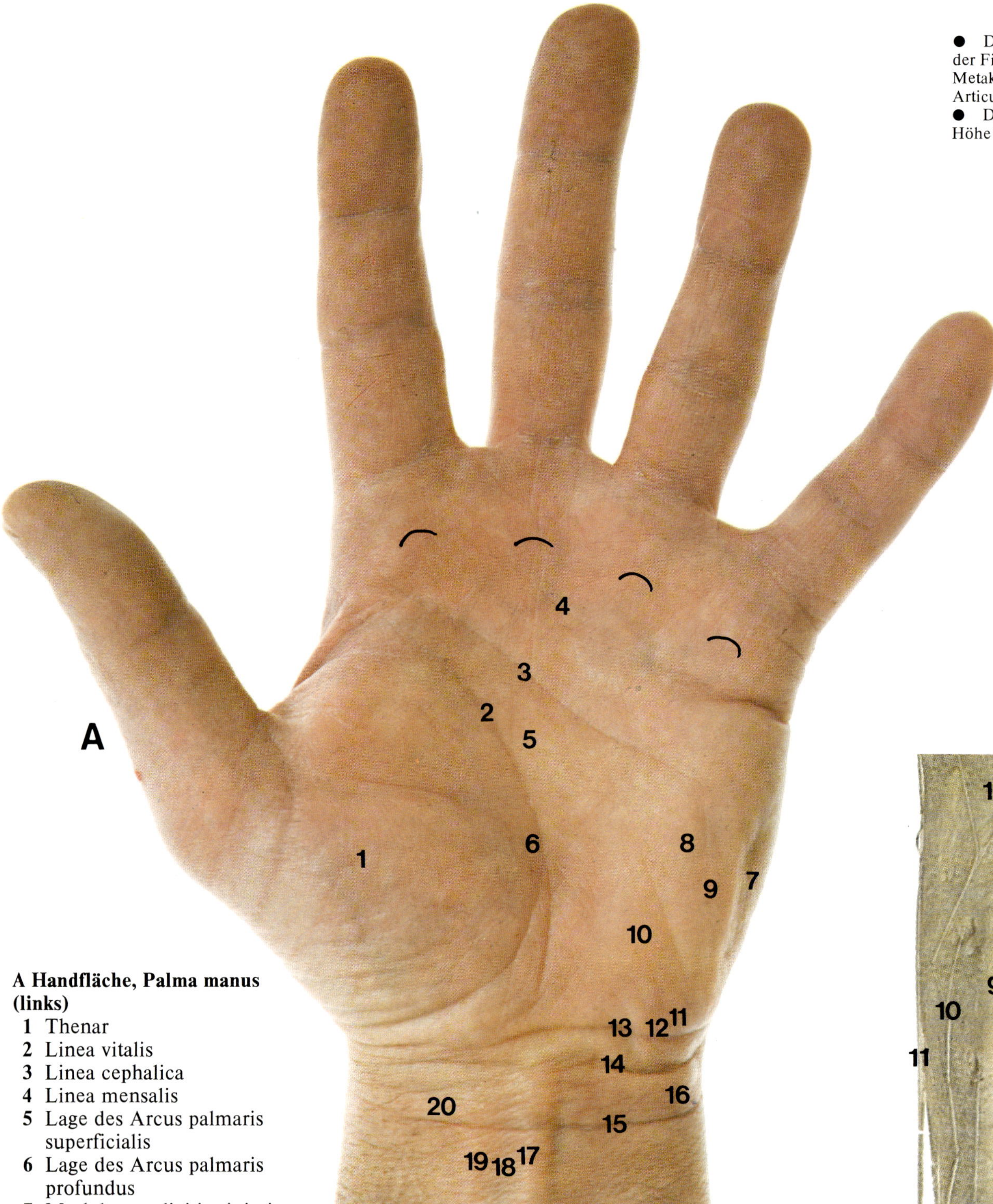

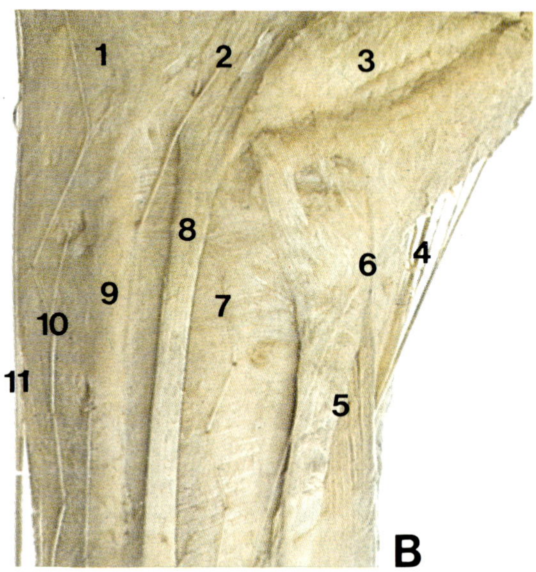

A Handfläche, Palma manus (links)

1 Thenar
2 Linea vitalis
3 Linea cephalica
4 Linea mensalis
5 Lage des Arcus palmaris superficialis
6 Lage des Arcus palmaris profundus
7 M. abductor digiti minimi
8 Hypothenar
9 M. palmaris brevis
10 Hamulus ossis hamati
11 Os pisiforme
12 A. und N. ulnaris
13 Linea rascetae (in Höhe des distalen Handgelenkes)
14 Linea restricta (in Höhe des proximalen Handgelenkes)
15 Proximale Handgelenksfalte
16 M. flexor carpi ulnaris
17 M. palmaris longus
18 N. medianus
19 M. flexor carpi radialis
20 A. radialis

B Linke Handwurzel, Hautnerven, von vorne gesehen
(Ulnarabduktionsstellung)

1 Aponeurosis palmaris im Bereich der Thenarmuskulatur
2 Ramus palmaris n. mediani oberhalb der Fixationsstelle des M. palmaris longus am Retinaculum flexorum
3 Palmaraponeurose im Bereich der Hypothenarmuskulatur
4 Äste des Ramus dorsalis n. ulnaris (Nn. digitales dorsales)
5 M. flexor carpi ulnaris
6 Ramus palmaris n. ulnaris
7 N. cutaneus antebrachii medialis und Faszie des M. flexor digitorum superficialis
8 M. palmaris longus
9 M. flexor carpi radialis
10 N. cutaneus antebrachii lateralis
11 Ramus superficialis n. radialis

- Der Ramus palmaris n. ulnaris durchbohrt normalerweise die Faszie lateral vom M. flexor carpi ulnaris und nicht medial von ihr, wie das in diesem Präparat der Fall ist.

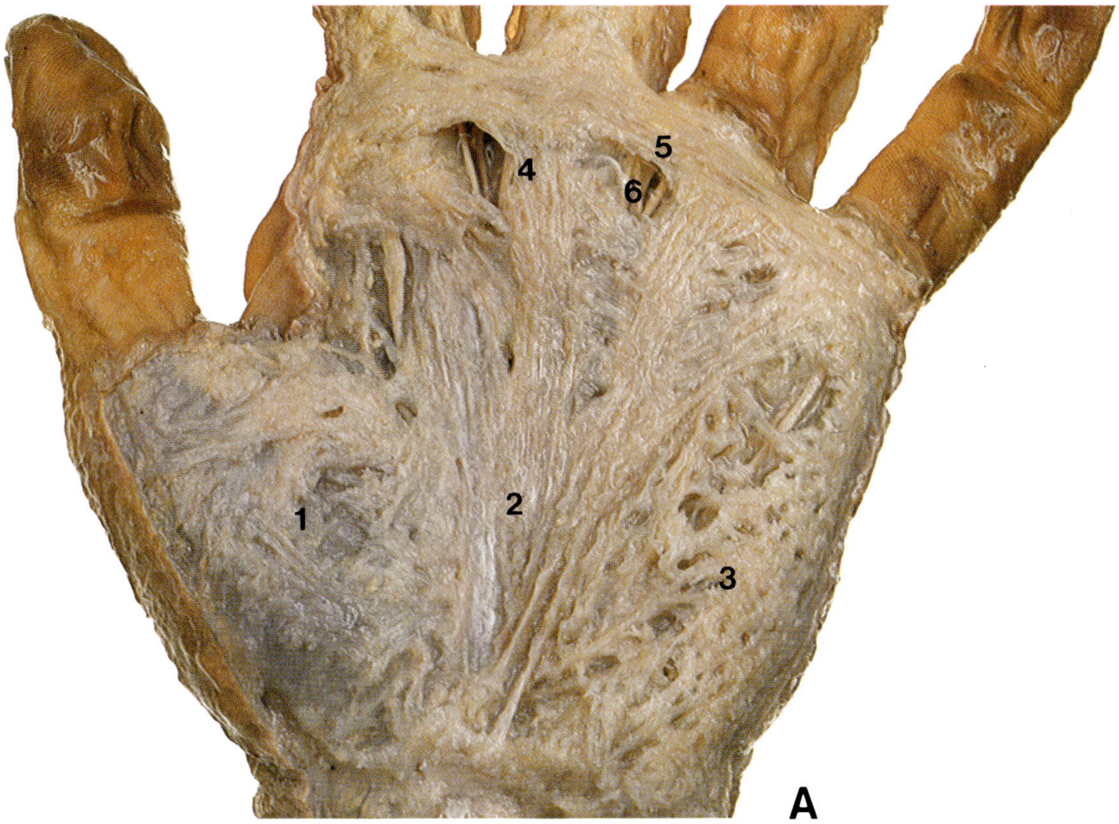

A Linke Handfläche, Palmaraponeurose

1 Aponeurose oberhalb der Thenarmuskulatur
2 Zentraler Teil der Palmaraponeurose
3 Aponeurose oberhalb der Hypothenarmuskulatur
4 Faserzüge der Aponeurose zu den Wurzeln der Finger
5 Lig. metacarpeum transversum superficiale
6 Aa. und Vv. digitales palmares proprii und Nn. digitales palmares proprii, die in den Lücken zwischen den Zipfeln der Palmaraponeurose zum Vorschein kommen.

● Die Palmaraponeurose hängt mit dem Retinaculum flexorum fest zusammen. Die Sehne des M. palmaris longus geht in die Palmaraponeurose über, ist aber auch am Retinaculum flexorum fixiert.

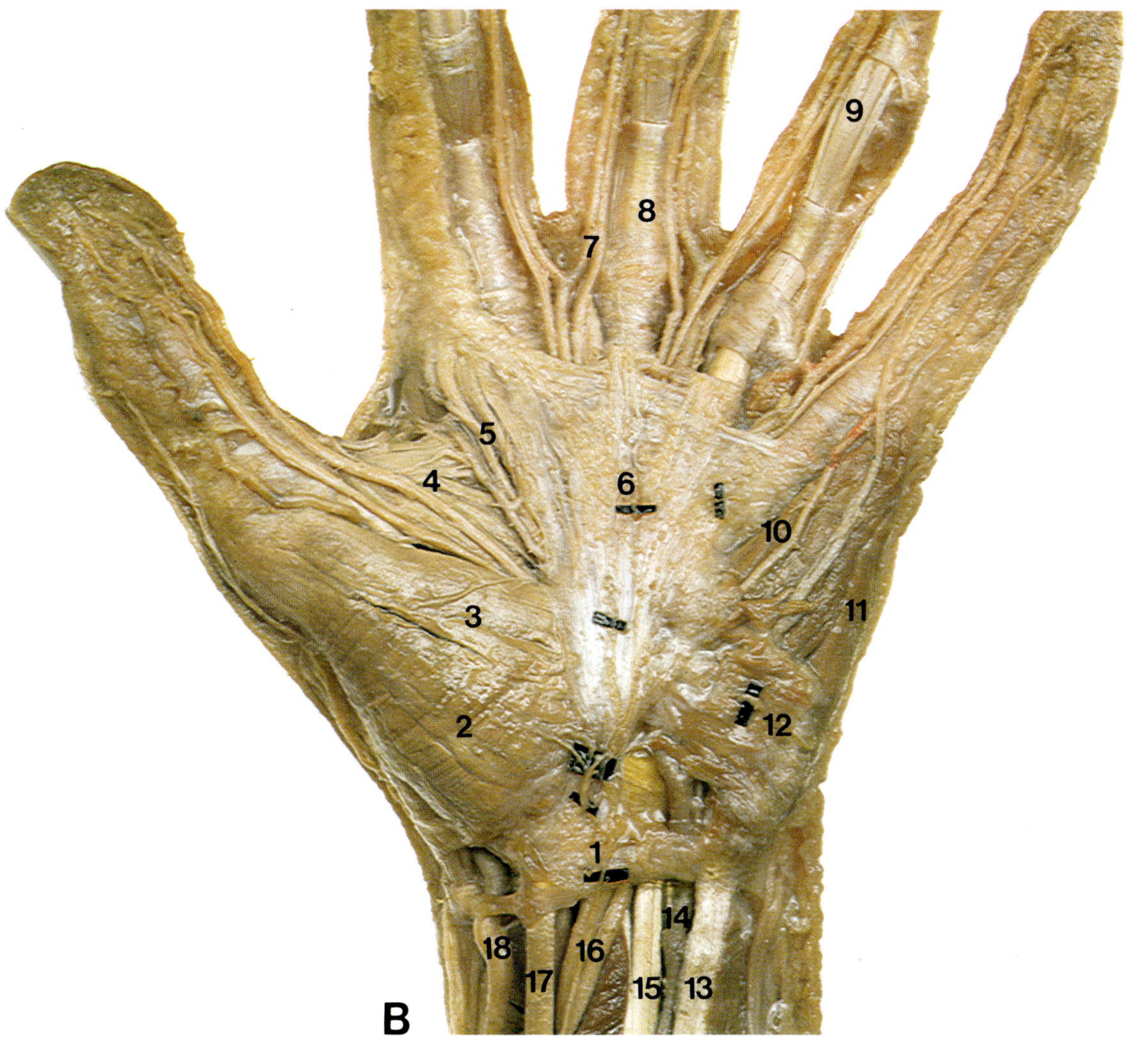

B Linke Handfläche. Oberflächliche Schichten

1 Retinaculum flexorum und Ramus palmaris n. mediani
2 M. abductor pollicis brevis
3 M. flexor pollicis brevis
4 M. abductor pollicis und Nn. digitales palmares n. mediani
5 M. lumbricalis I
6 Zentraler Teil der Palmaraponeurose und Ramus palmaris n. mediani
7 Aa., Vv. und Nn. digitales palmares proprii
8 Sehnenscheide – Vagina fibrosa, Pars anularis (teilweise entfernt)
9 Sehne des M. flexor digitorum superficialis oberhalb des M. flexor digitorum profundus
10 M. flexor digiti minimi brevis
11 M. abductor digiti minimi
12 M. palmaris brevis und Ramus palmaris n. ulnaris
13 M. flexor carpi ulnaris
14 N. und A. ulnaris während ihres Verlaufs unterhalb der oberflächlichen Fasern des Retinaculum flexorum
15 M. flexor digitorum superficialis
16 N. medianus mit Ramus palmaris
17 M. flexor carpi radialis
18 A. radialis

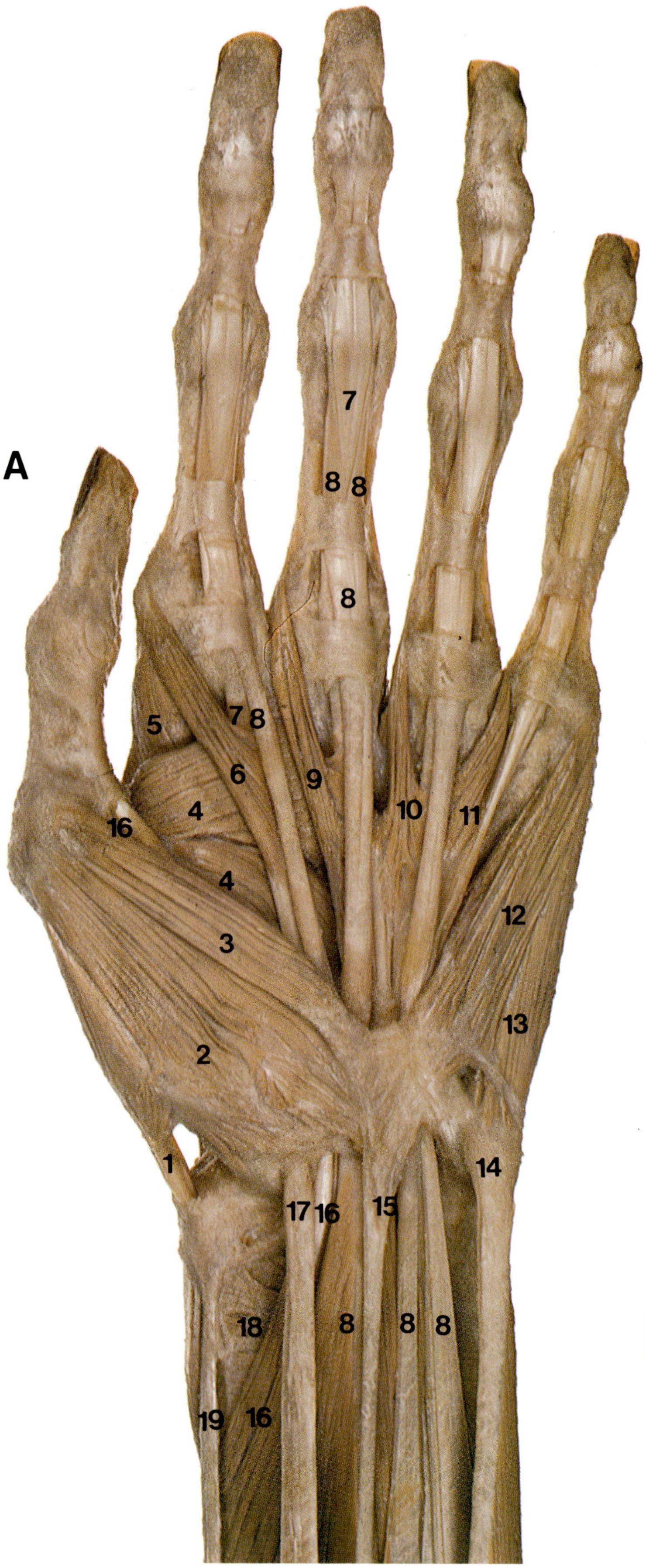

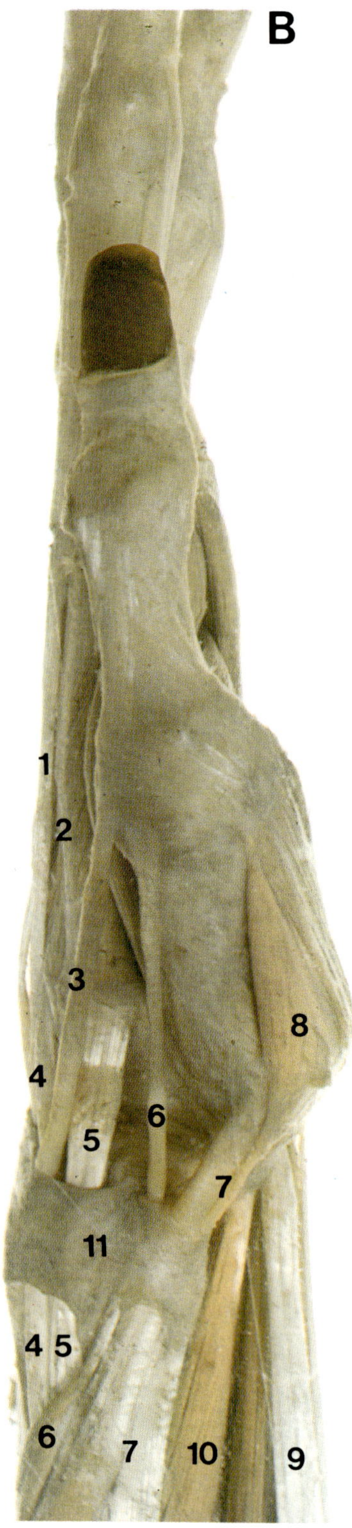

A Handmuskulatur und Handgelenk (links)
(Sehnenscheiden teilweise entfernt)

1 M. abductor pollicis longus auf dem M. extensor pollicis brevis
2 M. abductor pollicis brevis
3 M. flexor pollicis brevis
4 M. adductor pollicis
5 M. interosseus dorsalis I
6 M. lumbricalis I
7 M. flexor digitorum profundus
8 M. flexor digitorum superficialis
9 M. lumbricalis II
10 M. lumbricalis III
11 M. lumbricalis IV
12 M. flexor digiti minimi brevis
13 M. abductor digiti minimi
14 M. flexor carpi ulnaris und Os pisiforme
15 M. palmaris longus
16 M. flexor pollicis longus
17 M. flexor carpi radialis
18 M. pronator quadratus
19 M. brachioradialis

● Die Mm. lumbricales entspringen von den Sehnen des M. flexor digitorum profundus, und zwar entspringt der 1. und 2. M. lumbricalis von der Sehne des 2. bzw. 3. Fingerbeugers und der 3. und 4. von den einander zugekehrten Seiten des Mittel- und Ringfinger- bzw. Kleinfingerbeugers.

B Handgelenk und Handmuskulatur (links), Seitenansicht

1 M. extensor digitorum
2 M. interosseus dorsalis I
3 M. extensor pollicis longus
4 M. extensor carpi radialis brevis
5 M. extensor carpi radialis longus
6 M. extensor pollicis brevis
7 M. abductor pollicis longus (Zweig zum M. abductor pollicis brevis)
8 M. abductor pollicis brevis
9 M. flexor carpi radialis
10 M. flexor pollicis longus
11 Retinaculum extensorum

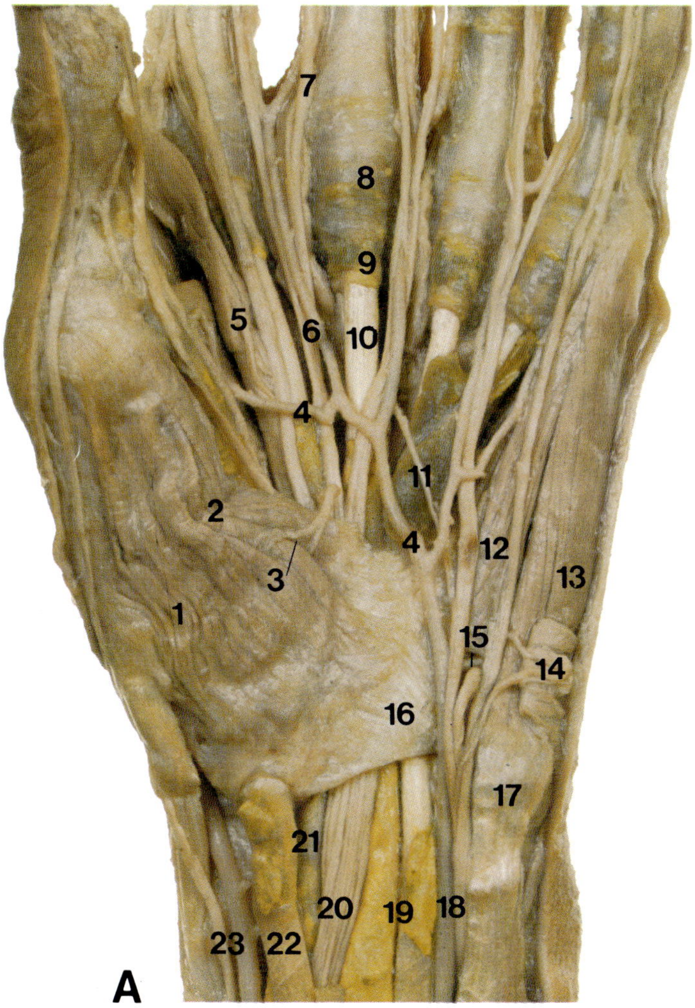

A Linke Handfläche
(Sehnenscheiden mit Kunststoff injiziert)

1 M. abductor pollicis brevis
2 M. flexor pollicis brevis
3 Rückläufiger Muskelast des N. medianus
4 Arcus palmaris superficialis
5 M. lumbricalis I
6 A. und N. digitalis palmaris communis
7 A. digitalis palmaris propria und N. digitalis palmaris proprius
8 Stratum fibrosum ⎤ der Sehnenscheide
9 Stratum synoviale ⎦
10 Sehne des M. flexor digitorum superficialis oberhalb der Sehne des M. flexor digitorum profundus
11 Ramus communicans cum n. ulnaris aus dem N. medianus
12 M. flexor digiti minimi brevis
13 M. abductor digiti minimi
14 M. palmaris brevis
15 Ramus palmaris profundus a. ulnaris und Ramus profundus n. ulnaris
16 Retinaculum flexorum
17 Os pisiforme und M. flexor carpi ulnaris
18 A. und N. ulnaris
19 M. flexor digitorum superficialis
20 N. medianus
21 M. flexor pollicis longus
22 M. flexor carpi radialis
23 A. radialis und Ende des Ramus superficialis n. radialis

● Anastomosen zwischen den digitalen Hautästen des N. medianus und des N. ulnaris (wie bei Nr. 11) kommen regelmäßig vor.

● Der N. medianus hat im Bereich der Handwurzel gewöhnlich eine mehr flache und bandartige, weniger eine runde Form. An dieser Stelle wird er wegen seiner oberflächlichen Lage besonders häufig verletzt.

● Weitere Einzelheiten über die Sehnenscheiden s. S. 135.

B Rechte Handfläche
(Arcus palmaris superficialis: oberhalb der blauen Markierung; Thenarmuskulatur, Flexorensehnen und Arcus palmaris profundus teilweise entfernt)

1 Retinaculum flexorum
2 Ramus palmaris profundus a. ulnaris und Ramus profundus n. ulnaris
3 M. abductor digiti minimi
4 M. opponens digiti minimi und Nn. digitales palmares communes n. ulnaris
5 A. digitalis palmaris communis aus dem Arcus palmaris superficialis
6 A. digitalis palmaris propria
7 N. digitalis palmaris communis n. mediani
8 N. digitalis palmaris proprius
9 A. radialis indicis
10 A. princeps pollicis
11 Gemeinsamer Stamm der A. radialis indicis und der A. princeps pollicis
12 M. extensor pollicis brevis
13 M. abductor pollicis longus
14 A. radialis
15 Ramus palmaris superficialis a. radialis
16 M. flexor carpi radialis
17 M. flexor pollicis longus
18 N. medianus
19 M. flexor digitorum superficialis
20 A. und N. ulnaris
21 M. flexor carpi ulnaris

● In der Hohlhand liegen der Arcus palmaris superficialis und seine Äste oberhalb der Nn. digitales palmares communes, während an den Fingern die Nn. digitales palmares properii oberhalb, d. h. vor den entsprechenden Arterien liegen.

● Die Aa. und Nn. digitales palmares communes teilen sich distalwärts in die Aa. digitales palmares propriae und Nn. digitales palmares proprii auf, die an den Seiten (zweier) benachbarter Finger verlaufen.

● Im vorliegenden Präparat anastomosiert der Arcus palmaris superficialis radial mit den Gefäßen des Daumens und Zeigefingers.

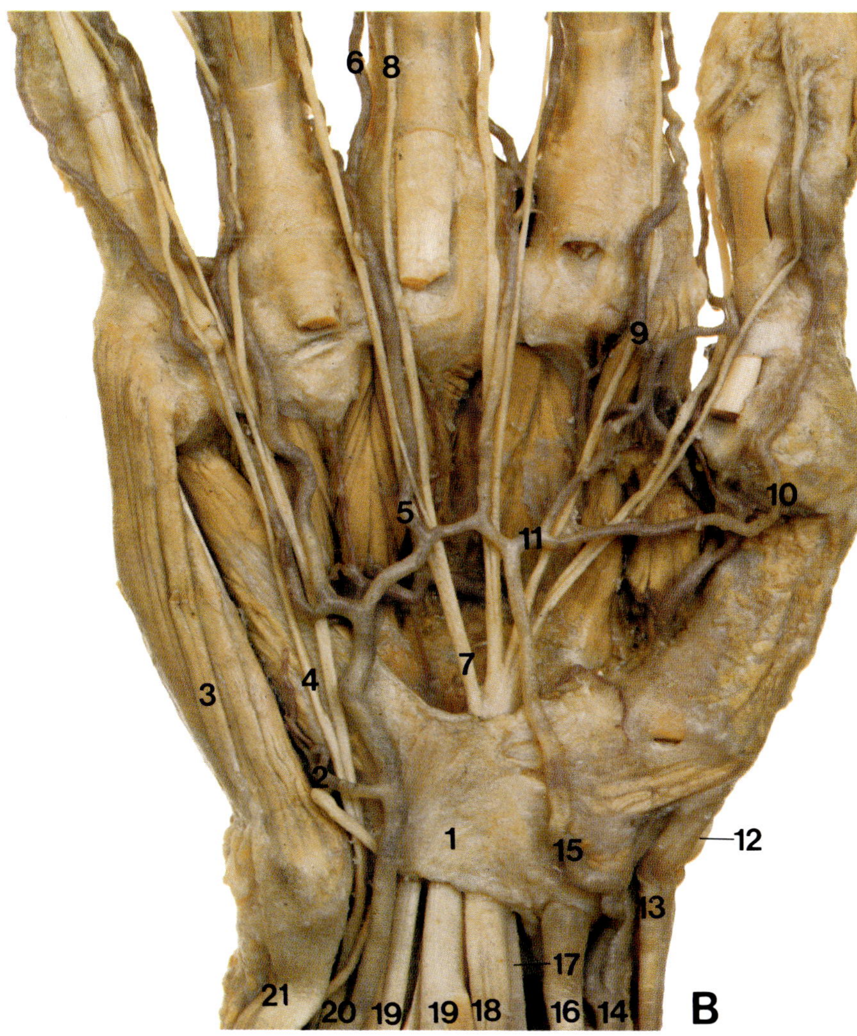

● In einem Drittel der Fälle (wie auch im vorliegenden Präparat) ist der Arcus palmaris superficialis unvollständig ausgebildet; in einem weiteren Drittel der Fälle wird er durch die A. radialis, die entweder auf der oder durch die Thenarmuskulatur verläuft (vgl. a. S. 133), vervollständigt; in den restlichen Fällen ergänzt sich der Arcus entweder durch die A. princeps pollicis oder die A. indicis radialis.
● An der Hand versorgt der N. ulnaris palmar die Haut an der ulnaren Seite der Hand sowie 1½ Finger, während der N. medianus den Rest der Handfläche, die Haut des Daumenballens und 3½ Finger versorgt.

B Linke Handfläche
(Die Sehnenscheiden wurden mit Kunststoff injiziert)

1 M. abductor pollicis brevis
2 M. flexor pollicis brevis
3 M. adductor pollicis
4 M. interosseus dorsalis I
5 M. lumbricalis I (entspringt von der Sehne des M. flexor digitorum profundus und liegt auf der Sehne des oberflächlichen Beugers)
6 M. lumbricalis II
7 M. flexor digitorum superficialis
8 Stratum synoviale } der Sehnenscheide
9 Stratum fibrosum } der Sehnenscheide
10 M. lumbricalis III (ein zusätzlicher Muskelstrang zieht zum Mittelfinger – Varietät)
11 M. lumbricalis IV
12 M. opponens digiti minimi
13 M. flexor digiti minimi brevis
14 M. abductor digiti minimi
15 Ramus profundus n. ulnaris
16 M. flexor digitorum profundus
17 M. flexor carpi ulnaris
18 N. medianus
19 M. flexor pollicis longus
20 M. flexor carpi radialis

● Der Ramus profundus n. ulnaris zieht zwischen M. flexor und abductor digiti minimi in die Tiefe und durchbohrt den M. opponens digiti minimi.

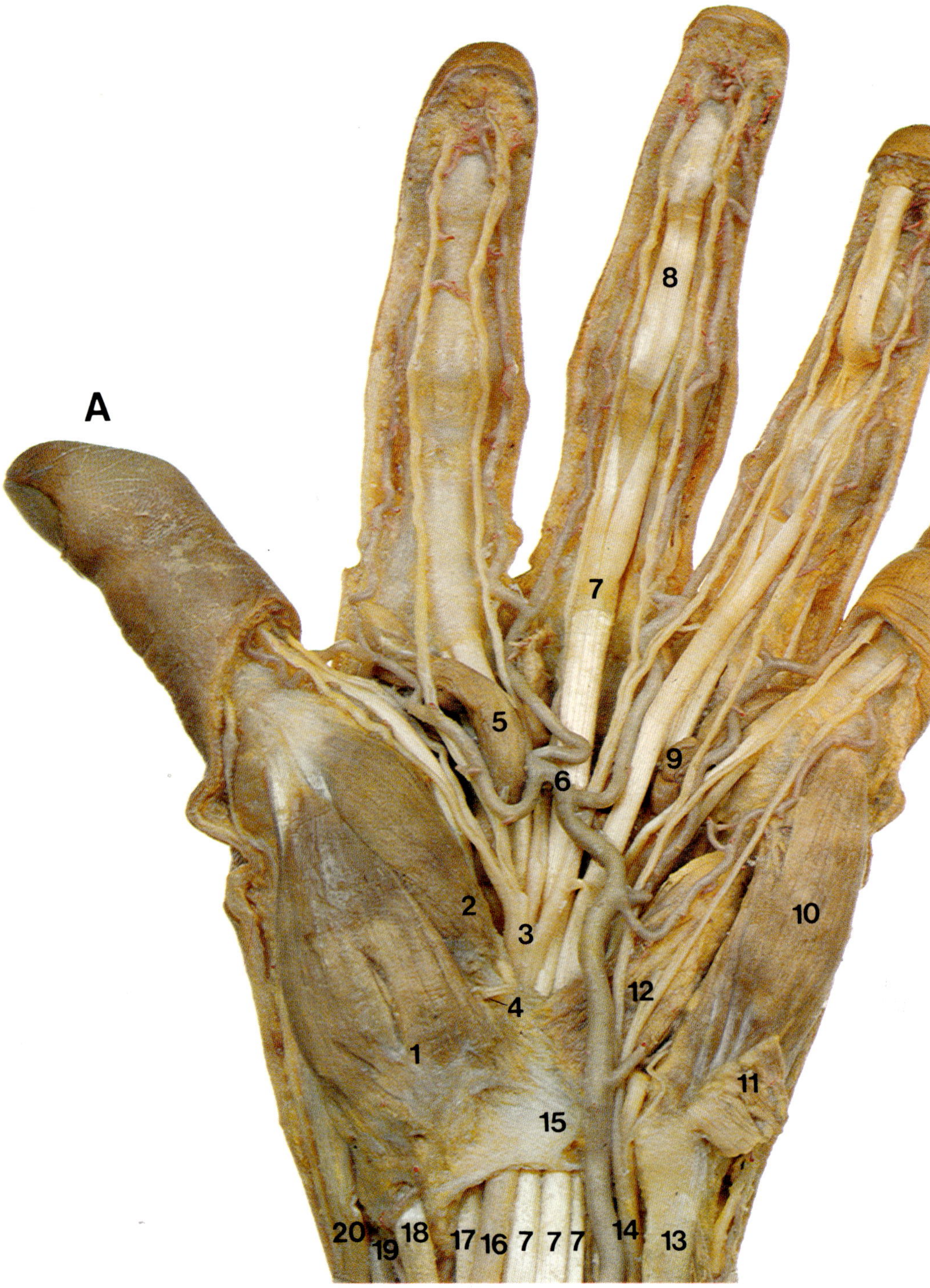

A Linke Handfläche
(Unvollständiger Arcus palmaris superficialis)

1 M. abductor pollicis brevis
2 M. flexor pollicis brevis
3 N. medianus mit seinen Ästen (Nn. digitales palmares communes)
4 Rekurrenter Muskelast des N. medianus
5 M. lumbricalis I
6 Arcus palmaris superficialis (aus der A. ulnaris) und Aa. digitales palmares communes
7 M. flexor digitorum superficialis
8 M. flexor digitorum profundus
9 M. lumbricalis IV
10 M. abductor digiti minimi
11 M. palmaris brevis
12 M. opponens digiti minimi und Nn. digitales palmares communes aus dem N. ulnaris
13 M. flexor carpi ulnaris
14 N. und A. ulnaris
15 Retinaculum flexorum
16 N. medianus
17 M. flexor pollicis longus
18 M. flexor carpi radialis
19 A. radialis
20 M. abductor pollicis longus

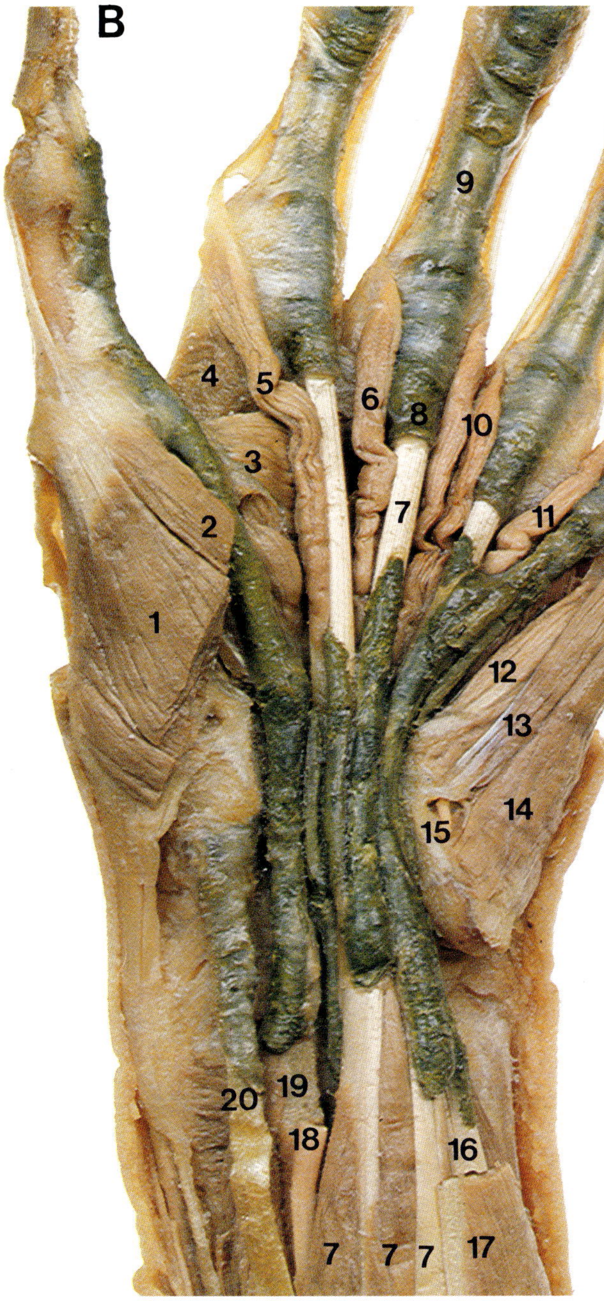

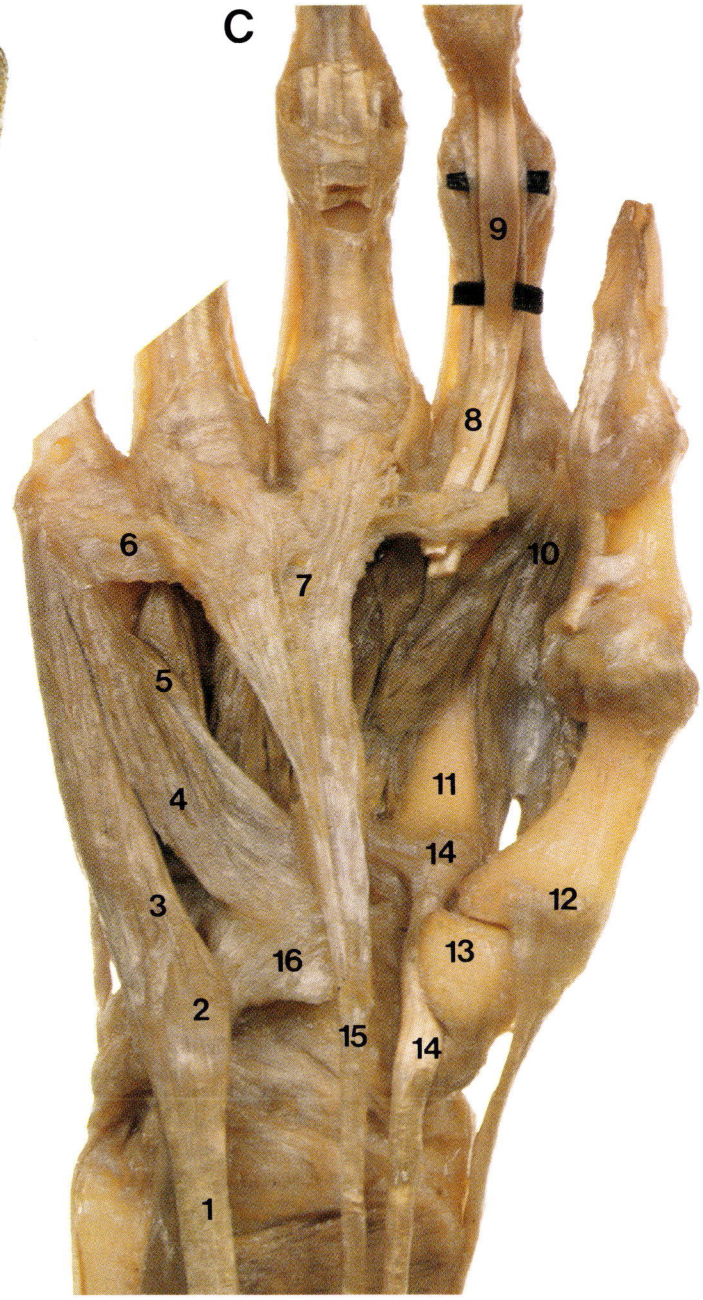

C Rechte Handfläche, Flexoren

1 M. flexor carpi ulnaris
2 Os pisiforme
3 M. abductor digiti minimi
4 M. flexor digiti minimi brevis
5 M. opponens digiti minimi
6 Lig. metacarpeum transversum superficiale
7 Aponeurosis palmaris
8 M. flexor digitorum superficialis
9 M. flexor digitorum profundus
10 M. interosseus dorsalis I (mit einem zusätzlichen Muskelbauch, der von der ulnaren Seite des 2. Metakarpalknochens entspringt)
11 Basis ossis metacarpalis II
12 M. abductor pollicis longus und Basis ossis metacarpalis I
13 Tuberculum ossis trapezii
14 M. flexor carpi radialis
15 M. palmaris longus
16 Retinaculum flexorum

● In der Höhe der Basen der Grundphalangen spalten sich die Sehnen des M. flexor digitorum superficialis dichotom auf, um die Sehnen des tiefen Fingerbeugers, die an den Basen der Endphalangen enden, durchtreten zu lassen. Die Sehnenzipfel des oberflächlichen Fingerbeugers vereinigen sich jedoch nach dem Durchtritt der tiefen Beugersehnen wieder, wobei sich die Fasern teilweise kreuzen, und setzen dann an der Diaphyse der Mittelphalangen an.

● Die Sehnen des M. flexor digitorum superficialis und profundus werden im Canalis carpi (unterhalb des Retinaculum flexorum) von einer einheitlichen Sehnenscheide umschlossen. Eine eigene Sehnenscheide besitzt nur die Sehne des M. flexor pollicis longus und die des M. flexor carpi radialis, die in einem eigenen Sehnenfach innerhalb des Retinaculum flexorum verläuft. Die Sehnenscheiden des M. flexor carpi radialis und des M. flexor pollicis longus reichen bis zum Ansatz der Sehne am Knochen.

● Die gemeinsame Sehnenscheide der Fingerbeuger in der Hohlhand anastomosiert mit der des kleinen Fingers, nicht jedoch mit denen des Ring-, Mittel- und Zeigefingers. Diese Finger haben ihre eigenen Sehnenscheiden, die etwas proximal vom Stratum fibrosum enden.

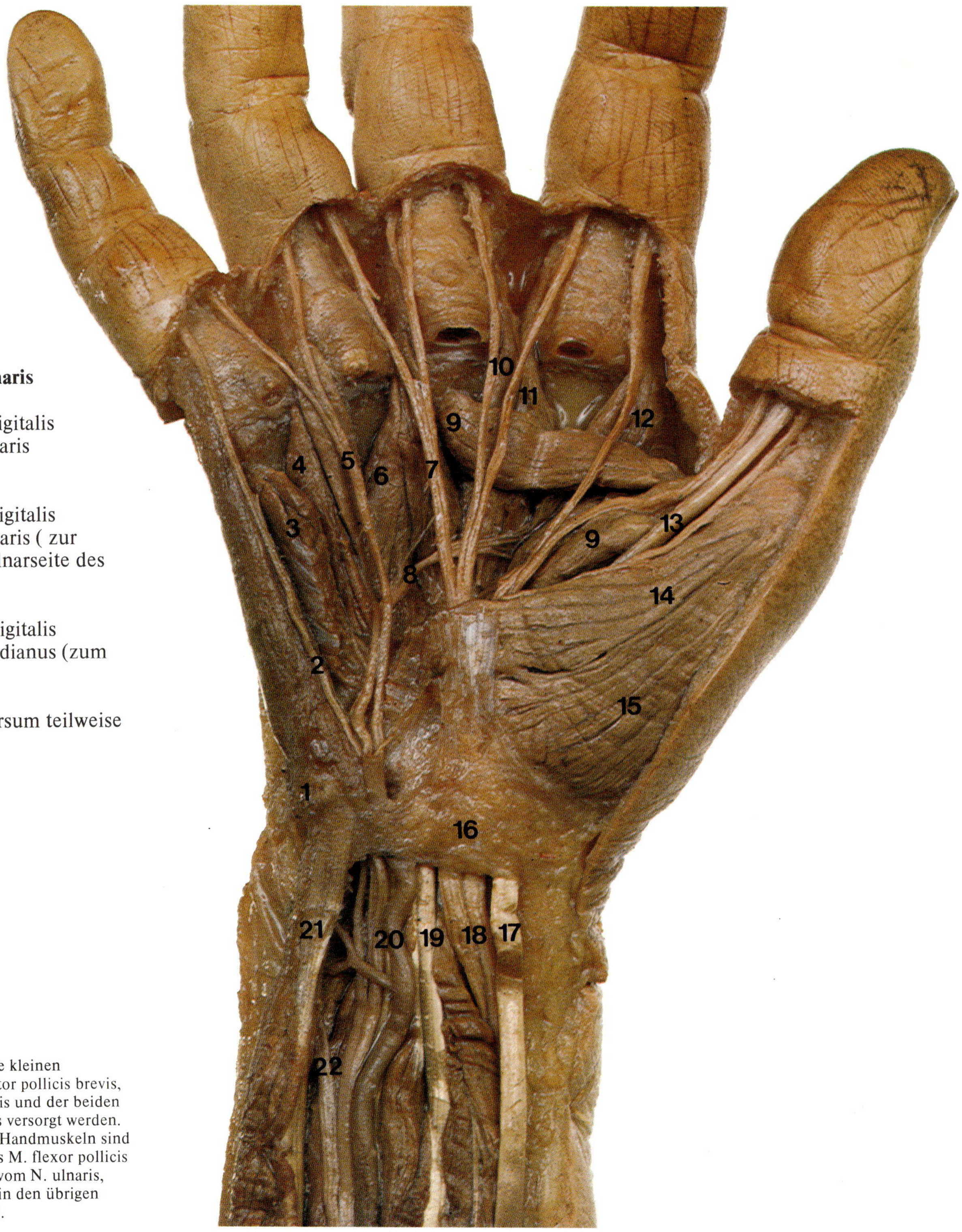

Rechte Handfläche, tiefer Ast des N. ulnaris

1 Os pisiforme
2 M. abductor digiti minimi und N. digitalis palmaris communis aus dem N. ulnaris
3 M. opponens digiti minimi
4 M. interosseus palmaris IV
5 M. interosseus dorsalis IV und N. digitalis palmaris communis aus dem N. ulnaris (zur Radialseite des Kleinfingers und Ulnarseite des Ringfingers)
6 M. interosseus palmaris III
7 M. interosseus dorsalis III und N. digitalis palmaris communis aus dem N. medianus (zum Ring- und Mittelfinger)
8 Ramus profundus n. ulnaris
9 M. adductor pollicis (Caput transversum teilweise entfernt)
10 M. interosseus dorsalis II
11 M. interosseus palmaris II
12 M. interosseus dorsalis I
13 M. flexor pollicis longus
14 M. flexor pollicis brevis
15 M. abductor pollicis brevis
16 Retinaculum flexorum
17 M. flexor carpi radialis
18 N. medianus
19 M. flexor digitorum superficialis
20 A. ulnaris und N. ulnaris
21 M. flexor carpi ulnaris
22 Ramus dorsalis n. ulnaris

● Der Ramus profundus n. ulnaris versorgt alle kleinen Muskeln der Hand mit Ausnahme des M. abductor pollicis brevis, des M. flexor pollicis brevis, M. opponens pollicis und der beiden lateralen Mm. lumbricales, die vom N. medianus versorgt werden.

● Variationen bei der Innervation der kleinen Handmuskeln sind häufig. Besonders variabel ist die Innervation des M. flexor pollicis brevis, der in annähernd einem Drittel der Fälle vom N. ulnaris, in einem anderen Drittel vom N. medianus und in den übrigen Fällen von beiden Nerven zugleich versorgt wird.

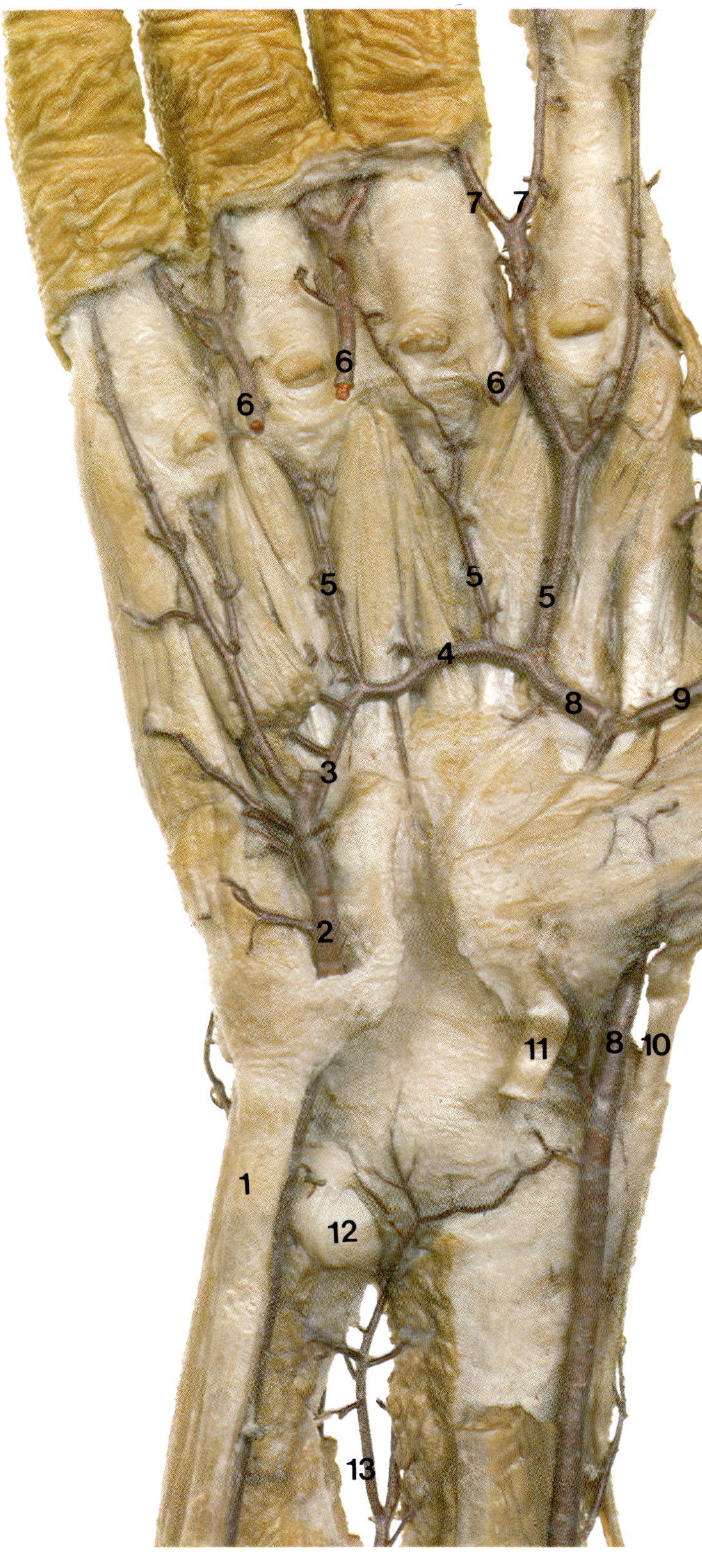

Rechte Handfläche, Arcus palmaris profundus

1 M. flexor carpi ulnaris
2 A. ulnaris
3 Ramus palmaris profundus a. ulnaris
4 Arcus palmaris profundus
5 A. metacarpea palmaris
6 A. digitalis palmaris communis (entspringt vom Arcus palmaris superficialis)
7 A. digitalis palmaris propria
8 A. radialis
9 A. princeps pollicis
10 M. abductor pollicis longus
11 M. flexor carpi radialis
12 Caput ulnae
13 Ast der A. interossea anterior zum Rete carpi palmare

● Im Gegensatz zum Arcus palmaris superficialis (vgl. S. 134) ist der Arcus palmaris profundus in der Regel vollständig. Er wird von den Endästen der A. radialis und der A. ulnaris gebildet.
● Die Projektion des Arcus palmaris profundus liegt ungefähr 1 cm proximal von der des Arcus palmaris superficialis.

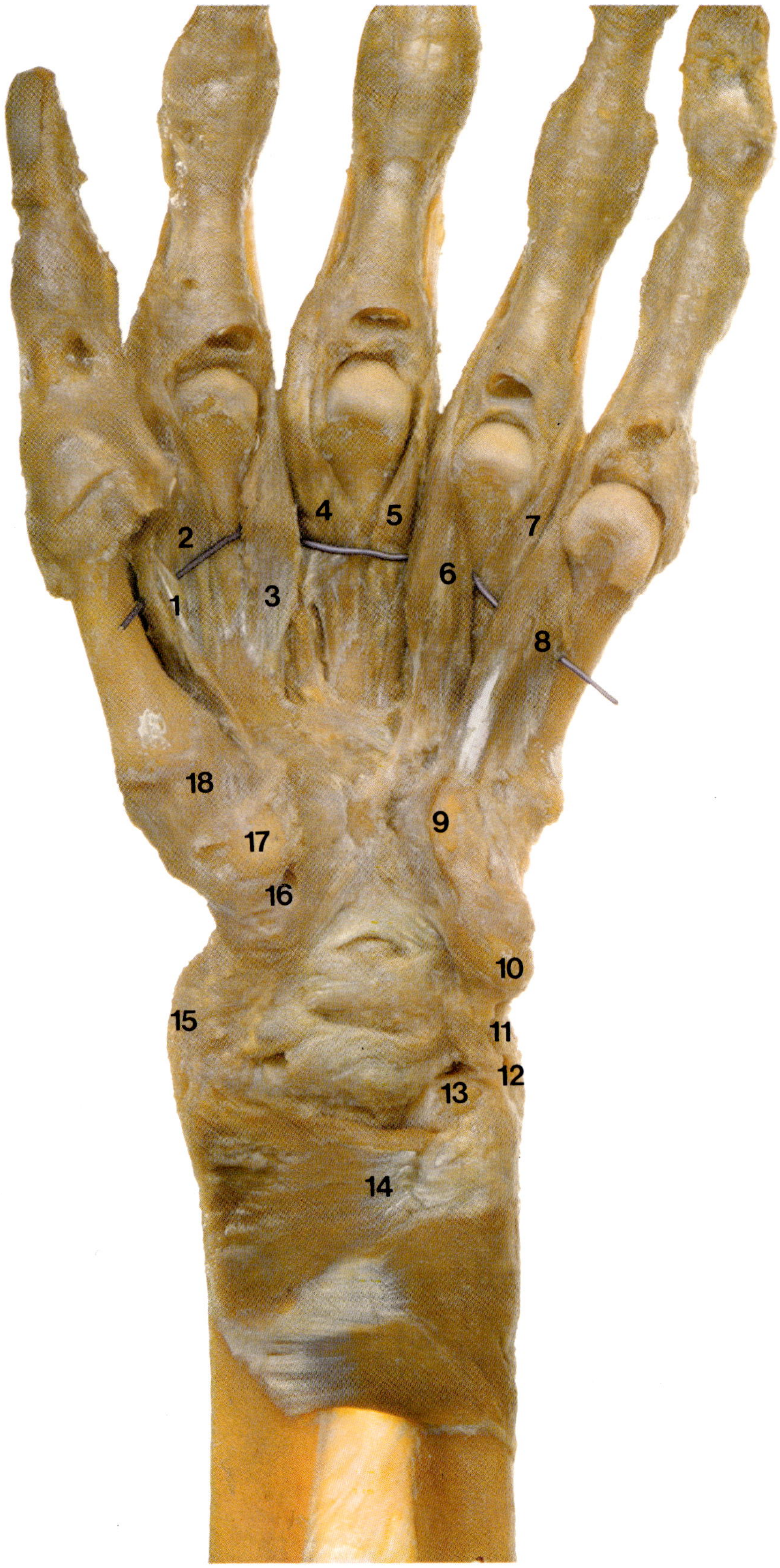

Palma manus und Handgelenk (links)
(Mm. interossei palmares oberhalb der blauen Markierung und Mm. interossei dorsales unterhalb der Markierung)

1 M. interosseus palmaris I
2 M. interosseus dorsalis I
3 M. interosseus palmaris II
4 M. interosseus dorsalis II
5 M. interosseus dorsalis III
6 M. interosseus palmaris III
7 M. interosseus dorsalis IV
8 M. interosseus palmaris IV
9 Hamulus ossis hamati
10 Os pisiforme
11 Lig. collaterale carpi ulnare
12 Processus styloideus ulnae
13 Caput ulnae
14 M. pronator quadratus
15 Processus styloideus radii
16 Os scaphoideum
17 Os trapezium
18 Gelenkkapsel der Articulatio carpometacarpea pollicis

● Die Sehnen der Mm. interossei gehen zum Teil in die Dorsalaponeurose über, wo sie sich mit den Sehnen des M. extensor digitorum communis vereinigen, zum Teil heften sie sich aber auch direkt an den Seiten der Grundphalangen an (vgl. a. S. 145).

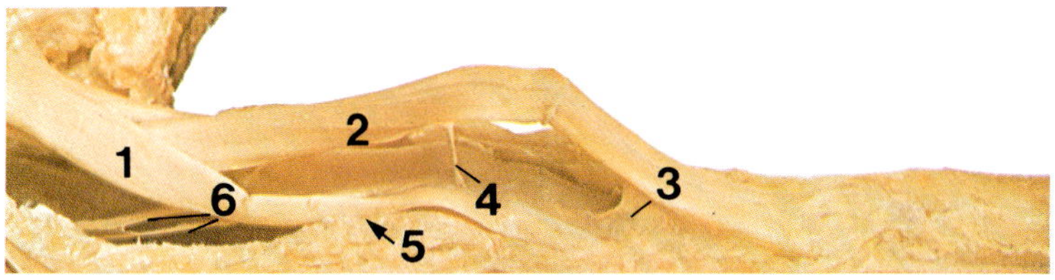

Flexorensehnen des rechten Mittelfingers, Vincula breves et longi, von rechts-vorne gesehen

1 M. flexor digitorum superficialis
2 M. flexor digitorum profundus
3 Vinculum breve
4 Vinculum longum
} der Sehne des tiefen Fingerbeugers
5 Vinculum breve
6 Vinculum longum
} der Sehne des oberflächlichen Fingerbeugers

● Das Stratum synoviale und das Stratum fibrosum der Sehnenscheiden wurden entfernt und die Beugersehnen nach vorne gezogen, um die Vincula, die Reste des Mesotendineums repräsentieren und kleinere Blutgefäße zu den Sehnen hinführen, darzustellen.

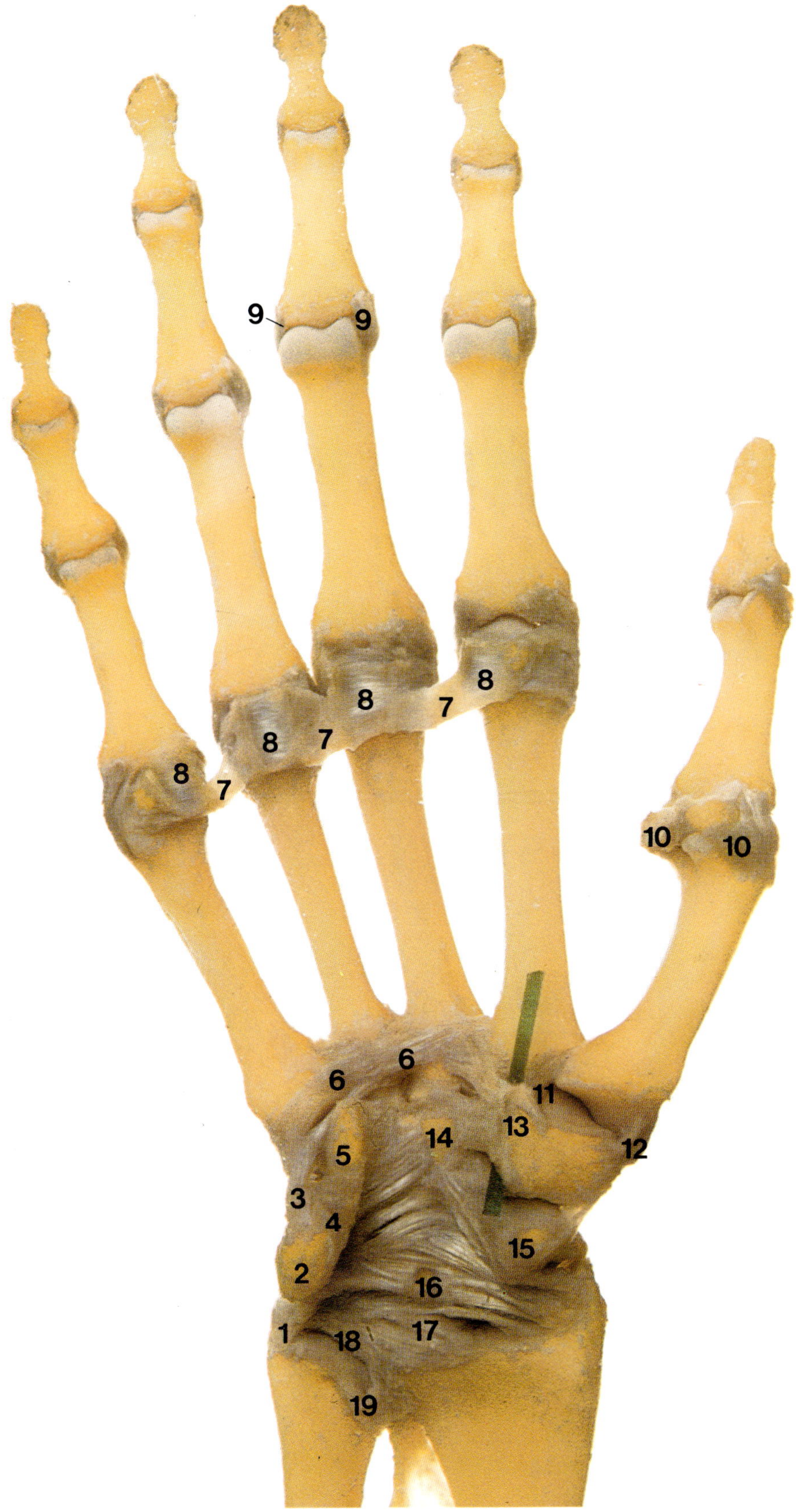

Rechte Handfläche, Bänder und Gelenke

1 Lig. collaterale carpi ulnare
2 Os pisiforme
3 Lig. pisometacarpeum
4 Lig. pisohamatum
5 Hamulus ossis hamati
6 Lig. metacarpeum interosseum
7 Lig. metacarpeum transversum profundum
8 Lig. palmare der Articulatio metacarpeophalangea mit Sulcus für die Flexorensehne
9 Lig. collaterale der Articulatio interphalangea (Gelenkkapsel entfernt)
10 Sesambeine in den Sehnen des M. flexor pollicis brevis
11 Lig. palmare der Articulatio carpometacarpea
12 Lig. laterale der Articulatio carpometacarpea pollicis
13 Tuberculum ossis trapezii (Die Markierung liegt im Sulcus für die Sehne des M. flexor carpi radialis)
14 Caput ossis capitati
15 Tuberculum ossis scaphoidei
16 Os lunatum
17 Lig. radiocarpeum palmare
18 Discus articularis der Articulatio radioulnaris distalis
19 Recessus sacciformis der Gelenkkapsel für die Articulatio radioulnaris distalis

● Die Ligamenta collateralia der Metakarpophalangeal- und Interphalangealgelenke verlaufen schräg jeweils von den Seitenabschnitten der Phalangenköpfe nach vorn zu den Seitenabschnitten der Basen der distal anschließenden Fingerknochen. Sie spannen sich daher bei Beugung der Gelenke an.

B Linker Handrücken, Hautnerven, von dorsal gesehen
(Leichte Ulnarabduktion)
1 Äste des Ramus dorsalis n. ulnaris
2 Caput ulnae
3 Retinaculum extensorum
4 Distales Ende des Radius
5 Äste des Ramus superficialis n. radialis
6 Äste des N. cutaneus antebrachii lateralis

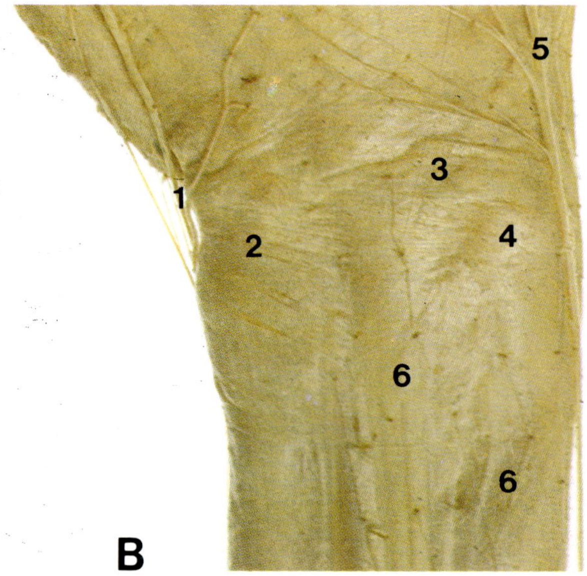

B

A

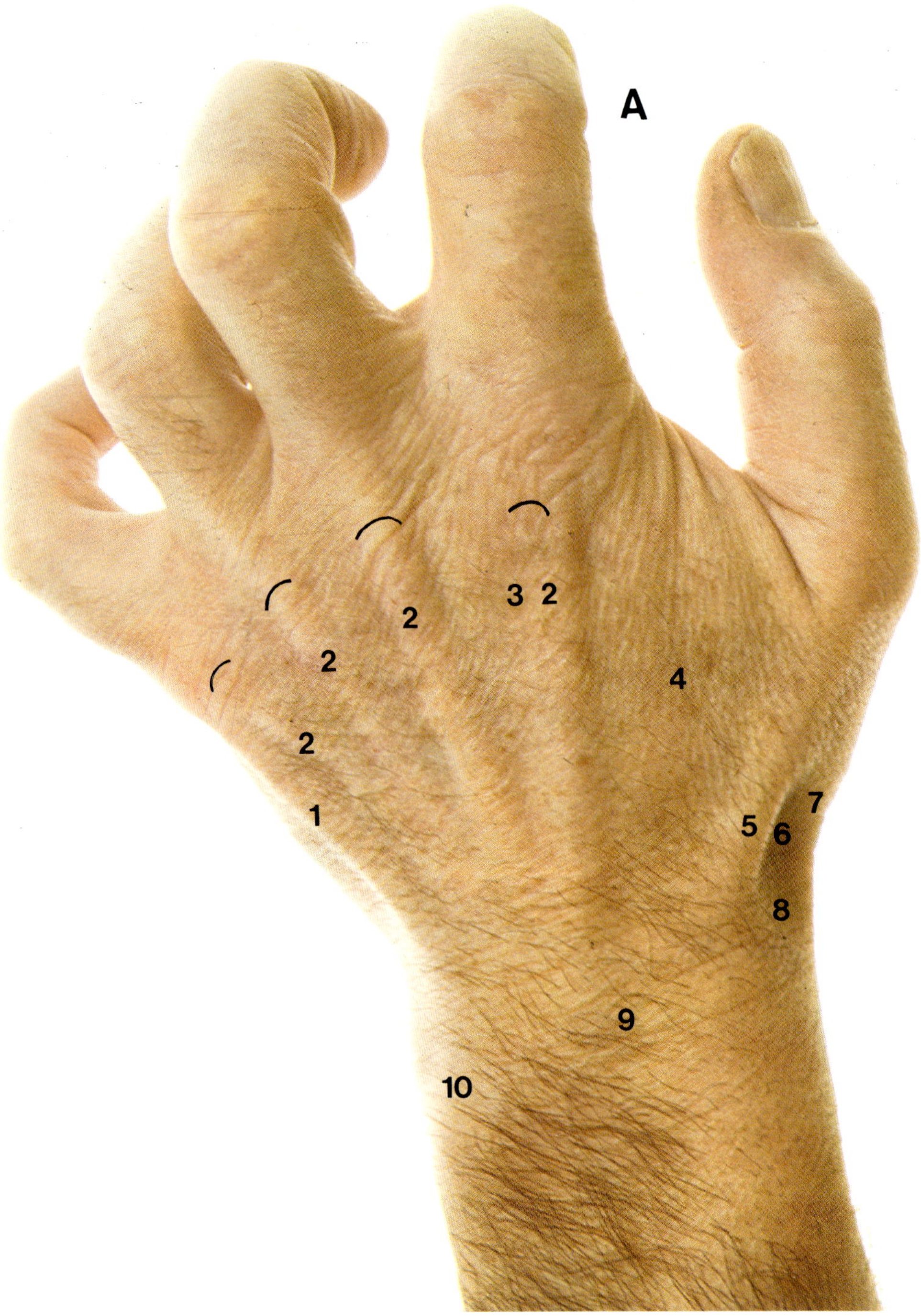

A Linke Hand, Handrücken (Dorsum manus)
(Die Finger sind in den Metakarpophalangealgelenken gestreckt, in den Interphalangealgelenken teilweise flektiert. Der Daumen ist im Karpometakarpalgelenk gestreckt und teilweise in den Metakarpophalangeal- und Interphalangealgelenken flektiert)
1 M. extensor digiti minimi
2 M. extensor digitorum
3 M. extensor indicis
4 M. interosseus dorsalis I
5 M. extensor pollicis longus
6 Fossa radialis (Tabatière)
7 M. extensor pollicis brevis und M. abductor pollicis longus
8 Processus styloideus radii
9 Retinaculum extensorum
10 Caput ulnae

● Die gebogenen Linien liegen in Höhe der Metakarpophalangealgelenke. Bei der geballten Faust bilden die Capita der Ossa metacarpalia die Knöchel der Hand.

Linker Handrücken

1 M. abductor digiti minimi
2 M. extensor digiti minimi
3 Zweig des M. extensor digitorum zum kleinen Finger
4 M. extensor digitorum communis
5 M. extensor indicis
6 M. interosseus dorsalis I
7 M. abductor pollici longus
8 M. extensor pollicis brevis
9 M. extensor pollicis longus
10 M. extensor carpi radialis longus
11 M. extensor carpi radialis brevis
12 Retinaculum extensorum
13 M. extensor carpi ulnaris

● Die Sehne des M. extensor indicis zieht an der ulnaren Seite der Sehne des M. extensor digitorum entlang zum Zeigefinger.

● Die Sehne des M. extensor digiti minimi ist normalerweise am Handrücken zweigeteilt.

● Die Sehne des M. extensor digitorum zum kleinen Finger geht aus einer Abzweigung der zum Ringfinger verlaufenden Extensorsehne hervor. Sie vereinigt sich mit der Sehne des M. extensor digiti minimi etwas proximal von der entsprechenden Articulatio metacarpophalangea. Ähnliche Verbindungen existieren auch zwischen benachbarten Extensorsehnen der anderen Finger (Connexus intertendineus).

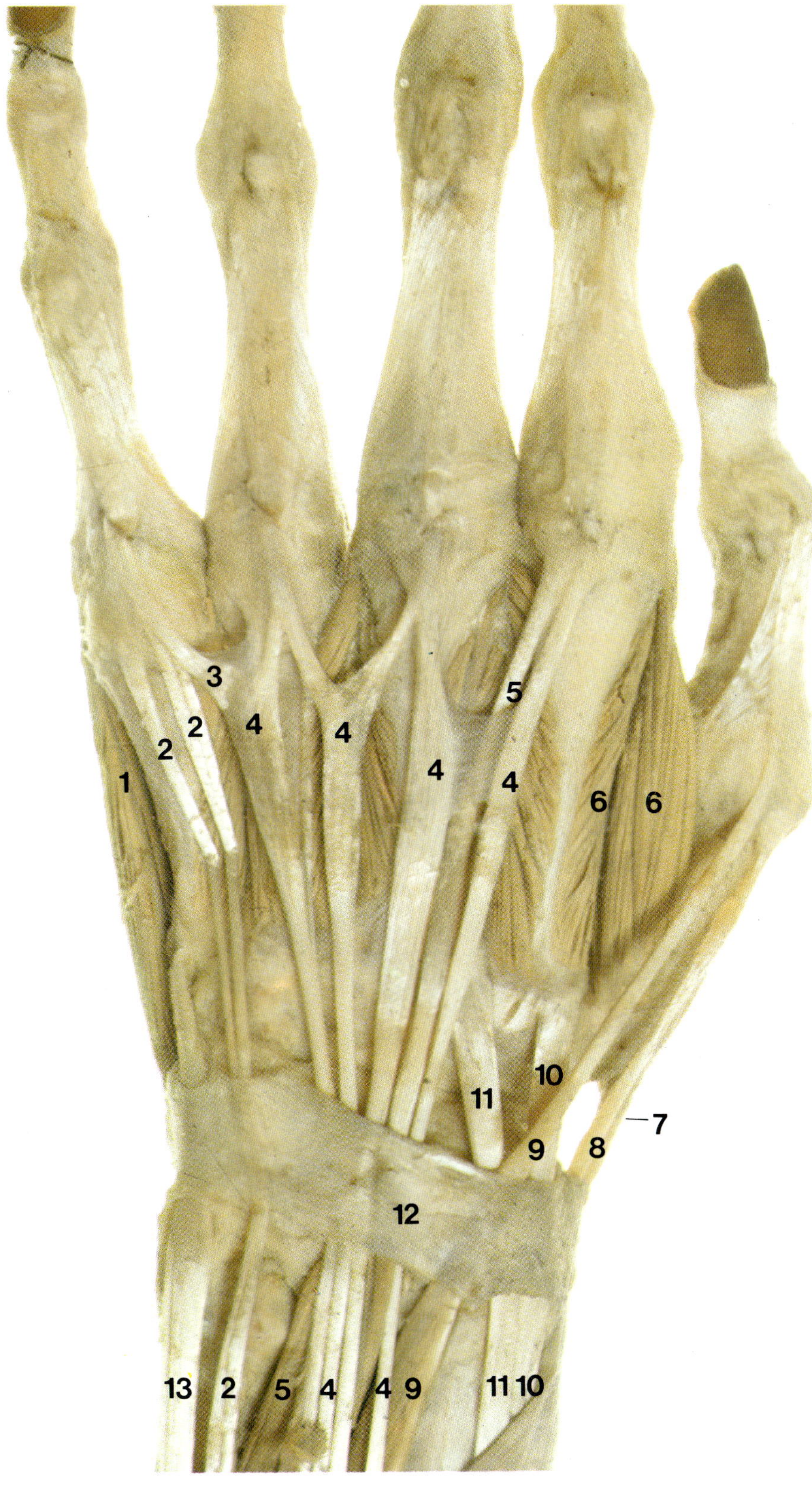

● In diesem Präparat erscheint die Sehne des M. extensor digitorum zum Ringfinger zweigeteilt. Außerdem existiert eine Verbindung mit der Sehne des M. extensor digiti minimi sowie der Sehne zum Mittelfinger. Die Oberflächenfaszie ist distal vom Retinaculum extensorum teilweise noch erhalten.

● Die A. radialis verläuft lateral vom Handgelenk durch die sog. Tabatière, die lateral von den Sehnen des M. abductor pollicis longus und des M. extensor pollicis brevis und medial von der Sehne des M. extensor pollicis longus begrenzt wird.

● Der Ursprung der A. princeps pollicis liegt in diesem Falle etwas mehr proximal als normal. In der Regel entspringt die Arterie aus der A. radialis, nachdem diese den M. interosseus dorsalis I durchzogen hat.

A

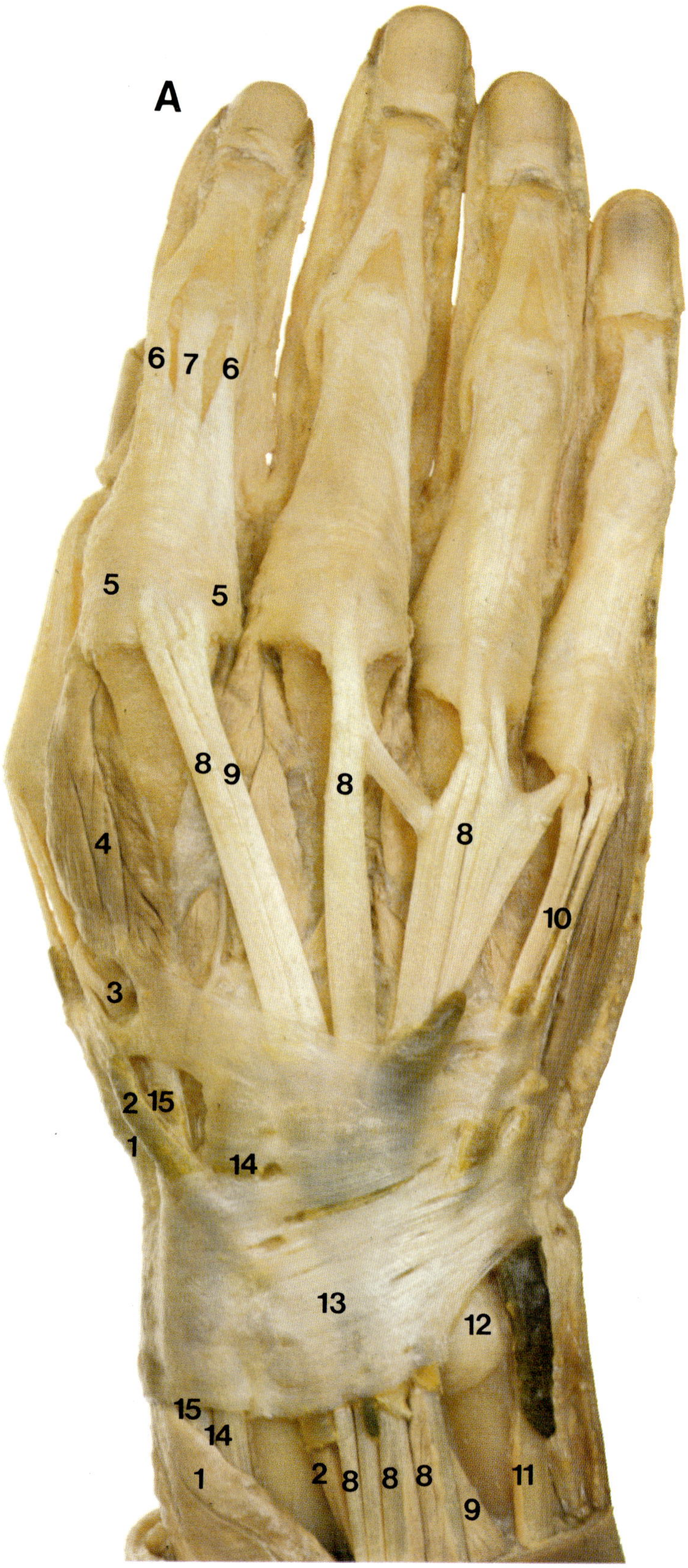

B

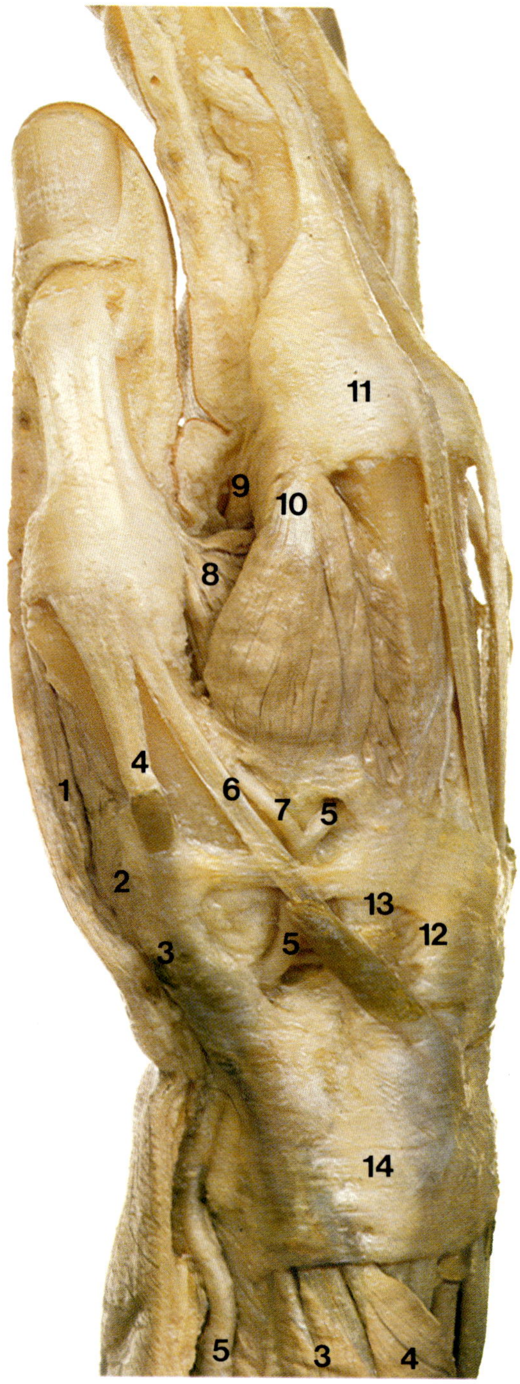

A Rechter Handrücken
(Sehnenscheiden mit Kunststoff injiziert)
1 M. extensor pollicis brevis
2 M. extensor pollicis longus
3 A. radialis
4 M. interosseus dorsalis I
5 Laterale Verspannung der Dorsalaponeurose der Finger
6 Seitliche Aufsplitterung der Dorsalaponeurose zur Fixation der Endphalanx
7 Mittelteil der Dorsalaponeurose zur Fixation der Mittelphalanx
8 Sehnen des M. extensor digitorum communis
9 Sehne des M. extensor indicis
10 Sehnen des M. extensor digiti minimi
11 M. extensor carpi ulnaris
12 Caput ulnae
13 Retinaculum extensorum
14 M. extensor carpi radialis brevis
15 M. extensor carpi radialis longus

B Rechte Hand, von lateral gesehen
(Sehnenscheiden mit Kunststoff injiziert)
1 M. abductor pollicis brevis
2 M. opponens pollicis
3 M. abductor pollicis longus
4 M. extensor pollicis brevis
5 A. radialis
6 M. extensor pollicis longus
7 A. princeps pollicis
8 M. adductor pollicis
9 M. lumbricalis I
10 M. interosseus dorsalis I
11 Seitliche Verankerung der Dorsalaponeurose der Finger
12 M. extensor carpi radialis brevis
13 M. extensor carpi radialis longus
14 Retinaculum extensorum

C Rechter Handrücken, Arterien
1 M. adductor pollicis und Ast der A. princeps pollicis
2 M. interosseus dorsalis I und A. metacarpea dorsalis I
3 M. interosseus dorsalis II und A. metacarpea dorsalis II
4 M. abductor digiti minimi
5 M. extensor carpi ulnaris
6 Rete carpi dorsale
7 A. interossea anterior
8 A. interossea posterior
9 Ast der A. interossea anterior zum Rete carpi palmare
10 M. extensor pollicis brevis
11 M. abductor pollicis longus
12 M. brachioradialis
13 M. extensor carpi radialis brevis
14 M. extensor carpi radialis longus
15 A. radialis
16 M. extensor pollicis longus

● Die A. interossea anterior durchbohrt die Membrana interossea etwas oberhalb vom M. pronator quadratus (hier entfernt), um dann mit der A. interossea posterior im Rete carpi dorsale zu anastomosieren.

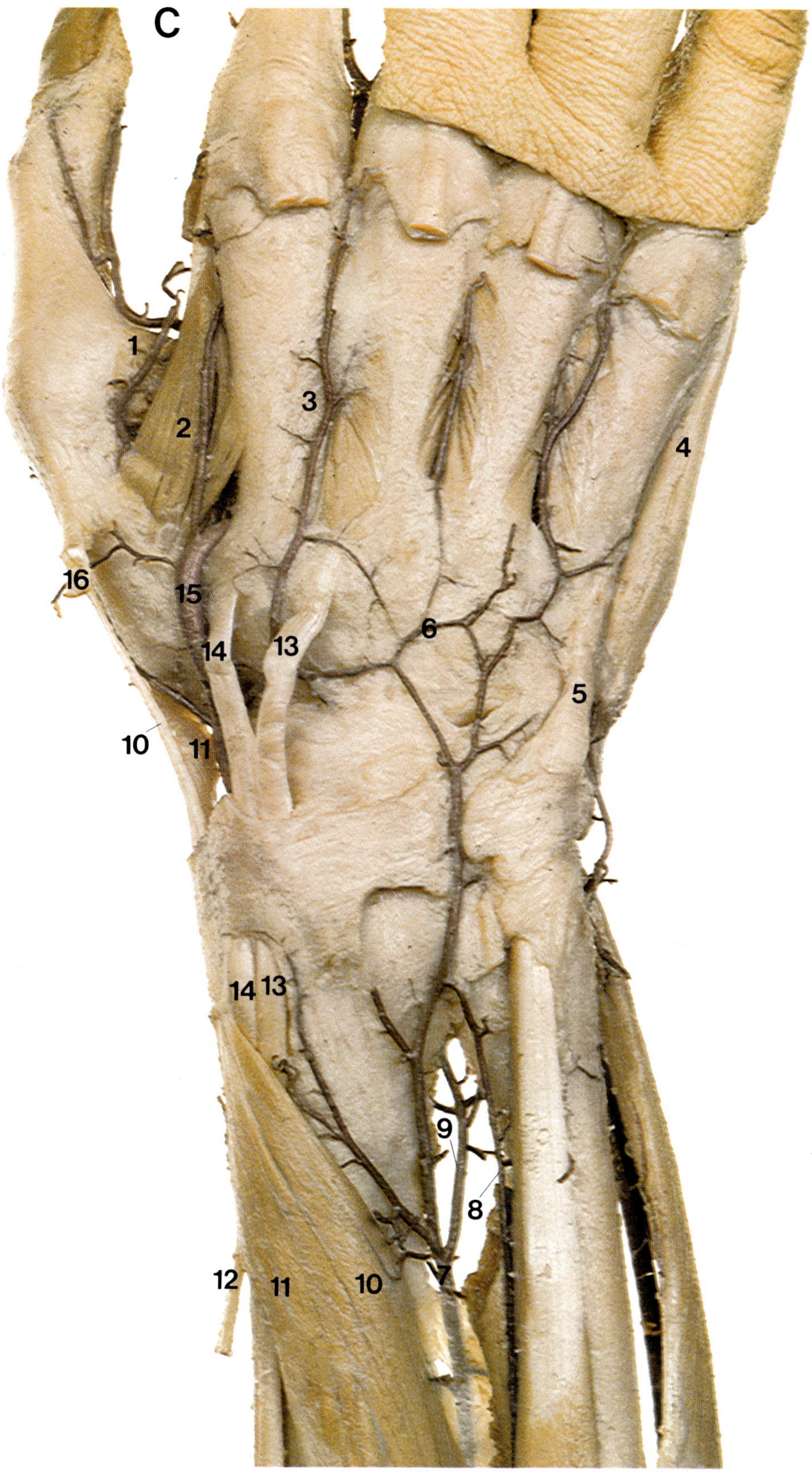

A

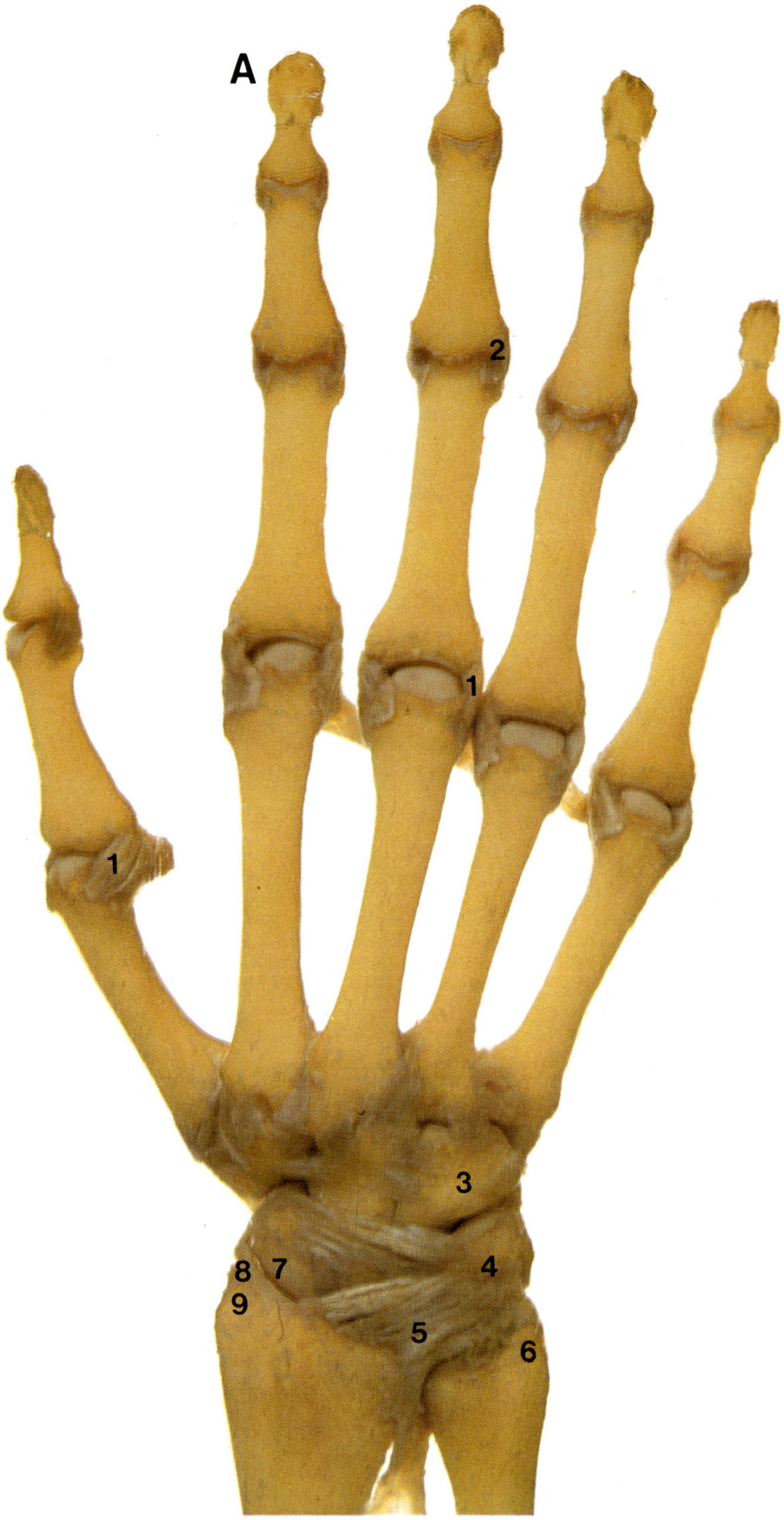

A Rechte Hand, Bänder und Gelenke, von dorsal gesehen

1 Lig. collaterale der Articulatio metacarpophalangea
2 Lig. collaterale der Articulatio interphalangea
3 Os hamatum
4 Os triquetrum
5 Lig. radiocarpeum dorsale
6 Processus styloideus ulnae
7 Os scaphoideum
8 Lig. collaterale carpi radiale
9 Processus styloideus radii

● Zwischen den Articulationes metacarpophalangeae werden palmar die Ligamenta metacarpea transversa profunda sichtbar (s. S. 139).

B Horizontalschnitt durch die rechte Hand, Handgelenke

1 Distales Radiusende
2 Recessus sacciformis der Articulatio radioulnaris distalis
3 Caput ulnae
4 Discus articularis
5 Os triquetrum
6 Os lunatum
7 Os scaphoideum
8 Os trapezium
9 Os trapezoideum
10 Os capitatum
11 Os hamatum
12 Caput ossis metacarpei IV
13 Caput ossis metacarpei III
14 Caput ossis metacarpei II

● Die Pfeile zeigen die Lage der Articulatio mediocarpea an.
● Der Schnitt geht horizontal nicht weit von der dorsalen Oberfläche durch den Carpus, wobei jedoch der erste und fünfte Metakarpalknochen nicht getroffen sind.
● Der Kapselraum des proximalen Handgelenks kommuniziert nicht mit dem des distalen Radioulnargelenks und auch nicht mit dem des distalen Handgelenks.

B

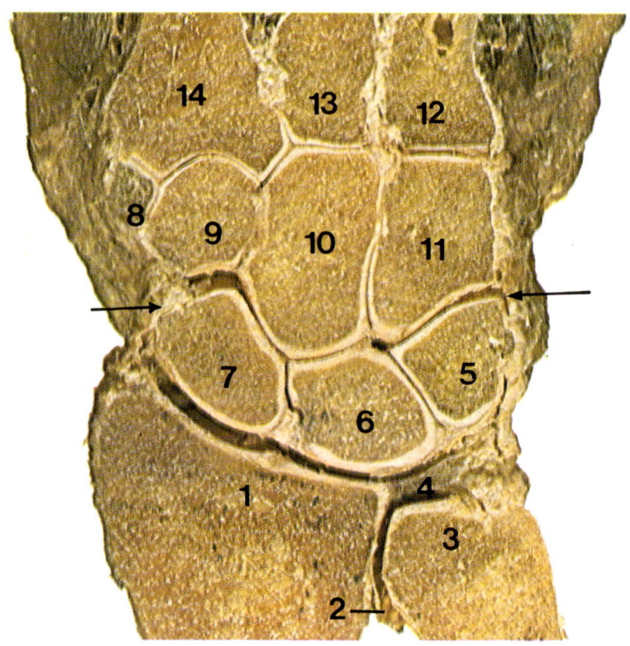

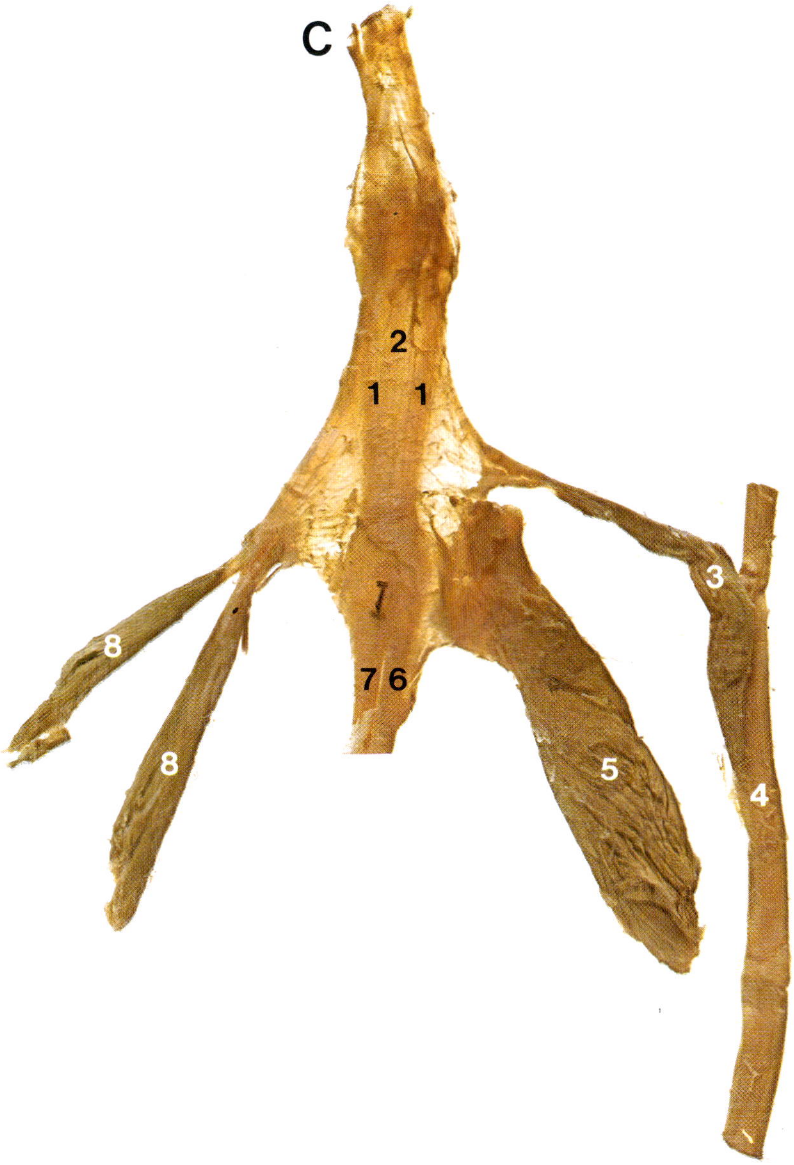

C Dorsalaponeurose des linken Zeigefingers, von dorsal gesehen
1 Seitliche Aufsplitterungen der Extensorsehne
2 Pars intermedia der Dorsalaponeurose
3 M. lumbricalis I
4 Sehne des M. flexor digitorum profundus
5 M. interosseus dorsalis I
6 Sehne des M. extensor digitorum
7 Sehne des M. extensor indicis
8 M. interosseus palmaris I (die zwei Muskelbäuche wurden getrennt)
● Die Sehnen der Mm. lumbricales strahlen voll in die Dorsalaponeurose ein.
● Die Mm. interossei setzen nur teilweise an der Dorsalaponeurose an, teilweise sind sie auch an den Knochen der Grundphalangen fixiert.

D Röntgenaufnahme der rechten Hand
(In seitlichem Strahlengang bei abduziertem Daumen)
1 Distales Radiusende
2 Os lunatum
3 Os capitatum
4 Os pisiforme
5 Os trapezium
6 Hamulus ossis hamati
7 Articulatio carpometacarpea pollicis
8 Os metacarpale I
● Wegen seiner rundlichen Form luxiert das Os lunatum am häufigsten von allen Handwurzelknochen.

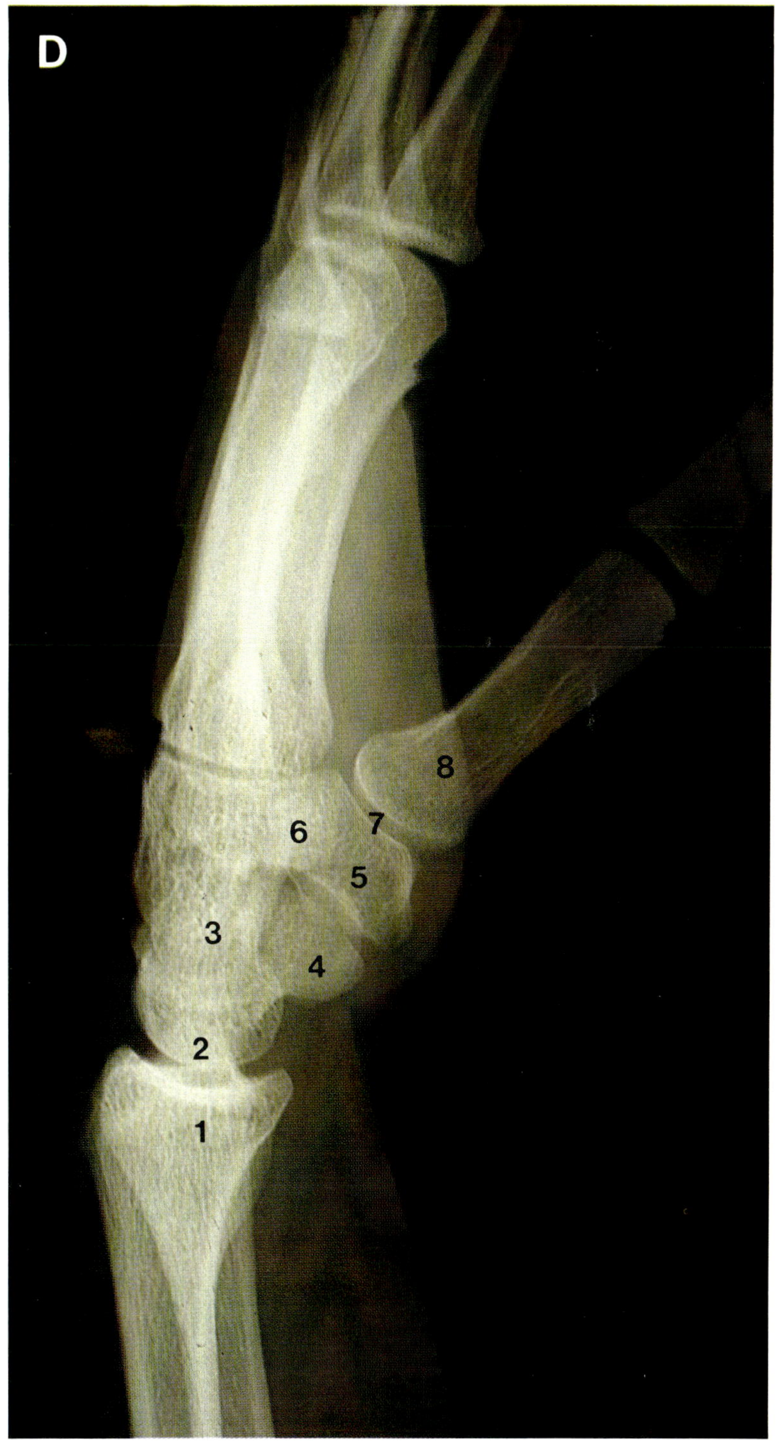

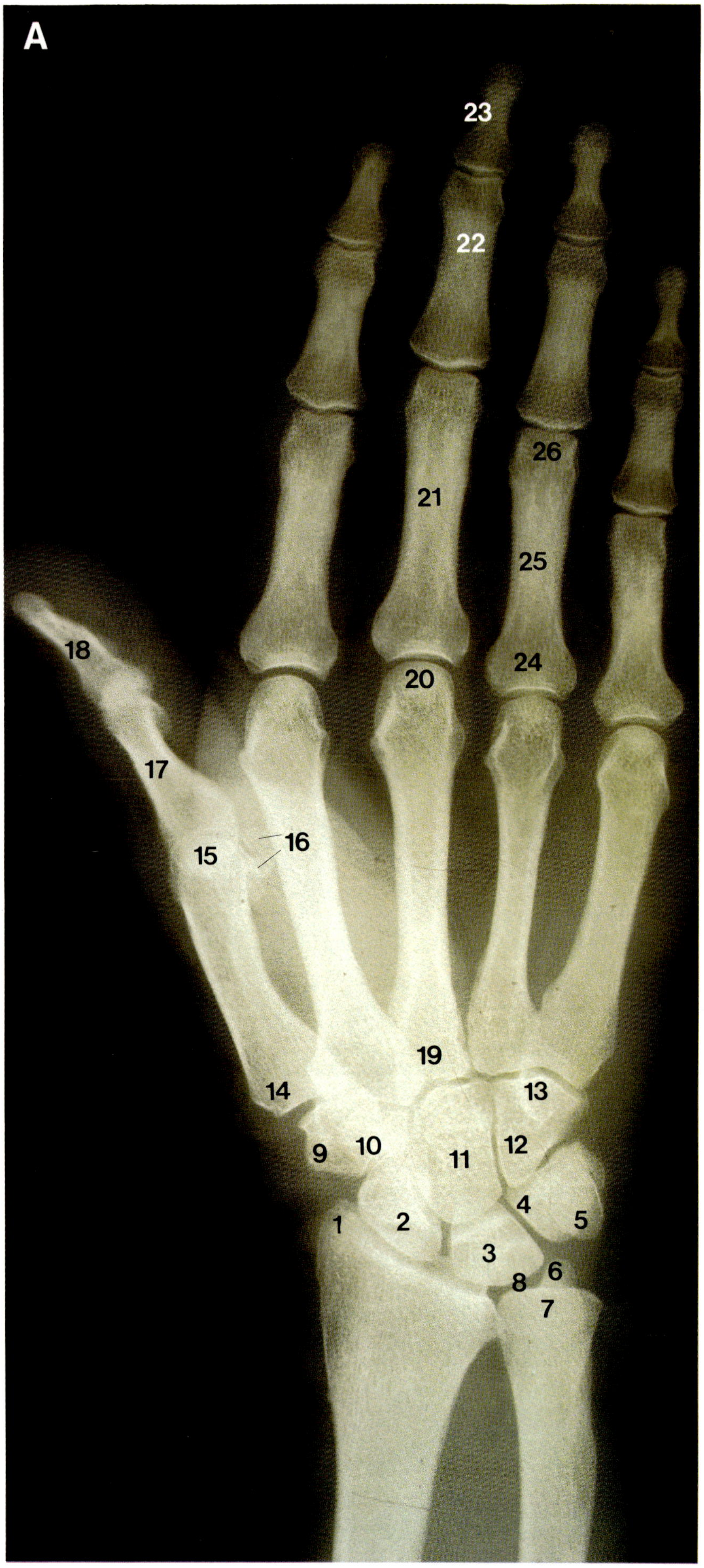

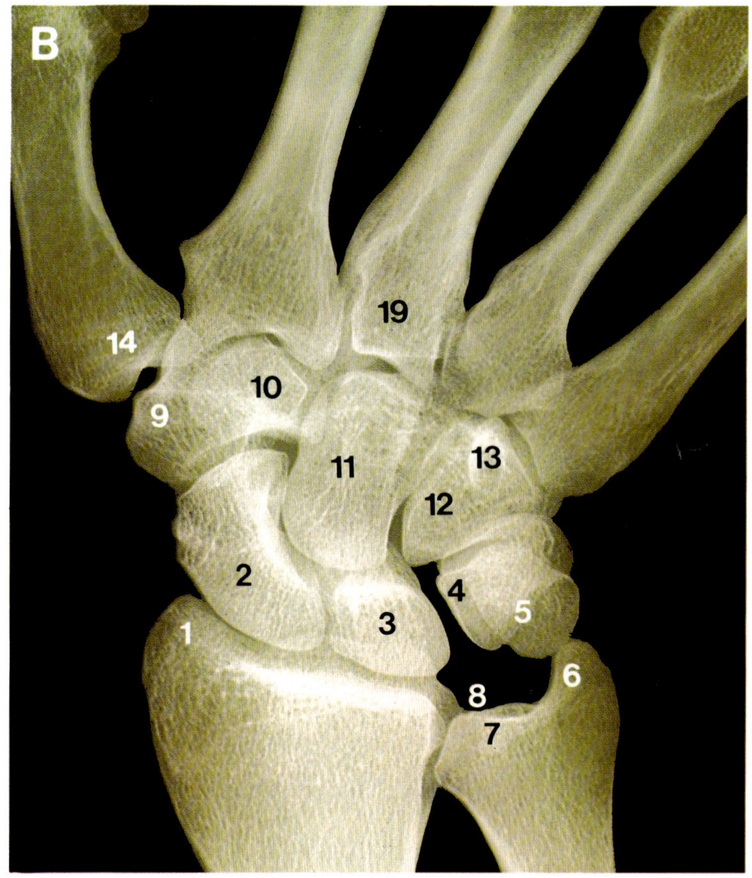

Röntgenaufnahme der linken Hand, A in normaler Lage, B bei Ulnarabduktion

1 Processus styloideus radii
2 Os scaphoideum
3 Os lunatum
4 Os triquetrum
5 Os pisiforme
6 Processus styloideus ulnae
7 Caput ulnae
8 Lage des Discus articularis
9 Os trapezium
10 Os trapezoideum
11 Os capitatum
12 Os hamatum
13 Hamulus ossis hamati
14 Basis ⎤ ossis metacarpi I
15 Caput ⎦
16 Sesambeine innerhalb der Sehnen des M. flexor pollicis brevis und M. adductor pollicis
17 Phalanx proximalis ⎤ des Daumens
18 Phalanx distalis ⎦
19 Basis ⎤ ossis metacarpi III
20 Caput ⎦
21 Phalanx proximalis ⎤
22 Phalanx media ⎥ des Mittelfingers
23 Phalanx distalis ⎦
24 Basis ⎤
25 Corpus ⎥ der Grundphalanx
26 Caput ⎦

● Das proximale Handgelenk (Articulatio radiocarpea) ist das Gelenk zwischen dem distalen Ende des Radius und dem Discus articularis auf der einen Seite und dem Os scaphoideum, Os lunatum und Os triquetrum auf der anderen Seite.
● In Normalstellung artikuliert das Os lunatum mit dem Radius und dem Discus articularis, bei der Ulnarabduktion bewegt es sich jedoch ausschließlich gegen den Radius. In extremer Ulnarabduktion können außerdem Teile des Os triquetrum mit dem Radius gelenkigen Kontakt bekommen.

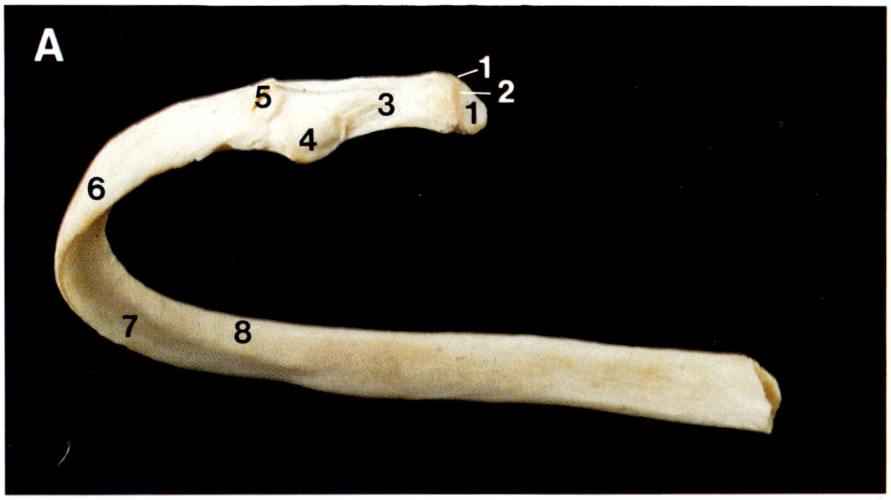

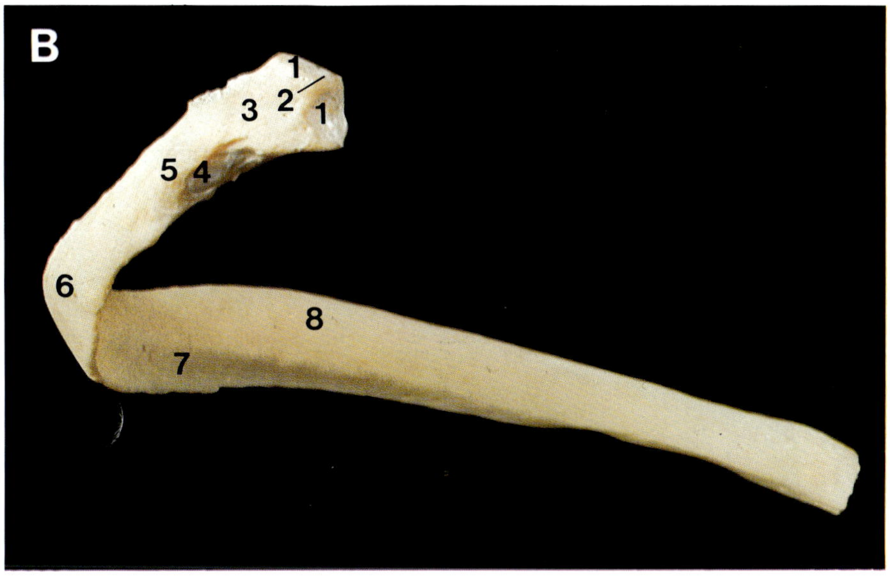

A und B Typische Rippen, von hinten gesehen, A linke fünfte Rippe (typisch für die oberen Rippen), B linke siebte Rippe (typisch für die unteren Rippen)

1	Facies articularis capitis	costae
2	Crista capitis	
3	Collum	
4	Facies articularis tuberculi	
5	Tuberculum	
6	Angulus	
7	Sulcus	
8	Corpus	

● Typische Rippen (3.–9.) besitzen ein Caput costae mit 2 Gelenkflächen, ein Tuberculum costae mit einem gelenkigen und einem nicht gelenkigen Abschnitt und ein Corpus costae, das eine äußere und eine innere Oberfläche sowie einen Sulcus costae besitzt und im Angulus costae abgewinkelt ist.

● Bei den typischen oberen Rippen (3.–6.) ist die Gelenkfläche des Tuberculum costae gewölbt; sie flacht sich jedoch bei den unteren Rippen (7.–9.) zunehmend ab.

● Atypische Rippen sind die erste, zweite, zehnte, elfte und zwölfte Rippe.

● Die erste Rippe zeichnet sich durch ein Caput costae mit nur einer Gelenkfläche, ein prominentes Tuberculum costae, das Fehlen eines Angulus und Sulcus costae aus. Das Corpus costae zeigt eine Facies superior und inferior.

● Die zweite Rippe besitzt ein Caput costae mit zwei Gelenkflächen, einen Angulus costae, einen ausgeprägten Sulcus costae sowie eine nach oben-außen gerichtete Außenfläche und eine entsprechend nach unten-innen gerichtete Innenfläche.

● Die zehnte Rippe wiederum zeigt ein Caput costae mit einer oder zwei Gelenkflächen, ein Tuberculum costae mit oder ohne Gelenkfläche und einen Sulcus costae.

● Die elfte Rippe besitzt ein Caput costae mit einer Gelenkfläche, kein Tuberculum costae, aber einen Angulus und einen flachen Sulcus costae.

● An der zwölften Rippe findet sich zwar ein Caput costae mit einer Gelenkfläche, jedoch fehlen das Tuberculum und der Angulus costae sowie auch der Sulcus costae. Das Corpus spitzt sich nach distal zu, während die Enden der übrigen Rippen distal meist dicker werden.

C Typische Rippengelenke, von oben gesehen

1	Nicht artikulierender Teil	des Tuberculum costae
2	Artikulierender Teil	
3	Facies articularis processus transversi	
4	Collum costae	
5	Facies articularis superior capitis costae	
6	Facies articularis costae am Wirbelkörper	

● Die untere der beiden Gelenkflächen des Rippenköpfchens artikuliert im typischen Falle mit der Facies costalis superior desjenigen Wirbelkörpers, der zum gleichen Segment gehört wie die Rippe. Die obere Gelenkfläche des Caput costae artikuliert dagegen mit dem kranial anschließenden Wirbelkörper.

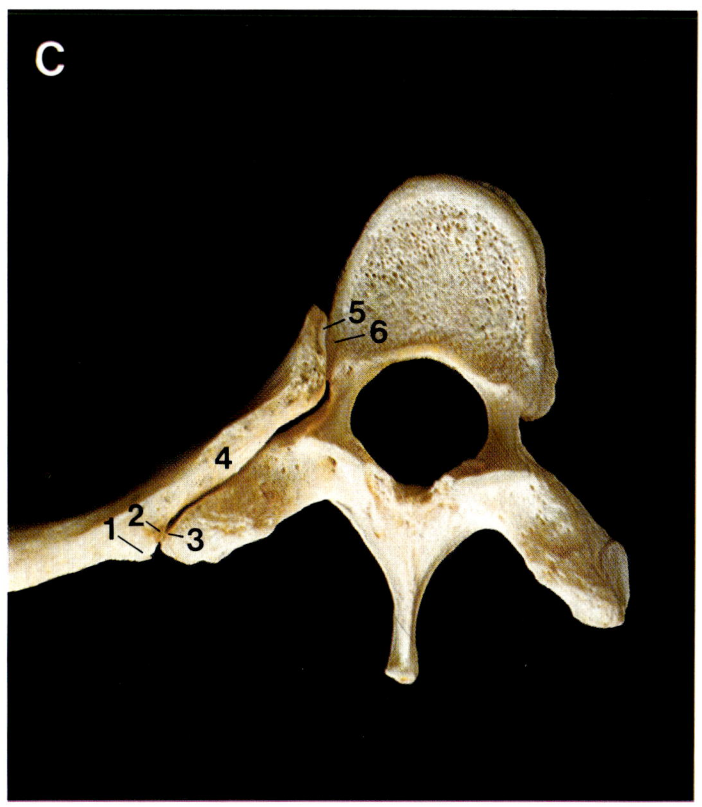

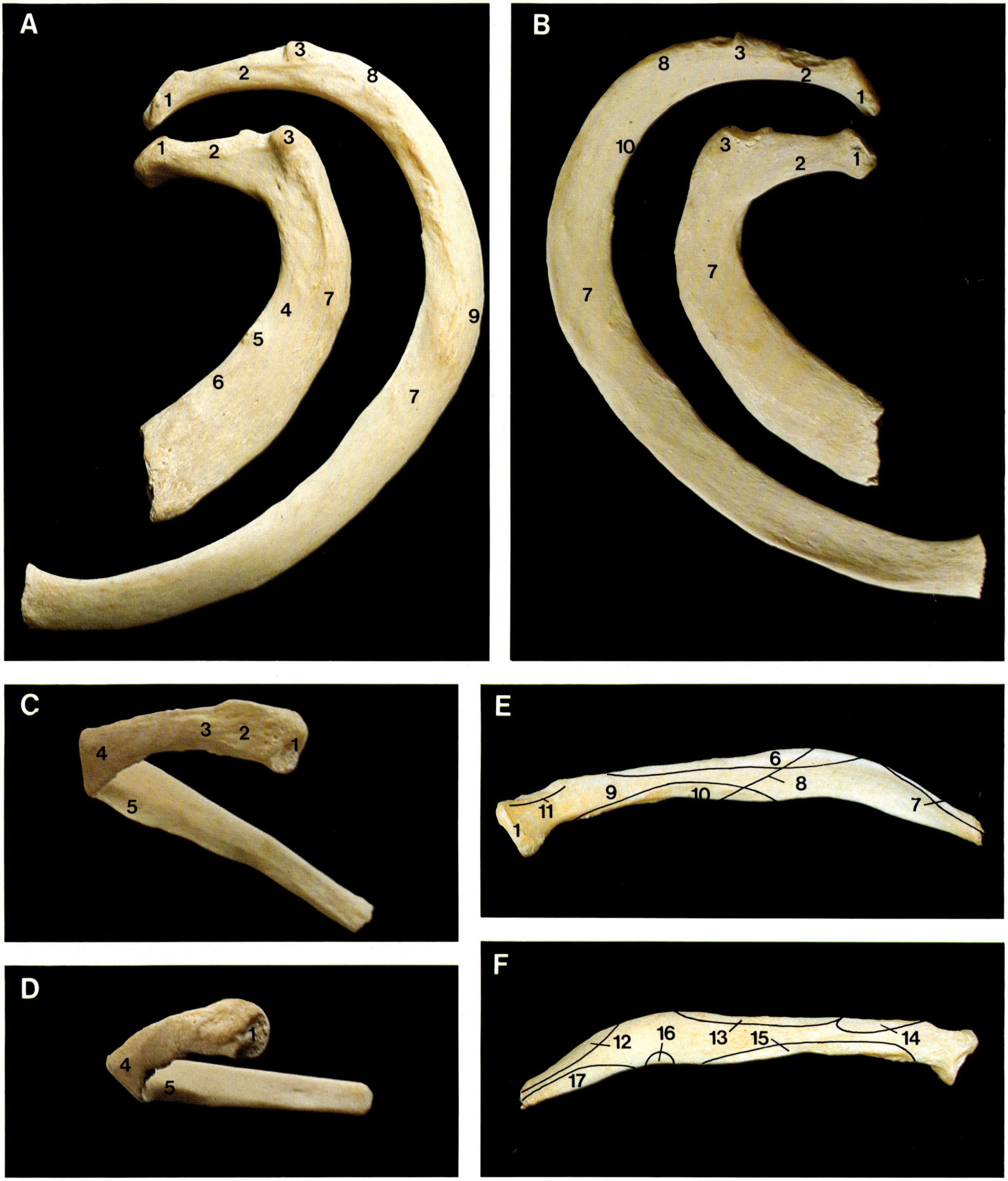
A
1
2
3
8
1
2
3
7
4
5
6
9
7
B
8
3
2
1
10
3
2
1
7
7
C
3
2
1
4
5
D
1
4
5
E
6
8
9
10
11
1
7
F
12
16
13
15
14
17

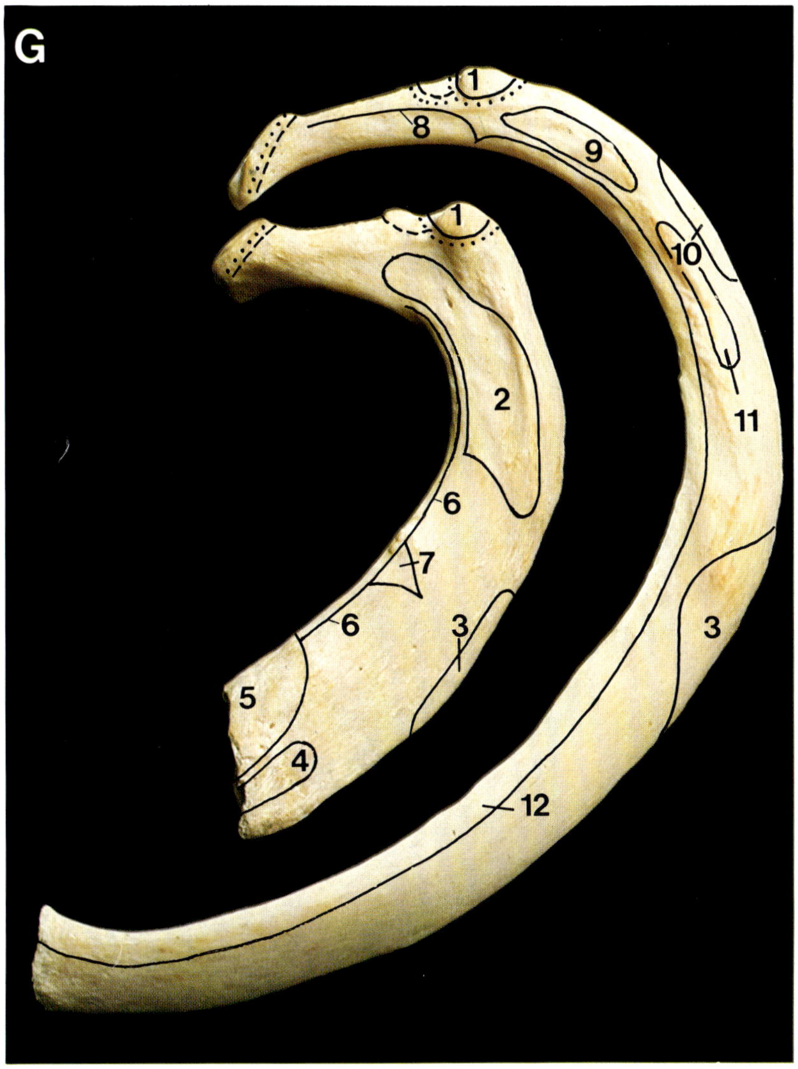

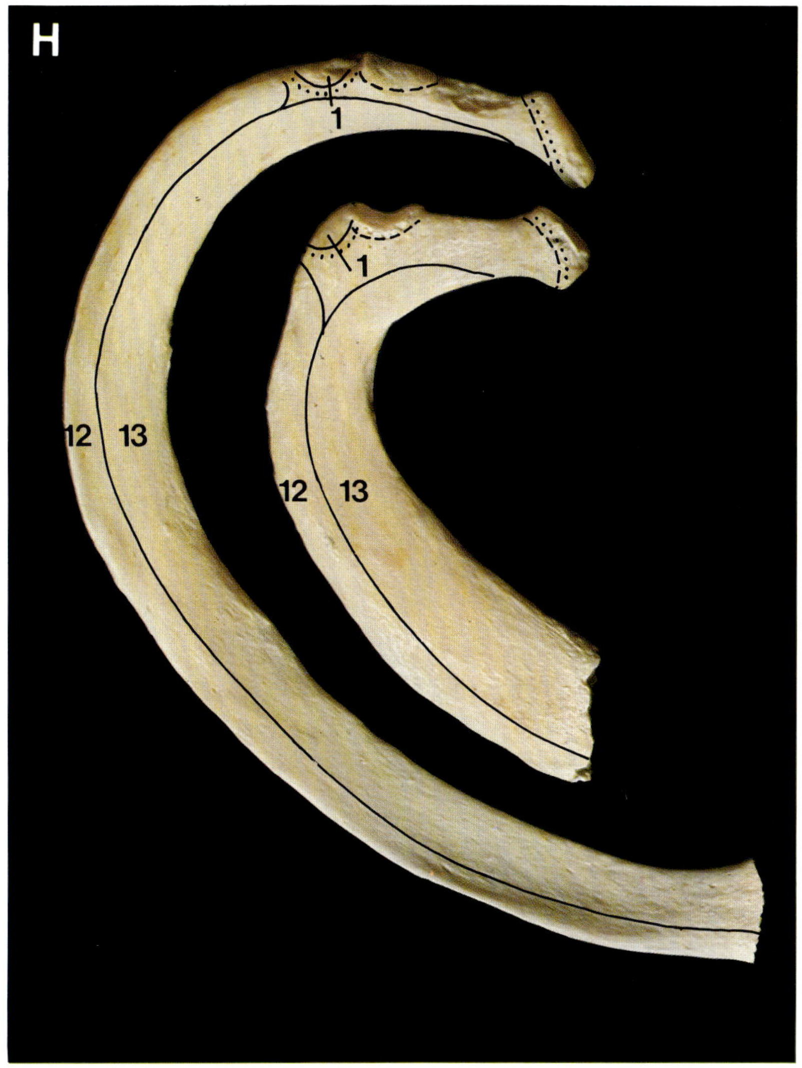

A und B Linke erste Rippe (innen) und zweite Rippe (außen), A von oben, B von unten gesehen
1 Caput costae
2 Collum costae
3 Tuberculum costae
4 Sulcus für A. subclavia und Plexus brachialis
5 Tuberculum m. scaleni anterioris
6 Sulcus für die V. subclavia
7 Corpus costae
8 Angulus costae
9 Tuberositas m. serrati anterioris
10 Sulcus costae

C–F Atypische untere Rippen (linke Seite), C zehnte Rippe von hinten, D elfte Rippe von hinten, E zwölfte Rippe von vorne gesehen (Muskelansatzflächen), F zwölfte Rippe von hinten gesehen (Muskelansatzflächen)
1 Caput costae
2 Collum costae
3 Tuberculum costae
4 Angulus costae
5 Sulcus costae
6 M. intercostalis internus
7 Diaphragma
8 Projektion der Pleuragrenze
9 Von Pleura bedeckte Fläche
10 M. quadratus lumborum
11 Lig. costotransversarium
12 M. latissimus dorsi
13 M. intercostalis externus
14 M. levator costae
15 M. erector spinae
16 M. serratus posterior inferior
17 M. obliquus abdominis externus

G und H Linke erste Rippe (innen) und zweite Rippe (außen), G von oben, H von unten gesehen, mit Muskelansatzflächen
(Punktierte Linie: Epiphysenfuge; gestrichelte Linie: Ansatz der Gelenkkapsel)
1 Lig. costotransversarium laterale
2 M. scalenus medius
3 M. serratus anterior
4 M. subclavius
5 Lig. costoclaviculare
6 Membrana suprapleuralis
7 M. scalenus anterior
8 Lig. costotransversarium superius
9 M. levator costae
10 M. serratus posterior superior
11 M. scalenus posterior
12 Mm. et membranae intercostales
13 Von Pleura bedeckte Fläche

● An der zweiten Rippe entspringt ein Teil der ersten und die ganze zweite Ursprungszacke des M. serratus anterior.

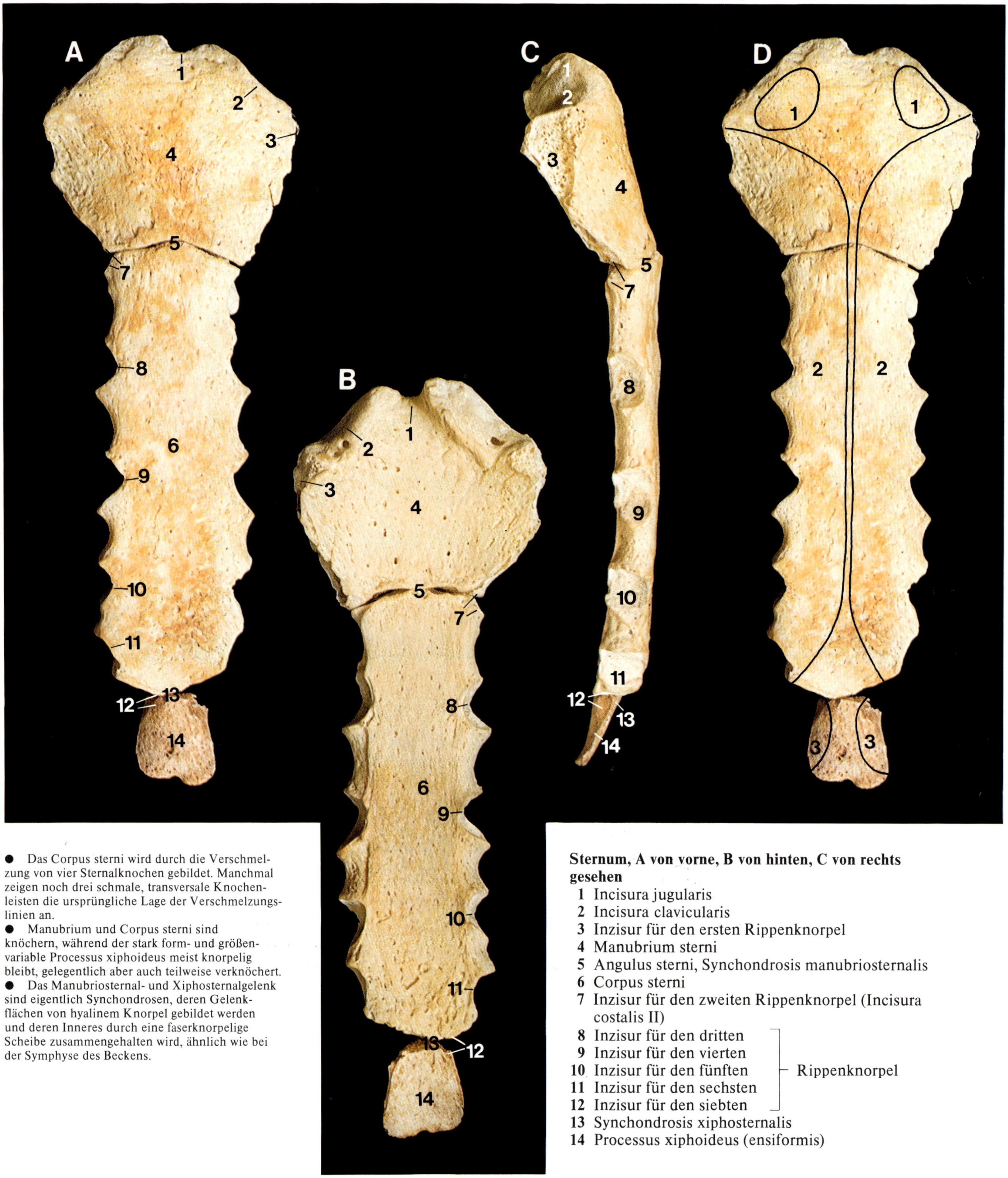

- Das Corpus sterni wird durch die Verschmelzung von vier Sternalknochen gebildet. Manchmal zeigen noch drei schmale, transversale Knochenleisten die ursprüngliche Lage der Verschmelzungslinien an.
- Manubrium und Corpus sterni sind knöchern, während der stark form- und größenvariable Processus xiphoideus meist knorpelig bleibt, gelegentlich aber auch teilweise verknöchert.
- Das Manubriosternal- und Xiphosternalgelenk sind eigentlich Synchondrosen, deren Gelenkflächen von hyalinem Knorpel gebildet werden und deren Inneres durch eine faserknorpelige Scheibe zusammengehalten wird, ähnlich wie bei der Symphyse des Beckens.

Sternum, A von vorne, B von hinten, C von rechts gesehen

1 Incisura jugularis
2 Incisura clavicularis
3 Inzisur für den ersten Rippenknorpel
4 Manubrium sterni
5 Angulus sterni, Synchondrosis manubriosternalis
6 Corpus sterni
7 Inzisur für den zweiten Rippenknorpel (Incisura costalis II)
8 Inzisur für den dritten ⎤
9 Inzisur für den vierten ⎥
10 Inzisur für den fünften ⎬ Rippenknorpel
11 Inzisur für den sechsten ⎥
12 Inzisur für den siebten ⎦
13 Synchondrosis xiphosternalis
14 Processus xiphoideus (ensiformis)

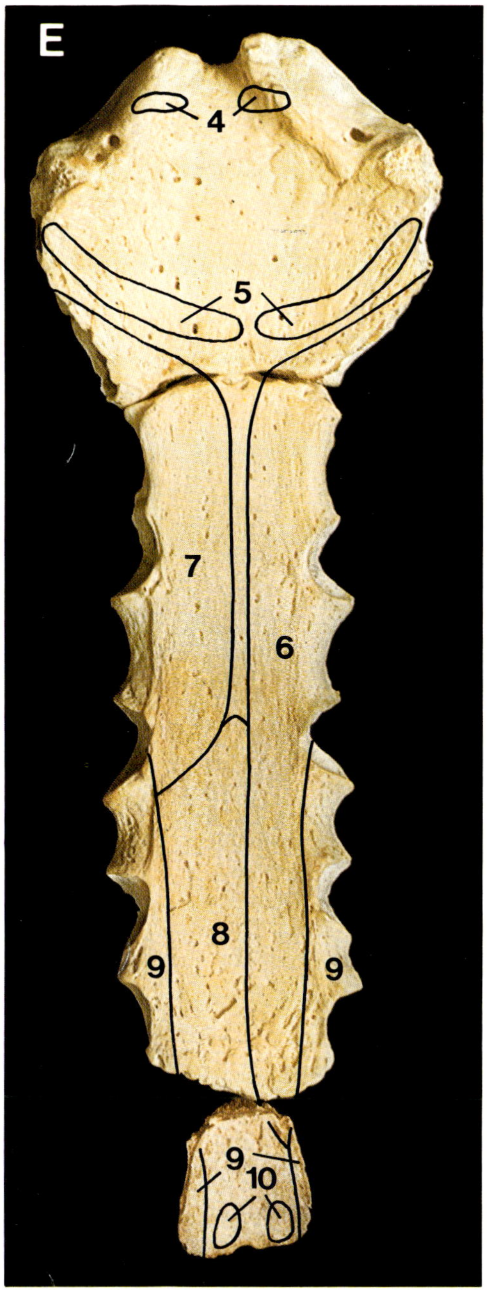

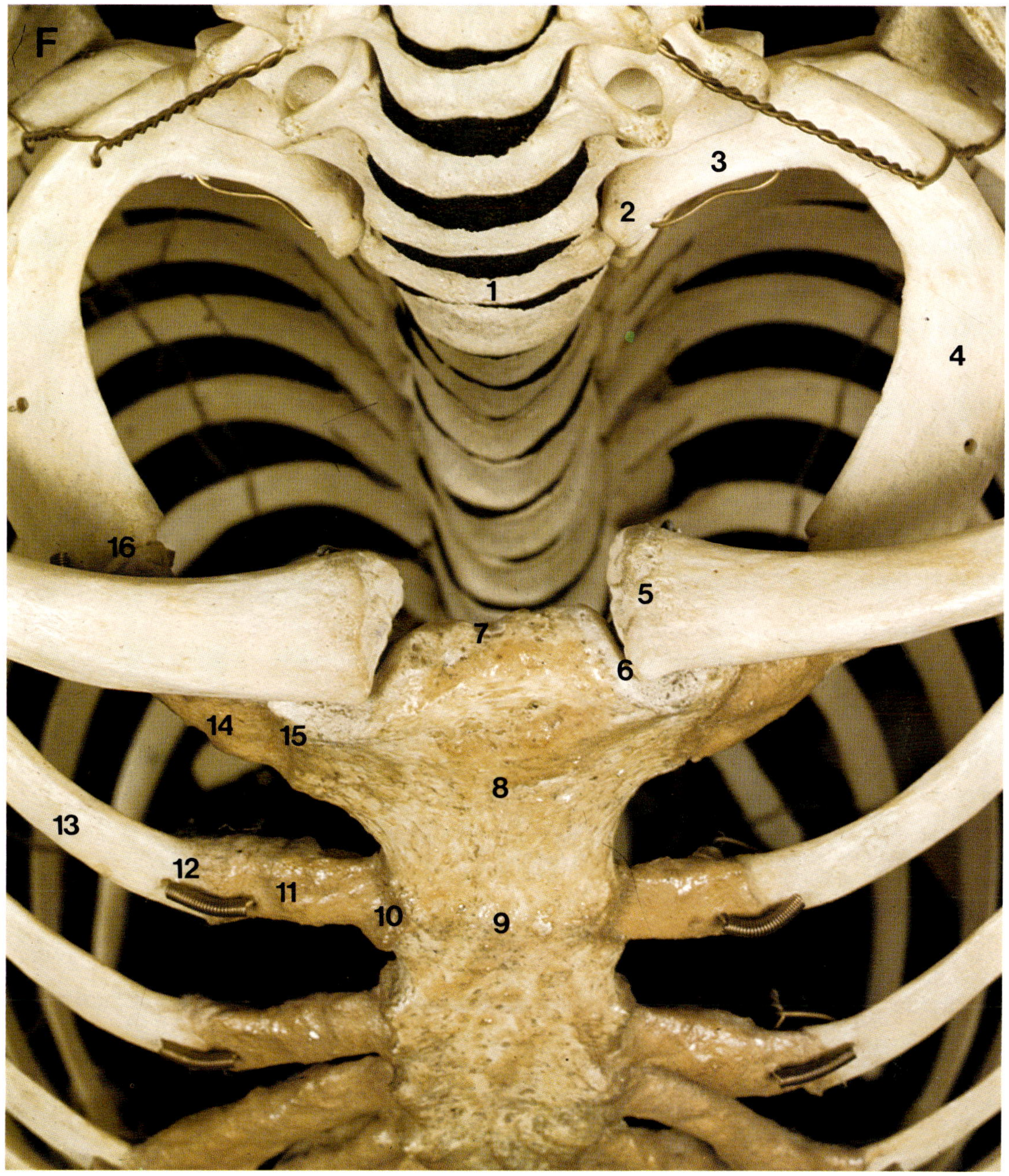

Sternum, D von vorne, E von hinten gesehen, mit Muskelansatzflächen

1 M. sternocleidomastoideus
2 M. pectoralis major
3 M. rectus abdominis
4 M. sternohyoideus
5 M. sternothyreoideus
6 Anlagerungsfläche der rechten Pleura
7 Anlagerungsfläche der linken Pleura
8 Anlagerungsfläche des Perikards
9 M. transversus thoracis
10 Diaphragma

● Im Bereich des zweiten bis vierten Rippenknorpels haben die beiden Pleurasäcke Kontakt mit dem Sternum.

F Knöcherner Thorax, von oben und vorne gesehen

1 Erster Brustwirbel
2 Caput ⎤
3 Collum ⎬ der ersten Rippe
4 Corpus ⎦
5 Extremitas sternalis claviculae
6 Articulatio sternoclavicularis
7 Incisura jugularis
8 Manubrium sterni
9 Synchondrosis manubriosternalis (Angulus Ludovici)
10 Articulatio sternocostalis II
11 Cartilago costalis II
12 Articulatio costochondralis II
13 Zweite Rippe
14 Erster Rippenknorpel
15 Articulatio sternocostalis I
16 Articulatio costochondralis I

● Die obereThoraxapertur hat annähernd dieselbe Form und Größe wie die Niere. Sie wird begrenzt durch den ersten Brustwirbel, die ersten beiden Rippen und das Manubrium sterni. Die obere Thoraxapertur liegt nicht in einer horizontalen, sondern etwas nach vorne-unten geneigten Ebene.

Linke weibliche Brust, von vorne gesehen, Projektion von Herz und Pleuragrenzen
(Unterbrochene Linie: Herzkonturen; Punktierte Linie: Pleuragrenzen)

1 Incisura jugularis
2 M. sternocleidomastoideus
3 Articulatio sternoclavicularis
4 Mitte der Clavicula
5 Articulatio acromioclavicularis
6 Processus axillaris mammae
7 Areola (Warzenhof)
8 Papilla mammae (Brustwarze)
9 Glandulae areolares
10 Rand des achten Rippenknorpels
11 Synchondrosis xiphosternalis
12 Sechster ⎤
13 Vierter ⎥ Rippenknorpel
14 Dritter ⎥
15 Zweiter ⎦
16 Synchondrosis manubriosternalis
17 Valva trunci pulmonalis
18 Valva aortae
19 Valva atrioventricularis sinistra (bicuspidalis oder mitralis)
20 Valva atrioventricularis dextra (tricuspidalis)

- Das Manubriosternalgelenk ist palpabel. Da der zweite Rippenknorpel an dieser Stelle seine gelenkige Verbindung mit dem Sternum hat, kann das Gelenk zur Lagebestimmung der zweiten Rippe dienen.
- Pleura und Lungenspitzen ragen etwa 2,5 cm über das mittlere Drittel der Clavicula in den Hals hinein vor.
- In der Medioklavikularlinie erreicht die untere Pleuragrenze die achte, in der mittleren Axillarlinie die zehnte und am lateralen Rand des M. erector spinae die zwölfte Rippe. Die unteren Lungengrenzen liegen etwa zwei Rippen höher als die Pleuragrenzen.
- Die beiden Pleurasäcke berühren sich hinter dem Sternum etwa in Höhe des zweiten bis vierten Rippenknorpels, werden jedoch kaudalwärts wieder wegen des sich an die Brustwand anlagernden Herzens auseinandergedrängt.
- Röntgenaufnahme vom Thorax s. S. 197.

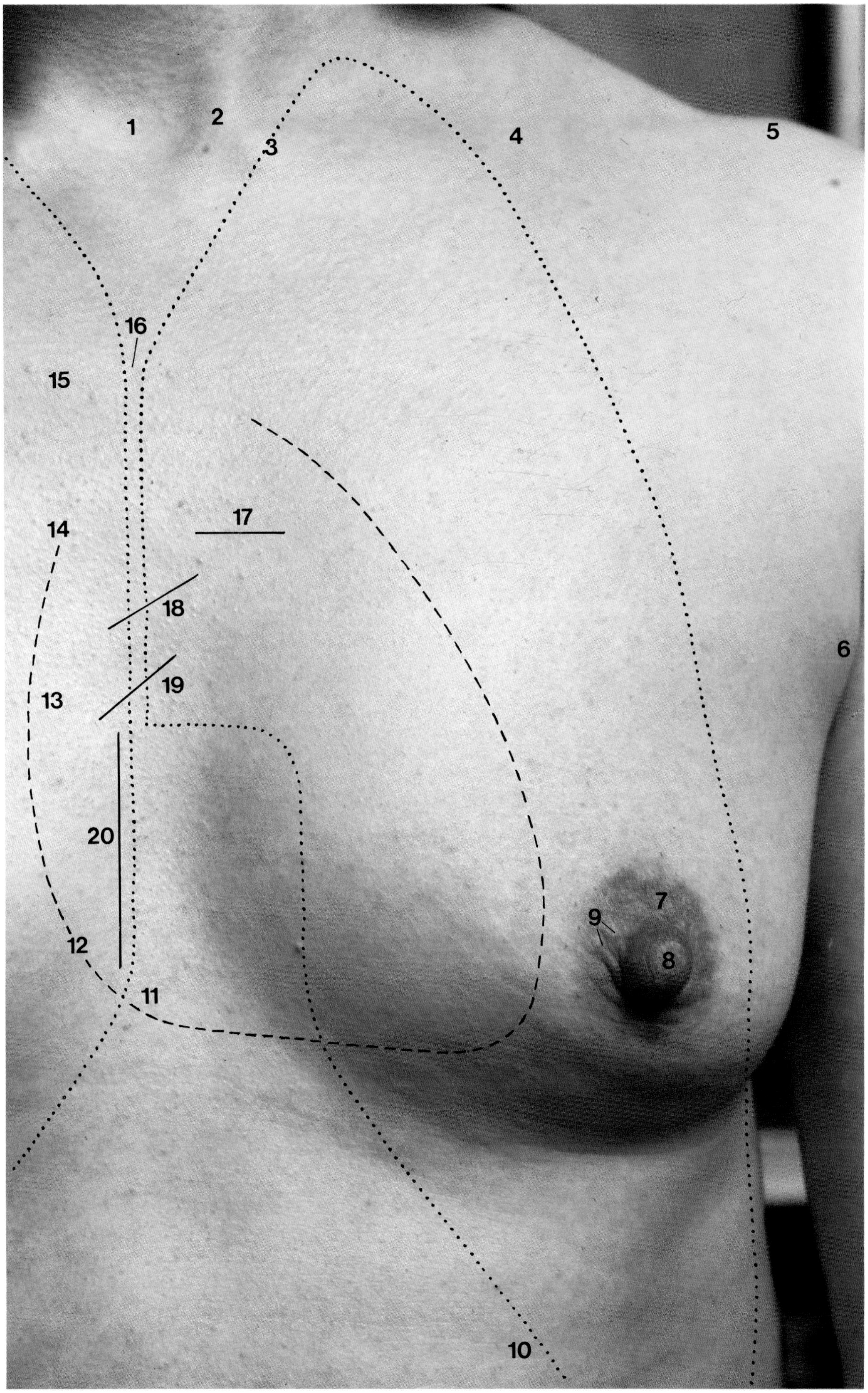

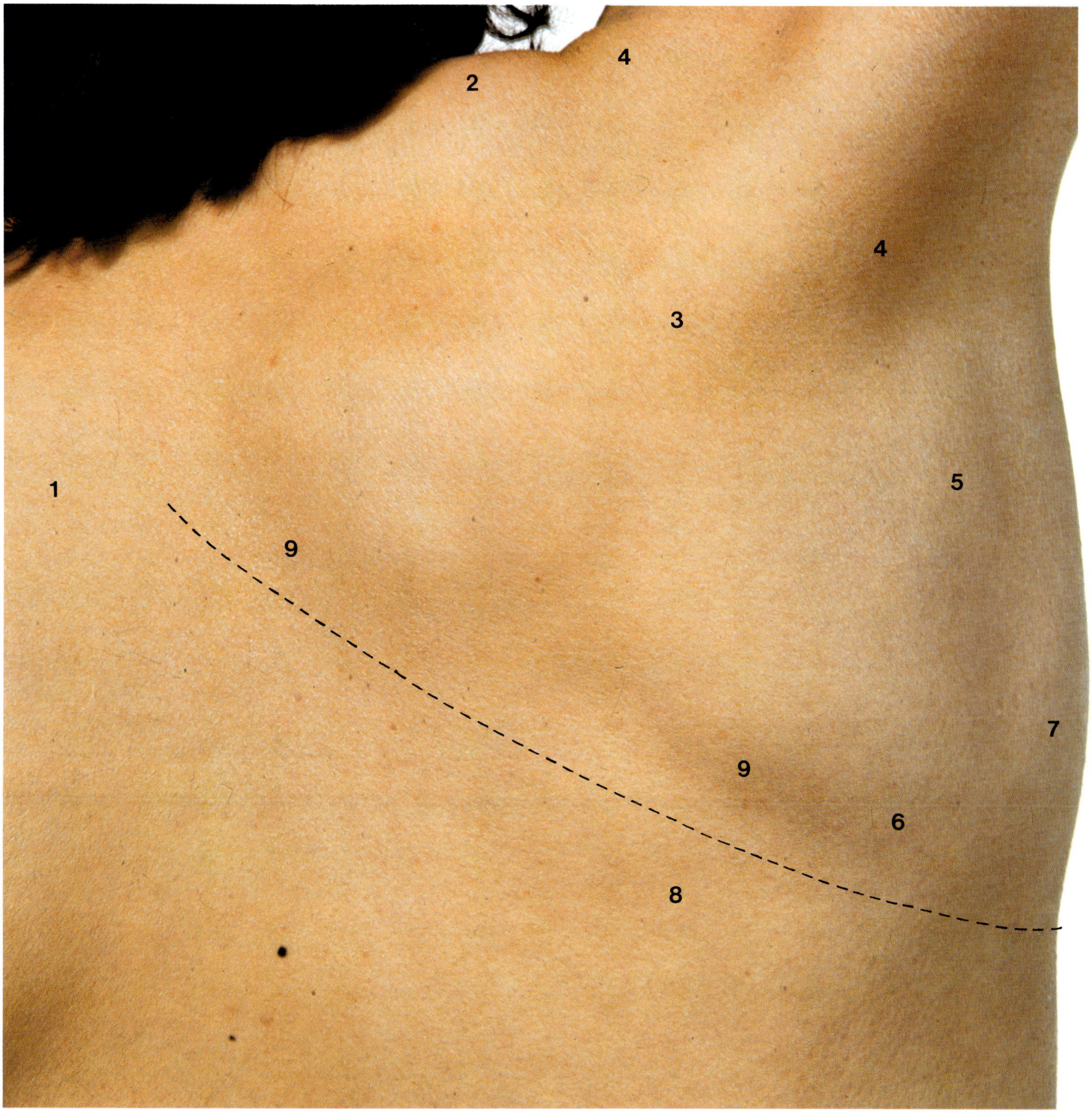

Rechter oberer Rücken, von hinten gesehen bei abduziertem Arm
(Die Fissura obliqua der rechten Lunge ist durch eine gestrichelte Linie gekennzeichnet)

1 Processus spinosus des dritten Brustwirbels
2 M. trapezius
3 Spina scapulae
4 M. deltoideus
5 M. teres major
6 Angulus inferior scapulae
7 M. latissimus dorsi
8 Fünfter Interkostalraum
9 Margo medialis scapulae

● Bei abduziertem Arm entspricht der mediale Rand des Schulterblattes annähernd dem Verlauf der Fissura obliqua, die etwa vom Processus spinosus des dritten Brustwirbels bis zum Ansatz des sechsten Rippenknorpels am Sternum verläuft.

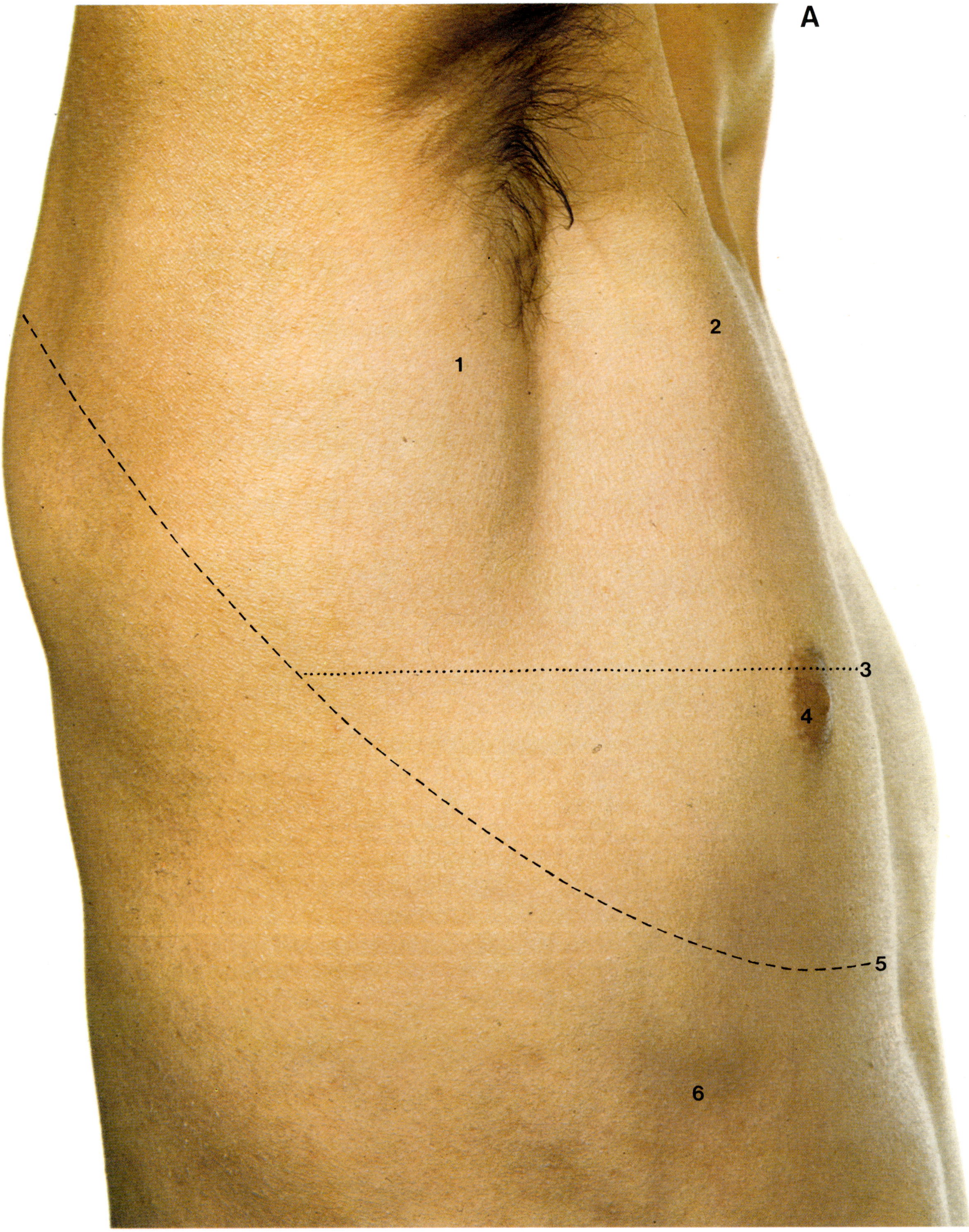
A
1
2
3
4
5
6

A Seitliche Brustwand, rechte Körperhälfte bei abduziertem Arm

(Die Fissura obliqua und horizontalis sind durch die gestrichelte bzw. punktierte Linie gekennzeichnet)

1 M. latissimus dorsi
2 M. pectoralis major
3 Vierter Rippenknorpel
4 Brustwarze (in Höhe des vierten Interkostalraumes)
5 Sechster Rippenknorpel
6 M. serratus anterior

● Die Fissura horizontalis der rechten Lunge ist durch eine gestrichelte Linie markiert, die hinten die Markierung der Fissura obliqua trifft. Zwischen beiden Linien liegt der Lobus medius der Lunge.

B Muskeln des Thorax (links), Mm. intercostales externi und interni, von vorne gesehen

1 Angulus sterni
2 Zweiter Rippenknorpel
3 Zweite Rippe
4 M. intercostalis externus
5 M. intercostalis internus
6 Processus xiphoideus
7 Siebter
8 Achter
9 Neunter
10 Zehnter

(7–10: Rippenknorpel)

● Die Mm. intercostales externi gehen vorne in die Membranae intercostales externae über (hier entfernt), die die vorderen Abschnitte der Mm. intercostales interni bedecken.

● Der siebte Rippenknorpel ist der letzte, der sich direkt mit dem Sternum verbindet. Er bildet zusammen mit dem achten, neunten und zehnten Rippenknorpel den Arcus costalis.

A

A Zwischenrippenmuskulatur, linke Seite, von lateral gesehen

● Die Mm. intercostales externi verlaufen schräg von hinten-oben nach vorne-unten, jeweils von der oberen zur nächstfolgenden Rippe.

B

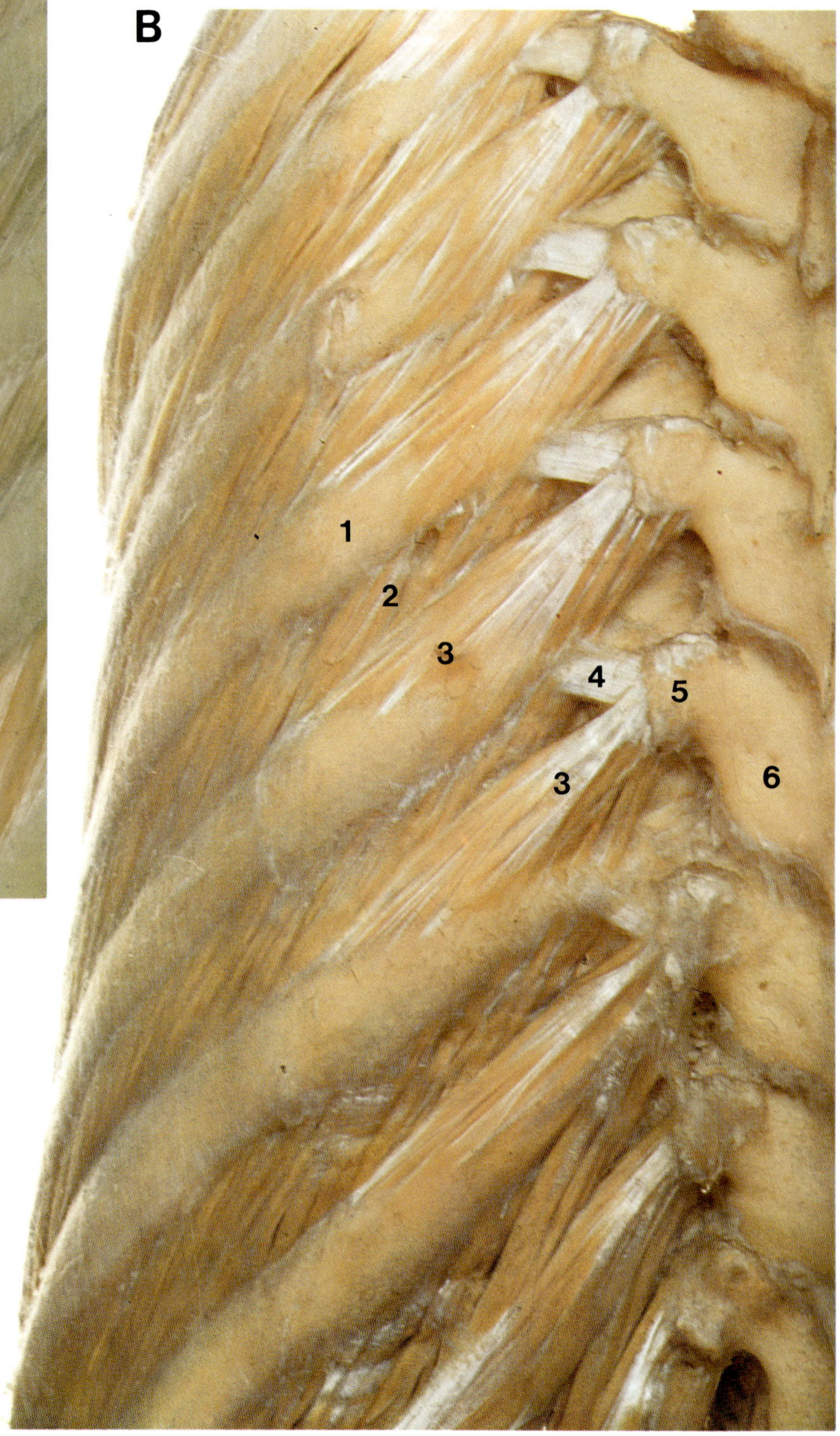

B Thoraxmuskulatur – Mm. levatores costarum, linke Seite, von hinten gesehen

1 Siebte Rippe
2 M. intercostalis externus
3 M. levator costae
4 Lig. costotransversarium laterale
5 Processus transversus des achten Brustwirbels
6 Lamina (Arcus vertebrae) des achten Brustwirbels

● Die Mm. levatores costarum verlaufen von der Spitze des Processus transversus zur nächst tieferen (breves) oder übernächsten Rippe (longi). Sie liegen etwa zwischen dem Angulus und Tuberculum costae.

● Die Mm. intercostales interni gehen hinten in die Membranae intercostales internae über, die, wie in diesem Präparat, den hinteren Abschnitt der Mm. intercostales externi überdecken.

Thoraxmuskulatur (linke, untere Körperhälfte, von hinten gesehen – M. serratus posterior inferior und die benachbarten Muskeln)

1 M. latissimus dorsi
2 Zehnte Rippe
3 M. intercostalis externus
4 M. serratus posterior inferior
5 Rami dorsales der unteren thorakalen und oberen lumbalen Spinalnerven
6 M. longissimus (Teil des M. erector spinae)
7 M. spinalis
8 M. erector spinae
9 Crista iliaca
10 M. obliquus abdominis internus
11 Hinterer freier Rand des M. obliquus abdominis externus

● Der mediale Teil des M. serratus posterior inferior, der von den Dornfortsätzen der zwei letzten Brustwirbel und den zwei oberen Lendenwirbeln sowie vom Lig. supraspinale entspringt und der sich mit dem oberflächlichen Blatt der Fascia thoracolumbalis verbindet, wurde entfernt, um die tiefe Rückenmuskulatur (medialer und lateraler Strang des M. erector spinae) darzustellen (vgl. a. S. 88). Der zum lateralen Strang gehörige M. iliocostalis wird von dem M. serratus posterior inferior bedeckt, der an den unteren vier Rippen, und zwar etwas lateral von den Anguli costae, ansetzt.

● Der M. serratus posterior superior (nicht abgebildet) zieht zur zweiten bis fünften Rippe und wird von den beiden Mm. rhomboidei (s. S. 112) überdeckt. Er entspringt vom unteren Abschnitt des Lig. nuchae, von den Dornfortsätzen des siebten Hals- und der oberen zwei bis drei Brustwirbel sowie vom Lig. supraspinale.

● An jeder Seite existieren somit ein M. serratus anterior, der zur Extremitätenmuskulatur gehört und zwei Mm. serrati posteriores, die zu den Rückenmuskeln zählen.

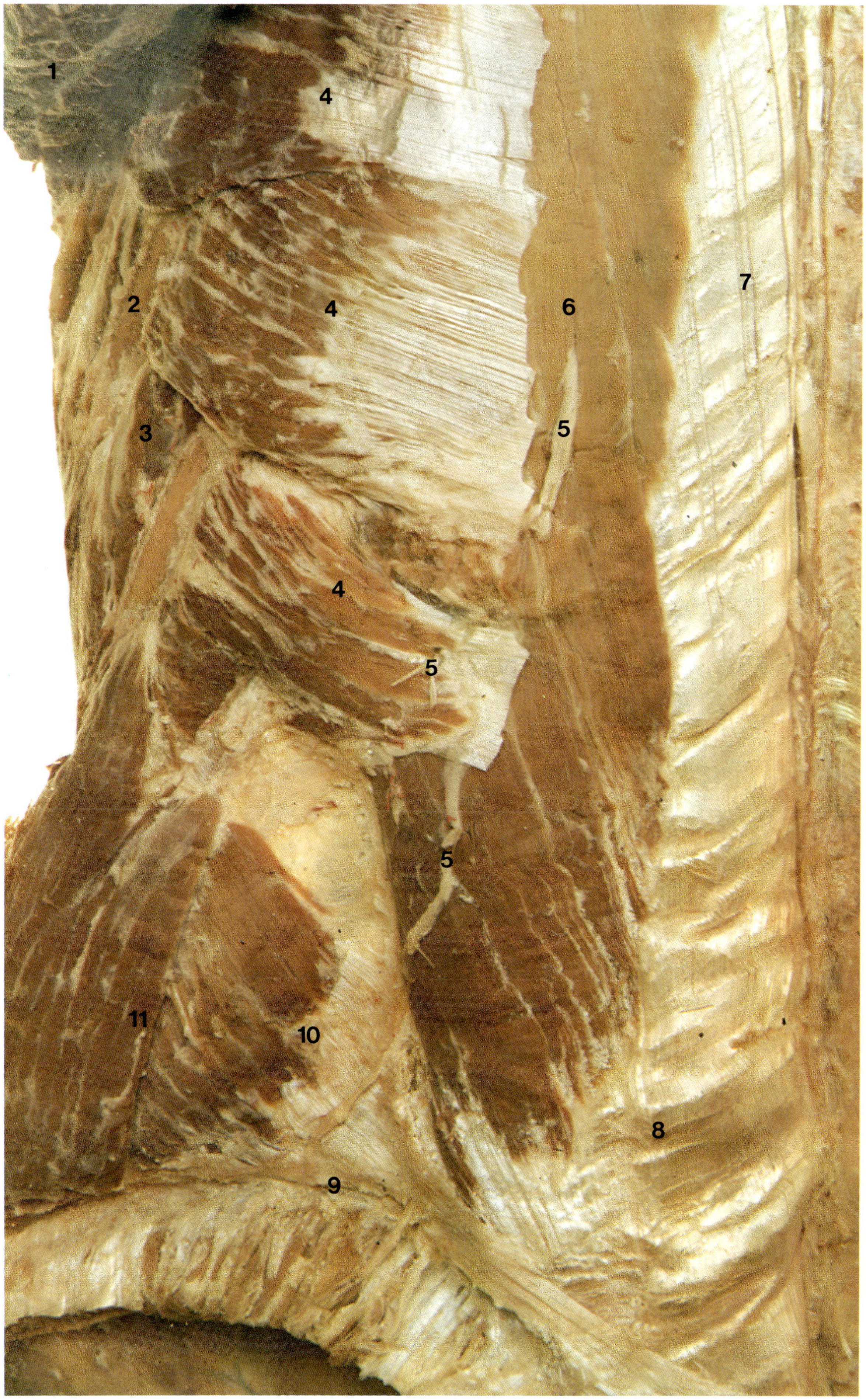

A

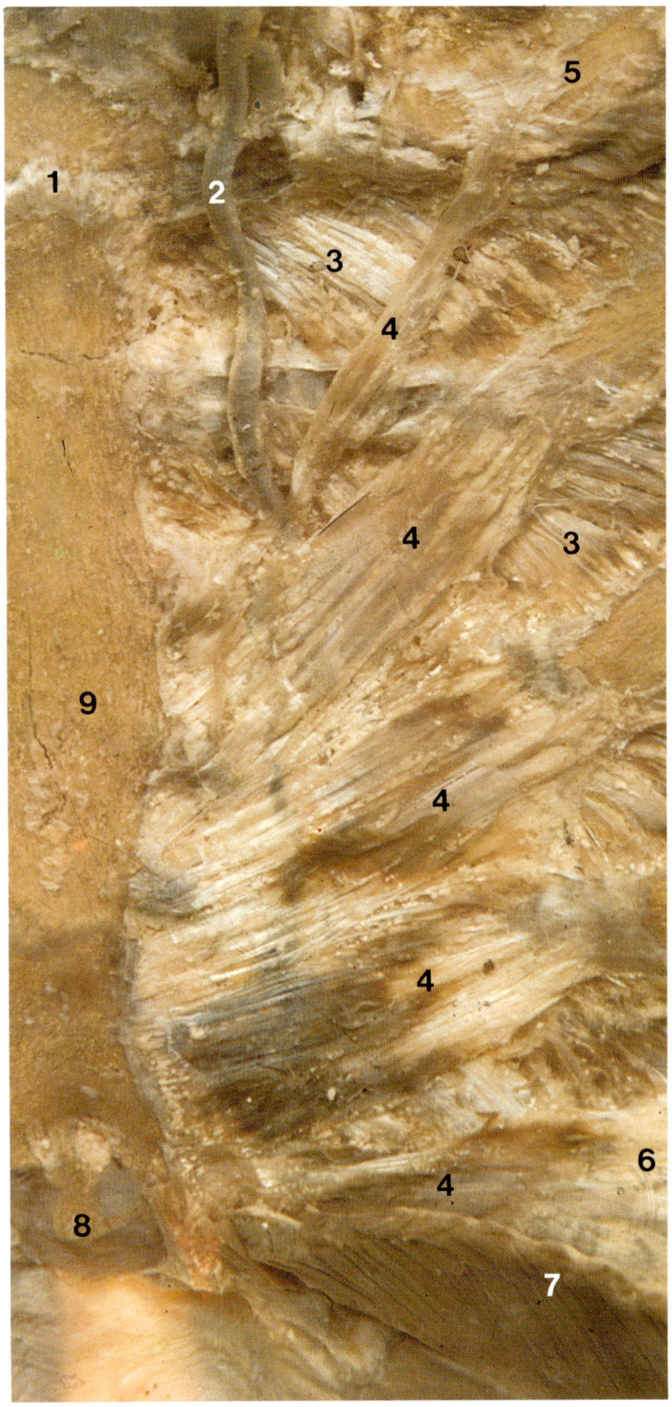

A Thoraxmuskulatur, M. transversus thoracis (rechts), M. sternocostalis, vordere Brustwand, von innen gesehen

1 Angulus sterni
2 A. thoracica interna
3 M. intercostalis internus
4 Faserbündel des M. transversus thoracis
5 Zweite Rippe
6 Sechste Rippe
7 Zwerchfell
8 Processus xiphoideus
9 Corpus sterni

● Der M. transversus thoracis liegt in gleicher Höhe wie die Mm. subcostales und die Mm. intercostales intimi und – ähnlich wie diese – trennt er auch die Interkostalgefäße und Nerven von der Pleura.

B Thoraxmuskulatur, M. subcostalis und Mm. intercostales intimi links, von rechts und vorn gesehen
(Ein Teil der Wirbelsäule wurde erhalten, während Teile der Wirbelkörper entfernt wurden)

1 Achter Brustwirbel
2 Achte Rippe
3 Mm. intercostales intimi
4 M. subcostalis

● Die Mm. subcostales und Mm. intercostales intimi sind oft schwach entwickelt, insbesondere im oberen Thoraxbereich. Die Mm. subcostales (hinten) überspringen mindestens eine Rippe. Die Mm. intercostales intimi (lateral) trennen die Pleura von den Interkostalgefäßen und Nerven.

B

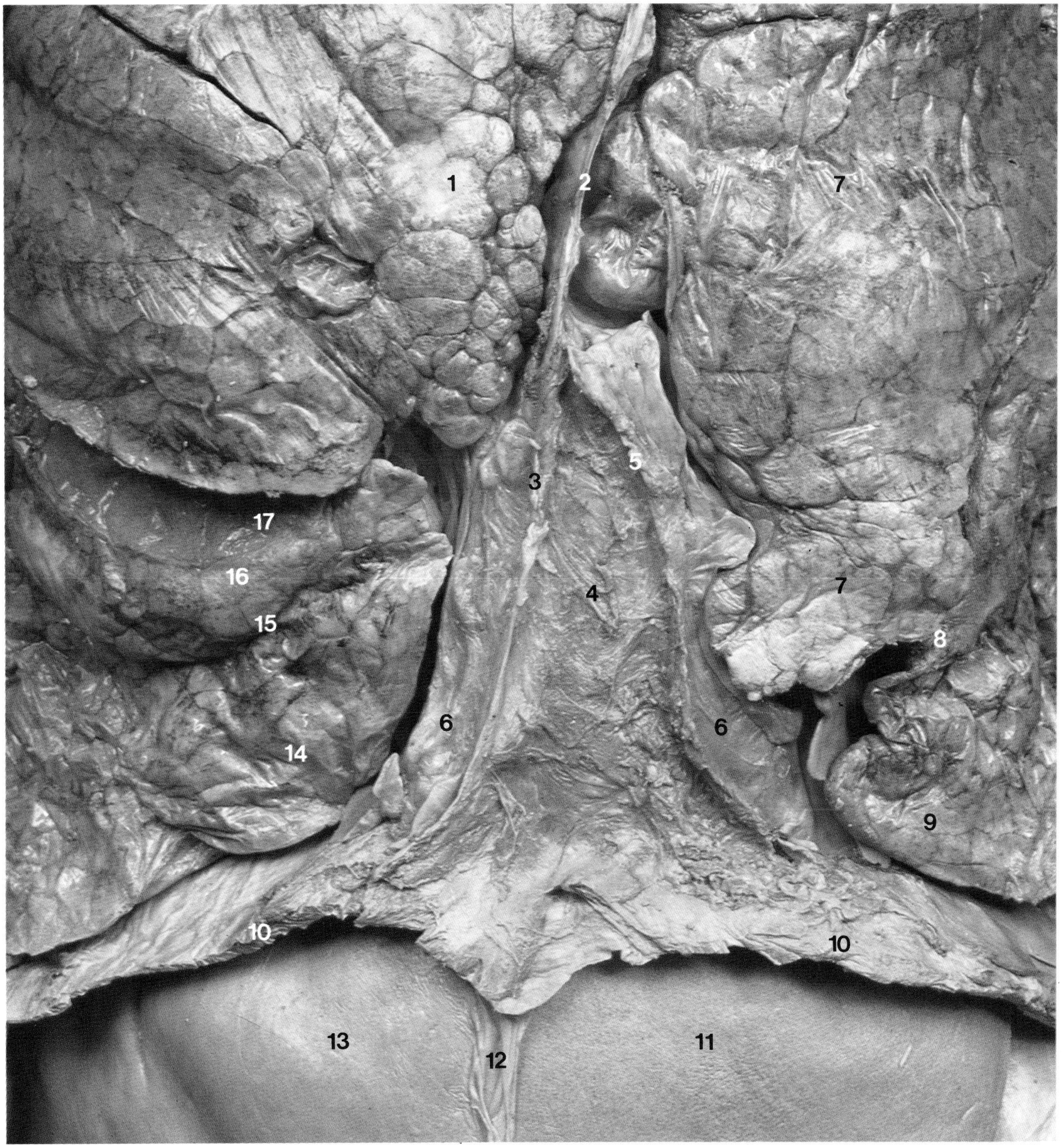

Lungen und Perikard, von vorne gesehen
(Die vordere Brust- und Bauchwand wurde entfernt)

1 Lobus superior der rechten Lunge
2 Rechte und linke Pleura mediastinalis (miteinander verklebt)
3 Projektionslinie der linken Pleura
4 Perikard
5 Projektionslinie der linken Pleura
6 Pleura oberhalb des Perikards
7 Lobus superior der linken Lunge
8 Fissura obliqua
9 Lobus inferior der linken Lunge
10 Diaphragma
11 Lobus sinister der Leber
12 Lig. falciforme hepatis
13 Lobus dexter der Leber
14 Lobus inferior der rechten Lunge
15 Fissura obliqua der rechten Lunge
16 Lobus medius der rechten Lunge
17 Fissura horizontalis der rechten Lunge

● Die Lungen lassen Anzeichen eines Emphysems (Aufblähung der Alveolen) erkennen.
● Die Pleurasäcke weichen in Höhe des vierten Rippenknorpels wegen der Linksverlagerung des Herzens auseinander. Dadurch hat der zentrale Teil des Perikards keine Pleurabdeckung.

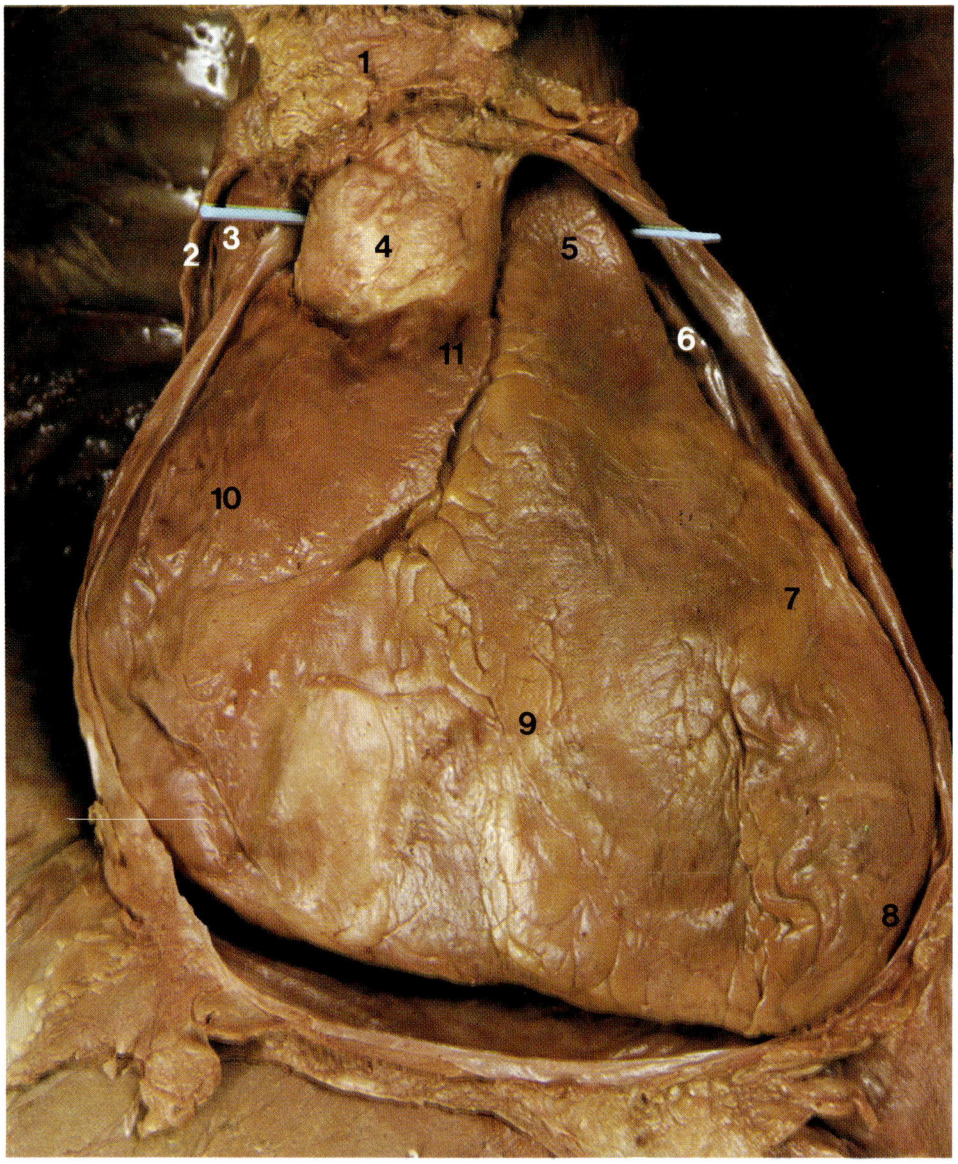

A

A Herz (in situ), von vorne gesehen
(Die Vorderwand des Perikards wurde entfernt)

1 Reste des Thymus
2 Pleura mediastinalis (vom Perikard getrennt)
3 V. cava superior
4 Aorta ascendens
5 Truncus pulmonalis
6 Linkes Herzrohr (Auricula sinistra)
7 Linker Ventrikel (Ventriculus sinister)
8 Herzspitze (Apex cordis)
9 Rechter Ventrikel (Ventriculus dexter)
10 Rechter Vorhof (Atrium dextrum)
11 Rechtes Herzrohr (Auricula dextra)

● Die Markierung geht durch den Sinus transversus hindurch, und zwar hinter Aorta und Truncus pulmonalis.

● Die rechte Herzkontur wird in der Hauptsache durch den rechten Vorhof, die linke durch das linke Herzohr und den linken Ventrikel und die untere Begrenzung vom rechten Ventrikel sowie einem kleinen Teil des linken Ventrikels, der auch die Herzspitze liefert, gebildet.

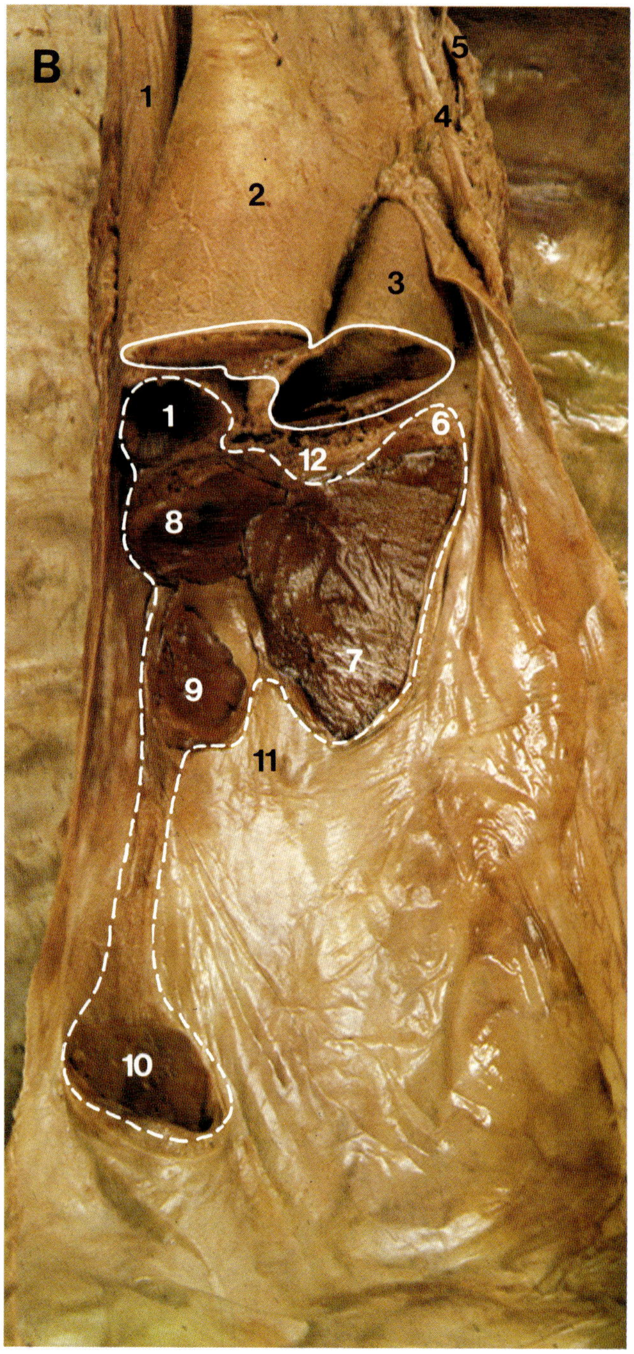

B Hinterer Abschnitt des Perikards, von vorne gesehen (Herz entfernt)

1 V. cava superior
2 Arcus aortae
3 Truncus pulmonalis
4 N. phrenicus sinister
5 N. vagus sinister
6 Linke obere
7 Linke untere
8 Rechte obere
9 Rechte untere
(6–9: Pulmonalvene (führen zum linken Vorhof))
10 V. cava inferior
11 Sinus obliquus pericardii
12 Sinus transversus pericardii

● Die gestrichelte Linie kennzeichnet die Umschlagsfalte zwischen Perikard und Epikard im Bereich der großen Herzvenen, die zugleich die Begrenzung des Sinus obliquus pericardii bildet.

● Die ausgezogene Linie zeigt an, wie weit die großen Arterien (Aorta und Truncus pulmonalis) in dem schlauchartigen Sack des Perikards eingeschlossen sind. Der Raum zwischen den arteriellen Gefäßen (vorne) und den großen Herzvenen (hinten) stellt den Sinus transversus dar.

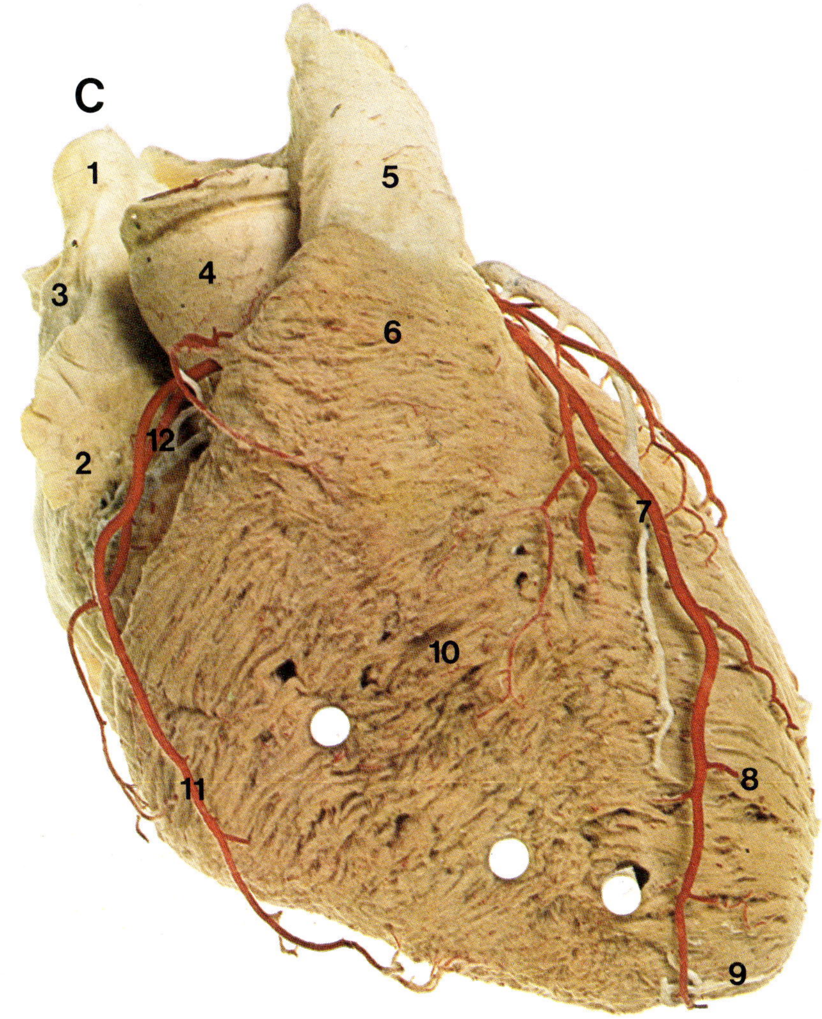

C Herz (Cor), Facies sternocostalis
(Injektionspräparat der Kranzgefäße)

1 V. cava superior
2 Atrium dextrum
3 Auricula dextra (etwas nach lateral gezogen)
4 Aorta ascendens
5 Truncus pulmonalis
6 Conus arteriosus (Infundibulum)
7 Ramus interventricularis anterior der A. coronaria sinistra und V. cordis magna im Sulcus interventricularis anterior
8 Ventriculus sinister
9 Apex cordis
10 Ventriculus dexter
11 Ramus marginalis a. coronariae dextrae
12 A. coronaria dextra im Sulcus coronarius

- Die Vorderfläche des Herzens (Facies sternocostalis) wird in der Hauptsache vom rechten Ventrikel, von einem Teil des linken Ventrikels sowie vom rechten Atrium gebildet.
- Die Herzspitze wird ausschließlich vom linken Ventrikel gebildet.
- Der Conus arteriosus ist der glattwandige Teil des rechten Ventrikels, der in den Truncus pulmonalis übergeht.
- Im vorliegenden Präparat wurde der Sulcus coronarius freigelegt, indem das rechte Herzohr etwas zur Seite gezogen wurde. Dadurch läßt sich die A. coronaria dextra deutlicher darstellen. Der Ramus marginalis der rechten Kranzarterie hat in diesem Falle einen ungewöhnlich hohen Ursprung.

- Die Hinterfläche des Herzens stellt die Herzbasis dar, die in der Hauptsache vom linken Vorhof sowie einem kleinen Teil des rechten Vorhofes gebildet wird.
- Die Facies diaphragmatica des Herzens liegt dem Zwerchfell auf und wird in der Hauptsache vom linken, aber auch vom rechten Ventrikel gebildet.
- Das abgebildete Präparat zeigt einen auffallend großen Ast der A. coronaria sinistra, der die V. cordis magna kreuzt und den linken Ventrikel versorgt.

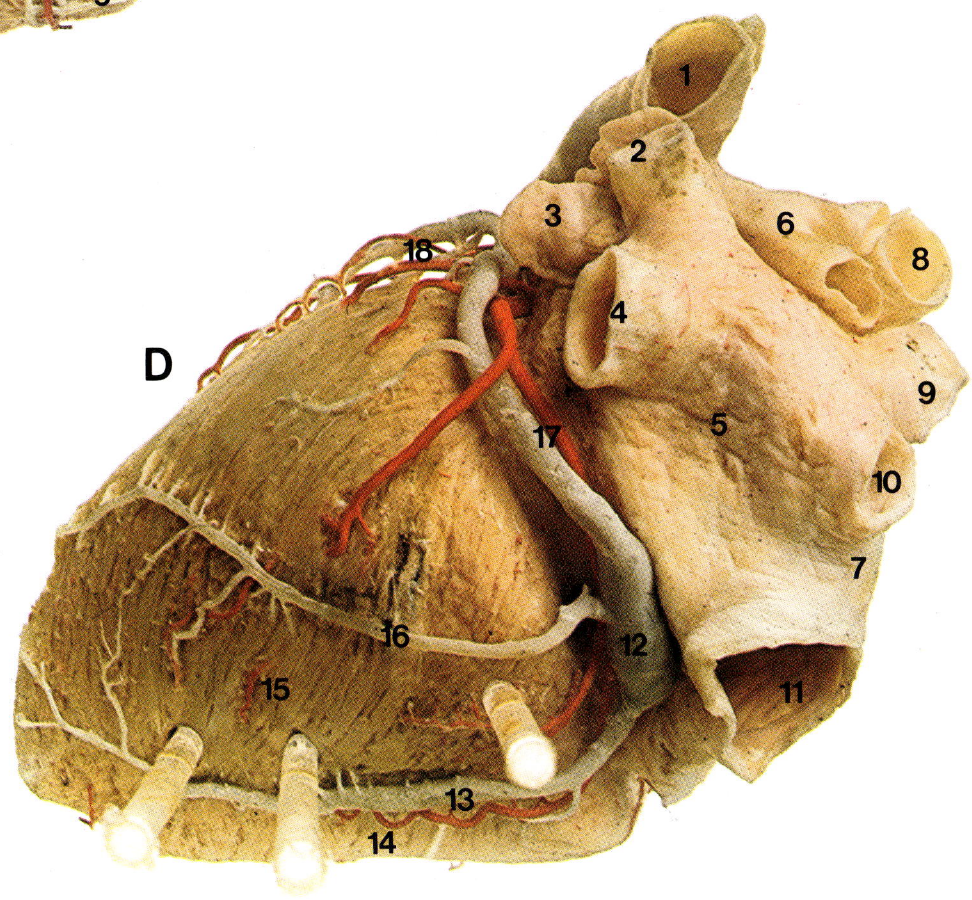

D Herz, von hinten gesehen
(Injektionspräparat der Kranzgefäße)

1 A. pulmonalis sinistra
2 V. pulmonalis superior sinistra
3 Auricula sinistra
4 V. pulmonalis inferior sinistra
5 Atrium sinistrum
6 A. pulmonalis dextra
7 Atrium dextrum
8 V. cava superior
9 V. pulmonalis superior dextra
10 V. pulmonalis inferior dextra
11 V. cava inferior
12 Sinus coronarius im Sulcus interventricularis posterior
13 V. cordis media und Ramus interventricularis posterior a. coronariae dextrae im Sulcus interventricularis posterior
14 Ventriculus dexter
15 Ventriculus sinister
16 V. posterior ventriculi sinistri
17 V. cordis magna und Ramus circumflexus a. coronariae sinistrae
18 V. cordis magna und Ramus interventricularis anterior a. coronariae sinistrae

A

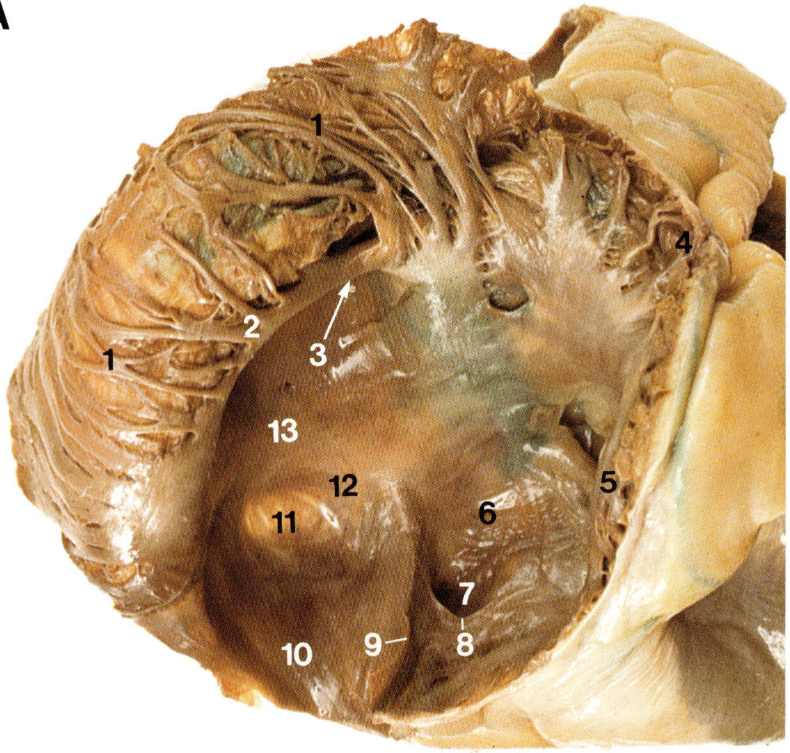

A Herz, rechter Vorhof, von rechts-vorne gesehen
(Vorderwand eröffnet und nach rechts geklappt)

1 Mm. pectinati
2 Crista terminalis
3 V. cava superior
4 Auricula dextra
5 Valva atrioventricularis dextra (tricuspidalis)
6 Lage des Nodus atrioventricularis (Aschoff-Tawara-Knoten)
7 Sinus coronarius
8 Valvula sinus coronarii (Valvula Thebesii)
9 Valvula venae cavae inferioris (Valvula Eustachii)
10 V. cava inferior
11 Fossa ovalis
12 Limbus fossae ovalis
13 Tuberculum intervenosum

● Die Fossa ovalis stellt einen Teil des Vorhofseptums dar. Der Atrioventrikularknoten ist in die myokardialen Fasersysteme des Septums eingebettet.

● Der Sinusknoten (Keith-Flackscher Knoten, hier nicht abgebildet) ist hufeisenförmig. Er beginnt an der Crista terminalis vor der Einmündung der V. cava superior in den rechten Vorhof und umkreist die Venenöffnung an ihrer linken Seite. Er nimmt die ganze Dicke des Myokards ein und füllt damit den Raum zwischen Epikard und Endokard vollständig aus.

● Das Tuberculum intervenosum, das beim Menschen selten zu beobachten ist, dient wahrscheinlich während der Embryonalzeit dazu, das Blut von der V. cava superior direkt zur Trikuspidalklappe und damit zum rechten Ventrikel zu leiten.

B Herz, rechter Ventrikel, von vorne gesehen
(Herzvorderwand größtenteils entfernt)

1 Atrium dextrum
2 Auricula dextra
3 Cuspis anterior ┐
4 Cuspis posterior ├ valvae atrioventricularis dextrae (tricuspidalis)
5 Cuspis septalis ┘
6 Crista supraventricularis
7 Conus arteriosus
8 M. papillaris anterior
9 M. papillaris posterior
10 Trabecula septomarginalis
11 Chordae tendineae

● Die Trabecula septomarginalis, die den rechten Schenkel des Reizleitungssystems zum M. papillaris anterior führen, werden manchmal auch als Moderatorband bezeichnet.

● Die Chordae tendineae halten die Segelklappen an den Papillarmuskeln und damit an der Herzwand fest. Der M. papillaris anterior ist groß und durch seine Sehnenfäden mit dem vorderen und hinteren Segel verknüpft; der M. papillaris posterior ist klein und oft in zwei oder drei Teile aufgespalten. Er verspannt das hintere und septale Segel. Die kleinen septalen Papillarmuskeln schließlich verspannen das septale und vordere Segel. So ist jeder Papillarmuskel mit 2 Cuspides verknüpft.

B

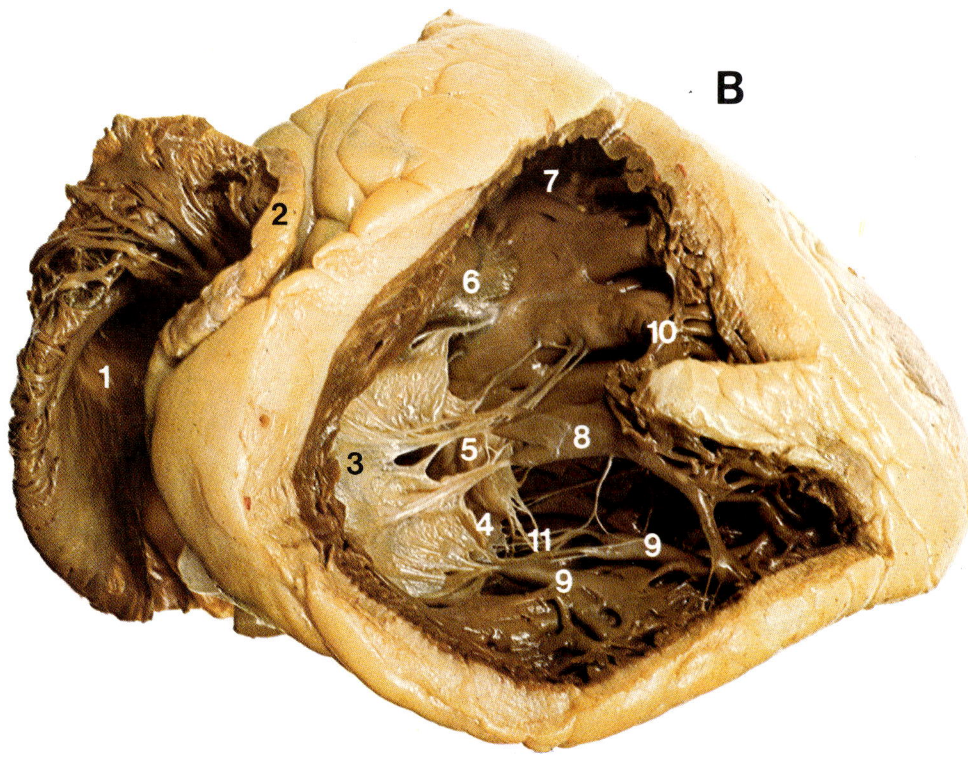

C Herz, Schnittpräparat
(Linker Ventrikel und Vorhof eröffnet)

1 Wand des linken Ventrikels
2 Auricula sinistra
3 Atrium sinistrum
4 Cuspis anterior valvae atrioventricularis sinistrae oberhalb der Cuspis posterior
5 Chordae tendineae
6 M. papillaris posterior
7 M. papillaris anterior
8 Ostium aortae

- In diesem Fall findet sich relativ viel Fettgewebe unter dem Epikard.
- Beide Papillarmuskeln, sowohl der M. papillaris anterior als auch der M. papillaris posterior sind durch ihre Chordae tendineae jeweils mit beiden Segeln der Mitralklappe verbunden.
- Das Ostium aortae und atrioventriculare sinistrum sind einander eng benachbart. An der Grenze liegt das vordere Segel der Mitralklappe (vgl. a. S. 164).

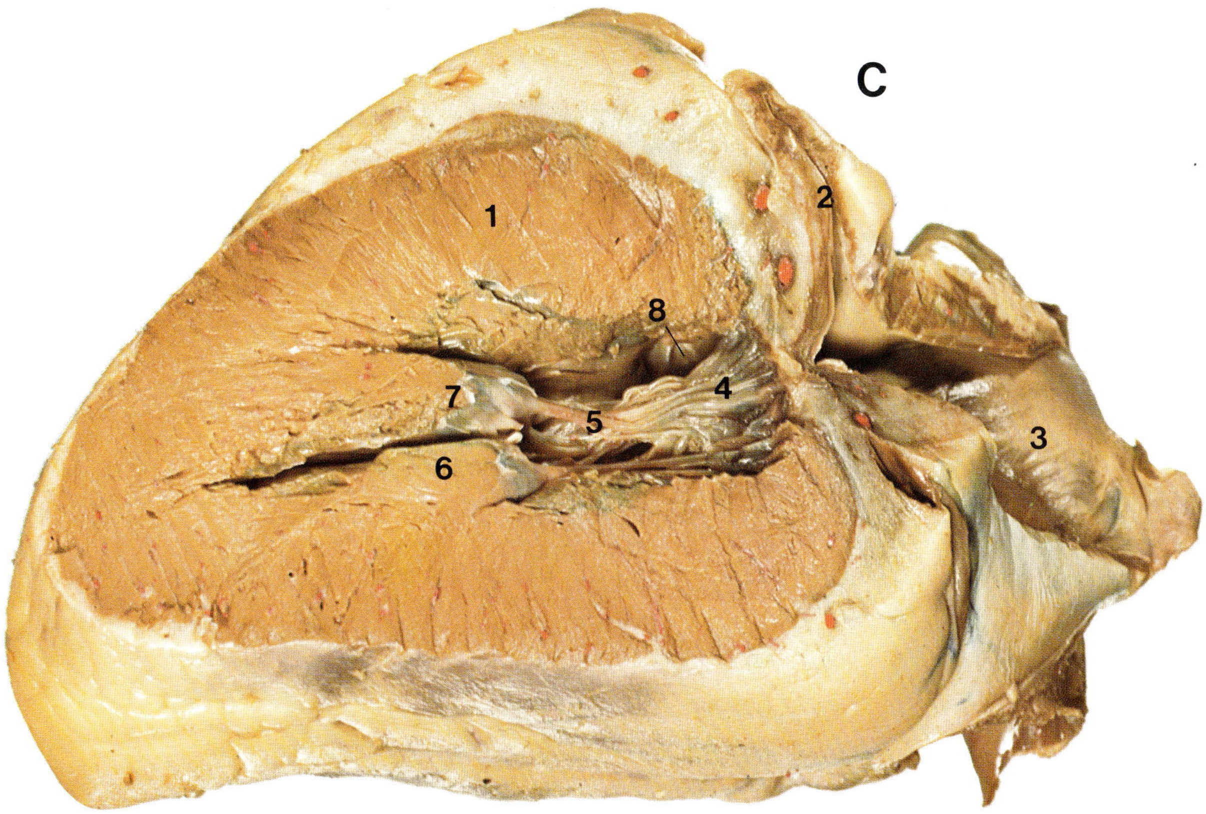

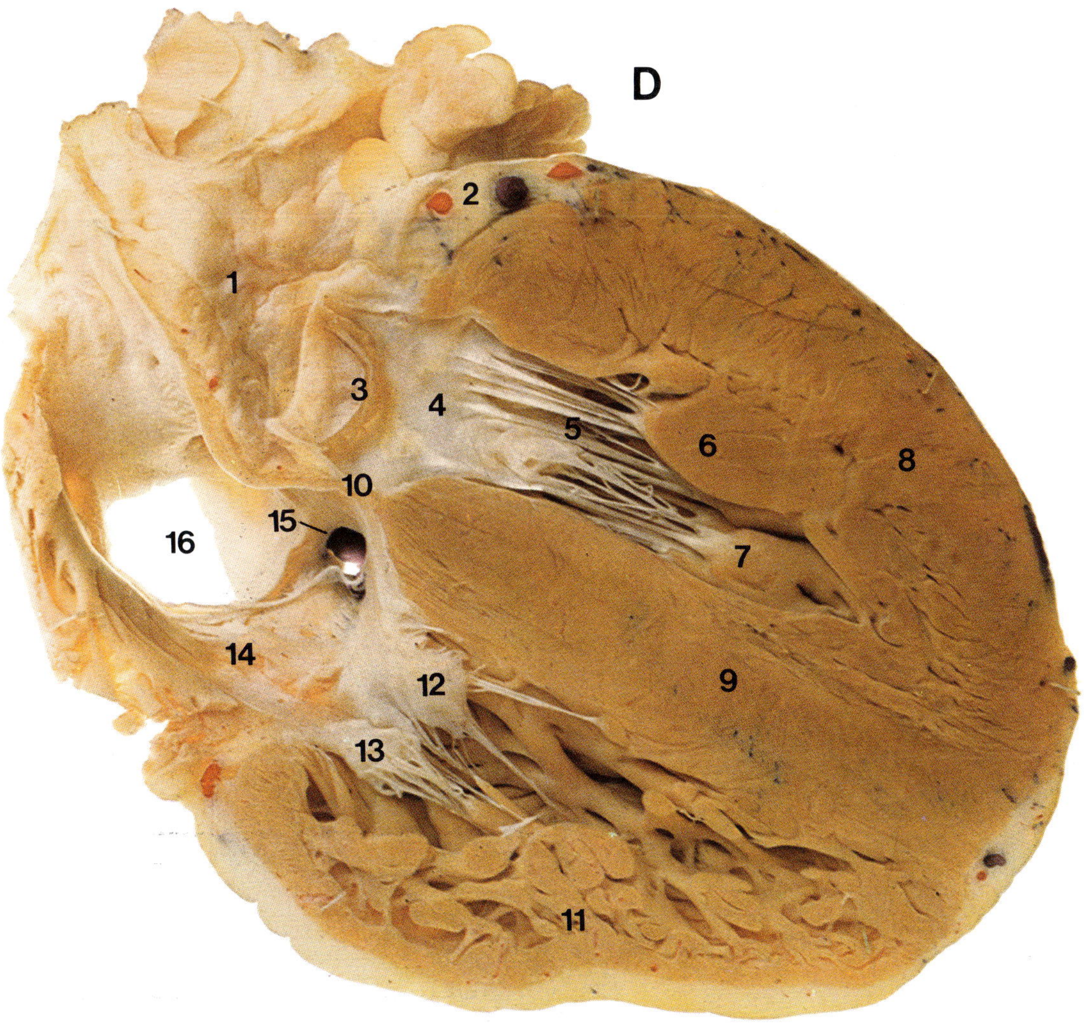

D Herzkammern im Schnitt, von vorne gesehen

1 Aorta ascendens
2 Äste der A. coronaria sinistra und V. cordis magna
3 Valvula semilunaris posterior (Valva aortae)
4 Cuspis anterior ⎤ valvae atrioventricularis sinistrae
5 Chordae tendineae ⎦
6 M. papillaris anterior
7 M. papillaris posterior
8 Wand des linken Ventrikels
9 Pars muscularis ⎤ septi interventricularis
10 Pars membranacea ⎦
11 Rechte Ventrikelwandung
12 Cuspis septalis ⎤ valvae atrioventricularis dextrae
13 Cuspis posterior ⎦
14 Atrium dextrum
15 Sinus coronarius
16 V. cava inferior

- Die Wand des linken Ventrikels ist normalerweise 3mal so dick wie die des rechten Ventrikels.

A

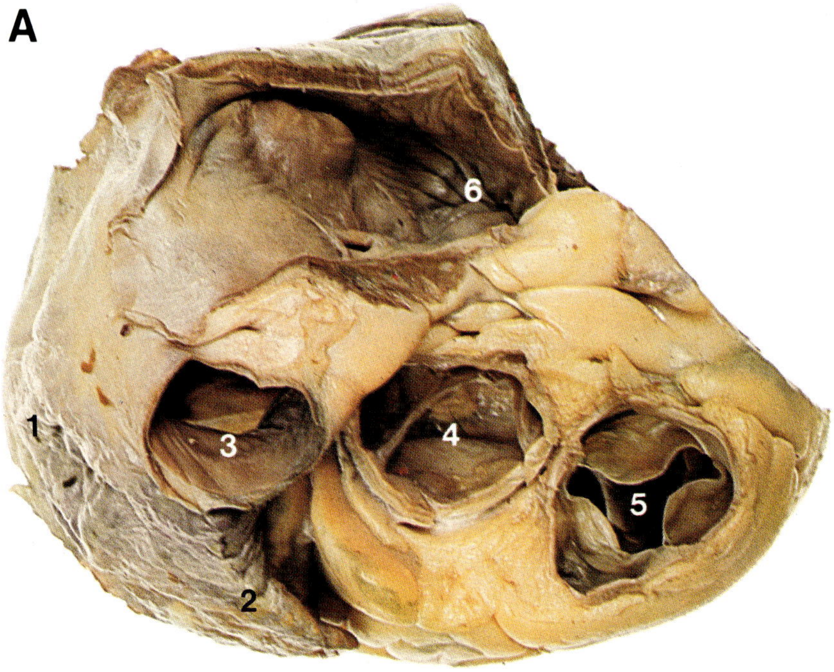

A Herzbasis, von oben gesehen
(Die großen Gefäße, Teile des Atrium sinistrum und des Ventriculus sinister wurden entfernt)

1 Atrium dextrum
2 Auricula dextra
3 V. cava superior
4 Velum semilunare valvae aortae
5 Velum semilunare valvae trunci pulmonalis
6 Segel der Mitralklappe

B Herzbasis, Ostia atrioventricularia und Anuli fibrosi, von rechts-hinten gesehen
(Vorhöfe wurden entfernt)

1 Valvula semilunaris sinistra
2 Valvula semilunaris anterior — valvae trunci pulmonalis
3 Valvula semilunaris dextra
4 Conus arteriosus des rechten Ventrikels
5 Valvula semilunaris dextra
6 Valvula semilunaris posterior — valvae aortae
7 Valvula semilunaris sinistra
8 Cuspis anterior
9 Cuspis posterior — valvae atrioventricularis dextrae
10 Cuspis septalis
11 Anulus fibrosus
12 Trigonum fibrosum dextrum
13 Cuspis posterior
14 Cuspis anterior — valvae atrioventricularis sinistrae
15 Trigonum fibrosum sinistrum

● Die Anuli fibrosi bilden um die beiden Ostia atrioventricularia herum eine achtertourartige Figur und hängen außerdem mit den um die großen Arterien herum gebildeten Fasergeflechten zusammen.

● Die rote Markierung zeigt auf das Trigonum fibrosum dextrum (zwischen Aorta und den Ostia atrioventricularia). Sie kennzeichnet zugleich die Lage des Atrioventrikularbündels vom Reizleitungssystem.

B

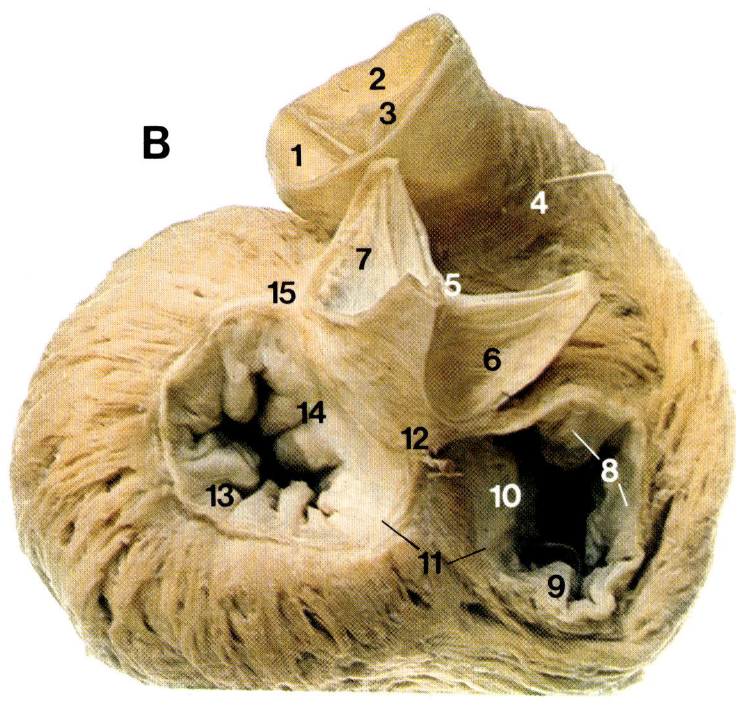

C Ausgußpräparat der Herzgefäße, von vorne gesehen
1 Aorta ascendens
2 Truncus und Sinus pulmonalis oberhalb der Pulmonalklappe
3 Ramus interventricularis anterior a. coronariae sinistrae und V. cordis magna
4 Gefäße des Septum interventriculare
5 V. cordis media und Ramus interventricularis posterior a. coronariae dextrae
6 Ramus marginalis a. coronariae dextrae und V. cordis parva
7 Sinus coronarius
8 A. coronaria dextra
9 V. cordis anterior

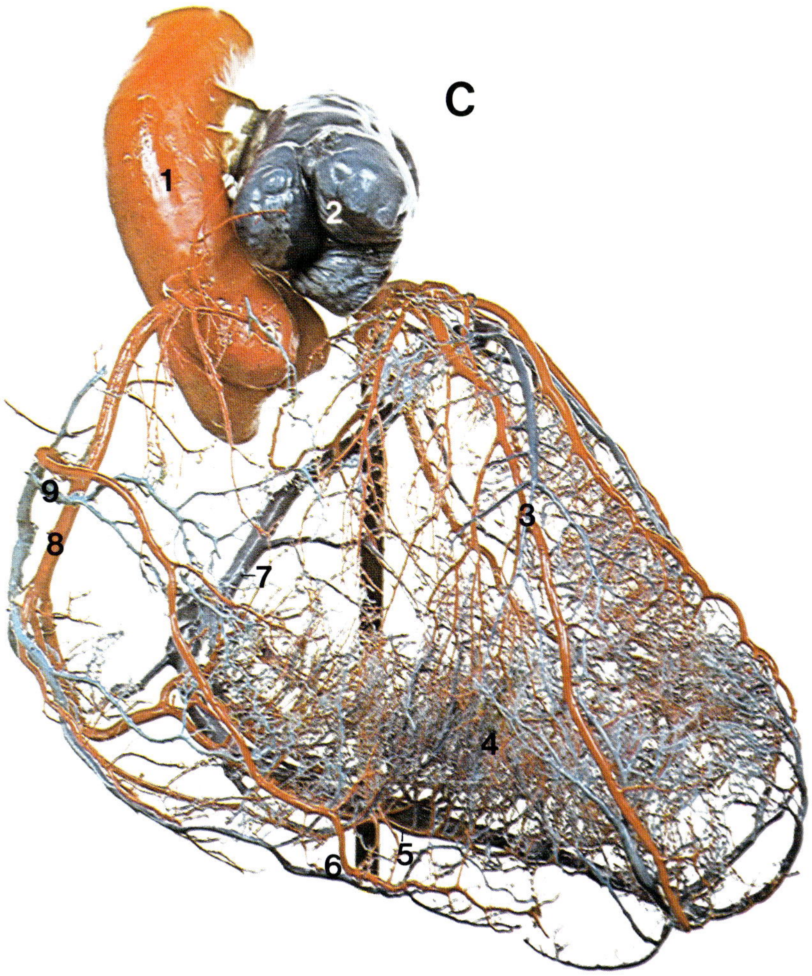

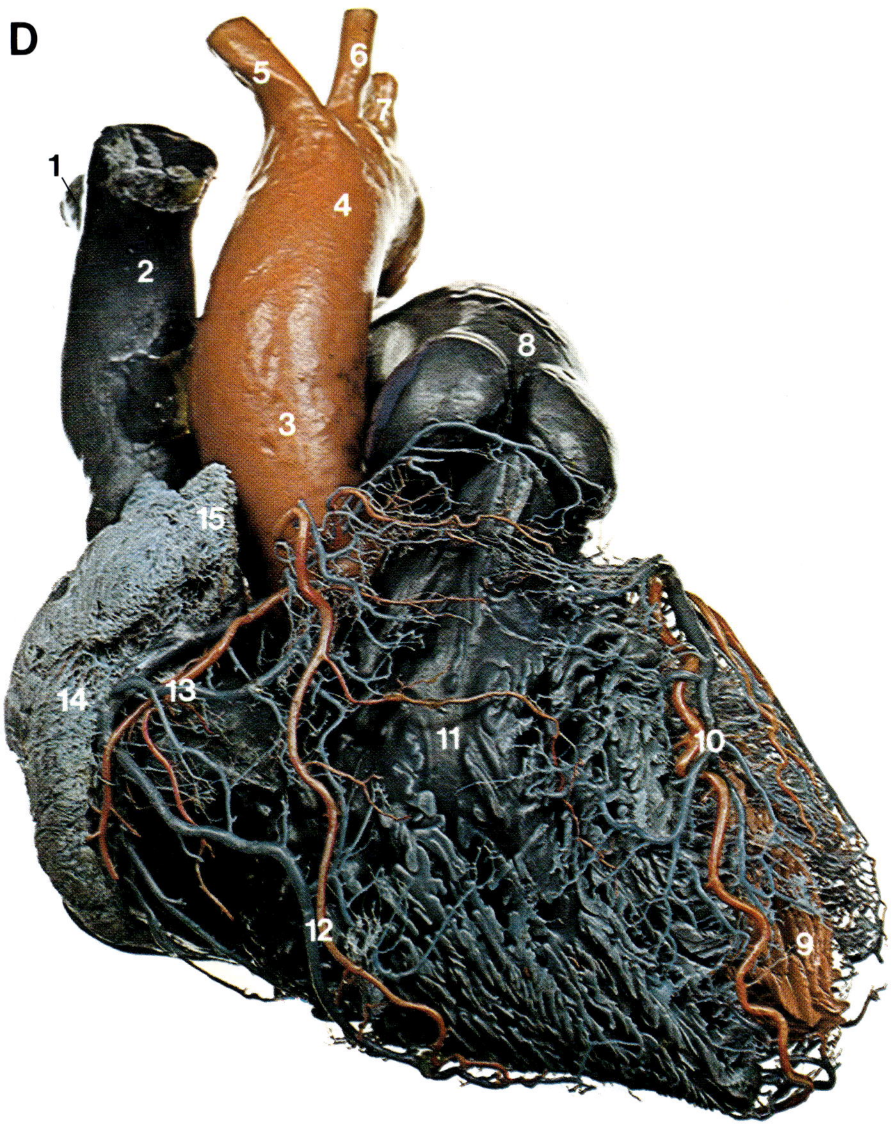

D Ausgußpräparat vom Herzen und von den großen Gefäßen, von vorne gesehen
1 V. azygos
2 V. cava superior
3 Aorta ascendens
4 Arcus aortae
5 Truncus brachiocephalicus
6 A. carotis communis sinistra
7 A. subclavia sinistra
8 Truncus pulmonalis
9 Ventriculus sinister
10 Ramus interventricularis anterior der A. coronaria sinistra und V. cordis magna
11 Ventriculus dexter
12 Ramus marginalis a. coronariae dextrae und V. cordis parva
13 A. coronaria dextra und V. cordis anterior
14 Atrium dextrum
15 Auricula dextra

- Die Dorsalansicht dieses Präparates zeigt Abb. E auf S. 169.
- Die Venen des Herzens haben ähnlich wie die Hirnvenen andere Namen als ihre entsprechenden Arterien. So begleitet die V. cordis magna den Ramus interventricularis anterior und den Ramus circumflexus der A. coronaria sinistra; die V. cordis media begleitet den Ramus interventricularis posterior der A. coronaria dextra, und die V. cordis parva schließlich verläuft mit dem Ramus marginalis der rechten Kranzarterie zusammen. Der größte Teil der Herzvenen mündet in den Sinus coronarius (vgl. S 171). Die V. cordis anterior verläuft jedoch direkt zum rechten Vorhof.

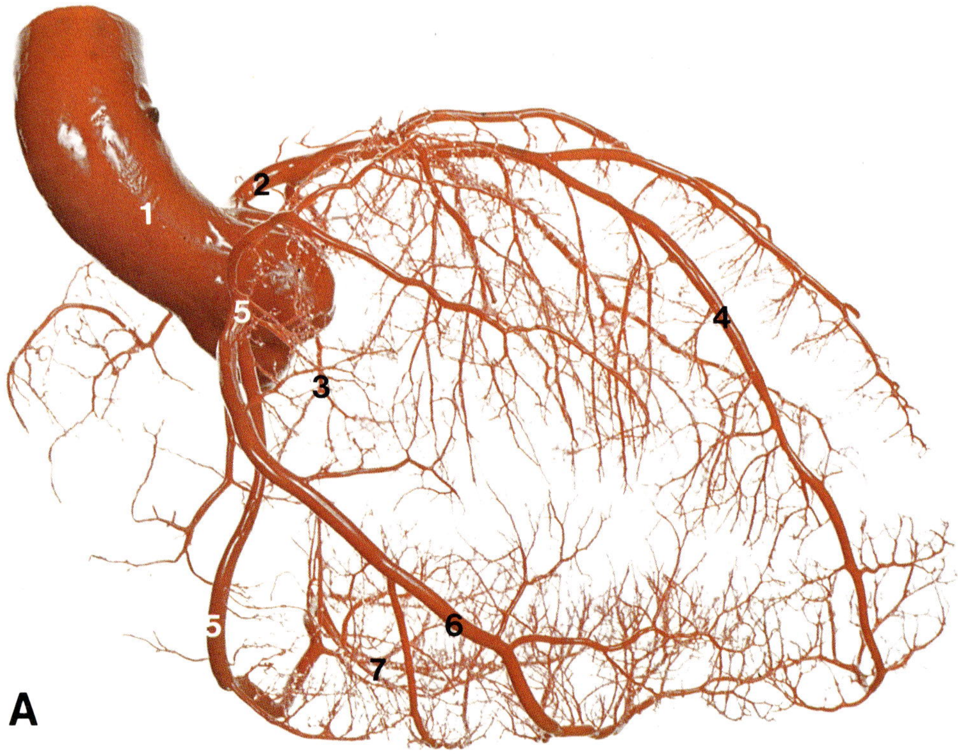

A Injektionspräparat der Koronararterien, von vorne gesehen

1 Aorta ascendens
2 A. coronaria sinistra
3 Ramus circumflexus } a. coronariae sinistrae
4 Ramus interventricularis anterior } a. coronariae sinistrae
5 A. coronaria dextra
6 Ramus marginalis a. coronariae dextrae
7 Ramus interventricularis posterior a. coronariae dextrae

● Jede der beiden Koronararterien teilt sich in zwei Hauptäste: Die A. coronaria sinistra in den Ramus circumflexus und den Ramus interventricularis anterior, die A. coronaria dextra in den Ramus marginalis und den Ramus interventricularis posterior.

B Injektions- und Ausgußpräparat vom Herzen und von den großen Gefäßen, von vorne-oben gesehen
(Der Truncus pulmonalis wurde entfernt)

1 V. cava superior
2 Atrium sinistrum
3 V. pulmonalis sinistra
4 Auricula sinistra
5 A. coronaria sinistra
6 Sinus aortae
7 Ramus circumflexus } a. coronariae sinistrae
8 Ramus interventricularis anterior } a. coronariae sinistrae
9 V. cordis magna
10 Linker Ventrikel
11 Rechter Ventrikel
12 Ramus marginalis a. coronariae dextrae und V. cordis parva
13 A. coronaria dextra
14 Sinus aortae
15 Aorta ascendens
16 Auricula dextra

● Der Abgang der A. coronaria dextra aus dem Sinus aortae anterior ist gut zu erkennen, wenn das Herz von vorne präpariert wird; der Abgang der A. coronaria sinistra aus dem Sinus aortae sin. wird jedoch durch den Truncus pulmonalis verdeckt (s. S. 168).

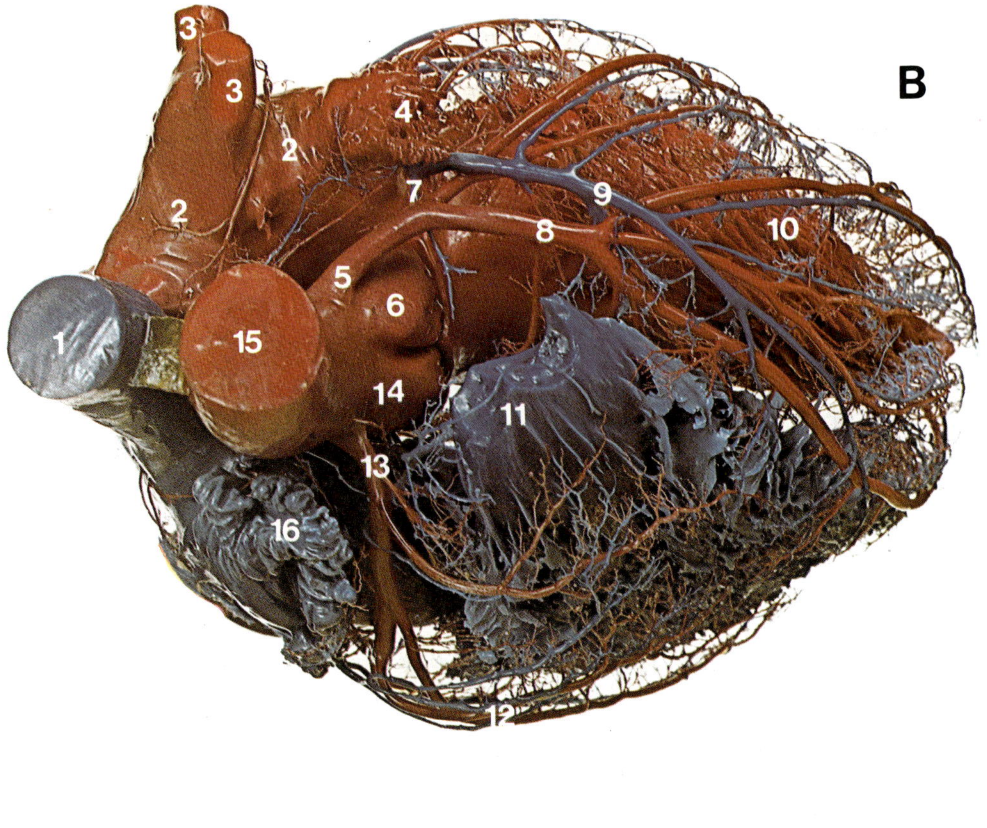

C Injektionspräparat der Kranzarterien, von oben gesehen – Ursprung der A. nodi sinuatrialis aus der A. coronaria dextra

1 Aorta ascendens
2 A. coronaria sinistra
3 Ramus circumflexus } a. coronariae sinistrae
4 Ramus interventricularis anterior } a. coronariae sinistrae
5 A. coronaria dextra
6 A. nodi sinuatrialis
7 Ramus marginalis } a. coronariae dextrae
8 Ramus interventricularis posterior } a. coronariae dextrae

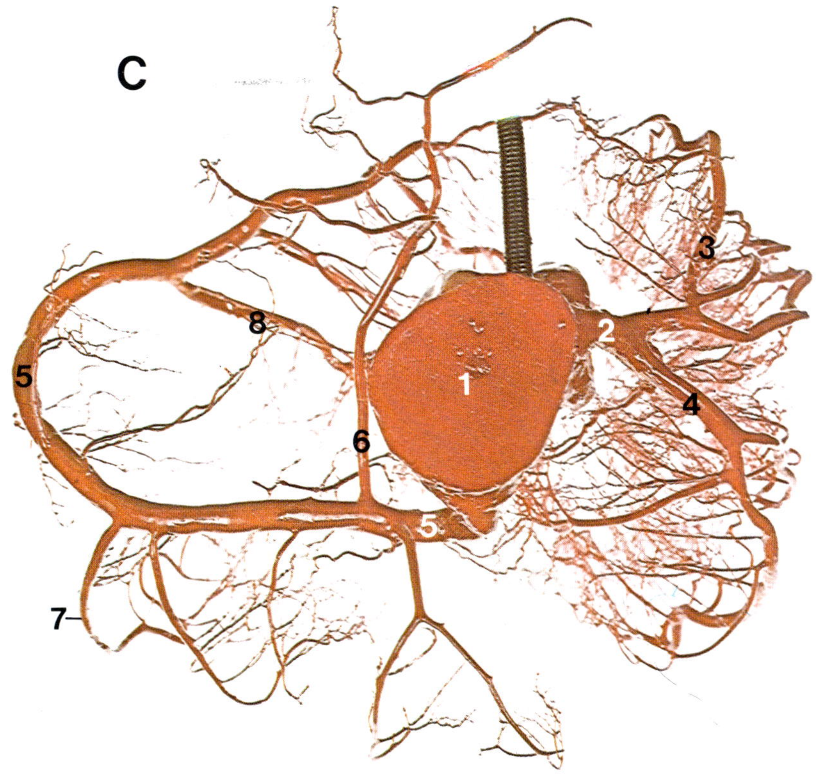

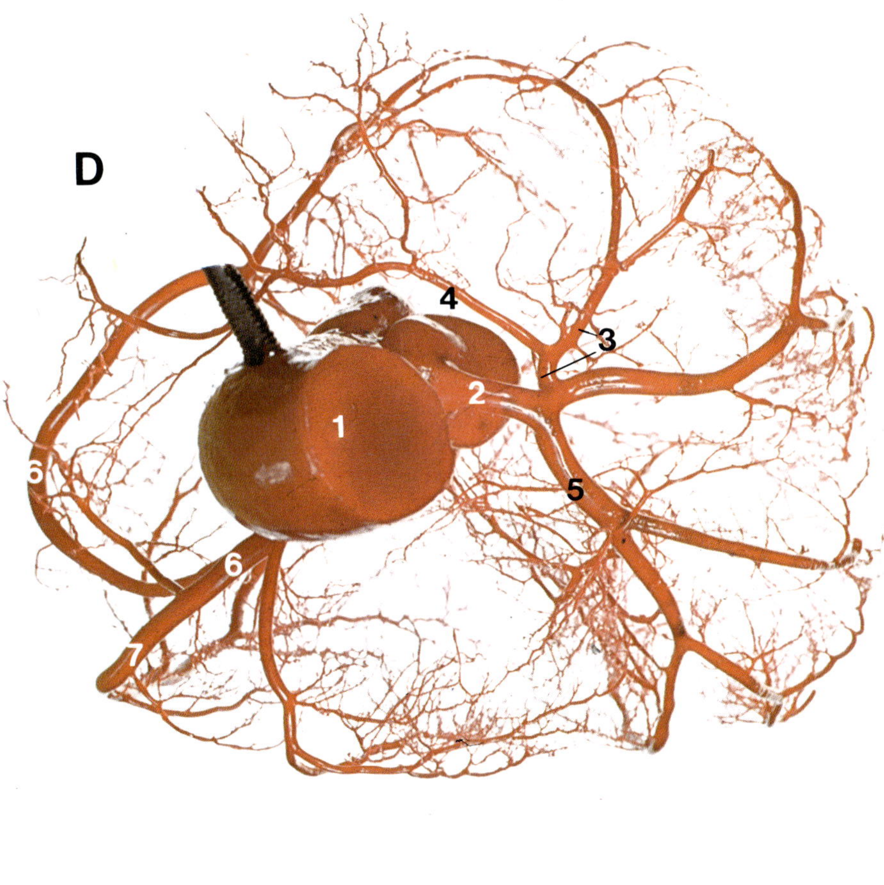

D Injektionspräparat der Koronararterien, von oben gesehen – Ursprung der A. nodi sinuatrialis aus der linken Kranzarterie

1 Aorta ascendens
2 A. coronaria sinistra
3 Ramus circumflexus a. coronariae sinistrae
4 A. nodi sinuatrialis
5 Ramus interventricularis anterior a. coronariae sinistrae
6 A. coronaria dextra
7 Ramus marginalis a. coronariae dextrae

● In 55% der Fälle entspringt die A. nodi sinuatrialis aus der A. coronaria dextra, in 45% dagegen zweigt sie vom Ramus circumflexus der linken Kranzarterie ab.

A

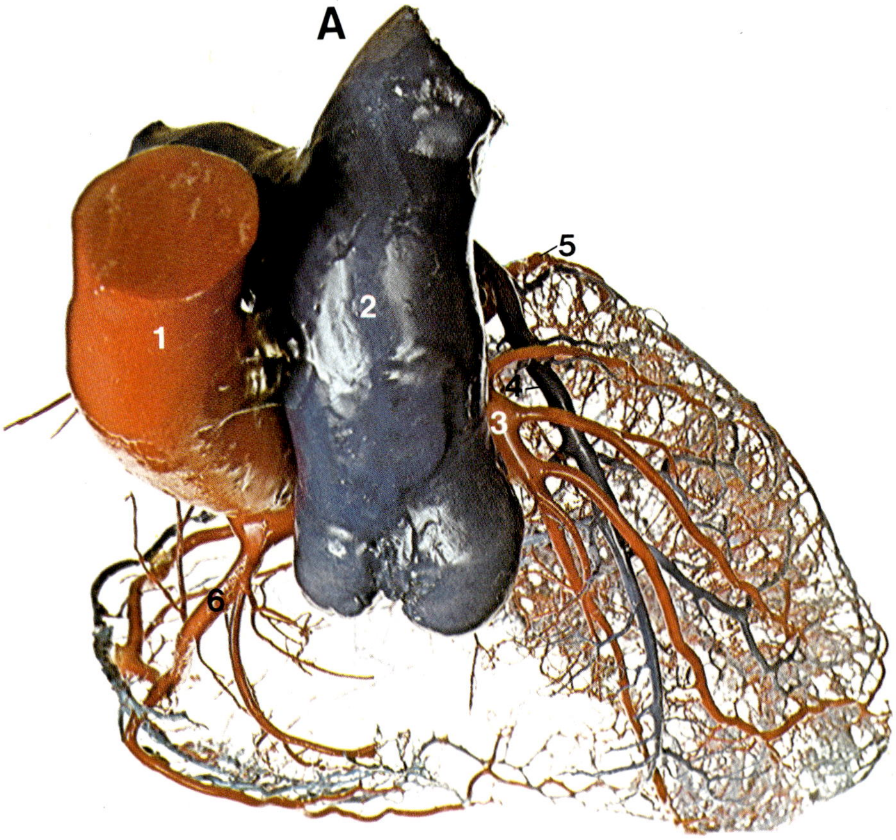

B

C

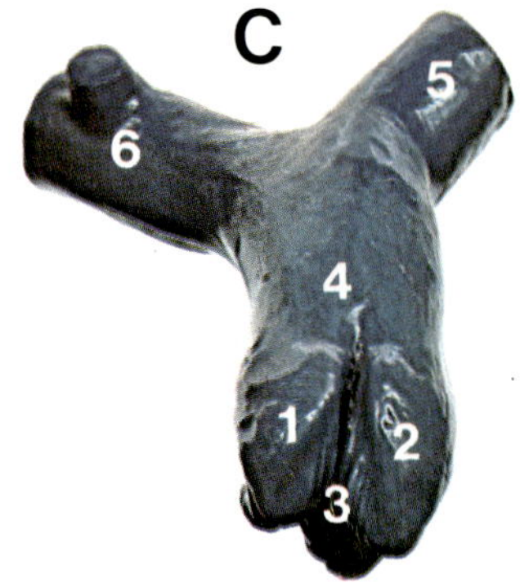

A Injektionspräparat der Herzgefäße, von oben gesehen

1 Aorta ascendens
2 Truncus pulmonalis
3 Ramus interventricularis anterior a. coronariae sinistrae
4 V. cordis magna
5 Ramus circumflexus a. coronariae sinistrae
6 A. coronaria dextra

● Die A. coronaria sinistra entspringt hinter dem Truncus pulmonalis (s. S. 166).

B Injektionspräparat der Aorta ascendens, von unten gesehen

1 Sinus aortae dexter
2 Sinus aortae sinister
3 Sinus aortae posterior
4 A. coronaria dextra
5 A. coronaria sinistra

● Die A. coronaria dextra entspringt im Sinus aortae anterior, die A. coronaria sinistra im Sinus aortae sinister (posterior).

C Injektionspräparat des Truncus pulmonalis, von vorne-oben gesehen

1 Sinus trunci pulmonalis dexter
2 Sinus trunci pulmonalis anterior
3 Sinus trunci pulmonalis sinister
4 Truncus pulmonalis
5 A. pulmonalis sinister
6 A. pulmonalis dexter und Ast zum rechten Oberlappen

● Eine A. pulmonalis im engeren Sinne gibt es nicht. Der Truncus pulmonalis teilt sich sofort in eine rechte und eine linke A. pulmonalis auf.

D

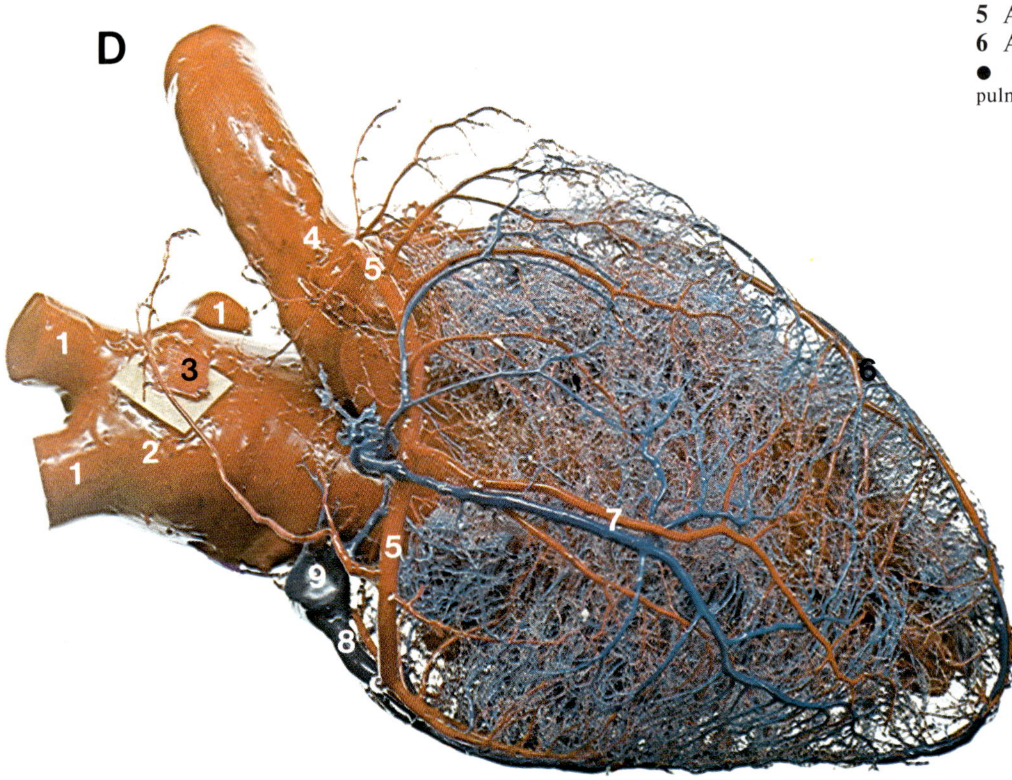

D Injektionspräparat der Herzgefäße, von rechts vorne gesehen
(Der rechte Vorhof wurde entfernt)

1 Vv. pulmonales
2 Atrium sinistrum
3 Siehe Fußnote
4 Aorta ascendens
5 A. coronaria dextra
6 Ramus interventricularis anterior a. coronariae sinistrae und V. cordis magna
7 Ramus marginalis a. coronariae dextrae und V. cordis parva
8 V. cordis media
9 Öffnung des Sinus coronarius in den rechten Vorhof

● Die weiße Markierung liegt hinter der Kunststoffmasse, die vom linken Vorhof durch ein offenes Foramen ovale in den rechten Vorhof übergetreten ist.

● Die V. cordis parva verläuft oft direkt in den rechten Vorhof (wie in diesem Fall) und nicht in den Sinus coronarius.

E Korrosionspräparat vom Herzen mit seinen Gefäßen, von hinten gesehen

1 A. pulmonalis sinistra
2 Arcus aortae
3 A. subclavia sinistra
4 A. carotis communis sinistra
5 Truncus brachiocephalicus
6 V. azygos
7 V. cava superior
8 A. pulmonalis dextra
9 V. pulmonalis dextra
10 Atrium dextrum
11 V. cava inferior
12 V. cordis media
13 Sinus coronarius
14 V. posterior ventriculi sinistri
15 Atrium sinistrum
16 V. pulmonalis sinistra
17 Truncus pulmonalis

● Die Basis des Herzens, die zugleich ihre Hinterfläche darstellt, wird im wesentlichen vom linken Vorhof gebildet.

● Die Vorderansicht dieses Präparates zeigt die Abb. D auf S. 165.

F Korrosionspräparat vom Herzen mit seinen Gefäßen, von links-unten und hinten gesehen

1 Truncus pulmonalis
2 A. coronaria sinistra
3 Aorta ascendens
4 V. cava superior
5 V. pulmonalis dextra
6 Atrium dextrum
7 V. cava inferior
8 Ramus interventricularis posterior a. coronariae dextrae
9 V. cordis media
10 Sinus coronarius
11 Ventriculus sinister
12 V. posterior ventriculi sinistri
13 V. cordis magna
14 Ramus circumflexus a. coronariae sinistrae
15 V. obliqua atrii sinistri (Marshalli)
16 Atrium sinistrum
17 V. pulmonalis sinistra
18 Auricula atrii sinistri

● Der Sinus coronarius, der den Hauptteil des venösen Blutes vom Herzen (vgl. S. 171) in den rechten Vorhof bringt, liegt hinten im Sulcus coronarius zwischen linkem Vorhof und linkem Ventrikel (vgl. S. 162).

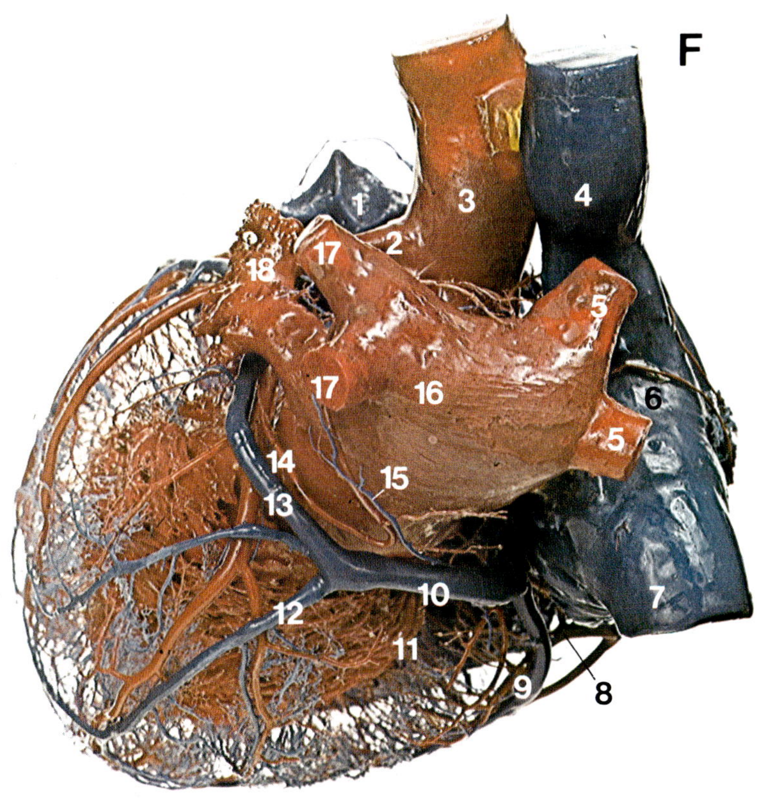

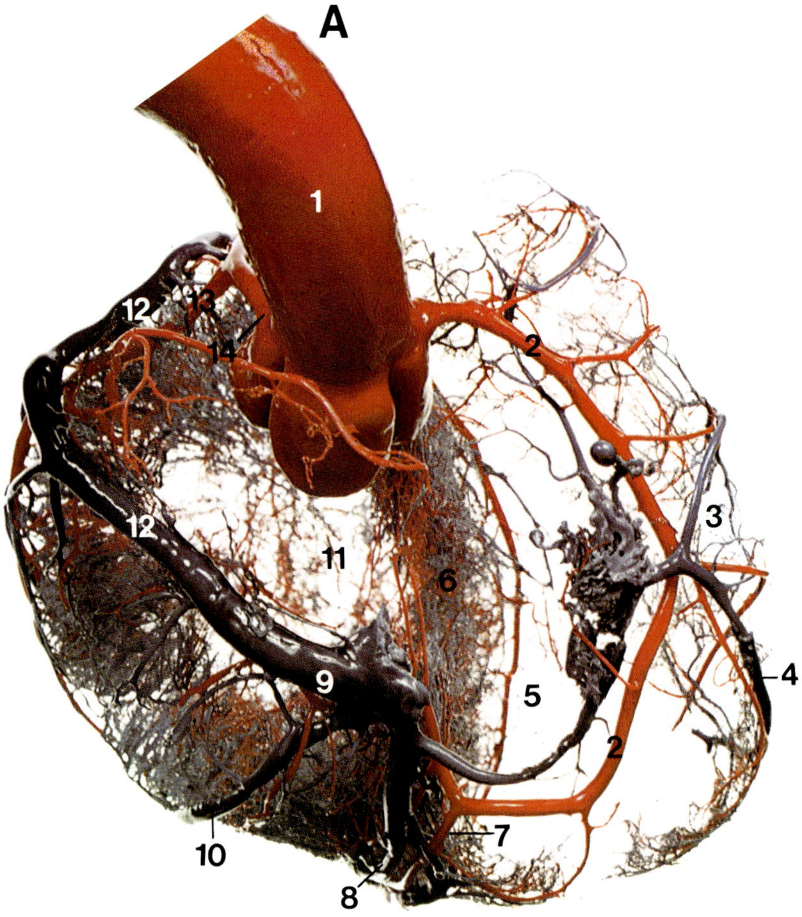

A Korrosionspräparat von den Kranzgefäßen, von rechts-hinten gesehen

1 Aorta ascendens
2 A. coronaria dextra
3 V. cordis anterior
4 V. cordis parva (mündet hier in den rechten Vorhof)
5 Ventriculus dexter
6 Gefäße des Septum interventriculare
7 Ramus interventricularis posterior a. coronariae dextrae
8 V. cordis media
9 Sinus coronarius
10 V. posterior ventriculi sinistri
11 Ventriculus sinister
12 V. cordis magna
13 Ramus circumflexus a. coronariae sinistrae
14 A. coronaria sinistra

● Das dichte Netz der tiefen, penetrierenden Äste der Aa. und Vv. interventriculares anteriores und posteriores zeigt die Lage des Septum intermusculare an.

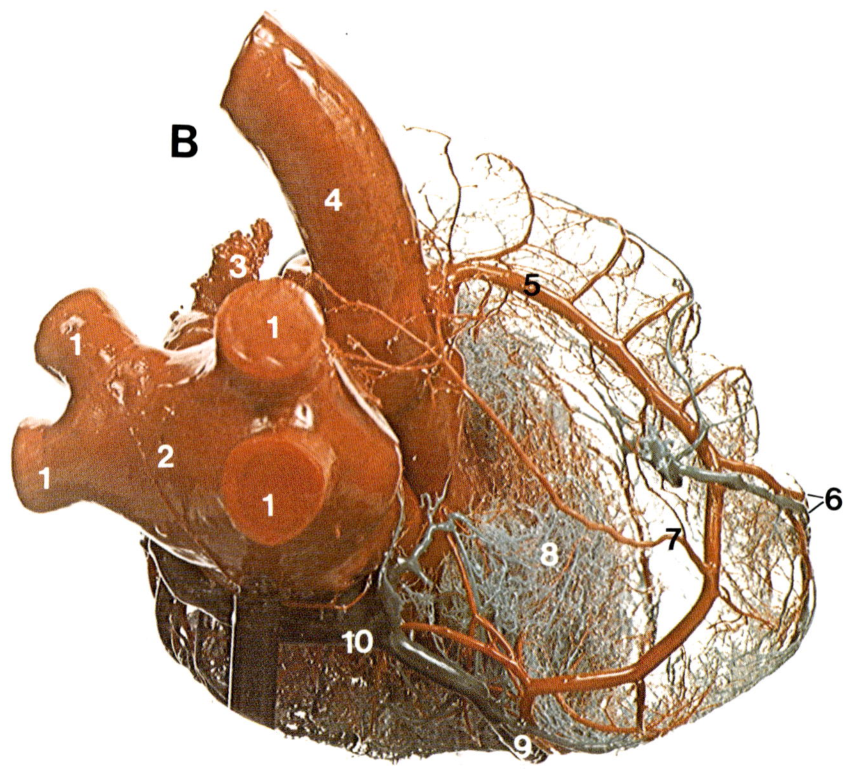

B Korrosionspräparat vom Herzen mit seinen Gefäßen, von rechts-hinten gesehen

1 V. pulmonalis
2 Atrium sinistrum
3 Auricula atrii sinistri
4 Aorta ascendens
5 A. coronaria dextra
6 Ramus marginalis und V. cordis parva
7 Ast der A. coronaria dextra zum rechten Vorhof
8 Gefäße des Septum interventriculare
9 V. interventricularis posterior und V. cordis media
10 Sinus coronarius

● Dieses Präparat ist nochmals auf S. 168 abgebildet.

C Korrosionspräparat der Herzvenen, von hinten gesehen

1 Truncus pulmonalis
2 A. pulmonalis sinister
3 A. pulmonalis dexter
4 Auricula atrii dextri
5 V. azygos
6 V. cava superior
7 Atrium dextrum
8 V. cava inferior
9 Sinus coronarius
10 V. cordis media
11 Venen des linken Ventrikels
12 V. cordis magna
13 Position der Valva atrioventricularis dextra (Trikuspidalklappe)
14 Ventriculus dexter

● Der Sinus coronarius erhält normalerweise seine venösen Zuflüsse aus der V. cordis magna, media und parva sowie der V. posterior ventriculi sinistri und der V. obliqua atrii sinistri (vgl. S. 169).

C

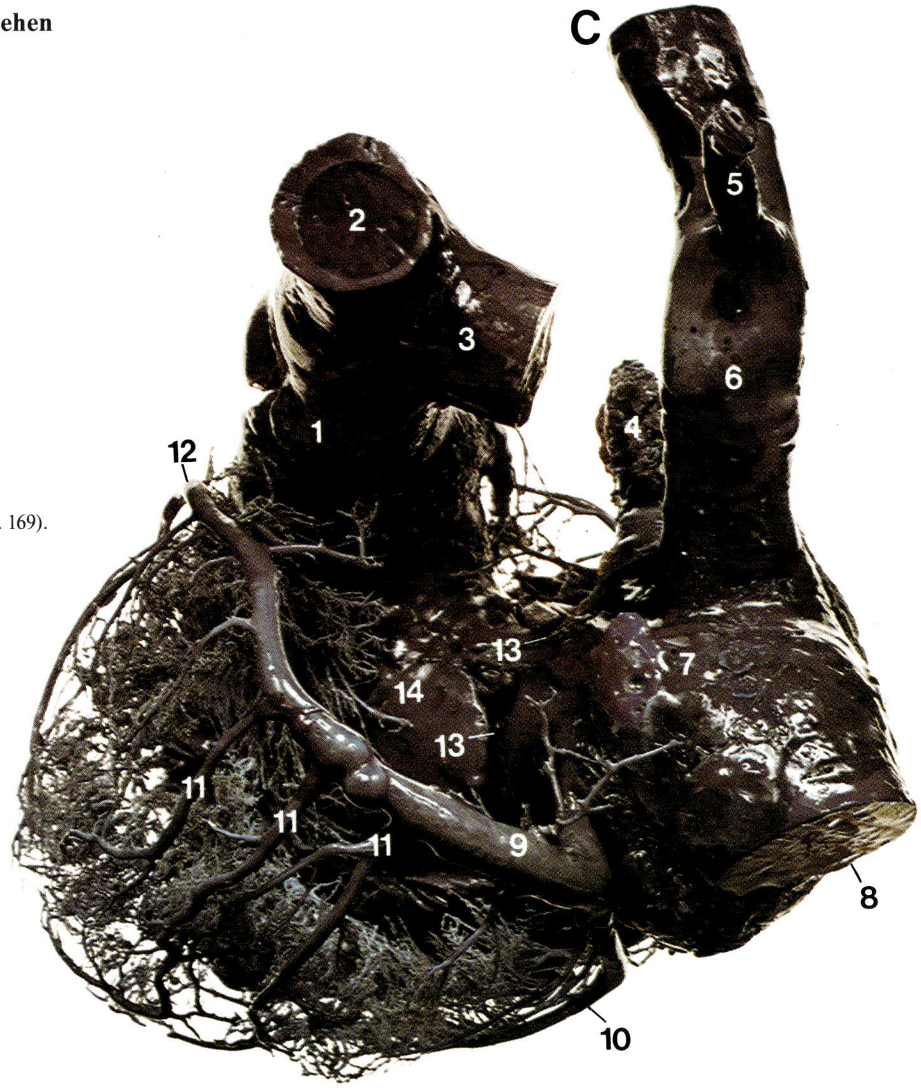

D

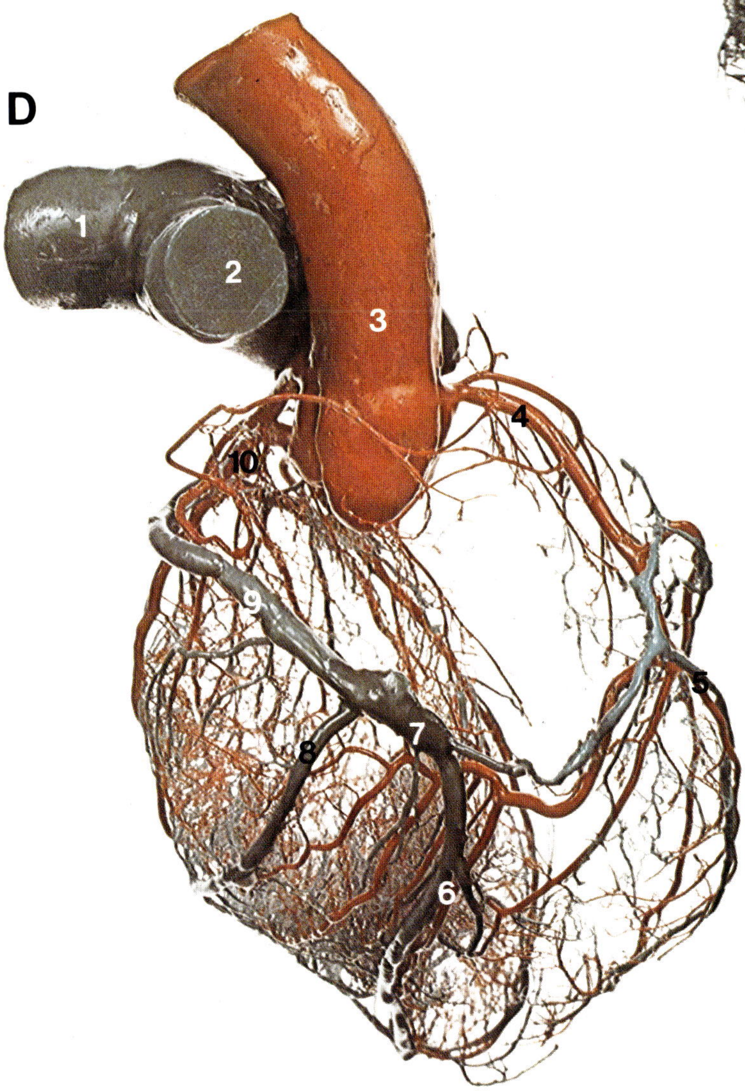

D Korrosionspräparat der Herzgefäße – Sinus coronarius, von rechts-unten und hinten gesehen

1 A. pulmonalis sinistra
2 A. pulmonalis dextra
3 Aorta ascendens
4 A. coronaria dextra
5 Ramus marginalis a. coronariae dextrae und V. cordis parva
6 Ramus interventricularis posterior und V. cordis media
7 Sinus coronarius
8 V. posterior ventriculi sinistri
9 V. cordis magna
10 Ramus circumflexus a. coronariae sinistrae

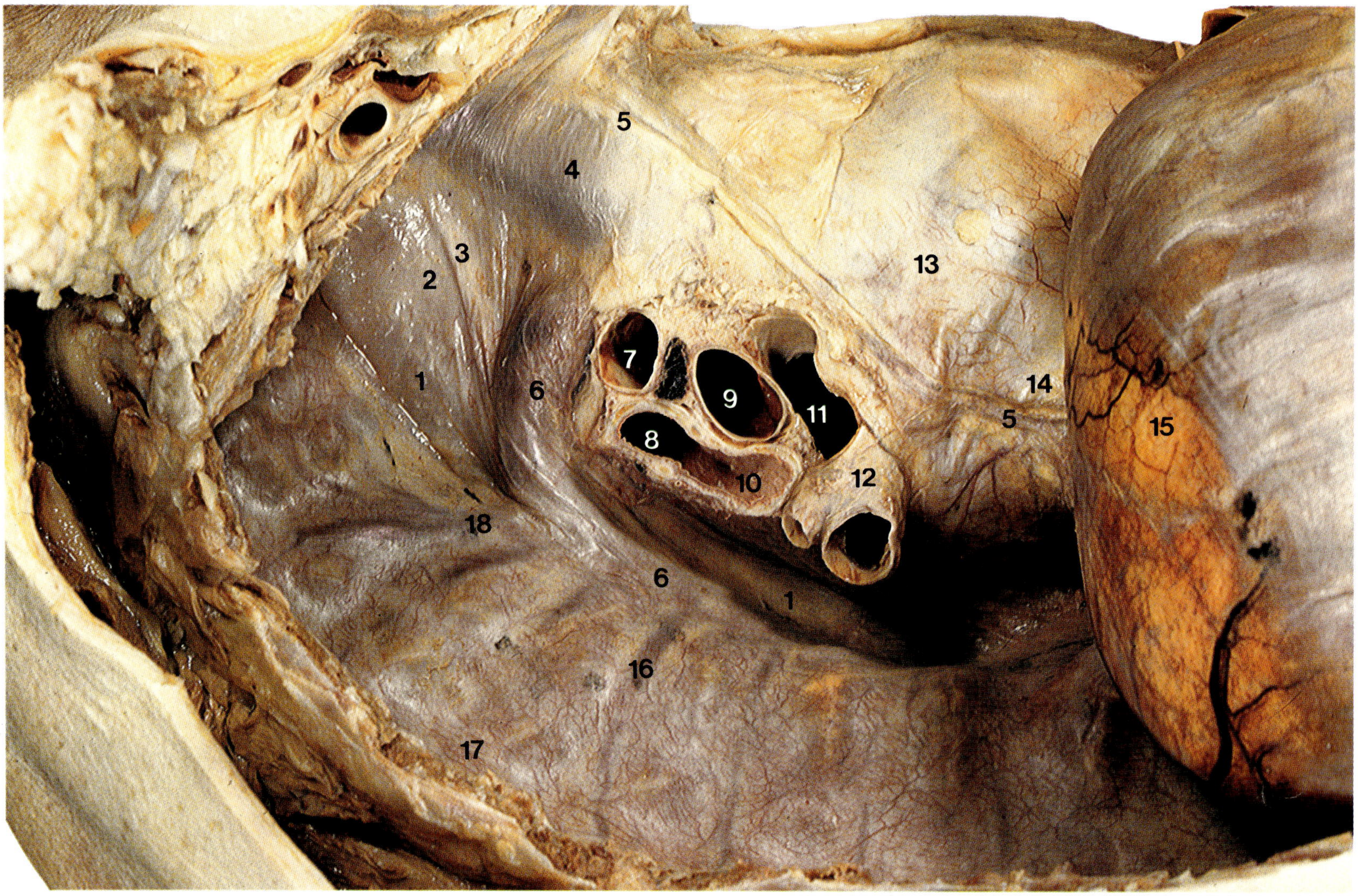

Rechter Lungenhilus und Pleura mediastinalis

1 Oesophagus
2 Trachea
3 N. vagus dexter
4 V. cava superior
5 N. phrenicus dexter und Vasa pericardiacophrenica
6 V. azygos
7 Ast der A. pulmonalis dextra zum Lobus superior pulmonalis
8 Oberlappenbronchus (Bronchus lobaris superior dexter)
9 A. pulmonalis dextra
10 Rechter Hauptbronchus (Bronchus principalis dexter)
11 V. pulmonalis superior dextra
12 V. pulmonalis inferior dextra
13 Pleura mediastinalis und Perikard (im Bereich des rechten Vorhofes)
14 V. cava inferior
15 Zwerchfell (Diaphragma)
16 Vasa intercostalia posteriora (unter der Pleura parietalis)
17 Truncus sympathicus
18 V. intercostalis superior dextra

● Der rechte Vagus verläuft schräg abwärts an der Trachea vorbei, wo er von der Pleura mediastinalis bedeckt wird und gelangt dann hinter der Lungenwurzel zum Ösophagus.

● Der rechte N. phrenicus zieht, von der Pleura mediastinalis bedeckt, auf der V. cava superior abwärts am rechten Vorhof entlang zum Zwerchfell, das er im Bereich der V. cava inferior erreicht.

● Rechts hat die Pleura engen Kontakt mit der Trachea, während sie links nur die A. subclavia und A. carotis communis berührt.

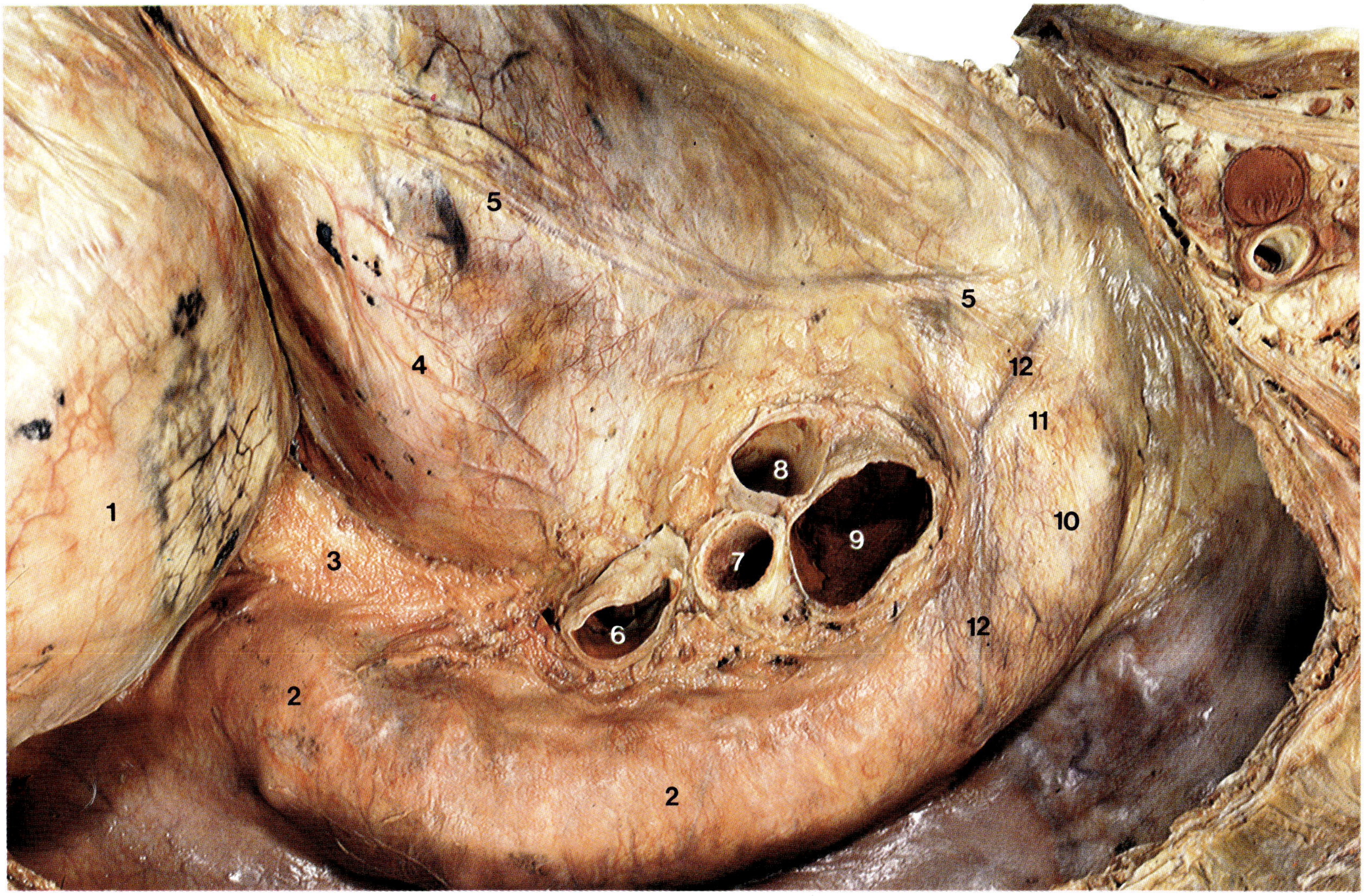

Linker Lungenhilus und Pleura mediastinalis

1 Zwerchfell (Diaphragma)
2 Aorta thoracica
3 Oesophagus
4 Pleura mediastinalis und Perikard (im Bereich des linken Ventrikels)
5 N. phrenicus sinister und Vasa pericardiacophrenica
6 V. pulmonalis inferior sinistra
7 Bronchus principalis sinister
8 V. pulmonalis superior sinistra
9 A. pulmonalis sinistra
10 Arcus aortae
11 N. vagus sinister
12 V. intercostalis superior sinistra

● N. vagus und N. phrenicus ziehen links vor dem Arcus aortae abwärts, wobei der N. phrenicus etwas weiter vorne liegt als der N. vagus.

● Die V. intercostalis superior sinistra kreuzt den oberen Abschnitt des Arcus aortae und verläuft vor dem N. vagus, jedoch unterhalb des N. phrenicus zur V. brachiocephalica sinistra.

● Im Hilusbereich beider Lungen ordnen sich die Hauptleitungsbahnen in der Reihenfolge von vorne nach hinten wie folgt an: 1. Venen, 2. Arterien, 3. Bronchien, wobei die V. pulmonalis inferior am weitesten unten lokalisiert ist (vgl. a. S. 184). Außerdem liegen hier dann noch die Bronchialgefäße, Lymphknoten und Lymphgefäße sowie die vegetativen Nerven der Lunge.

● Im vorliegenden Präparat ist die Aorta thoracica kleiner als normal. Dadurch wird der Ösophagus auf einer längeren Strecke von links sichtbar. Normalerweise ist der Ösophagus oberhalb des Diaphragma nur in einem Dreieck, das vom Zwerchfell, vom Herzen und von der Aorta gebildet wird, erkennbar.

● Links wird der Oesophagus in dem Dreieck zwischen Zwerchfell, Herz und Aorta sichtbar.

Oberer Abschnitt der Facies mediastinalis der rechten Lunge, Impressiones

1 Sulcus für die erste Rippe
2 Sulcus v. subclaviae
3 Sulcus a. subclaviae
4 Grenzfläche zum Ösophagus und zur Trachea
5 Sulcus v. azygos
6 Sulcus v. cavae superioris
7 Venae pulmonales dextrae
8 Äste der rechten Pulmonalarterie
9 Bronchi lobares

Oberer Abschnitt der Facies mediastinalis der linken Lunge, Impressiones

1 Sulcus aortae
2 Sulcus a. subclaviae (sinistrae)
3 Sulcus v. subclaviae (sinistrae)
4 Sulcus für die erste Rippe
5 Vv. pulmonales sinistrae
6 Bronchus lobaris superior et inferior sinister
7 Äste der linken Pulmonalarterie

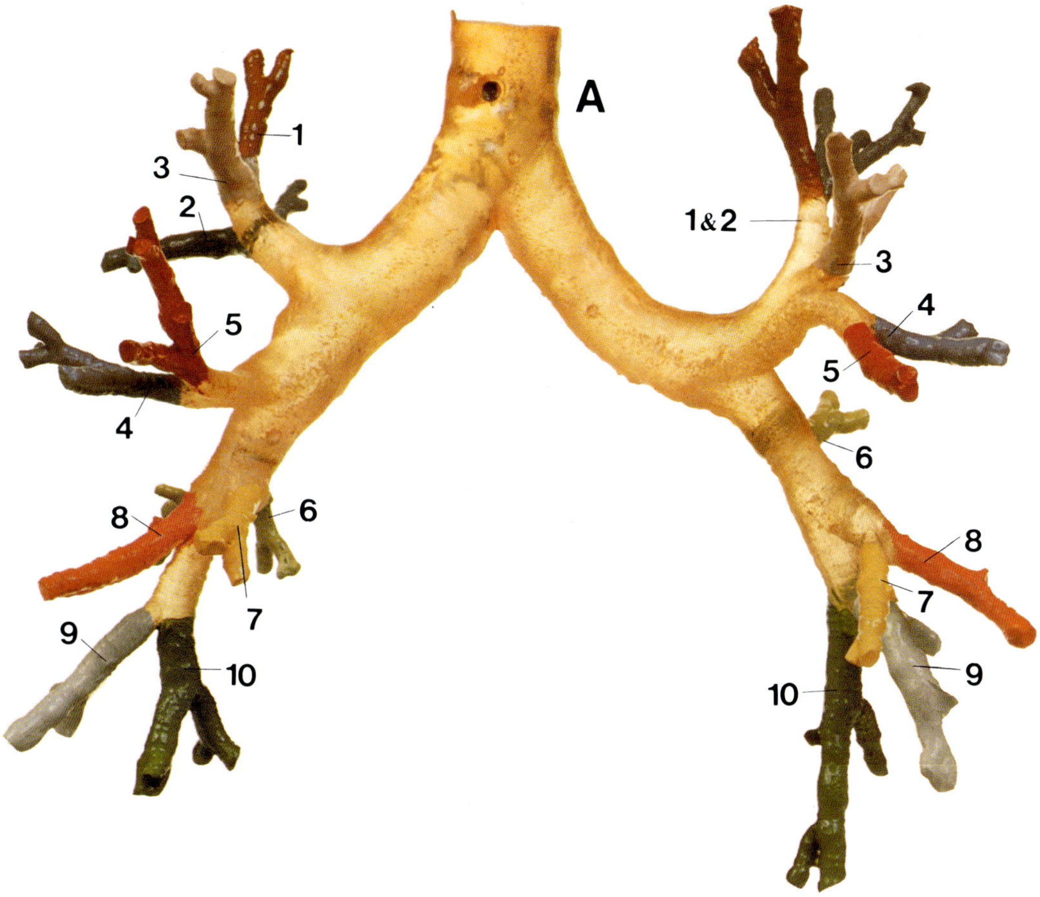

- Die Trachea teilt sich in den rechten und linken Hauptbronchus (Bifurcatio tracheae).
- Der rechte Hauptbronchus ist kürzer, weiter und mehr vertikal orientiert als der linke; der linke Hauptbronchus ist demgegenüber länger, enger und mehr transversal orientiert als der rechte. Fremdkörper gelangen daher leichter in den rechten als in den linken Hauptbronchus.
- Der rechte Hauptbronchus gibt zuerst den Oberlappenbronchus ab, bevor er in den Hilus der rechten Lunge eintritt und sich in den Mittel- und Unterlappenbronchus aufteilt; der linke Hauptbronchus teilt sich demgegenüber erst nach Eintritt in den Hilus in seine beiden Lappenbronchien auf (Bronchus lobaris superior und inferior).
- Die Äste der Lappenbronchien werden Segmentbronchien genannt. Jeder Segmentbronchus versorgt ein Lungensegment. Die Segmente werden mit lateinischen Termini und Zahlen bezeichnet (vgl. a. S. 176–183). Die in der Legende angegebenen Zahlen stimmen mit denen der Segmente überein.
- Der Verzweigungsmodus der Lappenbronchien in der rechten und linken Lunge ist im wesentlichen gleich, ausgenommen die Tatsache, daß 1. der apikale und posteriore Segmentbronchus links von einem gemeinsamen Stamm, der daher auch als apikoposteriorer Segmentbronchus bezeichnet wird, ausgehen (hier mit 1 und 2 bezeichnet); daß 2. in der linken Lunge der Mittellappen fehlt (die Bronchi lingulares superiores et inferiores der linken Lunge entsprechen jedoch genau den Bronchi segmentales laterales und mediales des Mittellappens der rechten Lunge, weshalb sie auch die gleichen Segmentnummern tragen); und 3. daß der mediobasale Bronchus der linken Lunge normalerweise vom anterobasalen Segmentbronchus entspringt und daher das 7. Segment links meist fehlt. Im abgebildeten Präparat geht dieser Bronchus allerdings vom latero-basalen Segmentbronchus ab.
- Der apikale Segmentbronchus im Unterlappen beider Lungen jeweils für das 6. Segment ist der am weitesten dorsal lokalisierte Bronchus. In Rückenlage kann daher leicht Flüssigkeit in diesen Abschnitt des Bronchialsystems aspiriert werden.

Ausgußpräparat von der unteren Trachea, den Haupt-, Lappen- und Segmentbronchien

A Ansicht von vorne
(senkrechte Position)

B Ansicht von links
(horizontale Position, Ansicht etwas schräg von vorne-unten, so daß der rechte Bronchialbaum oberhalb des linken sichtbar wird)

Linke Lunge
Lobus superior *(Bronchus lobaris superior sinister)*
1 u. 2 Bronchus segmentalis apicoposterior
3 Bronchus segmentalis anterior
4 Bronchus lingularis superior
5 Bronchus lingularis inferior
Lobus inferior *(Bronchus lobaris inferior sinister)*
6 Bronchus segmentalis apicalis superior
7 Bronchus segmentalis basalis medialis (cardiacus)
8 Bronchus segmentalis basalis anterior
9 Bronchus segmentalis basalis lateralis
10 Bronchus segmentalis basalis posterior

Rechte Lunge
Lobus superior *(Bronchus lobaris superior dexter)*
1 Bronchus segmentalis apicalis
2 Bronchus segmentalis posterior
3 Bronchus segmentalis anterior
Lobus medius *(Bronchus lobaris medius dexter)*
4 Bronchus segmentalis lateralis
5 Bronchus segmentalis medialis
Lobus inferior *(Bronchus lobaris medius dexter)*
6 Bronchus segmentalis apicalis (superior)
7 Bronchus segmentalis basalis medialis
8 Bronchus segmentalis basalis anterior
9 Bronchus segmentalis basalis lateralis
10 Bronchus segmentalis basalis posterior

Korrosionspräparat des Bronchialbaumes, von vorne gesehen
(Die Lungensegmente wurden numeriert)

Rechte Lunge

Lobus superior
1 Apikales Segment
2 Posteriores Segment
3 Anteriores Segment

Lobus medius
4 Laterales Segment
5 Mediales Segment

Lobus inferior
6 Apikales (superiores) Segment
7 Medio-basales Segment
8 Antero-basales Segment
9 Latero-basales Segment
10 Postero-basales Segment

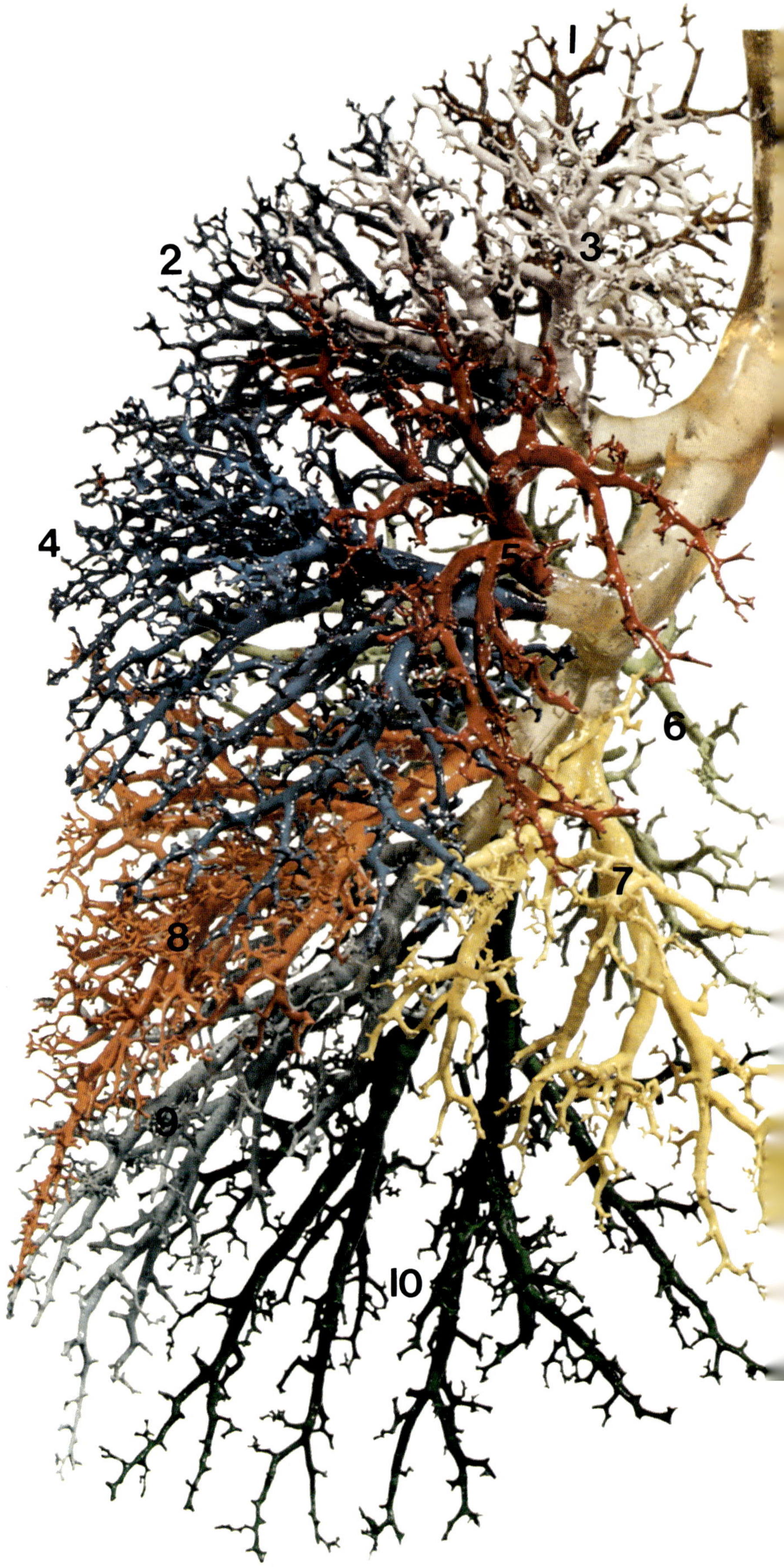

Linke Lunge

1 Apikales Segment
2 Posteriores Segment
3 Anteriores Segment
4 Superiores lingulares Segment
5 Inferiores lingulares Segment

Lobus inferior
6 Apikales Segment
7 Medio-basales (kardiales) Segment
8 Antero-basales Segment
9 Latero-basales Segment
10 Postero-basales Segment

A
1
3
4
5
7
8
9
10

B
1
2
6
9
10

Segmente der rechten Lunge, A von vorne, B von hinten, C von medial gesehen

Lobus superior
1 Apikales Segment
2 Posteriores Segment
3 Anteriores Segment

Lobus medius
4 Laterales Segment
5 Mediales Segment

Lobus inferior
6 Apikales (superiores) Segment
7 Medio-basales Segment
8 Antero-basales Segment
9 Latero-basales Segment
10 Postero-basales Segment

● In über 50% der Fälle kommt ein subapikales (subsuperiores) Segment vor. Im vorliegenden Präparat ist dieses zusätzliche Segment vorhanden (weiß).

● Das posterobasale Segment (10) erscheint in zwei verschiedenen Nuancen von grün.

Segmente der rechten Lunge, Facies costalis

Lobus superior
1 Apikales Segment
2 Posteriores Segment
3 Anteriores Segment

Lobus medius
4 Laterales Segment
5 Mediales Segment

Lobus inferior
6 Apikales (superiores) Segment
7 Medio-basales Segment
8 Antero-basales Segment
9 Latero-basales Segment
10 Postero-basales Segment

- Im abgebildeten Präparat ist das medio-basale Segment (7) nicht zu sehen.
- Das postero-basale Segment (10) zeigt zufälligerweise zwei verschiedene Farbtöne.

Segmente der linken Lunge, Facies costalis

Lobus superior
1 Apikales Segment
2 Posteriores Segment
3 Anteriores Segment
4 Superior-lingulares Segment
5 Inferior-lingulares Segment

Lobus inferior
6 Apikales (superiores) Segment
7 Medio-basales Segment (kardiales)
8 Antero-basales Segment
9 Latero-basales Segment
10 Postero-basales Segment

● Apikales und posteriores Segment (1 und 2) sind beide grün gefärbt, da sie von dem diese beiden Segmente versorgenden apikoposterioren Segmentbronchus aus gefüllt wurden (vgl. S. 175).
● Das medio-basale Segment (7) ist in dieser Ansicht nicht zu sehen.
● Beachte die Fußnote von S. 179 bezüglich des weißen Segments.

A

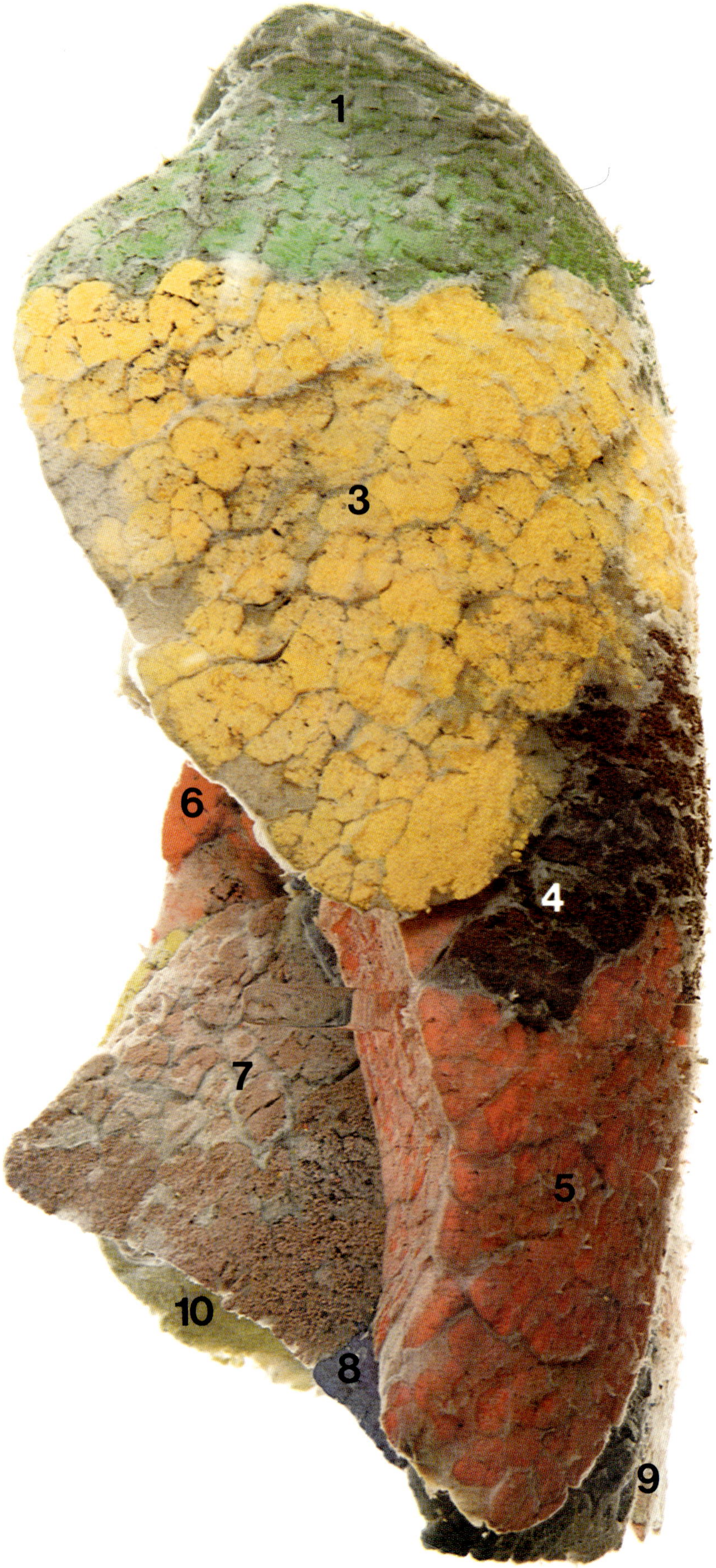

B

Segmente der linken Lunge, A von vorne, B von hinten, C von medial gesehen

Lobus superior
1 Apikales Segment
2 Posteriores Segment
3 Anteriores Segment
4 Superior-lingulares Segment
5 Inferior-lingulares Segment

Lobus inferior
6 Apikales (superiores) Segment
7 Medio-basales (kardiales) Segment
8 Antero-basales Segment
9 Latero-basales Segment
10 Postero-basales Segment

- Die Segmente 1 und 2 (apikales und posteriores Segment) zeigen dieselbe grüne Färbung, weil sie von dem gemeinsamen apikoposterioren Segmentbronchus aus gefüllt worden sind (s. S. 175).
- Vgl. a. Fußnoten von S. 179.

A

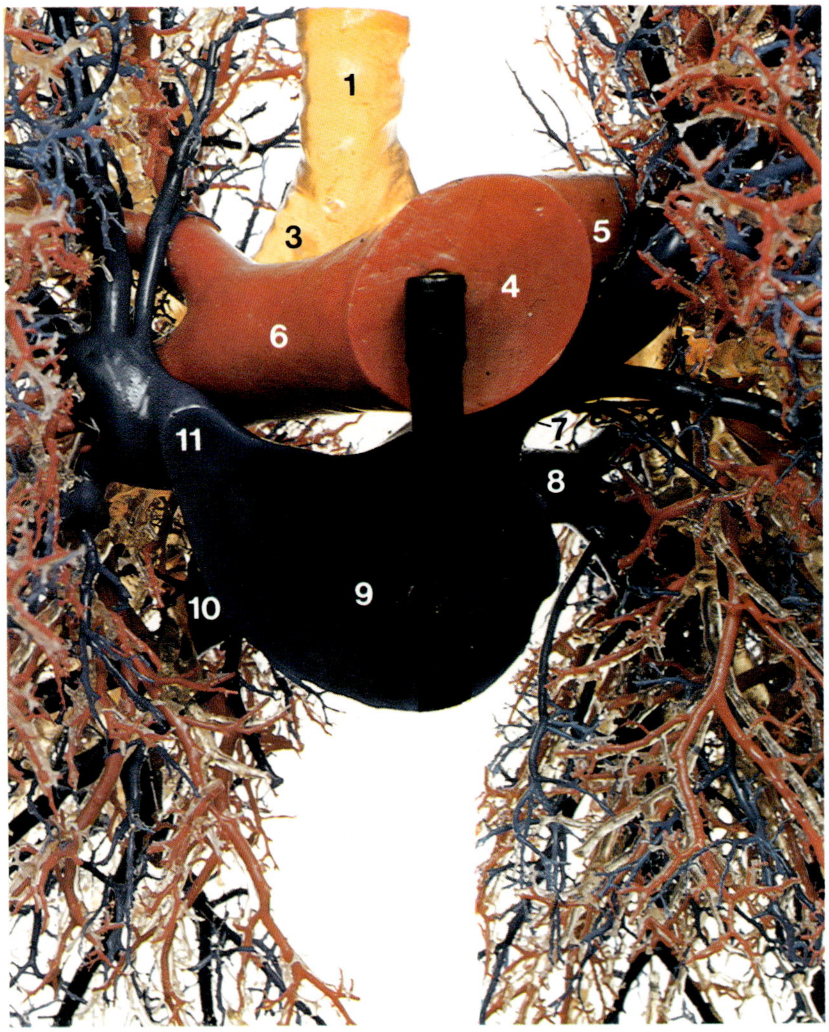

Korrosionspräparat der Lungengefäße und des Bronchialbaumes, A von vorne, B von hinten, C von rechts-hinten gesehen

1 Trachea
2 Linker Hauptbronchus
3 Rechter Hauptbronchus
4 Truncus pulmonalis
5 A. pulmonalis sinistra
6 A. pulmonalis dextra
7 V. pulmonalis sinistra superior
8 V. pulmonalis sinistra inferior
9 Linker Vorhof
10 V. pulmonalis dextra inferior
11 V. pulmonalis dextra superior

● Die Reihenfolge der wichtigsten Leitungsbahnen im Bereich des Lungenhilus von vorne nach hinten: 1. Vene, 2. Arterie, 3. Bronchus, so wie es die Abb. A zeigt (vgl. a. S. 172 und 173).

● Am weitesten unten liegt im Bereich des Lungenhilus die V. pulmonalis inferior (s. Abb. B).

● Die A. pulmonalis dextra verläuft zur rechten Lungenwurzel und zieht dabei unmittelbar unter der Bifurcatio tracheae entlang (vgl. Abb. C und D).

B

C

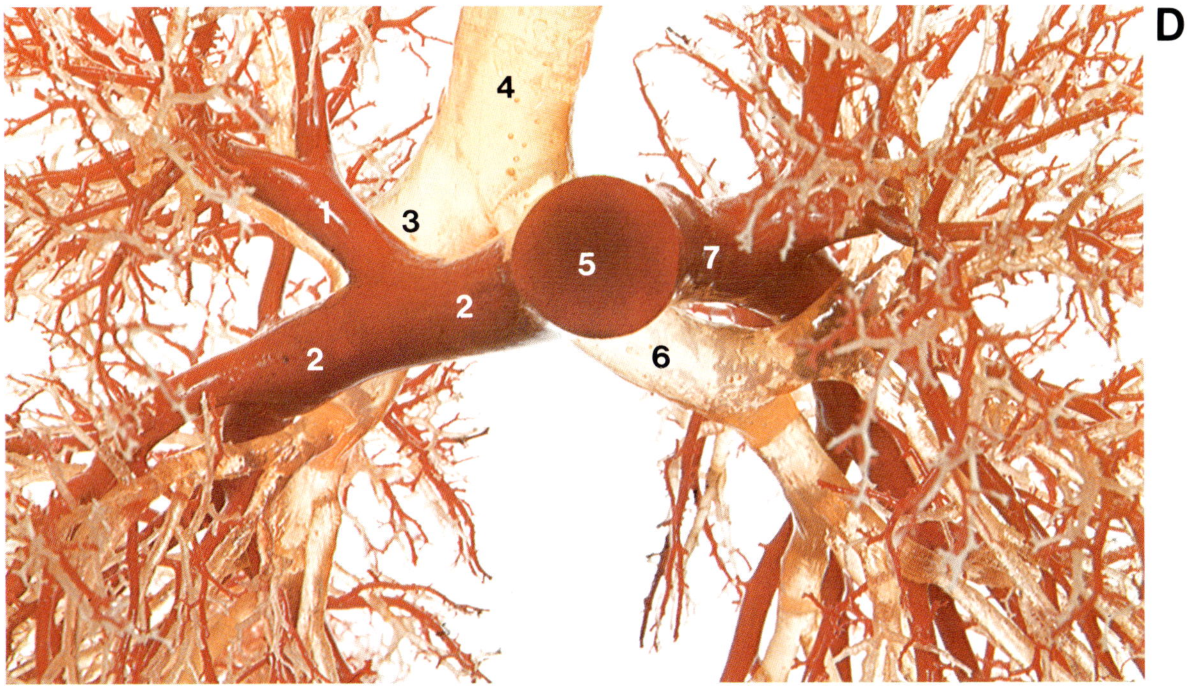

D Korrosionspräparat der Lungenarterien und des Bronchialbaumes, von vorne gesehen

1 Ast der A. pulmonalis dextra für den Oberlappen
2 A. pulmonalis dextra
3 Bronchus principalis dexter
4 Trachea
5 Truncus pulmonalis
6 Bronchus principalis sinister
7 A. pulmonalis sinistra

● Der Truncus pulmonalis teilt sich in der Regel vor dem linken Hauptbronchus.

● Die A. pulmonalis sinistra reitet auf dem linken Hauptbronchus und zieht dann dorsal von den Lappenbronchien abwärts.

● Die A. pulmonalis dextra zieht unter der Bifurcatio tracheae entlang und verläuft dann oberhalb vom rechten Hauptbronchus. Nur der Ast zum Oberlappen liegt vor dem zugehörigen Oberlappenbronchus.

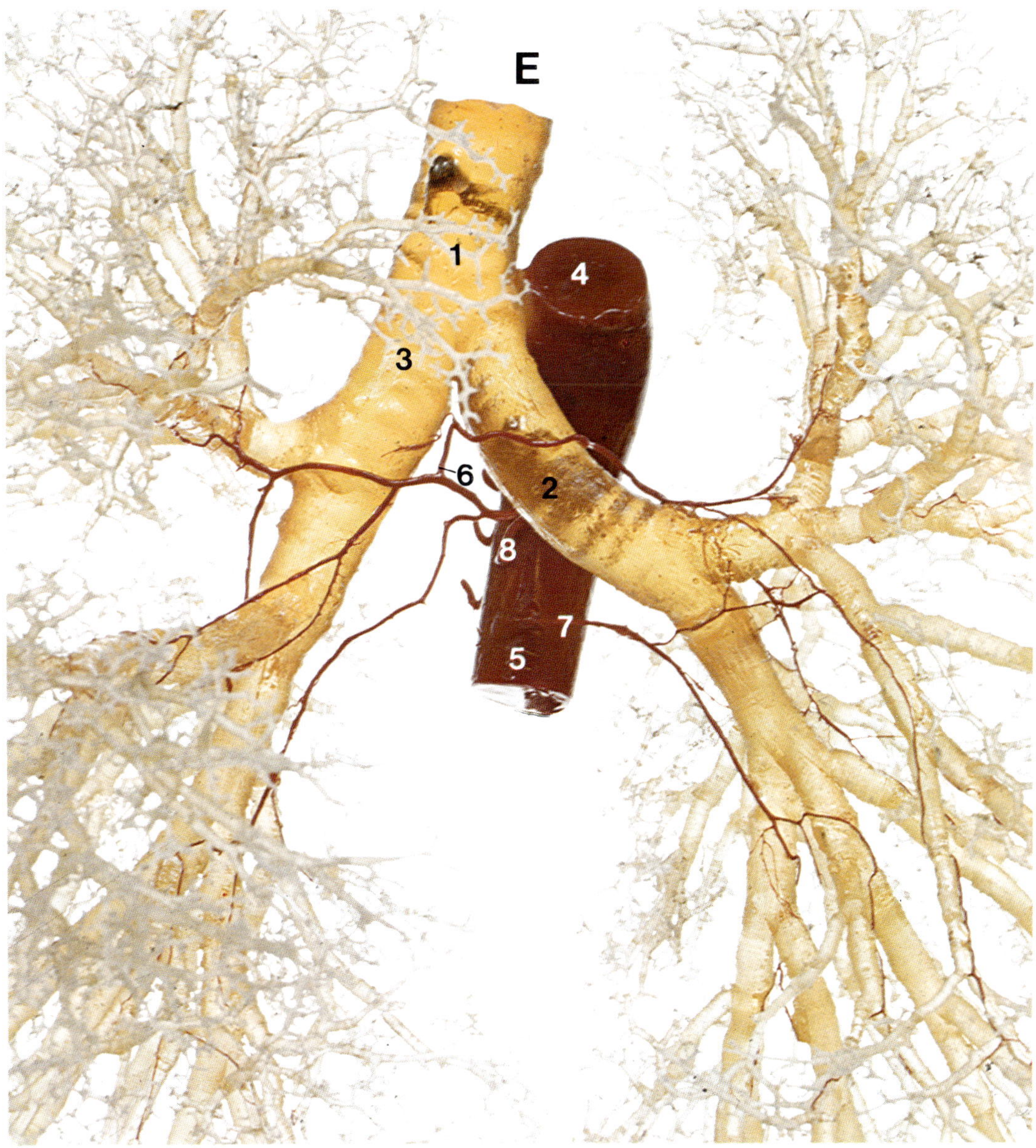

E Korrosionspräparat des Bronchialbaumes mit den Bronchialarterien, von vorne gesehen

1 Trachea
2 Bronchus principalis sinister
3 Bronchus principalis dexter
4 Arcus aortae
5 Aorta thoracica
6 Ursprung der oberen linken Bronchialarterie
7 Ursprung der unteren linken Bronchialarterie
8 Ursprung der rechten Bronchialarterie

● In der Regel existieren 2 linke Bronchialarterien, die von der Aorta abgehen, und eine rechte Bronchialarterie, die entweder von der 3. rechten Interkostalarterie oder von der linken, oberen Bronchialarterie entspringt. Bei diesem Präparat entspringt allerdings die linke, obere Bronchialarterie von der rechten Bronchialarterie, was ungewöhnlich ist.

● Die Bronchialarterien liegen normalerweise hinter den Bronchien und nicht vor ihnen, wie das dieses Präparat zeigt.

A

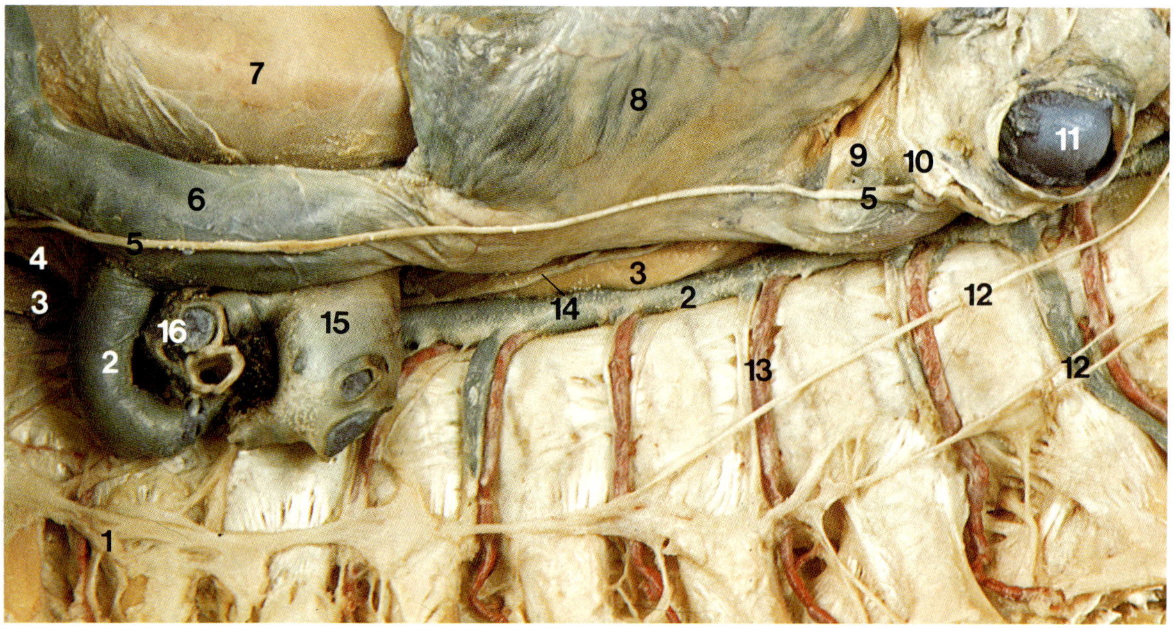

A Mediastinum posterius, von rechts gesehen
(Pleura und Zwerchfell wurden entfernt)

1 Truncus sympathicus mit seinen Ganglien
2 V. azygos
3 Oesophagus
4 Trachea
5 N. phrenicus dexter
6 V. cava superior
7 Aorta ascendens
8 Atrium dextrum
9 V. cava inferior
10 Schnittrand des Zwerchfells
11 V. hepatica dextra
12 N. splanchnicus major
13 Vasa intercostalia
14 N. vagus (Plexus oésophageus)
15 A. pulmonalis dextra
16 Bronchus principalis dexter

- Weitere Einzelheiten s. Abb. B
- Ein ähnliches Präparat, bei dem die Pleura mediastinalis nicht entfernt wurde, ist auf S. 172 abgebildet.

B

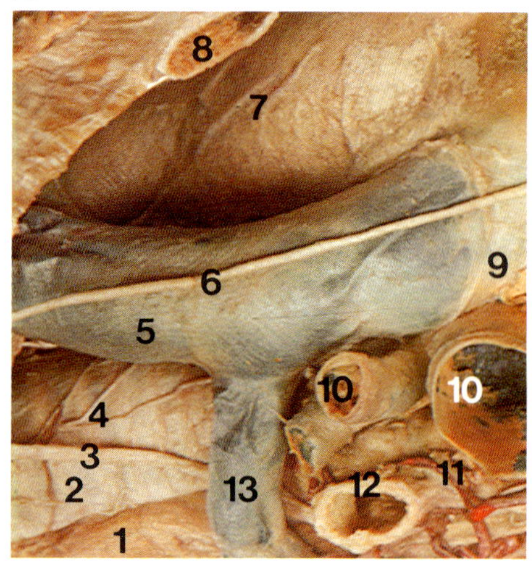

B Vena cava superior und Trachea, von rechts gesehen

1 Oesophagus
2 Trachea
3 N. vagus dexter
4 Rami cardiaci n. vagi
5 V. cava superior
6 N. phrenicus dexter
7 Arcus aortae
8 Zweiter Rippenknorpel (rechts)
9 Atrium dextrum
10 Äste der A. pulmonalis dextra
11 A. bronchialis dextra
12 Oberlappenbronchus
13 V. azygos

Mediastinum superius und Arcus aortae, von links gesehen
(Das Präparat wurde als ganzes aus dem Thorax herausgenommen, wobei jedoch das Sternum erhalten blieb)

1 Aorta ascendens
2 Arcus aortae
3 Truncus brachiocephalicus
4 A. carotis communis sinistra
5 N. phrenicus sinister
6 N. vagus sinister
7 Ramus cardiacus inferior n. vagi
8 A. subclavia sinistra
9 Ramus cardiacus cervicalis superior vom Halsgrenzstrang [kommt vom Ganglion cervicale superius (links)]
10 Trachea
11 Ramus cardiacus superior des linken N. vagus
12 N. laryngeus recurrens (links)
13 Oesophagus
14 Lig. arteriosum (Botalli)
15 A. pulmonalis sinistra
16 Truncus pulmonalis
17 V. pulmonalis
18 Äste des Bronchus principalis (links)
19 Aorta descendens (Aorta thoracica)
20 Perikard über dem linken Ventrikel
21 Perikard über dem rechten Ventrikel

● Ein ähnliches Präparat mit erhaltener Pleura mediastinalis zeigt die Abbildung auf S. 173.
● Die Äste des Halssympathikus und des N. vagus, die den Aortenbogen vor dem N. phrenicus kreuzen, bilden den Plexus cardiacus superficialis, der medial vom Lig. arteriosum beginnt.
● Der Plexus cardiacus profundus liegt vor der Bifurcatio tracheae und wird von den Nn. cardiaci cervicales des Halsgrenzstrangs, den Rami cardiaci des N. vagus und dem Ramus cardiacus inferior des N. laryngeus recurrens gebildet.

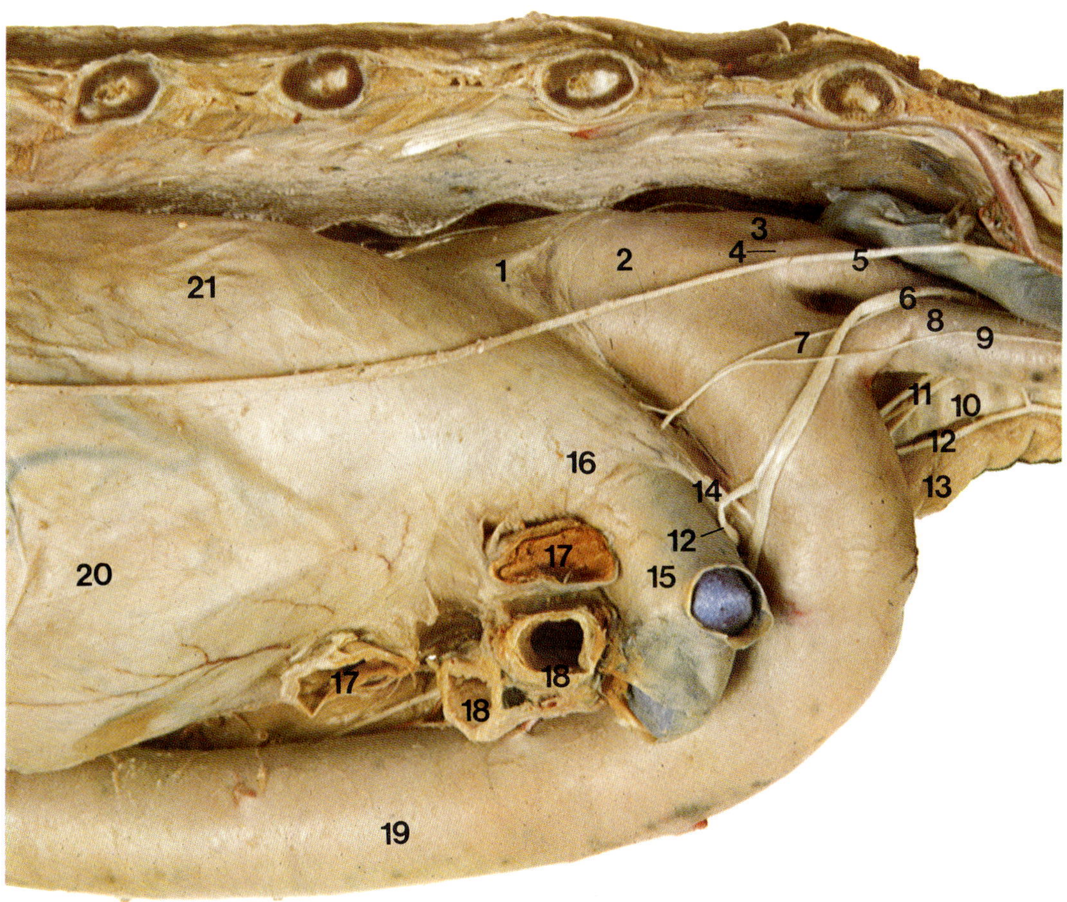

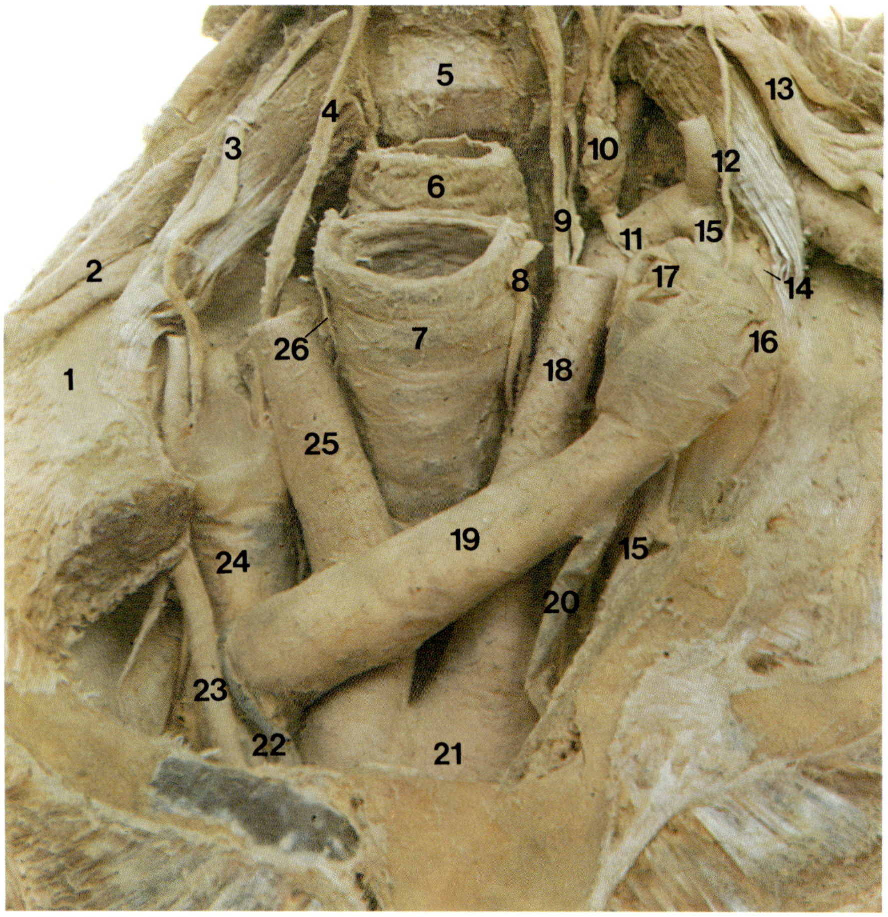

Brustorgane nach Entfernung von Manubrium sterni und erster Rippe

1 Erste Rippe
2 Plexus brachialis
3 N. phrenicus dexter und M. scalenus anterior
4 N. vagus dexter
5 Halswirbelsäule (C_6)
6 Oesophagus
7 Trachea
8 N. laryngeus inferior des N. laryngeus recurrens sinister
9 N. vagus sinister
10 Ganglion cervicale inferius des Truncus sympathicus
11 Ansa subclavia und A. subclavia sinistra
12 Truncus thyreocervicalis, N. phrenicus und M. scalenus anterior
13 Plexus brachialis (etwas nach unten gezogen)
14 Apex pulmonis
15 A. thoracica interna sinistra
16 V. subclavia sinistra
17 V. jugularis interna
18 A. carotis communis sinistra
19 V. brachiocephalica sinistra
20 V. thoracica interna
21 Arcus aortae
22 V. cava superior
23 A. thoracica interna dextra
24 V. brachiocephalica dextra
25 Truncus brachiocephalicus
26 N. laryngeus inferior des N. laryngeus recurrens

Halssitus, von vorne gesehen
(Sternum, Claviculae, Rippenknorpel und zugehörige Muskulatur wurden entfernt)

1 A. subclavia
2 M. scalenus anterior
3 A. suprascapularis
4 A. transversa colli
5 N. phrenicus
6 N. vagus
7 A. thoracica interna
8 Ansa subclavia
9 Apex pulmonis
10 Lobus lateralis glandulae thyreoideae
11 A. thyreoidea superior
12 A. carotis communis
13 A. carotis externa
14 Os hyoideum
15 Prominentia laryngea
16 M. thyreohyoideus
17 M. cricothyreoideus
18 Arcus cartilaginis cricoideae
19 Isthmus glandulae thyreoideae
20 Trachea
21 A. thyreoidea ima
22 N. laryngeus inferior des N. laryngeus recurrens
23 Truncus brachiocephalicus
24 V. brachiocephalica sinistra
25 V. brachiocephalica dextra
26 V. cava superior
27 V. thoracica interna
28 C_5
29 C_6
30 C_7
31 C_8
(28–31: Rami ventrales der zervikalen Spinalnerven)
32 Erste Rippe (Caput und Collum costae)
33 Ganglion cervicothoracicum (stellatum)
34 Plexus brachialis
35 N. suprascapularis

● Weitere Einzelheiten über die Anatomie des Halses s. S. 39.

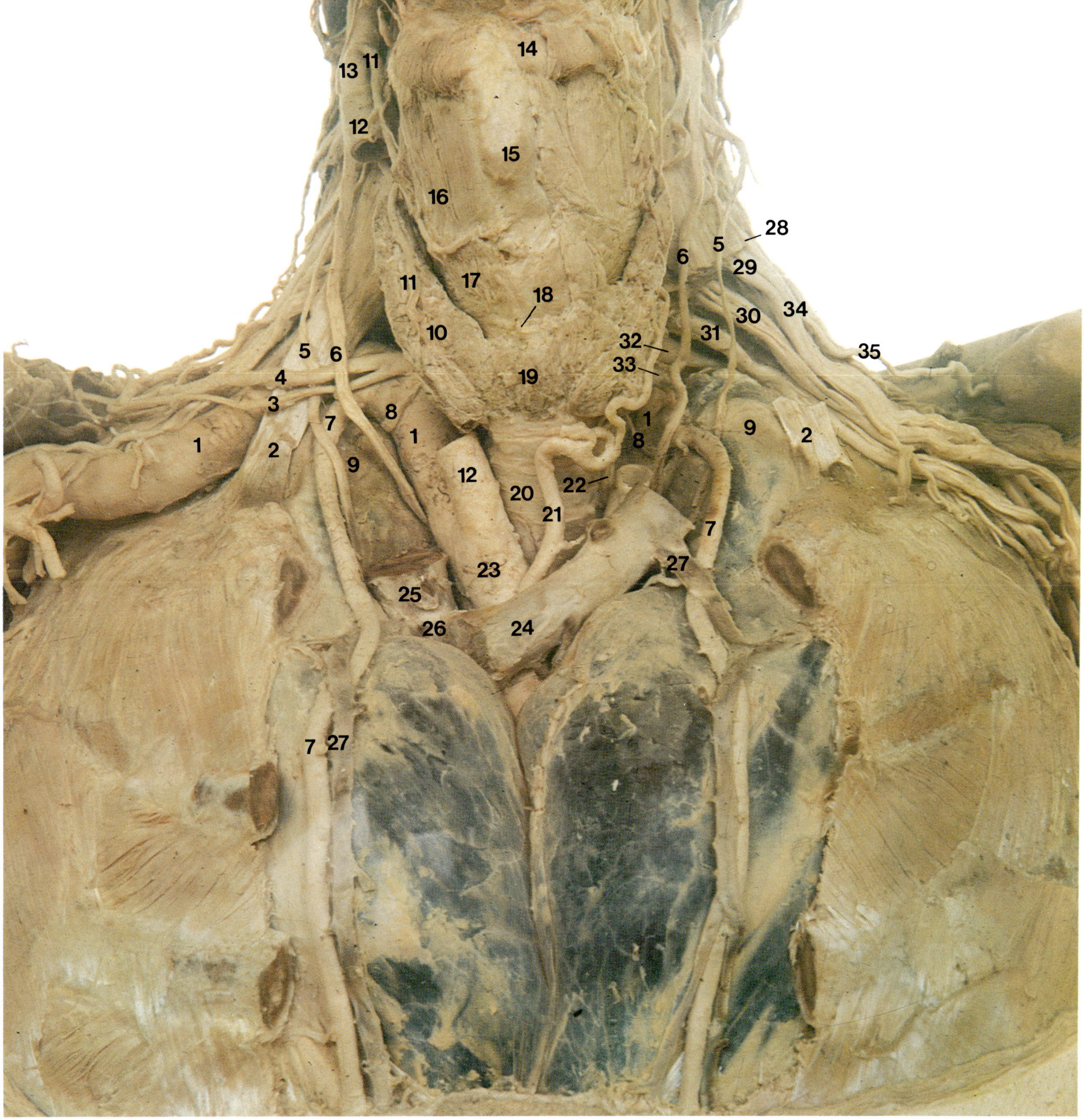
14
13
11
12
15
16
28
5
6
29
11
17
18
30
34
10
31
32
5
6
35
33
4
19
3
8
7
1
9
2
1
2
9
12
20
22
21
7
27
23
25
26
24
7
27

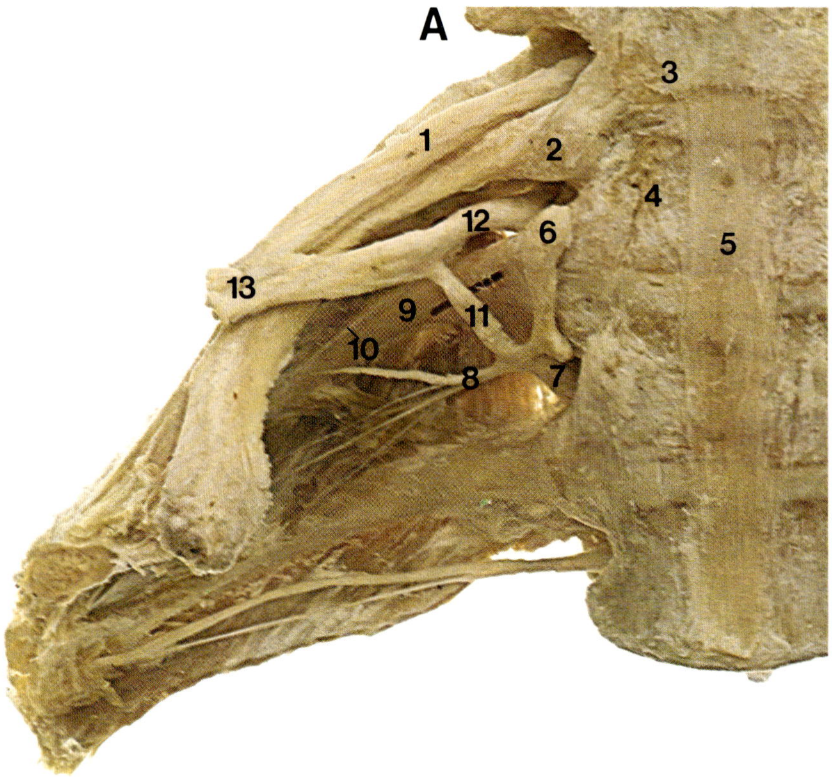

A Erste und zweite Rippe, Plexus brachialis
1 Ramus ventralis des achten Zervikalnerven
2 Caput costae I (erste Rippe)
3 Siebter Halswirbel
4 Erster Brustwirbel
5 Lig. longitudinale anterius
6 Truncus sympathicus und Ganglion cervicothoracicum
7 Ramus ventralis des zweiten thorakalen Spinalnerven
8 N. intercostalis II
9 Zweite Rippe
10 N. intercostalis I
11 Verbindung zwischen erstem und zweitem Thorakalnerven
12 Ramus ventralis des ersten Thorakalnerven (Th_1)
13 Plexus brachialis

● In diesem Fall schickt der zweite thorakale Spinalnerv einen besonders starken Ast (unterlegt) zum Plexus brachialis.

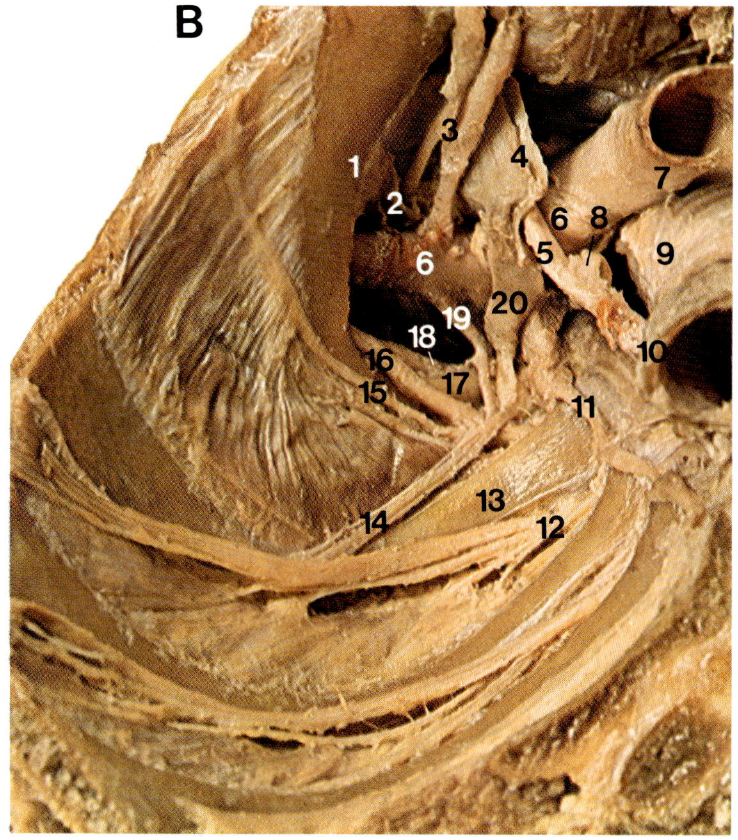

● Der Hals der ersten Rippe wird berührt in der Reihenfolge von medial nach lateral von: 1. dem Truncus sympathicus, 2. der V. intercostalis suprema (in diesem Präparat nicht zu erkennen) und 3. der A. intercostalis suprema und der Anastomose des thorakalen Spinalnerven mit dem Plexus brachialis.

B Topographie der Pleurakuppel, von unten gesehen
1 Erste Rippe
2 V. subclavia
3 Vasa thoracica interna
4 V. brachiocephalica
5 N. vagus
6 A. subclavia
7 Truncus brachiocephalicus
8 N. laryngeus recurrens
9 Trachea
10 Bronchus principalis dexter
11 Truncus sympathicus
12 N. intercostalis II
13 Zweite Rippe
14 V. intercostalis superior
15 N. intercostalis I
16 Ramus ventralis des ersten Thorakalnerven
17 Hals der ersten Rippe
18 Ramus ventralis des achten Zervikalnerven
19 A. intercostalis suprema
20 V. vertebralis

C Ductus thoracicus, von rechts gesehen
(Nach Entfernung der Brust- und Baucheingeweide sowie großer Teile des Zwerchfells und der Pleura)
1 Truncus sympathicus (noch von der Pleura costalis bedeckt)
2 V. azygos
3 Ductus thoracicus
4 Aorta thoracica
5 Crus dextrum des Zwerchfells
6 Truncus coeliacus
7 A. mesenterica superior
8 A. renalis dextra
9 Aorta abdominalis
10 Cisterna chyli
11 N. splanchnicus major
12 Lig. arcuatum mediale
13 M. psoas major
14 Diaphragma (Schnittrand der Psoasarkade)
15 A. lumbalis I und erster Lendenwirbel
16 Zwölfter Brustwirbel und A. subcostalis

C

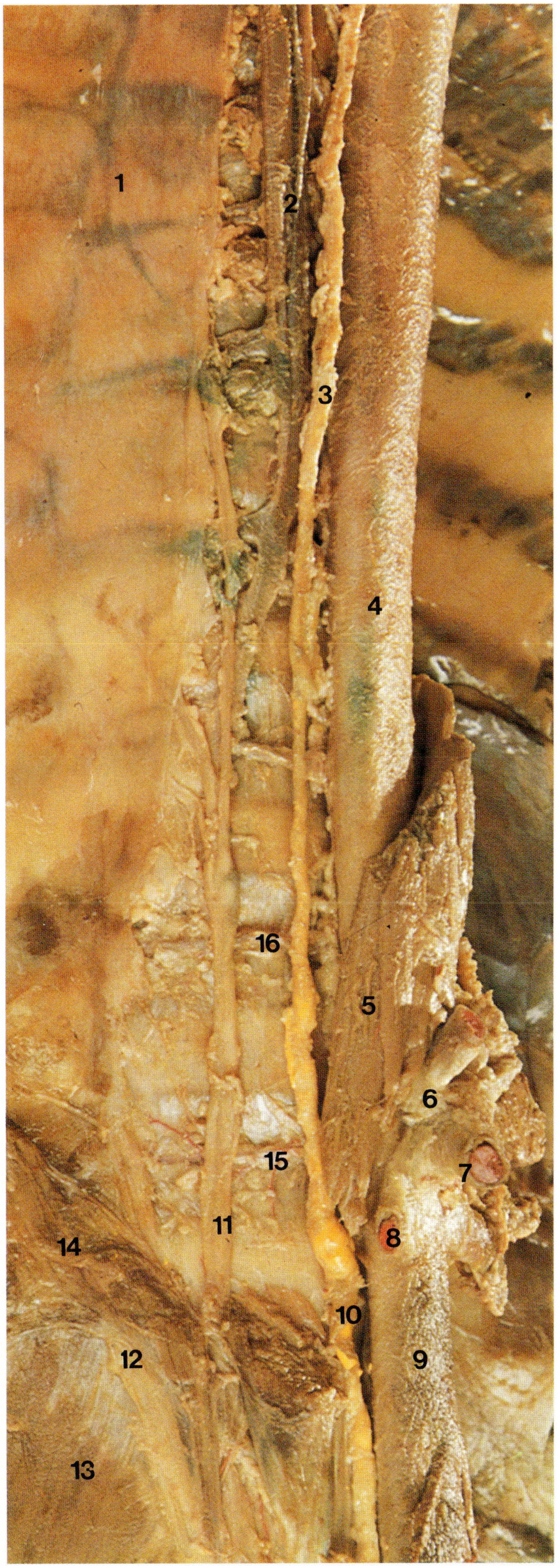

D

D Retromediastinum, Mündung des Ductus thoracicus, von vorne gesehen

1 M. longus colli
2 Truncus sympathicus
3 A. carotis communis sinistra
4 V. jugularis interna sinistra
5 Ductus thoracicus
6 V. subclavia sinistra
7 V. brachiocephalica
8 N. phrenicus
9 Pleura
10 Arcus aortae
11 A. subclavia sinistra
12 Ansa subclavia
13 A. thoracica interna
14 N. vagus
15 Ursprung der A. vertebralis
16 A. thyreoidea inferior

● Der Ductus thoracicus kommt von der Cisterna chyli, die unter dem Crus dextrum des Zwerchfells in Höhe des ersten und zweiten Lendenwirbels gelegen ist, und zieht durch den Hiatus aorticus des Zwerchfells vor der Brustwirbelsäule aufwärts und wendet sich dann in Höhe des fünften Brustwirbels nach links herüber, um schließlich im linken Venenwinkel, der von der V. jugularis interna und V. subclavia sinistra gebildet wird, zu enden. Dabei zieht er zwischen der A. carotis communis (vorne) und der A. vertebralis (hinten) hindurch.

Diaphragma, von oben gesehen

1 Recessus costodiaphragmaticus
2 Centrum tendineum
3 Wirbelsäule
4 Lage des N. phrenicus dexter
5 Foramen venae cavae
6 Aorta thoracica im Hiatus aorticus
7 Hiatus oesophageus
8 Schnittrand des Perikards
9 Lage des linken N. phrenicus
10 Recessus costomediastinalis

● In diesem Fall ist die Aorta ungewöhnlich groß, und die drei Hauptöffnungen des Zwerchfells liegen etwa in gleicher Höhe. In den meisten Fällen liegt der Hiatus aorticus etwa in der Mittellinie, und zwar in Höhe des zwölften Brustwirbels, während der Hiatus oesophageus etwas nach links verschoben ist (in Höhe des zehnten Brustwirbels). Das Foramen venae cavae liegt innerhalb des Centrum tendineum, etwas rechts von der Mittellinie, in Höhe der Zwischenwirbelscheibe von Th_8 und Th_9.

● Das Centrum tendineum des Zwerchfells hat die Form eines dreiblättrigen Kleeblattes und besitzt keine direkten Verbindungen mit dem knöchernen Thorax.

● Der rechte N. phrenicus zieht durch das Foramen venae cavae, wobei einige Fasern auch das Centrum tendineum unmittelbar rechts vom Foramen durchbohren.

● Der linke N. phrenicus durchbohrt den muskulösen Teil des Zwerchfells, und zwar vor dem Centrum tendineum unmittelbar neben dem Perikard.

● Die beiden Nervi phrenici sind die einzigen motorischen Nerven, die das Zwerchfell versorgen. Zusätzliche Äste der unteren Interkostalnerven sind ausschließlich afferenter Natur.

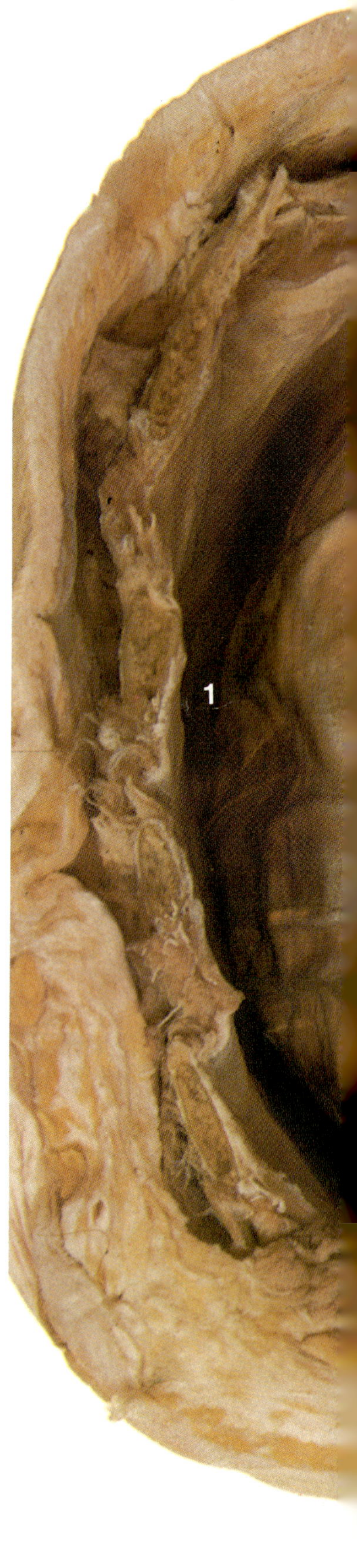

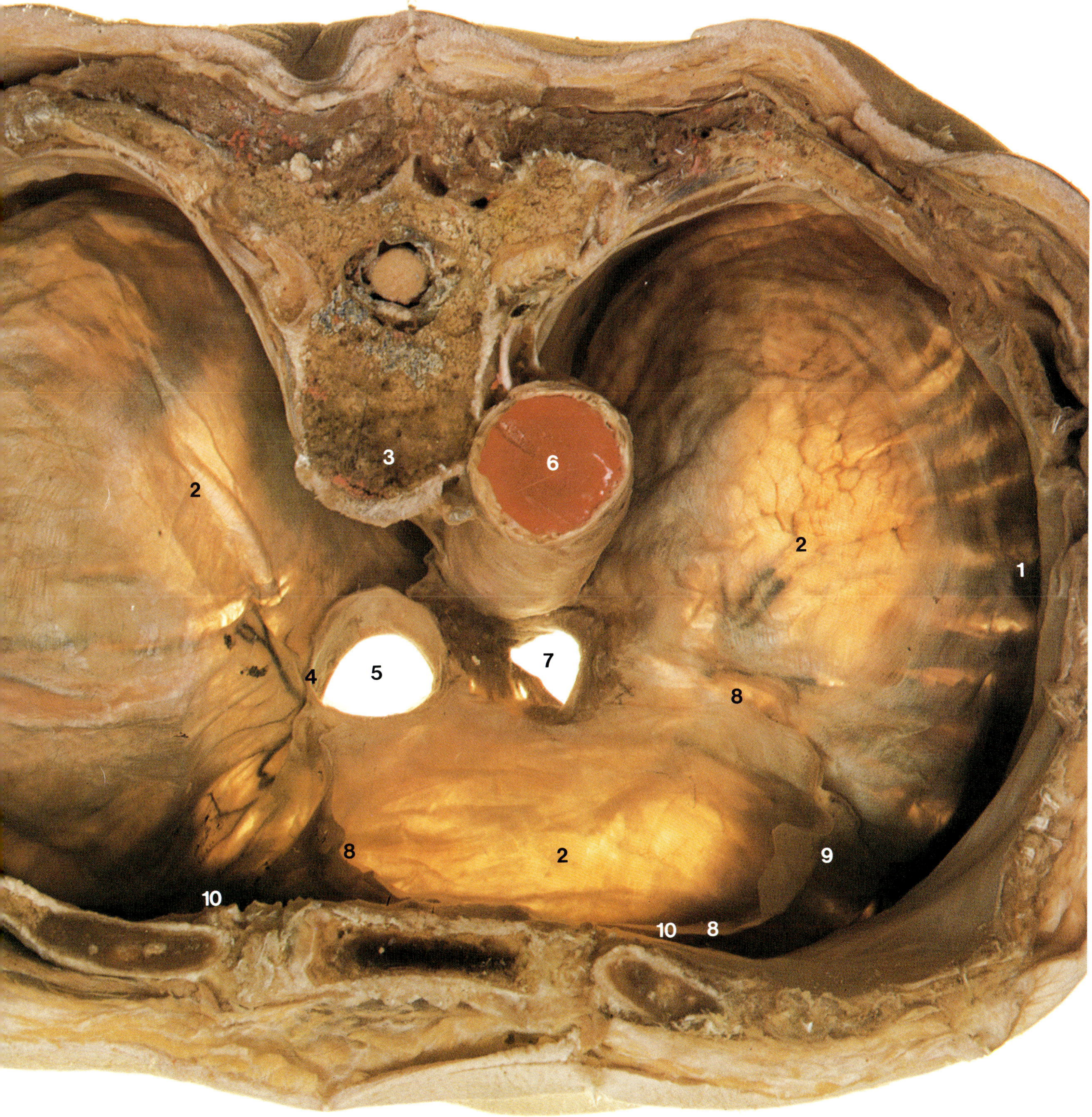

1
2
2
2
3
4
5
6
7
8
8
8
9
10
10

Oesophagus und Aorta thoracica, von hinten gesehen

1 A. subclavia sinistra
2 Rami cardiaci cervicales superiores (vom linken N. vagus)
3 N. phrenicus sinister
4 A. carotis communis sinistra
5 N. laryngeus recurrens sinister
6 Oesophagus
7 A. subclavia dextra und Ansa subclavia
8 N. laryngeus recurrens dexter
9 V. brachiocephalica dextra
10 V. cava superior
11 N. phrenicus dexter
12 Vasa thoracica interna
13 V. azygos
14 Rechte A. intercostalis III
15 Ramus bronchialis dexter
16 N. vagus dexter
17 Bronchus principalis dexter
18 V. pulmonalis inferior dexter
19 Plexus oesophageus (rechter und linker N. vagus)
20 Atrium dextrum
21 V. cava inferior
22 Aorta descendens und Ursprünge der Aa. intercostales
23 V. pulmonalis inferior sinistra
24 Bronchus principalis sinister
25 V. pulmonalis superior sinistra
26 A. pulmonalis sinistra
27 Arcus aortae

● Nachdem die beiden Nn. vagi den Plexus oesophageus gebildet haben, entwickelt sich darin jeweils ein vorderer und hinterer Truncus vagalis, der an der Vorder- bzw. Hinterfläche des Ösophagus liegt und mit diesem in die Bauchhöhle übertritt (vgl. a. S. 240). Der Truncus vagalis anterior besteht hauptsächlich aus Fasern des linken Vagus, während der Truncus vagalis posterior vornehmlich vom rechten Vagus gebildet wird. Beide Trunci tauschen allerdings reichlich Fasern untereinander aus.

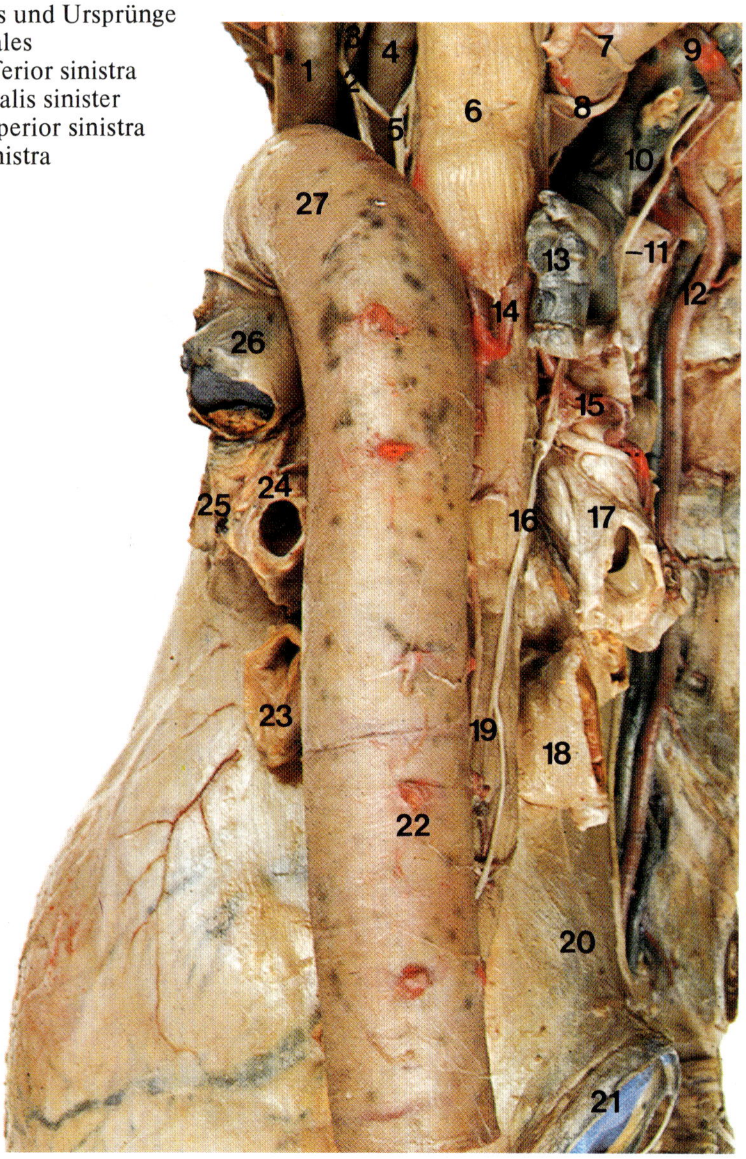

Interkostalräume mit Gefäßen und Nerven, von vorne gesehen
(Rechte Thoraxseite nach Entfernung der Pleura)

1 M. subcostalis
2 Achte Rippe
3 V. intercostalis posterior
4 A. intercostalis posterior
5 N. intercostalis
6 Truncus sympathicus mit seinen Ganglien
7 Corpus des neunten Brustwirbels
8 N. splanchnicus major

● Die Leitungsbahnen sind in den Interkostalräumen topographisch so angeordnet, daß von oben nach unten jeweils Vene, Arterie und Nerv aufeinanderfolgen. Sie verlaufen am Unterrand der Rippe.

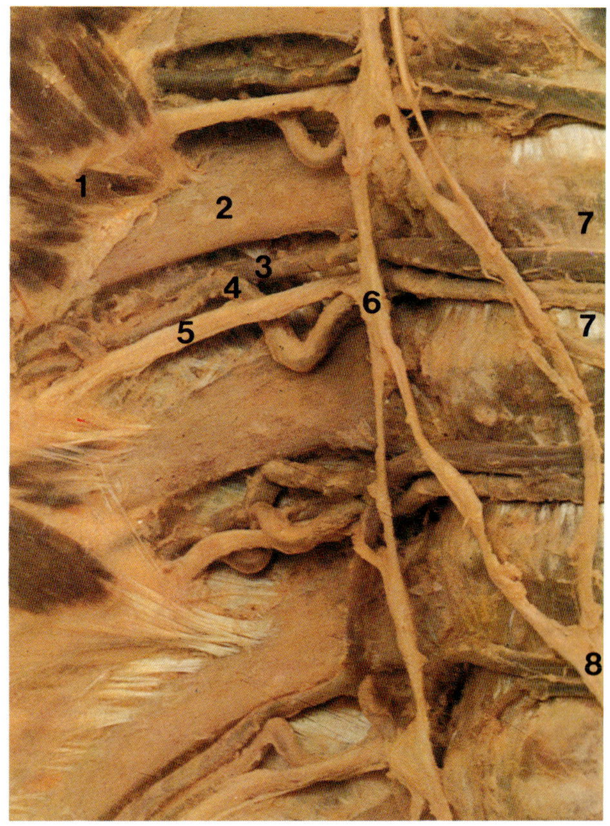

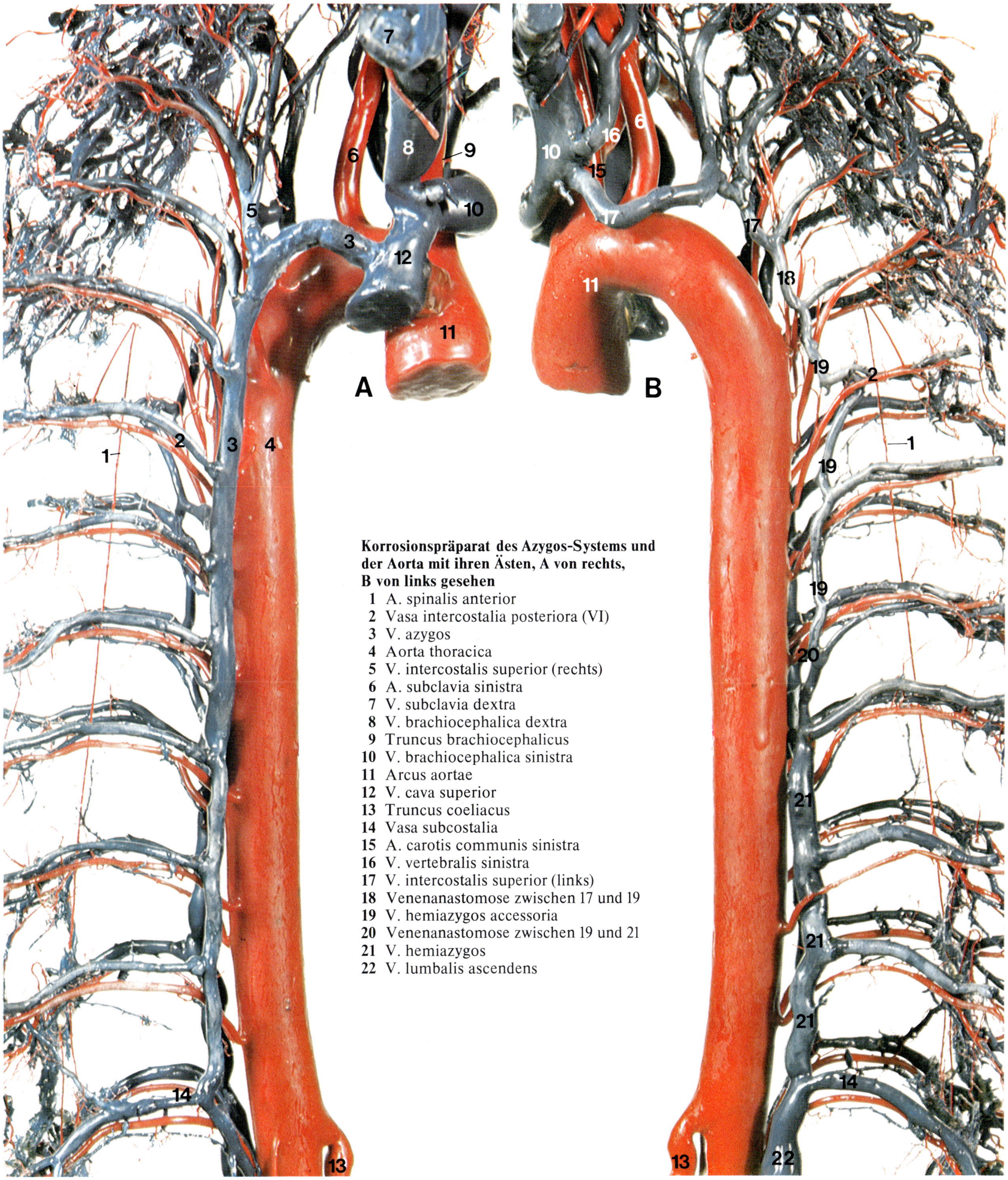

Korrosionspräparat des Azygos-Systems und der Aorta mit ihren Ästen, A von rechts, B von links gesehen

1 A. spinalis anterior
2 Vasa intercostalia posteriora (VI)
3 V. azygos
4 Aorta thoracica
5 V. intercostalis superior (rechts)
6 A. subclavia sinistra
7 V. subclavia dextra
8 V. brachiocephalica dextra
9 Truncus brachiocephalicus
10 V. brachiocephalica sinistra
11 Arcus aortae
12 V. cava superior
13 Truncus coeliacus
14 Vasa subcostalia
15 A. carotis communis sinistra
16 V. vertebralis sinistra
17 V. intercostalis superior (links)
18 Venenanastomose zwischen 17 und 19
19 V. hemiazygos accessoria
20 Venenanastomose zwischen 19 und 21
21 V. hemiazygos
22 V. lumbalis ascendens

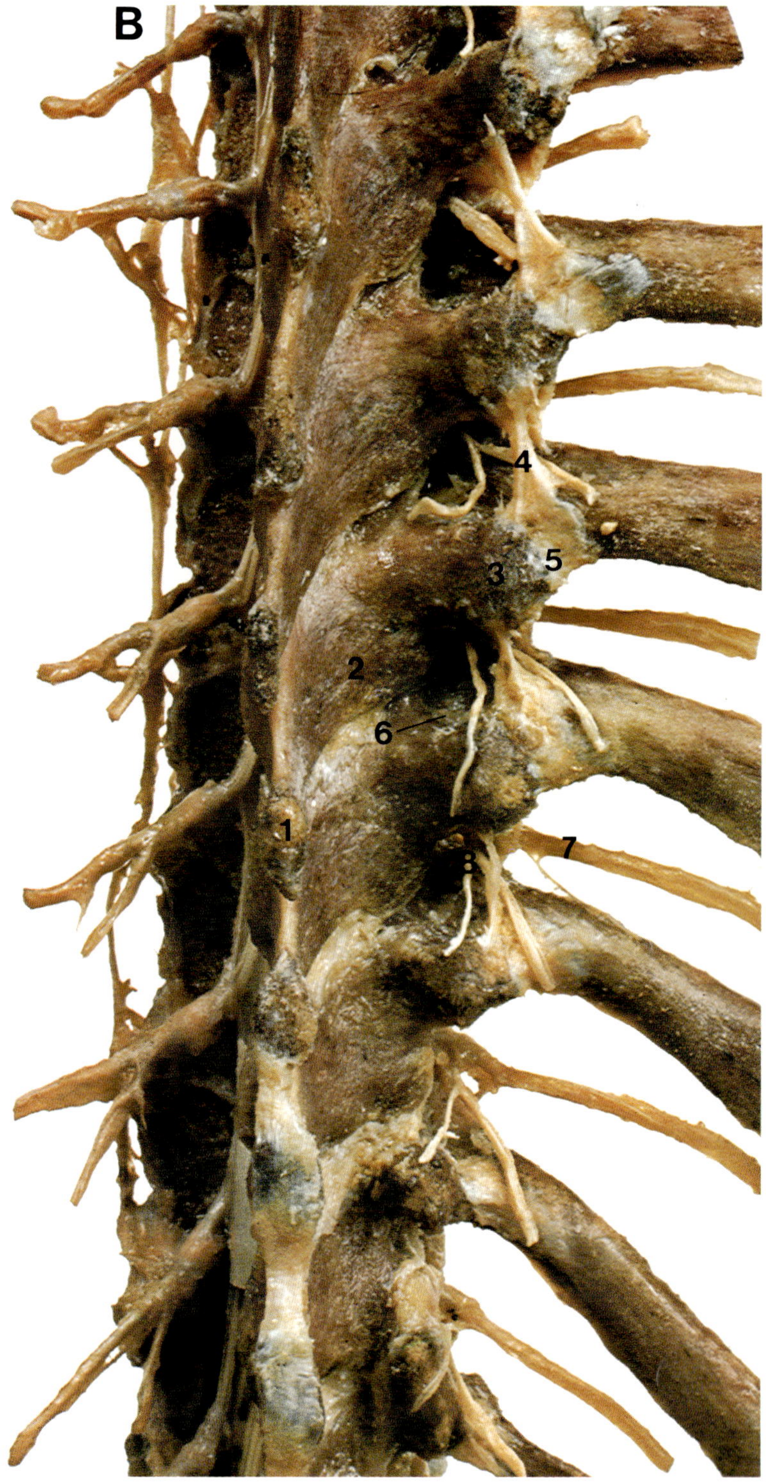

A Articulationes costovertebrales (rechts), von lateral gesehen
1 Collum costae
2 Lig. costotransversarium superius
3 Ramus ventralis des Spinalnerven (N. intercostalis)
4 Rami communicantes
5 Truncus sympathicus
6 Lig. capitis costae radiatum
7 Corpus vertebrae
8 Discus intervertebralis
9 N. splanchnicus major

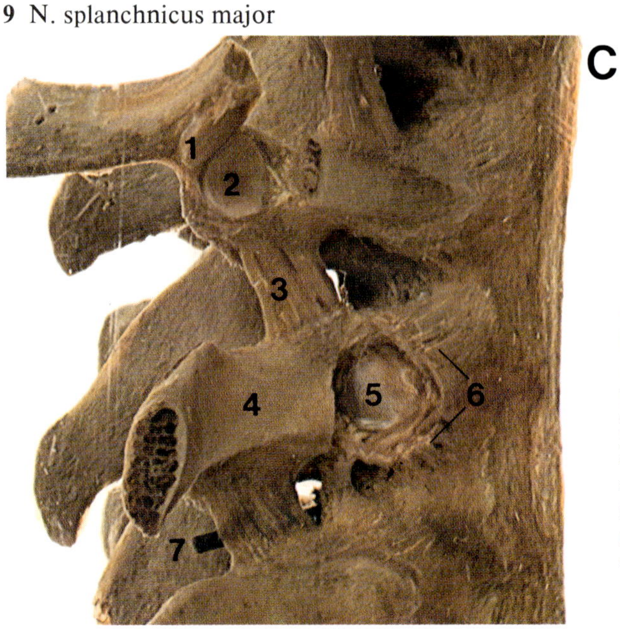

C Rippengelenke (rechts), schräg von lateral gesehen
(Die Gelenke wurden eröffnet)
1 Facies articularis tuberculi costae
2 Facies articularis processus transversi
3 Lig. costotransversarium superius
4 Collum costae
5 Facies articularis capitis costae
6 Lig. capitis costae radiatum
7 Markierung zwischen dem vorderen und hinteren Abschnitt des Lig. costotransversarium superius

B Ligamenta costotransversaria und Spinalnerven (rechts), von dorsal gesehen

1 Processus spinosus
2 Lamina arcus vertebrae
3 Processus transversus
4 Lig. costotransversarium superius
5 Lig. costotransversarium laterale
6 Lig. costotransversarium
7 Ramus ventralis ⎤ des Spinal-
8 Ramus dorsalis ⎦ nerven

● Die dorsalen Äste der Spinalnerven ziehen nach rückwärts an der *medialen* Seite des Lig. costotransversarium superius vorbei.
● Die ventralen Äste der Spinalnerven verlaufen nach lateral, und zwar *vor* dem Lig. costotransversarium superius vorbei.
● Es gibt zwei Arten von Rippengelenken: 1. das Rippenköpfchengelenk (Articulatio capitis costae), bei dem die Gelenkflächen an den Wirbelkörpern liegen, und 2. das Querfortsatzgelenk (Articulatio costotransversaria), bei dem das Tuberculum costae mit dem Processus transversus artikuliert.
● Es gibt drei verschiedene Ligamenta costotransversaria: 1. das eigentliche Lig. costotransversarium – zwischen dem hinteren Abschnitt des Rippenhalses und dem vorderen Abschnitt des Querfortsatzes, 2. das Lig. costotransversarium *laterale* – zwischen der Querfortsatzspitze und dem nicht artikulierenden Abschnitt des Tuberculum costae der zugehörigen Rippe, und schließlich – 3. das Lig. costotransversarium *superius*, das vordere und hintere Schichten besitzt und vor der oberen Kante des Collum costae zum Querfortsatz des nächsthöheren Wirbels verläuft.

D Röntgenaufnahme des Herzens
(a.-p.-Strahlengang)

1 Vorderes Ende der zweiten Rippe
2 Arcus aortae (Aortenknopf)
3 A. pulmonalis sinistra
4 Auricula sinistra
5 Hilusschatten
6 Ventriculus sinister
7 Zwerchfellkuppe
8 Atrium dextrum
9 V. cava superior
10 Pleuralinie (s. Fußnote)

● Die rechte Begrenzung des Herzschattens verläuft vom dritten bis zum sechsten Rippenknorpel und bildet eine leicht bogenförmige Linie wenig neben dem rechten Sternalrand.
● Die Grenzlinie des Mittelschattens verläuft links vom zweiten Rippenknorpel zum fünften ICR, ungefähr 8,5 cm von der Mittellinie entfernt.
● Die Verdichtungen im Hilusbereich der Lunge werden hauptsächlich durch Arterien, Venen und Lymphknoten verursacht.
● Die Linie, die man gelegentlich im oberen Teil des rechten Lungenfeldes sehen kann, wird durch eine Pleurafalte hervorgerufen, die die V. azygos verursacht und die sich in den Oberlappen einstülpt. Das dadurch an der medialen Seite dieser Falte abgetrennte Lungengewebe wird als Segmentum venae azygos bezeichnet (Lobus venae azygos).

D

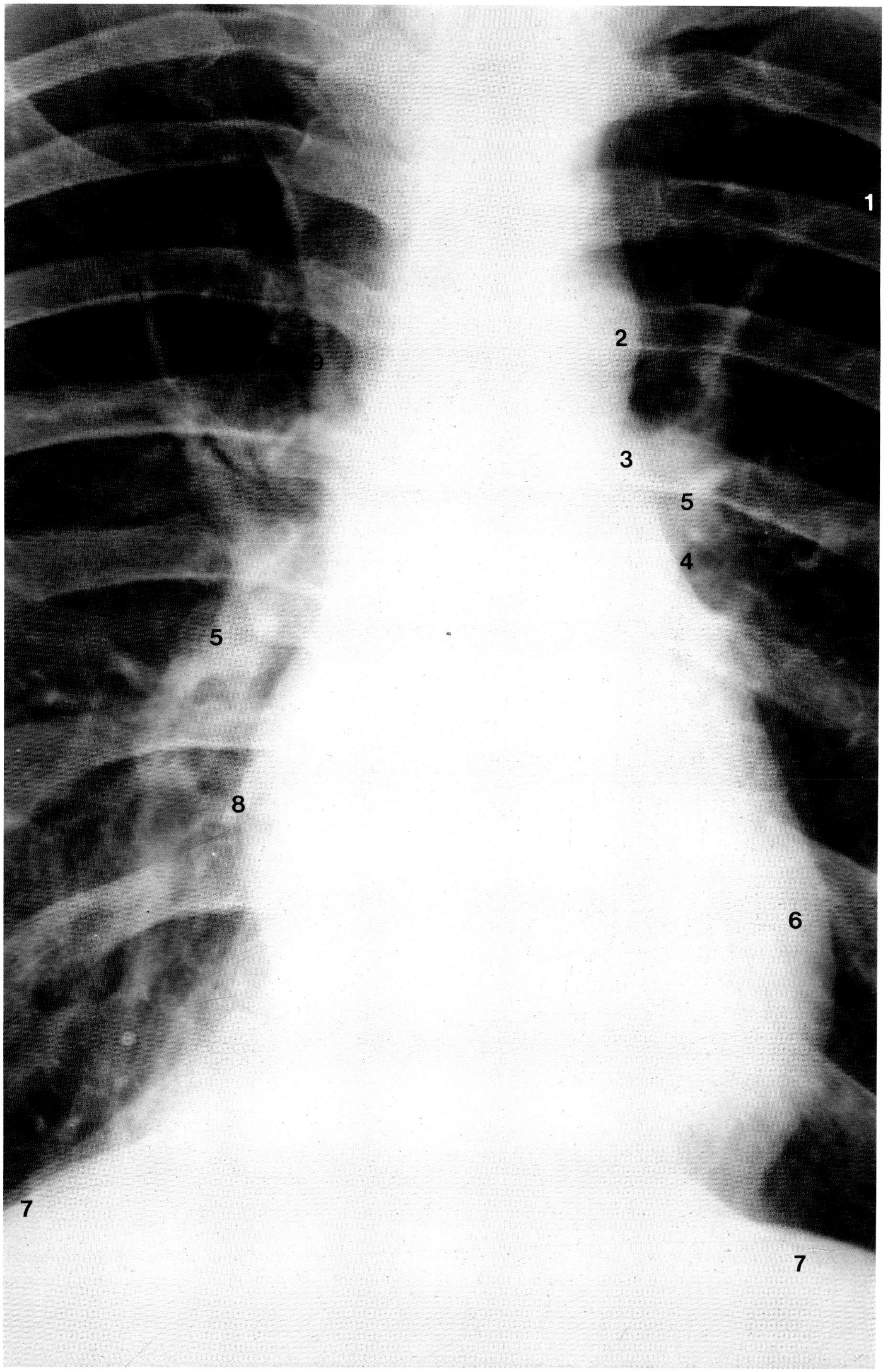

Bronchogramm der rechten Lunge, von vorne
(Nach Injektion von Kontrastmittel in die Trachea)
1 V. cava superior
2 Bronchus principalis dexter
3 Bronchus lobaris superior
4 Bronchus lobaris medius
5 Bronchus lobaris inferior
6 Rechter Rand des Herzschattens
7 Zwerchfellkuppe

● Vergleiche diese Röntgenaufnahme mit dem Korrosionspräparat des Bronchialbaumes, der auf S. 176 un 177 abgebildet ist.

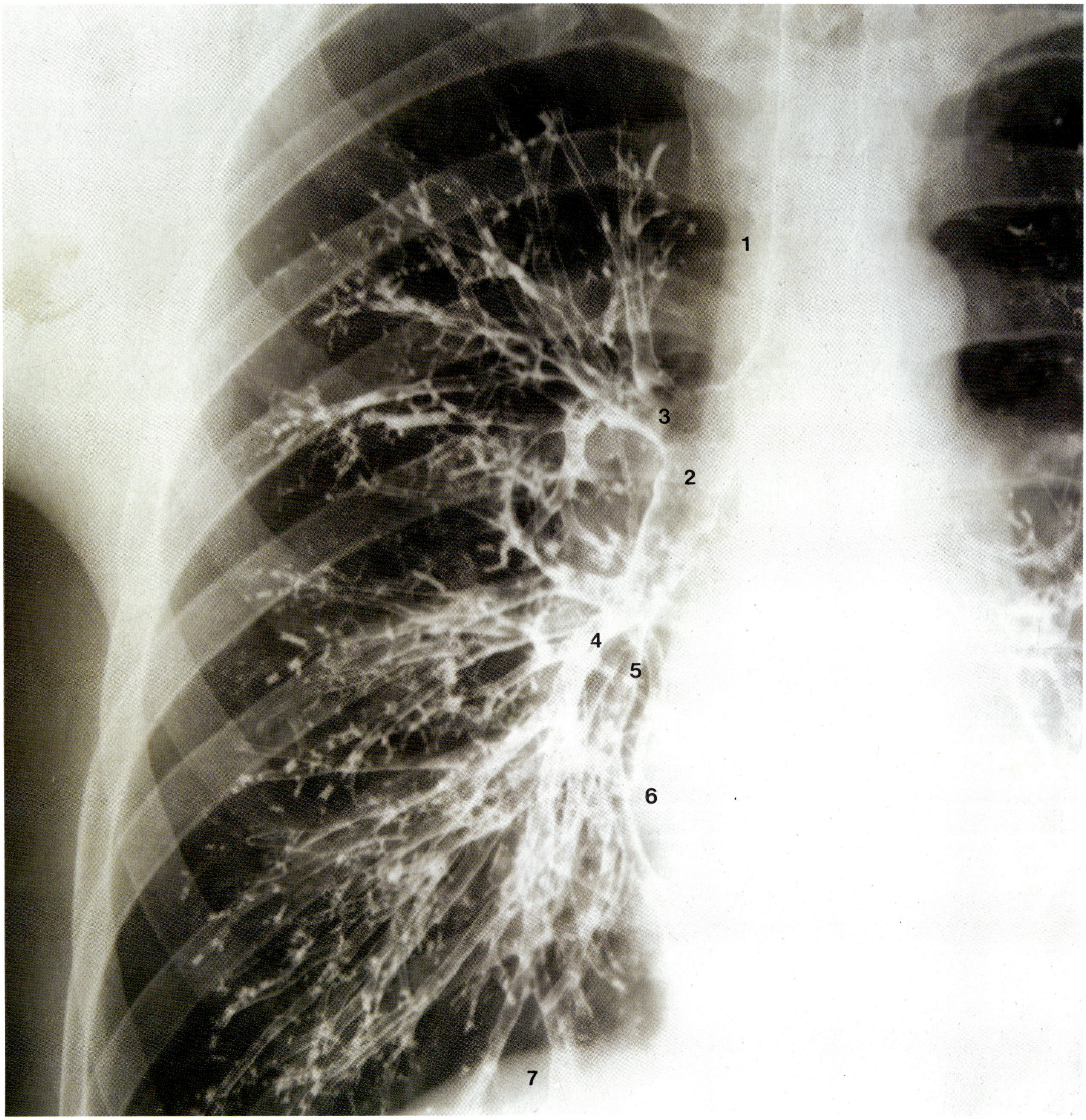

Bronchogramm der linken Lunge, von vorne
(a.-p.-Strahlengang)
1 Arcus aortae (Aortenknopf)
2 A. pulmonalis sinistra
3 Bronchus principalis sinister
4 Linker Rand des Herzschattens
5 Zwerchfellkuppe

● Links überlagert der Herzschatten den Lungenhilus, so daß Einzelheiten der Bronchialverzweigungen nicht erkennbar sind.

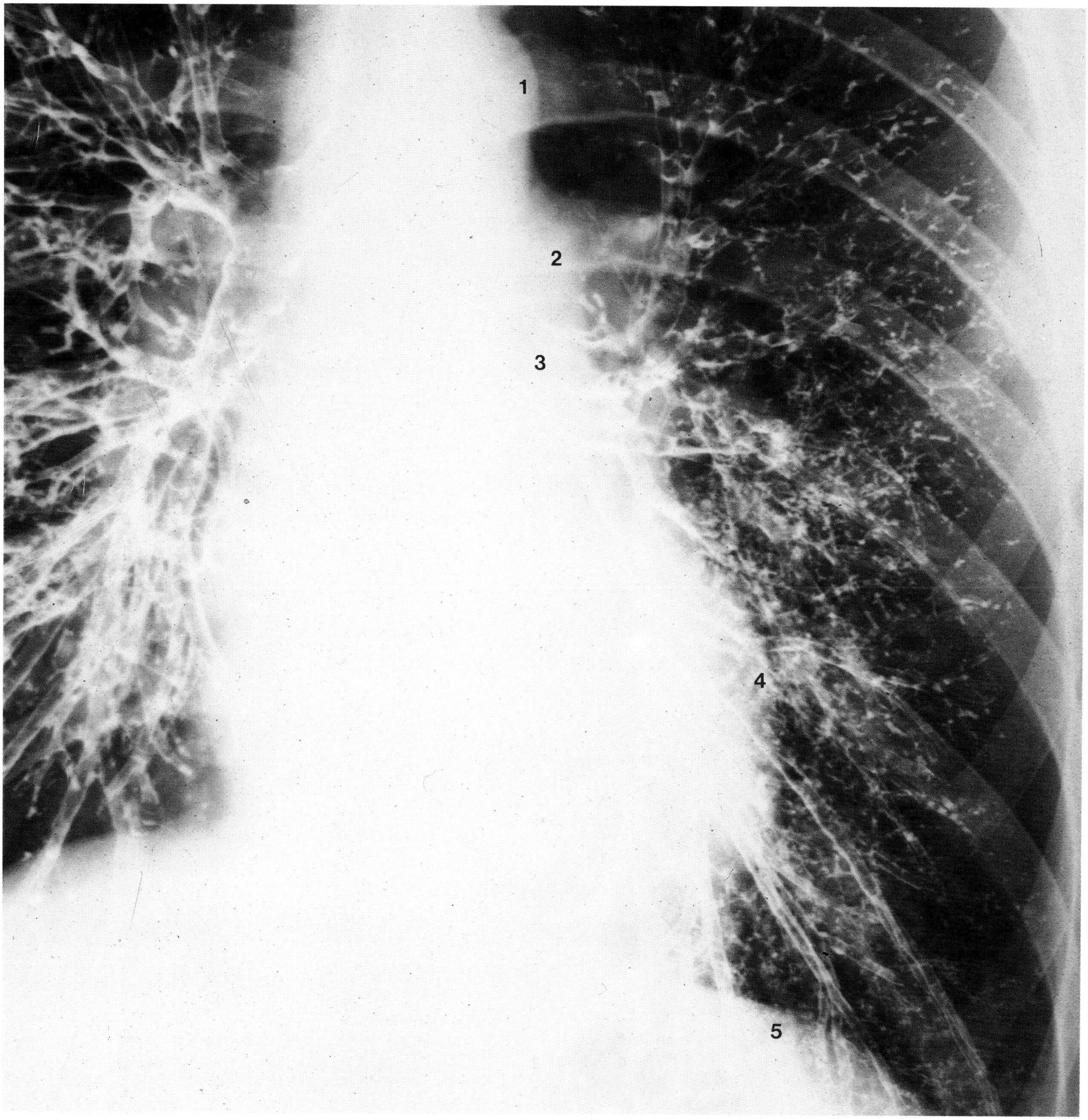

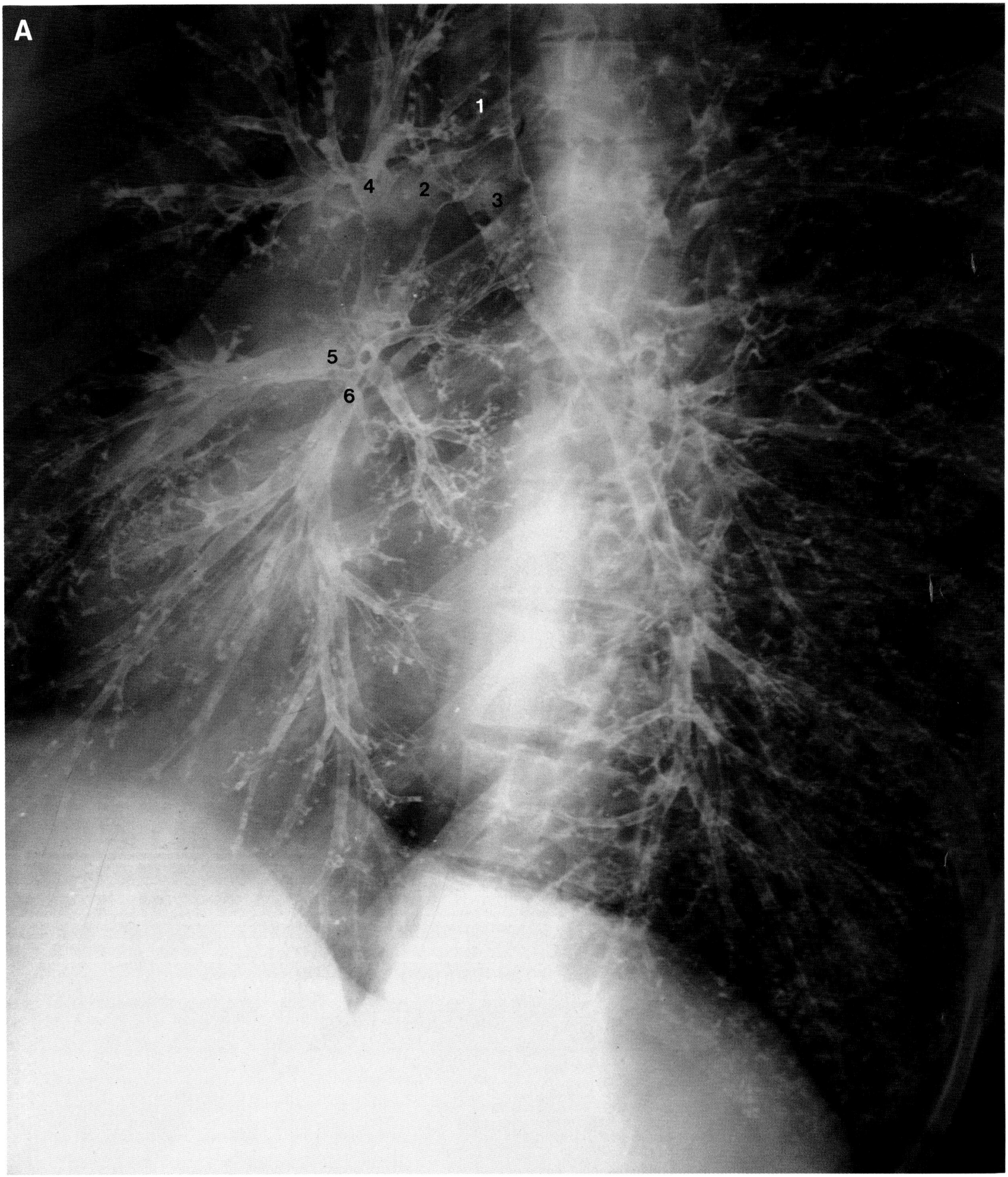
A
1
4
2
3
5
6

A Bronchogramm der rechten Lunge
(I. schräger Durchmesser)
1 Trachea
2 Bronchus principalis dexter
3 Bronchus principalis sinister
4 Bronchus lobaris superior dexter
5 Bronchus lobaris medius dexter
6 Bronchus lobaris inferior dexter

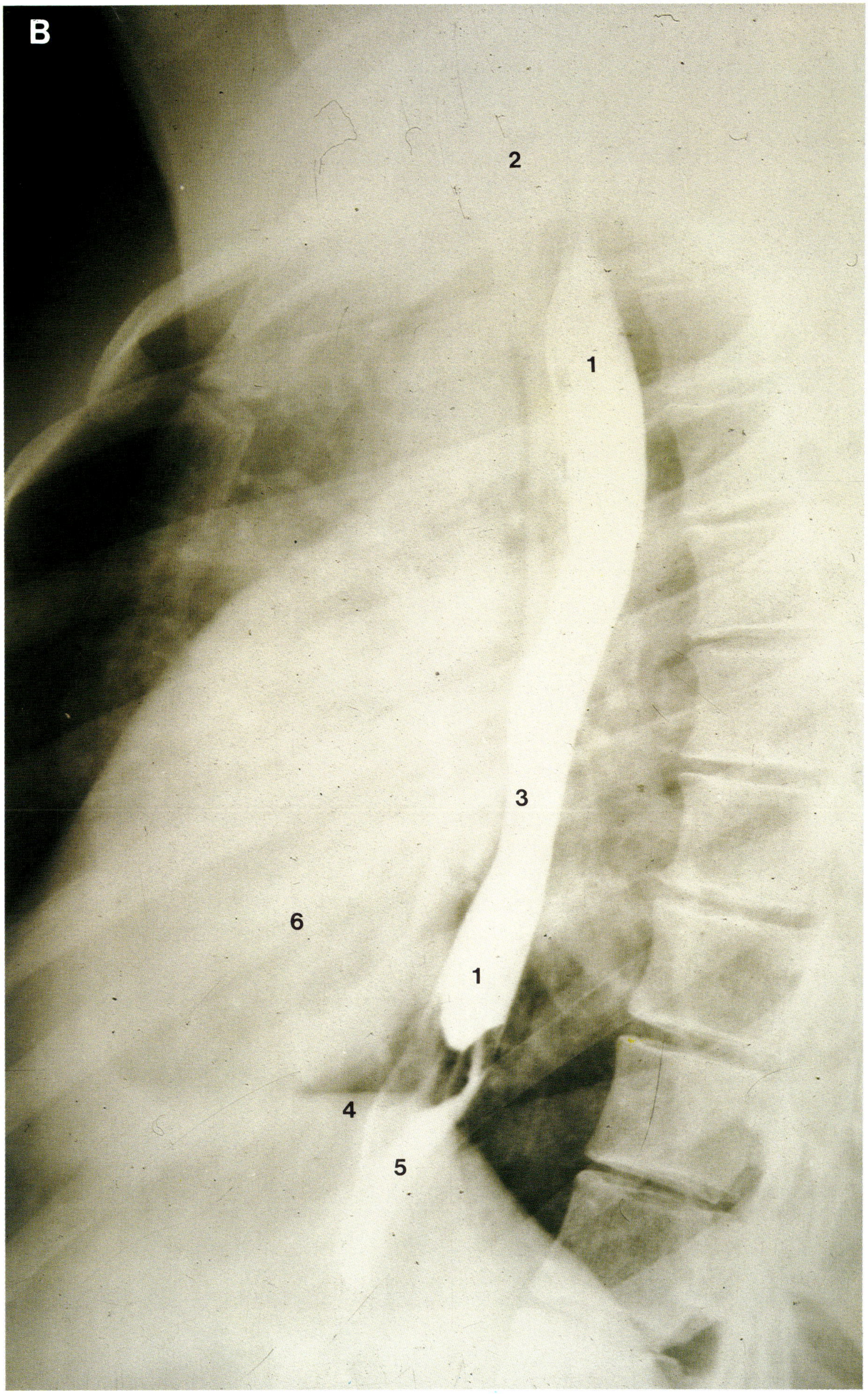

B Röntgenaufnahme des Ösophagus
(Ösophagogramm im II. schrägen Durchmesser – Bariumbrei-Schluck)
1 Oesophagus
2 Höhe des Arcus aortae (Angustia aortae)
3 Flache Einbuchtung des Ösophagus bedingt durch den linken Vorhof
4 Zwerchfellkuppe
5 Übergang vom Ösophagus in die Kardia (Ampulla cardiaca)
6 Herzschatten

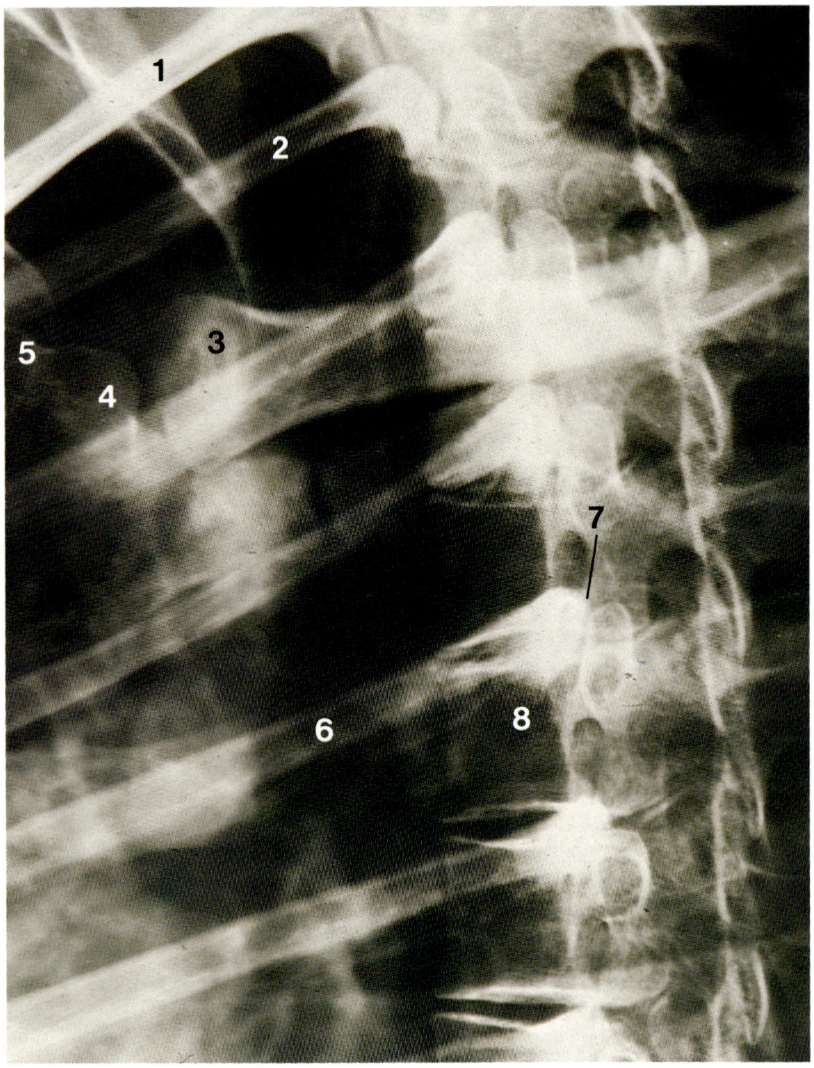

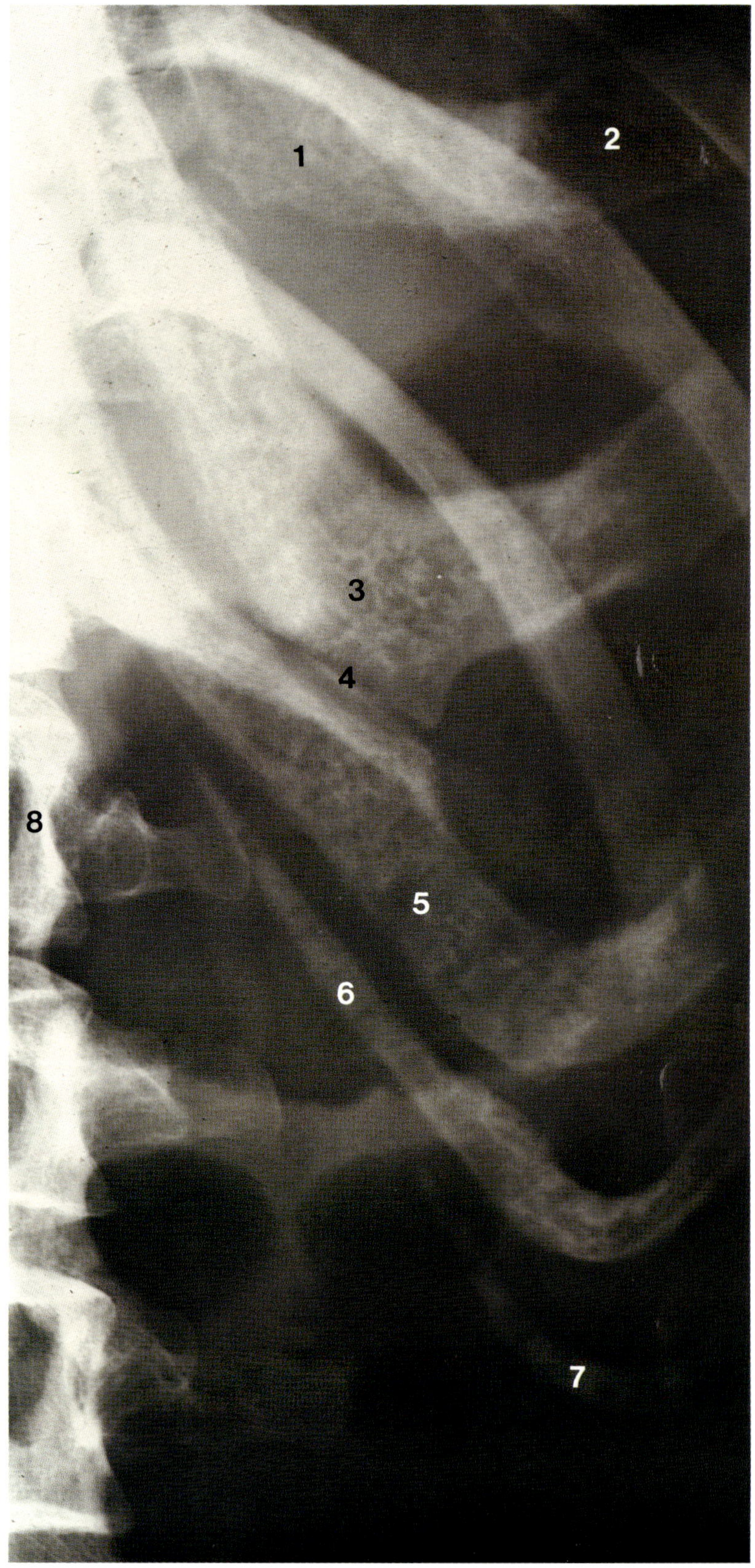

A Röntgenaufnahme der oberen Brustwirbel und Rippen, von links-hinten gesehen
1 Erste Rippe (links)
2 Zweite Rippe (links)
3 Extremitas sternalis claviculae (rechts)
4 Manubrium sterni
5 Extremitas sternalis claviculae (links)
6 Fünfte Rippe (links)
7 Articulatio costotransversaria
8 Fünfter Brustwirbel

B Röntgenaufnahme vom linken Rippenbogen
1 Knorpel der sechsten Rippe
2 Vorderer Abschnitt der sechsten Rippe
3 Knorpel der siebten Rippe
4 Articulatio interchondralis
5 Achte Rippe
6 Neunte Rippe
7 Zehnte Rippe
8 Erster Lendenwirbel

Bauchsitus und Becken

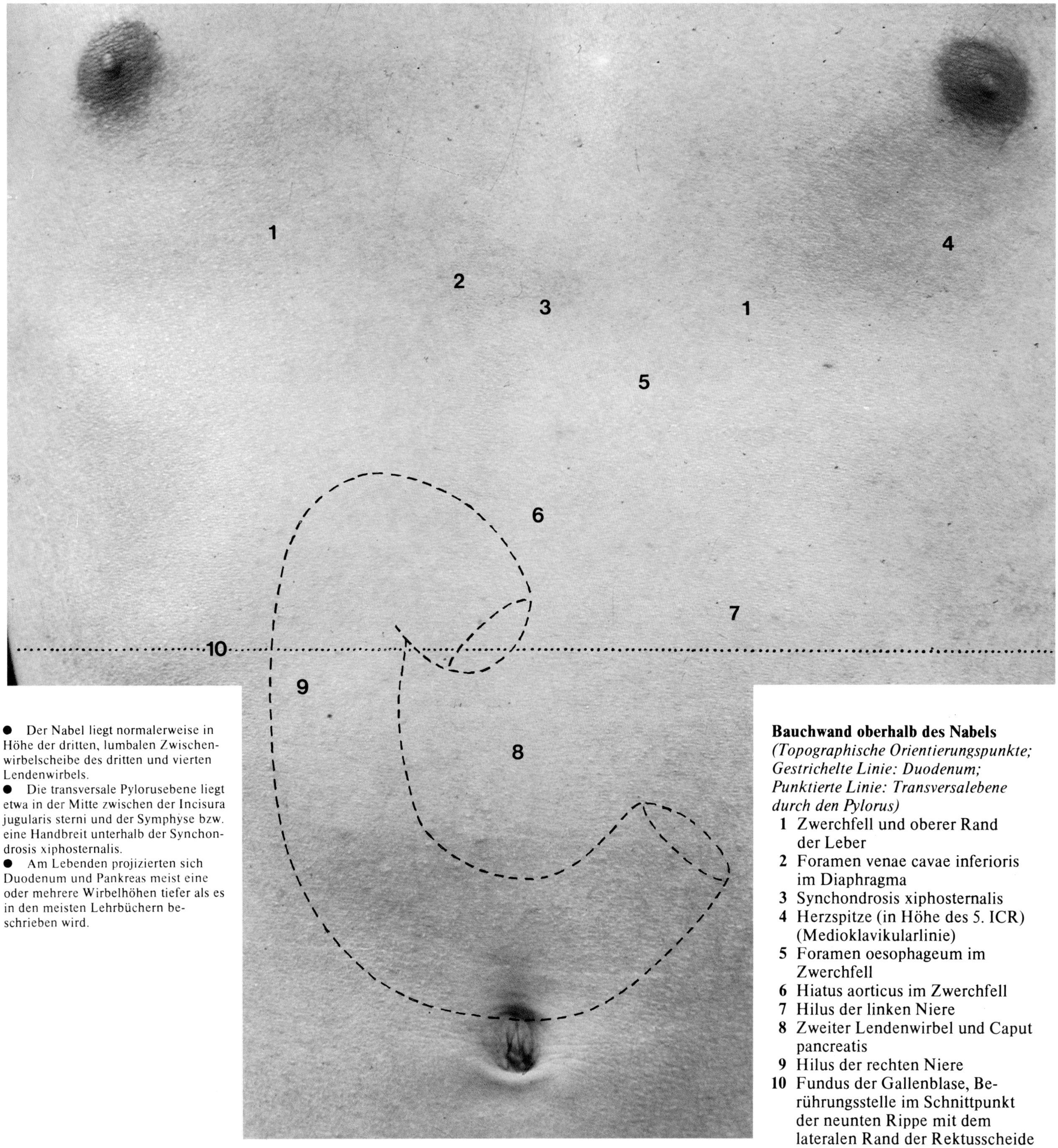

● Der Nabel liegt normalerweise in Höhe der dritten, lumbalen Zwischenwirbelscheibe des dritten und vierten Lendenwirbels.
● Die transversale Pylorusebene liegt etwa in der Mitte zwischen der Incisura jugularis sterni und der Symphyse bzw. eine Handbreit unterhalb der Synchondrosis xiphosternalis.
● Am Lebenden projizierten sich Duodenum und Pankreas meist eine oder mehrere Wirbelhöhen tiefer als es in den meisten Lehrbüchern beschrieben wird.

Bauchwand oberhalb des Nabels
(Topographische Orientierungspunkte; Gestrichelte Linie: Duodenum; Punktierte Linie: Transversalebene durch den Pylorus)

1 Zwerchfell und oberer Rand der Leber
2 Foramen venae cavae inferioris im Diaphragma
3 Synchondrosis xiphosternalis
4 Herzspitze (in Höhe des 5. ICR) (Medioklavikularlinie)
5 Foramen oesophageum im Zwerchfell
6 Hiatus aorticus im Zwerchfell
7 Hilus der linken Niere
8 Zweiter Lendenwirbel und Caput pancreatis
9 Hilus der rechten Niere
10 Fundus der Gallenblase, Berührungsstelle im Schnittpunkt der neunten Rippe mit dem lateralen Rand der Rektusscheide

Vordere Bauchwand, Bauchmuskulatur und Rektusscheide

1 M. obliquus abdominis externus
2 Vorderes Blatt der Rektusscheide
3 M. rectus abdominis
4 Intersectiones tendineae m. recti abdominis
5 Linea alba
6 Processus xiphoideus
7 Siebter ⎤
8 Achter ⎬ Rippenknorpel
9 Neunter ⎦
10 A. epigastrica superior
11 Äste des 8. Interkostalnerven
12 M. transversus abdominis
13 Hinteres Blatt der Rektusscheide
14 M. obliquus abdominis internus
15 Aponeurose des M. obliquus abdominis internus
16 Äste des 9. Interkostalnerven
17 Äste des 10. Interkostalnerven
18 Nabel (Umbilicus)
19 Hautäste des N. intercostalis X
20 Ramus cutaneus lateralis n. intercostalis XI

● Die Rektusscheide wird von den Aponeurosen der lateralen Bauchmuskulatur gebildet. Die Aponeurose des M. obliquus abdominis internus spaltet sich am lateralen Rand des M. rectus abdominis in 2 Blätter auf, wovon das eine hinter dem M. rectus abdominis verläuft und mit der Aponeurose des M. transversus abdominis verschmilzt, das andere jedoch vor dem M. rectus abdominis vorbeizieht und sich dabei mit der Aponeurose des M. obliquus abdominis externus verbindet. Beide Blätter der Rektusscheide vereinigen sich am medialen Rand des M. rectus abdominis wieder und bilden in der Medianebene des Körpers die Linea alba (Über die Struktur der Rektusscheide unterhalb des Nabels vgl. S. 211).

Vordere Bauchwand
(Oberer Abschnitt des rechten M. obliquus abdominis externus und internus)

1 Fingerförmiger Ursprung des M. serratus anterior
2 M. obliquus abdominis externus
3 Aponeurose des M. obliquus abdominis externus } bilden die Lamina anterior der Rektusscheide
4 Aponeurose des M. obliquus abdominis internus } bilden die Lamina anterior der Rektusscheide
5 M. rectus abdominis mit einer Intersectio tendinea
6 M. obliquus abdominis internus
7 Zehnte Rippe

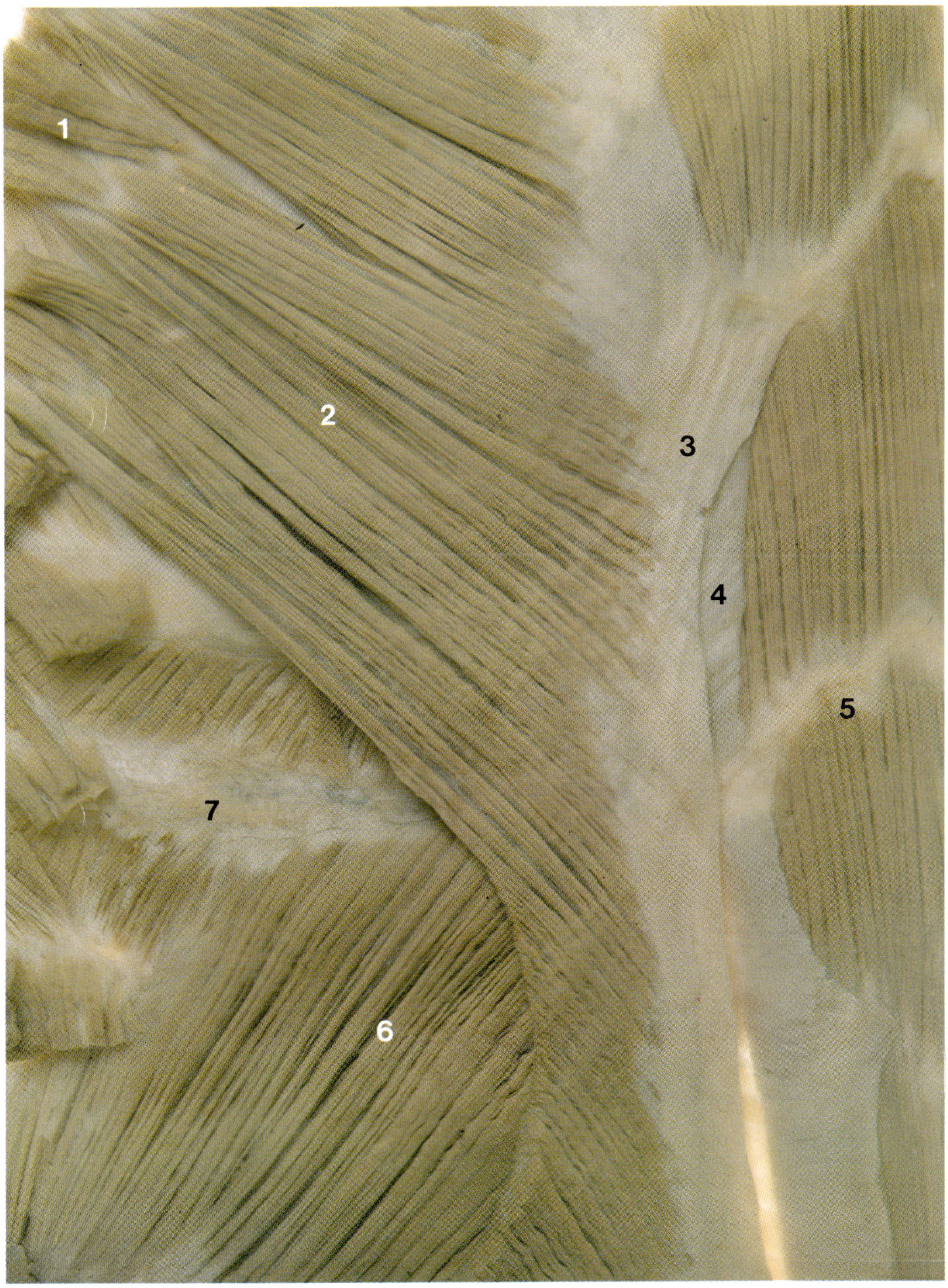

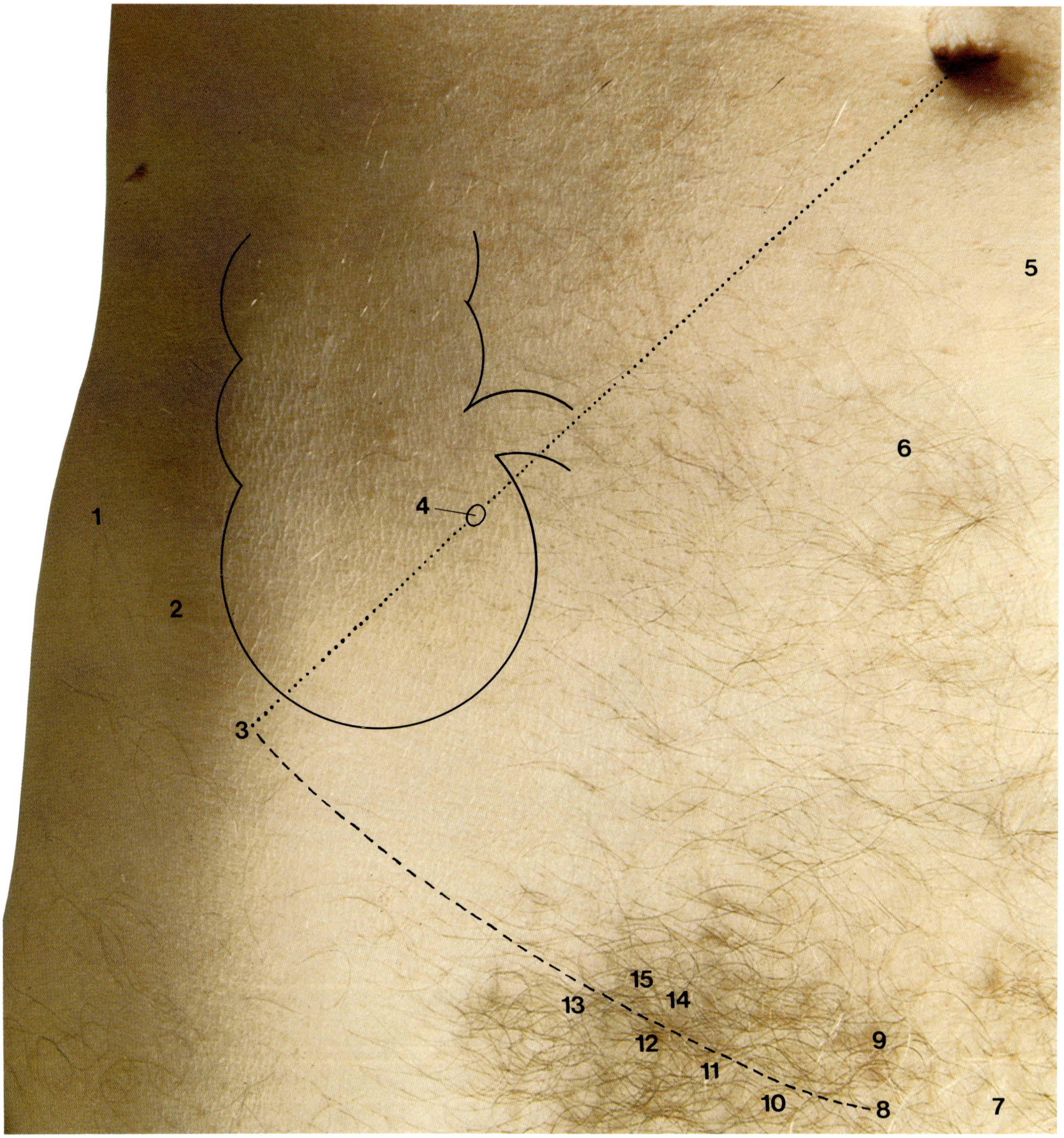

Rechter unterer Quadrant der vorderen Bauchwand – Regio inguinalis, Topographische Orientierungspunkte
(Ausgezogene Linie: Colon caecum, unteres Ende des Colon ascendens und terminales Ileum; Gestrichelte Linie: Lig. inguinale; Punktierte Linie: Verbindung zwischen der Spina iliaca anterior superior und dem Nabel)

1 Höhe der Crista iliaca
2 Crista iliaca
3 Spina iliaca anterior superior
4 McBurneyscher Punkt (vgl. Fußnote)
5 Teilungsstelle der Aorta (in Höhe des vierten Lendenwirbels)
6 Ende der V. cava inferior (in Höhe des fünften Lendenwirbels)
7 Symphyse
8 Tuberculum pubicum
9 Anulus inguinalis superficialis
10 Canalis femoralis
11 V. femoralis
12 A. femoralis
13 N. femoralis
14 Vasa epigastrica inferior
15 Anulus inguinalis profundus

● Der McBurneysche Punkt liegt zwischen dem lateralen und mittleren Drittel der Verbindungslinie zwischen der Spina iliaca anterior superior und dem Nabel. Er entspricht etwa derjenigen Stelle, an der der Wurmfortsatz in das Colon caecum übergeht. Der Anulus inguinalis superficialis (am Ende des Canalis inguinalis) liegt etwa 1 cm oberhalb des Tuberculum pubicum.

● Der Anulus inguinalis profundus (am Eingang des Canalis inguinalis) liegt etwa 1 cm oberhalb von der Mitte des Leistenbandes.

● Die A. femoralis, deren Puls normalerweise palpabel ist, geht etwa in der Mitte zwischen Symphyse und Spina iliaca anterior superior auf den Oberschenkel über.

Vordere Bauchwand unterhalb des Nabels – Regio inguinalis der Frau

1 M. obliquus abdominis externus
2 Aponeurose des M. obliquus abdominis externus
3 Aponeurose des M. obliquus abdominis internus
4 M. rectus abdominis
5 Fascia transversalis
6 Ast des zehnten Interkostalnerven
7 Hinteres Blatt der Rektusscheide
8 Linea arcuata
9 Peritoneum
10 Lig. umbilicale mediale (in mehrere Stränge zerfallen)
11 Vasa epigastrica inferiora (abgeschnitten)
12 M. transversus abdominis (Linea semilunaris)
13 N. iliohypogastricus
14 Lig. inguinale
15 M. sartorius
16 Hautäste des N. femoralis (Rami cutanei anteriores)
17 Nodi lymphatici inguinales superficiales
18 V. epigastrica superficialis
19 N. ilioinguinalis
20 Vorderes Blatt der Rektusscheide
21 Symphyse
22 Lig. teres uteri
23 Vasa pudenda externa superficialia
24 V. saphena magna
25 V. femoralis
26 A. femoralis
27 N. femoralis
28 Vasa circumflexa ilium superficialia

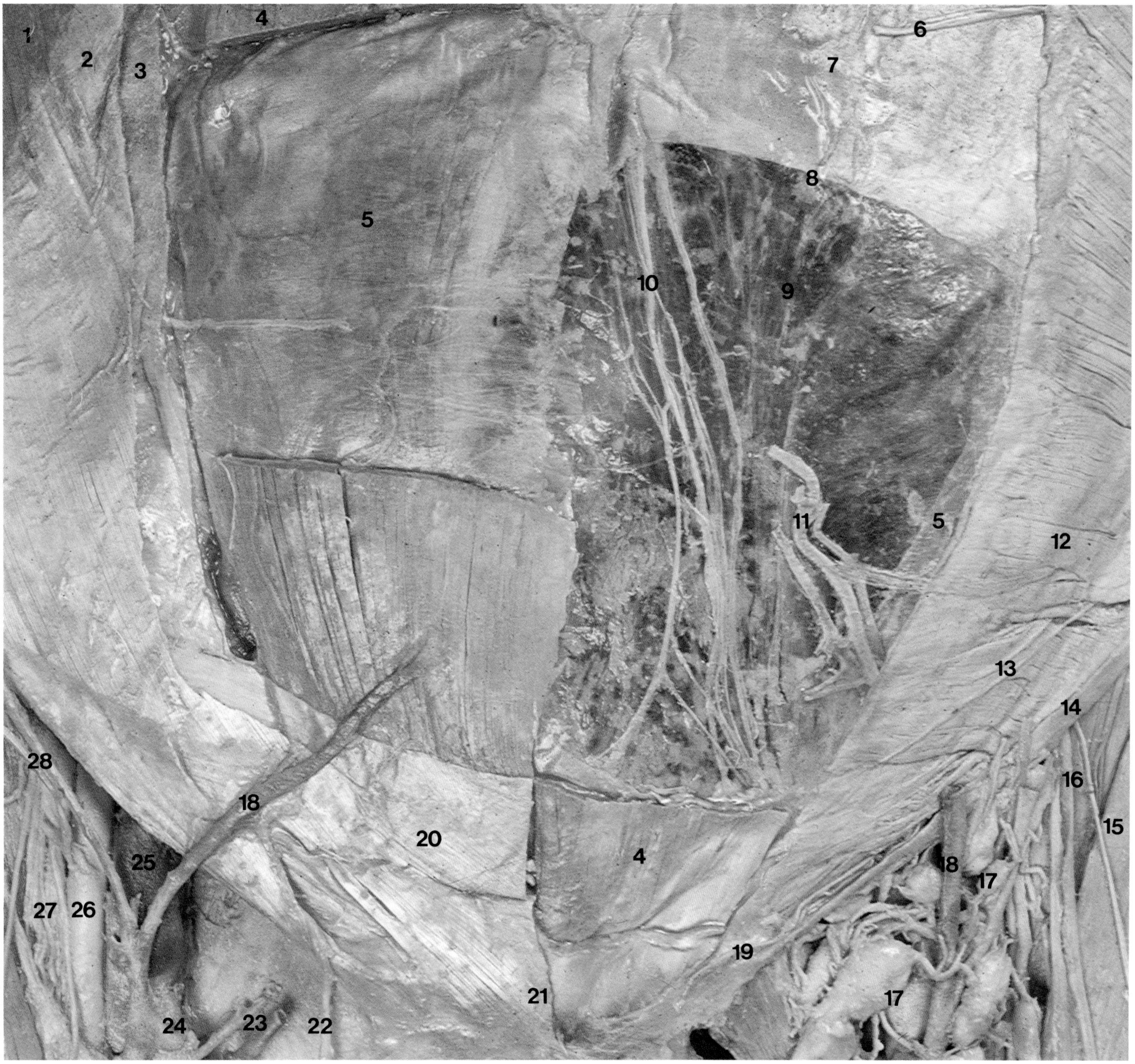

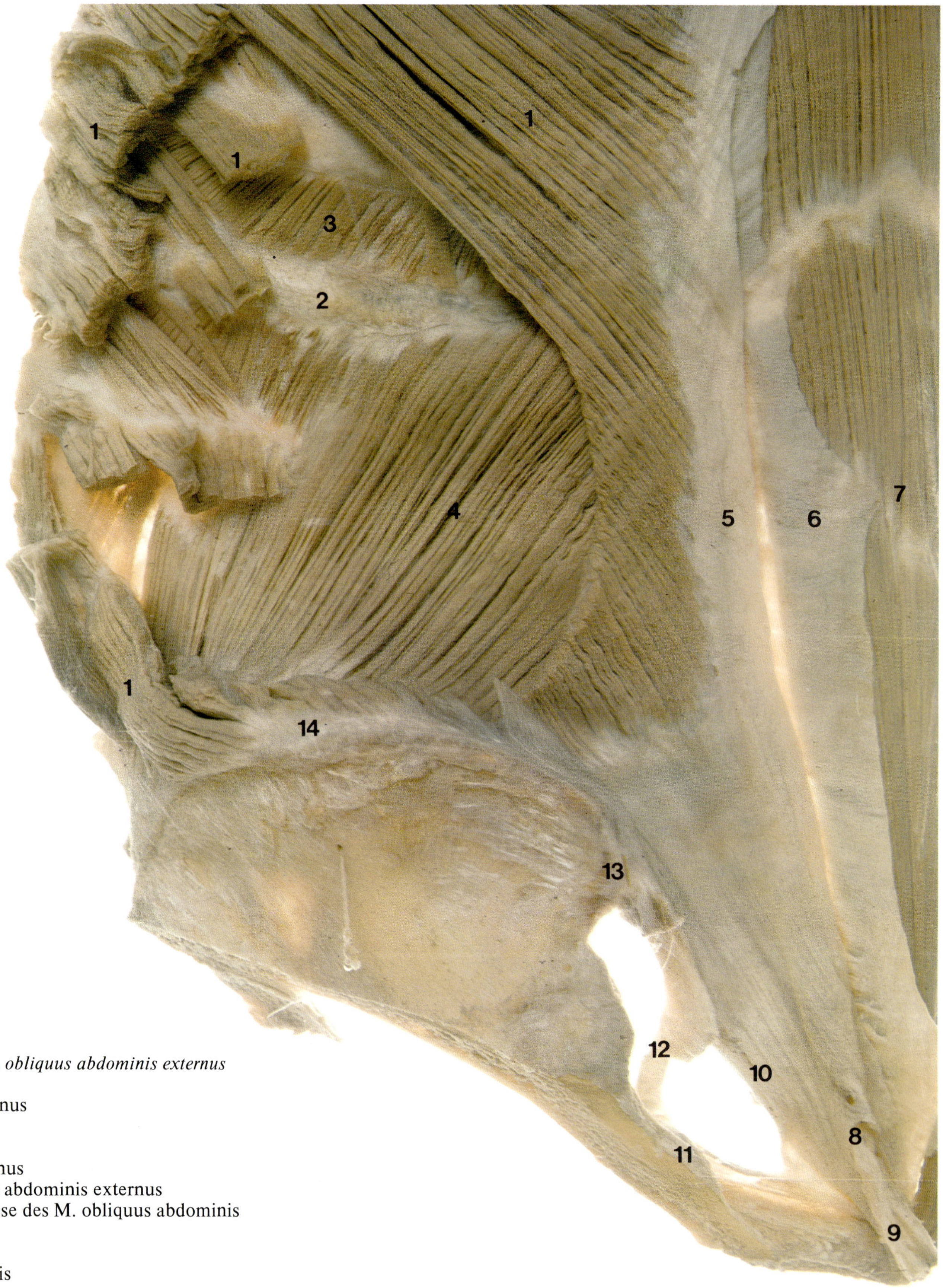

Vordere Bauchwand
(Untere Abschnitte des rechten M. obliquus abdominis externus und internus)

1 M. obliquus abdominis externus
2 Zehnte Rippe
3 M. intercostalis internus
4 M. obliquus abdominis internus
5 Aponeurose des M. obliquus abdominis externus
6 Vorderes Blatt der Aponeurose des M. obliquus abdominis internus
7 M. rectus abdominis
8 Anulus inguinalis superficialis
9 Funiculus spermaticus
10 Lig. inguinale
11 Eminentia iliopubica (Eminentia iliopectinea)
12 Arcus iliopectineus
13 Spina iliaca anterior superior
14 Crista iliaca

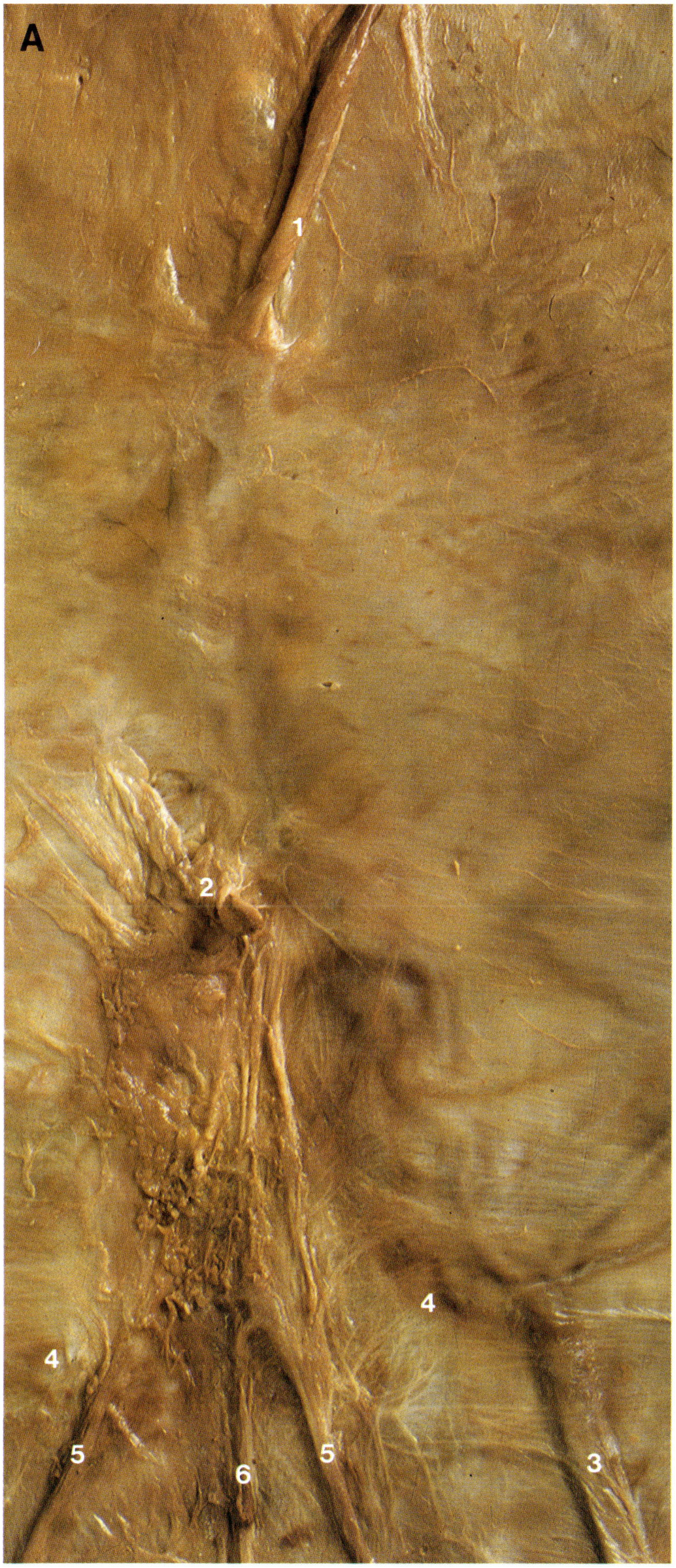

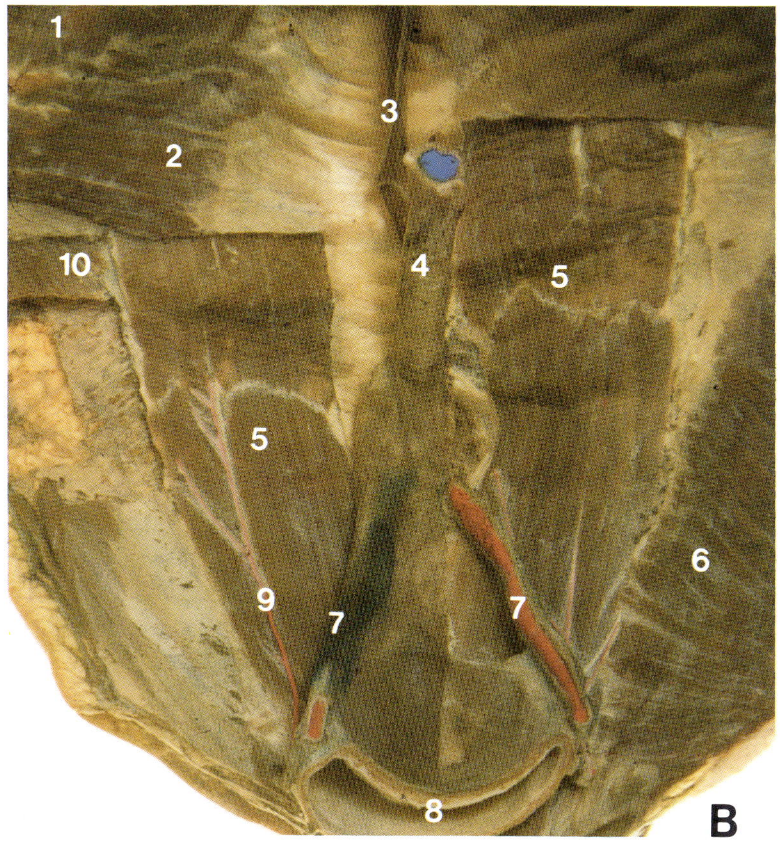

B Vordere Bauchwand bei einem ausgereiften Fetus, Umbilikalgefäße, von hinten gesehen
(Peritoneum, Bauchmuskulatur und Rektusscheide wurden teilweise entfernt)

1 Diaphragma
2 M. transversus abdominis
3 Lig. falciforme hepatis
4 Linke V. umbilicalis
5 M. rectus abdominis
6 M. obliquus abdominis internus
7 A. umbilicalis
8 Vesica urinaria
9 Vasa epigastrica inferiora
10 M. obliquus abdominis externus

A Vordere Bauchwand, Plicae umbilicales, von hinten gesehen, Umbilikalfalten

1 Lig. falciforme hepatis
2 Nabel mit Resten des Ductus omphaloentericus
3 Plica umbilicalis lateralis
4 Linea arcuata
5 Plica umbilicalis medialis
6 Plica umbilicalis mediana

- Der untere Rand des Lig. falciforme hepatis bildet das Lig. teres hepatis, das die obliterierte linke V. umbilicalis enthält.
- Die Plica umbilicalis mediana enthält die Reste des Urachus (Lig. umbilicale medianum).
- Die Plica umbilicalis medialis enthält die obliterierte A. umbilicalis (Lig. umbilicale mediale).
- Die Plica umbilicalis lateralis, die allerdings nicht den Nabel erreicht, beherbergt die Vasa epigastrica inferiora, bevor sie in die Rektusscheide übertreten.
- In diesem Präparat wirft das Lig. teres hepatis keine deutliche Peritonealfalte in der Nähe des Nabels auf, so daß hier im Bereich des Nabels nicht von einem Lig. falciforme gesprochen werden kann.

Vordere Bauchwand, oberer Abschnitt des rechten M. transversus abdominis, von hinten gesehen

1 M. rectus abdominis (rechts)
2 M. transversus abdominis
3 Zwerchfell (Diaphragma)
4 Zehnte Rippe
5 Aponeurose des M. transversus abdominis
6 Lateraler Rand der Rektusscheide

● Die oberen Bündel des M. transversus abdominis verzahnen sich mit den Ursprungszacken des Zwerchfells. Medial gehen sie hinter dem M. rectus abdominis in ihre Aponeurose über und beteiligen sich damit am hinteren Blatt der Rektusscheide.

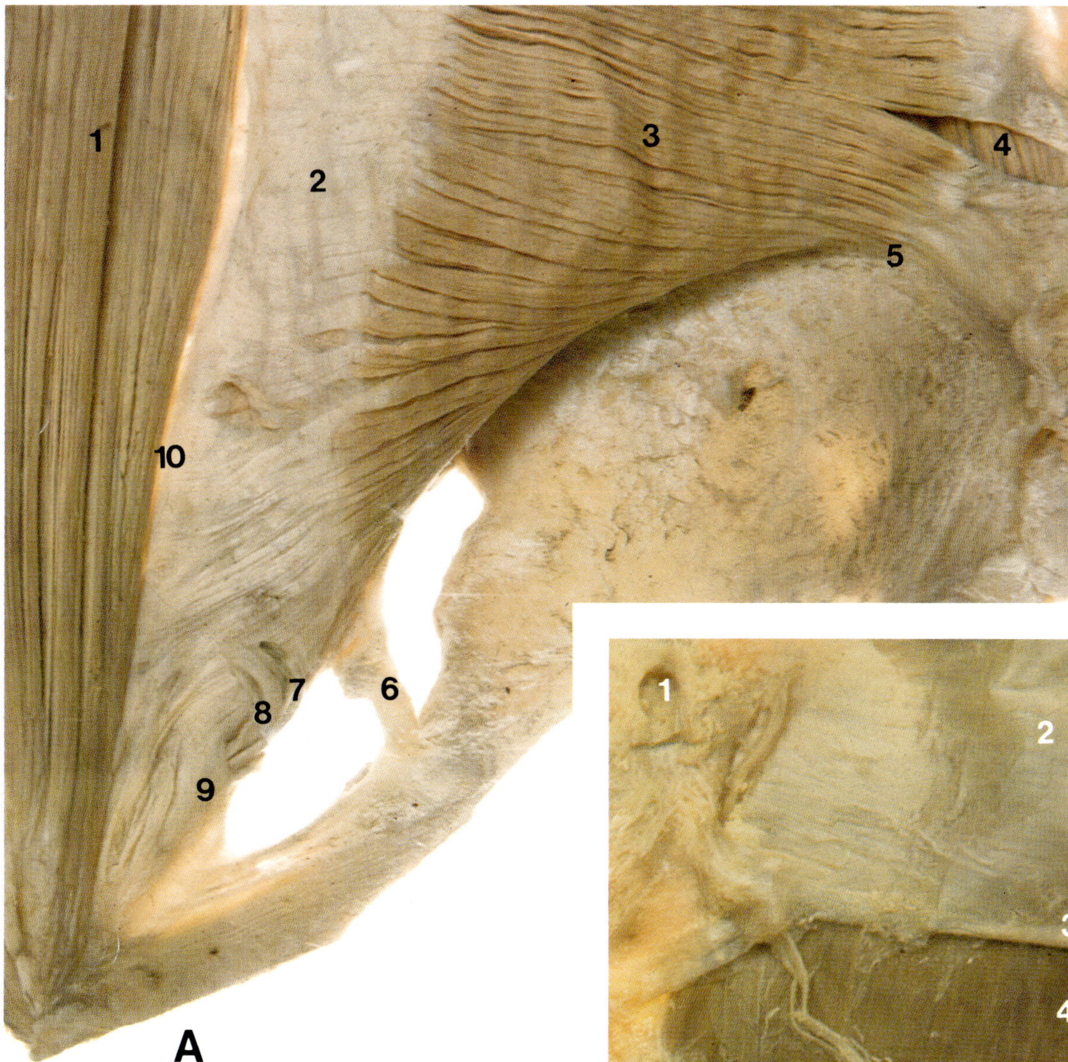

A

A Vordere Bauchwand, unterer Abschnitt des rechten M. transversus abdominis, von hinten gesehen

1 M. rectus abdominis
2 Aponeurose des M. transversus abdominis
3 M. transversus abdominis
4 M. obliquus abdominis internus (durch einen Schlitz im M. transversus abdominis sichtbar geworden)
5 Crista iliaca
6 Arcus iliopectineus
7 Lig. inguinale
8 Anulus inguinalis profundus
9 Funiculus spermaticus
10 Lateraler Rand der Rektusscheide

● Im Gegensatz zu den oberen Abschnitten des M. transversus abdominis wird der Muskel unten schon in einigem Abstand von der Rektusscheide aponeurotisch.

B

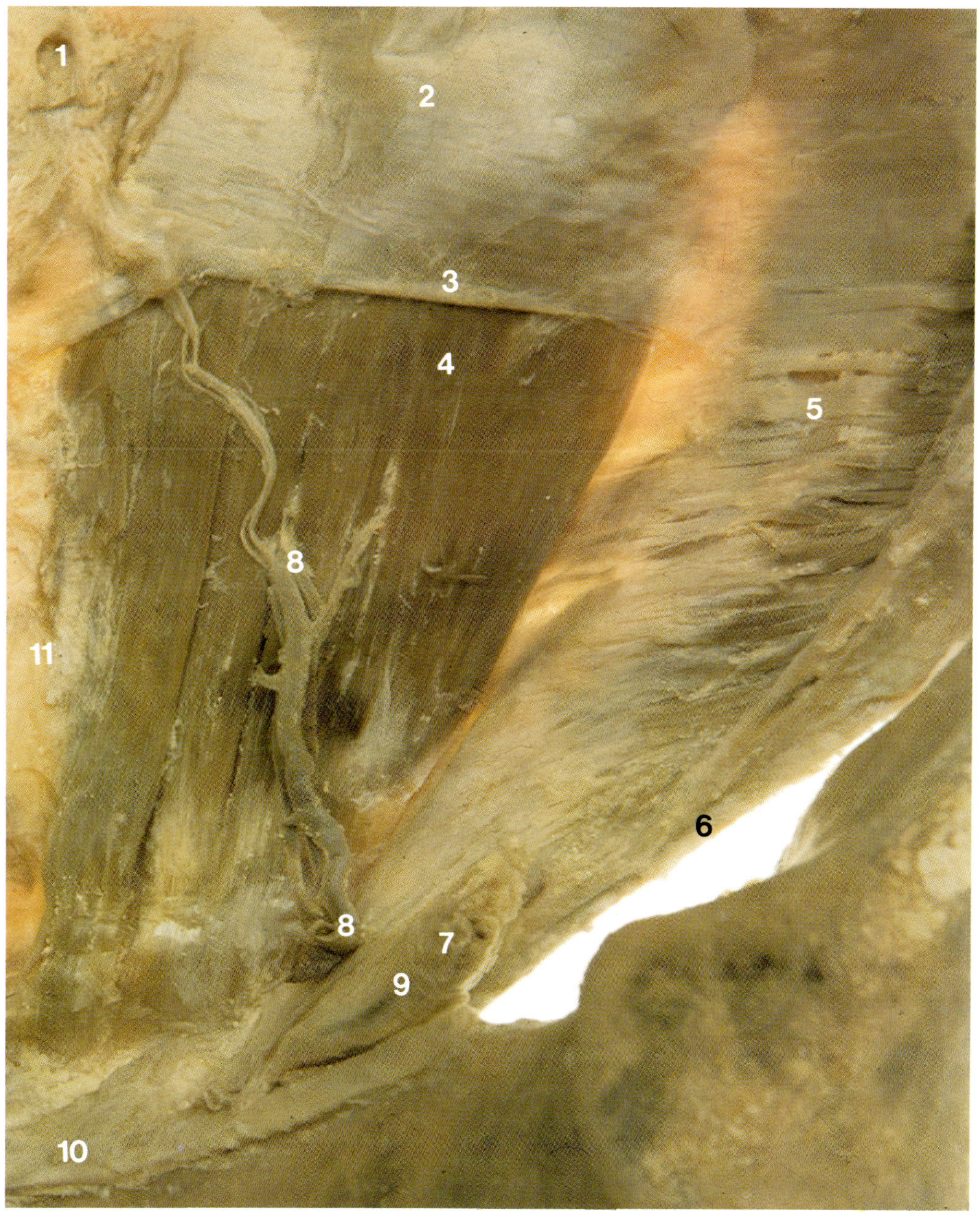

B Vordere Bauchwand, rechter unterer Quadrant, von hinten gesehen
(Peritoneum und Fascia transversalis wurden entfernt)

1 Nabel (Umbilicus)
2 Hinteres Blatt der Rektusscheide
3 Linea arcuata
4 M. rectus abdominis
5 M. transversus abdominis
6 Lig. inguinale
7 Funiculus spermaticus
8 Vasa epigastrica inferiora
9 Lage des Anulus inguinalis profundus
10 Crista pubica
11 Linea alba

● Wenig unterhalb des Nabels endet das hintere Blatt der Rektusscheide ziemlich abrupt mit einer bogenförmigen Linie (Linea arcuata). Unterhalb dieser Linie gehen alle drei seitlichen Bauchmuskeln (M. obliquus abdominis externus, internus und M. transversus abdominis) mit ihren Aponeurosen in das vordere Blatt der Rektusscheide über. Die Vasa epigastrica inferiora erreichen die Rektusscheide, indem sie die Linea arcuata (ventral-aufsteigend) passieren.

A Oberbauchorgane

(Vordere Bauchwand, vorderes Zwerchfell und Brustwand wurden größtenteils entfernt)

1 Lobus inferior der rechten Lunge
2 Perikardiales Fettgewebe
3 Diaphragma
4 Lig. falciforme hepatis
5 Lobus dexter ⎤ der Leber
6 Lobus sinister ⎦ der Leber
7 Magen (Ventriculus)
8 Lobus inferior der linken Lunge
9 Omentum majus
10 Pars superior duodeni (Bulbus duodeni)
11 Gallenblase (Vesica fellea)
12 Colon transversum

● Im vorliegenden Fall findet sich wegen des guten Ernährungszustandes reichlich perikardiales und peritoneales Fettgewebe.

B Omentum majus

1 Lobus dexter der Leber
2 Lig. falciforme hepatis
3 Lobus sinister der Leber
4 Magen (Ventriculus)
5 Omentum majus
6 Dünndarm (Intestinum tenue)
7 Colon caecum
8 Colon ascendens
9 Flexura coli dextra
10 Colon transversum
11 Gallenblase (Vesica fellea)
12 Pars superior duodeni

● Das Omentum majus geht von der großen Kurvatur des Magens aus, heftet sich aber sekundär am Colon transversum fest und bedeckt kaudalwärts den größten Teil des Dünn- und Dickdarms.

A

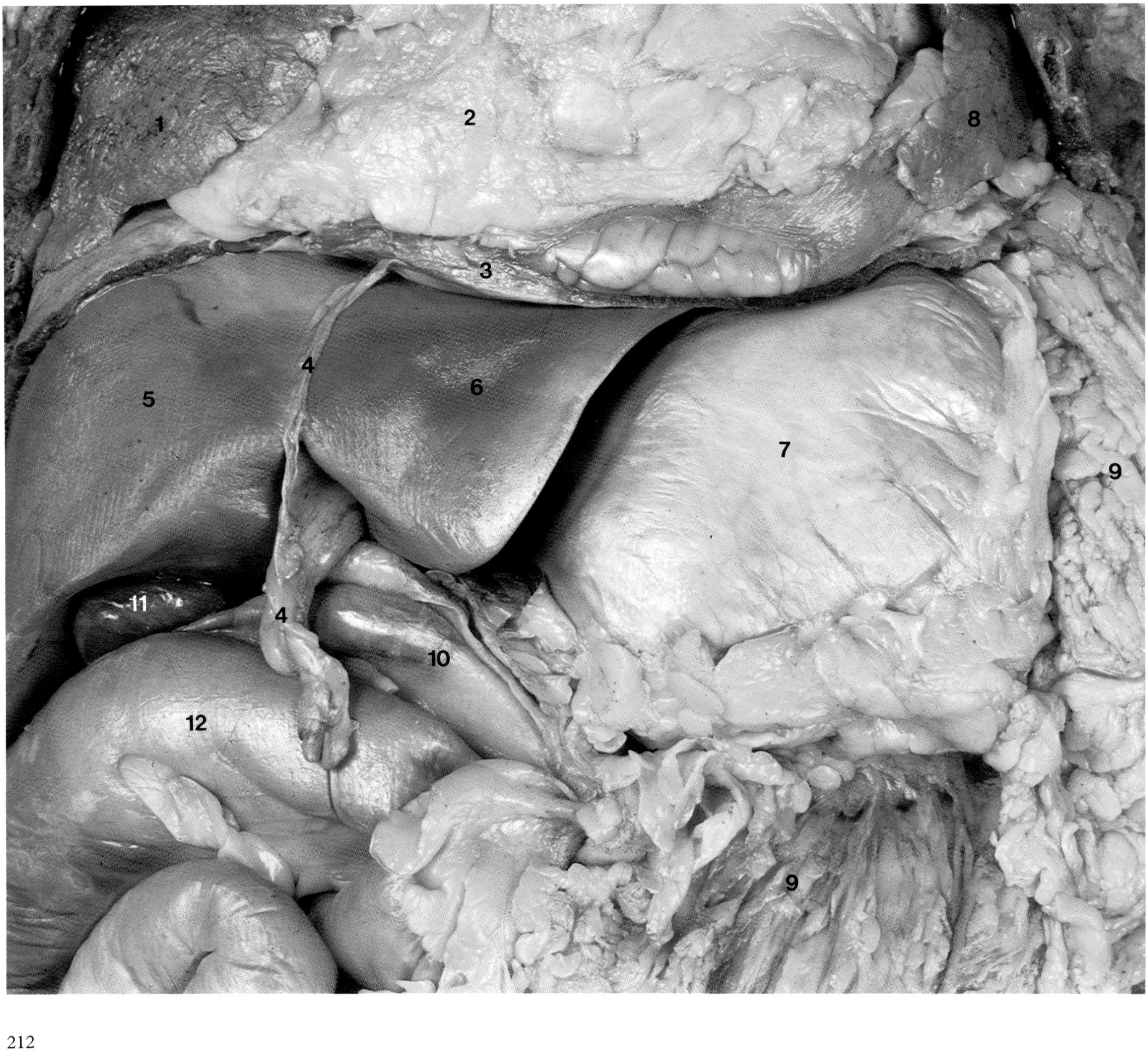

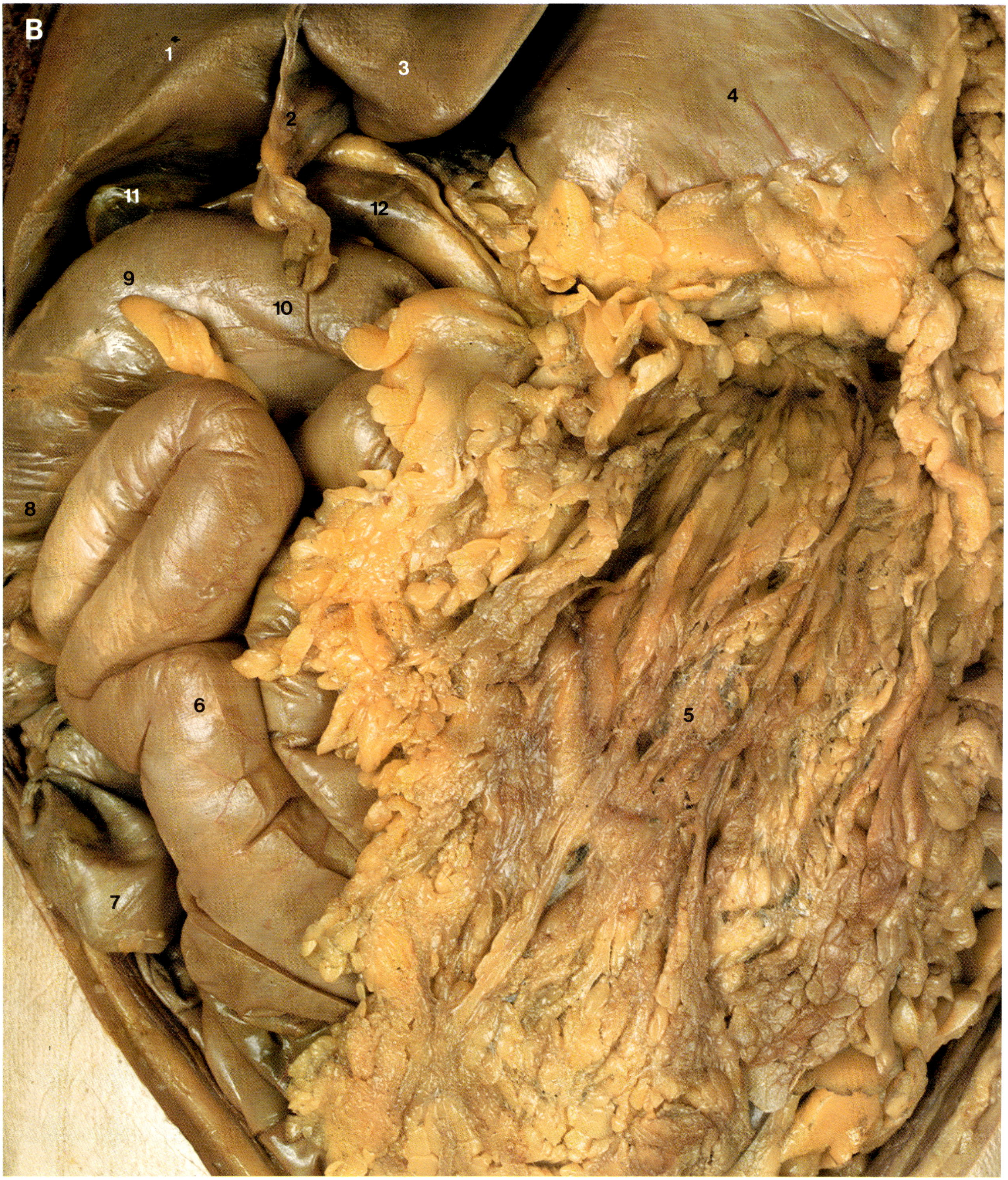
B
1
2
3
4
5
6
7
8
9
10
11
12

Oberbauchorgane in situ

(Das Omentum majus wurde nach oben geklappt)

1 Lobus dexter der Leber
2 Lig. falciforme hepatis
3 Lobus sinister der Leber
4 Facies posterior des Omentum majus
5 Colon transversum
6 Appendices epiploicae
7 Dünndarm (Intestinum tenue)
8 Pars superior duodeni (Bulbus duodeni)

- Weitere Einzelheiten über Peritoneum und Omentum majus in einem weniger adipösen Fall s. S. 216-218.
- Die Appendices epiploicae sind fettreiche Anhänge des Peritoneums, die bei den verschiedenen Abschnitten des Kolons (besonders Colon ascendens, transversum, descendens und sigmoideum) vorkommen. Sie fehlen am Dünndarm und am Colon rectum und sind meist im Bereich des Colon caecum und der Appendix rudimentär. Bei Bauchoperationen stellen sie eine Struktur dar, die helfen kann, das Colon von anderen Darmabschnitten zu unterscheiden.
- In der geltenden anatomischen Nomenklatur umfaßt der Begriff »Dünndarm« Duodenum, Jejunum und Ileum. Der Kliniker versteht jedoch unter Dünndarm meist nur Jejunum und Ileum, während das Duodenum als solches bezeichnet wird.
- Am Duodenum werden 4 aufeinanderfolgende Abschnitte unterschieden, und zwar die pars superior, pars descendens, pars horizontalis und pars ascendens.

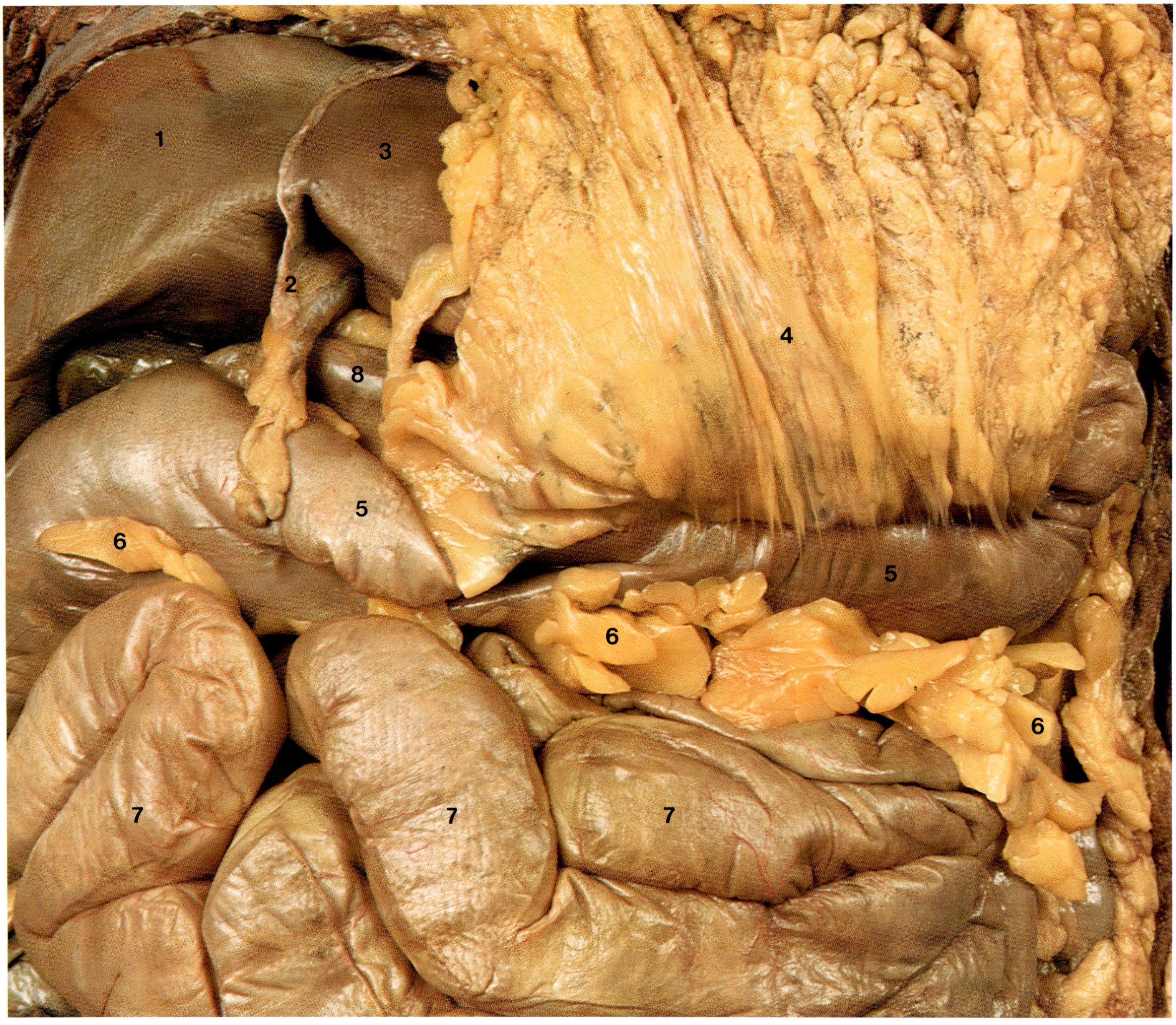

Omentum minus und Foramen epiploicum,
A von vorne, B von links gesehen
(Am nicht fixierten Präparat)

1 Lig. falciforme hepatis
2 Lobus sinister der Leber
3 Diaphragma
4 Perikard
5 Curvatura minor des Magens
6 Omentum minus
7 Freier Rand des Omentum minus
8 Pars superior duodeni
9 Gallenblase (Vesica fellea)
10 Lobus quadratus der Leber
11 Foramen epiploicum (Winslowi)
12 Pars descendens duodeni
13 Oberer Pol der rechten Niere
14 V. cava inferior
15 Lobus dexter der Leber

● Das Foramen epiploicum (Winslowi) wird hinten durch die V. cava inferior, vorne durch das Lig. hepatoduodenale des Omentum minus, das die V. portae (hinten), den Ductus choledochus (vorne-rechts) und die A. hepatica (vorne-links) enthält, unten durch den Bulbus duodeni und oben schließlich durch den Processus caudatus der Leber, der in Abb. B vom Fundus der Gallenblase überdeckt wird, begrenzt (vgl. a. S. 219).

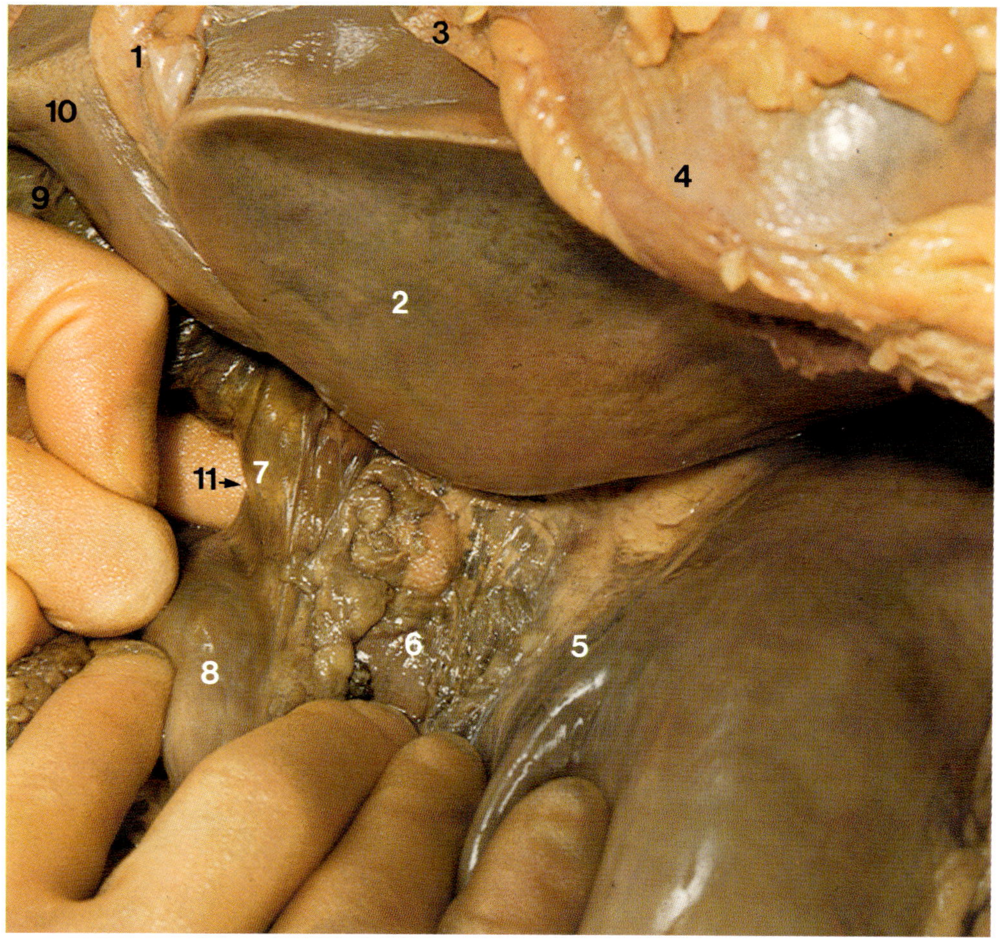

A

B

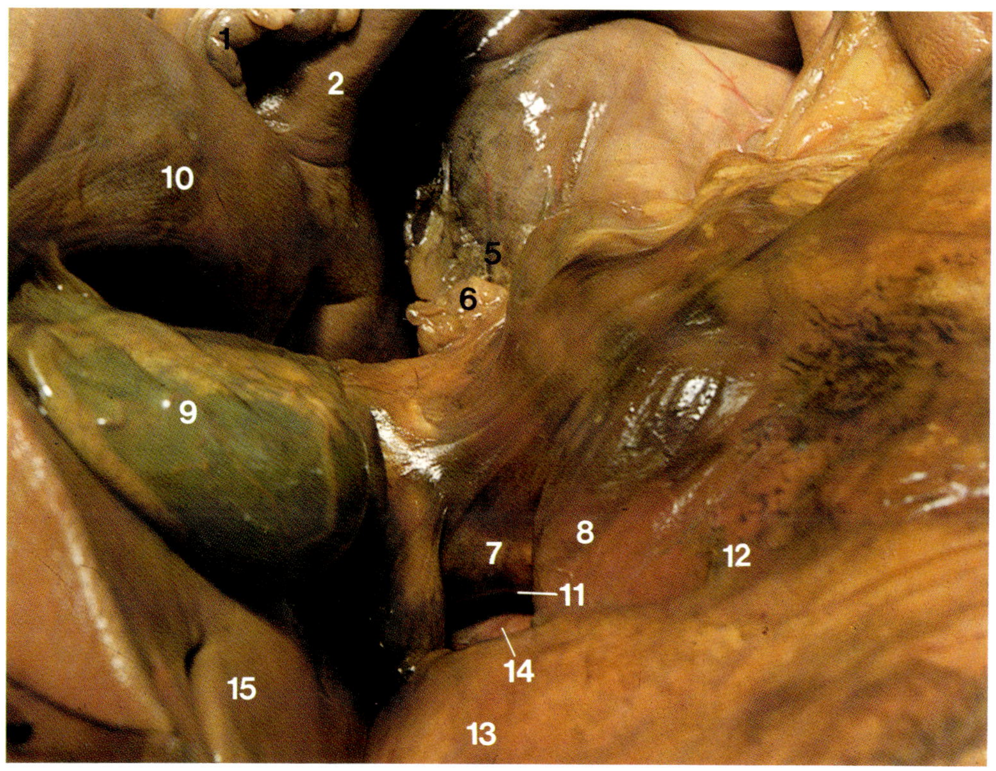

A Oberbauchorgane in situ
1 Gallenblase (Vesica fellea)
2 Lobus sinister der Leber
3 Omentum minus oberhalb des Pancreas
4 Corpus ⎤
5 Curvatura minor ⎬ ventriculi
6 Curvatura major ⎬
7 Pars pylorica (Antrum) ⎦
8 Omentum majus im Bereich des Colon transversum
9 Colon descendens
10 Dünndarm und zugehöriges Mesenterium
11 Colon ascendens
12 Colon transversum
13 Pars descendens duodeni

● In diesem Fall ist weniger Fettgewebe vorhanden als in dem auf S. 213 abgebildeten Präparat. Der Magen ist stärker kontrahiert und reicht etwas weiter nach unten, so daß man das Pankreas durch das Omentum minus hindurchschimmern sieht.
● Das Colon transversum ist oft stark gewunden und kann tief nach kaudal herunterhängen, was die Bezeichnung nicht vermuten läßt.
● Die Pars pylorica des Magens umfaßt das Antrum und den Canalis pylori.

A

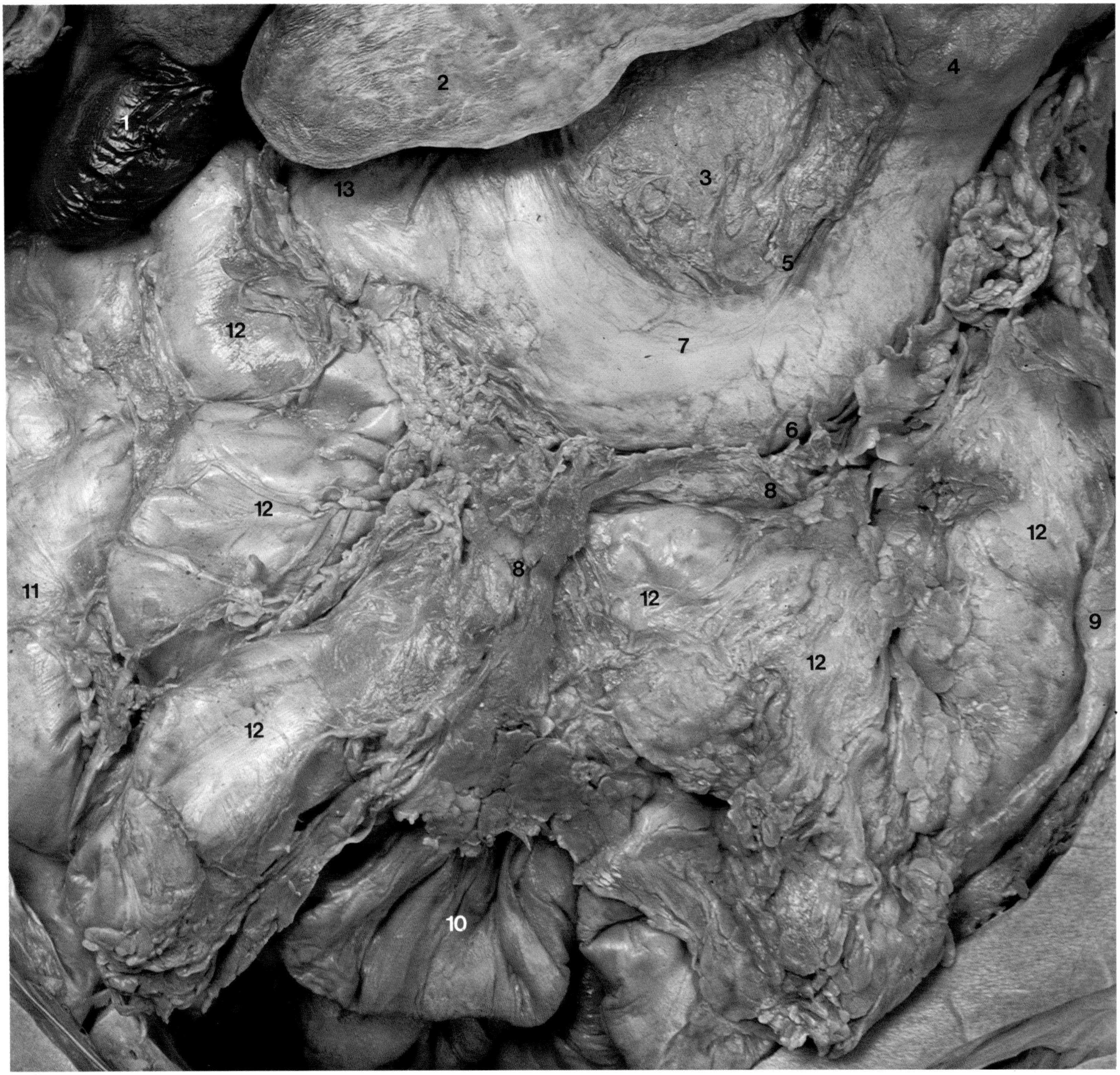

B Oberbauchorgane, von links und unten gesehen
(Omentum majus, Colon transversum und Mesocolon transversum sowie der Magen wurden nach oben gezogen)

1 Omentum majus
2 Colon transversum
3 Mesocolon transversum
4 Große Kurvatur } des Magens
5 Kleine Kurvatur } des Magens
6 Unterrand des Pankreas
7 Jejunum
8 Flexura duodenojejunalis
9 Pars ascendens } duodeni
10 Pars horizontalis } duodeni
11 Mesenterium

B
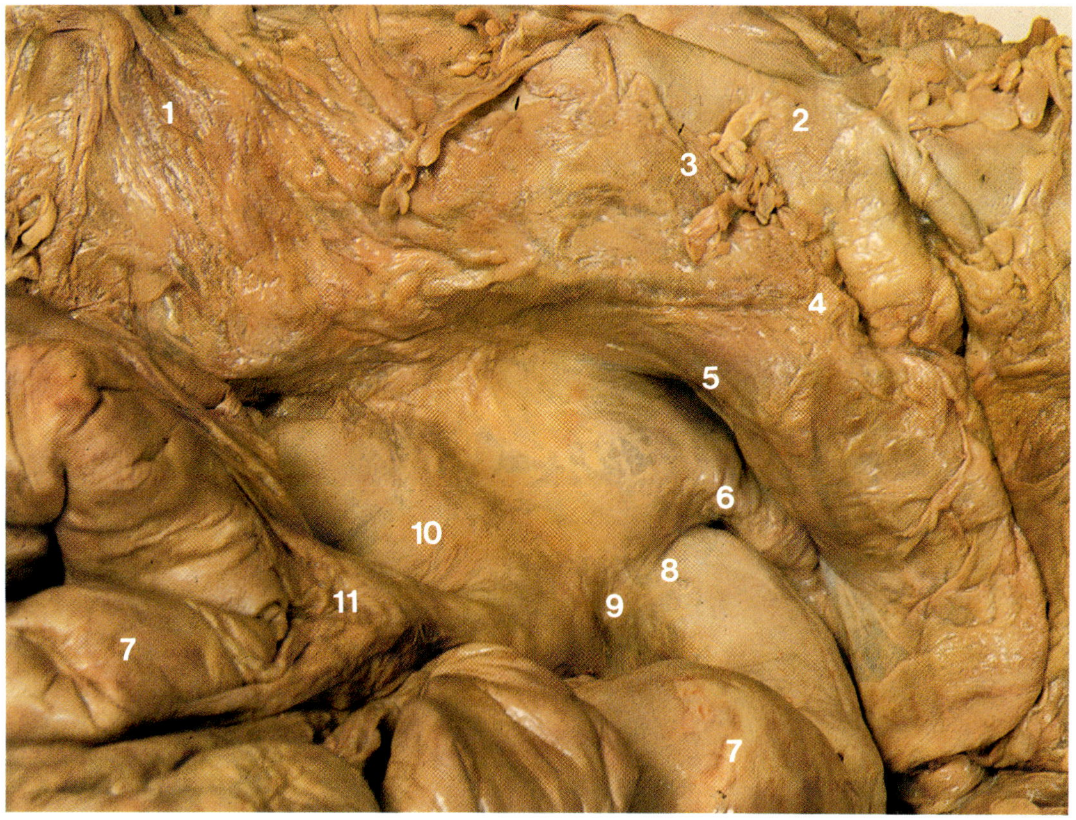

C Bursa omentalis und Mesocolon transverum
(Das Omentum majus wurde vom Colon transversum und Mesocolon abgetrennt und mit dem Magen nach oben geklappt, so daß man die Bursa omentalis sehen kann)

1 Omentum majus
2 Große Kurvatur } des Magens
3 Kleine Kurvatur } des Magens
4 Omentum minus
5 Peritoneum im Bereich der Bursa omentalis (oberhalb des Pankreas)
6 Mesocolon transversum
7 Colon transversum
8 Mesenterium
9 Dünndarmschlingen (Jejunum und Ileum)

● Das Omentum majus geht von der großen Kurvatur des Magens aus und überlagert das Colon transversum, mit dem es fest verwachsen ist (vgl. Abb. A), so daß das Querkolon, wenn man das Omentum majus nach oben hebt, mitgenommen wird (vgl. Abb. B). Wenn man das Omentum majus vom Colon transversum abpräpariert und mit dem Magen nach oben zieht (wie in Abb. C), bleibt das Colon transversum zurück und hängt nur noch am Mesocolon transversum, das am Unterrand des Pankreas befestigt ist.

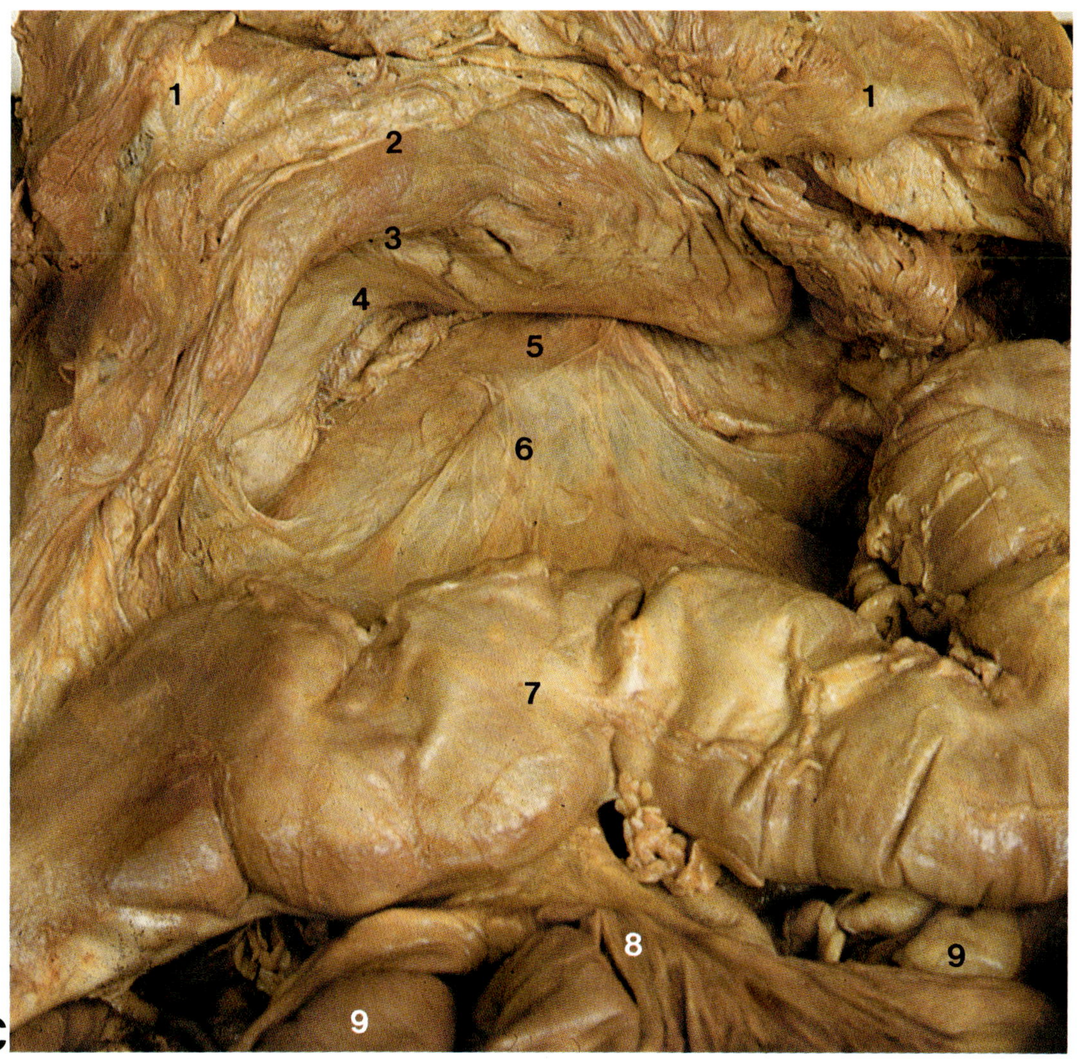

C

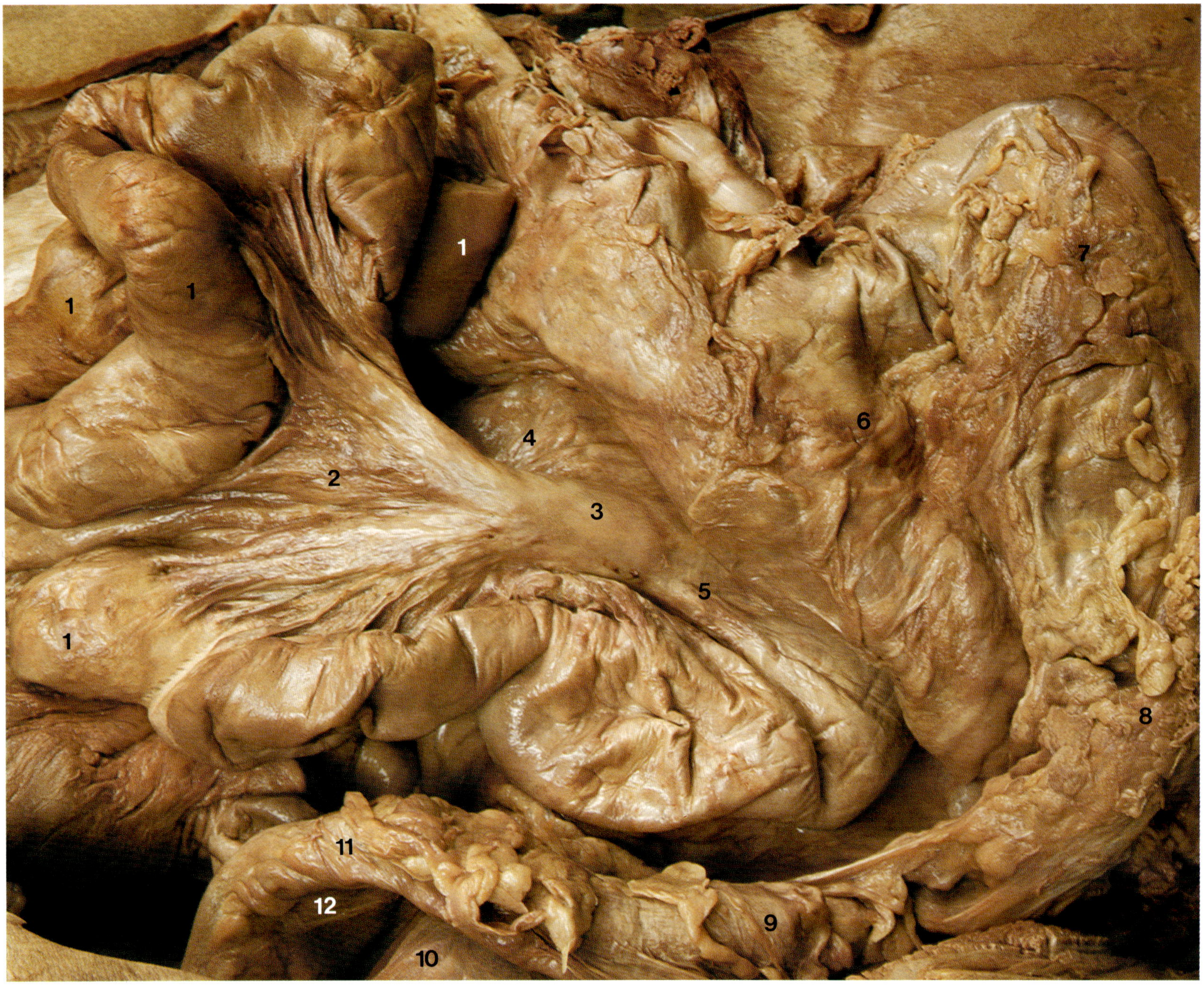

Mesenterium und Colon sigmoideum, von links gesehen
(Magen und Colon transversum wurden nach oben gezogen)

1 Dünndarmschlingen (Jejunum und Ileum)
2 Mesenterium
3 Radix mesenterii
4 Pars horizontalis duodeni
5 Flexura duodenojejunalis
6 Große Kurvatur des Magens
7 Colon transversum
8 Flexura coli sinistra
9 Colon descendens
10 Peritoneum über den Vasa iliaca externa
11 Colon sigmoideum
12 Mesocolon sigmoideum

● Die Radix mesenterii beginnt an der Flexura duodenojejunalis und verläuft schräg nach rechts-unten bis zum Zäkum. Oben überkreuzt sie die Pars horizontalis des Duodenums dort, wo die Vasa mesenterica superiora in das Mesenterium eintreten (vgl. a. S. 221).

● Das Colon sigmoideum besitzt, ähnlich wie das Colon transversum, ein eigenes Mesenterium (Mesocolon sigmoideum oder Mesosigmoid).

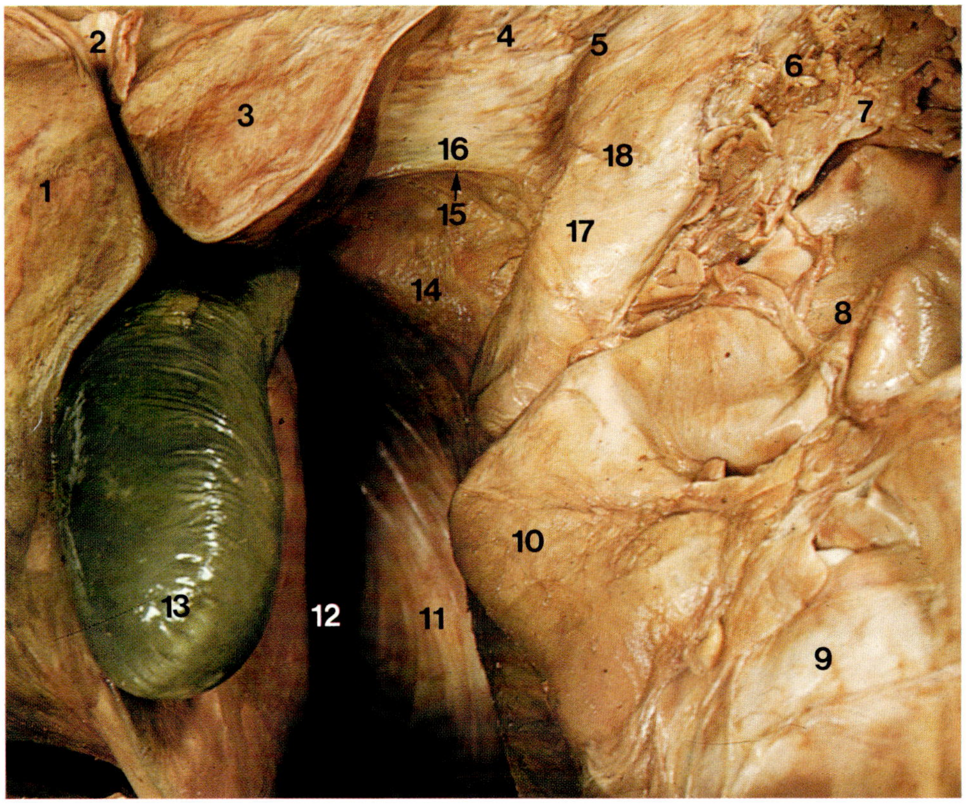

A

A Bursa omentalis – Recessus hepatorenalis, von rechts-unten gesehen

(Die Leber wurde nach rechts-oben gezogen, um den Raum zwischen Leber und rechter Niere sichtbar zu machen)

1 Lobus dexter hepatis
2 Lig. falciforme hepatis
3 Lobus sinister hepatis
4 Omentum minus (dahinter liegt das Pankreas)
5 Kleine Kurvatur ⎤ des Magens
6 Große Kurvatur ⎦ des Magens
7 Omentum majus
8 Colon transversum
9 Colon ascendens
10 Flexura coli dextra
11 Oberer Pol der rechten Niere
12 Recessus hepatorenalis (Morisonsche Tasche)
13 Gallenblase (Vesica fellea)
14 V. cava inferior
15 Foramen epiploicum (Winslowi)
16 Freier Rand des Omentum minus (Lig. hepatoduodenale)
17 Pars superior duodeni
18 Übergang des Magens in das Duodenum (Pylorusregion)

● Die obere Begrenzung des Recessus hepatorenalis ist das Lig. coronarium hepatis. An dieser Stelle geht das Peritoneum von der Area nuda (Pars affixa) der Leber auf den oberen Nierenpol über (vgl. a. S. 227).

B

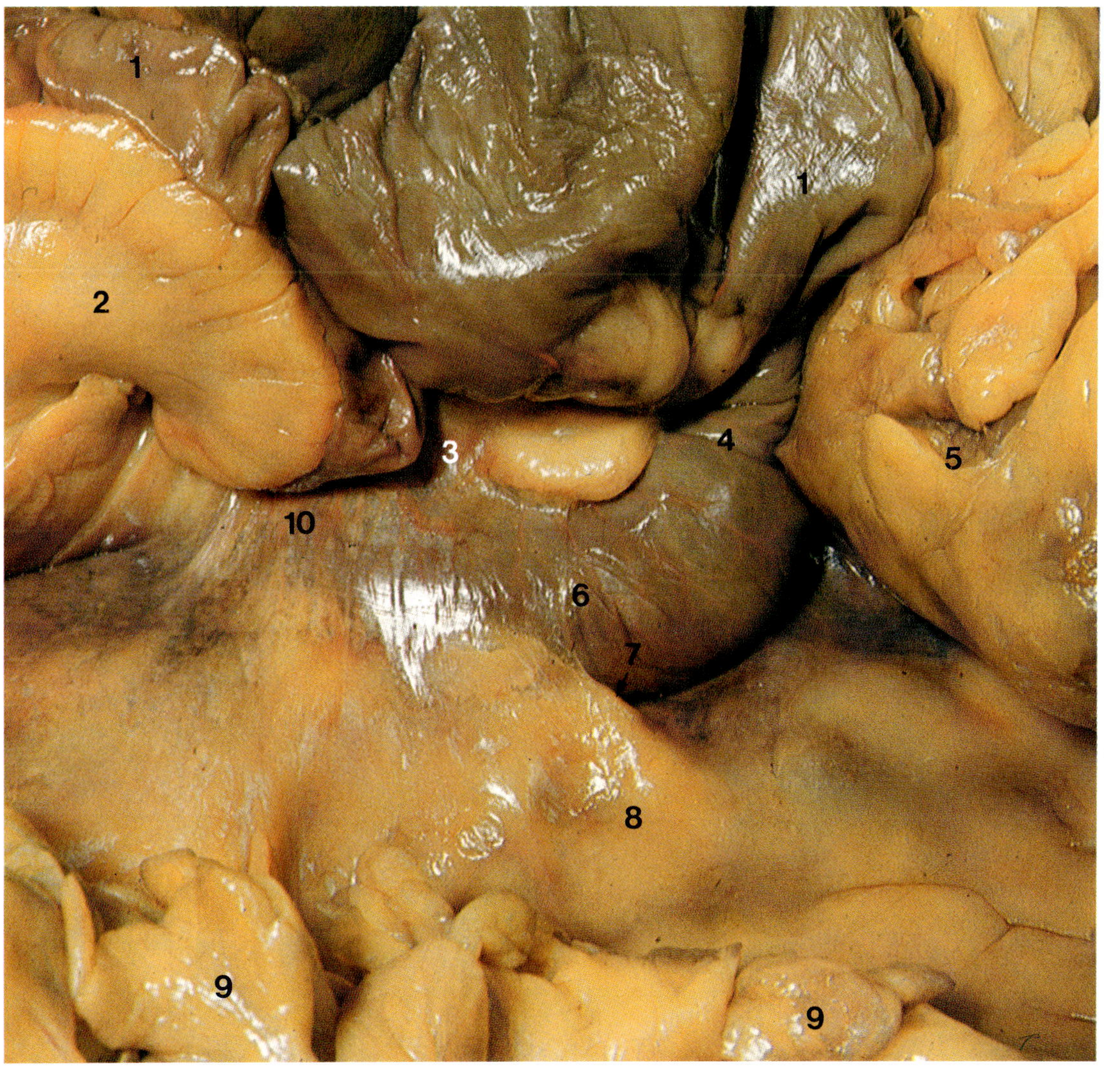

B Flexura duodenojejunalis, von links gesehen

(Mesenterium und Dünndarm wurden nach rechts verlagert)

1 Jejunum
2 Mesenterium
3 Radix mesenterii
4 Flexura duodenojejunalis
5 Colon transversum
6 Pars ascendens duodeni
7 Recessus duodenalis inferior
8 Peritoneum und retroperitoneales Fettgewebe der hinteren Bauchwand
9 Appendices epiploicae am Colon descendens
10 Pars horizontalis duodeni

● Zahl und Größe der peritonealen Recessus im Bereich des Duodenums wechseln sehr stark. Dieses Präparat zeigt einen der häufigsten Recessus, nämlich den Recessus duodenalis inferior.

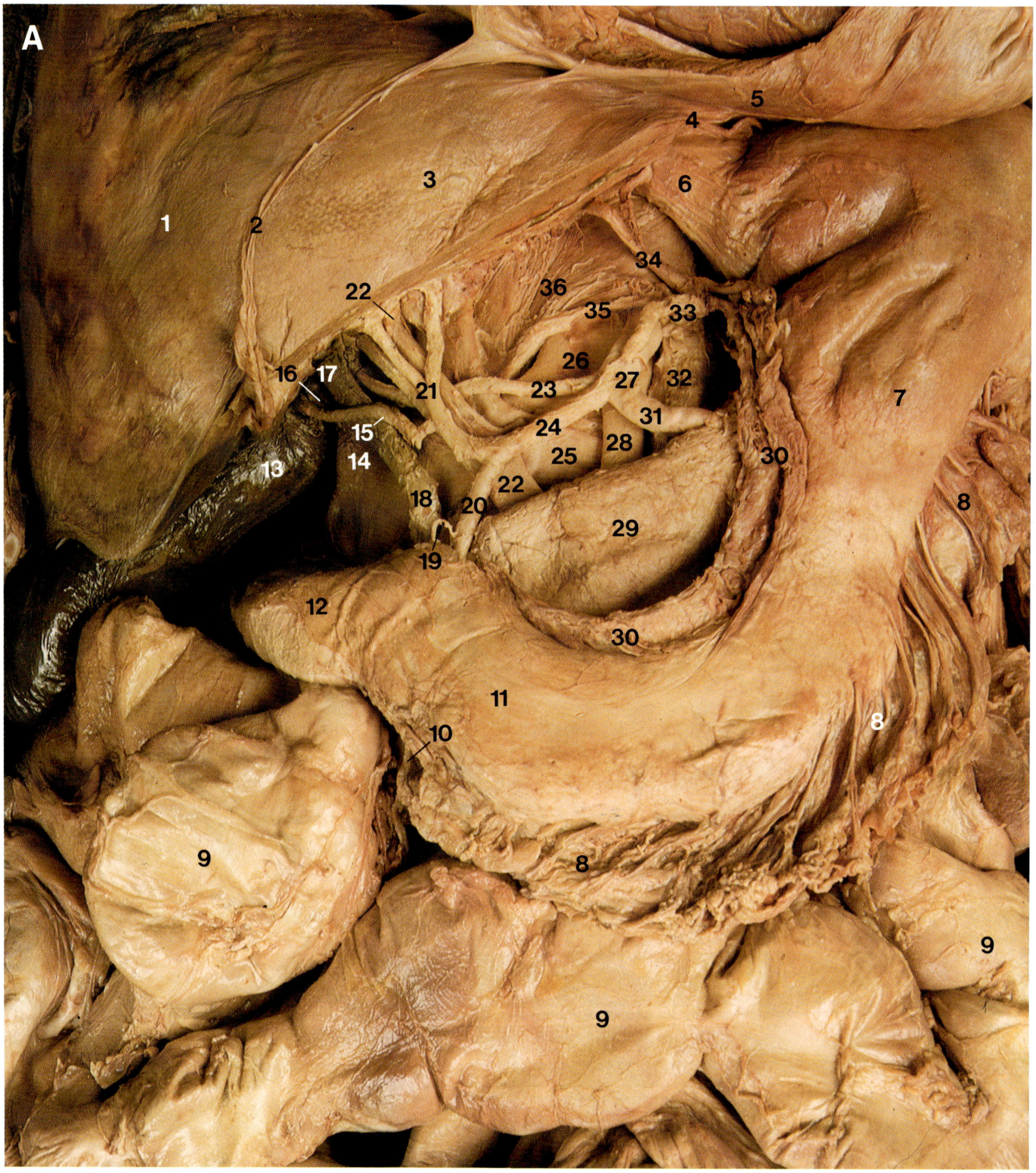
A
1
2
3
4
5
6
7
8
8
8
9
9
9
10
11
12
13
14
15
16
17
18
19
20
21
22
22
23
24
25
26
27
28
29
30
30
31
32
33
34
35
36

A Äste des Truncus coeliacus

(Lobus sinister der Leber, Omentum majus und minus wurden größtenteils entfernt)

1 Lobus dexter hepatis
2 Lig. falciforme hepatis
3 Lobus sinister hepatis
4 Lig. triangulare sinistrum
5 Diaphragma
6 Pars abdominalis oesophagi
7 Corpus ventriculi
8 Äste der linken und rechten A. gastroepiploica im Lig. gastrocolicum
9 Colon transversum
10 A. gastroepiploica dextra
11 Pars pylorica ventriculi (Antrum)
12 Pars superior duodeni
13 Gallenblase (Vesica fellea)
14 V. cava inferior
15 A. cystica
16 Ductus cysticus
17 Ductus hepaticus communis
18 Ductus choledochus
19 A. gastrica dextra
20 A. gastroduodenalis
21 A. hepatica propria mit Ramus dexter und sinister
22 V. portae
23 A. hepatica accessoria
24 A. hepatica communis
25 V. renalis sinistra
26 Aorta abdominalis
27 Truncus coeliacus
28 A. mesenterica superior
29 Corpus pancreatis
30 Omentum minus mit Aa. gastricae dextrae und sinistrae
31 A. lienalis
32 Diaphragma (Crus sinistrum der Pars lumbalis)
33 A. gastrica sinistra
34 Rami oesophagei a. gastricae sinistrae
35 Lig. arcuatum medianum (Hiatus aorticus)
36 Diaphragma (Crus dextrum der Pars lumbalis)

● V. portae, A. hepatica und Ductus choledochus liegen im Lig. hepatoduodenale, d. h. im unteren Abschnitt des Omentum minus, wobei der Ductus choledochus am weitesten rechts lokalisiert ist.

● Die A. cystica entspringt normalerweise aus der A. hepatica dextra und verläuft hinter der A. hepatica communis und dem Ductus cysticus entlang zur Gallenblase. In diesem Falle zweigt sie jedoch von der A. hepatica propria ab und verläuft vor dem Ductus choledochus.

● Wenn eine akzessorische A. hepatica ausgebildet ist, wie in diesem Präparat, verläuft sie meist hinter der V. portae und nicht, wie die normale Leberarterie, vor ihr vorbei.

● In der Regel ist die A. gastrica dextra wesentlich kleiner als die A. gastrica sinistra.

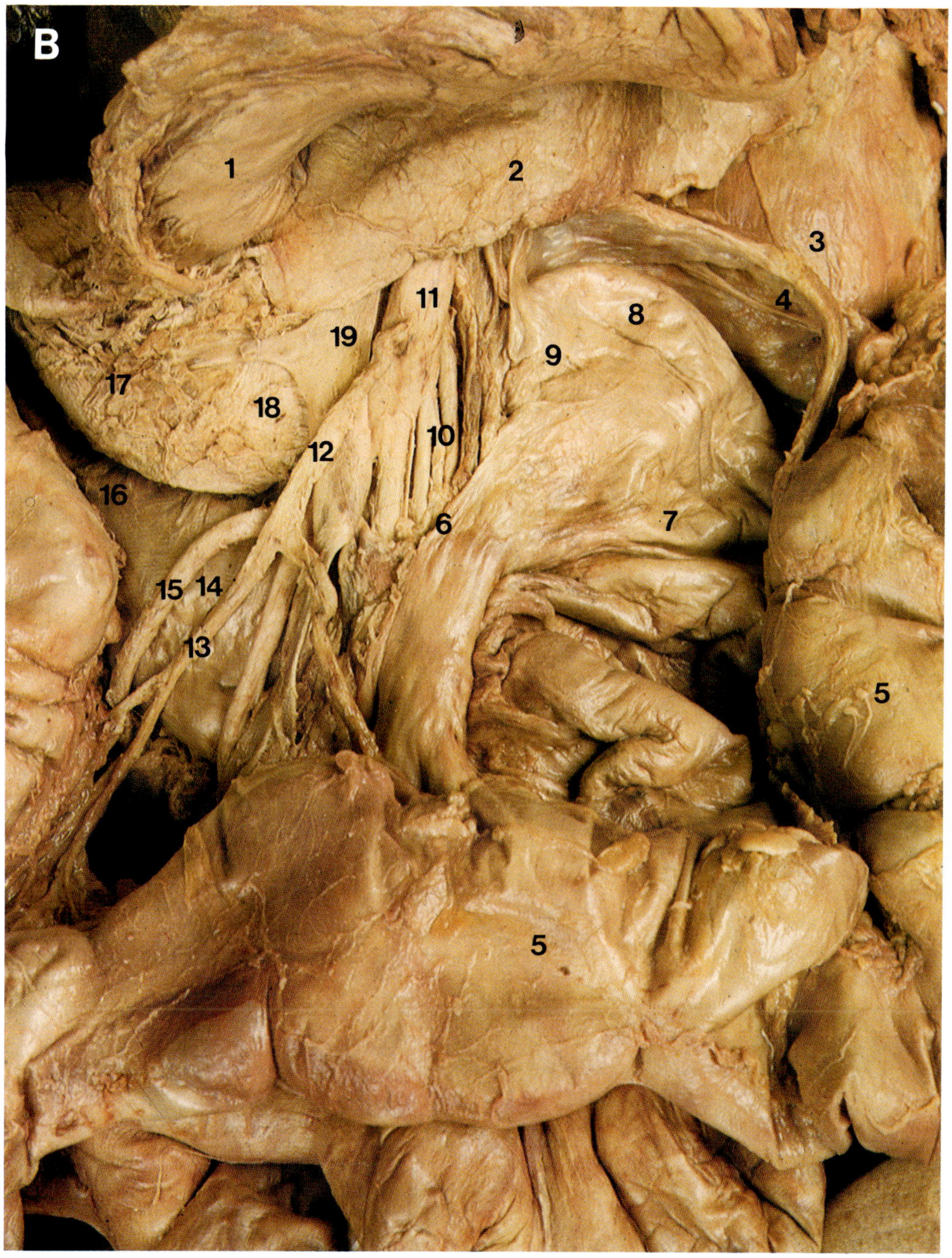

B Vasa mesenterica superiora

(Der Magen wurde nach oben gezogen; das Colon transversum befindet sich noch in seiner normalen Lage, wenn auch das Mesocolon transversum entfernt worden ist)

1 Hinterfläche der Pars pylorica ventriculi
2 Corpus pancreatis
3 Unterer, linker Nierenpol
4 Äste der Vasa colica sinistra
5 Colon transversum
6 Schnittrand des Peritoneums an der Radix mesenterii
7 Jejunum
8 Flexura duodenojejunalis
9 Pars ascendens duodeni
10 Aa. jejunales et ilei
11 A. mesenterica superior
12 A. colica media
13 A. colica dextra
14 Pars horizontalis duodeni
15 A. ileocolica
16 Pars descendens duodeni
17 Caput pancreatis
18 Processus uncinatus des Pankreaskopfes
19 V. mesenterica superior

● Die A. colica dextra ist normalerweise ein Ast der A. mesenterica superior; oft entspringt sie jedoch auch, wie in diesem Fall, von der A. colica media.

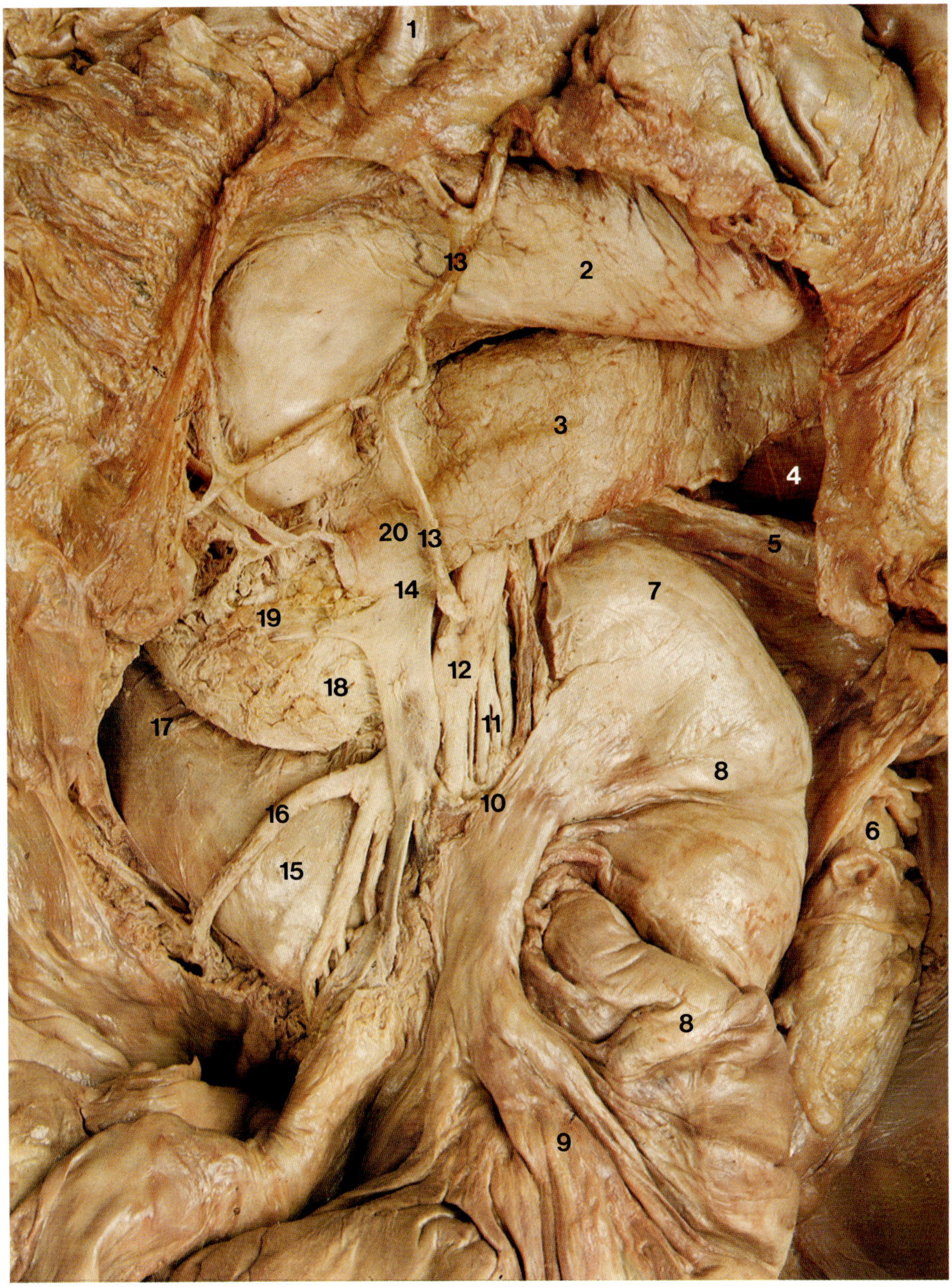

Vasa mesenterica superiora
(Magen und Colon transversum wurden nach oben geklappt und das Peritoneum größtenteils entfernt)

1 Colon transversum
2 Hinterfläche des Magens
3 Corpus pancreatis
4 Linke Niere
5 Vasa colica sinistra
6 Colon descendens
7 Flexura duodenojejunalis
8 Jejunum
9 Mesenterium
10 Schnittrand der Radix mesenterii
11 Aa. jejunales et ilei
12 A. mesenterica superior
13 A. colica media
14 V. mesenterica superior
15 Pars horizontalis duodeni
16 A. ileocolica
17 Pars descendens duodeni
18 Processus uncinatus pancreatis
19 Caput pancreatis
20 Incisura pancreatis

● Die A. colica media verläuft in situ nach ihrem Abgang aus der A. mesenterica superior abwärts zum Colon transversum; wenn jedoch das Colon transversum nach oben geklappt wird, wird das Gefäß mitgenommen, so daß es scheinbar nach oben verläuft (meist zeigen die üblichen Lehrbuchabbildungen das Gefäß auch in dieser Lage).

Vena mesenterica inferior und benachbarte Leitungsbahnen der hinteren Bauchwand, von links gesehen
(Das Peritoneum wurde größtenteils entfernt, das Duodenum nach rechts geklappt sowie der Unterrand des Pankreas, das Colon transversum und der Magen nach oben gezogen)

1 Mesenterium
2 Pars horizontalis duodeni
3 Pars ascendens duodeni
4 Flexura duodenojejunalis
5 A. mesenterica inferior
6 Aorta abdominalis
7 M. suspensorius duodeni (Treitzscher Muskel)
8 A. mesenterica superior
9 V. mesenterica superior
10 V. lienalis
11 Corpus pancreatis
12 A. colica media
13 Hinterfläche der Pars pylorica ventriculi
14 V. renalis sinistra
15 Colon transversum
16 A. linealis
17 A. renalis
18 Unterer, linker Nierenpol
19 Vasa colica sinistra
20 Colon descendens
21 Pelvis renalis
22 A. testicularis
23 V. testicularis
24 V. mesenterica inferior
25 M. psoas major
26 N. genitofemoralis
27 Ureter
28 A. colica sinistra
29 Schnittrand des Peritoneums

● Die V. mesenterica inferior liegt auf dem M. psoas major zwischen A. mesenterica inferior (medial) und Ureter (lateral).

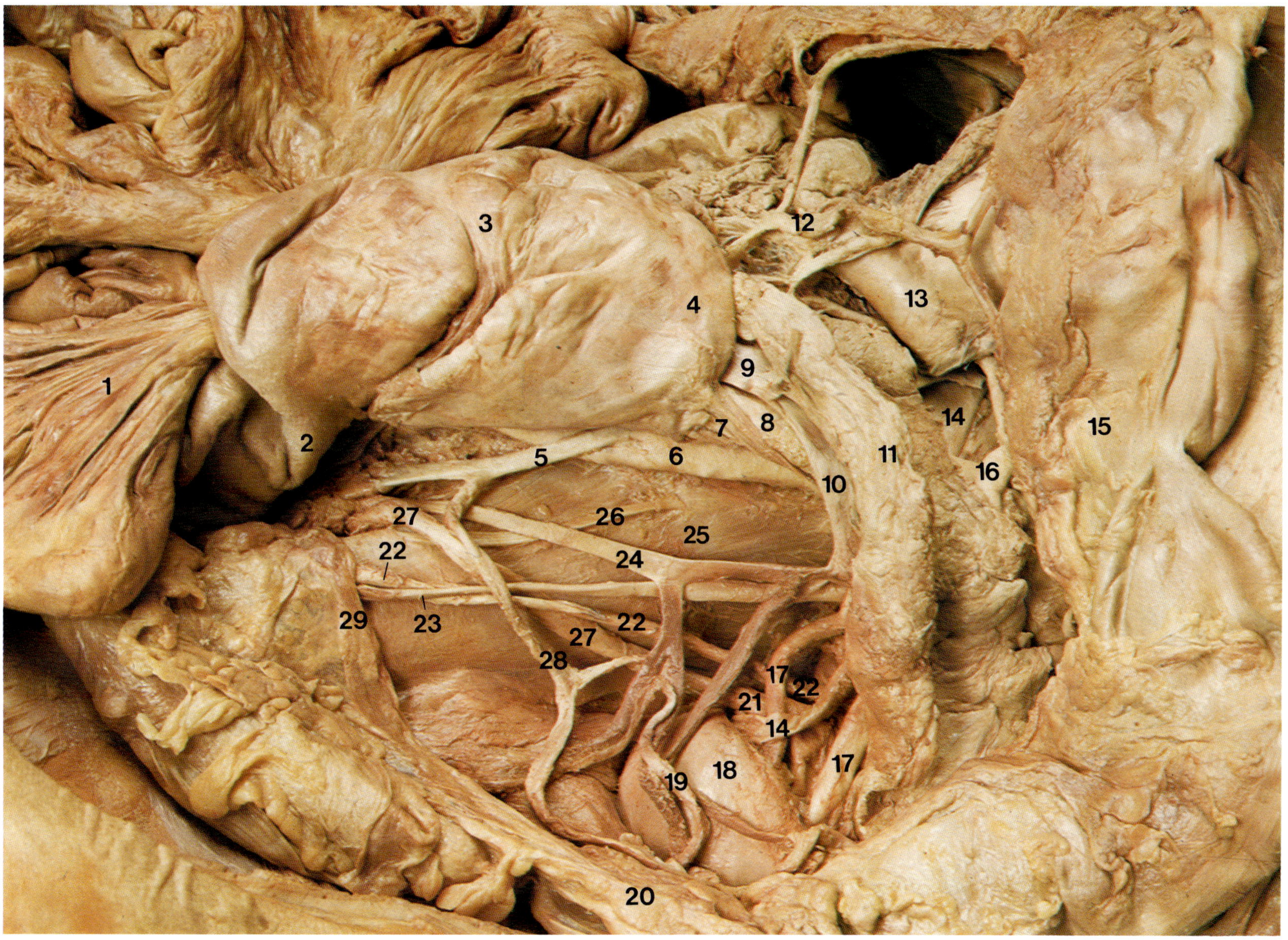

A Magen und Magenarterien, von vorne gesehen

1 Übergang vom Ösophagus zum Magen (Pars cardiaca)
2 Fundus ventriculi
3 Curvatura major ventriculi
4 Corpus ventriculi
5 A. gastroepiploica sinistra
6 A. gastroepiploica dextra
7 Pars pylorica ventriculi (Antrum pyloricum)
8 Canalis pyloricus
9 Übergang des Magens in das Duodenum
10 A. gastrica dextra
11 Curvatura minor ventriculi
12 A. gastrica sinistra

- Im vorliegenden Sammlungspräparat anastomosieren linke und rechte A. gastroepiploica an der großen Kurvatur so miteinander, wie das in den meisten Lehrbüchern beschrieben wird. Häufig ist aber eine direkte Anastomose zwischen beiden Arterien nicht vorhanden.
- An der kleinen Kurvatur anastomosieren normalerweise die Äste der A. gastrica dextra und sinistra ausgiebig miteinander.

A

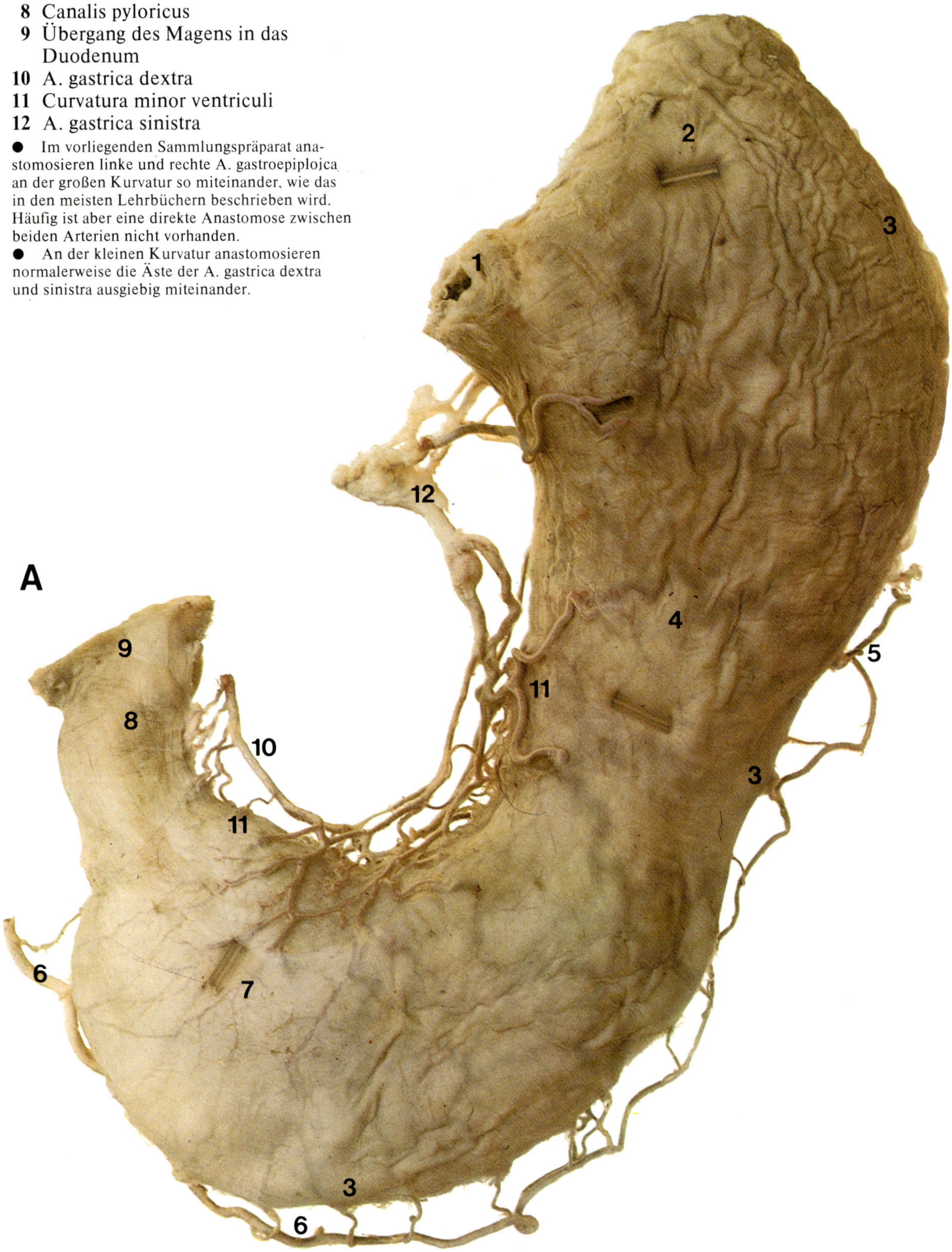

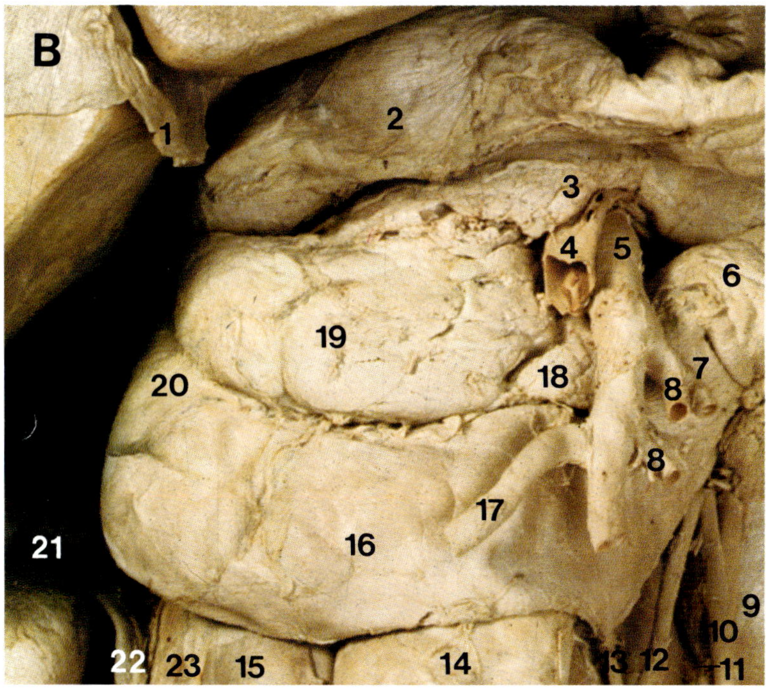

B Duodenum und Pankreaskopf
(Das Peritoneum wurde entfernt und die Pars pylorica ventriculi nach oben gezogen)

1 Lig. falciforme hepatis
2 Pars pylorica ventriculi
3 Incisura pancreatis
4 V. mesenterica superior
5 A. mesenterica superior
6 Flexura duodenojejunalis
7 Pars ascendens duodeni
8 Aa. jejunales et ilei
9 Unterer Nierenpol (links)
10 V. testicularis (bzw. V. ovarica) sinistra
11 Linker Ureter
12 V. mesenterica inferior
13 A. testicularis (bzw. A. ovarica) sinistra
14 Aorta abdominalis
15 V. cava inferior
16 Pars horizontalis duodeni
17 A. colica media
18 Processus uncinatus pancreatis
19 Caput pancreatis
20 Pars descendens duodeni
21 Hilus der rechten Niere
22 Rechter Ureter
23 V. testicularis (bzw. V. ovarica) dextra

● Der Pankreaskopf fügt sich in die C-förmige Schlinge des Duodenums (von Klinikern und Röntgenologen als »Duodenalschleife« bezeichnet) voll ein.

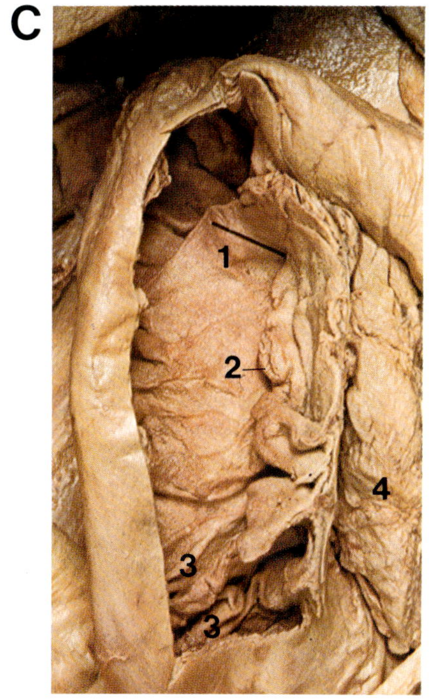

C Papillae duodeni
(Vorderwand der Pars descendens duodeni entfernt)

1 Nadel in der Papilla duodeni minor
2 Papilla duodeni major
3 Falten der Duodenalschleimhaut (Plicae circulares)
4 Caput pancreatis

● Die Papilla hepatopancreatica, die durch die Vereinigung des Ductus choledochus und des Ductus pancreaticus (major) entsteht, öffnet sich auf der Höhe der Papilla duodeni major. Die glatten Muskelzüge, die die Ampulle und die beiden Ductus umgeben, bilden den sogenannten Ampullensphinkter oder Sphincter Oddi.

● Der Ductus pancreaticus accessorius endet auf der Höhe der Papilla duodeni minor.

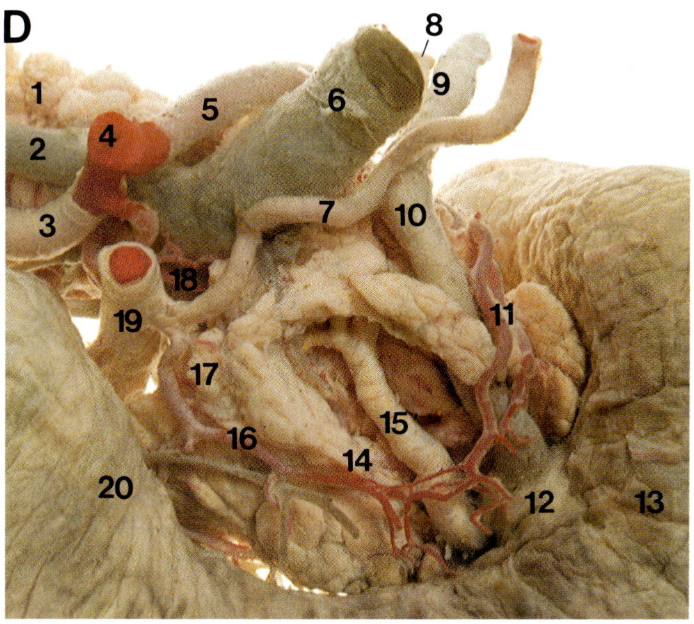

D Duodenum und Pankreaskopf, von hinten gesehen

1 Corpus pancreatis
2 V. lienalis
3 A. lienalis
4 Truncus coeliacus
5 A. hepatica communis
6 V. portae
7 A. hepatica accessoria
8 Ductus hepaticus communis
9 Ductus cysticus
10 Ductus choledochus
11 Hinterer Ast der A. supraduodenalis superior (A. retroduodenalis)
12 Ductus choledochus und Ductus pancreaticus an ihrer Einmündung in das Duodenum
13 Pars descendens duodeni
14 Caput pancreatis
15 Ductus pancreaticus (major)
16 Ramus posterior a. pancreaticoduodenalis inferioris
17 Processus uncinatus pancreatis
18 V. mesenterica superior
19 A. mesenterica superior
20 Pars ascendens duodeni

Leber (Hepar), von oben gesehen
(Teilweise mit Zwerchfell)

1 Lig. triangulare dextrum
2 Zwerchfell
3 Lig. coronarium hepatis
4 V. cava inferior
5 Perikardrest
6 Zwerchfell im Bereich des Lig. triangulare sinistrum
7 Lobus sinister hepatis (Pars superior)
8 Lobus sinister hepatis (Pars anterior)
9 Lig. falciforme hepatis
10 Lobus dexter hepatis (Pars anterior)
11 Lobus dexter hepatis (Pars superior)
12 Pars dextra hepatis

● Die wesentlichen Flächen der Leber stellen die Facies diaphragmatica (oben) und die Facies visceralis (unten) dar. Im Bereich der Facies diaphragmatica unterscheidet man eine Pars anterior, posterior, superior und dextra sowie einen peritoneumfreien Abschnitt, die Area nuda oder Pars affixa.

● Lobus caudatus und Lobus quadratus gehören anatomisch zum Lobus dexter, funktionell jedoch zum linken Leberlappen, da sie ihre Blutversorgung aus Ästen des Ramus sinister der A. hepatica propria bzw. V. portae erhalten und die Galle ebenfalls über den linken Ductus hepaticus ableiten.

● Der Processus caudatus verbindet den Lobus caudatus mit dem Lobus dexter. Der Processus caudatus und nicht der Lobus caudatus bildet die obere Begrenzung des Foramen epiploicum (Winslow).

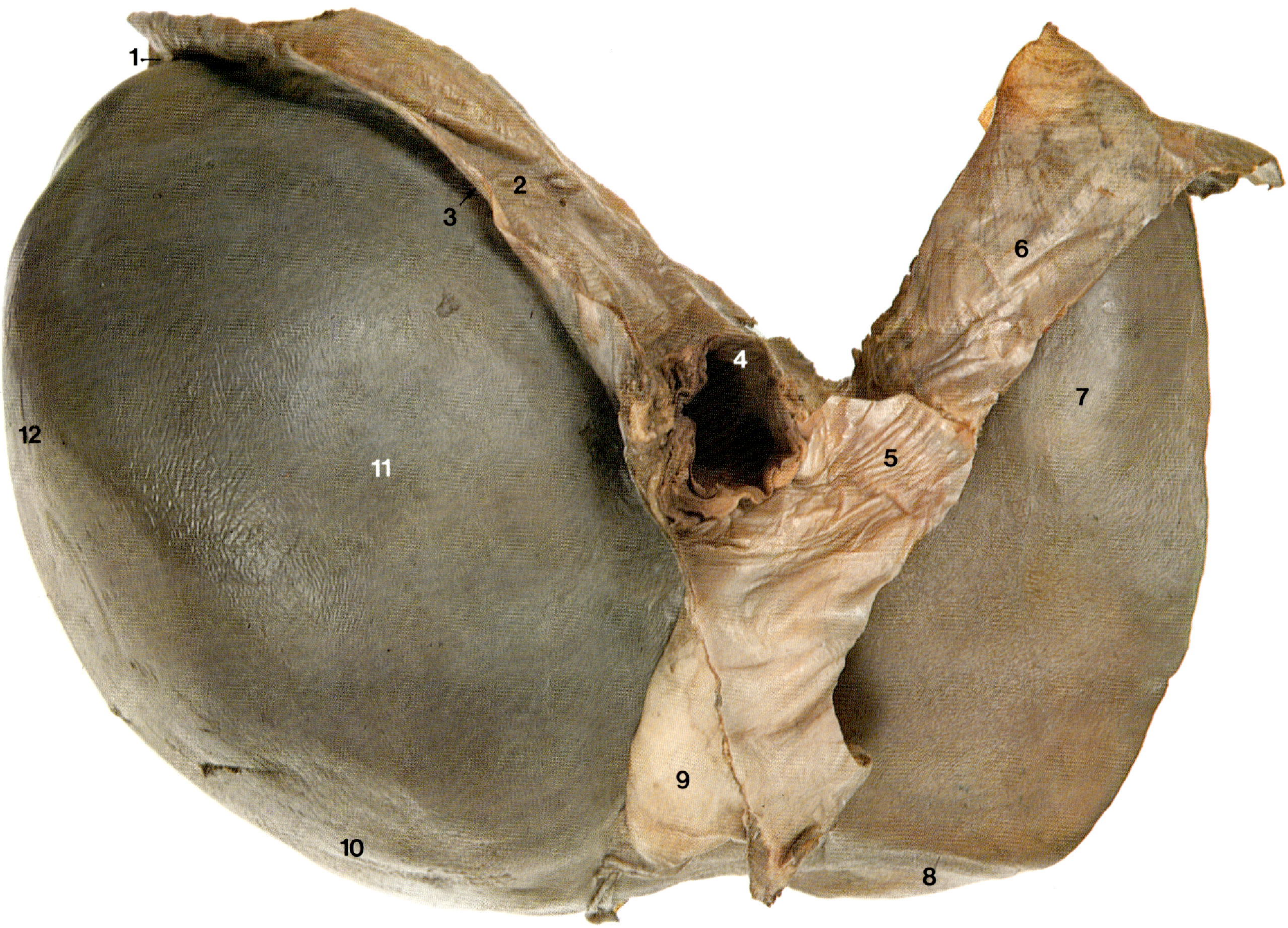

Leber (Hepar), von oben und hinten gesehen
(Zwerchfell teilweise erhalten)
1 Lig. triangulare sinistrum
2 Diaphragma
3 Lobus sinister hepatis
4 Impressio gastrica
5 Impressio oesophagea
6 Omentum minus in der Fissur des Lig. venosum
7 V. cava inferior
8 Lobus caudatus
9 Zwerchfell im Bereich der Area nuda
10 Area nuda (Pars affixa)
11 Lig. coronarium hepatis
12 Lig. triangulare dextrum
13 Impressio renalis
14 Lobus dexter hepatis
15 Impressio colica
16 Impressio duodenalis
17 Impressio suprarenalis
18 Processus caudatus
19 Rand des Omentum minus im Bereich der Porta hepatis (Wurzel des Lig. hepatoduodenale)
20 V. portae
21 A. hepatica
22 Ductus hepaticus
23 Gallenblase (Vesica fellea)
24 Lobus quadratus hepatis
25 Lig. teres und Lig. falciforme hepatis in der Incisura lig. teretis
26 Tuber omentale

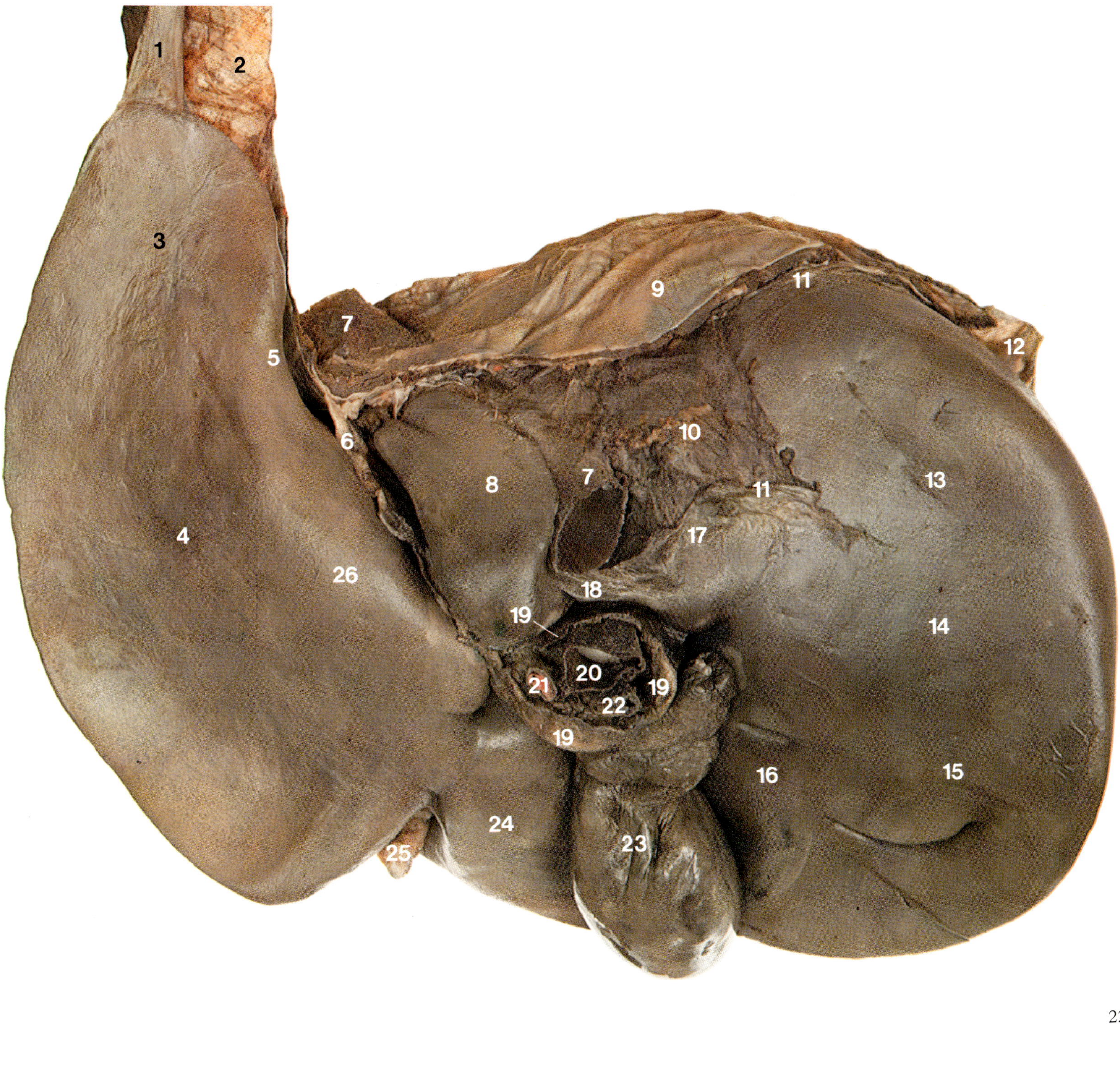

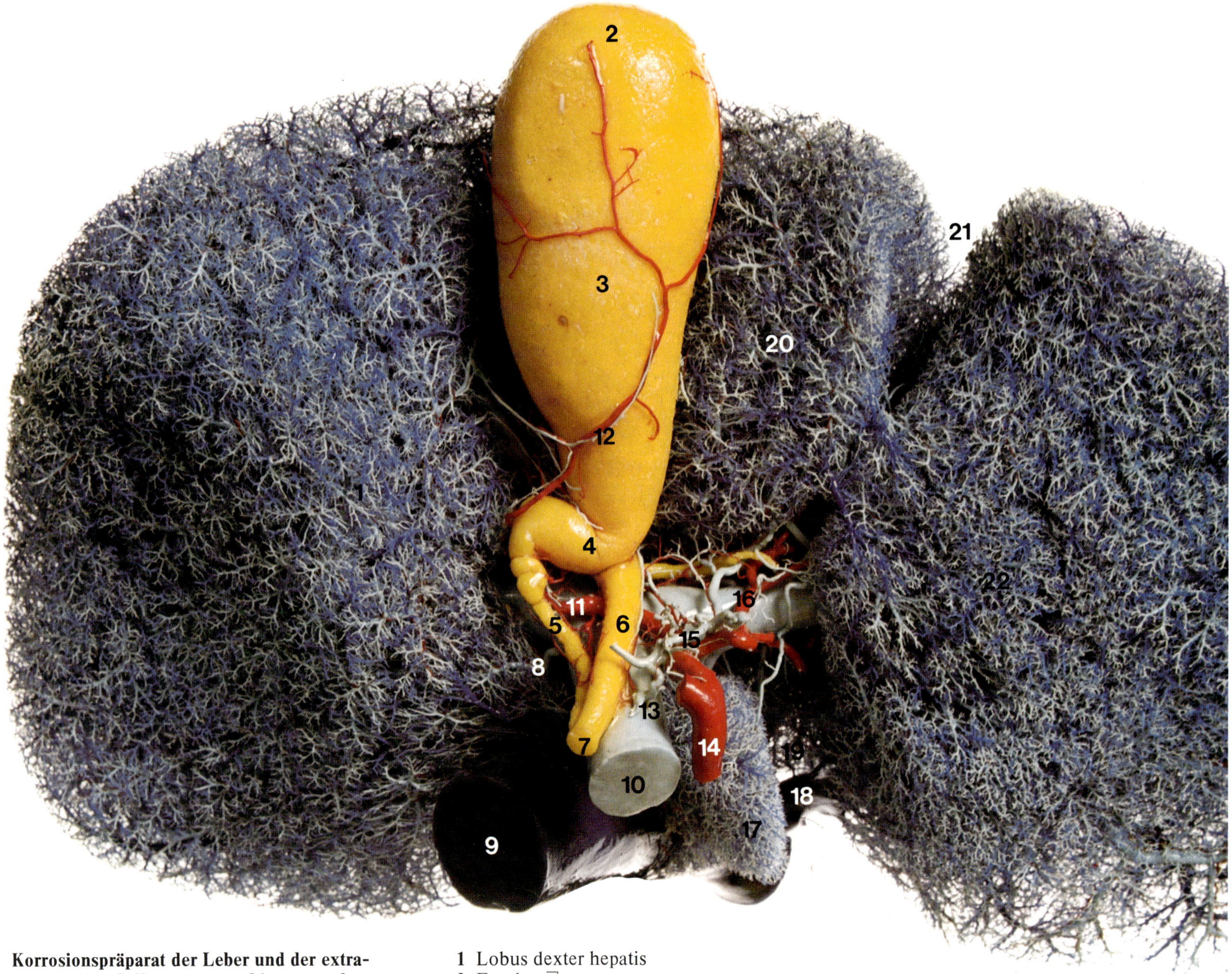

Korrosionspräparat der Leber und der extrahepatischen Gallenwege, von hinten gesehen
(Gelb: Gallenblase und extrahepatische Gallenwege; Rot: A. hepatica und ihre Äste; Hellblau: V. portae und ihre Äste; Dunkelblau: V. cava inferior, Venae hepaticae und ihre Zuflüsse)

1 Lobus dexter hepatis
2 Fundus ⎤
3 Corpus ⎬ vesicae felleae
4 Collum ⎦
5 Ductus cysticus
6 Ductus hepaticus communis
7 Ductus choledochus
8 Processus cuadatus hepatis
9 V. cava inferior
10 V. portae
11 Ramus dexter a. hepaticae et v. portae
12 A. und V. cystica
13 V. gastrica dextra
14 A. hepatica propria
15 V. gastrica sinistra
16 Ramus sinister a. hepaticae et v. portae sowie Ductus hepaticus sinister
17 Lobus caudatus hepatis
18 V. hepatica sinistra
19 Leberfissur für das Lig. venosum
20 Lobus quadratus hepatis
21 Incisura lig. teretis
22 Lobus sinister hepatis

Korrosionspräparat des Duodenums, der extrahepatischen Gallenwege und der zugehörigen Gefäße, von vorne gesehen
(Gelb: Gallenwege, Ductus pancreaticus und Harnwege; Rot: Arterien; Blau: Pfortadersystem)
1 Ramus dexter v. portae et a. hepaticae
2 Gallenblase (Vesica fellea)
3 Ductus choledochus
4 A. hepatica propria
5 V. portae
6 Ramus sinister v. portae et a. hepaticae
7 A. gastrica sinistra
8 V. gastrica sinistra
9 A. lienalis
10 V. linealis
11 Aa. et Vv. gastricae breves
12 A. et V. gastroepiploica sinistra
13 Vasa renalia (sinistra)
14 Ductus pancreaticus
15 Flexura duodenojejunalis
16 A. mesenterica superior
17 V. mesenterica superior
18 Pars horizontalis duodeni
19 A. et V. gastroepiploica dextra
20 Canalis pyloricus
21 Pylorus
22 Pars superior duodeni
23 A. et V. gastrica dextra
24 Äste der A. und V. pancreaticoduodenalis superior et inferior
25 Pars descendens duodeni
26 Gefäße der rechten Niere

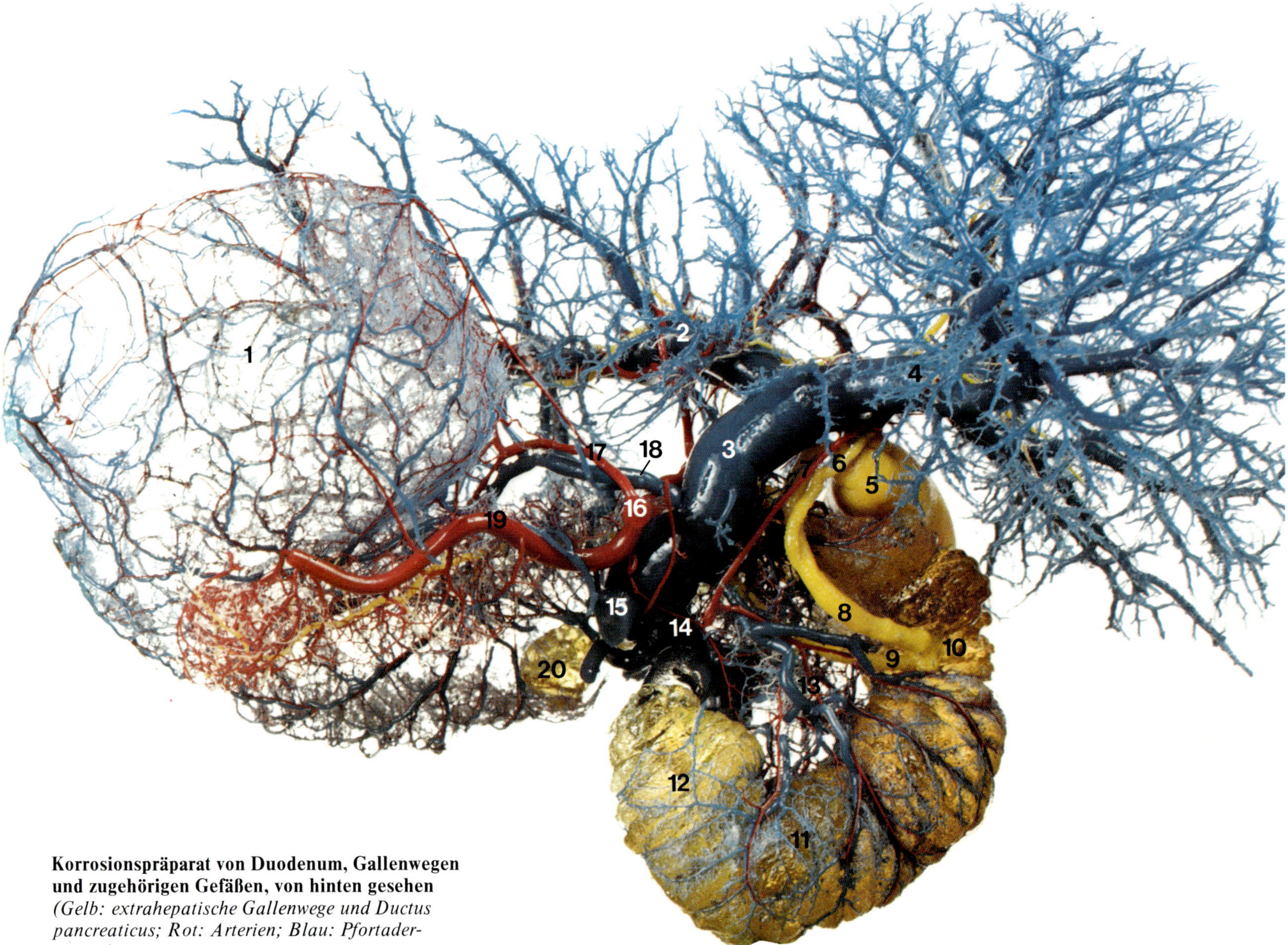

Korrosionspräparat von Duodenum, Gallenwegen und zugehörigen Gefäßen, von hinten gesehen
(Gelb: extrahepatische Gallenwege und Ductus pancreaticus; Rot: Arterien; Blau: Pfortadersystem)

1 Magenregion (durch die Gefäße erscheint die Magenform wie im Negativ)
2 Linker Hauptast der V. portae und A. hepatica sowie Ductus hepaticus sinister
3 V. portae
4 Rechter Hauptast der V. portae und A. hepatica propria sowie Ductus hepaticus dexter
5 Gallenblase (Vesica fellea)
6 Ductus cysticus
7 Ductus hepaticus communis
8 Ductus choledochus
9 Ductus pancreaticus
10 Pars descendens ⎤
11 Pars horizontalis ⎬ duodeni
12 Pars ascendens ⎦
13 Äste der Aa. und Vv. pancreaticoduodenales
14 V. mesenterica superior
15 V. lienalis
16 Truncus coeliacus
17 A. gastrica sinistra
18 V. gastrica sinistra
19 A. lienalis
20 Canalis pyloricus

Korrosionspräparat der Leber und benachbarter Strukturen, von hinten gesehen
(Lebersegmente durch gestrichelte Linie gekennzeichnet; Grün: Gallenwege; Gelb: Ductus pancreatici; Rot: Arterien; Blau: Pfortadersystem)

1 Linkes laterales
2 Linkes mediales
3 Rechtes vorderes
4 Rechtes hinteres
(1–4: Lebersegment)
5 Gallenblase (Vesica fellea)
6 Pars descendens duodeni
7 Ductus pancreaticus accessorius
8 Ductus choledochus
9 Ductus pancreaticus
10 Vasa pancreaticoduodenalia inferiora
11 V. mesenterica superior
12 A. mesenterica superior
13 V. portae
14 V. gastrica sinistra
15 A. hepatica communis
16 A. gastroduodenalis
17 Truncus coeliacus
18 A. gastrica sinistra
19 A. hepatica accessoria
20 A. lienalis
21 V. lienalis

● Das linke laterale Lebersegment entspricht dem linken Leberlappen, während das linke mediale Segment dem Lobus caudatus und Lobus quadratus entspricht.

Korrosionspräparat der Vena portae und ihrer Äste, von hinten gesehen
(Gelb: Gallenwege und Ductus pancreatici; Rot: Arterien; Blau: Pfortadersystem)

1 Ductus pancreaticus
2 V. lienalis
3 A. lienalis
4 Truncus coeliacus
5 A. und V. gastrica sinistra
6 Ramus sinister a. hepaticae propriae
7 Ramus dexter a. hepaticae propriae
8 V. portae
9 Ramus sinister v. portae
10 Ramus dexter v. portae
11 Ductus choledochus
12 Vasa pancreaticoduodenalia
13 Ductus pancreaticus im Pankreaskopf
14 Äste der Vasa colica media
15 Vasa colica dextra
16 Vasa ileocolica
17 A. mesenterica inferior
18 Vasa sigmoidea
19 V. mesenterica inferior
20 Vasa colica sinistra
21 A. mesenterica superior
22 V. mesenterica superior

● Die V. mesenterica inferior fließt normalerweise hinter dem Pankreaskörper in die V. lienalis; häufig verbindet sie sich aber auch mit der V. lienalis in der Nähe von deren Zusammenfluß mit der V. mesenterica superior oder sie anastomosiert – wie das in diesem Präparat der Fall ist – direkt mit der V. mesenterica superior.

● Die Aa. colicae anastomosieren in der Nähe des Dickdarms bogenförmig miteinander, wodurch die sogenannten Randarkaden gebildet werden (s. Pfeile).

Milz (Lien) in situ
(Magen nach rechts gezogen, Zwerchfell teilweise abgelöst und nach oben verlagert)

1 Diaphragma
2 Magen (Ventriculus)
3 Lig. gastrolienale
4 Facies gastrica
5 Margo superior lienis
6 Incisura lienalis
7 Facies diaphragmatica
8 Margo inferior lienis
9 Flexura coli sinistra
10 Recessus costodiaphragmaticus
11 Brustwand

● Die Milz liegt topographisch so, daß ihre Längsachse parallel zur zehnten Rippe verläuft.
● Das Lig. gastrolienale enthält die Vasa gastrica brevia und die Vasa gastroepiploica sinistra, die beide aus den Vasa lienalia entspringen.
● Das Lig. lienorenale (Lig. phrenicolienale) enthält den Pankreasschwanz und die Vasa lienalia.

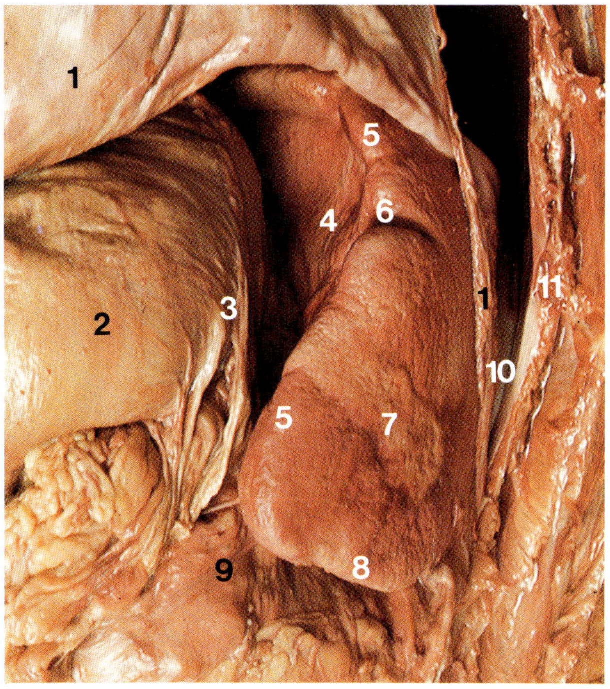

Ausgußpräparat der Milzgefäße, von oben und vorne gesehen
Außerdem sind zahlreiche Pankreasgefäße dargestellt. Der Ductus pancreaticus erscheint gelb.

Milz, Facies visceralis
1 Margo superior
2 Facies gastrica
3 Lig. gastrolienale
4 Incisura lienalis
5 Facies colica
6 Cauda pancreatis und Vasa lienalia im Lig. lienorenale
7 Facies renalis
8 Margo inferior

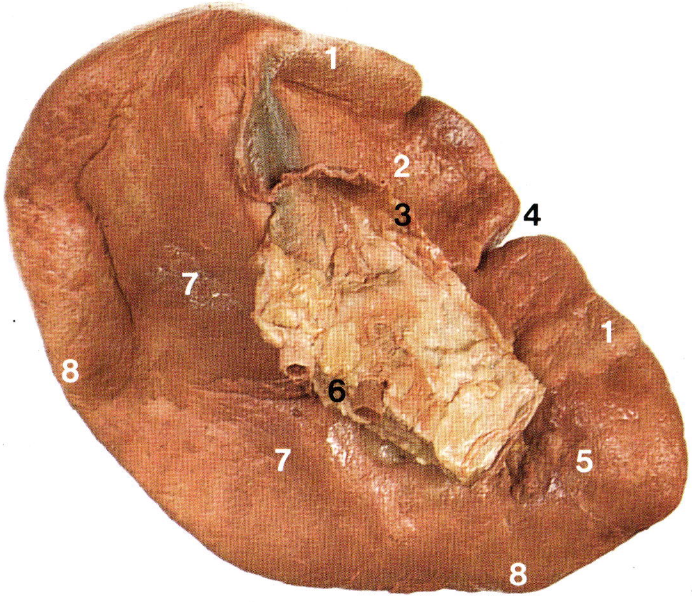

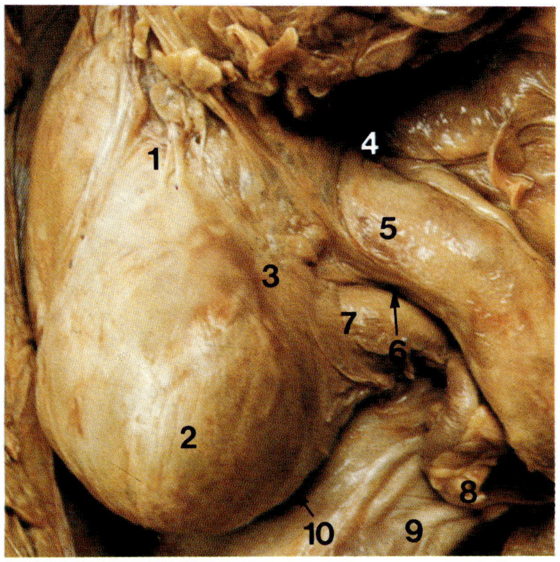

A

A Apendix vermiformis in situ
1 Colon ascendens
2 Colon caecum
3 Taenia libera coli
4 Recessus ileocaecalis superior
5 Terminales Ileum
6 Recessus ileocaecalis inferior
7 Basis ⎤ des Processus vermiformis
8 Spitze ⎦
9 Peritoneum über den Vasa iliaca externa
10 Recessus retrocaecalis

● Die Basis des Wurmfortsatzes hat eine konstante Lage, und zwar direkt unterhalb und hinter der Valva ileocaecalis. Andererseits variiert die Lage der Appendix selbst außerordentlich stark; sie kann über dem Beckenrand, hinter dem Caecum oder dem Colon ascendens, unter dem Caecum (retrozäkal) oder auch hinter dem terminalen Ileumabschnitt lokalisiert sein.
● Die drei Taenien des Kolons konvergieren zur Appendix hin und können dadurch helfen, den Wurmfortsatz zu finden.

B Colon caecum, gefenstert
1 Colon ascendens
2 Valva ileocaecalis
3 Einmündung des Wurmfortsatzes in den Blinddarm (Ostium appendicis vermiformis)

B

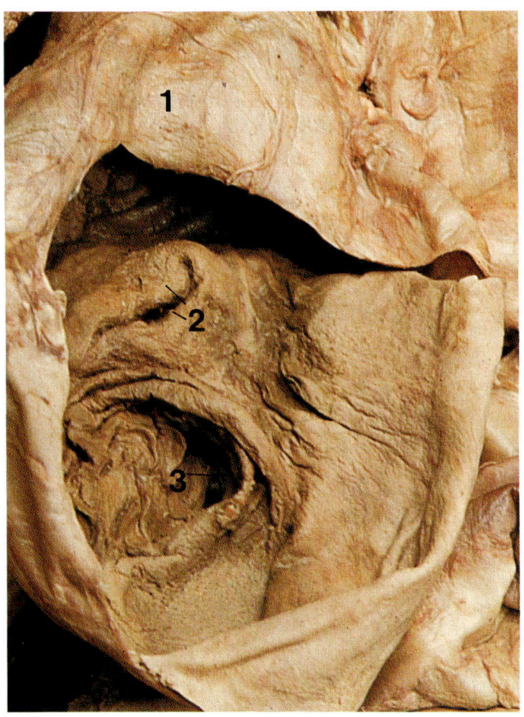

C

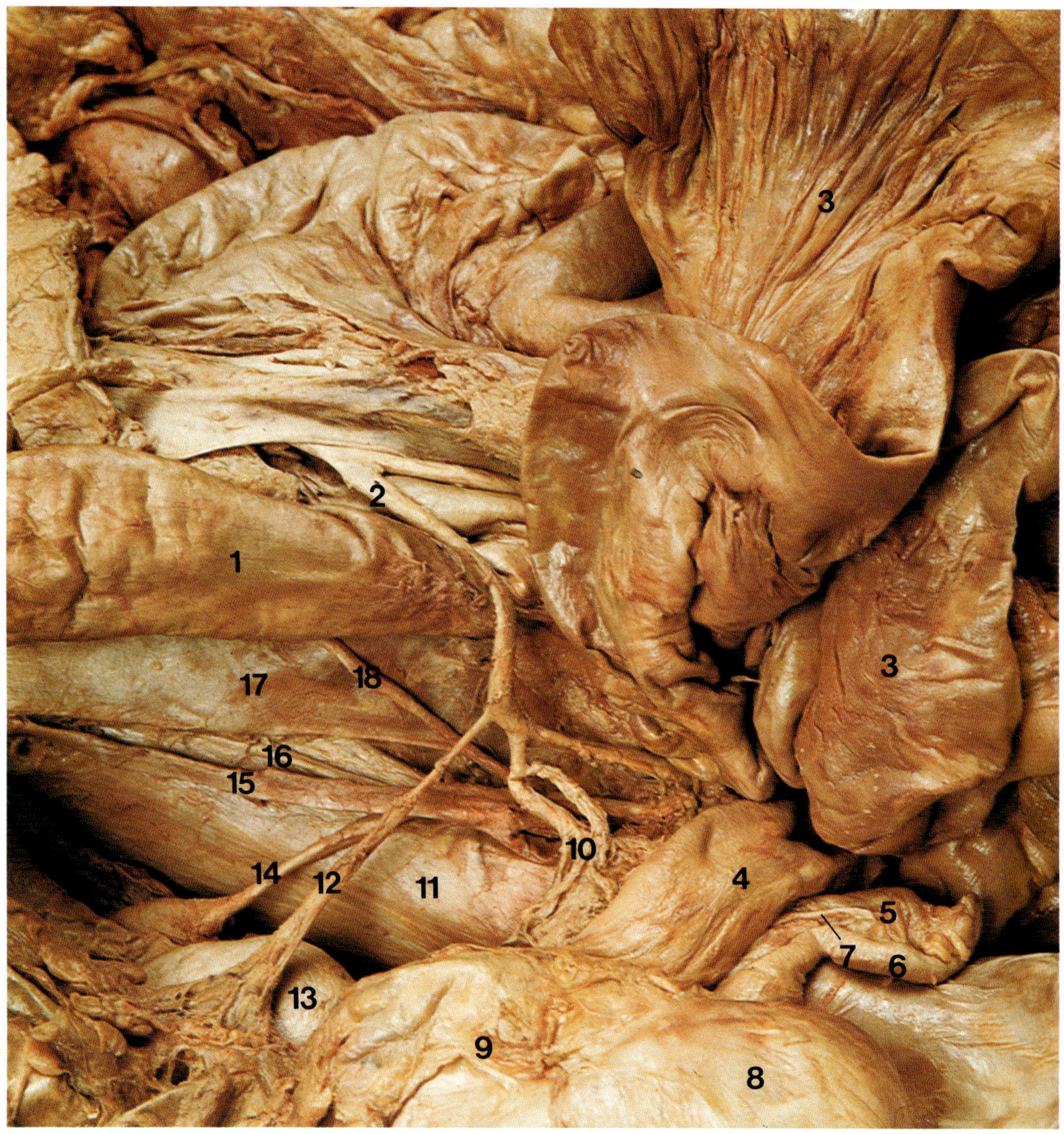

D
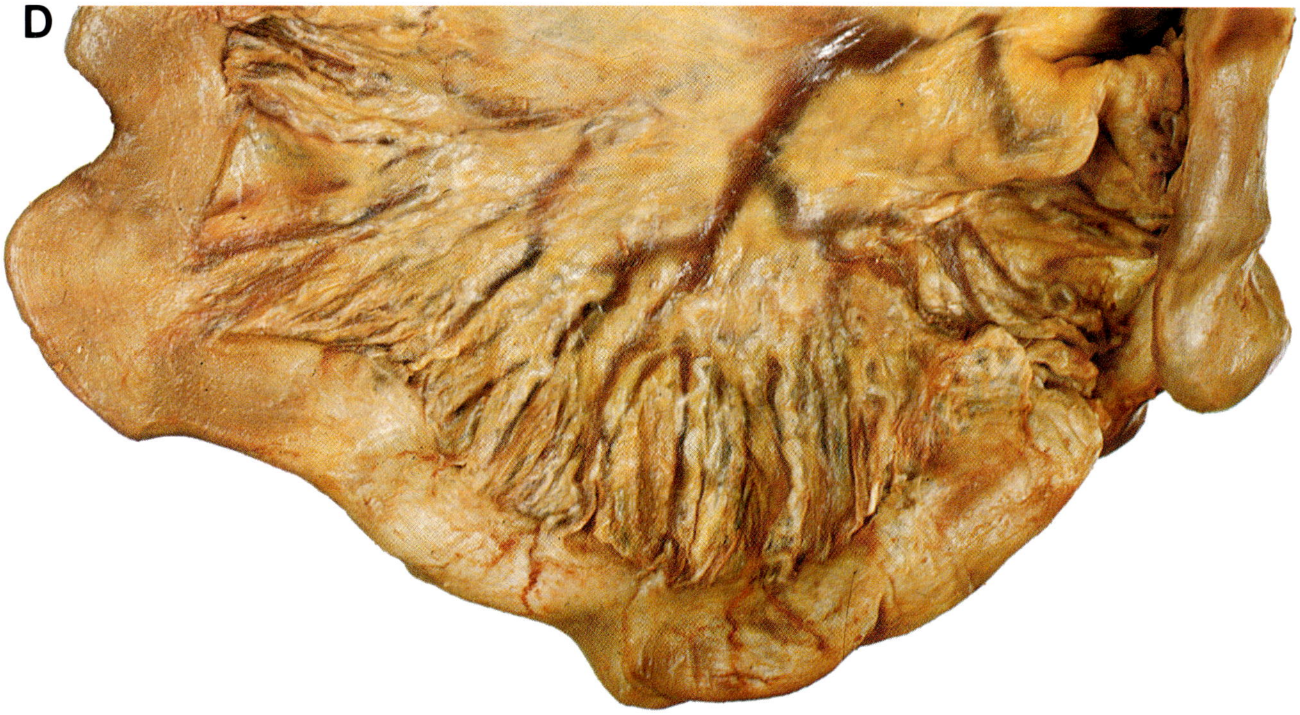

C Arteria ileocolica und Appendix vermiformis, von rechts gesehen
(Das Peritoneum der dorsalen Bauchwand wurde entfernt und die Pars descendens duodeni nach medial verlagert)
1 Pars descendens duodeni
2 A. ileocolica
3 Mesenterium mit Jejunum- und Ileumschlingen
4 Terminales Ileum
5 Mesoappendix
6 Appendix vermiformis
7 A. appendicularis in der Mesoappendix
8 Colon caecum
9 Colon ascendens
10 Aa. ileae und caecales
11 M. psoas major
12 A. colica dextra
13 Unterer Nierenpol
14 Ureter
15 V. testicularis dextra
16 N. genitofemoralis
17 V. cava inferior
18 A. testicularis dextra

D Jejunumschlinge mit Mesenterium
● Die Gefäße sind weitgehend durch Fettgewebe eingescheidet.

E Colon sigmoideum mit Mesosigmoid
● In allen Kolonabschnitten formiert sich die äußere Längsmuskelschicht zu drei Bändern, den sogenannten Taenien, von denen hier die Taenia libera zu erkennen ist. Wahrscheinlich verursachen die Taenien die Bildung der Haustren (gut erkennbar auf der Röntgenaufnahme von S. 260).

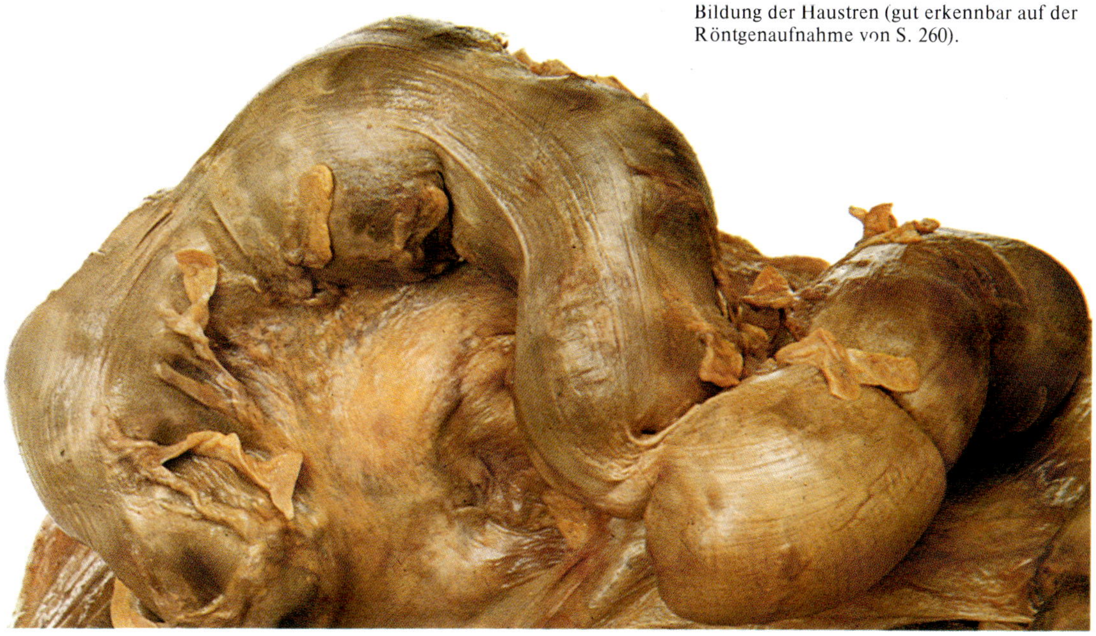
E

Nieren und Nebennieren im Bereich der hinteren Bauchwand

1 Niere (Ren)
2 Nebenniere (Glandula suprarenalis)
3 V. renalis
4 A. renalis
5 V. cava inferior
6 A. phrenica inferior
7 Crus mediale des Zwerchfells
8 A. gastrica sinistra
9 Oesophagus
10 Truncus coeliacus mit Plexus coeliacus
11 A. hepatica communis
12 A. linealis
13 A. mesenterica superior
14 Truncus sympathicus
15 A. testicularis
16 V. testicularis
17 Ureter
18 N. subcostalis (12. Interkostalnerv)
19 N. iliohypogastricus
20 N. ilioinguinalis
21 M. quadratus lumborum
22 M. psoas major
23 A. mesenterica inferior
24 Aorta abdominalis mit vegetativen Nervengeflechten

● In diesem Fall entspringen die Aa. testiculares beiderseits aus den Nierenarterien und nicht, wie normalerweise, unterhalb des Abganges der A. renalis vorn aus der Aorta.

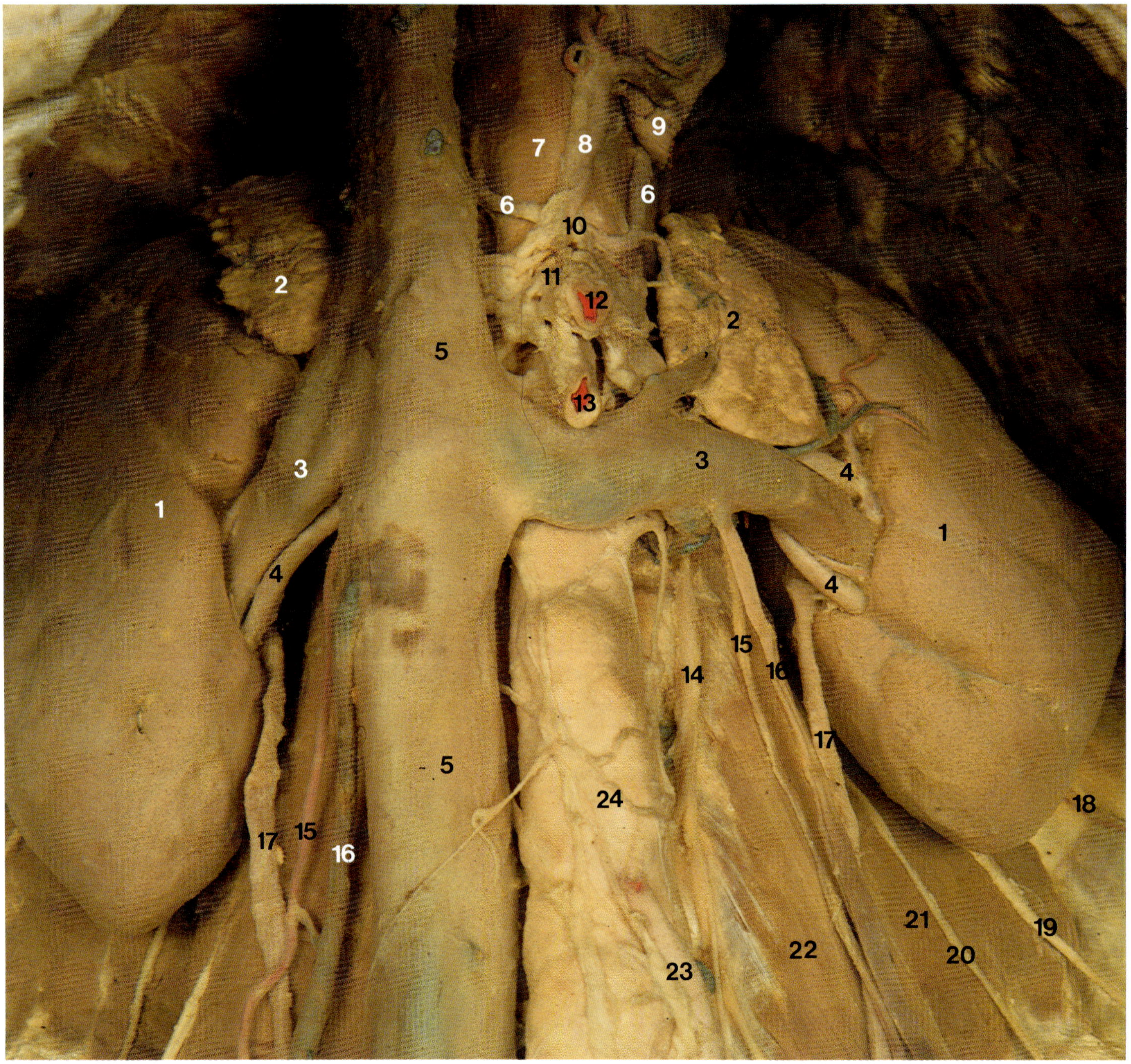

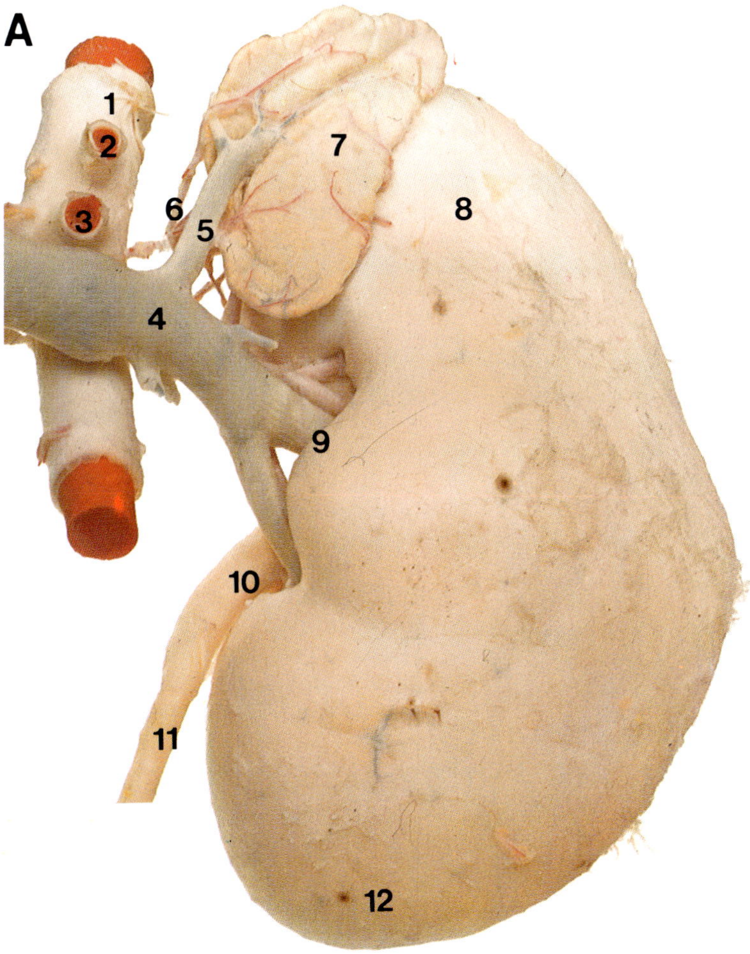

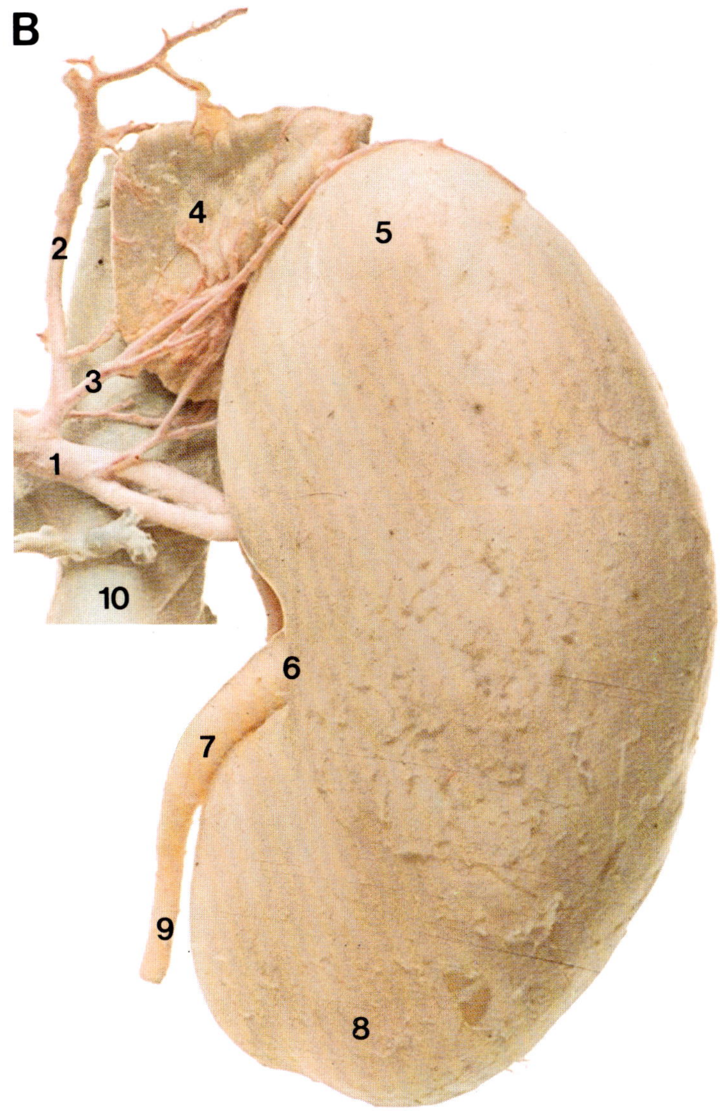

A Linke Niere und Nebenniere mit Gefäßen, von vorne gesehen

1 Aorta abdominalis
2 Truncus coeliacus
3 A. mesenterica superior
4 V. renalis sinistra (überdeckt die A. renalis)
5 V. suprarenalis sinistra
6 Aa. suprarenales
7 Glandula suprarenalis
8 Oberer Nierenpol
9 Hilus der Niere
10 Pelvis renalis
11 Ureter
12 Unterer Nierenpol

B Rechte Niere und Nebenniere mit Gefäßen, von hinten gesehen

1 A. renalis dextra
2 A. phrenica inferior dextra
3 Aa. suprarenales
4 Glandula suprarenalis
5 Oberer Nierenpol
6 Hilus der Niere
7 Pelvis renalis
8 Unterer Nierenpol
9 Ureter
10 V. cava inferior

● Im Nierenhilus ordnen sich die Leitungsbahnen topographisch von vorne nach hinten wie folgt an: 1. V. renalis, 2. A. renalis, 3. Pelvis renalis (vergleiche die Reihenfolge im Lungenhilus: Vene, Arterie, Bronchus).

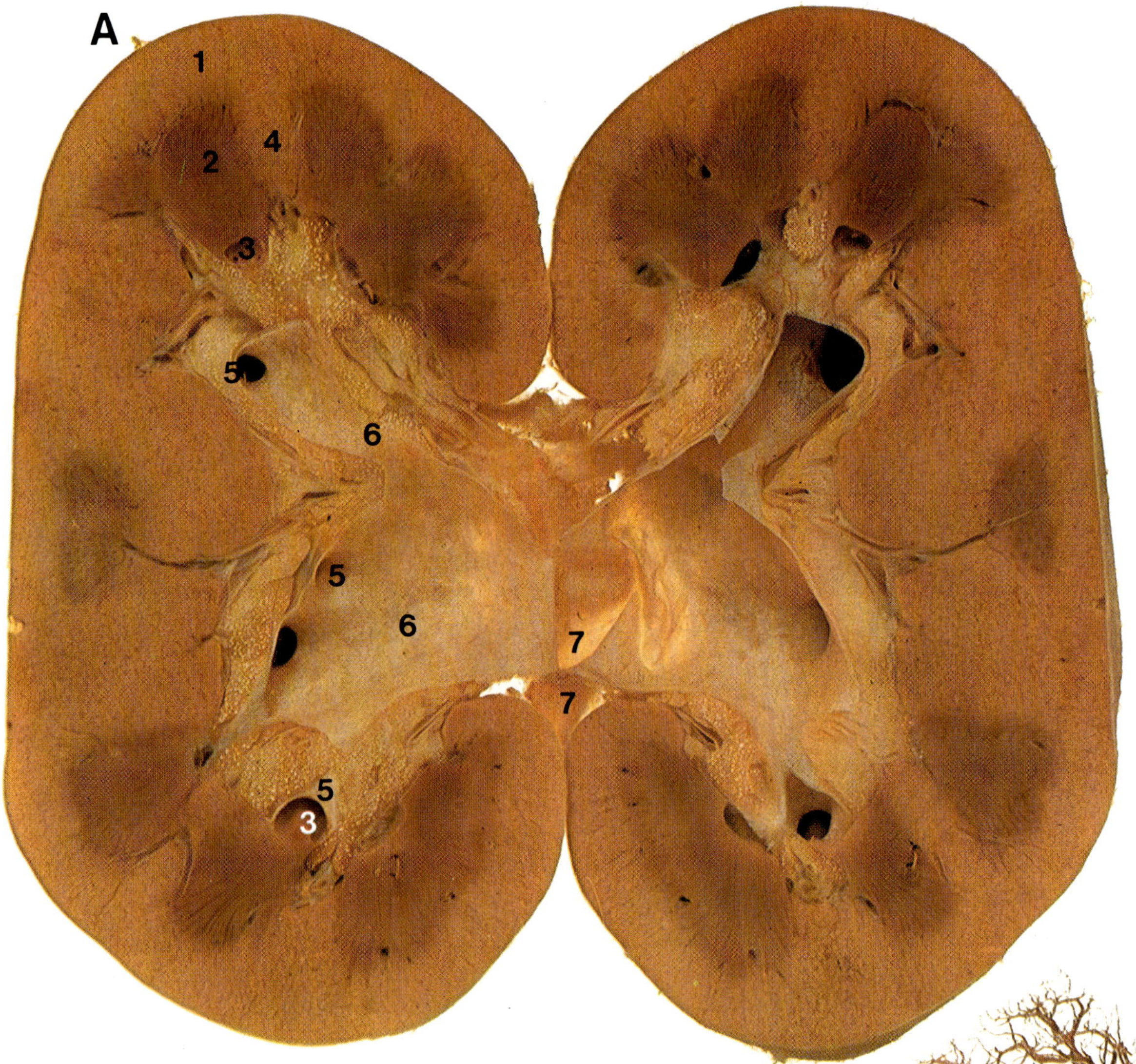

A Niere im Längsschnitt

1 Cortex renalis
2 Pyramis renalis
3 Papilla renalis
4 Columna renalis
5 Calices minores
6 Calices majores
7 Pelvis renalis

● Das Nierenmark bildet die Pyramiden, deren Spitzen (Papillae renales) in die Endkelche hinein vorragen. Die Columnae renales sind diejenigen Teile der Rinde, die zwischen den Pyramiden liegen. (Die stellenweise körnige Struktur des Schnittbildes ist fixationsbedingt).

C Korrosionspräparat der Aorta und Nierenarterien, von vorne gesehen; Ureter duplex, rechts

1 Frühe Gabelung der rechten Nierenarterie
2 Truncus coeliacus
3 A. mesenterica superior
4 A. renalis sinistra accessoria
5 A. renalis sinistra

● Die akzessorischen Nierenarterien stellen meist Segmentgefäße dar, die direkt von der Aorta entspringen. In diesem Fall versorgt die A. renalis accessoria sinistra das superiore und anterior-superiore Segment, während die normale Nierenarterie das posteriore, anteriorinferiore und inferiore Segment versorgt.

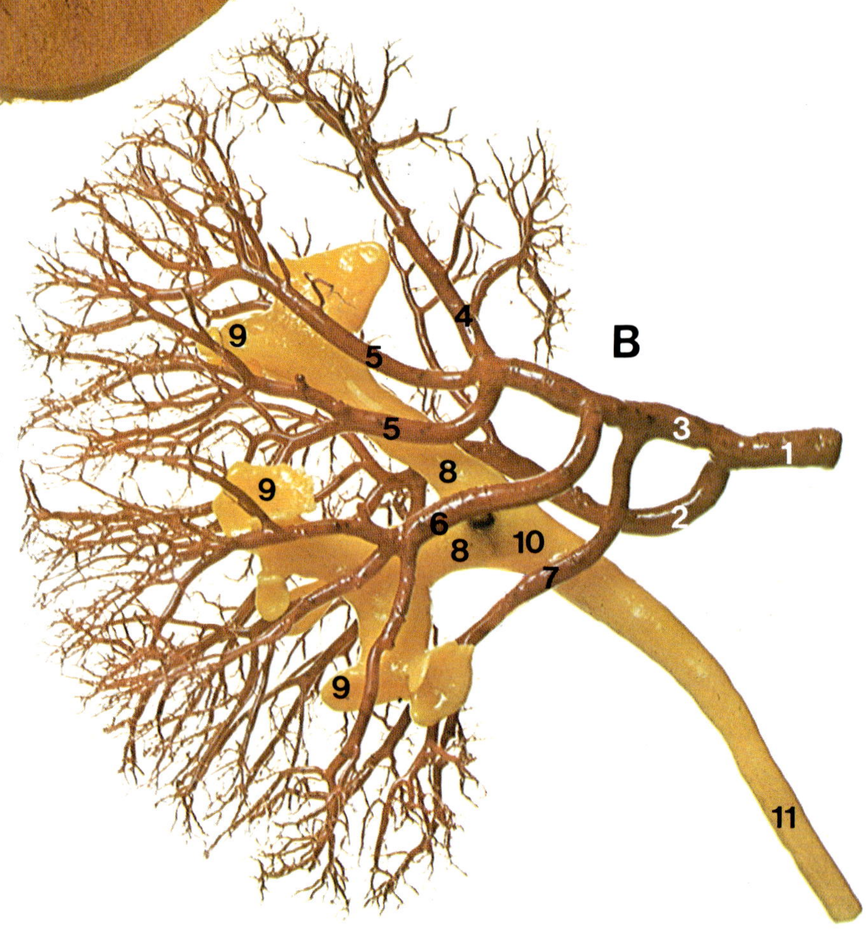

B Korrosionspräparat der arteriellen Nierengefäße und des Hohlsystems, von vorne gesehen

1 A. renalis
2 Dorsaler Ast, der vor allem die hintere Segmentarterie liefert
3 Ventraler Ast
4 A. segmenti superior
5 A. segmenti anterior superior (doppelt)
6 A. segmenti anterior inferior
7 A. segmenti inferior
8 Calices majores
9 Calices minores
10 Pelvis renalis
11 Ureter

● Die Niere besitzt fünf Segmentarterien, nämlich eine A. segmenti posterior, superior, anterior-superior, anterior-inferior und inferior. Normalerweise teilt sich die Nierenarterie im Hilusbereich in einen ventralen und dorsalen Hauptstamm auf, wobei der hintere das hintere Segment und der vordere die übrigen Segmente versorgt. Die Gefäßarchitektur zeigt jedoch zahlreiche Variationen.

● Das vorliegende Präparat zeigt im wesentlichen das typische Gefäßmuster, obwohl das obere Segment einen zusätzlichen Ast vom hinteren Hauptstamm und das anteriorsuperiore Segment seine Versorgung durch zwei Segmentarterien erhält.

● Das Nierenbecken stellt eine trichterförmige Erweiterung des Ureters im Hilusbereich dar. Es teilt sich in zwei (oder drei) Hauptkelche auf, in die zwischen 7 und 13 Endkelche einmünden.

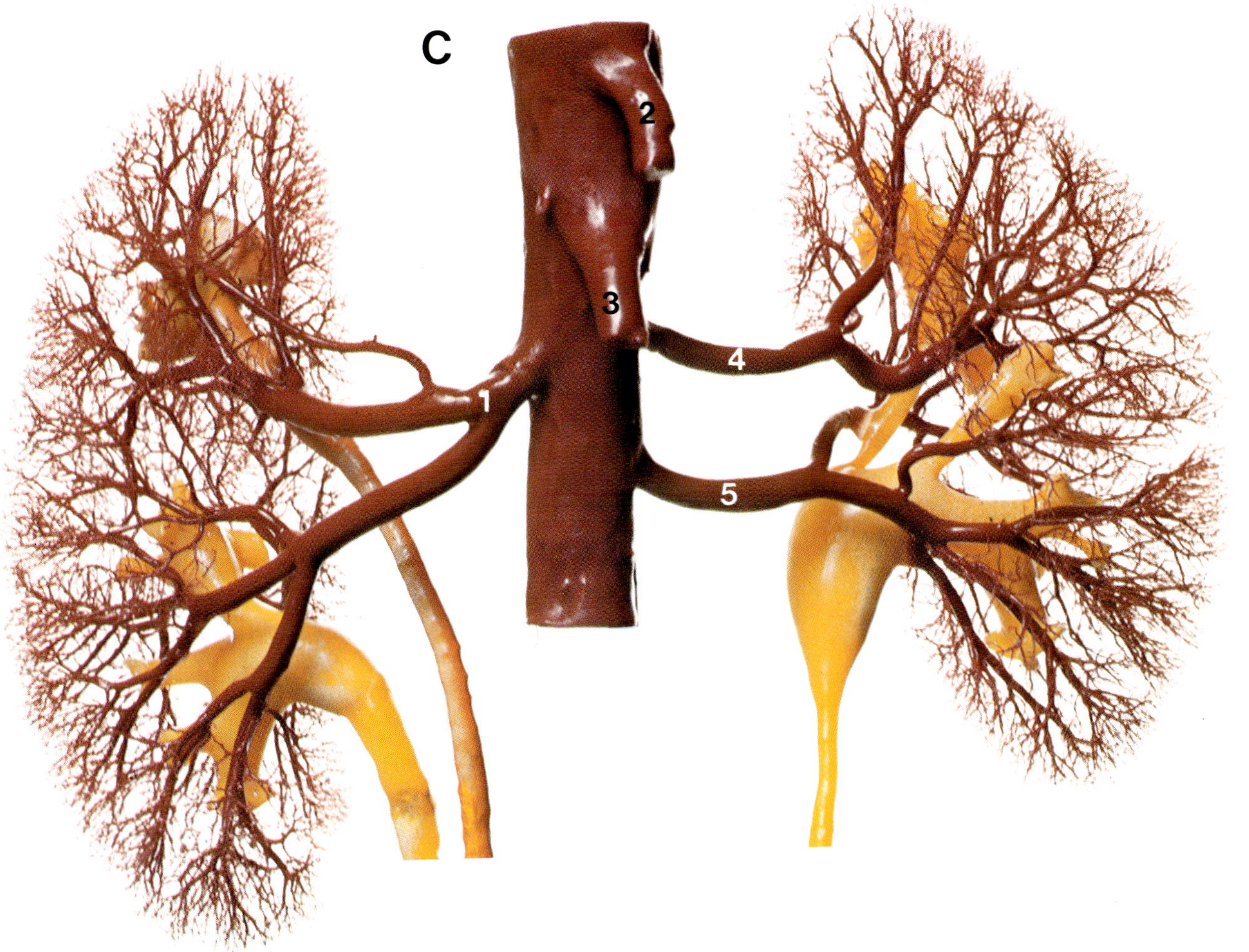

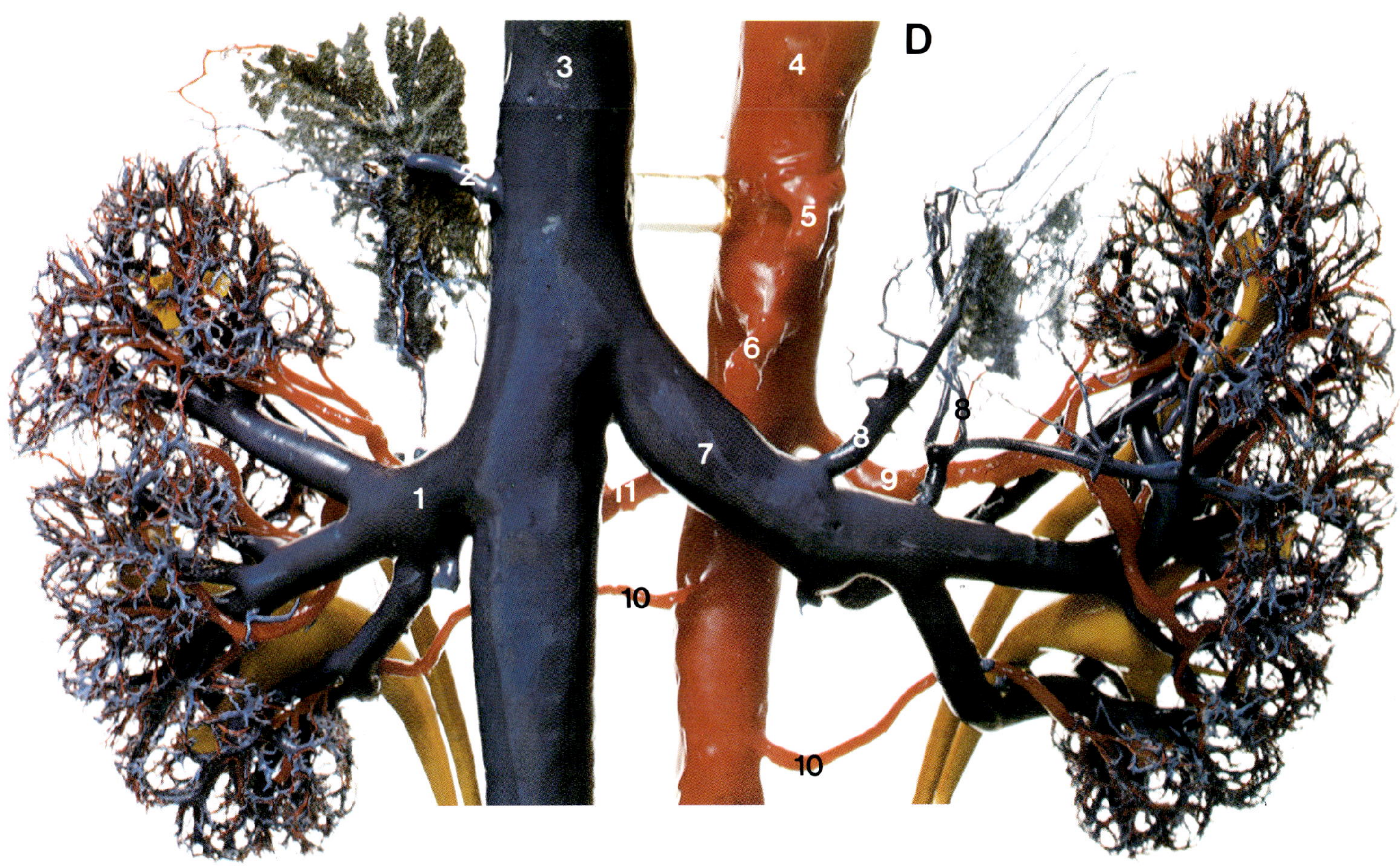

D Korrosionspräparat von Aorta, V. cava inferior und Nierengefäßen, von vorne gesehen

(Beide Nieren besitzen einen Ureter duplex sowie akzessorische Arterien)

1 V. renalis dextra
2 V. suprarenalis dextra
3 V. cava inferior
4 Aorta
5 Truncus coeliacus
6 A. mesenterica superior
7 V. renalis sinistra
8 Vv. suprarenales sinistrae
9 A. renalis sinistra
10 A. renalis accessoria
11 A. renalis dextra

● Die V. suprarenalis sinistra ist in diesem Präparat doppelt angelegt. Obwohl die Nebennieren durch mehrere Arterien versorgt werden (von Ästen der Aorta, der A. phrenica inferior und A. renalis), existiert normalerweise doch nur eine Vene. In der Regel mündet diese links in die V. renalis, während sie rechts direkt in die V. cava inferior übergeht.

● Die V. renalis sinistra überkreuzt die Aorta kurz unterhalb des Ursprungs der A. mesenterica superior. (Die V. lienalis kreuzt die Aorta oberhalb des Abganges der A. mesenterica superior und unterhalb desjenigen vom Truncus coeliacus).

A

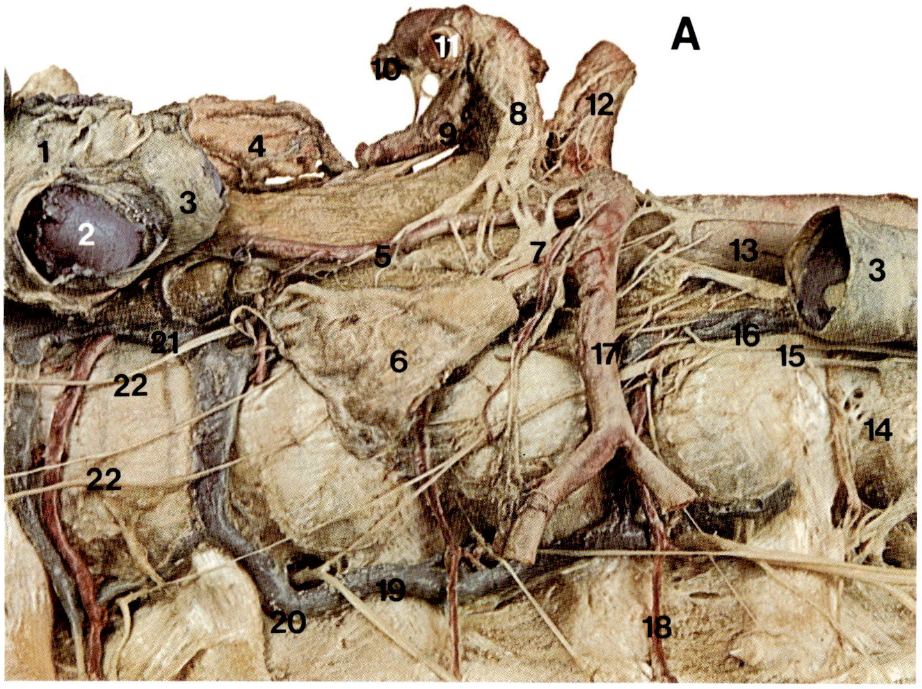

A Plexus coeliacus, von rechts gesehen

1 Diaphragma
2 V. hepatica dextra
3 V. cava inferior
4 Pars abdominalis oesophagi
5 Crus dextrum des Zwerchfells und A. phrenica inferior
6 Glandula suprarenalis dextra
7 Ganglion coeliacum dextrum
8 Truncus coeliacus und Plexus coeliacus
9 A. gastrica sinistra
10 A. lienalis
11 A. hepatica communis
12 A. mesenterica superior
13 Aorta abdominalis
14 Dritter Lendenwirbel
15 Truncus sympathicus
16 V. lumbalis dextra
17 A. renalis dextra
18 Rechte A. lumbalis II
19 Rechte V. lumbalis ascendens
20 V. subcostalis
21 V. azygos
22 Nn. splanchnici

B

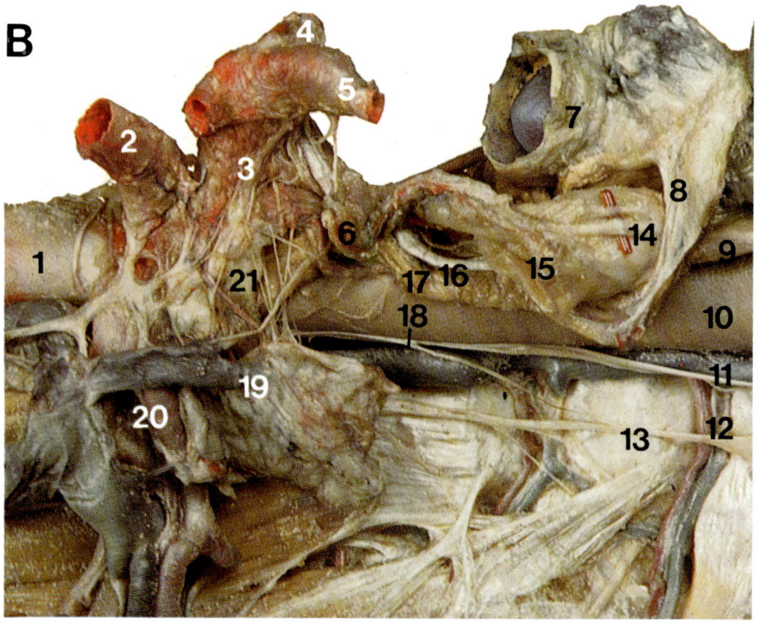

B Plexus coeliacus, unterer Ösophagus und Trunci vagales, von links gesehen

1 Aorta abdominalis
2 A. mesenterica superior
3 Truncus coeliacus mit Plexus coeliacus
4 A. hepatica communis
5 A. lienalis
6 A. gastrica sinistra
7 V. cava inferior
8 Diaphragma mit Hiatus oesophageus
9 Oesophagus
10 Aorta thoracica
11 V. hemiazygos
12 Vasa intercostalia posteriora des 10. ICR (links)
13 Truncus sympathicus
14 Truncus vagalis anterior (doppelt) (verläuft vor der roten Markierung)
15 Cardia
16 Truncus vagalis posterior
17 Crus dextrum des Zwerchfells
18 N. splanchnicus major
19 Glandula suprarenalis sinistra und V. suprarenalis sinistra
20 A. und V. renalis sinistra
21 Ganglion coeliacum

● Die Ganglia coeliaca liegen rechts und links vom Abgang des Truncus coeliacus und bilden einen Teil des Plexus coeliacus, dessen Äste vor der Aorta und entlang ihrer großen Äste kaudalwärts ziehen.

● Die beiden Trunci (der rechte hinten, der linke vorne gelegen) werden häufig auch als Magennerven bezeichnet, da sie die sekretorischen und motorischen Fasern des Magens enthalten. Bei der sogenannten Vagotomie werden sie durchschnitten, um die Magensekretion und -motilität zu hemmen.

C Hintere Bauchwand, Zwerchfellschenkel
(Eingeweide und große Gefäße wurden entfernt)

1 Crus dextrum partis lumbalis diaphragmatis
2 Hiatus oesophageus
3 Crus sinistrum partis lumbalis diaphragmatis
4 Lig. arcuatum medianum
5 Truncus coeliacus
6 Aorta
7 Truncus sympathicus
8 M. psoas major
9 Lig. arcuatum mediale
10 Diaphragma (pars costalis)
11 Lig. arcuatum laterale
12 M. quadratus lumborum
13 N. subcostalis
14 Pars lumbalis fasciae thoracolumbalis
15 A. lumbalis III
16 Discus intervertebralis des zweiten Lendenwirbels
17 Zweiter Lendenwirbel
18 A. lumbalis II
19 A. lumbalis I
20 Akzessorische Verbindung zwischen den beiden Zwerchfellschenkeln (oberhalb der Markierung)
21 A. subcostalis

● Der rechte Zwerchfellschenkel hat einen ausgedehnteren Ursprung, nämlich von den oberen drei Lumbalwirbeln, und ist kräftiger als der linke, der nur von zwei Lendenwirbelkörpern entspringt. Die kräftigere Ausbildung des rechten Schenkels hängt mit der stärkeren Entwicklung der Leber auf der rechten Seite zusammen, denn die Zwerchfellschenkel müssen die Leber bei der Atmung abwärts ziehen.
● Die Faserbündel des *rechten* Zwerchfellschenkels bilden auch die *linke* Begrenzung des Hiatus oesophageus.

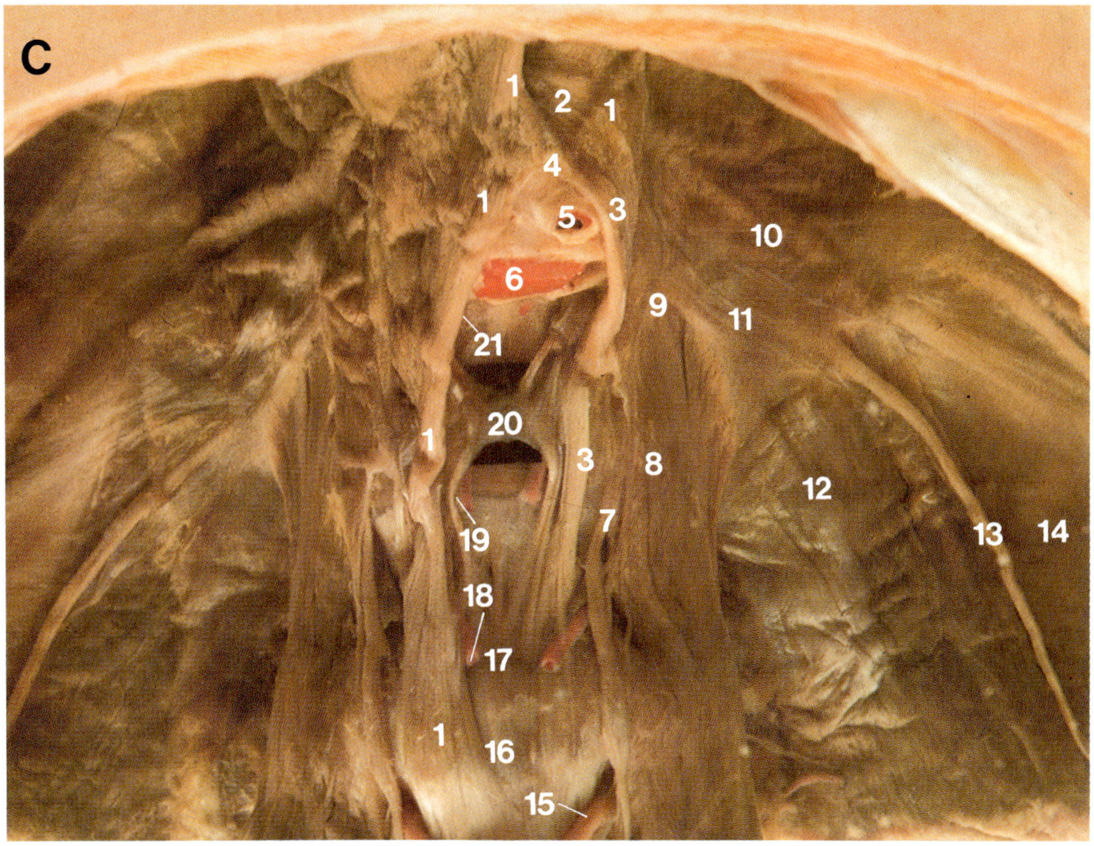

D Hintere Bauchwand, Nierenlager, Gefäße und Nerven
(Unterer Abschnitt der linken Niere, Gefäße und Nerven des Nierenlagers)

1 V. suprarenalis
2 Glandula suprarenalis
3 V. renalis
4 Aa. renales
5 Ureter
6 Unterer Nierenpol
7 N. ilioinguinalis
8 M. quadratus lumborum
9 N. iliohypogastricus
10 Pars lumbalis fasciae thoracolumbalis
11 N. subcostalis
12 M. transversus abdominis
13 Crista iliaca
14 A. lumbalis IV
15 V. testicularis
16 A. testicularis
17 M. psoas major
18 N. genitofemoralis
19 A. mesenterica inferior
20 Aorta mit sympathischen Geflechten
21 Truncus sympathicus mit Ganglion

● In diesem Fall entspringt die A. testicularis aus der A. renalis und nicht, wie normal, aus der Aorta.
● Der kaudal anschließende Teil dieses Präparates ist auf der nächsten Seite abgebildet.

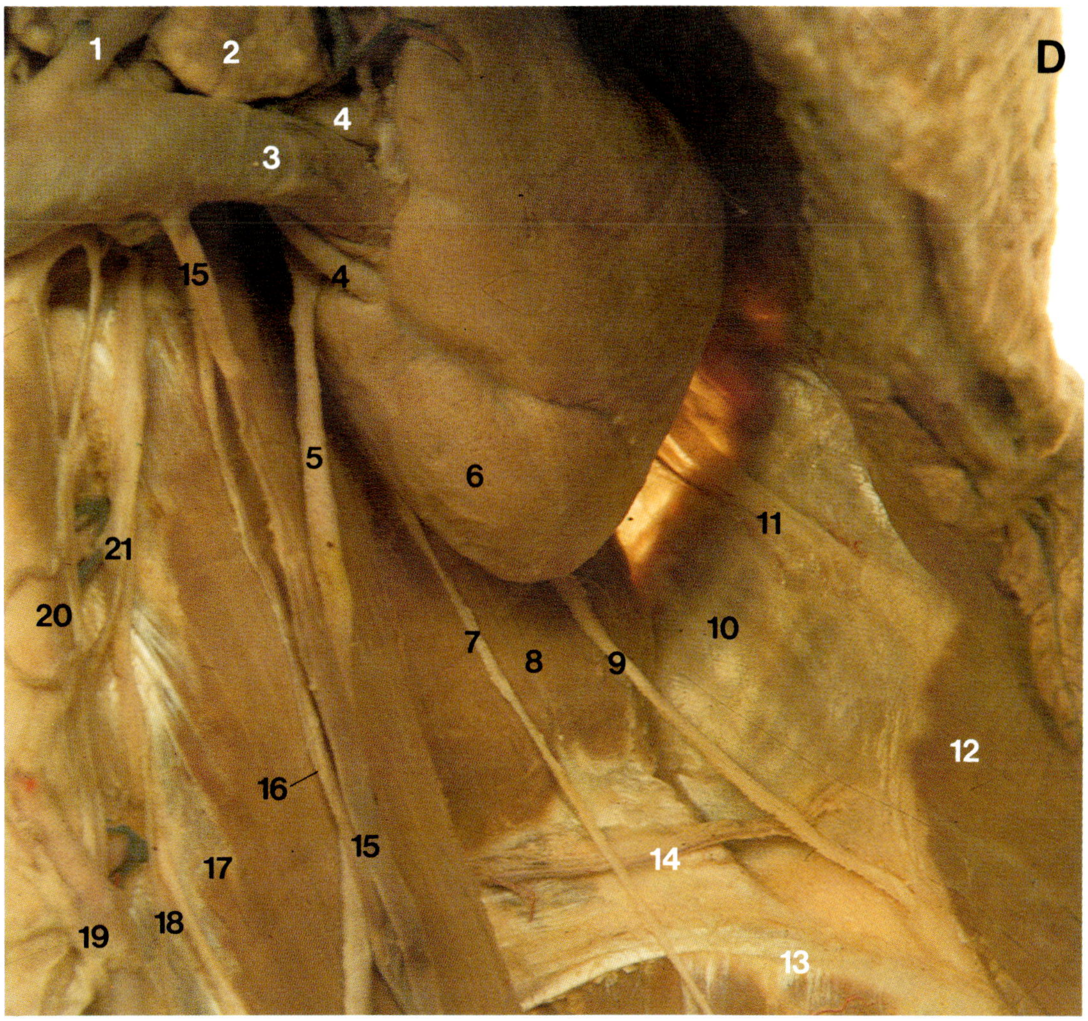

A Dorsale Bauchwand und Becken, Gefäße und Nerven
1 M. psoas major
2 Vasa testicularia
3 Ureter
4 N. genitofemoralis
5 V. cava inferior
6 Aorta und Plexus aorticus
7 A. mesenterica inferior mit Plexus mesentericus inferior
8 Truncus sympathicus mit Ganglien
9 Ramus femoralis n. genitofemoralis
10 Ramus genitalis n. genitofemoralis
11 M. quadratus lumborum
12 A. lumbalis IV
13 N. ilioinguinalis
14 N. iliohypogastricus
15 Pars lumbalis fasciae thoracolumbalis
16 Lig. iliolumbale
17 M. iliacus und Muskeläste des N. femoralis
18 N. cutaneus femoris lateralis
19 A. circumflexa ilium profunda
20 N. femoralis
21 A. iliaca externa

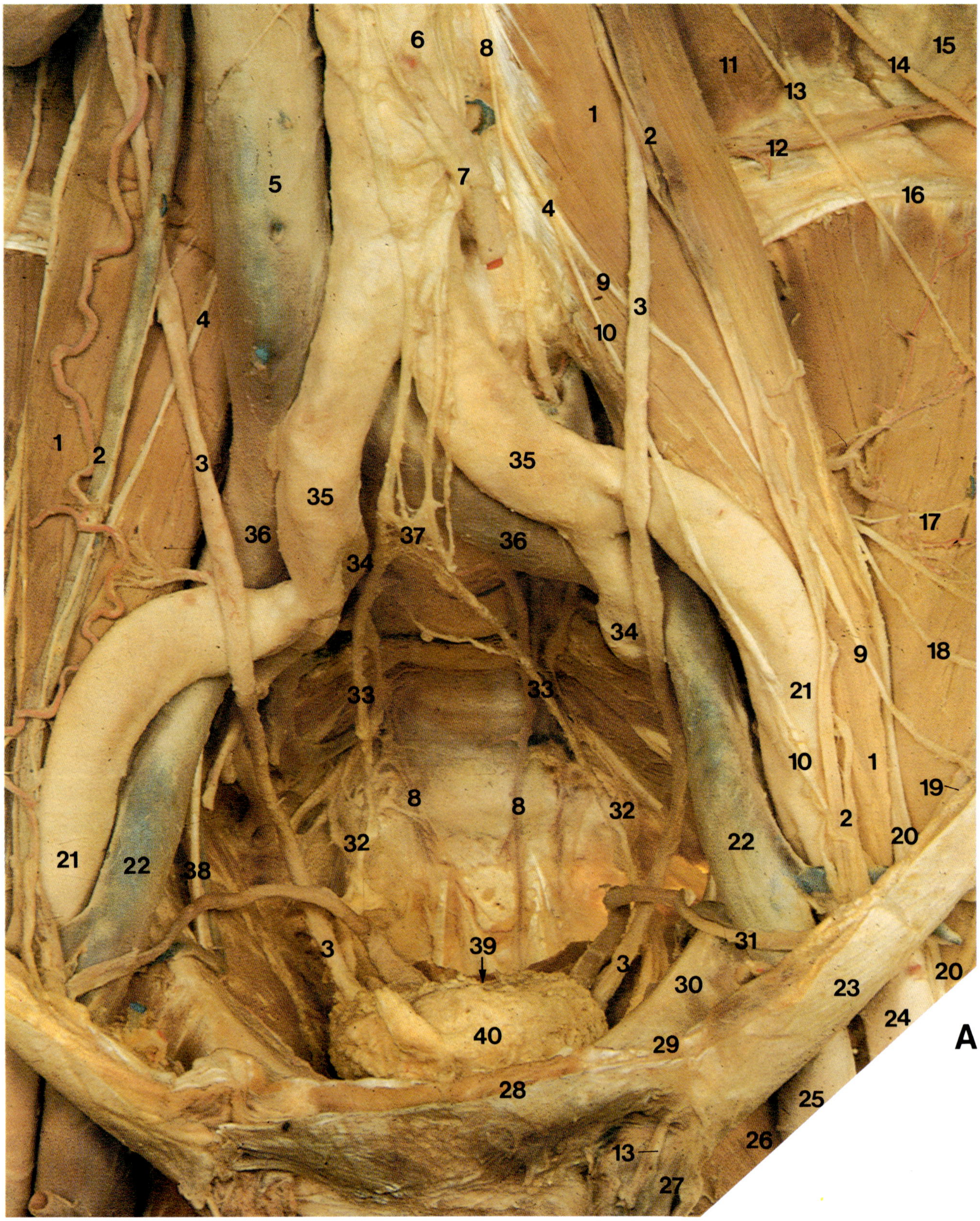

22 V. iliaca externa
23 Lig. inguinale
24 A. femoralis
25 V. femoralis
26 Canalis femoralis
27 Funiculus spermaticus
28 M. rectus abdominis
29 Lig. lacunare
30 Lig. pectineale
31 Ductus deferens
32 Plexus hypogastricus inferior (Plexus pelvicus) und Nn. splanchnici pelvini
33 N. hypogastricus
34 A. iliaca interna
35 A. iliaca communis
36 V. iliaca communis
37 Plexus hypogastricus superior
38 N. obturatorius und Vasa obturatoria
39 Schnittfläche des Colon rectum
40 Harnblase (Vesica urinaria)

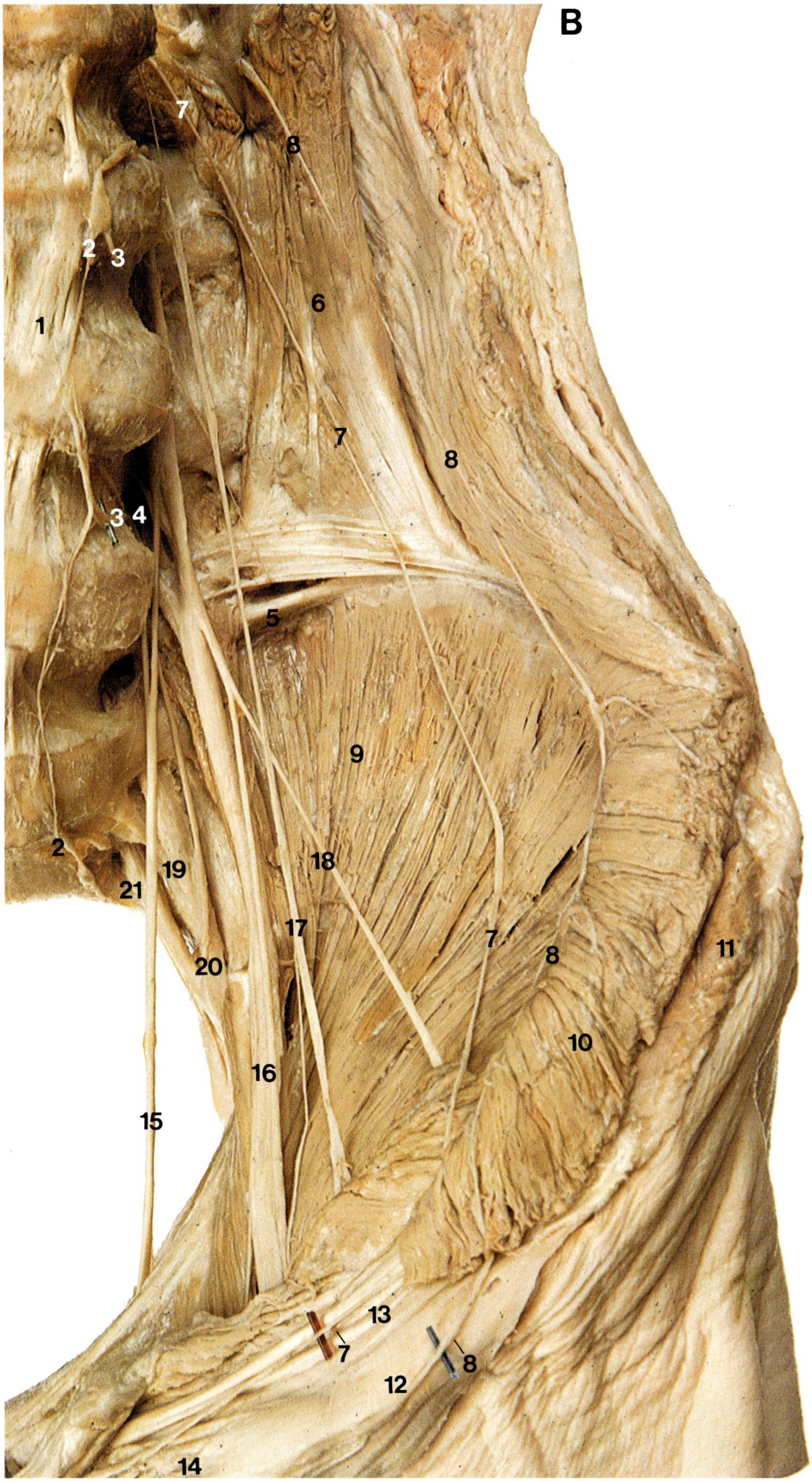

B Linker Plexus lumbalis, von vorne gesehen
(Nach Entfernung des M. psoas major; der M. obliquus abdominis internus und die Aponeurose des M. obliquus abdominis externus wurden nach unten gezogen)

1 Dritter Lendenwirbel und Lig. longitudinale anterius
2 Truncus sympathicus mit Ganglion
3 Rami communicantes
4 Ramus ventralis des N. lumbalis IV
5 Lig. iliolumbale
6 M. quadratus lumborum
7 N. ilioinguinalis
8 N. iliohypogastricus
9 M. iliacus
10 M. obliquus abdominis internus
11 M. obliquus abdominis externus
12 Aponeurose des M. obliquus abdominis externus
13 Lig. inguinale
14 Anulus inguinalis superficialis
15 N. obturatorius
16 N. femoralis
17 N. genitofemoralis
18 N. cutaneus femoris lateralis
19 Ramus ventralis des N. lumbalis V
20 Truncus lumbosacralis
21 Ramus ventralis des ersten sakralen Spinalnerven

● Der Plexus lumbalis liegt eingebettet in den M. psoas major. Die Venae lumbales ascendentes und die Venae lumbales liegen dagegen *hinter* dem M. psoas major, meist vor den Querfortsätzen der Lendenwirbel.

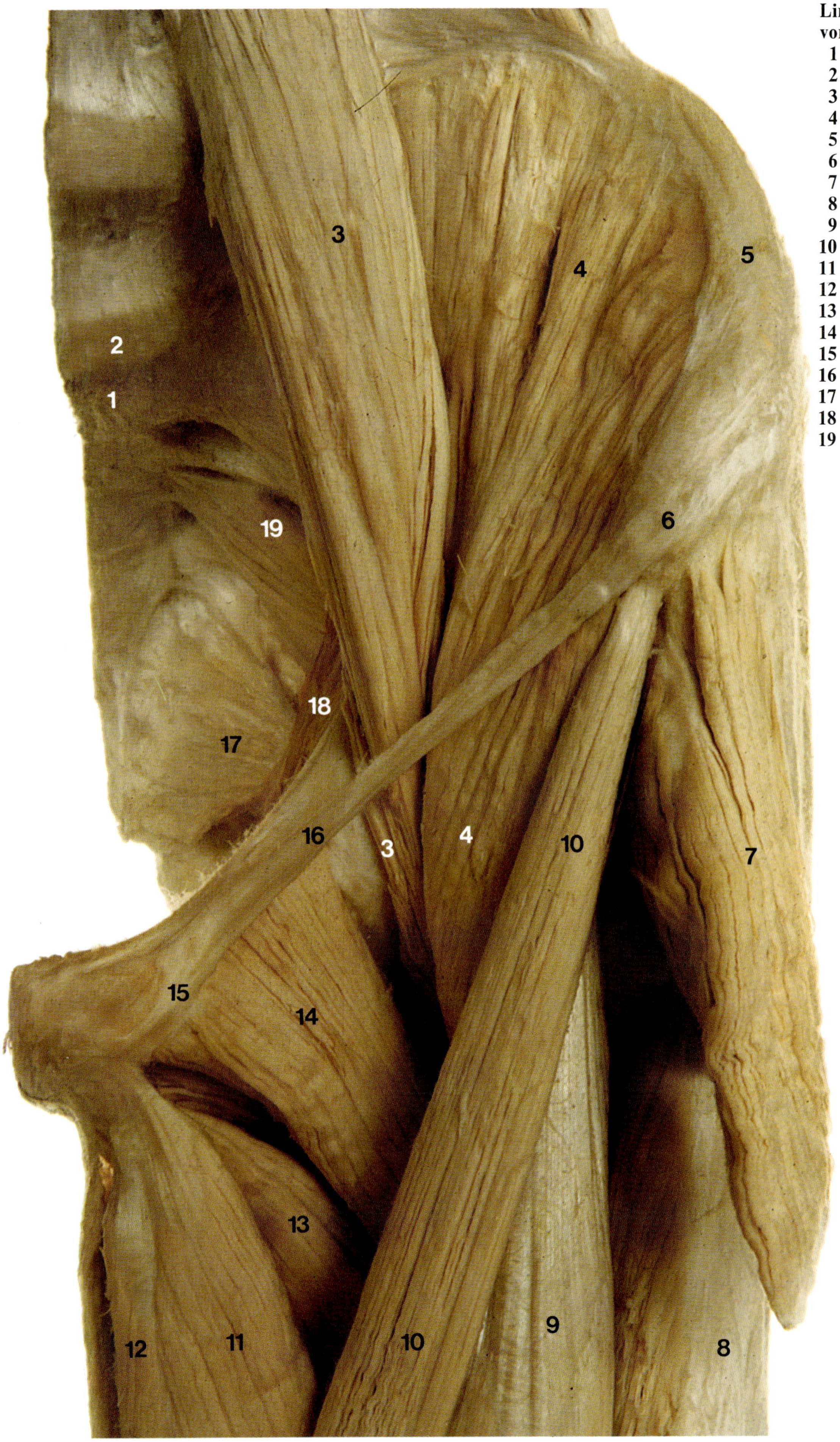

Linke Becken- und Oberschenkelmuskulatur, von vorne gesehen

1 Promontorium
2 Zwischenwirbelscheibe des 5. Lumbalwirbels
3 M. psoas major
4 M. iliacus
5 Crista iliaca
6 Spina iliaca anterior superior
7 M. tensor fasciae latae
8 M. vastus lateralis
9 M. rectus femoris
10 M. sartorius
11 M. adductor longus
12 M. gracilis
13 M. adductor brevis
14 M. pectineus
15 Tuberculum pubicum
16 Lig. inguinale
17 M. coccygeus
18 M. obturatorius internus
19 M. piriformis

Linke Beckenmuskulatur, von medial gesehen

1 Os coccygis
2 M. coccygeus
3 M. piriformis
4 Canalis sacralis
5 Promontorium
6 M. psoas major
7 M. iliacus
8 Spina iliaca anterior superior
9 Lig. inguinale
10 Lig. lacunare
11 Symphyse
12 M. adductor longus
13 M. gracilis
14 M. adductor magnus
15 M. glutaeus maximus
16 Lig. sacrotuberale
17 M. obturatorius internus
18 M. levator ani (Schnittrand)

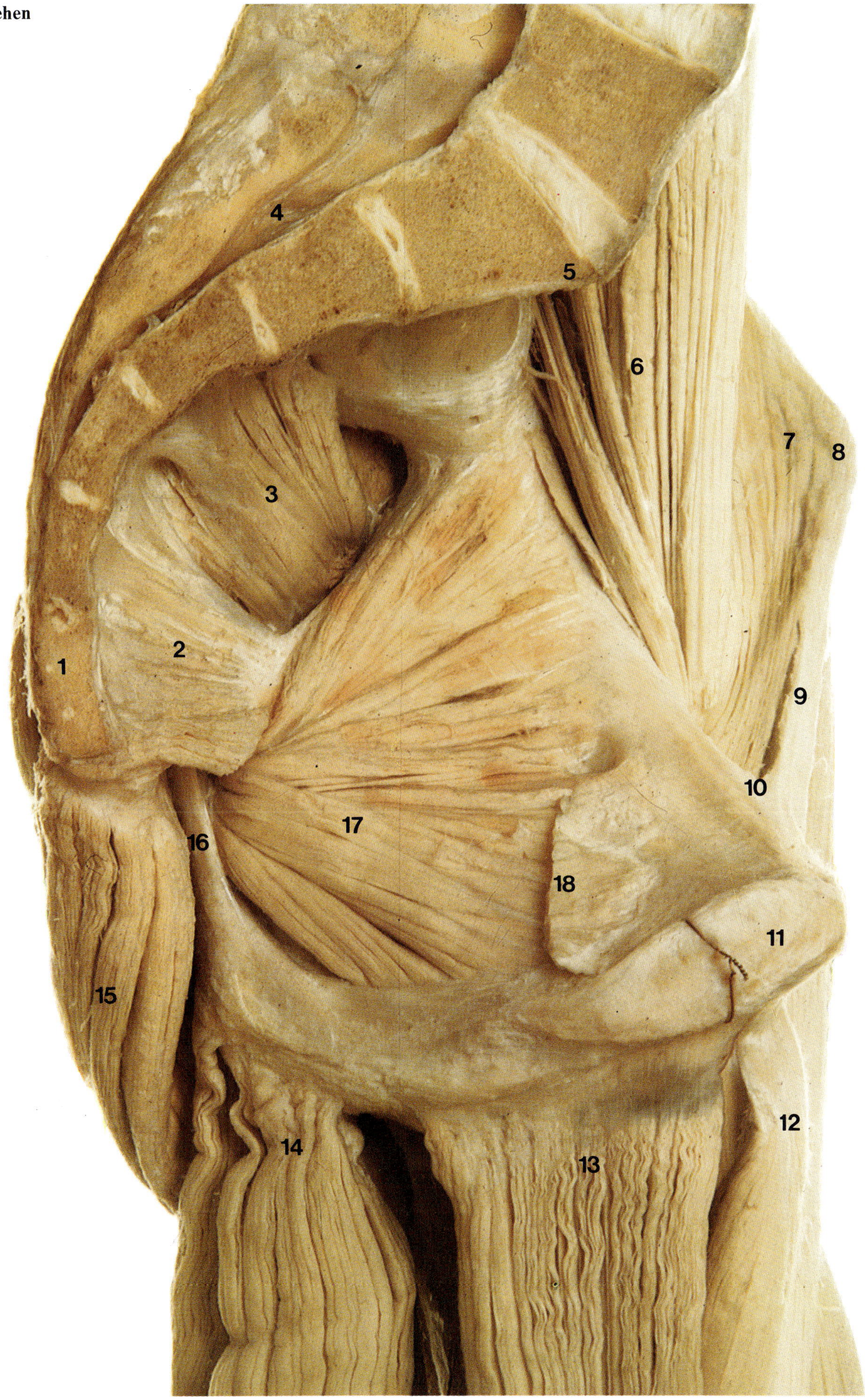

A Rechte Regio inguinalis beim Mann
(Oberflächliche Schichten)

1 Aponeurose des M. obliquus abdominis externus
2 Lig. inguinale
3 Fascia lata
4 Cornu superius des Margo falciformis (Hiatus saphenus)
5 Fascia cribrosa
6 V. saphena magna mit ihren Zuflüssen
7 Oberrand des Anulus inguinalis superficialis
8 Funiculus spermaticus
9 N. ilioinguinalis

● Der Funiculus spermaticus enthält den Ductus deferens, den obliterierten Processus vaginalis des Peritoneums, drei Arterien (A. testicularis, A. cremasterica und A. ductus deferentis), den Plexus pampiniformis (V. testicularis), den Ramus genitalis n. genitofemoralis sowie sympathische periarterielle Geflechte aus dem Plexus hypogastricus und testicularis, und schließlich die Lymphgefäße des Hodens.
● Die Hüllen des Samenstranges bestehen aus der Fascia spermatica interna, die am Anulus inguinalis profundus mit der Fascia transversalis zusammenhängt, der Fascia cremasterica als Fortsetzung des M. obliquus abdominis internus und M. transversus abdominis sowie der Fascia spermatica externa, die am Anulus inguinalis superficialis in die Externusaponeurose übergeht.

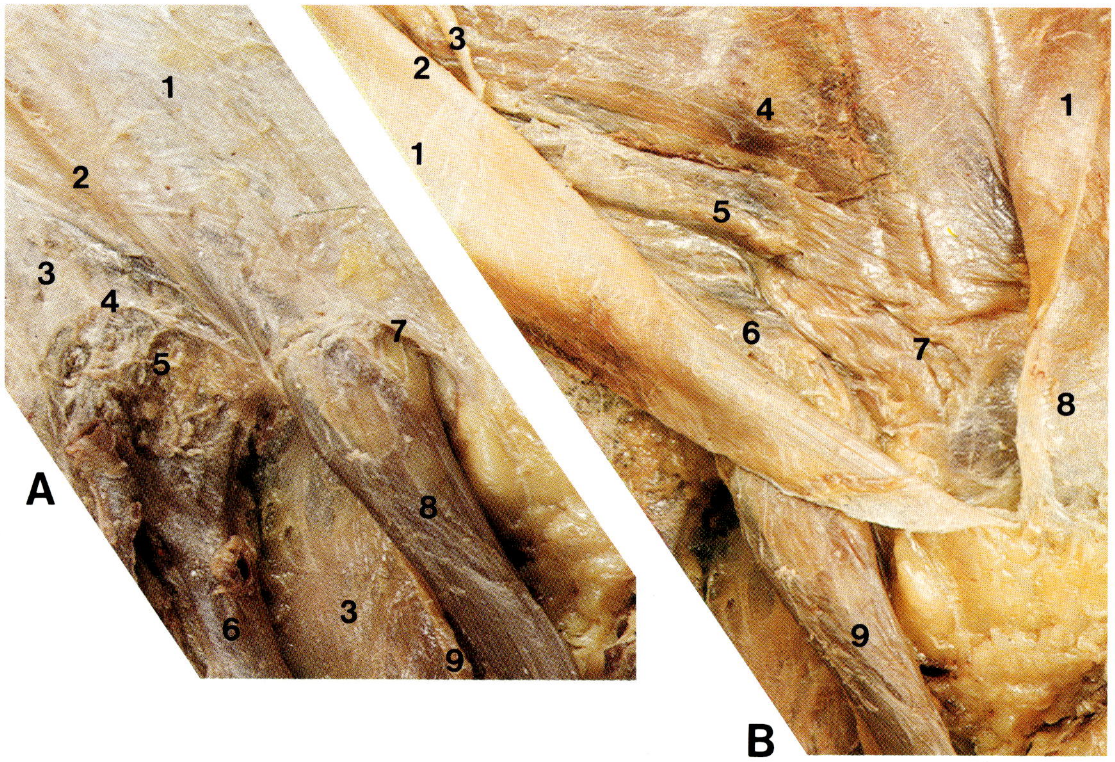

B Rechte Regio inguinalis beim Mann
(Die Aponeurose des M. obliquus abdominis externus wurde eingeschnitten und nach unten geklappt)

1 Aponeurose des M. obliquus abdominis externus
2 Lig. inguinale
3 N. ilioinguinalis
4 M. obliquus abdominis internus
5 Untere Faserbündel des M. obliquus abdominis internus
6 Funiculus spermaticus, eingehüllt von der Fascia spermatica externa und interna
7 Falx inguinalis (Tendo conjunctivus)
8 Rektusscheide
9 Funiculus spermaticus mit seinen Hüllen

● Die untersten Faserbündel des M. obliquus abdominis internus bilden zusammen mit denen des M. transversus abdominis das Dach des Canalis inguinalis und ziehen bogenförmig über den Funiculus spermaticus hinweg (sog. Falx inguinalis).
● Beim Manne enthält der Canalis inguinalis den Funiculus spermaticus sowie den N. ilioinguinalis.

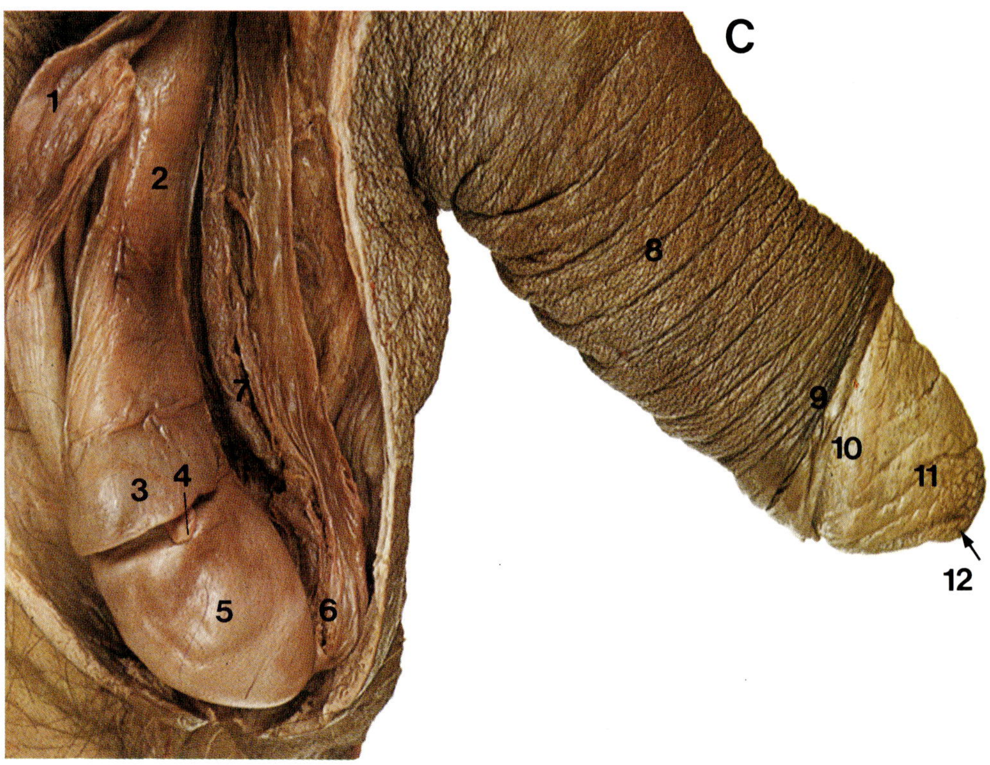

C Penis, rechter Hoden und Nebenhoden
(Scrotum und Tunica vaginalis eröffnet, Hoden etwas gedreht, s. a. Fußnote)

1 Tunica vaginalis testis
2 Funiculus spermaticus
3 Caput epididymidis
4 Appendix testis
5 Testis (Hoden)
6 Cauda epididymidis
7 Ductus deferens
8 Penisschaft
9 Praeputium (retrahiert)
10 Corona glandis penis
11 Glans penis
12 Orificium urethrae externum

● Normalerweise lagert sich der Nebenhoden dem Hoden hinten und lateral an. In diesem Fall wurde der Hoden etwas gedreht, um zu zeigen, daß der Ductus deferens die kraniale Fortsetzung des Nebenhodenschwanzens darstellt.

D Rechter Leistenkanal der Frau
(Die Aponeurose des M. obliquus abdominis externus wurde nach unten geklappt)

1 Aponeurose des M. obliquus abdominis externus
2 N. ilioinguinalis
3 M. obliquus abdominis internus
4 Lig. inguinale
5 Lig. teres uteri (im Leistenkanal gelegen)
6 Unterrand des Anulus inguinalis superficialis

● Bei der Frau enthält der Leistenkanal das Lig. teres uteri und den N. ilioinguinalis.

● Der Processus vaginalis ist normalerweise obliteriert. Bleibt er jedoch bei der Frau offen, wird er als Nuckscher Kanal bezeichnet. Dieser kann leicht zu einer Bruchpforte werden.

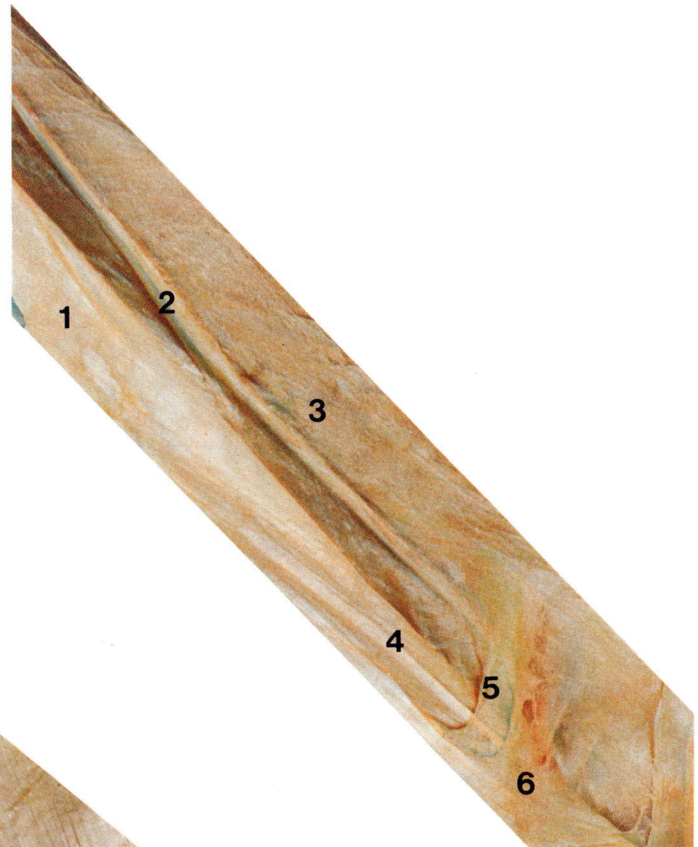

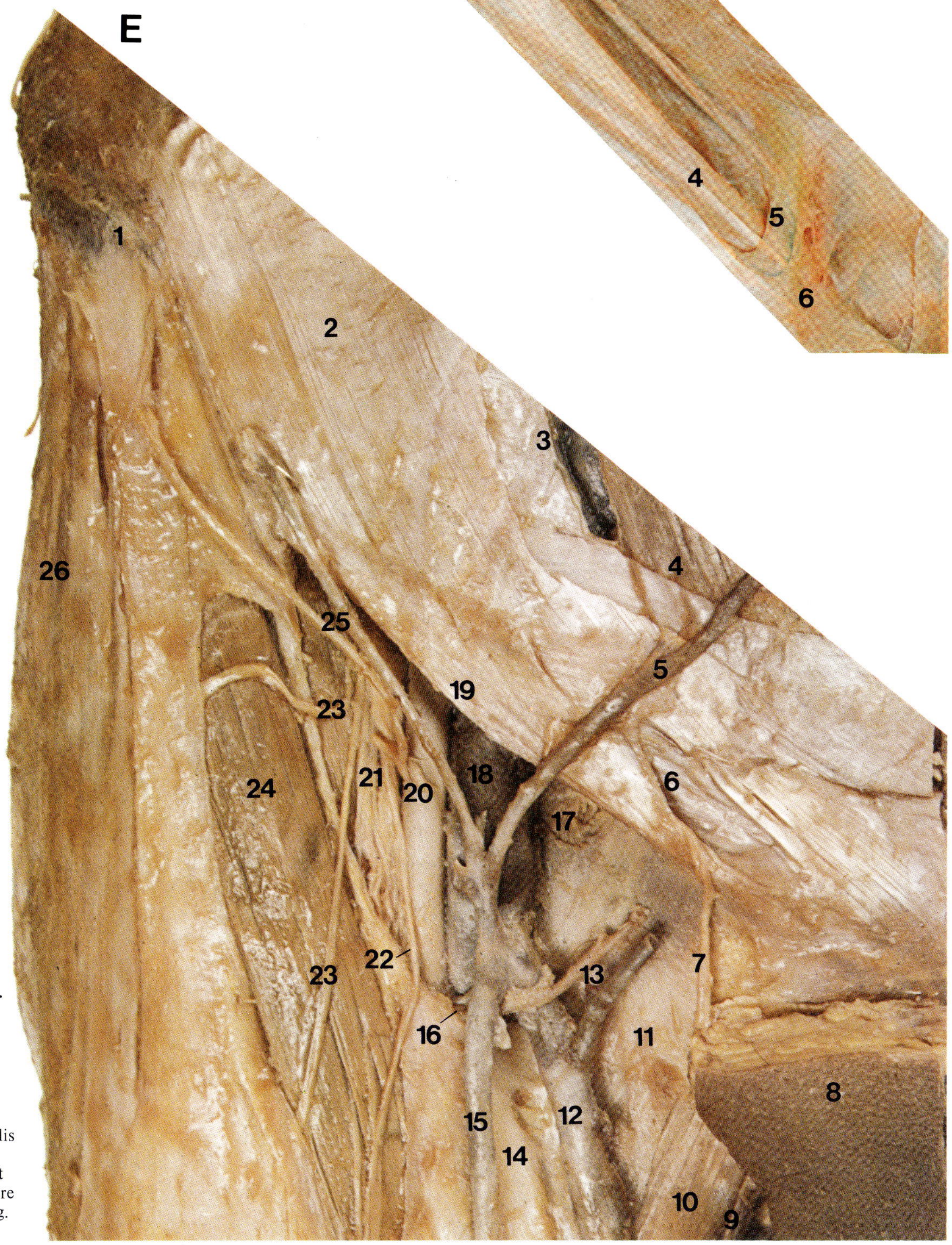

E Rechte Regio inguinalis der Frau, oberflächliche Schichten

1 Spina iliaca anterior superior
2 Aponeurose des M. obliquus abdominis externus
3 Schnittrand der Rektusscheide
4 M. rectus abdominis
5 V. epigastrica superficialis
6 Anulus inguinalis superficialis
7 Lig. teres uteri
8 Mons pubis
9 M. gracilis
10 M. adductor longus
11 M. pectineus
12 V. saphena magna
13 Vasa pudenda externa
14 Fascia lata
15 V. saphena accessoria
16 Unterer Rand des Hiatus saphenus
17 Canalis femoralis
18 V. femoralis
19 Lig. inguinale
20 A. femoralis
21 N. femoralis
22 Ramus cutaneus anterior } aus dem N. femoralis
23 Ramus cutaneus anterior } aus dem N. femoralis
24 M. sartorius
25 Vasa circumflexa ilium superficialia
26 Fascia lata auf dem M. tensor fasciae latae

● Die Fascia lata auf dem M. sartorius, dem N. femoralis und den Vasa femoralia wurde entfernt, ebenfalls der Faszienabschnitt, der den Hiatus saphenus oben begrenzt und durch den die V. saphena magna sowie einige kleinere Gefäße hindurchziehen. Kranial ist die Fascia lata am Lig. inguinale sowie am Ramus superior ossis pubis befestigt.

A

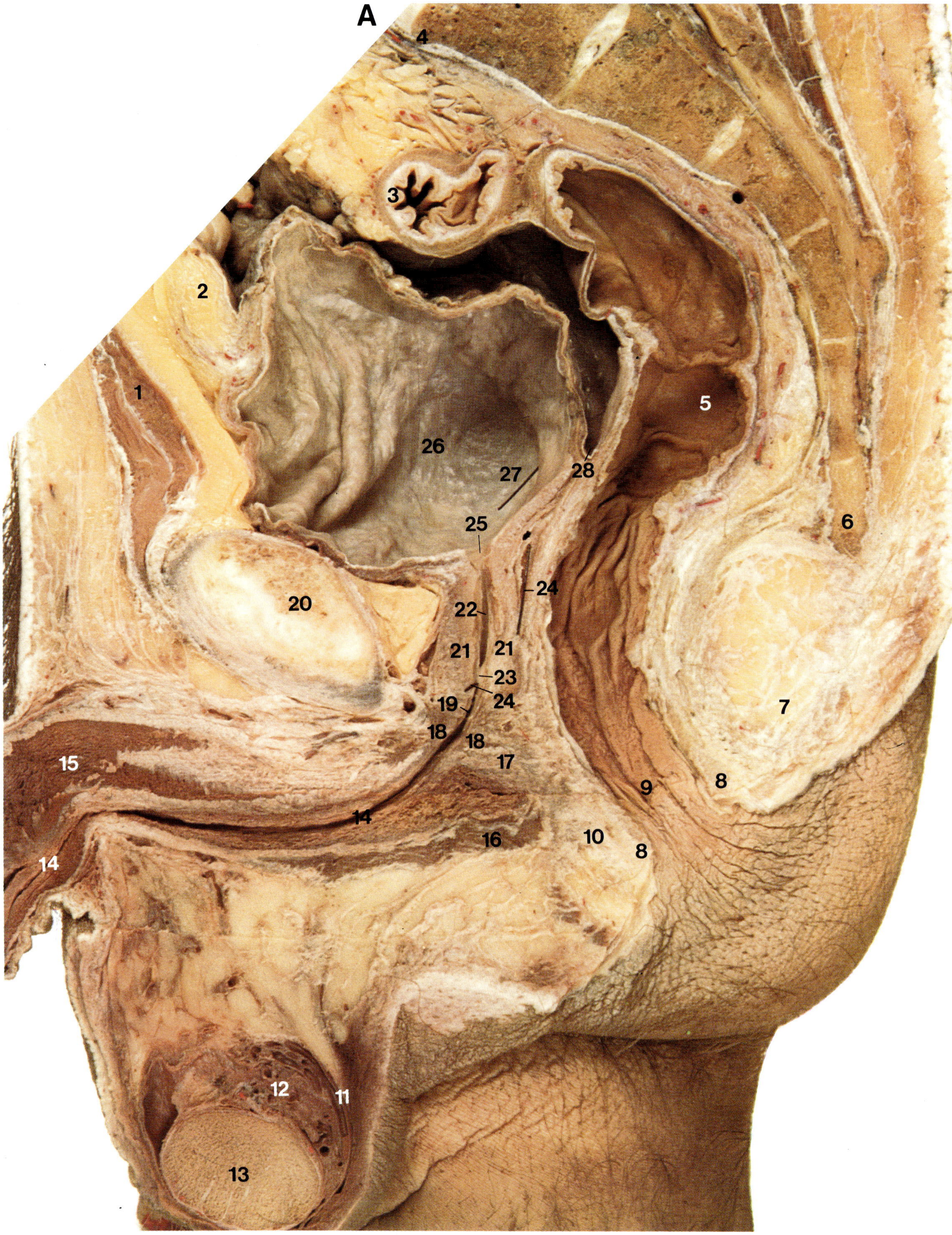
4
3
2
1
5
26
27
28
25
6
24
20
22
21
21
23
24
19
7
18
18
15
17
9
8
14
16
10
8
14
12
11
13

● Der Funiculus spermaticus konstituiert sich erst durch die Zusammenlagerung verschiedener Gebilde am lateral von den Vasa epigastrica inferiora gelegenen, inneren Leistenring. Der Ductus deferens ist daran zu erkennen, daß er am inneren Leistenring lateral von den epigastrischen Gefäßen gewissermaßen aufgehängt ist.
● Das Trigonum inguinale ist derjenige Bereich, der lateral durch die Vasa epigastrica inferiora, medial vom M. rectus abdominis und unten vom Lig. inguinale begrenzt wird. Die direkten Leistenhernien treten vorne direkt durch die Bauchwand des Trigonum inguinale hindurch und liegen immer *medial* von den Vasa epigastrica inferiora.
● Die indirekten Leistenhernien treten dagegen durch den Anulus inguinalis profundus, *lateral* von den Vasa epigastrica durch die Bauchwand hindurch.
● Die Femoralhernien gelangen durch den Canalis femoralis, der medial durch das Lig. lacunare und lateral durch die V. femoralis begrenzt wird, in das Trigonum femorale des Oberschenkels. Die V. iliaca externa wird, nachdem sie das Leistenband passiert hat, als V. femoralis bezeichnet.

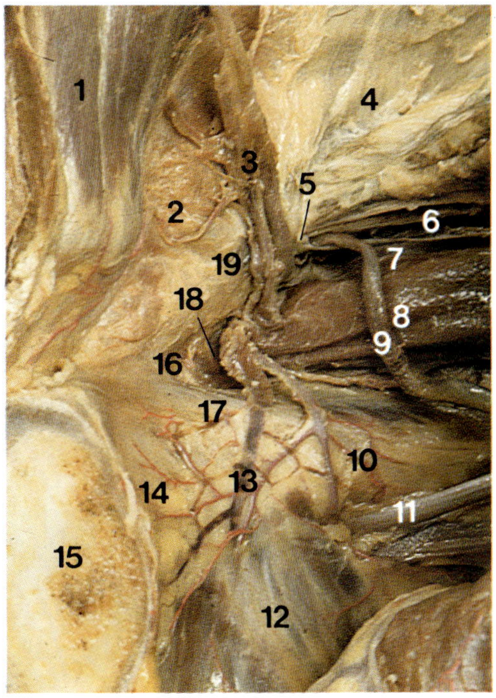

B

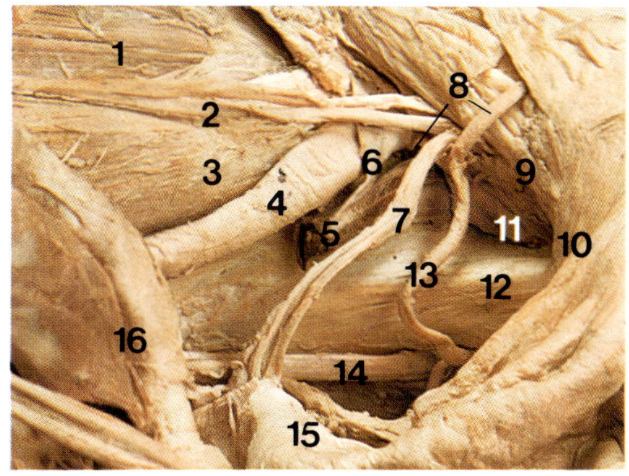

C

A Sagittalschnitt durch das männliche Becken, rechte Hälfte
(Kaudal sind Hoden und Nebenhoden der linken Seite angeschnitten)

1 M. rectus abdominis
2 Extraperitoneales Fettgewebe
3 Colon sigmoideum
4 Promontorium
5 Colon rectum
6 Os coccygis
7 Corpus adiposum fossae ischiorectalis
8 M. sphincter ani externus
9 Canalis analis mit Columnae anales
10 Perineum
11 Ductus deferens
12 Epididymis (Nebenhoden)
13 Testis (Hoden)
14 Pars spongiosa urethrae und Corpus spongiosum urethrae
15 Corpus cavernosum penis
16 M. bulbospongiosus
17 Fascia diaphragmatis urogenitalis superior
18 M. sphincter urethrae
19 Pars membranacea urethrae
20 Symphyse
21 Prostata
22 Pars prostatica urethrae
23 Colliculus seminalis urethrae
24 Borste im Ductus ejaculatorius
25 Ostium urethrae internum
26 Vesica urinaria (Harnblase)
27 Borste im rechten Ostium ureteris
28 Excavatio rectovesicalis

B Anulus inguinalis profundus beim Mann, von innen gesehen
(Das Peritoneum wurde entfernt)

1 M. rectus abdominis
2 Falx inguinalis (Tendo conjunctivus)
3 Vasa epigastrica inferiora
4 Fascia transversalis oberhalb des M. transversus abdominis
5 Anulus inguinalis profundus
6 Vasa testicularia
7 A. iliaca externa
8 V. iliaca externa
9 Ductus deferens
10 Ramus superior ossis pubis
11 N. obturatorius
12 Arcus tendineus m. levatoris ani
13 Rami pubici der Vasa epigastrica inferiora
14 Os pubis
15 Symphyse
16 Lig. lacunare
17 Lig. pectineale
18 Anulus femoralis
19 Lig. inguinale

C Linke Corona mortis beim Mann, von rechts-medial gesehen (Anomalie der A. obturatoria)

1 M. iliacus
2 Vasa testicularia
3 M. psoas major
4 A. iliaca externa
5 V. iliaca externa
6 V. circumflexa ilium profunda
7 Ductus deferens
8 A. epigastrica inferior
9 Lig. inguinale
10 Lig. lacunare
11 Anulus femoralis
12 Ramus superior ossis pubis und Lig. pectineale
13 A. obturatoria (Anastomose mit der A. epigastrica inferior)
14 N. obturatorius
15 Harnblase (Vesica urinaria)
16 A. iliaca communis dextra

● Die Anastomose zwischen dem Ramus pubicus der A. epigastrica inferior und der A. obturatoria, die als Corona mortis bezeichnet wird, kann so groß sein, daß eine eigentliche A. obturatoria, die einen Ast der A. iliaca interna darstellt, gar nicht mehr entwickelt wird.
● Die Corona mortis, streng genommen nur der abnorme Ursprung der A. obturatoria aus der A. epigastrica inferior, liegt normalerweise am *lateralen* Rand des Anulus femoralis, gelegentlich aber auch am medialen, d. h. im Bereich des Lig. lacunare, wo das Gefäß bei Operationen von Femoralhernien, bei denen das Band zur Erweiterung des Schenkelringes eingeschnitten werden muß, gefährdet ist.

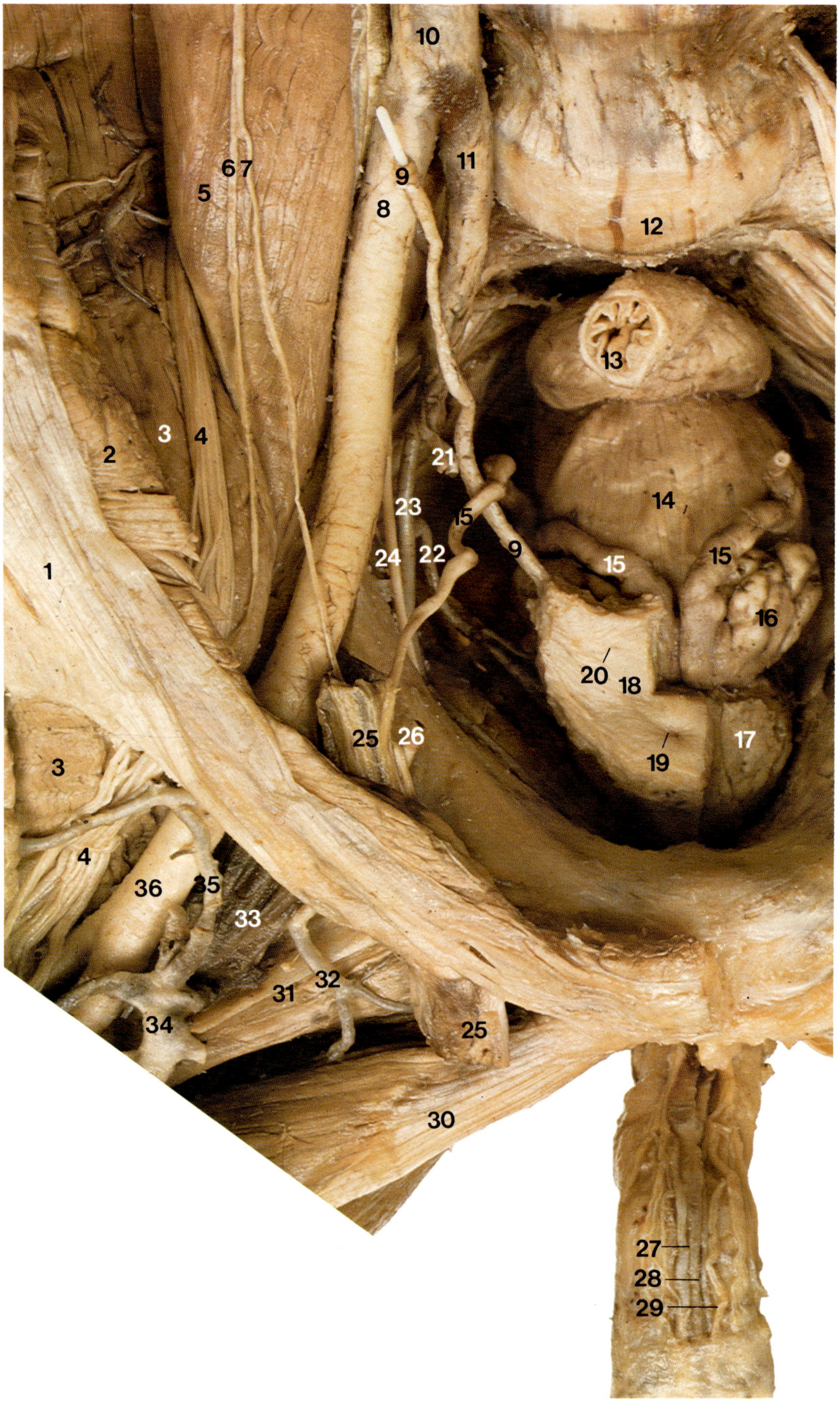

Rechte Regio inguinalis und männliches Becken, von oben gesehen
(Die Harnblase, bis auf das Trigonum vesicae, und die Beckenvenen wurden entfernt)

1 Aponeurose des M. obliquus abdominis externus
2 M. obliquus abdominis internus
3 M. iliacus
4 N. femoralis
5 M. psoas major
6 Ramus femoralis } n. genitofemoralis
7 Ramus genitalis } n. genitofemoralis
8 A. iliaca externa
9 Ureter
10 A. iliaca communis
11 A. iliaca interna
12 Discus intervertebralis des fünften Lendenwirbels
13 Colon sigmoideum (im unteren Abschnitt durchgeschnitten)
14 Colon rectum
15 Ductus deferens
16 Vesicula seminalis (Glandula vesiculosa)
17 Prostata
18 Trigonum vesicae
19 Ostium internum urethrae
20 Ostium ureteris
21 A. vesicalis superior
22 A. vesicalis inferior
23 A. obturatoria
24 N. obturatorius
25 Funiculus spermaticus
26 A. epigastrica inferior
27 V. dorsalis penis profunda
28 A. dorsalis penis
29 N. dorsalis penis
30 M. adductor longus
31 M. pectineus
32 Aa. pudendae externae
33 V. femoralis
34 V. saphena magna
35 V. circumflexa ilium superficialis
36 A. femoralis

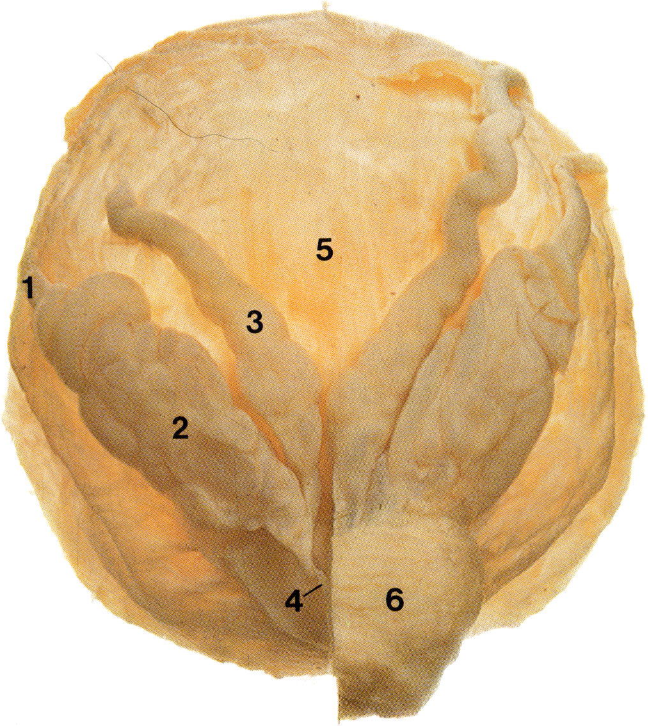

Harnblase und Prostata, von hinten gesehen
(Die Blase wurde gefüllt und die Prostata zur Hälfte entfernt)

1 Ureter
2 Vesicula seminalis
3 Ductus deferens
4 Ductus ejaculatorius sinister
5 Fundus vesicae urinariae
6 Hinterfläche der Prostata

● Der Blasengrund bildet zugleich die Hinterfläche der Harnblase.
● Die Basis der Prostata stellt denjenigen Abschnitt dar, der mit dem Blasenhals in Verbindung steht und von der Urethra durchbohrt wird.
● Beim Mann unterkreuzt der Ureter den Ductus deferens; bei der Frau unterkreuzt der Ureter die A. uterina.

Rechtes männliches Becken, von innen-oben gesehen
(Die Harnblase, bis auf das Trigonum vesicae, und die Beckenvenen wurden entfernt)

1 Aponeurose des M. obliquus abdominis externus
2 M. obliquus abdominis internus
3 M. transversus abdominis
4 Funiculus spermaticus
5 Ductus deferens
6 M. psoas major
7 V. iliaca externa (durchgeschnitten)
8 A. iliaca externa
9 Ramus genitalis } n. genitofemoralis
10 Ramus femoralis } n. genitofemoralis
11 N. femoralis
12 M. psoas minor
13 Ureter
14 A. iliaca communis
15 A. iliaca interna
16 Discus intervertebralis des fünften Lendenwirbels
17 Ramus ventralis des Spinalnerven von S_1 sowie die A. sacralis lateralis
18 Colon sigmoideum (Schnittfläche)
19 Colon rectum
20 Vesicula seminalis
21 Trigonum vesicae
22 Ostium internum urethrae
23 Ostium ureteris
24 M. obturatorius internus
25 A. obturatoria
26 Ramus pubicus a. obturatoriae
27 N. obturatorius
28 A. vesicalis inferior
29 A. vesicalis superior
30 Vorderer Hauptstamm der A. iliaca interna

● Die A. glutaea superior wird häufig durch die A. iliaca interna verdeckt und liegt meist oberhalb vom ersten Sakralnerven.

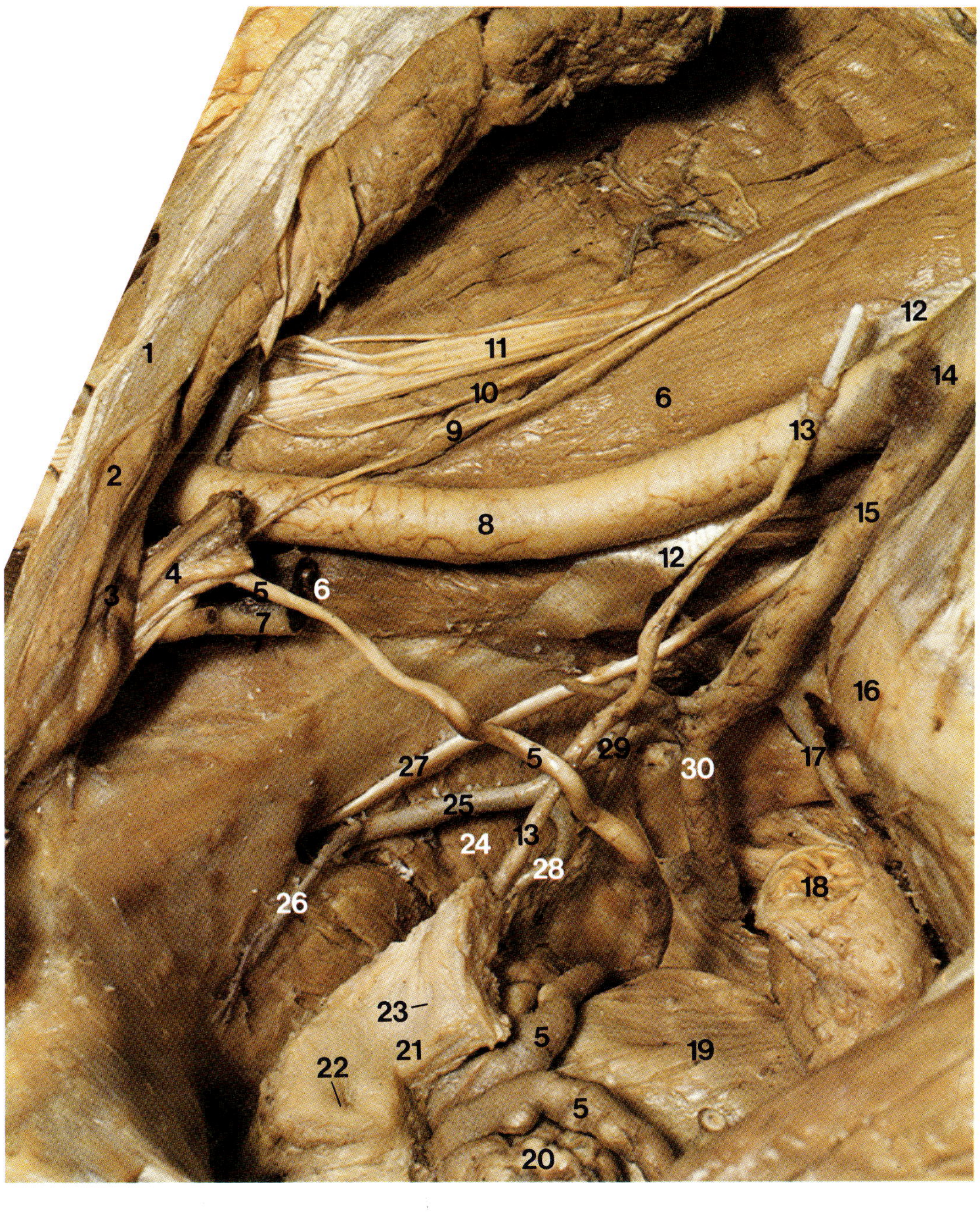

A Beckensitus, Arteriae iliacae – linke Beckenhälfte, von links gesehen

1 Articulatio sacrococcygea
2 M. coccygeus und Lig. sacrospinale
3 Anastomose zwischen den Rami ventrales der Spinalnerven von S_2 und S_3
4 M. piriformis
5 A. glutaea inferior
6 Ramus ventralis des Spinalnerven von S_1
7 A. sacralis lateralis
8 A. glutaea superior, die den Truncus lumbosacralis durchbohrt
9 Hinterer Hauptstamm der A. iliaca interna
10 Promontorium
11 A. iliaca interna
12 Vorderer Hauptstamm der A. iliaca interna
13 A. pudenda interna
14 N. obturatorius und A. obturatoria
15 A. iliaca externa
16 A. epigastrica inferior
17 Lig. inguinale
18 Lig. lacunare
19 Symphyse
20 M. obturatorius internus
21 Tuber ischiadicum

● Die A. pudenda interna und A. glutaea inferior sind Endäste des vorderen Hauptstammes der A. iliaca interna. Die A. glutaea inferior, die am Unterrand des M. piriformis vorbeiläuft und zur Glutäalregion zieht, liegt dorsal von der A. pudenda interna.

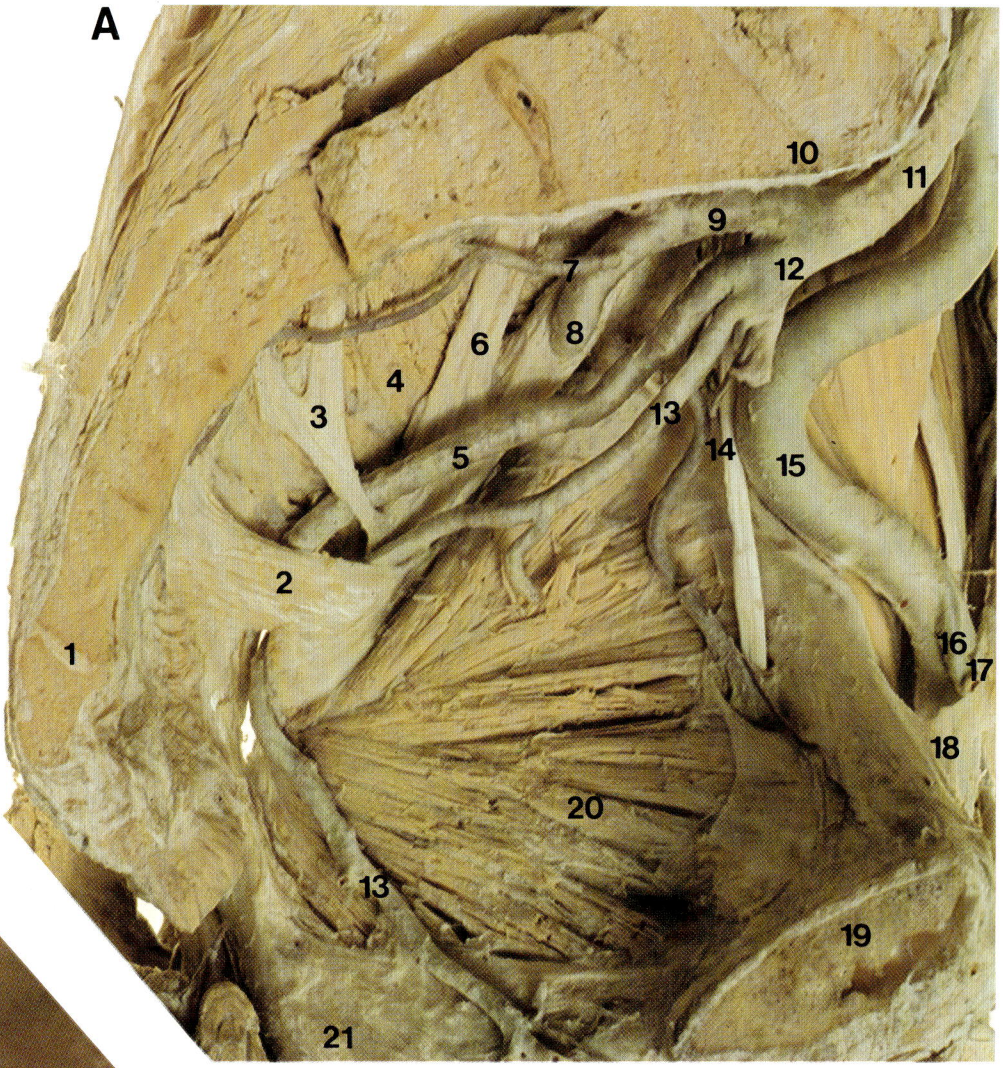

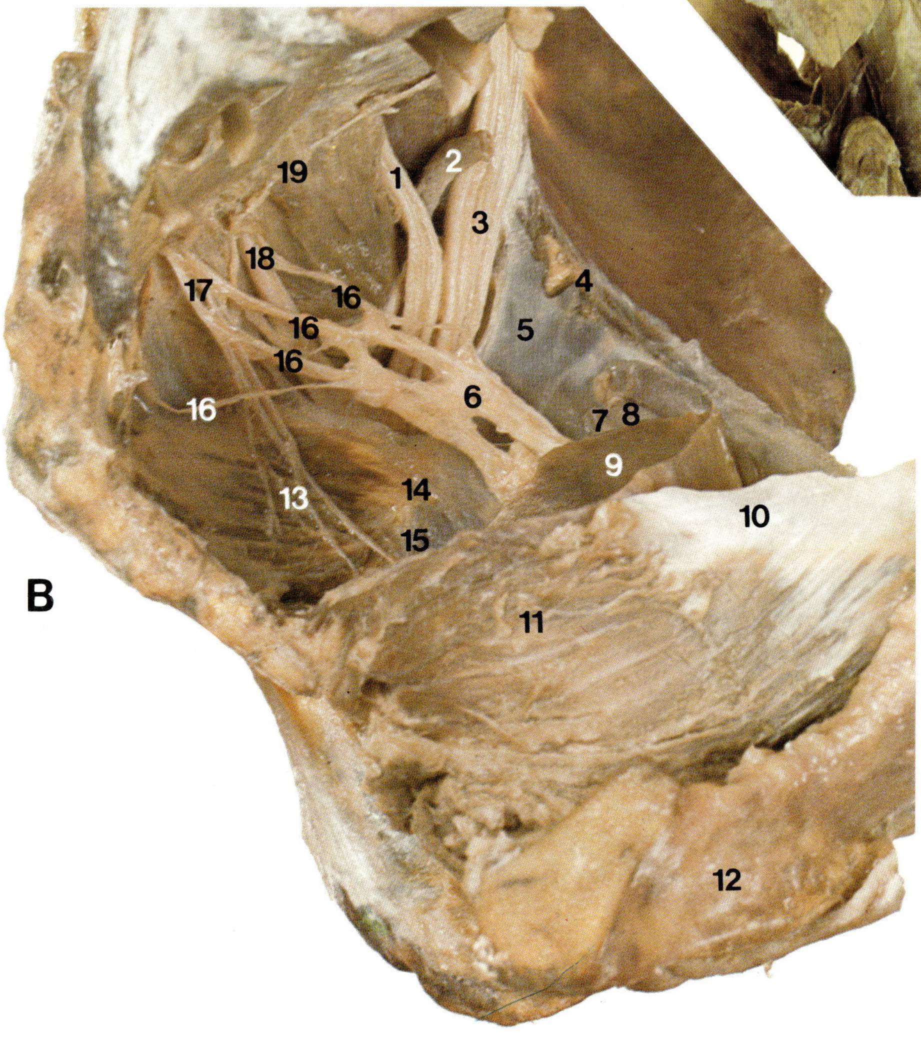

B Beckensitus, Plexus hypogastricus inferior – linke Beckenhälfte

(Die rechte Beckenwand wurde größtenteils entfernt, jedoch blieb der vordere Teil des M. levator ani der anderen Seite noch erhalten)

1 Ramus ventralis des ersten sakralen Spinalnerven (S_1)
2 A. glutaea superior
3 Truncus lumbosacralis
4 Linea arcuata
5 Faszie des M. obturatorius internus
6 Plexus hypogastricus inferior (links)
7 Vesicula seminalis
8 Ductus deferens
9 Colon rectum
10 Fascia m. obturatorii interni (rechts)
11 M. levator ani (rechts) und Fossa ischiorectalis
12 Ramus ossis ischii (rechts)
13 M. coccygeus (links) und Nerven zum M. levator ani
14 Spina ischiadica
15 M. levator ani
16 Nn. splanchnici pelvini (Nervi erigentes)
17 Ramus ventralis des dritten sakralen Spinalnerven (S_3)
18 Ramus ventralis des zweiten sakralen Spinalnerven (S_2)
19 Truncus sympathicus (links)

● Die Nn. splanchnici pelvini versorgen nicht nur die Beckenorgane, sondern geben auch zahlreiche Äste ab, die unter dem Peritoneum aufwärts zur Bauchwand, zur linken Kolonflexur sowie zum Colon descendens und Colon sigmoideum ziehen.

Bandapparat des Beckens, linke Beckenhälfte

1 Promontorium
2 Fossa iliaca
3 Spina iliaca anterior superior
4 Spina iliaca anterior inferior und Ursprung des M. rectus femoris
5 Lig. inguinale
6 Lig. lacunare
7 Lig. pectineale
8 Symphyse
9 Foramen obturatum
10 Membrana obturatoria
11 Processus falciformis des Lig. sacrotuberale
12 Tuber ischiadicum
13 Lig. sacrotuberale
14 Foramen ischiadicum minus
15 Spina ischiadica
16 Lig. sacrospinale
17 Foramen ischiadicum majus
18 Lig. sacroiliacum ventrale

● Durch das Lig. sacrospinale und sacrotuberale werden die Inscisura ischiadica major und minor zu den gleichnamigen Foramina geschlossen.

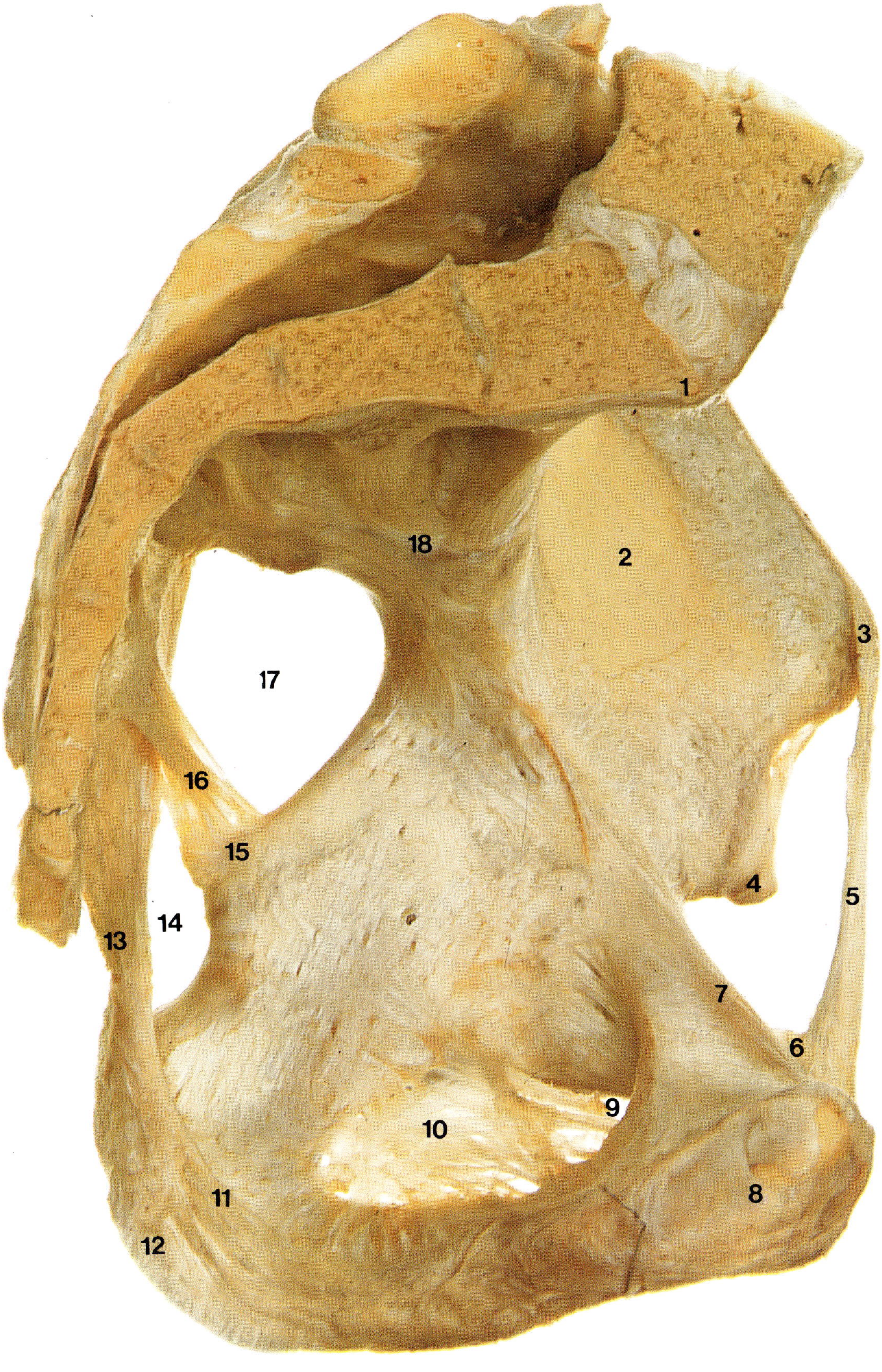

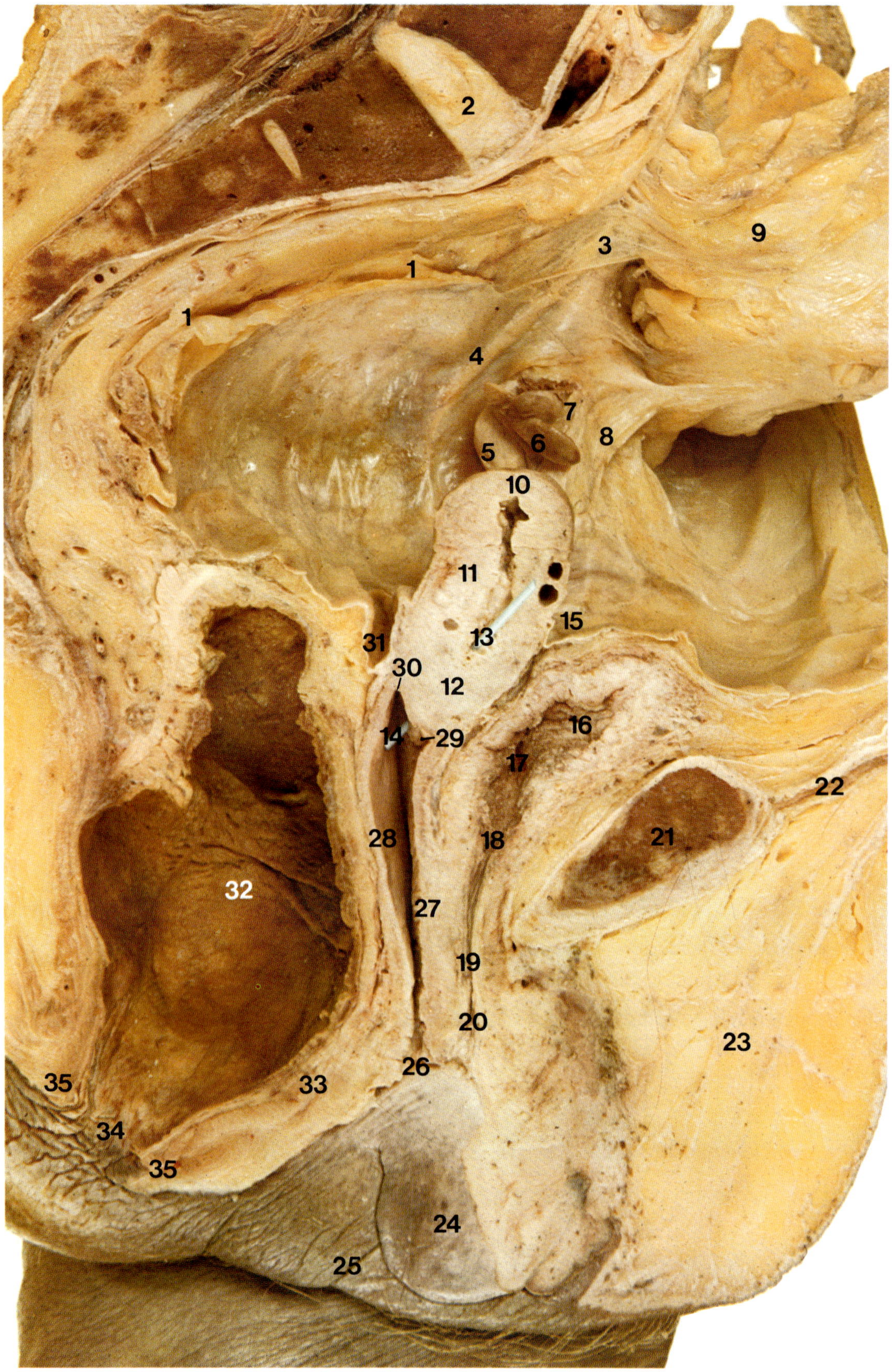

Medianschnitt durch das weibliche Becken, von links gesehen
(Das Mesocolon sigmoideum wurde von der hinteren Beckenwandung gelöst. Gallenblase, Uterus und Vagina sind kontrahiert, das Rectum ist erweitert)

1 Radix mesosigmoidei
2 Discus intervertebralis des fünften Lendenwirbels
3 Apex mesosigmoidei
4 Ureter (liegt unter dem Peritoneum)
5 Ovarium
6 Tuba uterina
7 Lig. suspensorium ovarii mit den Ovarialgefäßen
8 Mesosigmoideum (darunter verlaufen die Vasa iliaca externa)
9 Colon sigmoideum (nach links und oben gezogen)
10 Fundus ┐
11 Corpus ├ uteri
12 Cervix ┘
13 Markierung im inneren Muttermund
14 Markierung im äußeren Muttermund
15 Excavatio vesicouterina
16 Harnblase (Vesica urinaria)
17 Markierung im linken Orificium ureteris
18 Orificium urethrae internum
19 Urethra
20 Orificium urethrae externum
21 Symphyse
22 M. rectus abdominis (nach oben gezogen)
23 Fettgewebe im Mons pubis
24 Labium minus
25 Labium majus
26 Vestibulum vaginae
27 Vorderwand ┐
28 Hinterwand ┘ der Vagina
29 Fornix anterior ┐
30 Fornix posterior ┘ vaginae
31 Excavatio rectouterina
32 Colon rectum
33 Trigonum perineale
34 Canalis analis
35 M. sphincter ani externus

● Das Mesocolon sigmoideum bildet eine Tasche, die zur Lagebestimmung des linken Ureters dienen kann. Der Ureter verläuft nämlich am Boden dieser Tasche unter dem Peritoneum.
● Die Excavatio rectouterina überzieht den Fornix posterior vaginae, während die Excavatio vesicouterina nicht so weit nach kaudal, d. h. nur bis zum Fornix anterior, reicht.

A Uterus und Ovarien, von oben und vorne gesehen

1 Excavatio rectouterina (Douglasscher Raum)
2 Lig. ovarium proprium
3 Extremitas uterina ovarii
4 Extremitas tubaria ovarii
5 Infundibulum ⎤
6 Ampulla ⎬ tubae uterinae
7 Isthmus ⎦
8 Lig. teres uteri
9 Fundus uteri
10 Excavatio vesicouterina
11 Peritoneum über der Harnblase
12 Mesosalpinx
13 Lig. latum (Hinterfläche)
14 Mesovarium
15 Lig. suspensorium ovarii

● Das Ovar liegt normalerweise in einer kleinen Grube der lateralen Beckenwand vor Ureter und A. iliaca interna.

A

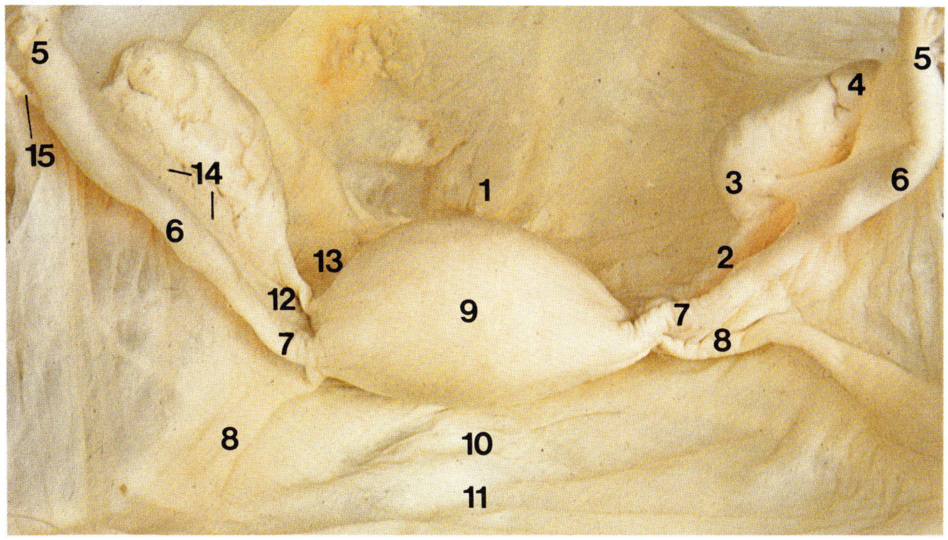

● Bei der Frau unterkreuzt der Ureter die A. uterina und zieht im unteren Teil des Parametriums zum Blasengrund.

● Das Lig. cardinale (Lig. cervicale transversum, Mackenrodt) ist für die Verankerung des Uterushalses und der beiden Scheidengewölbe wichtig. Es zieht von der Cervix uteri und der proximalen Vagina zur lateralen Wand des kleinen Beckens, um kranial in das Bindegewebe, das die A. iliaca interna und ihre Äste umgibt, überzugehen. Im Präparat der Abb. B ist das Band entfernt worden.

B Harnblase, Uterus, Vagina und Colon rectum, von rechts gesehen
(Das Becken wurde entfernt. Beachte die Fußnote zur Erklärung dieses Präparats)

1 Vorderer Stamm der A. iliaca interna
2 Ureter
3 Vasa ovarica
4 Corpus uteri (von der Seite)
5 Obliterierte A. umbilicalis (Lig. umbilicale mediale)
6 Harnblase (Vesica urinaria)
7 A. vesicalis superior
8 Urachus
9 Vagina
10 M. levator ani
11 Colon rectum
12 A. rectalis superior
13 A. pudenda interna
14 Ramus vaginalis a. uterinae
15 A. obturatoria
16 Plexus venosus vaginalis
17 A. vesicalis inferior
18 Plexus venosus uterinus
19 A. uterina
20 Fornix lateralis vaginae, Cervix uteri
21 A. glutaea inferior

● Wenn man die Eingeweide des Beckens herausnimmt, werden diejenigen Gebilde, die normalerweise retroperitoneal liegen, von lateral sichtbar. Beim vorliegenden Präparat wurde das Peritoneum entfernt. Da die laterale und dorsale Beckenwandung entfernt wurde, mußten die A. obturatoria sowie die A. glutaea inferior abgeschnitten werden, so daß ihre proximalen Abschnitte nicht mehr den normalen Verlauf zeigen.

● Die Art und Weise, wie sich die A. iliaca interna verzweigt, variiert sehr stark; z. B. entspringt die A. vesicalis superior im vorliegenden Präparat von der A. uterina und die A. vaginalis von der A. pudenda interna. Außerdem existiert in diesem Fall eine eigene A. vesicalis inferior. Bei der Frau zweigt normalerweise die A. vaginalis an dieser Stelle ab. Die A. rectalis media fehlt hier, was im übrigen bei der Frau sehr häufig ist (beim Mann versorgt sie die Prostata).

B

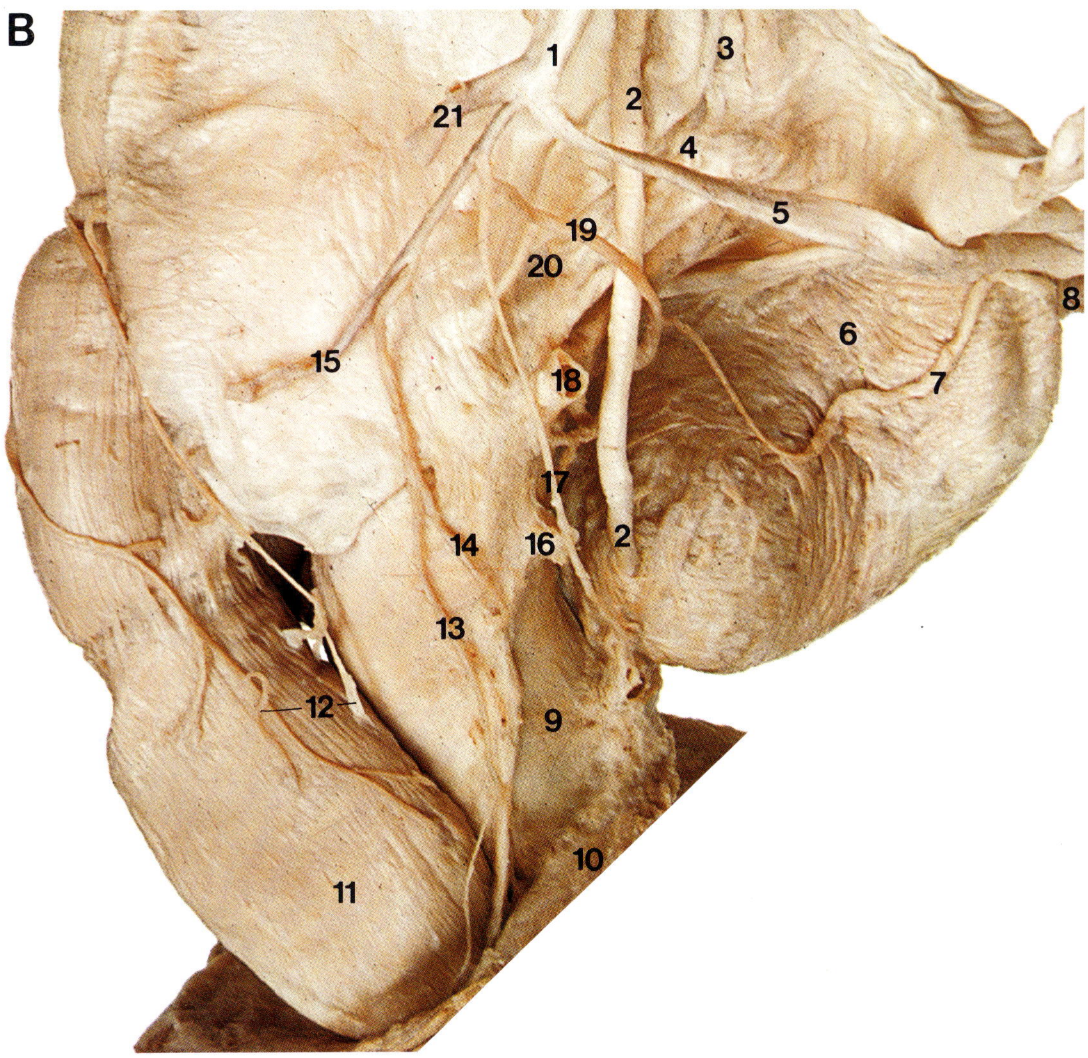

A

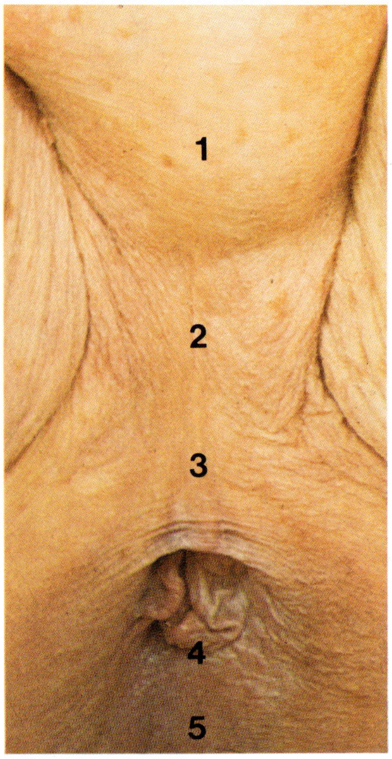

A Dammregion beim Mann, Ansicht von unten
(Das Scrotum wurde nach oben gezogen)
1 Scrotum (darunter linker Hoden)
2 Raphe über dem Bulbus penis
3 Trigonum perineale
4 Anus
5 Lig. anococcygeum

B Fossa ischiorectalis und Dammregion beim Mann, von unten gesehen
(Rechts wurden die Fascia diaphragmatis urogenitalis inferior und das Diaphragma urogenitale entfernt)
1 Ramus perinealis des N. cutaneus femoris posterior
2 M. adductor magnus
3 M. gracilis
4 M. adductor longus
5 Nn. scrotales posteriores et Vasa scrotalia posteriora
6 Corpus cavernosum penis
7 Corpus spongiosum penis
8 M. bulbospongiosus (im Bereich des Bulbus penis)
9 M. ischiocavernosus (im Bereich der Crura penis)
10 M. transversus perinei superficialis (am Hinterrand der Fascia diaphragmatis urogenitalis inferior)
11 Vasa rectalia inferiora, N. rectalis inferior in der Fossa ischiorectalis
12 Perforierender Hautast
13 M. glutaeus maximus
14 Ligamentum anococcygeum
15 Anus
16 Lig. sacrotuberale
17 N. perinealis
18 A. pudenda interna
19 A. perinealis
20 A. bulbi penis
21 N. und A. dorsalis penis
22 M. levator ani

C Peniswurzel, von vorne und unten gesehen
1 Tuberculum pubicum
3 Crista pubica
3 Symphyse
4 Lig. suspensorium penis
5 V. dorsalis penis profunda
6 A. dorsalis penis
7 N. dorsalis penis
8 Corpus cavernosum penis
9 Corpus spongiosum penis
10 Urethra
11 Diaphragma urogenitale
12 Ramus ossis ischii
13 Membrana obturatoria

● Der Arcus pubis, d. h. der Winkel zwischen den beiden Rami inferiores ossis pubis unterhalb der Symphyse, ist beim Mann 50–60°, bei der Frau dagegen nahezu 90° groß.

C

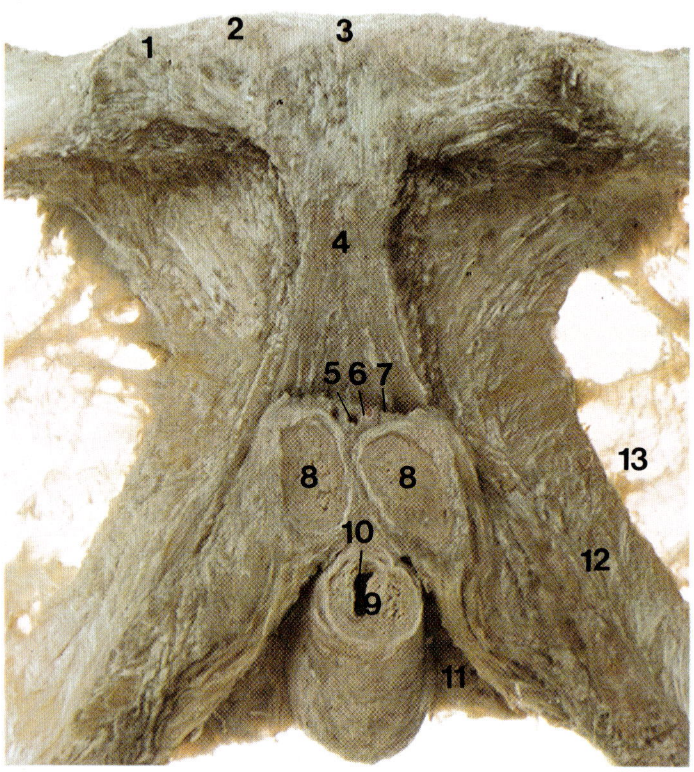

B

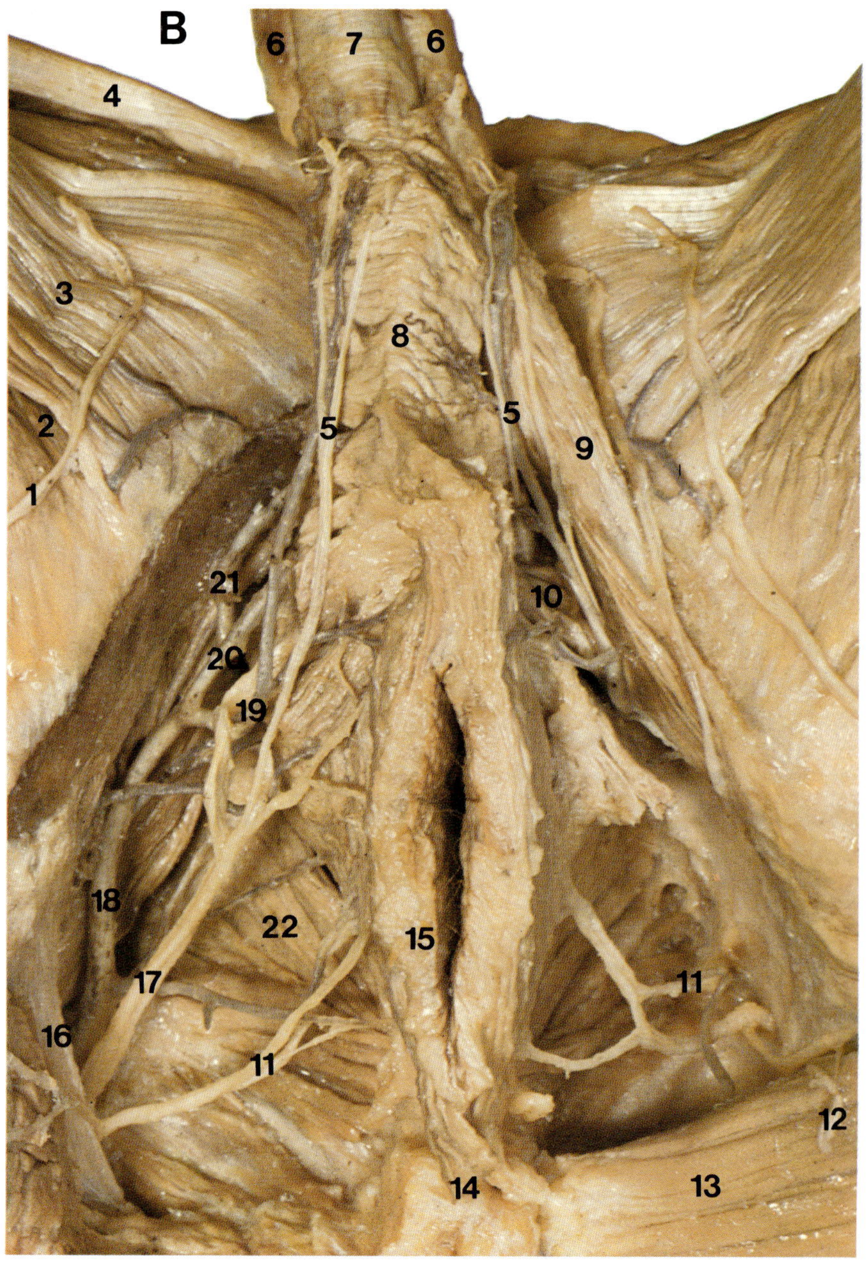

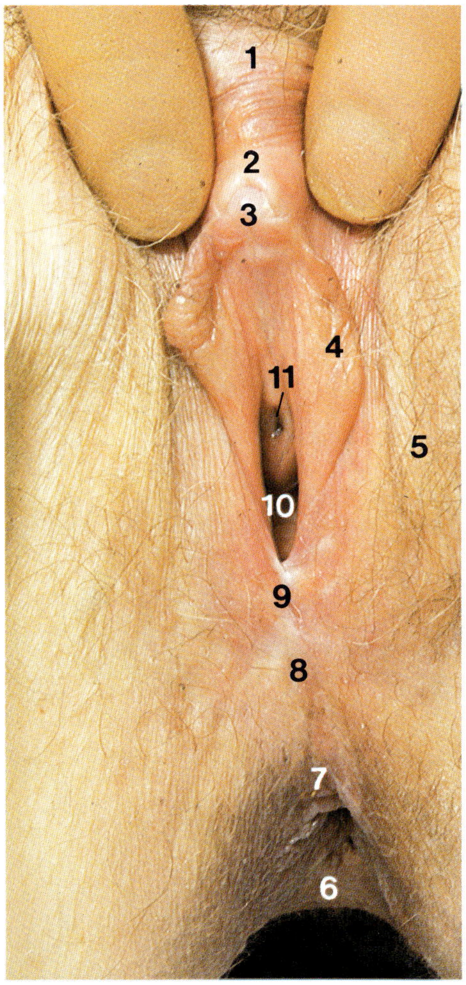

D

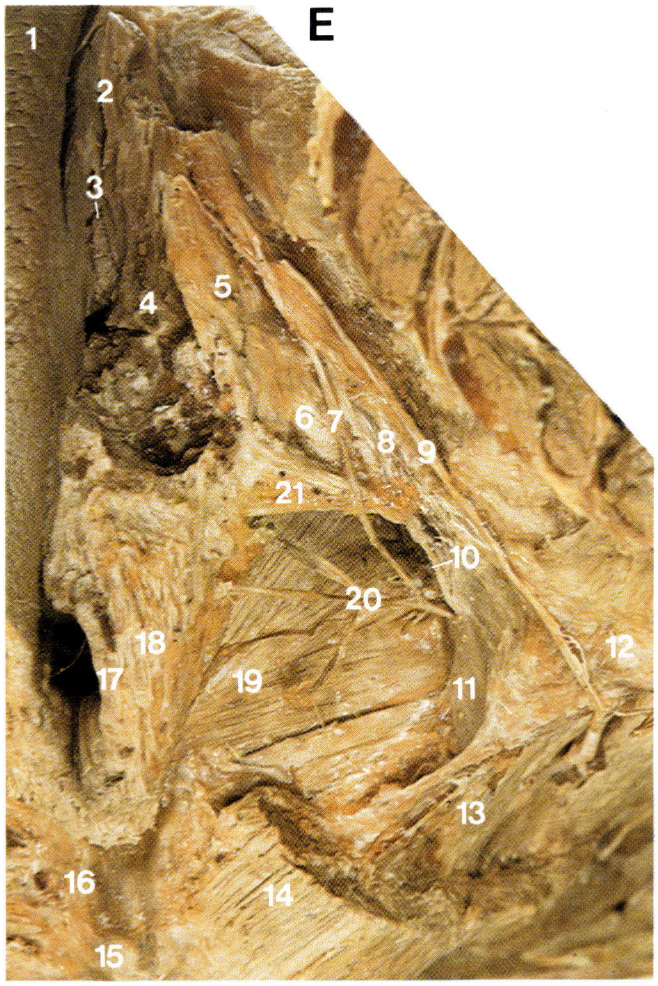

E Fossa ischiorectalis und Dammregion bei der Frau, von unten gesehen
(Die die Nerven begleitenden Gefäße wurden entfernt)
1 Labium majus
2 Labium minus
3 Orificium urethrae externum
4 Wand der Vagina
5 M. bulbospongiosus über dem Bulbus vestibuli
6 Diaphragma urogenitalis
7 N. labialis posterior
8 M. ischiocavernosus über dem Crus clitoridis
9 Ramus perinealis des N. cutaneus femoris posterior
10 N. pudendus
11 Alcockscher Kanal (Canalis pudendi)
12 Tuber ischiadicum
13 Lig. sacrotuberale
14 M. glutaeus maximus
15 Os coccygis
16 Lig. anococcygeum
17 Rand des Anus
18 M. sphincter ani externus
19 M. levator ani
20 N. rectalis inferior (in der Fossa ischiorectalis)
21 M. transversus perinei superficialis (am Hinterrand des Diaphragma urogenitale gelegen)

D Vulva, von unten gesehen
1 Mons pubis
2 Commissura anterior
3 Clitoris
4 Labium minus
5 Labium majus
6 Corpus anococcygeum
7 Anus
8 Damm (Perineum)
9 Commissura posterior
10 Orificium vaginae
11 Orificium urethrae externum

● Als Rima pudendi bezeichnet man die Spalte zwischen den beiden großen Schamlippen, in die Vagina und Urethra einmünden.
● Das Vestibulum vaginae ist der Scheidenvorhof zwischen den beiden Labia minora. Die Glandulae vestibulares minores münden an der Innenfläche der kleinen Schamlippen.

● In Abb. B wurde der an der lateralen Seite der Fossa ischiorectalis gelegene Alcocksche Kanal eröffnet, um die A. pudenda interna und die Endäste des N. pudendus (N. perinealis und N. dorsalis penis) darstellen zu können. Die Abb. F (weibl. Beckensitus) zeigt den geschlossenen Kanal in situ.
● Der N. rectalis inferior und die Vasa rectalia inferiora verlaufen in transversaler Richtung durch die Fossa ischiorectalis hindurch.

F Linke Fossa ischiorectalis und Dammregion bei der Frau, von hinten gesehen
1 Tuber ischiadicum
2 Ramus perinealis des N. cutaneus femoris posterior
3 Lig. sacrotuberale
4 M. glutaeus maximus
5 M. levator ani
6 Os coccygis
7 Corpus anococcygeum
8 Rand des Anus
9 M. sphincter ani externus
10 N. labialis posterior
11 Hinterer Rand des Diaphragma urogenitale
12 N. pudendus
13 Alcockscher Kanal (Canalis pudendus)
14 Faszie des M. obturatorius internus
15 N. rectalis inferior innerhalb der Fossa ischiorectalis

F

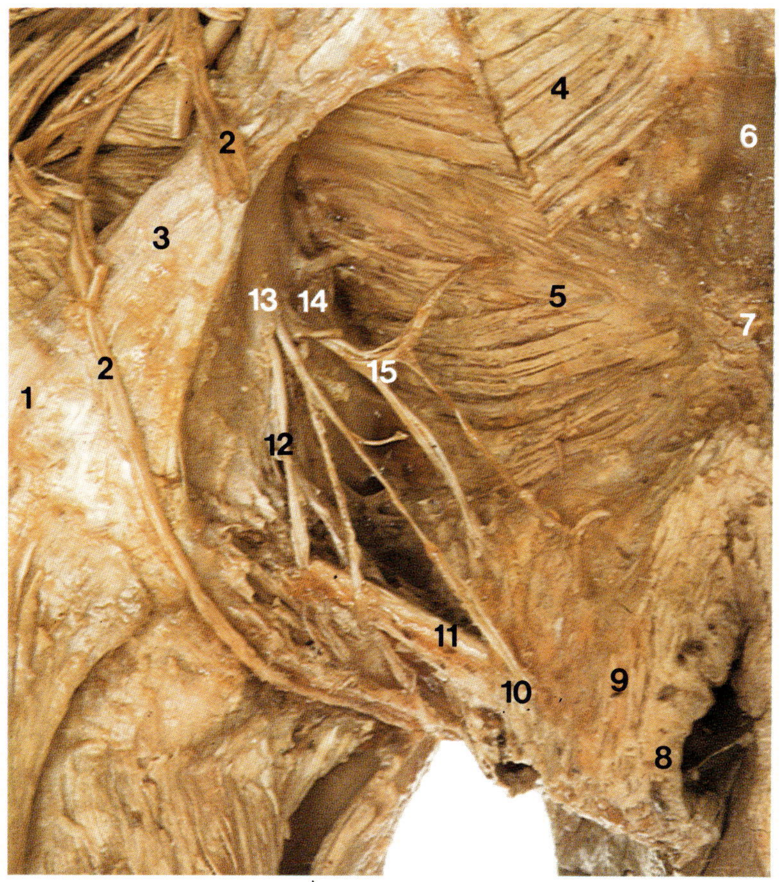

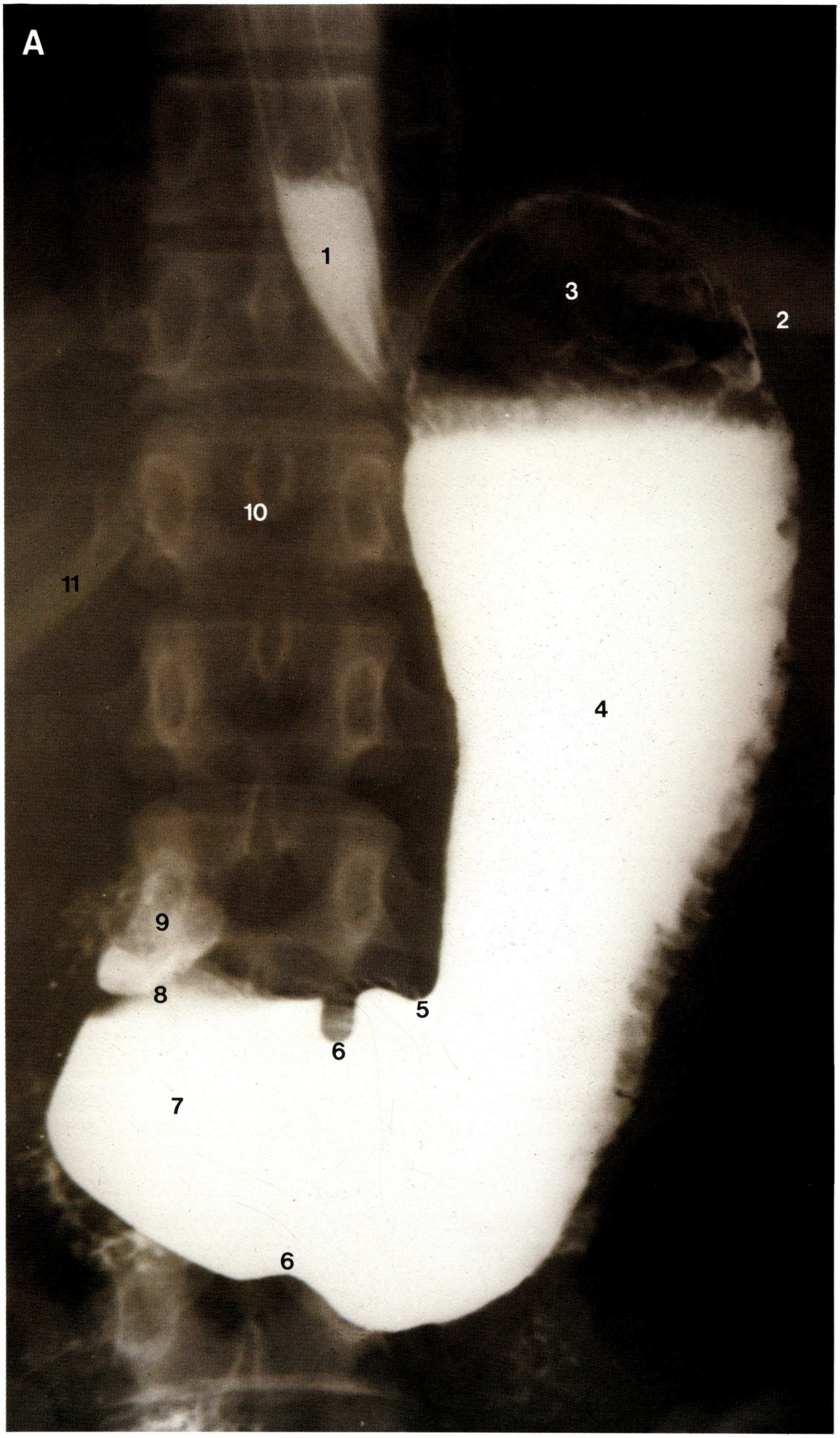

A Röntgenaufnahme des Magens
(Wenige Minuten nach Bariumbrei-Schluck)

1 Unteres Ende des Oesophagus
2 Unterrand der linken Mamma
3 Fundus ventriculi
4 Corpus ventriculi
5 Incisura angularis
6 Peristaltische Welle
7 Antrum ventriculi (Pars pylorica)
8 Pylorus
9 Pars superior duodeni (Bulbus duodeni)
10 Zwölfter Brustwirbel
11 Zwölfte Rippe

● Etwas Kontrastmittel ist bereits in die Pars descendens duodeni gelangt.

B Röntgenaufnahme des Dünndarms
(3 Stunden nach Verabreichung von Bariumbrei)

1 Pars superior ⎤
2 Pars descendens ⎥ duodeni
3 Pars horizontalis ⎥
4 Pars ascendens ⎦
5 Pylorus ⎤
6 Antrum ⎥ ventriculi
7 Corpus ⎦
8 Jejunum- u. Ileumschlingen

● Der Übergang der Pars descendens in die Pars horizontalis duodeni wird hier durch eine Darmschlinge verdeckt. Die Flexura duodenojejunalis liegt hinter dem Magen.

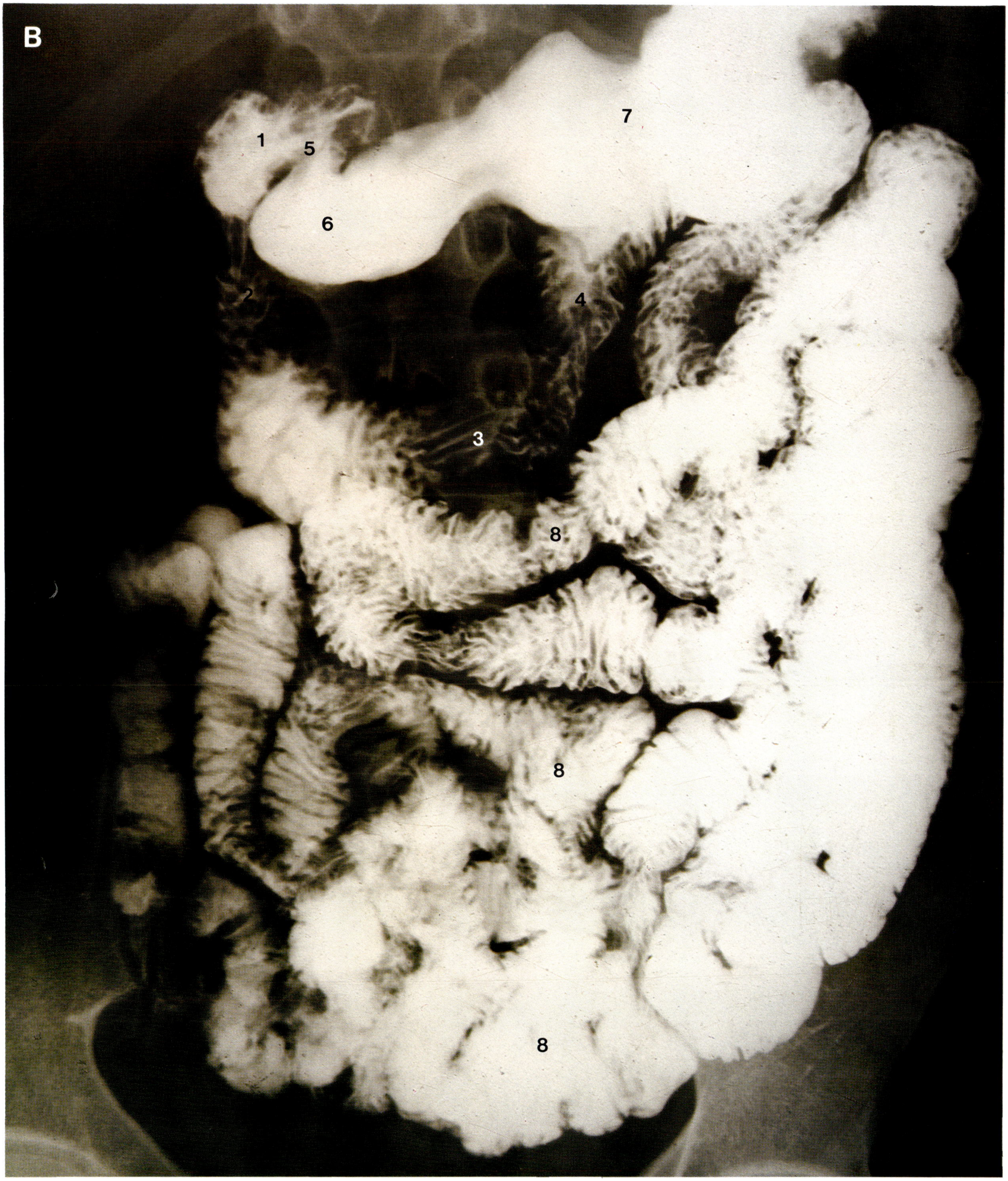
B
1
5
7
6
2
4
3
8
8
8

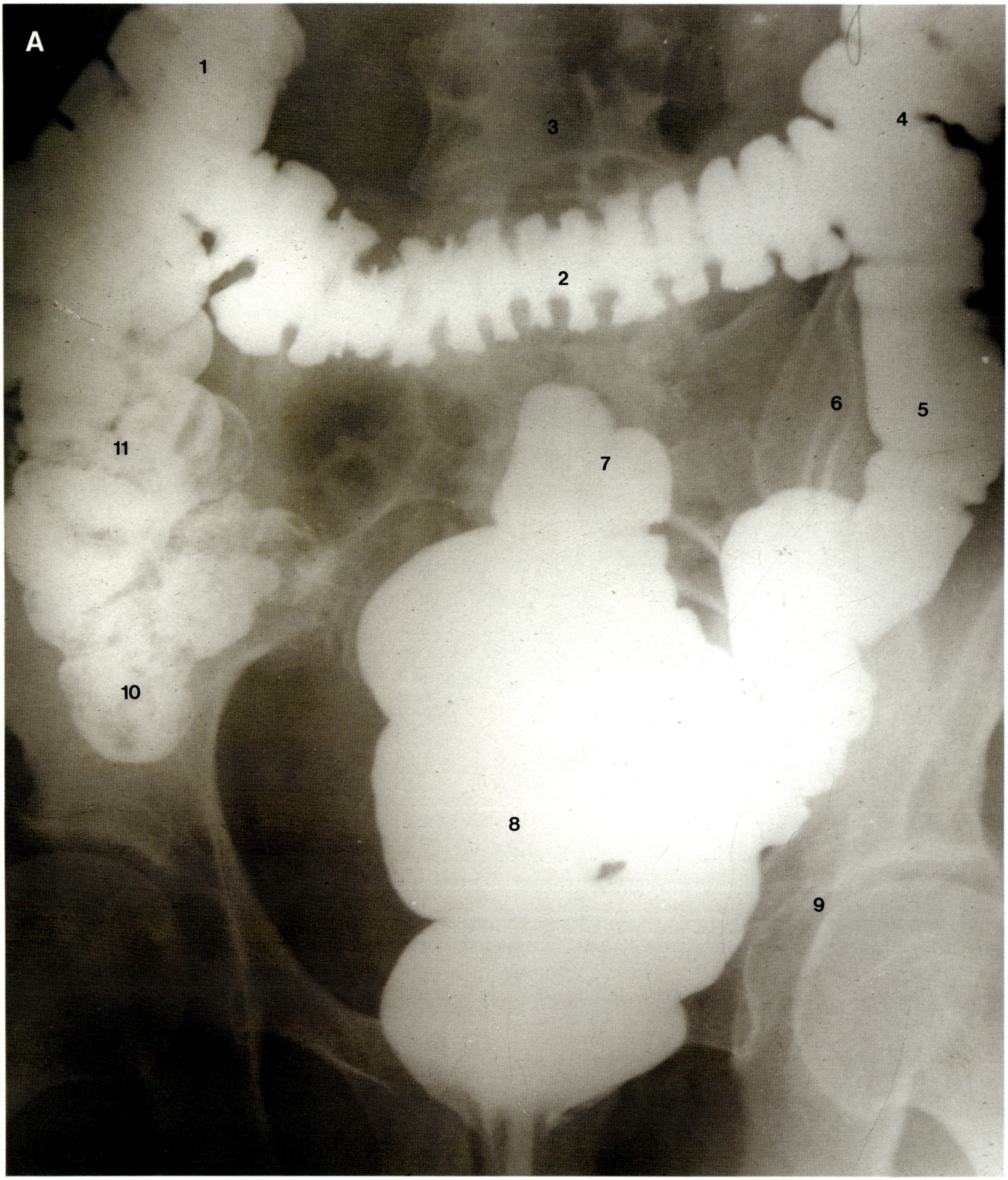
A
1
2
3
4
5
6
7
8
9
10
11

A Röntgenaufnahme vom Dickdarm
(Nach Einlauf von Bariumbrei)
1 Flexura coli dextra
2 Colon transversum
3 Vierter Lendenwirbel
4 Flexura coli sinistra
5 Colon descendens
6 Articulatio sacroiliaca
7 Colon sigmoideum
8 Colon rectum
9 Hüftgelenk (Articulatio coxae)
10 Colon caecum
11 Colon ascendens

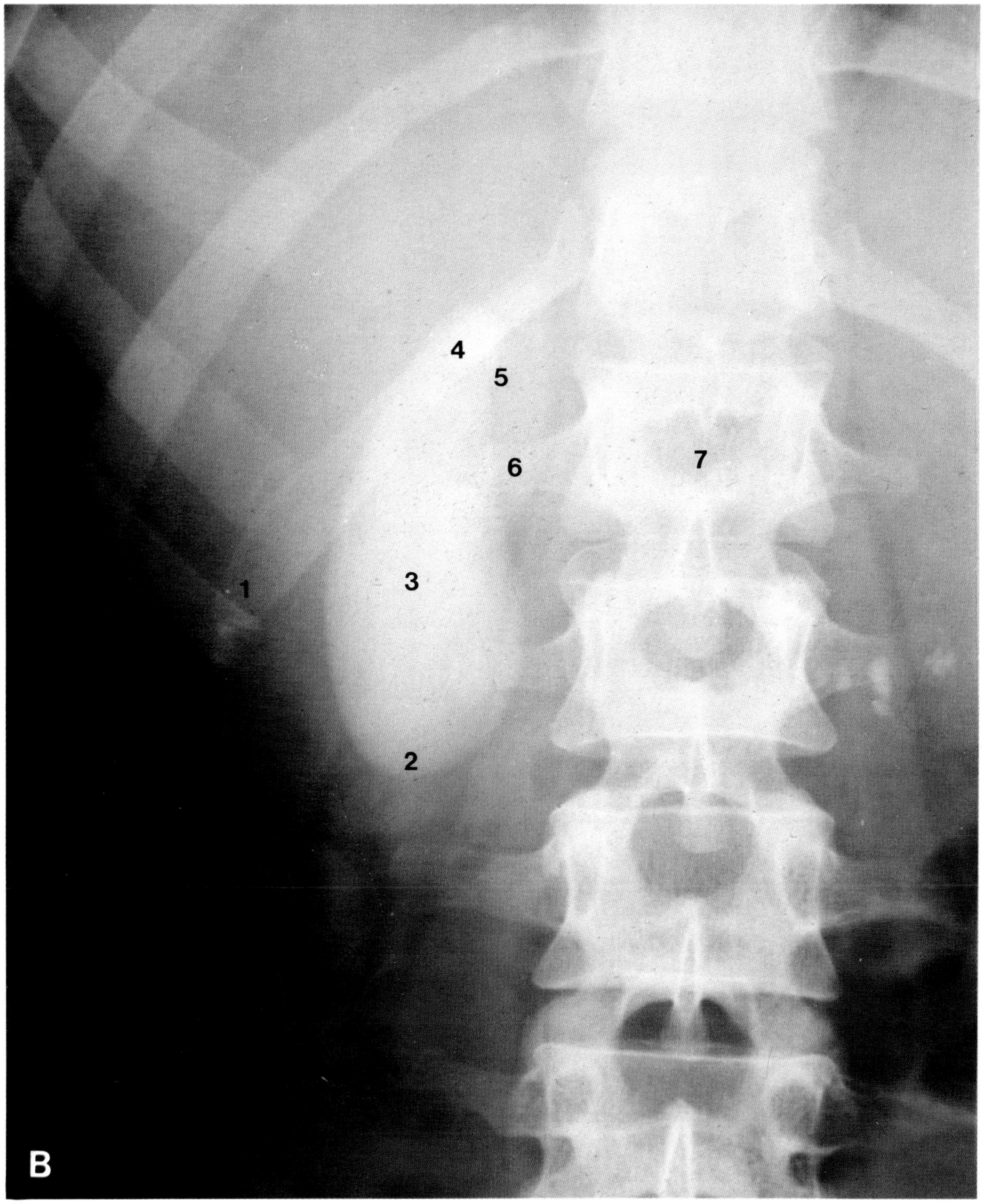

B Röntgenaufnahme von der Gallenblase (Cholezystogramm)
(Eine Stunde nach intravenöser Injektion eines Kontrastmittels)
1 Zwölfte Rippe (rechts)
2 Fundus ⎤
3 Corpus ⎬ der Gallenblase
4 Collum ⎦
5 Ductus cysticus
6 Ductus choledochus
7 Erster Lendenwirbel

● Röntgenologisch stellt sich die Gallenblase am häufigsten in dem Winkel zwischen der zwölften Rippe und den oberen Lendenwirbeln dar.

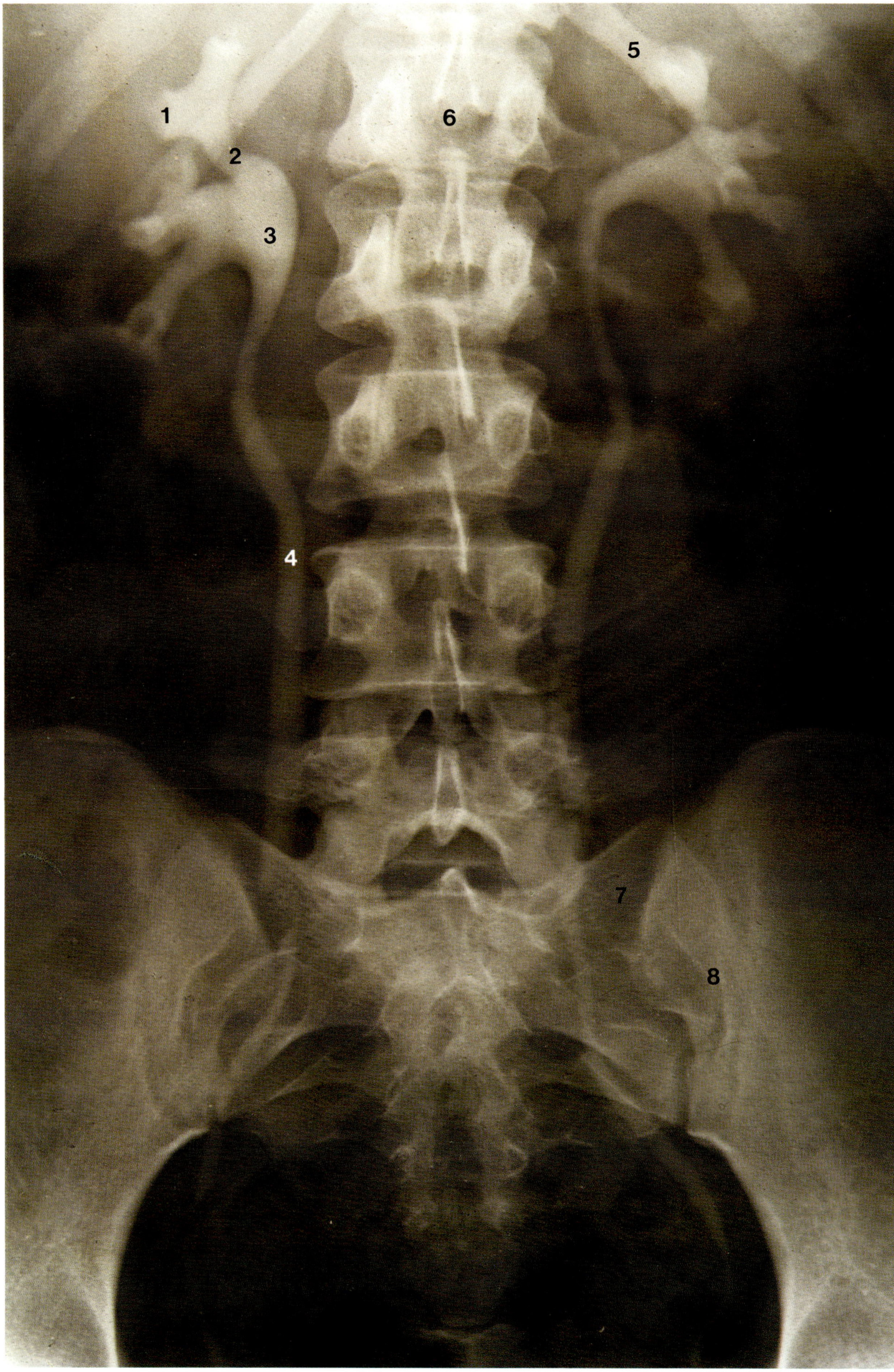

Röntgenaufnahme der Nieren und Ureteren (Pyelogramm)
(10 Min. nach intravenöser Injektion eines Kontrastmittels)

1 Calix minor
2 Calix major
3 Pelvis renalis
4 Ureter
5 Zwölfte Rippe
6 Erster Lendenwirbel
7 Massa lateralis ossis sacri
8 Articulatio sacroiliaca

● Die Ureteren stellen sich normalerweise im Rötgenbild in unmittelbarer Nähe der Querfortsätze der Lendenwirbel dar.

Untere Extremität

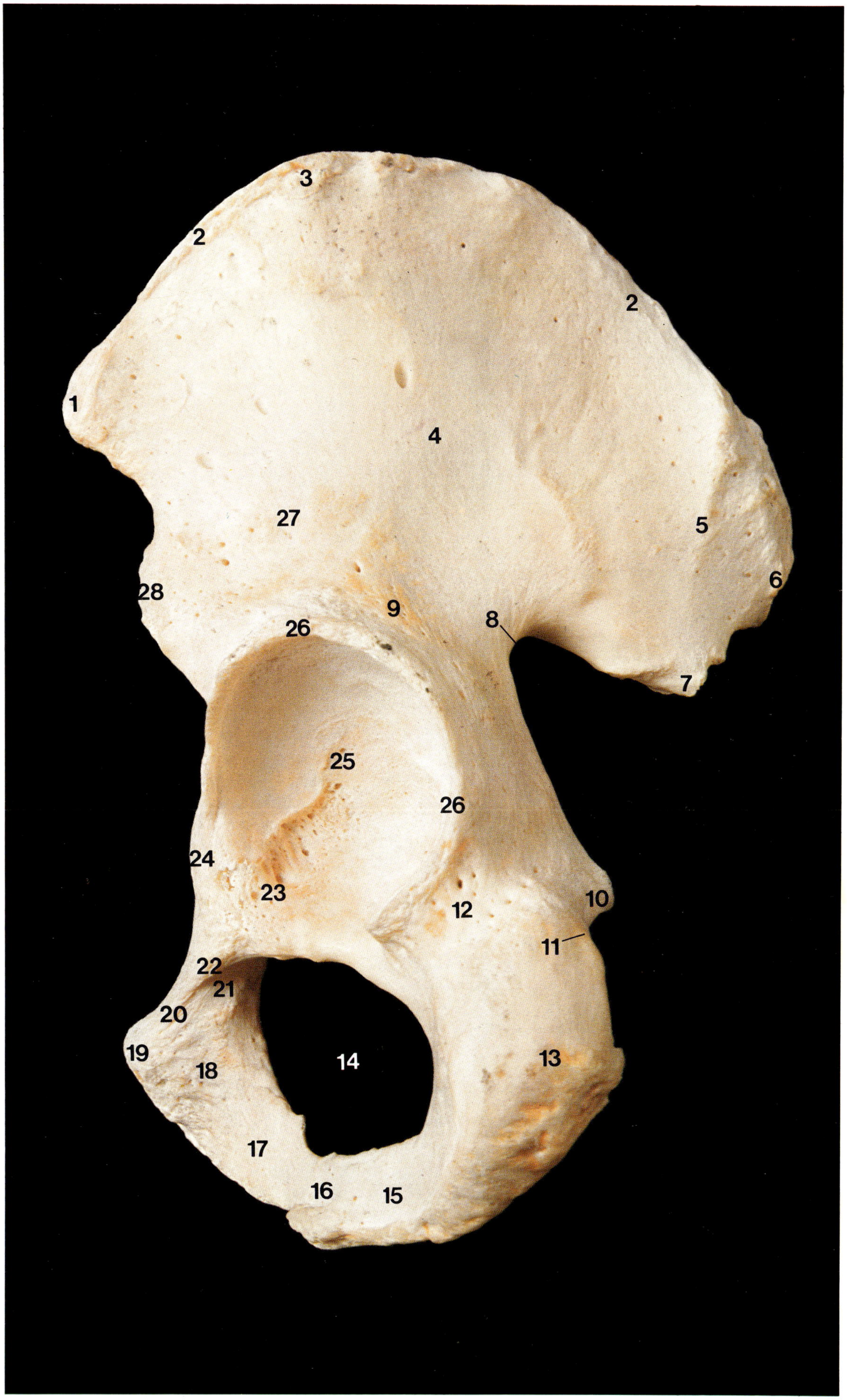

Linkes Os coxae, von lateral gesehen

1 Spina iliaca anterior superior
2 Crista iliaca
3 Tuberculum cristae iliacae
4 Linea glutaea anterior
5 Linea glutaea posterior
6 Spina iliaca posterior superior
7 Spina iliaca posterior inferior
8 Incisura ischiadica majus
9 Corpus ossis ilii
10 Spina ischiadica
11 Incisura ischiadica minor
12 Corpus ossis ischii
13 Tuber ischiadicum
14 Foramen obturatum
15 Ramus ossis ischii
16 Verbindung zwischen 15 und 17
17 Ramus inferior ossis pubis
18 Corpus ossis pubis
19 Tuberculum pubicum
20 Ramus superior ossis pubis
21 Sulcus obturatorius
22 Crista obturatoria
23 Incisura acetabuli
24 Eminentia iliopubica
25 Fossa acetabuli
26 Margo acetabuli
27 Linea glutaea inferior
28 Spina iliaca anterior inferior

- Das Hüftbein (Os coxae) entsteht durch die Vereinigung von Os ilium, Os ischii und Os pubis.
- Lateral bildet das Hüftbein das becherartige Acetabulum, an dessen Aufbau sich das Os ilium, Os ischii und Os pubis beteiligen (vgl. S. 290).
- Die beiden Hüftknochen vereinigen sich vorne in der Symphyse. Hinten werden sie durch das Os sacrum, mit dem sie die Articulationes sacroiliacae bilden, zusammengehalten. Das Becken (Pelvis) setzt sich somit aus den beiden Ossa coxae, dem Os sacrum und dem Os coccygis zusammen.
- Die beiden Hüftknochen artikulieren vorne in der Symphyse. Hinten werden sie durch das Os sacrum, mit dem sie die Articulationes sacroiliacae bilden, zusammengehalten. Das Becken (Pelvis) setzt sich somit aus den beiden Ossa coxae, dem Os sacrum und dem Os coccygis zusammen.
- Der Ramus ischiopubicus entsteht durch die Verbindung des Ramus ossis ischii mit dem Ramus inferior ossis pubis.

Linkes Os coxae, Muskelansatzflächen, von lateral gesehen
(Punktierte Linie: Epiphysenfuge; gestrichelte Linie: Ansatz der Gelenkkapsel)

1 M. obliquus abdominis externus
2 M. tensor fasciae latae
3 M. glutaeus minimus
4 M. glutaeus medius
5 M. glutaeus maximus
6 M. piriformis
7 Lig. ischiofemorale
8 M. gemellus superior
9 M. semimembranosus
10 M. semitendinosus und Caput longum m. bicipitis femoris
11 M. quadratus femoris
12 M. adductor magnus
13 M. obturatorius externus
14 M. gracilis
15 M. adductor brevis
16 M. adductor longus
17 Lig. transversum acetabuli
18 Lateraler Kopf des M. rectus femoris
19 Lig. iliofemorale
20 Vorderer Kopf des M. rectus femoris
21 M. sartorius
22 Lig. inguinale

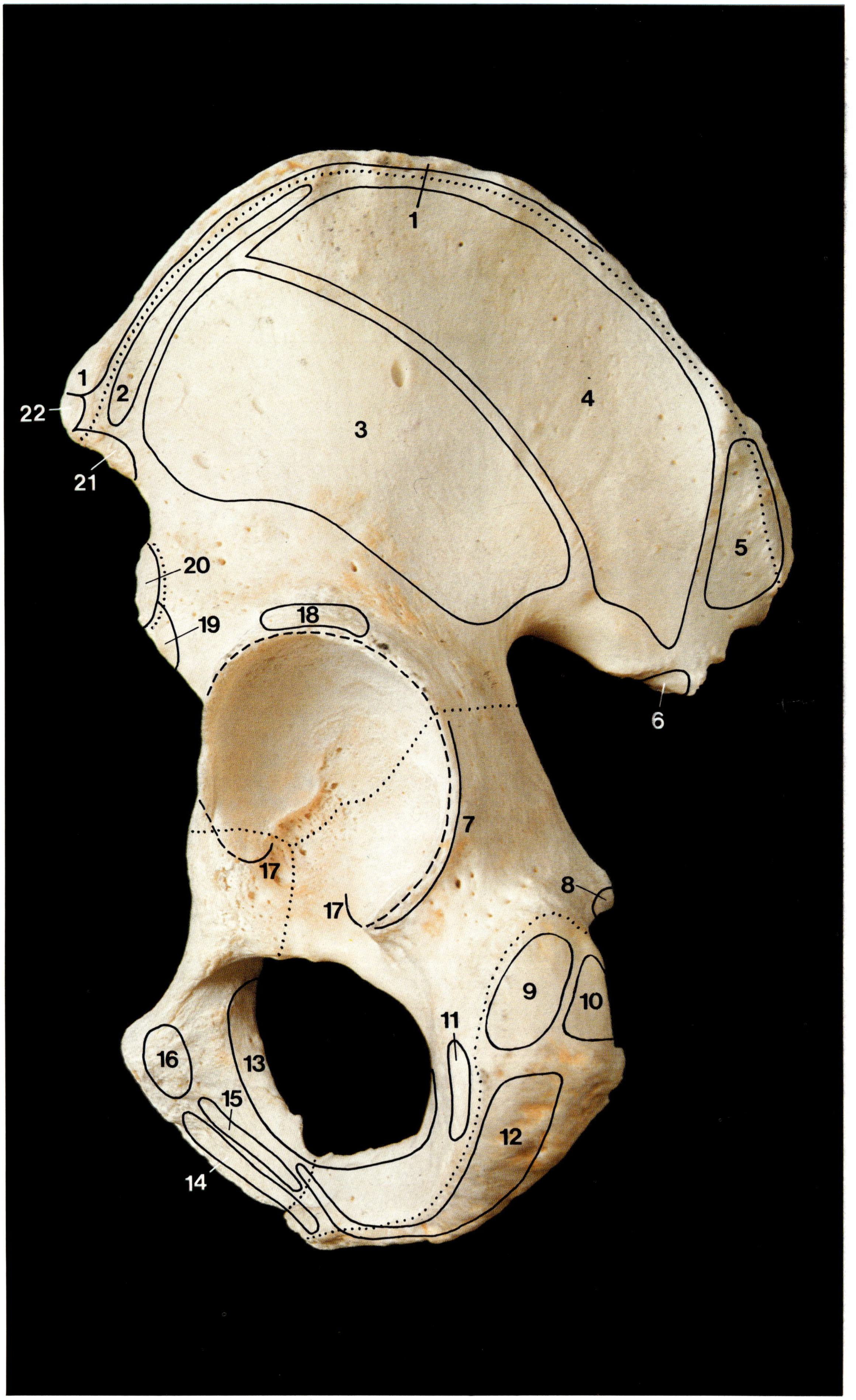

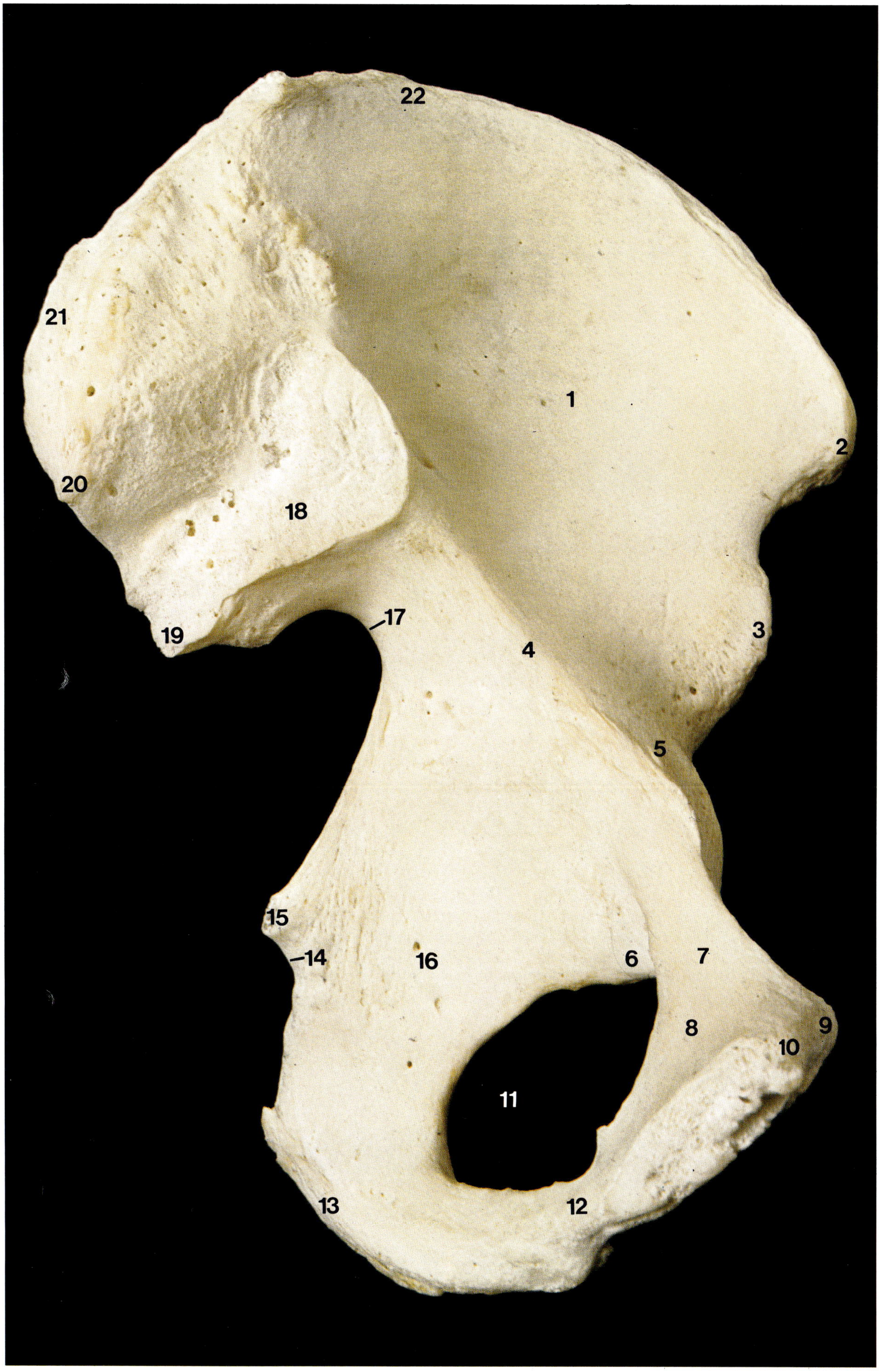

Linkes Os coxae, von medial gesehen

1 Fossa iliaca
2 Spina iliaca anterior superior
3 Spina iliaca anterior inferior
4 Linea arcuata
5 Eminentia iliopubica
6 Sulcus obturatorius
7 Ramus superior ossis pubis
8 Corpus ossis pubis
9 Tuberculum pubicum
10 Crista pubica
11 Foramen obturatum
12 Ramus ischiopubicus
13 Tuber ischiadicum
14 Incisura ischiadica minor
15 Spina ischiadica
16 Corpus ossis ischii
17 Incisura ischiadica major
18 Facies auricularis
19 Spina iliaca posterior inferior
20 Spina iliaca posterior superior
21 Tuberositas iliaca
22 Crista iliaca

● Die Facies auricularis ossis ilii stellt die Gelenkfläche für das Sakroiliakalgelenk dar.

Linkes Os coxae, Muskelansatzflächen, von medial gesehen
(Punktierte Linie: Epiphysenfuge; gestrichelte Linie: Ansatz der Gelenkkapsel)

1 M. erector spinae
2 Ligg. sacroiliaca interossea
3 Lig. iliolumbale
4 M. quadratus lumborum
5 M. transversus abdominis
6 M. iliacus
7 Lig. inguinale
8 M. sartorius
9 Vorderer Kopf des M. rectus femoris
10 M. psoas minor
11 M. levator ani
12 Symphyse
13 M. obturatorius internus
14 M. sphincter urethrae
15 M. transversus perinei superficialis und M. ischiocavernosus
16 Processus falciformis des Lig. sacrotuberale
17 Lig. sacrotuberale
18 M. gemellus inferior
19 M. coccygeus und Lig. sacrospinale

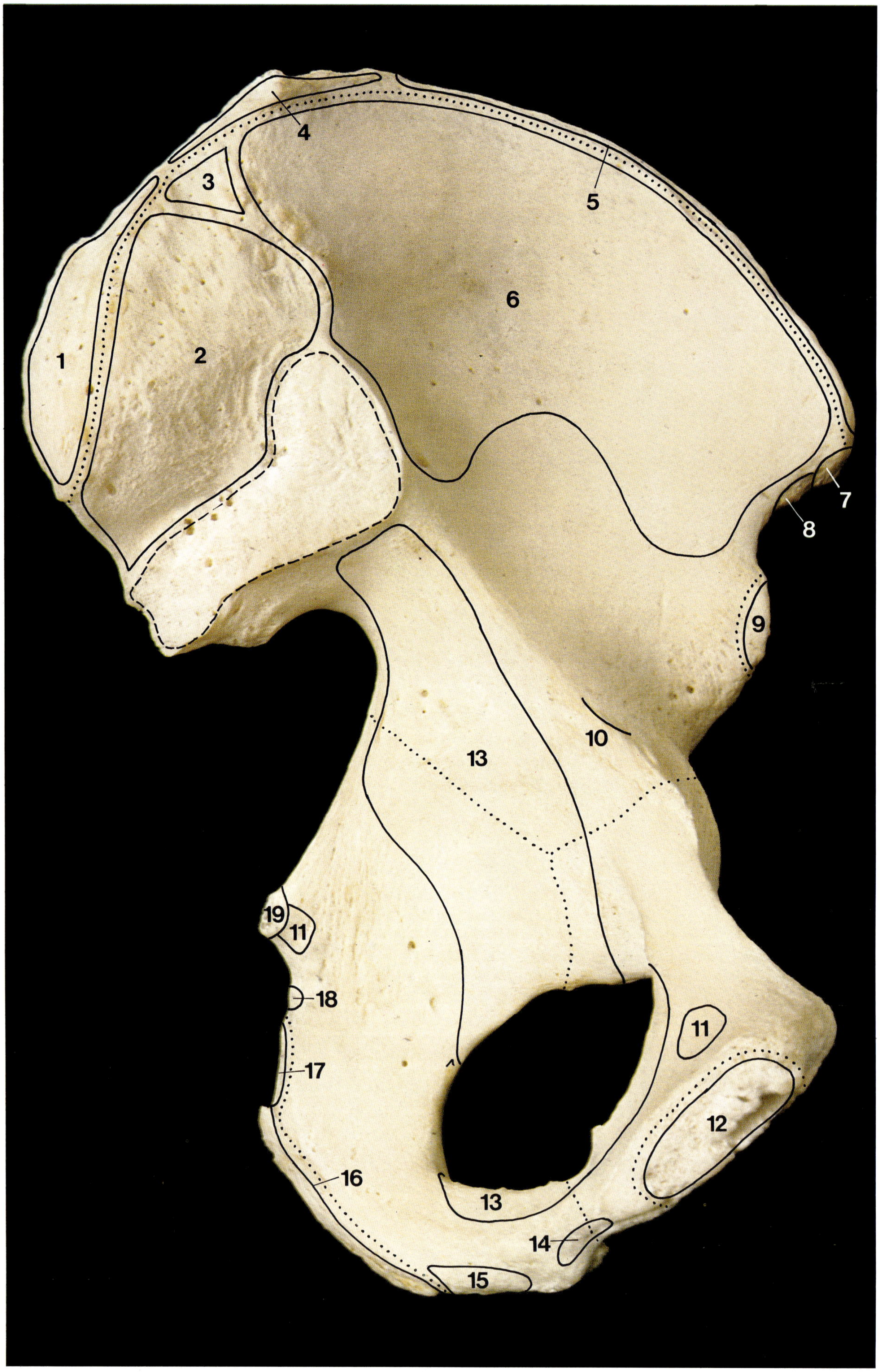

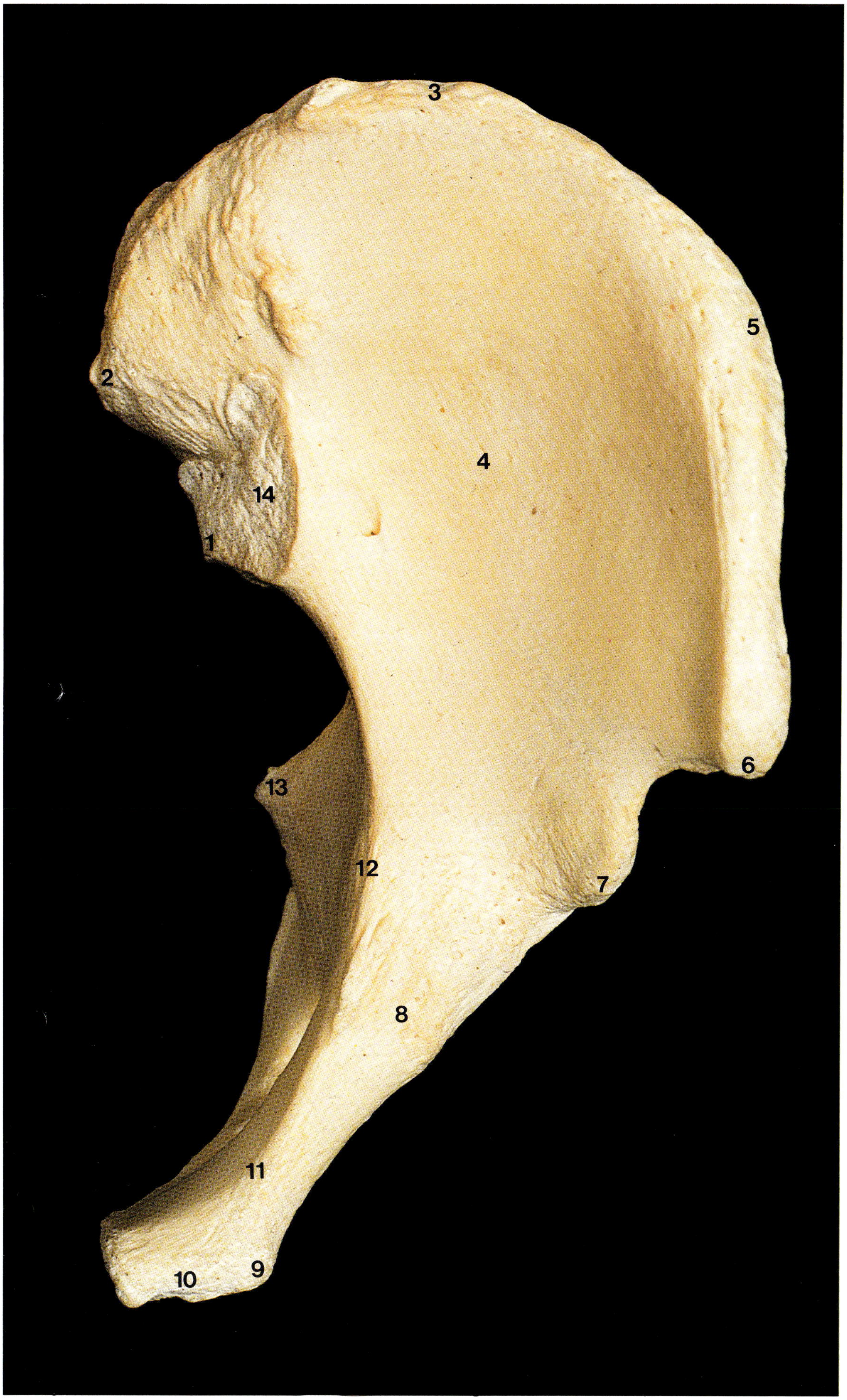

Linkes Os coxae, von oben gesehen

1 Spina iliaca posterior inferior
2 Spina iliaca posterior superior
3 Crista iliaca
4 Fossa iliaca
5 Tuberculum cristae iliacae
6 Spina iliaca anterior superior
7 Spina iliaca anterior inferior
8 Eminentia iliopubica
9 Tuberculum pubicum
10 Crista pubica
11 Pecten ossis pubis (Linea pectinea)
12 Linea arcuata
13 Spina ischiadica
14 Facies auricularis

● Die Linea arcuata ossis ilii, das Pecten und die Crista ossis pubis bilden zusammen die Linea terminalis, die Eingangsebene zum kleinen Becken. Die Linea terminalis wird hinten durch das Promontorium und die Pars lateralis ossis sacri vervollständigt (vgl. S. 79).

Linkes Os coxae, Muskelansatzflächen, von oben gesehen
(Punktierte Linie: Epiphysenfuge; gestrichelte Linie: Ansatz der Gelenkkapsel)

1 Ligg. sacroiliaca interrossea
2 Lig. iliolumbale
3 M. quadratus lumborum
4 M. iliacus
5 M. transversus abdominis
6 M. obliquus abdominis internus
7 M. obliquus abdominis externus
8 Lig. inguinale
9 M. rectus femoris
10 Lig. iliofemorale
11 M. psoas minor
12 Lig. pectineale
13 M. pectineus
14 Lig. lacunare
15 Vorderes Blatt der Rektusscheide
16 M. pyramidalis
17 Lateraler Ansatz des M. rectus abdominis
18 Falx inguinalis (Tendo conjunctivus)
19 Medialer Ansatz des M. rectus abdominis

- Das Lig. inguinale wird vom Unterrand der Aponeurose des M. obliquus abdominis externus gebildet. Es spannt sich von der Spina iliaca anterior superior bis zum Tuberculum pubicum aus.
- Das Lig. lacunare (manchmal auch als Pars pectinealis des Lig. inguinale bezeichnet) ist derjenige Teil des Leistenbandes, der von der medialen Fixationsstelle abzweigt und sich bogenförmig zum Pecten ossis pubis ausspannt.
- Das Lig. pectineale ist die laterale Fortsetzung des Lig. lacunare, die am Pecten ossis pubis entlang läuft. Es ist nicht als Teil des Lig. inguinale anzusehen und sollte auch nicht mit dem Alternativnamen für das Lig. lacunare d. h. der Pars pectinealis des Lig. inguinale verwechselt werden.
- Die Falx inguinalis wird von den Aponeurosen des M. obliquus abdominis internus und transversus gebildet, befestigt sich an der Crista pubica sowie an den benachbarten Abschnitten des Pecten ossis pubis und geht medial in das vordere Blatt der Rektusscheide über.

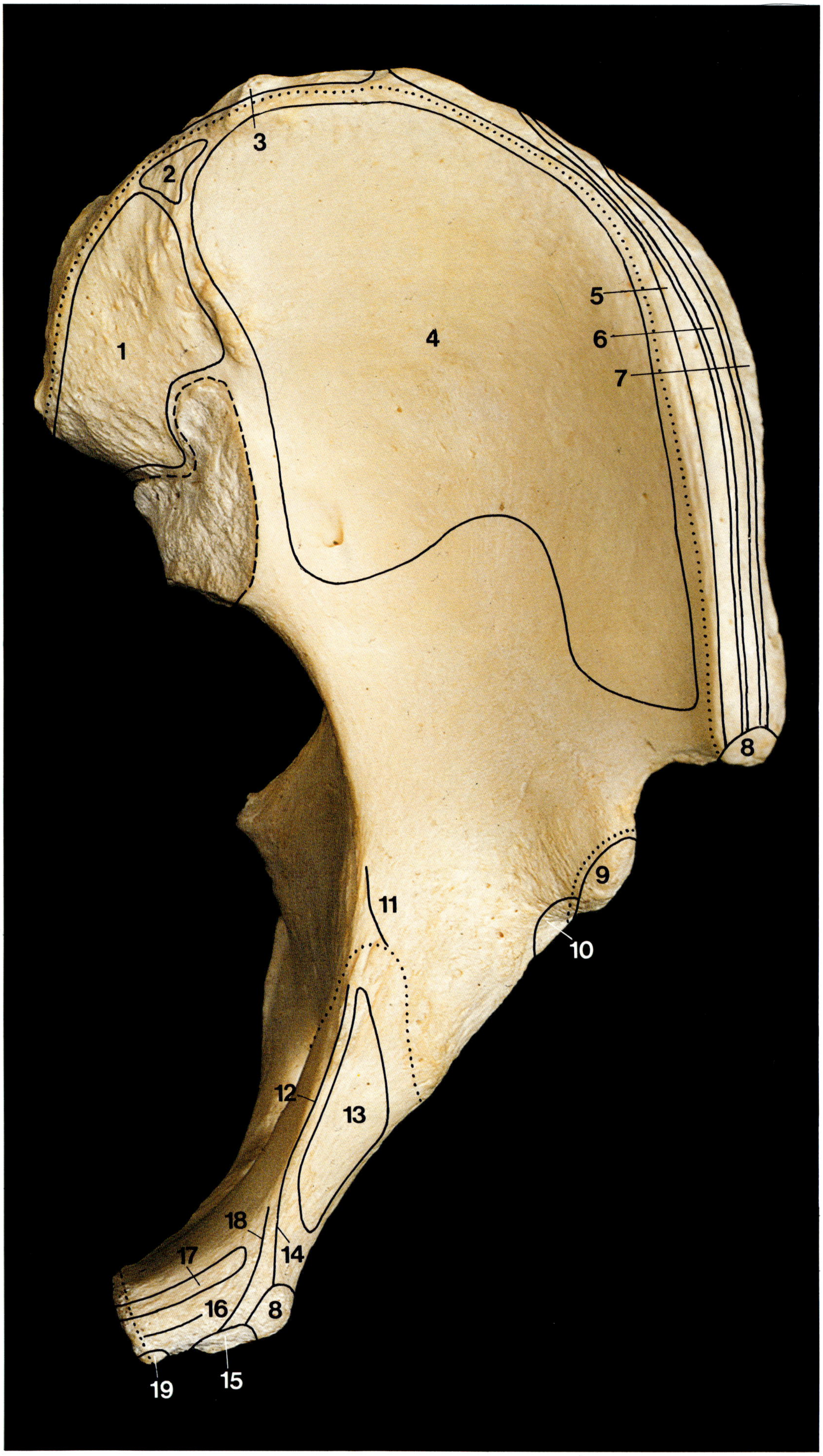

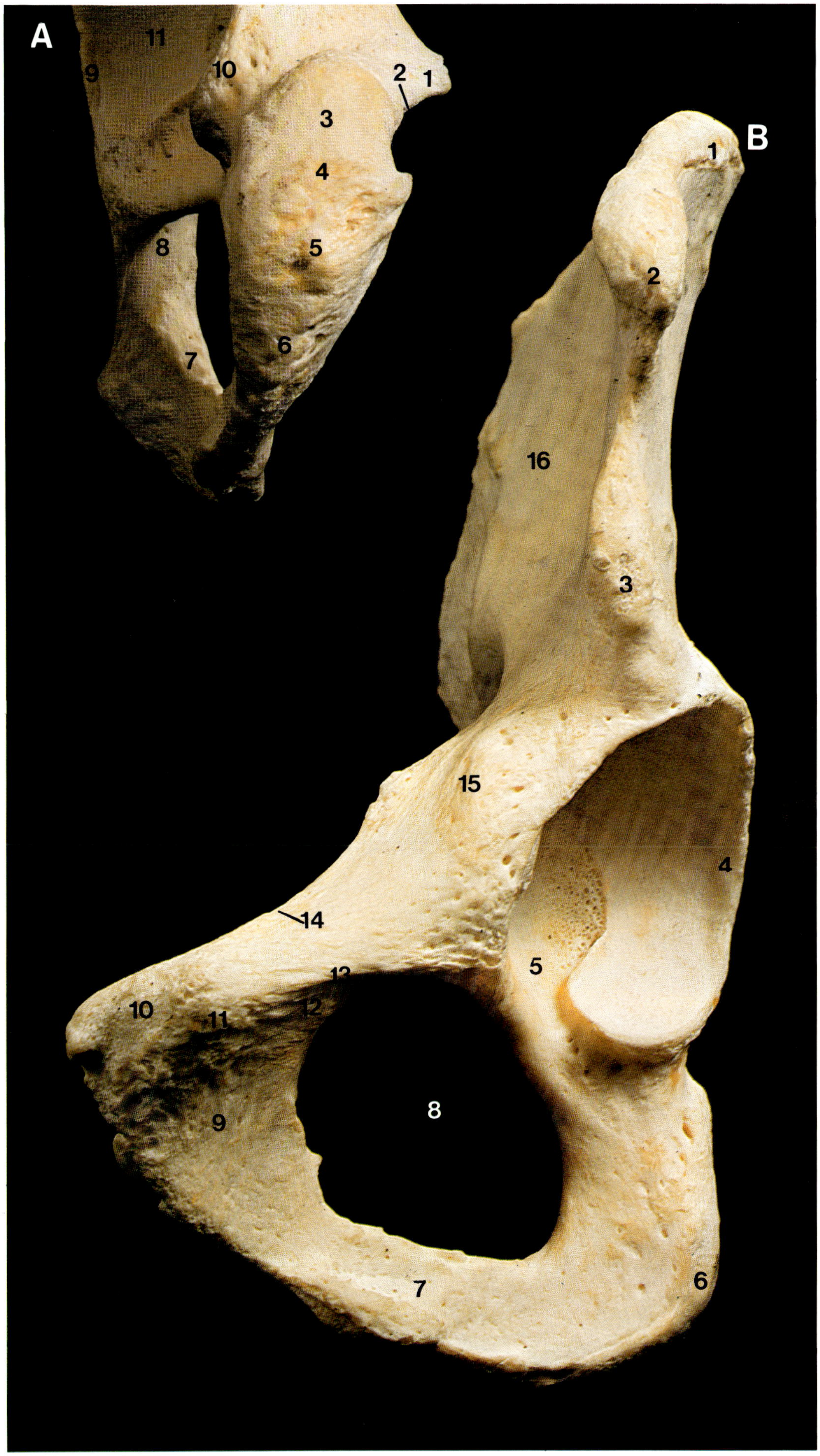

A Linkes Os coxae, Tuber ischiadicum, von hinten-unten gesehen

1 Spina ischiadica
2 Incisura ischiadica minor
3 Oberer Teil des Tuber ischiadicum
4 Querer Knochenkamm
5 Unterer Teil des Tuber ischiadicum
6 Longitudinale Knochenleiste
7 Ramus ossis ischii
8 Sulcus obturatorius
9 Incisura acetabuli
10 Rand des Acetabulum
11 Acetabulum

B Linkes Os coxae, Vorderansicht

1 Tuberculum cristae iliacae
2 Spina iliaca anterior superior
3 Spina iliaca anterior inferior
4 Rand des Acetabulum
5 Incisura acetabuli
6 Tuber ischiadicum
7 Ramus ossis ischii
8 Foramen obturatum
9 Corpus ossis pubis
10 Crista pubica
11 Tuberculum pubicum
12 Sulcus obturatorius
13 Crista obturatoria
14 Pecten ossis pubis (Linea pectinea)
15 Eminentia iliopubica
16 Fossa iliaca

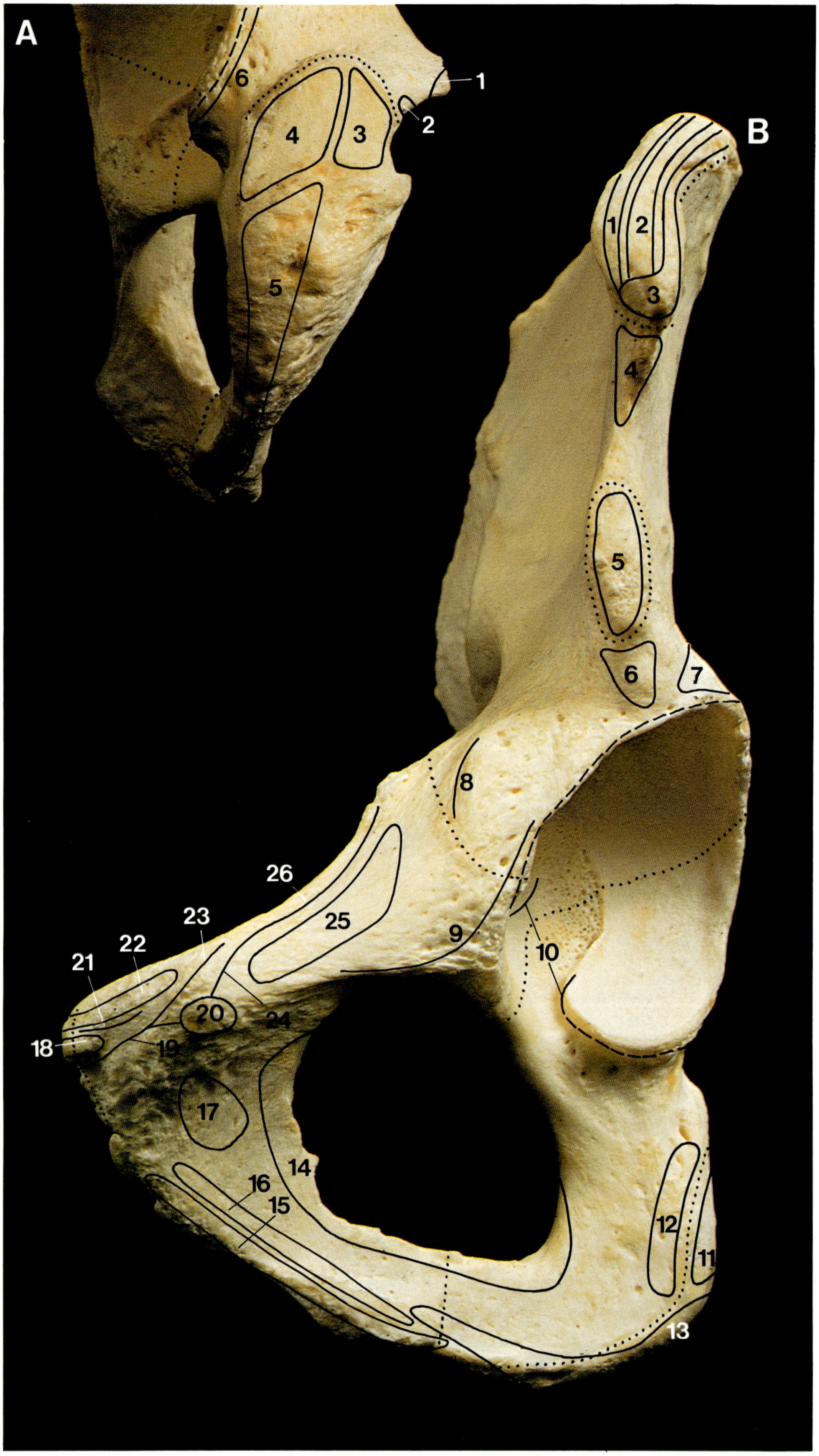

A Linkes Os coxae, Tuber ischiadicum, Muskelansatzflächen, von hinten und unten gesehen

(Punktierte Linie: Epiphysenfuge; gestrichelte Linie: Gelenkkapselansatz)

1 M. gemellus superior
2 M. gemellus inferior
3 M. semitendinosus und Caput longum m. bicipitis femoris
4 M. semimembranosus
5 M. adductor magnus
6 Lig. ischiofemorale

● Das Tuber ischiadicum, besonders medial vom Ansatz des M. adductor magnus, wird von fettreichem Bindegewebe bedeckt. Hier liegt auch die Bursa ischiadica, die den M. glutaeus maximus unterpolstert.

B Linkes Os coxae, Muskelansatzflächen, von vorne gesehen

(Punktierte Linie: Epiphysenlinie: gestrichelte Linie: Gelenkkapselansatz)

1 M. transversus abdominis
2 M. obliquus abdominis internus
3 M. obliquus abdominis externus und Lig. inguinale
4 M. sartorius
5 Ansatz des M. rectus femoris
6 Lig. iliofemorale
7 Tiefer Kopf des M. rectus femoris
8 M. psoas minor
9 Lig. pubofemorale
10 Lig. transversum acetabuli
11 M. semimembranosus
12 M. quadratus femoris
13 M. adductor magnus
14 M. obturatorius externus
15 M. gracilis
16 M. adductor brevis
17 M. adductor longus
18 Medialer Ansatz des M. rectus abdominis
19 Rektusscheide
20 Lig. inguinale
21 M. pyramidalis
22 Lateraler Ansatz des M. rectus abdominis
23 Falx inguinalis (Tendo conjunctivus)
24 Lig. lacunare
25 M. pectineus
26 Lig. pectineale

Proximales Ende des linken Femur, A von vorne, B von medial gesehen

1 Caput femoris
2 Collum femoris
3 Trochanter major
4 Linea intertrochanterica
5 Trochanter minor
6 Corpus femoris
7 Fovea capitis femoris
8 Linea glutaea
9 Linea pectinea
10 Crista intertrochanterica
11 Fossa trochanterica

● Die Linea intertrochanterica liegt an der Vorderfläche des Femur, und zwar an der Grenze zwischen Oberschenkelhals und -schaft, während die Crista intertrochanterica hinten lokalisiert ist.
● Der Oberschenkelhals bildet mit dem Femurschaft einen Winkel von ungefähr 125°.
● Die Linea pectinea darf nicht mit dem Pecten ossi pubis oder mit der Linea femoris, die in der Regel stärker vorspringt als die Linea pectinea, verwechselt werden.

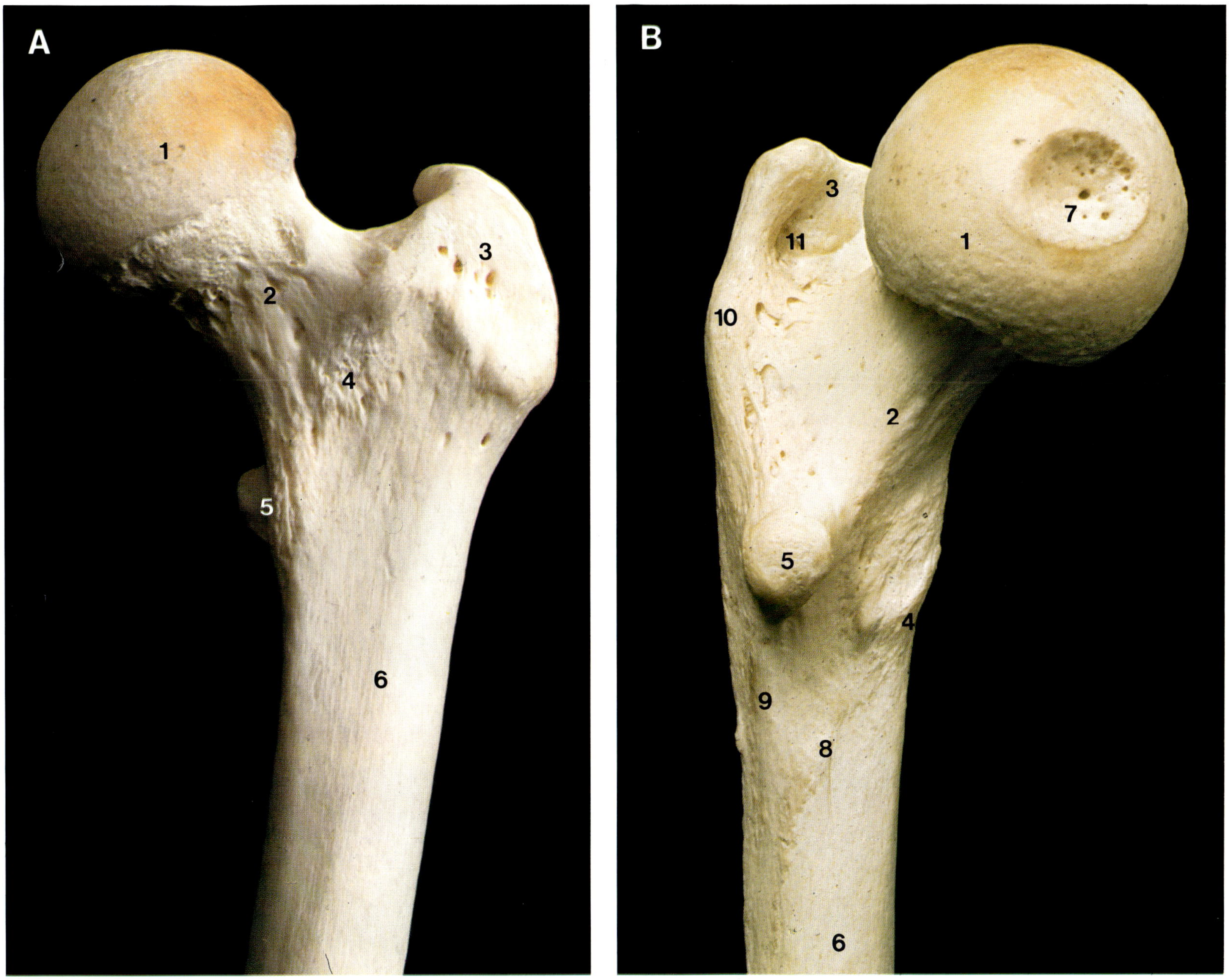

Proximales Ende des linken Femur, A von hinten, B von lateral, C von oben gesehen

1 Trochanter major
2 Fossa trochanterica
3 Collum femoris
4 Caput femoris
5 Trochanter minor
6 Linea pectinea
7 Linea aspera
8 Tuberositas glutaea
9 Crista intertrochanterica
10 Tuberculum quadratum
11 Linea intertrochanterica
12 Tuberculum adductorium
13 Condylus medialis
14 Condylus lateralis
(12–14: am distalen Ende des Femur)

- Der Oberschenkelhals ist so nach vorne, oben und innen gedreht, daß er mit der Transversalachse des unteren Femurendes einen Winkel von 15° bildet (Oberschenkeltorsionswinkel).
- Der Trochanter minor zeigt etwas nach hinten und medial.

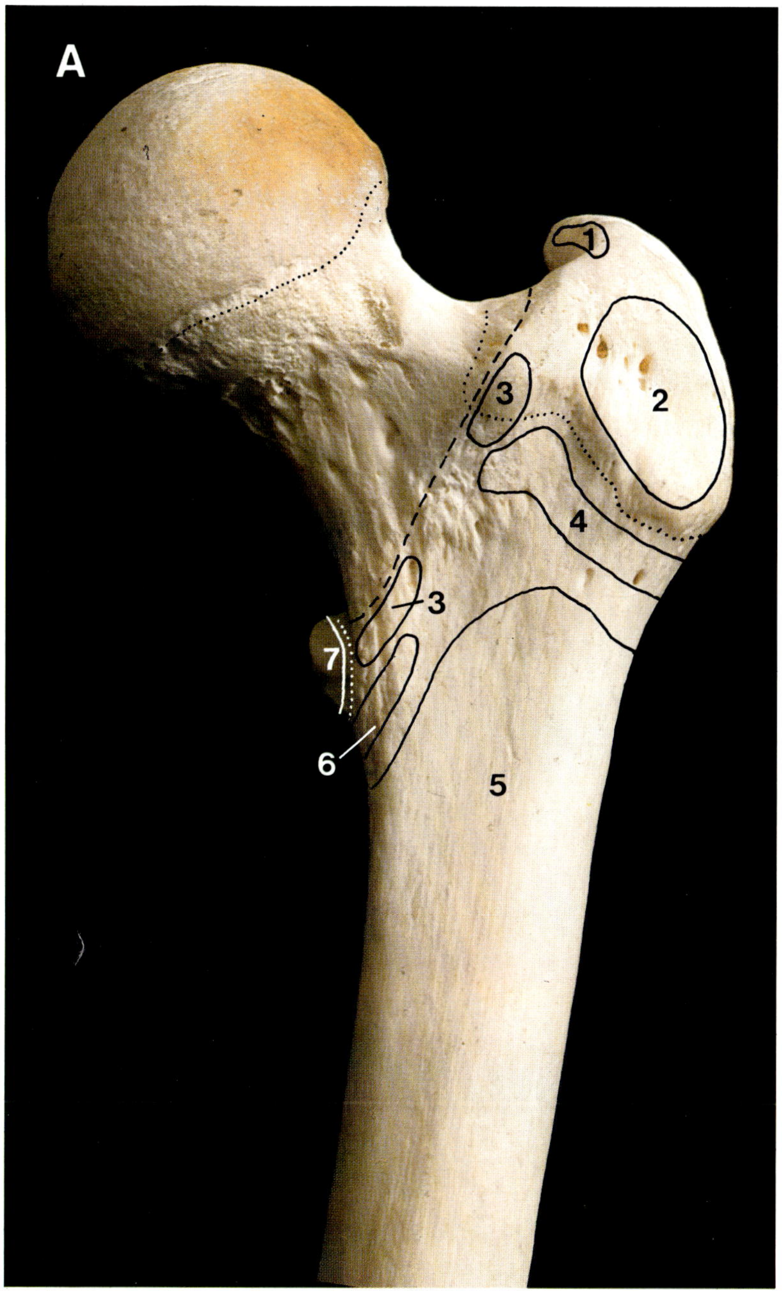

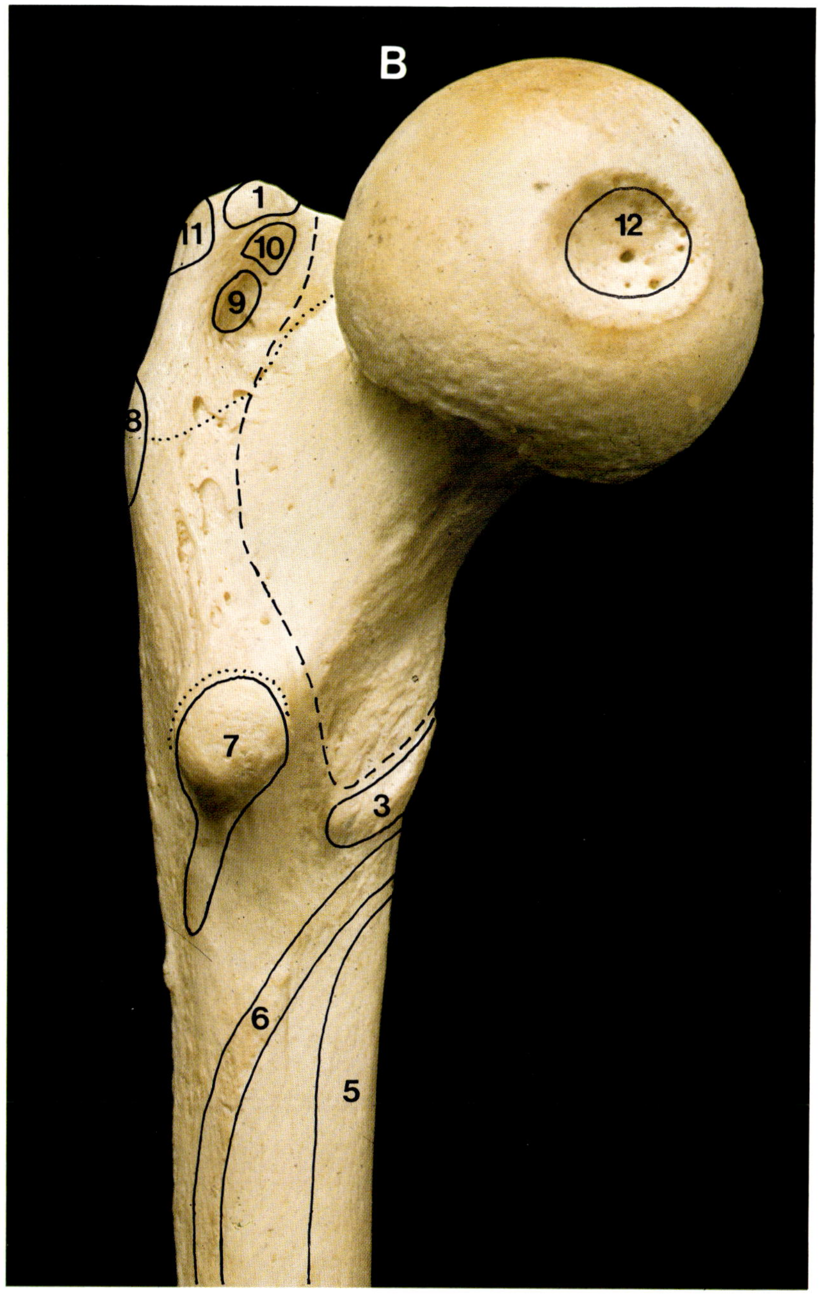

Proximales Ende des linken Femur, Muskelansatzflächen, A von vorne, B von medial gesehen
(Punktierte Linie: Epiphysenfuge; gestrichelte Linie: Ansatz der Gelenkkapsel)

1 M. piriformis
2 M. glutaeus minimus
3 Lig. iliofemorale
4 M. vastus lateralis
5 M. vastus intermedius
6 M. vastus medialis
7 M. psoas major und M. iliacus
8 M. quadratus femoris
9 M. obturatorius externus
10 M. obturatorius internus
11 M. glutaeus medius
12 Lig. capitis femoris

- Das Lig. iliofemorale hat die Form eines umgekehrten »Y«, dessen Stamm bis zur Spina iliaca anterior inferior reicht und dessen Schenkel am oberen (lateralen) und unteren (medialen) Ende der Linea intertrochanterica fixiert sind. Die Faserzüge verschmelzen mit der Gelenkkapsel des Hüftgelenks.
- Die Sehne des M. psoas major befestigt sich am Trochanter minor. Die meisten Sehnen des M. iliacus gehen in die Psoassehne über, einige fixieren sich jedoch auch etwas unterhalb vom Trochanter minor am Femur selbst.

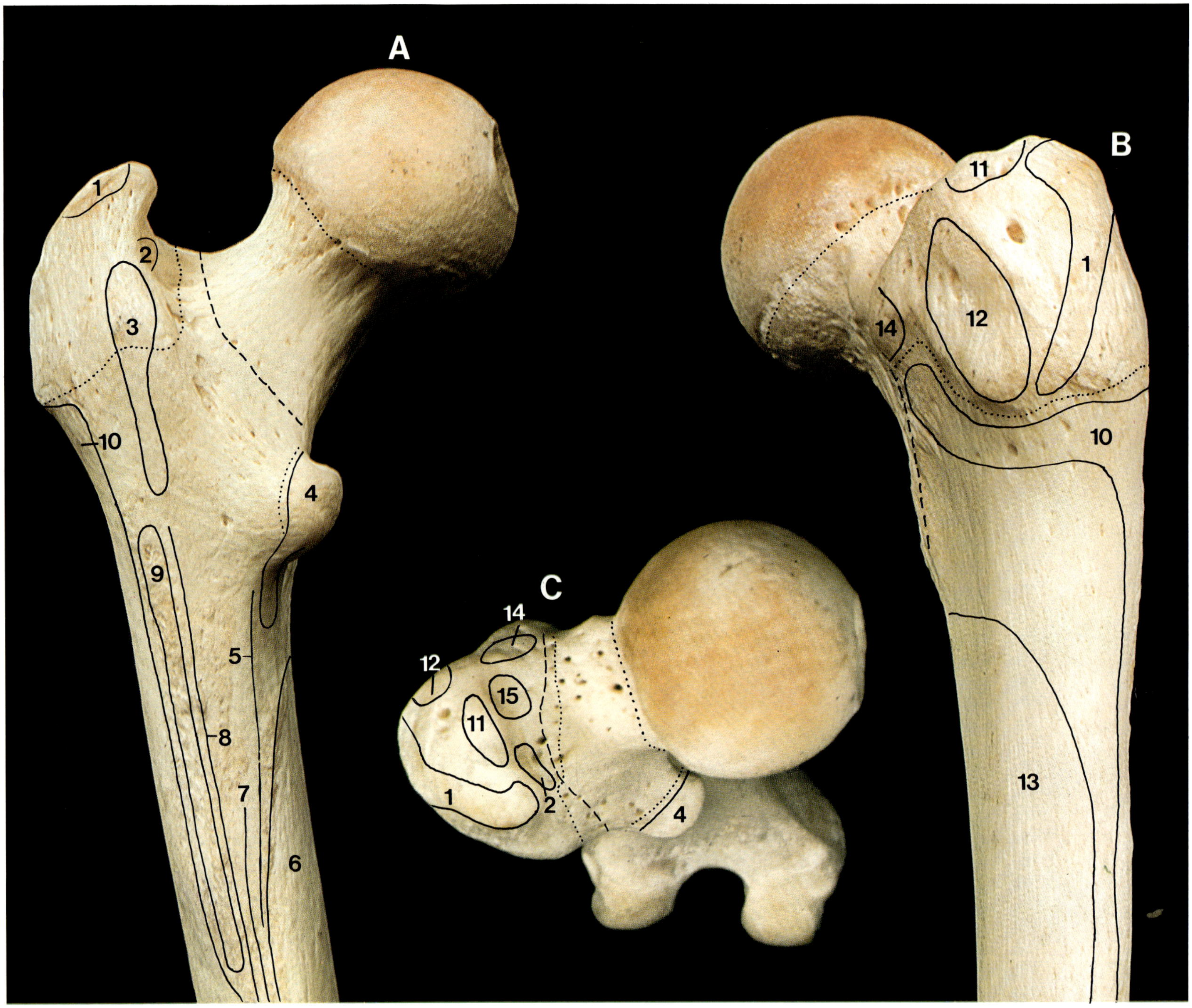

Proximales Ende des linken Femur, Muskelansatzflächen, A von hinten, B von lateral, C von oben gesehen
(Punktierte Linie: Epiphysenfuge; gestrichelte Linie: Ansatz der Gelenkkapsel)

1 M. glutaeus medius
2 M. obturatorius externus
3 M. quadratus femoris
4 M. psoas major und M. iliacus
5 M. pectineus
6 M. vastus medialis
7 M. adductor brevis
8 M. adductor magnus
9 M. glutaeus maximus
10 M. vastus lateralis
11 M. piriformis
12 M. glutaeus minimus
13 M. vastus intermedius
14 Lig. iliofemorale
15 M. obturatorius internus

● Die Gelenkkapsel des Hüftgelenks reicht vorne bis zur Linea intertrochanterica, hinten jedoch nur bis zur Mitte des Oberschenkelhalses, so daß sie hinten die Crista intertrochanterica nicht erreicht.

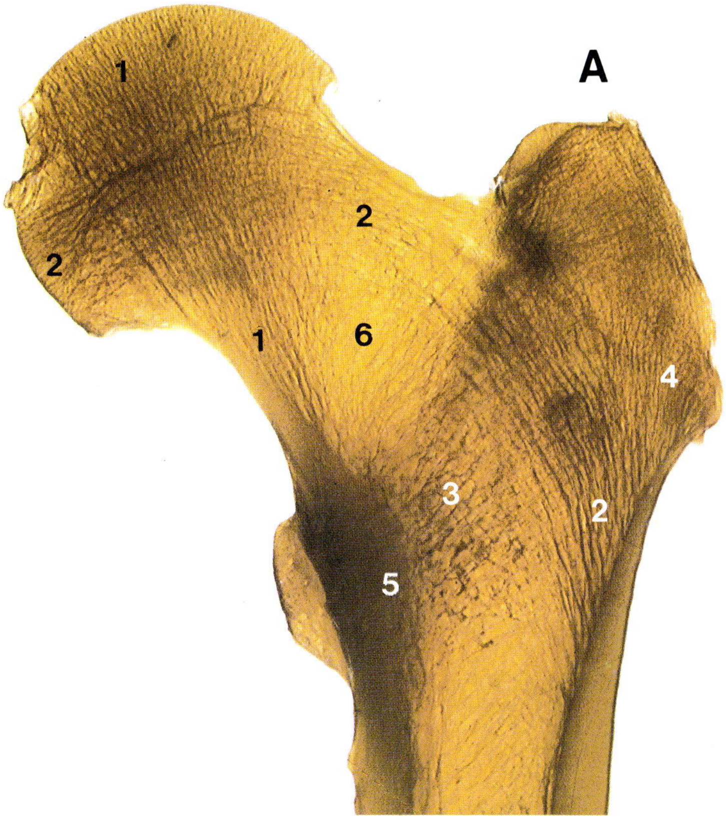

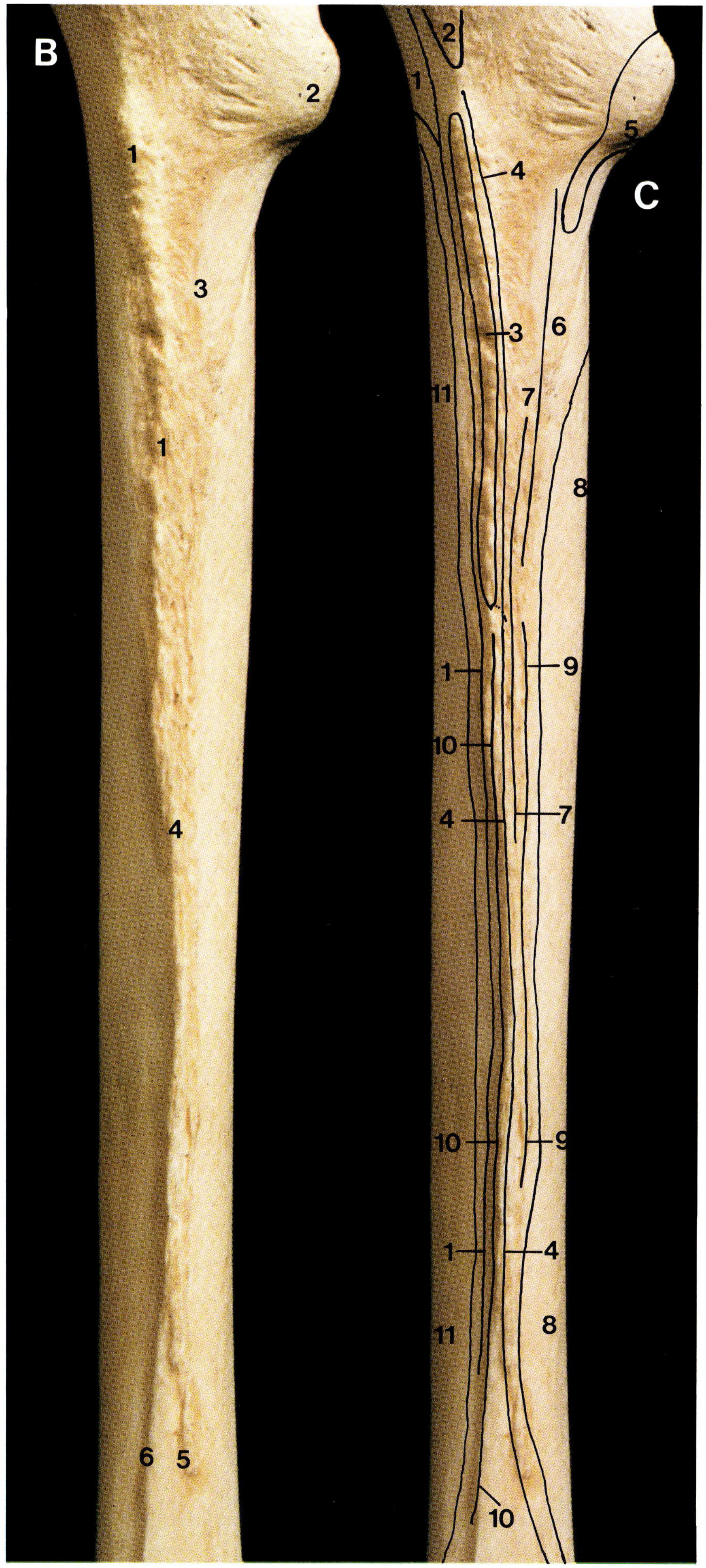

A Proximales Ende der linken Femur, Präparat einer Femurhälfte, Architektur der Spongiosabälkchen

1 Von medial zum Oberschenkelkopf verlaufende Spongiosabälkchen
2 Von lateral zum Oberschenkelkopf verlaufende Spongiosabälkchen
3 Von medial zum Trochanter major verlaufende Spongiosabälkchen
4 Von lateral zum Trochanter major verlaufende Spongiosabälkchen
5 Calcar femorale
6 Area triangularis mit nur wenigen Spongiosabälkchen

● Das »Calcar femorale« ist eine verdichtete Spongiosazone, die von der Region des Trochanter minor bis zur Unterfläche des Collum femoris reicht.

B Linker Femurschaft, von hinten gesehen

1 Tuberositas glutaea
2 Trochanter minor
3 Linea pectinea
4 Linea aspera
5 Labium mediale } lineae asperae
6 Labium laterale } lineae asperae

● An einer stark prominenten Linea aspera lassen sich häufig zwei Knochenleisten, eine laterale und eine mediale, erkennen. Die laterale Leiste geht kranial in die Tuberositas glutaea über.

C Linker Femurschaft, Muskelansatzflächen, von hinten gesehen

1 M. vastus lateralis
2 M. quadratus femoris
3 M. glutaeus maximus
4 M. adductor magnus
5 M. iliopsoas
6 M. pectineus
7 M. adductor brevis
8 M. vastus medialis
9 M. adductor longus
10 Caput breve m. bicipitis femoris
11 M. vastus intermedius

● Aus Gründen der Übersichtlichkeit wurden die Muskelansätze im Bereich der Linea aspera etwas auseinandergezogen.

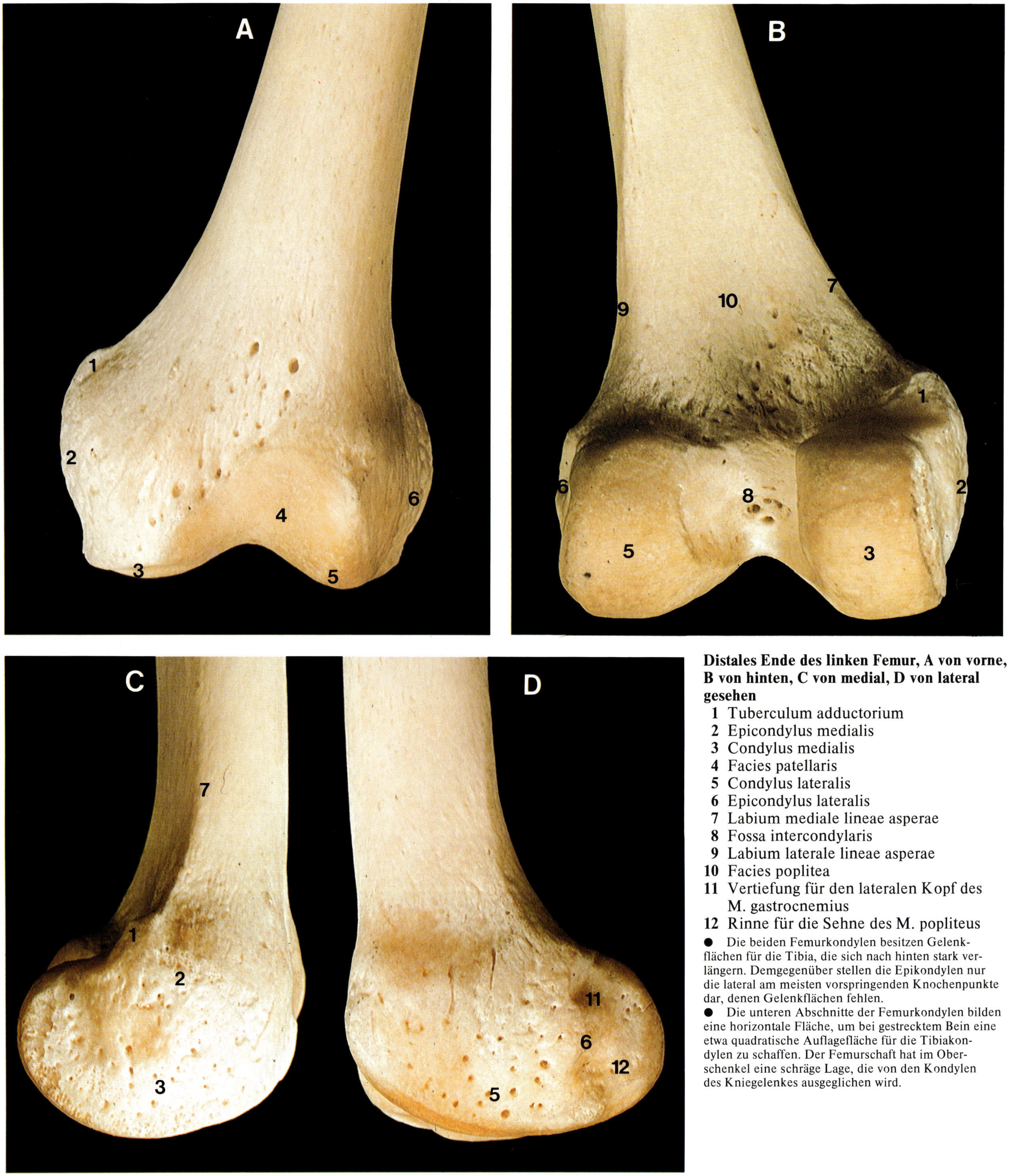

Distales Ende des linken Femur, A von vorne, B von hinten, C von medial, D von lateral gesehen

1 Tuberculum adductorium
2 Epicondylus medialis
3 Condylus medialis
4 Facies patellaris
5 Condylus lateralis
6 Epicondylus lateralis
7 Labium mediale lineae asperae
8 Fossa intercondylaris
9 Labium laterale lineae asperae
10 Facies poplitea
11 Vertiefung für den lateralen Kopf des M. gastrocnemius
12 Rinne für die Sehne des M. popliteus

● Die beiden Femurkondylen besitzen Gelenkflächen für die Tibia, die sich nach hinten stark verlängern. Demgegenüber stellen die Epikondylen nur die lateral am meisten vorspringenden Knochenpunkte dar, denen Gelenkflächen fehlen.

● Die unteren Abschnitte der Femurkondylen bilden eine horizontale Fläche, um bei gestrecktem Bein eine etwa quadratische Auflagefläche für die Tibiakondylen zu schaffen. Der Femurschaft hat im Oberschenkel eine schräge Lage, die von den Kondylen des Kniegelenkes ausgeglichen wird.

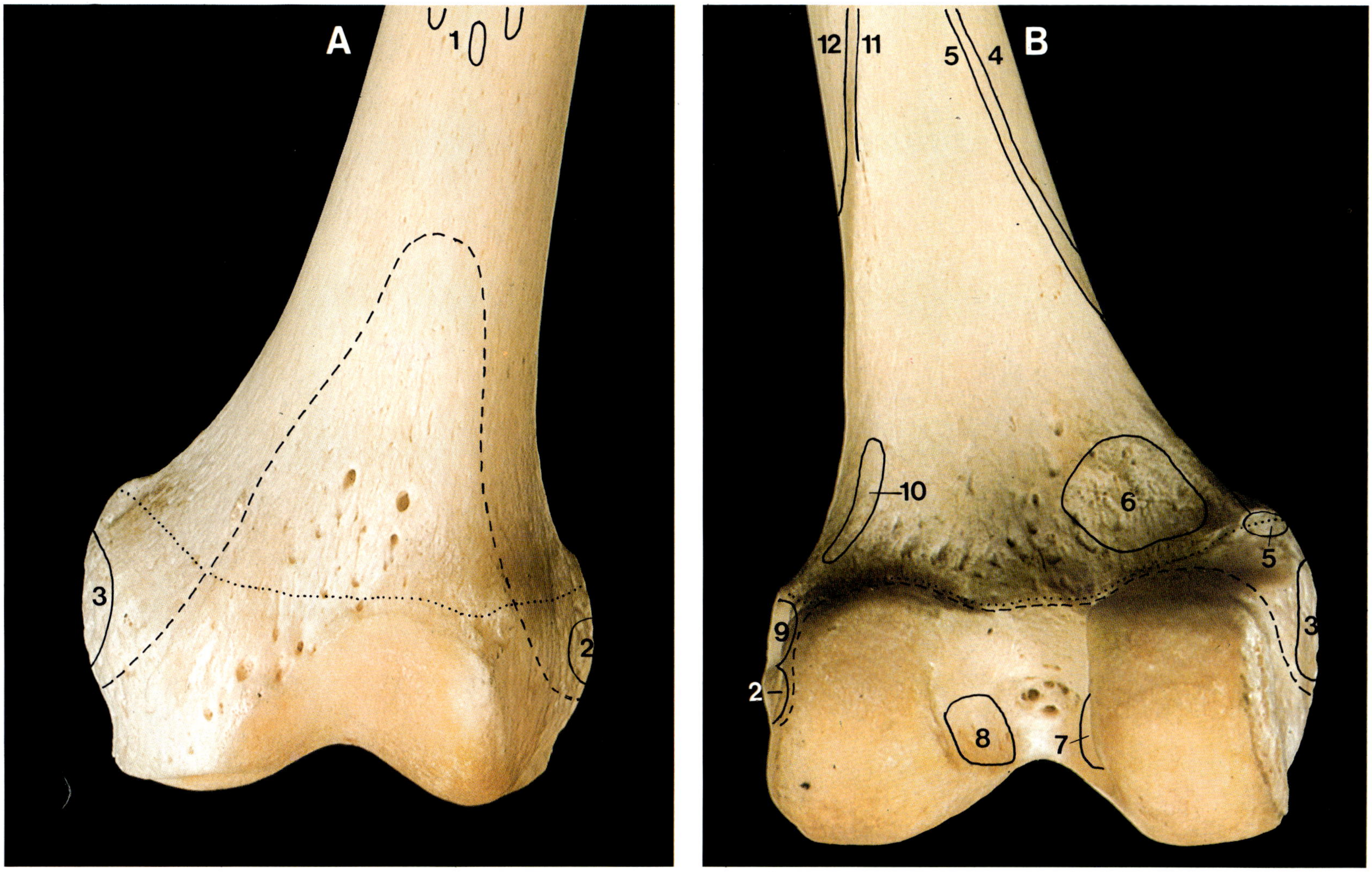

Distales Ende des linken Femur, Muskelansatzflächen, A von vorne, B von hinten, C von medial, D von lateral gesehen
(Punktierte Linie: Epiphysenfuge; gestrichelte Linie: Ansatz der Gelenkkapsel)

1 M. articularis genus
2 Lig. collaterale laterale
3 Lig. collaterale mediale
4 M. vastus medialis
5 M. adductor magnus
6 Medialer Kopf des M. gastrocnemius
7 Lig. cruciatum posterius
8 Lig. cruciatum anterius
9 Lateraler Kopf des M. gastrocnemius
10 M. plantaris
11 Caput breve m. bicipitis femoris
12 M. vastus intermedius
13 M. popliteus

● Das Caput mediale des M. gastrocnemius entspringt von der Facies poplitea femoris oberhalb des medialen Femurkondylus sowie von den angrenzenden Abschnitten der Gelenkkapsel. Das Caput laterale entspringt dagegen von einer Knochenvertiefung an der lateralen Seite des lateralen Femurkondylus sowie von der Gelenkkapsel oberhalb des Epicondylus lateralis und nicht von der Fossa poplitea.

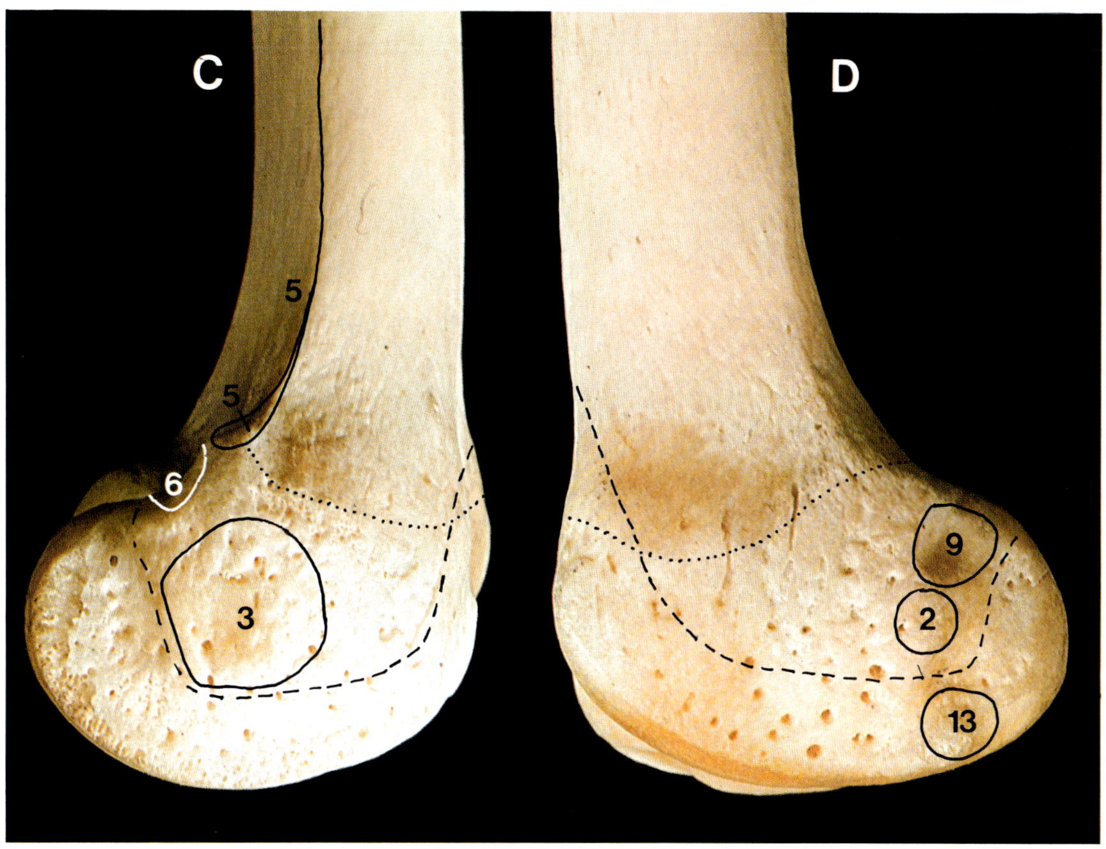

Linke Patella, A Facies anterior, B Facies articularis (posterior)

1 Basis patellae
2 Apex patellae

3 Facette für den lateralen Condylus des Femur
4 Vertikale Knochenleiste
5 Facette für den medialen Condylus des Femur
(3–5: Facies articularis patellae)

- Der laterale Abschnitt der Facies articularis ist etwas größer als der mediale.
- Die Facies articularis nimmt nicht die ganze Hinterfläche der Patella, insbesondere nicht bis zum Apex hin ein.

Linke Patella, Muskelansatzflächen, C Facies anterior, D Facies articularis (posterior)

1 M. vastus intermedius
2 M. rectus femoris
3 M. vastus medialis
4 M. vastus lateralis
(1–4: Teile der Sehne des M. quadriceps femoris)
5 Facetten für das Femur in Beugestellung
6 Facetten für das Femur in Streckstellung
7 Fläche für den Condylus medialis in extremer Beugestellung
8 Fläche für das Corpus adiposum infrapatellaris
9 Patellarsehne

Linkes Femur, E von unten gesehen (Patella in Streckstellung fixiert) F von hinten-unten gesehen (Patella in Beugestellung fixiert)

1 Condylus medialis
2 Condylus lateralis

- Die äußere, mediale Facette der Patella kommt mit dem Condylus medialis femoris nur in extremer Beugestellung in Kontakt.

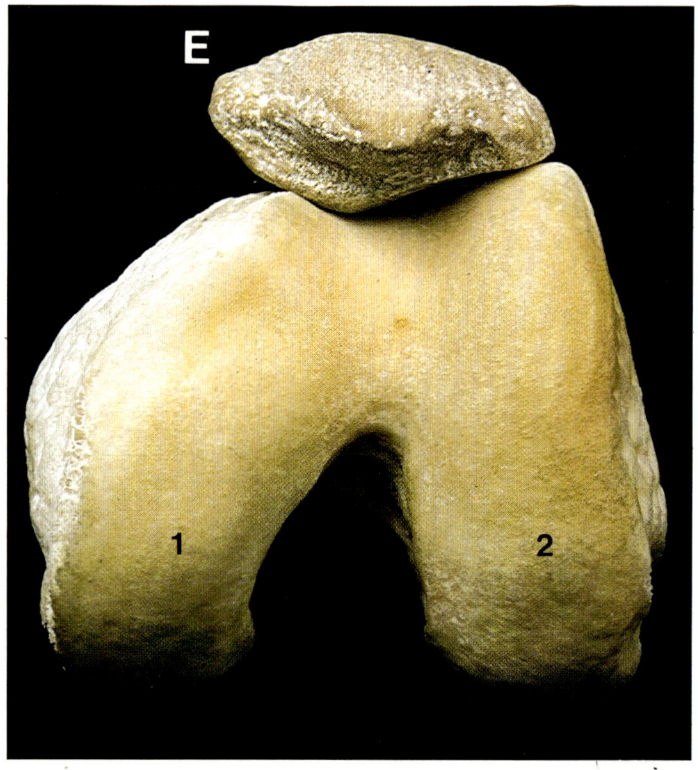

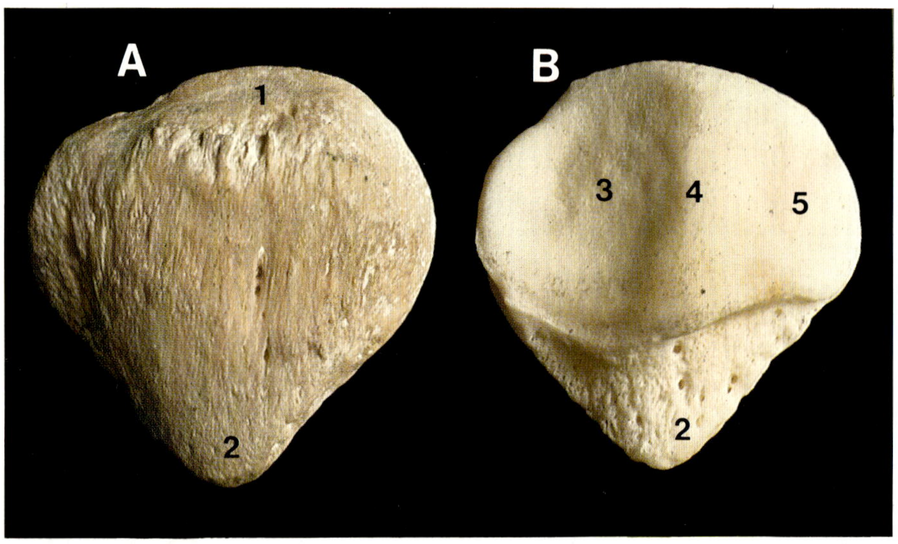

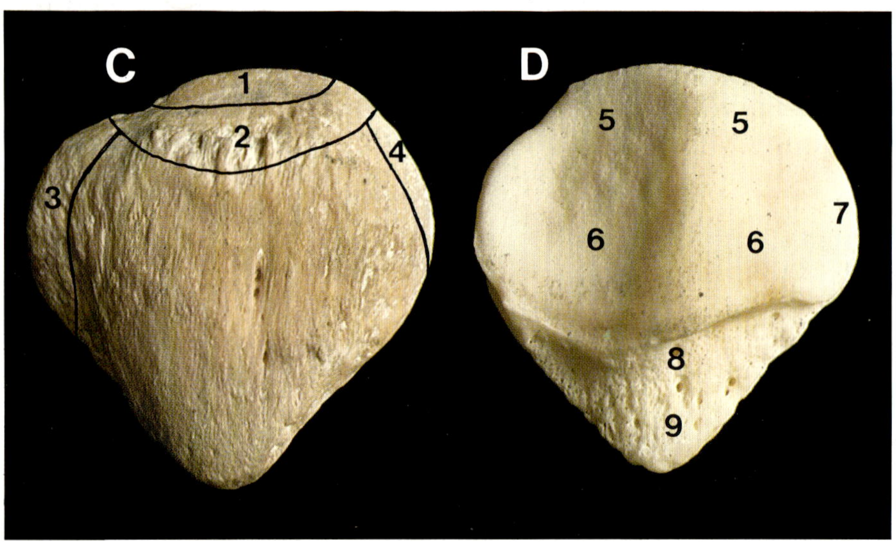

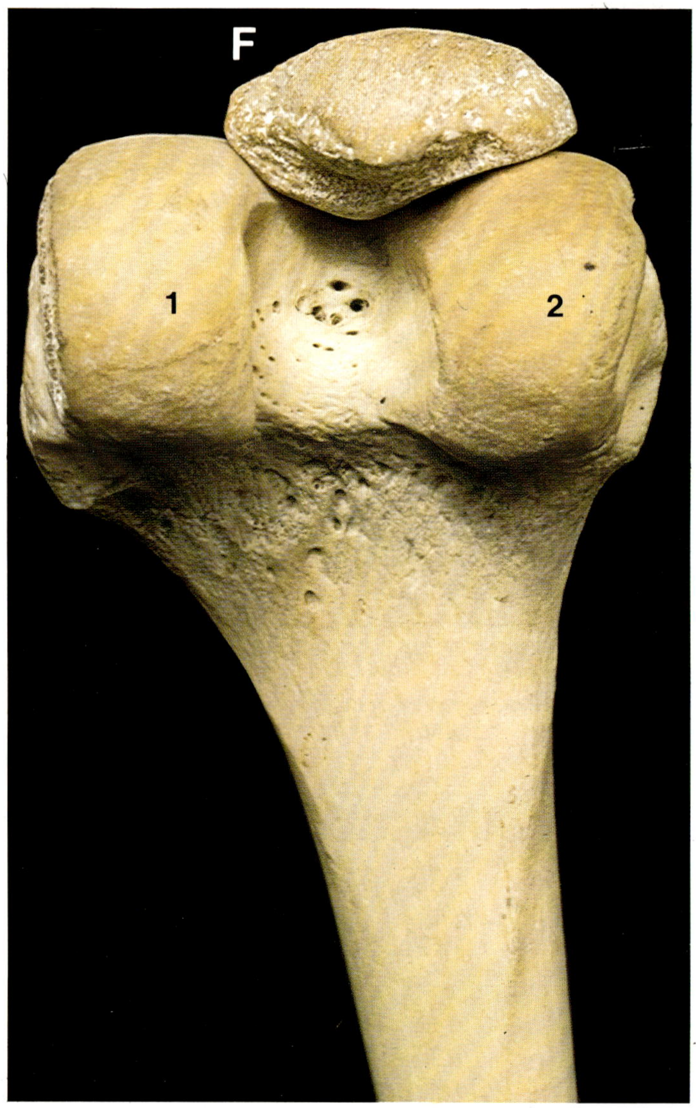

Proximales Ende der linken Tibia, A von vorne, B von hinten gesehen

1 Tubercula intercondylaria
2 Condylus lateralis
3 Vertiefung für den Tractus iliotibialis
4 Tuberositas tibiae
5 Facies lateralis
6 Margo interosseus
7 Margo anterior
8 Facies medialis
9 Margo medialis
10 Condylus medialis
11 Ansatzfläche des M. semimembranosus
12 Facies posterior
13 Linea m. solei
14 Vertikale Knochenleiste
15 Facies articularis capitis fibulae

● Der Tibiaschaft besitzt drei Kanten (Margo anterior, Margo medialis und Margo interosseus) und drei Flächen (Facies medialis, Facies lateralis und posterior).
● Der Margo anterior bildet größtenteils die leicht bogenförmige sogenannte Schienbeinkante. Die glatte, mediale Fläche der Tibia liegt hauptsächlich subkutan. Die Facies posterior zeigt die Rauhigkeiten für den Ansatz des M. soleus sowie einige vertikale Knochenleisten.
● Die Tuberositas tibiae stellt das verbreiterte, obere Ende des Margo anterior dar.

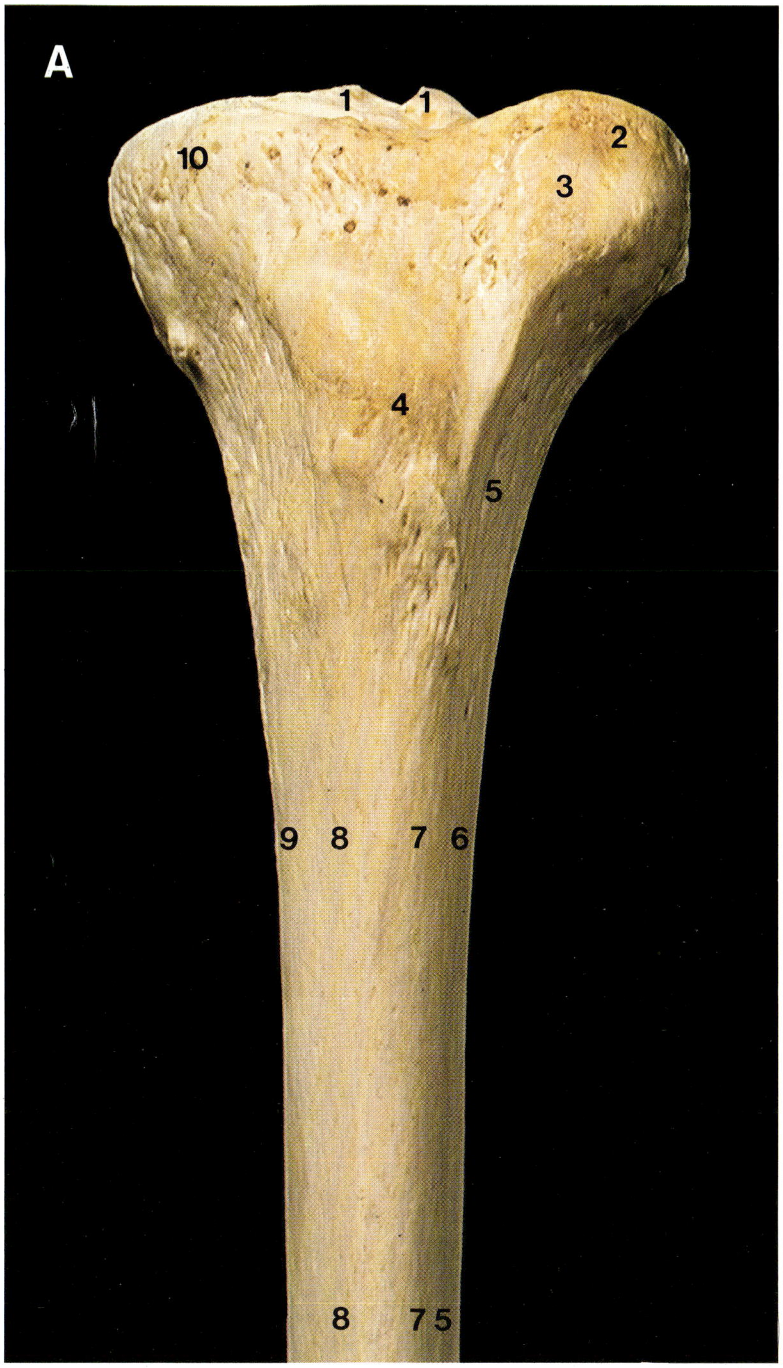

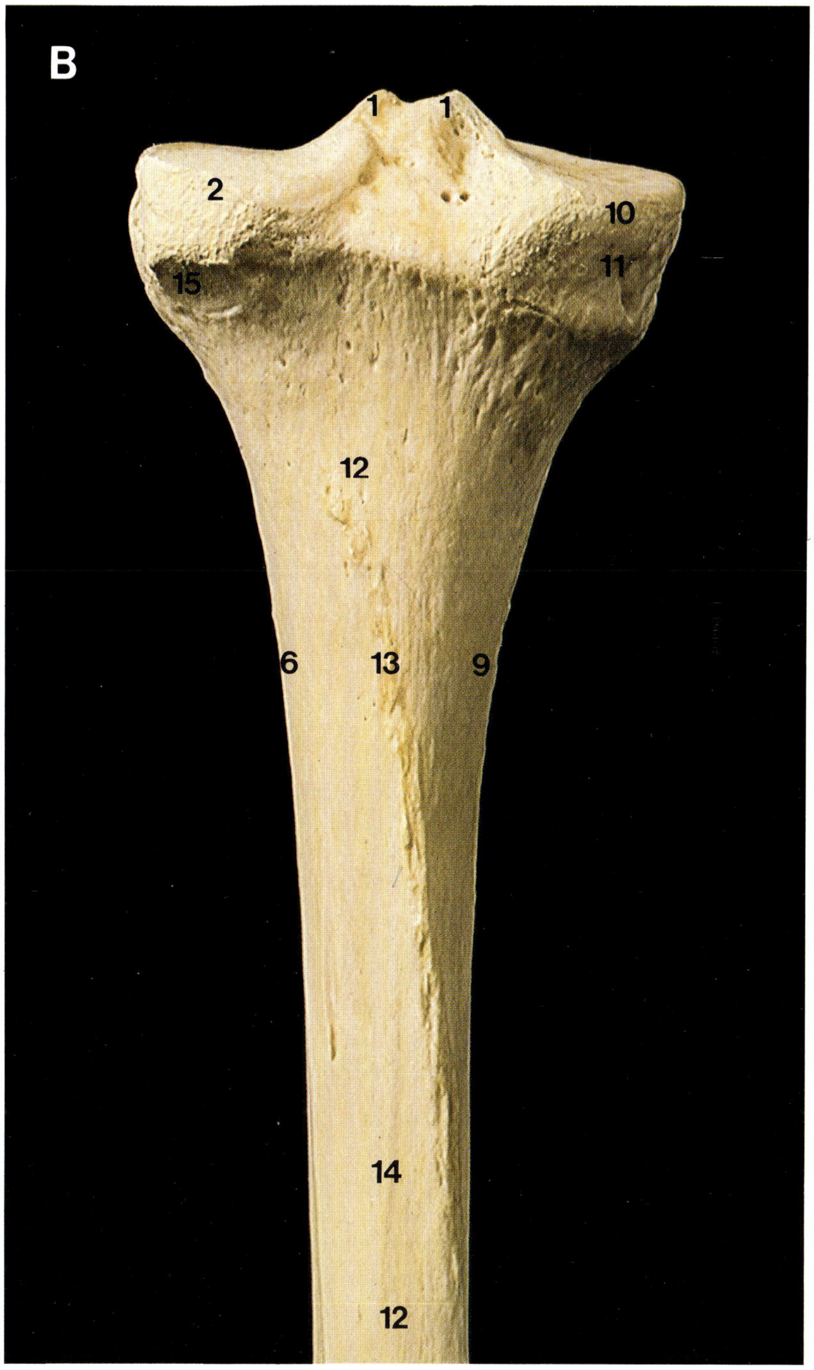

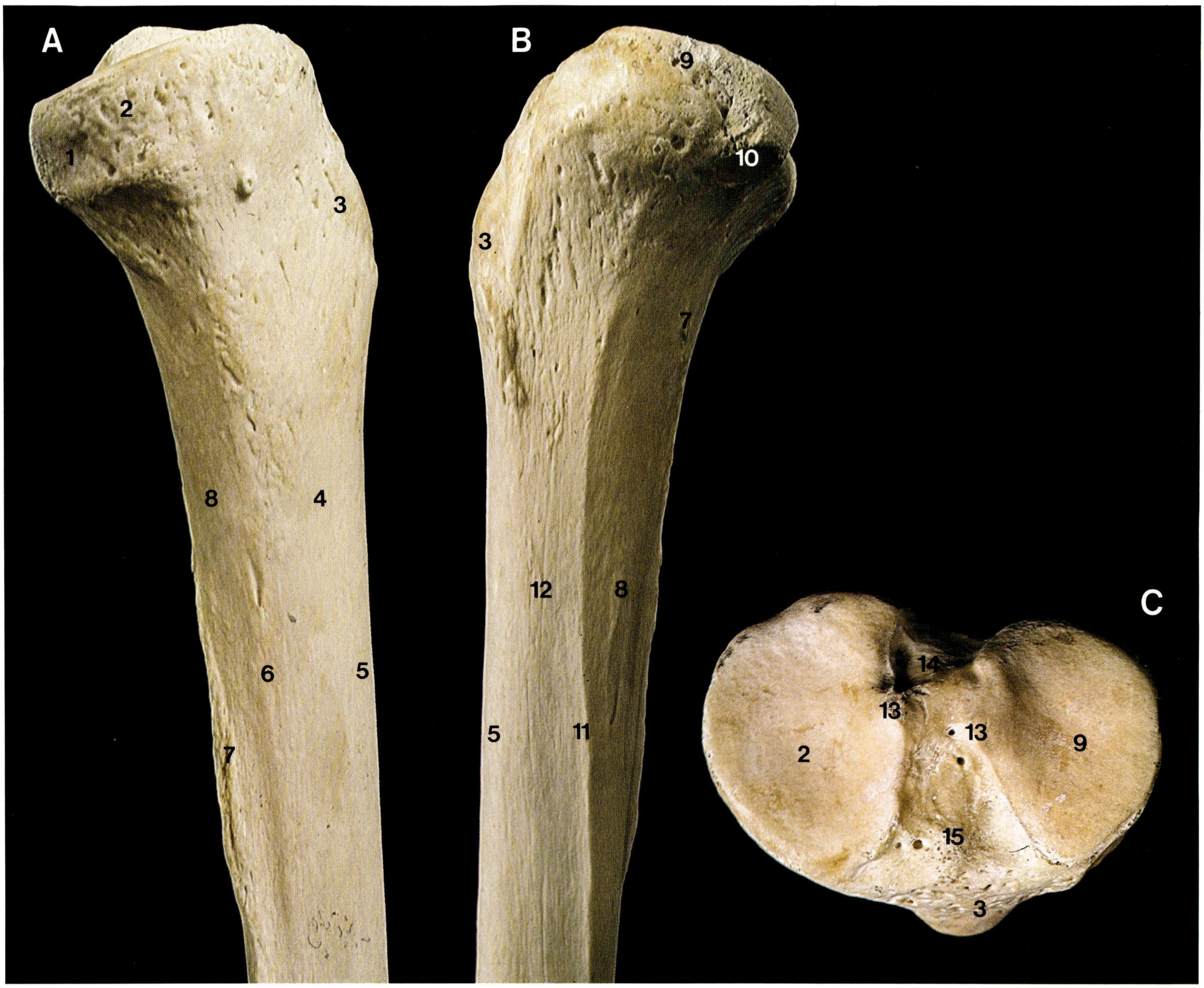

Proximales Ende der linken Tibia, A von medial, B von lateral, C von oben gesehen

1 Vertiefung für den Ansatz des M. semimembranosus
2 Condylus medialis
3 Tuberositas
4 Facies medialis
5 Margo anterior
6 Margo medialis
7 Linea m. solei
8 Facies posterior
9 Condylus lateralis
10 Facies articularis fibularis
11 Margo interosseus
12 Facies lateralis
13 Eminentia intercondylaris
14 Area intercondylaris posterior
15 Area intercondylaris anterior

- Der mediale Tibiakondylus ist größer als der laterale.
- Die Gelenkfläche für die Fibula liegt an der hinteren, unteren Seite des Condylus lateralis.

Proximales Ende der linken Tibia, Muskelansatzflächen, A von vorne, B von hinten gesehen
(Punktierte Linie: Epiphysenfuge; gestrichelte Linie: Gelenkkapselansatz)

1 Tractus iliotibialis (M. tensor fasciae latae)
2 M. tibialis anterior
3 Lig. patellae
4 M. sartorius
5 M. gracilis
6 M. semitendinosus
7 Lig. collaterale mediale
8 M. semimembranosus
9 M. vastus medialis
10 M. popliteus
11 M. soleus
12 M. flexor digitorum longus
13 M. tibialis posterior
14 Lig. cruciatum posterius

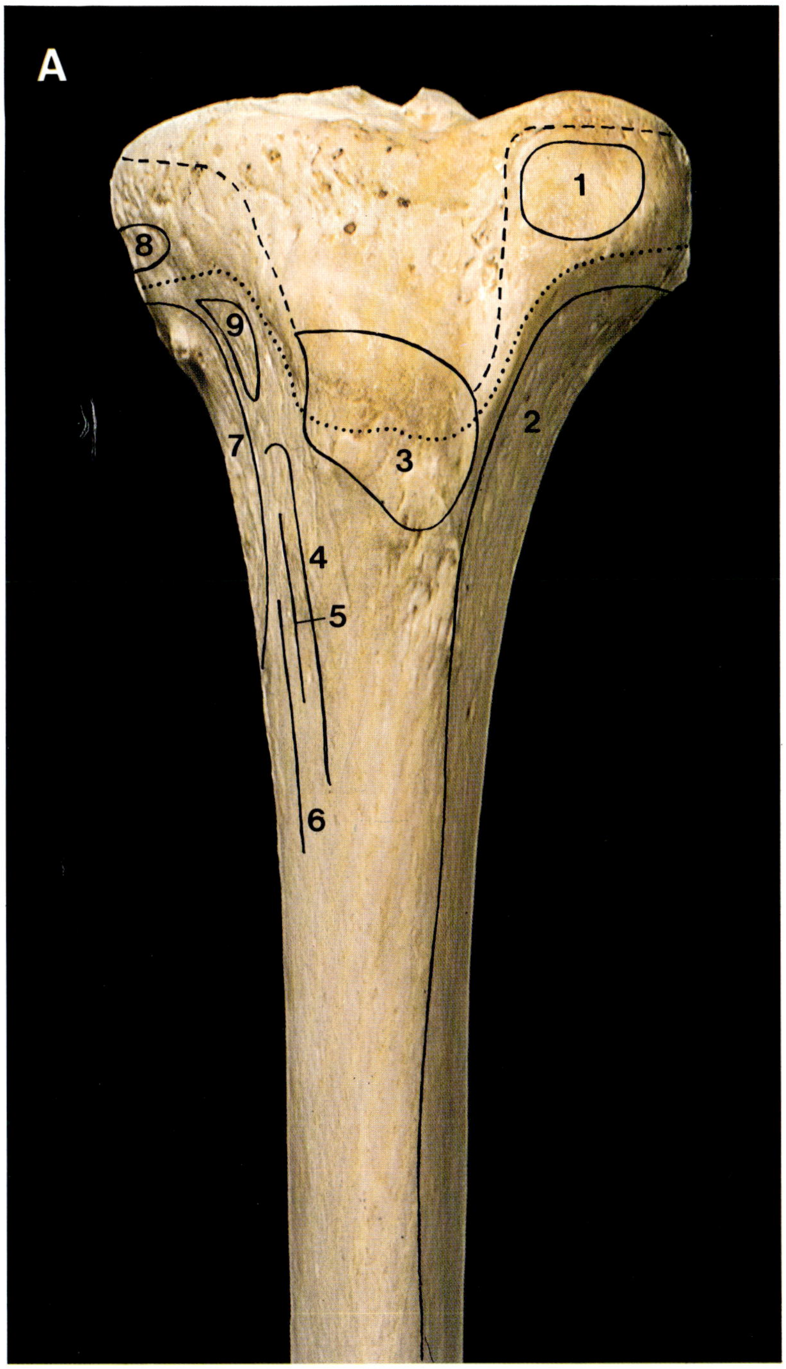

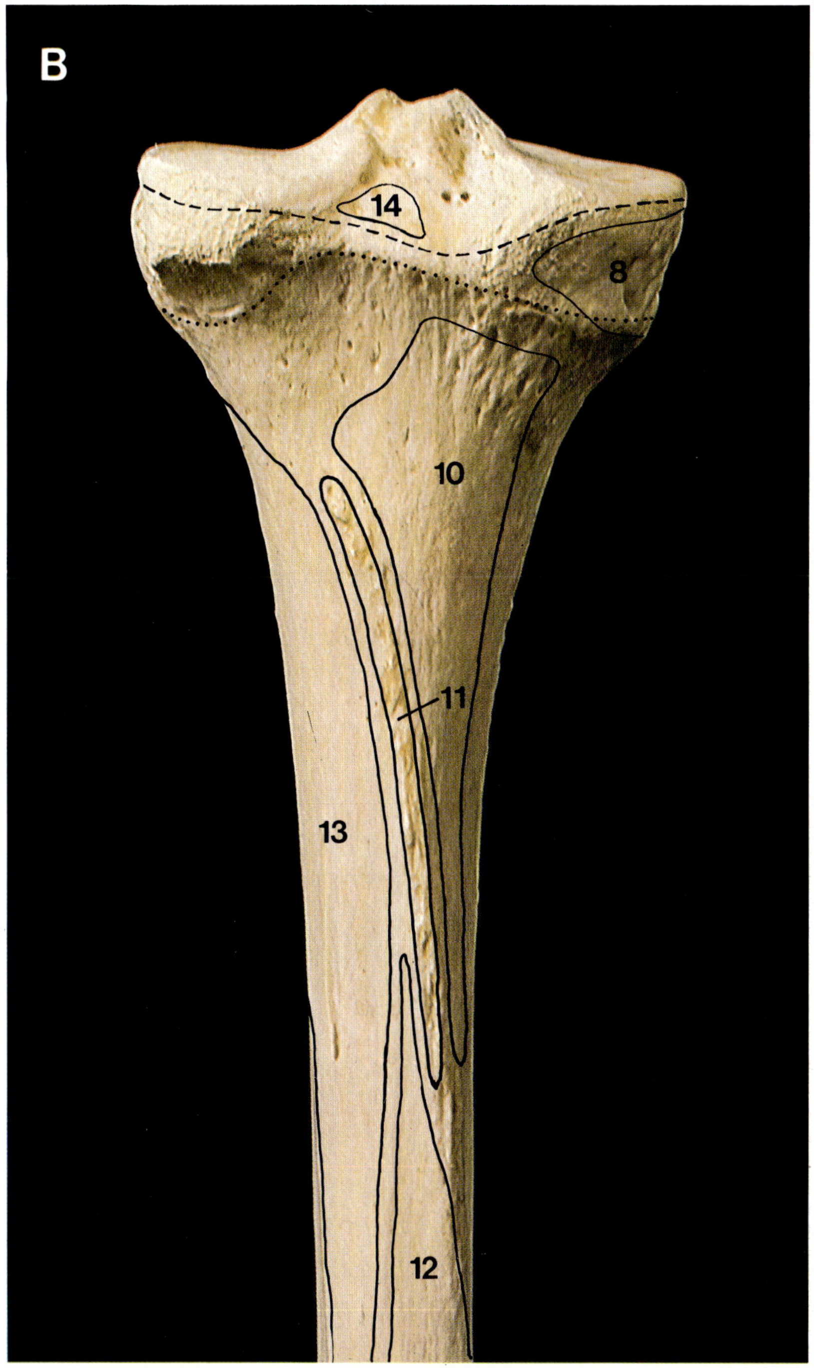

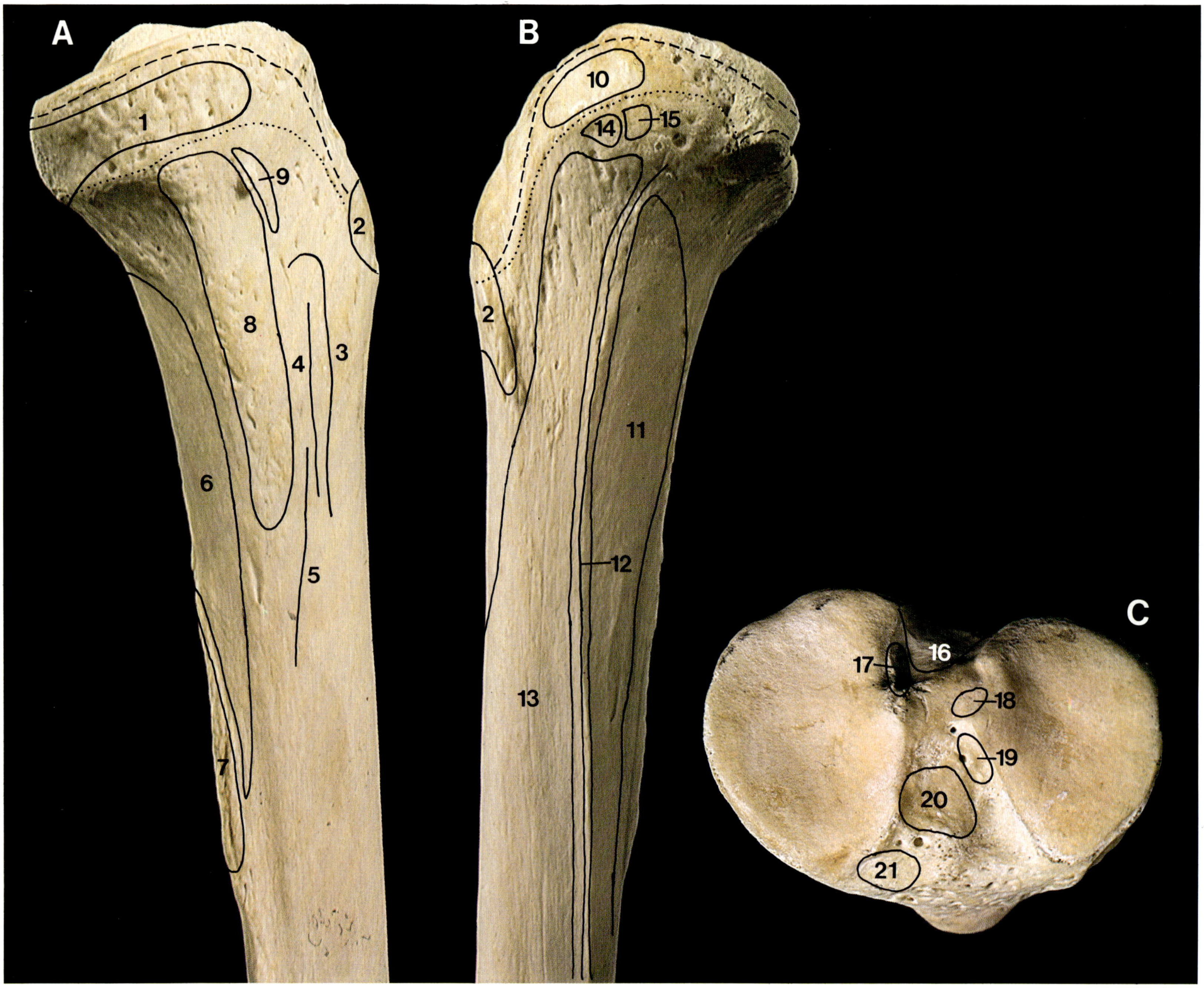

Proximales Ende der linken Tibia, Muskelansatzflächen, A von medial, B von lateral, C von oben gesehen

(Punktierte Linie: Epiphysenfuge; gestrichelte Linie: Ansatz der Gelenkkapsel)

1 M. semimembranosus
2 Lig. patellae
3 M. sartorius
4 M. gracilis
5 M. semitendinosus
6 M. popliteus
7 M. soleus
8 Lig. collaterale mediale
9 M. vastus medialis
10 Tractus iliotibialis (M. tensor fasciae latae)
11 M. tibialis posterior
12 Membrana interossea
13 M. tibialis anterior
14 M. extensor digitorum longus
15 M. peronaeus longus
16 Lig. cruciatum posterius
17 Hinterer Abschnitt des Meniscus medialis
18 Hinterer Abschnitt ⌉ des Meniscus
19 Vorderer Abschnitt ⌋ lateralis
20 Lig. cruciatum anterius
21 Vorderer Abschnitt des Meniscus medialis

● Obwohl der M. extensor digitorum longus und M. peronaeus longus in der Hauptsache von der Fibula entspringen (vgl. S. 285), kommt ein kleiner Teil der Muskeln doch auch von der Tibia, und zwar von einer Fläche oberhalb des Ursprungsfeldes des M. tibialis anterior.

● Die Anheftungsstellen des lateralen Meniscus an der Eminentia intercondylaris liegen enger zusammen als die des medialen (vgl. a. S. 309).

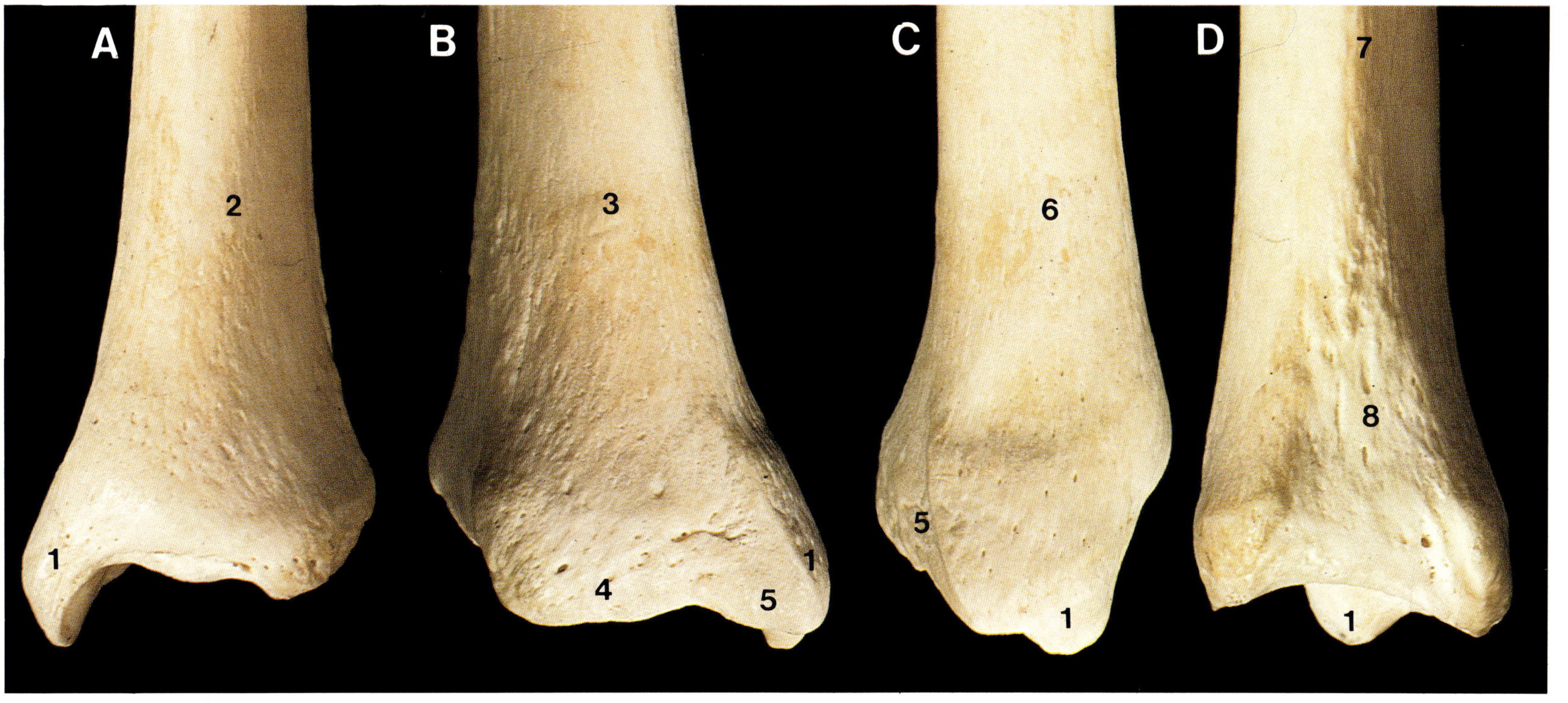

A–D Distales Ende der linken Tibia, A von vorne, B von hinten, C von medial, D von lateral gesehen

1 Malleolus medialis
2 Facies anterior
3 Facies posterior
4 Sulcus für den M. flexor hallucis longus
5 Sulcus malleolaris (für den M. tibialis posterior)
6 Facies medialis
7 Margo interosseus
8 Incisura fibularis

● Das untere Ende der Tibia besitzt fünf Flächen (Facies anterior, posterior, medialis, lateralis und inferior). Bezüglich der Facies inferior s. a. S. 286.

● Die Facies medialis tibiae geht unten in die mediale Fläche des Malleolus medialis über. Der Malleolus lateralis wird von der Fibula gebildet.

● Die Incisura fibularis ist dreiseitig und bildet die Facies lateralis des unteren Tibiaendes.

E–H Distales Ende der linken Tibia, Muskelansatzflächen, E von vorne, F von hinten, G von medial, H von lateral gesehen

(Punktierte Linie: Epiphysenfuge; gestrichelte Linie: Gelenkkapselansatz)

1 Lig. collaterale mediale
2 Membrana interossea
3 Syndesmosis tibiofibularis – Incisura fibularis
4 Lig. tibiofibulare posterius
5 Unterer, querer Abschnitt des Lig. tibiofibulare posterius (Lig. transversum inferius)

● Das mediale Kollateralband wird im allgemeinen als das Lig. deltoideum bezeichnet.

● Die untersten Faserbündel des Lig. tibiofibulare posterius, die am weitesten medial an der Tibia befestigt sind, werden auch als das Lig. transversum inferius bezeichnet.

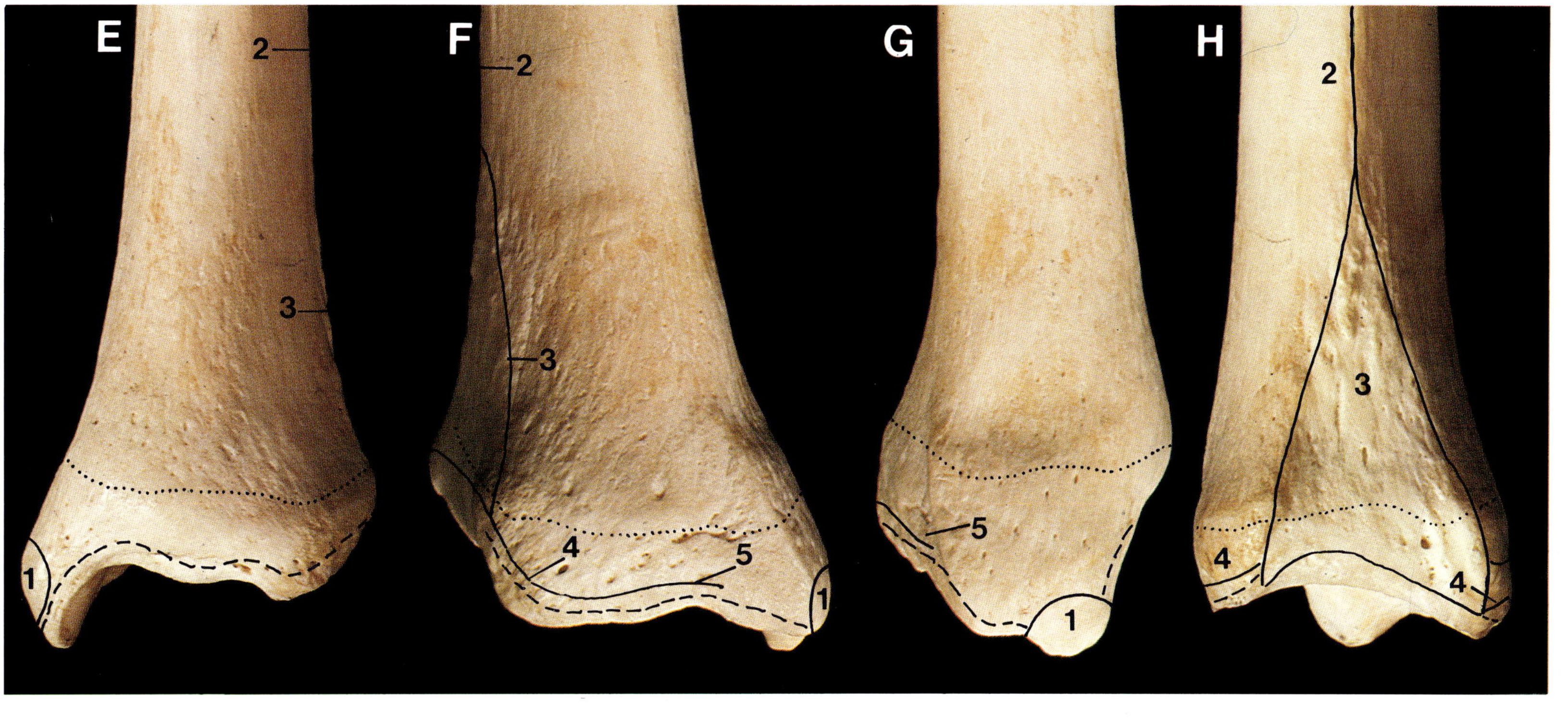

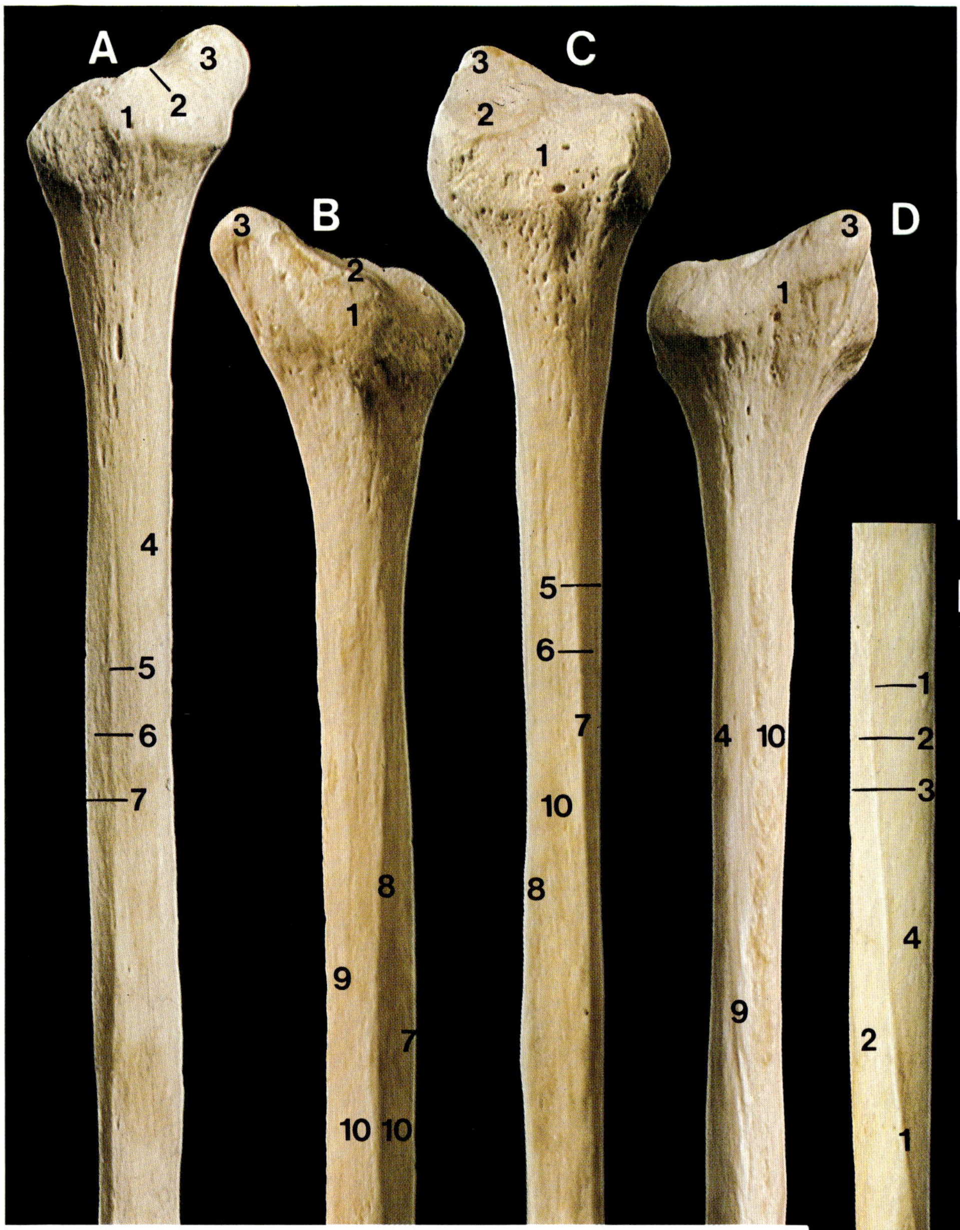

A–D Proximales Ende der linken Fibula, A von vorne, B von hinten, C von medial, D von lateral gesehen

1 Caput fibulae
2 Facies articularis capitis fibulae
3 Apex capitis fibulae
4 Facies lateralis
5 Margo anterior
6 Facies medialis
7 Margo interosseus
8 Crista medialis
9 Margo posterior
10 Facies posterior

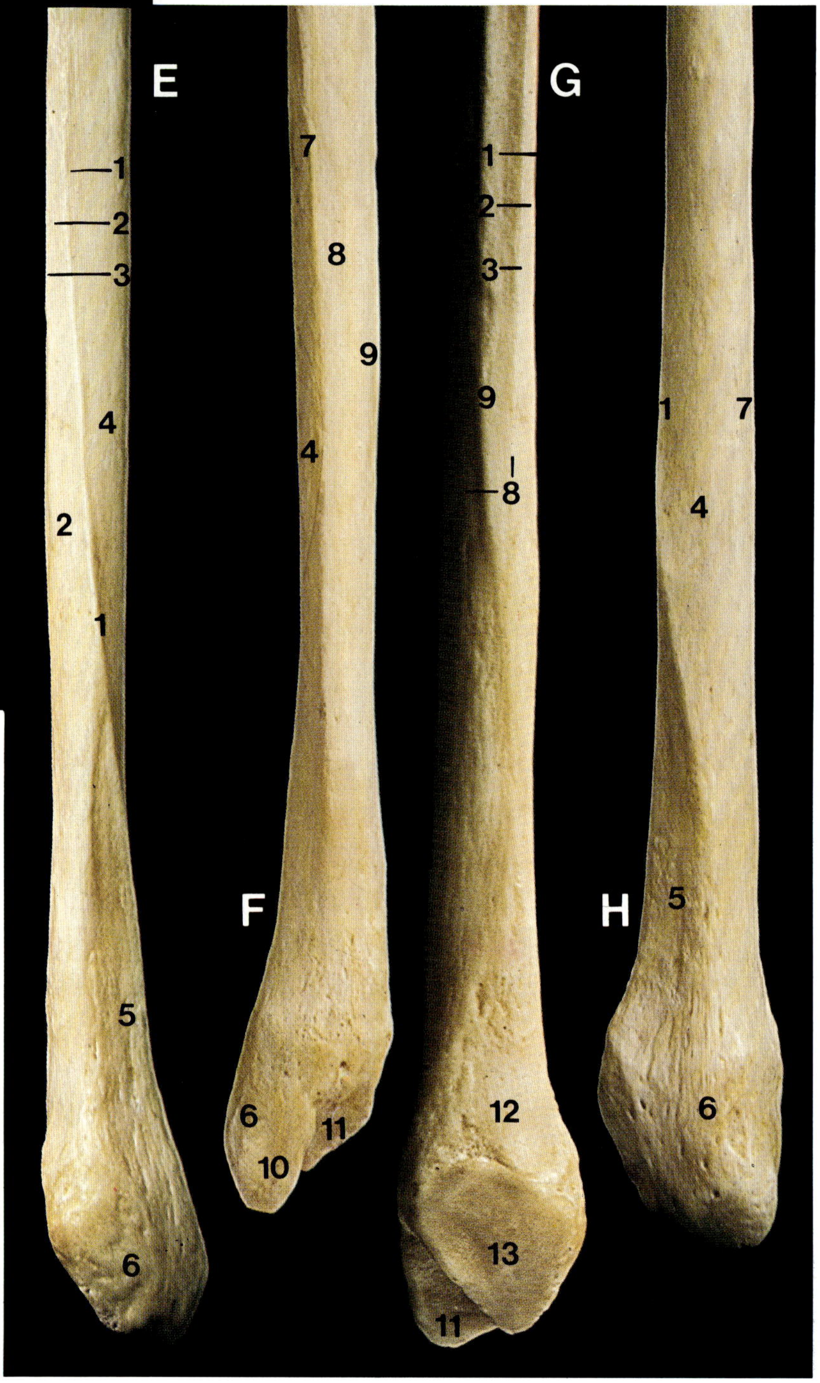

E–H Distales Ende der linken Fibula, E von vorne, F von hinten, G von medial, H von lateral gesehen

1 Margo anterior
2 Facies medialis
3 Margo interosseus
4 Facies lateralis
5 Subkutan gelegenes Gebiet der Fibula
6 Malleolus lateralis
7 Margo posterior
8 Facies posterior
9 Crista medialis
10 Rinne für den M. peronaeus brevis
11 Fossa malleoli lateralis
12 Fläche für die Membrana interossea
13 Facies articularis malleoli

- Die Fibula besitzt drei Kanten (Margo anterior, interosseus und posterior) und drei Flächen (Facies medialis, lateralis und posterior).
- Auf den ersten Blick scheint der Fibulaschaft vier Ränder und vier Flächen zu haben. Dieser Eindruck entsteht aber nur dadurch, daß die Facies posterior durch die Crista medialis in zwei Teile (eine mediale und laterale) geteilt ist.
- Am unteren Ende der Fibula dreht sich die laterale Fläche nach hinten und verliert ihre Beziehungen zur Haut.
- Der Margo anterior läßt sich dadurch identifizieren, daß man ihn nach oben bis zur Spitze des dreieckigen subkutanen Gebietes der Fibula verfolgt. Der Margo interosseus ist gewöhnlich 2 bis 3 mm hinter dem Margo anterior zu finden, obgleich im oberen Teil des Fibulaschaftes die beiden Ränder häufig miteinander verschmelzen.
- Die Fossa lateralis malleoli liegt hinter der Facies articularis malleoli.

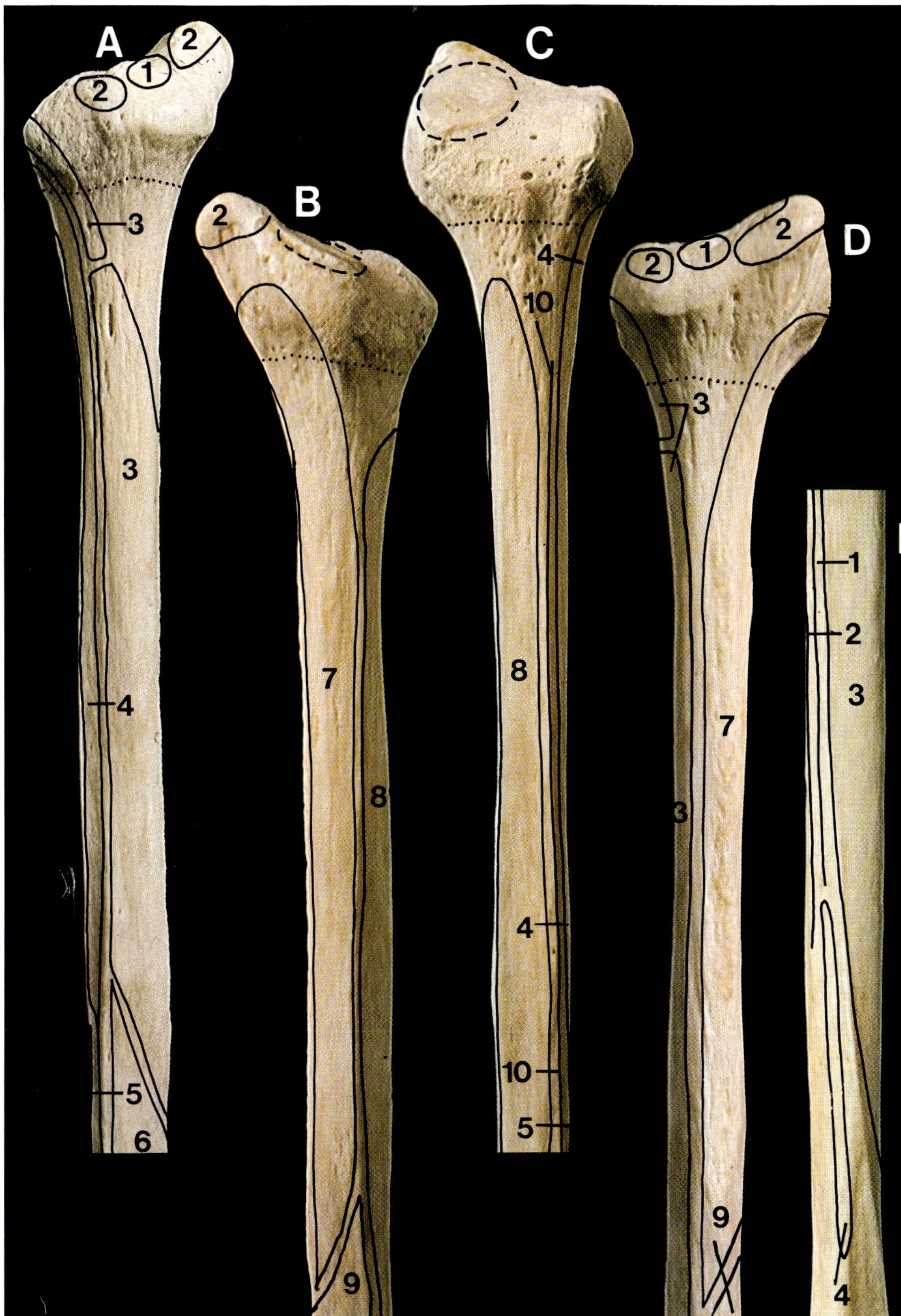

A–D Proximales Ende der linken Fibula, Muskelansatzflächen, A von vorne, B von hinten, C von medial, D von lateral gesehen

(Punktierte Linie: Epiphysenfuge; gestrichelte Linie: Gelenkkapselansatz)

1 Lig. collaterale fibulare
2 M. biceps femoris
3 M. peronaeus longus
4 M. extensor digitorum longus
5 M. extensor hallucis longus
6 M. peronaeus brevis
7 M. soleus
8 M. tibialis posterior
9 M. flexor hallucis longus
10 Membrana interossea

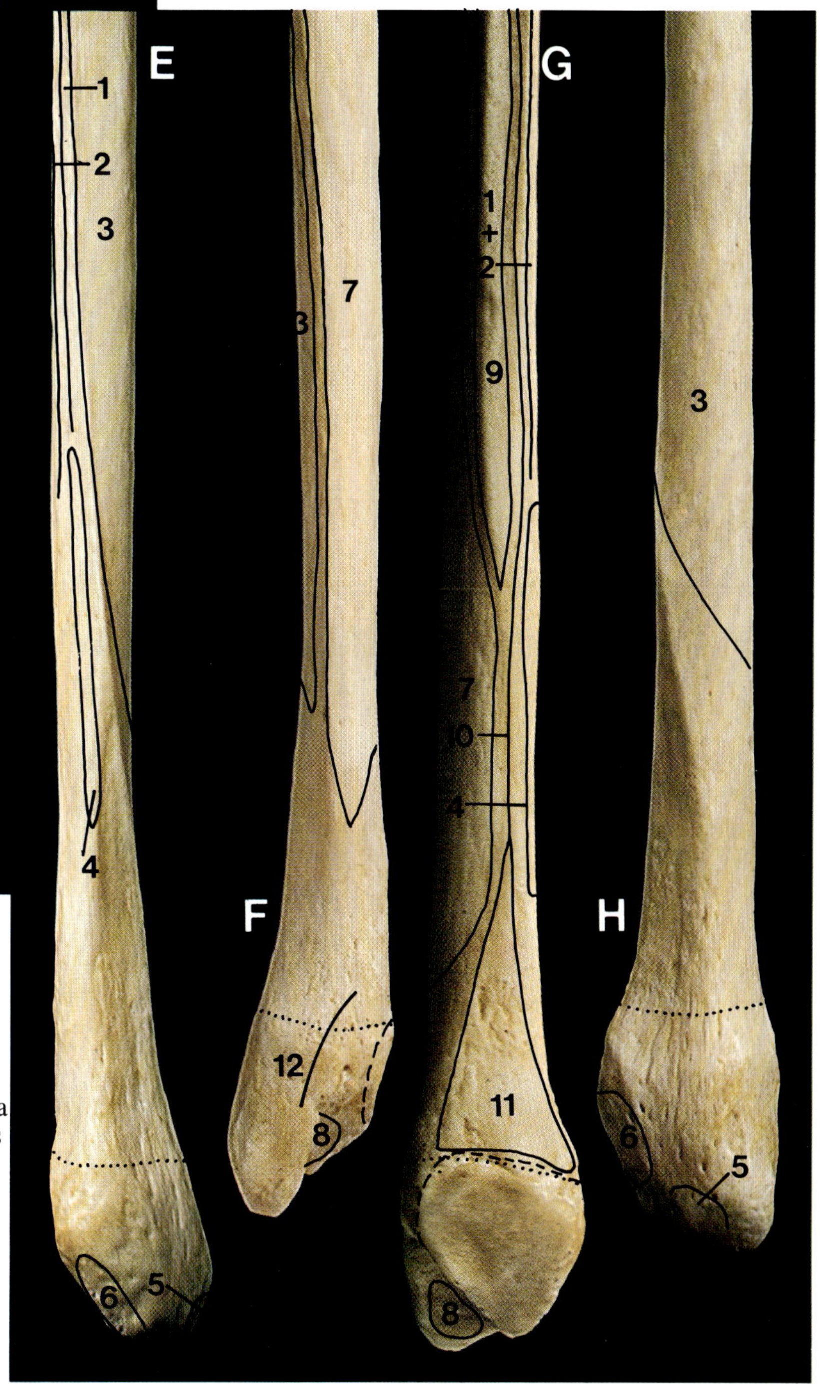

E–H Distales Ende der linken Fibula, Muskelansatzflächen, E von vorne, F von hinten, G von medial, H von lateral gesehen

(Punktierte Linie: Epiphysenfuge; gestrichelte Linie: Gelenkkapselansatz)

1 M. extensor digitorum longus
2 M. extensor hallucis longus
3 M. peronaeus brevis
4 M. peronaeus tertius
5 Lig. calcaneofibulare
6 Lig. talofibulare anterius
7 M. flexor hallucis longus
8 Lig. talofibulare posterius
9 M. tibialis posterior
10 Membrana interossea
11 Ansatz der Membrana interossea im Bereich der Incisura fibularis

- Die mediale Fläche der Fibula (zwischen Margo anterior und Margo interosseus) dient den Extensoren als Ursprungsfläche (M. digitorum longus, M. hallucis longus, M. peronaeus tertius).
- Die laterale Fläche der Fibula (zwischen Margo anterior und posterior) dient den beiden Mm. peronaei (longus und brevis) als Ursprungsfläche.
- An der Hinterfläche (zwischen Margo interosseus und Margo posterior) entspringen die Flexoren, und zwar der M. soleus, M. flexor hallucis longus lateral von der Crista medialis und der M. tibialis posterior medial von ihr.
- Die Lücke am oberen Ende des Muskelansatzes des M. peronaeus longus ist für den Durchtritt des N. peronaeus communis bestimmt.

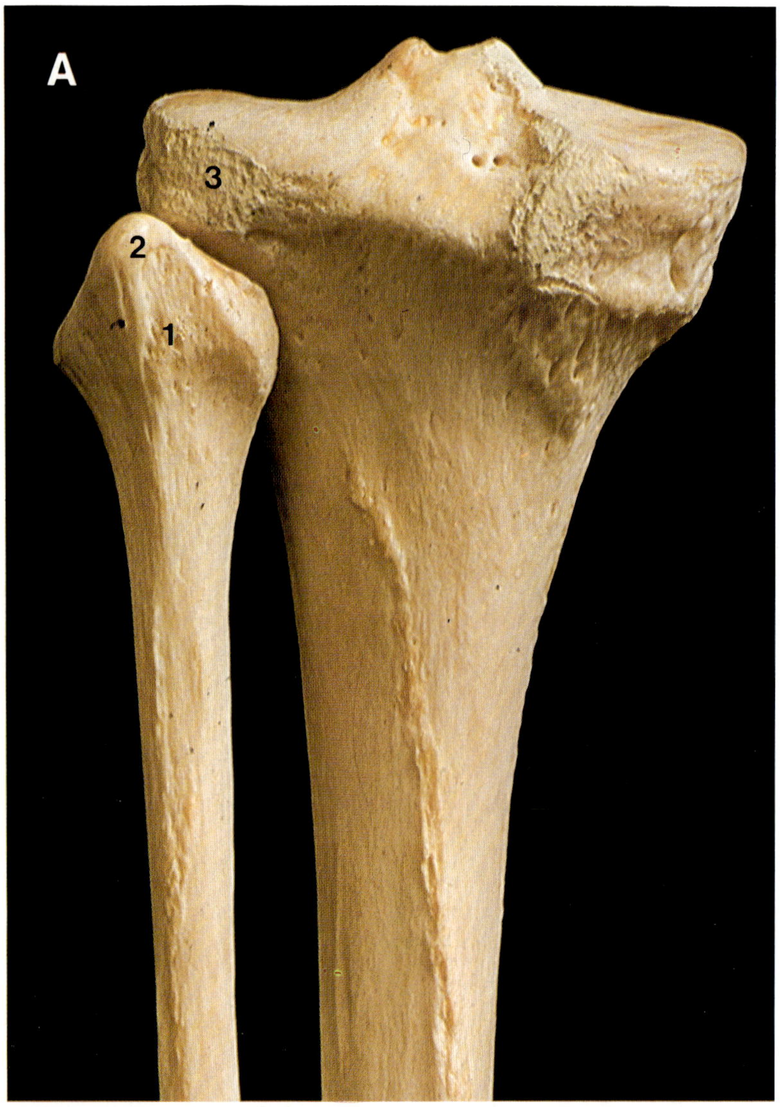

Articulatio tibiofibularis proximalis und distalis (linke Unterschenkelknochen). Proximale Enden von Tibia und Fibula: A von hinten, B und C von oben gesehen. Distale Enden von Tibia und Fibula: D von hinten, E von unten gesehen

1 Caput fibulae
2 Apex capitis fibulae (Processus styloideus)
3 Condylus lateralis tibiae
4 Facies articularis capitis fibulae
5 Malleolus lateralis
6 Fossa malleoli lateralis
7 Facies articularis inferior tibiae
8 Malleolus medialis

- Die Articulatio tibiofibularis stellt eine Amphiarthrose dar. Die Gelenkfläche der Tibia liegt an der postero-lateralen Seite, am Unterrand des Condylus lateralis. Die Gelenkfläche der Fibula liegt im hinteren und medialen Abschnitt des Fibulaköpfchens.
- Das untere Tibiofibulargelenk stellt eine Syndesmose dar.
- Der laterale Malleolus reicht weiter als der mediale nach distal. Die Gelenkflächen der beiden Malleoli bilden zusammen mit der Facies articularis inferior tibiae die »Malleolengabel« für das obere Sprunggelenk (Articulatio talocruralis), in der die Trochlea tali gleitet.

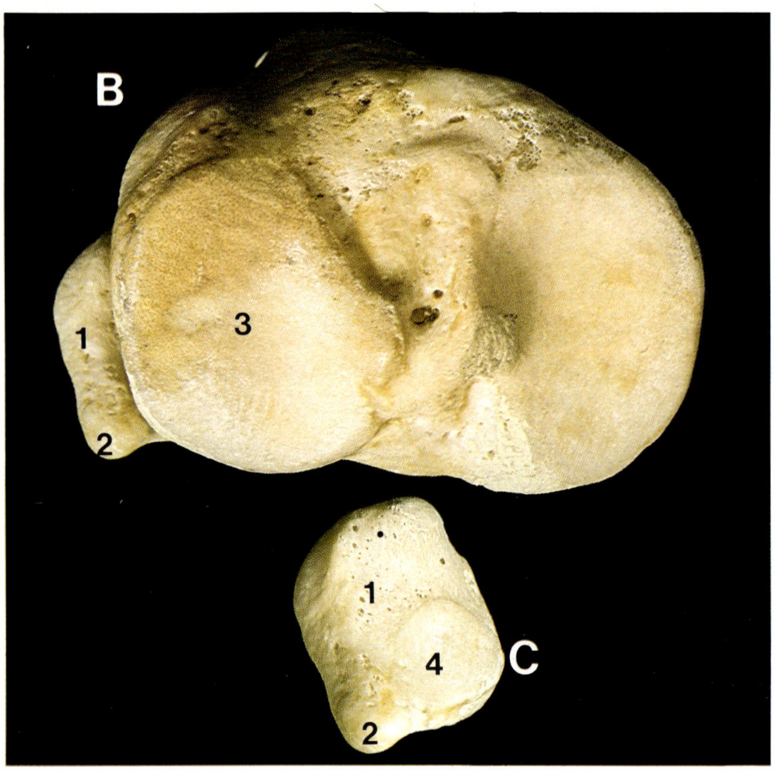

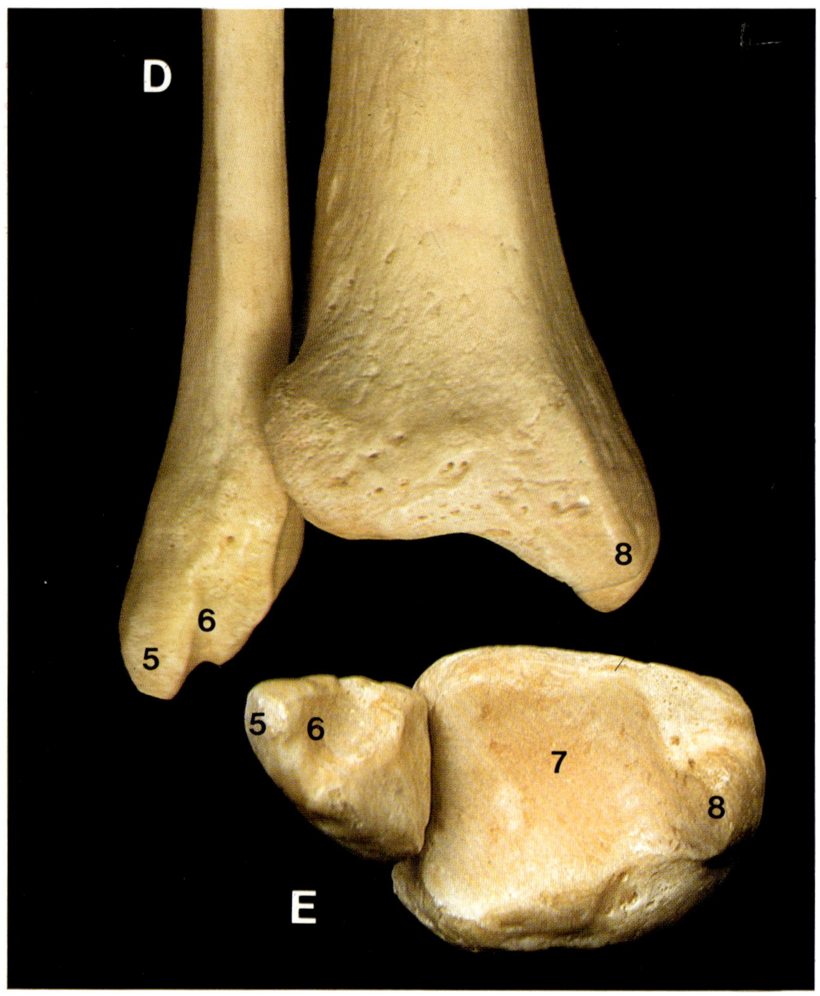

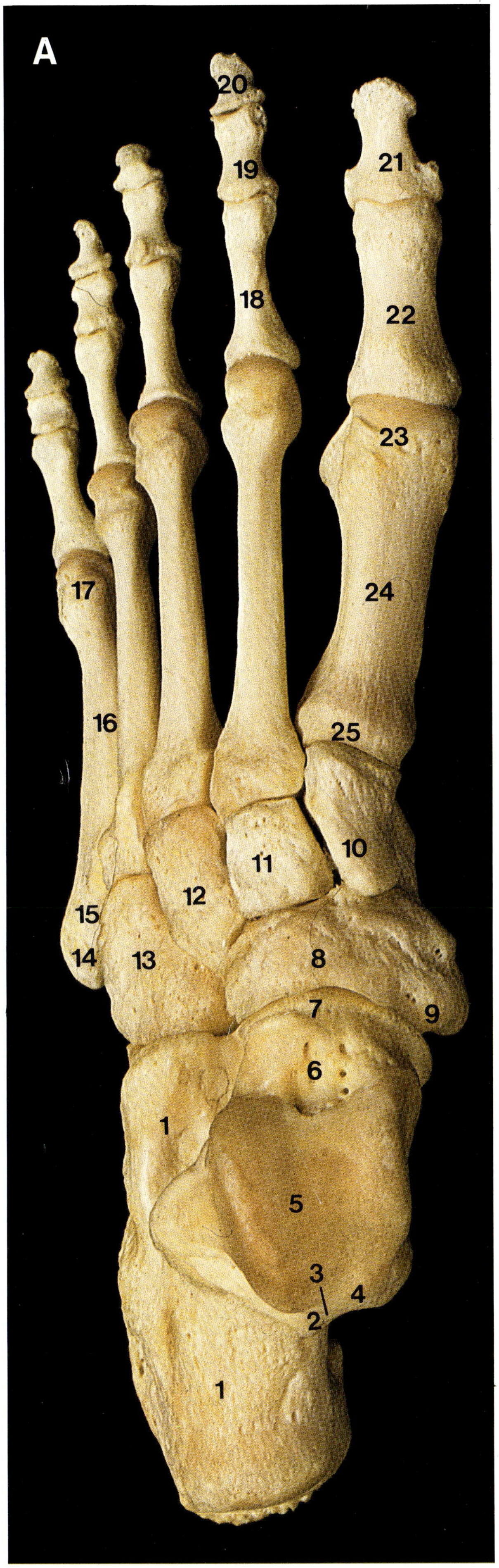

Knochen des linken Fußes, A von oben gesehen (Dorsum pedis), B von unten gesehen (Planta pedis)

1 Calcaneus
2 Tuberculum laterale ⎤
3 Sulcus für die Sehne des M. flexor hallucis longus ⎥
4 Tuberculum mediale ⎥ tali
5 Trochlea ⎥
6 Collum ⎥
7 Caput ⎦
8 Os naviculare
9 Tuberositas ossis navicularis
10 Os cuneiforme mediale
11 Os cuneiforme intermedium
12 Os cuneiforme laterale
13 Os cuboideum
14 Tuberositas ossis metatarsalis V
15 Basis ⎤
16 Corpus ⎥ ossis metatarsalis V
17 Caput ⎦
18 Phalanx proximalis ⎤
19 Phalanx media ⎥ des zweiten Zehenstrahles
20 Phalanx distalis ⎦
21 Phalanx distalis hallucis
22 Phalanx proximalis hallucis
23 Caput ⎤
24 Corpus ⎥ ossis metatarsalis I
25 Basis ⎦
26 Processus medialis tuberis calcanei
27 Processus lateralis tuberis calcanei
28 Sustentaculum tali des Calcaneus
29 Sulcus für die Sehne des M. flexor hallucis longus am Calcaneus
30 Tuberculum anterius calcanei
31 Tuberositas ossis cuboidei
32 Sulcus für die Sehne des M. peronaeus longus am Os cuboideum
33 Vertiefungen für die Sesambeine, die in die Sehne des M. flexor hallucis brevis eingelagert sind

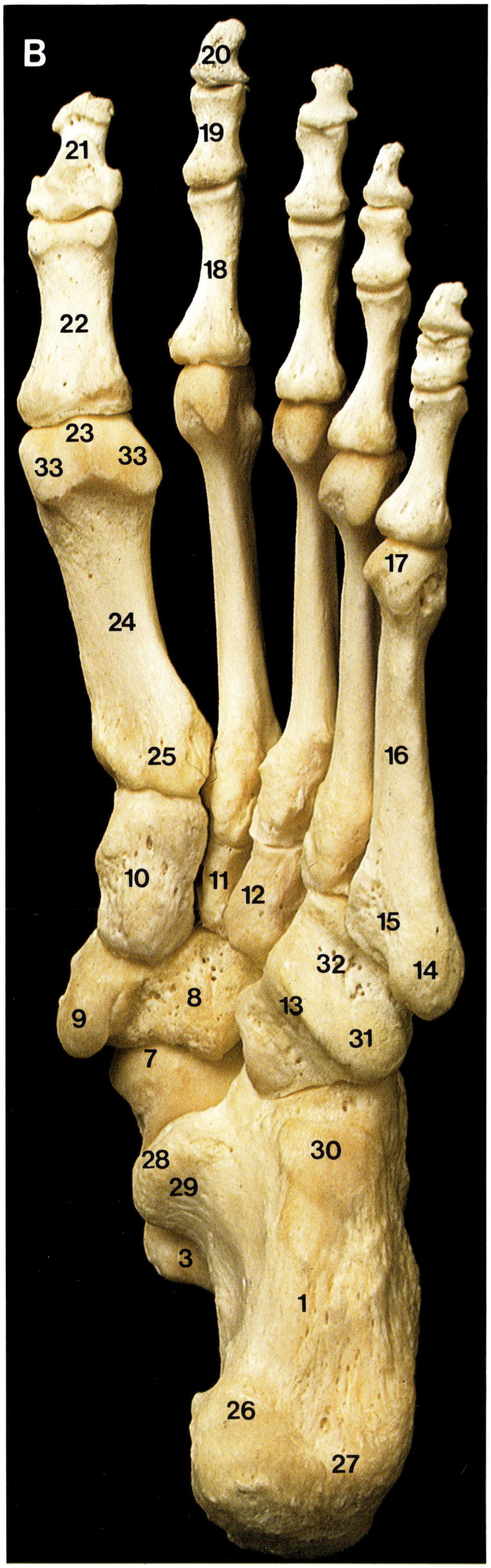

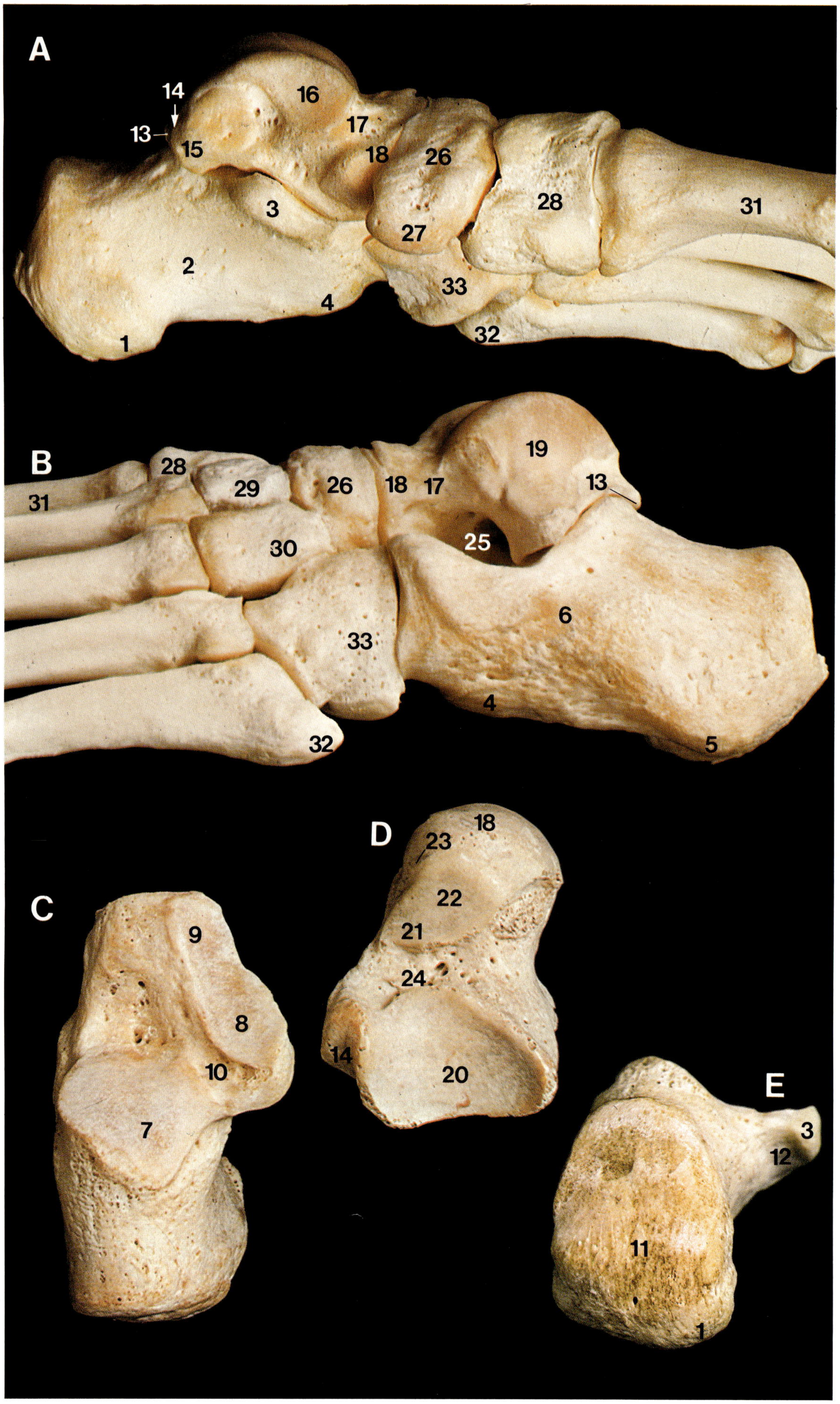

Knochen des linken Fußes, A Fußskelett von medial gesehen, B Fußskelett von lateral gesehen, C Calcaneus von oben gesehen, D Talus von unten gesehen, E Calcaneus von hinten gesehen.

1 Processus medialis tuberis
2 Facies medialis
3 Sustentaculum tali
4 Tuberculum anterius
5 Processus lateralis
6 Trochlea peronaealis
7 Facies articularis talaris posterior
8 Facies articularis talaris media
9 Facies articularis talaris anterior
10 Sulcus
11 Facies posterior
12 Sulcus tendinis m. flexoris hallucis longi

(1–12: calcanei)

13 Tuberculum laterale
14 Sulcus tendinis m. flexoris hallucis longi
15 Tuberculum mediale
16 Facies malleolaris medialis
17 Collum
18 Caput
19 Facies malleolaris lateralis
20 Facies articularis calcanea posterior
21 Facies articularis calcanea media
22 Facies articularis calcanea anterior

(13–22: tali)

23 Ansatzfläche für das Lig. calcaneonaviculare plantare
24 Sulcus tali
25 Sinus tarsi
26 Os naviculare
27 Tuberositas ossis navicularis
28 Os cuneiforme mediale
29 Os cuneiforme intermedium
30 Os cuneiforme laterale
31 Os metatarsale I
32 Tuberositas basis ossis metatarsalis V
33 Os cuboideum

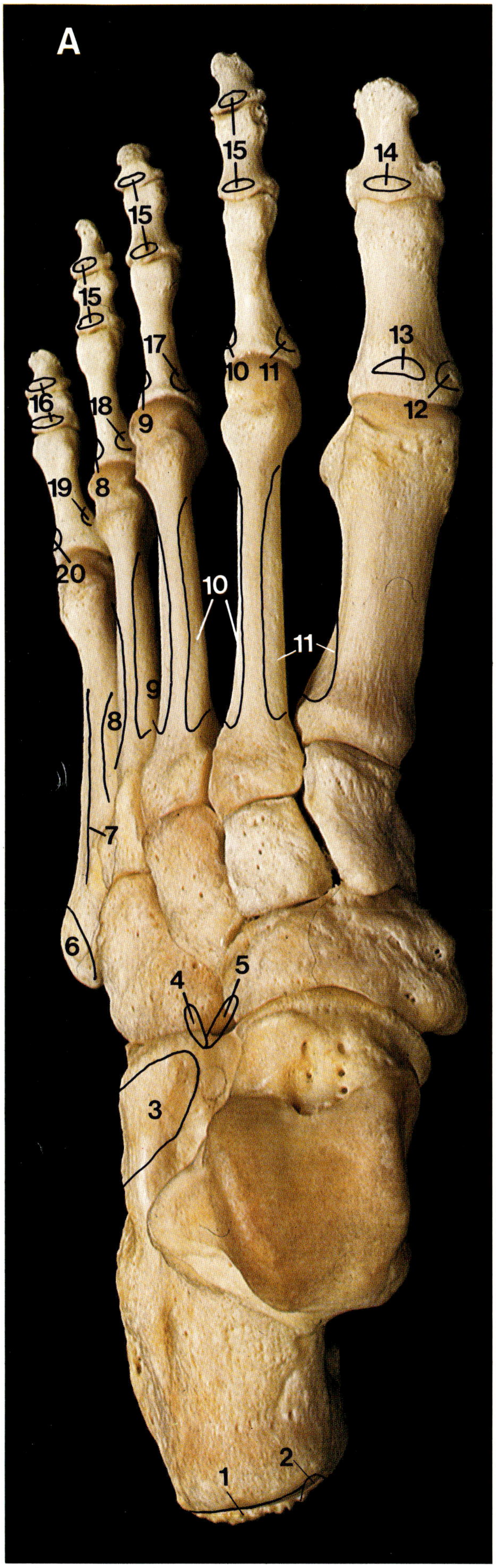

Knochen des linken Fußes, Muskelansatzflächen, A Fußskelett von oben gesehen, B Fußskelett von unten gesehen
(Gelenkkapseln und kleinere Ligamente wurden entfernt)

1 Sehne des M. triceps surae (Achillessehne)
2 M. plantaris
3 M. extensor digitorum brevis
4 Lig. calcaneocuboideum ⎤ Lig. bifurcatum
5 Lig. calcaneonaviculare ⎦
6 M. peronaeus brevis
7 M. peronaeus tertius
8 M. interosseus dorsalis IV
9 M. interosseus dorsalis III
10 M. interosseus dorsalis II
11 M. interosseus dorsalis I
12 M. abductor hallucis
13 M. extensor hallucis brevis
14 M. extensor hallucis longus
15 M. extensor digitorum longus und brevis
16 M. extensor digitorum longus
17 M. interosseus plantaris I
18 M. interosseus plantaris II
19 M. interosseus plantaris III
20 M. abductor digiti minimi
21 M. flexor digitorum brevis
22 M. quadratus plantae (M. flexor accessorius)
23 Lig. plantare longum
24 Lig. calcaneocuboideum
25 Lig. calcaneonaviculare plantare
26 M. tibialis posterior
27 M. tibialis anterior
28 M. flexor hallucis brevis
29 M. flexor digiti minimi brevis
30 M. adductor hallucis (Caput obliquum)
31 M. flexor hallucis longus
32 M. flexor digitorum longus
33 M. opponens digiti minimi (Teil von Nr. 29)
34 M. peronaeus longus

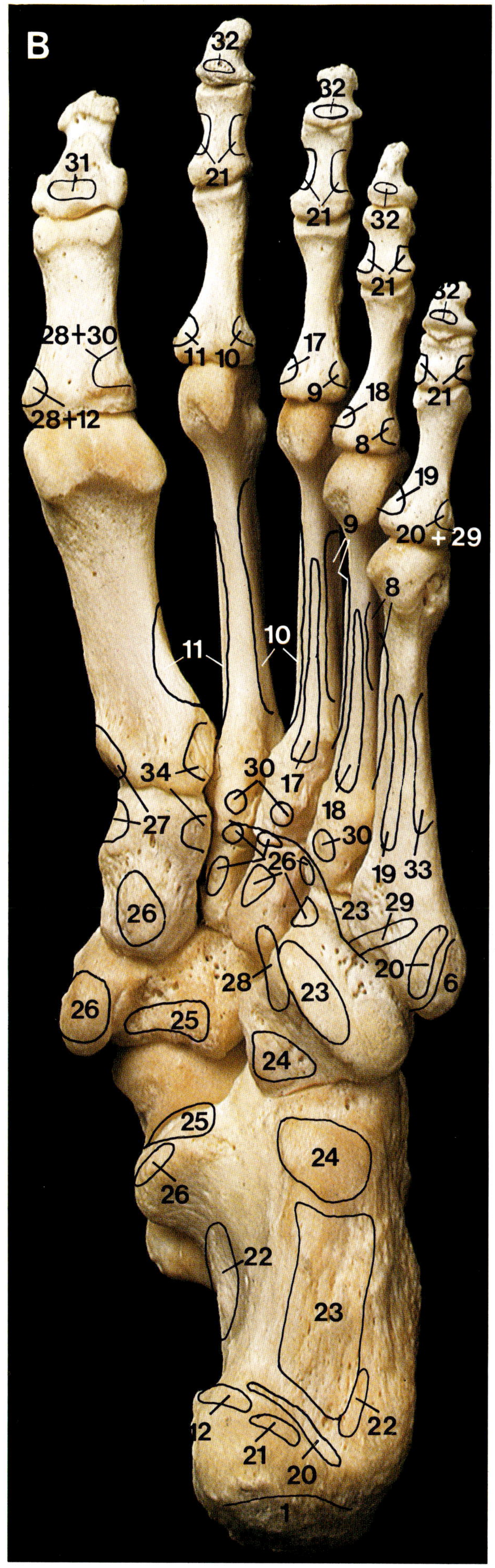

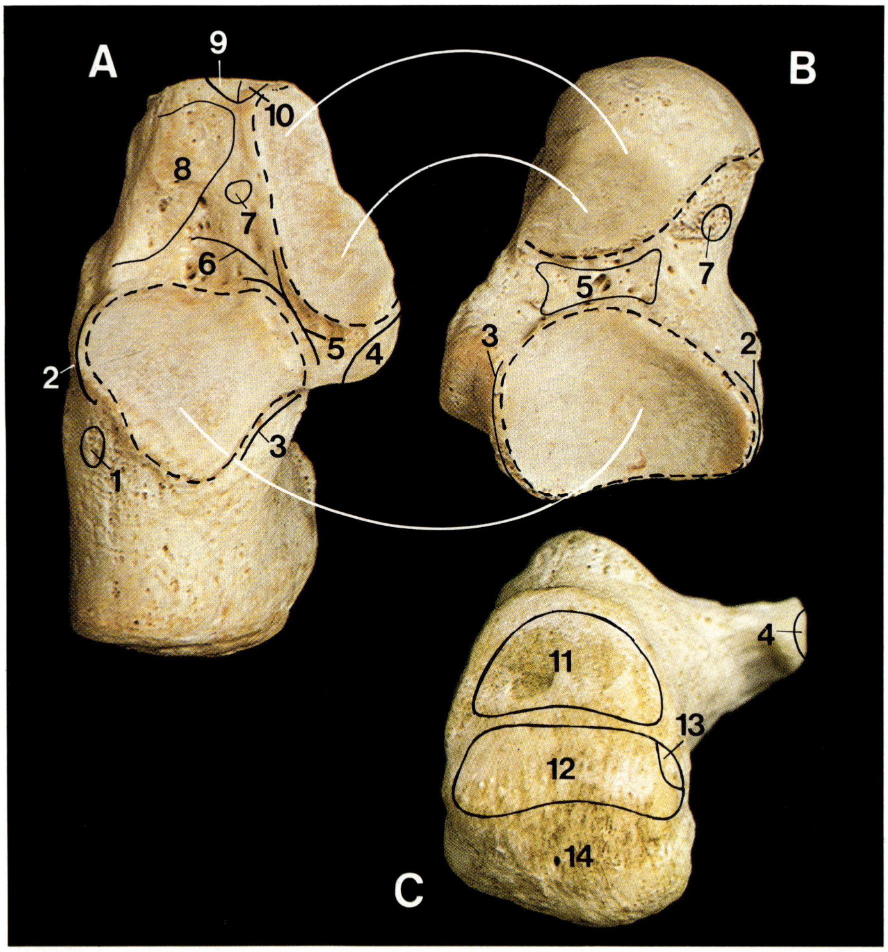

A–C Linker Calcaneus, Muskelansatzflächen, A von oben gesehen, B von hinten gesehen, C linker Talus von unten gesehen
(Unterbrochene Linie: Gelenkkapsel; die gebogenen Linien entsprechen den jeweils zusammengehörigen Gelenkflächen)

1 Lig. calcaneofibulare
2 Lig. talocalcaneum laterale
3 Lig. talocalcaneum mediale
4 Lig. mediale (deltoideum), Pars tibiocalcanea
5 Lig. talocalcaneum interosseum
6 Retinaculum extensorum inferius
7 Lig. cervicale
8 M. extensor digitorum brevis
9 Lig. calcaneocuboideum } Lig. bifurcatum
10 Lig. calcaneonaviculare } Lig. bifurcatum
11 Anlagerungsfläche der Bursa tendinis calcanei
12 Sehne des M. triceps surae (Achillessehne)
13 M. plantaris
14 Fläche für Binde- und Fettgewebe

● Das Lig. talocalcaneum interosseum entsteht durch die verdickten Kapseln der benachbarten Gelenke des unteren Sprunggelenkes (Articulatio talocalcaneonavicularis und talocalcanearis).

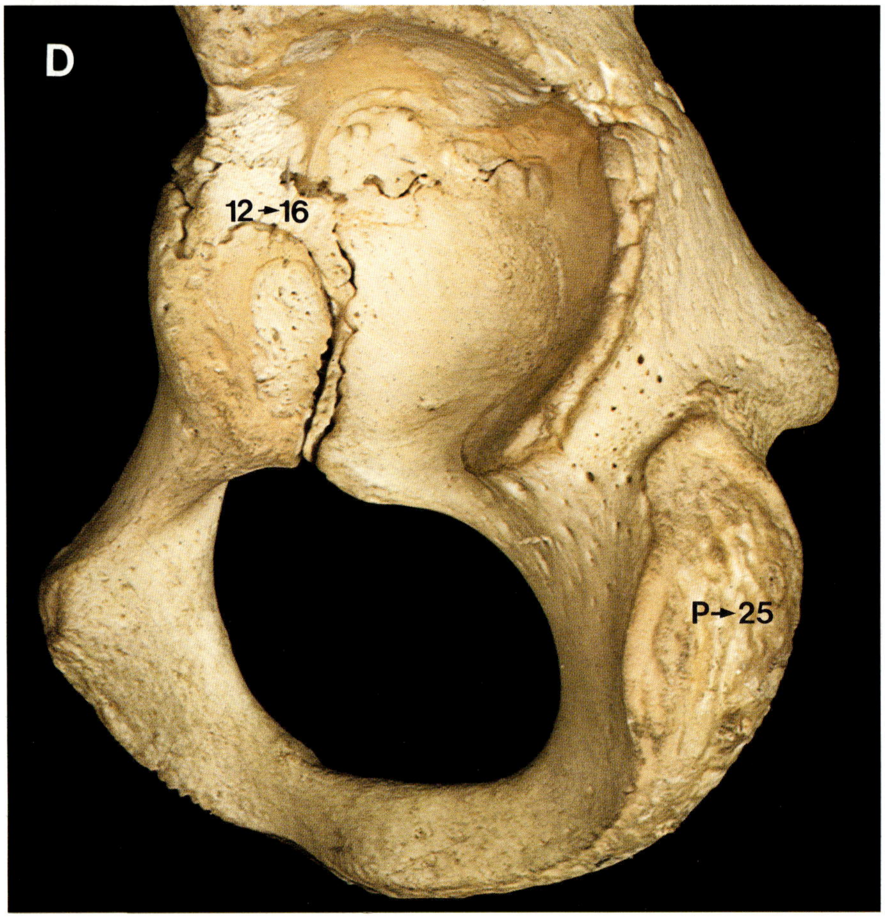

D–N Sekundäre Ossifikationszentren für die Knochen der linken unteren Extremität
(Zahlen bedeuten Jahre, und zwar jeweils den Beginn der Ossifikation bis zur Verschmelzung; B = Neunter Fetalmonat; P = Pubertät)

D Os coxae, E proximales, F distales Ende des Femur, G proximales, H distales Ende der Tibia, J proximales, K distales Ende der Fibula, L Calcaneus, M Metatarsalknochen und Phalangen der zweiten Zehe, N Metatarsalknochen und Phalangen der großen Zehe

● Siehe Anmerkung auf S. 106.
● Im Hüftbein (Os coxae) treten ein oder mehrere sekundäre Ossifikationszentren in den y-förmig zusammenstoßenden Knorpelanlagen des Os ilium, Os ischii und Os pubis auf. Andere Ossifikationspunkte (nicht abgebildet) sind gewöhnlich in der Crista iliaca, in der Spina iliaca anterior inferior und (möglicherweise) auch im Tuberculum pubicum und in der Crista pubica zu finden (verschmelzen alle von der Pubertät bis zum 25. Lebensjahr mit dem Hüftbein).
● Die Patella (nicht abgebildet) beginnt zwischen dem 3. und 6. Lebensjahr zu verknöchern, wobei ein oder mehrere Ossifikationspunkte auftreten.
● Der Calcaneus ist der einzige Fußwurzelknochen, der ein sekundäres Ossifikationszentrum bildet.
● Alle Phalangen und das Os metatarsale I bilden jeweils am proximalen Ende ein sekundäres Verknöcherungszentrum aus, während die anderen Metatarsalknochen ihre Ossifikationszentren jeweils am distalen Ende entwickeln.

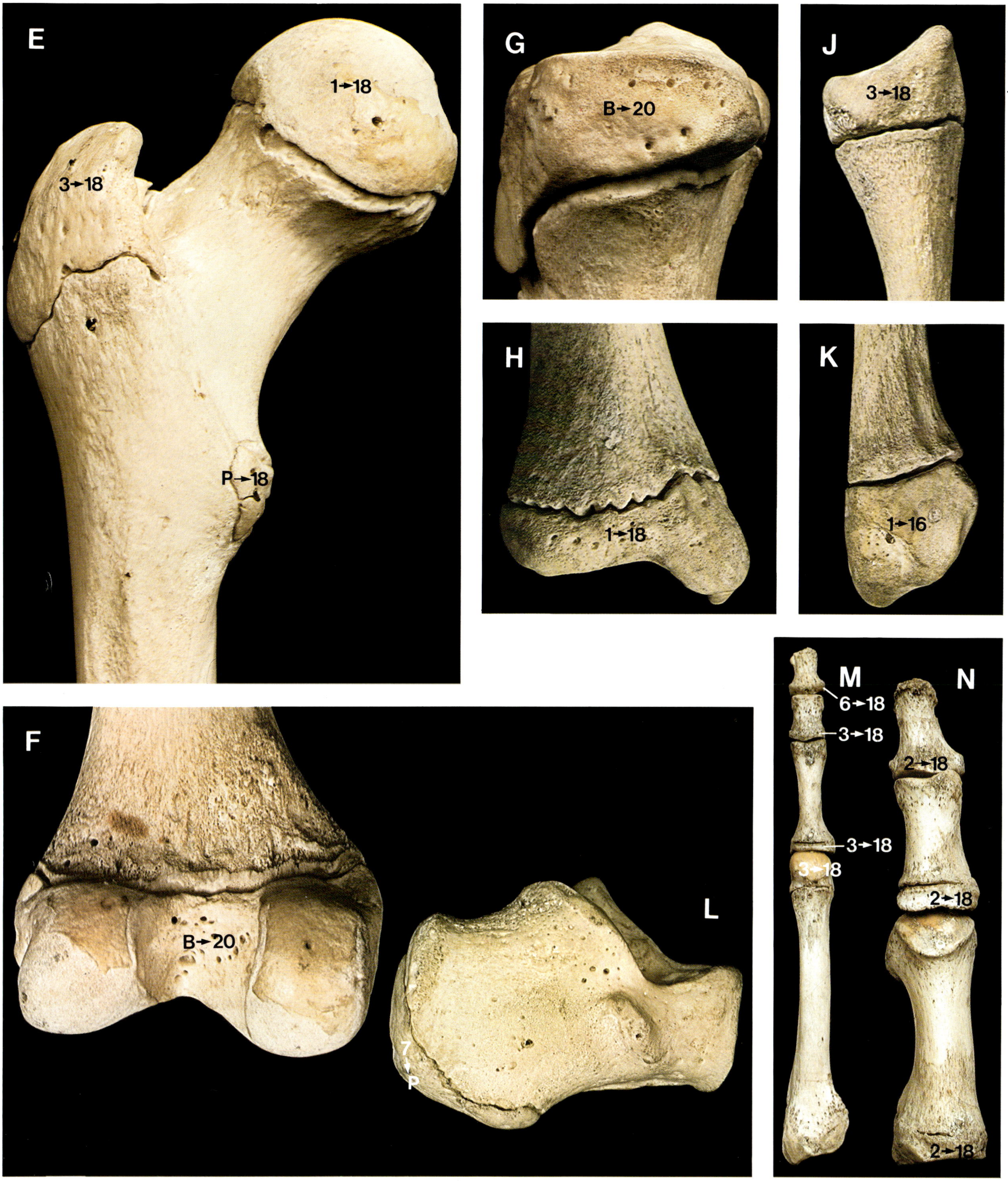
E
1→18
3→18
P→18
G
B→20
J
3→18
H
1→18
K
1→16
F
B→20
L
7
P
M
6→18
3→18
3→18
3→18
N
2→18
2→18
2→18

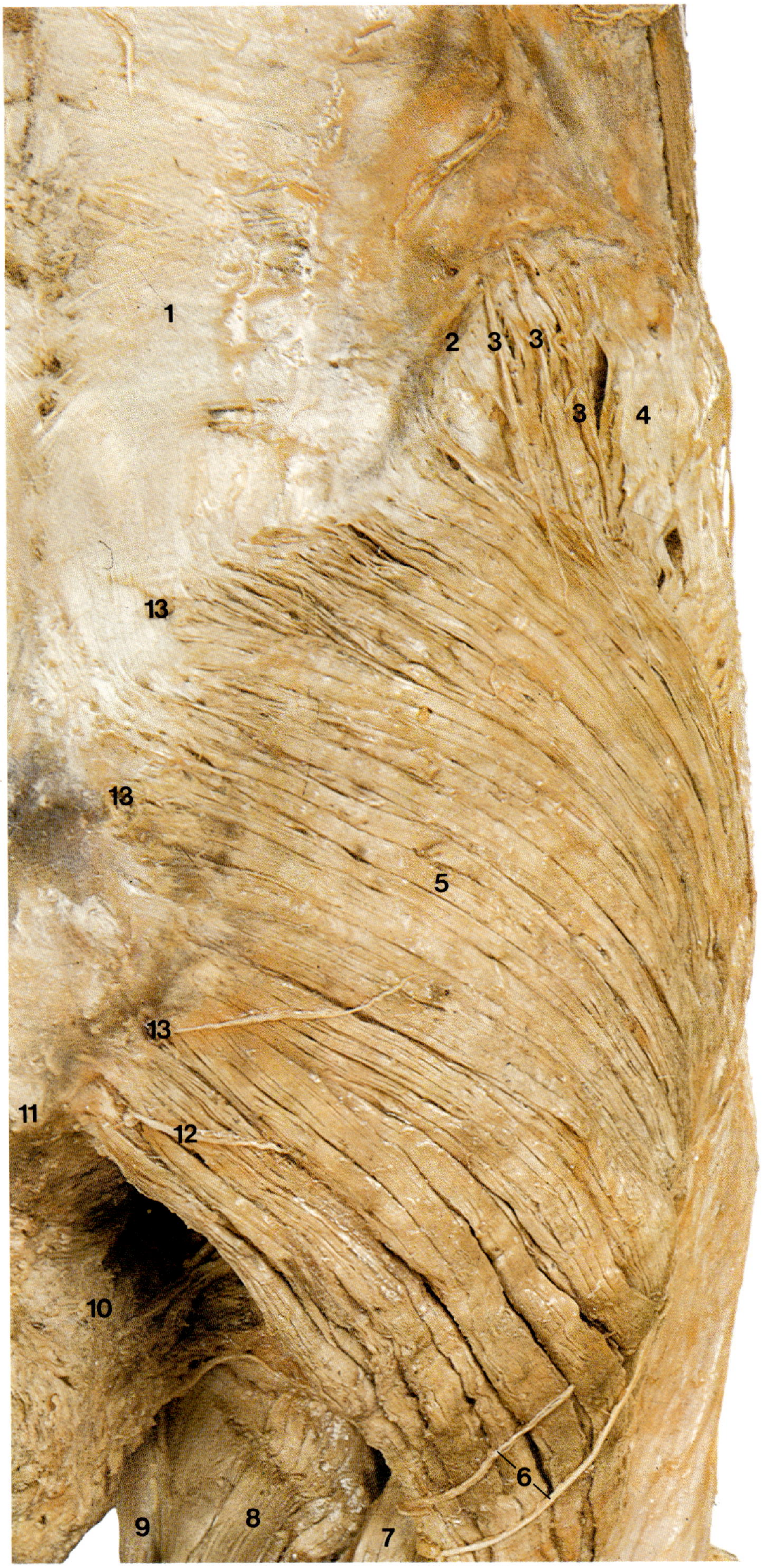

Rechte Regio glutaea, Hautnerven

1 Oberflächliches Blatt der Fascia thoracolumbalis (umhüllt den M. erector spinae)
2 Crista iliaca
3 Hautäste der Rami dorsales der ersten drei lumbalen Spinalnerven
4 Fascia glutaea auf dem M. glutaeus medius
5 M. glutaeus maximus
6 Nn. clunium inferiores aus dem N. cutaneus femoris posterior
7 M. semitendinosus
8 M. adductor magnus
9 M. gracilis
10 Fossa ischiorectalis und M. levator ani
11 Os coccygis
12 Perforierender Hautnerv
13 Nn. clunium medii (Äste der Rami dorsales der ersten drei Sakralnerven)

● Die Hautnerven der Regio glutaea stammen aus den ersten drei lumbalen und den ersten drei sakralen Segmenten (Rami cutanei laterales der Rami dorsales). Das vierte und fünfte Lumbalsegment beteiligt sich nicht an der Hautversorgung dieser Region.

A Rechte Regio glutaea, Äste des Plexus sacralis

(M. glutaeus maximus, M. piriformis und M. gemellus superior wurden größtenteils mit den Blutgefäßen zusammen entfernt)

1 M. glutaeus maximus
2 M. piriformis
3 Äste des N. glutaeus superior et inferior
4 M. glutaeus minimus
5 M. glutaeus medius
6 Trochanter major
7 M. obturatorius internus
8 M. gemellus inferior
9 M. obturatorius externus
10 M. quadratus femoris
11 M. adductor magnus
12 N. peronaeus communis, Teil des N. ischiadicus
13 N. tibialis, Teil des N. ischiadicus
14 N. cutaneus femoris posterior
15 Tuber ischiadicum
16 Caput longum m. bicipitis femoris
17 M. semitendinosus
18 Lig. sacrotuberale
19 Muskelast zum M. quadratus femoris (liegt auf der Markierung)
20 Nerv zum M. obturatorius internus (liegt auf der Markierung)
21 N. pudendus

● Im vorliegenden Präparat wird der Unterrand des M. piriformis durch die Pars peronaea des N. ischiadicus sowie durch mehrere Nervenstränge, die den N. glutaeus inferior bilden und den M. glutaeus maximus versorgen, durchbohrt. Der untere Teil des M. piriformis geht hier in eine Sehne über, die sich mit der des M. obturatorius internus verbindet.

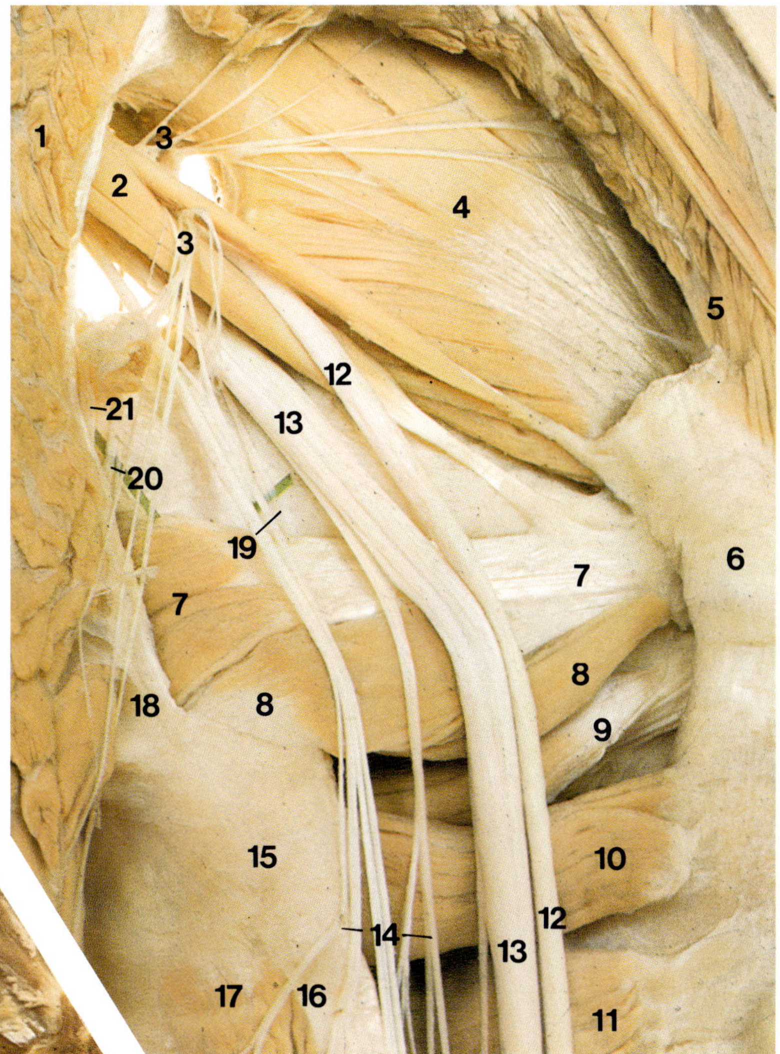

B

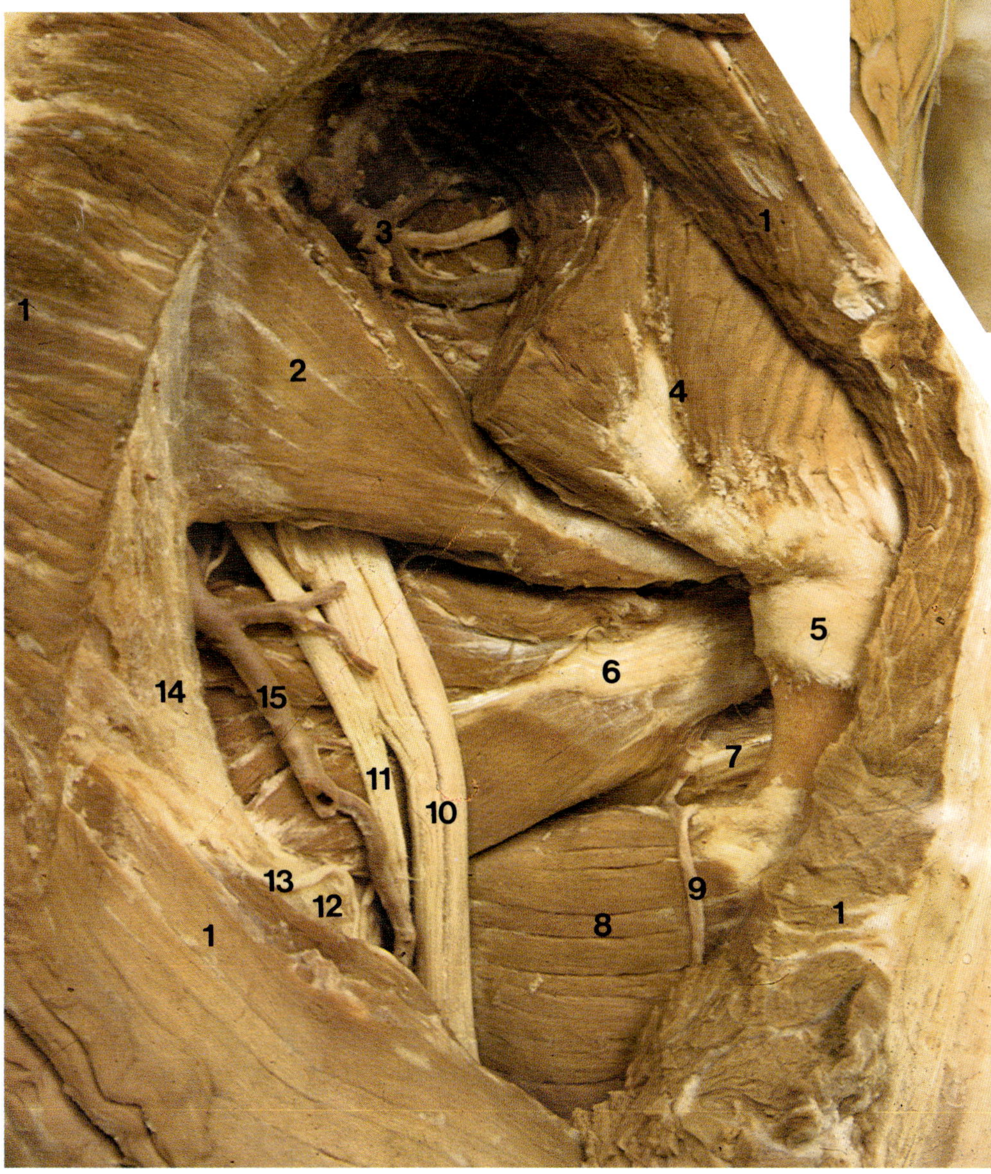

B Rechte Regio glutaea

(Der größte Teil des M. glutaeus maximus wurde entfernt)

1 M. glutaeus maximus
2 M. piriformis
3 N. glutaeus superior und Vasa glutaea superiora auf dem M. glutaeus minimus
4 M. glutaeus medius
5 Trochanter major
6 M. obturatorius internus und Mm. gemelli
7 M. obturatorius externus
8 M. quadratus femoris
9 Ramus ascendens der A. circumflexa femoris medialis
10 N. ischiadicus
11 N. cutaneus femoris posterior
12 Tuber ischiadicum
13 Perforierender Hautnerv
14 Lig. sacrotuberale
15 A. glutaea inferior

● Von den zahlreichen Leitungsbahnen, die durch das Foramen ischiadicum majus hindurchgehen, verlaufen nur die Vasa glutaea superiora und der N. glutaeus superior oberhalb vom M. piriformis, d. h. durch das Foramen suprapiriforme.

A

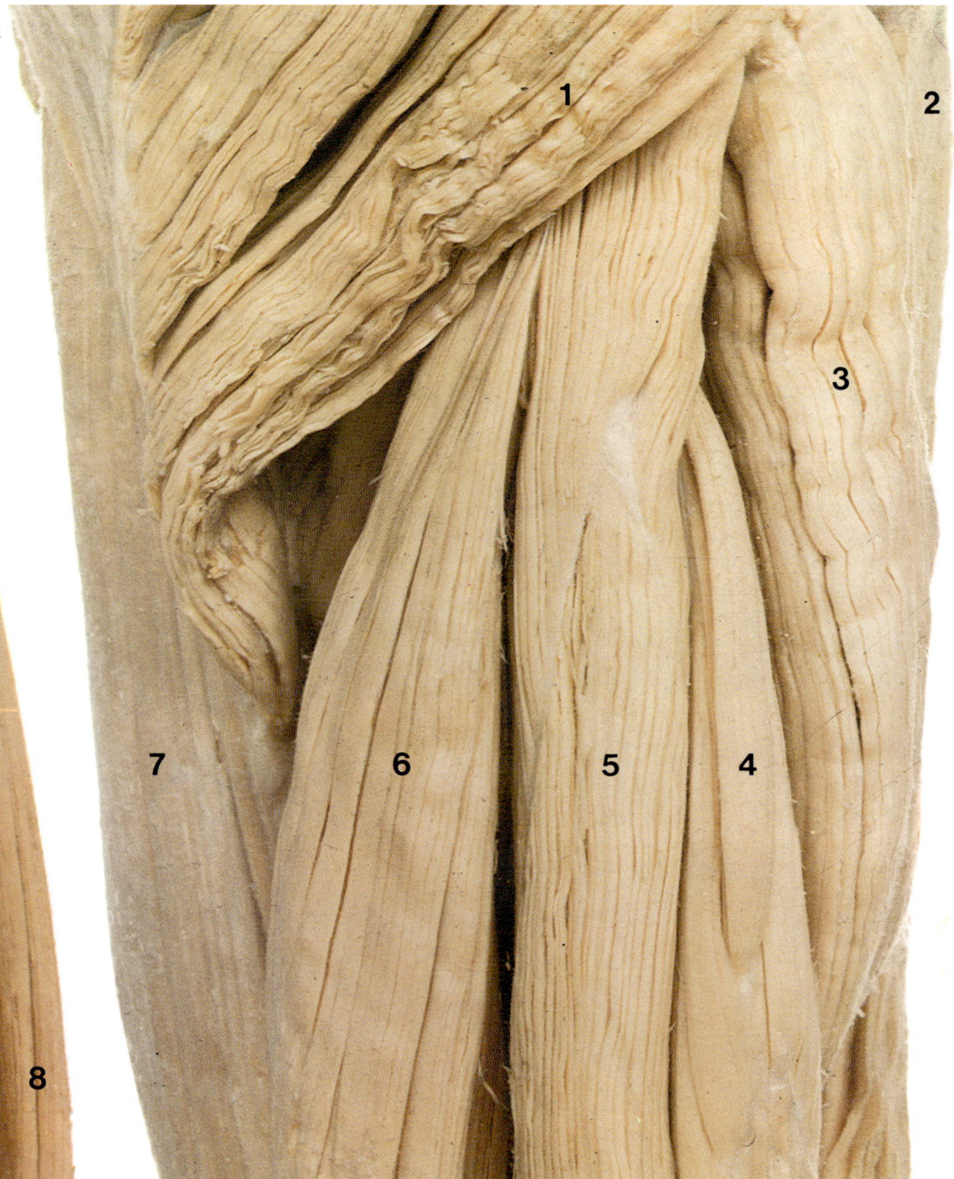

B

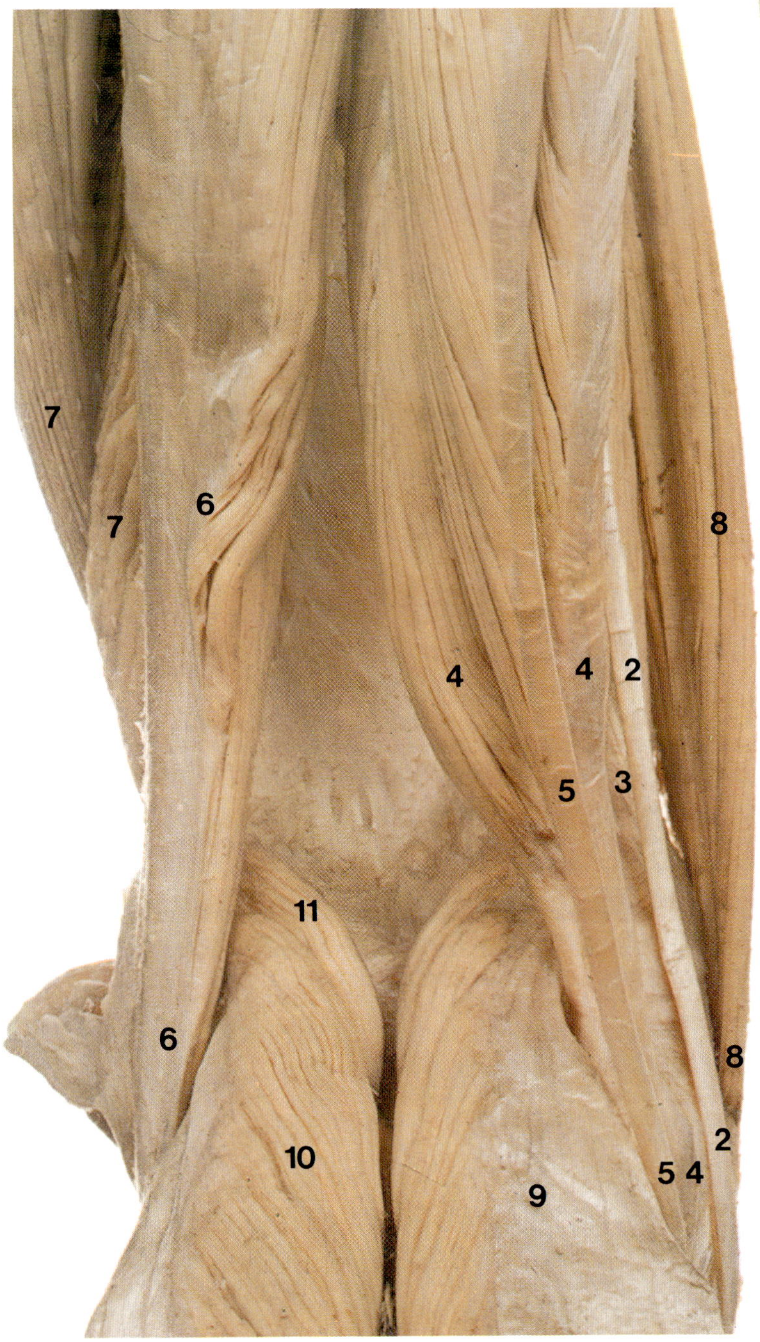

Dorsale Oberschenkelmuskulatur des linken Beines, A oberer, B unterer Abschnitt des Oberschenkels

1 M. glutaeus maximus
2 M. gracilis
3 M. adductor magnus
4 M. semimembranosus
5 M. semitendinosus
6 M. biceps femoris
7 M. vastus lateralis
8 M. sartorius
9 Caput mediale m. gastrocnemii
10 Caput laterale m. gastrocnemii
11 M. plantaris

● Das Caput longum des M. biceps femoris (in Abb. A gut zu erkennen), der M. semimembranosus und der M. semitendinosus werden zusammen als ischiokrurale Muskulatur bezeichnet. Sie spannen sich bei extremer Rumpfbeugung vorwärts stark an (sog. »Kniesehnen«). Das Caput breve des M. biceps femoris, das unter dem Caput longum liegt und nicht vom Tuber ischiadicum entspringt, spielt dabei keine Rolle. Die ischiokrurale Muskulatur wirkt sowohl auf das Hüftgelenk als auch auf das Kniegelenk ein.

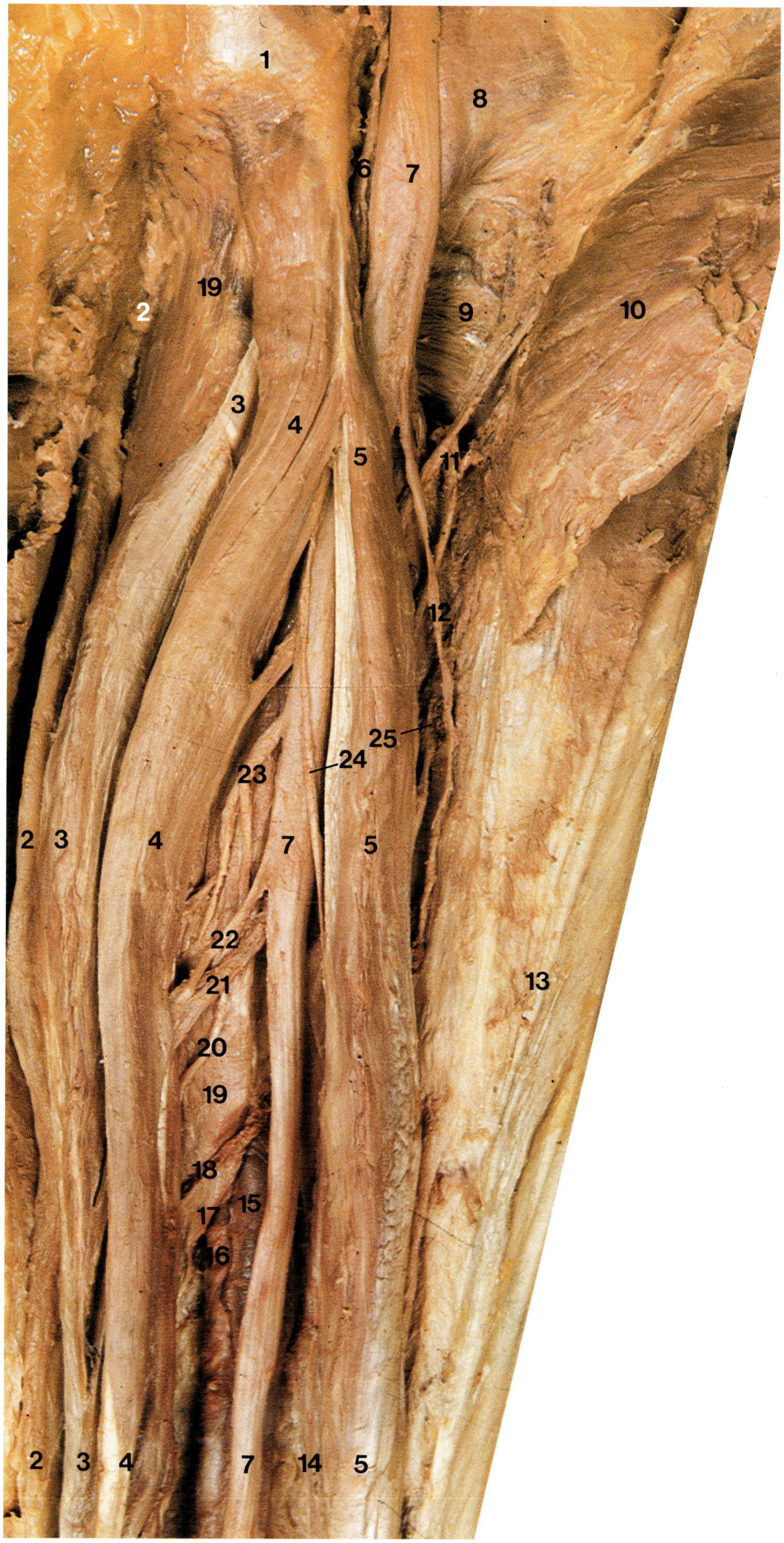

Regio femoris posterior; ischiokrurale Muskulatur und Nervus ischiadicus

(Der M. glutaeus maximus wurde nach lateral verlagert und die ischiokruralen Muskeln wurden etwas auseinandergezogen)

1 Tuber ischiadicum
2 M. gracilis
3 M. semimembranosus
4 M. semitendinosus
5 Caput longum m. bicipitis femoris
6 Ast der A. glutaea inferior
7 N. ischiadicus
8 M. quadratus femoris
9 Oberer Abschnitt des M. adductor magnus (»M. adductor minimus«)
10 M. glutaeus maximus
11 A. perforans I
12 Nerv zum Caput breve m. bicipitis femoris
13 Tractus iliotibialis auf dem M. vastus lateralis
14 Caput breve m. bicipitis femoris
15 V. poplitea
16 A. poplitea
17 Hiatus tendineus (adductorius)
18 A. perforans IV
19 M. adductor magnus
20 Nerv zum M. semimembranosus
21 A. perforans III
22 Nerv zum M. semitendinosus
23 Nerven zum M. semimembranosus und M. adductor magnus
24 Nerv zum Caput longum m. bicipitis femoris
25 A. perforans II

● Der einzige Muskelast, der von der lateralen Portion des N. ischiadicus entspringt (d. h. dem späteren N. peronaeus communis), ist der für den kurzen Kopf des M. biceps. Alle anderen Muskeläste entspringen von der medialen Portion des N. ischiadicus, d. h. vom späteren N. tibialis.

B Vasa femoralia, links

(Dasselbe Präparat wie in Abb. A. Die A. femoralis wurde etwas nach lateral verlagert)

1 M. adductor longus
2 M. adductor brevis
3 Äste des Ramus anterior n. obturatorii
4 M. pectineus
5 V. femoralis
6 A. femoralis
7 N. femoralis
8 M. sartorius
9 M. rectus femoris
10 A. profunda femoris
11 A. circumflexa femoris medialis

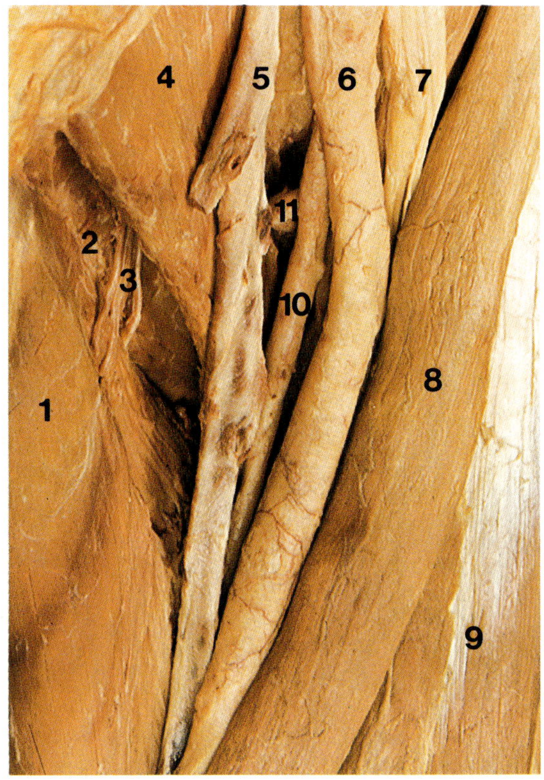

B

A

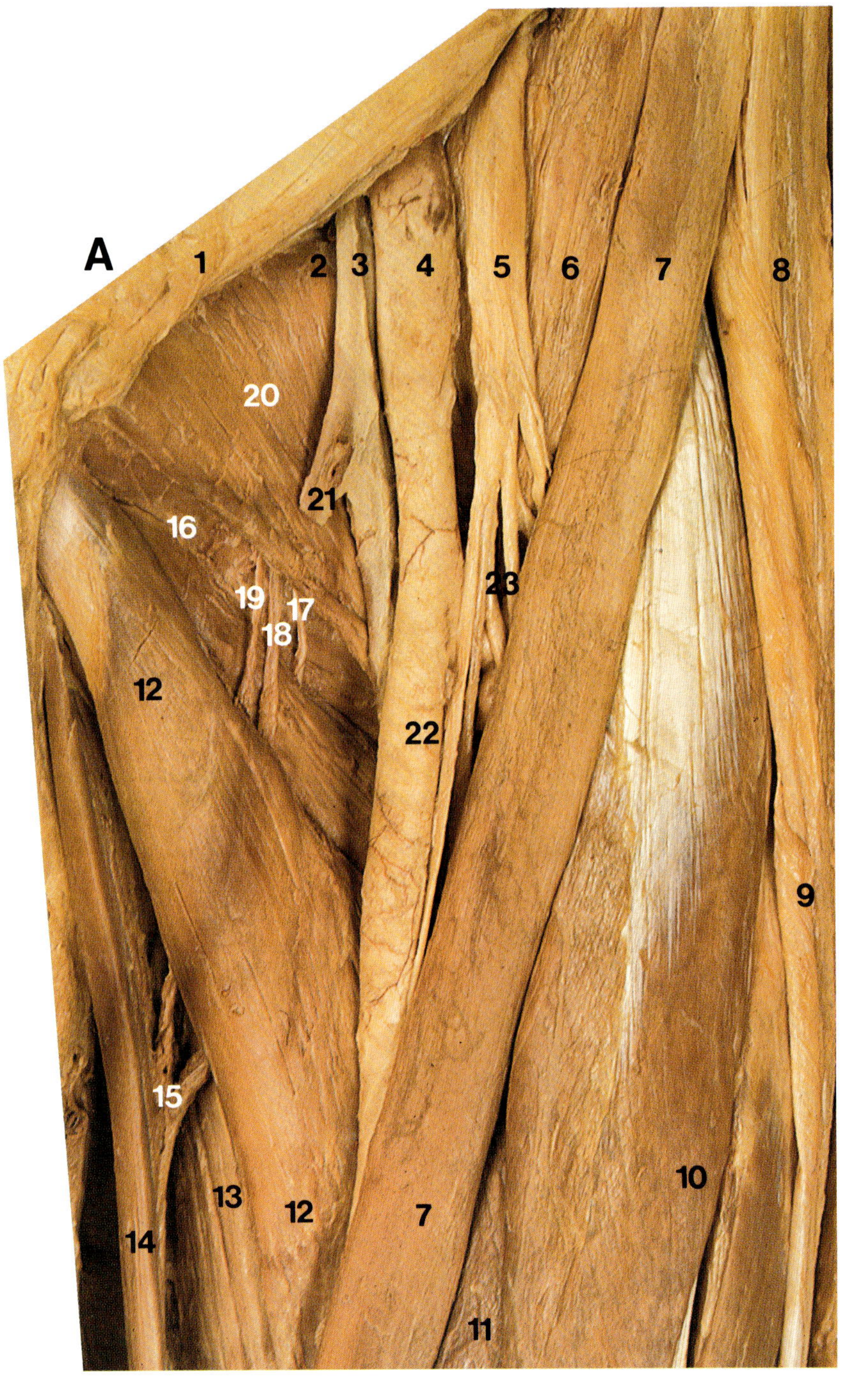

A Linkes Trigonum femorale

(Die oberflächlichen Gefäße, die Hautäste des N. femoralis und der obere Teil der Fascia lata wurden entfernt)

1 Lig. inguinale
2 Lage des Canalis femoralis
3 V. femoralis
4 A. femoralis
5 N. femoralis
6 M. iliopsoas
7 M. sartorius
8 Fascia lata über dem M. tensor fasciae latae
9 Tractus iliotibialis
10 M. rectus femoris
11 M. vastus medialis
12 M. adductor longus
13 M. adductor magnus
14 M. gracilis
15 Gefäß-Nerven-Strang für den M. gracilis
16 M. adductor brevis
17 Ast zum M. adductor brevis
18 Ast zum M. adductor longus
19 Ast zum M. gracilis
(17–19: Äste des Ramus anterior n. obturatorii)
20 M. pectineus
21 V. saphena magna
22 N. saphenus
23 Rami musculares n. femoralis, ziehen über die Vasa circumflexa femoris lateralia hinweg.

- Die oberflächlichen Schichten dieser Region sind auf S. 207 dargestellt.
- Das Trigonum femorale wird vom Lig. inguinale, vom M. sartorius und vom M. adductor longus begrenzt.
- M. pectineus und M. adductor longus sind gewöhnlich miteinander verbunden. Wenn das jedoch, wie in diesem Präparat, nicht der Fall ist, kann man den Ramus anterior des N. obturatorius mit seinen Ästen am Boden des Trigonum femorale *vor* dem M. adductor brevis liegen sehen.
- Der Canalis femoralis liegt im medialen Abschnitt der Lacuna vasorum und wird von der Fascia femoralis (hier entfernt) umschlossen. Die V. femoralis verläuft dazu medial, die A. femoralis lateral. Der N. femoralis verläuft nicht im Canalis femoralis, sondern lateral davon in der Lacuna musculorum.

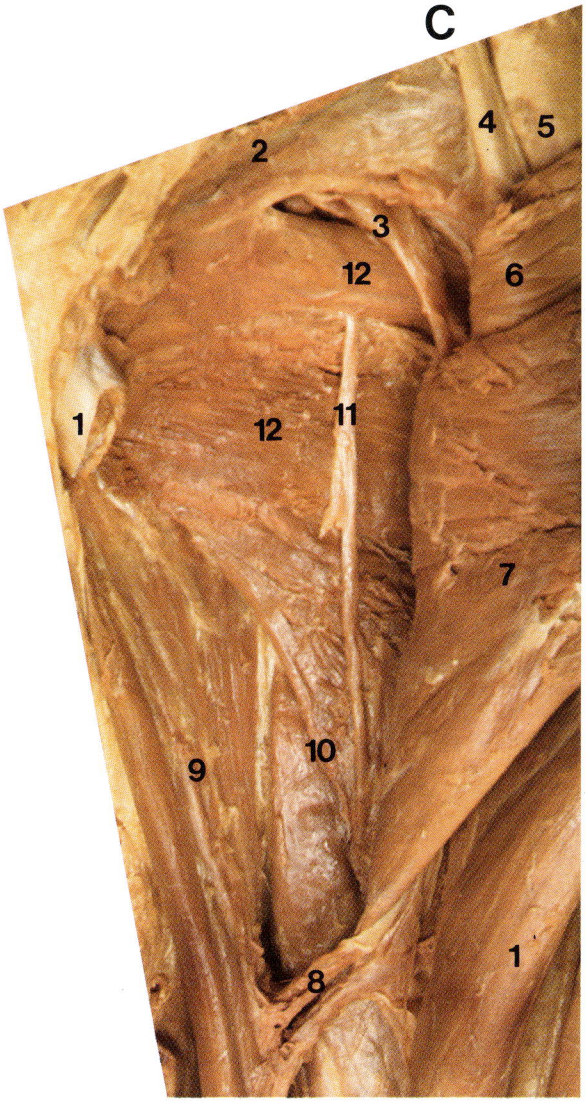

C Ramus posterior nervi obturatorii, links
(M. adductor longus, M. adductor brevis und M. pectineus wurden von ihren Ursprüngen abgelöst und nach lateral gezogen)

1 M. adductor longus
2 Ramus superior ossis pubis
3 Ramus anterior n. obturatorii
4 V. femoralis
5 A. femoralis
6 M. pectineus
7 M. adductor brevis
8 Gefäße und Nerven für den M. gracilis
9 M. gracilis
10 M. adductor magnus
11 Ramus posterior n. obturatorii
12 M. obturatorius externus

● Im Canalis obturatorius teilt sich der N. obturatorius in einen Ramus anterior und einen Ramus posterior. Der Ramus anterior verläuft vor dem M. obturatorius externus, während der Ramus posterior diesen Muskel durchbohrt.

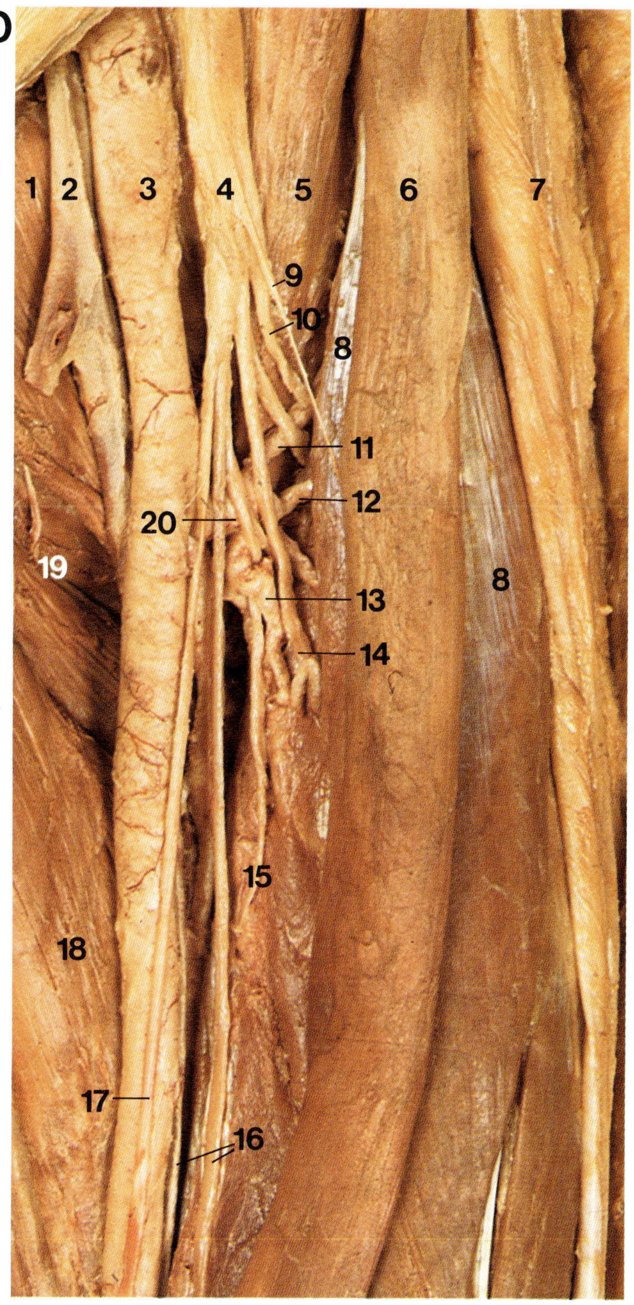

D Nervus femoralis, links
(Dasselbe Präparat wie in Abb. A., M. sartorius und M. rectus femoris wurden nach lateral verlagert)

1 M. pectineus
2 V. femoralis
3 A. femoralis
4 N. femoralis
5 M. iliopsoas
6 M. sartorius
7 M. tensor fasciae latae
8 M. rectus femoris
9 Nerv für den M. sartorius
10 Nerv für den M. rectus femoris
11 Ramus ascendens ⎤
12 Ramus transversus ⎬ a. circumflexae femoris lateralis
13 Ramus descendens ⎦
14 Nerv zum M. vastus lateralis
15 M. vastus intermedius und innervierender Nerv
16 M. vastus medialis mit seinen Nerven
17 N. saphenus
18 M. adductor longus
19 M. adductor brevis und innervierender Nerv
20 A. profunda femoris

● Die A. femoralis verläuft vor dem M. adductor longus und magnus abwärts zum Adduktorenkanal (die V. femoralis liegt dahinter). Sie tritt an der Rückseite des Oberschenkels durch den Hiatus tendineus (adductorius) in die Regio poplitea, wo sie dann als A. poplitea bezeichnet wird (vgl. a. S. 295 und 299).
● Die A. profunda femoris verläuft hinter dem M. adductor longus abwärts und endet mit vier Arterien, die den M. adductor magnus in verschiedener Höhe durchbohren (vgl. a. S. 295).

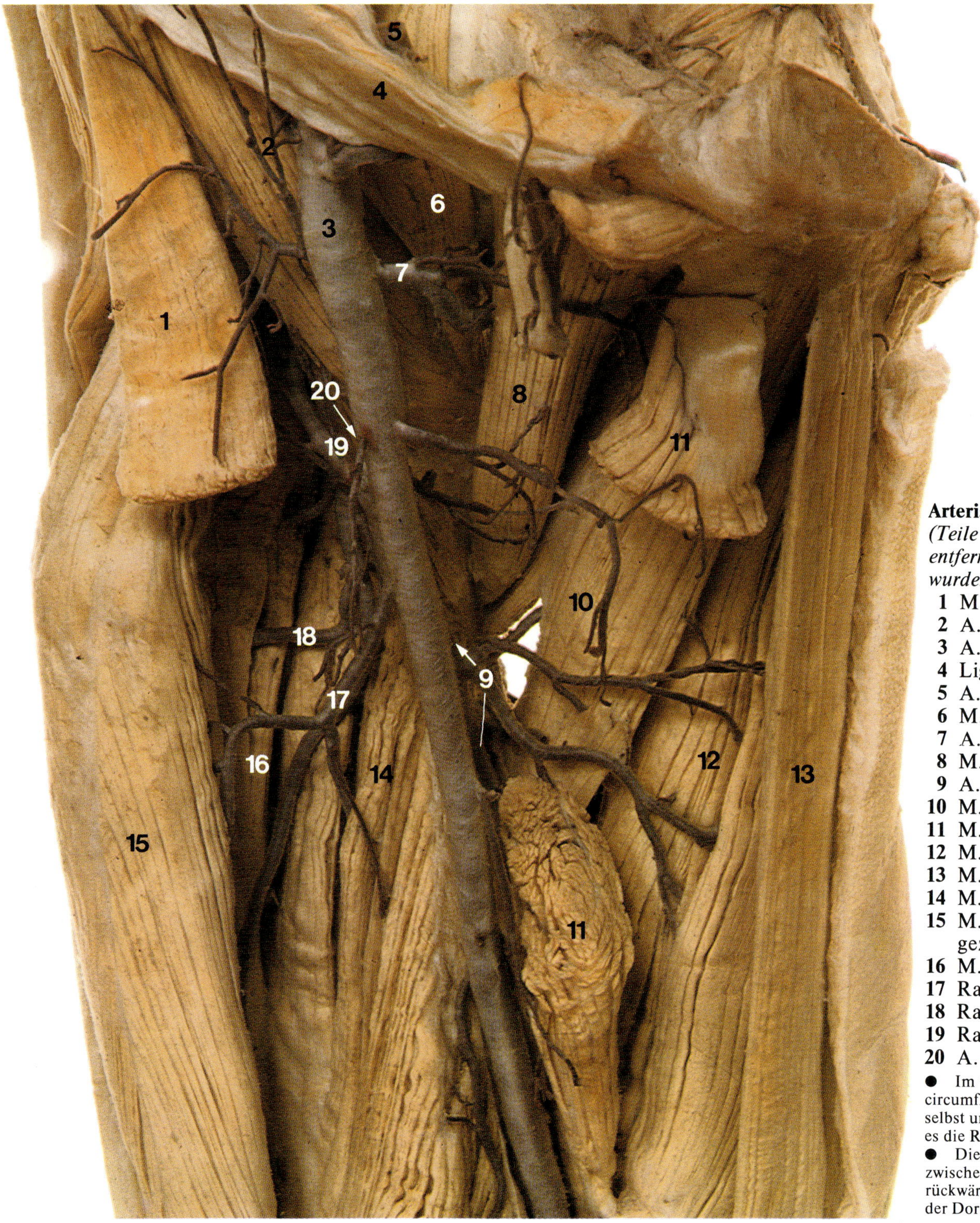

Arteria femoralis, rechts

(Teile der angrenzenden Muskeln wurden entfernt. Die kleinen Äste zur Muskulatur wurden nicht bezeichnet)

1 M. sartorius
2 A. circumflexa ilium superficialis
3 A. femoralis
4 Lig. inguinale
5 A. epigastrica inferior
6 M. psoas major
7 A. circumflexa femoris medialis
8 M. pectineus
9 A. profunda femoris
10 M. adductor brevis
11 M. adductor longus
12 M. adductor magnus
13 M. gracilis
14 M. vastus intermedius
15 M. rectus femoris (nach lateral gezogen)
16 M. vastus lateralis
17 Ramus descendens
18 Ramus transversus
19 Ramus ascendens
(17–19: a. circumflexae femoris lateralis)
20 A. circumflexa femoris lateralis

● Im vorliegenden Präparat entspringt die A. circumflexa femoris medialis von der A. femoralis selbst und nicht von der A. profunda femoris, wie es die Regel ist (eine häufige Variation).

● Die A. circumflexa femoris medialis zieht zwischen M. psoas und M. pectineus hindurch nach rückwärts, um sich an den Anastomosen der Dorsalseite des Oberschenkels zu beteiligen.

Linke Oberschenkelregion, von vorne und medial gesehen

(Darstellung des M. vastus medialis und des Adduktorenkanals. M. sartorius und M. gracilis wurden etwas nach medial verlagert)

1 M. gracilis
2 M. adductor magnus
3 M. sartorius
4 A. femoralis
5 N. saphenus
6 Hiatus tendineus (adductorius)
7 M. vastus medialis und innervierender Nerv
8 M. rectus femoris
9 Tractus iliotibialis
10 Sehnenspiegel des M. quadriceps femoris
11 Patella
12 Retinaculum mediale patellae
13 Distale (horizontale) Faserzüge des M. vastus medialis
14 Ramus saphenus der A. genus descendens

- Der N. saphenus liegt im Trigonum femorale lateral von der A. femoralis im unteren Bereich des Adduktorenkanals, jedoch medial von der Arterie. Zwischen M. sartorius und M. gracilis tritt er an die Oberfläche und verläuft schließlich an der medialen Seite des Kniegelenks abwärts zur Haut des Unterschenkels.
- Die untersten Fasern des M. vastus medialis haben eine fast horizontale Verlaufsrichtung und sind für die vollständige Streckung im Kniegelenk von Bedeutung.

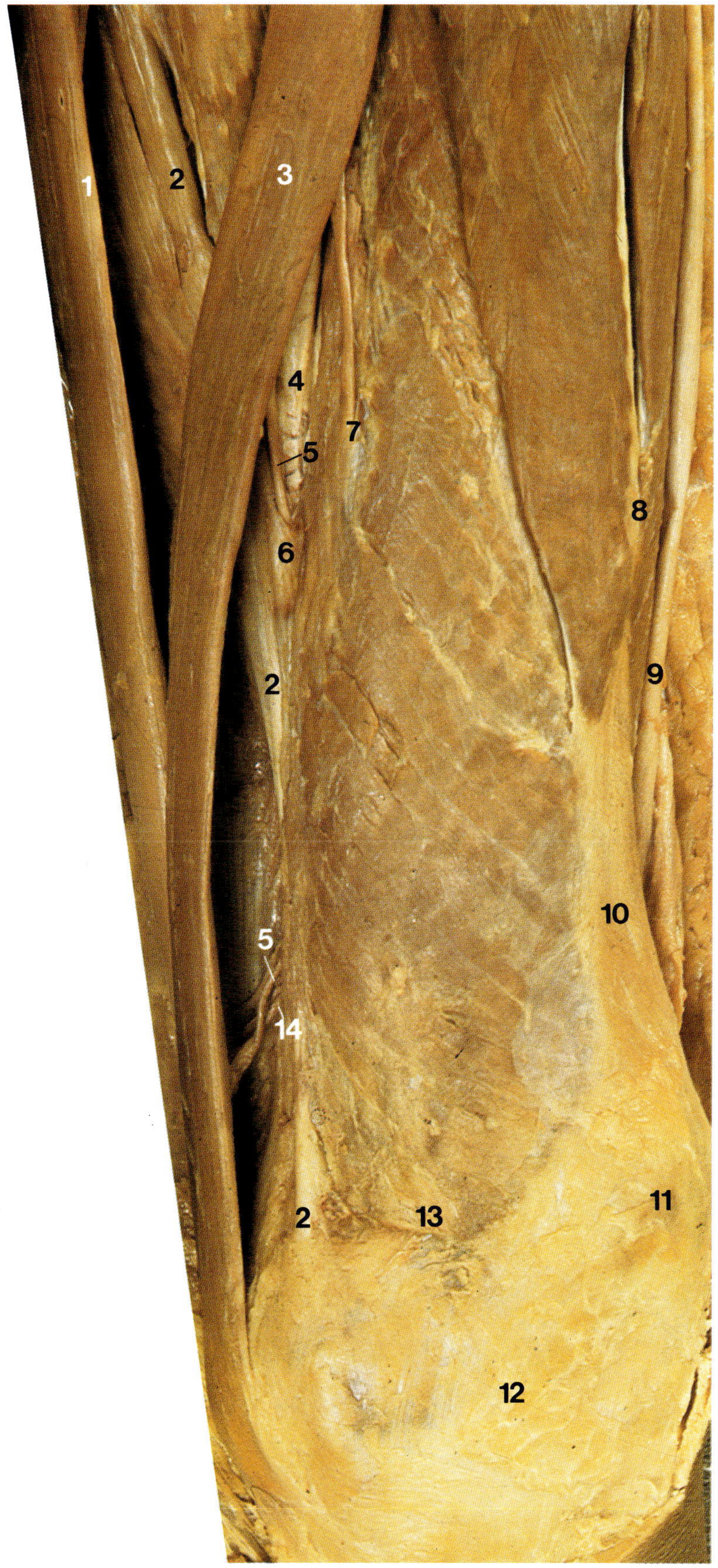

Rechtes Hüftgelenk, A von vorne, B von hinten gesehen
(Männliches Becken)

1 Spina iliaca anterior inferior
2 Lig. inguinale
3 Anulus inguinalis superficialis und Funiculus spermaticus
4 Eminentia iliopubica
5 Canalis obturatorius
6 M. obturatorius externus
7 Lig. pubofemorale
8 Lig. iliofemorale
9 Trochanter minor
10 Linea intertrochanterica und Ansatz der Gelenkkapsel
11 Trochanter major
12 Lig. ischiofemorale
13 Zona orbicularis
14 Crista intertrochanterica
15 Tuber ischiadicum
16 Incisura ischiadica minor und Anlagerungsfläche für den M. obturatorius internus
17 Spina ischiadica

● Das Lig. iliofemorale hat die Form eines umgekehrten »Y«. Lig. iliofemorale und Lig. sacroiliacum interosseum sind die stärksten Bänder des Körpers.

● Einige Faserzüge des Lig. ischiofemorale beteiligen sich an der Zona orbicularis; das sind zirkuläre Faserzüge in der Gelenkkapsel, die eine ringförmige Schlinge um den Oberschenkelhals bilden.

● Hinten ist die Gelenkkapsel am Collum femoris fixiert und erreicht die Crista intertrochanterica nicht. Vorne verläuft sie dagegen bis zur Linea intertrochanterica.

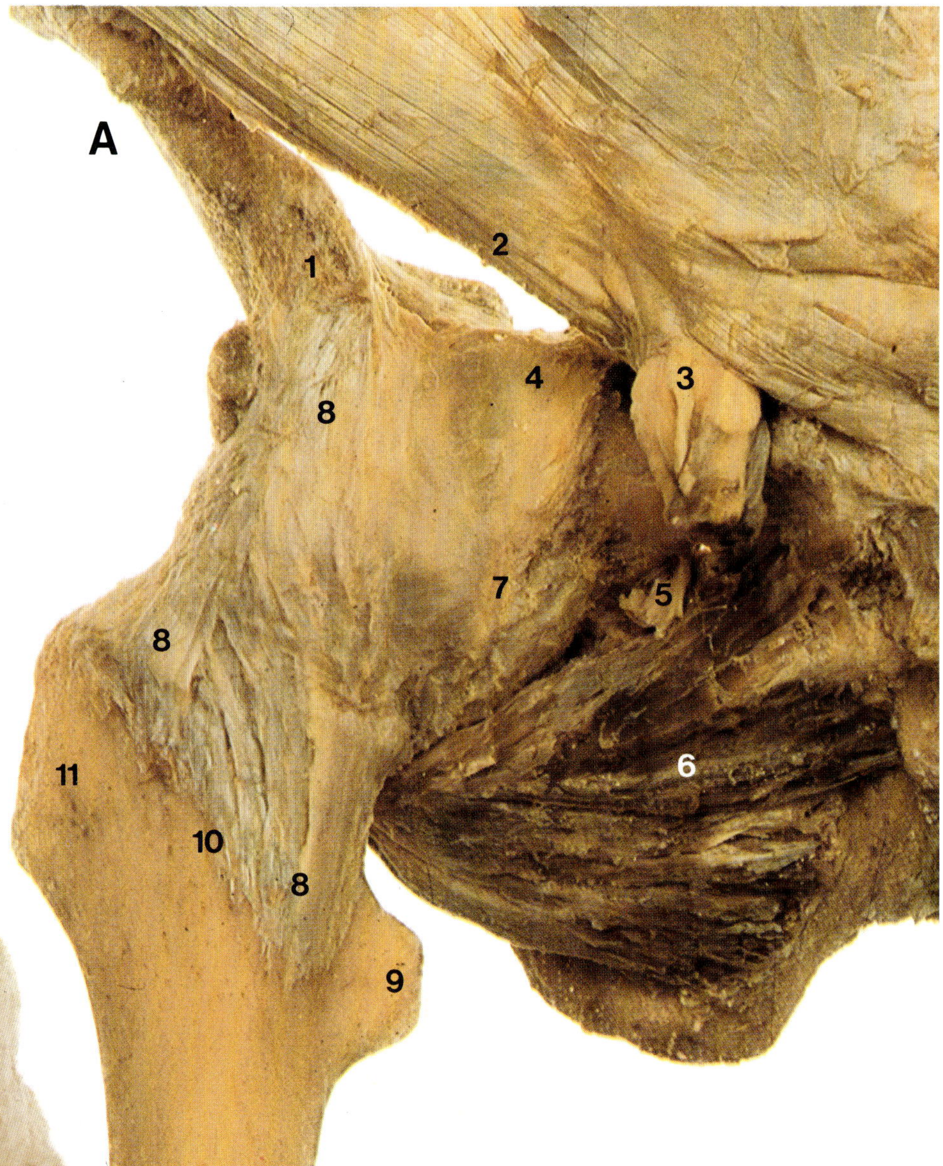

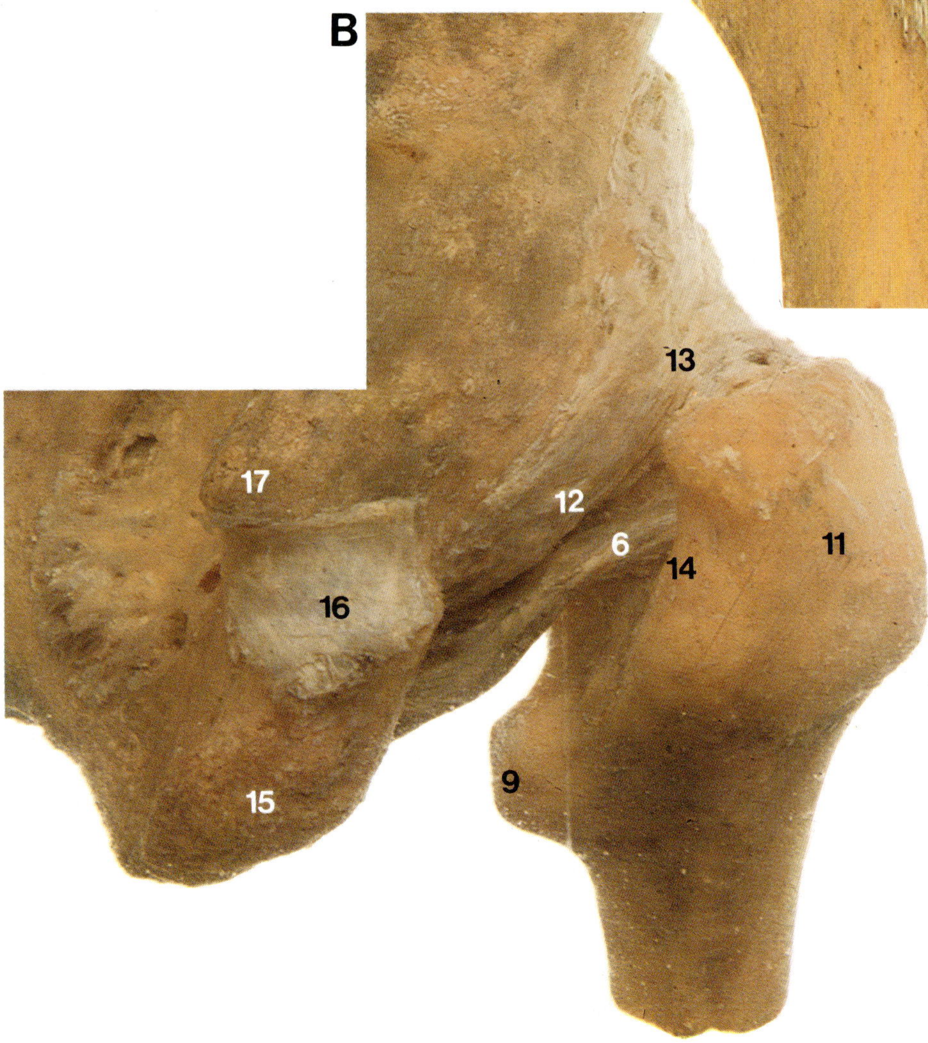

C Bandapparat des linken Beckens, Ligamenta vertebropelvina und sacroiliaca, von lateral und hinten gesehen

1 Crista iliaca
2 Lig. iliolumbale
3 Processus transversus } des fünften Lendenwirbels
4 Processus articularis superior } des fünften Lendenwirbels
5 Processus articularis inferior } des fünften Lendenwirbels
6 Spina iliaca posterior superior
7 Ligamenta sacroiliaca dorsalia
8 Lig. sacrotuberale
9 Os coccygis
10 Tuber ischiadicum
11 Processus falciformis des Lig. sacrotuberale
12 Incisura ischiadica minor
13 Lig. sacrospinale und Spina ischiadica
14 Incisura ischiadica major
15 Labrum acetabulare

- Unter den pelvikovertebralen Bändern versteht man das Lig. iliolumbale, Lig. sacrotuberale und Lig. sacrospinale.
- Die Ligamenta sacroiliaca dorsalia überdecken das Lig. sacroiliacum interosseum, das in diesem Präparat allerdings entfernt wurde.

C

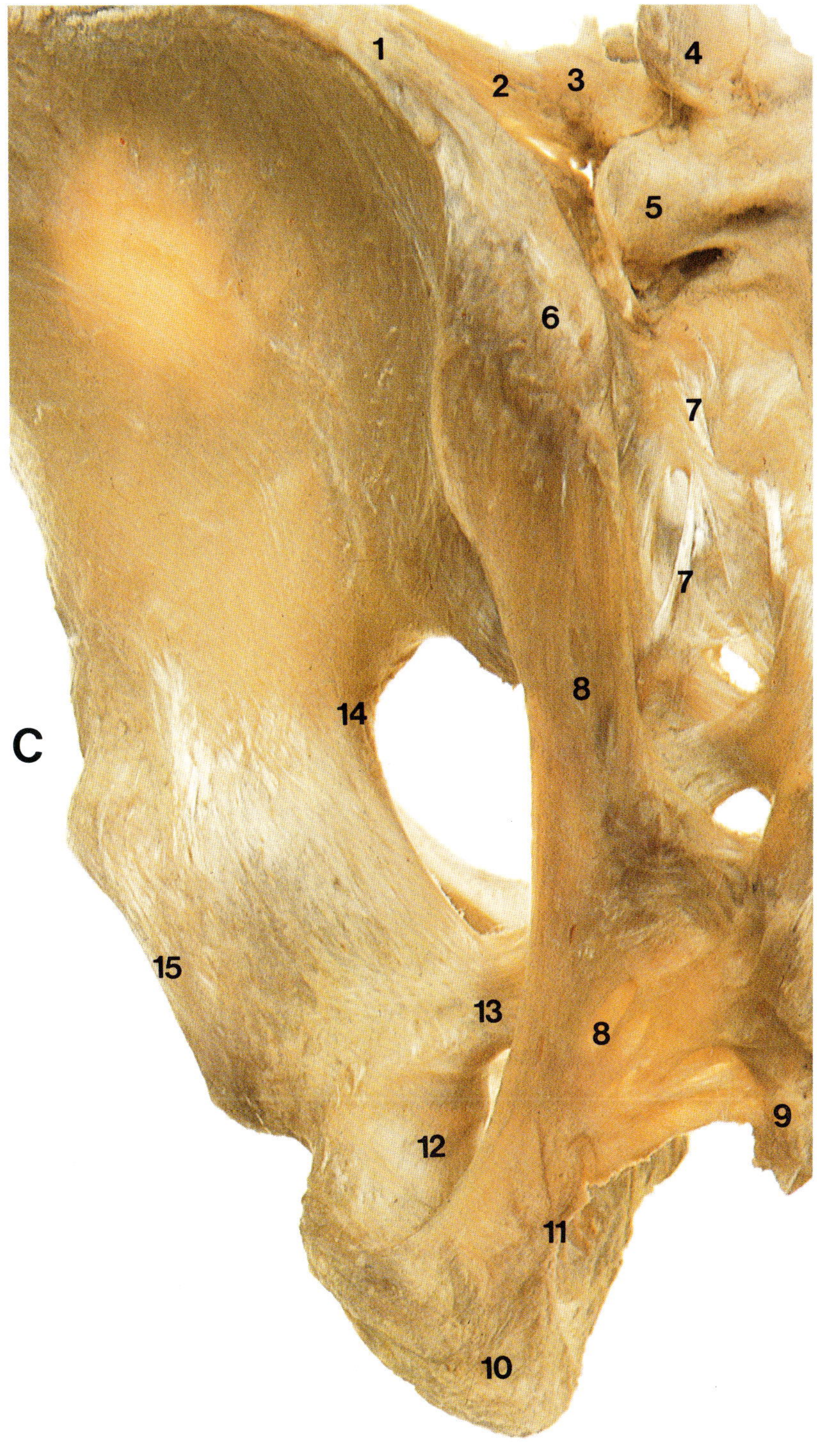

D

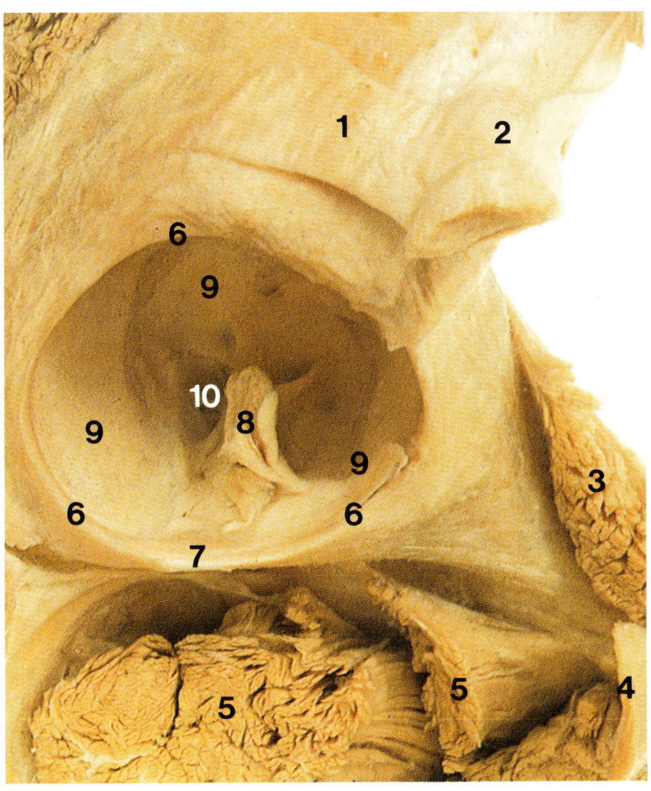

D Rechtes Hüftgelenk, von rechts gesehen
(Das Femur wurde entfernt)

1 Seitlicher Kopf } des M. rectus femoris
2 Vorderer Kopf } des M. rectus femoris
3 M. pectineus
4 M. adductor longus
5 M. obturatorius externus
6 Labrum acetabulare
7 Lig. transversum acetabuli
8 Lig. capitis femoris (Lig. teres)
9 Facies lunata
10 Fossa acetabuli (knorpelfreier Bereich)

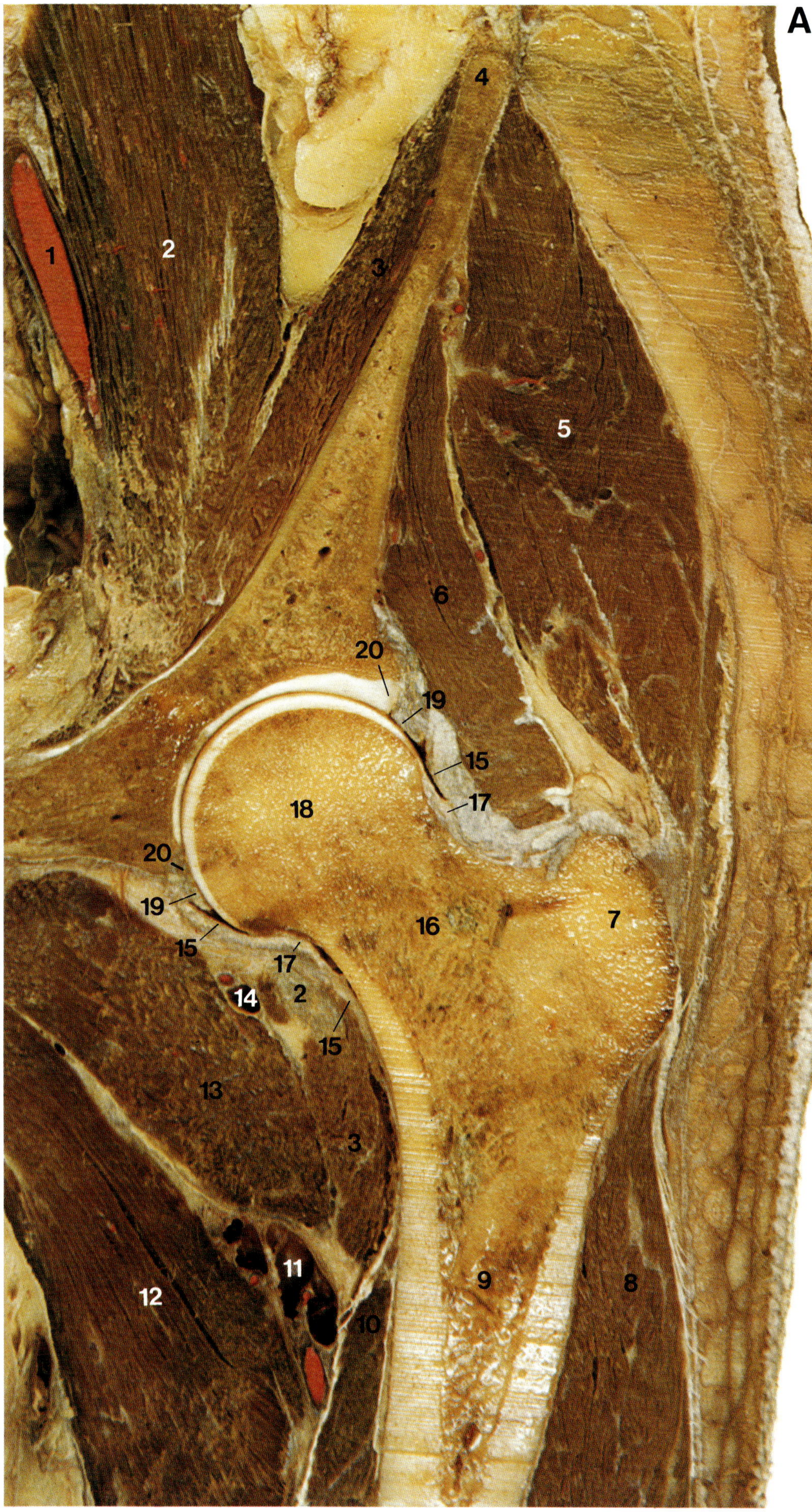

A Linkes Hüftgelenk
(Frontalschnitt)

1 A. iliaca externa
2 M. psoas major
3 M. iliacus
4 Crista iliaca
5 M. glutaeus medius
6 M. glutaeus minimus
7 Trochanter major
8 M. vastus lateralis
9 Femur
10 M. vastus medialis
11 Vasa profunda femoris
12 M. adductor longus
13 M. pectineus
14 Vasa circumflexa femoris medialis
15 Gelenkkapsel des Hüftgelenks
16 Collum femoris
17 Zona orbicularis der Gelenkkapsel
18 Caput femoris
19 Labrum acetabulare
20 Rand des Acetabulum

● Der Schnitt zeigt u. a. die Konvergenz der Faserbündel des M. glutaeus medius und minimus zum Trochanter major besonders gut. Beim Gehen verhindern diese Muskeln, daß das Becken auf der Seite des Spielbeins absinkt, d. h. sie verhindern mehr die Adduktion des Beines, als daß sie als Abduktoren wirken.

B Röntgenaufnahme vom linken Hüftgelenk
(a.-p.-Strahlengang – weibliches Becken)

1 Processus transversus des fünften Lendenwirbels
2 Articulatio sacroiliaca
3 Spina iliaca anterior superior
4 Rand des Acetabulum
5 Caput femoris
6 Collum femoris
7 Trochanter major
8 Trochanter minor
9 Tuber ischiadicum
10 Linea pectinea
11 Tuberculum pubicum
12 Symphyse
13 Schatten der Rima pudendi (Introitus vaginae)
14 Erster Steißwirbel
15 Verkalkte Lymphknoten
16 Spina ischiadica

B

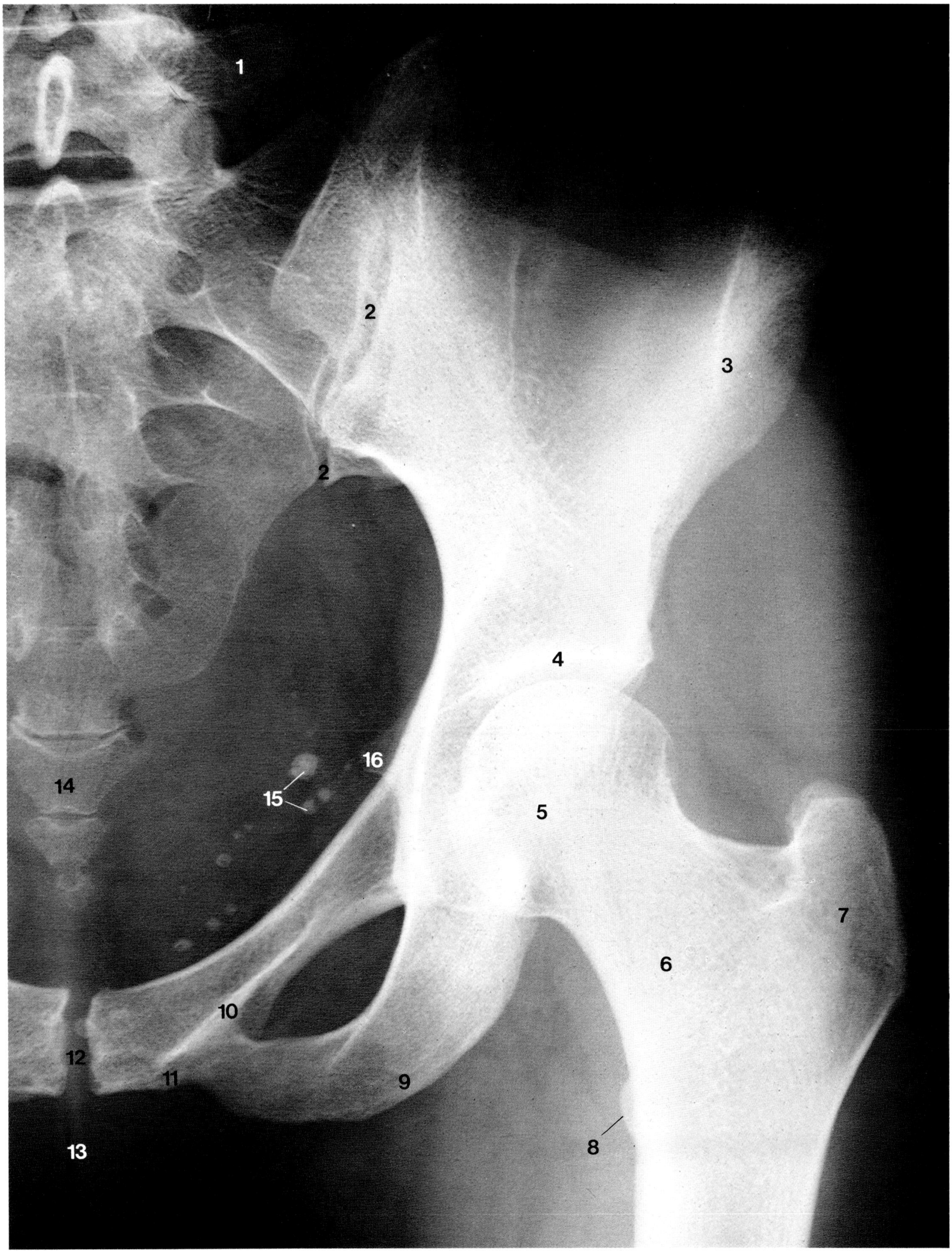

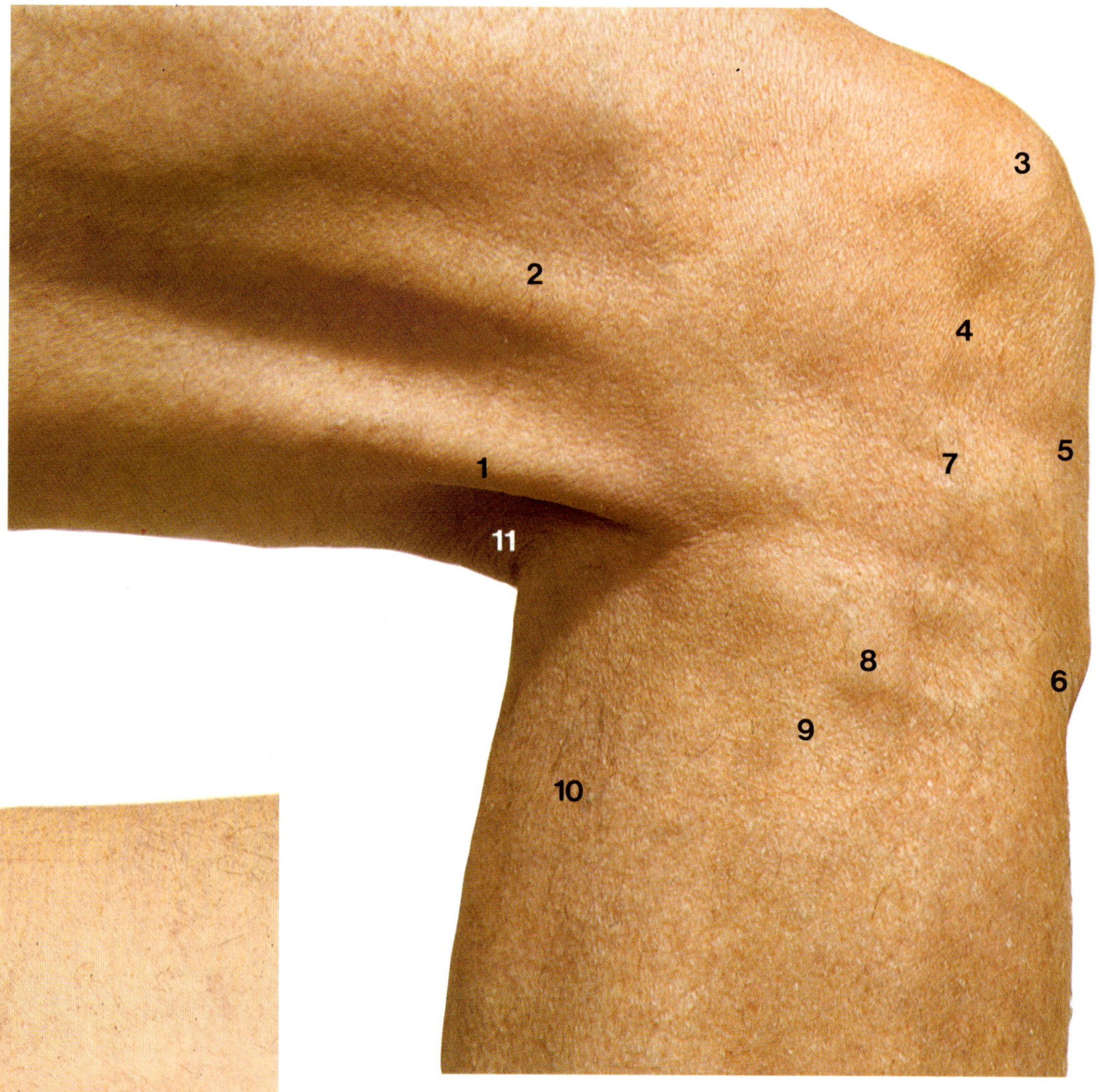

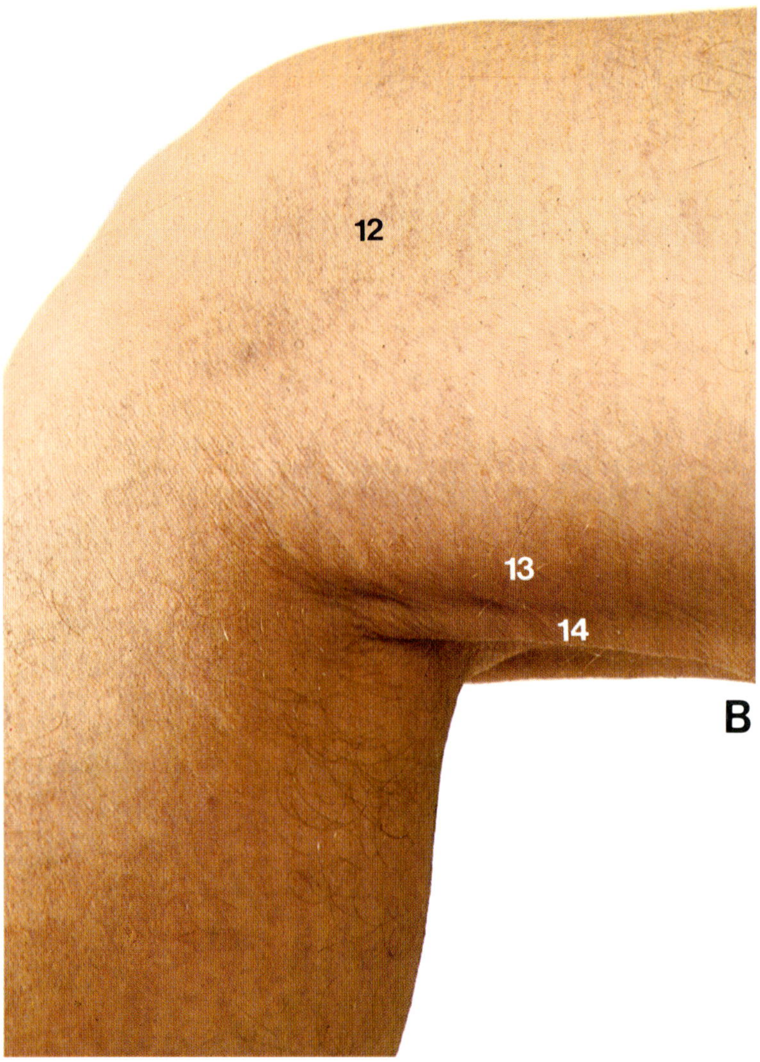

A und B Rechtes Knie in Beugestellung, A von lateral, B von medial gesehen

1 M. biceps femoris
2 Tractus iliotibialis
3 Patella
4 Rand des Condylus femoris
5 Lig. patellae
6 Tuberositas tibiae
7 Rand des Condylus tibiae
8 Caput fibulae
9 N. peronaeus communis
10 M. gastrocnemius
11 Fossa poplitea
12 M. vastus medialis
13 M. semimembranosus
14 M. semitendinosus

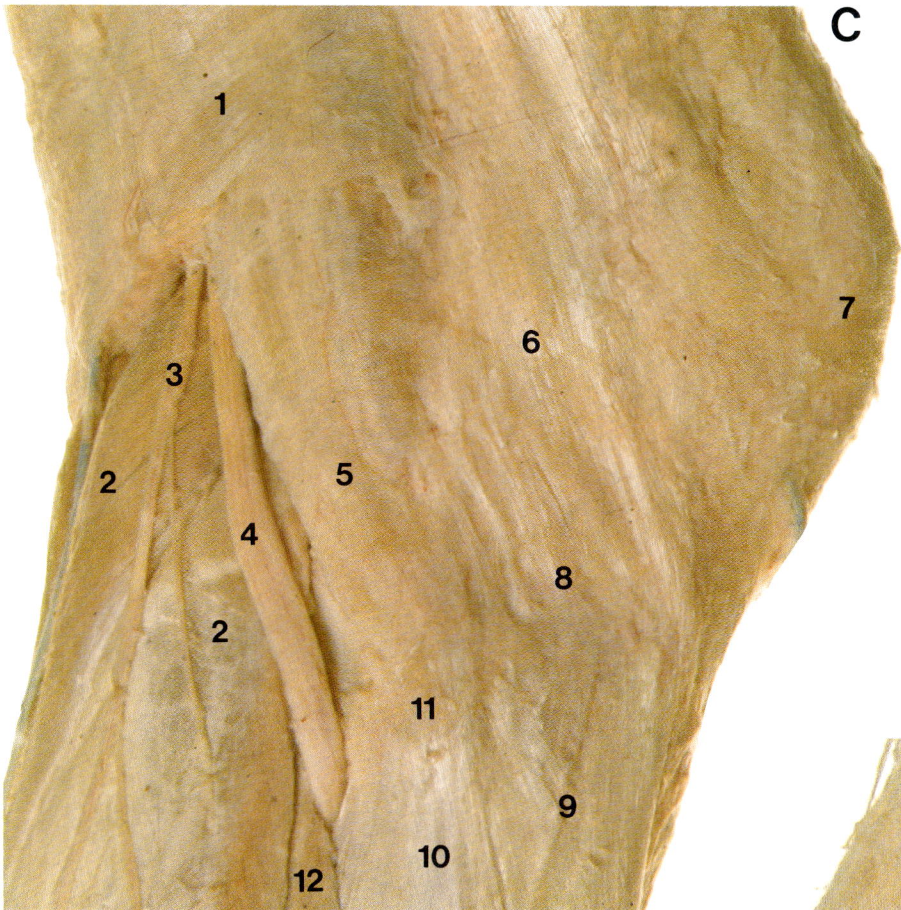

C Rechtes Knie, Tractus iliotibialis und Nervus peronaeus communis, von lateral gesehen

1 Fascia lata
2 Caput laterale m. gastrocnemii
3 N. cutaneus surae lateralis
4 N. peronaeus communis
5 M. biceps femoris
6 Tractus iliotibialis
7 Patella
8 Fixation des Tractus iliotibialis an der Tibia
9 Fascia cruris (Extensorenloge)
10 Fascia cruris auf dem M. peronaeus longus
11 Caput fibulae
12 M. soleus

● Der Tractus iliotibialis stellt einen verdickten Faserzug der Fascia lata im lateralen Bereich des Oberschenkels dar. Kaudal strahlen Sehnen des M. tensor fasciae latae und des M. glutaeus maximus in ihn ein. Distal ist der Tractus iliotibialis am Condylus lateralis der Tibia befestigt.

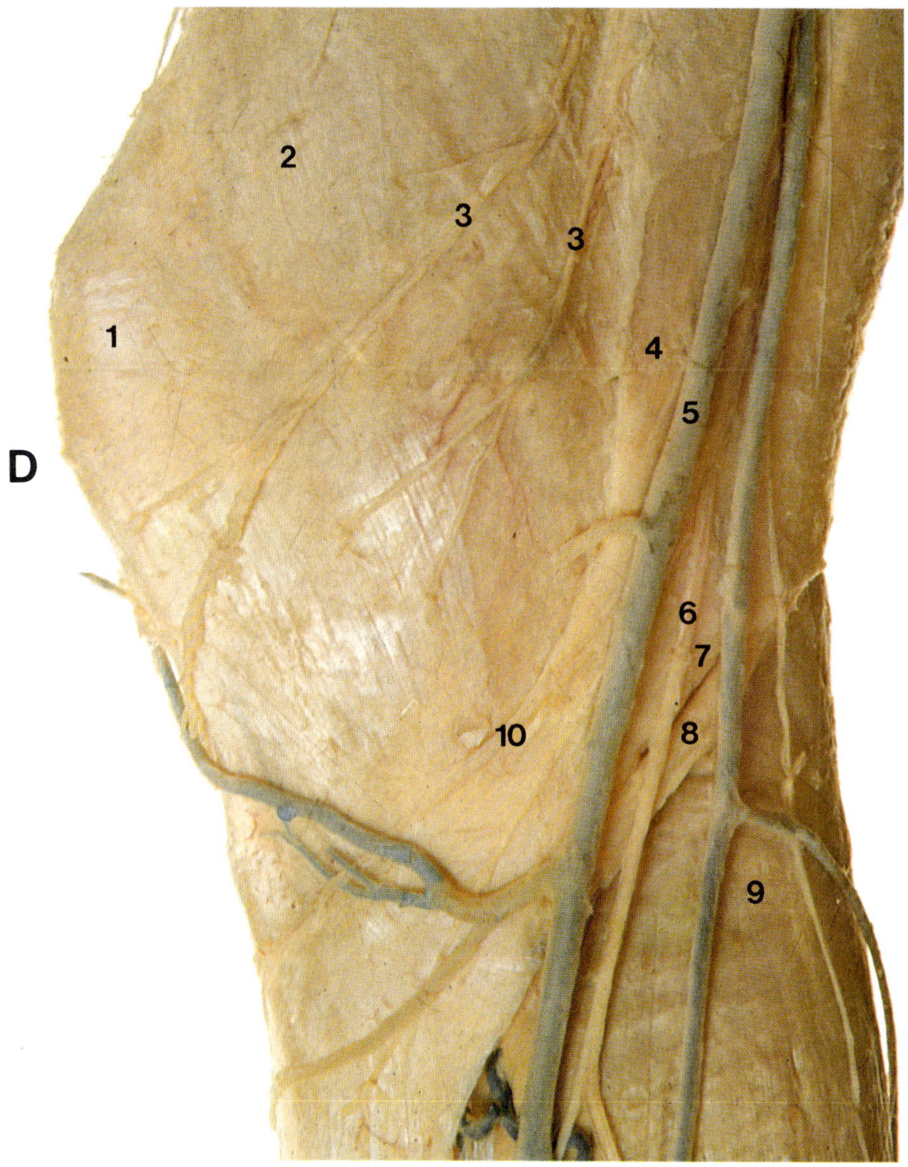

D Rechtes Knie, oberflächliche Gefäße und Nerven, von medial gesehen

1 Patella
2 M. vastus medialis
3 Hautäste des N. femoralis
4 M. sartorius
5 V. saphena magna
6 N. saphenus
7 M. gracilis
8 M. semitendinosus
9 M. gastrocnemius (Caput mediale)
10 Ramus infrapatellaris n. sapheni

● Die V. saphena magna liegt in Höhe des Kniegelenks, etwa eine Handbreit hinter dem medialen Rand der Patella.

● Der N. saphenus wird erst im unteren Drittel des M. sartorius oberflächlich.

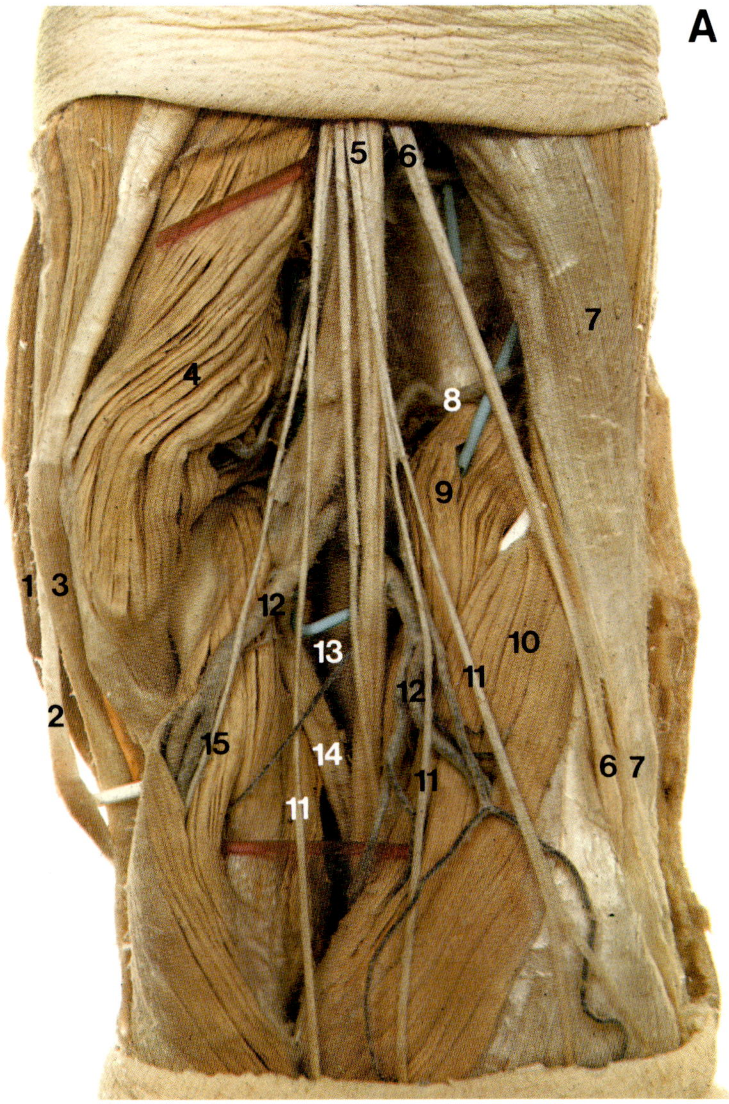

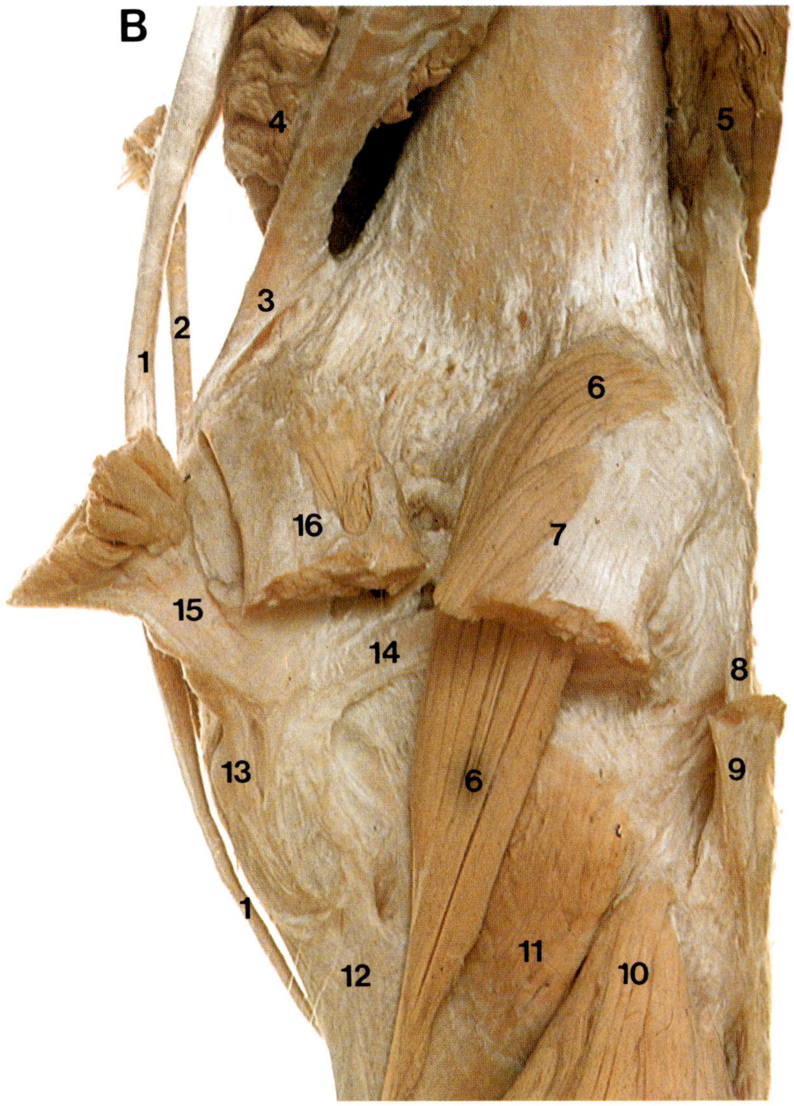

A Rechte Fossa poplitea

1 M. sartorius
2 M. gracilis (nach rückwärts gezogen – s. weiße Markierung)
3 M. semitendinosus
4 M. semimembranosus
5 N. tibialis
6 N. peronaeus communis
7 M. biceps femoris
8 A. genus superior lateralis (zieht über die blaue Markierung hinweg)
9 M. plantaris (zieht über die weiße Markierung hinweg)
10 Caput laterale m. gastrocnemii
11 Äste des N. suralis
12 Aa. surales
13 A. poplitea
14 V. poplitea (durch die blaue Markierung etwas nach medial verlagert)
15 Caput mediale m. gastrocnemii (durch die rote Markierung etwas nach medial verlagert) und ein Ast des N. tibialis

● Die obere (rote) Markierung liegt zwischen N. tibialis (oben) und V. poplitea (unten).
● Die blaue Markierung (am weitesten oben) wird von einem Muskelast der A. poplitea gekreuzt.
● Der N. suralis teilt sich in diesem Fall ungewöhnlich hoch in seine Äste auf. Der Ramus communicans peronaeus, ein Ast des N. peronaeus communis, fehlt.
● Die Hauptleitungsbahnen liegen in der Fossa poplitea topographisch in folgender Reihenfolge: Am oberflächlichsten liegt der N. tibialis, dann folgt dahinter die V. poplitea und schließlich die A. poplitea. Wegen ihrer tiefen Lage ist die Palpation der A. poplitea äußerst schwierig.

● Die V. saphena parva (hier entfernt) mündet normalerweise in die V. poplitea, indem sie das tiefe Blatt der Fascia poplitea, die das Dach der Kniekehle bildet, durchbricht.
● Der am weitesten lateral gelegene Ast des N. suralis liegt hier anstelle des N. cutaneus surae lateralis, der normalerweise vom N. peronaeus communis entspringt.

B Rechtes Knie, von hinten gesehen
(Ansatz des M. semimembranosus und dessen Sehnenfächer)

1 M. semitendinosus
2 M. gracilis
3 M. adductor magnus
4 M. vastus medialis
5 M. vastus lateralis
6 M. plantaris
7 Caput laterale m. gastrocnemii
8 Lig. collaterale fibulare
9 M. biceps femoris
10 M. soleus
11 M. popliteus
12 Faszie des M. popliteus
13 Fixation des M. semimembranosus an der Tibia
14 Lig. popliteum obliquum
15 M. semimembranosus
16 Caput mediale m. gastrocnemii

● Die Sehne des M. semimembranosus spaltet sich in 3 Bänder bzw. Sehnen auf: Das erste zieht hinter dem Lig. collaterale tibiale zur Tibia; das zweite geht in die Faszie des M. popliteus über, und das dritte bildet das Lig. popliteum obliquum (Pes anserinus profundus).

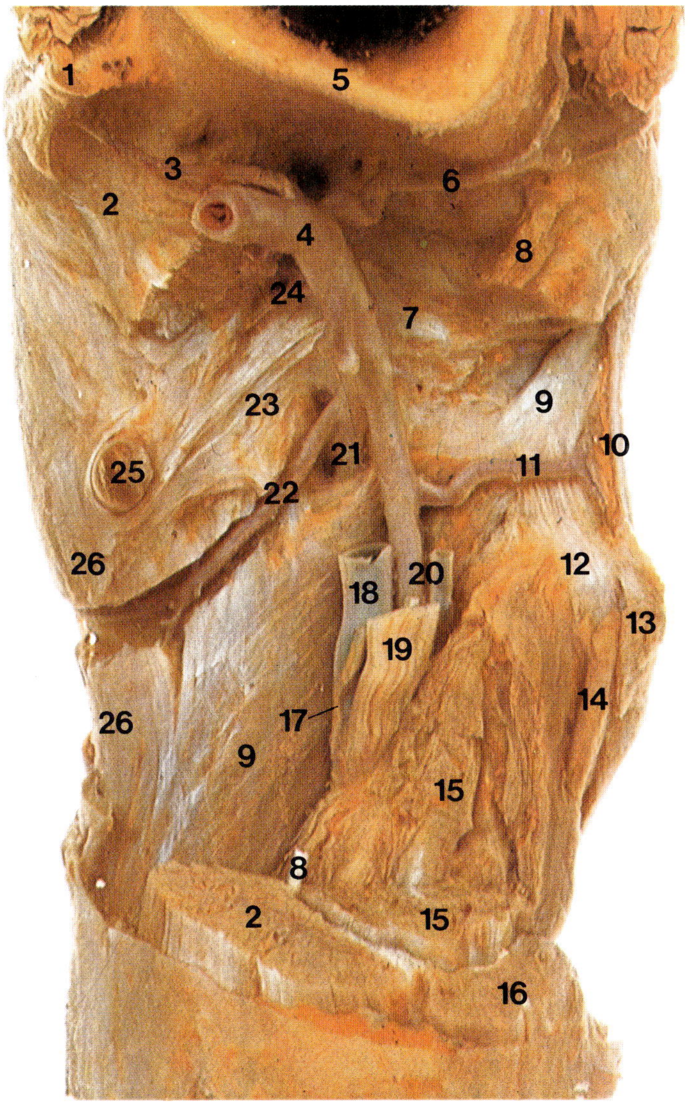

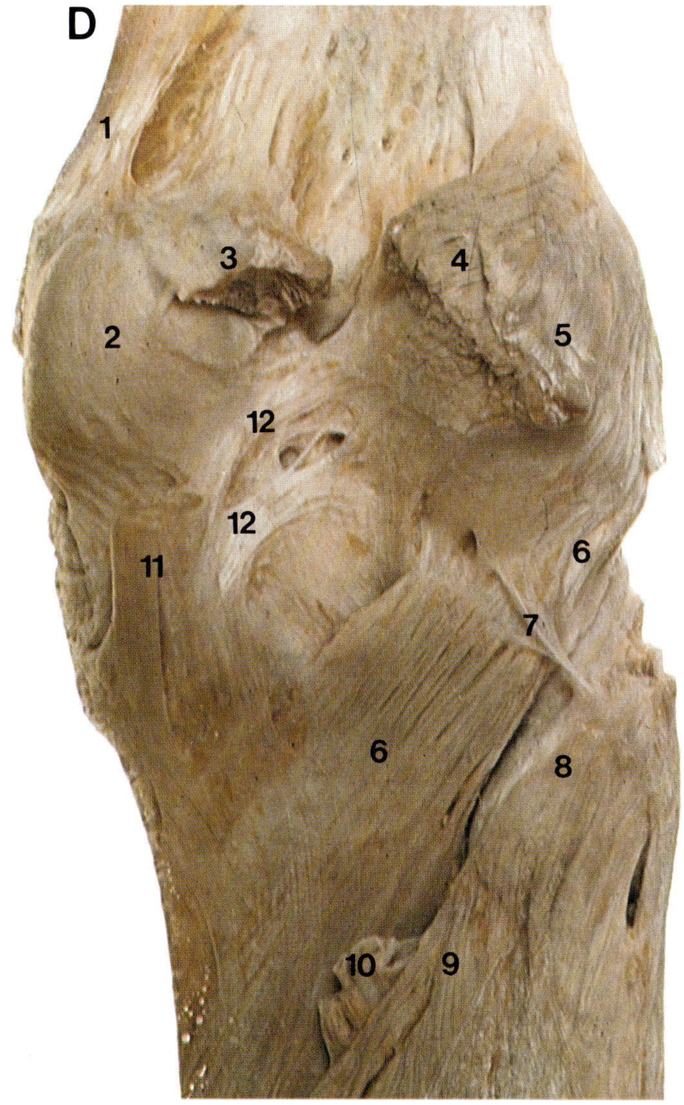

C Rechte Fossa poplitea bei leicht gebeugtem Knie
(Darstellung der A. poplitea und ihrer Äste – ungewöhnlich hohe Aufteilung der Arterie)

1 M. adductor magnus
2 Caput mediale m. gastrocnemii
3 A. genus superior medialis
4 A. poplitea
5 Femur (quergeschnitten)
6 A. genus superior lateralis
7 Kniegelenkkapsel
8 M. plantaris
9 M. popliteus
10 Lig. collaterale fibulare
11 A. genus inferior lateralis
12 Caput fibulae
13 M. biceps femoris
14 N. peronaeus communis
15 M. soleus
16 Caput laterale m. gastrocnemii
17 Nerv zum M. popliteus
18 V. poplitea
19 N. tibialis
20 A. und V. tibialis posterior
21 A. tibialis anterior
22 A. genus inferior medialis
23 Lig. popliteum obliquum
24 A. genus media
25 M. semimembranosus
26 Lig. collaterale tibiale

● Die A. poplitea spaltet sich normalerweise am unteren Rand des M. popliteus in die A. tibialis anterior und posterior auf. In diesem Falle liegt jedoch die Teilung ungewöhnlich kranial, so daß die A. tibialis anterior noch unter dem M. popliteus hindurchziehen muß.

D Rechtes Kniegelenk, Gelenkkapsel und Bandapparat, von hinten gesehen

1 M. adductor magnus
2 Gelenkkapsel im Bereich des Condylus medialis femoris
3 Caput mediale m. gastrocnemii
4 M. plantaris
5 Caput laterale m. gastrocnemii
6 M. popliteus
7 Lig. popliteum arcuatum
8 Caput fibulae
9 M. soleus
10 Vasa poplitea und N. tibialis
11 M. semimembranosus
12 Lig. popliteum obliquum

● Das Lig. popliteum obliquum geht von der Sehne des M. semimembranosus aus und verstärkt den hinteren Teil der Kniegelenkkapsel. Das Band wird von der A. genus media durchbohrt, die durch die Kapsel hindurch zu den Ligg. cruciata zieht und diese versorgt.
● Das Lig. popliteum arcuatum entspringt an der Stelle von der Gelenkkapsel, an der der M. popliteus ansetzt und umgrenzt diesen Muskel dann bogenförmig.

A

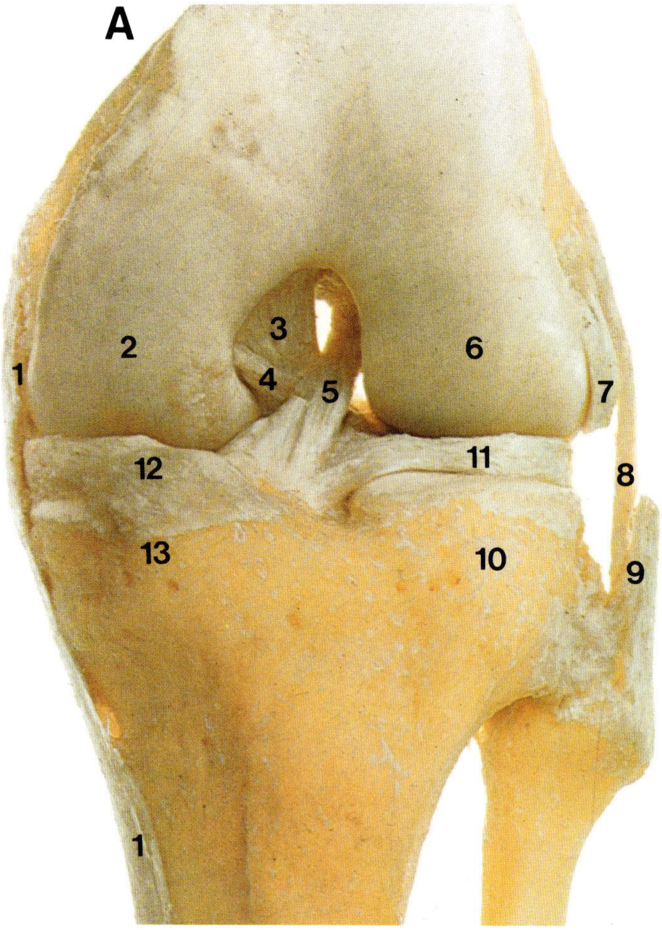

B

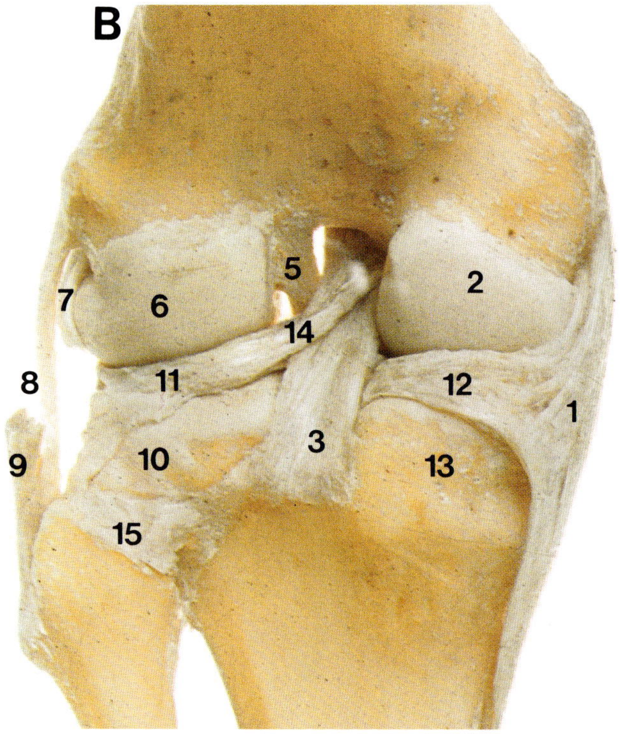

C

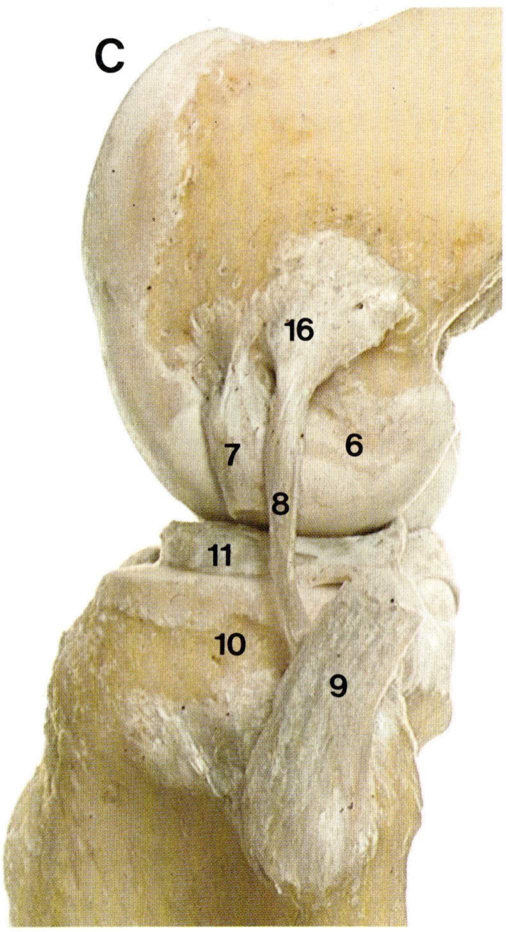

Bandapparat des linken Kniegelenks, A von vorne, B von hinten, C von lateral, D von medial gesehen

1 Lig. collaterale tibiale
2 Condylus medialis femoris
3 Lig. cruciatum posterius
4 Lig. meniscofemorale anterius
5 Lig. cruciatum anterius
6 Condylus lateralis femoris
7 M. popliteus (Ursprungssehne)
8 Lig. collaterale fibulare
9 M. biceps femoris (Ansatzsehne)
10 Condylus lateralis tibiae
11 Meniscus lateralis
12 Meniscus medialis
13 Condylus medialis tibiae
14 Lig. meniscofemorale posterius
15 Kapsel der Articulatio tibiofibularis superior
16 Epicondylus lateralis ⎤ femoris
17 Epicondylus medialis ⎦

● Das Lig. transversum, das den medialen und den lateralen Meniscus vorn miteinander verbindet, fehlt in diesem Präparat (vgl. auch die Abb. auf der gegenüberliegenden Seite).

● Das Lig. collaterale tibiale oder mediale stellt ein breites Band von ungefähr 12 cm Länge dar.

● Das Lig. collaterale fibulare oder laterale ist dagegen ein rundes Band von ungefähr 5 cm Länge.

● Der Meniscus medialis steht mit dem Lig. collaterale tibiale in Verbindung, während der Meniscus lateralis keine Beziehung zum Lig. collaterale hat.

● Die Ligg. meniscofemoralia (anterior und posterior) spalten sich beide vom Meniscus lateralis ab und verbinden sich – wie ihr Name sagt – mit dem Lig. cruciatum posterius bzw. anterius.

D

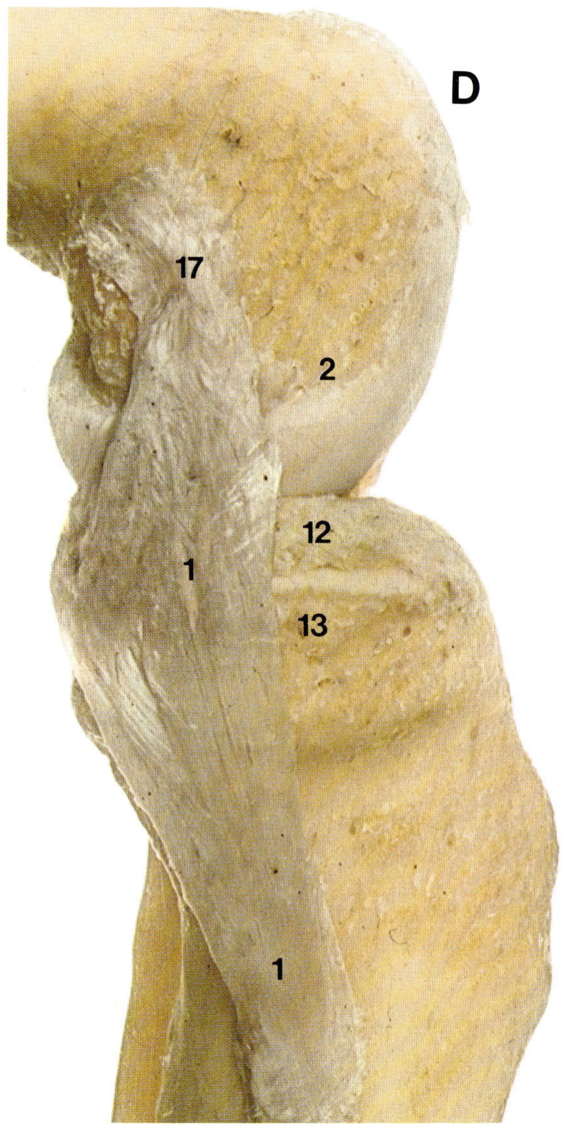

E

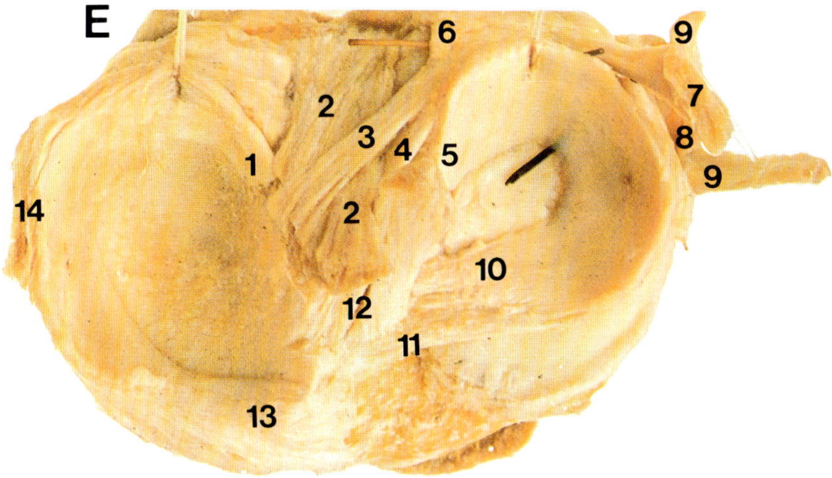

E Linkes Kniegelenk, von oben gesehen
(Das Femur wurde entfernt)
1 Hinterer Schenkel des Meniscus medialis
2 Lig. cruciatum posterius
3 Lig. meniscofemorale posterius
4 Lig. meniscofemorale anterius
5 Hinterer Schenkel des Meniscus lateralis
6 Anheftung des M. popliteus am Meniscus lateralis (unterlegt durch eine Markierung)
7 Sehne des M. popliteus
8 Lig. collaterale fibulare
9 Sehne des M. biceps femoris
10 Vorderer Schenkel des Meniscus lateralis
11 Lig. transversum genus
12 Lig. cruciatum anterius
13 Vorderer Schenkel des Meniscus medialis
14 Lig. collaterale mediale und dessen Verbindung mit dem Meniscus medialis

● Das Lig. cruciatum anterius befestigt sich in der Area intercondylaris anterior kurz hinter dem Vorderrand der Tibia, wogegen hinten das Lig. cruciatum posterius, das sich in der Area intercondylaris posterior anheftet, den Hinterrand der Tibia etwas überragt.

● Die Ligg. cruciata haben ihren Namen von ihrer charakteristischen, kreuzförmigen Anordnung. Das Lig. cruciatum anterius zieht nach hinten-oben-lateral und heftet sich an der medialen Seite des Condylus lateralis femoris an. Das Lig. cruciatum posterius zieht dagegen nach oben-vorne-medial und fixiert sich an der lateralen Seite des Condylus medialis femoris.

F

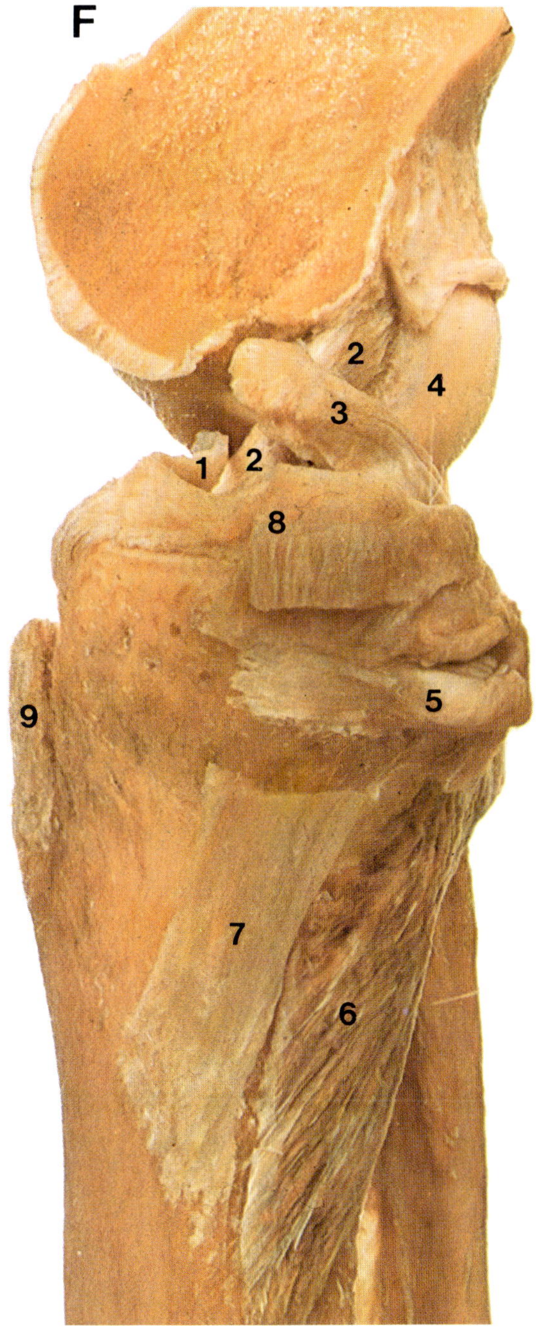

G

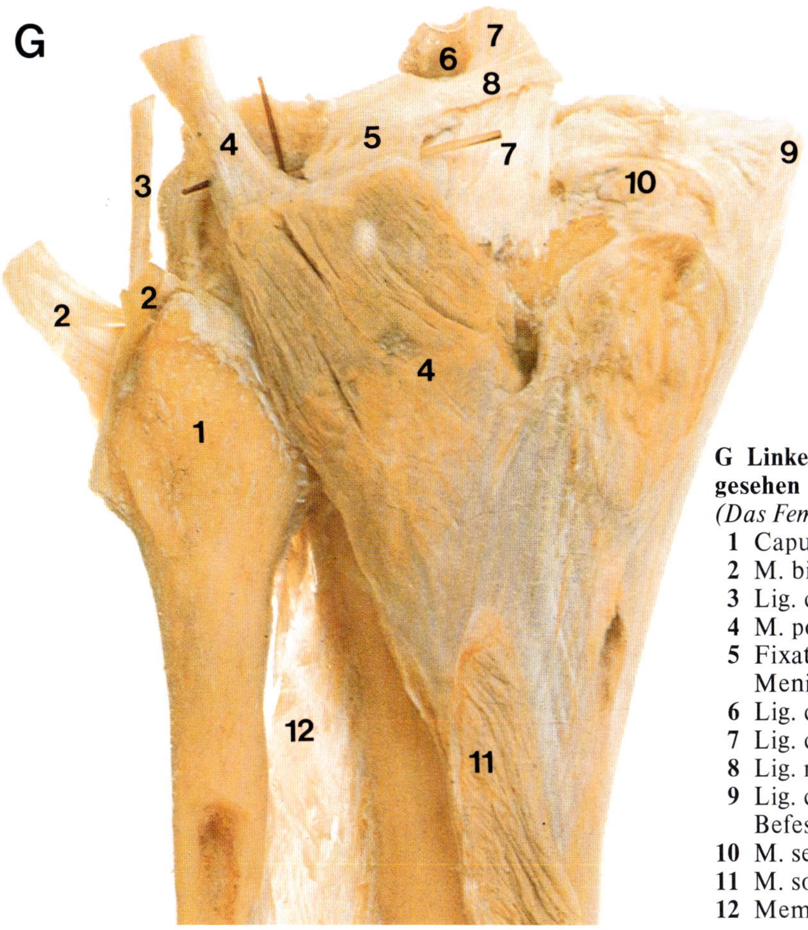

G Linkes Kniegelenk, von hinten gesehen
(Das Femur wurde entfernt)
1 Caput fibulae
2 M. biceps femoris
3 Lig. collaterale laterale
4 M. popliteus
5 Fixation des M. popliteus am Meniscus lateralis
6 Lig. cruciatum anterius
7 Lig. cruciatum posterius
8 Lig. meniscofemorale posterius
9 Lig. collaterale mediale mit Befestigung am Meniscus medialis
10 M. semimembranosus
11 M. soleus
12 Membrana interossea

F Rechtes Kniegelenk, von medial gesehen
(Der Condylus medialis femoris wurde entfernt)
1 Lig. transversum genus (nach rückwärts gezogen)
2 Lig. cruciatum anterius
3 Lig. cruciatum posterius
4 Condylus lateralis femoris
5 M. semimembranosus
6 M. popliteus
7 Lig. collaterale mediale
8 Meniscus medialis mit Verbindungen zum Lig. collaterale tibiale
9 Lig. patellae

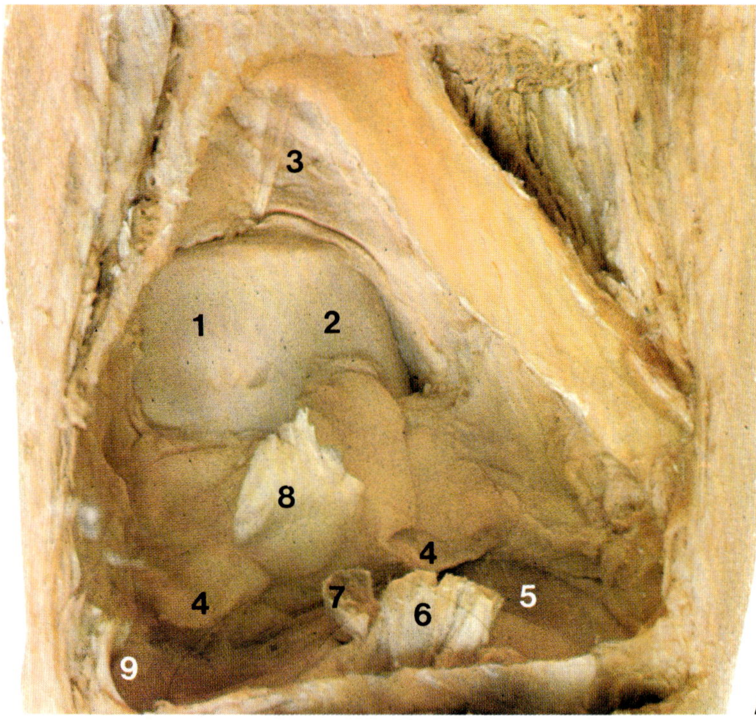

A

A Linkes Kniegelenk, von hinten eröffnet
(Das Femur wurde entfernt)

1 Facies articularis lateralis } patellae
2 Facies articularis medialis }
3 Bursa suprapatellaris (wird durch einen Glasstab gehalten)
4 Plicae alares
5 Meniscus medialis
6 Lig. cruciatum posterius
7 Lig. cruciatum anterius
8 Plica infrapatellaris (Lig. mucosum)
9 Meniscus lateralis

● Unterhalb der Patella wird die synoviale Schicht der Gelenkkapsel durch den infrapatellaren Fettkörper zur Fossa intercondylaris des Femur nach rückwärts verlagert. Dieser setzt sich zusammen aus dem infrapatellaren Fettkörper und den beiden seitlichen Plicae alares mit ihren nach hinten gerichteten, freien Rändern.

B

B Linkes Kniegelenk, von medial gesehen
(Gelenkkapsel und Bursae wurden mit Kunststoff gefüllt)

1 M. articularis genus
2 Bursa suprapatellaris
3 Sehne des M. quadriceps femoris
4 Patella
5 Lig. patellae
6 Gelenkkapsel
7 Meniscus medialis
8 Lig. collaterale mediale
9 M. semimembranosus
10 Bursa m. semimembranosi
11 Bursa m. poplitei (Recessus subpopliteus)

● Normalerweise enthält das Kniegelenk (das größte aller Gelenke) etwa 1 ml Synovialflüssigkeit. Im vorliegenden Fall wurden rund 80 ml Kunststoff in den Gelenkraum injiziert, wodurch natürlich die Gelenkkapsel überdehnt worden ist.

● Die Bursa suprapatellaris kommuniziert fast immer mit der Gelenkhöhle, wogegen die Bursa infrapatellaris normalerweise nicht mit ihr zusammenhängt. Der unter dem M. semimembranosus gelegene Schleimbeutel kann mit dem Kniegelenk anastomosieren.

Röntgenaufnahmen des Kniegelenks,
(A a.-p.-Strahlengang, B seitlicher Strahlengang)
1 Condylus medialis femoris
2 Basis ⎤
3 Apex ⎦ patellae
4 Condylus lateralis femoris
5 Caput fibulae
6 Condylus lateralis tibiae
7 Tubercula der Eminentia intercondylaris
8 Condylus medialis tibiae

A

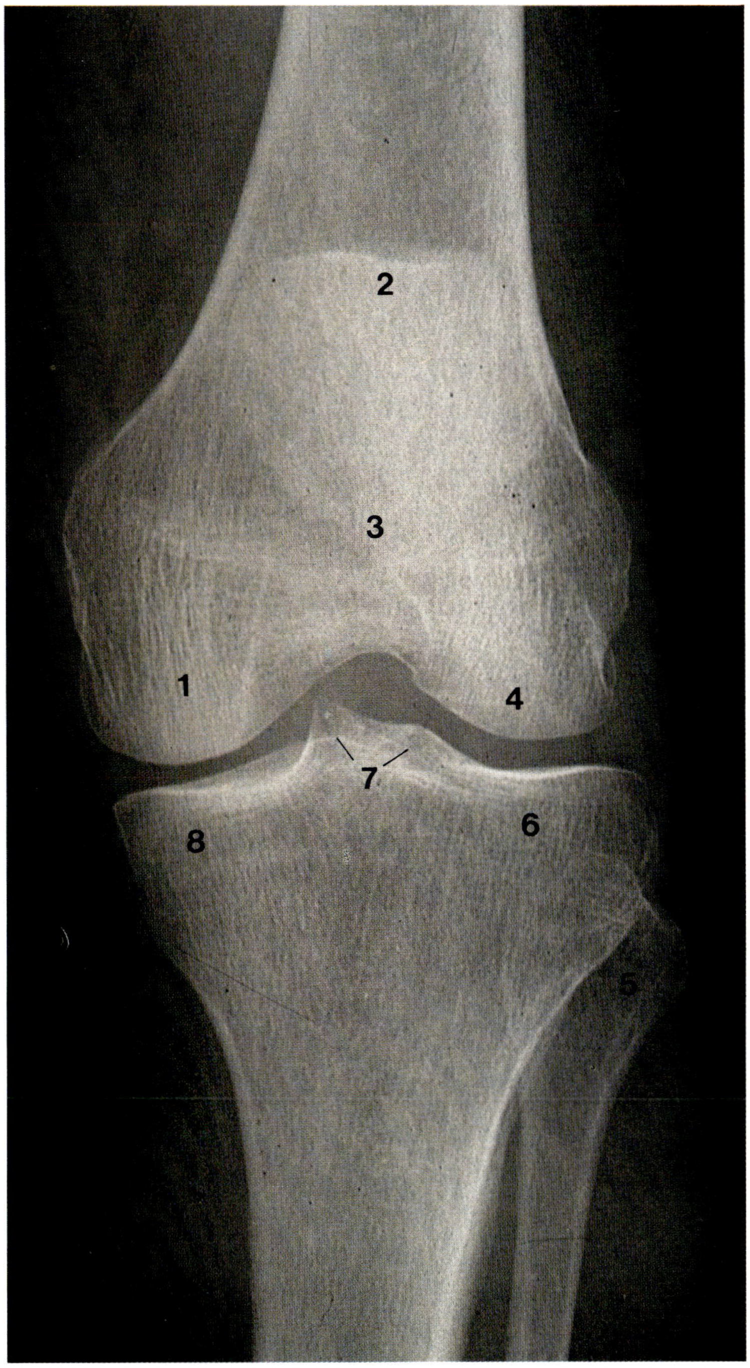

B

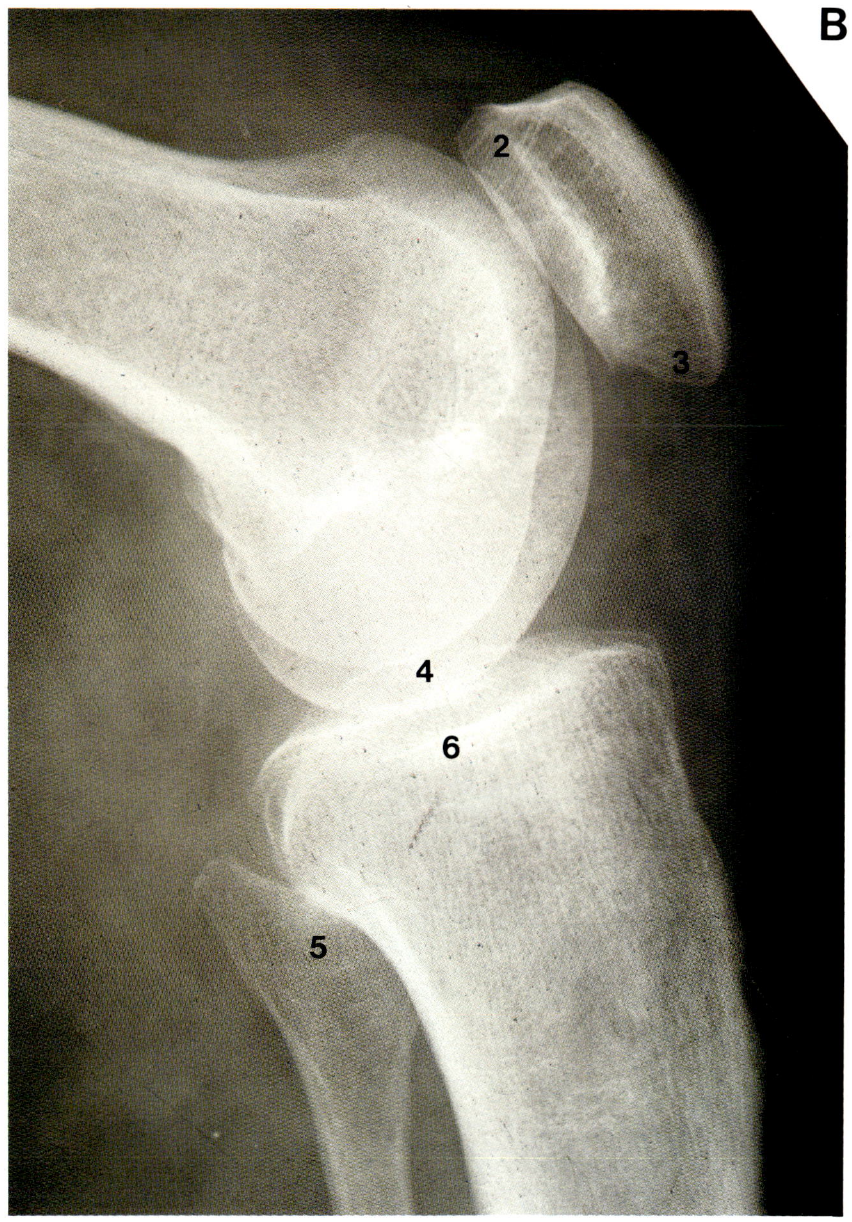

A

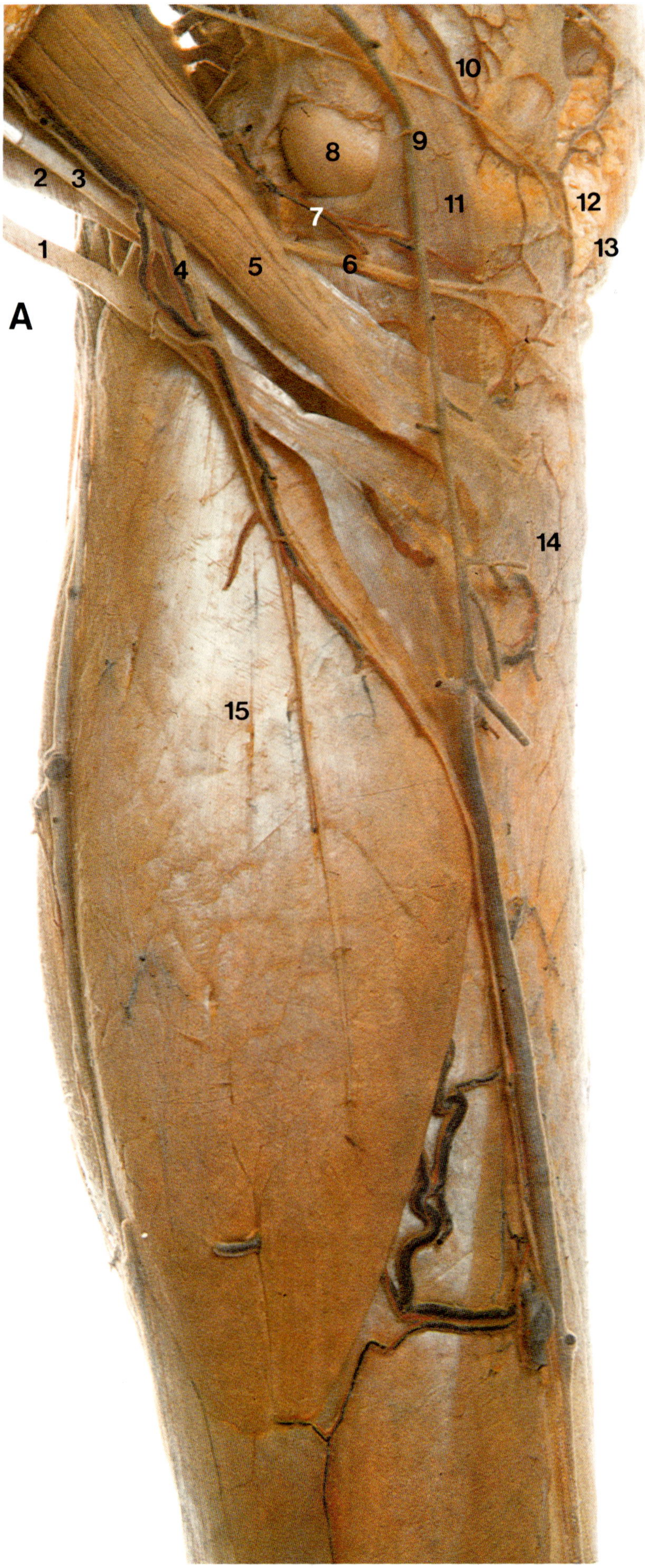

B

A Unterschenkelregion des linken Beines, Sehnen, Gefäße und Nerven, von medial gesehen

1 M. semitendinosus
2 M. semimembranosus
3 M. gracilis
4 N. saphenus und A. saphena
5 M. sartorius
6 Ramus infrapatellaris n. sapheni
7 Ast der A. saphena in Höhe des Meniscus medialis
8 Condylus medialis femoris (ein Teil der Gelenkkapsel wurde entfernt)
9 V. saphena magna
10 Äste der A. genus medialis superior
11 Lig. collaterale mediale
12 Corpus adiposum infrapatellaris
13 Lig. patellae
14 Facies medialis tibiae
15 Caput mediale m. gastrocnemii

● In diesem Präparat erscheint die V. saphena magna im Bereich des Kniegelenks ungewöhnlich klein.

B Unterschenkelregion des linken Beines, Muskeln und Nerven, von lateral gesehen

1 Lig. patellae
2 Corpus adiposum infrapatellaris
3 Tractus iliotibialis
4 Meniscus lateralis
5 M. popliteus
6 Lig. collaterale laterale
7 Caput laterale m. gastrocnemii
8 M. biceps femoris
9 Caput fibulae
10 N. peronaeus communis
11 N. cutaneus lateralis surae
12 M. soleus
13 M. peronaeus longus
14 N. peronaeus superficialis
15 M. extensor digitorum longus
16 Faszie des M. tibialis anterior

C

C Linker Unterschenkel, oberflächliche Gefäße und Nerven, von dorsal gesehen

1 Caput laterale m. gastrocnemii
2 N. cutaneus surae lateralis
3 V. saphena parva
4 Caput mediale m. gastrocnemii
5 N. suralis
6 Sehne des M. triceps surae
7 M. soleus
8 M. peronaeus longus
9 Fascia cruris

● Der mediale Kopf des M. gastrocnemius reicht etwas weiter nach distal als der laterale.

A

A Linker Unterschenkel, Extensoren und Nervus peronaeus communis, von vorne und lateral gesehen

1 Tuberositas tibiae und Lig. patellae
2 M. tibialis anterior mit Faszie
3 M. extensor digitorum longus
4 M. peronaeus longus
5 Caput fibulae
6 Rückläufiger Ast des N. peronaeus communis
7 N. peronaeus profundus
8 Ast zum M. tibialis anterior (aus Nr. 7)
9 N. peronaeus superficialis
10 A. tibialis anterior (auf der Membrana interossea gelegen)
11 M. extensor hallucis longus
12 N. cutaneus dorsalis medialis
13 N. cutaneus dorsalis intermedius

● Die oberen Abschnitte des M. peronaeus longus und M. extensor digitorum longus wurden entfernt oder nach rückwärts gezogen.

● Der N. peronaeus communis teilt sich unmittelbar unterhalb des Fibulaköpfchens in einen N. peronaeus superficialis und profundus und hat hier – unter dem M. peronaeus longus gelegen – direkten Kontakt mit dem Knochen.

B Knöchelregion des linken Unterschenkels, Sehnen, Gefäße und Nerven, von vorne und lateral gesehen

1 Malleolus medialis
2 M. tibialis anterior
3 M. extensor hallucis longus
4 Vasa tibialia anteriora
5 N. peronaeus profundus
6 M. extensor digitorum longus
7 N. cutaneus dorsalis medialis
8 Malleolus lateralis

● Die Sehne des M. extensor hallucis longus ist in Höhe der Malleolen der Sehne des M. tibialis anterior unmittelbar benachbart. *Hinter* dem Malleolus medialis (vgl. S. 320) liegt dagegen die Sehne des M. flexor digitorum longus unmittelbar hinter der des M. tibialis posterior.

B

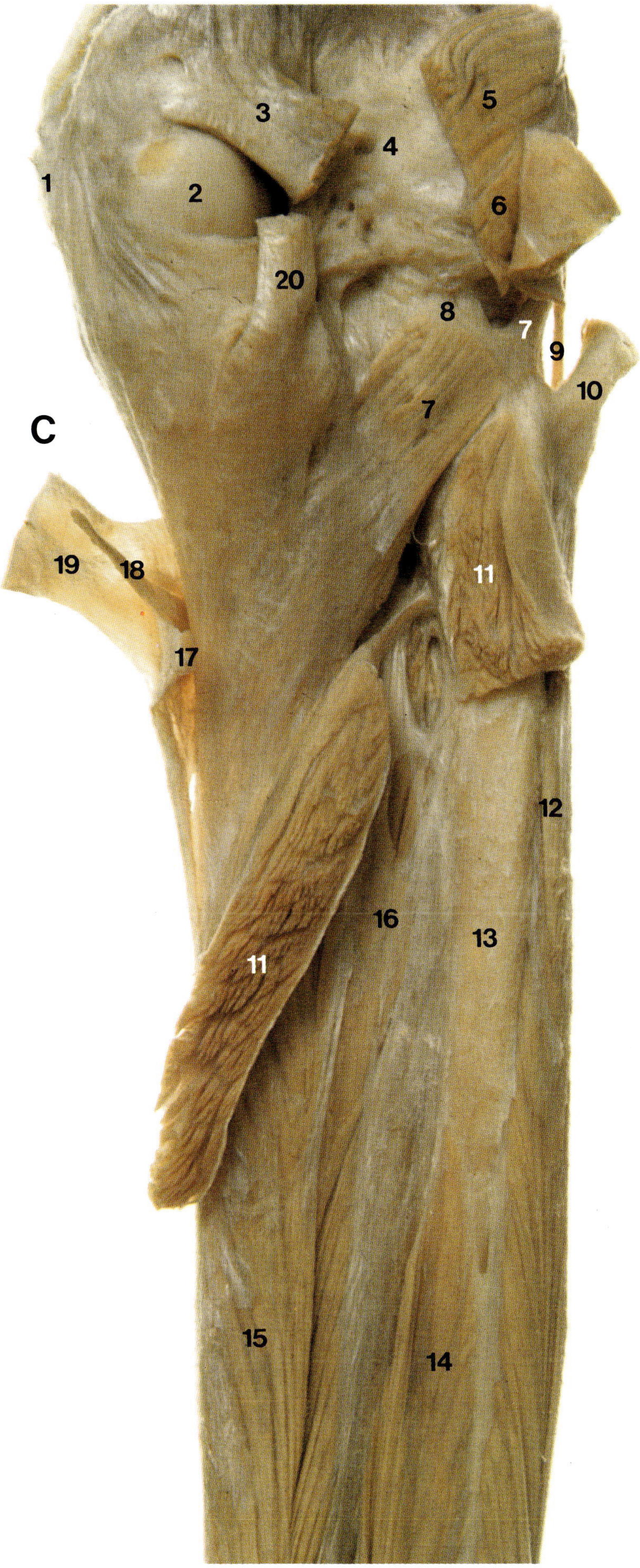

C Fossa poplitea und Unterschenkel (rechts), tiefe Muskulatur, von dorsal gesehen

1 Lig. collaterale mediale
2 Condylus medialis femoris
3 Caput mediale m. gastrocnemii
4 Kniegelenkkapsel
5 M. plantaris
6 Caput laterale m. gastrocnemii
7 M. popliteus
8 Ansatz des M. popliteus am Meniscus lateralis
9 Lig. collaterale laterale
10 M. biceps femoris
11 M. soleus
12 M. peronaeus longus
13 Facies posterior fibulae (der M. soleus wurde hier entfernt)
14 M. flexor hallucis longus
15 M. flexor digitorum longus
16 M. tibialis posterior
17 M. semitendinosus
18 M. gracilis
19 M. sartorius
20 M. semimembranosus

- Von den Wadenmuskeln liegt der M. tibialis posterior am tiefsten.
- Der M. flexor hallucis longus entspringt an der lateralen Seite der Fibula, obwohl er zur Medialseite des Fußes, nämlich zur großen Zehe, zieht.

D Unterschenkelregion (rechts), tiefe Muskulatur, von dorsal gesehen

1 M. flexor digitorum longus
2 Faszie des M. tibialis posterior
3 M. flexor hallucis longus
4 M. peronaeus longus
5 Retinaculum mm. peronaeorum superius
6 M. peronaeus brevis
7 Lig. talofibulare posterius
8 Tendo calcaneus (Achillessehne)
9 Teil des Retinaculum mm. flexorum
10 Rinne für die Vasa tibialia posteriora und den N. tibialis
11 Sehne des M. tibialis posterior

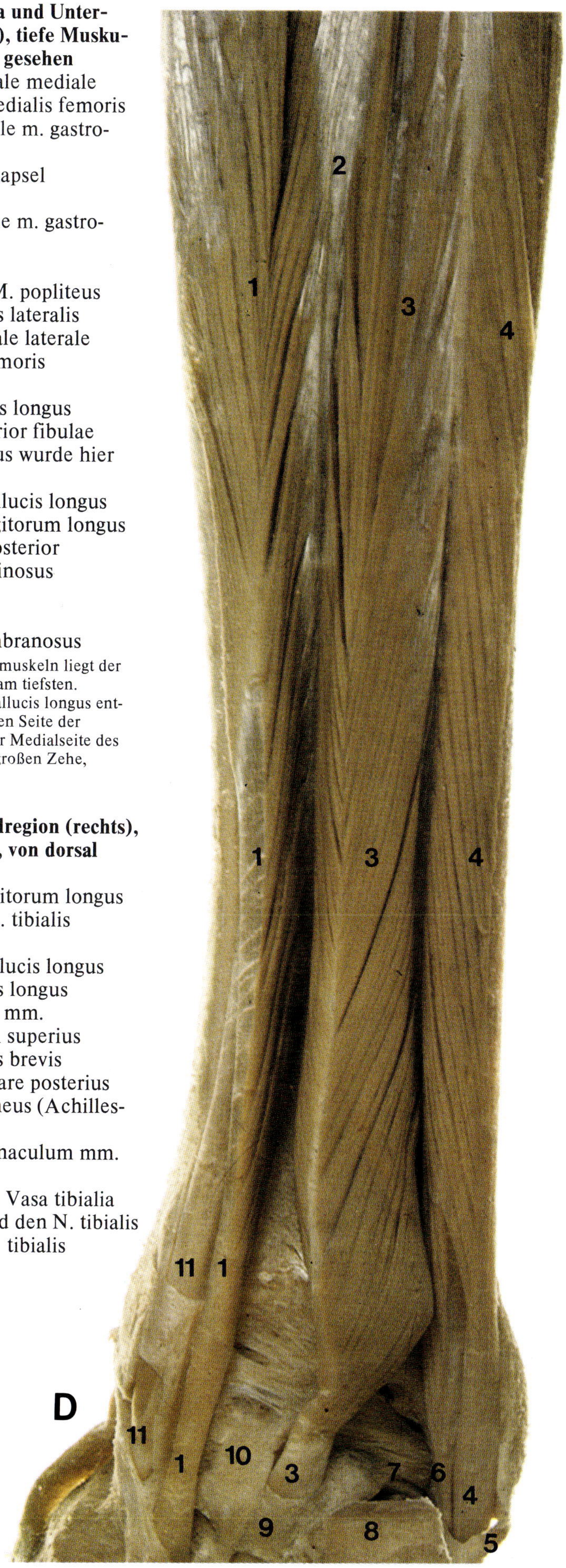

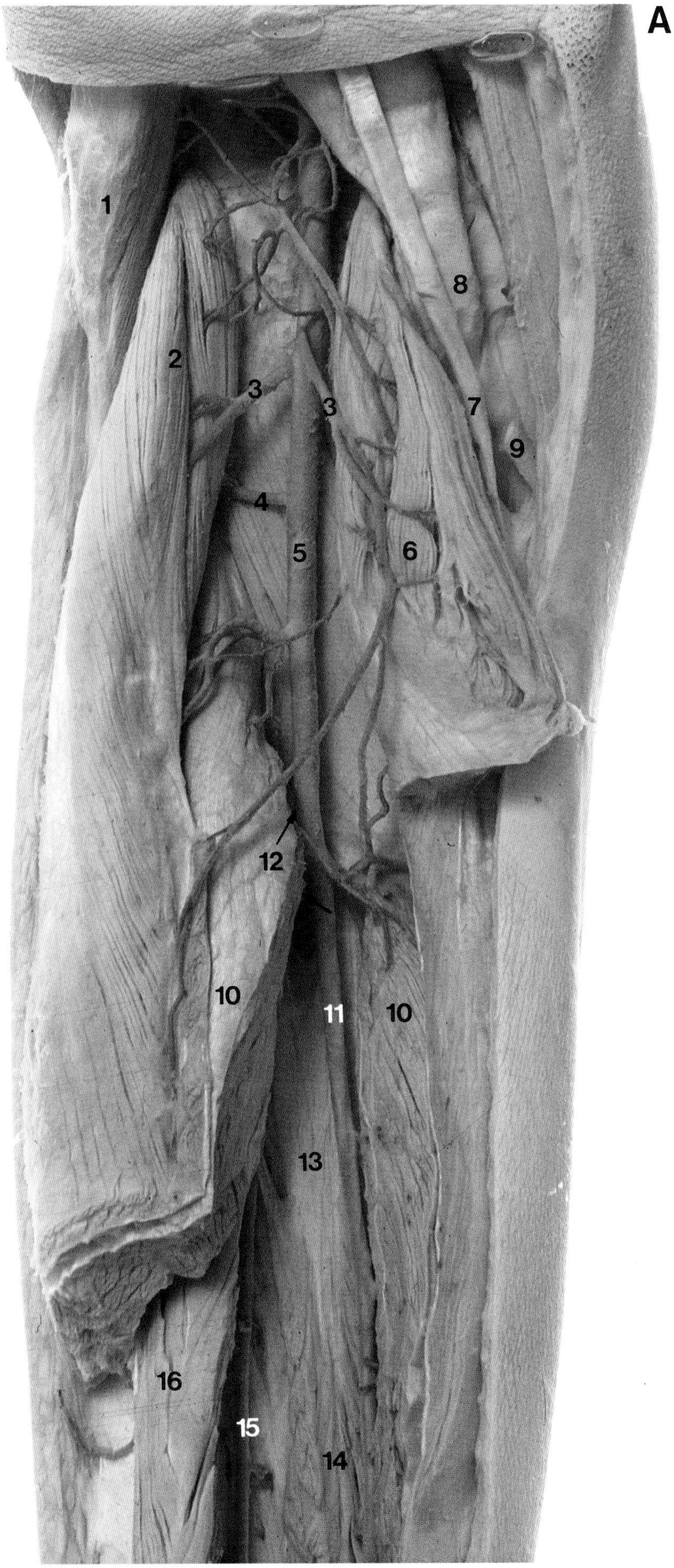
A
1
2
3
3
4
5
6
7
8
9
10
10
11
12
13
14
15
16

B
1
2
3
4
5
6
2
7
8
9
4
6
8
5
10
11

A Fossa poplitea und Unterschenkel (links), Arteria poplitea und ihre Äste, von dorsal gesehen

1 M. biceps femoris
2 Caput laterale m. gastrocnemii
3 Aa. surales
4 A. genus inferior lateralis auf dem M. popliteus
5 A. poplitea
6 Caput mediale m. gastrocnemii
7 M. semitendinosus
8 M. semimembranosus
9 M. gracilis
10 M. soleus
11 A. tibialis posterior
12 A. tibialis anterior
13 M. tibialis posterior
14 M. flexor digitorum longus
15 A. peronaea
16 M. flexor hallucis longus

- Der Pfeil zeigt auf den Ursprung der A. peronaea, vom M. soleus überdeckt.
- Die A. poplitea endet am Unterrand des M. popliteus, wo sie sich in die A. tibialis anterior und posterior aufspaltet. Die A. tibialis anterior zieht dann oberhalb des M. tibialis posterior durch die Membrana interossea hindurch nach vorne zur Extensorenloge.

B Linker Unterschenkel, Dorsalseite, tiefe Region, Arterien

1 Caput laterale m. gastrocnemii
2 M. soleus
3 M. flexor hallucis longus
4 A. peronaea
5 M. tibialis posterior
6 A. tibialis posterior
7 Caput mediale m. gastrocnemii
8 M. flexor digitorum longus
9 Anastomosierender Arterienast
10 M. peronaeus brevis
11 M. peronaeus longus

- Die A. peronaea verläuft an der medialen Knochenleiste der Fibula entlang zwischen M. flexor hallucis longus und M. tibialis posterior abwärts. Ihre Endäste stellen die Rami calcaneares und malleolares laterales dar.
- Die A. tibialis posterior zieht an der medialen Seite des Unterschenkels auf dem M. tibialis posterior und dem M. flexor digitorum longus abwärts und verläuft dann am Malleolus medialis, hinter der Sehne des M. flexor digitorum longus entlang, um sich anschließend in die A. plantaris medialis und lateralis aufzuspalten.

C Linke Fossa poplitea und Unterschenkelregion, von rechts und hinten gesehen

(Der M. soleus wurde in der Mitte durchschnitten und nach der Seite geklappt, um die Äste des N. tibialis zu zeigen. Der Gelenkraum wurde mit Kunststoff injiziert und die Kapsel entfernt. Der M. gastrocnemius und die Venen wurden größtenteils entfernt)

1 N. peronaeus communis
2 N. suralis (mit doppeltem Ursprung)
3 N. tibialis
4 A. poplitea
5 M. semimembranosus
6 M. semitendinosus
7 M. gracilis
8 M. sartorius
9 Caput mediale m. gastrocnemii
10 M. popliteus
11 M. plantaris
12 M. soleus
13 M. flexor digitorum longus
14 Nerv für den M. flexor hallucis longus
15 M. flexor hallucis longus
16 A. peronaea
17 Faszie auf dem M. tibialis posterior
18 A. tibialis posterior
19 Nerv für den M. soleus
20 Nerv für den M. tibialis posterior
21 Nerv für den M. soleus
22 Nerv für den M. popliteus
23 Nerv für den lateralen Kopf des M. gastrocnemius
24 Nerv für den medialen Kopf des M. gastrocnemius

C

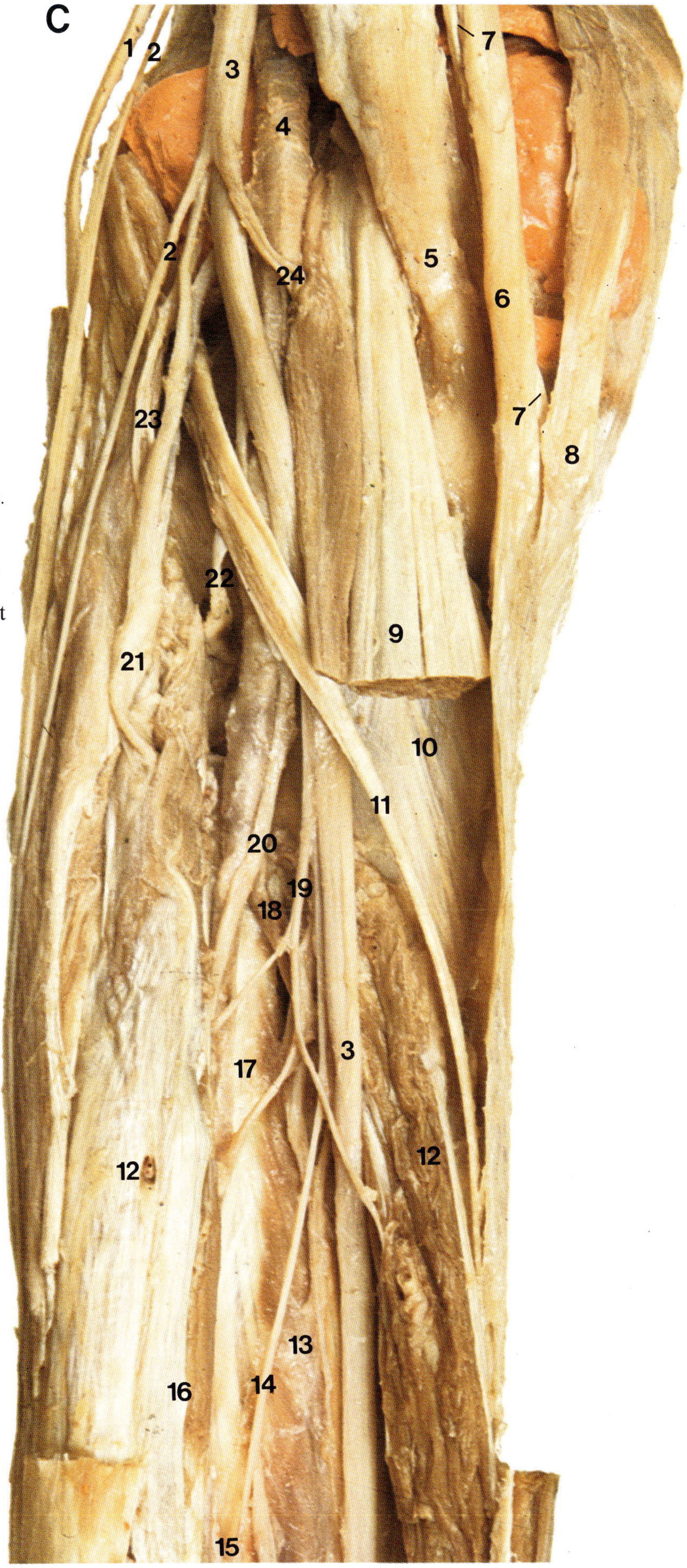

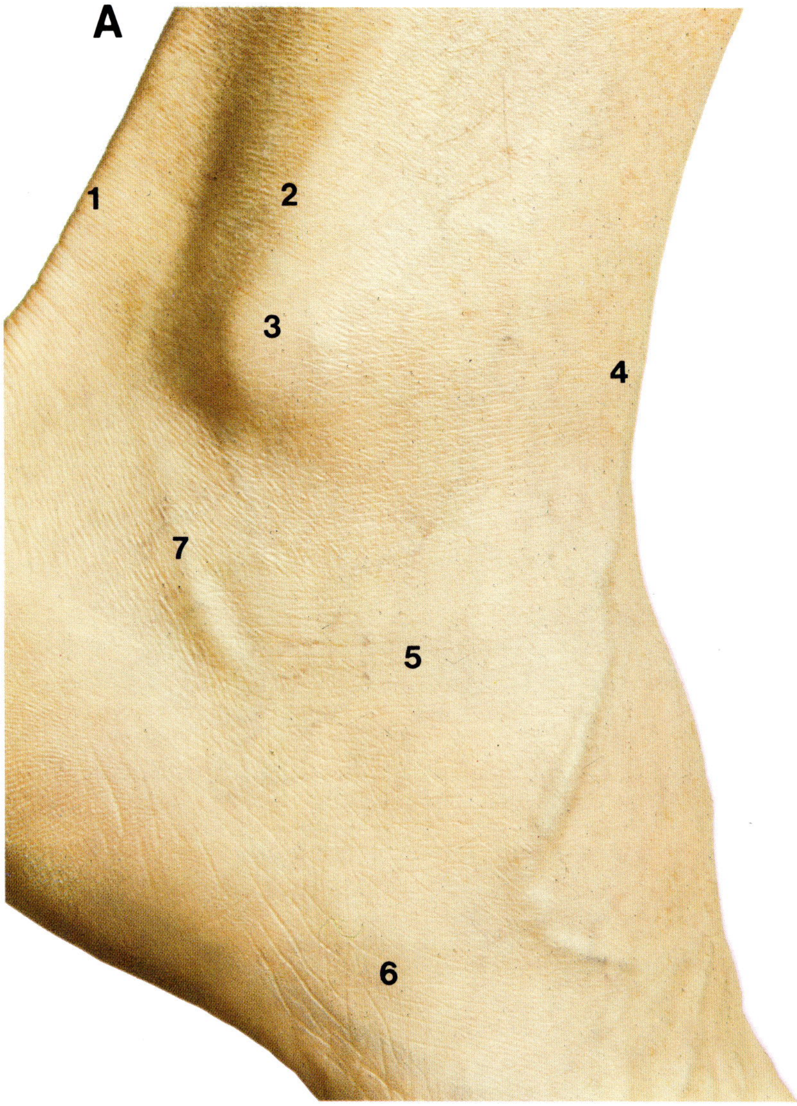

A Rechter Unterschenkel und Fuß, von lateral gesehen

1 Achillessehne (Tendo m. tricipitis surae)
2 M. peronaeus longus et brevis
3 Malleolus lateralis
4 M. tibialis anterior
5 M. extensor digitorum brevis
6 Tuberositas ossis metatarsalis V
7 V. saphena parva

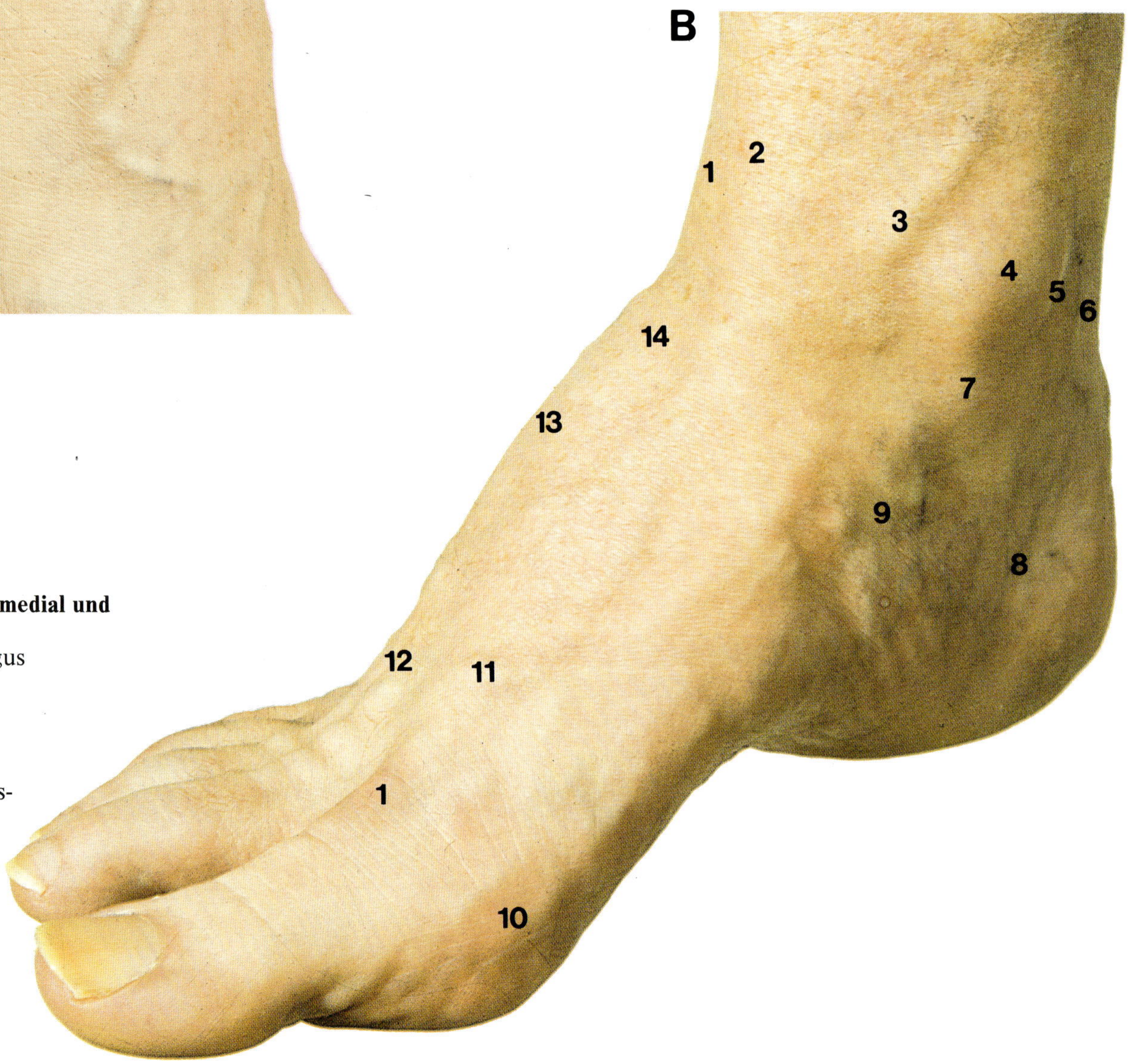

B Rechter Unterschenkel und Fuß, von medial und vorne gesehen

1 Sehne des M. extensor hallucis longus
2 Sehne des M. tibialis anterior
3 V. saphena magna
4 Malleolus medialis
5 A. tibialis posterior
6 Sehne des M. triceps surae (Achillessehne)
7 M. tibialis posterior
8 Calcaneus
9 Tuberositas ossis navicularis
10 Caput ossis metatarsalis I
11 Arcus venosus dorsalis pedis
12 Sehne des M. extensor digitorum longus
13 M. extensor digitorum brevis
14 A. dorsalis pedis

C Rechter Fuß, von lateral und vorne gesehen
(Die Sehnenscheiden wurden mit Kunststoff injiziert)

1 Sehne des M. triceps surae (Achillessehne)
2 M. peronaeus longus
3 M. peronaeus brevis
4 M. peronaeus tertius
5 M. extensor digitorum longus
6 M. extensor hallucis longus
7 M. tibialis anterior
8 A. dorsalis pedis
9 Endast des N. peronaeus profundus
10 Faszie auf dem M. extensor digitorum brevis
11 Basis ossis metatarsalis V
12 Lig. talofibulare anterius
13 Lig. tibiofibulare anterius
14 Malleolus lateralis
15 Schleimbeutel (Bursa tendinis calcanei)

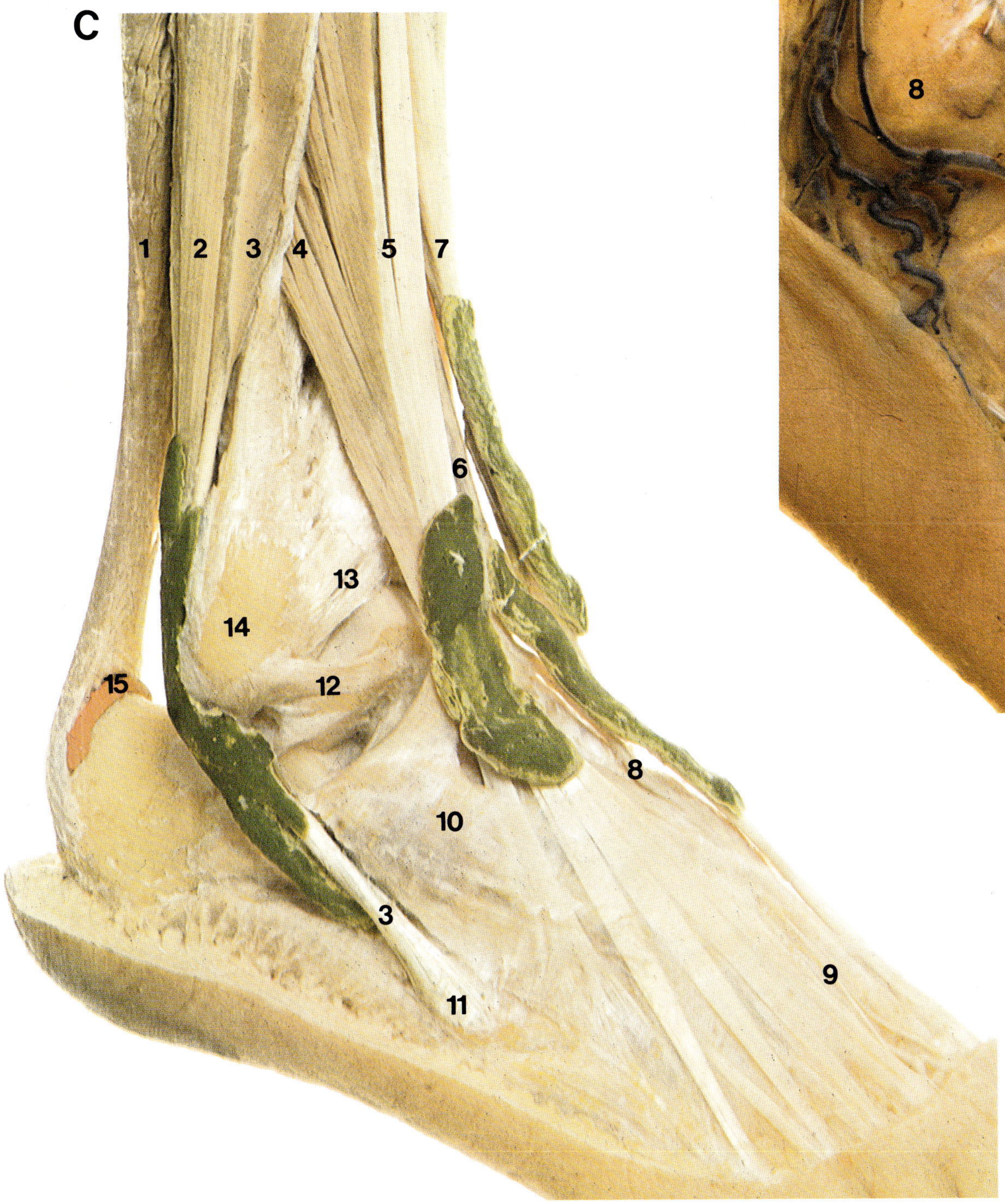

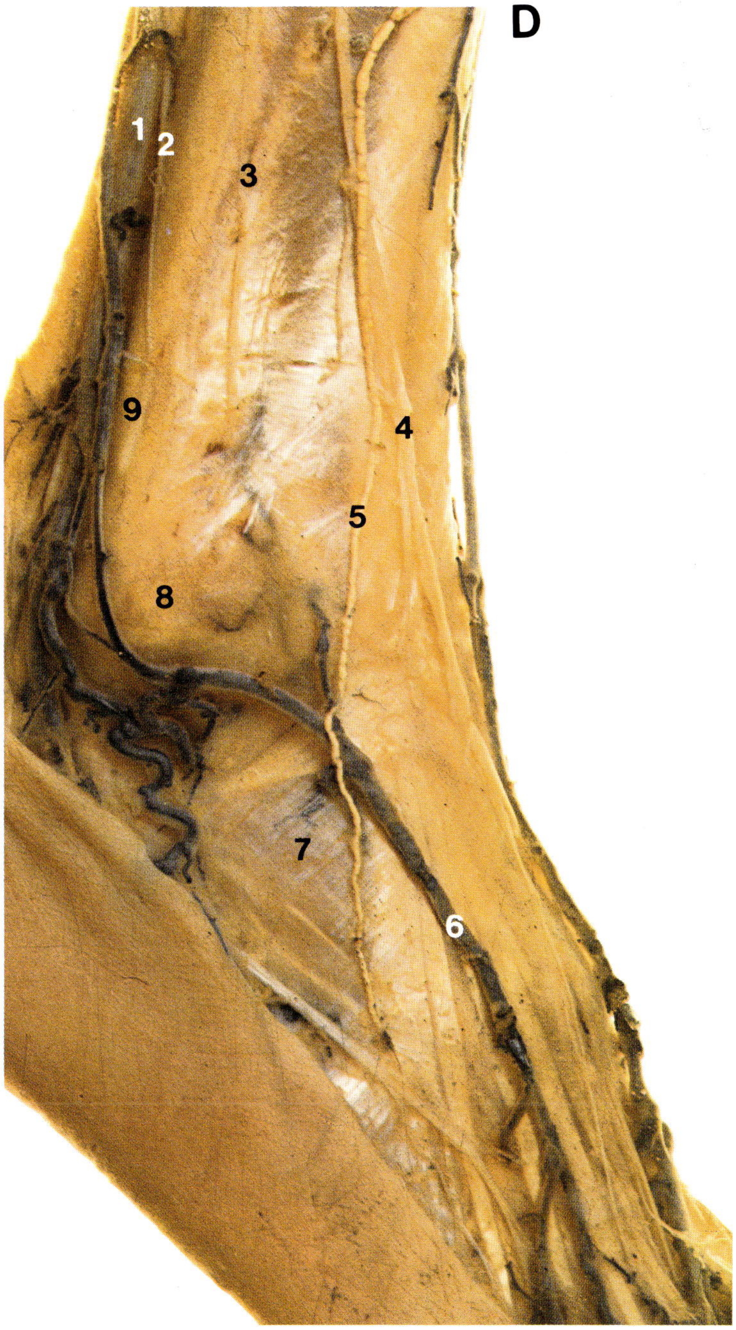

D Rechter Unterschenkel und Fuß, oberflächliche Venen und Nerven, von lateral gesehen

1 V. saphena parva
2 N. suralis
3 Ast des N. suralis
4 N. cutaneus dorsalis medialis und intermedius
5 Lymphgefäß (injiziert)
6 Arcus venosus dorsalis pedis
7 Faszie über dem M. extensor digitorum brevis
8 Malleolus lateralis
9 Faszie über dem M. peronaeus longus

● Die V. saphena parva verläuft *hinter* dem Malleolus lateralis.

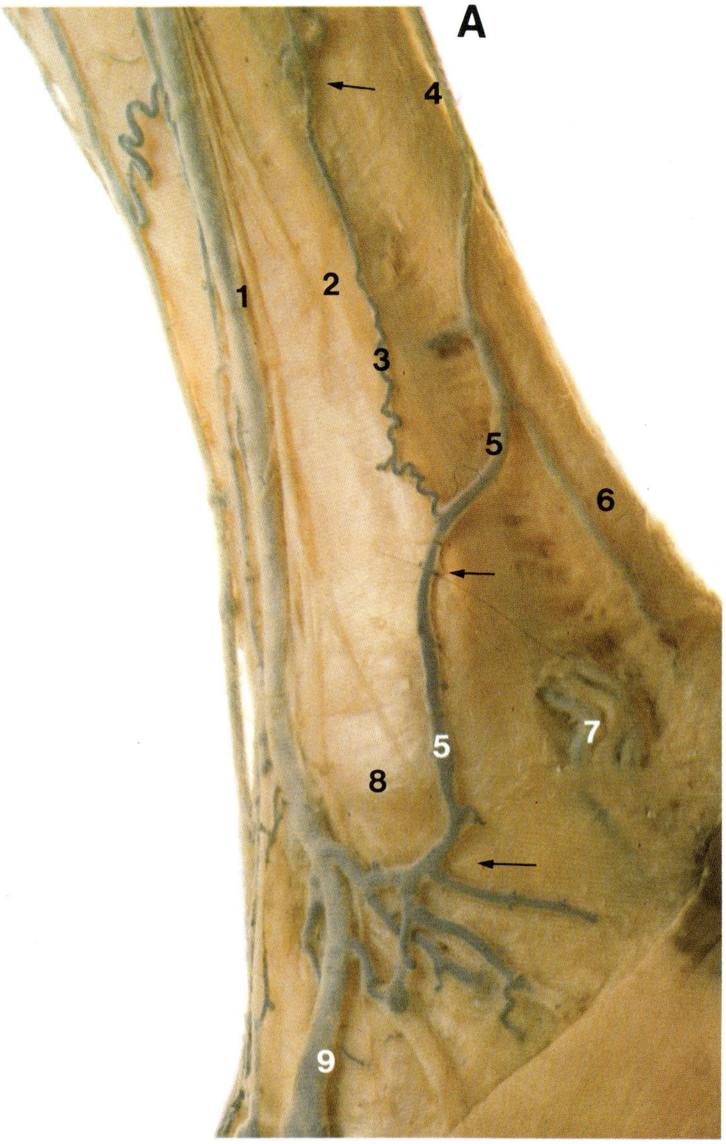

A Rechter Unterschenkel und Fuß, Haut, Venen und Nerven, von medial gesehen
1 V. saphena magna und N. saphenus
2 M. tibialis posterior und M. flexor digitorum longus unter der Fascia cruris
3 Hinterer Venenplexus
4 V. saphena parva
5 V. saphena accessoria (Anastomose zwischen V. saphena magna und parva)
6 Sehne des M. triceps surae (Achillessehne)
7 Vasa tibialia posteriora und N. tibialis
8 Malleolus medialis
9 Arcus venosus dorsalis pedis

● Die Pfeile deuten die Stellen an, an denen normalerweise die tiefen Venen durch perforierende Äste mit den oberflächlichen Venen in Verbindung stehen.

● Die V. saphena magna verläuft *vor* dem Malleolus medialis, die V. saphena parva dagegen *hinter* dem Malleolus lateralis (vgl. a. S. 318).

B Regio malleolaris und Planta pedis (rechts), von medial und unten gesehen
(Fuß in Plantarflexionsstellung fixiert)
1 M. tibialis posterior
2 M. flexor digitorum longus
3 A. tibialis posterior und N. tibialis
4 M. flexor hallucis longus
5 Sehne des M. plantaris
6 Sehne des M. triceps surae (Achillessehne)
7 Rami calcaneares mediales
8 A. und N. plantaris lateralis
9 M. abductor digiti minimi
10 M. quadratus plantae (M. flexor accessorius)
11 A. und N. plantaris medialis
12 Tuberositas ossis navicularis

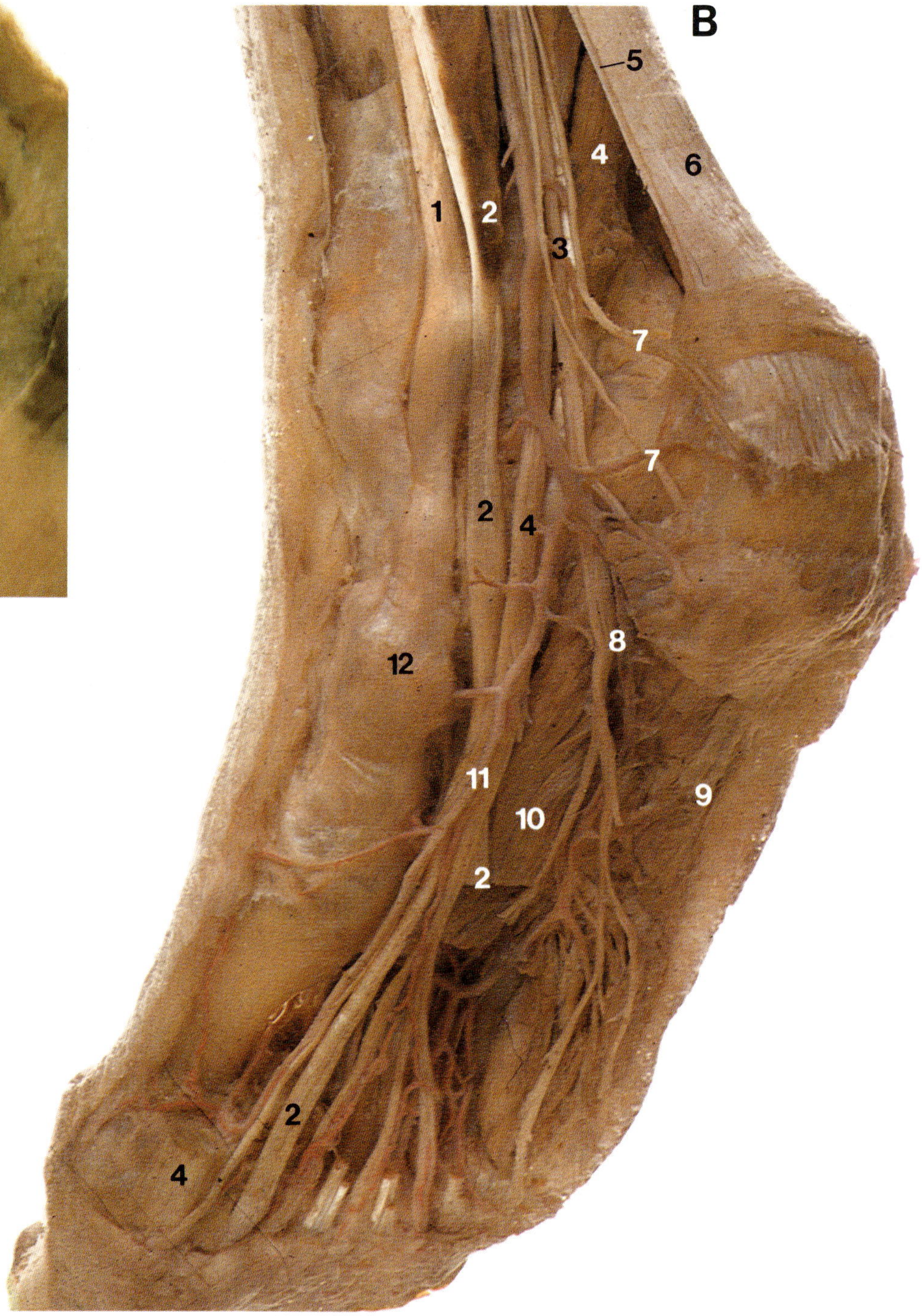

C

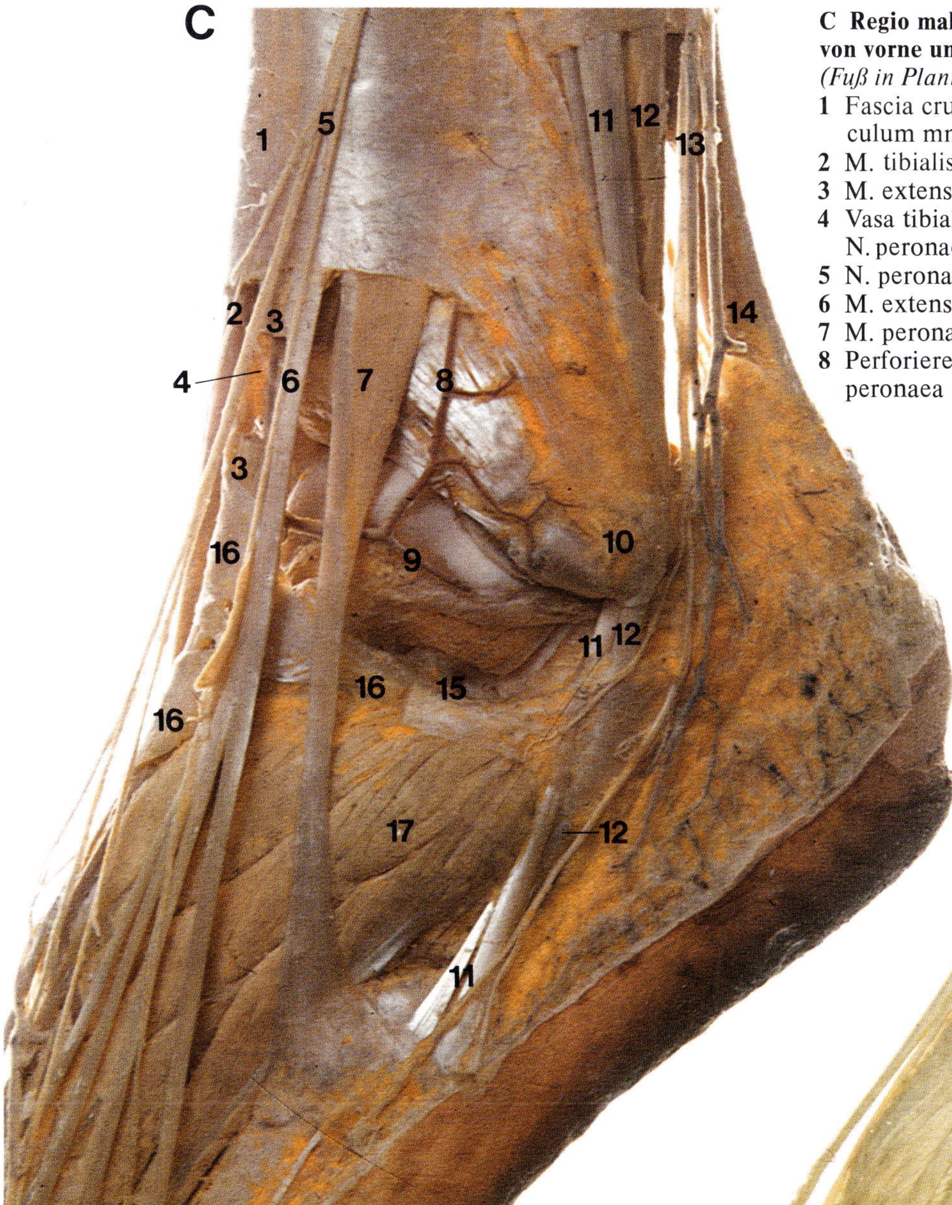

C Regio malleolaris des linken Fußes, von vorne und lateral gesehen
(Fuß in Plantarflexionsstellung)

1 Fascia cruris profunda u. Retinaculum mm. extensorum superius
2 M. tibialis anterior
3 M. extensor hallucis longus
4 Vasa tibialia anteriora und N. peronaeus profundus
5 N. peronaeus superficialis
6 M. extensor digitorum longus
7 M. peronaeus tertius
8 Perforierender Ast der A. peronaea
9 A. malleolaris lateralis anterior in Höhe des Talus (Die Gelenkkapsel des oberen Sprunggelenkes wurde entfernt)
10 Malleolus lateralis
11 M. peronaeus brevis
12 M. peronaeus longus
13 V. saphena parva und N. suralis
14 Sehne des M. triceps surae (Achillessehne)
15 Sinus tarsi
16 Retinaculum mm. extensorum inferius (teilweise entfernt)
17 M. extensor digitorum brevis

D

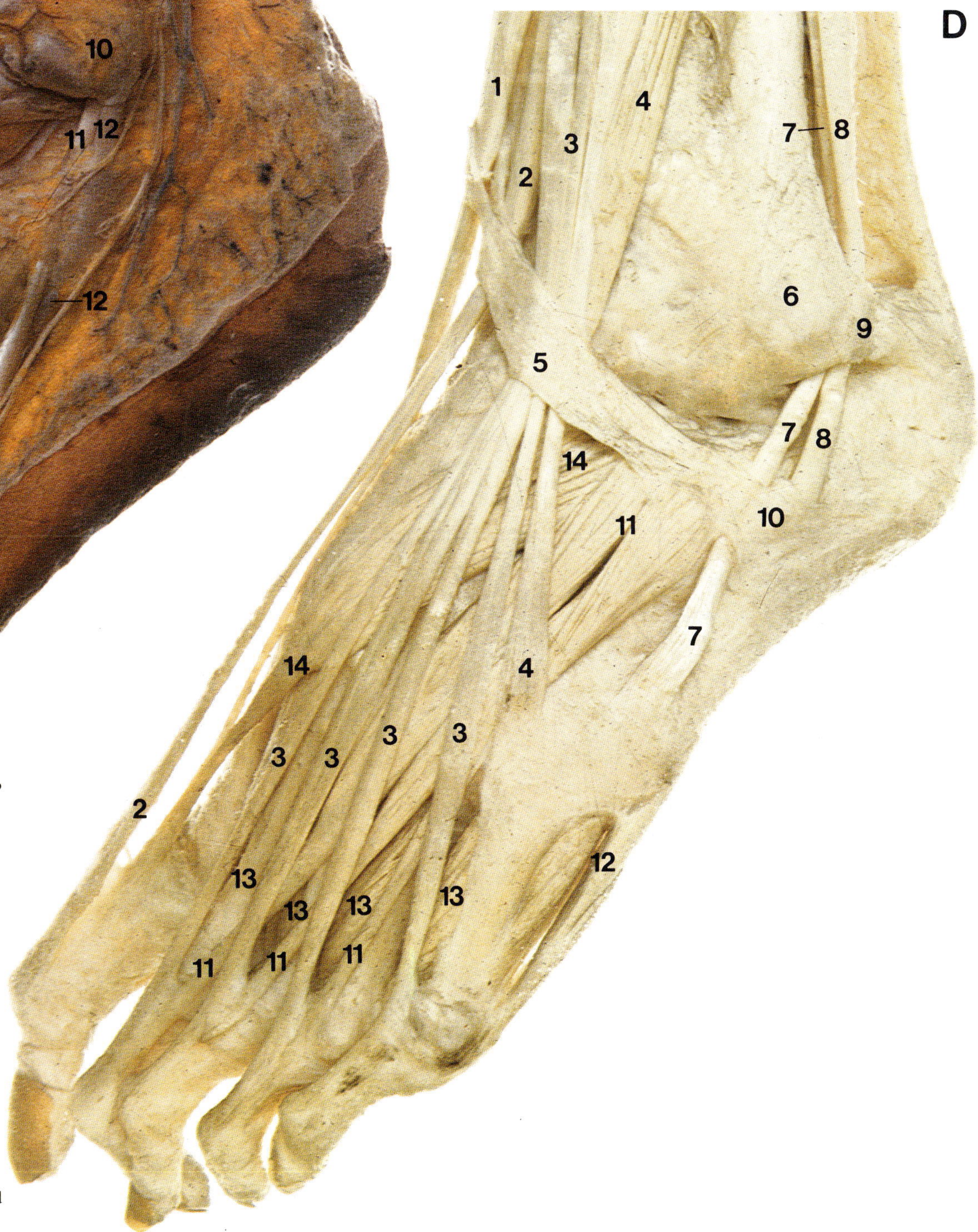

D Dorsum pedis (links), Muskeln und Sehnen, von lateral und oben gesehen
(Plantarflexionsstellung und Supination)

1 M. tibialis anterior
2 M. extensor hallucis longus
3 M. extensor digitorum longus
4 M. peronaeus tertius
5 Retinaculum mm. extensorum inferius
6 Malleolus lateralis
7 M. peronaeus brevis
8 M. peronaeus longus
9 Retinaculum mm. peronaeorum superius
10 Retinaculum mm. peronaeorum inferius
11 M. extensor digitorum brevis
12 M. abductor digiti minimi
13 Mm. interossei dorsales
14 M. extensor hallucis brevis

● Die Bezeichnungen der Sehnen des Fußrückens sind auf S. 322 zu finden.

A

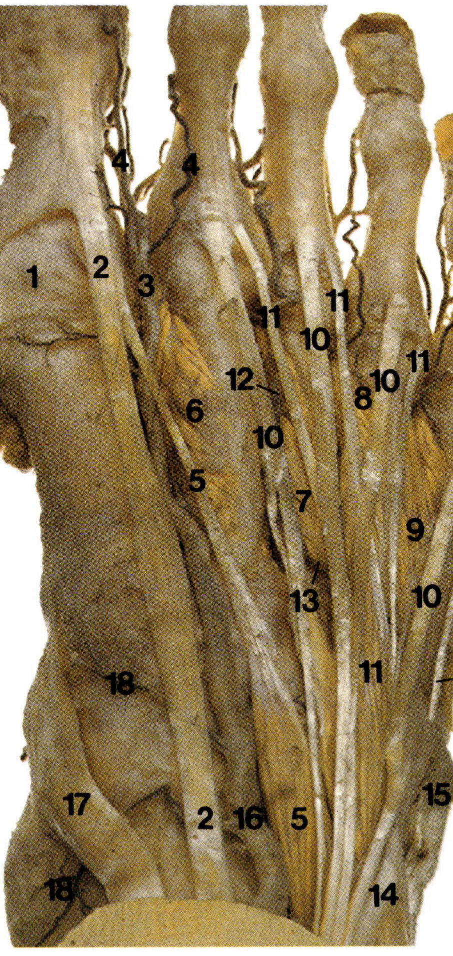

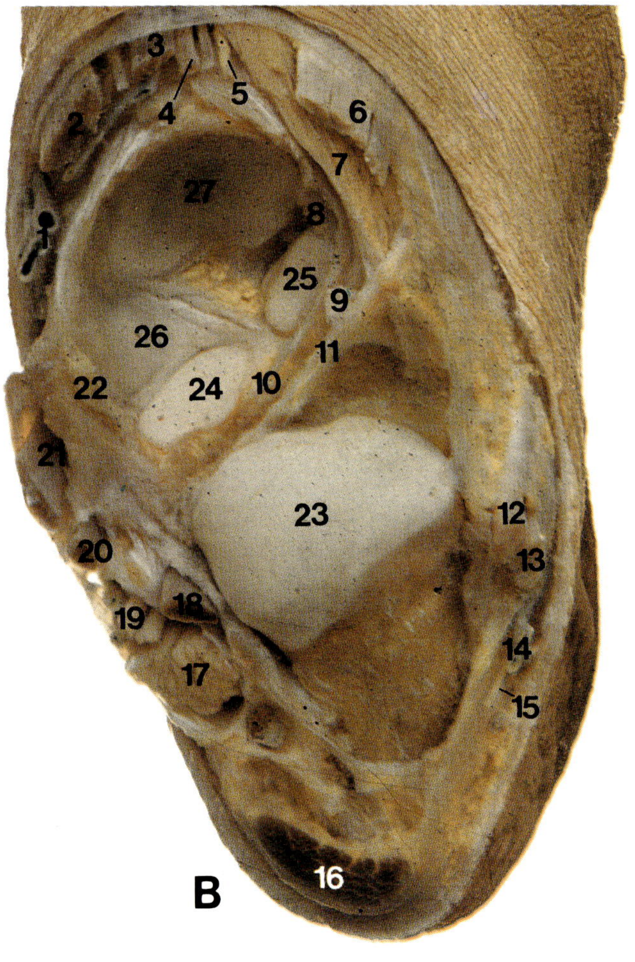

B

A Dorsum pedis (rechts), Muskeln, Sehnen und Arterien

1 Articulatio metatarsophalangea I
2 M. extensor hallucis longus
3 A. metatarsea dorsalis I
4 Aa. digitales
5 M. extensor hallucis brevis
6 M. interosseus dorsalis I
7 M. interosseus dorsalis II
8 M. interosseus dorsalis III
9 M. interosseus dorsalis IV
10 M. extensor digitorum longus
11 M. extensor digitorum brevis
12 A. metatarsea dorsalis II
13 A. arcuata
14 M. peronaeus tertius
15 Tuberositas ossis metatarsalis V und M. peronaeus brevis
16 A. dorsalis pedis
17 M. tibialis anterior
18 Aa. tarseae mediales

● Der M. extensor digitorum longus bewegt mit seinen Sehnen die 2.–5. Zehe, während der M. extensor digitorum brevis nur zur 1.–4. Zehe zieht. Derjenige Teil des M. extensor digitorum brevis, der die große Zehe bewegt, wird als M. extensor hallucis brevis bezeichnet.

● Die A. dorsalis pedis erreicht die Fußsohle, indem sie zwischen den beiden Köpfen des M. interosseus dorsalis I hindurchzieht.

B Articulatio talocalcanearis und Articulatio talocalcaneonavicularis (rechts), von oben gesehen

(Der Talus wurde entfernt)

1 Arcus venosus dorsalis pedis
2 M. tibialis anterior
3 M. extensor hallucis longus
4 A. dorsalis pedis und V. comitans
5 N. peronaeus profundus
6 M. extensor digitorum longus
7 M. extensor digitorum brevis
8 Pars calcaneonavicularis des Lig. bifurcatum
9 Lig. cervicale
10 Lig. talocalcaneum interosseum
11 Retinaculum mm. extensorum inferius
12 M. peronaeus brevis
13 M. peronaeus longus
14 V. saphena parva
15 N. suralis
16 Sehne des M. triceps surae (Achillessehne)
17 M. abductor hallucis
18 M. flexor hallucis longus
19 Vasa tibialia posteriora und N. plantaris lateralis und medialis
20 M. flexor digitorum longus
21 M. tibialis posterior
22 Lig. mediale (deltoideum)
23 Facies articularis posterior ⎤
24 Facies articularis medialis ⎬ calcanei
25 Facies articularis anterior ⎦
26 Lig. calcaneonaviculare plantare
27 Facies articularis ossis navicularis (für den Taluskopf)

C–E Sprunggelenke des linken Fußes, Bandapparat, C von medial, D von lateral, E von hinten gesehen

1 Sulcus tendinis m. flexoris hallucis longi zwischen Processus medialis und lateralis tali
2 Malleolus medialis
3 Lig. mediale (deltoideum) (die Markierung liegt zwischen den oberflächlichen und tiefen Faserzügen)
4 Sulcus tendinis m. flexoris hallucis longi unter dem Sustentaculum tali
5 Lig. calcaneonaviculare plantare (oberhalb der Markierung)
6 Tuberositas ossis navicularis
7 Lig. calcaneocuboideum plantare (unterhalb der Markierung)
8 Lig. plantare longum
9 Collum tali
10 Lig. cervicale
11 Sinus tarsi
12 Lig. talofibulare anterius
13 Malleolus lateralis
14 Lig. calcaneofibulare
15 Pars calcaneocuboidea ⎤ lig. bifur-
16 Pars calcaneonavicularis ⎦ cati
17 Sulcus für den M. peronaeus brevis am Malleolus lateralis
18 Lig. tibiofibulare posterius
19 Lig. transversum inferius
20 Sulcus für den M. flexor hallucis longus an der Tibia
21 Tibialer Faserzug des Lig. talofibulare posterius
22 Sulcus für den M. tibialis posterior am Malleolus medialis
23 Lig. talofibulare posterius
24 Pars tibiotalaris posterior ⎤ lig. deltoi-
25 Pars tibiocalcanea ⎦ dei
26 Sehne des M. triceps surae (Achillessehne)

● Das mediale Kollateralband des oberen Sprunggelenks ist das Lig. deltoideum. An der lateralen Seite existieren drei getrennte Bänder, und zwar das Lig. talofibulare anterius und posterius sowie das Lig. calcaneofibulare.

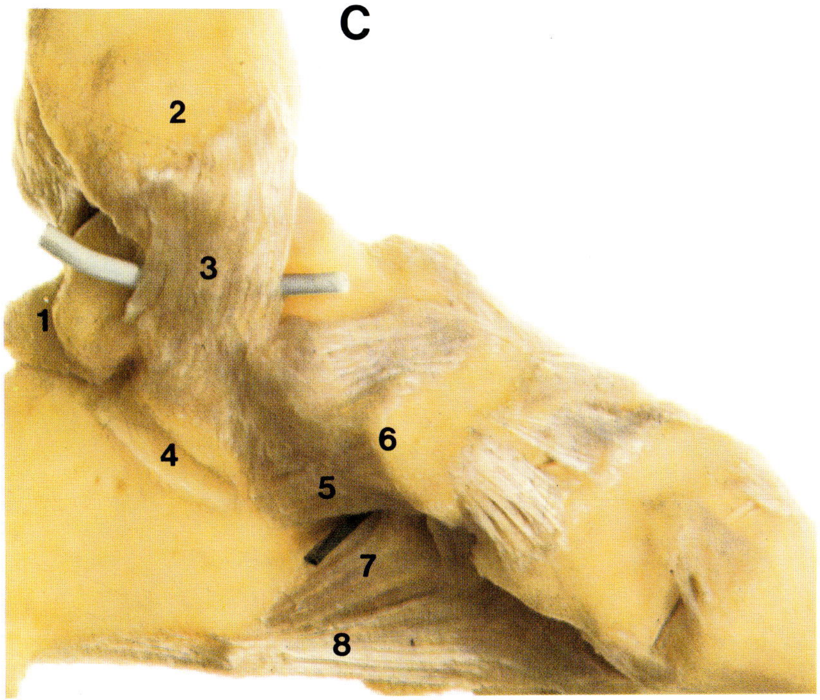

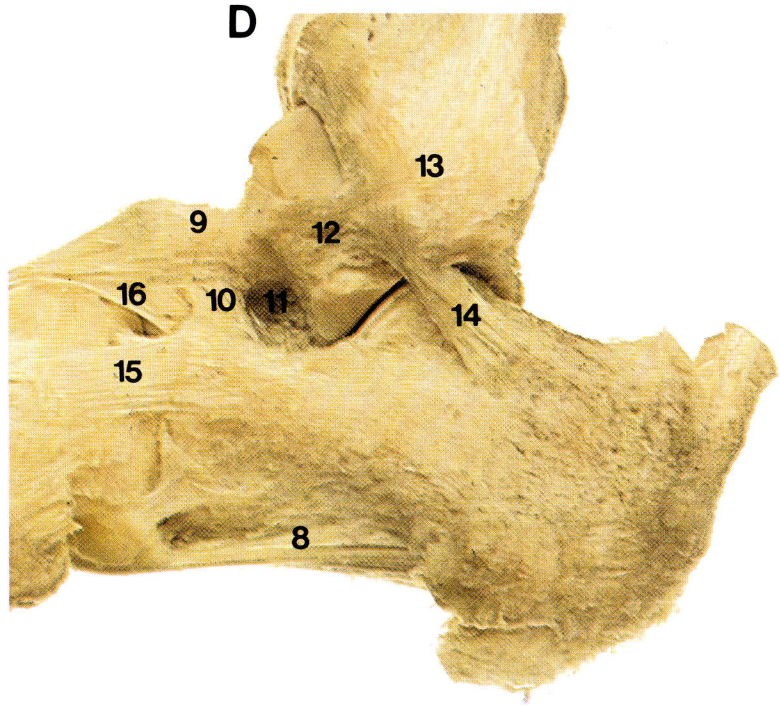

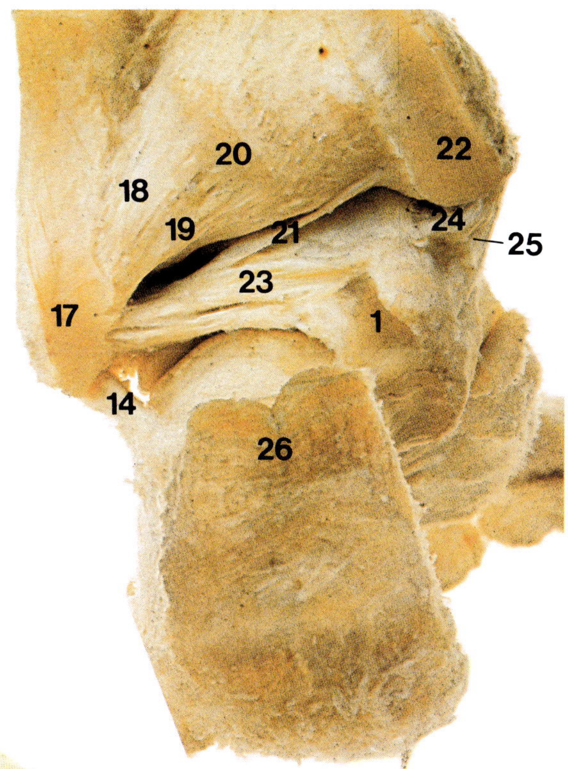

F Paramedianer Sagittalschnitt durch den linken Fuß

1 Tibia
2 Articulatio talocruralis (oberes Sprunggelenk)
3 Talus
4 Articulatio talocalcanearis oder subtalaris (unteres Sprunggelenk)
5 Lig. talocalcaneum interosseum
6 Calcaneus
7 Sehne des M. triceps surae (Achillessehne)
8 M. quadratus plantae (M. flexor accessorius)
9 M. flexor digitorum brevis
10 Plantaraponeurose des Fußes
11 Lig. calcaneonaviculare plantare
12 Pars talonavicularis der Articulatio talocalcaneonavicularis (unteres Sprunggelenk)
13 Os naviculare
14 Articulatio cuneonavicularis
15 Os cuneiforme mediale
16 Articulatio tarsometatarsea I (Articulatio cuneometatarsea)
17 Os metatarsale I
18 Sesambein
19 Articulatio metatarsophalangea der großen Zehe
20 Phalanx proximalis
21 Articulatio interphalangea
22 Phalanx distalis

F

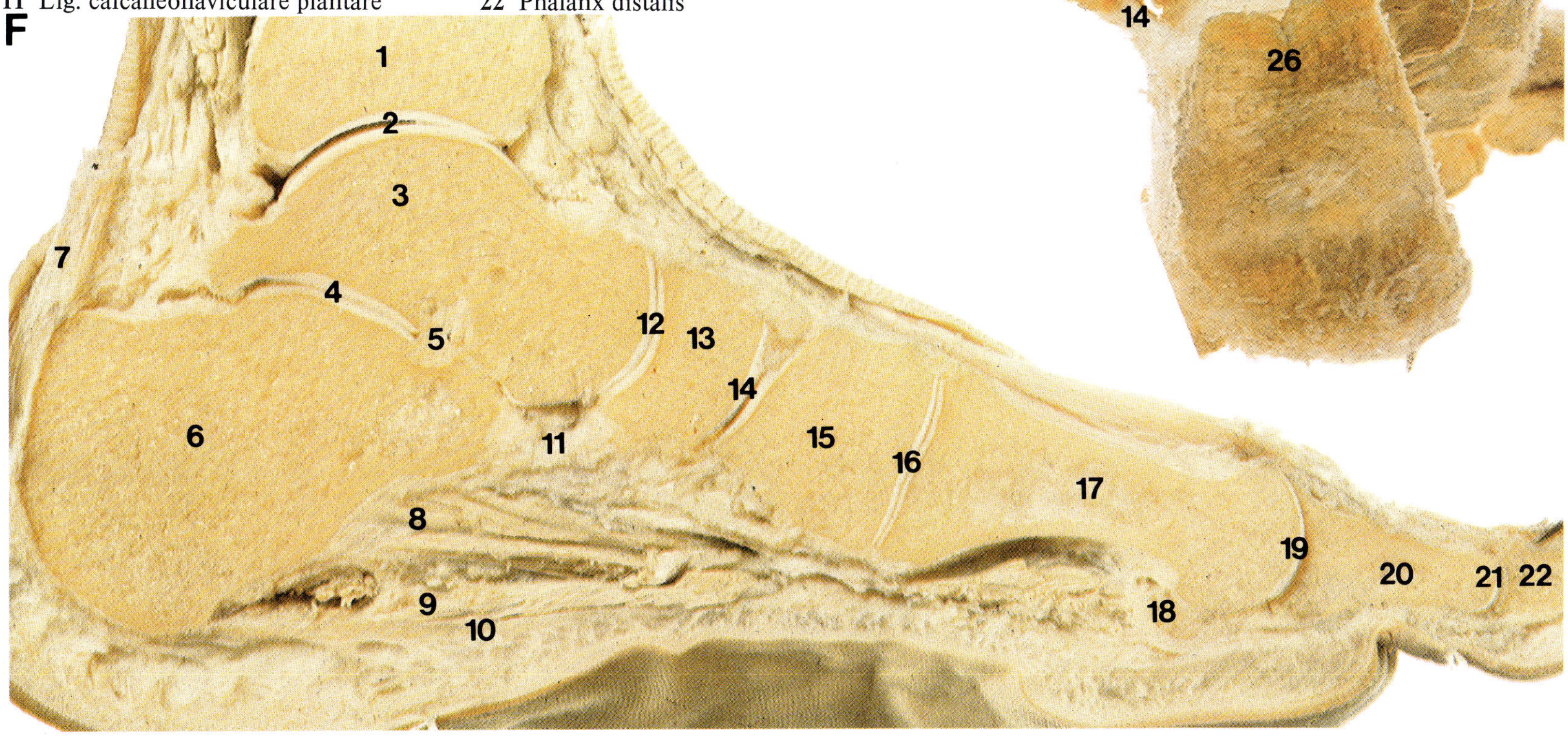

A

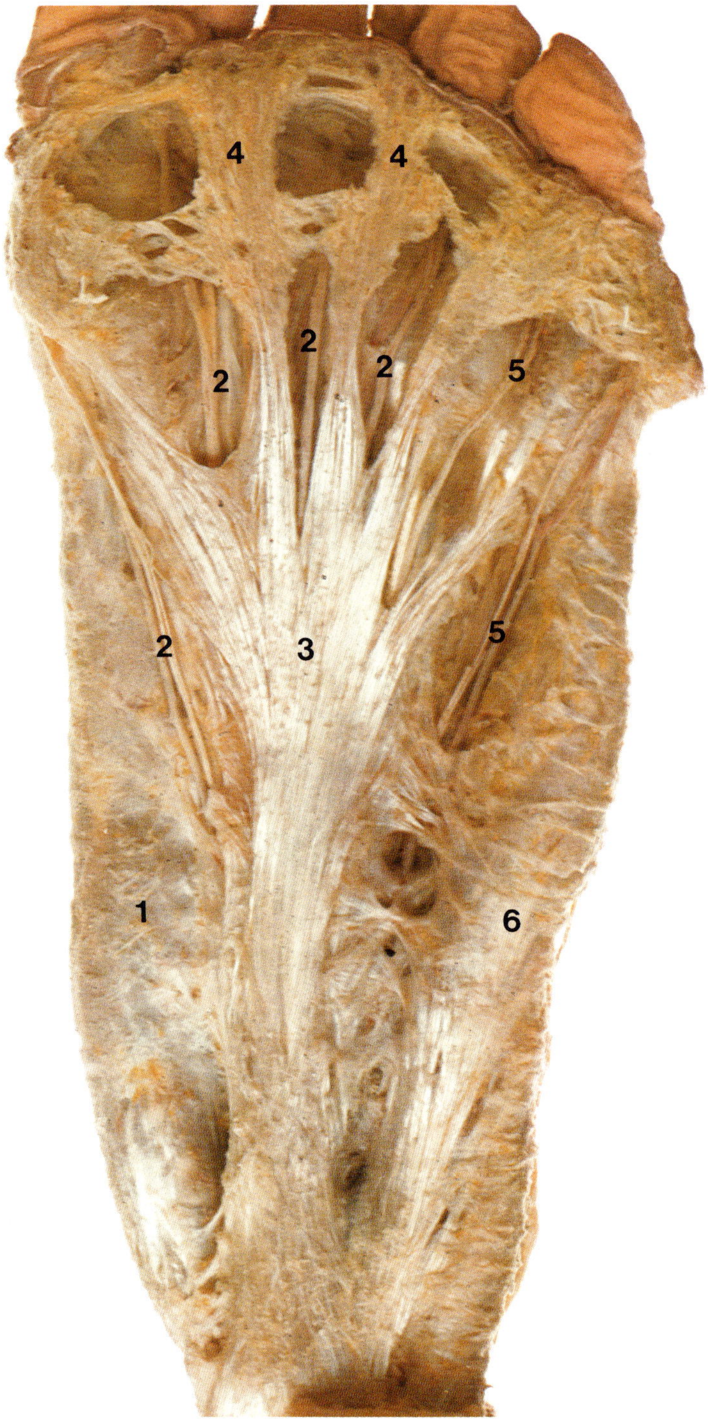

A Planta pedis, Plantaraponeurose des linken Fußes

1 Medialer Teil der Plantaraponeurose oberhalb des M. abductor hallucis
2 Nn. und Aa. digitales plantares communes des N. und der A. plantaris medialis
3 Zentraler Teil der Plantaraponeurose auf dem M. flexor digitorum brevis
4 Stratum superficiale der digitalen Zipfel der Plantaraponeurose
5 Nn. und Aa. digitales plantares communes des N. und der A. plantaris lateralis
6 Pars lateralis der Plantaraponeurose auf dem M. abductor digiti minimi

B Planta pedis (rechts)

(Die plantaren Nerven sowie der M. flexor digitorum brevis wurden entfernt)

1 Sehne des M. flexor digitorum longus (der zugehörige M. lumbricalis fehlt)
2 N. digitalis plantaris communis des N. plantaris lateralis
3 Caput transversum m. adductoris hallucis
4 Sehne des M. flexor digitorum brevis
5 M. lumbricalis II und N. digitalis plantaris communis des N. plantaris medialis
6 Caput obliquum m. adductoris hallucis
7 M. flexor hallucis brevis
8 M. flexor hallucis longus
9 M. abductor hallucis
10 N. plantaris medialis
11 M. quadratus plantae (M. flexor accessorius)
12 N. plantaris lateralis
13 Lig. plantare longum
14 M. abductor digiti minimi
15 Ramus profundus n. plantaris lateralis
16 M. interosseus plantaris II
17 M. interosseus dorsalis IV
18 M. interosseus plantaris III
19 M. flexor digiti minimi brevis

● Der M. flexor digitorum brevis des Fußes entspricht dem M. flexor digitorum superficialis der oberen Extremität. Seine Sehnen spalten sich auf, um die Sehnen des M. flexor digitorum longus hindurchtreten zu lassen und befestigen sich dann, ähnlich wie an der oberen Extremität, jeweils an der Mittelphalanx.

● Der N. plantaris medialis innerviert den M. abductor hallucis, M. flexor digitorum brevis, M. flexor hallucis brevis und den M. lumbricalis I. Alle anderen Muskeln der Fußsohle werden vom N. plantaris lateralis versorgt.

C Planta pedis (links), Nerven und tiefe Muskulatur

1 M. flexor hallucis brevis
2 M. flexor hallucis longus
3 Caput obliquum m. adductoris hallucis
4 M. lumbricalis I
5 M. lumbricalis II
6 M. lumbricalis III
7 M. lumbricalis IV
8 M. flexor digitorum brevis
9 M. flexor digitorum longus
10 M. interosseus doralis I
11 M. interosseus dorsalis II
12 M. interosseus dorsalis III
13 M. interosseus dorsalis IV
14 M. interosseus plantaris I
15 M. interosseus plantaris II
16 M. interosseus plantaris III
17 M. abductor digiti minimi
18 M. flexor digiti minimi brevis
19 M. peronaeus longus
20 M. quadratus plantae (M. flexor accessorius)
21 Aponeurosis plantaris
22 A. plantaris lateralis
23 N. plantaris lateralis
24 N. plantaris medialis
25 M. abductor hallucis
26 Ramus profundus n. plantaris lateralis
27 N. digitalis plantaris der großen Zehe

B

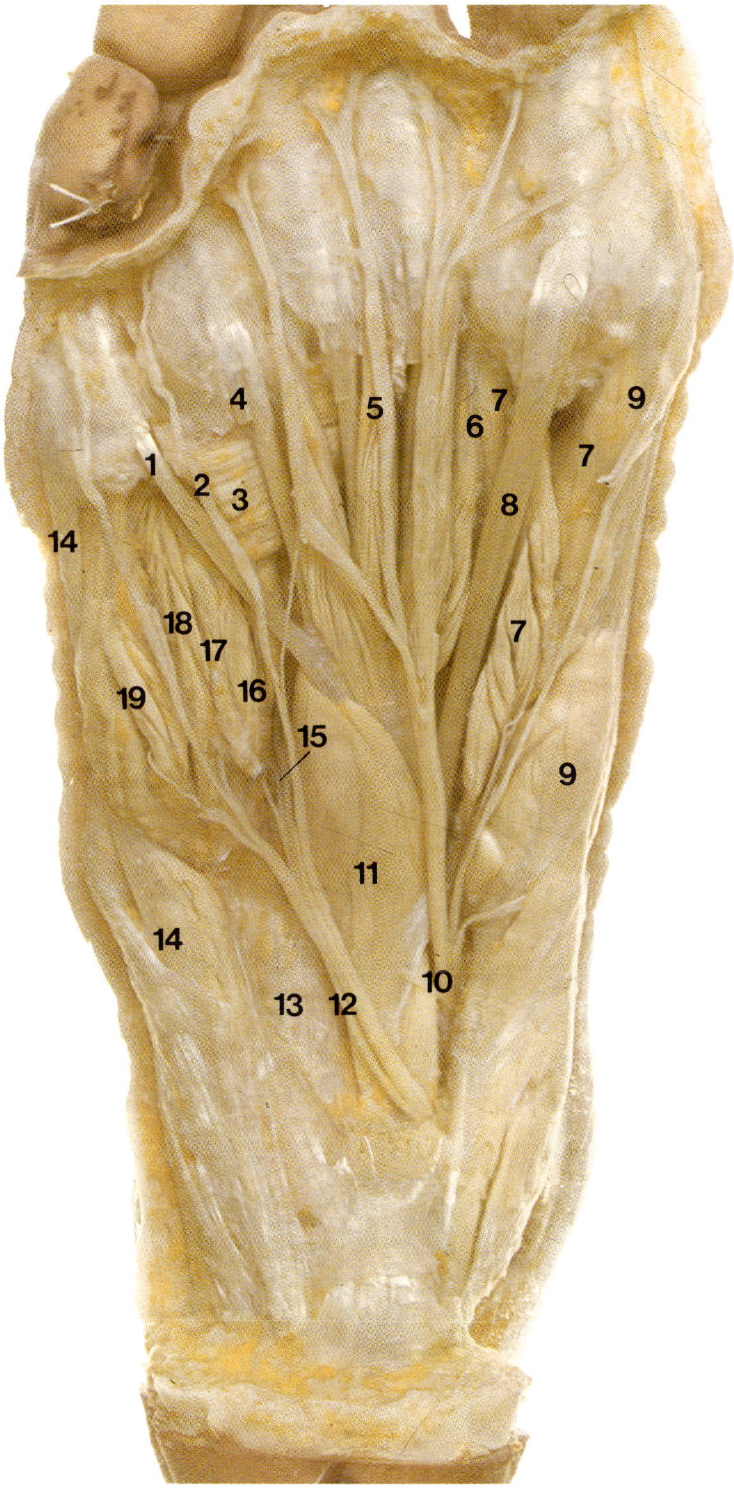
4
5
7
9
6
7
1
2
3
14
8
18
17
7
19
16
15
9
11
14
10
13
12

C

8
4
9
8
5
9
6
8
9
2
11
3
14
7
8
9
1
1
15
10
12
16
13
17
18
27
26
19
25
20
20
24
23
22
21

● Im Gegensatz zur Palma manus, in der ein Arcus palmaris superficialis und profundus differenziert sind, besitzt die Fußsohle nur einen Gefäßbogen, den Arcus plantaris. Dieser entsteht durch eine Anastomose zwischen der A. plantaris lateralis und der A. dorsalis pedis, die von dorsal durch die beiden Köpfe des M. interosseus dorsalis I in die Fußsohle eintritt. Der Arcus plantaris gibt die Aa. metatarseae plantares ab, die sich wieder in die Aa. digitales plantares communes aufteilen.

B Planta pedis (links), tiefe Muskulatur

1 M. abductor hallucis
2 M. flexor hallucis brevis
3 M. flexor hallucis longus
4 Caput obliquum ⎤ m. adductoris
5 Caput transversum ⎦ hallucis
6 Mm. interossei
7 M. flexor digiti minimi brevis
8 M. abductor digiti minimi
9 M. flexor digitorum brevis
10 Ramus profundus n. plantaris lateralis
11 N. plantaris medialis
12 M. flexor digitorum longus
13 N. tibialis
14 M. tibialis posterior

A

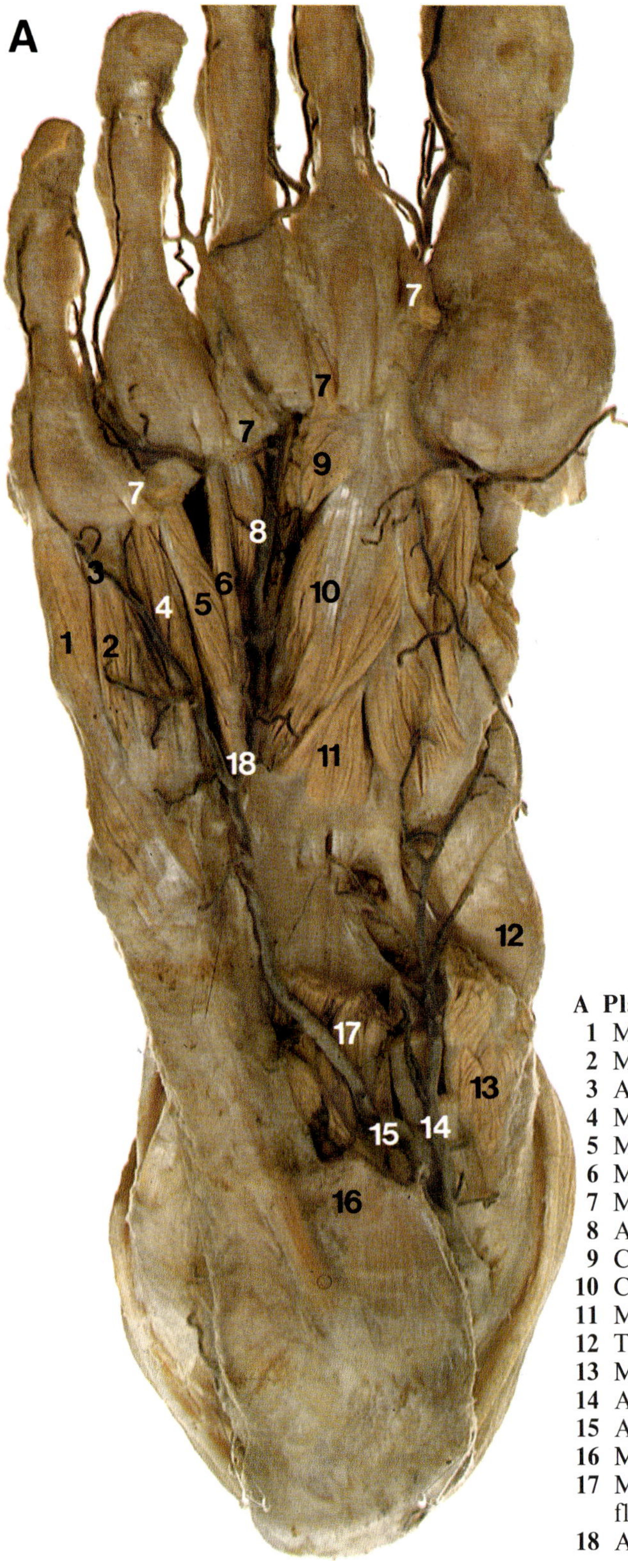

A Planta pedis (rechts), Arterien

1 M. abductor digiti minimi
2 M. flexor digiti minimi brevis
3 A. digitalis plantaris
4 M. interosseus plantaris III
5 M. interosseus dorsalis IV
6 M. interosseus plantaris II
7 M. lumbricalis
8 A. metatarsea plantaris
9 Caput transversum ⎤ m. adductoris
10 Caput obliquum ⎦ hallucis
11 M. flexor hallucis brevis
12 Tuberositas ossis navicularis
13 M. abductor hallucis
14 A. und N. plantaris medialis
15 A. plantaris lateralis
16 M. flexor digitorum brevis
17 M. quadratus plantae (M. flexor accessorius)
18 Arcus plantaris

B

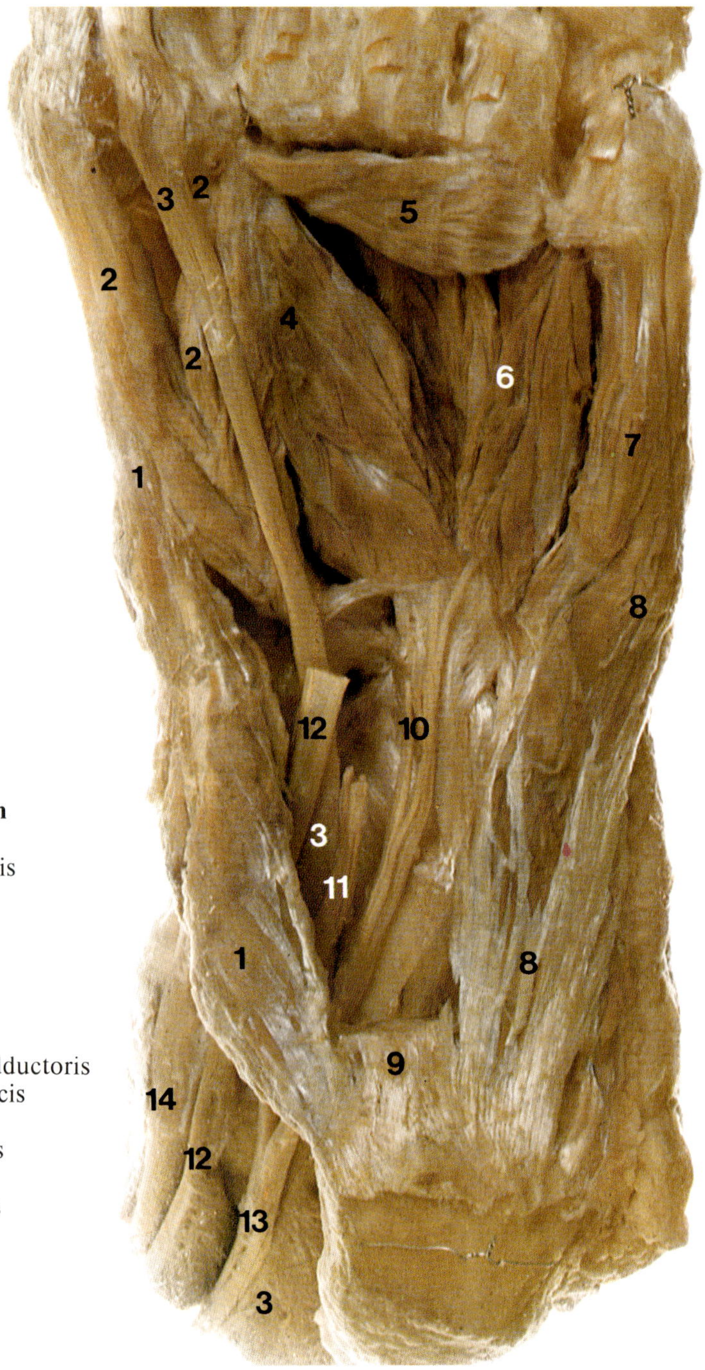

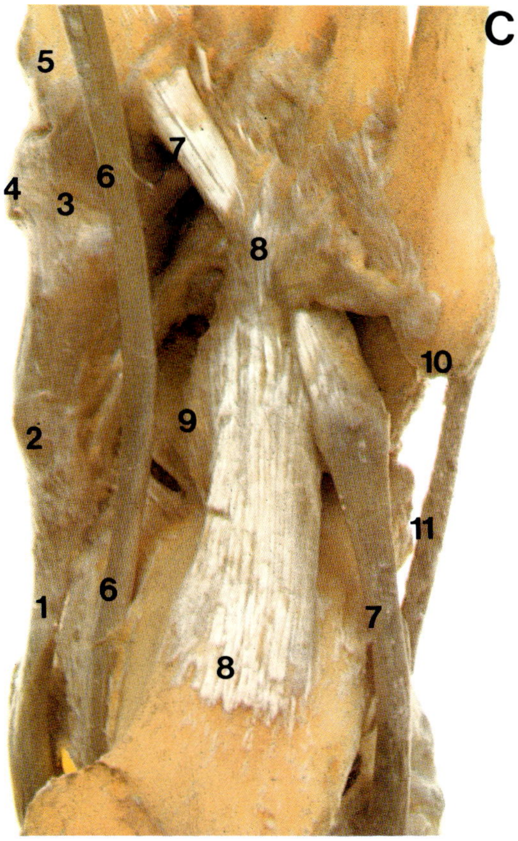

C Bandapparat der linken Fußsohle, Ligamentum plantare longum und Musculus peronaeus longus

1 M. tibialis posterior
2 Tuberositas ossis navicularis
3 Os cuneiforme mediale
4 M. tibialis anterior
5 Basis ossis metatarsalis I
6 M. flexor hallucis longus
7 M. peronaeus longus
8 Lig. plantare longum
9 Lig. calcaneocuboideum plantare
10 Tuberositas ossis metatarsalis V
11 M. peronaeus brevis

● Der M. tibialis anterior inseriert an der medialen Seite des Os cuneiforme mediale sowie an der Basis des Os metatarsale I. Der M. peronaeus longus inseriert an der gegenüberliegenden (lateralen) Seite der gleichen Knochenelemente.

● Das Lig. plantare longum überdeckt auch den Sulcus des Os cuboideum und bildet damit einen tunnelartigen, osteofibrösen Kanal für die Sehne des M. peronaeus longus.

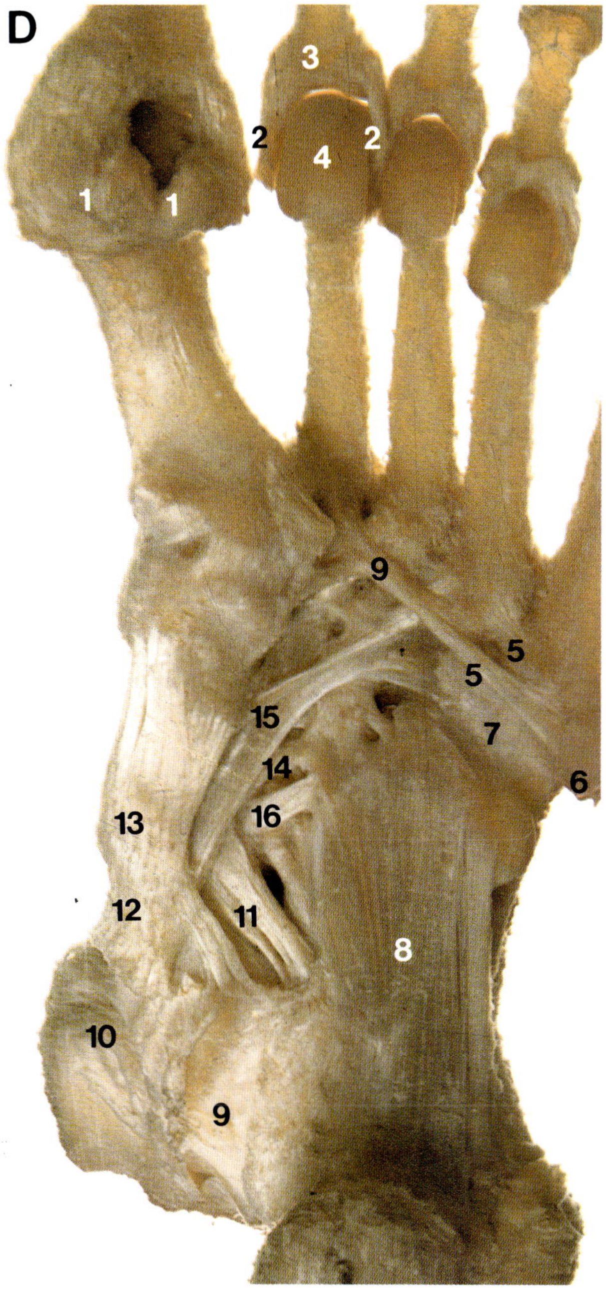

D Bandapparat der linken Fußsohle
(Einige Bänder und die oberflächlichen Faserzüge des Lig. plantare longum wurden entfernt)

1 Sesambein
2 Lig. collaterale des 2. Metatarsophalangealgelenkes
3 Basis der proximalen Phalanx
4 Caput des Os metatarsale II
5 Lig. metatarsale plantare
6 Tuberositas ossis metatarsalis V
7 Sulcus tendinis m. peronaei longi am Os cuboideum
8 Tiefe Fasern des Lig. plantare longum
9 Sulcus tendinis m. flexoris hallucis longi am Sustentaculum tali
10 Lig. mediale (deltoideum)
11 Lig. calcaneonaviculare plantare
12 M. tibialis posterior
13 Tuberositas ossis navicularis
14 Lig. cuneonaviculare plantare
15 Faserzug vom Ansatz des M. tibialis posterior
16 Lig. cuboideonaviculare plantare

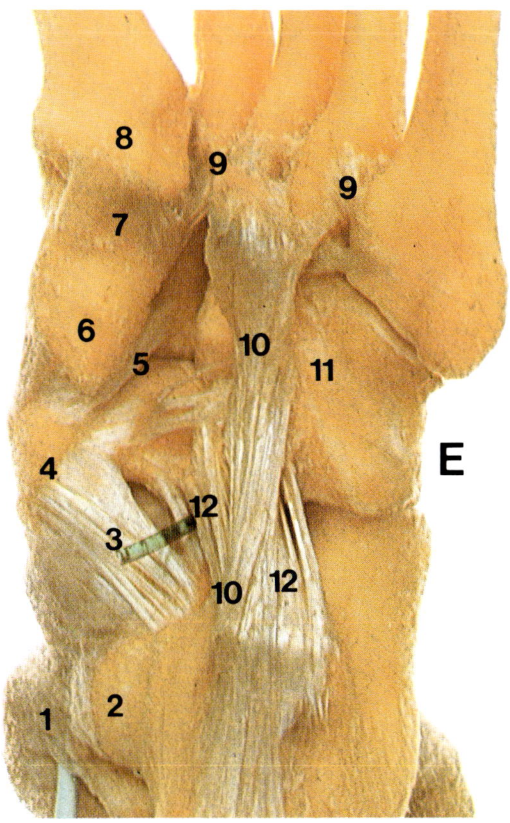

E Bandapparat der linken Fußsohle

1 Lig. mediale (deltoideum)
2 Sulcus tendinis m. flexoris hallucis longi am Sustentaculum tali
3 Lig. calcaneonaviculare plantare
4 Tuberositas ossis navicularis
5 Lig. cuneonaviculare plantare
6 Os cuneiforme mediale
7 Lig. tarsometatarsale plantare
8 Basis ossis metatarsalis I
9 Lig. metatarsale plantare
10 Lig. plantare longum
11 Sulcus für die Sehne des M. peronaeus longus am Os cuboideum
12 Lig. calcaneocuboideum plantare (Der Glasstab markiert den medialen Rand des Bandes)

● Die blaue Markierung ist zwischen die tiefen und oberflächlichen Abschnitte des Lig. deltoideum eingeschoben.

● Das Lig. calcaneonaviculare plantare wird auch als »Plattfußband« (Sprungligament) bezeichnet, da es den Taluskopf stützt und sich am unteren Sprunggelenk beteiligt (vgl. a. S. 322).

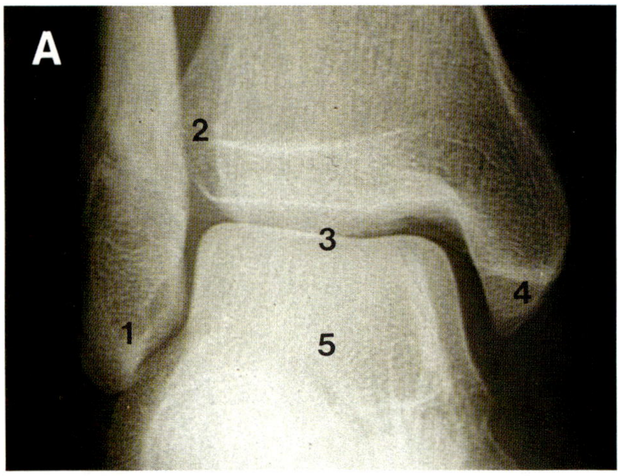

Röntgenaufnahmen vom Fuß, A von hinten, B von lateral, C von unten gesehen

(A – Oberes Sprunggelenk – a.-p.-Aufnahme; B – Fußwurzel im seitlichen Strahlengang; C – a.-p.-Aufnahme)

1 Malleolus lateralis
2 Syndesmosis tibiofibularis inferior
3 Articulatio talocruralis (oberes Sprunggelenk)
4 Malleolus medialis
5 Talus
6 Articulatio talocalcaneonavicularis (subtalare Portion des unteren Sprunggelenkes)
7 Calcaneus
8 Sinus tarsi
9 Articulatio calcaneocuboidea
10 Os cuboideum
11 Tuberositas ossis metatarsalis V
12 Os naviculare
13 Pars talonavicularis der Articulatio talocalcaneonavicularis (unteres Sprunggelenk)
14 Os cuneiforme mediale
15 Os cuneiforme intermedium
16 Os cuneiforme laterale
17 Os metatarsale I
18 Sesambeine (in die Sehnen des M. flexor hallucis brevis eingelagert)
19 Proximale Phalanx } der großen Zehe
20 Distale Phalanx } der großen Zehe

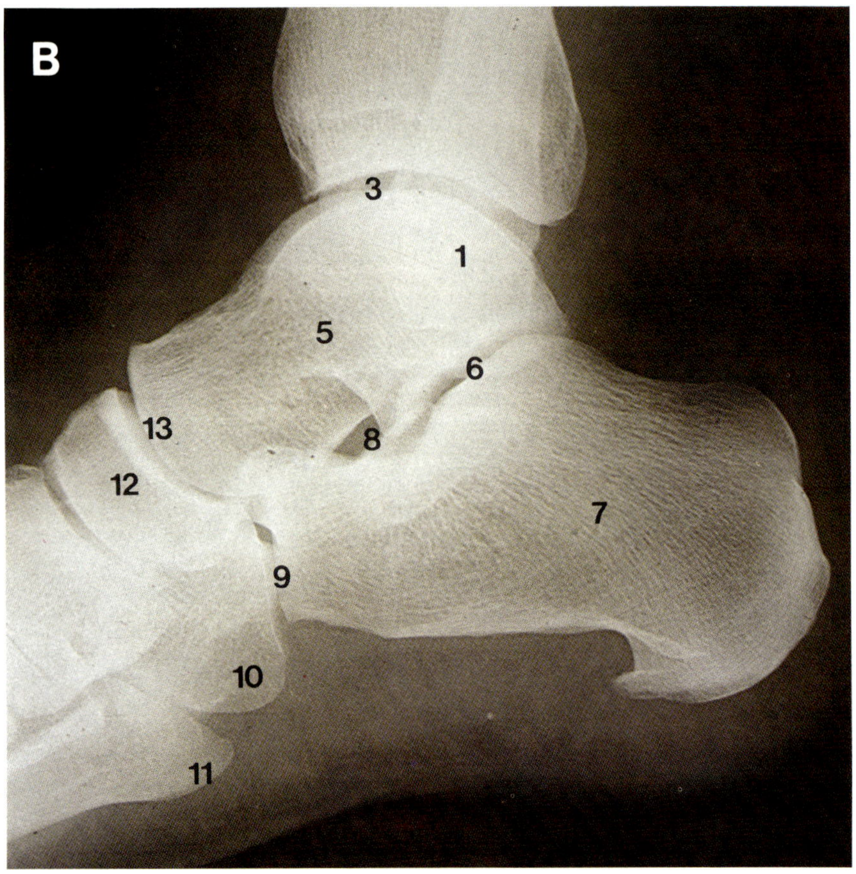

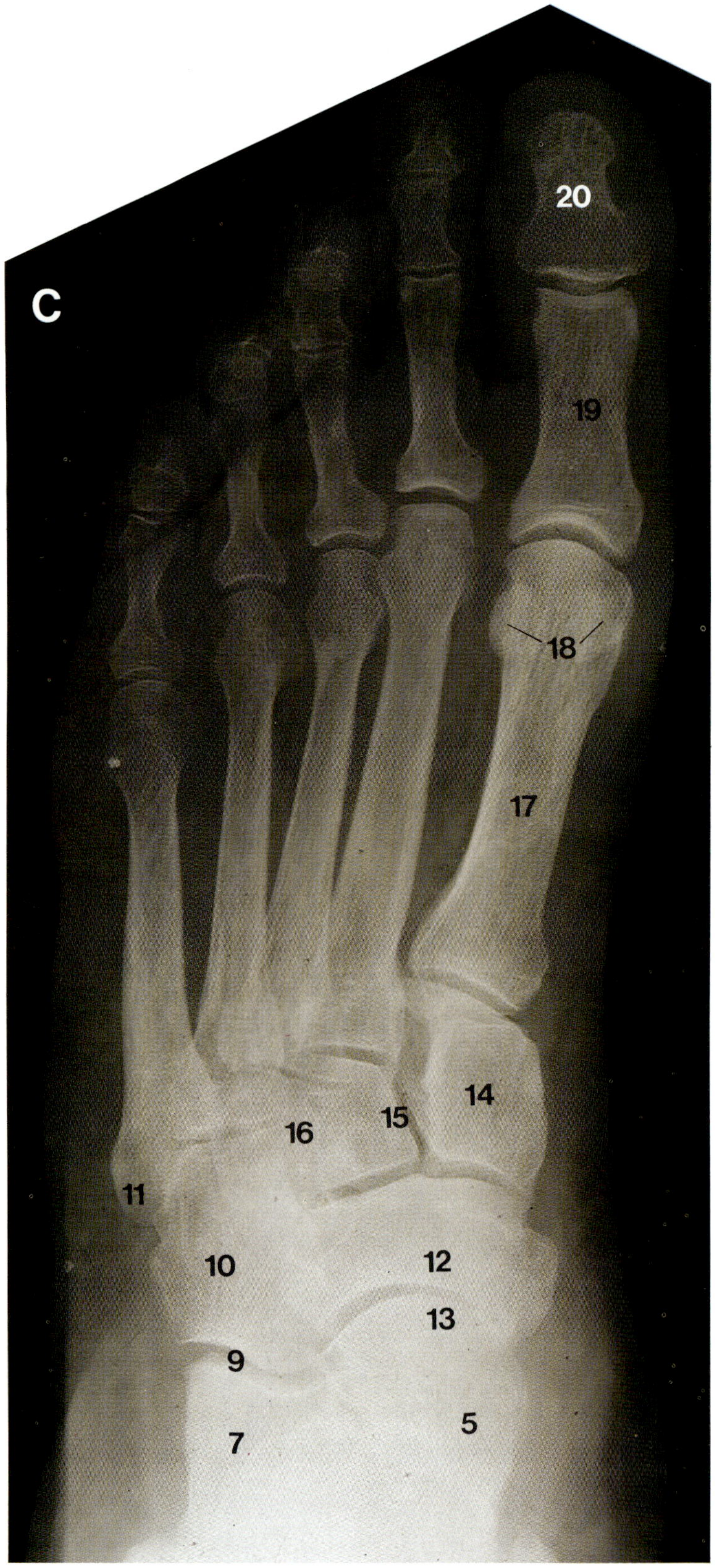

Sachverzeichnis